计 算 机 科 学 丛 书

原书第5版

分布式系统
概念与设计

（英）**George Coulouris Jean Dollimore Tim Kindberg Gordon Blair** 著

金蓓弘 马应龙 等译

Distributed Systems
Concepts and Design **Fifth Edition**

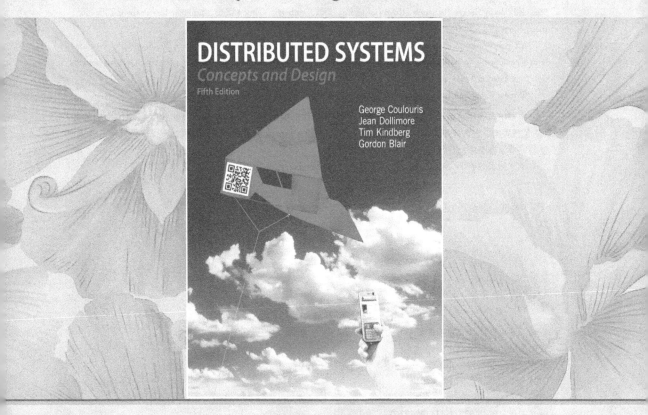

机械工业出版社
CHINA MACHINE PRESS

图书在版编目（CIP）数据

分布式系统：概念与设计（原书第5版）/（英）库鲁里斯（Coulouris, G.）等著；金蓓弘等译．—北京：机械工业出版社，2013.1（2024.8重印）

（计算机科学丛书）

书名原文：Distributed Systems：Concepts and Design, Fifth Edition

ISBN 978-7-111-40392-0

Ⅰ．分⋯　Ⅱ．①库⋯　②金⋯　Ⅲ.分布式操作系统－研究　Ⅳ. TP316.4

中国版本图书馆 CIP 数据核字（2012）第 273634 号

北京市版权局著作权合同登记 图字：01-2011-4806 号。

　　本书旨在全面介绍互联网及其他常用分布式系统的原理、体系结构、算法和设计，内容涵盖分布式系统的相关概念、安全、数据复制、组通信、分布式文件系统、分布式事务、分布式系统设计等，以及相关的前沿主题，包括 Web 服务、网格、移动系统和无处不在系统等。

　　本书内容充实、深入浅出，每章后都有相关的习题，并有配套网站提供了丰富的学习和教学资源。本书可作为高等院校计算机及相关专业本科生及研究生的分布式系统课程的教材，也可供广大技术人员参考。

机械工业出版社（北京市西城区百万庄大街22号　　邮政编码　100037）

责任编辑：高婧雅

北京建宏印刷有限公司印刷

2024 年 8 月第 1 版第 14 次印刷

185mm×260mm·40.75 印张

标准书号：ISBN 978-7-111-40392-0

定　　价：128.00 元

客服电话：（010）88361066　68326294

光阴荏苒，从接手《分布式系统：概念与设计》第 3 版翻译到今日之第 5 版翻译完毕，一晃 10 年的时间过去了。

10 年来，随着网络技术的发展、计算机应用的深入、分布式系统构建技术的日益成熟，分布式系统逐渐深入到人们的日常活动，并渗透到社会、经济、文化生活的各个方面。现今，分布式系统作为主流的软件系统，已成为人们工作、学习和生活中不可或缺的一部分。

本书介绍了分布式系统的概念、基本原理和核心技术，覆盖的内容涉及分布式算法、中间件、系统服务、分布式数据处理等。阅读此书，既可以从系统层面了解分布式系统构建的基本原理，又可以从算法层面获知分布式系统构建的核心技术。

本书涉猎广泛、内容充实，叙述深入浅出、条理清晰，每章后都配备有练习，并设有Web 网站提供大量额外的资料，因此，本书可以作为大学高年级本科生和研究生分布式计算课程的教材或参考书，而且本书对分布式计算领域的科研人员也有很大的参考价值。

值得一提的是，本书的作者多年来坚持不懈地总结分布式计算领域的研究成果，不断地更新本书的内容，使其能与时俱进地反映新的、已可用的系统设计原理和技术（包括算法、策略和机制等）。例如，本书的第 4 版增加了对等系统、移动和无处不在计算、Web 服务等相关内容，第 5 版又新增了 3 章，分别是第 6 章 "间接通信"，第 8 章 "分布式对象和组件"，第 21 章 "分布式系统设计：Google 实例研究"。

本书第 3 版至第 5 版由中国科学院软件研究所研究员金蓓弘博士组织并主持翻译，具体情况如下：参与第 3 版翻译工作的有金蓓弘、李剑博士、丁柯博士、刘绍华博士、阮彤博士、王仲玉、刘志军；参与第 4 版翻译和校对的有金蓓弘、曹冬磊博士、张发恩、张英、臧志；在第 5 版中，新增的第 6 章由张扶桑、杨宇威翻译，第 8 章由张利锋博士翻译，第 21 章由李森、杨宇威翻译，金蓓弘、马应龙博士对第 5 版全文做了统稿。

限于时间和水平，翻译中不当之处在所难免，欢迎广大读者批评和指正。

感谢机械工业出版社在引进、编辑、出版本书过程中所做的努力。

金蓓弘

中国科学院软件研究所

马应龙

华北电力大学控制与计算机工程学院

2012 年 12 月于北京

在互联网和 Web 持续发展并且对我们社会的每个方面都产生影响的时候，这本教材的第 5 版问世了。本书的介绍性章节提到互联网和 Web 对诸多（如金融、商业、艺术、娱乐等）应用领域的影响以及对信息社会的普遍影响。它还强调了诸如 Web 搜索和多人在线游戏等应用领域中的需求。从分布式系统的角度出发，这些开发在应用的范围、多个现代系统所支持的工作负载和系统大小等方面正在对底层系统架构提出实质性的新需求。重要的趋势包括网络技术上不断增加的多样性和普遍性（包括不断增加的无线网络的重要性）、移动和无处不在计算元素及分布式系统架构的集成（这导致了相当不同的物理体系结构），还包括支持多媒体服务的需求和云计算模式的出现，这些都对分布式系统服务的观点提出了挑战。

本书旨在提供对互联网和其他分布式系统原理的理解，提供这些系统的体系结构、算法和设计，展示它们如何满足当代分布式应用的需求。本书的前 7 章覆盖分布式系统研究的基础部分。前两章提供对主题的概念性概述，介绍了分布式系统的特征和在系统设计中所必须解决的挑战：最重要的可伸缩性、异构性、安全性和故障处理。这两章还开发了用于理解交互过程、故障和安全性的抽象模型。随后是其他基础性章节，这些章节介绍了网络研究、进程间通信、远程调用、间接通信和操作系统支持。

后续的章节涉及中间件这个重要的主题，考察了支持分布式应用的不同的方法，包括分布式对象和组件、Web 服务和对等解决方案。接下来的章节涉及安全、分布式文件系统和分布式命名系统这些已被完善的主题，然后介绍了与数据相关的重要方面（包括分布式事务和数据复制）。与这些主题相关的算法也在它们出现时被论及，或者在专门论述定时、协调和协定等单独的章节中介绍。

本书接着论述移动和无处不在计算以及分布式多媒体系统这些新出现的领域，然后给出了一个内容充实的实例研究，从搜索功能和由 Google 提供的不断扩展的附加服务（例如，Gmail 和 Google Earth）两个角度，关注支持 Google 的分布式系统基础设施的设计和实现。最后一章综述了本书所介绍的所有这些体系结构概念、算法和技术，诠释了如何在一个给定应用领域的整体设计中将这些内容组织在一起。

第 5 版新增部分

新的章节

间接通信（第 6 章），包括组通信、发布 – 订阅，对 JavaSpaces、JMS、WebSphere 和 Message Queues 的实例研究。

分布式对象和组件（第 8 章），包括基于组件的中间件和对企业版 JavaBeans、Fractal 和 CORBA 的实例研究。

分布式系统设计：Google 实例研究（第 21 章），专门针对 Google 基础设施的新的大的实例研究。

新增到其他章节中的主题　云计算、网络虚拟化、操作系统虚拟化、消息传递接口、无结构的 P2P、元组空间、与 Web 服务相关的松耦合。

其他新的实例研究　Skype、Gnutella、TOTA、L^{2}imbo、BitTorrent、End System Multicast。关于内容更新的更详细的情况，参见Ⅷ页中的表。

目的和读者群

本书可用做本科生教材和研究生的入门教材，也可作为自学教材。本书采用自顶向下的方法，首先叙述在分布式系统设计中要解决的问题，然后，通过抽象模型、算法和对广泛使用的系统进行详细的实例研究，描述成功开发系统的方法。本书覆盖的领域有足够的深度和广度，以便读者能继续研究分布式系统文献中大多数的研究论文。

本书针对具有面向对象编程、操作系统、初级计算机体系结构等基础知识的学生。本书覆盖与分布式系统有关的计算机网络，包括互联网、广域网、局域网和无线网的基本技术。本书中的算法和接口大部分用 Java 描述，小部分用 ANSI C 描述。为了表述上的简洁明了，还使用一种从 Java/C 派生出来的伪码。

本书的组织

下图显示的本书章节可归在 7 个主要的主题领域。该图提供了本书的结构指南，也为教师、读者提供了一个导航路径，以便于他们理解分布式系统设计中的不同子领域。

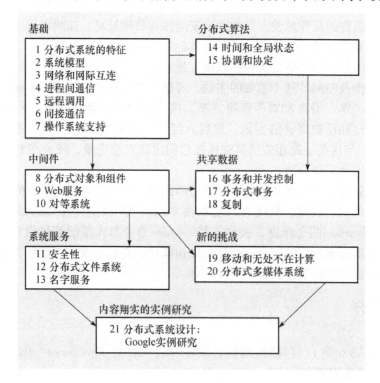

参考文献

万维网的存在改变了书（例如本书）与源材料（包括研究论文、技术规约和标准）的链接方式。许多源文件现在可从 Web 上获取，有一些甚至只能从 Web 上获得。出于简洁和可读性的考虑，本书对 Web 参考材料采用了一种特殊的格式，类似 URL 参考文献，诸如 ［www. omg. org］和 ［www. rsasecurity. com I］的参考文献指的是仅能从 Web 上获得的文档。在本书结尾的参考文献清单中可以找到它们，但是完整的 URL 仅在本书参考文献的联机版本（www. cdk5. net/refs）上给出。两个版本的参考文献都有对这种机制的详细解释。

与第 4 版相关的改变

在开始新版本写作之前，我们针对使用第 4 版的教师做了一个调查，并根据调查结果识别出所需要的新材料和需要做的修改。此外，我们认识到不断增加的分布式系统的多样性，特别是从当前可用于分布式系统开发者的体系结构方法的范围来说。这些都要求本书做重要的改变，特别是前面（基础性）的章节。

总之，这些使得我们编写了全新的 3 章，对其他一些章节做了实质性的修改，并在书中多处补充了新的内容。对许多章节进行了改变以反映所描述系统的新的、可用的信息。这些修改总结在下面的表格中。为了帮助已使用过第 4 版的教师，只要可能，我们就保留了前一版本采用的结构。对于已被删除的材料，我们把它放在与书配套的 Web 网站上，并与以前版本中被删除的材料放在一起。这些被删除的材料包括关于 ATM 的实例研究、UNIX 中的进程间通信、CORBA（其精减的版本仍然保留在第 8 章中）、Jini 分布式事件规约和（以 OG-SA 和 Globus 工具集为特色的）网格中间件，以及关于分布式共享内存的章节（对它的简明总结现在被包含在第 6 章中）。

在本书的一些章节中，例如新的关于间接通信的章节（第 6 章）包含了许多材料。教师在选择 2~3 项技术做详细的讲解之前可以选择广泛的内容（例如，组通信，假定它的基本角色，以及发布 - 订阅或消息队列，假定它们在商业分布式系统中的盛行）。

章节的顺序已经修改以容纳新的材料，并反映对某些主题相对重要性的改变。为了完全理解某些主题，读者可能发现附带一个参考文献是必要的。例如，如果第 9 章引用的第 11 章安全的章节被理解，那么第 9 章关于 XML 安全技术的内容可以被更好地理解。

本书结构变动如下表所示：

新增的章：	
第 6 章　间接通信	包括了第 4 版的事件和通知
第 8 章　分布式对象和组件	全部包括了来自第 4 版的 CORBA 实例研究
第 21 章　分布式系统设计：Google 实例研究	包含一个新的关于 Google 的大的实例研究
有实质性改变的章：	
第 1 章　分布式系统的特征	重要材料的重构：新增 1.2 节和 1.3.4 节关于云计算的介绍
第 2 章　系统模型	重要材料的重构：新增 2.2 节，2.3 节重写以反映新书的内容和相关的体系结构观点
第 4 章　进程间通信	几处更新：客户 - 服务器通信移到了第 5 章；新增 4.5 节（包括了关于 Skype 的实例研究）；新增 4.6 节；删除了对 UNIX 的 IPC 的实例研究
第 5 章　远程调用	重要材料的重构：客户 - 服务器通信移到该章；介绍了从客户 - 服务器通信到 RPC 以及 RMI 的发展；事件和通知移到了第 6 章
增加了新内容或删除了内容的章，但没有结构性改变：	
第 3 章　网络和网际互连	几处更新：3.5 节删除了 ATM 的材料
第 7 章　操作系统支持	新增 7.7 节
第 9 章　Web 服务	9.2 节新增了松耦合的讨论
第 10 章　对等系统	新增 10.5.3 节讨论了非结构化对等系统（包括了新的 Gnutella 实例研究）
第 15 章　协调和协定	组通信的材料移到了第 6 章
第 18 章　复制	组通信的材料移到了第 6 章
第 19 章　移动和无处不在计算	19.3.1 节增加了元组空间（TOTA 和 L^2imbo）的材料
第 20 章　分布式多媒体系统	20.6 节补充了新的实例研究，增加了 BitTorrent 和 End System Multicast

剩下的章节仅做了少量的修改。

致谢

我们非常感谢下列参加了我们调查的教师：Guohong Cao、Jose Fortes、Bahram Khalili、George Blank、Jinsong Ouyang、JoAnne Holliday、George K. Thiruvathukal、Joel Wein、Tao Xie 和 Xiaobo Zhou。

我们要感谢下列审阅新章节或提供其他实质性帮助的人：Rob Allen、Roberto Baldoni、John Bates、Tom Berson、Lynne Blair、Geoff Coulson、Paul Grace、Andrew Herbert、David Hutchison、Laurent Mathy、Rajiv Ramdhany、Richard Sharp、Jean-Bernard Stefani、Rip Sohan、Francois Taiani、Peter Triantafillou、Gareth Tyson 和已故的 Maurice Wikes 先生。我们还要感谢 Google 的员工，他们的见解剖析了 Google 基础设施的设计合理性，他们是：Mike Burrow、Tushar Chandra、Walfredo Cirne、Jeff Dean、Sanjay Ghemawat、Andrea Kirmse 和 John Reumann。

这本书的编辑 Rachel Head 也提供了重要的支持。

Web 站点

和以前一样，我们在一个 Web 站点中提供了大量的材料，用于帮助教师和读者。读者可通过 URL 访问该网站：www.cdk5.net。

该 Web 网站包括：

教师指导 我们为教师提供下列辅助性材料：

- 本书全部的插图（以 PowerPoint 文件的方式）；
- 按章给出的教学提示；
- 练习的答案（有口令保护，仅对教师开放）。

参考文献清单 本书结尾处的参考文献清单也可在 Web 网站上找到。参考文献清单的 Web 版本包含可联机获得的材料的 Web 链接。

勘误表 给出书中的错误和改正清单。错误在本书重印时被更正，针对每次印刷提供一个单独的勘误表。（鼓励读者报告遇到的任何明显的错误到下面的电子邮件地址。）

补充材料 我们为每一章提供一套补充材料。包括书中程序的源代码和相关的阅读材料，主要是本书上一版本有的但在本版本中因篇幅的缘故而被删除的材料，该类补充材料在本书中用类似 www.cdk5.net/ipc（该 URL 提供与第 4 章"进程间通信"相关的补充材料）的链接表示。第 4 版的两个完整的章在新版中不再出现，它们可以在下面的 URL 处找到：

CORBA 实例研究：www.cdk5.net/corba。

分布式共享内存：www.cdk5.net/dsm。

George Coulouris

Jean Dollimore

Tim Kindberg

Gordon Blair

伦敦，布里斯托尔，兰开斯特，2011

authors@cdk5.net

译者序
前言

第1章　分布式系统的特征 ……… 1
1.1　简介 ……… 1
1.2　分布式系统的例子 ……… 2
 1.2.1　Web 搜索 ……… 2
 1.2.2　大型多人在线游戏 ……… 3
 1.2.3　金融交易 ……… 3
1.3　分布式系统的趋势 ……… 4
 1.3.1　泛在联网和现代互联网 ……… 5
 1.3.2　移动和无处不在计算 ……… 5
 1.3.3　分布式多媒体系统 ……… 7
 1.3.4　把分布式计算作为一个
  公共设施 ……… 7
1.4　关注资源共享 ……… 8
1.5　挑战 ……… 9
 1.5.1　异构性 ……… 9
 1.5.2　开放性 ……… 10
 1.5.3　安全性 ……… 11
 1.5.4　可伸缩性 ……… 11
 1.5.5　故障处理 ……… 12
 1.5.6　并发性 ……… 13
 1.5.7　透明性 ……… 14
 1.5.8　服务质量 ……… 15
1.6　实例研究：万维网 ……… 15
1.7　小结 ……… 20
练习 ……… 20

第2章　系统模型 ……… 22
2.1　简介 ……… 22
2.2　物理模型 ……… 23
2.3　体系结构模型 ……… 24
 2.3.1　体系结构元素 ……… 24
 2.3.2　体系结构模式 ……… 30

 2.3.3　相关的中间件解决方案 …… 34
2.4　基础模型 ……… 36
 2.4.1　交互模型 ……… 36
 2.4.2　故障模型 ……… 39
 2.4.3　安全模型 ……… 41
2.5　小结 ……… 44
练习 ……… 45

第3章　网络和网际互连 ……… 46
3.1　简介 ……… 46
3.2　网络类型 ……… 48
3.3　网络原理 ……… 50
 3.3.1　数据包的传输 ……… 50
 3.3.2　数据流 ……… 50
 3.3.3　交换模式 ……… 51
 3.3.4　协议 ……… 52
 3.3.5　路由 ……… 55
 3.3.6　拥塞控制 ……… 57
 3.3.7　网际互连 ……… 58
3.4　互联网协议 ……… 60
 3.4.1　IP 寻址 ……… 62
 3.4.2　IP 协议 ……… 63
 3.4.3　IP 路由 ……… 64
 3.4.4　IPv6 ……… 67
 3.4.5　移动 IP ……… 69
 3.4.6　TCP 和 UDP ……… 70
 3.4.7　域名 ……… 71
 3.4.8　防火墙 ……… 72
3.5　实例研究：以太网、WiFi、
 蓝牙 ……… 74
 3.5.1　以太网 ……… 75
 3.5.2　IEEE 802.11 无线 LAN …… 78
 3.5.3　IEEE 802.15.1 蓝牙无线
  PAN ……… 79
3.6　小结 ……… 81
练习 ……… 81

第4章 进程间通信 ·········· 83
4.1 简介 ·········· 83
4.2 互联网协议的API ·········· 84
4.2.1 进程间通信的特征 ·········· 84
4.2.2 套接字 ·········· 85
4.2.3 UDP数据报通信 ·········· 85
4.2.4 TCP流通信 ·········· 88
4.3 外部数据表示和编码 ·········· 91
4.3.1 CORBA的公共数据表示 ·········· 92
4.3.2 Java对象序列化 ·········· 93
4.3.3 可扩展标记语言 ·········· 94
4.3.4 远程对象引用 ·········· 97
4.4 组播通信 ·········· 98
4.4.1 IP组播——组播通信的实现 ·········· 98
4.4.2 组播的可靠性和排序 ·········· 100
4.5 网络虚拟化：覆盖网络 ·········· 101
4.5.1 覆盖网络 ·········· 101
4.5.2 Skype：一个覆盖网络的例子 ·········· 102
4.6 实例研究：MPI ·········· 103
4.7 小结 ·········· 104
练习 ·········· 105

第5章 远程调用 ·········· 107
5.1 简介 ·········· 107
5.2 请求-应答协议 ·········· 107
5.3 远程过程调用 ·········· 112
5.3.1 RPC的设计问题 ·········· 113
5.3.2 RPC的实现 ·········· 115
5.3.3 实例研究：Sun RPC ·········· 116
5.4 远程方法调用 ·········· 118
5.4.1 RMI的设计问题 ·········· 118
5.4.2 RMI的实现 ·········· 121
5.4.3 分布式无用单元收集 ·········· 124
5.5 实例研究：Java RMI ·········· 125
5.5.1 创建客户和服务器程序 ·········· 127
5.5.2 Java RMI的设计和实现 ·········· 130
5.6 小结 ·········· 130

练习 ·········· 131

第6章 间接通信 ·········· 133
6.1 简介 ·········· 133
6.2 组通信 ·········· 134
6.2.1 编程模型 ·········· 135
6.2.2 实现问题 ·········· 136
6.2.3 实例研究：JGroups工具箱 ·········· 138
6.3 发布-订阅系统 ·········· 140
6.3.1 编程模型 ·········· 142
6.3.2 实现问题 ·········· 143
6.3.3 发布-订阅系统的例子 ·········· 146
6.4 消息队列 ·········· 146
6.4.1 编程模型 ·········· 147
6.4.2 实现问题 ·········· 148
6.4.3 实例研究：Java消息服务 ·········· 149
6.5 共享内存的方式 ·········· 152
6.5.1 分布式共享内存 ·········· 152
6.5.2 元组空间通信 ·········· 153
6.6 小结 ·········· 159
练习 ·········· 161

第7章 操作系统支持 ·········· 162
7.1 简介 ·········· 162
7.2 操作系统层 ·········· 163
7.3 保护 ·········· 164
7.4 进程和线程 ·········· 165
7.4.1 地址空间 ·········· 166
7.4.2 新进程的生成 ·········· 167
7.4.3 线程 ·········· 169
7.5 通信和调用 ·········· 176
7.5.1 调用性能 ·········· 177
7.5.2 异步操作 ·········· 181
7.6 操作系统的体系结构 ·········· 183
7.7 操作系统层的虚拟化 ·········· 185
7.7.1 系统虚拟化 ·········· 186
7.7.2 实例研究：系统虚拟化的Xen方法 ·········· 186
7.8 小结 ·········· 193
练习 ·········· 194

第8章 分布式对象和组件 …………… 196
8.1 简介 …………………………… 196
8.2 分布式对象 ………………… 197
8.3 实例研究：CORBA ………… 198
　　8.3.1 CORBA RMI …………… 199
　　8.3.2 CORBA 的体系结构 …… 203
　　8.3.3 CORBA 远程对象引用 … 205
　　8.3.4 CORBA 服务 …………… 206
　　8.3.5 CORBA 客户和服务器
　　　　　实例 ………………… 206
8.4 从对象到组件 …………… 209
8.5 实例研究：企业 JavaBeans 和
　　Fractal ……………………… 212
　　8.5.1 企业 JavaBeans ……… 213
　　8.5.2 Fractal ………………… 217
8.6 小结 …………………………… 220
练习 ………………………………… 220

第9章 Web 服务 ………………………… 222
9.1 简介 …………………………… 222
9.2 Web 服务 …………………… 223
　　9.2.1 SOAP …………………… 225
　　9.2.2 Web 服务与分布式对象
　　　　　模型的比较 ………… 228
　　9.2.3 在 Java 中使用 SOAP … 229
　　9.2.4 Web 服务和 CORBA 的
　　　　　比较 ………………… 232
9.3 Web 服务的服务描述和接口
　　定义语言 …………………… 233
9.4 Web 服务使用的目录服务 … 235
9.5 XML 安全性 ………………… 237
9.6 Web 服务的协作 …………… 239
9.7 Web 服务的应用 …………… 241
　　9.7.1 面向服务的体系结构 … 241
　　9.7.2 网格 …………………… 241
　　9.7.3 云计算 ………………… 243
9.8 小结 …………………………… 244
练习 ………………………………… 245

第10章 对等系统 ……………………… 247
10.1 简介 ………………………… 247

10.2 Napster 及其遗留系统 ……… 250
10.3 对等中间件 ………………… 251
10.4 路由覆盖 …………………… 252
10.5 路由覆盖实例研究：Pastry 和
　　 Tapestry …………………… 254
　　10.5.1 Pastry ………………… 254
　　10.5.2 Tapestry ……………… 260
　　10.5.3 从结构化对等方法到非
　　　　　 结构化对等方法 …… 260
10.6 应用实例研究：Squirrel、
　　 OceanStore 和 Ivy ………… 262
　　10.6.1 Squirrel Web 缓存 …… 263
　　10.6.2 OceanStore 文件存储 … 264
　　10.6.3 Ivy 文件系统 ………… 267
10.7 小结 ………………………… 269
练习 ………………………………… 269

第11章 安全性 ………………………… 271
11.1 简介 ………………………… 271
　　11.1.1 威胁和攻击 ………… 272
　　11.1.2 保护电子事务 ……… 274
　　11.1.3 设计安全系统 ……… 275
11.2 安全技术概述 ……………… 276
　　11.2.1 密码学 ……………… 277
　　11.2.2 密码学的应用 ……… 277
　　11.2.3 证书 ………………… 279
　　11.2.4 访问控制 …………… 280
　　11.2.5 凭证 ………………… 282
　　11.2.6 防火墙 ……………… 283
11.3 密码算法 …………………… 283
　　11.3.1 密钥（对称）算法 … 285
　　11.3.2 公钥（不对称）算法 … 288
　　11.3.3 混合密码协议 ……… 289
11.4 数字签名 …………………… 289
　　11.4.1 公钥数字签名 ……… 290
　　11.4.2 密钥数字签名——MAC … 291
　　11.4.3 安全摘要函数 ……… 291
　　11.4.4 证书标准和证书权威
　　　　　 机构 ………………… 292
11.5 密码实用学 ………………… 293

11.5.1 密码算法的性能 ……… 293
11.5.2 密码学的应用和政治
障碍 ……………… 294
11.6 实例研究：Needham-Schroeder、
Kerberos、TLS 和 802.11 WiFi … 295
11.6.1 Needham-Schroeder 认证
协议 ………………… 295
11.6.2 Kerberos ……… 296
11.6.3 使用安全套接字确保电子
交易安全 ………… 300
11.6.4 IEEE 802.11 WiFi 安全
设计中最初的缺陷 ……… 302
11.7 小结 ……………… 303
练习 ……………… 304
第12章 分布式文件系统 ……… 305
12.1 简介 ……………… 305
12.1.1 文件系统的特点 ……… 307
12.1.2 分布式文件系统的需求 … 308
12.1.3 实例研究 ………… 309
12.2 文件服务体系结构 ……… 310
12.3 实例研究：SUN 网络文件
系统 ……………… 313
12.4 实例研究：Andrew 文件
系统 ……………… 321
12.4.1 实现 ………… 322
12.4.2 缓存的一致性 ……… 324
12.4.3 其他方面 ……… 326
12.5 最新进展 ……… 327
12.6 小结 ……………… 330
练习 ……………… 331
第13章 名字服务 ……… 332
13.1 简介 ……………… 332
13.2 名字服务和域名系统 ……… 334
13.2.1 名字空间 ……… 335
13.2.2 名字解析 ……… 337
13.2.3 域名系统 ……… 339
13.3 目录服务 ……… 344
13.4 实例研究：全局名字服务 … 344
13.5 实例研究：X.500 目录服务 … 346

13.6 小结 ……………… 349
练习 ……………… 349
第14章 时间和全局状态 ……… 351
14.1 简介 ……………… 351
14.2 时钟、事件和进程状态 ……… 352
14.3 同步物理时钟 ……… 353
14.3.1 同步系统中的同步 ……… 354
14.3.2 同步时钟的 Cristian 方法 … 354
14.3.3 Berkeley 算法 ……… 355
14.3.4 网络时间协议 ……… 355
14.4 逻辑时间和逻辑时钟 ……… 357
14.5 全局状态 ……… 359
14.5.1 全局状态和一致割集 ……… 360
14.5.2 全局状态谓词、稳定性、
安全性和活性 ……… 362
14.5.3 Chandy 和 Lamport 的
"快照"算法 ……… 362
14.6 分布式调试 ……… 365
14.6.1 收集状态 ……… 366
14.6.2 观察一致的全局状态 ……… 366
14.6.3 判定可能的 ϕ ……… 367
14.6.4 判定明确的 ϕ ……… 368
14.6.5 在同步系统中判定可能的
ϕ 和明确的 ϕ ……… 369
14.7 小结 ……………… 369
练习 ……………… 369
第15章 协调和协定 ……… 371
15.1 简介 ……………… 371
15.2 分布式互斥 ……… 373
15.3 选举 ……………… 377
15.4 组通信中的协调与协定 ……… 380
15.4.1 基本组播 ……… 381
15.4.2 可靠组播 ……… 381
15.4.3 有序组播 ……… 383
15.5 共识和相关问题 ……… 388
15.5.1 系统模型和问题定义 …… 389
15.5.2 同步系统中的共识问题 … 391
15.5.3 同步系统中的拜占庭将军
问题 ……………… 392

15.5.4 异步系统的不可能性 …… 394
15.6 小结 ……………………… 395
练习 ……………………………… 396

第16章 事务和并发控制 ………… 398
16.1 简介 ……………………… 398
16.1.1 简单的同步机制
（无事务） …………… 399
16.1.2 事务的故障模型 ……… 400
16.2 事务 ……………………… 400
16.2.1 并发控制 ……………… 402
16.2.2 事务放弃时的恢复 …… 405
16.3 嵌套事务 ………………… 406
16.4 锁 ………………………… 408
16.4.1 死锁 …………………… 413
16.4.2 在加锁机制中增加
并发度 ……………… 415
16.5 乐观并发控制 …………… 417
16.6 时间戳排序 ……………… 419
16.7 并发控制方法的比较 …… 423
16.8 小结 ……………………… 425
练习 ……………………………… 425

第17章 分布式事务 ……………… 429
17.1 简介 ……………………… 429
17.2 平面分布式事务和嵌套分布式
事务 ……………………… 429
17.3 原子提交协议 …………… 431
17.3.1 两阶段提交协议 ……… 432
17.3.2 嵌套事务的两阶段提交
协议 ………………… 434
17.4 分布式事务的并发控制 … 437
17.4.1 加锁 …………………… 437
17.4.2 时间戳并发控制 ……… 437
17.4.3 乐观并发控制 ………… 438
17.5 分布式死锁 ……………… 439
17.6 事务恢复 ………………… 444
17.6.1 日志 …………………… 445
17.6.2 影子版本 ……………… 446
17.6.3 为何恢复文件需要事务
状态和意图列表 …… 447

17.6.4 两阶段提交协议的恢复 … 448
17.7 小结 ……………………… 450
练习 ……………………………… 450

第18章 复制 ……………………… 453
18.1 简介 ……………………… 453
18.2 系统模型和组通信的作用 … 454
18.2.1 系统模型 ……………… 455
18.2.2 组通信的作用 ………… 456
18.3 容错服务 ………………… 459
18.3.1 被动（主备份）复制 … 461
18.3.2 主动复制 ……………… 462
18.4 高可用服务的实例研究：闲聊
体系结构、Bayou 和 Coda … 463
18.4.1 闲聊体系结构 ………… 464
18.4.2 Bayou 系统和操作变换
方法 ………………… 469
18.4.3 Coda 文件系统 ……… 471
18.5 复制数据上的事务 ……… 475
18.5.1 复制事务的体系结构 … 476
18.5.2 可用拷贝复制 ………… 477
18.5.3 网络分区 ……………… 479
18.5.4 带验证的可用拷贝 …… 479
18.5.5 法定数共识方法 ……… 480
18.5.6 虚拟分区算法 ………… 481
18.6 小结 ……………………… 483
练习 ……………………………… 484

第19章 移动和无处不在计算 …… 486
19.1 简介 ……………………… 486
19.2 关联 ……………………… 491
19.2.1 发现服务 ……………… 492
19.2.2 物理关联 ……………… 495
19.2.3 小结和前景 …………… 496
19.3 互操作 …………………… 497
19.3.1 易变系统的面向数据
编程 ………………… 497
19.3.2 间接关联和软状态 …… 500
19.3.3 小结和前景 …………… 501
19.4 感知和上下文敏感 ……… 501
19.4.1 传感器 ………………… 502

19.4.2 感知体系结构 …………… 502

19.4.3 位置感知 ………………… 506

19.4.4 小结和前景 ……………… 509

19.5 安全性和私密性 …………… 510

19.5.1 背景 …………………… 510

19.5.2 一些解决办法 …………… 511

19.5.3 小结和前景 ……………… 515

19.6 自适应 ……………………… 515

19.6.1 内容的上下文敏感
自适应 ………………… 515

19.6.2 适应变化的系统资源 …… 517

19.6.3 小结和前景 ……………… 518

19.7 实例研究：Cooltown ……… 518

19.7.1 Web 存在 ……………… 519

19.7.2 物理超链接 ……………… 520

19.7.3 互操作和 eSquirt 协议 … 521

19.7.4 小结和前景 ……………… 522

19.8 小结 ………………………… 523

练习 ………………………………… 523

第20章 分布式多媒体系统 ……… 525

20.1 简介 ………………………… 525

20.2 多媒体数据的特征 ………… 527

20.3 服务质量管理 ……………… 528

20.3.1 服务质量协商 …………… 531

20.3.2 许可控制 ………………… 534

20.4 资源管理 …………………… 534

20.5 流自适应 …………………… 535

20.5.1 调整 ……………………… 536

20.5.2 过滤 ……………………… 536

20.6 实例研究：Tiger 视频文件服务器、
BitTorrent 和端系统多播 ……… 537

20.6.1 Tiger 视频文件服务器 …… 537

20.6.2 BitTorrent ……………… 540

20.6.3 端系统多播 ……………… 541

20.7 小结 ………………………… 544

练习 ………………………………… 544

第21章 分布式系统设计：Google
实例研究 ………………… 546

21.1 简介 ………………………… 546

21.2 实例研究简介：Google …… 547

21.3 总体结构和设计理念 ……… 550

21.3.1 物理模型 ………………… 550

21.3.2 总的系统体系结构 ……… 551

21.4 底层通信范型 ……………… 553

21.4.1 远程调用 ………………… 554

21.4.2 发布-订阅 ……………… 556

21.4.3 通信的关键设计选择
总结 …………………… 557

21.5 数据存储和协调服务 ……… 557

21.5.1 Google 文件系统 ……… 557

21.5.2 Chubby …………………… 561

21.5.3 Bigtable ………………… 565

21.5.4 关键设计选择总结 ……… 570

21.6 分布式计算服务 …………… 571

21.6.1 MapReduce ……………… 571

21.6.2 Sawzall …………………… 574

21.6.3 关键设计选择总结 ……… 575

21.7 小结 ………………………… 576

练习 ………………………………… 576

参考文献 ………………………… 578

索引 ……………………………… 615

分布式系统的特征

分布式系统是其组件分布在连网的计算机上，组件之间通过传递消息进行通信和动作协调的系统。该定义引出了分布式系统的下列重要特征：组件的并发性、缺乏全局时钟、组件故障的独立性。

我们看一下现代分布式系统的几个例子，包括 Web 搜索、多人在线游戏和金融交易系统，也考察今天推动分布式系统发展的关键趋势：现代网络的泛在特性，移动和无处不在计算的出现，分布式多媒体系统不断增加的重要性，以及把分布式系统看成一种实用系统的趋势。接着本章强调资源共享是构造分布式系统的主要动机。资源可以被服务器管理，由客户访问，或者它们被封装成对象，由其他客户对象访问。

构造分布式系统的挑战是处理其组件的异构性、开放性（允许增加或替换组件）、安全性、可伸缩性（用户的负载或数量增加时能正常运行的能力）、故障处理、组件的并发性、透明性和提供服务质量的问题。最后，以 Web 作为一个大规模分布式系统的例子进行了讨论，并介绍了它的主要特征。 □1□

1.1 简介

计算机网络无处不在。互联网也是其中之一，因为它是由许多种网络组成的。移动电话网、协作网、企业网、校园网、家庭网、车内网，所有这些，既可单独使用，又可相互结合，它们具有相同的本质特征，这些特征使得它们可以放在分布式系统的主题下来研究。本书旨在解释影响系统设计者和实现者的连网的计算机的特征，给出已有的可帮助完成设计和实现分布式系统任务的主要概念和技术。

我们把分布式系统定义成一个其硬件或软件组件分布在连网的计算机上，组件之间通过传递消息进行通信和动作协调的系统。这个简单的定义覆盖了所有可有效部署连网计算机的系统。

由一个网络连接的计算机可能在空间上的距离不等。它们可能分布在地球上不同的洲，也可能在同一栋楼或同一个房间里。我们定义的分布式系统有如下显著特征：

并发：在一个计算机网络中，执行并发程序是常见的行为。用户可以在各自的计算机上工作，在必要时共享诸如 Web 页面或文件之类的资源。系统处理共享资源的能力会随着网络资源（例如，计算机）的增加而提高。在本书的许多地方将描述有效部署这种额外能力的方法。对共享资源的并发执行程序的协调也是一个重要和重复提及的主题。

缺乏全局时钟：在程序需要协作时，它们通过交换消息来协调它们的动作。密切的协作通常取决于对程序动作发生的时间的共识。但是，事实证明，网络上的计算机与时钟同步所达到的准确性是有限的，即没有一个正确时间的全局概念。这是通信仅仅是通过网络发送消息这个事实带来的直接结果。定时问题和它们的解决方案将在第 14 章描述。

故障独立性：所有的计算机系统都可能出故障，一般由系统设计者负责为可能的故障设计结果。分布式系统可能以新的方式出现故障。网络故障导致网上互连的计算机的隔离，但这并不意味着它们停止运行，事实上，计算机上的程序不能够检测到网络是出现故障还是网络运行得比通常慢。类似的，计算机的故障或系统中程序的异常终止（崩溃），并不能马上使与它通信的其他组件了解。系统的每个组件会单独地出现故障，而其他组件还在运行。分布式系统的这个特征所带来的后果将是贯穿本书的一个反复提及的主题。

构造和使用分布式系统的主要动力来源于对共享资源的期望。"资源"一词是相当抽象的，但它很好地描述了能在连网的计算机系统中共享的事物的范围。它涉及的范围从硬件组件（如硬盘、打印机）到软件定义的实体（如文件、数据库和所有的数据对象）。它包括来自数字摄像机的视频流和移动电话呼叫所表示的音频连接。 □2□

本章主要论述分布式系统的本质，以及成功部署分布式系统必须要面临的挑战，1.2 节展示了分布式系统的一些重要的例子，1.3 节给出了推动分布式系统发展的关键趋势，1.4 节关注资源共享系的设计，1.5 节则阐述了分布式系统设计者所要面对的重要挑战：异构性、开放性、安全性、可伸缩性、故障处理、并发性、透明性和服务质量。1.6 节给出了一个众所周知的分布式系统——万维网的详细的实例研究，说明了它是如何支持资源共享的。

1.2 分布式系统的例子

本节给出能激发读者学习积极性的当代分布式系统的例子，用于说明分布式系统所扮演的无处不在的角色和相关应用的多样性。

如 1.1 节所提及的那样，网络无处不在，成为我们现在认为理所当然的日常服务（互联网和相关的万维网、Web 搜索、在线游戏、电子邮件、社会网络、电子商务，等等）的基础。为了进一步说明这一点，可参考图 1-1，它描述了一系列所选的关键商务或社会应用部门，强调了相关的分布式系统技术已公认或新出现的应用。

金融和商业	电子商务的发展可以用 Amazon 和 eBay 等公司作为例证，底层的支付技术如 PayPal 也在不断发展；出现了相关的在线银行和交易，以及用于金融市场的复杂信息分发系统
信息社会	万维网发展成信息和知识的仓库；开发出用于搜索这个巨大仓库的 Web 搜索引擎，如 Google 和 Yahoo 等；出现了数字图书馆和对遗留信息源（诸如书）的大规模数字化（例如，Google Books）；通过如 YouTube、Wikipedia 和 Flicker 等网站，使用户生成的内容的重要性不断提升；出现了诸如 Facebook 和 MySpace 这样的社交网络
创意产业和娱乐	在线游戏成为一种新的高度交互的娱乐方式；利用网络化的媒体中心和更广泛的互联网，获得可下载的或流化的内容，从而在家里获得音乐和电影；用户生成的内容，例如通过诸如 YouTube 之类的服务，成为一种新型的创新；新兴（包括网络化）技术引发了新的艺术和娱乐方式
医疗保健	健康信息化成为一个学科，强调在线电子病历记录和与私密性相关的问题；远程医疗在支持远程诊断或更先进的服务如远程手术（包括医疗团队之间的协同工作）等方面越来越重要；应用网络化和嵌入式系统技术来辅助生活，例如，在家里监测老年人的行动情况
教育	出现电子教育，例如，通过基于 Web 的工具（诸如虚拟学习环境）进行学习；对远程教育的相关支持；对协作或基于社区学习的支持
交通和物流	在路线寻找系统和更通用的交通管理系统中，使用定位技术如 GPS；现代车辆自身已成为一个复杂分布式系统的例子（这点也适用于其他交通工具，如飞机）；开发了基于 Web 的地图服务，如 MapQuest、Google Maps 和 Google Earth
科学	出现了网格，它作为 eScience 的基础技术，以使用复杂计算机网络对（经常是超大数量的）科学数据的存储、分析和处理提供支持；对网格的使用使得世界范围内科学家小组之间的协作成为可能
环境管理	使用（网络化）传感器技术，监控和管理自然环境，例如，对自然灾害（如地震、洪水、海啸）提供早期预警和协调应急响应；整理和分析全局环境参数，从而更好地理解复杂自然现象（如气候变化）

图 1-1 所选的应用领域和相关的网络化应用

正如所看到的，分布式系统包含近些年许多最重要的技术发展，因此理解底层技术绝对是现代计算知识的核心。图 1-1 也展示了当前广泛的应用，从相对本地化的系统（例如汽车或飞机中的系统）到全球范围的涉及上百万结点的系统，从以数据为中心的服务到处理器密集型任务，从由非常小相对原始的传感器构建的系统到那些包含强大计算元素的系统，从嵌入式系统到那些支持复杂交互式用户体验的系统，等等。

下面给出分布式系统更特定的例子，进一步说明今天分布式系统的多样性和复杂性。

1.2.1 Web 搜索

在过去的 10 年，Web 搜索已经成为一大迅速发展的行业，最近的数字表明每个月的全球搜索量已经超过 100 亿。Web 搜索引擎的任务是为万维网的所有内容建立索引，其中含有各种信息类型，包括 Web 页面、多媒体资源和（扫描后的）书。这是一个非常复杂的任务，因为当前的估计是 Web 由超过 630 亿个页面组成，包含 1 万亿个 Web 地址。考虑到大多数搜索引擎是分析整个 Web 内容，并在这个巨大的数据库上完成复杂的处理，那么这个任务自身就是对分布式系统设计的一个巨大挑战。

Google，Web 搜索技术上的市场领导者，在支持用于搜索（与其他 Google 应用和服务，如 Google Earth）的复杂的分布式系统基础设施的设计上已做出了巨大的努力。它代表了计算历史上最大和最复杂的分布式系统设施之一。该基础设施最突出的亮点包括：

- 一个底层物理设施，它由超大数目的位于全世界多个数据中心的联网计算机组成；
- 一个分布式文件系统，支持超大文件，并根据搜索和其他 Google 应用的使用方式（特别是在文件中以快速而持久的速度读取）进行了深度优化；
- 一个相关的结构化分布式存储系统，它提供对超大数据集的快速访问；
- 一个锁服务，它提供诸如分布式加锁和协定等分布式系统功能；
- 一个编程模式，它支持对底层物理基础设施上的超大并行和分布式计算的管理。

关于 Google 分布式系统服务和底层通信支持的进一步细节可以参见第 21 章，该章研究了在线运行的现代分布式系统。

1.2.2 大型多人在线游戏

大型多人在线游戏（Massively Multiplayer Online Game，MMOG）提供了一种身临其境的体验，超大数目的用户通过互联网在一个持久的虚拟世界中交互。此类游戏的主要例子包括 Sony 的 EverQuest Ⅱ 和芬兰 CCP Games 公司的 EVE Online。这种游戏的复杂性迅速增加，现在包括复杂的游戏舞台（例如，EVE Online 由一个超过 5000 个星系的宇宙组成）以及多种社会和经济系统。玩家的数目也在上升，而系统能支持超过 50 000 个并发在线用户（玩家的总数目可能是这个数字的 10 倍）。

MMOG 工程体现了分布式系统技术面临的巨大挑战，尤其是它对快速响应时间的需求，唯有如此，才能维持较好的用户体验。其他挑战包括事件实时传播给多个玩家和维护对共享世界的一个一致的视图。因此，这是一个很好的例子，能说明现代分布式系统设计者要面对的挑战。

针对大型多人在线游戏，提出了许多解决方案：

- 可能有点出人意料，最大的在线游戏 EVE Online，采用了客户 - 服务器体系结构，在一个集中式服务器上维护了游戏世界状态的单个拷贝，供运行在玩家终端或其他设备上的客户程序访问。为了支持大量客户，服务器自身是一个复杂的实体，拥有由上百个计算机结点组成的集群结构（该客户 - 服务器方法在 1.4 节详细讨论，集群方法将在 1.3.4 节讨论）。从虚拟世界的管理看，集中式体系结构有极大的益处，单个拷贝也简化了一致性问题。接着，目标是通过优化网络协议和快速响应到达事件来确保快速的响应。为了支持这点，对负载进行了分区，把单个"星系"分配给集群中指定的计算机，这样，高负载星系会拥有自己的专用计算机而其他星系则共享一台计算机。通过跟踪玩家在星系之间的移动，到达的事件被导向集群中正确的计算机上。

5

- 其他 MMOG 采用更多的分布式体系结构，宇宙被划分到大量（可能是超多）服务器上，这些服务器可能地理上分散部署。接着，用户基于当前的使用模式和到服务器的网络延迟（例如基于地理最近）被动态地分配到一个特定服务器。这种体系结构风格被 EverQuest 采用，它通过增加新的服务器，可自然地扩展。

- 大多数商业系统采用上述两个模型中的一个，但研究者现在也在寻找更极端的体系结构，即不基于客户 - 服务器原理而是基于对等技术采用完全分散的方法。采用对等技术，意味着每个参与者贡献（存储和处理）资源来容纳游戏。对对等解决方案的进一步研究将推迟到第 2 章和第 10 章。

1.2.3 金融交易

最后一个例子，我们看一下金融交易市场的分布式系统支持。金融行业以其需求一直处在分布式系统技术的最前沿，特别是在实时访问大范围的信息源方面（例如，当前的股票价格和趋势，经济和政治发展）。金融行业采用自动监控和交易应用。

注意，此类系统的重点是对感兴趣数据项的通信和处理。感兴趣数据项在分布式系统中称为事件，在金融行业中的需求是可靠及及时地传递事件给可能是大量对此信息有兴趣的客户。此类事件的例子包括股价的下跌，最新失业数据的发布，等等。这要求底层的体系结构具有与前述风格（例如客户－服务器）完全不同的风格，这样的系统通常采用分布式基于事件的系统。我们下面给出此类系统的一个典型应用，第6章再对这个重要的话题进行深入讨论。

图1-2举例说明了一个典型的金融交易系统。它显示了一系列事件进入一个指定的金融机构。这样的事件输入具有下列特征。首先，事件源通常具有多种格式，例如路透社的市场数据事件和FIX事件（符合金融信息交换协议特定格式的事件），事件源还来自不同的事件技术，这说明了在大多数分布式系统中会遇到的异构性问题（参见1.5.1节）。图中使用了适配器，它把异构格式转换成一个公共的内部格式。其次，交易系统必须处理各种各样的事件流，这些事件流高速到达，经常需要实时处理来检测表示交易机会的模式。这在过去曾经是手工处理的，但在竞争压力下变成自动处理，这就是所谓的复杂事件处理（Complex Event Processing，CEP），它提供了一种方法来将一起发生的事件组成逻辑的、时序的或空间的模式。

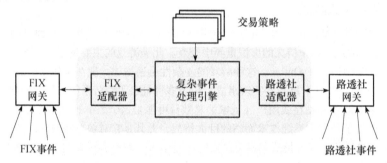

图1-2　金融交易系统例子

这种方法主要用于开发定制的算法的交易策略，包括股票的买入和卖出，特别是可以寻找表示交易机会的模式，然后通过下单和订单管理系统自动地回复。作为一个例子，考虑下面的脚本：

```
WHEN
    MSFT price moves outside 2% of MSFT Moving Average
FOLLOWED-BY (
    MyBasket moves up by 0.5%
    AND
        HPQ's price moves up by 5%
        OR
        MSFT's price moves down by 2%
    )
)
ALL WITHIN
    any 2 minute time period
THEN
    BUY MSFT
    SELL HPQ
```

这个脚本基于Apama［www.progress.com］提供的功能，Apama是金融领域的一个商业产品，最初是根据剑桥大学的研究工作开发的。脚本根据微软、HP的股价和一组其他股价检测一个复杂的时序序列，决定买入或卖出特定的股票。

在金融系统的其他领域，包括通过监控交易活动来管理风险（特别是跟踪曝光），这种类型的技术的使用也在增加，用于确保遵从规则和监控有诈骗交易倾向的活动模式。在这种系统中，事件在处理之前通常会被截获，然后通过一个合规的防火墙（参见下面1.3.1节关于防火墙的讨论）。

1.3　分布式系统的趋势

分布式系统正在经历巨大的变化，这可追溯到一系列有影响力的趋势：

- 出现了泛在联网技术；
- 出现了无处不在计算，它伴随着分布式系统中支持用户移动性的意愿；
- 对多媒体设备的需求增加；
- 把分布式系统作为一个设施。

1.3.1 泛在联网和现代互联网

现代互联网是一个巨大的由多种类型计算机网络互连的集合，网络的类型一直在增加，现在包括多种多样的无线通信技术，如 WiFi、WiMAX、蓝牙（参见第 3 章）和第三代移动电话网络。最终结果是联网已成为一个泛在的资源，设备可以在任何时间、任何地方被连接（如果愿意）。

图 1-3 举例说明了互联网的部分典型组成。互联网上的计算机程序通过传递消息进行交互，采用了一种公共的通信手段。互联网通信机制（互联网协议）的设计和构造是一项重大的技术成果，它使得一个在某处运行的程序能给另一个地方的程序发送消息。

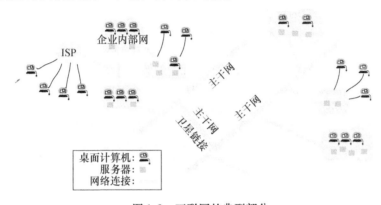

图 1-3 互联网的典型部分

互联网也是一个超大的分布式系统。它使得世界各地的用户都能利用诸如万维网、电子邮件和文件传送等服务。（有时，Web 被不正确地等同于互联网。）服务集是开放的，它能够通过服务器计算机和新的服务的增加而被扩展。图 1-3 还展示了许多企业内部网——由公司和其他组织操作的子网，通常受防火墙的保护。防火墙的作用是保护企业内部网，防止未授权的消息进出网络。防火墙是通过过滤到达消息和外发消息来实现的。可以在源或目的地进行过滤，或者防火墙可以仅允许与电子邮件和Web 访问相关的消息进出它保护的企业内部网。互联网服务提供商（Internet Service Provider，ISP）是给个体用户和小型组织提供宽带链接和其他类型连接的公司，使他们能获得互联网上任何地方的服务；同时提供诸如电子邮件和 Web 托管等本地服务。企业内部网通过主干网实现互相链接。主干网是具有高传送能力的网络链接，通常采用卫星连接、光缆和其他高带宽线路。

一些组织并不希望将他们的内部网络连接到互联网。例如，警察局与其他安全和法律执行机构可能至少有一些内部网与外部世界隔离（没有与互联网的任何物理连接——可能是最有效的防火墙）。当内部用户和外部用户之间需要资源共享时，对服务的合法访问受到防火墙的阻碍，也会在分布式系统中出现问题。因此，必须经常用更细粒度的机制和策略（见第 11 章的讨论）作为防火墙的补充。

互联网和其支持的服务的实现，使得必须开发实用解决方案来解决分布式系统中的许多问题（包括在 1.5 节中定义的大多数问题）。本书将着重阐述这些解决方案，并在适当的时候说明它们的适用范围和局限性。

1.3.2 移动和无处不在计算

设备小型化和无线网络方面的技术进步已经逐步使得小型和便携式计算设备集成到分布式系统中。这些设备包括：

- 笔记本电脑。
- 手持设备，包括移动电话、智能电话、GPS 设备、传呼机、个人数字助理（PDA）、摄像机和数码相机。
- 可穿戴设备，如具有类似 PDA 功能的智能手表。
- 嵌入在家电（如洗衣机、高保真音响系统、汽车和冰箱）中的设备。

这些设备大多数具有可携带性，再加上它们可以在不同地方方便地连接到网络的能力，使得移动计算成为可能。移动计算是指用户在移动或访问某个非常规环境时执行计算任务的性能。在移动计算中，远离其本地的企业内部网（指工作环境或其住处的企业内部网）的用户也能通过他们携带的设备访问资源。他们能继续访问互联网，继续访问在他们本地内部企业网上的资源。为用户在其移动时提供资源（如打印机）或方便地利用附近的销售点的情形也在不断增加。后者也称为位置感知或上下文感知的计算。移动性为分布式系统引入了一系列的挑战，包括需要处理变化的连接甚至断连、需要在设备移动时维持操作（见 1.5.7 节关于移动透明性的讨论）。

无处不在计算是指对在用户的物理环境（包括家庭、办公室和其他自然环境）中存在的多个小型、便宜的计算设备的利用。术语"无处不在"意指小型计算设备最终将在不会引人注意的日常物品中普及。也就是说，它们的计算行为将透明地紧密捆绑到这些日常物品的物理功能上。

各处的计算机只有在它们能相互通信时才变得有用。例如，如果用户能通过电话或一个"通用远程控制"设备控制家里的洗衣机和娱乐系统，那么用户会觉得很方便。而洗衣机在完成洗衣后能通过一个智能徽章或电话通知用户，也会让人觉得很方便。

无处不在计算和移动计算有交叉的地方，因为从原理上说，移动用户能受益于遍布各处的计算机。但一般而言，它们是不同的。无处不在计算能让待在家里或医院这样单一的环境中的用户受益。类似地，即使移动计算只涉及常见的、分立的计算机和设备（如笔记本电脑和打印机），它还是有优势的。

图 1-4 显示了一个正在访问一个组织的用户。该图显示出用户本地的内部网和用户正在访问的内部网。两个企业内部网都连接到互联网。

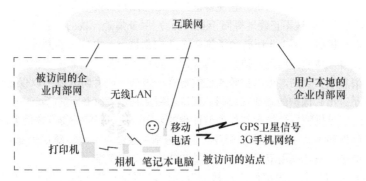

图 1-4　分布式系统中的便携式设备和手持设备

用户可以使用三种无线连接。笔记本电脑可以连接到被访问组织的无线 LAN。无线 LAN 覆盖方圆几百米的范围（即建筑物的一层）。它通过网关或访问点连接到被访问组织的企业内部网。用户还有一部连到互联网的移动电话，电话可以访问 Web 和其他互联网服务，只是所显示的内容受限于小的显示屏幕，电话也可以通过内置的 GPS 功能提供位置信息。最后，用户携带一台数码相机，它能通过一个个域无线网络（其覆盖范围大约为 10m）与打印机这样的设备通信。

利用适当的系统基础设施，用户能在其访问地用他们携带的设备完成一些简单的任务。当用户到达其访问的地方时，他能通过移动电话从 Web 服务器上取得最新的股票价格，也能使用内置的 GPS 和路由寻找软件来获得到达目标位置的方向。在与访问单位开会时，通过把数码相机的照片直接发送到会议室的一台可用的（本地）打印机或投影机上，用户就能展示最近的照片。这仅仅要求相机和打印机或投影机之间具有无线连接。原则上，用户可以利用无线 LAN 或有线的以太网链接从笔记本电脑上把文件发送到同一台打印机。

这个场景说明了支持自发互操作的需求，依靠自发互操作，设备之间的关联被例行地创建和拆除，定位和使用所访问地的设备（如打印机）是一个这方面的例子。这种情况下的最大挑战是让互操作快速和方便（即自发），即使用户可能在一个他们以前从来没有访问过的环境。这意味着，要让访问者的设备在访问地的网络上通信，并将设备与合适的本地设备相关联——这个过程称为服务发现。

移动和无处不在计算是一个热门的研究领域，上面提到的多个方面将在第 19 章深入讨论。 |11|

1.3.3 分布式多媒体系统

另一个重要的趋势是在分布式系统中支持多媒体服务的需求。多媒体支持可以定义为以集成的方式支持多种媒体类型的能力。人们可以期望分布式多媒体系统支持离散类型媒体（如图片或正文消息）的存储、传输和展示。分布式多媒体系统应该能对连续类型媒体（如音频和视频）完成相同的功能，即它应该能存储和定位音频或视频文件，并通过网络传输它们（可能需要以实时的方式，因为流来自摄像机），从而能向用户展示多种媒体类型，以及在一组用户中共享多种类型的媒体。

连续媒体的重要特点是它们包括一个时间维度，确实，媒体类型的完整性从根本上依赖于在媒体类型的元素之间保持实时关系。例如，在视频展示中，保持给定的吞吐量是必要的，它以帧/秒计，而对实时流来说，是给定帧传递的最大延迟。（这是服务质量的一个例子，详细讨论见 1.5.8 节。）

分布式多媒体计算的好处是相当大的，因为能在桌面环境提供大量的新（多媒体）服务和应用，包括访问实况或预先录下的电视广播、访问提供视频点播服务的电影资料库、访问音乐资料库、提供音频和视频会议设施、提供集成的电话功能（包括 IP 电话或相关的技术，例如 IP 电话的一个对等方案 Skype，对 Skype 底层的分布式系统基础设施的讨论见 4.5.2 节）。注意，该项技术对于制造商重新思考消费类设备方面是革命性的。例如，什么是将来核心的家庭娱乐设备——计算机、电视或游戏控制台？

网络播放（webcasting）是分布式多媒体技术的应用。网络播放是在互联网上广播连续媒体（典型的是音频或视频）的能力，现在常见以这种方式广播主要的体育或音乐事件，它经常吸引大量的观看者（例如，2005 年的 Live8 音乐会在其高峰同时吸引了大约 170 000 名用户）。

分布式多媒体应用（例如网络播放）对底层的分布式基础设施提出了大量的要求，包括：
- 提供对一系列（可扩展的）编码和加密格式的支持，例如 MPEG 系列标准（包括如流行的 MP3 标准，也称 MPEG-1 音频第三层）和 HDTV；
- 提供一系列机制来保障所需的服务质量能得到满足；
- 提供相关的资源管理策略，包括合适的调度策略，来支持所需的服务质量；
- 提供适配策略来处理在开放系统中不可避免的场景，即服务质量不能得到满足或维持。

这些机制的进一步讨论可以在第 20 章找到。 |12|

1.3.4 把分布式计算作为一个公共设施

随着分布式系统基础设施的不断成熟，不少公司在推广这样的观点：把分布式资源看成一个商品或公共设施，把分布式资源和其他公用设施（例如水或电）进行类比。采用这个模型，资源通过合适的服务提供者提供，能被最终用户有效地租赁而不是拥有。这种模型可以应用到物理资源和更多的逻辑服务上。
- 联网的计算机可用诸如存储和处理这样的物理资源，从而无须自己拥有这样的资源。从一个维度看，用户可以为其文件存储（例如，照片、音乐或视频等多媒体数据的存储）需求和/或文件备份需求选择一个远程存储设施。类似地，利用这个方法，用户能租用一个或多个计算结点，从而满足他们的基本计算需求或者完成分布式计算。从另一个维度看，用户现在能用像 Amazon 和 Google 之类的公司提供的服务访问复杂的数据中心（网络化的设施，为用户或机构提供对拥有大量数据的数据仓库的访问）或计算基础设施。操作系统虚拟化是该方法关键的使能技术，它意味着实际上可以通过一个虚拟的而不是物理的结点为用户提供服务。这从资源管理角度给服务提供者提供了更大的灵活性（关于操作系统虚拟化的详细讨论见第7章）。

- 用这种方法，软件服务（其定义见1.4节）也能跨全球互联网使用。确实，许多公司现在提供一整套服务用于租赁，包括诸如电子邮件和分布式日历之类的服务。例如，Google将其旗下的一系列业务服务捆绑成Google Apps［www. google. com I］。软件服务所遵循的标准，例如Web服务（见第9章）提供的标准，使得这类开发成为可能。

关于计算作为公共设施，术语云计算（cloud computing）被用来刻画其前景。云被定义成一组基于互联网的应用，并且足以满足大多数用户需求的存储和计算服务的集合，这使得用户能大部分或全部免除本地数据存储和应用软件的使用（见图1-5）。该术语也推广"把每个事物看成一个服务"的观点，从物理或虚拟基础设施到软件，这样，服务经常根据使用而非购买来支付费用。注意，云计算减少了对用户设备的需求，允许非常简单的桌面或便携式设备来访问可能很广范围内的资源和服务。

通常，云实现在集群计算机上，从而提供每个服务所要求的必要的伸缩性和性能。集群计算机（cluster computer）是互连的计算机集合，它们紧密协作提供单一的、集成的高性能计算能力。在诸如Berkeley

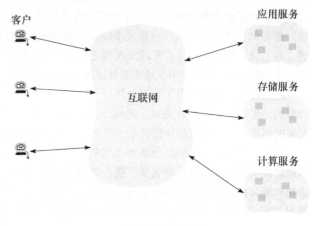

图1-5 云计算

的NOW（Network of Workstations）项目［Anderson et al. 1995，now. cs. berkeley. edu］和NASA的Beowulf项目［www. beowulf. org］的基础上，现在的趋势是计算机和互连网络都朝着利用商用硬件的方向发展。大多数集群由商用PC组成，这些PC运行操作系统（如Linux）的标准版本（有时是缩减版），并通过局域网互联。诸如HP、Sun和IBM等公司提供了刀片解决方案。刀片服务器（blade server）是最小的包含处理和（主存）存储能力的计算元素。刀片系统由包含在一个刀片机架中的大量刀片服务器组成。其他元素例如电源、冷却、持久存储（磁盘）、联网和显示，或是由机架提供或是通过虚拟化解决方案提供（相关讨论见第7章）。通过这个解决方案，单个刀片服务器比商用PC更小，也更便宜。

集群服务器的总目的是提供一系列的云服务，包括高性能计算能力、大容量存储（例如通过数据中心）、丰富的应用服务（如Web搜索——Google依赖大容量集群计算机体系结构来实现其搜索引擎和其他服务，相关讨论见第21章）。

网格计算（相关讨论见第9章9.7.2节）也能被看成是一种云计算。大量的术语是同义的，偶尔定义得不清楚，但网格计算通常被看成是云计算这种更通用模式的先驱，它只是偏重于支持科学计算。

1.4 关注资源共享

用户已经习惯了资源共享带来的好处，以致很容易忽视它们的重要性。大家通常共享硬件资源（如打印机）、数据资源（如文件）和具有特定功能的资源（如搜索引擎）。

从硬件资源的观点看，大家共享设备（如打印机和磁盘）可以减少花费，但对用户具有更大意义的是共享与用户应用、日常工作和社会活动有关的更高层的资源。例如，用户关心以共享数据库或Web页面集方式出现的共享数据，而不是实现上述服务的硬盘和处理器。类似地，用户关心诸如搜索引擎或货币换算器之类的共享资源，而不关心提供这些服务的服务器。

实际上，资源共享的模式随其工作范围和与用户工作的密切程度的不同而不同。一种极端是，

Web 上的搜索引擎给全世界的用户提供工具，而用户之间并不需要直接接触；另一种极端是，在计算机支持协同工作（Computer Supported Cooperative Working，CSCW）中，若干直接进行合作的用户在一个小型封闭的小组中共享诸如文档之类的资源。用户在地理上的分布以及用户之间进行共享的模式决定了系统必须提供协调用户动作的机制。

我们使用术语服务表示计算机系统中管理相关资源并提供功能给用户和应用的一个单独的部分。例如，我们通过文件服务访问共享文件；通过打印服务发送文件到打印机；通过电子支付服务购买商品。仅仅通过服务提供的操作可以实现对服务的访问。例如，一个文件服务提供了对文件的 read、write 和 delete 操作。

服务将资源访问限制为一组定义良好的操作，这在某种程度上属于标准的软件工程实践，同时它也反映出分布式系统的物理组织。分布式系统的资源是物理地封装在计算机内的，其他计算机只能通过通信才能访问。为了实现有效的共享，每个资源必须由一个程序管理，这个程序提供通信接口使得对资源进行可靠和一致的访问和更新。

大多数读者很熟悉术语服务器，它指的是在连网的计算机上的一个运行程序（一个进程），这个程序接收来自其他计算机上正在运行的程序的请求，执行一个服务并适当地做出响应。发出请求的进程称为客户，整个方案称为客户 - 服务器计算。在这个方案中，请求以消息的形式从客户发送到服务器，应答以消息的形式从服务器发送到客户。当客户发送一个要执行的操作请求时，就称客户调用那个服务器上的操作。客户和服务器之间的完整交互，即从客户发送一个请求到它接收到服务器的应答，称为一个远程调用。

同一个进程可能既是客户又是服务器，因为服务器有时调用其他服务器上的操作。术语"客户"和"服务器"仅仅是针对在一个请求中扮演的角色而言。客户是主动的（发起请求），服务器是被动的（仅在它们收到请求时唤醒）；服务器是连续运行的，而客户所持续的时间只是客户所属的那部分应用程序持续的时间。

注意，默认情况下，术语"客户"和"服务器"指的是进程而不是运行客户或服务器的计算机，虽然在日常用法中这些术语也指计算机。另一个不同（我们将在第 5 章讨论）是在用面向对象语言实现的分布式系统中，资源被封装成对象，并由客户对象访问，这时，称一个客户对象调用了一个服务器对象上的方法。 |15|

许多（但不是所有的）分布式系统可以完全用客户和服务器交互的形式来构造，万维网、电子邮件和连网的打印机都符合这种模式。第 2 章将讨论除客户 - 服务器系统之外的其他系统类型。

一个正在执行的 Web 浏览器是一个客户的例子。Web 浏览器与 Web 服务器通信，从服务器上请求 Web 页面。我们在 1.6 节详细讨论 Web 和其相关的客户 - 服务器体系结构。

1.5　挑战

1.2 节的例子试图说明分布式系统的范围，并提出在设计中出现的问题。在许多系统中，遇到了重大的挑战并且已经得到解决。随着分布式系统的应用范围和规模的扩展，可能会遇到相同的和其他的挑战。本节我们描述主要的挑战。

1.5.1　异构性

互联网使得用户能在大量异构计算机和网络上访问服务和运行应用程序。下面这些均存在异构性（即存在多样性和差别）：

- 网络；
- 计算机硬件；
- 操作系统；
- 编程语言；
- 由不同开发者完成的软件实现。

虽然互联网由多种不同种类的网络组成（见图 1-3），但因为所有连接到互联网的计算机都使用互联网协议来相互通信，所以这些不同网络的区别被屏蔽了。例如，连接在以太网中的计算机要在以太网上实现互联网协议，而在另一种网络上的计算机需要在该网络上实现互联网协议。第3章将解释互联网协议如何在多种不同的网络上实现。

整型等数据类型在不同种类的硬件上可以有不同的表示方法。例如，整数的字节顺序就有两种表示方法。如果要在不同硬件上运行的两个程序之间交换消息，那么就要处理它们在表示上的不同。

虽然互联网上所有计算机的操作系统均需要包含互联网协议的实现，但可以不为这些协议提供相同的应用编程接口。例如，UNIX中消息交换的调用与Windows中的调用是不一样的。

不同的编程语言使用不同的方式表示字符和数据结构（如数组和记录）。如果想让用不同语言编写的程序能够相互通信，那么必须解决这些差异。

不同开发者只有使用公共标准，他们编写的程序才能相互通信。例如，网络通信和消息中的基本数据项和数据结构的表示均要使用公共标准。所以，要制订和采用公共标准，就像互联网协议一样。

中间件 术语中间件是指一个软件层，它提供了一个编程抽象，同时屏蔽了底层网络、硬件、操作系统和编程语言的异构性。第4、5和8章描述的公共对象请求代理（Common Object Request Broker，CORBA）就是一个中间件。有些中间件，如Java远程方法调用（Remote Method Invocation，RMI）（见第5章），仅支持一种编程语言。大多数中间件在互联网协议上实现，由这些协议屏蔽了底层网络的差异，但所有的中间件要解决操作系统和硬件的不同，如何做到这一点将是第4章讨论的主题。

除了解决异构性的问题外，中间件为服务器和分布式应用的程序员提供了一致的计算模型。这些模型包括远程对象调用、远程事件通知、远程SQL访问和分布式事务处理。例如，CORBA提供了远程对象调用，它允许在一台计算机上运行的程序中的对象调用在另一台计算机上运行的某个程序中的一个对象的方法。它从实现上屏蔽了为了发送调用请求和应答，消息通过网络传递的事实。

异构性和移动代码 术语移动代码指能从一台计算机发送到另一台计算机，并在目的计算机上运行的代码，Java applet是一个例子。适合在一种计算机上运行的代码未必适合在另一种计算机上运行，因为可执行程序通常依赖于计算机的指令集和操作系统。

虚拟机方法提供了一种使代码可在任何计算机上运行的方法：某种语言的编译器生成一台虚拟机的代码而不是某种硬件代码，例如，Java编译器生成Java虚拟机的代码，虚拟机通过解释的方式来执行它。为了使Java程序能运行，要在每种计算机上实现一次Java虚拟机。

今天，最常使用的移动代码是将一些Web页面的JavaScript程序装载到客户浏览器中。Web技术在这方面的扩展将在1.6节做进一步讨论。

1.5.2 开放性

计算机系统的开放性是决定系统能否以不同的方式被扩展和重新实现的特征。分布式系统的开放性主要取决于新的资源共享服务能被增加和供多种客户程序使用的程度。

除非软件开发者能获得系统组件的关键软件接口的规约和文档，否则无法实现开放性。一句话，发布关键接口。这个过程类似接口的标准化，但它经常避开官方的标准化过程，官方的标准化过程通常烦琐且进度缓慢。

然而，发布接口仅是分布式系统增加和扩展服务的起点。设计者所面临的挑战是解决由不同人构造的由许多组件组成的分布式系统的复杂性。

互联网协议的设计者引入了一系列称为"征求意见文档"（Requests For Comments，RFC）的文档，每个文档有一个编号。20世纪80年代早期发布了互联网通信协议的规约，并放入RFC中，中期发布了在互联网上运行的应用的规约，如文件传输规约、电子邮件规约和telnet规约。这种活动一直在继续，形成了互联网技术文档的基础。除了协议规约外，该序列还包含讨论。读者可从［www.ietf.org］获得这些资料。最初的互联网通信协议的发布使得各种互联网系统和应用（包括Web）应运而生。RFC不是唯一的发布方式，例如，万维网联盟（World Wide Web Consortium，W3C）开发和发布了与Web工作相关的标准［www.w3.org］。

按这种方式支持资源共享的系统之所以称为开放的分布式系统，主要是强调它们是可扩展的。它们可通过在网络中增加计算机实现在硬件层次上的扩展，通过引入新的服务、重新实现旧的服务实现在软件层次上的扩展，最终使得应用程序能共享资源。开放系统常被提到的另一个好处是它们与销售商无关。

开放的分布式系统的特征总结如下：

- 发布系统的关键接口是开放系统的特征。
- 开放的分布式系统是基于一致的通信机制和发布接口访问共享资源的。
- 开放的分布式系统能用不同销售商提供的异构硬件和软件构造，但如果想让系统正确工作，就要仔细测试和验证每个组件与发布的标准之间的一致性。

1.5.3 安全性

分布式系统中维护和使用的众多信息资源对用户具有很高的内在价值，因此它们的安全相当重要。信息资源的安全性包括三个部分：机密性（防止泄露给未授权的个人）、完整性（防止被改变或被破坏）、可用性（防止对访问资源的手段的干扰）。

1.1 节指出，虽然互联网允许一台计算机中的程序与另一台计算机上的程序通信，而且可以不考虑它们的位置，但安全风险与允许自由访问企业内部网内的所有资源相关。虽然防火墙能形成保护企业内部网的屏障，限制进出企业内部网的流量，但这不能确保企业内部网的用户恰当地使用资源，或恰当地使用互联网的资源，后一种资源不受防火墙保护。 |18|

在分布式系统中，客户发送请求去访问由服务器管理的数据，这涉及在网络上通过消息发送信息。例如：

1）医生可能请求访问医院病人的数据或发送新增的病人数据。

2）在电子商务和电子银行中，用户在互联网上发送信用卡号码。

上面两个例子所面临的挑战是以安全的方式在网络上通过消息发送敏感信息。但安全性不只是涉及对消息的内容保密，它还涉及确切知道用户或代表用户发送消息的其他代理的身份。在第一个例子中，服务器要知道用户确实是一个医生；在第二个例子中，用户要确保他们正在交易的商店或银行的身份正确。这里，所面临的第二个挑战是正确地识别远程用户或其他代理的身份。利用加密技术可满足这两个挑战。加密技术被广泛使用在互联网上，第 11 章将讨论这个问题。

然而，下列两个安全方面所面临的挑战目前还没有圆满解决：

拒绝服务攻击：另一个安全问题是出于某些原因用户可能希望中断服务。可用下面的方法实现这个目的：用大量无意义的请求攻击服务，使得重要的用户不能使用它。这称为拒绝服务攻击。已发生几起对几个众所周知的 Web 服务进行的拒绝服务攻击。现在通过在事件发生后抓获和惩罚犯罪者来解决这种攻击，但这不是解决这种问题的通用方法。以改善网络管理为根本的反击手段正在开发过程中，第 3 章会讲解这些问题。

移动代码的安全性：移动代码需要小心处理。设想用户接收到一个作为电子邮件附件发送的可执行程序，那么运行该程序会带来的后果是不可预测的。例如，它可能看似显示了一幅有趣的画，但实际上它可能在访问本地资源，或可能是拒绝服务攻击的一部分。确保移动代码安全的一些手段会在第 11 章中谈到。

1.5.4 可伸缩性

分布式系统可在不同的规模（从小型企业内部网到互联网）下有效且高效地运转。如果资源数量和用户数量激增，系统仍能保持其有效性，那么该系统就称为可伸缩的。互联网上计算机数量和服务器数量不断增长。图 1-6 列出到 2005 年为止 Web 出现的 12 年间计算机和 Web 服务器数量的增长情况 [zakon.org]。值得一提的是，在此期间计算机和 Web 服务器有巨大的增长，而相关的百分比却趋于平稳，这个趋势可以用固定和移动个人计算的增长来解释。一个 Web 服务器也可以越来越多地部署在多个计算机上。 |19|

日期	计算机	Web 服务器	百分比
1993 年 7 月	1 776 000	130	0.008
1995 年 7 月	6 642 000	23 500	0.4
1997 年 7 月	19 540 000	1 203 096	6
1999 年 7 月	56 218 000	6 598 697	12
2001 年 7 月	125 888 197	31 299 592	25
2003 年 7 月	~200 000 000	42 298 371	21
2005 年 7 月	353 284 187	67 571 581	19

图 1-6 互联网的增长 (计算机和 Web 服务器)

可伸缩分布式系统的设计面临下列挑战:

控制物理资源的开销: 当对资源的需求增加时, 应该可以花费合理的开销扩展系统以满足要求。例如, 在企业内部网上文件被访问的频率可能随用户和计算机数量的增加而增加。如果一台文件服务器不能处理所有的文件访问请求, 那么必须能增加服务器数量以避免可能出现的性能瓶颈。通常, 要使有 n 个用户的系统成为可伸缩的, 那么所需的物理资源数量应该至多为 $O(n)$, 即正比于 n。例如, 如果一个文件服务器能支持 20 个用户, 那么两台这样的服务器应该能支持 40 个用户。虽然这听起来好像是理所当然的目标, 但实际上未必容易达到, 具体内容请参见第 12 章。

控制性能损失: 如果数据集的大小与系统中的用户或资源数量成正比, 设想一下这些数据的管理, 例如, 记录计算机的域名和对应的由域名系统持有的互联网地址的表, 这种表主要用于查找如 www. amazon. com 这样的 DNS 名字。采用层次结构的算法其伸缩性要好于使用线性结构的算法。但即使使用层次结构, 数量的增加仍将导致一些性能上的损失, 即访问有层次的结构化数据的时间是 $O(\log n)$, 当 n 是数据集的大小时, 对一个可伸缩的系统, 最大的性能损失莫过于此。

防止软件资源用尽: 用做互联网 (IP) 地址 (互联网上的计算机地址) 的数字是缺乏伸缩性的一个例子。在 20 世纪 70 年代晚期, 决定用 32 位作为互联网地址, 但在第 3 章将会提到, 可用的互联网地址将会用尽。由于这个原因, 使用 128 位互联网地址的新版的协议正在被采用, 这就要求对许多软件组件进行修改。要对互联网的早期设计者公平一些, 这个问题是没有正确答案的, 因为很难预测一个系统若干年后的需求。而且, 过度考虑将来的增长可能比面临问题时再做改变的效果更糟, 因为过长的互联网地址将占据额外的消息空间和计算机存储空间。

避免性能瓶颈: 通常, 算法应该是分散型, 以避免性能瓶颈。我们用域名系统的前身来说明这一点, 那时名字表被保存在一个主文件中, 可被任何需要它的计算机下载。当互联网中只有几百个计算机时这是可以的, 但这不久就变成了一个严重的性能和管理瓶颈。现在, 域名系统将名字表分区, 分散到互联网中的服务器上并采用本地管理的方式, 从而解决了这个瓶颈 (参见第 3 章和第 13 章)。

有些共享资源被非常频繁地访问。例如, 许多用户访问同一 Web 页面, 这会引起网络性能下降。我们将在第 2 章了解到缓存和复制可以用于提高频繁使用的资源的性能。

理想状态下, 系统规模增加时系统和应用程序应该不需要随之改变, 但这一点很难达到。规模问题是分布式系统开发中面临的主要问题, 本书将深入地讨论已经成功应用的技术。它们包括复制数据的使用 (见第 18 章)、缓存的相关技术 (见第 2、12 章)、部署多服务器以处理经常执行的任务从而使几个类似的任务能并发地完成。

1.5.5 故障处理

计算机系统有时会出现故障。当硬件或软件发生故障时, 程序可能会产生不正确的结果或者在它们完成应该进行的计算之前就停止了。第 2 章将讨论可能在分布式系统的进程和网络中发生的故障并对其进行分类。

分布式系统的故障是部分的, 也就是说, 有些组件出了故障而有些组件运行正常。因此故障的处理相当困难。本书将讨论下列处理故障的技术:

检测故障: 有些故障能被检测到。例如, 校验和可用于检测消息或文件中出错的数据。第 2 章将解释其他一些故障（例如，互联网上一台远程服务器的崩溃）是很难甚至不可能被检测到。面临的挑战是如何在有故障出现的情况下进行管理，这些故障不能被检测到但可以被猜到。

掩盖故障：有些被检测到的故障能被隐藏起来或降低它的严重程度。下面是隐藏故障的两个例子：

1）消息在不能到达时进行重传。

2）将文件数据写入两个磁盘，如果一个磁盘损坏，那么另一个磁盘的数据仍是正确的。 [21]

降低故障严重程度的例子是丢掉被损坏的消息，这样，该消息可以被重传。读者可能意识到，隐藏故障的技术不能保证在最坏情况下有效。例如，第二个磁盘上的数据可能也坏了，或消息无论怎样重传都不能在合理的时间内到达。

容错：互联网上的大多数服务确实有可能发生故障，试图检测并隐藏在这样大的网络、这么多的组件中发生的所有故障是不太实际的。服务的客户能被设计成容错的，这通常也涉及用户要容忍错误。例如，当 Web 浏览器不能与 Web 服务器连接时，它不会让用户一直等待它与服务器建立连接，而是通知用户这个问题，让用户自由选择是否尝试稍后再连接。在下面关于冗余的段落讨论容错的服务。

故障恢复：恢复涉及软件的设计，以便在服务器崩溃后，永久数据的状态能被恢复或"回滚"。通常，在出现错误时，程序完成的计算是不完整的，被更新的永久数据（文件和其他保存在永久存储介质中的资料）可能处在不一致的状态。恢复的讲解见第 17 章。

冗余：利用冗余组件，服务可以实现容错。考虑下面的例子：

1）在互联网的任何两个路由器之间，至少应该存在两个不同的路由。

2）在域名系统中，每个名字表至少被复制到两个不同的服务器上。

3）数据库可以被复制到几个服务器上，以保证在任何一个服务器出现故障后数据仍是可访问的。服务器应该被设计成能检测到其他对等服务器的错误，当检测到一个服务器上有错误时，客户就被重定向到剩下的服务器上。

设计有效的技术来保证服务器上数据的副本是最新的，而且不过度地损失网络的性能，这是一个挑战。具体方法将在第 18 章讨论。

面对硬件故障，分布式系统提供高可用性。系统的可用性是对系统可用时间的比例的一个度量指标。当分布式系统中的一个组件出现故障时，仅仅是使用受损组件的那部分工作受到影响。如果用户正在使用的计算机出现故障，用户可以转移到另一台计算机上，并且服务器进程能在另一台计算机上启动。

1.5.6　并发性

在分布式系统中，服务和应用均提供可被客户共享的资源。因此，可能有几个客户同时试图访问一个共享资源的情况。例如，在接近拍卖最终期限时，记录拍卖竞价的数据结构可能被非常频繁地访问。 [22]

管理共享资源的进程可以一次接收一个客户请求，但这种方法限制了吞吐量。因此，服务和应用通常允许并发地处理多个客户请求。为了详细说明这一点，假设每个资源被封装成一个对象，在并发线程中执行对资源的调用。在这种情况下，几个线程可能在一个对象内并发地执行，它们对对象的操作可能相互冲突，产生不一致的结果。例如，如果拍卖中两个并发的竞标是"Smith：$122"和"Jones：$111"，相应的操作在没有任何控制时可能是交错进行的，那么它们可能保存成"Smith：$111"和"Jones：$122"。

这个示例的寓意是：在分布式系统中，代表共享资源的任何一个对象必须负责确保它在并发环境中操作正确，这不仅适用于服务器，也适用于应用中的对象。因此，持有未打算用于分布式系统的对象实现的程序员必须做一些事情，使得对象在并发环境中能安全使用。

为了使对象在并发环境中能安全使用，它的操作必须在数据保持一致的基础上同步。这可通过标准的技术（如大多数操作系统使用的信号量）来实现。这个主题及其在分布式共享对象方面的扩展见第 7 章和第 17 章的讨论。

1.5.7 透明性

透明性被定义成对用户和应用程序员屏蔽分布式系统的组件的分离性，使系统被认为是一个整体，而不是独立组件的集合。透明性的含义对系统软件的设计有重大的影响。

ANSA 参考手册［ANSA 1989］和国际标准化组织的开放分布式处理的参考模型（RM-ODP）［ISO 1992］识别出八种透明性。下面将解释最初的 ANSA 定义，并用范围更广的移动透明性替换迁移透明性：

访问透明性：用相同的操作访问本地资源和远程资源。

位置透明性：不需要知道资源的物理或网络位置（例如，哪个建筑物或 IP 地址）就能够访问它们。

23

并发透明性：几个进程能并发地使用共享资源进行操作且互不干扰。

复制透明性：使用资源的多个实例提升可靠性和性能，而用户和应用程序员无须知道副本的相关信息。

故障透明性：屏蔽错误，不论是硬件组件故障还是软件组件故障，用户和应用程序都能够完成它们的任务。

移动透明性：资源和客户能够在系统内移动而不会影响用户或程序的操作。

性能透明性：当负载变化时，系统能被重新配置以提高性能。

伸缩透明性：系统和应用能够进行扩展而不改变系统结构或应用算法。

最重要的两个透明性是访问透明性和位置透明性，它们的有无对分布式资源的利用有很大影响。有时它们统一称为网络透明性。

为了说明访问透明性，我们考虑具有文件夹的图形用户界面，无论文件夹中的文件在本地还是在异地，图形用户界面应该是一样的。另一个例子是 API 文件，它使用相同的操作访问本地和远程文件（见第 12 章）。如果一个分布式系统除了用户利用 ftp 程序访问远程计算机上的文件之外，不允许再做这样的事，那么它就可以作为缺乏访问透明性的例子。

Web 资源名或 URL 具有位置透明性，因为 URL 中识别 Web 服务器域名的部分指的是域中的计算机名字，而不是互联网地址。然而，URL 不是移动透明的，因为某人的 Web 页面不能移动到另一个域中新的工作位置，因为其他页面上的所有链接仍将指向原来的页面。

通常，像 URL 这样的包括计算机域名的标识符妨碍了复制透明性。虽然 DNS 允许一个域名指向几台计算机，但它在查找名字时只选其中的一台计算机。因为复制方案通常要能够访问网络中所有参与其中的计算机，所以应该根据名字访问 DNS 条目中的每台计算机。

为了说明网络透明性，考虑电子邮件地址（如 Fred. Flintstone@ stoneit. com）的使用。该地址由用户名和域名组成。给这样的用户发送邮件不需知道他们的物理位置或网络位置，发送邮件消息的过程也不依赖于接收者的位置。因此，互联网中的电子邮件支持位置透明性和访问透明性（即网络透明性）。

故障透明性也可以用电子邮件的例子来说明，即使服务器或通信链接出现故障，最终邮件还是能

24 被传递。此时故障被屏蔽，因为邮件被一直重发直到它被成功传递到目的地址，即使这个过程花费了几天时间。中间件通常将网络和进程的故障转换成程序级的异常（详细解释参见第 5 章）。

为了说明移动透明性，再举一个移动电话的例子。假设打电话者和接电话者都在一个国家的不同地方乘火车旅行，他们从一个环境（蜂窝）移到另一个环境。我们将打电话者的电话作为客户，接电话者的电话作为一个资源。两个使用电话的用户并没有意识到电话（客户和资源）在蜂窝之间的移动。

透明性对用户和应用程序员隐藏了与手头任务无直接关系的资源，并使得这些资源能被匿名使用。例如，通常为完成任务，对相似的硬件资源的分配是可互换的——用于执行一个进程的处理器通常对用户隐藏身份并一直处于匿名状态。但正如 1.3.2 节指出的，情况并不总是如此。例如，旅行者每到一处便将他的笔记本电脑连接到本地网络，他应该能通过每处的不同的服务器使用本地服务（如发送邮件服务）。即使在一栋建筑物内，将要打印的文件发送到靠近用户的某台打印机上打印也是很常见的。

1.5.8 服务质量

一旦提供给用户他们要求的服务的功能，例如在一个分布式系统中的文件服务，我们就能继续探询所提供的服务质量。系统的主要的非功能特性，即影响客户和用户体验的服务质量是可靠性、安全性和性能。满足变化的系统配置和资源可用性的适应性已被公认为服务质量的一个重要方面。

可靠性和安全性问题在设计大多数计算机系统时是关键的。服务质量的性能方面源于及时性和计算吞吐量，但它已被重定义成满足及时性保证的能力。

一些应用，包括多媒体应用，处理时间关键性数据——这些数据是要求以固定速度处理或从一个进程传送到另一个进程的数据流。例如，一个电影服务可能由一个客户程序组成，该程序从一个视频服务器中检索电影并把它呈现到用户的屏幕上。该视频的连续帧在指定的时间限制内显示给用户，才算是一个满意的结果。

事实上，缩写 QoS 用于指系统满足这样的截止时间的能力，它的实现取决于所需要的计算和网络资源在相应时刻的可用性。这蕴含着对系统的一个需求，即系统要提供有保障的计算和通信资源，这些资源要足以使得应用能按时完成每个任务（例如，显示视频一帧的任务）。

通常今天使用的网络具有高性能——例如，BBC iPlayer 通常能令人满意地播放，但当网络负载很重时，它们的性能会恶化，不能提供任何保障。除了网络之外，QoS 可以应用到操作系统。每个关键性资源必须被需要 QoS 的应用保留，并且必须有一个提供保障的资源管理器。不能满足的资源保留请求将被拒绝。这些问题将在第 20 章进一步论述。

25

1.6 实例研究：万维网

万维网［www. w3. org I，Berners-Lee 1991］是一个不断发展的系统，用于发布和访问互联网上的资源和服务。通过常用的 Web 浏览器，用户可以检索和查看多种类型的文档、收听音频文件、观看视频文件、与无数服务进行交互。

Web 是 1989 年在瑞士的欧洲原子能研究中心（CERN）诞生的，作为通过互联网连接的物理学家社区中间交换文档用的工具［Berners-Lee 1999］。Web 的一个关键特征是它在所存储的文档中提供了超文本结构，超文本结构反映了用户对组织知识的要求。这意味着文档包含链接（或超链接），链接指向其他存储在 Web 上的文档和资源。

对 Web 用户来说，当他们遇到文档中的一幅图像或一段文字时，它很可能伴有指向相关文档和其他资源的链接。链接的结构可以任意复杂，可加入的资源集是无限的，即链接的 Web 确实是世界范围的。Bush［1945］在 50 年前就设想出了超文本结构，互联网的发展使得这个想法能在世界范围内得到证实。

Web 是一个开放的系统，它可以被扩展，并且在不妨碍已有功能的前提下用新的方法实现扩展（见 1.5.2 节）。首先，它的操作是基于被自由发布和广泛实现的通信标准和文档/内容标准的。例如，浏览器的类型是多种多样的，在多数情况下，每种浏览器可以在多个平台上实现；有多种 Web 服务器的实现。一种构造的浏览器能从不同构造的服务器中检索资源。所以，用户能访问大多数设备（从移动电话到桌面计算机）上的浏览器。

其次，相对于能在其上发布和共享的资源的类型而言，Web 是开放的。在 Web 上，最简单的资源是一个 Web 页面或其他能提交给用户的内容，如媒体文件和 PDF 格式的文件。如果有人新发明了一种图像存储格式，那么这种格式的图像能马上在 Web 上发布。用户需要一种查看这种新格式图像的工具，而浏览器以"帮助者"应用和"插件程序"的形式来支持新的内容显示功能。

Web 的发展已超越这些简单的数据资源而开始包含服务，如电子化的商品购买。Web 一直在发展，但其基本的体系结构没有改变。Web 基于以下三个主要的标准技术组件：

- 超文本标记语言（HyperText Markup Language，HTML）是页面在 Web 浏览器上显示时指定其内容和布局的语言。
- 统一资源定位器（Uniform Resource Locator，URL），也称为统一资源标识符（Uniform Resource Identifier，URI），用于识别文档和保存成 Web 一部分的其他资源。

- 具有标准交互规则（超文本传输协议，HTTP）的客户－服务器系统体系结构，浏览器和其他客户可利用标准交互规则从 Web 服务器上获取文档和其他资源。图 1-7 给出了一些 Web 服务器和向它们发送请求的浏览器。用户可以定位和管理位于互联网上任何地方的他们自己的 Web 服务器，这是一个很重要的特征。

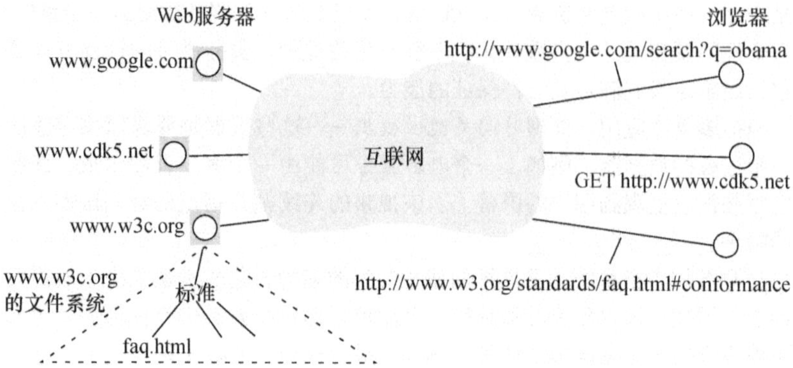

图 1-7 Web 服务器和 Web 浏览器

接下来我们依次讨论这些组件，并解释用户获取 Web 页面并单击页面上的链接时，浏览器和 Web 服务器的操作。

HTML 超文本标记语言将这些内容［www.w3.org Ⅱ］用于指定组成 Web 页面内容的文本和图像，指定它们以何种布局方式和组织方式将这些内容显示给用户。Web 页面包含结构化的成分，如标题、段落、表格和图像。HTML 也用于指定链接和与链接相关联的资源。

用户可使用标准的文本编辑器手写生成 HTML，或用能识别 HTML 的"所见即所得型"编辑器，这种编辑器能根据用户以图形方式创建的一个布局生成 HTML。下面是一段典型的 HTML 文本：

```
<IMG SRC = "http://www.cdk5.net/WebExample/Images/earth.jpg">        1
<P>                                                                 2
Welcome to Earth! Visitors may also be interested in taking a look at the   3
<A HREF = "http://www.cdk5.net/WebExample/moon.html">Moon</A>.      4
</P>                                                                5
```

这段 HTML 文本保存在一个 Web 服务器可以访问的文件中，不妨称之为 earth.html 文件。浏览器从 Web 服务器中检索这个文件的内容，本例中是一个位于名为 www.cdk5.net 的计算机上的服务器，浏览器读取从服务器返回的内容后，把它变成格式化的文本和图像，以大家熟悉的方式放到 Web 页面上。只能由浏览器（不是服务器）解释 HTML 文本，但是服务器确实通知了浏览器它所返回的内容的类型，用于区分 html 文件和其他文件例如 PDF 文件。服务器能从文件的扩展名".html"中推断出内容类型。

注意，HTML 的指令（即标记）放在尖括号里，如 < P >。例子中的第 1 行确定了一个包含图片显示的文件，图片的 URL 是 http://www.cdk5.net/WebExample/Images/earth.jpg。第 2 行和第 5 行的指令分别表示段落的开始和结束，第 3 行和第 4 行包含要在 Web 页面上以标准的段落格式显示的文本。

第 4 行指定了 Web 页面上的一个链接。它包含词"Moon"，该词位于两个匹配的 HTML 标记 < A HREF... > 和 </A > 中间。这些标记之间的文本在 Web 页面上显示时是以链接的形式出现的。大多数浏览器在默认情况下给链接的文本加下画线，所以，用户看到的上面的段落将是：

Welcome to Earth! Visitors may also be interested in taking a look at the Moon.

浏览器记录了链接的显示文本和包含在 < A HREF... > 标记中的 URL 之间的关联，在这个例子中是：

http://www.cdk5.net/WebExample/moon.html

当用户单击文本时，浏览器获取由相应 URL 识别的资源，并将它显示给用户。在这个例子中，资源是一个 HTML 文件，它指定了关于月亮的一个 Web 页面。

URL　统一资源定位器［www. w3. org Ⅲ］的作用是识别资源。在 Web 体系结构文档中使用的术语是统一资源标识符（URI），在不引起混淆的前提下，本书使用更为人们所熟悉的术语 URL。浏览器检查 URL 以便访问相应的资源。有时用户在浏览器中输入一个 URL。更常见的方式是用户单击一个链接或选择一个书签，由浏览器查找相应的 URL；或当浏览器去取一个 Web 页面里的内嵌资源（如一个图像）时，由浏览器查找相应的 URL。

按绝对完整的格式，每一个 URL 有两个顶层的组成部分：

模式：模式特定的标识符

第一个成分"模式"声明了 URL 的类型，要求 URL 能识别各种资源。例如，mailto: joe @ anISP. net 标识出一个用户的电子邮件地址；ftp://ftp. downloadIt. com/software/aProg. exe 标识一个用文件传送协议（File Transfer Protocol，FTP）获取而不是用更常用的 HTTP 协议获取的文件。模式的其他例子有"tel"（用于指定一个要拨打的电话号码，在移动电话上浏览时特别有用）和"tag"（用于标识一个任意实体）。

利用 URL 中的模式指示器从 Web 可访问的资源类型的角度来说，它是开放的。如果有人发明了一种新的有用的"widget"资源——可能用它专有的寻址方案定位 widget，用它专有的协议访问 widget——那么大家就能使用 widget：... 格式的 URL。当然，浏览器必须具备使用新的"widget"协议的能力，这一点可通过增加一个插件实现。

HTTP URL 是使用最广泛的，它利用标准的 HTTP 协议访问资源。HTTP URL 有两项主要的工作：识别出哪一个 Web 服务器维护资源；识别出该服务器上的哪些资源是被请求的。图 1-7 显示了三个浏览器发出请求，而被请求的资源由三个 Web 服务器管理。最上面的浏览器向一个搜索引擎发出查询，第二个浏览器请求另一个 Web 站点的默认页。最下面的浏览器请求一个指定了全名（包括了相对于服务器的路径名）的 Web 页面。Web 服务器的文件保存在服务器文件系统的一个或多个子树（目录）下，每一个资源用相对于服务器的路径名识别。

通常，HTTP URL 具有下列格式：

http://服务器名［:端口］［/路径名］［?查询］［#片段］

其中方括号中的项是可选的。一个 HTTP URL 全名总是以"http://"开始，后跟一个服务器名，该服务器名表示成一个域名系统（Domain Name System，DNS）名字（参见 13.2 节）。服务器的 DNS 名后面可以选加服务器监听请求的"端口"号（参见第 4 章），默认端口号是 80。端口号后面是可选的服务器资源的路径名，如果没有这一项，那么请求的是服务器的默认页。最后，URL 以一个可选的查询成分（例如，当一个用户提交诸如搜索引擎查询页这样的表单中的项）或片段标识符（它标识资源的组成成分）结束。

考虑下面的 URL：

http://www. cdk5. net
http://www. w3. org/standards/faq. html#conformance
http://www. google. com/search? q = obama

上述 URL 可分解成如下部分：

服务器 DNS 名	路径名	查询	片段
www. cdk5. net	（默认）	（无）	（无）
www. w3. org	standards/faq. html	（无）	intro
www. google. com	search	q = obama	（无）

第一个 URL 指定了由 www. cdk5. net 提供的默认页，第二个 URL 指定了与 www. w3. org 服务器相关的路径名为 standards/faq. html 的 HTML 文件的片段。片段标识符（由 URL 中#后面的字符指定）是 intro，浏览器下载整个文件后将在 HTML 文本中查找该片段标识符。第三个 URL 给搜索引擎指定一个查询。路径指定了一个名为"search"的程序，"?"字符后面的串是作为该程序的参数查询字符串。在考虑更高级的特征时，我们将详细讨论识别程序资源的 URL。

发布资源：虽然 Web 有一个用于从 URL 访问资源的清晰定义的模型，但是在 Web 上发布资源的方法仍然依赖于 Web 服务器的实现。就底层机制而言，最简单的在 Web 上发布资源的方法是在 Web 服务器能访问的目录下放上相应的文件。用户知道了服务器 S 的名称和服务器能认识的文件 P 的路径名，才能构造像 http://S/P 这样的 URL。用户可以把这个 URL 放在已有文档中作为一个链接或将这个 URL 发给（例如，通过电子邮件）其他用户。

在生成内容时对用户隐藏这样的考虑是很常见的。例如，"博客作者"通常使用实现成 Web 页面的软件工具来创建组织好的页面集合，一个公司的 Web 站点的产品页通常用一个内容管理系统创建，也是通过直接与 Web 站点的管理性 Web 页面交互来实现。产品页所基于的数据库或文件系统是透明的。

Huang 等人［2000］提供了一个模型，该模型可以实现以最少的人工干预将内容插入 Web。它在用户需要从多种设备（如照相机）提取内容发布到 Web 页面时特别有用。

HTTP　超文本传输协议［www. w3. org Ⅳ］定义了浏览器和其他类型的客户与 Web 服务器的交互方式。第 5 章将详细讨论 HTTP，这里先概述它的主要特征（我们的讨论将限制在对文件资源的检索上）：

请求 – 应答交互：HTTP 是一个"请求 – 应答"协议。客户发送一个请求消息给被请求资源的 URL 所在的服务器。服务器查找路径名，如果它存在，就在应答消息中将文件内容返回给客户。否则，它返回一个出错应答，例如大家熟悉的"404 Not Found"消息。HTTP 定义了一些能在一个资源上操作的操作集合或方法。最常见的操作是 GET 和 POST，它们从资源中检索数据以及提供数据给资源。

内容类型：浏览器未必能够处理每一种内容类型。当浏览器发出一个请求时，其中包括浏览器擅长处理的内容类型的清单——例如，原则上浏览器能够以"GIF"格式而不是"JPEG"格式显示图像。服务器在将内容返回给浏览器时可能能考虑到这些方面。服务器在应答消息中包含内容类型，以便浏览器知道如何处理服务器返回的内容。表示内容类型的串称为 MIME 类型，RFC 1521［Freed and Borenstein 1996］已对其做了标准化。例如，如果内容是"text/html"类型，那么浏览器将把文本解释成 HTML 并加以显示；如果内容是"image/GIF"类型，那么浏览器将以"GIF"格式把该内容显示成图像；如果内容类型是"application/zip"，那么说明它是以"zip"格式压缩的数据，浏览器将启动一个外部的帮助者应用程序将数据解压缩。浏览器对指定的内容类型所采取的动作是可配置的，读者可以检查自己浏览器的设置。

一次请求一个资源：客户的每个 HTTP 请求只指定一个资源。如果 Web 页面包含 9 个图像，那么浏览器总共要发出 10 个单独请求才能获得该页完整的内容。通常浏览器可同时发出几个请求，以减少对用户的整体延迟。

简单的访问控制：默认情况下，通过网络与 Web 服务器相连的用户能访问所有已发布的资源。如果用户希望限制对一个资源的访问，那么他们要配置服务器，给发出请求的客户回发一个"质询"。对应的用户要证明他们有权限访问该资源（如通过输入口令）。

动态页面　到目前为止，我们已经描述了用户如何在 Web 上发布 Web 页面和其他保存在文件中的内容，然而大多数用户对 Web 的经验来自与服务的交互而不是检索数据。例如，当用户在一个网上商店中购买一个物品时，用户经常要填写一个 Web 表单，写明他们的个人信息或详细说明他们要购买什么商品。Web 表单是包含用户指令和诸如文本字段、复选框等窗口输入部件的 Web 页面。当用户提交表单（通常通过按下按钮或"回车"键）后，浏览器就发送一个 HTTP 请求到 Web 服务器，请求中包含了用户已经输入的值。

因为请求的结果取决于用户的输入，所以服务器必须处理用户的输入。因此，URL 或它的第一个成分要指定服务器上的一个程序，而不是一个文件。如果用户的输入是少量的参数，那么它通常用 GET 方法作为 URL 的查询成分发送；或者，它用 POST 方法作为请求中的额外数据发送。例如，包含 URL "http://www. google. com/search? q = obama" 的请求表示调用 "www. google. com" 上的一个 "search" 程序并指定了一个查询串 "obama"。

"search" 程序产生 HTML 文本作为输出，用户将看见若干包含单词"obama"的页面。（读者可以在自己常用的搜索引擎上输入一个查询，注意查看在返回结果时浏览器显示的 URL。）服务器返回

"search" 程序生成的 HTML 文本，就好像是从文件中检索到的一样。换而言之，从一个文件中获取的静态内容和动态生成的内容间的差别对浏览器是透明的。

Web 服务器上运行的为客户生成内容的程序通常称为公共网关接口（Common Gateway Interface，CGI）程序。一个 CGI 程序可以具有任何特定应用的功能，只要它能分析客户提供给它的参数，产生所要求类型的内容（通常是 HTML 文本），程序在处理请求时会经常查询或更新数据库。

下载的代码：CGI 程序在服务器上运行。有时 Web 服务的设计者需要一些与服务相关的代码，以便在用户计算机的浏览器内部运行。例如，用 Javascript［www. netscape. com］编写的代码下载时通常带有 Web 表单，以便提供比 HTML 标准窗口部件质量更好的用户交互。用 Javascript 增强的页面可针对无效项为用户提供及时的反馈（而不是在服务器端检查用户输入值，这种方法要花费较长的时间）。

Javascript 也能用于更新 Web 页面的部分内容而不必取得该页面的全新版本并重新显示。发生这些动态的更新或者缘于一个用户行为（例如单击一个链接或一个单选按钮）或者当浏览器从提供 Web 页面的服务器那里获得新数据时。在后面这种情况下，因为数据到达的及时性与浏览器用户的动作没有关系，所以称为异步的。AJAX（Asynchronous Javascript And XML）技术用于此种情况。2.3.2 节将更详细地描述 AJAX。

另一种 Javascript 程序是 applet：用 Java 语言［Flanagan 2002］写的一个应用程序，在浏览器取得相应 Web 页面时能自动下载并运行的应用程序。applet 可以访问网络，提供定制的用户界面，例如，"聊天" 应用程序有时用 applet 实现，它在用户的浏览器上运行，同时还要有一个服务器程序。applet 把用户的文本发送给服务器，服务器再给所有的 applet 分发该文本以给用户显示内容。2.3.1 节将详细讨论 applet。

Web 服务　到目前为止，我们主要从用户操作浏览器的角度讨论 Web，但除浏览器之外的程序也可以是 Web 的客户；通过程序访问 Web 资源确实也是常事。

然而，HTML 不适合程序之间的互操作。交换 Web 上的多种类型的结构化数据的需求在上升，但 HTML 的功能是有限制的，因为它对信息浏览之外的应用是没有扩展性的。HTML 具有一套静态结构（例如段落），并且其数据显示给用户的方式也是受限的。可扩展标记语言（Extensible Markup Language，XML）（见 4.3.3 节）是一种以标准的、结构化的、特定于应用的格式表示数据的方式。从原理上看，用 XML 表示的数据在不同应用间是可移植的，因为它是自描述的：它包含数据元素的名字、类型和结构。例如，XML 可用于为不同的服务或应用描述产品或用户的信息。在 HTTP 协议中，XML 数据通过 POST 和 GET 操作传递。在 AJAX 中，XML 可以用于给浏览器中的 Javascript 程序提供数据。

Web 资源提供服务特定的操作。例如，在 amazon. com 网上商店，Web 服务操作包括订购图书和检查订单当前状态。正如我们已提到的，HTTP 提供少量可应用于任一资源的操作。这些操作主要包括对已存在资源的 GET 和 POST 方法以及分别用于创建和删除 Web 资源的 PUT 和 DELETE 操作。用一个 GET 或 POST 方法以及用于指定操作的参数、结果和出错应答的结构化内容，能调用对一个资源的任一操作。用于 Web 服务的所谓的 REST（REpresentational State Transfer）体系结构［Fielding 2000］在其扩展性基础上采用这种方法：在 Web 上的每一个资源有一个 URL 和对相同操作集的应答，虽然操作的处理可能随资源的不同而变化很大。这种扩展性的另一面是在软件怎样操作方面缺乏健壮性。第 9 章进一步讨论 REST，并深入探讨 Web 服务框架，从而使得 Web 服务的设计者能描述哪些服务特定的操作对程序员更可用以及客户应当如何访问它们。

对 Web 的讨论　Web 之所以取得巨大成功，是因为许多个人和机构能比较容易地发布资源，它的超文本结构适合组织多种类型的信息，而且 Web 系统体系结构具有开放性。Web 的体系结构所基于的标准很简单，而且它们早已被广泛地发布。它们使得许多新的资源类型和服务可以集成在一起。

Web 成功的背后也存在一些设计问题。首先，它的超文本模型在某些方面有所欠缺。如果删除或移动了一个资源，那么就会存在对资源的所谓 "悬空" 链接，会使用户请求落空。此外，还存在用户 "在超空间迷失" 这个常见的问题。用户经常发现自己处于混乱状态下，跟随许多无关的链接打开完全不同的页面，使得在有些情况下其可靠性值得怀疑。

在 Web 上查找信息的另一种方法是使用搜索引擎，但这种方法在满足用户真正需求方面是相当不完美的。要解决这个问题，资源描述框架［www.w3.org V］中介绍过，一种方法是生成标准的表达事物元数据的词汇、语法和语义，并将元数据封装在相应的 Web 资源中供程序访问。除了查找 Web 页面中出现的词组外，从原理上讲，程序可以完成针对元数据的搜索，然后，根据语义匹配编译相关的链接列表。总而言之，由互连的元数据资源组成的 Web 就是语义 Web。

作为一个系统体系结构，Web 面临规模的问题。常见的 Web 服务器会在一秒中有很多点击量，结果导致对用户的应答变慢。第 2 章将描述在浏览器和代理服务器中使用缓存来加快应答，以及将服务器负载分配到集群计算机上。

1.7 小结

分布式系统无处不在。互联网使得全世界用户无论走到哪里都能访问互联网上的服务。每个组织管理一个企业内部网，并通过该企业内部网为本地用户提供本地服务和互联网服务，也为互联网上的其他用户提供服务。小型的分布式系统可由移动计算机和其他可连接到无线网络的小型计算设备构造。

资源共享是构造分布式系统的主要因素。打印机、文件、Web 页面或数据库记录这样的资源均由相应类型的服务器管理。例如，Web 服务器管理 Web 页面和其他 Web 资源。资源由客户访问，例如，Web 服务器的客户通常称为浏览器。

分布式系统的构造面临着许多挑战：

异构性：分布式系统必须由多种不同的网络、操作系统、计算机硬件和编程语言构成。互联网通信协议屏蔽了网络的差异，中间件能处理其他的差异。

开放性：分布式系统应该是可扩展的——第一步是发布组件的接口，但由不同程序员编写的组件的集成是一个真正的挑战。

安全性：加密用于为共享资源提供充分的保护，在网络上用消息传送敏感信息时，可以通过加密的手段来保护敏感信息。服务拒绝攻击仍然是一个问题。

可伸缩性：就必须要增加的资源而言，如果分布式系统增加一个用户的开销是一个常量，那么这个分布式系统是可伸缩的。用于访问共享数据的算法应该避免性能瓶颈，数据应该组织成层次化的结构以获得最好的访问时间。频繁访问的数据应能被复制。

故障处理：任一进程、计算机或网络都可能独立地出现故障。因此每个组件需要清楚其所依赖的组件可能出现故障的方式，组件应当被设计成能适当地处理每个故障。

并发性：分布式系统中多个用户的存在是对资源产生并发请求的根源。每个资源必须被设计成在并发环境中是安全的。

透明性：此特性的目的是为了保证分布的某些方面对应用程序员不可见，这样应用程序员只需要关心特定应用的设计问题。例如，程序员不需要关心特定应用的位置或操作如何被其他组件访问等细节问题，或它是否被复制或迁移。甚至网络和进程故障也可以以异常的形式（但异常必须被处理）呈现给应用程序员。

服务质量：在分布式系统中仅提供对服务的访问是不够的。特别是，提供与服务访问相关的质量保障也是重要的。这种质量的例子包括与性能、安全性和可靠性相关的参数。

练习

1.1 列出能被共享的五种类型的硬件资源和五种类型的数据或软件资源，并举出它们在实际的分布式系统中发生共享的例子。 　　　　　　　　　　　　　　　　　　　　　　　　　　　（第 2，14 页）⊖

1.2 在不参考外部时间源的情况下，通过本地网络连接的两台计算机的时钟如何同步？什么因素限制了你描述的过程的准确性？由互联网连接的大量的计算机的时钟是如何同步的？讨论该过程的准确性。

（第 2 页）

⊖ 本书练习中的页码为英文原书页码，即书中边栏标注的页码。——编辑注

1.3　考虑 1.2.2 节讨论的大型多人在线游戏的实现策略。采用单一服务器方法表示多个玩家游戏状态的好处是什么？这存在什么问题以及如何解决？（第 5 页）

1.4　一个用户随身携带可以无线连网的 PDA，来到一个从没有到过的火车站。请给出建议：在用户不输入火车站的名称或属性的情况下，如何得到关于本地服务和火车站环境的情况？要解决哪些技术问题？

（第 13 页）

1.5　比较云计算和更传统的客户 – 服务器计算。云计算作为一个概念，有什么新的特点？（第 13，14 页）

1.6　用万维网作例子说明资源共享、客户和服务器的概念。作为信息浏览的核心技术，HTML、URL 和 HTTP 各自的优势和不足是什么？这些技术是否适合作为客户 – 服务器计算的基础？（第 14，26 页）　34

1.7　用一种程序设计语言（例如 C++）编写的一个服务器程序提供了一个 BLOB 对象的实现，该对象用于被不同语言（例如 Java）编写的客户访问。客户计算机和服务器计算机可以有不同的硬件，但它们都连到企业内部网上。要使得一个客户对象调用服务器对象上的方法，请描述由于异构性的五个方面所带来的需要解决的问题。（第 16 页）

1.8　一个开放的分布式系统允许添加新的资源共享服务（如练习 1.7 中的 BLOB 对象）并被多种客户程序访问。讨论在这个例子中，开放性的需求与异构性的需求在什么范围内有所不同。（第 17 页）

1.9　假设 BLOB 对象的操作分成两类：用于所有用户的公共操作和仅对某些命名用户开放的受保护操作。阐述为确保只有命名用户才能使用保护操作所涉及的所有问题。假设调用一个受保护的操作，却获得了不能对所有用户公开的信息，将会引起什么问题？（第 18 页）

1.10　INFO 服务管理一个可能非常大的资源集，用户能通过互联网利用关键字（一个字符串名字）访问这些资源。讨论资源名字的设计方法，使得在服务中的资源数量增加时性能的损失最小。对 INFO 服务的实现提出建议，以避免在用户数量变得很大时性能出现瓶颈。（第 19 页）

1.11　列出在客户进程调用服务器对象的方法时可能出现故障的三个主要软件组件，针对每一种情况给出一个故障例子。对组件的设计给出建议，使得它能容忍彼此的故障。（第 21 页）

1.12　一个服务器进程维护一个共享的信息对象（如练习 1.7 中的 BLOB 对象）。讨论是否允许客户请求在服务器上并发执行。在它们并发执行时，给出可能在不同客户操作之间发生"干扰"的例子，说明如何避免这种干扰。（第 22 页）

1.13　一个服务由几个服务器实现，试解释为什么资源能在它们之间传输。要实现客户的移动透明性，采用客户多播所有的请求到服务器组是否能获得满意的效果？（第 23 页）

1.14　Web 上的资源和其他服务用 URL 命名，缩略语 URL 是指什么？给出能用 URL 命名的三种不同的 Web 资源例子。（第 26 页）

1.15　给出一个 HTTP URL 的例子。列出 HTTP URL 的主要成分，阐述各个成分是如何表示的，举例说明每个成分。在什么程度上 HTTP URL 是位置透明的？（第 26 页）　35

系 统 模 型

本章提供三个重要且互补的解释方法，以便有效地描述和讨论分布式系统的设计：

物理模型考虑组成系统的计算机和设备的类型以及它们的互连，不涉及特定的技术细节。

体系结构模型是从系统的计算元素执行的计算和通信任务方面来描述系统；这里计算元素或是指单个计算机或是指通过网络互连的计算机集合。客户–服务器和对等模型是分布式系统中的两种最常使用的体系结构模型。

基础模型采用抽象的观点描述大多数分布式系统面临的单个问题的解决方案。

在分布式系统中没有全局时间，所以不同计算机上的时钟未必给出相同的时间。进程间的所有通信是通过消息完成的。计算机网络上的消息通信会受延迟的影响，会遇到多种故障，对安全方面的攻击很脆弱。这些问题通过下面三个模型论述：

- 交互模型处理分布式系统的性能问题并解决在分布式系统中设置时间约束的困难，例如消息传送的时间约束。
- 故障模型试图给出进程和通信通道故障的一个精确的规约。它定义了可靠的通信和正确的进程。
- 安全模型讨论对进程和通信通道的各种可能的威胁。它引入了安全通道的概念，安全通道能保证在上述威胁下通信的安全。

2.1 简介

打算在实际环境中使用的系统应该在各种可能的环境下，面对各种困难和潜在的威胁（后面的"分布式系统的困难和威胁"部分将给出一些例子）时，保证其功能的正确性。第1章的讨论和例子表明不同类型的分布式系统共享重要的基本特性，也出现了公共的设计问题。本章以描述性模型的形式给出分布式系统的公共特性和设计问题。每类模型试图对分布式系统设计的一个相关方面给出抽象、简化但一致的描述。

物理模型是描述系统的一个最显式的方法，它从计算机（和其他设备，例如移动电话）及其互联的网络方面考虑系统的硬件组成。

体系结构模型从系统的计算元素执行的计算和通信任务方面来描述系统。

基础模型采用抽象的观点描述分布式系统的某个方面。本章介绍考察分布式系统三个重要方面的基础模型：交互模型，它考虑在系统元素之间通信的结构和顺序；故障模型，它考虑一个系统可能不能正确操作的方式；安全模型，它考虑如何保护系统使其不受到正确操作的干扰或不被窃取数据。

分布式系统的困难和威胁　下面是分布式系统设计者要面对的一些问题。

使用模式的多样性：系统的组件会承受各种工作负载，例如，有些 Web 页面每天会有几百万次的访问量。系统的有些部分可能断线或连接不稳定，例如，当系统中包括移动计算机时。一些应用对通信带宽和延迟有特殊的需求，例如，多媒体应用。

系统环境的多样性：分布式系统必须能容纳异构的硬件、操作系统和网络。网络可能在性能上有很大不同，如无线网的速度只达到局域网的几分之一。必须支持不同规模的系统，从几十台计算机到上百万台计算机。

内部问题：包括非同步的时钟、冲突的数据更新、多种涉及系统单个组件的软硬件故障模式。

外部威胁：包括对数据完整性、保密性的攻击以及服务拒绝攻击。

2.2 物理模型

物理模型是从计算机和所用网络技术的特定细节中抽象出来的分布式系统底层硬件元素的表示。

基线物理模型：在第 1 章中，分布式系统被定义成其位于联网计算机上的硬件或软件组件仅通过消息传递进行通信和协调动作的系统。这引出分布式系统的最小物理模型，最小物理模型是一组可扩展的计算机结点，这些结点通过计算机网络相互连接进行所需的消息传递。

在这个基线模型之上，我们能有效地识别出三代分布式系统。

早期的分布式系统：这样的系统出现在 20 世纪 70 年代晚期和 80 年代早期，随着局域网技术如以太网（参见 3.5 节）的出现而出现。这些系统一般由通过局域网互联的 10 ~ 100 个结点组成，它们与互联网的连接有限并支持少量的服务（如共享的本地打印机和文件服务器以及电子邮件和互联网上的文件传输）。单个的系统大部分是同构的，开放性不是主要的问题。服务质量提供还很少，是围绕这样的早期系统开展的很多研究中的一个焦点。

互联网规模的分布式系统：在这个基础上，20 世纪 90 年代更大规模的分布式系统开始出现，以适应当时互联网惊人的发展（例如，Google 搜索引擎在 1996 年第一次发布）。在这样的系统中，底层物理基础设施由第 1 章图 1-3 所示的物理模型组成，即一个可扩展的结点集合，这些结点通过一个网络的网络（互联网）相互连接。这样的系统利用了互联网提供的基础设施从而变成真正的全球化。它们包含大量的结点并为全球化组织提供分布式系统服务，也跨组织提供分布式系统服务。在这样的系统中，从网络、计算机体系结构、操作系统、所采用的语言和所涉及的开发团队方面来说，异构性是很突出的。这导致开放标准和相关的中间件技术（如 CORBA 和最近的 Web 服务等）的重要性不断增加。在这样的全球化系统中，采用了额外的服务来提供端到端的服务质量特性。

当代的分布式系统：在上述系统中，结点通常是台式机，因此是相对静态的（即在一段时间里停留在一个物理位置）、分立的（没有嵌入到其他物理实体内）和自治的（就物理基础设施而言，很大程度上独立于其他计算机）。1.3 节介绍的关键趋势促进了物理模型的进一步发展：

- 移动计算的出现导致这样的物理模型，在这种模型中，像笔记本电脑或智能手机这样的结点可以从一个位置移动到另一个位置，它还导致了对诸如服务发现这样的新增功能的需要和对自发互操作的支持。

- 无处不在计算的出现导致了体系结构从分立结点型转向计算机被嵌入到日常物品和周围环境中（例如，嵌入在洗衣机中或更一般地嵌入在智能家庭设备中）。

- 云计算特别是集群体系结构的出现导致了从自治结点完成给定任务转向一组结点一起提供一个给定的服务（例如，由 Google 提供的搜索服务）。

最终的结果是出现一个异构性有很大增加的物理体系结构，例如，从无处不在计算中使用的最小的嵌入式设备到网格计算中的复杂的计算元素。这些系统部署不断增加的不同的网络技术，并提供广泛的应用和服务。这样的系统可能涉及成百上千个结点。

系统的分布式系统 最近的一个报告讨论了超大规模（Ultra- Large- Scale，ULS）的分布式系统 [www.sei.cmu.edu]。报告收集了现代分布式系统的复杂性，把这样的（物理）体系结构叫做系统的系统（反映了与将互联网看成网络的网络相同的观点）。系统的系统可以被定义成一个复杂系统，它由一系列子系统组成，这些子系统本身也是系统，它们一起完成一个或多个特定的任务。

作为系统的系统的一个例子，考虑一个用于洪水预测的环境管理系统。在这样一个场景中，部署了传感网来监视与河流、冲积平原、潮汐效应等相关的不同的环境参数的状态。这可以通过在集群计算机（相关讨论参见第 1 章）上运行模拟程序，与负责预测洪水可能性的系统耦合在一起。可以建立其他系统用于维护和分析历史数据或通过移动电话给关键的利益共享者提供早期报警。

总结 图 2-1 总结了本节提出的三代分布式系统，从管理异构性水平以及提供关键特性（如开放性和服务质量）的角度，用表格显示了与当代分布式系统相关的重要挑战。

分布式系统	早　　　期	互联网规模	当　　　代
规模	小	大	超大
异构性	有限（相对同构的配置）	从平台、语言和中间件方面来说都较大	维度增加，包括体系结构中完全不同的风格
开放性	不属于优先考虑的事	相当重要，引入一系列标准	重要的研究挑战，已有的标准不能包含复杂系统
服务质量	起步阶段	相当重要，引入一系列服务	重要的研究挑战，已有的服务不能包含复杂系统

图 2-1　分布式系统的分代

2.3　体系结构模型

一个系统的体系结构是用独立指定的组件以及这些组件之间的关系来表示的结构。整体目标是确保结构能满足现在和将来可能的需求。主要关心的是系统可靠性、可管理性、适应性和性价比。建筑物的体系结构设计有类似的方面，不仅要决定它的外观，还决定其总体结构和体系结构风格（哥特式、新古典式、现代式），并为设计提供一个一致的参考框架。

本节将描述分布式系统采用的几种主要的体系结构模型，即分布式系统的体系结构风格。特别的，为读者全面理解客户 – 服务器模型、对等方法、分布式对象、分布式组件、分布式基于事件的系统以及这些风格之间的不同之处奠定基础。

本节采取一种三阶段方法：

- 首先，描述支撑现代分布式系统的核心基本体系结构元素，重点展示现在已有方法的不同；
- 考察能在开发复杂分布式系统解决方案中单独使用或组合使用的复合体系结构模式；
- 最后，对于以上体系结构风格中出现的不同编程风格，考虑可用于支持它们的中间件平台。

注意，有许多与本章中介绍的体系结构模型相关的权衡，其中涉及采用的系统体系结构元素、所采用的模式和（在合适的地方）使用的中间件，它们会影响结果系统的性能和有效性。理解这样的权衡可以说是分布式系统设计中的关键技能。

2.3.1　体系结构元素

为了理解一个分布式系统的基础构建块，有必要考虑下面四个关键问题：

- 在分布式系统中进行通信的实体是什么？
- 它们如何通信，特别是使用什么通信范型？
- 它们在整个体系结构中扮演什么（可能改变的）角色，承担什么责任？
- 它们怎样被映射到物理分布式基础设施上（它们被放置在哪里）？

通信实体　上述前两个问题是理解分布式系统的关键；什么是通信和这些实体如何相互通信为分布式系统开发者定义了一个丰富的设计空间。它对从面向系统和面向问题的角度解决第一个问题是有帮助的。

从系统的观点，回答通常是非常清楚的，这是因为在一个分布式系统中通信的实体通常是进程，这导致普遍地把分布式系统看成是带有恰当进程间通信范型的多个进程（如在第 4 章中讨论的），有两个注意事项：

- 在一些原始环境中，例如传感器网络，基本的操作系统可能不支持进程抽象（或甚至任何形式的隔离），因此在这些系统中通信的实体是结点。
- 在大多数分布式系统环境中，用线程补充进程，所以，严格说来，通信的末端是线程。

在某个层面上，这对建模一个分布式系统是足够的，2.4 节考虑的基础模型也确实采用了这个观点。然而，从编程的观点来看，这还不够，更多面向问题的抽象已经被提出：

对象：对象已被引入以便在分布式系统中使用面向对象的方法（包括面向对象的设计和面向对象的编程语言）。在分布式面向对象的方法中，一个计算由若干交互的对象组成，这些对象代表分解给定问题领域的自然单元。对象通过接口被访问，用一个相关的接口定义语言（IDL）提供定义在一个对象上的方法的规约。分布式对象已经成为分布式系统研究的一个主要领域，第 5 章和第 8 章将进一步讨论这个话题。

组件：因为对象的引入，许多重要的问题已被认为与分布式对象有关，组件技术的出现及使用是对这些弱点的一个直接响应。组件类似于对象，因为它们为构造分布式系统提供面向问题的抽象，也是通过接口被访问。关键的区别在于组件不仅指定其（提供的）接口而且给出关于其他组件/接口的假设，其他组件/接口是组件完成它的功能必须有的。换句话说，组件使得所有依赖显式化，为系统的构造提供一个更完整的合约。这个合约化的方法鼓励和促进第三方开发组件，也通过去除隐含的依赖提升了一个更纯粹的组合化方法来构造分布式系统。基于组件的中间件经常对关键领域如部署和服务器方编程支持提供额外的支持［Heineman and Councill 2001］。关于基于组件方法的进一步细节请参见第 8 章。 [42]

Web 服务：Web 服务代表开发分布式系统的第三种重要的范型［Alonso et al. 2004］。Web 服务与对象和组件紧密相关，也是采取基于行为封装和通过接口访问的方法。但是，相比而言，通过利用 Web 标准表示和发现服务，Web 服务本质上是被集成到万维网（即 W3C）的。W3C（World Wide Web）联盟把 Web 服务定义成：

　　一个软件应用，通过 URI 被辨识，它的接口和绑定能作为 XML 制品被定义、描述和发现。一个 Web 服务通过在基于互联网的协议上利用基于 XML 的消息交换支持与其他软件代理的直接交互。

换句话说，Web 服务采用的基于 Web 的技术在一定程度上定义了 Web 服务。另一个重要的区别来源于技术使用的风格。对象和组件经常在一个组织内部使用，用于开发紧耦合的应用，但 Web 服务本身通常被看成完整的服务，它们可以组合起来获得增值服务，它们经常跨组织边界，因此可以实现业务到业务的集成。Web 服务可以由不同的提供商用不同的底层技术实现。Web 服务将在第 9 章做进一步的探讨。

通信范型　我们现在转向在分布式系统中实体如何通信，考虑三种通信范型：

- 进程间通信；
- 远程调用；
- 间接通信。

进程间通信指的是用于分布式系统进程之间通信的相对底层的支持，包括消息传递原语、直接访问由互联网协议提供的 API（套接字编程）和对多播通信的支持。第 4 章将详细讨论这样的服务。

远程调用代表分布式系统中最常见的通信范型，覆盖一系列分布式系统中通信实体之间基于双向交换的技术，包括调用远程操作、过程或方法。进一步的定义参见下面内容（详细讨论见第 5 章）：

请求－应答协议是一个有效的模式，它加在一个底层消息传递服务之上，用于支持客户－服务器计算。特别的，这样的协议通常涉及一对消息的交换，消息从客户到服务器，接着从服务器返回客户，第一个消息包含在服务器端执行的操作的编码，然后是保存相关参数的字节数组，第二个消息包含操作的结果，它也被编码成字节数组。这种范型相对原始，实际上仅被用于嵌入式系统，对嵌入式系统来说性能是至关重要的。这个方法也被用在 5.2 节描述的 HTTP 协议中。正如下面讨论的，大多数分布式系统将选择使用远程过程调用或者远程方法调用，但注意底层的请求－应答交换支持两种方法。 [43]

远程过程调用（Remote Procedure Call，RPC）的概念，最初由 Birrell 和 Nelson［1984］提出，代表了分布式计算中的一个主要突破。在 RPC 中，远程计算机上进程中的过程能被调用，好像它们是在本地地址空间中的过程一样。底层 RPC 系统隐藏了分布的重要方面，包括参数和结果的编码和解码、消息的传递和保持过程调用所要求的语义。这个方法直接而且得体地支持了客户－服务器计算，其中，服务器通过一个服务接口提供一套操作，当这些操作本地可用时客户直接调用这些操作。因此，RPC 系统（在最低程度上）提供访问和位置透明性。

远程方法调用（Remote Method Invocation，RMI）非常类似于远程过程调用，但它应用于分布式对象的环境。用这种方法，一个发起调用的对象能调用一个远程对象中的方法。与 RPC 一样，底层的细节都对用户隐藏。不过，通过支持对象标识和在远程调用中传递对象标识符作为参数，RMI 实现做得更多。它们也从与面向对象语言（见第5章相关讨论）的紧密集成中获得更多的好处。

上述技术具有一个共同点：通信代表发送者和接收者之间的双向关系，其中，发送者显式地把消息/调用送往相关的接收者。接收者通常了解发送者的标识，在大多数情况下，双方必须在同时存在。相比而言，已经出现若干技术，这些技术支持间接通信，通过第三个实体，允许在发送者和接收者之间的深度解耦合。尤其是：

- 发送者不需要知道他们正在发送给谁（空间解耦合）。
- 发送者和接收者不需要同时存在（时间解耦合）。

第6章将详细讨论间接通信。

间接通信的关键技术包括：

组通信：组通信涉及消息传递给若干接收者，因此是支持一对多通信的多方通信范型。组通信依赖组抽象，一个组在系统中用一个组标识符表示。接收方通过加入组，就能选择性接收发送到组的消息。发送者通过组标识符发送消息给组，因此，不需要知道消息的接收者。组通常也要维护组成员，具有处理组成员故障的机制。

发布－订阅系统：许多系统，例如第1章中金融贸易的例子，被归类于信息分发系统，其中，大量生产者（或发布者）为大量的消费者（或订阅者）发布他们感兴趣的信息项（事件）。采用前述的任一核心通信范型来实现这个需求是复杂且低效的，因此，出现了发布－订阅系统（有时也叫分布式基于事件的系统）用于满足此项重要需求 [Muhl et al. 2006]。发布－订阅系统共享同一个关键的特征，即提供一个中间服务，有效确保由生产者生成的信息被路由到需要这个信息的消费者。

消息队列：虽然发布－订阅系统提供一种一对多风格的通信，但消息队列提供了点对点服务，其中生产者进程能发送消息到一个指定的队列，消费者进程能从队列中接收消息，或被通知队列里有新消息到达。因此，队列是生产者和消费者进程的中介。

元组空间：元组空间提供了进一步的间接通信服务，并支持这样的模型——进程能把任意的结构化数据项（称为元组）放到一个持久元组空间，其他进程可以指定感兴趣的模式，从而可以在元组空间读或者删除元组。因为元组空间是持久的，读操作者和写操作者不需要同时存在。这种风格的编程，也被称为生成通信，由 Gelernter [1985] 作为一种并行编程范型引入。已经开发了不少分布式实现，采用了客户－服务器－风格的实现或采用了更分散的对等方法。

分布式共享内存：分布式共享内存（Distributed Shared Memory，DSM）系统提供一种抽象，用于支持在不共享物理内存的进程之间共享数据。提供给程序员的是一套熟悉的读或写（共享）数据结构的抽象，就好像这些数据在程序员自己本地的地址空间一样，从而提供了高层的分布透明性。基本的基础设施必须确保以及时的方式提供副本，也必须处理与数据同步和一致性相关的问题。分布式共享内存的概述在第6章中介绍。

图2-2 总结了到目前为止讨论的体系结构。

通信实体（什么在通信）		通信范型（它们怎样通信）		
面向系统的实体	面向问题的实体	进程间通信	远程调用	间接通信
结点	对象	消息传递	请求－应答	组通信
进程	组件	套接字	RPC	发布－订阅
	Web 服务	多播	RMI	消息队列
				元组空间
				DSM

图2-2 通信实体和通信范型

角色和责任 在一个分布式系统中，进程，或者说，对象、组件、服务，包括 Web 服务（为简单起见，我们在本节中使用术语"进程"）相互交互完成一个有用的活动，例如支持一次聊天会话。在这样做的时候，进程扮演给定的角色，在建立所采用的整体体系结构时，这些角色是基本的。本节我们考察两种起源于单个进程角色的体系结构风格：客户-服务器风格和对等风格。

客户-服务器：这是讨论分布式系统时最常引用的体系结构。它是历史上最重要的体系结构，现在仍被广泛地使用。图 2-3 给出了一个简单的结构，其中，进程扮演服务器和客户的角色。特别是，为了访问服务器管理的共享资源，客户进程可以与不同主机上的服务器进程交互。

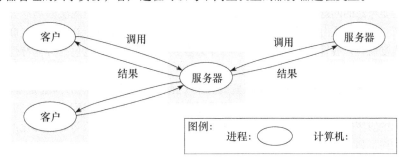

图 2-3 客户调用单个服务器

如图 2-3 所示，一台服务器也可以是其他服务器的客户。例如，Web 服务器通常是管理存储 Web 页面文件的本地文件服务器的客户。Web 服务器和大多数其他互联网服务是 DNS 服务的客户，DNS 服务用于将互联网域名翻译成网络地址。另一个与 Web 相关的例子是搜索引擎，搜索引擎能让用户通过互联网查看 Web 页面上可用的信息汇总。这些信息汇总通过称为 "Web 抓取" 的程序形成，该程序在搜索引擎站点以后台方式运行，利用 HTTP 请求访问互联网上的 Web 服务器。因此，搜索引擎既是服务器又是客户：它回答来自浏览器客户的查询，并且运行作为其他 Web 服务器客户的 Web 抓取程序。在这个例子中，服务器任务（对用户查询的回答）和 Web 抓取的任务（向其他 Web 服务器发送请求）是完全独立的，很少需要同步它们，它们可以并行运行。事实上，一个典型的搜索引擎正常情况下包含许多并发执行的线程，一些线程为它的客户服务，另一些线程运行 Web 抓取程序。练习 2.5 将请读者考虑这种类型的并发搜索引擎会出现的同步问题。 |46|

对等体系结构：在这种体系结构中，涉及一项任务或活动的所有进程扮演相同的角色，作为对等方进行协作交互，不区分客户和服务器或运行它们的计算机。在实践中，所有的参与进程运行相同的程序并且相互之间提供相同的接口集合。虽然客户-服务器模型为数据和其他资源的共享提供了一个直接和相对简单的方法，但客户-服务器模型的伸缩性比较差。将一个服务放在单个地址中意味着集中化地提供服务和管理，它的伸缩性不会超过提供服务的计算机的能力和该计算机所在网络连接的带宽。

针对这个问题，已经形成了一系列的放置策略（见下面关于 "放置" 的讨论），但它们都没有解决基本问题——如何将共享资源进行更广泛的分布，以便将访问资源带来的计算和通信负载分散到大量的计算机和网络链接中。促使对等系统发展的主要观点是一个服务的用户所拥有的网络和计算资源也能被投入使用以支持那个服务。这产生有益的结果：可用于运行服务的资源随用户数而增加。

今天台式计算机具有的硬件容量和操作系统功能已经超过了以前的服务器，而且大多数计算机配备有随时可用的宽带网络连接。对等体系结构的目的是利用大量参与计算机的资源（数据和硬件）来完成某个给定的任务或活动。对等应用和对等系统已经被成功地构造出来，使得无数计算机能访问它们共同存储和管理的数据及其他资源。最早的系统之一是共享数字音乐文件的 Napster 应用程序。虽然它不是一个纯粹的对等体系结构（而且由于其他非体系结构的原因而变得声名狼藉），但它验证了对等系统的可行性，并使体系结构模型向多个有价值的方向发展。最近一个广泛使用的实例是 BitTorrent 文件共享系统（关于它的深入讨论见 20.6.2 节）。 |47|

图 2-4a 说明了对等应用的形式。应用由大量运行在独立计算机上的对等进程组成，进程之间的通信模式完全依赖于对应用的需求。大量数据对象被共享，单个计算机只保存一小部分应用数据库，访问对象的存储、处理和通信负载被分布到多个计算机和网络链接中。每个对象在几个计算机中被复制，

以便以后分散负载，并在某个计算机断链时仍能正常工作（这在对等系统针对的大型异构网络中是不可避免的）。在众多计算机上放置对象并检索，同时维护这些对象的副本，这种应用需求使得对等体系结构本质上比客户 – 服务器体系结构要复杂得多。

对等应用和支持对等应用的中间件的开发将在第 10 章中深入介绍。

放置 最后要考虑的问题是诸如对象或服务这样的实体是怎样映射到底层的物理分布式基础设施上的，物理分布式基础设施由大量的机器组成，这些机器通过一个任意复杂的网络互联。从决定分布式系统特性的角度而言，放置是关键的，这些特性大多数与性能相关，也包括其他特性如可靠性和安全性。

从机器和机器内部进程的角度看，在哪里放置一个给定客户或服务器的问题是需要仔细设计的。放置需要考虑实体间的通信模式、给定机器的可靠性和它们当前的负载、不同机器之间的通信质量等。必须用有说服力的应用知识来确定放置，有些通用的指导方针可以用来获得一个优化的解决方案。因此，我们主要关注下列放置策略，它们能显著地改变一个给定设计的特征（我们在 2.3.2 节又回到关于物理基础设施映射的关键问题，那里，我们主要考察层次化的体系结构）：

48

- 将服务映射到多个服务器；
- 缓存；
- 移动代码；
- 移动代理。

将服务映射到多个服务器：服务可实现成在一个单独主机上的几个服务器进程，在必要时进行交互以便为客户进程提供服务（参见图 2-4b）。服务器可以将服务所基于的对象集分区，然后将这些分区分布到各个服务器上；或者服务器可以在几个主机上维护复制的对象集。这两种选择可用下列例子说明。

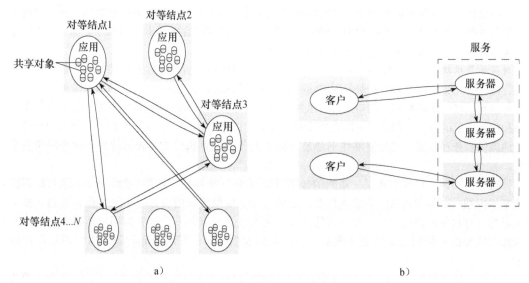

图 2-4 由多个服务器提供的服务

Web 就是一个常见的将数据分区的例子，其中的每个 Web 服务器管理自己的资源集。用户可以利用浏览器访问任一个服务器上的资源。

一个基于复制数据的服务是 Sun 网络信息服务（Network Information Service，NIS）。它使得 LAN 中的计算机能在用户登录时访问到相同的用户认证数据。每个 NIS 服务器有它自己的口令文件副本，该副本记录了用户登录名和加密的口令清单。第 18 章将详细讨论复制技术。

多服务器体系结构中紧耦合程度更高的是第 1 章所介绍的集群。一个集群最多可用数以千计的商用处理主板构成，可在这些主板上对服务处理进行分区或复制。

缓存：缓存用于存储最近使用的数据对象，这些被存储的数据对象比对象本身更靠近一个客户或特定的一组客户。当服务器接收一个新对象时，就将它存入缓存，必要的时候会替换缓存中已存在的对象。当客户进程需要一个对象时，缓存服务首先检查缓存，如果缓存中有最新的拷贝可用就提供缓存中的对象；如果缓存没有可用的对象，才去取一个最新的拷贝。每个客户都可以配置缓存或者将缓存放置在由几个客户共享的代理服务器上。

缓存在实际工作中被广泛使用。Web 浏览器维护一个缓存，它在客户本地的文件系统中存放最近访问的 Web 页面和其他 Web 资源，并在显示前用一个特殊的 HTTP 请求到原来的服务器上检查被缓存的页面是否是最新的。Web 代理服务器（见图 2-5）为一个或多个地点的客户机提供共享的存放 Web 资源的缓存。代理服务器的目的是通过减少广域网和 Web 服务器的负载，提高服务的可用性和性能。代理服务器能承担其他角色，例如它们可以用于通过防火墙访问远程 Web 服务器。

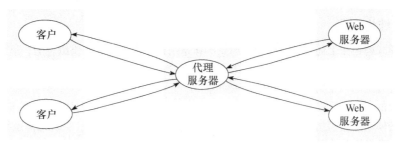

图 2-5　Web 代理服务器

移动代码：第 1 章介绍了移动代码。applet 是一个众所周知的并被广泛使用的移动代码例子，即运行浏览器的用户选择了一个到 applet 的链接，applet 的代码存储在 Web 服务器上，将 applet 的代码下载到浏览器并在浏览器端运行，如图 2-6 所示。在本地运行下载的代码的好处是能够提供良好的交互响应，因为它不受与网络通信相关的延迟或带宽变化的影响。

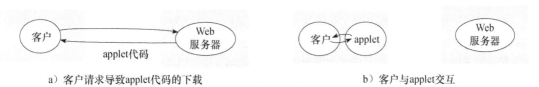

a）客户请求导致 applet 代码的下载　　　　　　　　　b）客户与 applet 交互

图 2-6　Web applet

访问服务意味着运行能调用服务所提供的操作代码。一些服务可能进行了标准化，所以能用一个已有的且众所周知的应用对其进行访问——Web 就是一个大家很熟悉的例子，但有些 Web 站点使用了在标准浏览器中找不到的功能，还要求下载额外的代码（例如，用额外的代码与服务器通信）。考虑一个应用，该应用要求用户应该与发生在服务器信息源端的变化保持一致。这一功能不能通过与 Web 服务器的正常交互获得，因为那种交互总是由客户发起。解决方案是使用另外一种被称为推模式操作的软件，在这种方式下由服务器而不是客户发起交互。例如，股票经纪人可能提供一个定制的服务来通知顾客股票价格的变动。为了使用这个服务，每个顾客都要下载一个特殊的、能接收来自经纪人服务器的更新的 applet，该 applet 可向用户显示更新，还可能自动地完成买卖操作，这些操作是根据顾客设置的、存储在顾客本地计算机上的条件而触发的。

移动代码对目的计算机中的本地资源而言是一个潜在的安全威胁。因此，浏览器采用 11.1.1 节讨论的方案对 applet 访问本地资源进行了限制。

移动代理：移动代理是一个运行的程序（包括代码和数据），它从一台计算机移动到网络上的另一台计算机，代表某人完成诸如信息搜集之类的任务，最后返回结果。一个移动代理可能多次调用所访问地点的本地资源——例如，访问一个数据库条目。如果将这种体系结构与对某些资源进行远程调用的静态客户相比，那么后者可能会传输大量的数据，前者通过用本地调用替换远程调用而降低了通信开销和时间。

移动代理可用于安装和维护一个组织内部的计算机软件或通过访问每个销售商的站点并执行一系列数据库操作，来比较多个销售商的产品价格。一个类似想法的早期例子是在 Xerox PARC 开发的所谓蠕虫程序［Shoch and Hupp 1982］，该程序利用空闲的计算机完成密集型计算。

移动代理（和移动代码一样）对所访问的计算机上的资源而言是一个潜在的安全威胁。接收一个移动代理的环境应该根据代理所代表的用户的身份决定允许使用哪些本地资源——它们的身份必须以安全的方式被包含在移动代理的代码和数据中。另外，移动代理自身是脆弱的——如果它们访问所需信息的要求被拒绝，那么它们可能完不成任务。由移动代理完成的任务可以通过其他手段完成。例如，需要经由互联网访问 Web 服务器上资源的 Web 抓取程序可以通过远程调用服务器进程而运行得相当成功。基于上述理由，移动代理的适用性是有限的。

2.3.2 体系结构模式

体系结构模式构建在上述讨论过的相对原始的体系结构元素之上，提供组合的、重复出现的结构，这些结构在给定的环境中能运行良好。它们未必是完整的解决方案，但当与其他模式组合时，它们会更好地引导设计者给出一个给定问题域的解决方案。

这是一个大的主题，已经有了许多用于分布式系统的体系结构模式。本节中，我们给出分布式系统中几个关键的体系结构模型，包括分层体系结构（layering architecture）、层次化体系结构（tiered architecture）和瘦客户相关的概念（包括虚拟网络计算的特定机制）。我们也把 Web 服务当做一个体系结构模式进行了考察，给出了其他可以应用在分布式系统中的模式。

分层 分层的概念是一个熟悉的概念，与抽象紧密相关。在分层方法中，一个复杂的系统被分成若干层，每层利用下层提供的服务。因此，一个给定的层提供一个软件抽象，更高的层不清楚实现细节，或不清楚在它下面的其他层。

就分布式系统而言，这等同于把服务垂直组织成服务层。一个分布式服务可由一个或多个服务器进程提供，这些进程相互交互，并与客户进程交互，维护服务中的资源在系统范围内的一致视图。例如，在互联网上基于网络时间协议（Network Time Protocol，NTP）可实现一个网络时间服务，其中，服务器进程运行在互联网的主机上，给任一发出请求的客户提供当前的时间，作为与服务器交互的结果，客户调整它们的当前时间。给定分布式系统的复杂性，这些服务组织成若干层经常是有帮助的。图 2-7 给出了一个分层体系结构的常规视图，并在第 3～6 章详细叙述这个视图的细节。

图 2-7 引入了重要的术语——平台和中间件，具体定义如下：

图 2-7 分布式系统中软件和硬件服务层

- 一个服务于分布式系统和应用的平台由最底层的硬件和软件层组成。这些底层为其上层提供服务，它们在每个计算机中都是独立实现的，提供系统的编程接口，方便进程之间的通信和协调。主要的例子有 Intel x86/Windows、Intel x86/Solaris、Intel x86/Mac OS X、Intel x86/Linux 和 ARM/Symbian。
- 1.5.1 节把中间件定义成一个软件层，其目的是屏蔽异构性，给应用程序员提供方便的编程模型。中间件表示成一组计算机上的进程或对象，这些进程或对象相互交互，实现分布式应用的通信和资源共享支持。中间件提供有用的构造块，构造在分布式系统中一起工作的软件组件。特别的，它通过对抽象的支持，如远程方法调用、进程组之间的通信、事件的通知、共享数据对象在多个协作的计算机上的分布、放置和检索、共享数据对象的复制以及多媒体数据的实时传送，提升应用程序通信活动的层次。我们将在下面的 2.3.3 节讲述这个重要的话题。

层次化体系结构 层次化体系结构与分层体系结构是互补的。分层将服务垂直组织成抽象层，而层次化是一项组织给定层功能的技术，它把这个功能放在合适的服务器上，或者作为第二选择放在物理结点上。这个技术与图 2-7 中所示的应用和服务的组织最相关，但它也可以应用到一个分布式系统体系结构的所有层。

我们先查看两层和三层体系结构概念。为了说明这些概念，考虑如下对一个给定应用的功能分解：

- 表示逻辑，涉及处理用户交互和修改呈现给用户的应用视图；
- 应用逻辑，涉及与应用相关的（也称为业务逻辑，虽然这个概念不仅仅限于业务应用）详细的应用特定处理；
- 数据逻辑，涉及应用的持久存储，通常在一个数据库管理系统中。

现在考虑用客户 – 服务器技术实现这样一个应用。图2-8a和图2-8b分别给出了相关的两层和三层体系结构解决方案，以便于比较。

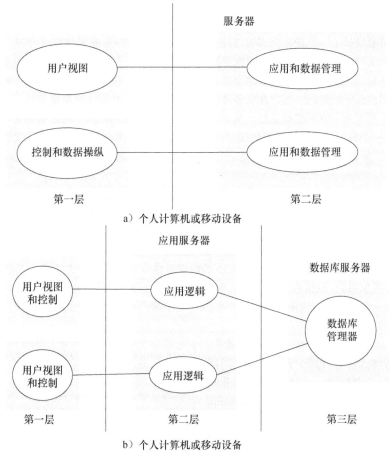

图2-8　两层和三层体系结构

在两层解决方案中，上面提及的三个方面必须被分到两个进程（客户和服务器）中。通常通过分隔应用逻辑来完成这个划分，把一些应用逻辑放在客户端，剩下的放在服务器端（虽然其他解决方案也是可以的）。这个模式的好处是具有交互的低延迟，仅有调用操作的消息交换，不足是将应用逻辑分离到不同的进程，带来的后果是一部分逻辑不能被另一部分直接调用。

在三层解决方案中，有从逻辑元素到物理服务器的一对一映射，因此，例如，应用逻辑放在一个地方，能提高软件的可维护性。每一层也都有定义明确的角色，例如，第三层仅仅是一个提供（可能是标准的）关系服务接口的数据库。第一层也可以是一个简单的用户界面，提供对瘦客户的内在支持（见下面的讨论）。缺点是增加了管理三个服务器的复杂性，也增加了与每个操作相关的网络流量和延迟。

注意这个方案可以推广到 n 层（或多层）的解决方案，其中一个给定的应用领域划分为 n 个逻辑元素，每个逻辑元素映射到一个给定的服务器元素。以维基百科基于 Web 的可供公众编辑的百科全书为例，它采用了多层次体系结构来处理大量的 Web 请求（每秒请求高达 60 000 页）。

AJAX 的作用：在 1.6 节中，我们介绍了 AJAX（Asynchronous Javascript And XML）是 Web 所使用的标准客户 – 服务器交互方式的扩展。AJAX 满足了 Javascript 前端程序（运行在 Web 浏览器中）和基于服务器的后端程序（拥有描述应用状态的数据）之间的细粒度通信的需要。概括而言，在标准的 Web 交互方式中，浏览器发送 HTTP 请求给服务器，请求给定 URL 的页面、图像或其他资源。服务器发送整个页面作为应答，这个页面或者从服务器上的一个文件中读取，或者由一个程序生成，取决于 URL 中可识别的资源类型。当客户收到内容时，浏览器根据其 MIME 类型（text/html、image/jpg 等）相关的显示方式呈现它。虽然 Web 页面由不同类型的内容项组成，但是整个页面以它在 html 页面定义中指定的方式由浏览器组合并呈现。

这种标准的交互方式在几个重要的方面约束了 Web 应用的开发：

- 一旦浏览器发送了一个请求新 Web 页面的 http 请求，用户不能与该页面交互，直到新的 html 内容被浏览器收到并呈现。这个时间间隔是不确定的，因为它受限于网络和服务器延迟。
- 为了用来自服务器的额外数据修改当前页面的一小部分，也要请求和显示整个新的页面。这导致了对用户应答的延迟、客户和服务器两端的额外处理以及冗余的网络流量。
- 客户显示的页面内容不能被更新，从而不能响应服务器端拥有的应用数据的变化。

Javascript 是一个跨平台、跨浏览器的编程语言，它能下载到浏览器中并执行，它的引入是去除这些约束的第一步。Javascript 是一个通用的语言，它使得用户接口和应用逻辑能在浏览器窗口中被编程和执行。

AJAX 是使得开发和部署交互型 Web 应用成为可能的第二步，它使得 Javascript 前端程序能直接从服务器程序中获得新的数据。任何数据项都能被请求，当前页有选择地更新来显示新的值。甚至，前端能以对应用有用的任何方式响应新的数据。

许多 Web 应用允许用户访问和更新大量共享的数据集，这些数据可能会改变以响应其他客户的输入或服务器收到的数据输入。它们要求一个及时的前端组件（运行在每个客户浏览器中）来完成用户接口动作（如菜单选择），也请求访问一个必须放在服务器上供共享的数据集。这样的数据集通常太大并且是动态的，所以不允许使用基于在用户会话（用于客户操纵）开始时下载整个应用状态副本给客户并供其操作的体系结构。

AJAX 是支持构建这样的应用的"胶水"，它提供一套通信机制，使得运行在一个浏览器中的前端组件能发送请求，并从运行在服务器上的后端组件接收结果。客户通过 Javascript XmlHttpRequest 对象发送请求，该对象管理与一个服务器进程的 HTTP 交互（见 1.6 节）。因为 XmlHttpRequest 有一个复杂的 API，且该 API 有些依赖浏览器，所以，通常通过众多可用于支持 Web 应用开发的 Javascript 库中的一个库访问它。图 2-9 展示了 ATAX 在 Prototype. js Javascript 库中的使用［www. prototypejs. org］。

```
new Ajax.Request('scores.php?game=Arsenal:Liverpool',
    {onSuccess: updateScore});

function updateScore(request) {
......
    (request参数包含了AJAX请求的状态，包括返回的
    结果。这个结果被解析从而获得表示比分的
    文本，该比分用于修改当前页面的相关部分)
......
    }
```

图 2-9　AJAX 举例：更新足球比分

这个例子是一个 Web 应用的片段，该应用显示足球比赛最新积分的页面。用户单击页面的相关行，可以请求获得单个比赛的分数更新，其对应着执行示例程序的第一行。Ajax. Request 对象发送一个 HTTP 请求给 scores. php 程序，该程序与 Web 页面位于相同的服务器上。Ajax. Request 对象接着返回控制，允许浏览器继续应答相同窗口或其他窗口中其他用户的动作。当 scores. php 程序已经获得了最新的比分时，它在一个 HTTP 应答中返回该比分，因为它是一个 onSuccess 动作，所以，它分析结果并把比分插入到当前页面的相关位置。页面的其余部分不受影响，不被重载入。

这说明了在第一层组件和第二层组件之间使用的通信类型。虽然 Ajax. Request（和下层的 XmlHttpRequest 对象）提供同步和异步通信，但总是使用异步版本，因为用户界面对延迟的服务器应答是不可接受的。

这个简单的例子说明了在两层应用中 AJAX 的使用。在三层应用中，服务器组件（在我们的例子中是 scores. php）将发送一个请求给数据管理器组件（通常是发给数据库服务器的一个 SQL 查询）用于请求数据。这个请求是异步的，因为没有理由直到请求被满足后才返回控制给服务器。

AJAX 机制组成了一项有效的技术，用于在具有不确定延迟的互联网环境下构造及时的 Web 应用，它已经得到了非常广泛的使用。Google 地图应用 ［www. google. com Ⅱ］ 是一个突出的例子。地图作为一个连续的 256 × 256 像素图像（称为图片（tile））数组显示。当地图被移动时，浏览器中的 Javascript 代码重定位可见的图片，需要填入可见区域的额外的图片，可以通过 AJAX 调用到 Google 服务器去获取。图片一经收到就会显示出来，但浏览器在等待的时候可以继续应答用户的交互。

瘦客户　分布式计算的趋势是将复杂性从最终用户设备移向互联网服务。这点在向云计算（见第 1 章）发展的趋势中最明显，在上面讨论的层次化体系结构中也能看到。这个趋势导致了对瘦客户概念的兴趣，它使得能以很少的对客户设备的假设或需求，获得对复杂网络化服务的访问，这些服务可以通过云解决方案提供。更具体来说，术语瘦客户指的是一个软件层，在执行一个应用程序或访问远程计算机上的服务时，由该软件层提供一个基于窗口的本地用户界面。例如，图 2-10 给出了一个瘦客户，它在访问互联网上的一台计算服务器。这种方法的好处是有可能通过大量的网络化服务和潜在能力极大地增加简单的本地设备（例如，智能电话和其他资源有限的设备）。瘦客户体系结构的主要缺点是：在交互频繁的图形活动（如 CAD 和图像处理）中，因为网络和操作系统的延迟，用户感受到的延迟会因为在瘦客户和应用进程之间传输图像和向量信息而增大到不可接受的程度。

图 2-10　瘦客户和计算机服务器

这个概念导致虚拟网络计算（Virtual Network Computing，VNC）的出现。该项技术首先由 Olivetti 和 Oracle 研究实验室的研究者引入 ［Richardson et al. 1998］。初始的概念已经演化成实现，例如，RealVNC ［www. realvnc. com］ 提供了一个软件解决方案，Adventiq ［www. adventiq. com］ 提供了一个基于硬件的解决方案，该方案支持在 IP 上传送键盘、视频和鼠标事件（KVM-over-IP）。其他 VNC 实现包括 Apple Remote Desktop、TightVNC 和 Aqua Connect。

VNC 在概念上是简单的，即为远程访问提供图形用户界面。在这个解决方案中，VNC 客户（观众）通过 VNC 协议与 VNC 服务器交互。从图形支持角度看，协议在原语层次上操作，基于帧缓冲区，以以下操作为特色：在屏幕上的给定位置放置矩形像素数据（一些解决方案如 Citrix 的 XenApp 从窗口操作方面来看在较高层次操作 ［www. citrix. com］）。这种低层方法确保协议能工作在任何操作系统或应用中。虽然这很直接，但它隐含着用户能用不同设备从任何地方访问他们的计算机设施，这代表了在移动计算方面迈出的重要的一步。

虚拟网络计算已经取代了网络计算机，后者是以前的瘦客户解决方案的实现方法，它通过简单、廉价、完全依赖网络化服务的硬件设备，从远程文件服务器下载它们的操作系统和用户所需的应用软件。因为所有的应用数据和代码由一个文件服务器存储，所以，用户可以从一个网络计算机迁移到另一个。事实上，虚拟网络计算被证明是一个更灵活的解决方案，现在主宰着市场。

其他经常出现的模式　如上所述，现在已有大量的体系结构模式，且它们已被文档化。这里给出一些关键的例子。

- 代理（proxy）模式是分布式系统中经常出现的模式，其主要用于支持远程过程调用或远程方法调用的位置透明性。用这种方法，一个代理在本地地址空间中被创建，用于代表远程对象。这个代理提供与远程对象一样的接口，程序员调用这个代理对象，因此无须了解交互的分布式特性。在 RPC 和 RMI 中，代理支持位置透明性的作用将在第 5 章做进一步的讨论。注意代理也被用于封装其他的功能（诸如复制或缓存的放置策略等）。

- Web 服务中的业务代理（brokerage）的使用能被看成是一个在可能很复杂的分布式基础设施中支持互操作性的体系结构模式。特别地，这个模式是由服务提供商、服务请求者和服务代理（提供与请求的服务一致的服务）三部分组成，如图 2-11 所示。这个业务代理模式在分布式系统的多个领域被多次应用，例如 Java RMI 中的注册服务、CORBA 中的名字服务（分别参见第 5 章和第 8 章的讨论）。

- 反射（reflection）模式在分布式系统中作为支持内省（系统的动态发现的特性）和从中调停（动态修改结构或行为的能力）的手段而被持续地使用。例如，Java 的内省能力被用于 RMI 的实现中，提供通用的分发（参见 5.4.2 节的讨论）。在一个反射系统中，标准的服务接口在基础层可供使用，但元层接口也可以提供对涉及服务实现的组件及组件参数的访问。许

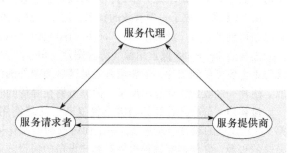

图 2-11　Web 服务体系结构模式

多技术在元层可用，包括截获到达的消息或调用、动态发现由给定对象提供的接口、发现和适应系统底层体系结构的能力。反射被应用于分布式系统中的多个领域，特别是反射中间件领域，例如，可以用于支持更多的可配置及重配置中间件体系结构 [Kon et al. 2001]。

与分布式系统相关的体系结构模式更多的例子可以在 Bushmann 等人 [2007] 的著作中找到。

2.3.3　相关的中间件解决方案

第 1 章引入了中间件，在 2.3.2 节讨论分层体系结构时又重温了中间件。中间件的任务是为分布式系统的开发提供一个高层的编程抽象，并且通过分层，对底层基础设施中的异构性提供抽象，从而提升互操作性和可移植性。中间件解决方案是基于 2.3.1 节引入的体系结构模型，也支持更复杂的体系结构模式。本节我们简要回顾一下现在存在的中间件类别，为在本书的其他部分进一步研究这些解决方案做好准备。

中间件的类别　远程过程调用包，（如 Sun RPC，第 5 章）和组通信（如 ISIS，第 6 章和第 18 章）属于最早的中间件实例。从那以后，出现了大量不同风格的中间件，大部分都基于上面介绍的体系结构模型。我们在图 2-12 中给出了中间件平台的分类，其中交叉引用了其他章，那些章更详细地讨论了不同种类的中间件。需要强调的是分类并不精确，现代中间件平台试图提供混合的解决方案。例如，许多分布式对象平台提供分布式事件服务，来补充传统的对远程方法调用的支持。类似地，出于互操作性的原因，许多基于组件的平台（和平台的其他分类）也支持 Web 服务和标准。从中间件标准和今天可用的技术的角度来看，还应该强调这个分类并不完整，其目的在于给出中间件的主要类别。其他（未给出的）解决方案是比较特定的，例如，特定于提供某一通信范型，如消息传递、远程过程调用、分布式共享内存、元组空间或组通信。

图 2-12 中的中间件的顶层分类是根据通信实体和相关通信范型而确定的，遵循五个主要的体系结构模型：分布式对象、分布式组件、发布 – 订阅系统、消息队列和 Web 服务。对等系统是这些类别的补充，基于 2.3.1 节讨论的协作方法，对等系统是中间件一个相当独立的分支。应用服务器，显示为分布式组件的子类，也提供对三层体系结构的直接支持。特别地，应用服务器提供了结构以支持应用逻辑和数据存储的分离，以及对其他特性（如安全性和可靠性）的支持。详细细节将延后到第 8 章讨论。

除了编程抽象之外，中间件也能提供分布式系统的基础设施服务，供应用程序或其他服务使用。这些基础设施服务与中间件提供的分布式编程模式是紧密绑定的。例如，CORBA（第 8 章）提供给应用一系列的 CORBA 服务，包括对程序安全和可靠的支持。如上所述和在第 8 章中的进一步讨论，应用服务器也提供对这些服务的内在支持。

主类	子类	系统例子
分布式对象（第 5、8 章）	标准	RM-ODP
	平台	CORBA
	平台	Java RMI
分布式组件（第 8 章）	轻量级组件	Fractal
	轻量级组件	OpenCOM
	应用服务器	SUN EJB
	应用服务器	CORBA 组件模型
	应用服务器	JBoss
发布 – 订阅系统（第 6 章）		CORBA 事件服务
		Scribe
		JMS
消息队列（第 6 章）		Websphere MQ
		JMS
Web 服务（第 9 章）	Web 服务	Apache Axis
	网格服务	Globus Toolkit
对等（第 10 章）	路由覆盖网	Pastry
	路由覆盖网	Tapestry
	应用特定的	Squirrel
	应用特定的	OceanStore
	应用特定的	Ivy
	应用特定的	Gnutella

图 2-12　中间件分类

中间件的限制　许多分布式应用完全依赖中间件提供的服务来支持应用的通信和数据共享需求。例如，一个适合客户 – 服务器模型的应用，如一个名字和地址的数据库，可以依赖只提供远程方法调用的中间件。

通过依靠中间件支持的开发，能大大简化分布式系统的编程，但系统可依赖性的一些方面要求应用层面的支持。

考虑从发送者的邮件主机传递大量的电子邮件消息到接收者的邮件主机。乍一看，这是一个 TCP 数据传输协议的简单应用（见第 3 章的相关讨论）。但考虑这样的问题：用户试图在一个可能不可靠的网络上传递非常大的文件。TCP 提供一些错误检测和更正，但它不能从严重的网络中断中恢复。因此，邮件传递服务增加了另一层次的容错，维护一个进展记录，如果原来的 TCP 连接断开了，用一个新的 TCP 连接继续传递。

Saltzer、Reed 和 Clarke 的一篇经典论文〔Saltzer et al. 1984〕对分布式系统的设计给出了类似的、有价值的观点，他们称之为"端到端争论"。可将他们的陈述表述为：

> 一些与通信相关的功能，可以只依靠通信系统终点（end point）的应用的知识和帮助，即可完整、可靠地实现。因此，将这些功能作为通信系统的特征不总是明智的（虽然由通信系统提供一个不完全版本的功能有时对性能提高是有用的）。

可以看出他们的论点与通过引入适当的中间件层将所有通信活动从应用编程中抽象出来的观点是相反的。

争论的关键是分布式程序正确的行为在很多层面上依赖检查、错误校正机制和安全手段，其中有些要求访问应用的地址空间的数据。任何企图在通信系统中单独完成的检查将只能保证部分正确性。因此，可能在应用程序中重复同样的任务，降低了编程效率，更重要的是增加了不必要的复杂性并要执行冗余的计算。

这里不进一步介绍他们的争论细节，强烈推荐读者阅读前面提到的那篇论文——那里有许多说明的实例。原文作者之一最近指出：争论给互联网设计带来的实质性好处最近面临着为满足当前应用需求而转向网络服务专门化的危险〔www. reed. com〕。

这个争论给中间件设计者带来一个实际的两难困境，而且给定当代分布式系统中种类繁多的应用

59
~
60

（和相关的环境条件）（见第 1 章），这些困难与日俱增。本质上，底层中间件行为与一个给定应用或应用集的需求和相关环境上下文（如底层网络的状态和风格）有关。这个看法推动了对上下文感知和中间件自适应解决方案的兴趣，见 Kon 等人的讨论 ［2002］。

2.4　基础模型

上面的各种系统模型完全不同，但具有一些基本特性。特别是，所有的模型都由若干进程组成，这些进程通过在计算机网络上发送消息而相互通信，所有的模型都共享下列设计需求：实现进程及网络的性能和可靠性特征，确保系统中资源的安全性。本节给出基于基本特性的模型，利用这些模型，我们能更详细地描述系统可能展示的特征、故障和安全风险。

通常，为了理解和推理系统行为的某些方面，一个基础模型应该仅包含我们要考虑的实质性成分。这样一个模型的目的是：

- 显式地表示有关我们正在建模的系统的假设。
- 给定这些假设，就什么是可能的、什么是不可能的给出结论。结论以通用算法或要确保的特性的形式给出。特性成立的保证依赖于逻辑分析和（适当时候的）数学证明。

了解设计依赖什么、不依赖什么，我们就能从中获益。如果在一个特定系统中实现一个设计，这个设计能否运作，我们只需询问在那个系统中假设是否成立。通过清晰、显式地给出我们的假设，就能利用数学技巧证明系统的特征，这些特征对任何满足假设的系统都成立。最后，通过从细节（如硬件）中抽象系统的基本实体和特性，我们就能阐明对系统的理解。

我们希望在我们的基本模型中提取的分布式系统情况能解决下列问题：

交互：计算在进程中发生，进程通过传递消息交互，并引发进程之间的通信（信息流）和协调（活动的同步和排序）。在分布式系统的分析和设计中，我们特别关注这些交互。交互模型必须反映通信带来的延迟，这些延迟的持续时间会比较长，交互模型必须反映独立进程相互配合的准确性受限于这些延迟，受限于在分布式系统中很难跨所有计算机维护同一时间概念。

故障：只要分布式系统运行的任一计算机上出现故障（包括软件故障）或连接它们的网络出现故障，分布式系统的正确操作就会受到威胁。我们的模型将对这些故障进行定义和分类。这为分析它们潜在的效果以及设计能容忍每种类型故障的系统奠定了基础。

安全：分布式系统的模块特性和开放性将其暴露在外部代理和内部代理的攻击下。我们的安全模型对发生这种攻击的形式给出了定义并进行了分类，为分析对系统的威胁以及设计能抵御这些威胁的系统奠定了基础。

为了帮助讨论和推理，我们对本章介绍的模型进行了必要的简化，省略了许多真实系统中的细节。它们与真实系统的关系，以及在模型帮助下揭示的问题环境中的解决方案是本书讨论的主题。

2.4.1　交互模型

2.3 节对系统体系结构的讨论表明分布式系统由多个以复杂方式进行交互的进程组成。例如：

- 多个服务器进程能相互协作提供服务，前面提到的例子有域名服务（它将数据分区并复制到互联网中的服务器上）和 Sun 的网络信息服务（它在局域网的几个服务器上保存口令文件的复制版本）。
- 对等进程能相互协作获得一个共同的目标。例如，一个语音会议系统，它以类似的方式分布音频数据流，但它有严格的实时限制。

大多数程序员非常熟悉算法的概念——采取一系列步骤以执行期望的计算。简单的程序由算法控制，算法中的每一步都有严格的顺序。由算法决定程序的行为和程序变量的状态。这样的程序作为一个进程执行。由多个上面所说的进程组成的分布式系统是很复杂的。它们的行为和状态能用分布式算法描述——分布式算法定义了组成系统的每个进程所采取的步骤，包括它们之间消息的传递。消息在进程之间传递以便在它们之间传递信息并协调它们的活动。

每个进程执行的速率和进程之间消息传递的时限通常是不能预测的。要描述分布式算法的所有状态也非常困难，因为它必须处理所涉及的一个或多个进程的故障或消息传递的故障。

进程交互完成了分布式系统中所有的活动。每个进程有它自己的状态，该状态由进程能访问和更新的数据集组成，包括程序中的变量。属于每个进程的状态完全是私有的——也就是说，它不能被其他进程访问或更新。

本节讨论分布式系统中影响进程交互的两个重要因素：

- 通信性能经常是一个限制特性。
- 不可能维护一个全局时间概念。

通信通道的性能 在我们的模型中，通信通道在分布式系统中可用许多方法实现，例如，通过计算机网络上的流或简单消息传递来实现。计算机网络上的通信有下列与延迟（latency）、带宽（bandwidth）和抖动（jitter）有关的性能特征：

- 从一个进程开始发送消息到另一个进程开始接收消息之间的间隔时间称为延迟。延迟包括：
  - 第一串比特通过网络传递到目的地所花费的时间。例如，通过卫星链接传递消息的延迟是无线电信号到达卫星并返回的时间。
  - 访问网络的延迟，当网络负载很重时，延迟增长很快。例如，对以太网传送而言，发送站点要等待网络空闲。
  - 操作系统通信服务在发送进程和接收进程上所花费的时间，这个时间会随操作系统当前的负载的变化而变化。
- 计算机网络的带宽是指在给定时间内网络能传递的信息总量。当大量通信通道使用同一个网络时，它们就不得不共享可用的带宽。
- 抖动是传递一系列消息所花费的时间的变化值。抖动与多媒体数据有关。例如，如果音频数据的连续采样在不同的时间间隔内播放，那么声音将严重失真。

计算机时钟和时序事件 分布式系统中的每台计算机有自己的内部时钟，本地进程用这个时钟获得当前时间值。因此，在不同计算机上运行的两个进程能将时间戳与它们的事件关联起来。但是，即使两个进程在同时读它们的时钟，它们各自的本地时钟也会提供不同的时间值。这是因为计算机时钟和绝对时间之间有偏移，更重要的是，它们的漂移率互不相同。术语时钟漂移率（clock drift rate）指的是计算机时钟偏离绝对参考时钟的比率。即使分布式系统中所有计算机的时钟在初始情况下都设置成相同的时间，它们的时钟最后也会相差巨大，除非进行校正。

有几种校正计算机时钟的时间的方法。例如，计算机可使用无线电接收器从全球定位系统（GPS）以大约 $1\mu s$ 的精度接收时间读数。但 GPS 接收器不能在建筑物内工作，同时，为每一台计算机增加 GPS 在费用上也不合理。相反，具有精确时间源（如 GPS）的计算机可发送时序消息给网络中的其他计算机。在两个本地时钟时间之间进行协商当然会受消息延迟的影响。有关时钟漂移和时钟同步的更详细的讨论见第 14 章。

交互模型的两个变体 在分布式系统中，很难对进程执行、消息传递或时钟漂移所花的时间设置时间限制。两种截然相反的观点提供了一对简单模型：第一个模型对时间有严格的假设，第二个模型对时间没有假设。

同步分布式系统：Hadzilacos 和 Toueg［1994］定义了一个同步分布式系统，它满足下列约束：

- 进程执行每一步的时间有一个上限和下限。
- 通过通道传递的每个消息在一个已知的时间范围内接收到。
- 每个进程有一个本地时钟，它与实际时间的偏移率在一个已知的范围内。

对于分布式系统，建议给出合适的关于进程执行时间、消息延迟和时钟漂移率的上界和下界是可能的。但是达到实际值并对所选值提供保证是比较困难的。除非能保证上界和下界的值，否则任何基于所选值的设计都不可靠。但是，按同步系统构造算法，可以对算法在实际分布式系统的行为提供一些想法。例如，在同步系统中，可以使用超时来检测进程的故障，参见下面的 2.4.2 节。

同步分布式系统是能够被构造出来的。所要求的是进程用已知的资源需求完成任务，这些资源需求保证有足够的处理器周期和网络能力；还有要为进程提供漂移率在一定范围内的时钟。

异步分布式系统：许多分布式系统，例如互联网，是非常有用的，但它们不具备同步系统的资格。

因此我们需要另一个模型。异步分布式系统是对下列因素没有限制的系统：

- 进程执行速度——例如，进程的一步可能只花费亿万分之一秒，而进程的另一步要花费一个世纪的时间，也就是说，每一步能花费任意长的时间。
- 消息传递延迟——例如，从进程 A 到进程 B 传递一个消息的时间可能快得可以忽略，也可能要花费几年时间。换句话说，消息可在任意长时间后接收到。
- 时钟漂移率——时钟漂移率可以是任意的。

异步模型对执行的时间间隔没有任何假设。这正好与互联网一致，在互联网中，服务器或网络负载没有内在的约束，对像用 FTP 传输文件要花费多长时间也没有限制。有时电子邮件消息要花几天时间才能到达。下面的"Pepperland 协定"部分说明在异步分布式系统中达成协定的困难性。

即使有这些假设，有些设计问题也能得到解决。例如，虽然 Web 并不总能在一个合理的时间限制内提供特定的响应，但浏览器的设计可以做到让用户在等待时做其他事情。对异步分布式系统有效的任何解决方案对同步系统同样有效。

实际的分布式系统经常是异步的，因为进程需要共享处理器，而通信通道需要共享网络。例如，如果有太多特性未知的进程共享一个处理器，那么任何一个进程的性能都不能保证。但是，有许多不能在异步系统中解决的设计问题，在使用时间的某些特征后就能解决。在最终期限之前传递多媒体数据流的每个元素就是这样一个问题。对这样的问题，可使用同步模型。

事件排序　在许多情况下，我们有兴趣知道一个进程中的一个事件（发送或接收一个消息）是发生在另一个进程中的另一个事件之前、之后或同时。尽管缺乏精确的时钟，但系统的执行仍能用事件和它们的顺序来描述。

例如，考虑下列在邮件列表中一组电子邮件用户 X、Y、Z、A 之间的邮件交换：

1）用户 X 发送主题为 Meeting 的消息。

2）用户 Y 和 Z 发送一个主题为 Re：Meeting 的消息进行回复。

在实际环境中，X 的消息最早发送，Y 读取它并回复；Z 读取 X 的消息和 Y 的回复并发出另一个回复，该回复引用了 X 和 Y 的消息。但是由于在消息传递中各自独立的延迟，消息的传递可能像图 2-13 所示的一样，一些用户可能以错误的顺序查看这两个消息。例如，用户 A 可能看见：

收件箱		
序号	发件人	主题
23	Z	Re：Meeting
24	X	Meeting
25	Y	Re：Meeting

Pepperland 协定　Pepperland 军队的两个师"红师"和"蓝师"驻扎在邻近两座山的山顶上。山谷下面是入侵的敌军。只要 Pepperland 的两个师留在驻地，他们就是安全的，他们通过派出通信兵穿过山谷进行通信。Pepperland 的两个师需要协商它们中的哪一方率先发起对敌军的冲锋以及冲锋何时进行。即使是在异步的 Pepperland 中，由谁率先冲锋是可能达成一致的。例如，每个师报告剩余人员的数量，人数多的一方率先冲锋（如果人数一样多，则由红师率先冲锋）。但何时冲锋呢？非常遗憾，在异步 Pepperland，通信兵的速度是变化的。如果红师派出一个通信兵，带着"冲锋"消息，蓝师可能 3 个小时也收不到这个消息，也可能 5 分钟就收到这个消息了。在同步 Pepperland 中，仍然有协调问题，但是两个师知道一些有用的约束：每个消息至少花费 min 分钟和至多花费 max 分钟到达。如果率先冲锋的师发送"冲锋"消息，那么它等待 min 分钟就可以冲锋。另一个师在收到消息后等待 1 分钟，然后冲锋。在率先冲锋的师之后、不超过（max - min + 1）分钟，另一个师保证发起冲锋。

如果 X、Y、Z 的计算机上的时钟能同步，那么每个消息在发送时可以携带本地计算机时钟的时间。例如，消息 m_1、m_2 和 m_3 能携带时间 t_1、t_2、t_3，其中 $t_1 < t_2 < t_3$。接收到的消息将根据它们的时间排序显示给用户。如果时钟基本上同步，那么这些时间戳通常会以正确的顺序排列。

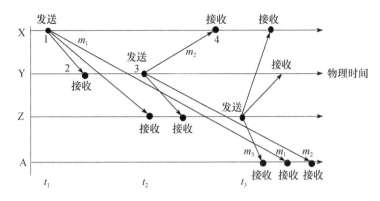

图 2-13　事件的实时排序

因为在一个分布式系统中时钟不能精确同步，所以 Lamport [1978] 提出了逻辑时间的模型，为在分布式系统中运行于不同计算机上的进程的事件提供顺序。使用逻辑时间不需要求助于时钟就可以推断出消息的顺序。详细内容可参见第 14 章，我们在这里只介绍如何将逻辑排序的某些方面应用到邮件排序问题。

逻辑上，我们知道消息在它发送之后才被接收，因此，我们为图 2-13 所示的成对事件给出一个逻辑排序。例如，仅考虑涉及 X 和 Y 的事件：

X 在 Y 接收到 m_1 之前发送 m_1；Y 在 X 接收到 m_2 之前发送 m_2

我们也知道应答在接收到消息后发出，因此对于 Y，我们有下列逻辑排序：

Y 在发送 m_2 之前接收 m_1

逻辑时间通过给每个事件赋予一个与它的逻辑顺序相对应的数字而进一步拓展了这个思想。这样，后发生的事件的数字比早发生的事件的数字大。例如，图 2-13 显示了 X 和 Y 上的事件，其数字为 1 ~ 4。

2.4.2　故障模型

在分布式系统中，进程和通信通道都有可能出故障，即它们可能偏离被认为是正确或所期望的行为。故障模型定义了故障可能发生的方式，以便理解故障所产生的影响。Hadzilacos 和 Toueg [1994] 提供了一种分类法，用于区分进程故障和通信通道故障。这些故障将分别在下面的"遗漏故障"、"随机故障"和"时序故障"部分介绍。

本书将贯穿使用故障模型。例如：
- 第 4 章给出数据报和流通信的 Java 接口，它们分别提供不同程度的可靠性。
- 第 5 章给出支持 RMI 的请求 – 应答协议。它的故障特征取决于进程和通信通道两者的故障特征。该协议能用数据报或流通信实现。可根据实现的简单性、性能和可靠性作出决定。
- 第 17 章给出事务的两阶段的提交协议。它用于在面对进程和通信通道的确定性故障时完成事务。

遗漏故障　遗漏故障类错误指的是进程或通信通道不能完成它应该做的动作。

进程遗漏故障：进程主要的遗漏故障是崩溃。当我们说进程崩溃了，意为进程停止了，将不再执行程序的任何步骤。能在故障面前存活的服务，如果假设该服务所依赖的服务能干净利落地崩溃，即进程仍能正确运行或者停止运行，那么它的设计能被简化。其他进程通过下列事实能检测到这种进程崩溃：这个进程一再地不能对调用消息进行应答。然而，这种崩溃检测的方法依赖超时的使用，即进程用一段固定时间等待某个事件的发生。在异步系统中，超时只能表明进程没有响应——它可能是崩溃了，也可能是执行速度慢，或者是消息还没有到达。

如果其他进程能确切检测到进程已经崩溃，那么这个进程崩溃称为故障 – 停止。在同步系统中，如果确保消息已被传递，而其他进程又没有响应时，进程使用超时来检测，那么就会产生故障 – 停止行为。例如，对于进程 p 和 q，如果设计 q 应答来自 p 的消息，而且进程 p 在按 p 本地时钟度量的一个最大时间范围内没有收到进程 q 的应答，那么进程 p 可以得出结论：进程 q 出现了故障。下面的"故障检测"和"面对通信故障时达成协定的不可能性"部分说明在异步系统中检测故障的困难以及在故障面前达成协定的困难。

通信遗漏故障：考虑通信原语 send 和 receive。进程 p 通过将消息 m 插入到它的外发消息缓冲区来执行 send。通信通道将 m 传输到 q 的接收消息缓冲区。进程 q 通过将 m 从它的接收消息缓冲区取走并完成传递来执行 receive（见图 2-14）。通常由操作系统提供外发消息缓冲区和接收消息缓冲区。

图 2-14 进程和通道

如果通信通道不能将消息从 p 的外发消息缓冲区传递到 q 的接收消息缓冲区，那么它就产生了遗漏故障。这就是所谓的"丢失消息"，造成消息丢失的原因通常是在接收端或中间的网关上缺乏缓冲区空间，或因为网络传输错误（可由消息数据携带的校验和检测到）。Hadzilacos 和 Toueg［1994］把在发送进程和外发消息缓冲区之间的消息丢失称为发送遗漏故障；在接收消息缓冲区和接收进程之间的消息丢失称为接收遗漏故障；在两者之间的消息丢失称为通道遗漏故障。遗漏故障和随机故障的分类见图 2-15。

> **故障检测** 在 Pepperland 师驻扎在山顶的情况下（见"Pepperland 协定"部分），假设敌军聚集足够的力量攻击任意一个扎营的师，那么任意一个师都可能失败。进一步假设，在没有被攻击的时候，各师定时地派出通信兵向对方报告自己的状态。在异步系统中，没有一个师能区别是对方被打败了还是通信兵跨越中间山谷的时间太长。在同步的 Pepperland 中，一个师通过应该定期出现的通信兵的缺席就能判断出另一个师是否被打败了。但是，另一个师可能在派出最后一个通信兵后就被打败了。
>
> **面对通信故障时达成协定的不可能性** 我们一直假设 Pepperland 通信兵最终总能设法通过山谷，但现在要假设敌军会抓住通信兵，阻止他到达（我们还假设敌人不可能给通信兵"洗脑"，从而让他传达错误的消息）。红师和蓝师能发送消息使得他们能一致决定对敌军冲锋或投降吗？非常遗憾，正如 Pepperland 理论家 Ringo 大师证明的一样，在这样的环境中，两个师不能一致地决定做什么。为了了解这一点，假设其反面观点成立即两个师能执行达成一致的 Pepperland 协议。某一方提出"冲锋！"或"投降！"，协议使得双方同意这一方或另一方的动作。现在考虑在某一轮协议中发送的最后一个消息。携带消息的通信兵可能被敌军俘虏。不论消息到达与否，最后的结果必须一致。所以我们去掉它。现在我们对剩下消息中的最后一个应用同一论点。这个论点可再应用到那个消息，然后继续应用这个论点，最后我们将以没有要发送的消息结束！这表明如果通信兵被俘虏，就没有保证 Pepperland 师之间一致的协议存在。

故障分类	影响对象	描述
故障-停止	进程	进程停止并一直停止。其他进程可检测到这个状态
崩溃	进程	进程停止并一直停止。其他进程可能无法检测到这个状态
遗漏	通道	插入外发消息缓冲区的消息不能到达另一端的接收消息缓冲区
发送遗漏	进程	进程完成了 send，但消息没有放入它的外发消息缓冲区
接收遗漏	进程	一个消息已放在进程的接收消息缓冲区，但那个进程没有接收它
随机（拜占庭式）	进程或通道	进程/通道显示出随机行为：它可能在任意时刻发送/传递随机的消息，会有遗漏发生；一个进程可能停止或者采取不正确的步骤

图 2-15 遗漏故障和随机故障

故障可以按照它们的严重性分类。到现在为止，我们描述的所有故障是良性故障。在分布式系统中，大多数故障是良性的。良性故障包括遗漏故障以及时序故障和性能故障。

随机故障 术语随机故障或拜占庭故障用于描述可能出现的最坏的故障，此时可能发生任何类型的错误。例如，一个进程可能在数据项中设置了错误的值，或为响应一个调用返回一个错误的值。

进程的随机故障是指进程随机地省略要做的处理步骤或执行一些不需要的处理步骤。进程的随机故障不能通过查看进程是否应答调用来检测，因为它可能随机地遗漏应答。

通信通道也会出现随机故障。例如，消息内容可能被损坏或者传递不存在的消息，也可能多次传递实际的消息。通信通道的随机故障很少，因为通信软件能识别这类故障并拒绝出错的消息。例如，可用校验和来检测损坏的消息，消息序号可用于检测不存在和重复的消息。

时序故障　时序故障适用于同步分布式系统。在这样的系统中，对进程执行时间、消息传递时间和时钟漂移率均有限制。时序故障见图 2-16 的列表。这些故障中的任何一个均可导致在指定时间间隔内对客户没有响应。

故障类型	影响对象	描　　述
时钟	进程	进程的本地时钟超过了与实际时间的漂移率的范围
性能	进程	进程超过了两个进程步之间的间隔范围
性能	通道	消息传递花费了比规定的范围更长的时间

图 2-16　时序故障

在异步分布式系统中，一个负载过重的服务器的响应时间可能很长，但我们不能说它有时序故障，因为它不提供任何保证。

实时操作系统是以提供时序保证为目的而设计的，但这种系统在设计上很复杂的，会要求冗余的硬件。大多数通用的操作系统（如 UNIX）不能满足实时约束。

时序与有音频和视频通道的多媒体计算机的关系尤为密切。视频信息要求传输海量的数据。若要在传递视频信息时不出现时序故障，那么就要对操作系统和通信系统提出特殊的要求。

故障屏蔽　分布式系统中的每个组件通常是基于其他一组组件构造的。利用存在故障的组件构造可靠的服务是可能的。例如，保存有数据副本的多个服务器在其中一个服务器崩溃时能继续提供服务。了解组件的故障特征有利于在设计新服务时屏蔽它所依赖的组件的故障。一个服务通过隐藏故障或者将故障转换成一个更能接受的故障类型来屏蔽故障。对于后者，我们给出一个例子，校验和用于屏蔽损坏的消息，它有效地将随机故障转化为遗漏故障。第 3 章和第 4 章介绍通过使用将不能到达目的地的消息重传的协议可以隐藏遗漏故障。第 18 章将介绍利用复制进行故障屏蔽的方法。甚至进程崩溃也可以屏蔽，即通过替换崩溃进程并根据原进程存储在磁盘上的信息恢复内存来实现。

一对一通信的可靠性　虽然基本的通信通道可能出现前面描述的遗漏故障，但用它来构造一个能屏蔽某些故障的通信服务是可能的。

术语可靠通信可从下列有效性和完整性的角度来定义：

有效性：外发消息缓冲区中的任何消息最终能传递到接收消息缓冲区。

完整性：接收到的消息与发送的消息一致，没有消息被传递两次。

对完整性的威胁来自两个方面：

- 任何重发消息但不拒绝到达两次的消息的协议。要检测消息是否到达了两次，可以在协议中给消息附加序号。
- 心怀恶意的用户，他们可能插入伪造的消息、重放旧的消息或篡改消息。在面对这种攻击时为维护完整性要采取相应的安全措施。

2.4.3　安全模型

在第 1 章中，我们识别出资源共享是分布式系统的一个激发因素。在 2.3 节中，我们用进程来描述分布式系统的体系结构，其中可能封装了如对象、组件或服务等的高层抽象，而且，我们通过与其他进程的交互来访问系统。那个体系结构模型为我们的安全模型提供了基础：

通过保证进程和用于进程交互的通道的安全以及保护所封装的对象免遭未授权访问可实现分布式系统的安全。

这里，从对象角度描述保护，尽管这些概念可以平等地应用到所有类型的资源上。

　　保护对象　图 2-17 给出了代表一些用户管理一组对象的一个服务器。用户运行客户程序，由客户程序向服务器发送调用以完成在对象上的操作。服务器完成每个调用指定的操作并将结果发给客户。

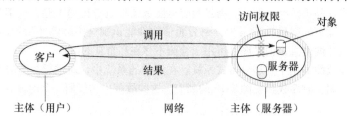

图 2-17　对象和主体

　　对象可由不同的用户按不同的方式使用。例如，有些对象持有用户的私有数据，如他们的邮箱，而其他对象可能持有共享数据，如 Web 页面。为了解决这样的问题，访问权限指定了允许谁执行一个对象的操作——例如，允许谁读或写它的状态。

　　这样，我们必须在我们的模型中包括作为访问权限受益人的用户。我们将每个调用和每个结果均与对应的授权方相关联。这样的一个授权方称为一个主体（principal）。一个主体可以是一个用户或进程。在我们的图示中，调用来自用户，结果来自服务器。

　　服务器负责验证每个调用的主体的身份，检查它们是否有足够的访问权限在所调用的某个对象上完成所请求的操作，如果没有权限就拒绝它们的请求。客户可以检查服务器的主体身份以确保结果来自所请求的服务器。

　　保护进程和它们的交互　进程通过发送消息进行交互。消息易于受到攻击，因为它们所使用的网络和通信服务是开放的，以使得任一对进程可以进行交互。服务器和对等进程暴露它们的接口，使得任何其他进程能给它们发送调用。

72

　　分布式系统经常在可能受到来自敌对用户的外部攻击的任务中使用和部署。对处理金融交易、机要或秘密信息以及任何注重信息保密性或完整性的应用而言，这一点是千真万确的。完整性会由于违反安全规则以及通信故障而受到威胁。所以我们知道有可能存在对组成这样的应用的进程的威胁和对在进程之间传送的消息的威胁。但为了识别和抵御这些威胁，我们如何分析它们呢？下面的讨论将介绍一个分析安全威胁的模型。

　　敌人　为了给安全威胁建模，我们假定敌人（有时也称为对手）能给任何进程发送任何消息，并读取或复制一对进程之间的任何消息，如图 2-18 所示。这种攻击能很简单地实现，它利用连接在网上的计算机运行一个程序读取那些发送给网络上其他计算机的网络消息，或是运行一个程序生成假的服务请求消息并声称来自授权的用户。攻击可能来自合法连接到网络的计算机或以非授权方式连接到网络的计算机。

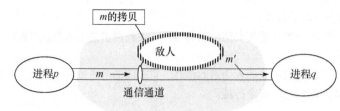

图 2-18　敌人

　　来自一个潜在敌人的威胁包括对进程的威胁和对通信通道的威胁。

　　对进程的威胁：在分布式系统中，一个用于处理到达的请求的进程可以接收来自其他进程的消息，但它未必能确定发送方的身份。通信协议（如 IP）确实在每个消息中包括了源计算机的地址，但对一个敌人而言，用一个假的源地址生成一个消息并不困难。缺乏消息源的可靠的知识对服务器和客户的正确工作而言是一个威胁，具体解释如下：

- 服务器：因为服务器能接收来自许多不同客户的调用，所以它未必能确定进行调用的主体的身份。即使服务器要求在每个调用中加入主体的身份，敌人也可能用假的身份生成一个调用。在没有关于发送方身份的可靠知识时，服务器不能断定应执行操作还是拒绝执行操作。例如，邮件服务器不知道从指定邮箱中请求一个邮件的用户是否有权限这样做，或者它是否为来自一个敌人的请求。
- 客户：当客户接收到服务器的调用结果时，它未必能区分结果消息来自预期的服务器还是来自一个"哄骗"邮件服务器的敌人。因此，客户可能接收到一个与原始调用无关的结果，如一个假的邮件（不在用户邮箱中的邮件）。 73

对通信通道的威胁：一个敌人在网络和网关上行进时能复制、改变或插入消息。当信息在网络上传递时，这种攻击会对信息的私密性和完整性构成威胁，对系统的完整性也会构成威胁。例如，包含用户邮件的结果消息可能泄露给另一个用户或者可能被改变成完全不同的东西。

另一种形式的攻击是试图保存消息的拷贝并在以后重放这个消息，这使得反复重用同一消息成为可能。例如，有些人通过重发请求从一个银行账户转账到另一个银行账户的调用消息而受益。

利用安全通道可解除这些威胁，安全通道是基于密码学和认证的，详细内容见下面的描述。

解除安全威胁 下面将介绍安全系统所基于的主要技术。第 11 章将详细讨论安全的分布式系统的设计和实现。

密码学和共享秘密：假设一对进程（例如某个客户和某个服务器）共享一个秘密，即它们两个知道秘密但分布式系统中的其他进程不知道这个秘密。如果由一对进程交换的消息包括证明发送方共享秘密的信息，那么接收方就能确认发送方是一对进程中的另一个进程。当然，必须小心以确保共享的秘密不泄露给敌人。

密码学是保证消息安全的科学，加密是将消息编码以隐藏其内容的过程。现代密码学基于使用密钥（很难猜测的大数）的加密算法来传输数据，这些数据只能用相应的解密密钥恢复。

认证：共享秘密和加密的使用为消息的认证（证明由发送方提供的身份）奠定了基础。基本的认证技术是在消息中包含加密部分，该部分中包含足够的消息内容以保证它的真实性。对文件服务器的一个读取部分文件的请求，其认证部分可能包括请求的主体身份的表示、文件的标识、请求的日期和时间，所有内容都用一个在文件服务器和请求的进程之间共享的密钥加密。服务器能解密这个请求并检查它是否与请求中指定的未加密细节相对应。

安全通道：加密和认证用于构造安全通道，安全通道作为已有的通信服务层之上的服务层。安全通道是连接一对进程的通信通道，每个进程代表一个主体行事，如图 2-19 所示。一个安全通道有下列特性：

- 每个进程确切知道其他正在执行的进程所代表的主体身份。因此，如果客户和服务器通过安全通道通信，那么服务器要知道发起调用的主体身份，并能在执行操作之前检查它们的访问权限。 74 这使得服务器能正确地保护它的对象，以便客户相信它是从真实的服务器上接收到的结果。
- 安全通道确保在其上传送的数据的私密性和完整性（防止篡改）。
- 每个消息包括一个物理的或逻辑的时间戳以防消息被重放或重排序。

图 2-19 安全通道

构造安全通道的详细讨论见第 11 章。安全通道已成为保护电子商务和通信安全的一个重要的实用工具。虚拟私网（VPN，见第 3 章的讨论）和安全套接字（SSL）协议（见第 11 章的讨论）就是安全通道的实例。

其他可能的来自敌人的威胁 1.5.3 节简要介绍了两个安全威胁——拒绝服务攻击和移动代码的部署。作为敌人破坏进程活动的可能的机会，我们要再介绍一下这两个安全威胁。

拒绝服务：在这种攻击形式下，敌人通过超量地、无意义地调用服务或在网络上进行消息传送，干扰授权用户的活动，导致物理资源（网络带宽、服务器处理能力）的过载。这种攻击通常意在延迟或阻碍其他用户的动作。例如，建筑物中的电子门锁可能由于受到对计算机控制的电子锁的过多非法请求而失效。

移动代码：如果进程接收和执行来自其他地方的程序代码（如 1.5.3 节提到的邮件附件），那么这些移动代码就会带来新的、有趣的安全问题。这样的代码很容易扮演特洛伊木马的角色，声称完成的是无害的事情但事实上包括了访问或修改资源的代码，这些资源对宿主进程是合法可用的但对代码的编写者是不合法的。实现这种攻击有多种不同的方法，因此必须非常小心地构造宿主环境以避免攻击。其中的大多数问题已在 Java 和其他移动代码系统中解决了，但从最近的一段历史看，移动代码问题暴露了一些让人窘迫的弱点。这一点也很好地说明了所有安全系统的设计都需要严格的分析。

安全模型的使用 有人认为，在分布式系统中获得安全是件简单的事，即根据预定义的访问权限控制对象的访问以及通信的安全通道的使用，但是通常却不是这样。安全技术（如加密）和访问控制的使用会产生实质性的处理和管理开销。前面概述的安全模型提供了分析和设计安全系统的基础，其中这些开销保持最少，但对分布式系统的威胁会在许多地方出现，需要对系统网络环境、物理环境和人际环境中所有可能引发的威胁进行仔细的分析。这种分析涉及构造威胁模型，由它列出系统会遭遇的各种形式的攻击、风险评估和每个威胁所造成的后果。要在抵御威胁所需的安全技术的有效性和开销之间做出权衡。

2.5 小结

如 2.2 节所展示的，从底层物理特性角度，例如，系统的规模、系统内在的异构性、从特性角度（如安全）提供端到端解决方案的实际需求等，分布式系统的复杂性正在增加。这使得从模型角度理解和探讨分布式系统显得更加重要。本章考虑了底层物理模型，并深度考察了支撑分布式系统的体系结构模型和基础模型。

本章从所包含的体系结构模型角度给出了描述分布式系统的方法，明晰了这个设计空间的内涵，包括查看什么在通信以及这些实体如何通信等核心问题，以及基于给定物理基础设施，考虑每个元素可以扮演的角色与合适的放置策略，并把它们补充到设计中去。本章还介绍了体系结构模式在由底层核心元素（例如上述的客户－服务器模型）构造复杂设计中发挥的关键作用，给出了支持分布式系统的中间件解决方案的主要类型，包括基于分布式对象、组件、Web 服务和分布式事件的解决方案。

从体系结构模型角度看，客户－服务器方法是一种常见的体系结构模型——Web 和其他互联网服务（如 FTP、新闻和邮件以及 Web 服务和 DNS）均基于这个模型，文件归档和其他本地服务也是如此。像 DNS 这种有大量的用户并管理大量信息的服务是基于多个服务器的，并使用数据分区和复制来提高可用性和容错能力。客户和代理服务器上的缓存得到广泛使用以提高服务的性能。不过，现在有许多方法对分布式系统进行建模，包括各种可替代的观点，如对等计算和更多的面向问题的抽象（如对象、组件或服务）。

基础模型补充了体系结构模型，它们帮助从诸如性能、可靠性和安全角度对分布式系统的特性进行推理。特别地，我们给出了交互模型、故障模型和安全模型。它们识别出构造分布式系统的基本组件的共同特征。交互模型关注进程和通信通道的性能以及全局时钟的缺乏。它将同步系统看成在进程执行时间、消息传递时间和时钟漂移上有已知范围的系统，将异步系统看成在进程执行时间、消息传递时间和时钟漂移上没有限制的系统——这是对互联网行为的描述。

故障模型将分布式系统中的进程故障和基本的通信通道故障进行了分类。屏蔽是一项技术，依靠它，可将不太可靠的服务中的故障加以屏蔽，并基于此构造出较可靠的服务。特别是，通过屏蔽基本的通信通道的故障，可从基本的通信通道构造出可靠的通信服务。例如，遗漏故障可通过重传丢失的消息加以屏蔽。完整性是可靠通信的一个性质——它要求接收到的消息与发送的消息一致，并且没有消息被发送两次。有效性是可靠通信的另一个性质——它要求发送消息缓冲区中的任何消息最终都能传递到接收消息缓冲区。

安全模型可识别出在一个开放的分布式系统中对进程和通信通道可能的威胁。有些威胁与完整性有关：恶意用户可能篡改消息或重放消息。其他的威胁则会损害私密性。另一个安全问题是发送消息所代表的主体（用户或服务器）的认证。安全通道使用密码技术来确保消息的完整性和私密性，并使得相互通信的主体可以进行验证。

练习

2.1 提供三个具体的、不同的例子，说明在 2.2 节定义的当代分布式系统中异构性的增加。 （第 39 页）

2.2 在通信实体之间的直接耦合，你能预见到什么问题？这些问题在远程调用方案中是隐含的。你期望时空分离所提供的解耦合具有什么优势？注意，你可能需要在阅读第 5 章和第 6 章后再来寻求答案。

（第 43 页）

2.3 描述一个或多个主要的互联网应用（如 Web、电子邮件或网络新闻）的客户 – 服务器体系结构并给出图示。 （第 46 页）

2.4 对于练习 2.1 中描述的应用，在实现相关服务适合采用什么放置策略？ （第 48 页）　77

2.5 搜索引擎是一个 Web 服务器，它响应客户的请求，在它存储的索引中查找，并（同时）运行几个 Web 抓取任务来创建和更新索引。在这些并发的当前活动之间进行同步的需求是什么？ （第 46 页）

2.6 在对等系统中使用的主机通常只是用户办公室或家里的计算机。对共享数据对象的可用性和安全性而言，这意味着什么？通过使用复制能多大程度上克服这些弱点？ （第 47 页，第 48 页）

2.7 列出易受不可靠程序（从远程站点下载并在本地运行的程序）攻击的本地资源的类型。 （第 50 页）

2.8 通过应用实例说明使用移动代码的好处。 （第 50 页）

2.9 考虑一个假想的汽车出租公司，画出一个三层解决方案，提供基本的分布式汽车出租服务。用这个来说明三层解决方案的好处和缺点，考虑诸如性能、可伸缩性、故障处理、软件长期维护等问题。

（第 52 页）

2.10 提供一个具体的例子，说明在为分布式应用提供中间件支持方面，Saltzer 的端到端争论所提及的困境（你可以关注提供可靠分布式系统的一个方面，例如，与容错或安全相关的方面）。 （第 60 页）

2.11 设计一个简单的服务器，它不用访问其他服务器就可完成客户请求。解释为什么它通常不可能对服务器响应客户请求的时间设置限制。需要怎样做才能使服务器可以在一定时间范围内执行请求？这是一个实用的选择吗？ （第 62 页）

2.12 针对影响通信通道上的两个进程之间传递消息所花的时间的各个因素，说明需要对哪些影响总时间的度量设置限制。为什么在当前通用的分布式系统中不提供这些度量？ （第 63 页）

2.13 网络时间协议服务能用于同步计算机时钟，解释为什么即使使用该服务，也不能对两个时钟之间的不同给出确定的范围。 （第 64 页）

2.14 考虑在异步分布式系统中使用的两个通信服务。在服务 A 中，消息可能丢失、被复制或延迟，校验和仅应用于消息头。在服务 B 中，消息可能丢失、延迟或传递得太快以致接收方无法处理它，但到达目的地的消息的内容一定正确。

描述上面两个服务会出现的故障类型，根据它们对有效性和完整性的影响为故障分类。服务 B 能被描述成可靠的通信服务吗？ （第 67 页，第 71 页）　78

2.15 有一对进程 X 和 Y，它们使用练习 2.14 中的通信服务 B 相互通信。假设 X 是客户而 Y 是服务器，一个调用始于 X 到 Y 的请求消息，然后 Y 执行该请求，最后从 Y 向 X 发送应答消息。思考这样一个调用会出现的故障类型。 （第 67 页）

2.16 假设一个基本的磁盘读操作有时读取的值与写入的值不同。叙述基本的磁盘读操作会出现的故障类型。阐述如何屏蔽故障以产生另一种良性故障，并对如何屏蔽良性故障提出建议。 （第 70 页）

2.17 定义可靠通信的完整性，列出所有来自用户和系统组件的对完整性的可能的威胁。面对每种威胁，要采取什么手段确保完整性？ （第 71 页，第 74 页）

2.18 描述可能出现在互联网上的几类主要的安全威胁类型（对进程的威胁、对通信通道的威胁、服务拒绝）。　79

（第 74 页，第 75 页）

网络和网际互连

分布式系统使用局域网、广域网和互连网络进行通信。底层网络的性能、可靠性、可伸缩性、移动性以及服务质量特征都影响着分布式系统的行为，因而也影响这些系统的设计。为适应用户需求的改变，无线网络和有服务质量保障的高性能网络应运而生。

计算机网络所基于的原理包括协议分层、包交换、路由以及数据流等，网际互连技术使得异构网络可以集成在一起。互联网就是一个重要的例子。它的协议广泛地应用于分布式系统中。互联网中使用的寻址以及路由方案经受了互联网快速成长所带来的影响。它们也被不断地修正，以适应未来的发展并满足新的对移动性、安全性以及服务质量的需求。

在实例研究中将给出特定网络的技术设计，包括以太网、IEEE 802.11（WiFi）和蓝牙无线网络。

3.1 简介

要构建分布式系统所使用的网络，首先需要众多的传输介质，包括电线、电缆、光纤以及无线频道；然后需要一些硬件设备，包括路由器、交换机、网桥、集线器、转发器和网络接口；最后还需要软件组件，包括协议栈、通信处理器和驱动器。上述因素都会影响分布式系统和应用程序所能达到的最终功能和性能。我们把为分布式系统提供通信设施的软硬件组件称为通信子系统。计算机和其他使用网络进行通信的设备称为主机。结点则指的是在网络上的所有计算机或者交换设备。

互联网是一个通信子系统，它为所有接入的主机提供通信服务。互联网连接了大量采用不同网络技术的子网。一个子网是一个路由单位（负责在互联网不同部分之间传递数据），它包含一组互连的结点，它们之间采用相同的技术进行通信。互联网的基础设施包括体系结构和软硬件组件，它们将不同的子网有效地集成为一个数据通信服务。

通信子系统的设计在很大程度上受组成分布式系统的计算机所使用的操作系统的特征的影响，也受与之互连的网络的影响。本章将探讨网络技术对通信子系统的影响，操作系统问题将在第 7 章讨论。

本章将从分布式系统的通信需求角度，对计算机网络加以概述。不熟悉计算机网络的读者应该将本章作为本书后续内容的基础，而熟悉网络的读者也会发现本章对计算机网络的诸多方面进行了总结。

计算机发明后不久，人们就有了计算机网络的构想。1961 年，Leonard Kleinrock [1961] 第一次在一篇文章中提出了包交换的理论基础。1962 年，J. C. R. Licklider 和 W. Clark（20 世纪 60 年代初期在 MIT 参加第一个分时系统的开发）在一篇论文中讨论了交互计算和广域网络的巨大潜能，这在某些方面预示了互联网的将来 [DEC 1990]。1964 年，Paul Baran 描绘出了一个可靠、有效的广域网的实用设计的轮廓 [Baran 1964]。更多的有关计算机网络和互联网历史的资料和链接可以在下列资源中找到 [www. isoc. org, Comer 2007, Kurose and Ross 2007]。

本节后面的部分将讨论分布式系统的通信需求。3.2 节将对网络类型进行概括，3.3 节将介绍计算机网络原理，3.4 节将专门讨论互联网。3.5 节将给出有关以太网、IEEE 802.11（WiFi）、蓝牙网络技术的实例研究。

分布式系统的连网问题

早期的计算机网络只能满足少量的、相对简单的应用需求，支持像文件传输、远程登录、电子邮件、新闻组这样的网络应用。随着分布式系统的不断发展，分布式应用程序能访问共享的文件或其他资源。为满足交互应用的需求，必须提出更高的性能标准。

近来，随着互联网的发展和商业化以及多种新的使用模式的出现，对于网络可靠性、可伸缩性、移动性、安全性和服务质量提出了更高要求。本节将详细介绍这些需求的本质。

性能　我们感兴趣的网络性能参数是影响两个互连计算机间消息传输速度的参数，即延迟和点到点的数据传输率。

延迟是指执行发送操作之后和数据到达目标计算机之前这一段时间。它可以用传输一个空消息的时间来度量。这里我们只考虑网络延迟，它是 2.4.1 节定义的进程 – 进程延迟的一部分。

数据传输率是指一旦传输过程开始，数据在网络上两台计算机间传输的速度，通常用 bit/s（比特/秒）作为单位。

根据上述定义，要在两个计算机间传输长度为 length 比特的消息，网络所需的时间为：

$$消息传输时间 = 延迟 + length/数据传输率$$

上式还需满足以下条件：消息长度不能超过网络所允许的最大值。长消息会被分割成多个段，传输时间是多个段传输时间的总和。

网络的传输率主要是由它的物理特征决定的，而延迟则主要由软件开销、路由延迟和与负载有关的统计因素（源于访问传输信道的冲突性命令）决定。在分布式系统的进程之间传送的许多消息的规模很小，因此延迟在决定性能上与数据传输率有相同或更重要的意义。

网络的系统总带宽是度量吞吐量的指标，它表示在给定的时间内网络可以传输的数据总量。在许多局域网技术中（如以太网），每一次数据传输都使用了整个网络的传输容量，这时系统的带宽也就是数据传输率。但在大部分广域网中，消息可以同时在几个不同的信道中传输，这时系统总带宽和传输率没有直接的关系。但是，在网络过载时网络性能会恶化，过载是指同时在网络中传输的消息过多。过载给网络的延迟、数据传输率以及系统总带宽所带来的影响与网络技术紧密相关。

现在考虑客户 – 服务器通信的性能。在负载较轻的本地网环境（包括系统开销）下，结点之间传输一个短的请求消息和收到一个短的应答的总时间通常在 0.5ms 左右；而调用一个本地内存中的应用层对象的操作，所需的时间在微秒以内。因此，尽管网络性能提高了，在本地网中访问共享资源的时间依然要比访问本地内存中的已有资源慢 1000 倍以上。但是网络的访问性能经常超越硬盘：对于经由网络访问一个本地的 Web 服务器或者文件服务器而言，将经常使用的文件放入一个大的缓存，其性能通常可以达到或超过直接访问本地硬盘文件的性能。

信息在互联网上往返的延迟在 5～500ms 之间，因传输距离不同，其平均值为 20～200ms［www.globalcrossing.net］，所以在互联网上传送请求比在快速本地网络上传送大约慢 10～100 倍。这个时间差缘于路由器的交换延迟和网络电路的竞争。

7.5.1 节将详细讨论并比较本地操作和远程操作的性能问题。

可伸缩性　计算机网络已成为现代社会不可缺少的基础设施。图 1-6 显示了截至 2005 年的近 12 年来连入互联网的计算机主机数量的增长情况。此后，因计算机主机数增长太快以至于无法给出准确的统计数据。未来互联网的大小将可能和地球上人口数量相当，到那时网络上将有数十亿的结点和上亿可用的主机。

这些数字表明了互联网必须能够处理未来在数量和负载上的变化，目前的网络技术甚至不能很好地应付现在的网络规模；但它们已经表现得相当不错了。为了适应互联网下一阶段的发展，技术人员正在对寻址和路由机制进行一些实质性的改变，这方面内容将在 3.4 节加以讨论。对于简单的客户 – 服务器应用（例如 Web），未来的数据流量的增长至少将和上网用户数量成正比。互联网基础设施的能力是否能适应这样的增长，必须依赖经济学的使用，特别是在对用户的收费和实际发生的通信模式方面——例如应根据用户的位置范围做某种处理。

可靠性　在 2.4.2 节关于故障模型的讨论描述了通信错误所带来的影响。许多应用可以从通信故障中恢复，因此并不要求保证无错通信。端对端争论（参见 2.3.3 节）也进一步支持了"通信子系统无需提供完全无错的通信"这一观点，通信错误的检测和校正通常由应用级软件完成。大多数物理传输介质的可靠性很高。错误通常是由于发送方或接收方的软件故障（例如，接收方计算机未能接收到一个包）或者缓冲溢出造成的，而不是网络错误造成的。

安全性　第 11 章将列出分布式系统获得安全性所需的需求和技术。大多数组织采用的第一层防御是为他们的网络和计算机设置一个防火墙。防火墙在组织的内部网和互联网之间创建了一个保护的边界，其目的是保护组织中所有计算机上的资源不被外部用户或进程访问，并控制组织中的用户使用防火墙外的资源。

防火墙在网关上运行，所谓网关是企业内部网入口点处的计算机。防火墙接收并且过滤所有进出该组织的消息。防火墙通常按照组织的安全策略进行配置，允许某些进入或流出的消息通过并拦截其他消息。这个内容我们将在3.4.8节中继续讨论。

为了让分布式应用在防火墙的限制下依然可以执行，我们需要建立一个安全的网络环境，使得大部分分布式应用可以被部署，且具有端对端的认证、私密性和安全性。使用密码技术可达到这种细粒度的且更灵活的安全形式。它通常应用于通信子系统以上的层次，因此不在这里讨论，而是在第7章进行讨论。但也有一些例外的要求，包括保护网络组件（如路由器）的操作不会受到未授权的干涉，对移动设备和其他外部结点建立安全链接以便它们能参与到一个安全的企业内部网——虚拟私网（VPN）的概念，VPN将在3.4.8节讨论。

移动性 移动设备（如笔记本电脑、PDA和可连网的移动电话）常常改变所处的位置，可以在方便的网络连接处重新连入，甚至在移动的时候使用。虽然无线网络提供了对这些设备的连接，但互联网的寻址和路由机制都是在移动设备出现之前开发的，并不太适合与不同子网进行间歇连接的需求。虽然互联网机制已经有所改进并被扩展来支持移动性，但随着未来移动设备使用数量的增长，还必须进行更进一步地开发。

服务质量 第1章中，我们把服务质量定义为"在传输和处理实时多媒体数据流时满足期限要求的能力"。这也给计算机网络提出了新的要求。传输多媒体数据的应用要求所使用的通信通道有足够的带宽和对延迟有所限制。一些应用能动态地改变它们的要求，并指定可接受的最低服务质量和期望的最佳值。第20章将讨论如何提供这些保证和相关的维护。

组播 分布式系统中大部分的通信是在一对进程之间进行的，但也经常有一对多通信的需求。显然这可以用向多个地址发送来模拟，但这种方式所花的代价比真正需要花费的代价要大，而且也不具备应用所需的容错性。因为这些原因，许多网络技术都支持同时向多个接收方传递消息。

3.2 网络类型

本节介绍主要用于支持分布式系统的网络类型：个域网、局域网、广域网、城域网以及它们的无线变体。互连网络（如互联网）是基于这些类型的网络构造出来的。图3-1给出了下面讨论的各种网络的性能特征。

实　例	范　围	带　宽（Mbps）	延　迟（ms）
有线：			
LAN 以太网	1～2km	10～1000	1～10
WAN IP 路由	世界范围	0.010～600	100～500
MAN ATM	2～50km	1～600	10
互连网络 互联网	世界范围	0.5～600	100～500
无线：			
WPAN 蓝牙（IEEE 802.15.1）	10～30m	0.5～2	5～20
WLAN WiFi（IEEE 802.11）	0.15～1.5km	11～108	5～20
WMAN WiMAX（IEEE 802.16）	5～50km	1.5～20	5～20
WWAN 3G 电话网	cell: 1～5km	0.348～14.4	100～500

图3-1 网络性能

一些网络类型的名字经常会被混淆，因为它们看上去指的是物理范畴（局域、广域），其实它们也确定了物理传输技术和底层的协议。对于局域网和广域网来说，这些方面是不一样的，尽管一些网络技术，如ATM（异步传输模式）既适用于局域网又适用于广域网，一些无线网络也同时支持局域网和城域网传输。

我们把由很多互连的网络组成，并且集成起来提供单一数据通信介质的网络称为互连网络。互联网就是典型的互连网络，它由数百万的局域网、城域网和广域网组成。我们将在3.4节详细描述它的实现。

个域网　个域网（Personal Area Network，PAN）是本地网的子类，其中一个用户携带的各种数字设备由一个廉价、低能量网络连接起来。有线 PAN 不是太重要，因为很少有用户希望自己身上有有线网络，但由于移动电话、PDA、数码相机、音乐播放器等个人设备数量的增加，无线个域网（WPAN）的重要性也随之增加。我们将在 3.5.3 节描述蓝牙 WPAN。

局域网　局域网（Local Area Network，LAN）在由单一通信介质连接的计算机之间以相对高的速度传输消息，这里的通信介质包括双绞线、同轴电缆和光纤。网段是指为某个部门或者一个楼层中很多计算机服务的那部分电缆。在段中，消息不需要路由，因为网段中的计算机都有直接的连接。整个系统的带宽由连接在网段范围内的计算机共享。大一些的局域网，比如校园网或者办公楼中的网络，由许多网段组成，段之间通过交换机或集线器互连（详见 3.3.7 节）。对于局域网来说，除了消息流量很大的时候，系统总带宽很高，而延迟时间很短。 86

20 世纪 70 年代，人们开发了多种局域网技术——以太网、令牌环和有槽环形网，这些技术都提供了有效和高性能的解决方案，但最终以太网成为有线局域网的主导技术。它产生于 20 世纪 70 年代的早期，当时的带宽是 10Mbps（每秒 100 万比特），最近扩展为 100Mbps 和 1000Mbps（每秒 1G 比特）。以太网操作的原理将在 3.5.1 节中加以描述。

局域网的适用性很强，它可以在几乎所有的工作环境中工作，只需有一两台以上的个人计算机或者工作站，它们的性能对实现分布式系统和应用来说已经足够了。以太网技术缺乏许多多媒体应用所需的延迟和带宽保证，但 ATM 网络的开发填补了这个空白，但它们昂贵的开销限制了它们在局域网应用中的使用。而高速以太网采用交换模式加以部署，在很大程度上克服了上述缺点，虽然它的有效性不如 ATM 网络。

广域网　广域网（Wide Area Network，WAN）在属于不同组织以及可能被远距离分隔开的结点之间以较低速度传递消息。这些结点可能分布在不同的城市、国家甚至不同的洲。其通信介质是连接专用计算机（称为路由器）的通信电路。路由器管理整个通信网络，并将消息或数据包路由到指定的地点。在大多数的网络中，路由操作在每个路由点都引进了一定的延迟，因此消息传送总的延迟取决于消息经过的路由和消息经过的网络段的流量负载。在如今的网络中，这些延迟可能达到 0.1～0.5s。大多数介质的电信号速度接近光速，这就给长距离网络的传输延迟设置了一个下限。举例来说，一个信号从欧洲到澳大利亚通过陆路连接的传播时间大约是 0.13s，而地球表面上任意两个点之间经过地球同步卫星传输的信号有大约 0.20s 的延迟。

互联网上可用的带宽也变化很大。在部分互联网上速度可以达到 600Mbps，但通常情况下，传输大量数据的速度还是 1～10Mbps。

城域网　城域网（Metropolitan Area Network，MAN）基于城镇或城市里高带宽的铜线和光纤电缆，在 50km 的范围内传输视频、音频或者其他数据。人们已经使用了多种技术来实现在 MAN 中的数据的路由，例如，从以太网到 ATM。 87

以目前在许多城市可用的 DSL（数字用户线）和电缆调制解调器连接为例。DSL 通常使用电话交换系统中的 ATM 交换机（在已有的用于电话连接的电线上用高频信号）将双绞线上的数字信号以大约 1～10Mbps 的速度路由到用户的家或办公室中。因为 DSL 用户连接使用的是双绞线，所以限制用户和交换机的距离要在 5.5km 之内。电缆调制解调器连接是在同轴电缆架构的有线电视网络上使用模拟信号传输，速度可以达到 15Mbps，其范围大大地超过了 DSL。

DSL 实际上代表了包括 ADSL（即非同步数字用户线）的一类 xDSL 技术。近来的 VDSL 和 VDSL2（Very High Bit Rate DSL）的速度可达到 100Mbps，设计用来支持高清电视的多媒体传输。

无线局域网　无线局域网（Wireless Local Area Network，WLAN）用于替代有线 LAN，为移动设备提供连接，或者说，使得家里和办公楼内的计算机不需要有线的基础设施就能相互连接并连到互联网上。它们都是广泛使用的 IEEE 802.11 标准（WiFi）的变体，在 1.5km 范围内提供 10～100Mbps 的带宽。3.5.2 节将给出这些方法的详细介绍。

无线城域网　IEEE 802.16 WiMAX 标准针对这类网络。无线城域网（Wireless Metropolitan Area

Network，WMAN）旨在替换家庭和办公楼中的有线连接，并在某些应用中超越 802.11 WiFi 网络。

无线广域网 无线广域网（Wireless Wide Area Network，WWAN）大部分移动电话网络基于数字无线网络技术，如世界上大部分国家采用的 GSM（全球移动通信系统）标准。移动电话网络通过使用蜂窝无线连接可在广阔的地域（通常是整个国家或整个大洲）上运行，它们的数据传输设施为便携设备提供了到互联网的广域移动连接。上述蜂窝网络提供的数据传输率相对较低，只有 9.6 ~ 33kbps，而"第三代"（3G）移动电话网络的数据传输率在静止状态下可达到 2 ~ 14.4kbps，移动状态下（如车内）可达到 348Kbps 的数据传输率。其底层技术是全球移动通信系统（Universal Mobile Telecommunications System，UMTS）。全球移动通信系统已经朝着 4G 网络演化，其数据传输率可达到 100Mbps。对移动和无线网络领域快速发展的技术感兴趣的读者可参考 Stojmenovic 的手册［2002］。

互连网络 互连网络是一个通信子系统，它将多个网络连接起来提供公共数据通信设施，这些数据通信设施覆盖了单个网络中的技术和协议以及用于互连的方法。

开发可扩展、开放的分布式系统，需要用到互连网络。分布式系统的开放性特征意指分布式系统所使用的网络应该是一个可扩展到含有大量计算机的网络，而单个网络的地址空间有限，且一些网络有性能限制，都不宜于大规模地使用。在互连网络中，可将众多的局域网和广域网技术集成起来为各类用户提供连网能力。这样，互连网络给分布式系统的通信提供了很多开放系统所具有的好处。

互连网络是由多种网络组建而成的。它们的互连依靠称为路由器的专用计算机和称为网关的通用计算机，集成通信子系统由软件层实现，它为互连网络的计算机提供寻址以及数据传输功能。可以把互连网络想象成一个"虚拟网络"，它是由底层网络、路由器、网关组成的通信介质上覆盖一个互连网络层而构造出来的。互联网是网际互连的一个主要的例子，它所使用的 TCP/IP 协议是上面提到的集成层的一个例子。

网络错误 图 3-1 的比较没有显示的一点是不同网络中会发生的故障频率和类型。除了在无线网络中数据包经常会因为外部干扰而丢失之外，其他各种网络的底层数据传输介质的可靠性都很高。但在所有网络中，都会由于处理延迟、交换机缓冲区溢出或者目的结点缓冲区溢出而引起数据包丢失，而这也是迄今为止数据包丢失最常见的原因。

数据包到达的顺序可以与发送的顺序不一样，这种情况只出现在对分离的数据包可以单独路由的网络——主要是广域网中。如果发送方假设以前发送的数据包丢失了，那么可以发送数据包的拷贝。数据包被重发后，接收方会同时收到原数据包和重发的数据包。

3.3 网络原理

计算机网络的基础是 20 世纪 60 年代发展起来的包交换技术。它使得发送到多个地址的消息可以共享同一条通信链接，这不同于常规电话所采用的电路交换技术。当链接可用时，数据包按顺序排列在缓冲区中，然后发送。通信是异步的——消息经过一段延迟到达目的地，该延迟取决于数据包在网络中传递所花费的时间。

3.3.1 数据包的传输

计算机网络的大多数应用需求是按逻辑单元发送信息或消息——任意长度的数据串。在消息传递前，它被分割成数据包。形式最简单的数据包是长度有限的二进制数据序列（比特或字节数组）以及识别源和目的地计算机的寻址信息。使用长度有限的数据包是为了：

- 网络中的每台计算机能为可能到来的最大的数据包分配足够的缓冲空间。
- 避免长消息不加分割地传递所引起的为等待通信通道空闲而出现的过度延迟。

3.3.2 数据流

我们在第 2 章中曾提到，多媒体应用中视频/音频流的传输需要保证其速度和一定范围内的延迟。这样的流和数据包传输所针对的基于消息的流量类型有本质上的不同。视频/音频流比分布式系统中其他大部分通信形式所需要的带宽都要高。

　　为了达到实时显示的目的，如果传输的是压缩的数据，则视频流的传输需要 1.5Mbps 的带宽；如果传输的是未压缩的数据，则需要大约 120Mbps 的带宽。另外，和典型的客户 – 服务器交互程序所产生的断断续续的数据流量相反，这种流是连续的。多媒体元素的播放时间是必须被显示的时间（对视频元素来说）或必须转成音频的时间（对声音采样而言）。举例来说，视频帧的流速是每秒 24 个帧，那么第 N 帧的播放时间是从流开始传输后的 N/24 秒。元素如果迟于它的播放时间到达目的地，它就不再有用，将被接收进程丢弃。

　　及时传输这种数据流依赖于具有一定服务质量（带宽、延迟和可靠性必须都有保证）的网络连接。现在所需要的是建立起多媒体流从源到目的地的通道，其中路由是预定义好的，在经过的结点上保留需要的资源，在通道中对任何不规则的数据流进行适当的缓冲。通过这个通道，数据可在要求的速率下从发送方传送到接收方。

　　ATM 网络专门设计为提供高带宽和低延迟，并通过保留网络资源保证服务质量。IPv6（互联网新的网络协议，其描述见 3.4.4 节）的一个特色是实时流中的每一个 IP 数据包都能在网络层被单独识别和处理。

　　通信子系统若要提供服务质量保证，就要有能预分配网络资源并强行执行这些分配的设施。资源保留协议（Resource Reservation Protocol，RSVP）［Zhang et al. 1993］使得应用能协商实时数据流的带宽预分配。实时传输协议（Real Time Transport Protocol，RTP）［Schulzrinne et al. 1996］是一个应用级数据传输协议，它在每个数据包中包含了播放时间和其他定时要求。要在互联网中有效实现这些协议，传输层和网络层都必须作出实质性的改变。第 20 章将详细讨论分布式多媒体应用的需求。　|90|

3.3.3　交换模式

　　网络是一组由电路连接起来的结点组成的。为了能在任意两个结点间传输信息，交换系统是必不可少的。这里我们定义在计算机网络中使用的四种交换。

　　广播　广播是一种不涉及交换的传输技术。任何信息都将被传给每一个结点，由接收方判断是否接收。一些 LAN 技术（包括以太网）是基于广播的。无线网络也有必要基于广播，但是由于缺少固定电路，广播只能到达蜂窝内的结点。

　　电路交换　电话网曾经是唯一的电信网。它们的操作非常容易理解：当主叫方拨号时，主叫方电话到本地电话交换台的线路会通过自动交换机连接到被叫方的电话线。长途电话的拨叫过程也是类似的，只不过要经过多个交换台而已。这种系统有时被称为老式电话系统（POTS）。它是典型的电路交换网络。

　　包交换　计算机和数字技术的诞生为电信领域带来了新的契机。从根本上说，它使得人们可以处理和存储数据，这使得以完全不同的方式构造通信网络成为可能。这种新的通信网络叫做存储转发网络。存储转发网络并不是通过建立或取消连接来构造电路，而只是将数据包从它的源地址转发到目标地址。在每个交换结点上（也就是几个电路需要互连的交汇处）有一台计算机。数据包到达一个结点后先存储在这个结点的内存中，再由一个程序选择数据包的外出电路，将它们转发到下一个离它们目的地更近的结点。

　　这里没有什么全新的内容，邮政系统就是一个信件的存储转发网络，其处理由人或机器在信件分拣室完成。而在计算机网络中，数据包的存储和处理很快，即使数据包路由了许多结点，也能给人们瞬间传输的假象。

　　帧中继　现实中，存储转发网络中每个结点转发一个数据包需要的时间从几十微秒到几微秒不等，这个交换延迟取决于数据包的大小、硬件的速度和当时的流量情况，但它的下限由网络带宽决定，因为整个数据包必须在它转发给另一个结点之前先收到。数据包在到达目的地址前，可能要通过很多的结点。互联网中大多数据包基于存储转发交换，正如我们已经知道的，即使是很小的互联网数据包通常也需要 200ms 左右的时间到达目的地。这个量级的延迟对于电话会议、视频会议这样的实时应用而言就太长了，要维持高质量的会谈，延迟不得超过 50ms。　|91|

　　帧中继交换方法给包交换网络引入了电路交换的一些优势。它们通过很快地交换小的数据包（称为帧）来解决延迟的问题。交换结点（通常是专用的并行数字处理器）通过检测帧的前几位信息来路由帧。帧并不作为一个整体存储在结点中，而是以位流的形式通过结点。ATM 网络是一个最好的例子。高速 ATM 网络在由很多结点组成的网络中传递数据包只需要几十微秒。

3.3.4 协议

协议是指为了完成给定任务，进程间通信所要用到的一组众所周知的规则和格式。协议的定义包括两个重要的部分：

- 必须交换的消息的顺序的规约。
- 消息中数据格式的规约。

众所周知的协议的存在使得分布式系统的软件组件能独立地开发，能在代码次序不一样、数据表达不一样的计算机上用不同的程序语言实现。

一个协议是由分别位于发送方计算机和接收方计算机上的一对软件模块实现的。例如，一个传输协议将任意长度的消息从一个发送进程传递给一个接收进程。想向另一个进程传输消息的进程给传输协议模块发出一个调用，并按指定的格式传递消息。接着传输软件负责将消息传递到目的地，它将消息分割成指定大小的数据包和格式，利用网络协议（另一个低层的协议）将消息传输到目的地。接收方计算机中相应的传输协议模块通过网络级协议模块接收这些数据包，并在传递给接收进程之前，进行逆向转换，重新生成消息。

协议层 网络软件是按层的层次结构排列的。每一层都为上面的层提供了相应的接口，并扩展了下层通信系统的性质。层由与网络相连的每一个计算机上的一个模块表示。图 3-2 说明了这个结构和通过分层协议传递消息时的数据流。每一个模块看起来都是和网络中另一个计算机上相同

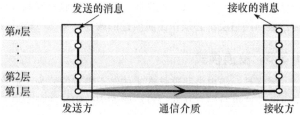

图 3-2 协议软件中层的概念

层次的模块直接通信，但事实上数据并没有在两个同层次的协议模块之间直接传输。网络软件的每一层都只通过本地过程调用与它的上一层和下一层通信。

在发送方，每一层（除了最顶层，即应用层以外）从上一层按照指定的格式接收数据项，并在将其传送到下一层进行进一步处理之前，进行数据转换，按下一层的格式封装数据。图 3-3 说明了这一过程，在图中，该过程被应用于 OSI 协议组的前四层。从图中可以看出，数据包的头部包含大部分与网络相关的数据项，但为了简洁起见，它省略了在一些数据包类型中出现的附加部分；同时该图也假设应用层要传递的应用层消息的长度小于底层网络数据包的最大长度。否则，消息就要被封装成几个网络层的数据包。在接收方，下层接收到的数据项要进行一次相反的转换，再传递到上一层。上层协议的类型已经包括在了每层的头部，这使得接收方的协议栈能选择正确的软件组件来拆分数据包。

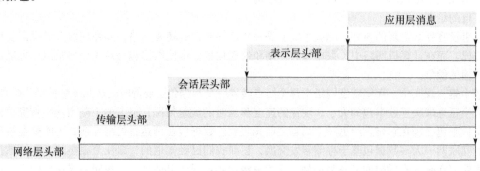

图 3-3 封装在分层协议中的应用

这样，每一层为上一层提供服务，并扩展下一层提供的服务。最下面的是物理层。它是由通信介

质（铜线、光缆、卫星通信信道或无线电传输）和在发送结点将信号放置在通信介质上，在接收结点感应该信号的模拟信号电路实现的。在接收结点，接收到的数据项通过软件模块的层次结构向上传送，在每一层都重新转换直到变成可传递给接收进程的格式为止。

　　协议组　一套完整的协议层被称为协议组或者协议栈，这也反映了分层结构。图 3-4 显示了与国际标准组织（ISO）采用的开放系统互连（Open System Interconnection，OSI）的 7 层参考模型［ISO 1992］相一致的协议栈。采用 OSI 参考模型，是为了促进满足开放系统需求的协议标准的开发。

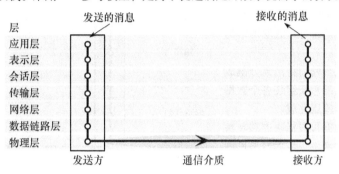

图 3-4　ISO 开放系统互连（OSI）协议模型中的协议层

　　图 3-5 总结了 OSI 参考模型的每一层的目标。顾名思义，这只是一个用于协议定义的框架，而不是特定协议组的定义。与 OSI 模型一致的协议组必须在模型定义的 7 层的每一层包括至少一个特定的协议。

层	描　　述	例　　子
应用层	这层协议是为满足特定应用的通信需求而设计的，通常定义了一个服务接口	HTTP、FTP、STMP、CORBA IIOP
表示层	这层协议将以一种网络表示传输数据，这种表示与计算机使用的表示无关，两种表示可能完全不同。如果需要，可以在这一层对数据进行加密	TLS 安全、CORBA 数据表示
会话层	在这层要实现可靠性和适应性，例如故障检测和自动恢复	SIP
传输层	这是处理消息（而不是数据包）的最低的一层。消息被定位到与进程相连的通信端口上。这层的协议可以是面向连接的，也可以是无连接的	TCP、UDP
网络层	在特定网络中的计算机间传输数据包，在一个 WAN 或一个互连网络中，这一层负责生成一个通过路由器的路径。在单一的 LAN 中不需要路由	IP、ATM 虚电路
数据链路层	负责在有直接物理连接的结点间传输数据包。在 WAN 中，传输在路由器间或路由器和主机间进行的。在 LAN 中，传输是在任意一对的主机间进行的	Ethernet MAC、ATM 信元传送、PPP
物理层	指驱动网络的电路和硬件。它通过发送模拟信号传输二进制数据序列，用电信号的振幅或频率调制信号（在电缆电路上），光信号（在光纤电路上），或其他电磁信号（在无线电和微波电路上）	Ethernet 基带信号、ISDN

图 3-5　OSI 协议小结

　　协议分层给简化和概括访问网络通信服务的软件接口带来了实质性的好处，同时也带来了极大的性能开销。通过 N 层协议栈传输一个应用级的消息，通常在协议组中要进行 N 次控制传输，才能到达相关的软件层，其中至少有一个是操作系统的入口，数据的 N 份拷贝也作为了封装机制的一部分。所有这些开销导致应用进程间的数据传输率远低于可用的网络带宽。

　　图 3-5 包括了在互联网中使用的协议的例子，但互联网的实现在两方面没有遵循 OSI 模型。第一，在互联网协议栈中，并没有清楚地区分应用层、表示层、会话层。应用层和表示层或实现成单独的中间件层或在每个应用内部单独实现。这样，CORBA 就可以在每个应用进程包括的中间件库中实现对象

间调用和数据表示（CORBA 的进一步讨论见第 8 章）。Web 浏览器和其他的一些需要安全信道的应用也采用了类似过程库方式使用的安全套接字层（见第 11 章）。

第二，会话层与传输层集成在一起。互连网络协议组包括应用层、传输层和互连网络层。互连网络层是一个"虚拟的"网络层，负责将互连网络的数据包传输到目的计算机。**互连网络数据包**是在互连网络上传递的数据单元。

互连网络协议覆盖在底层的网络上，参见图 3-6。网络接口层接收互连网络数据包，并将其转换成适合每个底层网络的网络层传输的数据包。

数据包组装 在传输前将消息分割成多个数据包并在接收端重新组装各个数据包的任务通常是由传输层完成。

网络层协议的数据包包括头部和数据域。在大部分网络技术中，数据域是长度可变的，其最大长度称为**最大传输单元**（Maximum Transfer Unit，MTU）。如果消息的长度超过底层网络层的 MTU，就将其分割为多个大小适当的块，并标上序列号以便其重新装配，再用多个数据包进行传输。例如，以太网的 MTU 是 1500 字节，如果消息不超过这个数据量，就能在一个以太网数据包中进行传输。

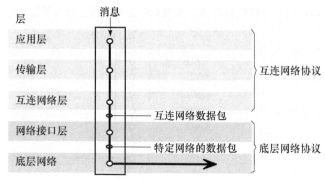

图 3-6 互连网络层

尽管在互联网协议组中，IP 协议处于网络层协议的位置，但它的 MTU 却很大，有 64KB（实际通常使用 8KB，因为一些结点无法处理这么大的数据包）。无论 IP 数据包采用哪一个 MTU 值，比以太网 MTU 值大的数据包必须经过分割才能在以太网上传输。

端口 传输层的任务是在一对网络端点间提供与网络无关的消息传送服务。端口是主机中可由软件定义的目的点。它隶属于进程，使得数据能传输到位于目的结点的指定进程。这里我们将详细讲述端口在互联网和大部分其他网络中实现的端口寻址过程。第 4 章将讨论端口的编程。

寻址 传输层负责将消息传递到目的地址，其使用的传输地址由主机的网络地址和一个端口号组成。网络地址是能唯一标识主机的一个数字标识符，可以让负责将数据路由到该主机的结点准确地定位它。在互联网中，为每台主机都分配了一个 IP 地址，用于标识该主机和它连入的子网，使得从其他结点都能路由到该主机（下一节将介绍这一内容）。以太网中没有路由结点，由每台主机负责辨识数据包的地址，并接收发给自己的数据包。

众所周知的互联网服务（如 HTTP 或 FTP）已经被分配了关联的端口号。它们都在权威机构（即互联网编号管理局，简称 IANA）进行了登记 [www.iana.org]。要访问指定主机上的某个服务，只要将请求发给该主机上相关的端口就可以了。有些服务，如 FTP（关联端口为 21），会被分配一个新的端口号（私有号码），并将新的端口号发送到客户端。客户端使用新的端口号完成交易或会话的剩余部分。其他服务，如 HTTP（关联端口为 80），通过关联端口处理所有的业务活动。

编号小于 1023 的端口被定义为公共端口。在大多数操作系统中，它们的使用被限制在特权进程中。1024 ~ 49 151 之间的端口是 IANA 拥有的服务描述的已注册端口，其他直到 65 535 的端口可用于个人目的。实际上，大于 1023 的所有端口都可用于个人目的，只是为个人目的而使用这些端口的计算机不能同时访问相应的已注册服务。

在开发经常包括许多动态分配的服务器的分布式系统中，分配固定端口号并不恰当。这个问题的解决方案涉及为服务动态分配端口以及提供绑定机制，使得客户能用符号化名字定位服务和相应的端口。这些将在第 5 章做进一步讨论。

数据包传递 网络层采用两种方法传递数据包。

数据报传递：术语"数据报"指出了这种传输模式与信件、电报的传输模式的相似性。数据报网络的本质特征是每个包的传递都是一个"一次性"的过程；不需要计划，一旦包被传递，网络就不再保存它的相关信息。在数据报网络中，从一个源地址到一个目的地址的数据包序列可以按照不同的路由来传递（这样，网络就有能力处理故障，或缓解局部拥塞带来的影响），在这种情况下，数据包序列可能不按照原来的顺序到达。

每个数据报都包括完整的源主机和目的地主机的网络地址，后者是路由过程的基本参数，我们将在下一节加以讨论。数据报传递是数据包网络最初所基于的概念，可以在目前使用的大多数计算机网络中找到它。互联网的网络层（IP）、以太网以及大部分有线或无线的局域网技术都是基于数据报传递的。

虚电路包传递：一些网络级的服务利用类似于电话网络中传递的方式实现包传输。必须在经源主机 A 到目的主机 B 传递包之前建立虚电路。要建立虚电路，涉及确定从源地址到目的地址的路由，这可能会经过一些中间结点。在路由中的每个结点上都会有一个表格项，指示路由下一步该使用哪一个链接。

一旦建立起虚电路，就可以用它传输任意数量的数据包了。每个网络层的数据包只包括一个虚电路号，而不是源地址和目的地址。此时已不需要地址信息，因为在中间结点，通过引用虚电路号来路由数据包。数据包到达目的地址后，根据虚电路号就可以决定其源地址。

虚电路与电话网络的类比不能这样从表面上看。在 POTS 中，进行一次电话呼叫就要建立从主叫者到被叫者的物理电路，而这一音频链接也将作为专用连接而被保留。在虚电路的包传递中，电路只是由一些在路由结点上的表格项来表示，而数据包所路经的链接也只在传递一个数据包时使用，在其余时间这些链接是空闲的，可供它用。因此，一个链接可以被多个独立的虚电路使用。目前使用的最重要的虚电路网络技术是 ATM。我们已经提到过（见 3.3.3 节），它传送单个数据包的延迟较短，这是使用虚电路的直接结果。但无论怎么说，数据包传送到一个新目的地址前要求有一个准备阶段，这确实造成了短时间的延迟。 [97]

不要将网络层的数据报传递和虚电路包传递之间的区别与传输层中名字相似的一对机制（即无连接传输和面向连接传输）相混淆。我们将在 3.4.6 节有关互联网传输协议——UDP（无连接的）和TCP（面向连接的）的内容中描述这些技术。这里我们只是让大家注意，在任何一种类型的网络层上都可以实现这些传输模式。

3.3.5　路由

路由是除了局域网以外，例如以太网（局域网在所有相连的主机间两两都有直接连接），其他网络都需要的功能。在大型网络中，采用的是自适应路由，即网络两点间通信的最佳路由会周期性地重新评估，评估时会考虑到当时的网络流量以及故障情况（如路由器故障或网络断链）。

如图 3-7 所示，在网络中将数据包传递到目的地址是处于连接点的路由器的共同责任。除非源主机和目的主机都在同一个局域网中，否则数据包都必须经过一个或多个路由结点，辗转多次才能到达。而决定数据包传输到目的地址的路由是由路由算法负责的——它由每个结点的一个网络层程序实现。

路由算法包括两个部分：

1）它必须决定每个数据包穿梭于网络时所应经过的路径。在电路交换网络层（如

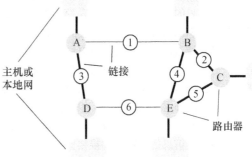

图 3-7　广域网中的路由

X.25）和帧中继网络（如 ATM）中，一旦建立虚电路或连接，路由也就确定了。在包交换网络层 [98]（如 IP）中，数据包的路由是单独决定的。如果希望不降低网络性能，算法必须特别简单有效。

2）它必须通过监控流量和检测配置变化或故障来动态地更新网络的知识。在这种活动中，时间并不是至关重要的，可以使用速度较慢但计算量较大的技术。

这两个活动分布在整个网络中。路由是一段一段决定的，它用本地拥有的信息决定每个进入的数据包下一步的方向。本地拥有的路由信息依靠一个分发链路状态信息（它们的负载和故障状态）的算法定期更新。

一个简单的路由算法　我们在这里描述的是"距离向量"算法。这将为 3.4.3 节中讨论链路 – 状态算法提供基础，而链路 – 状态算法从 1979 以来就成为互联网上主要的路由算法。网络中的路由是在图中寻找路径问题的一个实例。Bellman 的最短路径算法［Bellman 1957］早在计算机网络出现之前就发表了，它为距离向量法提供了基础。Bellman 的方法已被 Ford 和 Fulkerson［1962］改写成一个适合大型网络实现的分布式算法，而基于他们的工作成果的协议常常被称为"Bellman-Ford"协议。

图 3-8 给出了图 3-7 的网络中每个路由器中保存的路由表，其中假设网络中没有出故障的链路和路由器。路由表的每行为发送给定目的地址的数据包提供了路由信息。链路域为发送到指定目的地的数据包指明了下一段链路。开销域计算向量距离，或到达目的地的跳数。对于具有相似带宽的链路的存储转发网络，这张表对一个数据包传输到目的地所需的时间给出了合理估计。存储在路由表中的开销信息并不是路由算法的第 1 部分所采取的包路由动作中使用的，而是在算法的第 2 部分建立和维护路由表时使用。

路由：从A			路由：从B			路由：从C		
到	链路	开销	到	链路	开销	到	链路	开销
A	本地	0	A	1	1	A	2	2
B	1	1	B	本地	0	B	2	1
C	1	2	C	2	1	C	本地	0
D	3	1	D	1	2	D	5	2
E	1	2	E	4	1	E	5	1

路由：从D			路由：从E		
到	链路	开销	到	链路	开销
A	3	1	A	4	2
B	3	2	B	4	1
C	6	2	C	5	1
D	本地	0	D	6	1
E	6	1	E	本地	0

图 3-8　图 3-7 所示网络的路由表

路由表中为每个可能的目的地单独设置一项，给出了数据包到达目的地而要采取的下一跳（hop）。当数据包到达一个路由器时，就会抽取目的地址并在本地路由表中查找该地址。路由表中的表项给出了指引数据包发送到目的要经过的下一个链路。

例如，一个目的地为 C 的数据包从路由器 A 开始发送，路由器在路由表中检查有关 C 的项。路由表表明数据包应该从 A 沿标号为 1 的链路路由。数据包到达 B 后，按照前述的过程，在 B 的路由表中查询，发现需要经过标号为 2 的链路路由到 C。当数据包到达 C 时，路由表中的相关项显示"本地"，而不是一个链路号。这表明应该将数据包发送到本地主机上去。

现在让我们来考虑一下怎样建立路由表，以及在网络发生故障时怎样维护路由表，即上面所说的路由算法的第 2 部分是怎样完成的。因为每个路由表只为每个路由指定一跳，所以路由信息的构建或修正就可以按分布的方式进行。每个路由器使用路由器信息协议（Router Information Protocol，RIP）通过发送自己路由表信息的概要和邻接结点相互交换网络信息。下面简要描述一下路由器所完成的 RIP 动作：

1）周期性地并且只要本地路由表发生改变，就将自己的路由表（以概要的方式）发给邻接的所有可访问的路由器。也就是说，在每个没有故障的链路上发出一个包含路由表副本的 RIP 数据包。

2）当从邻接路由器收到这样的表时，如果接收到的表中给出了到达一个新目的地的路由，或对于已有的一个目的地更好（开销更低）的路由，则用新的路由更新本地的路由表。如果路由表是从链路 n 接收到的，并且表中给出的从链路 n 开始到达某地的开销和本地路由表中的不相同，则用新的开销替换本地表已有的开销。这样做的原因是，新表是从和相关的目的地更近的路由器传来的，因此对经过该路由器的路由而言更加有权威性。

图 3-9 给出的伪代码程序将更准确地描述这个算法，其中 *Tr* 是从另一个路由器接收到的表，*Tl* 是本地路由表。Ford 和 Fulkerson［1962］已经证明，无论何时网络发生变化，上面描述的步骤都能充分确保路由表收敛到到达每个目的地的最佳路由。即使网络没有发生变化，也会以频率 *t* 来传播路由表，以确保其稳定性，例如，要在丢失 RIP 数据包的情况下保证稳定性。互联网采用的 *t* 值是 30s。 |100|

```
Send：每隔t秒或在Tl发生变化时，在每个没有故障的链路上发送Tl。
Receive：当在链路n上接收到路由表Tr:
for all rows Rr in Tr{
    if (Rr.link ≠ n) {
    Rr.cost = Rr.cost +1;
    Rr.link = n;
    If (Rr.destination不在Tl中) 将Rr加入到Tl: //向Tl中加入新的目的地
    else for Tl中的所有行Rl {
        If (Rr.destination = Rl.destination and
          (Rr.cost < Rl.cost or Rl.link = n) ) Rl = Rr;
        // Rr.cost < Rl.cost : 远程结点有更好的路由
        // Rl.link = n : 远程结点更加权威
        }
      }
    }
```

图 3-9　RIP 路由算法

为了处理故障，每个路由器都监控着自己的链路并做以下的工作：

当检测到一条有故障的链路 *n* 时，将本地表中指向故障链路的所有项的开销都设为无穷大（∝），并执行 Send 动作。

这样，一个断开的链路信息被表示成通往相关目的地的开销值是无穷大。当这一信息传播到邻接路由器时，它们的路由表也将根据 Receive 动作进行更新（注意：∝ +1 = ∝），然后继续传播直到有路由到相关目的地的结点。最终，具有可用路由的结点将会传播其路由表，它的可用路由也将替代所有结点上的故障路由。

向量－距离算法可以用多种方法进行改进。开销，也被称为度量，可以根据链路的实际带宽来计算；可以修改算法，以增加信息收敛的速度，并避免那些在达到收敛前可能出现的不希望出现的中间状态，例如循环。具有这些改进的路由信息协议是第一个在互联网中使用的路由协议，也就是众所周知的 RIP-1，其具体描述见 RFC 1058［Hedrick 1988］。但收敛速度过慢所带来的问题并没有得到很好的解决，当网络处于中间状态时就会出现路由低效和数据包丢失的问题。

后来，路由算法的发展趋于在每个网络结点中增加对于网络的信息容量。这一类算法中最重要的一族是链路－状态算法。它们的基本思想是分布并更新在每个结点中一个表示网络所有部分或重要部分的数据库。每个结点负责计算在自己的数据库中所显示的到达目的地的最佳路由。这种计算可利用多种算法完成，有些算法避免了 Bellman-Ford 算法中存在的问题，如收敛的时间慢和出现的不希望中间状态。路由算法的设计是一个相当重要的主题，我们这里的讨论是非常有限的。我们将在 3.4.3 节 |101| 重新讨论这个主题，在那里将描述 RIP-1 算法的操作，RIP-1 算法是最早用于 IP 路由的算法之一，目前在互联网的许多地方还在使用它。对于互联网中更深入的路由问题，请参阅 Huitema［2000］，如想全面地了解路由算法，请参阅 Tanenbaum［2003］。

3.3.6　拥塞控制

网络的能力受到通信链路性能和交换结点性能的限制。当任何链路或结点的负载接近其负载能力时，试图发送数据包的主机中就会建立队列，传输数据的中间结点因为被其他数据传输所阻塞而建立队列。如果负载继续维持在这样的高水平，那么等待发送的队列就会不断增长，直到达到可用的缓冲区空间的上限为止。

一旦结点达到这样的状态，结点只能将以后到达的数据包丢弃。前面已经提到过，在网络层偶尔出现数据包丢失是允许的，这种损失可以通过从更高层重传丢失的数据包来弥补。而当数据包丢失率和重传率达到一个很高的水平，那么会给网络的吞吐量带来灾难性的后果。道理很简单：如果数据包在中间结点被丢弃，那么已经占用的网络资源就被浪费掉了，而重传还要再消耗同样多的资源。经验表明，当网络的负载超过其能力的 80%，系统的总吞吐量会因为数据包丢失而下降，除非控制高负载链路的使用。

为了避免数据包在网络中传递时经过拥塞结点而被丢弃的情况，最好将数据包保存在发生拥塞之前的结点中直到拥塞减少。这固然会增加数据包的延迟，但不会极大降低整个网络的吞吐量。用于实现该目的的技术称为拥塞控制。

通常，拥塞控制是通过通知发生拥塞的路由上的结点而实现的，因此它们的数据包传输率会有所减少。对中间结点来说，这意味着进入的数据包将会缓冲很长时间。而作为发出数据包的源主机，结果就是把要发送的数据包在主机中排队，或者阻塞产生这些数据包的应用程序，直到网络能妥善地处理数据包为止。

所有基于数据报的网络层，包括 IP 和以太网，都依靠端 - 端的流量控制。也就是说，发送结点必须基于收到的接收方的信息降低其发出数据包的速率。要为发送结点提供拥塞信息，可以通过显式地传输一个请求减少传输率的特殊消息（被称为阻塞数据包），也可以通过实现一个专门的传输控制协议（TCP 的名字也由此而来，3.4.6 节将解释 TCP 中的机制），或通过观察丢弃数据包发生的情况（假设协议要确认每一个数据包）来实现。

在一些基于虚电路的网络中，每个结点可以接收到拥塞信息，拥塞信息也可以作用于每个结点。尽管 ATM 使用虚电路传递，但它仍要依靠服务质量管理（见第 20 章）来保证每个电路都能完成所要求的流量。

102

3.3.7   网际互连

不同的网络、链路和物理层协议形成了不同的网络技术。局域网络是基于以太网和 ATM 技术建立起来的，而广域网是基于各种数字和模拟电话网络、卫星链接和广域 ATM 网络建立的。单个的计算机和局域网则是通过调制解调器、无线连接和 DSL 连接接入互联网或企业内部网的。

为了建立一个集成的网络（互连网络），我们必须集成许多子网，而它们各自基于上述某种网络技术。为了实现集成，需要实现以下几方面：

1）统一的互连网络寻址方案，使得数据包可以找到接入任一子网的任一主机。

2）定义互连网络中的数据包格式并给出相应处理规则的协议。

3）互连组件，用于按照互连网络地址将数据包路由到目的地，可用具有多种网络技术的子网传递数据包。

对于互联网而言，IP 地址可实现上面第 1 个要求，第 2 个要求是 IP 协议，第 3 个要求由称为互联网路由器的组件实现。IP 协议和 IP 寻址将在 3.4 节详细描述。这里我们将讨论互联网路由器和其他用来连接各网络的组件的功能。

图 3-10 展示了一个英国大学的企业内部网的一小部分，更多细节将在后面的小节中加以解释。这里我们要注意的是，图中包含通过路由器互连的多个子网的部分。该部分有 5 个子网，其中 3 个子网共享 IP 网络 138.37.95（使用了无等级的域间路由方案，见 3.4.3 节）。图上的数字是 IP 地址，它们的结构将在 3.4.1 节中解释。图上的路由器是多个子网的成员，它们在每个子网中都有一个 IP 地址（地址就写在连接的链路上）。

路由器（主机名：hammer 和 sickle）实际上是一个通用的计算机，也能完成其他任务，其中一个任务是作为防火墙使用。防火墙的作用和路由功能是紧密相关的，我们将在下面讨论这一点。138.37.95.232/29 子网在 IP 层并没有和网络中的其他部分相连。只有文件服务器 custard 可以访问它，该服务器在与其相连的打印机上通过一个服务器进程（监控和控制打印机的使用）提供打印服务。

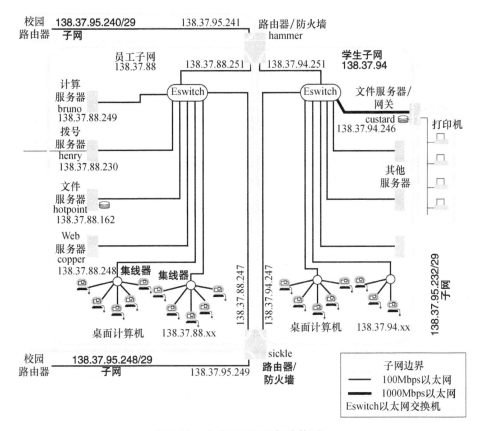

图 3-10　大学校园网的部分简图

图 3-10 中所有的链路都是以太网。大部分链路的带宽是 100Mbps，但有一个链路的带宽是 1000Mbps，因为它支持着大量学生使用的计算机与承载所有文件的文件服务器 custard 间的巨大数据流量。

在图示的这部分网络中，有两个以太网交换机和几个以太网集线器。两者对 IP 数据包来说都是透明的。以太网集线器只是一种将以太网电缆的多个段连接在一起的手段，在网络协议层，这些段形成一个以太网。主机收到的所有以太网数据包将转播到所有的段。以太网交换机连接了几个以太网，用于将进入的数据包路由到目的主机所在的以太网中。

路由器　我们已经提到，除了像以太网和无线网络（这些网络中的主机由一种传输介质连接），其他所有网络都需要路由。图 3-7 显示了一个由 6 条链路连接 5 个路由器组成的网络。在一个互连网络中，可由直接连接将路由器链接起来（见图 3-7），也可以通过子网将路由器互连，如图 3-10 中的 custard。在这两种情况下，路由器都负责将从任一连接来的互连网络数据包准确地发送到下一条连接。路由器也因为这个目的而维护路由表。

网桥　网桥链接不同种类的网络。一些网桥链接几个网络，它们也被称为网桥/路由器，因为它们也表现出了路由的功能。例如，更大的校园网包括一个光纤分布式数据接口（Fibre Distributed Data Interface，FDDI）主干（没有在图 3-10 中显示），它就是由网桥/路由器连接到图 3-10 中的以太网子网中的。

集线器　集线器是将主机、以太网和其他广播型局域网技术的扩展网段连接起来的一种方便的手段。它有多个插槽（通常有 4~64 个），每一个插槽都可以连接一台计算机。它们也用于克服单个网段带来的距离上的限制，提供添加额外主机的途径。

交换机　交换机的功能与路由器相似，但路由器只用于局域网（一般是以太网）。也就是说，它们将多个分离的以太网互连，将到达的数据包路由到适当的外出网络中。它们在以太网的网络协议层上完成这一任务。起初它们对互连网络有多大范围一无所知，通过观察数据流量以及在缺少信息时采取广播请求的方式建立其路由表。

　　与集线器相比,交换机的好处是它分离了到达的流量,仅在相关的外出网络上传输数据包,减少了所连接网络的拥塞。

　　隧道　网桥和路由器通过网络层协议和一个互连网络协议的转换,实现在各种底层网络上传输互连网络数据包,不过在一种情形下,底层网络协议可以被隐藏起来不被其上的层看到,不需要使用互连网络协议。当一对连接到同一类型的两个网络中的结点需要通过另一种类型的网络进行通信时,它们之间通过构造协议"隧道"来达到这一目标。协议隧道其实就是在相异网络环境中传输数据包的软件层。

　　下面类比解释了选择"隧道"这一术语的原因,同时也提供了另一种方式来思考隧道的含义。穿山隧道使得车辆通过成为可能,如果没有隧道这是不可能实现的。公路是连续的,隧道对于应用(车辆)来说是透明的。公路是传输机制,而隧道使得它能在相异的环境中工作。

　　图3-11显示的是隧道的一种建议使用方法,它支持从互联网迁移到IPv6协议。IPv6将会取代现在使用的IP协议版本IPv4,但它们不兼容(IPv4和IPv6的描述见3.4节)。在向IPv6过渡的过程中,IPv4的"海洋"中会不断出现IPv6"岛屿"。在图3-11中,A和B就是这样的岛屿。在岛屿的边界处,IPv6数据包被封装成IPv4的格式,并以该种方式在IPv4网络中传输。

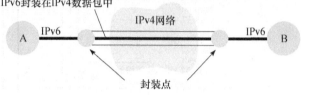

图3-11　IPv6迁移使用的隧道

[105]

　　看另一个例子,移动IP协议(其描述见3.4.5节)通过建立从本地基站到任一网络位置的隧道,来将IP数据包传到互联网上的任何移动主机。中间的网络结点不需要为处理移动IP协议而加以修改。IP组播协议在处理方式上也与此相似,依靠一些支持IP组播路由的路由器来决定路由,但通过使用标准IP地址的路由器来传输IP数据包,另一个例子是在串行链路上传输IP数据包的PPP协议。

3.4　互联网协议

　　本节将介绍TCP/IP协议组的主要特点,并讨论在分布式系统中使用它们的好处及局限性。

　　互联网的研究始于20世纪70年代早期的ARPANET——第一个大规模计算机网络的开发[Leiner et al. 1997],随着近20年的研究和开发,互联网渐渐成形。这项研究的一个重要部分是开发TCP/IP协议组,TCP指传输控制协议,IP是指网际协议。TCP/IP和互联网应用协议在美国研究网络中的广泛采用以及最近在许多国家的商业网络中的广泛使用,使得全国的网络可以集成为一个互连网络,这一网络已经迅速发展到目前数量超过6000万主机的规模。现在许多应用服务和应用层的协议(列在下面的各个括号内)都是基于TCP/IP的,包括Web(HTTP)、电子邮件(SMTP、POP)、网络新闻(NNTP)、文件传输(FTP)和远程登录(telnet)。TCP是一个传输协议,它可以直接支持应用程序,也可以将附加的协议加在它上面,以提供额外的特点。例如,通常HTTP传输时直接使用TCP,但当需要端-端的安全性时,传输层安全(TLS)协议(在11.6.3节讨论)就会放在TCP的上层,以建立安全信道,HTTP消息通过这一安全信道传输。

　　最初,开发互联网协议是用来支持一些简单的广域应用,如文件传输和电子邮件,这涉及在地理上相隔很远的、有较长延迟的通信。但这些协议已被证明足以有效支持很多分布式应用的需求,不论这些应用是在广域网上还是在局域网上,它们现在广泛应用于分布式系统中。通信协议的标准化带来了巨大的好处。

　　图3-6所示的互连网络协议层的一般性说明被翻译成图3-12所示的互联网的特例,其中有两个传输协议——TCP(传输控制协议)和UDP(用户数据报协议)。TCP是一个面向连接的可靠协议,而UDP是一个不能保证可靠传输的数据报协议。网际协议(IP)是互联网虚拟网络的底层"网络"协议,也就是说,IP数据报为互联网和其他TCP/IP网络提供了基本的传输机制。我们在前面的句子中给"网络"一词加上引号,因为它并不是唯一的互联网通信实现所涉及的网络层。这是因为网际协议通常是在另一个网络技术之上,如以太网,它已经提供了一个网络层,该层使得连接到同一网络的计

算机可以交换数据报。图 3-13 说明了通过 TCP 在底层以太网上传输消息的时候数据包的封装过程。头部的标签给出了上层协议的类型，以便接收协议栈正确地解开这个数据包。在 TCP 层，接收方的端口号有类似的作用，使得接收主机的 TCP 软件组件可以将消息送到特定的应用层进程中去。

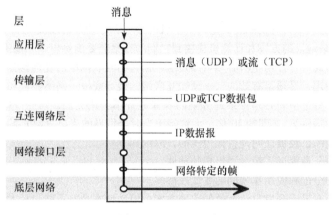

图 3-12　TCP/IP 层

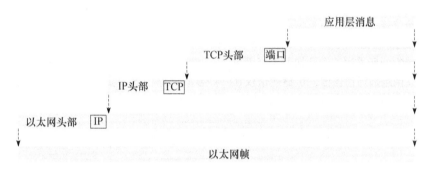

图 3-13　通过 TCP 在以太网上传输消息时发生的封装

TCP/IP 规约［Postel 1981a；1981b］没有详细描述互联网数据报层以下的层，互联网层的 IP 数据包会转换成可以在几乎任何底层网络或数据链路上传输的包。

举例来说，IP 起初运行在 APPANET 上，这个网络包括主机和一些由长距离数据链路连接的早期版本的路由器（称为 PSE）。如今，IP 实际上已经用于各种网络技术了，包括 ATM、局域网（如以太网）和令牌环网。在串行线路和电话电路上通过 PPP 协议［Parker 1992］实现 IP，使得 IP 可用于与调制解调器连接和其他串行链路的通信。

106
〜
107

TCP/IP 的成功源于它独立于底层传输技术，这使得互连网络可以由许多异构的网络或数据链路建立起来。用户和应用程序感知到的是一个支持 TCP 和 UDP 的虚拟网络，TCP 和 UDP 的实现者看到一个虚拟 IP 网络，它隐藏了底层传输介质的多样性。图 3-14 说明了这个观点。

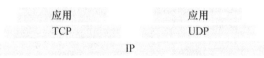

图 3-14　编程者眼中 TCP/IP 互联网的概念

下面两节将详细描述 IP 寻址方案和 IP 协议。用于将互联网用户很熟悉的 www. amazon. com、hpl. hp. com、stanford. edu、qmw. ac. uk 这些域名转化成 IP 地址的域名系统将在 3.4.7 节中介绍，第 9 章将给出更全面的叙述。

现在，互联网上使用的主要 IP 协议的版本是 IPv4（从 1984 年 1 月开始），这也是我们将在下面两小节里讨论的版本。但由于互联网使用的飞速发展，人们也不得不发布新的 IP 版本 IPv6，以克服 IPv4

中地址数量的限制并为之增添功能以满足新的需求。我们将在 3.4.4 节描述 IPv6。由于大量的软件将受此影响，所以逐渐过渡到 IPv6 的计划将在 10 年或更长的时间里来完成。

3.4.1 IP 寻址

或许设计互联网协议最富有挑战之处是构造主机的命名和寻址方案以及将 IP 数据包路由到目的地的方案。分配主机网络地址的方案和计算机连接到它们的方案需要满足以下一些需求：

- 这必须是通用的——任何主机必须可以发送数据包给互联网中的任何其他主机。
- 地址空间的使用，必须是有效的——预知互联网的最终规模、网络数量和所需的主机地址数量是不可能的。地址空间必须仔细地分割以确保地址不会用完。1978—1982 年，当开发 TCP/IP 协议时，认为提供 2^{32}（即约 40 亿，大致等于当时全世界的人口总数）的可寻址的主机就足够了。但这种判断已经被证明是目光短浅的，原因如下：

  —互联网的增长速度远远超过了当初的预测。

  —地址空间的分配和使用比预期的要低效得多。

- 寻址方案必须有助于开发灵活有效的路由方案，但地址本身并不能包括太多的用于将数据包路由到目的地的信息。

所选的方案为互联网中的每个主机都分配一个 IP 地址——一个 32 比特的数字标识符，其中包括一个网络标识符（唯一标识了互联网中的某个子网）、一个主机标识符（唯一标识了到该网络的主机连接）。这些地址将放在 IP 数据包中并被路由到目的地。

互联网地址空间所采用的设计如图 3-15 所示。一共有 4 类已分配的互联网地址——A、B、C、D。D 类地址为互联网组播通信保留，组播通信仅在一些互联网路由器中实现，其进一步的讨论见 4.4.1 节。E 类地址包括一些未分配的地址，为满足未来的需求而保留。

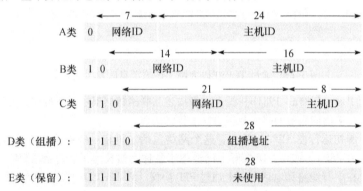

图 3-15　互联网地址结构（域大小的单位是比特）

这些包含网络标识符和主机标识符的 32 比特互联网地址通常写成由点分开的 4 个十进制数字序列。每个十进制数字表示一个字节或 IP 地址的 8 比特组（octets）。每一类网络地址的允许值如图 3-16 所示。

	8比特组1	8比特组2	8比特组3		地址范围
	网络ID		主机ID		
A类	1 ~ 127	0 ~ 255	0 ~ 255	0 ~ 255	1.0.0.0到 127.255.255.255
	网络ID		主机ID		
B类	128 ~ 191	0 ~ 255	0 ~ 255	0 ~ 255	128.0.0.0到 191.255.255.255
	网络ID			主机ID	
C类	192 ~ 223	0 ~ 255	0 ~ 255	1 ~ 254	192.0.0.0到 223.255.255.255
	组播地址				
D类（组播）:	224 ~ 239	0 ~ 255	0 ~ 255	1 ~ 254	224.0.0.0到 239.255.255.255
E类（保留）:	240 ~ 255	0 ~ 255	0 ~ 255	1 ~ 254	240.0.0.0到 255.255.255.255

图 3-16　十进制的互联网地址

三类地址用于满足不同类型组织的需要。A 类地址（在每个子网中能容纳 2^{24} 台主机）是为非常大的网络准备的，例如 US NSFNet 和其他全国性的广域网。B 类地址可分配给网络中的计算机超过 255 台的组织，而 C 类地址则是分配给所有其他的网络。

主机标识符为 0 和全 1（二进制）的互联网地址将留作特殊用途。主机标识符为 0 的地址代表"本机"，若主机标识符为全 1，则表示这是一个广播消息，并将消息发送到与地址的网络标识符部分指定的网络连接的主机上。

网络标识符是由互联网编号管理局（IANA）分配给其网络与互联网相连的组织。连接到互联网的计算机的主机标识符是由相关网络的管理员来分配的。

既然主机的地址包括一个网络标识符，那么连接到多个网络的计算机必须在每个网络中都有独立的地址。每次计算机移到一个新的网络，它的互联网地址必须改变。这些需求导致了实质性的管理开销，在使用便携计算机的情况下就会有这种开销。

IP 地址分配方案在实际中并不是很有效。主要的困难是，用户组织中的网络管理员不能很容易地预测出未来他们对主机地址需求的增长，一般都会过高地估计，从而选择 B 类地址。到了 1990 年前后，按照当时的 IP 地址分配速度，到 1996 年前后就可能用完所有的地址。当时采取了三个步骤。第一步是开始开发新的 IP 协议和寻址方案，结果也就是现在的 IPv6。

第二步是从根本上修改 IP 地址的分配方案。一个新的旨在更加有效地利用 IP 地址空间的地址分配和路由方案诞生了，该方案称为无等级域间路由（CIDR），我们将在 3.4.3 节中讨论 CIDR。图 3-10 中的局域网拥有多个 C 类地址规模的子网，从 138.37.88 ~ 138.37.95，这些子网通过路由器连接。路由器负责将 IP 数据包传送到所有的子网，同时也负责处理子网间和子网到互联网其他部分的流量。该图也说明了使用 CIDR 划分一个 B 类地址空间，形成若干 C 类地址规模的子网。

109
~
110

第三步是使未注册的计算机能通过实现了网络地址翻译（NAT）方案的路由器间接地访问互联网。我们在 3.4.3 节讨论该方案。

3.4.2　IP 协议

IP 协议将数据报从一个主机传到另一个主机，如果需要的话还会经过中间路由器。完整的 IP 数据包格式是相当复杂的，图 3-17 给出了其主要组成部分。有一些头部域没有显示在图中，它们是用于传输和路由算法的。

图 3-17　IP 数据包的布局

IP 提供的传输服务被描述成有不可靠或尽力而为这样的传输语义，因为没有传输上的保证。数据包可能会丢失、重复、延迟或顺序错误，但这些错误只在底层网络失败或目的地缓冲区满的时候才会发生。IP 中唯一的校验和是头部的校验和，其计算代价不高，还能确保检测到任何寻址和数据包管理数据中发生的错误。它没有提供数据的校验和，这避免了经过路由器时的开销，而是让更高层的协议（TCP 和 UDP）来提供它们自己的校验和——这是端对端争论中的一个实际例子（参见 2.3.3 节）。

IP 层将 IP 数据报放入适合底层网络（例如以太网）传输的网络数据包中。当 IP 数据报的长度大于底层网络的 MTU 时，就在发送端将 IP 数据报分割成多个小的数据包，然后在目的地重新组装。数据包还可以进一步分割以适合从源地址到目的地址的路径中所经过的网络（每个数据包都有一个片断标识符，使得打乱顺序的各个段能够重新组合起来）。

IP 层还必须在底层网络中插入消息目的地的"物理"网络地址。该地址可以从互联网网络接口层的地址解析模块获得（见下一小节的介绍）。

地址解析　地址解析模块负责将互联网地址转为特定底层网络所使用的网络地址（有时称为物理地址）。例如，如果底层网络是以太网，那么地址解析模块将把 32 比特的互联网地址转换成 48 比特的以太网地址。

111

这种转换是与网络技术相关的：

- 有一些主机直接与互联网数据包交换机相连，IP 数据包可以不需要地址翻译就路由到它们。
- 一些局域网允许动态地将网络地址分配给主机，这样就可以方便地选择地址以匹配互联网地址中的主机标识符部分——翻译就是从 IP 地址中抽取主机标识符。
- 对于以太网和其他局域网，每个计算机的网络地址都是和它的网络硬件接口固定的，和互联网地址没有直接的关系——翻译取决于主机的 IP 地址和以太网地址间的对应关系，其具体实现是通过地址解析协议（ARP）完成的。

现在我们概述一下以太网中 ARP 的实现。为了能在计算机加入局域网时让 IP 数据包在以太网上传输，使用了动态询问并利用缓存来减少询问消息。先考虑同一个以太网中一个主机用 IP 向另一个主机传送消息的情况。发送方的 IP 软件模块在发送数据包前，必须将 IP 数据包中的接收方的互联网地址翻译成以太网地址。它调用发送方的 ARP 模块来完成这一任务。

每个主机上的 ARP 模块都维护一个缓存，保存它以前获得的（IP 地址，以太网地址）对。如果需要的 IP 地址位于这个缓存中，请求就会立刻被应答。如果没有需要的 IP 地址，ARP 模块会在本地的以太网上发出一个以太网广播数据包（ARP 请求数据包），数据包中包括了所需的 IP 地址。本地以太网中的每个计算机都收到这个 ARP 请求数据包，并用自己的 IP 地址和数据包中的 IP 地址进行匹配。如果匹配，就给 ARP 请求的发出方发送一个 ARP 应答，应答中包括自己的以太网地址；如果不匹配，就忽略该数据包。发出方的 ARP 模块在自己的本地（IP 地址，以太网地址）缓存中加入新的 IP 地址到以太网地址的映射表，这样将来如果响应类似的 ARP 请求就不需要再广播了。一段时间之后，每个计算机上的 ARP 缓存中都包含了所有计算机的（IP 地址，以太网地址）对。这时只有在有新计算机加入到本地以太网时才需要 ARP 广播。

IP 伪冒　我们已经看到，IP 数据包中包括一个源地址——发送方计算机的 IP 地址。它与封装在数据域中的端口地址（对于 TCP 和 UDP 数据包）一起，经常被服务器用来生成一个返回地址。遗憾的是，并不能保证给定的源地址就是真正的发送方的地址。心怀叵测的发送者可以轻易地使用别的地址来代替它。这个漏洞已成为多起著名攻击的源头，包括 1.5.3 节提到的 2000 年 2 月出现的分布式拒绝服务攻击［Farrow 2000］。所使用的方法就是在几个站点向大量的计算机发出 ping 请求（ping 是一个简单的服务，用于检查主机的可用性）。这些恶意的 ping 请求在它们的发送方地址域中都填上了目标计算机的 IP 地址，因此 ping 的应答都指向目标计算机，造成它们的输入缓冲溢出，造成合法的 IP 数据包无法通过。这种攻击将在第 11 章中进一步讨论。

3.4.3　IP 路由

IP 层将数据包从源地址路由到目的地址。互联网上的每个路由器都实现了 IP 层的软件，用以提供一个路由算法。

主干　互联网的拓扑图在概念上被分割成自治系统（Autonomous System，AS），再被细分为区域。大多数大型机构（如大学和大公司）的企业内部网可看做 AS，通常它们包含几个区域。在图 3-10 中，校园网是一个 AS，图中显示的部分是一个区域。拓扑图上的每个 AS 都有一个主干区域。将非主干区域连接到主干区域的路由器集合，以及将这些路由器互连的链路构成了网络的主干。主干中的链路通常带宽很高，并且为保证可靠性，链路都被复制。这样的层次结构仅存在于概念中，主要用于管理资源与维护组件。它并不影响 IP 数据包的路由。

路由协议　RIP-1 作为互联网上使用的第一个路由算法，是 3.3.5 节中描述的距离——向量算法的一个版本。RIP-2（见 RFC 1388［Malkin 1993］）由它发展而来，但包含了其他需求，如无类别域间路由、更好的组播路由以及认证 RIP 数据包以避免路由器受到攻击。

随着互联网规模的扩大，路由器的处理能力也不断增加，不再使用距离——向量算法已成为一个趋势，因为它收敛速度慢，并且具有潜在的不稳定性。现在趋向于使用 3.3.5 节中提到的链路 - 状态算法，这个算法被称为开放最短路径优先（Open Shortest Path First，OSPF）。该协议基于 Dijkstra［1959］的路径寻找算法，它比 RIP 算法收敛得更快。

应当注意，在 IP 路由器中可以渐进地采纳新路由算法。路由算法的变化将导致新版本 RIP 协议的诞生，而每个 RIP 数据包会携带一个版本号。当引入一个新的 RIP 协议时，IP 协议并不改变。无论使用哪个版本的 RIP 协议，IP 路由器都会基于一个合理的（未必是最优的）路线，将到达的数据包转发出去。但是对于那些在更新路由表过程中需要合作的路由器，它们必须使用相同的算法。为此，需要使用上面定义的拓扑区域。在每个区域中使用一个路由协议，区域中的路由器在维护路由表时相互合作。只支持 RIP-1 的路由器依然很常见，它们利用新版本协议具有的向后兼容特性，与支持 RIP-2 和 OSPF 的路由器共存。

1993 年，实际观测获得的数据 ［Floyd and Jacobson 1993］表明，RIP 路由器的信息交换频率为 30s，这会使 IP 传输性能产生周期性。IP 数据包传输的平均延迟每隔 30s 就会出现一个尖峰。这可以追溯到执行 RIP 协议的路由器的行为——当接收到一个 RIP 数据包时，路由器会延迟 IP 数据包的向前传送，直到路由表对当前收到的所有 RIP 数据包的更新过程结束。这会引起路由器一批一批地执行 RIP 动作。建议路由器采用 15～45s 范围内的随机值作为 RIP 的更新周期以进行纠正。 |113|

默认路由　到目前为止，我们对路由算法的讨论说明，每个路由器维护了一个完整的路由表，该表显示了到达互联网上每个目的地（子网或直接连接的主机）的路线。就互联网当前的规模而言，这显然不可行（目的地的数目可能已经超过了 100 万，而且仍在快速地增长）。

该问题有两个可能的解决方案，为缓解互联网的增长所带来的后果，这两个方案同时被采纳。第一个方案是采用某种形式的 IP 地址拓扑分组。1993 年以前无法从 IP 地址推断出有关其位置的任何信息。1993 年，为简化与节约 IP 地址的分配（这在下文的 CIDR 中讨论），对未来地址的分配决定使用下面的地区位置：

地址 194.0.0.0～195.255.255.255 在欧洲

地址 198.0.0.0～199.255.255.255 在北美地区

地址 200.0.0.0～201.255.255.255 在中南美地区

地址 202.0.0.0～203.255.255.255 在亚太地区

因为这些地理区域也对应于互联网上确切定义的拓扑区域，并且仅有部分网关路由器提供了对每个区域的访问，所以极大地简化了这些地址范围的路由表。例如，欧洲以外的路由器对于范围在 194.0.0.0 到 195.255.255.255 的地址，可以只有一个表项。路由器将所有目的地在这个范围内的 IP 数据包使用相同的路由发送到最近的欧洲网关路由器上。注意，在做出这个决策之前，IP 地址的分配通常与拓扑或地理位置无关，目前这些地址的大部分仍在使用，1993 年的决策无法减少这些地址对应路由表项的规模。

解决路由表大小爆炸性增长的第二个解决方案更简单而且非常有效。它基于下述观察结果，如果离主干链路最近的关键路由器具有比较完整的路由表，那么大多数路由器中的路由表信息的精确性可以放宽。放宽的表现形式为路由表中具有默认的目的地项，此默认项指定了所有目的地址不在路由表中的 IP 数据包所使用的路由。为了说明这种情况，考虑图 3-7 与图 3-8，假设结点 C 的路由表改为：

路由：从 C		
到	链路	开销
B	2	1
C	本地	0
E	5	1
默认	5	—

|114|

结点 C 忽略了结点 A 与 D。它将所有到达结点 A 与 D 的数据包都通过链路 5 路由到 E。结果呢？目的地为 D 的数据包可以到达其目的地，在路由过程中不会损失有效性，但目的地为 A 的数据包会增加一跳，需要通过 E 和 B 进行传输。总之，默认路由的使用在表格大小与路由有效性之间作出了折中。但在有些情况下，特别是路由器在中继点位置时，所有向外发送的消息必须通过某一个点，此时不会

损失有效性。默认路由方案在互联网路由中使用很广泛,互联网上没有一个路由器包含到达所有目的地的路由。

本地子网上的路由 当数据包的目的地主机与发送者在同一网络上时,利用地址的主机标识符部分可获得底层网络上的目的主机的地址,只需一跳就能将数据包传送到目的地。IP层使用ARP来获得目的地的网络地址,然后使用底层网络来传输数据包。

如果发送方计算机的IP层发现目的地在另一个网络上,它必须将消息发送到一个本地路由器。它使用ARP获得网关或路由器的网络地址,再使用底层网络将数据包传送给它们。网关和路由器被连接到两个或更多的网络上,它们具有多个互联网地址,每个地址对应一个所连接的网络。

无类别域间路由(CIDR) 3.4.1节指出,IP地址的短缺导致1996年引入CIDR方案,该方案用于分配地址以及管理路由表中的项。主要问题在于B类地址不足,B类地址用于那些具有255个以上主机的子网,同时又有大量的C类地址可用。CIDR对这个问题的解决方案是给那些需要255个以上地址的子网分配一批连续的C类地址。CIDR方案也允许将B类地址空间分割,以便把它分配给多个子网。

将C类地址分批似乎是一个简单的方法,但除非同时改变路由表的格式,它才会对路由表的大小产生显著的影响,进而影响管理路由表的算法的性能。改变路由表的方法是给路由表增加一个掩码域。掩码是一个位模式,用于选择与路由表项比较的IP地址部分。这有效地使主机/子网地址成为IP地址的任意部分,比A类、B类与C类地址提供了更大的灵活性,无类别域间路由也因此得名。同样,路由器的这些改变是增量式的,所以有些路由器执行CIDR,而其他路由器仍然使用旧的基于类别的算法。

该方案可以工作的原因是新分配的C类地址的范围是256的模,因此每个范围表示了C类大小的子网地址对应的一个整数值范围。另一方面,有些子网也使用CIDR划分单个网络中的地址范围,这个网络可以是A类、B类或C类网络。如果一组子网完全由CIDR路由器与外部世界相连接,那么该组子网的IP地址范围可以成批分配到每个子网中,其中由任意大小的二进制掩码决定子网。

|115| 例如,一个C类地址空间可以划分为32组的8地址空间。图3-10包含一个使用CIDR机制将138.37.95这样的C类地址规模的子网划分为多个组,每组包含8个主机地址,每个地址的路由不同。不同的组用138.37.95.232/29以及138.37.95.248/29等符号表示。这些地址中的/29表示附加一个32的掩码,前29位是1,后3位是0。

未注册的地址和网络地址翻译(NAT) 不是所有访问互联网的计算机和设备都需要分配全局唯一的IP地址。局域网中的计算机通过具有NAT功能的路由器访问互联网,它依靠路由器将到达的UDP和TCP包重定向。图3-18给出了一个典型的家庭网络,其中的计算机和其他网络设备通过一个具有NAT功能的路由器与互联网相连。网络包括能访问互联网的计算机,它们通过有线以太网连接到路由器,还包括通过WiFi接入点连接的设备。为了保证完整性,图中给出了一些具有蓝牙功能的设备,但它们不是与路由器连接,因此不能直接访问互联网。家庭网络具有由互联网服务提供商分配的一个已注册的IP地址(83.215.152.95)。这里描述的方法适合任何希望其没有注册IP地址的计算机连接到互联网的组织。

家庭网络上所有能访问互联网的设备都被分配了192.168.1.x C类子网上的一个未注册的IP地址。

|116| 大多数的内部计算机和设备由路由器上运行的动态主机配置协议(Dynamic Host Configuration Protocol, DHCP)动态分配一个IP地址。在图3-18中,192.168.1.100以上的数字由DHCP服务使用,数字较小的结点(例如PC 1)已经以手工方式分配了数字,这样做的理由将在后面解释。虽然NAT路由器使得这些地址对互联网的其他部分完全隐藏,但通常使用IANA为私有互连网保留的三块地址(10.z.y.x, 172.16.y.x或192.168.y.x)之一中的一段。

NAT的介绍见RFC 1631 [Egevang and Francis 1994],它的扩展见RFC 2663 [Srisuresh and Holdrege 1999]。具有NAT功能的路由器维护一个地址翻译表,使用UDP和TCP包中源端口和目的地端口号域,将每个到达的应答消息分配到发送该请求消息的内部计算机。注意,请求消息中给定的源端口总是被用做相应的应答消息中的目的地端口。

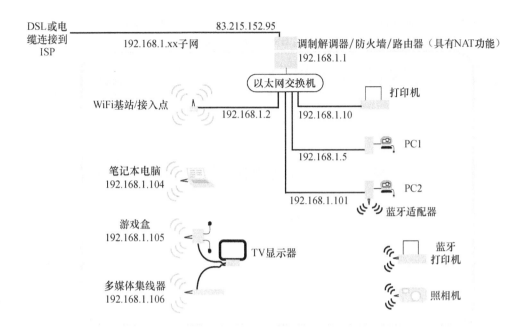

图 3-18 一个典型的基于 NAT 的家庭网络

最常用的 NAT 寻址算法的工作流程如下：

1）当内部网络上的计算机发送一个 UDP 或 TCP 包给网络外的计算机时，路由器接收到数据包并将源 IP 地址和端口号保存为地址翻译表中一个可用的项。

2）路由器用路由器的 IP 地址替换包中的源地址，用虚拟端口号替换源端口，虚拟端口号指向包含发送计算机的地址信息的地址翻译表项。

3）已修改源地址和端口地址的数据包经路由器向它的目的地转发。现在，地址翻译表包含最新的从内部网上计算机发出的包的端口号和从虚拟端口号到实际内部 IP 地址的映射。

4）当路由器从外部计算机处接收到一个 UDP 或 TCP 包时，它使用包中的目的地端口号访问地址翻译表中的项。它用存储在表项中的值替换已接收包中的目的地址和端口号，然后将修改后的包转发到由目的地地址标识的内部计算机。

只要该端口还在使用，路由器就将保留端口映射并重用它。每次路由器访问表中的一项，就重设计时器。如果在计时器过期之前没有访问该表项，那么就从表中删除该表项。

上述方案很好地解决了未注册计算机的通信模式，在这种模式下，未注册计算机可以作为外部服务（例如 Web 服务器）的客户。但未注册计算机不能作为处理到达请求的服务器。为了处理这种情况，可以手工配置 NAT 路由器，将某个指定端口上所有到达的请求转发到一台指定的内部计算机上。作为服务器的计算机必须保留同样的内部 IP 地址，这一点可通过手工分配它们的地址（类似对 PC1 所做的操作）来达到。只要不要求多于一台内部计算机在指定端口提供服务，这种提供对服务的外部访问的解决方法是令人满意的。

NAT 是一种解决个人和家庭计算机分配 IP 地址的短期解决方案。它使得互联网使用的扩张得比预期的更大，但它也有一些限制，例如上例中的最后一点。IPv6 被看成是未来趋势，它将使得所有计算机和便携设备能全方位地参与互联网。 [117]

3.4.4 IPv6

人们在寻找有关 IPv4 地址局限问题的更永久的解决方案，这导致了具有更大地址空间的新版本的 IP 协议的开发与使用。早在 1990 年，IETF 就注意到 IPv4 的 32 比特地址所带来的潜在问题，并启动了开发新版本 IP 协议的项目。1994 年，IETF 采纳了 IPv6，并且给出了版本迁移方法的建议。

图 3-19 显示了 IPv6 头的格式。在此，我们不详细介绍它们的构造方法。要获得有关 IPv6 的相关

内容，读者可以参考 Tanenbaum［2003］或 Stallings［2002］。要获得 IPv6 设计过程与实现计划详尽的介绍，可以参阅 Huitema［1998］。这里将概述 IPv6 的主要改进。

版本（4比特）流量类别（8比特）	流标号（20比特）	
有效负载长度（16比特）	下一个头（8比特）	跳跃限制（8比特）
源地址 （128比特）		
目的地址 （128比特）		

图 3-19　IPv6 头部格式

地址空间：IPv6 的地址有 128 比特（16 字节）。这提供了海量的可寻址实体数：2^{128}，即大约 3×10^{38}。据 Tanenbaum 计算，在整个地球表面，每平方米空间可以有 7×10^{23} 个 IP 地址。Huitema 的估计比较保守，他假设 IP 地址的分配像电话号码一样不经济，则整个地球表面的每平方米空间（陆地与水面）可以有 1000 个 IP 地址。

IPv6 地址空间进行了分区。在此我们不详细介绍分区，但即使是最小的分区（其中的一个分区会包含整个 IPv4 地址范围，这里地址的映射是一对一的）也远远大于整个 IPv4 地址空间。很多分区（占总数的 72% 左右）被保留，目前为止向未被定义。两个大的分区（每个分区包含 1/8 的 IP 地址空间）作为日常使用，将被分配给普通的网络结点。其中的一个分区根据地址结点的地理位置组织，而另一个分区根据机构位置组织。这提供了两种不同的用于聚类地址的策略以便进行路由——而哪种将更有效或更流行还有待观察。

路由速度：基本 IPv6 头部的复杂度以及在每个结点上的处理时间都被降低。数据包的内容（有效负载）不使用任何校验和，一旦数据包开始传输，就不能再将它分段。前者被认为是可接受的，因为可在更高层检测错误（TCP 确实包含了一个内容校验和），而后者通过支持在发送数据包前确定最小的 MTU 而达到目的。

实时以及其他特殊服务：流量类别与流标号域与此有关，多媒体流以及其他实时数据元素序列可作为被标识的流的一部分传输。流量类别的前 6 位可与流标号同时使用，也可以独立使用，以使指定数据包比其他数据包的处理速度更快或是更可靠。流量类别值 0～8 用于即使有延迟也不会对应用造成灾难性后果的传输。其他值被保留，用于传输依赖于时间的数据包，这些数据包或者被迅速地发送，或者被丢弃——迟到的数据包毫无意义。

流标号使得资源被保留，以便满足特定实时数据流（例如有播的音频与视频传输）的时间需求。第 17 章将讨论它们的资源分配需求与分配方法。当然，互联网上的路由器与传输链路的资源有限，为特定用户预留资源的概念和应用以前未曾考虑。使用 IPv6 的这些设施将依赖于基础设施的增强，以及使用合适的方法对资源的分配进行收费与仲裁。

未来的发展：提供未来发展的关键是下一个头域。若该域为非 0，则它定义了数据包中的扩展头的类型。目前的扩展头类型为下列类型的特殊服务提供附加数据：路由器信息、路由定义、片断处理、认证、加密信息以及目的地处理信息。每个扩展头类型具有明确的大小以及预定义的格式。当出现新的服务需求时，可以定义进一步的扩展头类型。扩展头（如果存在的话）放在基本头之后、有效负载之前，它会包含下一个头域，使数据包可以使用多个扩展头。

组播与选播：IPv4 与 IPv6 支持将 IP 数据包通过一个地址（属于专为组播保留的地址范围）传送到多个主机的传输机制。IP 路由器负责将数据包路由到所有订阅了该组（这个组由相关的地址标识）的主机。IP 组播通信的详细描述可参见 4.4.1 节。另外，IPv6 支持一种称为选播的新的传输模式。该服务将数据包发给至少一个订阅了相关地址的主机。

安全：到目前为止，需要认证的互联网应用或私密性数据传输依赖于应用层的加密技术。端到端争论支持应该在应用层实现安全协议的论点。如果在 IP 层实现安全性，那么用户与应用程序开发者依赖于传输路径上的每个路由器都正确地实现了加密算法，为处理密钥，他们必须信任路由器以及其他中间结点。 [119]

在 IP 层实现安全性的好处在于，它可用于应用程序不清楚具体安全实现的场合。例如，系统管理员可以将它实现到防火墙中，将它统一应用到所有对外的通信中，而内部通信可以不用加密而省却了相应的开销。路由器也可利用 IP 级的安全机制，从而保证它们之间交换的路由表更新消息的安全。

在 IPv6 中使用认证与加密的安全性有效负载扩展头类型实现安全性。这些实现特征与 2.4.3 节介绍的安全通道的概念类似。根据需要，可给有效负载加密或者（并且）应用数字签名。类似的安全特征也可在 IPv4 中获得，这时使用了实现 IPSec 规约（见 RFC 2411 [Thayer 1998]）的 IP 隧道。

从 IPv4 迁移 改变互联网基础设施的基本协议层带来的后果是深远的。每台主机的 TCP/IP 协议栈和路由器软件都需要处理 IP，很多应用与实用程序都需要处理 IP 地址。为了支持新版本的 IP 协议，上述应用都需要升级。进行这个改变是不可避免的，因为 IPv4 提供的地址空间即将耗尽。负责 IPv6 协议的 IETF 工作组定义了一个迁移策略，它主要涉及下列问题的实现：使用隧道技术，将 IPv6 的路由器和主机"岛屿"与其他 IPv6"岛屿"通信，然后逐渐地形成一个大的"岛屿"。

我们在前面提到过，IPv6 路由器和主机在处理混合流量时应该没有任何困难，因为 IPv4 地址空间被嵌入 IPv6 空间内。所有主要的操作系统（Windows XP、MacOS X、Linux 和其他 UNIX 变体）已经包括了在 IPv6 上 UDP 和 TCP 套接字（见第 4 章）的实现，这使得应用能通过简单的升级完成迁移。

该策略的理论从技术上说是可行的，但实现过程非常缓慢，这也许是由于 CIDR 和 NAT 已经减轻了所期望的更大范围使用互联网的压力，但这在移动电话和便携设备市场已经发生了改变。所有这些设备在不久的将来就可能具备访问互联网的功能，同时它们不能容易地隐藏在 NAT 路由器后面。例如，预计到 2014 年，印度和中国将部署超过 10 亿台 IP 设备。只有 IPv6 能解决这样的需求。

3.4.5 移动 IP

像笔记本电脑和掌上电脑这样的移动计算机可以在移动时从不同的位置连接到互联网。当用户在自己办公室时，笔记本电脑可以先连接到本地以太网，然后通过路由器连接到互联网；在乘车旅行途中，可以通过移动电话连接到互联网，然后，在另一个地点连接到以太网上。用户希望在任何一个地方查看电子邮件和访问 Web。

对服务的简单访问并不需要移动计算机保留一个地址，它可在任意地方获得一个新的 IP 地址。动态主机配置协议（DHCP）正是用于这一目的的，它使新接入网络的计算机动态获得一个在本地子网地址范围内的 IP 地址，并从本地 DHCP 服务器上找到诸如 DNS 服务器这样的本地资源地址，它也需要找到它所访问的每个站点上有哪些本地服务（如打印、邮件传送等）。发现服务是有助于完成此工作的一种命名服务，其具体内容将在第 19 章（19.2 节）中介绍。 [120]

笔记本电脑上可能有其他人员需要访问的文件或其他资源，或者该笔记本电脑正在运行分布式应用（如共享监控服务，它接收用户拥有的股票超过一定阈值这样的特定事件的通知）。当移动计算机在局域网和无线网络之间移动时，如果要让用户和资源共享应用访问移动计算机，移动计算机必须保持单个 IP 号，但 IP 路由是基于子网的。子网位于固定的地点，将数据包正确地路由到子网取决于子网在网络上的位置。

移动 IP 是后一个问题的解决方案，该方案的实现对用户是透明的，因此当移动主机在不同位置的子网中移动时，IP 通信会继续正常地进行。这是因为"主"（home）域的子网中的每台移动主机拥有永久固定的 IP 地址。

当移动主机在"主站点"中连接到互联网时，数据包会以正常方式路由到主机上；当移动主机在其他地方连入互联网时，有两个代理进程负责重新路由。它们是主代理（HA）与外地代理（FA）。这些进程运行在主站点以及移动主机当前所在位置处的固定计算机上。

HA 负责保存移动主机当前位置（即可以到达该移动计算机的 IP 地址）的最新情况，它在移动主机自身的帮助下完成该功能。当一个移动主机离开主站点时，它会告知 HA，HA 会注意到该移动主机离开。当主机离开时，HA 就充当一个代理服务器。为实现代理功能，HA 会通知本地路由器取消与移动主机 IP 地址有关的任何缓存记录。当 HA 作为一个代理服务器时，HA 会响应有关移动主机 IP 地址的 ARP 请求，将自己的局域网地址作为移动主机的网络地址发送给该请求。

当移动主机到达一个新站点时，它会通知在此站点上的 FA。FA 给它分配一个"转交"地址——一个本地子网上的新的临时 IP 地址。然后 FA 与 HA 联系，将移动主机的主 IP 地址以及分配给它的转交地址告知 HA。

图 3-20 说明了移动 IP 的路由机制。当一个以移动主机的主地址为地址的 IP 数据包被传送到主网络上时，它将被路由到 HA。然后，HA 将该 IP 数据包封装到一个移动 IP 数据包中，并发送给 FA。FA 拆解出原来的 IP 数据包，并通过它当前连接的局域网发送到移动主机。注意，HA 与 FA 将原始数据包重新路由到预期接收者的方法，是 3.3.7 节描述的隧道传输技术的实例。

121

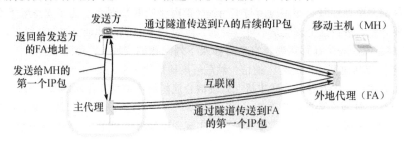

图 3-20　移动 IP 路由机制

HA 也将移动主机的转交地址发送到原来的发送者。如果发送者支持移动 IP，它将注意到新的地址，并且使用新的地址与移动主机接着通信，避免了通过 HA 重新路由的开销。如果发送者不支持移动 IP，它将忽视地址的改变，而后续的通信依然通过 HA 重新路由。

移动 IP 方案是可行的，但还不是十分有效。将移动主机作为一等公民的方法会更好一些，这样可以允许主机漫游时无需预先给出通知，并且不必使用隧道技术就可将数据包路由到主机。应该注意，这个看上去很难的技术已在移动电话网中实现——当移动电话在不同蜂窝乃至国家之间移动时，并不需要改变电话号码。它们只需时常通知本地移动电话网基站它们的存在即可。

3.4.6　TCP 和 UDP

TCP 和 UDP 以一种对应用程序有用的形式提供了互联网的通信能力。应用开发者可能需要其他类型的传输服务，如提供实时保证或安全性，但这些服务需要比 IPv4 更多的网络层支持。TCP 和 UDP 忠实地反映了 IPv4 提供的应用编程级的通信设施。IPv6 必然会继续支持 TCP 和 UDP，但它包含了通过 TCP 和 UDP 无法方便访问的功能。当 IPv6 的部署已足够广，从而证明了那些功能的开发是必要的，那么可引入其他类型的传输服务来挖掘这些功能。

第 4 章从分布式程序开发者的角度描述了 TCP 和 UDP 的特征。这里我们仅描述它们给 IP 加入的功能。

端口的使用　第一个要注意的特征是，尽管 IP 协议支持两台计算机（由 IP 地址标识）之间的通信，但作为传输层的协议，TCP 和 UDP 必须提供进程间的通信。这通过使用端口来完成。端口号用于将消息寻址到特定计算机上的进程，它仅在此计算机上有效。端口号是一个 16 位整数。一旦一个 IP 数据包被发送到目的主机，TCP 或 UDP 层的软件就通过该主机的特定端口将它分派到一个进程中。

UDP 的特点　UDP 基本上是 IP 在传输层的一个复制。UDP 数据报被封装在一个 IP 数据包中，它
122
具有一个包含了源端口号和目的端口号的短的头部（相应的主机地址位于 IP 头部）、一个长度域和一个校验和。UDP 不提供传输保证。我们已经注意到，IP 数据包可能会由于拥塞或网络错误被丢弃。除了可选的校验和外，UDP 未增加任何额外的可靠性机制。如果校验和域非零，则接收主机根据数据包内容计算出一个校验值，与接收到的校验和相比，若两者不匹配则数据包被丢弃。

因此，依赖 IP 传输，UDP 提供了一种在 IP 上附加最小开销或传输延迟、在进程对（或者在数据

报地址是 IP 组播地址情况下，从一个进程发送到多个进程）之间传送最长达 64KB 的消息的方法。它不需要任何创建开销以及管理用的确认消息，但它只适应于不需要可靠传送单个或多个消息的服务和应用。

TCP 的特点 TCP 提供了一个更复杂的传输服务。它通过基于流的编程抽象，提供了任意长度字节串的可靠传输。可靠性保证使得发送进程递交给 TCP 软件的数据传送到接收进程时，其顺序是相同的。TCP 是面向连接的，在数据被传送前，发送进程和接收进程必须合作，建立一个双向的通信通道。连接只是一个执行可靠数据传输的端到端的协议，中间结点（如路由器）并没有关于 TCP 连接的知识，一个 TCP 传输中传输数据的所有 IP 数据包并不一定使用相同的路由。

TCP 层包含额外机制（在 IP 之上实现）以保证可靠性。这些机制包括：

排序：TCP 发送进程将流分割成数据片断序列，然后将之作为 IP 数据包传送。每个 TCP 片断均有一个序号。它在该片断的第一个字节给出流中的字节数。接收程序在将数据放入接收进程的输入流前，使用序号对收到的片断排序。只有所有编号较小的片断都已收到并且放入流中后，编号大的片断才能被放入流中，因此，未按顺序到达的片断必须保存在一个缓冲区中，直到它前面的片断到达为止。

流控制：发送方管理不能使接收方或者中间结点过载，这通过片断确认机制完成。当接收方成功地接收了一个片断后，它会记录该片断的序号。接收方会不时地向发送方发送确认信息，给出输入流中片断的最大序号以及窗口大小。如果有反向的数据流，则确认信息被包含在正常的片断中，否则被放在确认数据片中。确认片断中的窗口大小域指定了在下一个确认之前允许发送方传送的数据量。

当一个 TCP 连接用于与一个远程交互程序通信时，会猝发产生数据，但产生的数据量可能很小。例如，利用键盘输入可能每秒仅输入几个字符，但字符的显示必须足够快，以便用户看到自己的打字结果。这通过在本地缓冲区中设置一个超时值 T（一般是 0.5s）来实现。使用这个简单的方案，只要数据片断已在输出缓冲区中停留 T 秒，或是缓冲区的内容到达 MTU 限制，就将片断发送到接收方。该缓冲区方案不会使交互式延迟再增加 T 秒以上。Nagle 描述了另一个产生较少流量的算法，它对一些交互式应用更有效 [Nagle 1984]。Nagle 的算法已用于许多 TCP 实现中。大多数 TCP 实现是可以配置的，允许应用程序修改 T 值，或是在几个缓冲区算法中选择其一。

由于无线网络的不可靠性，会导致数据包丢失频繁发生，上面的流控制机制对于无线通信不是特别适用。这是广域移动通信使用的 WAP 协议族采纳另一种传输机制的原因。但对无线网络而言，实现 TCP 也是很重要的，为此提出了 TCP 机制的修改提议 [Balakrishnan et al. 1995, 1996]。其思想是在无线基站（有线网络和无线网络之间的网关）实现一个 TCP 支持组件。该组件探听进出无线网络的 TCP 片断，重传任何未被移动接收方快速确认的外发片断，并且在注意到序列号有间隔时，请求重传接收数据。

重传：发送方记录它发送的片断的序号。当它接收到一个确认消息时，它知道片断被成功接收，并将之从外发缓冲区中清除。如果在一个指定超时时间内，片断并没有得到确认，则发送方重发该片断。

缓冲：接收方的接收缓冲区用于平衡发送方和接收方之间的流量。如果接收进程发出 receive 操作的速度比发送进程发出 send 操作的速度慢很多，那么缓冲区中的数据量就会增加。通常情况下，数据在缓冲区满之前被取出，但最终缓冲区会溢出，此时到达的片断不被记录就直接被丢弃了。因此，接收方不会给出相应的确认，而发送方将被迫重新发送片断。

校验和：每个片断包含一个对头部和片断中数据的校验和，如果接收到的片断和校验和不匹配，则片断被丢弃。

3.4.7 域名

第 13 章将详细介绍域名系统（DNS）的设计与实现，在此我们只做简单的介绍，以完成本章有关互联网协议的讨论。互联网支持一种使用符号名标识主机和网络的方案，如 binkley. cs. mcgill. ca 或 essex. ac. uk。已命名的实体被组织成一个命名层次结构。已命名的实体称为域，而符号名称为域名。域被组织成一个层次结构，以便反映它们的组织结构。命名层次结构与构成互联网的网络物理布局完全无关。域名对于用户很方便，但它们在被用作通信标识符之前，必须翻译成互联网地址（IP 地址），这是 DNS 服务的职责。应用程序将请求发送给 DNS，以便将用户指定的域名转化成互联网地址。

DNS 实现为一个可在互联网的任意主机上运行的服务器进程。每个域至少有两台 DNS 服务器，一般情况下会更多。每个域的服务器持有该域之下的域名树的部分视图。它们至少必须存储自己域中的所有域名和主机名，但通常包含树的更大的部分。若 DNS 服务器接收到的请求中，需要翻译的域名在自己所保存的那部分树以外，则 DNS 服务器通过向相关域的服务器发送请求，递归地自右向左解析名字的各个部分。翻译结果缓存在处理原始请求的服务器上，以便未来处理同一域名请求时，无须查阅其他服务器就可以解析该名字。若不广泛地使用缓存技术，DNS 将无法工作，因为基本上在每种情况下都会查询"根"名字服务器，从而形成一个服务访问瓶颈。

3.4.8 防火墙

几乎所有的组织都需要连接互联网，以便给顾客或其他外部用户提供服务，同时使内部用户可以访问信息和服务。大多数组织中的计算机是完全不同的，它们运行不同的操作系统和应用软件。软件的安全性差别更大，有些软件提供了先进的安全措施，但大多数软件没有能力或有很少的能力保证进入的通信是可靠的，向外的通信是私密的。总之，在一个有很多计算机和多种软件的企业内部网中，系统的有些部分在安全攻击下会非常地脆弱是不可避免的。攻击的形式将在第 11 章中详细讨论。

防火墙的目的在于监视和控制进出企业内部网的所有通信。防火墙由一组进程实现，它作为通向企业内部网的网关（参见图 3-21a），应用了组织规定的安全策略。

防火墙安全策略的目标可能包括下面的某些或所有内容：

服务控制：用于确定内部主机上的哪些服务可以接受外部访问，并拒绝其他的服务请求。外发服务请求和应答也受到控制。这些过滤行为可以基于 IP 数据包的内容以及其中包含的 TCP 和 UDP 请求来完成。例如，到达的 HTTP 请求的目的地应该是官方的 Web 服务器主机，否则该请求会被拒绝。

行为控制：用于防止破坏公司策略的行为、反社会的行为，或者找不到可辨认的合法目的的行为，这些行为被怀疑为构成了攻击的一部分。其中的某些过滤动作（action）可在 IP 或 TCP 层进行，但其他动作（action）可能需要在更高层对消息进行解释。例如，过滤垃圾邮件攻击需要检查消息头中发送方的邮件地址，甚至是消息内容。

用户控制：组织可能希望在用户之间加以区分，允许某些用户访问外部服务，而其他用户则禁止访问外部服务。另一个大家更易接收的用户控制的例子是，避免接收系统管理组成员以外的其他用户的软件，以免感染病毒或是维护软件标准。这是个特殊的例子，如果不禁止普通用户使用 Web，要想实现上述目的是很困难的。

用户控制的另一个实例是拨号以及其他为不在站点的用户提供连接的管理。如果防火墙同时也是通过调制解调器连接的主机，它可以在连接时认证用户，并且对所有通信使用一个安全通道（防止外来的窃听、伪装和其他攻击）。这是本节后面将要描述的虚拟私网（VPN）技术的目的。

这些策略必须以过滤操作的方式表达，而这些操作由在不同层操作的过滤进程执行：

IP 数据包过滤：这是一个检查单个 IP 数据包的过滤进程，它会根据源地址和目的地址进行决策。它也会检查 IP 数据包的服务类型域，并根据服务类型解释数据包的内容。例如，它可以根据目的端口

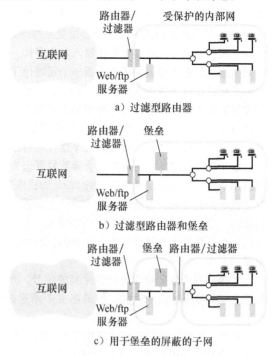

a）过滤型路由器

b）过滤型路由器和堡垒

c）用于堡垒的屏蔽的子网

图 3-21　防火墙配置

号过滤 TCP 数据包，因为服务通常位于大家熟知的端口上，从而可以根据请求的服务过滤数据包。例如，很多站点禁止外部客户使用 NFS 服务器。

从性能方面考虑，IP 过滤通常由路由器的操作系统内核中的进程执行。如果使用多个防火墙，第一个防火墙可能标识某些数据包以便后面的防火墙做更彻底的检查，同时让"干净"的数据包继续发送，也有可能基于 IP 数据包的顺序进行过滤，例如，在执行登录命令前，禁止对 FTP 服务器进行访问。

TCP 网关： TCP 网关进程检查所有的 TCP 连接请求以及数据片的传输。安装了 TCP 网关进程后，可控制 TCP 连接的创建，检查 TCP 片断的正确性（一些服务拒绝攻击用残缺的 TCP 片断来破坏客户的操作系统）。在需要时，它们可以被路由到应用层网关进行内容检查。

应用层网关： 应用层网关进程作为应用进程的代理。例如，用户希望有这样的策略：允许特定内部用户的 Telnet 连接创建到特定外部主机。当一个用户在本地运行 Telnet 程序时，程序试图和远程主机建立一个 TCP 连接，该请求被 TCP 网关截获。TCP 网关启动一个 Telnet 代理进程，原有的 TCP 连接被路由到该进程。如果代理通过了 Telent 操作（用户被授权使用所请求的主机），那么它会建立另一个通向所请求的主机的连接，并由它中转所有来往的 TCP 数据包。一个类似的代理进程将代表每个 Telnet 客户而运行，而类似的代理可能被 FTP 和其他服务所采用。

一个防火墙通常由工作在不同协议层的多个进程组成。考虑到性能和容错，通常在防火墙中使用一台以上的计算机。在下面描述的并由图 3-21 说明的所有配置中，我们给出了一个不受保护的 Web 服务器和 FTP 服务器。它只包含一些已发布的信息，这些信息对公共访问不加防范，而服务器软件必须确保只能由授权的内部用户修改。

IP 数据包过滤通常由路由器（一台至少有两个位于不同 IP 网络的网络地址的计算机）执行，该路由器运行一个 RIP 进程，一个 IP 数据包过滤进程以及个数尽可能少的其他进程。路由器/过滤器仅运行可信的软件，其运行方式要保证过滤策略的执行。这涉及不能运行特洛伊木马进程，以及路由器和过滤器软件不被修改或破坏。图 3-21a 显示了仅依赖于 IP 过滤并只使用了一个路由器的简单的防火墙配置，图 3-10 中的网络配置包含两个作为此类防火墙的路由器/过滤器。该配置中有两个路由器/过滤器，以确保性能和可靠性。它们遵循同样的过滤策略，而第二个没有增加系统的安全性。

当需要 TCP 和应用层网关进程时，这些进程通常会运行在单独的计算机上，该计算机称为堡垒（这个术语源于城堡的构筑，城堡有一个突出的瞭望塔用来保护城堡）。堡垒计算机是一台位于企业内部网中由 IP 路由器/过滤器保护的主机，它运行 TCP 和应用层网关（参见图 3-21b）。与路由器/过滤器类似，堡垒只运行可信的软件。在一个足够安全的企业内部网内，代理必须用于访问所有的外部服务。读者可能已经对用于 Web 访问的代理很熟悉了，它们都是防火墙代理的应用实例，并且通常和 Web 缓存服务器（见第 2 章的描述）以某种方式集成构建。这些代理以及其他代理可能需要大量的存储和处理资源。

应用以串联方式部署的两台路由器/过滤器以及堡垒和位于与路由器/过滤器相链接的单独子网内的公共服务器可以提高安全性能（见图 3-21c），这种配置在安全方面有以下优势：

- 如果堡垒策略严格的话，企业内部网内主机的 IP 地址根本不需要对外界公开，企业内部网计算机也无须知道外部地址，因为所有的外部通信都要通过堡垒内的代理进程完成，而代理进程可以访问两端的计算机。
- 如果第一个路由器/过滤器被攻破，那么第二个路由器/过滤器（由于原本外部不可见而不易受攻击）会继续承担挑选和拒绝不可接收的 IP 数据包的责任。

虚拟私网　通过使用 IP 层的密码保护安全通道，虚拟私网（VPN）将防火墙保护的界限延伸到本地企业内部网之外。在 3.4.4 节中，我们概述了使用 IPSec 隧道技术对 IPv6 和 IPv4 进行的 IP 安全扩展 [Thayer 1998]，这些都是实现 VPN 的基础。VPN 可用于外部个人用户，或者在使用公共互联网链接的位于不同站点的企业内部网之间实现安全连接。

例如，一个员工需要通过 ISP 连接到组织的企业内部网。一旦连接成功，他就应该拥有和防火墙内部用户同样的权利。若本地主机实现了 IP 安全，则上面的要求可以完成。本地主机保存了与防火墙共享的一个或多个密钥，这些密钥用来在连接时建立安全通道。安全通道机制将在第11章中详细介绍。

3.5　实例研究：以太网、WiFi、蓝牙

到目前为止，我们已经讨论了有关构造计算机网络的原理，描述了互联网的"虚拟网络层" IP。在结束本章前，我们将描述三种实际网络的原理与实现。

在20世纪80年代初，美国电子与电气工程师协会（IEEE）成立了一个委员会来制订局域网的一系列标准（802委员会 [IEEE 1990]），它的分会制订了一系列已成为 LAN 关键标准的规约。在大多数情况下，这些标准基于20世纪70年代由研究而定的已有工业标准。相关的分会以及迄今发布的标准如图3-22所示。

IEEE No.	名　字	标　题	参考文献
802.3	以太网	CSMA/CD网络（以太网）	[IEEE 1985a]
802.4		令牌总线网	[IEEE 1985b]
802.5		令牌环网	[IEEE 1985c]
802.6		城域网	[IEEE 1994]
802.11	WiFi	无线局域网	[IEEE 1999]
802.15.1	蓝牙	无线个域网	[IEEE 2002]
802.15.4	ZigBee	无线传感器网络	[IEEE 2003]
802.16	WiMAX	无线城域网	[IEEE 2004a]

图 3-22　IEEE 802 网络标准

这些标准在性能、有效性、可靠性和成本上有所不同，但它们都提供了在中短距离上相对较高的网络带宽。IEEE 802.3 以太网标准极大地赢得了有线 LAN 市场。作为有线 LAN 的代表技术，我们将在3.5.1节中描述它。尽管以太网实现有多种可用带宽，但它们的操作原理是相同的。

IEEE 802.5 令牌环网标准在20世纪90年代是以太网的一个重要竞争者，它比以太网更有效并能保证带宽，现在已经从市场上消失了。如果读者对这种 LAN 技术感兴趣，可以在 www.cdk5.net/networking 找到它的简要描述。以太网交换机的广泛使用（与集线器相对）使得以太网能以提供带宽和延迟保证（进一步的讨论见3.5.1节中"用于实时应用和服务质量至关重要的应用的以太网"）的方式被配置，这是它取代令牌环网技术的一个理由。

IEEE 802.4 令牌总线标准是为具有实时需求的工业应用而开发的，并应用于该领域。IEEE 802.6 城域网标准覆盖高达50公里的距离，并用于跨城镇的网络。

IEEE 802.11 无线 LAN 标准的出现稍晚一些，但由于许多制造商生产的 WiFi 产品以及它被安装到大量移动设备和手持计算设备上，它目前已经在市场上占据了主要的位置。IEEE 802.11 标准支持具有简单的无线发送器/接收器设备之间的通信，设备间的距离在150米之内，速度可高达54Mbps。我们在3.5.2节描述它的操作原理。IEEE 802.11 网络的详情可以在 Crow 等 [1997] 以及 Kurose 和 Ross [2007] 中找到。

IEEE 802.15.1 无线 PAN 标准（蓝牙）基于1999年由爱立信公司开发的技术，该技术可在不同设备（例如平板电脑、移动电话和耳机）之间传输低带宽的数字声音和数据，并在2002年标准化成 IEEE 802.15.1。3.5.3节将详细介绍蓝牙。

IEEE 802.15.4（ZigBee）是另一个 WPAN 标准，它用于为家中极低带宽、低能量设备（例如远程控制、防盗报警和加热系统传感器）和无处不在设备（例如 Active badge、标签读取器）提供数据通信。这样的网络称为无线传感器网络，它们的应用和通信特征见第19章。

IEEE 802.16 无线 MAN 标准（商用名称为 WiMAX）在2004—2005年被批准。IEEE 802.16 标准作为家庭和办公室的"最后一公里"连接的电缆和 DSL 连接的替代品。该标准的一个变体意在替代 802.11 WiFi 网络成为室内外公共区域中笔记本电脑和移动设备之间的主要连接技术。

20世纪80年代末到90年代初，ATM 技术从电信和计算机界的研究和标准化工作中产生 [CCITT1990]。它的目标是提供适合电话、数据以及多媒体（高品质语音与视频）应用的高带宽的广

域数字网络技术。尽管它被接受的过程比预期缓慢，但 ATM 现在是超高速广域网的主导技术。它在某些地方的 LAN 应用中替代了以太网，但在 LAN 市场上不是太成功，因为 100Mbps 和 1000Mbps 以太网通过低得多的价格与之竞争。ATM 的详细情况以及其他高速网络技术可以参阅 Tanenbaum ［2003］ 和 Stallings ［2002］ 的著作。

3.5.1 以太网

以太网是 1973 年 ［Metcalfe and Boggs1976；Shoch et al. 1982；1985］ 在 Xerox Palo Alto 研究中心作为个人工作站和分布式系统研究计划的一部分开发出来的。该实验以太网是第一个高速局域网，展示了链接一个场地里的计算机，并使它们以低错误率、无交换延迟的高速传输速率互相通信的高速局域网的可行性和可用性。最初的以太网原型以 3Mbps 的速度运行，现在以太网系统的可用带宽已经扩展到 10Mbps ~ 1000Mbps。

我们将描述在 IEEE 802.3 标准 ［IEEE 1985a］ 中定义的 10Mbps 以太网的操作原理。它是第一个广泛部署的局域网技术。100Mbps 的变体是现在广泛使用的一种以太网，它的操作原理与 10Mbps 类似。本节最后将总结目前以太网传输技术更重要的变体以及可用的带宽。所有以太网变体的综合描述，请参见 Spurgeon ［2000］。

单个以太网是一个简单的或有分支的类似总线的连接，它使用的传输介质由通过集线器或中继器连接的一个或多个连续的电缆段组成。集线器和中继器是连接线路的设备，它使得同样的信号能穿过所有线路。几个以太网可在以太网网络协议层通过以太网交换机或网桥连接。交换机和网桥在以太网帧层操作，将目的地为邻接以太网的帧转发过去。对于 IP 这样的高层协议，连接起来的以太网可看做一个网络（如在图 3-10 中，IP 子网 138.37.88 和 138.37.94 都由几个以太网组成，它们由标记为 E-switch 的交换机连接）。特别是 ARP 协议（参见 3.4.2 节），它可以跨越相互连接的一组以太网来解析 IP 地址；每个 ARP 请求都广播到子网中所有连接的网络上。

以太网的操作方法定义为 "具有冲突检测的载波侦听多路访问"（简称 CSMA/CD），它们属于竞争总线类网络。竞争总线使用一种传输介质连接所有的主机。管理介质访问的协议称为介质访问控制（Medium Access Control，MAC）协议。由于单一链路连接所有主机，所以 MAC 协议将数据链路层协议（负责在通信链路上传输数据包）和网络层协议（负责将数据包传输到主机）的功能合并到一个协议层中。

数据包广播 CSMA/CD 网络中的通信方法是在传输介质上广播数据包。所有工作站不断地 "监听" 介质上传输的数据包的目的地是否自己。任何想发送消息的工作站会广播一个或多个数据包（在以太网规约中称为帧）到介质上。每个数据包包含目的工作站地址、发送工作站地址和表示要传输消息的变长比特序列。数据传输以 10Mbps 的速度（在 100Mbps 和 1000Mbps 以太网上以更高速度）进行，数据包长度为 64B 到 1518B。因此，在 10Mbps 以太网上传输一个数据包的时间是 50 ~ 1200ms，具体时间取决于数据包的长度。尽管除了需要限制冲突产生的延迟外，没有任何其他技术原因需要制订固定的界限，但在 IEEE 标准中，MTU 还是被定义为 1518B。

目的工作站的地址通常指一个网络接口。每个工作站的控制器硬件接收每个数据包的一个副本。它比较每个数据包的目的地址和本地的硬编码地址，忽略地址为其他工作站的数据包，并将地址匹配的数据包接收到本地主机。目的地址也可以指定一个广播或者组播地址。普通地址通过最高位与广播地址和组播地址区分（前者为 0，后者为 1）。全为 1 的地址被保留为广播地址，在一条消息被网络上所有工作站接收时使用。这可用于实现 ARP IP 地址解析协议。任何收到具有广播地址的数据包的工作站将把数据包传送到本地主机。组播地址指定了一种受限的广播方式，一个数据包由一组其网络接口被配置为可接收具有组播地址的数据包的工作站接收，但不是所有的以太网接口实现都可以识别组播地址。

以太网网络协议（在一对主机之间传输以太网数据包）由以太网硬件接口实现，而传输层以及传输层之上的协议需要协议软件。

以太网数据包格式 以太网工作站上传输的数据包（或更准确地说是帧）具有以下格式：

[130]

[131]

字节: 7	1	6	6	2	46 < 长度 <1500	4
前同步符	S	目的地址	源地址	数据长度	要传输的数据	校验和

除了已提到目的地址和源地址外，帧还包括一个 8 字节的固定前缀、一个长度域、一个数据域和一个校验和。前缀用于硬件定时，由 7 字节的前同步符组成，每个前同步符都包括位模式 10101010，后接一字节的开始帧分界符（在图中是 S），分界符的模式为 10101011。

尽管标准规定单个以太网中的工作站不能超过 1024 个，但以太网的地址占了 6 字节，可提供 2^{48} 个不同的地址。这使得每个以太网硬件接口制造商可以给硬件接口分配一个唯一的地址，以保证所有互连的以太网中的工作站都有唯一的地址。美国电气和电子工程师协会（IEEE）作为以太网地址分配的负责方，将不同范围的 48 比特地址分配给以太网硬件接口制造商。这些地址被称为 MAC 地址，因为它们用于介质访问控制层。事实上，以这种方式分配的 MAC 地址已经被 IEEE 802 家族中其他网络类型（例如 802.11（WiFi）和 802.15.1（蓝牙））采用为唯一地址。

数据域包含要传输的消息的全部或一部分（如果消息长度超过 1500 字节）。数据域的下限为 46 字节，这可以保证数据包最小长度为 64 字节，设置下限是必要的，这可以保证网络上所有工作站的冲突都能检测到，下文对此做了解释。

帧校验序列是一个校验和，它由发送者产生并插入数据包中，由接收者用于验证数据包。校验和不正确的数据包由接收工作站的数据链路层丢弃。这是端到端争论的应用的另一个例子，即为了保证消息的传输，必须使用像 TCP 这样的传输层协议，它会对每个接收到的数据包发出确认信息并重传未被确认的数据包。在局域网中，数据出错的情况非常少，所以当需要保证传输时，使用这种错误恢复方法能获得令人满意的效果，并且当不需要保证数据传输时，可以采用像 UDP 这样开销比较小的协议。

数据包冲突 即使数据包的传输时间相当短，也有可能出现网络上两个工作站同时传输消息的情况。如果一个工作站试图传输一个数据包，而没有检查传输介质是否被另一个工作站使用，就会产生冲突。

以太网有三种机制来处理这种可能性。第一种机制称为载波侦听。每个工作站的接口硬件监听在介质上出现的信号（称为载波，类似于无线电广播）。当一个工作站欲传输一个数据包时，它会等到介质上没有信号出现时才开始传输。

遗憾的是，载波侦听不能阻止所有的冲突。冲突存在的原因是，一个在介质的某个点插入的信号到达所有的点需要有限时间 τ（信号以电波速度传播，大约每秒 2×10^8 m）。假设两个工作站 A 和 B 几乎同时准备传输。如果 A 首先开始传输，在 A 开始传输之后的 $t < \tau$ 时间内，B 检查介质，未发现有信号，于是 B 开始传输，但它干扰了 A 的传输，最后 A 和 B 的数据包都会被干扰、破坏。

从这种干扰中恢复的技术称为冲突检测。当一个工作站通过其硬件输出端口传送一个数据包时，它也监听它的输入端口，并比较两个信号。如果两者不同，则说明发生了冲突。此时工作站停止传输并产生阻塞信号，通知所有工作站产生了一个冲突。我们已经注意到，最小数据包长度可以确保检测到冲突。如果两个工作站几乎同时从网络的另一端传输，它们在 2τ 秒之内不会意识到冲突（因为当第一个发送者接收到第二个信号时，必须仍然继续发送）。如果它们发送的数据包的广播时间小于 τ，就注意不到冲突，因为每个发送工作站直到传输完自己的数据包才会看到别的数据包，而中间的工作站将因为同时接收两个数据包而产生数据崩溃。

阻塞信号发出之后，所有传输工作站和监听工作站取消当前的数据包。传输工作站不得不试图重新传输它们的数据包。这会产生更大的困难。如果发生冲突的工作站都试图在阻塞信号之后立即重传它们的数据包，就可能发生另一个冲突。为避免这种情况，可以使用称为后退的技术。发生冲突的每个工作站选择在传输之前等待一段时间 $n\tau$。n 是一个随机整数，由每个工作站分别选取，并小于在网络软件中定义的常数 L。如果产生进一步的冲突，将 L 的值加倍，必要的话可将整个过程重复 10 次。

最后，接收工作站的接口硬件计算校验序列，并将之与数据包中传送的校验和相比。使用这些技术，连接到以太网的工作站便可以在无任何集中控制或同步的情况下管理介质的使用。

以太网的效率 以太网的效率定义为成功传送的数据包的个数与无冲突情况下理论上能传输的

数据包的最大值之间的比率。它受 τ 值的影响，因为数据包传送后的 2τ 秒间隔是冲突的"机会窗口"，即在数据包开始传输 2τs（秒）后不会有冲突发生。网络上工作站的数目以及它们的活动性也会影响效率。

对于长度为 1km 的电缆，τ 的值小于 5ms，因此冲突概率很小，足以确保传输的高效性。尽管当通道利用率大于 50% 时，争夺通道造成的延迟足以令人重视，但以太网仍可以获得 80% ~ 95% 的通道利用率。因为负载是变化的，所以不可能保证在一段固定的时间内传递给定信息，原因是网络可能在准备传输消息时变成满负荷运行。但在给定的延迟内传递消息的概率等同或好于其他网络技术。 133

Xerox PARC 的 Shoch 与 Hupp［1980］报告的关于以太网性能的实际测量数据确认了上述分析。在实际中，分布式系统中使用的以太网负载变化很大。很多网络主要用于异步客户-服务器交互，在大多数情况下，网络在无工作站等待传输、通道利用率接近 1 的状况下运行。支持大量用户进行批量数据访问的网络会承受更多的负载，对于那些携带多媒体流的网络，如果有几个流同时传输的话，则有可能被淹没。

物理实现 上面的叙述定义了所有以太网的 MAC 层协议。市场对以太网的广泛应用，使得我们可以获得执行以太网算法的低成本的控制器硬件，它已成为很多桌面计算机与消费类计算机的标准部件。

有很多不同的以太网物理实现，它们是基于不同的性能/成本权衡提出的，也利用了不断增长的硬件性能。不同的实现源于使用了不同的传输介质，包括同轴电缆、双绞线（与电话线相似）以及光纤，它们具有不同的传输范围，而使用更高的信号速度，会带来更高的系统带宽与更短的传输范围。IEEE 采纳了不同的物理层实现标准，并有一个区分它们的命名方案。可使用 10Base5 与 100BaseT 这样的名字，它们具有如下形式：

$$<R> <B> <L>$$

其中：R = 以 Mbps 计的数据率

B = 媒体信号类型（基带或宽带）

L = 以米/100 计的最大数据片长度或者 T（双绞线）

我们将当前可用的标准配置以及电缆类型的带宽与最大范围列在图 3-23 中。以 T 结尾的配置由 UTP 电缆（非屏蔽双绞线，即电话线）实现，它被组织成集线器层次结构，而计算机作为树的叶子。在这种情况下，表中给出的数据片长度是计算机到集线器的最大允许长度的两倍。

	10Base5	10BaseT	100BaseT	1000BaseT
数据率	10Mbps	10Mbps	100Mbps	1000Mbps
最大数据片长度				
双绞线（UTP）	100m	100m	100m	25m
同轴电缆（STP）	500m	500m	500m	25m
多模光纤	2000m	2000m	500m	500m
单模光纤	25 000m	25 000m	20 000m	2000m

图 3-23 以太网范围和速度 134

针对实时应用和服务质量至关重要的应用的以太网 以太网 MAC 协议因为缺乏传递延迟的保障，所以不适合实时应用或需要质量保证的应用，这一点经常被讨论。但应该注意到，现在大多数以太网的安装都基于 MAC 层交换机的使用（如图 3-10 所示，有关的描述见 3.3.7 节），而不是以前的集线器或带有堵头的电缆。交换机的使用使得每个主机对应一个单独的网段，除了到达这个主机的包之外没有其他包传递给它。因此，如果到该主机的流量来自一个源，那么就没有介质冲突——有效性是 100%，延迟是常量。竞争的可能性仅出现在交换机上，这些能够并且经常用于并发地处理包。因此，一个轻负载的基于交换机的以太网安装几乎 100% 有效，能延迟通常是一个小常量，所以它们经常被成功地用于关键性应用。

对以太网风格的 MAC 协议的实时支持可见［Rether, Pradhan and Chiueh 1998］的描述，类似的方案在开源的 Linux 扩展［RTnet］中实现。这些软件方法通过实现一个应用层协作协议为介质的使用保留了时间槽，从而解决了竞争问题，它依赖连接到一个网段的所有主机的协作。

3.5.2 IEEE 802.11 无线 LAN

本节将总结无线 LAN 技术中必须解决的无线网络的特殊特征，同时解释 IEEE 802.11 是如何处理这些特征的。IEEE 802.11（WiFi）标准扩展了以太网（IEEE 802.3）技术采用的载波侦听多路复用（CSMA）原理以适应无线通信的特征。802.11 标准旨在支持距离在 150m 之内以最高 54Mbps 的速度进行的计算机间通信。

图 3-24 是包含无线 LAN 的企业内部网的一部分。几个移动无线设备通过基站和企业内部网的其他设备通信，这里基站是有线 LAN 的接入点。通过接入点与传统 LAN 连接的无线网络称为基于基础设施的无线网络。

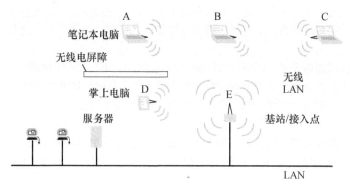

图 3-24　无线 LAN 配置

无线网络的另一种配置方式称为自组织网络。自组织网络不包括接入点或基站。它们通过同一邻域的无线接口检测到彼此的存在，然后在运行中建立起网络。当同一房间内的两个或者多个笔记本电脑用户发起与任何可用站点的连接时，就会形成一个自组织网络。它们可以通过在某台机器上启动文件服务器进程来共享文件。

IEEE 802.11 网络在物理层采用无线电频率信号（利用免牌照使用的 2.4GHz 和 5GHz 波段）或者红外线作为传输介质。标准中的无线电版本在商业上广受注意，下面我们将介绍它。IEEE 802.11b 标准是第一个广泛使用的派生标准。它在 2.4GHz 波段运行，支持高达 11Mbps 的数据通信。它从 1999 年起在许多办公室、家庭和公共场所与基站一起被安装，使笔记本电脑和 PDA 能访问局域网设备或互联网。IEEE 802.11g 是对 802.11b 最近的更新，它仍使用 2.4GHz 波段但使用不同的信号技术从而获得高达 54Mbps 的速度。最后，802.11a 派生标准工作在 5GHz 波段，在更短范围内带宽可达 54Mbps。所有的派生标准采用不同的频率选择或者跳频技术，以避免外部干扰以及独立的无线 LAN 之间的相互干扰（后者我们不准备详细讨论）。我们重点讨论对 CSMA/CD 机制做的修改，这些修改是 802.11 的所有版本的 MAC 层所需要的，并使得广播数据传输可以用到无线电传输中。

和以太网一样，802.11MAC 协议为所有的站点提供相同的机会使用传输通道，站点之间可以直接传输。但 MAC 协议控制不同站点对通道的使用。对以太网而言，MAC 层起到了数据链路层和网络层的作用，它负责将数据包发送到网络的主机上。

使用无线电波（而非电线）作为传输介质会产生一些问题。这些问题源于以太网使用的载波侦听和冲突检测机制仅在整个网络的信号强度大致相同时才有效这一事实。

我们回忆一下，载波侦听的目的是确定发送工作站和接收工作站间的所有结点上的介质是否空闲，冲突检测的目的为确定在接收者邻域内的介质是否空闲，以免在传输时受到干扰。由于无线 LAN 操作的空间内信号强度不均匀，所以载波侦听和冲突检测可能出现如下几种错误：

工作站隐藏：载波侦听没能检测到网络上另一个工作站正在传输。图 3-24 可以说明这一点，掌上电脑 D 正在向基站 E 传输，由于图中所示的无线电屏障，笔记本电脑 A 可能发现不了 D 的信号。于是 A 开始传输，若不采取手段防止 A 传输，将在 E 点造成冲突。

信号衰减：由于电磁波传输遵循反平方规则衰减，因此随着和传输者距离的增加，无线电信号强度迅速衰减。一个无线 LAN 内的某个工作站可能在其他工作站的范围之外。如图 3-24 所示，虽然笔记本电脑 A 或 C 可以成功地向 B 或 E 传输信号，但 A 却可能检测不到 C 的传输。信号衰减使得载波侦听和冲突检测都失效。

冲突屏蔽： 遗憾的是，以太网中用来检测冲突的侦听技术在无线电网络中并不是十分有效。因为上面提到的平方衰减规律，本地产生的信号总是比其他地方产生的信号强很多，极大地覆盖了远程传输。因此，笔记本电脑 A 和 C 可能同时向 E 传送，它们都没有检测到冲突，但 E 却只收到了乱码。

尽管如此，IEEE 802.11 网络中并没有废弃载波侦听，而是通过在 MAC 协议中加入时隙保留机制对载波侦听机制进行加强。这种方案称为具有冲突避免的载波侦听多路复用（CSMA/CA）。

在工作站准备发送消息时，它侦听介质。如果没有检测到载波信号，它假设以下条件之一为真：

1）介质可用。

2）范围之外的工作站正在请求获得一个时隙。

3）范围之外的工作站正在使用以前保留的时隙。

时隙保留协议包括在发送者和接收者之间交换一对短消息（帧）。首先是发送者给接收者发一个请求发送（RTS）帧，RTS 消息指定了需要的时隙长度。接收者回复清除发送（CTS）帧，并重复时隙的长度。这种交换的效果如下：

- 发送者范围内的工作站将获得 RTS 帧，并记录时隙长度。
- 接收者范围内的工作站将获得 CTS 帧，并记录时隙长度。

结果，发送者和接收者范围内的所有工作站在规定的时隙内都不传输，留出空闲通道给发送者，使之能传输一定长度的数据帧。最后，接收者对数据帧的成功传输发出确认信息，以帮助处理通道的外部干扰问题。MAC 协议的时隙保留特征在以下几个方面有助于避免冲突：

- CTS 帧有助于避免工作站隐藏和信号衰减问题。
- RTS 和 CTS 帧很短，所以冲突的风险也很小。如果检测到冲突或者 RTS 没有得到 CTS 回复，则像以太网那样，使用一个随机后退周期。
- 如果正确地交换了 RTS 和 CTS 帧，那么随后的数据和确认帧应当没有冲突，除非间歇性的信号衰减导致第三方没有接收到 RTS 帧或者 CTS 帧。

137

安全性　通信的私密性和完整性显然是无线网络中必须关注的问题。处于范围内且配有发送器/接收器的任何一个工作站都可能加入这个网络，如果失败，它也可能窃听其他工作站之间的传输。第一个试图为 IEEE 802.11 解决安全问题的是 WEP（有线等价私密性）。遗憾的是，WEP 并没有达到它名字所隐含的目标。它的安全设计在几个方面都有漏洞，使得它很容易被破坏。我们将在 11.6.4 节描述它的弱点，并总结当前的改进情况。

3.5.3　IEEE 802.15.1 蓝牙无线 PAN

蓝牙是一种无线个域网技术，源于通过无线连接移动电话与 PDA、笔记本电脑以及其他个人设备的需求。由 L. M. Ericsson 领导的移动电话和计算机制造商的一个特别的兴趣小组（SIG）为无线个域网（WPAN）开发了一个规约，用于传输数字声音流和数据 [Haartsen et al. 1998]。1.0 版的蓝牙标准于 1999 年发布，蓝牙这个名字出自一个海盗王。然后，IEEE 802.15 工作组采用它为 802.15.1 标准并发布了用于物理层和数据链路层的规约 [IEEE 2002]。

蓝牙网络与另一个广泛采用的无线网络标准 IEEE 802.11（WiFi）有本质区别，它们在反映 WPAN 的不同应用需求、不同开销和能量消耗目标上有所不同。蓝牙主要针对非常小的低开销的设备，（例如佩无线耳机），它从移动电话接收数字声频流，同时也支持计算机、电话、PDA 和其他移动设备之间的互连。开销目标是在手持设备的开销上增加 5 美元，能量目标是仅使用电话或 PDA 总电量的一小部分，甚至能用可穿戴设备（如耳机）的少量电池操作数小时。

目标应用一般要求的带宽比典型无线 LAN 应用更少，传输范围更短。蓝牙很幸运地与 WiFi 网络、无绳电话和许多紧急服务通信系统都在 2.4GHz 免牌照频率带宽上操作。传输以低能量方式进行，在所允许频带的 79 个 1MHz 的子带宽上以每秒 1600 次的比率跳跃，以减少干扰。正常蓝牙设备的输出功率是 1mW，覆盖范围仅为 10m；100mW 设备的覆盖范围约为 100m，适用于家庭网络类的应用。通过加入自适应范围的设施，可以进一步提高能量的有效性。自适应范围的设施能在协作的设备在附近（由最初接收的信号强度决定）时，将传输功率调整到一个较低的层次。

蓝牙结点动态结对，不需要先验知识。下面将给出结点关联协议。在成功关联后，发起结点成为主结点角色，其他结点是从结点。微微网是由一个主结点和至多 7 个活动的从结点组成的动态关联网络。主结点控制通信通道的使用，给每个从结点分配时间片。一个参与多个微微网的结点可以作为沟通主结点的桥梁——按这种方式链接的多个微微网叫散射网。大多数设备具备作为主结点或从结点的能力。

虽然只有主结点的 MAC 地址用于协议中，但所有的蓝牙结点也都配备一个全局唯一的 48 位 MAC 地址（见 3.5.1 节）。当一个从结点在微微网中被激活，那么就给它赋予一个范围为 1~7 的临时的本地地址，以减少包头部的长度。除了 7 个激活的从结点外，一个微微网可以包含至多 255 个停放结点，以低功率的模式等待来自主结点的激活信号。

关联协议 为了节省能源，在关联前或最近没有发生通信时，设备将保持睡眠或备用模式。在备用模式下，设备每隔 0.64~2.56s 监听一次激活消息。为了与附近已知的结点（停放结点）相关联，发起结点以 16 频率子波段，发送 16 页的包序列，这个过程能重复多次。为了与范围内未知结点相关联，发起者必须首先广播查询消息序列。在最坏情况下，这些传输序列最多占用 5s，从而使最大的关联时间约占 7~10s。

关联之后，是一个可选的认证交换，该交换基于用户提供的或以前接收到的认证令牌完成，以确保与想要关联的结点关联，而不是与一个欺骗结点关联。接着，通过观察从主结点定时发送的包（即使这些包不是发送给从结点的），从结点与主结点保持同步。未激活的从结点将被主结点置为停放模式，将它在微微网中占用的槽释放供其他结点使用。

如果网络需要支持同步通信通道，并要求有足够的服务质量以进行双向实时音频的传输（如在电话和用户的无线耳机间的传输），同时，需要对数据交换异步通信提供支持，那么网络的体系结构与以太网和 WiFi 网的尽力而为多路访问的设计不同。同步通信是通过同步面向连接（SCO）的链路实现的，SCO 是在主结点和一个从结点之间的一个简单的双向通信协议，主结点和从结点必须轮流地发送同步包。异步通信是通过异步无连接（ACL）链路实现的，这时，主结点周期性地向从结点发送异步轮询包，从结点仅在接收到轮询后发送包。

蓝牙协议的所有变体都使用结构如图 3-25 所示的帧。一旦建立了微微网，那么访问码由一个固定的导言组成，以使发送者和接收者同步，并识别槽的起点，然后是从主结点的 MAC 地址中导出的唯一识别微微网的代码。后者确保帧在有多个重叠的微微网的情况下也能正确地路由。因为介质可能有噪声，并且实时通信不能依赖重传，所以头部总是传输三次，头部的每一个拷贝也携带一个校验和，接收者检查校验和并使用第一个有效的头部。

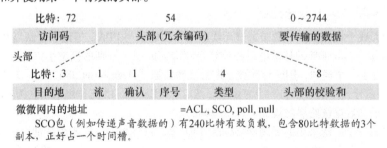

图 3-25 蓝牙的帧结构

地址域只有 3 比特，以便寻址到 7 个当前激活的从结点。发自主结点的 0 地址表示是一个广播。流控制、确认和序号均用 1 比特的域表示。流控制比特是供从结点使用的，用于告知主结点它的缓冲区已满。主结点应该等待来自从结点的确认比特非 0 的帧。每次新的帧从同一结点发出，序列号位就翻转一下。这用于检测重复（即重传的）帧。

SCO 链路被用于时间关键性应用，例如双向语音交谈的传输。为了保持低延迟，数据包必须短，在这种应用中报告或重传损坏的数据包，没有太大的意义，因为重传的数据到达得太晚就没有用了。所以，SCO 协议使用了一个简单的高度冗余的协议，其中 80 比特的声音数据按 3 倍量传输，即产生 240 比特的有效负载。任何两两匹配的 80 比特的副本被认为是有效的。

另一方面，ACL 链路可用于数据传输应用，例如在一台计算机和一部电话之间的地址簿同步，此时的负载比上述的应用更大。这里不复制负载，但可能包含一个内部的校验和，用于应用层的检查，如果出现故障，可以要求重传。

数据以包为单位传递，由主结点分配和控制数据包传递所需的时间，数据包传递占据 625ms 的时间槽。每个数据包按不同的频率沿一个由主结点指定的跳跃顺序传输。因为这些槽没有大到足以允许实际的负载，所以帧可以被扩展至占据 1、3 或 5 个槽。这些特征和底层的物理传输方法使微微网的最大吞吐量达到 1Mbps，可在主结点和从结点之间提供 3 个 64Kbps 的同步双工通道，或一个用于异步数据传递的速率最大为 723Kbps 的通道。这些吞吐量是根据上述最冗余的 SCO 协议版本计算出来的。其他协议变体则是为获得更大吞吐量权衡了 3 倍数据复制的健壮性和简单性（因此计算开销降低）而定义的。

与大多数网络标准不同，蓝牙包含了几个应用层协议的规约（叫设置文件），有些协议是专用于某一类应用的。设置文件的目的是增加互连不同厂商制造的设备的可能性。13 个应用设置文件包括：通用访问、服务发现、串行端口、通用对象交换、LAN 访问、拨号网络、传真、无绳电话、对讲机、耳麦、对象推送、文件传输和同步。其他的设置文件还在准备中，包括通过蓝牙传输高质量的音频甚至视频。

蓝牙在无线局域网中占据特殊的地位。它达到了支持具有令人满意的服务质量的同步实时音频通信（参见第 20 章有关服务质量问题的进一步讨论）以及用非常低的开销、小型便携式硬件、低能耗和有限带宽进行异步数据传输的目标。

蓝牙主要的不足在于与新设备关联所花的时间（最多可达 10s）。这妨碍了它在某些应用中的使用，特别是在设备之间相对移动的情况下的使用，例如在道路收费或在移动电话用户经过一个商店时传递提示信息给他。关于蓝牙连网的详细内容可参考 Bray and Sturman［2002］的书。

蓝牙标准 2.0 版（其数据吞吐量可高达 3Mbps，足够承载 CD 音质的音频数据）已于 2004 年发布。其他的改进包括更快的关联机制和更大的微微网地址。在写作本书过程中，蓝牙标准的第 3 版和第 4 版正在开发中。蓝牙标准第 3 版把蓝牙控制协议同 WiFi 数据传输层结合以实现可达到 24Mbps 的吞吐量。蓝牙标准第 4 版正在开发中，将针对那些需要很长电池寿命的设备开发超低功耗蓝牙技术。

3.6　小结

我们重点讨论了作为分布式系统基础的网络概念和技术，并从一个分布式系统设计者的角度对此做了探讨。数据包网络和分层协议是分布式系统的通信基础。局域网是基于共享介质上的数据包广播技术，其中以太网是主流技术。广域网则基于包交换将数据包通过连接的网络路由到目的地。路由选择是关键问题，目前有不少路由算法，其中距离－向量算法是最基本但却非常有效的一种算法。必须要进行拥塞控制来防止接收方和中间结点的缓冲区溢出。

通过在路由器连接的一组网络上叠加"虚拟"互连网络协议，可以构造互连网络，互联网的 TCP/IP 协议使互联网上的计算机可以以统一的方式通信，无论它们是在同一个局域网上，还是在不同的国家。互联网标准包括许多适合广域分布式应用的应用层协议。IPv6 为将来互联网的发展预留了相当大的地址空间，并对服务质量和安全性等新的应用需求做了规定。

移动 IP 支持移动用户进行广域漫游，基于 IEEE 802 标准的无线 LAN 支持移动用户进行本地连接。

练习

3.1　一个客户将 200 字节的请求消息发送到一个服务，服务产生了 5000 字节的应答。估算在下列情况下，完成请求的时间（其性能假设在后面列出）。

1）使用无连接（数据报）通信（例如 UDP）

2）使用面向连接（数据报）的通信（例如 TCP）

3）服务器进程与客户进程在同一台计算机上。

其中：在发送或接收时，每个数据包的延迟（本地或远程）：5ms

建立连接的时间（仅对 TCP）：5ms

数据传输速率：10Mbps

MTU：1000 字节

服务器请求处理时间：2ms

假设网络处于轻负载状态。 （第 82 页，第 122 页）

3.2 互联网非常大，任何路由器均无法容纳所有目的地的路由信息，那么互联网路由方案如何处理这个问题呢？ （第 98 页，第 114 页）

3.3 以太网交换机的任务是什么？它要维护哪些表？ （第 105 页，第 130 页）

3.4 构造一个类似于图 3-5 的表，描述当互联网应用与 TCP/IP 协议组在以太网上实现时，每个协议层中的软件所做的工作。 （第 94 页，第 122 页，第 130 页）

3.5 端到端争论［Saltzer et al. 1984］是如何用于互联网的设计的？考虑用虚电路网协议代替 IP 会如何影响万维网的可行性。 （第 61 页，第 96 页，第 106 页）［www.reed.com］

3.6 我们能确保互联网中不会有两台计算机使用同一个 IP 地址吗？ （第 108 页）

3.7 对于下面应用层和表示层协议的实现，比较无连接（UDP）与面向连接（TCP）通信。

1）虚拟终端访问（例如 Telnet）

2）文件传输（例如 FTP）

3）用户位置（例如 rwho、finger）

4）信息浏览（例如 HTTP）

5）远程过程调用 （第 122 页）

3.8 解释在广域网络中，为什么会发生数据包序列到达目的时的顺序与出发时的顺序不同的现象。为什么这种现象在局域网中不可能出现。 （第 97 页，第 131 页）

3.9 在 Telnet 这样的远程终端访问协议中需要解决一个问题，即"Kill 信号"这样的异常事件需要在前面传输的数据之前到达主机。Kill 信号应该在任何其他正在进行的传输之前到达目的地。讨论该问题在无连接与面向连接协议下的解决方案。 （第 122 页）

3.10 使用网络层广播在以下网络中定位资源有哪些缺点？

1）在单个以太网中

2）在企业内部网中

以太网组播在何种程度上改善了广播？ （第 130 页）

3.11 提出一个改善移动 IP 的方案，以便一个移动设备可以访问 Web 服务器，该移动设备有时通过移动电话连接到互联网上，而在其他时候通过有线网连接到互联网上。 （第 120 页）

3.12 说明在图 3-7 中标号为 3 的链路断开后，图 3-8 中路由表的改变序列（根据图 3-19 中给出的 RIP 算法）。 （第 98 页～第 101 页）

3.13 以图 3-13 为基础，描述到服务器的一个 HTTP 请求的分割与封装过程以及相应的应答。假设请求是一个短的 HTTP 消息，而应答包括至少 2000 字节的 HTML。 （第 93 页，第 107 页）

3.14 考虑在 Telnet 远程终端客户中使用 TCP。应该如何在客户端缓冲键盘输入？在 1）一个 Web 服务器；2）一个 Telnet 应用；3）一个具有连续鼠标输入的远程图形应用使用 TCP 时，研究 Nagle 与 Clark 的流控制算法［Nagle 1084，Clark 1982］与 3.4.6 节描述的简单算法，比较这两个算法。 （第 102 页，第 124 页）

3.15 参照图 3-10，构造你工作单位的局域网的网络图。 （第 104 页）

3.16 描述如何配置防火墙，以保护你的工作单位的局域网。应该拦截哪些进出的请求？ （第 125 页）

3.17 一个连接到以太网的新安装的个人计算机是如何发现本地服务器的 IP 地址的？它是如何将 IP 地址翻译成以太网地址的？ （第 111 页）

3.18 防火墙是否可以防止 96 页描述的服务拒绝攻击？可以使用哪些其他方法处理这样的攻击？ （第 112 页，第 125 页）

进程间通信

本章关注分布式系统进程之间的通信协议的特征，即进程间通信（interprocess communication）。

用于互联网中进程间通信的 Java API 提供数据报和流通信。本章将介绍这两方面的内容，同时讨论它们的故障模型。它们为通信协议提供了可互换的构造成分。本章将讨论消息中数据对象集合的表示协议和引用远程对象的协议。在下面的两章中，讨论将这些服务结合在一起为高级通信服务提供支持。

上述所有用于进程间通信的服务支持点对点通信，而且也能从一个发送者发送一个消息给一组接收者。本章也关注组播通信，包括 IP 组播以及组播通信中消息的可靠性及其顺序的主要概念。

分布式应用需要组播，即使没有 IP 组播的底层支持也必须提供组播。通常可以通过在 TCP/IP 网络之上构建一个覆盖网络提供对组播的支持。覆盖网络也可以为文件共享、增强可靠性和内容分发提供支持。

消息传递接口（Message Passing Interface，MPI）是一个标准，为一组具有同步和异步支持的消息传递操作提供 API。

145

4.1 简介

本章和下两章将关注中间件之间的通信，虽然所讨论的原则是可以广泛应用的。本章关注图 4-1 中深色部分标出的组件设计，该层的上层将在第 5 章中讨论（考察远程调用）。第 6 章讨论间接通信的范型。

图 4-1　中间件层

第 3 章讨论了互联网传输层协议 UDP 和 TCP，但没有介绍中间件和应用程序如何使用这些协议。下一节将介绍进程间通信的特征，并从编程人员的角度讨论 UDP 和 TCP，给出这两个协议各自的 Java 接口，同时讨论它们的故障模型。

UDP 的应用程序接口提供了消息传递（message passing）抽象——进程间通信的最简单形式。这使得一个发送进程能够给一个接收进程传递一个消息。包含这些消息的独立的数据包称为数据报（datagram）。在 Java 和 UNIX API 中，发送方用套接字指定目的地，套接字是对目的计算机上的目标进程使用的一个特定端口的间接引用。

TCP 的应用程序接口提供了进程对之间的双向流（two-way stream）抽象。相互通信的信息由没有消息边界的一连串数据项组成。流为生产者 - 消费者通信提供了构造成分。生产者和消费者形成一对进程，前者的作用是产生数据项，后者的作用是消费数据项。由生产者发送给消费者的数据项按到达顺序排在队列中，直到消费者准备好接收它们为止。在没有可用的数据项时，消费者必须等待。如果存放入队数据项的存储空间耗尽的话，生产者也必须等待。

考虑到不同的计算机可能对简单数据项使用不同的表示方法，4.3 节将介绍如何将应用程序使用的对象和数据结构翻译成适合的形式，以便在网络上发送消息。4.3 节还将讨论分布式系统中适合表示对象引用的一种方法。

146

4.4 节讨论组播通信：组播是进程间通信的一种，在这种形式下，一组进程中的一个进程将同一个消息传送给组中的所有成员进程。解释完 IP 组播，将讨论对更可靠的组播的需求。

4.5 节讨论越来越重要的覆盖网络。覆盖网络建立在另一个网络之上，允许应用程序将消息路由到没有指定 IP 地址的目的地。覆盖网络通过可选的、更加专业的网络服务来增强 TCP/IP 网络的性能。在支持组播通信和对等通信方面，覆盖网络尤为重要。

最后，4.6 节研究一个重要的消息传递服务的实例 MPI，它是由高性能计算社区开发的。

4.2 互联网协议的 API

本节将讨论进程间通信的普遍特征，然后将互联网协议作为一个例子讨论，解释程序员如何通过 UDP 消息或 TCP 流使用这些协议。

4.2.1 节将回顾 2.3.2 节提到的消息通信操作发送（send）和接收（receive），并讨论它们如何相互同步以及如何在分布式系统中指定消息的目的地。4.2.2 节将介绍套接字（socket），它用于 UDP 和 TCP 的应用编程接口中，4.2.3 节会讨论 UDP 及其 Java API，4.2.4 节讨论 TCP 及其 Java API。Java API 是面向对象的，但它与最初在 Berkeley BSD4. x UNIX 操作系统中设计的 API 很相似。随后研究一个实例，这个实例可以在 www. cdk5. net/ipc 上找到。研究本节程序例子的读者应该参阅 Java 在线文档或 Flanagan［2002］的书，以便得到所讨论的类（在 java. net 包中）的完整规约。

4.2.1 进程间通信的特征

由 send 和 receive 这两个消息通信操作来支持一对进程间进行的消息传递，它们均用目的地和消息定义。为了使一个进程与另一个进程通信，一个进程发送一个消息（字节序列）到目的地，在目的地的另一个进程接收消息。该活动涉及发送进程到接收进程间的数据通信，会涉及两个进程的同步。4.2.3 节将给出互联网协议的 Java API 中的 send 和 receive 操作的定义，在 4.6 节将深入讨论 MPI。

同步和异步通信 每个消息目的地与一个队列相关。发送进程将消息添加到远程队列中，接收进程从本地队列中移除消息。发送进程和接收进程之间的通信可以是同步的也可以是异步的。在同步（synchronous）形式的通信中，发送进程和接收进程在每个消息上同步。这时，send 和 receive 都是阻塞操作。每次发出一个 send 操作后，发送进程（或线程）将一直阻塞，直到发送了相应的 receive 操作为止。每次发送一个 receive 后，进程（或线程）将一直阻塞，直到消息到达为止。

在异步（asynchronous）形式的通信中，send 操作是非阻塞的，只要消息被复制到本地缓冲区，发送进程就可以继续进行其他处理，消息的传递与发送进程并行进行。receive 操作有阻塞型和非阻塞型两种形式。在不阻塞的 receive 操作中，接收进程在发出 receive 操作后可继续执行它的程序，这时 receive 操作在后台提供一个缓冲区，但它必须通过轮循或中断独立接收缓冲区已满的通知。

在支持多线程的系统环境（如 Java）中，阻塞型 receive 操作的缺点较少，因为在一个线程发出 receive 操作时，该进程中的其他线程仍然是活动的，到达的消息与接收线程同步的实现简单是一个优势。非阻塞型的通信看上去更有效，但接收进程需要从它的控制流之外获取到达的消息，这涉及额外的复杂工作。鉴于此，当前的系统通常不提供非阻塞型的 receive 操作。

消息目的地 第 3 章解释了在互联网协议中，消息如何被发送到（互联网地址（Internet address），本地端口（local port））对。本地端口是计算机内部的消息目的地，用一个整数指定。一个端口只能有一个接收者（组播端口是一个例外，见 4.5.1 节）但可以有多个发送者。进程可以使用多个端口接收消息。任何知道端口号的进程都能向端口发送消息。服务器通常公布它们的端口号供客户使用。

如果客户使用一个固定的互联网地址访问一个服务，那么这个服务必须总在该地址所代表的计算机上运行，以保持该服务的有效性。使用下列任何一种方法可避免这种情况，以提供位置透明性：

- 客户程序通过名字使用服务，在运行时用一个名字服务器或绑定器（参见 5.4.2 节）把服务的名字翻译成服务器位置。这样就使得服务能重定位，但不能迁移，迁移指在系统运行时移动服务所在的位置。

可靠性 第 2 章从有效性和完整性角度定义了可靠通信。就有效性而言，如果一个点对点消息服务在丢失了"合理"数量的数据包后，仍能保证发送消息，那么该服务就被称为可靠的。相反，只丢失一个数据包，消息就不能保证发送，那么这个点对点消息服务仍是不可靠的。从完整性而言，到达的消息必须没有损坏，且没有重复。

排序 有些应用要求消息要按发送方的顺序发送，也就是，按发送方发送消息的顺序。与发送方顺序不一致的消息发送会被这样的应用认为是失败的发送。 |148|

4.2.2 套接字

两种形式的通信（UDP 和 TCP）都使用套接字（socket）抽象，套接字提供进程间通信的一个端点。套接字源于 BSD UNIX，但也在 UNIX 的大多数版本中出现，包括 Linux 以及 Windows 和 Macintosh OS。进程间通信是在两个进程各自的一个套接字之间传送一个消息，如图 4-2 所示。对接收消息的进程，它的套接字必须绑定到它在其上运行的计算机的一个互联网地址和一个本地端口。发送到特定互联网地址和端口号的消息只能被一个其套接字与该互联网地址和端口号相关的进程接收。进程可以使用同一套接字发送和接收消息。每个计算机有大量（2^{16}）可用的端口号供本地进程用于接收消息。任意一个进程可利用多个端口来接收消息，但一个进程不能与同一台计算机上的其他进程共享端口。使用 IP 组播的进程是一个例外，因为它们共享端口（参见 4.4.1 节）。然而，任何数量的进程都可以发送消息到同一个端口。每个套接字与某个协议（UDP 或 TCP）相关。

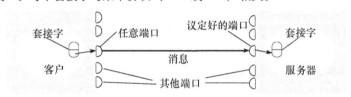

图 4-2 套接字和端口

用于互联网地址的 Java API 因为 UDP 和 TCP 底层的 IP 数据包被发送到互联网地址，所以 Java 提供了一个类 InetAddress，用以表示互联网地址。该类的用户用域名服务（DNS）的主机名表示计算机（参见 3.4.7 节）。例如，包含互联网地址的 InetAddress 实例通过调用 InetAddress 的静态方法（以 DNS 主机名作为参数）创建。该方法使用 DNS 获得相应的互联网地址。例如，对于 DNS 名为 bruno. dcs. qmul. ac. uk 的主机，为了得到表示其互联网地址的对象，使用下列语句：

InetAddress aComputer = InetAddress. getByName(" bruno. dcs. qmul. ac. uk");

该方法会抛出 UnknownHostException 异常。注意，类的用户不需要给出显式的互联网地址值。事实上，InetAddress 类封装了互联网地址表示的细节。这样，该类的接口与表示互联网地址的字节数无关——在 IPv4 中是 4 字节，在 IPv6 中是 16 字节。 |149|

4.2.3 UDP 数据报通信

由 UDP 发送的数据报从发送进程传输到接收进程，它不需要确认或重发。如果发生故障，消息可能无法到达目的地。当一个进程发送（send）数据报，另一个进程接收（receive）该数据报时，数据报就会在进程之间传送。要发送或接收消息，进程必须首先创建与一个本地主机的互联网地址和本地端口绑定的套接字。服务器将把它的套接字绑定到一个服务器端口（server port），该端口应让客户知道，以便客户给该端口发送消息。客户将它的套接字绑定到任何一个空闲的本地端口。Receive 方法除了获得消息外，还获得发送方的互联网地址和端口，这些信息允许接收方发送应答。

下面讨论与数据报通信有关的一些问题：

消息大小（message size）：接收进程要指定固定大小的用于接收消息的字节数组。如果消息大于数组大小，那么消息在到达时会被截断。底层的 IP 协议允许数据包的长度最大为 216 字节，其中包括消息头和消息本身。然而，在大多数环境下，消息的大小被限制为 8KB 左右。如果应用程序有大于最大值的消息，那么必须将该消息分割成若干段。通常，由应用（如 DNS）决定消息大小——不需要选用很大的值仅只要适用即可。

阻塞（blocking）：套接字通常提供非阻塞型的 send 操作和阻塞型的 receive 操作以进行数据报通信（在某些实现中也会使用非阻塞型 receive 操作）。当 send 操作将消息传递给底层的 UDP 和 IP 协议后就返回，UDP 和 IP 协议负责将消息传递到目的地。消息到达时被放在与目的端口绑定的套接字队列中。通过该套接字上的下一个 receive 调用，就可以从队列中获取该消息。如果没有一个进程具有绑定到目的端口的套接字，那么消息就会在目的地被丢弃。

除非在套接字上设置了超时，否则 receive 方法将一直阻塞直到接收到一个数据报为止。如果调用 receive 方法的进程在等待消息时还有其他工作要做，那么应该安排它单独使用一个线程，有关线程的讨论请参见第 7 章。例如，当服务器从客户端接收到一个消息时，消息会指定要做的工作，这时，服务器将使用单独的线程完成工作和等待其他客户发送的消息。

超时（timeout）：一直阻塞的 receive 适用于正在等待接收客户请求的服务器。但在有些程序中，发送进程可能崩溃或期待的消息已经丢失，使用 receive 操作的进程不适合无限制地等待下去。为了解决这样的问题，要在套接字上设置超时。选择适当的超时间隔不太容易，但与传输消息所要求的时间相比，它应该更长一些。

任意接收（receive from any）：receive 方法不指定消息的来源，而调用 receive 可以获得从任何来源发到它的套接字上的消息。receive 方法返回发送方的互联网地址和本地端口，允许接收方检查消息的来源。可以将数据报套接字连接到某个远程端口和互联网地址，这时，套接字只从那个地址接收消息，并向该地址发送消息。

150

UDP 数据报故障模型　第 2 章给出了通信通道的故障模型，并从完整性和有效性的角度定义了可靠通信。完整性要求消息不能损坏或重复，利用校验和可以保证接收到的消息几乎不会损坏。UDP 数据报存在下列故障：

遗漏故障（omission failures）：消息偶尔会丢失，这可能是因为校验和错误或者在发送端或目的端没有可用的缓冲区空间造成的。为简化讨论，我们把发送遗漏故障和接收遗漏故障（见图 2-15）视为通信通道中的遗漏故障。

排序（ordering）：消息有时没有按发送方顺序发送。

为了获得所要求的可靠通信的质量，使用 UDP 数据报的应用要自己提供检查手段。可以利用确认将一个有遗漏故障的服务构造为可靠传送服务。5.2 节将讨论如何在 UDP 上构造可靠的用于客户 - 服务器通信的请求 - 应答协议。

UDP 的使用　对某些应用而言，使用偶尔有遗漏故障的服务是可接受的。例如，域名服务（负责查找在互联网上的 DNS 名）就是在 UDP 上实现的。VOIP（Voice Over IP）也运行在 UDP 上。有时 UDP 数据报是一个很有吸引力的选择，因为它们没有与保证消息传递相关的开销。开销主要源自以下三个方面：

1）需要在源和目的地存储状态信息。

2）传输额外的消息。

3）发送方的延迟。

产生这些开销的原因请参见 4.2.4 节的讨论。

UDP 数据报的 Java API　Java API 通过 DatagramPacket 和 DatagramSocket 这两个类提供数据报通信。

DatagramPacket：该类提供构造函数，用一个包含消息的字节数组、消息长度和目的地套接字的互联网地址和本地端口号生成一个实例，如下所示：

数据报的数据包

包含消息的字节数组	消息长度	互联网地址	端口号

DatagramPacket 实例可以在进程之间传送，此时其中一个进程发送，另一个进程接收。

该类还提供了另一个在接收消息时使用的构造函数，它的参数是一个用于接收消息的字节数组和数组长度。DatagramPacket 存放接收到的消息、消息长度以及发送套接字的互联网地址和端口。DatagramPacket 通过 getData 方法检索消息。getPort 和 getAddress 方法访问端口和互联网地址。

151

DatagramSocket：该类支持套接字发送和接收 UDP 数据报。它提供一个以端口号为参数的构造函数，用于需要使用特定端口的进程。它也提供一个无参数的构造函数，以便系统选择一个空闲的本地端口。如果端口已经被使用或在 UNIX 下指定了一个保留端口（小于 1024 的数字），那么这些构造函数会抛出 SocketException 异常。

类 DatagramSocket 提供以下方法：

- send 和 receive：这些方法用于在一对套接字之间传送数据报。send 的参数是包含消息和它目的地的 DatagramPacket 实例。receive 的参数是一个空的 DatagramPacket，用于存放消息、消息的长度和来源。send 和 receive 方法会抛出 IOExceptions 异常。
- setSoTimeout：该方法用于设置超时。设置超时后，receive 方法将在指定的时间内阻塞，然后抛出一个 InterruptedIOException 异常。
- connect：该方法用于连接到某个互联网地址和远程端口，这时套接字仅能从该地址接收消息并向该地址发送消息。

在图 4-3 所示的客户程序中，客户先创建一个套接字，然后给位于端口 6789 的服务器发送消息，并等待接收应答。main 方法的参数是消息和服务器的 DNS 主机名。消息被转换为一个字节数组，DNS 主机名被转换为一个互联网地址。图 4-4 还给出了相应的服务器程序，服务器创建绑定到服务器端口 6789 的套接字，然后一直等待接收来自客户的请求消息，然后发回同样的消息作为应答。

```java
import java.net.*;
import java.io.*;
public class UDPClient{
    public static void main(String args[]){
        // args give message contents and server hostname
        DatagramSocket aSocket = null;
        try {
            aSocket = new DatagramSocket();
            byte [] m = args[0].getBytes();
            InetAddress aHost = InetAddress.getByName(args[1]);
            int serverPort = 6789;
            DatagramPacket request =
                new DatagramPacket(m, args[0].length(), aHost, serverPort);
            aSocket.send(request);
            byte[] buffer = new byte[1000];
            DatagramPacket reply = new DatagramPacket(buffer, buffer.length);
            aSocket.receive(reply);
            System.out.println( "Reply: " + new String(reply.getData()));
        }catch (SocketException e){System.out.println( "Socket: " + e.getMessage());
        }catch (IOException e){System.out.println( "IO: " + e.getMessage());
        }finally {if(aSocket != null) aSocket.close();}
    }
}
```

图 4-3　UDP 客户发送一个消息到服务器并获得一个应答

```
import java.net.*;
import java.io.*;
public class UDPServer{
    public static void main(String args[]){
        DatagramSocket aSocket = null;
        try{
            aSocket = new DatagramSocket(6789);
            byte[] buffer = new byte[1000];
            while(true){
                DatagramPacket request = new DatagramPacket(buffer, buffer.length);
                aSocket.receive(request);
                DatagramPacket reply = new DatagramPacket(request.getData(),
                request.getLength(), request.getAddress(), request.getPort());
                aSocket.send(reply);
            }
        }catch (SocketException e){System.out.println("Socket: " + e.getMessage());
        }catch (IOException e) {System.out.println("IO: " + e.getMessage());
        }finally {if(aSocket != null) aSocket.close();}
    }
}
```

图 4-4　UDP 服务器不断接收请求并将它发回给客户

4.2.4　TCP 流通信

TCP 协议的 API 源于 BSD 4. x UNIX，它提供了可读写的字节流。流抽象可隐藏网络的下列特征：

消息大小（message size）：应用能选择它写到流中和从流中读取的数据量。它可处理非常小或非常大的数据集。TCP 流的底层实现决定了在将数据作为一个或多个 IP 数据包传送前，要搜集多少数据。数据到达后按需求传递给应用，如果有必要，应用可以强制数据马上发送。

丢失的消息（lost message）：TCP 协议使用确认方案。以一个简单的方案作为例子（注意，在 TCP 中没有使用这种方案），发送端记录每个发送的 IP 数据包，接收端确认所有消息的到达。如果在一个超时时间段内，发送方没有接收到确认信息，则发送方重传该消息。更复杂的滑动窗口方案［Comer 2006］减少了所需的确认消息的个数。

流控制（flow control）：TCP 协议试图匹配读写流的进程的速度。如果对读取流的进程来说写入流的进程太快，那么它会被阻塞直到读取流的进程消化掉足够的数据为止。

消息重复和排序（message duplication and ordering）：每个 IP 数据包与消息标识符相关联，这使得接收方能检测和丢弃重复的消息，或重排没有以发送方顺序到达的消息。

消息目的地（message destination）：一对通信进程能在流上通信之前要先建立连接。一旦建立了连接，进程不需要使用互联网地址和端口即可读、写流。在通信发生前，建立连接涉及客户给服务器发送一个 connect 请求，然后服务器向客户发送一个 accept 请求。对单个客户－服务器请求和应答而言，这是相当大的开销。

流通信的 API 假设，当一对进程在建立连接时，其中一个进程作为客户，另一个进程作为服务器，但之后它们又是平等的。客户角色涉及创建绑定到端口的流套接字，然后，发出 connect 请求，在服务器的端口上请求与服务器连接。服务器角色涉及创建绑定到服务器端口的监听套接字，然后等待客户请求连接。监听套接字维护到达的连接请求队列。在套接字模型中，当服务器 accept（接受）一个连接，就创建一个新的流套接字用于与客户的通信，同时保持在服务器端口上的套接字用于监听其他客户的 connect 请求。

客户和服务器的套接字对由一对流相连接，每个方向一个流。这样，每个套接字有一个输入流和一个输出流。进程对中的任何一个进程都可以通过将信息写入它的输出流来发送信息给另一个进程，而另一个进程通过读取它的输入流来获得信息。

当一个应用 close 一个套接字时，表示它不再写任何数据到它的输出流。输出缓冲区中的任何数据被送到流的另一端，放在目的地套接字的队列中，并指明流已断开了。目的地进程能读取队列中的数据，但在队列为空之后进行任何读操作都会返回流结束的标志。当进程退出或失败时，它的所有套接字最终被关闭，任何试图与它通信的进程将发现连接已中断。

下面说明一些与流通信相关的重要问题。

数据项的匹配（matching of dataitem）：两个通信进程需要对在流上传送的数据的内容达成一致。例如，如果一个进程在流中先写入一个整型数据，后面跟一个双精度型数据，那么另一端的进程必须先读取整型数据，后读取双精度型数据。当一对进程不能在流的使用上正确协作时，读进程在解释数据时可能会出错，或者可能由于流中数据不足而产生阻塞。

阻塞（blocking）：写入流的数据保存在目的地套接字的队列中。当进程试图从输入通道读取数据时，它将直接从队列中获得数据或一直阻塞直到队列中有可用的数据为止。如果在另一端的套接字队列中的数据与协议允许的数据一样多，那么将数据写入流的进程可能被 TCP 流控制机制阻塞。

线程（thread）：当服务器接受连接时，它通常创建一个新线程用于与新客户通信。为每个客户使用单独的线程的好处是服务器在等待输入时能阻塞而不会延误其他客户。在不提供线程的环境中，另一种方法是在试图读取数据前测试来自流的输入是否可用。例如，在 UNIX 环境中，select 系统调用便是用于该目的。

故障模型 为了满足可靠通信的完整性，TCP 流使用校验和检查并丢弃损坏的数据包，使用序列号检测和丢弃重复的数据包。为保证有效性，TCP 流使用超时和重传来处理丢失的数据包。因此，即使底层有些数据包丢失，还是可以保证消息的传输。

但是，如果连接上的数据包丢失超过了限制以及连接一对通信进程的网络不稳定或严重拥塞，那么负责发送消息的 TCP 软件将收不到确认，这种情况持续一段时间之后，TCP 就会声明该连接已中断。这时 TCP 不能提供可靠通信，因为它不能在面临各种可能的困难时保证消息的传输。

当连接中断后，使用它的进程如果还试图进行读或写操作，就会接到有关的通知。这会造成下列后果：

- 使用连接的进程不能区分是网络故障还是连接另一端的进程故障。
- 通信进程不能区分最近它们发送的消息是否已被接收。

TCP 的使用 许多经常使用的服务在 TCP 连接上运行，使用保留的端口号。这些服务包括：

- HTTP：超文本传送协议用于 Web 浏览器和 Web 服务器之间的通信。这部分内容见 5.2 节的讨论。
- FTP：文件传输协议允许浏览远程计算机上的目录，以及通过连接将文件从一台计算机传输到另一台计算机。
- telnet：telnet 利用终端会话访问远程计算机。
- SMTP：简单邮件传输协议用于在计算机之间发送邮件。

TCP 流的 Java API TCP 流的 Java 接口由类 ServerSocket 和 Socket 给出。

ServerSocket：服务器使用该类在服务器端口上创建一个套接字，以便监听客户的 connect 请求。它的 accept 方法从队列中获得一个 connect 请求，如果队列为空，它就会阻塞，直到有消息到达队列为止。执行 accept 的结果是一个 Socket 实例—该套接字可用于访问与客户通信的流。

Socket：该类可供连接的一对进程使用。客户使用构造函数（需指定服务器的 DNS 主机名和端口）创建套接字。该构造函数不仅创建与本地端口相关的套接字，而且将套接字连接到指定的远程计算机和端口号。如果主机名错误，它会抛出 UnknownHostException 异常，如果发生 I/O 错误，它会抛出 IOException 异常。

Socket 类提供了 getInputStream 和 getOutputStream 方法用于访问与套接字相关的两个流。这些方法的返回类型分别是 InputStream 和 OutputStream，即定义了读、写字节的方法的抽象类。返回值可作为合适的输入流和输出流的构造函数的参数。我们的例子使用 DataInputStream 和 DataOutputStream，它们允许简单数据类型的二进制表示能够以与机器无关的方式读和写。

图 4-5 给出了一个客户程序，其中 main 方法的参数提供了一个消息和服务器的 DNS 主机名。客户创建了一个绑定到主机名和服务器端口 7896 的套接字。它从套接字的输入流和输出流生成 DataInputStream 和 DataOutputStream，然后将消息写入它的输出流，并等待从它的输入流中读取应答。图 4-6 中的服务器程序打开其服务器端口（7896）的服务器套接字，监听 connect 请求。当有请求到达时，就生成新线程用于与客户通信。新线程从它套接字的输入流和输出流中创建 DataInputStream 和 DataOutputStream，然后等待读取消息并将其写回。

```
import java.net.*;
import java.io.*;
public class TCPClient {
    public static void main (String args[]) {
        // arguments supply message and hostname of destination
        Socket s = null;
        try{
            int serverPort = 7896;
            s = new Socket(args[1], serverPort);
            DataInputStream in = new DataInputStream( s.getInputStream());
            DataOutputStream out =
                new DataOutputStream( s.getOutputStream());
            out.writeUTF(args[0]);          // UTF is a string encoding see Sn 4.3
            String data = in.readUTF();
            System.out.println( "Received: "+ data) ;
        }catch (UnknownHostException e){
            System.out.println( "Sock:"+e.getMessage());
        }catch (EOFException e){System.out.println( "EOF:"+e.getMessage());
        }catch (IOException e){System.out.println( "IO:"+e.getMessage());
        }finally {if(s!=null) try {s.close();}catch (IOException e){/*close failed*/}}
    }
}
```

图 4-5　TCP 客户与服务器建立连接，发送请求并接收应答

```
import java.net.*;
import java.io.*;
public class TCPServer {
    public static void main (String args[]) {
        try{
            int serverPort = 7896;
            ServerSocket listenSocket = new ServerSocket(serverPort);
            while(true) {
                Socket clientSocket = listenSocket.accept();
                Connection c = new Connection(clientSocket);
            }
        } catch(IOException e) {System.out.println( "Listen :"+e.getMessage());}
    }
}
class Connection extends Thread {
    DataInputStream in;
    DataOutputStream out;
    Socket clientSocket;
    public Connection (Socket aClientSocket) {
        try {
            clientSocket = aClientSocket;
            in = new DataInputStream( clientSocket.getInputStream());
            out =new DataOutputStream( clientSocket.getOutputStream());
            this.start();
        } catch(IOException e)  {System.out.println( "Connection:"+e.getMessage());}
    }
    public void run(){
        try {                                 // an echo server
            String data = in.readUTF();
            out.writeUTF(data);
        } catch(EOFException e) {System.out.println( "EOF:"+e.getMessage());
        } catch(IOException e) {System.out.println( "IO:"+e.getMessage());
        } finally{ try {clientSocket.close();}catch (IOException e){/*close failed*/}}
    }
}
```

图 4-6　TCP 服务器为每个客户建立连接，然后回应客户的请求

因为消息由串组成，客户进程和服务器进程使用 DataOutputStream 的 writeUTF 方法将消息写入输出流，使用 DataInputStream 的 readUTF 方法从输入流中读取消息。UTF-8 是表示串的特定格式编码，参见 4.3 节的描述。

当一个进程关闭它的套接字后，它将不再能够使用它的输入流和输出流。数据的目的进程能从它的队列中读取数据，但在队列为空后进行读操作会产生 EOFException 异常。试图使用一个关闭的套接字或向一个中断的流中写信息都会产生 IOException 异常。

4.3 外部数据表示和编码

存储在运行的程序中的信息都表示成数据结构，如相互关联的对象集合，而消息中的信息由字节序列组成。不论使用何种通信形式，数据结构在传输前必须"打平"（转换成字节序列），到达目的地后重构。在消息中传送的单个简单数据项可以是不同类型的数据值，不是所有的计算机都以同样的顺序存储整数这样的简单值。浮点数的表示也随体系结构的不同而不同。表示整数的顺序有两种方法：所谓的大序法（big-endian）排序，即最高有效字节排在前面；小序法（little-endian）排序，即最高有效字节排在后面。另一个问题是用于表示字符的代码集，例如，系统（如 UNIX）上的大多数应用使用 ASCII 字符编码，每个字符占 1 字节，但是 Unicode 标准可以表示许多不同语言的文字，每个字符占 2 字节。

下列方法可用于使两台计算机交换数据值：

- 值在传送前先转换成一致的外部格式，然后在接收端转换成本地格式。如果两台计算机是同一类型，可以不必转换成外部格式。
- 值按照发送端的格式传送，同时传送所使用格式的标志，如果需要，接收方会转换该值。

注意，字节本身在传送过程中不改变。为了支持 RMI 或 RPC，任何能作为参数传递或作为结果返回的数据类型必须被"打平"，单个的简单数据值以一致的格式表示。表示数据结构和简单值的一致的标准称为外部数据表示（external data representation）。

编码（marshalling）是将多个数据项组装成适合消息传送的格式的过程。解码（unmarshalling）是在消息到达后分解消息，在目的地生成相等的数据项的过程。因此，编码是将结构化数据项和简单值翻译成外部数据表示。类似地，解码是从外部数据表示生成简单值，并重建数据结构。

我们将讨论三种外部数据表示和编码的方法（第 21 章将讨论第四种方法，以谷歌的数据结构表示方法为例）：

158

- CORBA 的公共数据表示，它涉及在 CORBA 的远程方法调用中能作为参数和结果传送的结构化类型和简单类型的外部表示。它可用于多种编程语言（参见第 8 章）。
- Java 的对象序列化，它涉及需要在消息中传送或存储到磁盘上的单个对象或对象树的"打平"和外部数据表示。它仅用于 Java。
- XML（可扩展标记语言），它定义了表示结构化数据的文本格式。它原本用于包含文本自描述型的结构化数据的文档，例如可从 Web 访问的文档。但它现在也用于在 Web 服务中被客户和服务器交换的消息中的数据（参见第 9 章）。

在前两种情况下，编码和解码活动均由中间件层完成，不涉及任何一方的应用程序员。即使在 XML 的情况下（XML 是文本的，因此更容易处理编码），编码和解码软件也对所有平台和编程环境可用。因为编码要求考虑组成组合对象的简单组件的表示细节，所以如果手工完成该过程，那么整个过程很容易出错。简洁性是设计自动生成型编码程序要考虑的另一个问题。

在前两个方法中，简单数据类型被编码成二进制形式。在第三个方法（XML）中，简单数据类型表示成文本。通常，数据值的文本表示将比等价的二进制表示更长。第 5 章描述的 HTTP 协议是文本方法的另一个例子。

与编码方法设计有关的另一个问题是被编码数据是否应该包括与其内容的类型有关的信息。例如，CORBA 的表示只包括所传送的对象的值，不包含它们的类型。另一方面，Java 序列化和 XML 都包括了类型信息，但表示方式不同。Java 把所有需要的类型信息放到序列化后的格式中。但 XML 文档可以指向名字（和类型）的外部定义集合，即名字空间（namespace）。

虽然我们对 RMI、RPC 的参数和结果的外部数据表示感兴趣，但将数据结构、对象或结构化文档转换成适合消息传送或文件存储的格式更为常用。

另外两种外部数据表示方法值得我们注意。谷歌采用协议缓冲区（protocol buffer）方法来捕获所传送和存储的数据的表示，我们将在 20.4.1 节讨论此方法。用 JSON（JavaScript Object Notation）作为外部数据的表示方法也很有趣，可参见［www.json.org］。这两种方法代表了用更加轻量级的方法来进行数据表示的发展方向（当与诸如 XML 比较时）。

4.3.1 CORBA 的公共数据表示

CORBA 的公共数据表示（Common Data Representation，CDR）是 CORBA 2.0［OMG 2004a］定义的外部数据表示。CDR 能表示所有在 CORBA 远程调用中用作参数和返回值的数据类型。其中有 15 个简单类型，包括 short（16 比特）、long（32 比特）、unsigned short、unsigned long、float（32 比特）、double（64 比特）、char、boolean（TRUE、FALSE）、octet（8 比特）和 any（它可表示任何基本类型或构造类型），此外还有一套复合类型，参见图 4-7。远程调用中每个参数或结果表示成调用消息或结果消息中的字节序列。

类　型	表　示
sequence	长度（无符号长整型），后面依次是元素
string	长度（无符号长整型），后面依次是字符（可以有宽字符）
array	依次是数组元素（不用指定长度，因为它是固定的）
struct	按组成部分声明的顺序表示
enumera-ted	无符号长整型（值按照声明的顺序指定）
union	类型标签，后面是所选中的成员

图 4-7　结构化类型的 CORBA CDR

简单类型（Primitive）：CDR 定义了大序法排序和小序法排序的表示。值按发送端消息中指定的顺序传送，接收端如果要求不同的顺序就要进行翻译。例如，16 比特 short 类型数据在消息中占两个字节，若用大序法排序，最高有效位占第一个字节，最低有效位占第二个字节。每个简单类型值根据它的大小顺序放在字节序列中。假设字节序列的下标最小为零，那么 n 字节大小（其中 $n = 1, 2, 4, 8$）的简单类型值将附加到字节流序列中为 n 的倍数的下标处，浮点值遵循 IEEE 标准，其中符号、指数和小数部分按大序法依次放在字节 $0 \sim n$ 处；按小序法排序则要反过来放。字符用客户和服务器均同意的代码集表示。

结构化类型（Constructed types）：组成每个结构化类型的简单类型值按特定的顺序（如图 4-7 所示）加到字节序列中。

图 4-8 给出了 CORBA CDR 表示的一个 struct 消息，它包含三个域，三个域的类型分别是 string、string 和 unsigned long。图中给出了每行有 4 个字节的字节序列。每个串的表示由一个表示长度的 unsigned long，后跟串中的字符的形式组成。为简单起见，我们假设每个字符只占 1 个字节。变长数据用零填充，以便形成标准格式，从而比较编码数据或它的校验和。注意，每个 unsigned long 占 4 个字节，其开始位置在一个 4 的倍数的下标处。图 4-8 没有区分大序法排序和小序法排序。虽然图 4-8 中的例子比较简单，但 CORBA CDR 能表示任何不使用指针的、由简单类型和结构化类型组成的数据结构。

字节序列中的下标	←―――4字节―――→	注释
0 ~ 3	5	串的长度
4 ~ 7	"Smit"	'Smith'
8 ~ 11	"h___"	
12 ~ 15	6	串的长度
16 ~ 19	"Lond"	'London'
20 ~ 23	"on__"	
24 ~ 27	1984	unsigned long

该打平的格式表示一个值为{'Smith','London',1984}的Person结构。

图 4-8　CORBA CDR 消息

外部数据表示的另一个例子是 Sun XDR 标准，该标准在 RFC 1832 中指定［Srinivasan 1995b］，其描述见 www.cdk5.net/ipc。它由 Sun 公司开发，用于 Sun NFS 中客户和服务器之间的消息交换（参见第 13 章）。

CORBA CDR 或 Sun XDR 标准均没有在消息的数据表示中给出数据项类型。这是因为它假定发送方和接收方对消息中数据项的类型和顺序有共识。特别是对 RMI 或 RPC，每个方法调用传递特定类型的参数，而结果也是特定类型的值。

CORBA 中的编码 根据在消息中传送的数据项类型的规约，可以自动生成编码操作。数据结构的类型和基本数据项类型用 CORBA IDL 描述（见 8.3.1 节），IDL 提供了描述 RMI 方法的参数类型和结构类型的表示法。例如，我们可以用 CORBA IDL 描述图 4-8 中消息的数据结构：

```
struct Person{
    string name;
    string place;
    unsigned long year;
};
```

CORBA 接口编译器（参见第 5 章）根据远程方法的参数类型和结果类型的定义为参数和结果生成适当的编码和解码操作。

161

4.3.2 Java 对象序列化

在 Java RMI 中，对象和简单数据值都可以作为方法调用的参数和结果传递。一个对象是一个 Java 类的实例。例如，与 CORBA IDL 中定义的 Person struct 作用相当的 Java 类是：

```
public class Person implements Serializable {
    private String name;
    private String place;
    private int year;
    public Person (String aName, String aPlace, int aYear){
        name=aName;
        place=aPlace;
        year=aYear;
    }
    //followed by methods for accessing the instance variables
}
```

上面的类表明它实现了 Serializable 接口，该接口没有方法。表明一个类实现了 Serializable 接口（该接口在 java.io 包中提供）意味着它的实例能被序列化。

在 Java 中，术语序列化（serialization）指的是将一个对象或一组有关联的对象打平成适合于磁盘存储或消息传送的串行格式，例如 RMI 中的参数或结果。解序列化是指从串行格式中恢复对象或一组对象的状态。它假设进行解序列化的进程事先不知道序列化格式中对象的类型。因此，要将关于每个对象类的一些信息包含在序列化格式中。这些信息使得接收方在解序列化对象时能装载恰当的类。

类的信息由类名和版本号组成。当类有大的改动时要修改版本号。它可由程序员设置或自动根据类名和它的实例变量、方法和接口的名字的散列值计算，解序列化对象的进程能检查它的类版本是否正确。

Java 对象可以包含对其他对象的引用。当对象序列化时，它引用的所有对象也随它一起序列化，以确保对象在目的地重构时它引用的对象也能恢复。引用被序列化成句柄——在这种情况下，句柄（handle）是在序列化格式内对一个对象的引用，例如句柄可以是正整数序列中的下一个数字。序列化过程必须确保对象引用和句柄之间是一一对应的。它也必须确保每个对象只能写一次——在对象第二次出现及之后再出现时，写入句柄而不是对象。

为了序列化一个对象，要写出它的类信息，随后是实例变量的类型和名字；如果实例变量属于新的类，那么要写出它们所属的新类的类信息，随后是新类的实例变量的类型和名字。这个递归过程一

162 直进行到所有必须的类的类信息和实例变量的类型和名字都被写出为止。每个类都有一个句柄，没有一个类会多次写入字节流——在需要的地方会写入句柄。

整型、字符型、布尔、字节和长整型这样的简单类型的实例变量的内容可用 ObjectOutputStream 类的方法写成一个可移植的二进制格式。字符串和字符使用 writeUTF 方法写入，该方法使用通用传输格式（UTF-8），UTF 依旧用一个字节表示 ASCII 字符，而用多个字节表示 Unicode 字符。字符串前面是串占据的字节数。

作为一个例子，考虑下列对象的序列化：

Person p = new Person("Smith","London",1984);

序列化后的格式见图 4-9，图中省略了完整序列化格式中的句柄的值和表示对象、类、串和其他对象的类型标识符的值。第一个实例变量（1984）是有固定长度的整数；第二个和第三个实例变量是串，串的前面是它们的长度。

序列化值

Person	8字节的版本号		h0	类名、版本号
3	int year	java.lang.String name	java.lang.String place	实例变量的个数，类型和名字
1984	5 Smith	6 London	h1	实例变量的值

真正的序列化格式还包含类型标识符；h0和h1是句柄。

图 4-9　Java 的序列化格式表示

为了利用 Java 序列化对 Person 对象序列化，要创建类 ObjectOutputStream 的实例，并以 Person 对象为参数调用它的 writeObject 方法。要从数据流中解序列化一个对象，应在流上打开一个 ObjectInputStream，用它的 readObject 方法重构原来的对象。这一对类的使用与图 4-5 和图 4-6 中说明的 DataOutputStream 和 DataInputStream 类似。

远程调用的参数和结果的序列化及解序列化通常由中间件自动完成，不需要应用程序员参与。如果有特殊需求，程序员可以自己编写读写对象的方法。详细内容请参阅有关对象序列化的教程［java. sun. com Ⅱ］了解如何自己编写方法并获取 Java 序列化的更多信息。程序员修改序列化效果的另一种方法是将不应该被序列化的变量声明为 transient。对本地资源（如文件、套接字）的引用就不应该被序列化。

163 **反射的使用**　Java 语言支持反射——查询类属性（如类实例变量和方法的名字及类型）的能力。反射（reflection）实现了根据类名创建类，以及为给定的类创建具有给定参数类型的构造函数。反射使得以完全通用的方式进行序列化和解序列化成为可能，这意味着没有必要像 CORBA 那样为每种对象类型生成特定的编码函数。关于反射的更多信息请参见 Flanagan ［2002］。

Java 对象序列化使用反射找到要序列化的对象的类名，以及该类的实例变量的名字、类型和值。这是序列化格式所需的全部信息。

对解序列化而言，序列化格式中的类名用于创建类。然后用类名创建一个新的构造函数，它具有与指定在序列化格式中的类型相应的参数类型。最后，新的构造函数用于创建新的对象，其实例变量的值是从序列化格式中读取的。

4.3.3　可扩展标记语言

可扩展标记语言（Extensible Markup Language，XML）是万维网联盟（W3C）定义的可在 Web 上通用的标记语言。通常，术语标记语言指的是一种文本编码，用于表示正文和关于正文结构或外观的细节。XML 和 HTML 都是从一种非常复杂的标记语言 SGML（标准化的通用标记语言）［ISO 8879］派生出来的。HTML（见 1.6 节）用于定义 Web 页面的外观，而 XML 用于编写 Web 上的结构化文档。

XML 数据项以"标记"串做标签，标记用于描述数据的逻辑结构，并将属性 - 值对与逻辑结构关联起来。也就是说，在 XML 中，标记与它们围起来的正文结构相关，而在 HTML 中，标记指定浏览器如何显示正文。关于 XML 规约，请参见 W3C 提供的关于 XML 的网页［www. w3. org Ⅵ］。

XML 用于实现客户与 Web 服务的通信以及定义 Web 服务的接口和其他属性。不过，XML 也可用于其他方面。它可用于存档和检索系统——尽管一个 XML 存档文件比一个二进制文件要大，但它的优势在于可在任意一台计算机上阅读。其他使用 XML 的例子包括用户界面的规约和操作系统中对配置文件的编码。

XML 是可扩展的（extensible），这意味着用户能定义自己的标记，这点与 HTML 不同，HTML 只能使用固定的标记集合。如果打算将一个 XML 文档用于多个应用，那么标记的名字必须在这些应用中达成一致。例如，客户通常使用 SOAP 消息与 Web 服务通信。SOAP（参见 9.2.1 节）具有 XML 格式，其中的标签专门用于 Web 服务和它的客户。

一些外部数据表示（如 CORBA CDR）不一定是自描述的，因为它假设客户和服务器对要交换的消息具有先验的知识，知道消息所包含的信息的顺序和类型。不过，XML 原本希望供多个应用使用，并可用于不同的目的。提供标记以及定义标记含义的名字空间就是为了使上述目的成为可能。另外，标记的使用使得应用可选择它需要处理的部分：增加与其他应用相关的信息，并不影响原有应用。

因为 XML 文档是文本形式的，所以人人可读。通常，大多数 XML 文档由 XML 处理软件生成并读取，但是读 XML 的能力在出错的时候更有用。另外，文本的使用使得 XML 独立于某个平台。使用文本（而不是二进制表示）和标记会使消息变得更大，因而需要更长的时间处理和传输，也需要更大空间进行存储。9.2.4 节比较 SOAP XML 格式的消息和 CORBA CDR 格式消息的效率。不过，文件和消息能被压缩——HTTP 1.1 允许对数据进行压缩，从而节省传输的带宽。

XML 元素和属性　图 4-10 给出了 Person 结构的 XML 定义，这个结构用于说明 CORBA CDR 和 Java 中的编码功能。它说明 XML 由标记和字符数据组成。字符数据（例如，Smith 或 1984）是实际的数据。类似 HTML，XML 文档的结构由包含在一对尖括号内的标记定义。图 4-10 中，< name > 和 < place > 都是标记。与 HTML 一样，良好的布局通常可以提高可读性。XML 中注释的表示方法和 HTML 一样。

```
<person id="123456789">
        <name>Smith</name>
        <place>London</place>
        <year>1984</year>
        <!-- a comment -->
</person>
```

图 4-10　用 XML 定义的 Person 结构

元素：XML 中的元素由匹配的开始标记和结束标记包围的字符数据组成。例如，图 4-10 中的一个元素由包含在 < name > … </name > 标记对中的数据 Smith 组成。注意，具有 < name > 标记的元素包含在具有 < person id = "123456789" > … </person > 标记对的元素中。一个元素包含其他元素的能力使得 XML 具有表示层次数据的能力——这是 XML 一个非常重要的方面。一个空标记没有内容，用 / > 表示结束（而不是用 > ）。例如，< person > … </person > 标签可以包括一个空标记 < european/ > 。

属性：一个开始标记可以选择性地包含关联的属性名和属性值对，例如上述的 id = "123456789"。属性的语法与 HTML 的语法一样，其中属性名后面跟着一个等号和用引号括起来的属性值。多个属性值用空格分开。

把哪些项表示成元素哪些项表示成属性要进行选择。元素通常是一个数据容器，而属性用于标记数据。在我们的例子中，123456789 可以是应用程序使用的标识符，而 name、place 或 year 是需要显示的。如果数据包含子结构或多行信息，那么它必须被定义成元素，简单值定义成属性。

名字：XML 中的标记名和属性名通常以字母开始，也可以以下划线或冒号开始。名字首字符后可以是字母、数字、连字符、下画线、冒号或句号。名字中的字母是区分大小写的，以 xml 开始的名字是保留字。

二进制数据：XML 元素中所有的信息必须被表示成字符数据。但问题是，我们如何表示加密的元素或安全的散列值？这两者将用于 9.5 节介绍的 XML 安全性中。答案是它们可以用 base64 表示法表示 [Fred and Borenstein 1996]，这种方法仅用字母数字字符和具有特殊意义的 + 、/ 、= 表示。

解析和良构的文档　XML 文档必须是良构的，即它的结构必须符合规则。一个基本的规则是每个开始标记都要有一个匹配的结束标记。另一个基本的规则是所有标记要正确嵌套，例如，< x > … < y > …

</y> ··· </x> 是正确的，而 <x> ··· <y> ··· </x> ··· </y> 是不正确的。最后，每个 XML 文档必须有一个包围其他元素的根元素。这些规则对实现 XML 文档的解析器而言是非常简单的。当解析器读到一个非良构的 XML 文档时，它将报告一个致命的错误。

CDATA：XML 解析器通常分析元素的内容，因为它们可能包含嵌套的结构。但如果文本需要包含一个尖括号或引号，那么它必须以特殊的方式表示，例如，&lt 表示左尖括号。但如果因为某种原因，不需要解析某个部分，例如，它包含了特殊的字符，那么它可以表示成 CDATA。例如，如果一个场地的名字中包含了一个撇号，那么可以用下面两种方式之一指定：

<place> King &apos Cross </place>
<place> <![CDATA[King's Cross]]></place>

XML 序言：每个 XML 文档必须在它的第一行包含一个序言（prolog）。序言必须至少指定使用的 XML 版本（当前是 1.0）。例如：

<? XML version = "1.0" encoding="UTF-8" standalone = "yes"?>

第三个属性用于说明文档是独立的还是依赖于外部定义的。

序言也必须指定编码方式（默认编码是 UTF-8，参见 4.3.2 节的解释）。术语编码方式指的是用于表示字符的代码集——ASCII 是我们最熟知的例子。注意，在 XML 序言中，ASCII 被指定成 us-ascii。其他可能的编码方式包括 ISO-8859-1（或 Latin-1），它也是一种 8 位编码方式，前 128 个值是 ASCII 字符，其他字符用于表示西方欧洲语言中的字符。其他 8 位编码用于表示其他字母表（如希腊语或斯拉夫语）。

可以用另一个属性指明文档是独立的还是依赖于某些外部定义。

XML 名字空间 通常情况下，名字空间为设定名字的作用域提供了一个手段。一个 XML 名字空间是具有一组元素类型和属性的一个名字集合，通过 URL 引用。其他 XML 文档可通过引用名字空间的 URL 使用该名字空间。

利用 XML 名字空间的元素将名字空间指定成名为 xmlns 的属性，该属性的值是一个 URL，指向包含名字空间定义的文件。例如：

166

xmlns:pers = "http://www.cdk5.net/person"

xmlns 后面的名字（这里是 pers）可以作为一个前缀，指向某个名字空间中的元素，如图 4-11 所示。pers 前缀在 person 元素中被绑定到 http://www.cdk5.net/person。一个名字空间的应用范围为开标记和闭标记所确定的范围内，除非被一个内含的名字空间定义取代。一个 XML 文档可能定义了多个不同的名字空间，每个名字空间用其唯一的前缀引用。

```
<person pers:id="123456789" xmlns:pers = "http://www.cdk5.net/person">
    <pers:name> Smith </pers:name>
    <pers:place> London </pers:place>
    <pers:year> 1984 </pers:year>
</person>
```

图 4-11 在 Person 结构中使用名字空间

名字空间的约定允许一个应用程序利用不同名字空间中的多个外部定义，而不存在名字冲突的风险。

XML 模式 一个 XML 模式 [www.w3.org Ⅷ] 定义了在文档中出现的元素和属性、元素如何嵌套、元素的顺序及个数、元素是否为空或能否包含文本等。对于每个元素，它定义了类型和默认值。图 4-12 给出了一个模式的例子，它定义了图 4-10 所示的 person 结构的 XML 定义的数据类型和结构。

目的是单个模式定义可被多个不同的文档共享。一个 XML 文档遵循某个模式定义，那么可以通过这个模式进行验证。例如，SOAP 消息的发送者可以使用 XML 模式编码消息，接收者将用相同的 XML 模式进行验证并解码消息。

文档类型定义：文档类型定义（Document Type Definitions，DTD）［www.w3.org Ⅵ］是作为 XML 1.0 规约的一部分提供的，用于定义 XML 文档的结构，目前仍被广泛使用。DTD 的语法与 XML 的其他部分不一样，其描述能力比较有限。例如，它不能描述数据类型，它的定义是全局的，因此元素名不能重复。DTD 不用于定义 Web 服务，尽管它们仍可以用于定义由 Web 服务传输的文档。

```
<xsd:schema  xmlns:xsd = URL of XML schema definitions  >
    <xsd:element name= "person" type ="personType" />
    <xsd:complexType name="personType">
        <xsd:sequence>
            <xsd:element name = "name"  type="xs:string"/>
            <xsd:element name = "place"  type="xs:string"/>
            <xsd:element name = "year"  type="xs:positiveInteger"/>
        </xsd:sequence>
        <xsd:attribute name= "id"   type = "xs:positiveInteger"/>
    </xsd:complexType>
</xsd:schema>
```

图 4-12　用于 Person 结构的 XML 模式　|167|

访问 XML 的 API　大多数常用的编程语言有可用的 XML 解析器和生成器。例如，将 Java 对象输出成 XML（即编码）的 Java 软件和从类似结构中创建 Java 对象（即解码）的软件。Python 编程语言有类似的软件用于 Python 数据类型和对象。

4.3.4　远程对象引用

本节的内容仅适用于诸如 Java 和 CORBA 这样的支持分布对象模型的语言，与 XML 无关。

客户调用远程对象中的一个方法时，就会向存放远程对象的服务器进程发送一个调用消息。这个消息需要指定哪一个对象具有要调用的方法。远程对象引用（remote object reference）是远程对象的标识符，它在整个分布式系统中有效。远程对象引用在调用消息中传递，以指定调用哪一个对象。第 5 章将介绍远程对象引用也作为远程方法调用的参数传递，并作为远程方法调用的结果返回，第 5 章还将说明每个远程对象有一个远程对象引用，并通过比较远程对象引用确定它们是否指向同一个远程对象。现在我们讨论远程对象引用的外部表示。

远程对象引用必须以确保空间和时间唯一性的方法生成。通常，在远程对象上有许多进程，所以远程对象引用在分布式系统的所有进程中必须是唯一的。即使在删除与给定远程对象引用相关的远程对象后，该远程对象引用也不能被重用，因为潜在的调用者还可能保留着过期的远程对象引用，记住这一点非常重要。试图调用已删除对象应该产生一个出错信息，而不应该允许访问另一个对象。

有几个方法可以确保远程对象引用是唯一的。一种方法是通过拼接计算机的互联网地址、创建远程对象引用的进程的端口号、创建时间和本地对象编号来构造远程对象引用。每次进程创建一个对象，本地对象编号就增加 1。

端口号与时间一起在计算机上产生唯一的进程标识符。利用这种方法，远程对象引用可用图 4-13 所示的格式表示。在 RMI 的最简单实现中，远程对象仅在创建它们的进程中存在，并只在该进程运行时存活。在这种情况下，远程对象引用可以作为远程对象的地址。换句话说，调用消息被发送到远程引用中的互联网地址，并传递给该计算机上使用给定端口号的进程。　|168|

32比特	32比特	32比特	32比特	
互联网地址	端口号	时间	对象编号	远程对象接口

图 4-13　远程对象引用的表示

为了使远程对象在不同计算机的不同进程中重定位，远程对象引用不应该作为远程对象的地址使用。8.3.3 节讨论远程对象引用的一种格式，它允许对象在它的生命周期中在不同的服务器上被激活。

第 10 章将要描述的对等覆盖网络使用完全与位置无关的远程对象引用。消息通过一个分布式路由算法路由到资源所在地。

图 4-13 中远程对象引用的最后一个域包含关于远程对象接口的信息，例如接口名。该信息与接收远程对象引用作为远程调用的参数或结果的进程有关，因为它需要知道由远程对象提供的方法。这一点将在 5.4.2 节中解释。

4.4 组播通信

消息成对交换不是一个进程到一组进程通信的最佳模式。一个进程与一组进程通信可能是必要的。例如，为了提供容错能力或为了提高可用性而将一个服务实现为多个不同计算机上的多个不同的进程，那么就会有一个进程到一组进程的通信。组播操作（multicast operation）是更合适的方式，这是一个将单个消息从一个进程发送到一组进程的每个成员的操作，组的成员对发送方通常是透明的。组播的行为有很多种可能情况。最简单的组播不提供消息传递保证或排序保证。

组播消息为构造具有下列特征的分布式系统提供了基础设施：

1）基于复制服务的容错（fault tolerance based on replicated services）：一个复制服务由一组服务器组成。客户请求被组播到组的所有成员，每一个成员都执行相同的操作。即使一些成员出现故障，仍能为客户提供服务。

2）在自发网络中发现服务（discovering services in spontaneous networking）：1.3.2 节讨论了自发网络中的发现服务。客户和服务器能使用组播消息找到可用的发现服务，以便在分布式系统中注册服务接口或查找其他服务的接口。

3）通过复制的数据获得更好的性能（better performance through replicated data）：复制数据能提高服务的性能。在某些情况下，数据的副本放在用户的计算机上。每次数据改变，新的值便被组播到管理副本数据的各个进程。

4）事件通知的传播（propagation of event notification）：组播到一个组可用于在发生某些事情时通知有关进程。例如，在 Facebook 中，当某个人改变了自己的状态时，他的所有好友都会收到通知。同样，发布－订阅协议使用组播向订阅者发布消息，这将在第 6 章讨论。

在本节中，我们先介绍 IP 组播，然后回顾上述使用组通信的要求，看看 IP 组播能满足其中的哪些要求。对于不能满足的要求，我们在组通信协议中提出了 IP 组播已有特征之外的更多特征。

4.4.1 IP 组播——组播通信的实现

本节讨论 IP 组播，并通过 MulticastSocket 类给出组播的 Java API。

IP 组播 IP 组播（IP multicast）在网际协议 IP 的上层实现。注意，IP 数据包是面向计算机的——端口属于 TCP 和 UDP 层。IP 组播使发送方能够将单个 IP 数据包传送给组成组播组的一组计算机。发送方不清楚每个接收者身份和组的大小。组播组（multicast group）由 D 类互联网地址（参见图 3-15）指定，即在 IPv4 中，前 4 位是 1110 的地址。

组播组的成员允许计算机接收发送给组的 IP 数据包。组播组的成员是动态的，计算机可以在任何时间加入或离开，计算机也可以加入任意数量的组。可以无须成为成员就向一个组播组发送数据报。

在应用编程级，IP 组播只能通过 UDP 可用。应用程序通过发送具有组播地址和普通的端口号的 UDP 数据报完成组播。应用通过将套接字加入到组来加入一个组播组，使得它能从组接收消息。在 IP 层，当一个或多个进程具有属于一个组播组的套接字时，该计算机属于这个组播组。当一个组播消息到达计算机时，消息副本被转发到所有已经加入到指定组播地址和指定端口号的本地套接字上。下列特点是 IPv4 特有的：

组播路由器（multicast router）：IP 数据包既能在局域网上组播也能在互联网上组播。本地的组播使用了局域网（例如以太网）的组播能力。互联网上的组播利用了组播路由器，由它将单个数据报转

发到其他成员所在网络的路由器上，再通过路由器组播到本地成员。为了限制组播数据报传播的距离，发送方可以指定允许通过的路由器数量，这称为存活时间（time to live），简称 TTL。要了解路由器如何知道其他的哪个路由器具有组播组的成员，请参见 Comer［2007］。 |170|

组播地址分配（multicast address allocation）：如在第 3 章所讨论的，D 类地址（224.0.0.0 ~ 239.255.255.255）作为组播通信的保留地址，由 IANA（Internet Assigned Numbers Authority）来全局管理，每年都会对这类地址空间进行审阅，参见最新文档 RPC 3171［Albanna et al. 2001］，这篇文档将这类地址空间分成以下几块：

- 本地网络控制块（224.0.0.0 ~ 224.0.0.225），在给定的本地网络中进行组播通信。
- 互联网控制块（224.0.1.0 ~ 224.0.1.225）。
- Ad Hoc 控制块（224.0.2.0 ~ 224.0.225.0），用于不适合其他任何网络的通信。
- 管理块（239.0.0.0 ~ 239.255.255.255），用于实现组播通信的作用域机制（限制传播）。

组播地址可以是永久的，也可以是暂时的。即便没有任何成员，永久组仍然存在，它们的地址由 IANA 分派并且可以是以上提到的任一块中的地址。例如，第 14 章将讲到，网络块地址中的 224.0.1.1 是为 NTP（Network Time Protocol）保留的地址，Ad Hoc 块中的地址范围 224.0.6.000 ~ 224.0.6.127 是为 ISIS 计划预留的地址（参见第 6 和第 18 章）。预留地址有很多目的，有的是为了说明互联网协议，有的是为大量用到组播通信的组织而预留的，诸如多媒体广播和金融机构。可以在 IANA 的网页 www.iana.org II 找到这些预留地址列表。

剩下的组播地址可用于临时组，这些组必须在使用前创建，在所有成员离开的时候消失。创建一个临时组时，要有一个空闲的组播地址以避免意外地加入到一个已有组中。IP 组播协议没有解决这个问题。但当仅需要本地通信时，可以有相对简单的解决办法——例如，将 TTL 设置为一个小的值，使得它不可能与其他组选择同一个地址。然而，用 IP 组播在互联网上编程需要更复杂的方法来解决这个问题。RFC 2908［Thaler et al. 2000］描述了一个互联网上应用程序的组播地址分配架构（Multicast Address Allocation Architecture，MALLOC），它为给定生存时间、给定作用域分配唯一的地址。这样，方案就和上文提到的作用域机制绑定在一起。当采用客户 - 服务器方案时，客户从一个组播地址分配服务器（Multicast Address Allocation Server，MAAS）请求一个组播地址时，地址分配服务器随后跨域通信确保所分配的地址在给定的生存时间和作用域内是唯一的。

组播数据报的故障模型　IP 组播上的数据报组播与 UDP 数据报有相同的故障特征，也就是说，它们也会遭遇遗漏故障。如果在组播上出现遗漏故障，那么哪怕遇到一个遗漏故障，消息也不能保证传递到一个特定组的所有成员。也就是说，有部分组成员能接收到消息。这称为不可靠的组播，因为它不能保证消息传递到组的每一个成员。可靠的组播见第 15 章的讨论。 |171|

IP 组播的 Java API　Java API 通过类 MulticastSocket 提供 IP 组播的数据报接口，类 Multicast - Socket 是 DatagramSocket 的子类，具有加入组播组的能力。类 MulticastSocket 提供了两个构造函数，允许用一个指定的本地端口（例如，图 4-14 中所示的 6789）或任何空闲的本地端口创建套接字。一个进程可通过调用它的组播套接字的 joinGroup 方法以一个给定的组播地址为参数加入到一个组播组。实际上，套接字在给定端口加入到一个组播组，它将接收其他计算机上的进程发送给位于该端口所在的组的数据报。进程通过调用它的组播套接字的 leaveGroup 方法离开指定的组。

在图 4-14 所示的例子中，main 方法的参数指定了要组播的消息和组的组播地址（例如 "228.5.6.7"）。在加入到组播组后，进程生成包含消息的 DatagramPacket 的实例，并通过组播套接字发送该消息到端口 6789 上的组播组地址。之后，它试图通过它的套接字从同属同一端口上的其他组成员处接收三个组播消息。当该程序的几个实例同时在不同的计算机上运行时，它们都加入同一个组，每一个实例应该接收自己的消息和来自同一组的消息。 |172|

Java API 允许通过 setTimeToTive 方法为组播套接字设置 TTL。默认值是 1，允许组播仅在局域网中传播。

在 IP 组播上实现的应用可以使用多个端口。例如，MultiTalk［mbone］应用允许用户组保持文本格式的会话，它用一个端口发送和接收数据，用另一个端口交换控制数据。

```
import java.net.*;
import java.io.*;
public class MulticastPeer{
    public static void main(String args[]){
        // args give message contents & destination multicast group (e.g. "228.5.6.7")
        MulticastSocket s =null;
        try {
            InetAddress group = InetAddress.getByName(args[1]);
            s = new MulticastSocket(6789);
            s.joinGroup(group);
            byte [] m = args[0].getBytes();
            DatagramPacket messageOut =
                new DatagramPacket(m, m.length, group, 6789);
            s.send(messageOut);
            byte[] buffer = new byte[1000];
            for(int i=0; i< 3; i++) {// get messages from others in group
                DatagramPacket messageIn =
                    new DatagramPacket(buffer, buffer.length);
                s.receive(messageIn);
                System.out.println("Received:" + new String(messageIn.getData()));
            }
            s.leaveGroup(group);
        }catch (SocketException e){System.out.println("Socket: " + e.getMessage());
        }catch (IOException e){System.out.println("IO: " + e.getMessage());
        }finally {if(s != null) s.close();}
    }
}
```

图 4-14 组播成员加入一个组，然后发送和接收数据报

4.4.2 组播的可靠性和排序

上一节介绍了 IP 组播的故障模型。从一个组播路由器发送到另一个路由器的数据报也可能丢失，这妨碍了另一端路由器的接收者接收消息。也就是说，IP 组播会遇到遗漏故障。对局域网的组播而言，它利用网络的组播能力让单个数据报到达多个接收者，但任何一个接收者都可能因为它的缓冲区已满而丢弃消息。

另一个因素是任何进程可能失败。如果组播路由器出现故障，那么通过路由器到达的组成员将不能接收到组播消息，尽管本地成员还可以接收组播消息。

还有一个问题是排序。在互连网络上发送的 IP 数据包不一定按发送顺序到达，这样，组中的一些成员从同一个发送者处接收的数据报的顺序可能与其他组成员接收的顺序不一样。另外，两个不同的进程发送的消息不必以相同的顺序到达组的所有成员。

可靠性和排序的效果举例 我们现在用 4.4 节开始部分介绍的四个使用复制的例子考虑 IP 组播故障语义的作用。

1) 基于复制服务的容错：考虑这样一个复制服务，它由一组服务器组成，这些服务器以相同的初始状态启动，总是以相同的顺序执行相同的操作，以便维持彼此之间的一致性。这个组播应用要求要么所有的副本接收到同一个操作请求，要么所有的副本都没有接收到操作请求——如果有一个副本错过了该请求，那么它就无法与其他副本保持一致。在大多数情况下，该服务将要求所有成员以相同的顺序接收请求消息。

2) 在自发网络中发现服务：进程在自发网络中发现服务的一种方法是，在一定间隔期发送组播请求，可被访问的服务器监听到这些请求并作出回应。偶尔的请求丢失是可以接受的。事实上，Jini 在它的协议中使用了 IP 组播寻找发现服务器。19.2.1 节将讲述这个问题。

3) 通过复制的数据获得更好的性能：考虑利用组播消息分布复制数据本身而不是数据上的操作的情况，此时消息丢失和顺序不一致所产生的后果取决于复制的方法和所有最新副本的重要性。

4) 事件通知的传播：特定应用决定了组播所要求的质量。例如，Jini 的查找服务使用 IP 组播通告服务的存在（参见 19.2.1 节）。

这些例子说明，一些应用需要比 IP 组播更可靠的组播协议。特别是，有可靠组播的需求，即传输的任何消息要么被一个组的所有成员都收到，要么所有成员都收不到。这些例子也说明，有些应用对顺序有严格的要求，其中最严格的称为全排序组播（传输到一个组的所有消息要以相同的顺序到达所有成员）。

第 15 章将定义和说明如何实现可靠组播以及各种有用的排序保证，包括全排序组播。

4.5　网络虚拟化：覆盖网络

互联网通信协议的强大在于它们通过 API（参见 4.2 节）提供了一组有效的构造分布式软件的构造块。然而，不断增加的大量不同类型的应用（例如，对等文件共享和 Skype）在互联网上并存。试图更改互联网协议来适应运行在其上的每一个应用是不实际的，因为这可能提高了一个应用的性能，而对另一个应用产生危害。另外，IP 传输服务是实现在大量持续增多的网络技术之上的。这两个因素引起了人们对网络虚拟化的兴趣。

网络虚拟化［Petersen et al. 2005］涉及在一个已有的网络（如互联网）之上构造多个不同的虚拟网络。每个虚拟网络被设计成支持一个特定的分布式应用。例如，一个虚拟网络可以支持多媒体流，例如在 BBC iPlayer、BoxeeTV［boxee. tv］或 Hulu［hulu. com］中，它和支持多人在线游戏的虚拟网络共存，它们都在相同的底层网络上运行。这为由 Salzer 的端到端争论（见 2.3.3 节）引起的困境提供了一种解决方案：一个面向特定应用的虚拟网络能建在一个已有的网络上并为特定的应用进行优化，而不改变底层网络的特征。

第 3 章给出了计算机网络的寻址模式、协议和路由算法，类似地，每个虚拟网络有它自己特定的寻址模式、协议和路由算法，它们被重新定义以满足特定类应用的需求。

4.5.1　覆盖网络

覆盖网络（overlay network）是一个结点和虚拟链接组成的虚拟网络，它位于一个底层网络（例如 IP 网络）之上，提供一些独有的功能：

- 满足一类应用需求的服务或一个特别高层的服务，例如，多媒体内容的分发；
- 在一个给定的联网环境中的更有效的操作，例如，在一个自组织网络中的路由；
- 额外的特色，例如，组播或安全通信。

这导致了一大类覆盖网络，如图 4-15 所示。覆盖网络有下列好处：

- 它们使得不改变底层网络就能定义新的网络服务，关键取决于该领域标准化的水平和修补底层路由器功能的困难。
- 它们鼓励对网络服务进行实验和对服务进行面向特定应用的定制。
- 能定义多个覆盖网（overlay），它们能同时存在，从而形成更开放和可扩展的网络体系结构。

覆盖网的不足是引入了额外的间接层（因此可能会有性能损失），例如，与相对简单的 TCP/IP 网络的体系结构相比，它增加了网络服务的复杂性。

覆盖网与熟悉的分层概念相关（已在第 2 章和第 3 章做了介绍）。一个覆盖网是一层，是在标准体系结构（诸如 TCP/IP 栈）外存在的一层，而且它利用了由此带来的自由度。特别是，覆盖网开发者能自由地重定义如上所述的网络的核心元素，包括寻址的模式、所采用的协议和路由的方法，它经常引入完全不同的方法，能针对操作环境的特定类应用进行裁剪。例如，分布式散列表引入了基于键空间的寻址类型，也建立了一个拓扑，该拓扑结构中的一个结点或者拥有键或者有一个指向更靠近拥有者的结点的链接（这种风格的路由称为基于键的路由（key-based routing））。这种拓扑最常见的形式是环。

动　机	类　型	描　述
为应用需求而裁剪	分布式散列表	一类最著名的覆盖网络，所提供的服务能以完全分散的方式在大量结点上管理键到值的映射（类似一个联网环境下的标准散列表）
	对等文件共享	覆盖网结构关注构造被裁剪的寻址和路由机制，以支持文件的协作发现和使用（例如，下载）
	内容分发网络	这些覆盖网把复制、缓存和放置策略归类，以在为 Web 用户传送内容方面提供改善的性能，用于 Web 加速和为视频流提供所要求的实时性 [www.kontiki.com]
为网络类型而裁剪	无线自组织网络	网络覆盖层为无线自组织网络提供定制的路由协议，包括能在底层结点上有效构造路由拓扑的主动模式和按需构建路由的被动模式，后者通常由泛洪机制支持
	容中断网络	该类覆盖网设计用于在恶劣环境中工作，会遭遇重要结点或链接故障，可能有很高的延迟
提供额外的特性	组播	覆盖网络在互联网上的一种最早的应用，在没有组播路由器的地方，提供对组播服务的访问；建立在由 Van Jacobsen、Deering 和 Casner 实现的 MBone（组播主干网）[mbone] 之上
	恢复能力	用于寻找大幅度提升互联网路径健壮性和可用性的覆盖网络 [nms.csail.mit.edu]
	安全性	在底层 IP 网络上提供增强安全性的覆盖网络，例如，虚拟私网，见 3.4.8 节的讨论

图 4-15　覆盖网的类型

我们用 Skype 来举例说明覆盖网络的成功使用。本书将给出覆盖网进一步的例子。例如，第 10 章给出了对等文件共享所采用的协议和结构细节，以及关于分布式散列表的进一步信息。第 19 章考虑了在移动和无处不在计算上下文中的无线自组织网络和容中断网络，第 20 章考察了多媒体流的覆盖网支持。

4.5.2　Skype：一个覆盖网络的例子

Skype 是一个对等应用，在 IP 上提供语音电话服务（Voice over IP，VoIP）。它也包括通过 SkypeIn 和 SkypeOut 提供即时消息、视频会议和标准电话服务的接口。该软件由 Kazaa 在 2003 年开发，因此共享了 Kazaa 对等文件共享应用的许多特征 [Leibowitz et al. 2003]。该软件被广泛地部署，在 2009 年年初估计有 3.7 亿用户。

Skype 是一个在实际（和大规模）的系统中研究覆盖网使用的极好的实例，在不修改互联网核心体系结构的前提下，它能展示如何以应用特定的方式提供高级功能。Skype 是一个虚拟网络，因为它建立了人们（指 Skype 当前活跃的订阅者）之间的连接。建立一个呼叫无需 IP 地址或端口。支持 Skype 的虚拟网络的体系结构没有被广泛地公布，但研究者通过不同的方法来研究 Skype，包括流量分析，现在它的原理是公开的。下面的许多细节描述来自 Baset 和 Schulzrinne [2006] 的论文，其中包含了对 Skype 行为的详细研究。

Skype 体系结构　Skype 基于对等基础设施，由普通用户的机器（称为宿主机）和超级结点组成，超级结点是正好有足够的能力完成其增强角色的普通 Skype 宿主机。超级结点基于一系列标准，包括可用的带宽、可达性（例如，机器必须有一个全局的 IP 地址，不能隐藏在一个具有 NAT 功能的路由器之后）和可用性（基于 Skype 已经在那个结点上持续运行的时间长度），这些超级结点是按需选择出来的。图 4-16 给出了其整体结构。

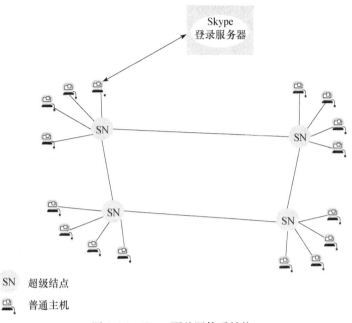

SN　超级结点

普通主机

图 4-16　Skype 覆盖网体系结构 [177]

用户连接　Skype 用户通过一个众所周知的登录服务器进行认证。接着他们可以与一个选中的超级结点连接。为了实现这一点，每个客户维护一个缓存，用于存放超级结点标识（即 IP 地址和端口对）。在第一次登录时，该缓存被写入大约 7 个超级结点的地址，随着时间的推移，用户可以创建和维护一个更大的缓存集（也许包含几百个地址）。

用户搜索　超级结点的主要目的是完成对用户全局索引的搜索，该索引分布在超级结点上。整个搜索由客户所选中的超级结点进行协调，会涉及扩展到其他超级结点的搜索，直到找到所指定的用户。平均来看，要与 8 个超级结点相接触。典型地，一个用户搜索花三四秒完成寻找拥有全局 IP 地址的宿主机（如果用户在一个具有 NAT 功能的路由器之后，可能需要稍长些时间，大约为 5~6 秒）。从实验来看，搜索所涉及的中间结点通过缓存结果可以提高性能。

声音连接　一旦发现了所请求的用户，Skype 就在双方之间建立一个声音连接，用 TCP 触发呼叫请求和呼叫终止，用 UDP 或 TCP 传输流或音频。UDP 优先，但 TCP 以及中间结点被用于某些环境以绕开防火墙（细节见 Baset 和 Schulzrinne[2006]）。用于编码和解码音频的软件在使用 Skype 提供的优质的呼叫质量方面扮演了关键的角色，相关的算法被小心地裁剪以便在 32kbps 及以上的互联网环境中运行。

4.6　实例研究：MPI

4.2.1 节介绍了消息传递，概述了在两个进程之间用 send 和 receive 操作交换消息的基本原理。消息传递的同步版本用阻塞的 send 和 receive 调用实现，而异步版本要求用 send 的非阻塞形式。最终结果是一个轻量、有效且在很多方面最小的分布式编程模式范例。

这种分布式编程的风格在性能为先的系统，尤其在高性能计算中是有吸引力的。本节给出消息传递接口（MPI）标准的一个实例研究，该接口标准是由高性能计算社团开发的。MPI 于 1994 年由 MPI 论坛 [www. mpi-form. org] 引入，作为对这个领域大量用于消息传递的专有方法的反击。该标准在网格计算（参见第 9 章的讨论）中也具有很大的影响力，例如，通过 GridMPI [www. gridmpi. org] 的开发。MPI 论坛的目标是保持消息传递方法内在的简单性、实用性和有效性，通过给出独立于操作系统或特定编程语言套接字接口的标准化接口，提高其可移植性。MPI 被设计成具有灵活性，结果是形成了消息传递所有变种（超过 115 个操作）的一个全面的规范。应用程序通过适用于大多数操作系统和编程语言（包括 C++ 和 Fortran）的一个消息传递库使用 MPI 接口。[178]

MPI 底层的体系结构模型相对简单，如图 4-17 所示。它类似于 4.2.1 节介绍的模型，但在发送方和接收方显式地加入了 MPI 库缓冲区，这些缓冲区由 MPI 库管理并用于在传送时保留数据。注意，这个图给出了从发送者通过接收者的 MPI 库缓冲区到接收者的单向示意图（也可以使用发送者的 MPI 库缓冲区）。

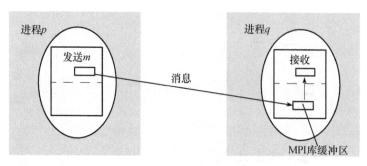

图 4-17　MPI 点到点通信概览

为了感受这种复杂性，我们看一下图 4-18 总结的各种 send 变种。它是对 4.2.1 节给出的消息传递视图的细化，提供了更多的选择和控制，并有效区分了同步/异步、阻塞/非阻塞消息传递语义。

send 操作	阻　　　塞	非　阻　塞
通用的	MPI_Send：发送者被阻塞直到操作安全返回，也就是说，直到消息在传送中或已传递，因此发送者应用缓冲区可以被重用	MPI_Isend：调用马上返回，提供给程序员一个通信请求句柄，利用该句柄可通过 MPI_Wait 或 MPI_Test 检查调用的进展
同步的	MPI_Ssend：发送者和接收者同步，该调用仅在消息被传递到接收端时返回	MPI_Issend：类似 MPI_Isend，但用 MPI_Wait 或 MPI_Test 可查明消息是否被传递到接收端
带缓冲的	MPI_Bsend：发送者显式地分配 MPI 缓冲区库（用一个单独的 MPI_Buffer_attach 调用），当数据被成功拷贝到这个缓冲区时该调用返回	MPI_Ibsend：类似 MPI_Isend，但用 MPI_Wait 或 MPI_Test 可查明消息是否被拷贝到发送者的 MPI 缓冲区，也就是在传送中
准备好的	MPI_Rsend：与 MPI_Send 类似，当发送者的应用缓冲区能被重用时，该调用返回，但程序员也向库指出接收者已准备好接收该消息，这样能潜在优化底层的实现	MPI_Isend：效果类似 MPI_Isend，但与 MPI_Rsend 一样，程序员向底层的实现指出接收者能被保证准备好接收数据（这将导致相同的优化）

图 4-18　MPI 中的部分 send 操作

我们首先查看图 4-18 相关列给出的四个阻塞操作。理解这组操作的关键是领会阻塞被解释成“阻塞直到操作安全返回”，它的含义是应用数据已经被拷贝到 MPI 系统，因此数据是在传送中或已传递，因此，应用缓冲区能被（例如，下一个 send 操作）重用。这引发“安全返回”的多种解释。MPI_Send 操作是一个通用的操作，仅要求提供这个层次的安全（实际上，它经常用 MPI_Ssend 来实现）。MPI_Ssend 与 4.2.1 节介绍的同步（阻塞）消息传递是一样的，其“安全”被解释成“已传递”。但 MPI_Bsend 有更弱的语义，是因为当消息已经被拷贝到预分配的 MPI 库缓冲区并且还在传送中时，该消息才被认为是安全的。MPI_Rsend 是一个相当奇妙的操作，程序员指明他们知道接收者准备好接收消息。如果这是已知的，那么底层的设计能被优化，因为不需要检查是否有缓冲区可用于接收消息，避免了“握手”确认。这是相当危险的操作，如果“准备好”这个假设不成立，那么该操作会失败。在图 4-18 中，可能观察到非阻塞操作的对称优美，这次是定义在相关的 MPI_Wait 和 MPI_Test 操作的语义上（注意，也是用对所有操作的一致命名约定）。

该标准也支持阻塞接收和非阻塞接收（分别用 MPI_recv 和 MPI_Irecv），发送和接收的变种在任一组合中成对出现，从而给程序员在消息传递语义方面提供了多种控制。此外，该标准定义了多种多路通信的模式（称为群通信），例如，包括散布（一对多）和聚集（多对一）操作。

4.7　小结

4.1 节说明了互联网协议提供了两个协议构造成分，在这两个协议之间存在一种有趣的权衡：UDP

提供了一个简单的消息传递设施,它存在遗漏故障但没有内在的性能障碍。另一方面,TCP 可以保证消息传递,但需要以额外的消息、高延迟和存储开销作为代价。

4.2 节给出了三种可选编码风格。CORBA 和它的前身采用的编码数据的方式要求接收者具有各个成分类型的先验知识。相反,当 Java 序列化数据时,它包括了关于数据内容类型的所有信息,允许接收方根据内容重构数据。XML 类似 Java,包含了所有类型信息。另一个大的区别是 CORBA 需要针对要编码的数据项类型的规约(用 IDL),以便生成编码和解码的方法,而 Java 使用反射来序列化对象并解序列化它们的串行格式。生成 XML 可采用许多不同的手段,这取决于上下文。例如,许多编程语言(包括 Java)提供了在 XML 和语言级对象之间进行转换的处理器。

组播消息用于进程组成员之间的通信。IP 组播提供了一个既可用于局域网又可用于互联网的组播服务。这种形式的组播与 UDP 数据报具有相同的故障语义,尽管会有遗漏故障,它对许多组播应用而言仍是一个有用的工具。其他一些应用有更高的需求——特别是,组播传递应该是原子的,即它应该具有全部传递或全部不传递的性质。组播的进一步需求与消息的顺序有关,最严格的需求是组的所有成员都要按相同的顺序接收所有消息。

覆盖网络在某些情形下支持组播但不支持 IP 组播。通常,覆盖网络提供网络架构虚拟化服务,这就允许专用网络服务可以在底下层网络(例如,UDP 或 TCP)基础设施上创建。通过产生更多的应用特定的网络抽象,覆盖网络部分解决了与 Saltzer 的端到端争论有关的问题。

本章最后给出了 MPI 规范的一个实例研究,它是由高性能计算社区开发的,具有灵活支持消息传递和多路消息传递的特性。　　　181

练习

4.1　一个端口有几个接收者时有哪些好处?　　　　　　　　　　　　　　　　　　　　　　　(第 148 页)

4.2　服务器创建了一个端口,用于从客户端接收请求。讨论有关端口名字和客户使用的名字之间关系的设计问题。　　　　　　　　　　　　　　　　　　　　　　　　　　　　　　　　　　　　(第 148 页)

4.3　图 4-3 和图 4-4 中的程序可从 www.cdk5.net/ipc 下载,用它们制作一个测试包来确定数据报被丢弃的条件。提示:客户程序应该能改变发送消息的个数和它们的大小;来自某个特定客户的消息如果丢失,服务器应该能检测到。　　　　　　　　　　　　　　　　　　　　　　　　　　　(第 150 页)

4.4　利用图 4-3 中的程序制作一个客户程序,让它反复地从用户处读取输入,并用 UDP 数据报消息把这些内容发送到服务器,接着从服务器接收一条消息。客户程序在它的套接字上设置超时,以便在服务器没有应答时能通知用户。用图 4-4 中的服务器程序测试该客户程序。　　　　　　　　(第 150 页)

4.5　图 4-5 和图 4-6 中的程序可从 www.cdk5.net/ipc 获得。修改程序以便客户能反复读取用户输入并将它写到流中;服务器反复地从流中读取内容,并将每次读取的结果打印出来。比较用 UDP 数据报发送数据和在流上发送数据。　　　　　　　　　　　　　　　　　　　　　　　　　　　(第 153 页)

4.6　用练习 4.5 开发的程序测试接收方崩溃时发送方的结果,以及发送方崩溃时接收方的情况。

　　　(第 153 页)

4.7　Sun XDR 在传输前将数据编码成标准的大序法格式。与 CORBA 的 CDR 比较,讨论这种方法的好处和不足。　　　　　　　　　　　　　　　　　　　　　　　　　　　　　　　　　　　　(第 160 页)

4.8　Sun XDR 在每个简单类型值上进行 4 字节边界对齐,而 CORBA CDR 对一个大小为 n 字节的简单类型在 n 字节边界对齐。讨论在选择简单类型值占据的大小应做出的权衡。　　　　　　(第 160 页)

4.9　为什么在 CORBA CDR 中没有显式的数据类型?　　　　　　　　　　　　　　　　　　(第 160 页)

4.10　用伪代码写一个算法介绍 4.3.2 节中介绍的序列化程序。算法应该给出类和实例的句柄被定义或替换的时间。描述在对类 Couple 的实例进行序列化时,你的算法应该生成的序列化格式。(第 162 页)

```
class Couple implements Serializable{
    private Person one;
    private Person two;
    public Couple(Person a, Person b) {
        one = a;
        two = b;
    }
}
```

182

4.11 用伪代码写一个算法描述由练习 4.10 定义的算法产生的序列化格式的解序列化过程。提示：使用反射，根据它的名字创建一个类，根据它的参数类型创建构造函数，根据构造函数和参数值创建对象的新实例。 (第 162 页)

4.12 为什么在 XML 中不能直接表示二进制数据，例如，表示成 Unicode 字节值？XML 元素能携带表示成 base64 的串。讨论用这种方法表示二进制数据的好处或不足。 (第 164 页)

4.13 定义一个用它的实例表示远程对象引用的类。它应该包含类似图 4-13 所示的信息，应该提供高层协议所需的访问方法（例如，第 5 章中的请求 – 应答协议）。解释每个访问方法如何被协议使用。对包含远程对象接口信息的实例变量，解释其类型选择。 (第 168 页)

4.14 IP 组播提供一种有遗漏故障的服务。可以参见图 4-14 制作一个测试包，看一下在什么情况下，一个组播消息可能被组播组的一个成员丢弃？这个包应该设计为允许有多个发送进程的情况。 (第 170 页)

4.15 概述一个设计模式：使用消息重传机制的 IP 组播来克服消息丢失的问题。你的设计模式应该考虑以下几点：
ⅰ）可以有多个发送者；
ⅱ）通常只丢失消息的一小部分；
ⅲ）接收者没必要在一定时间限制内发送消息。
假设未丢失的消息按发送者顺序到达。 (第 173 页)

4.16 练习 4.15 的解决方案应该克服了消息丢失的问题。在哪种情况下你的解决方案和可靠组播还是有区别的？ (第 173 页)

4.17 设计一个场景：不同的客户发送组播消息，并以不同顺序传送到两个组成员。假设使用了某种形式的消息重传机制，消息没有丢失并以发送方的顺序到达。接收方如何修复该问题？ (第 173 页)

4.18 回顾一下第 3 章（图 3-12，图 3-14）介绍的互联网结构。覆盖网络的引入对这种结构会产生什么影响？尤其对编程者的互联网结构的概念有什么影响？ (第 175 页)

4.19 在 Skype 中采用了超级结点的方法，它的主要参数是什么？ (第 177 页)

4.20 在 4.6 节中 MPI 提供了许多不同的 send 操作（包括 MPI_Rsend 操作），前提是假设接收方已经准备好在发送时间内接收数据。如果这个假设成立，有什么好的实现方法吗？如果不成立，又会怎样？ (第 180 页)

远 程 调 用

本章将逐步介绍第 2 章引入的远程调用范型（第 6 章介绍间接通信技术）。本章从检查最基本的服务、请求－应答通信开始，它是对第 4 章所讨论的进程间通信的小改进。然后介绍分布式系统通信的两个最主要的远程调用技术：

- 远程过程调用（RPC），RPC 将过程调用的通用编程抽象扩展到了分布式环境。一个调用过程可以像调用本地结点上的过程那样去调用一个远程结点上的过程。
- 远程方法调用（RMI），RMI 和远程过程调用相似，不同的是前者因为以下功能而更有优势：在分布式系统中使用了面向对象的编程概念，把对象引用扩展到全局分布式环境中，因此在远程调用中可以把对象引用作为参数。

本章也以 Java RMI 为主要特色的远程方法调用作为案例研究（在第 8 章介绍 CORBA 时，会有更多的体会）。 |185|

5.1 简介

本章关注在分布式系统中进程（或者是抽象层次比较高的实体，如对象和服务）如何通信，尤其关注在第 2 章中定义的远程调用范型：

- 请求－应答协议描述了一个基于消息传递的范型，该协议支持在客户/服务器计算中遇到的消息双向传输。尤其是此类协议为远程操作的执行请求提供了相关的底层支持，同时提供了对 RPC 和 RMI 的直接支持，下面讨论它们。
- 最早的、可能也是最为人们所熟知的程序员友好模型示例就是将传统的过程调用模型扩展到分布式系统（远程过程调用，或 RPC，模型）。远程过程调用模型允许客户程序透明地调用在服务器程序中的过程，而这些服务器程序运行在不同的进程中，通常位于不同于客户端的计算机中。
- 20 世纪 90 年代，基于对象的编程模型被扩展，允许不同进程运行的对象通过远程方法调用（Remote Method Invocation，RMI）彼此通信。RMI 是对本地方法调用的扩展，它允许一个进程对象调用另外一个进程对象的方法。

注意，我们用术语"RMI"指普通情形中的远程方法调用，不应该与远程方法调用的某些特例（如 Java RMI）相混淆。

本章从图 5-1 开始（参见第 4 章），连同第 6 章，继续学习中间件概念，着重学习进程通信。具体来说，从 5.2 节到 5.4 节着重上述列出的诸多通信形式，5.5 节给出一个更复杂的实例，即 Java RMI。 |186|

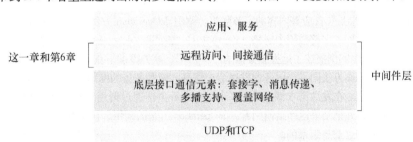

图 5-1 中间件层

5.2 请求－应答协议

这种通信设计用于支持典型客户/服务器交互中角色和信息的转换。通常情况下，请求－应答通信是同步的，在来自服务器端的应答到达之前客户端进程是阻塞的。它也是可靠的，因为从服务器端的应答是对客户端进程的一个有效的确认，因此也是可靠的。异步的请求－应答通信是可选择的，这种方式可能在客户允许检索应答延迟的情况下是有用的（见 7.5.2 节）。

尽管目前很多客户－服务器交换的实现采用的是 TCP 流的形式，但在接下来介绍的客户－服务器交换实现是通过在 Java UDP 数据报 API 中的发送（send）和接收（receive）操作来描述的。建立在数据报上的协议避免了像 TCP 流协议那样不必要的开销。尤其是：

- 因为应答紧跟在请求之后，所以确认是多余的。
- 一个连接的建立除了需要一对请求和应答之外还涉及两对额外的消息。
- 对于大部分只有少数的参数和结果的调用来说，流控制是多余的。

请求－应答协议 该协议基于三个通信原语：doOperation、getRequest、sendReply，如图 5-2 所示。该请求－应答协议将请求和应答进行匹配，用于提供传输保证。如果使用 UDP 数据报，那么就必须通过请求－应答协议提供传输保证。该协议可将服务器的应答消息作为客户端请求消息的确认。图 5-3 概括描述了这三个通信原语。

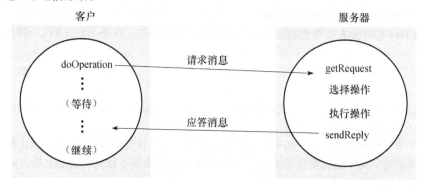

图 5-2 请求－应答通信

public byte[] doOperation (RemoteRef s, int operationId, byte[] arguments)
　　发送请求消息到远程服务器并返回应答。
　　参数指定远程服务器、待调用操作及该操作的参数。
public byte[] getRequest ();
　　通过服务器的端口获取一个客户端的请求。
public void sendReply (byte[] reply, InetAddress clientHost, int clientPort);
　　发送应答消息到指定IP地址和端口地址的客户。

图 5-3 请求－应答协议操作

客户使用 doOperation 方法来调用远程操作，方法参数指定远程服务器、待调用的操作以及操作请求的附加信息（参数）。其结果是包含应答内容的字节数组。调用 doOperation 方法的客户将参数编码（marshal）进一个字节数组，并从返回的字符数组中解码（unmarshal）出结果。doOperation 方法的第一个参数是类 RemoteRef 的一个实例，这个实例描述了远程服务器的一个引用。该类提供了获取相关服务器的互联网地址和端口号的方法。doOperation 方法向某个服务器发送请求信息，该服务器的网络 IP 地址、端口号在以参数形式出现的远程引用中指定。在发送请求消息之后，doOperation 方法通过调用 receive 方法接收应答消息，并从应答信息中提取结果，并把结果返回给调用者。doOperation 方法的调用者在服务器执行所请求的操作和传输应答信息给客户端进程之前是阻塞的。

服务器进程通过 getRequest 方法获得请求消息，如图 5-3所示。当服务器调用了指定的操作时，它会通过 sendReply 方法向客户发送应答消息。当客户端接收到应答消息时，原来的 doOpration 方法就会解除阻塞，客户端进程继续执行。

在请求消息和应答消息中传递的信息格式如图 5-4 所

messageType	int（0=请求, 1=应答）
requestId	int
remoteReference	远程对象引用
operationId	整数或方法
arguments	//字节数组

图 5-4 请求－应答协议消息结构

示。第一部分显示消息是请求消息还是应答消息。第二部分包含一个信息标识符，即 requestId。客户的 doOpration 方法为每个请求消息生成一个 requestId，服务器进程则将这些 ID 复制到对应的应答消息中。这样 doOpration 方法可以检查一个应答消息是当前请求消息的结果，而不是更早的请求消息的延迟结果。第三部分是远程引用。第四部分是被调用操作的标识符。例如，接口中的操作通过数字标识，如 1，2，3，…，如果客户和服务器都使用支持反射的通用语言，那么操作本身的描述就可能放入这一部分。

消息标识符 如果需要提供类似于可靠消息传递或请求 – 应答通信等额外特性，那么任何消息管理方案都会要求每一个消息必须有唯一的消息标识符。通过消息标识符才可以引用消息。消息标识符由两部分组成：

1）requestId，发送进程从一个长度不断增加的整数序列获取 requestId；

2）发送若进程的标识符，如它的端口号和互联网地址。

其中，第一部分使该标识符对于发送者来说是唯一的，而第二部分则使其在分布式系统中是唯一的（第二部分可独立获取——例如，使用 UDP 时，从接收到的消息中获取）。

当 requestId 的值达到一个无符号整数的最大值（如 $2^{32} - 1$），它重置为 0。这里唯一的限制是消息标识符的生命周期应该比用尽整数序列的值的时间短得多。

请求 – 应答协议的故障模型 如果 doOperation、getRequest、sendReply 这三个原语操作基于 UDP 数据报实现，那么它们会遇到相同的通信故障，即：

- 存在遗漏故障。
- 没有保证消息按照其发送顺序进行传输。

除此之外，该协议会遇到进程故障问题（见 2.4.2 节）。假设进程出现死机故障，也就是说，当它们停止时，则不会产生拜占庭（Byzantine）行为。

考虑到服务器故障或请求、应答消息被丢弃的情况，doOperation 方法在等待获取服务器应答消息时使用超时（timeout）。当出现超时时所采取的方案依赖于所能提供传输保证。

超时 超时发生时，doOperation 方法有多种选择。最简单的选择就是立即返回给客户一个 doOperation 发生故障的标示。这不是通常的方法。超时的原因可能是请求或应答消息丢失，对于后者该操作将被执行。为了避免消息丢失的可能性，doOperation 方法会重复地发送请求消息直到它收到应答，或已有理由相信延迟是因为服务器未作应答而不是丢失了请求消息。最终，当 doOperation 方法返回时，会以未接收到结果的异常告诉客户。

丢弃重复的请求消息 当请求消息重复传输时，服务器可能不止一次地接收到该消息。例如，服务器可能接收第一个请求消息但是却花了比客户的超时时限更长的时间执行命令和返回结果。这就导致服务器为同样的请求而不止一次地执行某个操作。为了避免这种情况，该协议设计能识别带有相同请求标识符的连续消息（来自同一客户），并过滤掉重发的消息。如果服务器还没有发送应答消息，它就无须采取特殊行动，在执行完这个操作时传输该应答。 |189|

丢失应答消息 如果当服务器收到一个重复的请求消息时已经发送了应答消息，那么除非它保存了原先执行的结果，否则它需要再次执行这个操作来获得该结果。一些服务器会不止一次地执行它们的操作并每次都获得相同的结果。一个幂等操作（idempotent operation）指的是，它重复执行的效果与它好像仅执行一次的效果相同。例如，向集合中添加一个元素的操作是幂等操作，因为它每次的执行对于集合的效果是一样的。然而，给一个序列添加一个项就不是幂等操作，因为每次它执行都扩展了这个序列。如果一个服务器上的操作都是幂等操作，那么就没有必要去采取特殊措施避免操作的多次执行。

历史 对于要求重新传输应答而不需要重新执行操作的服务器来说，可以使用历史。术语"历史"通常指的是包含已发送的（应答）消息记录的结构。历史的内容包含请求标识符、消息和消息被发送到的客户的标识符。其目的是当客户进程请求服务器时让服务器重新传输应答消息。和历史的使用相关的问题是它的内存开销。如果服务器不能确定何时不再需要重新传输消息，那么历史的内存开销将会变得很大。

由于客户每次只能发送一个请求，服务器可以将每个请求解释成客户对上一次应答消息的确认。因此，历史中只需要包含发送给每个客户的最晚的应答消息。然而，当服务器有大量的客户时，服务器历史中应答消息的容量可能仍旧是一个问题。原因是，当客户进程终止时，它不会为它所接到的最晚的应答消息发送应答确认，因此历史中的消息在一个有限的时间段以后会被丢弃。

交互协议的类型　为了实现多种类型的请求行为，可以使用三种协议，能够在出现通信故障时产生不同的行为。Spector[1982] 首先确认了三种协议：

- 请求（R）协议；
- 请求-应答（RR）协议；
- 请求-应答-确认应答（RRA）协议。

图 5-5 中总结了这些协议中传输的消息。在 R 协议中，客户端向服务器端发送一个单独的请求消息。这个协议可能用在不需要从远程操作返回值或客户端不需要得到远程操作执行确认的情况中。在请求发送后，客户端可以立即继续执行而无须等待应答消息。该协议是基于 UDP 数据报实现的，所以有可能遇到相同的通信故障。

名字	消息发送方		
	客户	服务器	客户
R	请求		
RR	请求	应答	
RRA	请求	应答	确认应答

图 5-5　RPC 交换协议

RR 协议对于绝大多数客户/服务器的交互是有用的，因为它是基于请求-应答协议的，不要求特殊的确认消息，因为服务器的应答消息看成就是客户端请求消息的一个确认。相似的，随后的一个来自客户的调用可以视为服务器应答消息的一个确认。像我们看到的那样，因 UDP 数据报丢失而引起通信故障可以通过带有重新过滤的请求重复传输和在重新传输的历史中保存应答消息的方式进行屏蔽。

RRA 协议基于三种消息的交互：请求-应答-确认应答。该确认应答消息中包含了来自于被确认的应答消息的 requestId。这使服务器能从历史中删除相应的条目。对于到达的确认消息中的 requestId 来说，它被视为在所有的 requestId 中比其更小的应答消息的确认，所以确认消息的丢失不会造成什么损失。尽管该交互过程涉及附加的消息，也无须阻塞客户端进程，因为该确认可能在向客户端发送应答之后才传输的。然而它没有用到进程和网络资源。练习 5.10 中谈到了关于 RRA 协议的优化。

请求-应答协议的 TCP 流的使用　在第 4.3.2 节中提到，接收数据报的缓冲区合适的大小经常是很难确定的。在请求-应答协议中，服务器用缓冲区来接收请求消息，客户端用缓冲区来接收应答消息。因为过程的参数或结果可能是任意长度的，所以认为数据报长度的限定（通常为 8Kb）不适应于透明 RMI 或 RPC 系统的使用。

实现基于 TCP 流的请求-应答协议的原因之一是期望避免实现多包协议，因为 TCP 流可以传输任意长度的参数和结果。尤其是，Java 对象序列化是一种允许在客户、服务器之间发送参数和结果的流协议。该协议使可靠地传输任意长度的对象集合成为可能。如果使用 TCP 协议，就能保证可靠的传输请求消息和应答消息，因此对于请求-应答协议来说就没有必要去处理消息的重传、重复消息的过滤、历史的使用等问题。另外，流控制机制可以传递大量的参数和结果而不需采用特殊措施来避免大规模的接收。由于 TCP 协议简化了它们的实现，所以把它用于请求-应答协议。如果在同一对客户/服务之间基于同一个流连续地发送相同的请求-应答消息，那么不需要在每次远程调用上都有连接的开销。当发送请求消息后不久收到应答消息时，TCP 确认消息引起的开销也将减少。

然而，如果应用不要求 TCP 提供的所有机制，那么更有效的方法是，定制一个基于 UDP 实现的协议。例如，因为 SUN NFS 在客户、服务器之间传输固定长度的文件块，所以它不要求提供对发送无限长消息的支持。此外，把它的操作设计成幂等操作，这样为了重传丢失的应答消息而多次执行操作也没有关系，同时也没有必要去维护历史。

HTTP：请求-应答协议的例子　第 1 章中介绍了用于从客户端的浏览器向服务器端发送请求并接收应答的超文本传输协议。总的来说，Web 服务器有两种不同的实现管理资源的方法：

- 数据——如 HTML 网页的正文或图片或面板的类；
- 程序——如 servlets 或者 PHP 或运行在 Web 服务器端的 Pychon 程序。

客户端请求指定一个包含 Web 服务器上的 DNS 主机名和在 Web 服务器上选择端口的 URL 和在该服务器上资源的标识符。

HTTP 协议指定一个消息，该消息涉及请求 – 应答交互、方法、参数、结果及将它们加（编码）到消息中的规则。它支持一个固定的方法集合（GET、PUT、POST 等），这些方法应用于服务器上的所有资源。它不像先前描述的协议那样，每个服务都有自己操作的集合。除此之外，针对于 Web 资源使用调用方法，该协议允许内容协商和密码式验证：

内容协商（content negotiation）：客户端请求中包含说明他们能够接受的数据表示形式的信息（例如语言和媒体的类型），使服务器能选择出对于客户端最合适的数据表示形式。

认证（authentication）：凭据（credential）和质询（challenge）用于密码式验证，首先试图去访问受密码保护的区域时，服务器的应答包含了适用于资源的质询。第 11 章中解释了该质询，当客户端接收到质询，它令用户输入的用户名和密码，并提交与后续请求关联的凭据。

HTTP 基于 TCP 实现。在该协议最初版本中，每个客户/服务器交互都由下面的步骤组成：

- 客户端请求（连接），而服务器在一个默认端口或 URL 指定的端口接受连接。
- 客户端向服务器发送请求消息。
- 服务器向客户端发送应答。
- 连接断开。

然而，对于每个请求 – 应答交互都建立、断开连接的高昂代价，这会造成服务器超载以及引起太多的消息通过网络进行发送。注意，浏览器一般会向相同服务器发送多个请求。例如，在该协议较晚的版本（HTTP1.1，见 RFC 2616［Fielding et al. 1999］）使用持久连接来获取页面中的图片。在持久连 `192` 接中，客户/服务器维持一系列的请求 – 应答交互，可以在任何时候通过客户端或服务器端向另一个参与者发送指示来断开一个持久连接。如果服务器有一段时间处于空闲状态，那么该持久连接将会断开。但是在服务器指示连接断开和客户端接收到这个指示期间，客户端可能发送了其他的一个或多个请求。在这种状况下，如果涉及的操作是幂等操作，那么浏览器会重新发送请求而无需用户干预。例如，下面描述的 GET 方法是幂等操作。当涉及的操作不是幂等操作时，浏览器应该询问用户下一步该做什么。

请求和应答以 ASCII 字符串的形式被编码进消息。但是资源被表示成字节序列的形式并可能被压缩。用外部数据表示正文的做法，直接和协议打交道的应用程序员在使用 HTTP 时就简单多了。在本文中，文本表示不会使消息的长度增加的太多。

数据实现的资源在参数和结果中具有类似 MIME 的结构。在 RFC 2045［Freed and Borenstein 1996］中指定多用途 Internet 邮件扩展（Multipurpose Internet Mail Extension，MIME）是发送多部分数据（如邮件中的文本、图片和声音）的标准。数据源可以提供参数和结果中类似 MIME 的结构。数据以 MIME 类型作为前缀，这样接收者就知道如何去处理它。MIME 类型指定类型或子类型。例如。text/pain、text/html、image/gif、image/JPEG。客户也可以指定他们想要接收的 MIME 类型。

HTTP 方法 每个用户请求指定使用服务器端资源的方法和该资源的 URL。应答则说明该请求的状态。请求和应答可能也包含资源数据、表单内容或者运行在 Web 服务器上的程序资源的输出。该方法包含以下的内容：

GET：请求在参数中给出的 URL 对应的资源。如果该 URL 指向数据，那么服务器就会返回该 URL 指定的数据，如果该 URL 指向一个程序，那么服务器就会运行该程序并把结果返回客户端。URL 也可以有参数。例如，GET 方法能够将表单的内容以程序参数的形式发送出去。该 GET 方法执行的条件可以是资源最后的修改日期。GET 方法也可以通过配置以获得部分数据。

使用 GET 方法可使请求的所有信息都包含在 URL 中（例如，见第 1.6 节中的查询字符串）。

HEAD：该请求和 GET 相同，但是它不返回任何数据。然而，它返回与数据相关的所有信息，例如最后一次修改的时间，数据的格式和大小。 `193`

POST：指定资源（例如程序）的 URL，该资源可处理在请求消息体中提供的数据。执行数据的处理过程与 URL 所指定的程序功能有关。当某个执行活动可能改变服务器端的数据时使用 POST 方法。

POST 方法可以处理：

- 向数据处理进程（如 servlet）提供数据块。例如，提交从 Web 网站购物的 Web 表单。
- 发布消息到邮件列表或更新列表成员的详细信息。
- 通过追加操作扩展数据库。

PUT：要求请求中提供的数据在存储时以指定的 URL 作为标识符，要么作为现有资源的修改，要么作为一种新资源。

DELETE：服务器删除给定 URL 所标识的资源，服务器可能不经常允许该操作，在这种情况下将返回请求失败的应答。

OPTIONS：服务器提供给客户端能够应用到给定 URL 及其特定需求的方法列表（例如 GET、HEAD、PUT）。

TRACE：服务器返回请求的消息，用于诊断的目的。

PUT 和 DELETE 操作是幂等操作。但 POST 操作未必是这样的，因此 POST 操作能够改变资源的状态。其他操作因为不改变任何东西所以是安全的。

代理服务器可能中断上面描述的请求（见 2.3.1 节）。代理服务器可能缓存对 GET 和 HEAD 的应答。

消息的内容 Request 消息指定方法的名字、资源的 URL、协议的版本，一些头和消息体的选择信息。图 5-6 描述了方法为 GET 的 HTTP 请求消息的内容。当该 URL 指定数据源时，这个 GET 方法没有消息体。

方法	URL或路径名	HTTP版本	头部	消息体
GET	http://www.dcs.qmul.ac.uk/index.html	HTTP/ 1.1		

图 5-6　HTTP 请求消息

对代理服务器的请求需要绝对 URL，如图 5-6 所示。对源服务器（资源所在的服务器）的请求指定路径名，并在主机字头段中给出该源服务器的 DNS 名。例如：

GET /index. html HTTP/1. 1

Host：www. dcs. qmul. ac. uk

通常，在字头段中包含了请求的修饰符和客户信息，例如最近一次修改资源时间的情况或能接收信息的内容格式（例如 HTML 文本、音频、JPEG 图片）。授权字段可用于提供客户的凭证，以证书的形式指定其访问资源的权限。

应答消息指定协议的版本、状态代码和"原因"、一些头信息和可选的消息体，如图 5-7 所示。状态代码和原因提供服务器成功的报告或者以其他方式执行请求：前者是由程序解释的三位数整数，后者是人们能够理解的正文短语。头字段中通常传递关于服务器或访问的资源的额外信息。例如，如果一个请求要求认证，那么应答消息的状态将显示此信息并且头字段中包含了质询。一些状态返回可能很复杂。尤其是，303 状态表明浏览器要访问另一个 URL，该 URL 出现在应答信息的头字段中。当程序需要将浏览器重定向到一个选定的资源时，它用于响应被 POST 请求激活的一个程序。

HTTP版本	状态码	理由	头部	消息体
HTTP/1.1	200	OK		资源数据

图 5-7　HTTP 应答消息

请求或应答消息体中包含了在请求中指定的 URL 的相关数据信息。消息体自身的头字段指定了数据信息，如消息体的长度、MIME 类型、字符集、内容编码和最后的修改日期。该 MIME 类型字段指定数据的类型，例如，image/JPEG 或者 text/plain，内容编码字段中指定要使用的压缩算法。

5.3　远程过程调用

正如在第 2 章提到的那样，远程过程调用（RPC）的概念代表着分布式计算的重大突破，同时也使分布式编程和传统编程相似，即实现了高级的分布透明性。这种相似性通过将传统的过程调用模型扩展到分布式环境方式实现。尤其是，在 RPC 中调用远程机器上的程序就像这些程序在本地的地址空间中一样。那么底层 RPC 系统就隐藏了分布式环境重要的部分，包括对参数和结果的编码和解码、消息传递以及保留过程调用要求的语义。该概念由 Birrell 和 Nelson 在 1984 年首次提出，为许多分布式系统的编程铺平了道路，一直到现在。

5.3.1 RPC 的设计问题

在看 RPC 系统实现之前，我们首先看三个对于理解这个概念很重要的问题：

- RPC 推动的编程风格——接口编程。
- 和 RPC 关联的调用语义。
- 透明性的关键问题和它如何与远程过程调用相关联。

接口编程 大多数现代编程语言提供了把一个程序组织成一系列能彼此通信的模块的方法。模块 195 之间的通信可以依靠模块间的过程调用，或者直接访问另外一个模块中的变量来实现。为了控制模块之间可能的交互，必须为每一个模块定义显式的接口，模块接口指定可供其他模块访问的过程和变量。实现后的模块就隐藏了除接口以外的所有信息。只要模块的接口保持相同，模块的实现就可以随意改变而不影响到模块的使用者。

分布式系统的接口：在分布式程序中，模块能够运行在不同的进程中。在客户/服务器模型中，每个服务器提供一个客户端可用的方法集合。例如，文件服务器能够提供读、写文件的方法。"服务接口"（service Interface）这个术语涉及服务器提供的过程的说明、定义每个过程参数的格式。

在分布式编程中使用接口有很多的好处，这都源于接口和实现之间重要的分离：

- 对于任何形式的模块化编程，程序员只需要关心服务接口提供的抽象而不需要去关注它们的实现细节。
- 推演（潜在的异构）分布式系统，程序员也无需知道编程语言或者实现服务（在分布式系统中管理异构性的重要一步）的底层平台。
- 只要接口（外部视图）保持不变，实现可以改变，所以该方法自然地支持软件的演化。更确切地说，接口也能改变只要保持和原版本相互兼容。

服务接口的定义受分布式底层的基础设施的影响：

- 对于运行在某个进程中的客户模块去访问另一个进程中模块的变量是不可能的。因此，服务接口不能指定到变量的直接访问。注意，CORBA IDL 接口能指定属性，这看起来打破了该规则。虽然不能直接地访问该属性，但是可以通过自动添加到接口中的一些 getter 和 setter 过程来访问。
- 在本地过程调用中使用的参数传递机制（例如传递值和传递引用）不适用于调用者和过程在不同的进程中的情况。尤其是不支持传递引用。而在分布式程序中，模块接口的过程规范用 input 或 output 来描述参数，或有时都给出描述。input 参数通过发送请求消息中的参数值传递到远程服务器，然后将它们作为参数提供给在服务器上执行的操作。在应答消息中返回的 output 参数被作为调用的结果或改变调用环境中相应的变量的值。当某个参数同时作为输入/输出参数时，那么在请求和应答消息中都必须传送它的值。
- 本地和远程模块的另外一个不同是，一个过程的地址对于一个远程过程是无效的。因此，地址不能作为参数和远程模块的调用结果被返回。

这些约束对于接口规范的定义语言有很重要的影响，下面将讨论。

接口定义语言：RPC 机制可以集成到某种编程语言中，只要该语言包含适当的定义接口的表示法，并允许将输入和输出参数映射成该语言中正常使用的参数。当一个分布式应用的所有部分都是用同一种语言编写时，这种方法非常有效。因为它允许程序员用一种语言（例如 Java）实现本地调用和远程调用，所以这种方法也很方便。

然而，许多现有的有用的服务是用 C++ 和其他语言编写的。为了满足远程访问的需要，允许程序采用包括 Java 在内的各种语言进行编写是非常有益的。接口定义语言（Interface definition languages,

IDL）允许以不同语言实现过程以便相互调用。IDL 提供了一种定义接口的表示法，接口中操作的每个参数可以在类型声明之外附加输入或输出类型说明。

图 5-8 给出了 CORBA IDL 的一个简单例子。Person 结构与 4.3.1 节中用于说明编码的结构相同。名为 PersonList 的接口指定了实现该接口的远程对象中对 RMI 可用的方法。例如，方法 addPerson 指定它的参数是 in，意味着它是一个输入型参数。而方法 getPerson 是通过名字检索一个 Person 实例，它将其第二个参数指定为 out，意味着这是一个输出型参数。

IDL 这个概念最初是为了 RPC 系统而开发，但可在 RMI 和 Web 服务中应用。我们的实例学习包括：

- Sun XDR 作为 RPC 的 IDL 的例子（在第 5.3.3 节）；

```
// In file Person.idl
struct Person {
    string name;
    string place;
    long year;
};
interface PersonList {
    readonly attribute string listname;
    void addPerson(in Person p) ;
    void getPerson(in string name, out Person p);
    long number();
};
```

图 5-8　CORBA IDL 的例子

- CORBA IDL 作为 RMI 的 IDL 的例子（也在第 8 章中涉及）；
- Web 服务描述语言（WSDL）用于互联网范围的 RPC 支持 Web 服务（见第 9.3 节）；
- 被 Google 用于存储和互换很多种结构信息的协议缓冲区（见第 21.4.1 节）。

RPC 调用语义　5.2 节讨论了请求 - 应答协议，在该节中说明了可以通过不同的方式实现 doOperation 以提供不同的传输保证。主要的选择有：

重发请求消息：是否要重发请求消息，直到接收到应答或者认定服务器已经出现故障为止。

过滤重复请求：当启用重传请求的时候，是否要在服务器过滤掉重复的请求。

重传结果：是否要在服务器上保存结果消息的历史，以便无须重新执行服务器上的操作就能重传丢失的结果。

将这些选择组合使用便导致了调用者所见到的远程调用可靠性的各种可能语义。图 5-6 给出了有关选择及其产生的调用语义名。注意，对于本地方法调用，语义是恰好一次，意味着每个方法都恰好执行一次。RPC 调用语义定义如下：

或许调用语义：采用或许调用语义，远程方法可能执行一次或者根本不执行。当没有使用任何容错措施的时候，就启用了或许语义。它可能会遇到以下的故障类型：

- 遗漏故障，如果调用或结果消息丢失。
- 系统崩溃，由于包含远程对象的服务器出现故障。

如果在超时后没有接收到结果消息，并且也不再重发请求消息的话，那么该方法是否执行过就不能确定。如果调用消息丢失了，那么该方法就不会执行。另一方面，方法也可能执行过了，只是结果消息丢失了。系统崩溃可能发生在方法执行之前，也可能发生在方法执行之后。此外，在异构系统中，方法执行返回的结果可能会在超时后才到达。或许语义仅对那些可以接受偶然调用失败的应用是有用的。

至少一次调用语义：采用至少一次调用语义，调用者可能收到返回的结果，也可能收到一个异常。在收到返回结果的情况下，调用者知道该方法至少执行过一次，而异常信息则通知它没有接收到执行结果。至少一次调用语义可以通过重发请求消息来达到，它屏蔽了调用或结果消息的遗漏故障。至少一次调用语义可能会遇到下列类型的故障：

- 由于包含远程对象的服务器故障而引起的系统崩溃。
- 随机故障。重发调用消息时，远程对象可能会接收到这一消息并多次执行某一方法，结果导致存储或返回了错误的值。

5.2 节定义了幂等操作，这种操作反复执行后的结果与只执行一次的结果一样。非幂等操作在多次执行之后可能会出现错误的结果。例如，一个向银行账户增加 10 美元的操作只应该执行一次，如果重复执行的话，存款余额就可能不断增加！如果能设计服务器中的操作使其服务接口中所有的方法都是幂等操作的话，那么至少一次调用语义是可以接受的。

至多一次调用语义：采用至多一次调用语义，调用者可以接收返回的结果，也可以接收一个异常。在接收返回结果的情况下，调用者知道该方法恰好执行过一次。而异常信息则通知调用者没有收到执行结果。在这种情形下，方法要么执行过一次，要么根本没有执行。至多一次调用语义可以通过使用所有的容错措施来达到（在图 5-9 中强调了）。正如前面的情形，重发请求消息可以屏蔽所有调用或结果消息的遗漏故障。这一系列的容错措施通过确保每个 RPC 的程序没有被执行一次以上，防止了随机故障。Sun RPC（在第 5.3.3 节中讨论过）提供至少一次调用语义。

容错措施			调用语义
重发请求消息	过滤重复请求	重新执行 过程或重传应答	
否	不适用	不适用	或许
是	否	重新执行过程	至少一次
是	是	重传应答	至多一次

图 5-9 调用语义

透明性 RPC 的创始人 Birrell 和 Nelson[1984] 致力于使远程过程调用与本地过程调用尽可能相似，使得本地过程调用和远程过程调用在语法上没有差别。所有对编码和消息传递过程的必要调用都对编写调用的程序员面隐藏起来。尽管请求消息在超时后重新发送，但这对调用者而言也是透明的——使远程过程调用的语义与本地过程调用的语义相似。

更精确来说，返回到第 1 章的术语，RPC 致力于提供最少的位置透明性和访问透明性，隐藏（可能是远程的）过程的物理位置，也以同样的方式访问本地和远程的过程。中间件还能给 RPC 提供额外程度的透明性。

然而，远程调用比本地调用更容易失败，因为它们涉及网络、另一台计算机和另一个进程。不论选择上述哪种调用语义，总有可能接收不到结果，而且在出现故障的情况下，不可能判别故障是源于网络的失效还是源于远程服务器进程的故障。这就要求发出远程调用的对象能够从这样的情形中恢复。

远程调用的延迟要比本地调用的延迟大好几个数量级。这表明，利用远程调用的程序要把延迟因素考虑进去，例如尽可能减少远程交互等。Argus[Liskov and Scheifler 1982] 的设计者建议调用者应该能够中止那种花费了很长时间但是对服务器却毫无效果的远程过程调用。为了做到这一点，服务器要能恢复到过程调用之前的状态。这些问题将在第 16 章讨论。

远程过程调用也要求另外的参数传递类型，像上面谈到的那样。尤其是，RPC 不支持引用调用。

Waldo 等 [1994] 认为，本地对象和远程对象之间的不同应该表现在远程接口上，让对象对可能出现的部分故障以一致的方式做出反应。比起这种关于远程调用的语法是否应该与本地调用不同的争论来，有些系统则做出了实际性改进。以 Argus 为例，它已被扩展到远程操作对于程序员而言是显式的程度。

IDL 的设计者也会面临远程调用是否应该透明的抉择。例如，在有些 IDL 中，当客户不能与远程过程通信时，远程调用就会抛出一个异常。客户程序应该能处理这一异常，并解决此类故障。IDL 也可以提供一种指定过程的调用语义的机制，这对于远程对象的设计者是有帮助的——例如，倘若为了避免至多一次造成的系统开销而选择了至多一次调用语义，那么对象的操作应该被设计成幂等的。

当前比较一致的意见是，从远程调用的语法与本地调用的语法一致的角度看，远程调用应该是透明的，但本地调用和远程调用的不同应该表现在它们的接口上。

5.3.2 RPC 的实现

在图 5-10 中给出用于实现 RPC 的软件组件。对于服务接口中的每个方法，访问服务的客户端包含了一个存根过程（stub procedure）。该存根过程的行为对客户端来说就像一个本地过程，但不执行调用。存根过程把过程标识符和参数编码成一个请求消息。该请求消息通过它的通信模块发送给服务器。

当应答消息返回时，它将对结果进行解码。对于服务接口中的每个方法，服务器端包含分发器程序、服务器存根过程和服务过程。该分发器程序根据请求消息中的过程标识符选择一个服务器存根过程。该服务器存根过程对请求消息中的参数解码，然后调用相应的服务过程，并把返回值编码成应答消息。服务过程是服务接口中过程的具体实现。客户和服务器的存根过程及分发器程序可以通过接口编译器从服务的接口定义中自动生成。

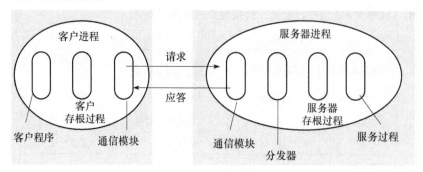

图 5-10　RPC 中客户和服务器存根过程的角色

　　RPC 通常通过在 5.2 节中所讨论的那样的请求 – 应答协议实现的。请求和应答消息的内容和在图 5-4 所示的请求应答协议是相同的。RPC 实现可以选择 5.3.1 节所讨论的调用语义中的一种：一般选择至少一次调用语义或最多一次调用语义。为此，通信模块会根据图 5-9 所示的请求重传、处理重复和结果重传的形式选择所需的设计实现。

5.3.3　实例研究：Sun RPC

　　RFC 1831［Srinivasan 1995a］中描述了 Sun RPC，它是为 Sun NFS（Sun 网络文件系统）中的客户 – 服务器通信而设计的。Sun RPC 有时也称为 ONC（Open Network Computing，开放网络计算）RPC。它作为各种 Sun 和其他 UNIX 操作系统的一部分提供，并且也可以安装在 NFS 中。远程过程调用可以基于 UDP 协议实现，也可以基于 TCP 协议实现。当 Sun RPC 采用 UDP 时，请求消息和应答消息的长度被限制在一定范围内——理论上可以达到 64KB，但在实际中通常为 8KB 或 9KB。它使用至少一次调用语义，广播型 RPC 是可选的。

　　Sun RPC 系统提供了一种称为 XDR 的接口语言和一个可以用于 C 编程语言的接口编译器 rpcgen。

　　接口定义语言　Sun XDR 语言最初用于指明外部数据表达，现在扩展成为一种接口定义语言。通过指定一组过程定义并支持类型定义，XDR 可用于定义 Sun RPC 的服务接口。与 CORBA IDL 或 Java 使用的接口定义语言相比，它的表示方法相当简单。特别是体现在以下几个方面：

- 大多数语言允许指定接口名，但 Sun RPC 不是这样——它提供一个程序号和一个版本号。程序号可以从授权中心获得，以保证每个程序都有其唯一的编号。当一个过程签名改变时，版本号也跟着改变。程序号和版本号都在请求消息里传递，以便客户和服务器能验证它们是否正在使用相同的版本。
- 一个过程定义指定一个过程签名和一个过程号。过程号用作请求消息中的过程标识符。（它可能会为接口编译器生成过程标识符。）
- 只允许使用单个输入参数。因此，需要多个参数的过程必须把参数作为一个结构的组成部分。
- 过程的输出参数以单个结果返回。
- 过程签名由结果类型、过程名和输入参数的类型组成。返回结果和输入参数的类型可以指定为单个的值，也可以指定为包含几个值的一个结构。

　　例如，见图 5-11 中的 XDR 定义，它定义了用于读文件和写文件的两个过程的接口。它的程序号是 9999，版本号是 2。READ 过程（第 2 行）将一个带有三个域的结构（包括文件标识符、文件中的位置和要求的字节数）作为输入参数，其结果也是一个结构，其中包括返回的字节数和文件数据。WRITE 过程（第 1 行）没有返回结果。WRITE 和 READ 过程分别被赋予编号 1 和编号 2。号码 0 保留给空过程，空过程是自动生成的，用于测试一个服务器是否可用。

```
const MAX = 1000;
typedef int FileIdentifier;
typedef int FilePointer;
typedef int Length;
struct Data {
    int length;
    char buffer[MAX];
};
struct writeargs {
    FileIdentifier f;
    FilePointer position;
    Data data;
};
struct readargs {
    FileIdentifier f;
    FilePointer position;
    Length length;
};

program FILEREADWRITE {
    version VERSION {
        void WRITE(writeargs)=1;                          1
        Data READ(readargs)=2;                            2
    }=2;
} = 9999;
```

图 5-11 Sun XDR 的文件接口

接口定义语言提供了用于定义常量、类型预定义（typedef）、结构、枚举类型、联合和程序的表示法。类型预定义、结构、枚举类型使用 C 语言的语法。可以使用接口编译器 rpcgen 根据接口定义生成以下部分：

- 客户存根过程。
- 服务器 main 过程、分发器和服务器存根过程。
- 用于分发器、客户与服务器存根过程的 XDR 编码和解码过程。

绑定 Sun RPC 在每台计算机上的一个熟知的端口号上运行一个称为端口映射器的本地绑定服务。端口映射器的每个实例记录正在本地运行的每个服务所使用的程序号、版本号和端口号。当服务器启动时，它在本地端口映像器中注册其程序号、版本号和端口号。当客户启动时，它通过发送指定程序号和版本号的远程请求给服务器主机上的端口映射器，从而找到服务器的端口。

当一个服务有多个实例运行在不同计算机上的时候，每个实例可以使用不同的端口号接收客户的请求。如果一个客户需要组播一个请求给所有使用不同端口号的服务实例，那么它不能使用直接广播消息来达到目的。解决办法是，客户以组播的方式发出远程过程调用，将指定程序和版本号的请求广播到所有的端口映像器。每个端口映像器判断如果有一个合适的本地服务程序的话，就给它转发所有这样的调用。

认证 Sun RPC 请求和应答消息提供了一些附加域，以便在客户和服务器之间传输认证信息。请求消息中包含正在运行客户程序的用户的证书。例如，按 UNIX 的认证风格，证书包括用户的 uid 和 gid。访问控制机制构建在认证信息之上，该认证信息可以通过第二个参数用于服务器过程。服务器程序负责实施访问控制，根据认证信息决定是否执行每个过程调用。例如，如果服务器是一个 NFS 文件服务器，那么它要验证用户是否有足够的权限来执行所请求的文件操作。

Sun RPC 支持几种不同的认证协议，它们包括：

- 没有认证。
- 上文描述的 UNIX 风格。
- 为标记 RPC 消息创建共享密钥的风格。
- Kerberos 认证风格（见第 11 章）。

RPC 头部的一个域指明它使用的风格。

关于安全的一种更通用的方法可参见 RFC 2203 中的描述 [Eisler et al. 1997]。它对 RPC 消息和消息认证的安全性和完整性提供保障。它允许客户和服务器就安全上下文进行协商，在该上下文中或者不应用任何安全机制或者要求有安全性保障，可能会提供消息完整性、消息私密性保障，或者两者兼而有之。

客户和服务器程序　关于 Sun RPC 的详细介绍可以在 www.cdk5.net/rmi 中找到。它包括与图 5-11 中定义的接口所对应的客户和服务器程序例子。

5.4　远程方法调用

远程方法调用（Remote Method Invocation，RMI）和 RPC 有紧密的联系，只是 RMI 被扩展到了分布式对象的范畴。在 RMI 中，访问对象能够调用位于潜在的远程对象上的方法。至于 RPC，它底层的细节被隐藏起来不为使用者所知。RMI 和 RPC 的共性如下：

- 它们都支持接口编程，同时带来使用这种方法的好处（见 5.3.1 节）。
- 它们都是典型的基于请求 – 应答协议构造的，并能提供一系列如最少一次、最多一次调用语义。
- 它们都提供相似程度的透明性——也就是说，本地调用和远程调用采用相同的语法，但远程接口通常暴露了底层调用的分布式本质，例如通过支持远程异常。

下面的不同会在复杂的分布式应用和服务的编程中带来额外的功能。

- 程序员能够在分布式系统软件开发中使用所有的面向对象编程的功能，包括对象、类、继承的使用，以及相关面向对象的设计方法和相关的工具的使用。
- 基于面向对象系统中对象标识的概念，在基于 RMI 系统中的所有对象都有唯一的对象引用（无论对象是本地还是远程的）。对象引用可以当做参数进行传递，因此 RMI 比 RPC 提供了更为丰富的参数传递语义。

在分布式系统中，参数传递的问题尤其重要。RMI 使得程序员不仅能够通过值进行输入或输出参数传递，而且还能通过对象引用进行传递。如果下层的参数比较大或比较复杂，那么传递引用是特别有用的。远程一端一旦接收到对象引用就能够使用远程方法调用访问该对象，而不是通过网络传输对象值。

本节的其余部分将介绍更详细的远程方法调用的概念，在讨论 RMI 相关的实现问题（包括分布式垃圾收集）之前首先讨论与分布式对象模型相关的关键问题。

204

5.4.1　RMI 的设计问题

前面已经指出，RMI 在接口编程、调用语义和透明性水平上遇到了和 RPC 相同的设计问题。读者可以参见 5.3.1 节中这些问题的讨论。

关键设计问题涉及对象模型，尤其是实现从对象到分布式对象的转变。我们首先描述传统的对象模型，然后描述分布式对象模型。

对象模型　一个面向对象程序（例如 Java 或 C++ 程序）由相互交互的对象的集合组成，其中的每个对象又由一组数据和一组方法组成。一个对象与其他对象通信是通过调用其他对象的方法、传递参数和接收结果进行的。对象能封装它们的数据和方法代码。一些语言（例如 Java 和 C++），允许程序员定义其实例变量能被直接访问的对象。但在一个分布式对象系统中，对象的数据仅通过它的方法被访问。

对象引用：通过对象引用访问对象。例如，在 Java 中，一个变量看上去拥有一个对象，但实际上只拥有对该对象的引用。为了调用对象的一个方法，需要给出对象引用和方法名，以及必要的参数。其方法被调用的对象有时候称为目标，有时候称为接收者。对象引用是第一类值（first-class value），这意味着它们可以赋给变量，也可以作为参数传递或者作为方法的结果返回。

接口：接口在无须指定其实现的情况下提供了一系列方法基调的定义（即参数的类型、返回值和异常）。如果类包含实现接口的方法的代码，那么对象将提供该特定接口。在 Java 中，一个类可以实现几个接口，而一个接口的方法也可以由任意类实现。接口还可以定义用于声明参数类型或变量类型及方法返回值的类型，注意，接口没有构造函数。

动作：在面向对象程序中，动作由调用另一个对象的方法的对象启动。调用可以包含执行方法所需的附加信息（参数）。接收者执行适当的方法，然后将控制返回给调用对象，有时候会提供一个结果。方法的调用会产生三个结果。

1）接收者的状态会发生改变。

2）可以实例化一个新的对象，例如使用 Java 或 C++ 中的构造函数进行实例化。

3）可能会在其他对象中发生其他方法调用。

因为调用可能导致其他对象对方法的调用，所以动作就是一连串相关的方法调用，每个调用最终都会返回。这里的解释没有考虑异常。

异常　程序可能会遇到各种错误和无法预计的严重状况。在方法执行期间，会发现许多不同的问题，例如，对象变量的值不一致，无法读写文件或网络套接字。为此，程序员需要在他们的代码中插入测试语句以处理所有不常出现的情况或出错情况，但这会降低正常情况下的代码的清晰性。利用异常，便可以在不使代码复杂化的情况下清晰处理错误条件。另外，每个方法的标题都清楚地列出了产生异常的错误条件，以便方法的用户去处理它们。可以定义一块代码，以便在某种不期望发生的条件或错误出现的时候抛出异常。这意味着要将控制传递给另一块用于捕获异常的代码。控制不会再返回到抛出异常的地方。

无用单元收集　当不再需要对象时有必要提供一种手段释放其占用的空间。有的语言（如 Java）可以自动检测出什么时候该收回一个已经不再访问的对象占据的空间，并将此空间分配给其他对象使用。这个过程称为无用单元收集。有的语言（例如 C++）不支持无用单元收集，那么程序员必须自己处理释放分配给对象的空间的问题。这是一个主要的出错源。

分布式对象　对象的状态由它的实例变量值组成。在基于对象的范型中，程序的状态被划分为几个单独的部分，每个部分都与一个对象关联。因为基于对象的程序是从逻辑上划分的，所以在分布式系统中可以很自然地将对象物理地分布在不同的进程或计算机中。（这个问题被放在 2.3.1 节讨论。）

分布式对象系统可以采用客户 - 服务器体系结构。在此情形下，对象由服务器管理，它们的客户通过远程方法调用来调用它们的方法。在 RMI 中，客户调用一个对象方法的请求以消息的形式传送到管理该对象的服务器，通过在服务器端执行对象的方法来完成该调用，并将处理的结果通过另一个消息返回给客户。考虑到会有一连串的相关调用，因此服务器中的对象也可以成为其他服务器中对象的客户。

分布式对象也可以采用其他体系结构模型。例如，为了获得良好的容错性并提高性能，可以复制对象。又如，为了改善性能和可用性，可以迁移对象。

将客户和服务器对象分布在不同的进程中，可提高封装性。也就是说，一个对象的状态只能被该对象的方法访问，这意味着不可能让未经授权的方法作用于该对象状态。例如，不同计算机上的对象可能会并发 RMI，这意味着可能会并发地访问一个对象，也就可能出现访问冲突。然而，对象的数据只能由其自己的方法访问这一事实允许对象提供保护自身遭受不正确访问的方法。例如，它们会使用条件变量这样的同步原语来保护对其实例变量的访问。

将分布式程序的共享状态视为一个对象集的另一个好处是，对象可以通过 RMI 来访问，如果类是本地实现的话，那么可将对象拷贝到一个本地缓存并进行直接访问。

对异构系统而言，对象只能由其方法访问这个事实还有一个好处，即在不同场合使用的不同数据格式——使用 RMI 访问对象方法的客户不会注意到数据格式的不同。

分布式对象模型　本节将讨论对象模型的扩展以便使它可以用于分布式对象。每个进程包含若干对象，其中有些对象既可以接收远程调用又可以接收本地调用，而其他对象只能接收本地调用，如图 5-12 所示。不管是否在同一台计算机内，不同进程中的对象之间的方法调用都被认为是远程方法调用。在同一进程中的对象间的方法调用称为本地方法调用。

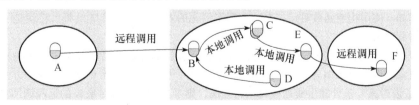

图 5-12　远程和本地方法调用

我们将能够接收远程调用的对象称为远程对象。在图 5-12 中，对象 B 和 F 是远程对象。所有对象都能够接收本地调用，当然它们只能接收来自拥有该对象引用的其他对象发出的本地调用。例如，对象 C 必须具有对对象 E 的引用，这样它才可以调用 E 的方法。下面两个基本概念是分布式对象模型的核心：

远程对象引用。如果对象能访问远程对象的远程对象引用，那么它们就可以调用该远程对象上的方法。例如，在图 5-12 中，B 的远程对象引用必须对 A 是可用的。

远程接口。每个远程对象都有一个远程接口，由该接口指定哪些方法可以被远程调用。例如，图 5-12，对象 B 和 F 必须具有远程接口。

下面将讨论远程对象引用、远程接口和分布式对象模型的其他方面。

远程对象引用——对象引用的概念要加以扩展，使那些能接收 RMI 的对象都具有远程对象引用。远程对象引用是一个可以用于整个分布式系统的标识符，它指向某个唯一的远程对象。它的表示通常与本地对象引用不同，我们已经在 4.3.4 节中讨论过了。远程对象引用与本地对象引用主要在以下两方面类似：

1）调用者通过远程对象引用指定接收远程方法调用的远程对象。

2）远程对象引用可以作为远程方法调用的参数和结果传递。

远程接口——远程对象的类实现其远程接口中的方法，例如在 Java 中作为公有实例方法实现。其他进程中的对象只能调用属于其远程接口的方法，如图 5-13 所示。本地对象可以调用远程接口中的方法和远程对象实现的其他方法。注意，和所有的接口一样，远程接口没有构造函数。

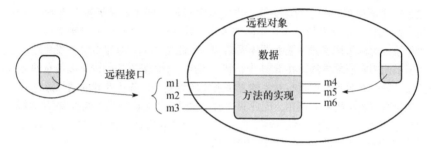

图 5-13　远程对象及其远程接口

CORBA 系统提供了一种接口定义语言（IDL），用于定义远程接口。图 5-8 是一个用 CORBA IDL 定义的远程接口的例子。远程对象的类和客户程序可以用任何 IDL 编译器适用的语言实现，如 C++、Java 或 Python。CORBA 客户不需要为了远程调用其方法而使用与远程对象相同的语言。

在 Java RMI 中，远程接口以和任何其他 Java 接口相同的方式定义。它们通过扩展一个名为 Remote 的接口而获得远程接口的能力。CORBA IDL（参见第 8 章）和 Java 都支持接口的多重继承，即一个接口可以扩展一个或多个其他接口。

分布式对象系统中的动作　和非分布式的情形类似，一个动作是由方法调用启动的，这可能会导致其他对象上的方法调用。但是在分布式情形下，涉及一连串相关调用的对象可能处于不同的进程或不同的计算机中。当调用跨越了进程或计算机边界的时候，就要使用 RMI。此时，对象的远程引用必须对调用者是可用的。在图 5-12 中，对象 A 需要有到对象 B 的远程对象引用。远程对象引用可以作为远程方法调用的结果返回。例如，图 5-12 中的对象 A 可以从对象 B 得到一个对对象 F 的远程引用。

当一个动作导致一个新的对象被实例化时，这个对象的生命周期通常就是实例化该对象的进程的生命周期，例如，使用构造函数时。如果这个新实例化的对象有远程接口，那么它就是一个拥有远程对象引用的远程对象。

分布式应用可以提供一些远程对象，通过这些对象提供的方法，可以实例化另一些对象，而这些新实例化的对象可以通过 RMI 来访问。这种方式提供了一种有效的实例化远程对象的方式。例如，在图 5-14 中，假设对象 L 包含能生成远程对象的方法，则来自对象 C 和对象 K 的远程调用将分别导致对象 M 和对象 N 的实例化。

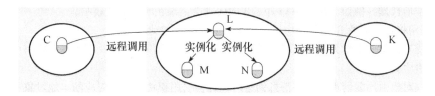

图 5-14　远程对象的实例化

分布式对象系统中的无用单元收集：如果一个语言（例如 Java）支持无用单元收集，那么任何与之相关的 RMI 系统也应该支持远程对象的无用单元收集。分布式无用单元收集通常通过已有的本地无用单元收集器和一个执行分布式无用单元收集的附加模块（一般基于引用计数）的协作来实现。5.4.3 节对此做了详尽的描述。如果语言不支持无用单元收集，那么无用的远程对象应当被删除。

异常：任何远程调用都可能会因为被调用对象的种种原因而失败（这里被调用的对象处于与调用对象不同的进程或计算机中）。例如，包含远程对象的进程可能已经崩溃，或者由于太忙而无法应答，又或者调用消息或结果消息丢失了。因此，远程方法调用应该能够引起异常，例如因分布引起的超时异常，以及被调用的方法执行期间导致的各种异常。后者的例子有超过文件末尾的读操作，或者未经正确授权的文件访问。

CORBA IDL 提供了指定应用级异常的表示法。当因为分布而引起错误时，底层系统生成标准异常。CORBA 客户程序要能处理异常，例如，一个 C++ 客户程序会使用 C++ 中的异常机制。

5.4.2　RMI 的实现

完成远程方法调用涉及几个独立的对象和模块。如图 5-15 所示，一个应用级对象 A 拥有一个对 B 的远程对象引用，可以调用远程应用级对象 B 的一个方法。本节将讨论图中每一个组件扮演的角色，首先讨论通信和远程引用模块，然后讨论运行在模块上面的 RMI 软件。

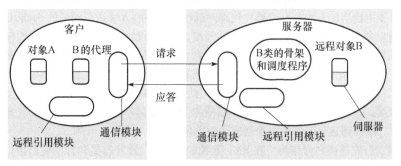

图 5-15　在远程方法调用中的代理和骨架角色

除此之外，本节将讨论以下几个主题：代理的创建、将名字绑定到它们的远程对象引用、对象的激活和钝化以及根据远程对象引用进行对象定位。

通信模块　两个相互协作的通信模块执行请求 – 应答协议，它们在客户和服务器之间传递请求和应答消息。请求和应答消息的内容如图 5-4 所示。通信模块只使用前三项，即消息类型、requestId 和被调用对象的远程引用。operationId 和所有的编码与解码都与下面讨论的 RMI 软件有关。两个通信模块一起负责提供一个指定的调用语义，例如至多一次。

服务器端通信模块为被调用的对象类选择分发器，传输其本地引用，该本地引用取自远程引用模块，用来替换请求消息中的远程对象标识符。分发器的作用将在下面的 RMI 软件中讨论。

远程引用模块　远程引用模块负责在本地对象引用和远程对象引用之间进行翻译，并负责创建远程对象引用。为履行其职责，每个进程中的远程引用模块都有一个远程对象表，该表记录着该进程的本地对象引用和远程对象引用（整个系统范围内）的对应关系。这张表包括：

- 该进程拥有的所有远程对象。例如，在图 5-15 中，远程对象 B 会记录在服务器端的表中。

- 每个本地代理。例如，在图 5-15 中，B 的代理会记录在客户端的表中。

代理的作用将在下面的 RMI 软件中讨论。远程引用模块的动作如下：

- 当远程对象第一次作为参数或者结果传递时，远程引用模块创建一个远程对象引用，并把它添加到表中。
- 当远程对象引用随请求或应答消息到达时，远程引用模块要提供对应的本地对象引用，它可能指向一个代理，也可能指向一个远程对象。若远程对象引用不在表中，那么 RMI 软件就创建一个新的代理并要求远程引用模块将它添加到表中。

在为远程对象引用进行编码和解码的时候，由 RMI 软件的组件调用这个模块。例如，当请求消息到达的时候，可使用这张表找出调用了哪个本地对象。

伺服器 伺服器是一个提供了远程对象主体的类的实例。由相应的骨架传递的远程请求最终是由伺服器来处理的。伺服器存活于服务器端的进程中。当远程对象被实例化时，就会生成一个伺服器，而且这些伺服器可以一直使用到不再需要远程对象为止。最终，伺服器也将作为无用单元被回收或删除。

RMI 软件 它由位于应用层对象和通信模块、远程引用模块之间的软件层组成。在图 5-15 中，中间件对象有如下几种角色：

代理：代理的作用是对调用者表现得像调用本地对象一样，从而使远程方法调用对客户透明。它不执行调用，而是将调用放在消息里传递给远程对象。它隐藏了远程对象引用的细节、参数的编码、结果的解码以及客户消息的发送和接收。对于具有远程对象引用的进程，其中每个远程对象都有一个代理。代理类实现它所代表的远程对象的远程接口定义的方法，这可以保证远程方法调用与远程对象的类型相匹配。然而，代理实现它们的方式则有很大区别。代理中的每个方法会把一个目标对象的引用、它自身的 methodId 和它的参数编码进一个请求消息并发送到目标，然后等待应答消息，解码并将结果返回给调用者。

分发器：服务器对表示远程对象的每个类都有一个分发器和骨架。在我们的例子中，服务器有远程对象 B 的类的分发器和骨架。分发器接收来自通信模块的请求消息，并传递请求消息，并使用 methodId 选择骨架中恰当的方法。分发器和代理对远程接口中的方法使用相同的 methodId。

骨架：远程对象类有一个骨架，用于实现远程接口中的方法。这些方法与作为远程对象的主体的伺服器中的方法极为不同。一个骨架方法将请求消息中的参数解码，并调用伺服器中的相应方法。它等待调用完成，然后将结果和异常信息编码进应答消息，传送给发送方代理的方法。

远程对象引用以图 4-13 中的形式编码，其中包括远程对象的远程接口的信息，例如远程接口的名字或者远程对象类。这条信息能确定代理类，以便在需要的时候可以创建一个新的代理。例如，可以通过把 "_proxy" 添加到远程接口名中来创建代理类名。

创建代理类、分发器类和骨架类 在 RMI 使用的代理类、分发器类和骨架类由接口编译器自动创建。例如，在 CORBA 的 Orbix 实现中，远程对象的接口以 CORBA IDL 定义，而接口编译器能用 C++ 或 Java 语言创建代理类、分发器类和骨架类 [www.iona.com]。对于 Java RMI，由远程对象提供的方法集合被定义为一个 Java 接口，它是在远程对象类中实现的。Java RMI 编译器根据远程对象类创建代理类、分发器类和骨架类。

动态调用：可替换代理的选择 上面提到的代理是静态的，即代理类是通过接口定义生成的，并且被编译到客户端的代码中。但在有些情况下，这是不实际的。例如，如果一个远程引用指向了客户端程序中的对象，而这个对象的远程接口在编译时是不能确定的。在这种情况下，需要采用其他的方法调用该远程对象，这就称为动态调用。客户应用程序可以通过动态调用获得远程调用的一般性表示，例如练习 5.18 中的 DoOperation 方法，这个方法是 RMI 的基础体系结构的一部分（参见第 5.4.1 节）。客户端会提供远程对象引用、方法名和 DoOperation 方法的参数，然后等待接收结果。

需要注意的是，尽管远程对象引用包含远程对象接口的信息，例如远程对象接口的名字。但是这些信息是不够的，因为动态调用还需要知道远程对象接口的方法名和参数的类型。在第 8 章，我们将会看到，CORBA 使用一个称为 Interface Repository 的组件来提供所需的信息。

将动态调用接口作为代理并不方便，但如果应用程序中的某些远程对象的接口不能在设计时确定，那么动态调用接口就会非常有用。例如，这种应用的一个例子是我们在描述 Java RMI（参见第 5.5 节）、CORBA（参见第 8 章）和 Web 服务（参见第 9.2.3 节）时给出的共享白板。共享白板这个应用程序能够显示各种图形，例如圆、矩形和直线，但是它也应当能够显示那些客户端编译时没有预先定义的图形。客户端可以通过动态调用解决这个难题。在 5.5 节中，我们还可以看到，在 Java RMI 中客户端可以通过动态的下载类的方法来代替动态调用。

动态骨架：从上面的例子中，我们可以清楚地看到，服务器有时需要驻留那些接口在编译时尚不能确定的远程对象。例如，运行共享白板程序的服务器需要保存客户提供的新的图形。使用动态骨架的服务器便能够解决这种问题。我们将在第 8 章中描述动态骨架。在 5.5 节我们会看到，利用一个普通的分发器将类动态地下载到服务器，Java RMI 便可以解决这个问题。

服务器和客户程序 服务器程序包含分发器类和骨架类，以及它支持的所有伺服器类的实现。另外，服务器程序包含*初始化部分*（例如，在 Java 或 C++ 中的 main 方法里）。初始化部分负责创建并初始化至少一个驻留在服务器上的伺服器，其余的伺服器可以应客户发出的请求而创建。初始化部分也可以用一个绑定程序（参见后文）注册它的一些伺服器。通常情况下，它只注册一个伺服器，该伺服器可以用来访问其他对象。

客户程序会包含它将调用的所有远程对象的代理类，它用一个绑定程序查找远程对象引用。 |212|

工厂方法：我们早就注意到远程对象接口不能包括构造子。这意味着伺服器不能通过对构造函数的远程调用来创建。伺服器可以在初始化部分创建，也可以在为该用途而设计的远程接口中创建。术语*工厂方法*有时指创建伺服器的方法，*工厂对象*指具有工厂方法的对象。任何远程对象，它要想能应客户的需求而创建新的远程对象，就必须在它的远程接口中提供用于此用途的方法。这样的方法称为工厂方法，尽管实际上它们也是普通的方法。

绑定程序 客户程序通常要有一种手段，以便获得服务器端至少一个远程对象的远程对象引用。例如，在图 5-12 中，对象 A 要求对象 B 的一个远程对象引用。分布式系统中的绑定程序就是一个单独的服务，它维护着一张表，表中包含从文本名字到远程对象引用的映射。服务器用该表来按名字注册远程对象，客户用它来查找这些远程对象。第 8 章将讨论 CORBA 命名服务。Java 绑定程序，即 RMIregistry，将在第 5.5 节的 Java RMI 实例研究中简要讨论。

服务器线程 一旦对象执行远程调用，该调用可能会涉及调用其他远程对象的方法，因此可能需要过一段时间才会返回。为了避免一个远程调用的执行延误另一个调用的执行，服务器一般为每个远程调用的执行分配一个独立的线程。这时，远程对象实现的设计者必须考虑到并发执行状态产生的影响。

远程对象的激活 有些应用要求信息能长时间地保留，然而，让表示这一信息的对象无限期地保留在运行的进程中是不切实际的，因为并不是在所有的时间都要使用它们。为了避免因为在全部时间里运行管理这些远程对象的服务器造成潜在的资源浪费，服务器应该在客户需要它们的任何时候启动，就像 TCP 服务的标准集（如 FTP）那样，Inetd 服务会根据需要才启动 FTP。启动用于驻留远程对象的服务器的进程被称为激活器，原因如下。

当一个远程对象在一个运行的进程中可供调用时，就认为它是*主动的*；如果它现在不是主动的但是可以激活为主动的，就认为它是*被动的*。一个被动对象包括两个部分：

1）它的方法的实现。

2）它的编码格式的状态。

激活是指根据相应的被动对象创建一个主动对象，具体方法是创建被动对象类的一个新实例并根据存储的状态初始化它的实例变量。被动对象可以根据要求被激活，例如当它们被其他对象调用的时候。

激活器负责：

- 注册可以被激活的被动对象，这涉及记录服务器名字，而不是相应被动对象的 URL 或者文件名。 |213|
- 启动已命名的服务器进程并激活进程中的远程对象。
- 跟踪已经激活的远程对象所在的服务器位置。

Java RMI 具有将一些远程对象变为可激活［java. sun. com IX］的能力。当一个可激活对象被调用时，如果这个对象的当前状态不是激活状态，那么这个对象将从它的编码状态转化为激活状态，然后执行调用。它在每一个服务器机器中都使用一个激活器。

CORBA 实例研究中描述了它的实现仓库——一种弱形式的激活器，它在初始状态下激活含有对象的服务。

持久对象存储 那些在进程两次激活之间仍然保证存活的对象称为持久对象。持久对象一般由持久对象存储来管理，它在磁盘上以编码格式存储持久对象的状态，如 CORBA 持久状态服务（见第8章）、Java Data Objects[java. sun. com VIII] 和 Persistent Java[Jordan 1996，java. sun. com IV]。

一般来说，持久对象存储将管理海量的持久对象，这些持久对象都存储在磁盘或数据库中，直到需要它们的时候才被调用。当这些持久对象的方法被其他对象调用的时候，它们就会被激活。激活一般设计为透明的，也就是说，调用者应该不能判断一个对象是已经在主存中，还是在其方法被调用之前已经被激活。主存中不再需要的持久对象要变成被动的。在大多情况下，为了容错起见，对象只要达到一个一致的状态，就能够保存在持久对象存储中。持久对象存储需要一个决定何时钝化对象的策略。例如，它可能会在激活对象的程序中为响应某个请求（如在事务结束或者程序退出的时候）而这样做。持久对象存储一般要对钝化进行优化，即只保存那些自上次保存以来修改过的对象。

持久对象存储一般允许相关持久对象集具有可读的名字，例如路径名或者 URL。实际上，每个可读的名字都与相关的持久对象集的根有关。

有两种方法可以判断一个对象是否是持久的：

- 持久对象存储维护一些持久根，任何可以通过持久根访问到的对象都被定义为持久的。这种方法被 Persistent Java、Java Data Objects 和 PerDis[Ferreira et al. 2000] 采用。它们使用无用单元收集器剔除从持久根不再可达的对象。
- 持久对象存储提供一些持久类——持久对象属于它们的子类。例如在 Arjuna[Parrington et al. 1995] 中，持久对象基于提供事务和恢复的 C++类。不想要的对象必须被显式地删除。

有些持久对象存储，例如 PerDis 和 Khazana[Carter et al. 1998] 允许对象在用户的多个本地缓存中激活，而不是在服务器中激活。在这种情况下，就要求有缓存一致性协议。在第 4 版有关分布式共享内存的那章可以找到关于一致性模型的更多细节 [www. cdk5，net/dsm]。

214

对象定位 4.3.4 节描述了一种远程对象引用，它包含创建远程对象的进程的互联网地址和端口号，用以作为保证唯一性的一种方式。这种形式的远程对象引用也能用作远程对象的地址，只要该对象在余下的生命周期中存在于相同的进程里。但是，有些远程对象在其整个生命周期里会存在于一系列不同的进程中，可能这些进程存在于不同的计算机中。在这种情况下，远程对象引用不能当做地址用。发出调用的客户同时需要一个远程对象引用和一个调用发送到的地址。

定位服务帮助客户根据远程对象引用定位远程对象。它使用了一个数据库，该数据库用于将远程对象引用映射到它们当前的大概位置——位置是大概的，因为对象可能已经从已知的前一次位置迁移了。例如 Clouds 系统 [Dasgupta et al. 1991] 和 Emerald 系统 [Jul et al. 1988] 使用缓存/广播方案，其中每个计算机上的定位服务的一个成员拥有一个小缓存，存放远程对象引用 – 位置的映像。如果远程对象引用位于缓存中，就尝试用那个地址调用，但是如果对象已经移动了，调用就会失败。为了定位一个已经移动的对象或者位置不在缓存中的对象，系统要广播一条请求。要改善该方案，可以使用转发定位指针，转发定位指针含有关于对象的新位置的提示。在 9.1 节中，我们将给出另一个例子，即将一个资源的 URN 转换为它当前的 URL 的解析服务。

5.4.3 分布式无用单元收集

分布式无用单元收集器的目的是提供以下保证：如果一个本地对象引用或者远程对象引用还在分布式对象集合中的任何地方，那么该对象本身将继续存在，但是在没有任何对象引用它时，该对象将被收集，并且它使用的内存将被回收。

我们将描述 Java 的分布式无用单元收集算法，它与 Birrel 等 [1995] 描述过的算法很相似。它基于引用计数。一旦一个远程对象引用进入一个进程，进程就会创建一个代理，只要需要这个代理，它就一直存在。对象生存的进程（它的服务器）应该告知给客户上的新代理。随后当客户不再有代理时，也应告知服务器。分布式无用单元收集器与本地无用单元收集器按如下的方式协作：

- 每个服务器进程为它的每个远程对象维护拥有远程对象引用的一组进程名，例如，B. holders 是具有对象 B 的代理的客户进程（虚拟机）的集合。（在图 5-15 中，这个集合包括图示的客户进程。）这个集合可以放在远程对象表的一个附加列里。
- 当客户 C 第一次接收到远程对象 B 的远程引用时，它发出一个 addRef(B) 调用到远程对象的服务器并创建一个代理，服务器将 C 添加到 B. holders。 215
- 当客户 C 的无用单元收集器注意到远程对象 B 的一个代理不再可达时，它发出一个 removeRef（B）调用到相应的服务器，然后删除该代理，服务器从 B. holders 中删除 C。
- 如果不存在 B 的一些本地持有者，当 B. holders 为空时，服务器的本地无用单元收集器将回收被 B 占有的空间。

通过在进程中远程引用模块之间采用至多一次调用语义的请求 - 应答通信可实现该算法——它不要求任何全局同步。但要注意，为无用单元收集算法所发送的额外调用不能影响到每个正常的 RMI，它们只在代理创建和删除的时候发生。

有一种可能，在一个客户发出一个 removeRef(B) 调用的同时，另一个客户恰好发出 addRef(B) 调用。若 removeRef 调用先到达而此时 B. holders 为空，那么远程对象 B 可能会在 addRef 调用到来之前被删除。为避免这种情况，当传递远程对象引用的时候，如果 B. holders 集合是空的，就添加一个临时的入口直至 addRef 调用到达为止。

Java 分布式无用单元收集算法通过使用下面的方法可以容忍通信故障。addRef 和 removeRef 操作是幂等的。当 addRef(B) 调用返回一个异常（意味着该方法要么执行过一次，要么根本没有执行）时，客户不创建代理而是发出一个 removeRef(B) 调用。removeRef 的效果是否正确取决于 addRef 是否成功。removeRef 失败的情况通过租借来处理，如下文所述。

Java 分布式无用单元收集算法可以容忍客户进程的故障。为做到这点，服务器将它们的对象租借给客户一段有限的时间。租借期从客户给服务器发出 addRef 调用开始，到达过期时间后终止或者客户给服务器发出一个 removeRef 调用后终止。存储在服务器端的关于每个租借的信息包括客户虚拟机的标识符和租期。客户负责在租期过期之前向服务器请求续借。

Jini 中的租借　Jini 分布式系统包括一个租借规约［Arnold et al. 1999］，它可以用于一个对象给另一对象提供一种资源的各种情形，例如远程对象提供引用给其他对象。提供这种资源的对象要冒一些风险，即在用户不再对其感兴趣或者它们的程序可能已经退出的情况下，对象将不得不维护该资源。为了避免用复杂的协议判断资源用户是否还有兴趣，资源只提供一段有限长的时间。允许在一段时间内使用资源的授权称为租借。提供资源的对象会负责维护它直到租期结束。资源的用户负责在过期的时候请求延续它们的租约。

授权者与租借者可以就租期进行磋商，当然这不会发生在 Java RMI 所使用的租借中。表示租借的对象实现 Lease 接口，该接口包含关于租期的信息和能令租借延续或取消的方法。授权者在提供一种资源给另一对象的时候返回一个 Lease 的实例。 216

5.5　实例研究：Java RMI

Java RMI 扩展了 Java 的对象模型，以便为 Java 语言中的对分布式对象提供支持。特别是，它允许对象用与本地调用相同的语法调用远程对象上的方法。而且，类型检查也等效地应用到本地调用和远程调用。然而，发出远程调用的对象知道它的目标对象是远程的，因为它必须处理 RemoteException；并且远程对象的实现者也知道它是远程的，因为它必须实现 Remote 接口。尽管分布式对象模型以一种自然的方式集成到了 Java 中，但是由于调用者和目标对象彼此是远程的，因此其参数传递语义是不相同的。

用 Java RMI 进行分布式应用的编程相对来说较为容易，因为它是一个单语言系统——远程接口用 Java 语言定义。如果使用一个多语言系统（如 CORBA），程序员就需要学习 IDL，并理解它如何映像到实现语言中。不过，即使在一个单语言系统中，远程对象的程序员也必须考虑它在并发环境下的行为。

下面我们给出一个远程接口的例子，然后讨论与该例子有关的参数传递语义，最后，我们讨论类的下载和绑定程序。接下来讨论如何为该例子接口创建客户和服务器程序。然后研究 Java RMI 的设计和实现。关于 Java RMI 的详细介绍，请参见关于远程调用的教程 [java. sun. com I]。

在这个实例研究和第 8 章的 CORBA 实例研究，以及第 9 章中关于 Web 服务的研究中，我们均使用共享白板作为例子。这是一个允许一组用户共享一个绘图区域的分布式程序，该绘图区域可以包含图形对象，例如矩形、线、圆等，每个图形由一个用户绘制。服务器为了维护绘图当前的状态，为客户提供一个操作，用于把用户最新绘制的图形告诉服务器，并记录它接收到的所有图形。服务器也提供相应操作，让客户通过轮询服务器的方式获取由其他用户绘制的最新图形。服务器具有一个版本号（一个整数），每当新图形到达的时候，版本号就递增，并赋予给该新图形。服务器还提供有关操作，让客户询问它的版本号和每个图形的版本号，以避免客户取到它们已经有的图形。

Java RMI 中的远程接口　远程接口通过扩展一个在 java. rmi 包中提供的称为 Remote 的接口来定义。方法必须抛出 RemoteException 异常，但是也可以抛出特定于应用的异常。图 5-12 给出两个远程接口 Shape 和 ShapeList。在这个例子中，GraphicalObject 是一个拥有图形对象状态（如类型、位置、外接矩形、线条颜色和填充颜色）的类，该类提供访问和更新图形对象状态的操作。GraphicalObject 必须实现 Serializable 接口。首先考虑 Shape 接口：getVersion 方法返回一个整数，而 getAllState 方法返回 GraphicalObject 类的一个实例。现在考虑 ShapeList 接口。它的 newShape 方法将 GraphicalObject 类的一个实例作为参数传递，并将一个带有远程接口的对象（即一个远程对象）作为结果返回。需要注意的重要一点是，普通对象和远程对象都可以作为远程接口中的参数和结果。后者总是以它们的远程接口名来表示。在后文中，我们讨论普通对象和远程对象怎样作为参数和结果传递。

传递参数和结果　在 Java RMI 中，假定方法的参数为输入型的参数，而方法的结果是一个输出型参数。4.3.2 节讲述了 Java 序列化，它用于编码 Java RMI 中的参数和结果。任何可序列化的对象（即它实现了 Serializable 接口）都能作为 Java RMI 中的参数或结果传递。所有的简单类型和远程对象都是可序列化的。在必要的时候，作为参数和结果值的类可以由 RMI 系统下载给接收者。

传递远程对象：当将参数类型或者结果值类型定义为远程接口的时候，相应的参数或者结果总是作为远程对象引用传递。例如，在图 5-16 的第 2 行中，newShape 方法的返回值就定义为 Shape———一个远程接口。当接收到一个远程对象引用时，它就可用于在它所指的远程对象上进行 RMI 调用了。

```
import java.rmi.*;
import java.util.Vector;
public interface Shape extends Remote {
    int getVersion() throws RemoteException;
    GraphicalObject getAllState() throws RemoteException;          1
}
public interface ShapeList extends Remote {
    Shape newShape(GraphicalObject g) throws RemoteException;       2
    Vector allShapes() throws RemoteException;
    int getVersion() throws RemoteException;
}
```

图 5-16　Java 远程接口 Shape 和 ShapeList

传递非远程对象：所有可序列化的非远程对象是在复制之后以值方式传递。例如，在图 5-16（第 2 行和第 1 行）中，newShape 的参数和 getAllState 的返回值都是 GraphicalObject 类型，它是可序列化的并且以值方式传递。当一个对象以值方式传递时，就要在接收者的进程中创建一个新对象。这个新对象的方法可以在本地调用，但这可能导致它的状态与发送者进程中原来的对象状态不同。

这样，在我们的例子中，客户使用 newShape 方法给服务器传递一个 GraphicalObject 实例。服务器创建一个包含 GraphicalObject 状态的 Shape 类型的远程对象，并返回一个它的远程对象引用。远程调用中的参数和返回值 4.3.2 节描述的方法被序列化到一个流中，并有以下改变：

1）一旦一个实现 Remote 接口的对象被序列化，它就被它的远程对象引用代替，该远程对象引用包含它（远程对象）的类的名字。

2）任何一个对象被序列化的时候，它的类信息就加注了该类的地址（作为一个 URL），使该类能由接收者下载。

类的下载　Java 允许类从一个虚拟机下载到另一个虚拟机，这与以远程调用方式通信的分布式对象尤其相关。我们已经看到，非远程对象以值方式传递，而远程对象以引用方式传递 RMI 的参数和结果。如果接收者还没拥有以值方式传递的对象类，那么它就会自动下载类的代码。类似地，如果远程对象引用的接收者还没拥有代理类，那么代理类的代码也会自动下载。这样做有两个好处：

1）不必为每个用户在他们的工作环境中保留相同类的集合。

2）一旦添加了新类，客户和服务器程序能透明地使用它们的实例。

例如，考虑白板程序并假设 GraphicalObject 的初始实现没有考虑到文本，那么一个带有文本对象的客户就会实现 GraphicalObject 的一个子类，用以处理文本，并将其实例作为 newShape 方法的参数传递到服务器上。之后，其他客户能够使用 getAllState 方法获取这个实例。新类的代码将自动地从第一个客户下载到服务器，然后再下载到其他需要的客户。 |219|

RMIregistry　RMIregistry 是 Java RMI 的绑定程序。RMIregistry 的一个实例必须运行在每个驻留了远程对象的服务器计算机上。它维护着一张表，将文本格式的、URL 风格的名字映像到驻留在该计算机上的远程对象引用。它通过 Naming 类的方法来存取，Naming 类的方法以一个 URL 格式的字符串作为参数：

// computerName : port / objectName

其中，computerName 和 port 指向 RMIregistry 的地址。如果它们被省略的话，就被认为是本地计算机和默认端口。RMIregistry 的接口提供如图 5-17 所示的方法，该方法中没有列出异常——所有的方法都可以抛出 RemoteException 异常。

---

void rebind (String name, Remote obj)
　　服务器用这个方法以名字注册一个远程对象的标识符，如图5-18的第3行所示。
void bind (String name, Remote obj)
　　服务器可以选择使用这个方法以名字注册一个远程对象，但是如果该名字已经绑定到了一个远程对象引用上，那么它会抛出一个异常。
void unbind (String name, Remote obj)
　　这个方法删除一个绑定。
Remote lookup(String name)
　　客户可以使用这个方法以名字查找一个远程对象，如图5-20的第1行所示。
　　它返回一个远程对象引用。
String [] list()
　　这个方法返回一个Strings数组，该数组包含绑定到注册表里的名字。

图 5-17　Java RMIregistry 的 Naming 类

使用用这种方式，客户必须定向它们 lookup 查询请求到特定主机。或者，也可能在整个系统范围内的构建一个绑定服务。为此，必须在网络环境下运行 RMIregistry 实例，然后通过使用 java. rmi. registry 包中提供的 LocateRegistry 类发现此注册表。具体来说，该类包含了一个 getRegistry 方法，它能返回一个代表远程绑定服务的 Registry 类型的对象。

public static Registry getRegistry( ) throws RemoteException

然后，就必须在返回的 Registry 上使用 rebind 方法，建立与该远程 RMIregistry 的连接。

5.5.1　创建客户和服务器程序

本节将以图 5-16 所示的远程接口 Shape 和 ShapeList 为例，概述创建使用远程接口的客户和服务器程序的步骤。服务器程序是实现 Shape 和 ShapeList 接口的白板服务器的简化版本。我们描述一个简单的轮询客户程序，然后介绍回调技术，它可用于避免轮询服务器。本节阐述的这几个类的完整版本可以参见 www. cdk5. net/ rmi。 |220|

服务器程序　服务器是一个白板服务器，它把每种图形表示成一个实现 Shape 接口的伺服器，它拥有图形对象的状态和它的版本号；它以另一个实现 ShapeList 接口的伺服器代表它的图形集，并把图形集存放在 Vector 中。

为实现它的每个远程接口，服务器包括一个 main 方法和一个伺服器（Servant）类。图 5-18 描述了该服务器类的 main 方法，同时在第 1 行到第 4 行中包含了关键的步骤：

- 第 1 行，服务器创建 ShapeListServant 的实例。
- 第 2 行和第 3 行使用了 exportObject 方法（定义在 UnicastRemoteObject 中），这样在 RMI 运行时就可以获取该对象，从而可以接收新来的调用。exportObject 方法的第二个参数指定新调用使用的 TCP 端口，通常的做法是设置该参数为 0，即使用匿名端口（该端口由 RMI 运行时产生）。UnicastRemoteObject 的使用则保证了所得到的对象的生命周期与创建它的进程一样长（另一个方案就是让这对象成为 Activatable 类的对象，比服务器实例的生命周期还长）。
- 最后，第 4 行将远程的对象和 RMIregistry 中的名字绑定在一起。注意，绑定到这个名字上的值是一个远程对象引用，它的类型就是它的远程接口的类型——ShapeList。

```
import java.rmi.*;
public class ShapeListServer{
    public static void main(String args[]){
        System.setSecurityManager(new RMISecurityManager());
        try{
            ShapeList aShapeList = new ShapeListServant();            1
            Naming.rebind("//bruno.ShapeList", stub );               2
            System.out.println("ShapeList server ready");
        }catch(Exception e) {
            System.out.println("ShapeList server main " + e.getMessage());}
    }
}
```

图 5-18　带有 main 方法的 Java 类 ShapeListServer

两个伺服器类是 ShapeListServant（它实现 ShapeList 接口）和 ShapeServant（它实现 Shape 接口）。图 5-19 给出了 ShapeListServant 类的轮廓。

```
import java.rmi.*;
import java.rmi.server.UnicastRemoteObject;
import java.util.Vector;
public class ShapeListServant extends UnicastRemoteObject implements ShapeList{
    private Vector theList;                    //contains the list of Shapes    1
    private int version;
    public ShapeListServant()throws RemoteException{...}
    public Shape newShape(GraphicalObject g) throws RemoteException {    2
        version++;
        Shape s = new ShapeServant( g, version);                         3
        theList.addElement(s);
        return s;
    }
    public Vector allShapes()throws RemoteException {...}
    public int getVersion() throws RemoteException {...}
}
```

图 5-19　Java 类 ShapeListServant 实现 ShapeList 接口

伺服器类中远程接口方法的实现非常简单，因为它们可以在不考虑任何通信细节的情况下完成。考虑图 5-19 中的 newShape 方法（第 1 行），它可以称为一个工厂方法，因为它允许客户来请求创建一个伺服器。它使用 ShapeServant 的构造函数，该构造函数创建一个新的伺服器，其中包含作为参数传递的 GraphicalObject 和版本号。NewShape 的返回值的类型是 Shape——由新的伺服器实现的接口。在返回之前，newShape 方法把新的图形添加到包含图形列表的向量中（第 2 行）。

服务器的 main 方法需要创建一个安全性管理者，以使 Java 安全性能为 RMI 服务器提供合适的保护。有一个默认的安全性管理者，称为 RMISecurityManager，它保护本地资源，以确保从远程站点载入的类不会对诸如文件这样的资源造成影响，但是它与标准的 Java 安全管理器不同，它允许程序提供它自己的类装载程序和使用反射的。如果一个 RMI 服务器没有设置安全性管理者，代理和类就只能从本地类路径（classpath）装载，以保护程序不受下载的代码（作为远程方法调用的一个结果）的干扰。

客户程序　ShapeList 服务器的一个简化的客户如图 5-20 所示。任何客户程序都需要从使用绑定程序查找远程对象引用开始。我们的客户设置了一个安全性管理者，然后使用 RMIregistry 的 lookup 操作（第 1 行）为远程对象查找一个远程对象引用。在获取了一个初始的远程对象引用后，客户继续发送 RMI 给那个远程对象，或者根据应用的需要发送给在执行期间发现的其他对象。在我们的例子中，客户调用远程对象的 allShapes 方法（第 2 行），并接收一个当前存储在服务器中的所有图形的远程对象引用的向量。如果客户正在实现一个白板显示，那么它将使用服务器上 Shape 接口中的 getAllState 方法，以获取向量中的每个图形对象，并将它们显示在窗口中。每次用户绘制完图形对象后，它就调用服务器里的 newShape 方法，将新的图形对象作为参数传递。客户会记录服务器上的最新版本号，它还不时调用服务器上的 getVersion 方法，以查找别的用户是否已经添加了一些新的图形。如果有新图形，它将检索出来并加以显示。

```
import java.rmi.*;
import java.rmi.server.*;
import java.util.Vector;
public class ShapeListClient{
    public static void main(String args[]){
        System.setSecurityManager(new RMISecurityManager());
        ShapeList aShapeList = null;
        try{
            aShapeList  = (ShapeList) Naming.lookup("//bruno.ShapeList");     1
            Vector sList = aShapeList.allShapes();                            2
        } catch(RemoteException e) {System.out.println(e.getMessage());
        }catch(Exception e) {System.out.println("Client: " + e.getMessage());}
    }
}
```

图 5-20　ShapeList 的 Java 客户

222

回调　回调的基本思想是，客户不用为找出某个事件是否已经发生而轮询服务器，而是当事件发生时，由服务器通知它的客户。回调指服务器为某一事件通知客户的动作。在 RMI 中按如下方式实现回调：

- 客户创建一个远程对象，该对象实现一个接口，接口中包含一个供服务器调用的方法。我们称该对象为回调对象。
- 服务器提供一个操作，让感兴趣的客户通知服务器客户的回调对象的远程对象引用，服务器将这些引用记录在一张列表中。
- 一旦感兴趣的事件发生，服务器就调用感兴趣的客户。例如，白板服务器会在添加了一个图形对象的时候调用它的客户。

使用回调可以避免客户轮询服务器上的兴趣对象，但它有以下缺点：

- 服务器的性能会因为时常的轮询而降低。
- 客户不能及时通知用户已经做了更新。

然而，回调也有它自身的问题。首先，服务器需要有客户回调对象的最新列表，但是客户并不总是能在它退出之前通知服务器，这会导致服务器中的列表不正确。利用 5.4.3 节介绍的租借技术可以解决这个问题。与回调相关的第二个问题是服务器需要发送一系列同步的 RMI 给列表中的回调对象。想了解第二个问题的解决之道，请参见第 6 章。

我们阐述了白板应用中回调的使用。WriteboardCallback 接口可以定义为：

```
public interface WhiteboardCallback implements Remote {
    void callback(int version) throws RemoteException;
};
```

由客户将该接口作为远程对象实现，使服务器能在添加了新对象的时候将版本号发送给客户。但是在服务器这样做之前，客户要通知服务器它的回调对象。为使之成为可能，ShapeList 接口还要求一些附加的方法，例如 register 和 deregister，其定义如下：

int register(WhiteboardCallback callback) throws RemoteException;
void deregister(int callbackId) throws RemoteException;

在客户取得了对具有 ShapeList 接口的远程对象引用（例如图 5-20 中的第 1 行）并创建了一个回调对象实例之后，它就使用 ShapeList 的 register 方法通知服务器它对接收回调感兴趣。register 方法返回一个整数（callbackId）代表注册。当客户完成的时候，它会调用 deregister 通知服务器它不再请求回调了。服务器负责维持一张感兴趣客户的列表，并在每次版本号增加的时候通知所有客户。

5.5.2 Java RMI 的设计和实现

最初的 Java RMI 系统使用了图 5-15 中的所有组件。但是在 Java 1.2 中，使用了反射机制来创建通用的分发器并避免骨架的使用。J2SE 5.0 以前的版本中，客户代理由一个称为 rmic 的编译器根据已经编译好的服务器类来创建（不再根据远程接口定义来创建）。

反射的使用 反射用于传递请求消息中关于被调用方法的信息。这是借助于反射包中的 Method 类完成的。Method 的每个实例代表一个方法的特征，包括它的类、它的参数类型、返回值和异常。这个类的最大特点是 Method 的实例能通过它的 invoke 方法被一个合适的类的对象调用。调用方法需要两个参数：第一个参数指定接收调用的对象，第二个参数是一个包含参数的 Object 数组。结果作为 Object 类型返回。

再回到 RMI 中 Method 类的使用，代理必须把方法及其参数的信息编码到请求消息中。对于方法，代理将它编码成 Method 类的一个对象。它把参数放入一个 Objects 数组中，然后编码该数组。分发器从请求消息中解码 Method 对象和它在 Objects 数组中的参数。通常，目标对象的远程引用已经被解码，对应的本地对象引用已从远程引用模块中获得。然后，分发器用目标对象和参数值数组调用 Method 对象的 invoke 方法。执行方法后，分发器将结果或者出现的异常编码到 reply 消息中。这样，分发器是通用的。也就是说，相同的分发器能用于所有远程对象类，而且不需要骨架了。

支持 RMI 的 Java 类 图 5-21 给出了支持 Java RMI 服务器的类的继承结构。程序员只需要知道 UnicastRemote- Object 类，每个简单的伺服类都要扩展它。UnicastRem-oteObject 类扩展了一个称为 RemoteServer 的抽象类，Remoteserver 提供远程服务器所请求的方法的抽象版本。对 RemoteServer，第一个要提供的是 UnicastRemoteObject，另一个要提供的是 Activatable，现在用于提供主动对象。其他选择可能就是提供复制对象了。RemoteServer 类是 RemoteObject 类的一个子类，它的实例变量有一个远程对象引用，并提供如下的方法：

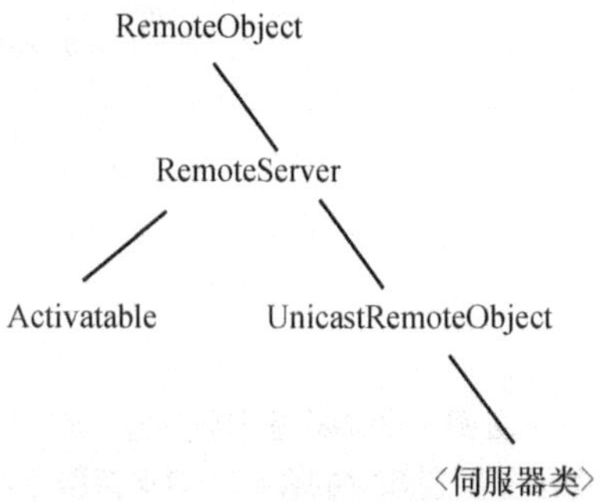

equals：这一方法用于比较远程对象引用。

toString：这一方法用于以 String 类型给出远程对象引用的内容。

readObject、writeObject：这些方法用于序列化/解序列化远程对象。

另外，instanceOf 操作符能用于测试远程对象。

图 5-21　支持 Java RMI 的类

5.6　小结

本章讨论了三种分布式编程的范型——请求－应答协议、远程方法调用和远程过程调用。这三种范型都为分布式独立实体（进程、对象、组件或服务）提供直接相互通信的机制。

请求－应答协议为客户－服务器计算提供了轻量级的最小化支持。这样的协议经常用在需要将通信开销降到最低的环境中，例如在嵌入式系统中。请求应答协议通常支持 RPC 或 RMI，见下面的讨论。

远程过程调用方法是分布式系统中的一个重要突破，它通过将过程调用概念扩展到网络化环境，给编程人员提供了高层支持。这提供了分布式系统中透明性的重要层次。但是，由于它们不同的故障和性能特性以及并发访问服务器的可能，把远程过程调用做得与本地调用完全一样未必是一个好主意。远程过程调用提供了从或许调用语义到至多一次语义的多种调用语义。

分布式对象模型是面向对象编程语言所使用的本地对象模型的一种扩展。封装的对象构成了分布式系统中有用的组件，因为封装性使它们完全负责管理自己的状态，而且方法的本地调用可以扩展到远程调用。分布式系统中的每个对象都有一个远程对象引用（一个全局唯一的标识符）和一个指定它的哪个操作可以被远程调用的远程接口。

本地方法调用提供恰好一次语义，而远程方法调用不能保证也提供恰好一次语义，因为两个参与的对象在不同的计算机上，它们可能分别出故障，而且用于连接的网络也可能出故障。最好管理的是最多一次调用语义。由于它们的故障和性能特征不同，加之对远程对象并发访问的可能性，让远程调用与本地调用的表现完全相同未必是个好想法。

RMI 中间件实现提供了代理、骨架和分发器等组件，这些组件为客户和服务器的编程人员隐藏了编码、消息传递和定位远程对象的细节。这些组件可以由接口编译器生成。Java RMI 使用相同的语法将本地调用扩展到远程调用，但是远程接口必须通过扩展一个称为 Remote 的接口来指定，并让每个方法抛出一个 RemoteException 异常。这可以确保让程序员知道什么时候发送远程调用或者实现远程对象，使他们能处理错误，或为并发访问设计合适的对象。 |225|

练习

5.1 定义一个类，它的实例代表了在图 5-4 中的请求消息和应答消息，该类需要提供一对数据结构，分别为了请求消息和应答消息，说明请求标识符是如何分配的。它需要提供一个方法能够将自己编码进一个字节数组并且能够解码一个字节数组到实例中。 (第 188 页)

5.2 使用 UDP 通信编写图 5-3 中的请求 – 应答协议的三个操作程序，但是不要添加任何的容错措施，你应该使用自己在前面的章节中为远程对象引用（练习 4.13）和上面的请求消息、应答消息（练习 5.1）所定义的类。 (第 187 页)

5.3 给出服务器实现的要点，说明在一个通过创建新线程来执行每个客户端请求消息的服务器中如何使用 getRequest、sendReply 操作。说明服务器将如何从请求消息中复制 requestId 到应答消息中，以及它如何获取客户端的 IP 地址和端口号的。 (第 187 页)

5.4 定义一个新的 doOperation 方法，该方法在等待应答消息时可以设置超时。当超时发生后，它重新发送请求消息 n 次。如果仍然没有应答，它会通知访问者。 (第 188 页)

5.5 描述客户端能接收到一个针对更早调用的应答的场景。 (第 187 页)

5.6 描述一种方法使请求 – 应答协议能够屏蔽操作系统的不同和计算机网络的异构。 (第 187 页)

5.7 讨论下面的操作是否是幂等操作：
1）按电梯的按钮；
2）向文件中写数据；
3）向文件中追加数据；
操作不应该伴有任何状态是它成为幂等操作的条件吗？ (第 190 页)

5.8 从最小化服务器端所拥有的应答数据数量的角度解释设计的选择方案。比较使用 RR 和 RRA 协议时的存储需求。 (第 191 页)

5.9 假设使用 RRA 协议，服务器应该保留未被确认的应答数据多久？为了接收到确认，服务器应该重复地发送应答吗？ (第 191 页)

5.10 为何在协议中交换的消息的数量比发送的数据总量对性能来说更有意义？设计 RRA 协议的一个变种，在该变种协议中，当要传输的下一个请求消息出现时，在同一个请求消息中捎带发送确认消息，否则发送单独的确认消息（提示：在客户端使用一个额外的计时器）。 (第 191 页) |226|

5.11 Election 接口提供两个远程方法：
vote：带有两个参数，客户通过这两个参数提供一个候选者名字（一个字符串）和"投票者编号"（用于确保每个用户刚好只投票一次的整数）。投票者编号在整数的范围内随机地选择，以便不会被他人轻易地猜中。

result：带有两个参数，服务器通过这两个参数给客户提供候选者的名字和候选者的投票编号。
这两个过程中的哪个参数是输入型的，哪个是输出型的？ （第195页）

5.12 讨论在 TCP/IP 连接之上实现请求－应答协议的时候可以获得的调用语义，该调用语义要确保数据按发送顺序到达，既不丢失数据也不复制数据。考虑导致连接中断的所有条件。

（4.2.4节，第198页）

5.13 以 CORBA IDL 和 Java IDL 定义 Election 服务的接口。注意，CORBA IDL 提供 32 位的整数类型 long。比较这两种语言中指定输入型和输出型参数的方法。 （图5-8，图5-16）

5.14 Election 服务必须确保每次用户想投票的时候，其选票就被记录下来。
讨论在 Election 服务上使用或许调用语义的效果。
至少一次调用语义会被 Election 服务接受吗？你认为应该使用至多一次调用语义吗？ （第199页）

5.15 在一种带有遗漏故障的通信服务上实现请求－应答协议，以提供至少一次的 RMI 调用语义。在第一种情形中，实现者假设一个异构的分布式系统。在第二种情形中，实现者假设通信和远程方法执行的最大时间是 T。用哪种方法能简化后者的实现？ （第198页）

5.16 在 Election 服务中，要确保在多个客户并发访问时，选举记录能保持一致。简述其如何实现。

（第199页）

5.17 Election 服务必须确保安全地存储所有的选票，即使服务器进程崩溃也是如此。参考练习5.16，解释如何实现这一点。 （第213页～第214页）

5.18 解释如何采用 Java 反射构造 Election 接口的客户代理类。给出该类中一个方法的实现细节，它应该用以下基调调用 doOperation 方法：

byte [ ] doOperation (RemoteObjectRef o , Method m , byte [ ] arguments)

227 提示：代理类的一个实例变量应该具有一个远程对象引用（见练习4.13）。 （图5-3，第224页）

5.19 解释如何根据 CORBA 接口定义（练习5.13中给出的）使用像 C++ 这种不支持反射的语言，生成一个客户代理类。给出该类中一个方法实现的细节，它应该调用图5-3中定义的 doOperation 方法。

（第211页）

5.20 解释如何使用 Java 反射构造一个通用的分发器。给出具有下列基调的分发器的 Java 代码：

public void dispatch (Object target , Method aMethod , byte [ ] args) ;

参数包括目标对象、被调用的方法和以字节数组表示的方法所需的参数。 （第224页）

5.21 练习5.18 要求客户在调用 doOperation 之前将 Object 参数转化成一个字节数组，练习5.20 要求分发器在调用方法之前将字节数组转化成一个 Objects 数组。讨论具有下列基调的 doOperation 的实现：

Object [ ] doOperation (RemoteObjectRef o , Method m , Object [ ] arguments) ;

它使用 ObjectOutputStream 和 ObjectInputStream 类在客户和服务器之间基于 TCP 连接传递请求和应答消息。这些改变会如何影响分发器的设计？ （4.3.2节，第224页）

5.22 一个客户向服务器发出远程过程调用。客户花5ms时间计算每个请求的参数，服务器花10ms时间处理每个请求。本地操作系统操作每次发送和接收操作的时间是 0.5ms，网络传递每个请求或者应答消息的时间是3ms。编码或者解码每个消息花 0.5ms 时间。
计算下列情况下客户创建和返回消息所花费的时间：
1）如果它是单线程的。
2）如果它有两个线程，这两个线程能在一个处理器上并发地发出请求。
你可以忽略其他上下文转换的时间。如果客户和服务器处理器是线程化的，就需要异步 RPC 吗？

（第213页）

5.23 设计一个支持分布式无用单元收集和在本地对象引用与远程对象引用之间转化的远程对象表。给出一个例子，其中涉及在不同地址上的几个远程对象和代理，以阐述该表的使用。给出当调用导致创建新代理时表的变化。然后给出当一个代理不可用时表的变化。 （第215页）

5.24 5.4.3 节描述了分布式无用单元收集算法的一个简单版本，该算法在每次创建一个新的代理时，就调用远程对象所在地的 addRef；每次删除一个代理时，就调用 removeRef。概述算法中通信故障和进程故障可能造成的影响。提出解决每种影响的建议，但是不能使用租借。 （第215页）

228

间 接 通 信

本章通过学习间接通信来掌握通信范型，它建立在第 4 章进程间通信和第 5 章远程调用的基础之上。间接通信的本质是通过一个中介者通信，因此不存在发送者和一个或多个接收者之间的直接耦合。本章还引入了空间和时间解耦等重要概念。

本章探讨了一系列间接通信的技术：

- 组通信，在组通信中，通信通过一个抽象的组进行，发送者并不知道接收者的身份。
- 发布 – 订阅系统，代表一类方法，这类方法的共同特点是通过中介者将事件分发给多个接收者。
- 消息队列系统，其中消息发送到队列中，接收者从这些队列中提取消息。
- 基于共享内存的方法，包括分布式共享内存和元组空间两种方法，给编程人员提供一个抽象的全局共享内存抽象。

本章利用实例研究来说明所要介绍的主要概念。 |229|

6.1 简介

在学习了第 4 章进程间通信和第 5 章远程调用的基础上，本章通过考察间接通信来结束我们对通信范型的研究。间接是计算机科学中的一个基本概念，下面的引述充分反映了它的普遍性和重要性，这些引述出自剑桥大学的 Titan 项目，由 Roger Needham、Maurice Wikes 和 David Wheeler 总结得出：

在计算机科学中，所有问题都可以通过某个层次上的间接方式来解决。

对于分布式系统，间接的概念也越来越多地应用于通信范型。

间接通信被定义为在分布式系统中实体通过中介者进行通信，没有发送者和接收者（们）之间的直接耦合。中介者的确切特性随方法不同而不同，这一点在后文中会看到。此外，耦合确切的特性在系统之间有显著不同，这一点也会在下文中阐述。注意接收者可以是多个，这表明很多间接通信范型明确支持一对多的通信。

在第 4 章和第 5 章中考虑的技术都是基于发送者和接收者之间的直接耦合，这导致系统在处理改变时显得有些死板。为了说明这一点，考虑一个简单的客户 – 服务器交互。因为是直接耦合，所以用具有相同功能的另一台服务器替代原来的服务器很困难。同样，如果服务器出现故障，那么这将直接影响客户，客户必须显式地处理故障。相反，间接通信避免了这种直接耦合，因此，拥有一些令人关注的性质。文献指出了使用中介者所产生的两个主要特性：

空间解耦，发送者不知道也不需要知道接收者（们）的身份，反之亦然。因为空间解耦使得系统开发者有很大的自由度去处理改变：参与者（发送者或者接收者）可以被替换、更新、复制或迁移。

时间解耦，发送者和接收者（们）可以有独立的生命周期。换句话说，发送者和接收者（们）不需要同时存在才能通信。这将给易变环境带来重大的益处，因为在易变的环境下，发送者和接收者可以随时进入和离开。

由于这些原因，间接通信常常用于预期会发生改变的分布式系统中——例如，在移动环境中，用户可能很快地和全球网络建立连接或者断开连接——必须管理这些变化从而提供一个可靠的服务。间接通信还常用于分布式系统的事件分发，在系统中接收者是未知的，且易于改变——例如，在第 1 章中介绍的在金融系统中管理事件供给。间接通信也被应用在 Google 基础设施的关键部分，相关讨论见第 21 章的实例研究。 |230|

图 6-1 讨论了与间接通信相关的优点。而其主要缺点是由于增加间接层带来的性能开销。事实上，

上述关于间接的引述往往是伴随以下由 Jim Gray 提出的引述的：

没有通过消除某种层次上的间接方式解决不了的性能问题。

此外，因为缺乏任何（时间或空间）的直接耦合，所以使用间接通信开发的系统更加难于精准地管理。

空间和时间解耦详解 可以假设，间接隐含了空间和时间解耦，但也并非总是如此。图 6-1 总结了它们之间的确切关系。

	时间耦合	时间解耦
空间耦合	性质：与一个或一些给定的接收者直接通信；接收者（们）必须在那个时刻存在 例子：消息传递、远程调用（参见第 4 章和第 5 章）	性质：与一个或一些给定的接收者直接通信；发送者（们）和接收者（们）可以有各自独立的生命周期 例子：参见练习 6.3
空间解耦	性质：发送者不需要知道接收者（们）的身份；接收者（们）必须在那个时刻存在 例子：IP 组播（参见第 4 章）	性质：发送者不需要知道接收者（们）的身份；发送者（们）和接收者（们）有独立的生命周期 例子：本章讲解的大多数间接通信范型

图 6-1 分布式系统中空间和时间的耦合

从图 6-1 中，可以很清楚地看到本书所考虑的技术或者在时间和空间上紧耦合，或者在两个维度都解耦。图中左上一栏表示第 4 章和第 5 章提到的通信范型，那里，通信都是直接的，没有空间和时间的解耦。例如，消息传递指向特定实体，还需要接收者在消息发送时存在（不过，习题 6.2 引入了由 DNS 名字解析而增加的维度）。远程调用范型在时间和空间上也是耦合的。图中右下一栏是体现这两个特性的主要的间接通信范型。少数通信范型在这两部分之外：

- IP 组播，在第 4 章介绍，它是空间解耦而时间耦合的。空间解耦是因为消息直接发送到组播组，而不是任何一个特定的接收者。它是时间耦合的，因为所有接收者在消息发送到组播组时必须存在。一些组通信的实现及发布 – 订阅系统也属于这一类（参见 6.6 节）。这个例子说明通信通道的持久性对于实现时间解耦的重要性，也就是说通信范型必须存储消息以便在接收者（们）准备好接收时传递消息。IP 组播不支持这个层次上的持久性。

231

- 通信中空间耦合而时间解耦的情况更微妙。空间耦合意味着发送者知道特定接收者（们）的身份，但是时间解耦意味着接收者（们）在发送时不需要存在。习题 6.3 和 6.4 让读者考虑这种模式是否存在以及能否构建。

返回到我们的定义，我们认为所有涉及中介者的范型都是间接的，而且认为耦合的程度随系统的不同而不同。为了研究每一种方法的特点，我们将在 6.6 节重温不同间接通信范型的特性。

与异步通信的关系 注意，要充分认识这个领域，区分异步通信（在第 4 章定义的）和时间解耦很重要。在异步通信中，发送者发送一个消息，然后继续工作（不阻塞），因此不需要与接收者在同一时间通信。时间解耦增加了额外的维度，发送者和接收者（们）可以相互独立存在，例如，接收者在通信发起时可能不存在。Eugster 等人也认识到异步通信（同步解耦）和时间解耦的重要区别 [2003]。

本章考察的许多技术是时间解耦而且异步的，但是少数像在 6.2.3 节讨论的 JGroups 中的 Message-Dispatcher 和 RpcDispatcher 操作，通过间接通信提供同步服务。

本章剩余部分考察间接通信的例子，从 6.2 节组通信开始，6.3 节讲述发布 – 订阅系统的基础知识，6.4 节考察由消息队列提供的截然不同的方法。在此之后，6.5 节考察基于共享内存抽象的方法，特别是分布式共享内存和基于元组空间的方法。

6.2 组通信

组通信是我们提供的间接通信范型的第一个例子。组通信（group communication）提供一种服务，在这种服务中，消息首先被发送到组中，然后该消息被传送到组中的所有成员。在这个动作中，发送者不清楚接收者们的身份。组通信是对组播通信的抽象，可以通过 IP 组播或一个等价的覆盖网络实现，它增加了一些重要的特性，如管理组的成员、检测故障、提供可靠性和排序保证。增加了这些保障，组通信对于 IP 组播就像 TCP 对于 IP 中的点对点服务一样。　　232

组通信对于分布式系统，尤其是可靠的分布式系统，是一个重要的构造块，其主要的应用领域包括：

- 面向可能是大量客户的可靠信息分发，包括金融业，这些机构需要访问大量信息源获得准确的、最新的数据。
- 支持协作应用，在这样的应用中事件被分发到多个用户，从而保留一个共同的用户视图——例如，第 1 章讨论的多玩家游戏。
- 支持一系列容错策略，包括复制数据的一致更新（相关详细讨论参见第 18 章），或者高可用性（复制）服务器的实现。
- 支持系统监控和管理，包括负载平衡策略。

下面我们详细探讨一下组通信，研究其所提供的编程模型和相关的实现问题。作为组通信服务的一个实例研究，我们还将研究 JGroups 工具箱。

6.2.1　编程模型

在组通信中，核心概念是组和相关的组成员，由此，进程可以加入或离开组。进程可以发送一个消息到组中，然后，消息被传播到组中的所有成员，并在可靠性和排序方面提供一定的保证。因此，组通信实现了组播通信，即通过一个操作，消息被发送到组中的所有成员。与系统中所有进程通信，而不是其中的子组，被称为广播（broadcast），而与单个进程通信被称为单播（unicast）。

组通信的重要特征是一个进程事项只发起一个组播操作，它将消息发送到一组进程中的每一个（在 Java 中这个操作是 aGroup.send(aMessage)），而不是发起多个发送操作到每个进程。

使用一个组播操作而不是多次发送操作为程序员提供了很大的便捷：它使得其实现能有效利用带宽。可以通过一个分布式树，使得发送消息到任何通信链路不超过一次，而且在条件允许的情况下，可以为组播使用网络硬件支持。这种实现方式，相比于分开的串行传送，可以最小化传递消息到目的地的总时间。

为了了解这些优点，比较一下分别发送两个独立的 UDP 包和用一个 IP 组播操作：从一台在伦敦的计算机发送消息到两个在 Palo Alto 的同一以太网的计算机，查看带宽利用和花费的总的传送时间。第一种情况，两个消息的两个拷贝被独立发送，第二个拷贝将被第一个延迟。第二种情况，一组具有组播功能的路由器从伦敦转发消息的单个拷贝，传送到加利福尼亚州局域网的路由器。然后该路由器使用硬件组播（由以太网提供）一次将消息传送到两个目的地，而不是发送两次。　　233

使用单个组播操作对传递保证来说也很重要。如果一个进程发起多个独立的发送操作给不同的进程，那么实现上没有办法来保证作为一个整体影响一个进程组。如果发送者在发送过程中失败了，那么组中的一些成员收到了消息，而另一些没有收到。此外，两个消息传递到任意两个组成员的相对顺序是未定义的。然而，正如下面 6.2.2 节讨论的，组通信有可能在可靠性和排序方面提供一些保障。

组通信已经成为许多研究项目的课题，包括 V-system［Cheriton and Zwaenepoel 1985］、Chorus［Rozier et al. 1988］、Amoeba［Kaashoek et al. 1989；Kaashoek and Tanenbaum 1991］、Trans/Total［Melliar-Smith et al. 1990］、Delta-4［Powell 1991］、Isis［Birman 1993］、Horus［van Renesse et al. 1996］、Totem［Moser et al. 1996］和 Transis［Dolev 和 Malki 1996］，在本章，实际上是本书（尤其是第 15 章和第 18 章）中，我们会引用其他人的研究成果。

进程组和对象组　大多数组服务工作关注进程组（process group）概念，即通信的实体是这个组中的进程。这种服务是相对低级的，因为：

- 消息被传递到进程，并没有进一步提供对分发的支持。
- 消息通常是非结构化的字节数组，不支持对复杂数据类型的编码（例如在 RPC 或 RMI 中——参见第 5 章）。

因此，进程组提供的服务等级，类似在第 4 章讨论的套接字。相反，对象组（object group）提供更高级的组计算方法。一个对象组是一组对象的集合（形式上是同一个类的实例），这些对象并发地处理同一组调用，然后，各自返回其响应。客户对象不需要知道拷贝。它们调用一个本地对象上的操作，该对象充当组的代理。代理使用组通信系统向对象组的成员发送调用。对象参数和结果如在 RMI 中一样被编码，相关的调用被自动分发到正确的目标对象/方法。

Electra[Maffeis 1995] 是一个 CORBA 兼容的系统，它支持对象组。一个 Electra 组可以被连接到许多 CORBA 兼容的应用。Electra 起初建立在 Horus 组通信系统之上，它用 Horus 来管理组成员和组播调用。在"透明模式"中，本地代理返回给客户对象第一个可用的响应。在"非透明模式"中，客户对象可以访问所有由组成员返回的响应。Electra 使用的接口是对标准的 CORBA 对象请求代理接口的扩展，具有创建和销毁对象组及管理其成员的功能。Eternal[Moser et al. 1998] 和对象组服务 [Guerraoui et al. 1998] 还提供了兼容 CORBA 的对象组支持。

|234| 尽管对象组很有前途，然而，进程组仍然在使用上占了主导地位。例如，流行的 JGroups 工具箱是经典的进程组方法，相关讨论见 6.2.3 节。

其他主要的区别 已经开发了许多组通信服务，它们因各自的假设不同而不同：

封闭和开放组：一个组只有组成员能组播它，这样的组被称为封闭组（见图 6-2）。一个封闭组的一个进程将其组播到组的任何消息传递到自身。一个组是开放的，如果组外的进程可以发送消息给它。（"开放"和"封闭"的分类也适用于具有类似含义的邮件列表。）进程的封闭组是很有用的，例如，协作服务器只相互发送消息到应该接收消息的服务器。开放组也很有用，例如，传递事件到感兴趣的进程组。

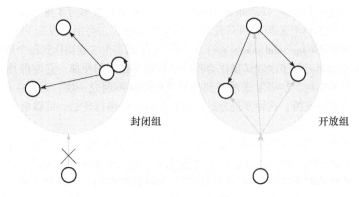

图 6-2　开放组和封闭组

重叠和非重叠组：在重叠组中，实体（进程或者对象）可能成为多个组的成员，而非重叠组意味着成员不会重叠（也就是，任一进程属于至多一个组）。注意到，在实际的系统中，组成员的重叠是现实的。

同步和异步系统：需要在这两种环境中考虑组通信。

这些区别对于底层的组播算法有重大影响。例如，一些算法假设组是封闭的。可以用封闭组实现和开放组相同的效果，具体方法是，选定一个组成员，为其发送消息（一对一），然后由它组播到组内。Rodrigues 等 [1998] 讨论了到开放组的组播。有关开放和封闭组的问题会在第 15 章中讨论，其中会讲到有关可靠性和排序的算法。第 15 章还考虑了重叠组的影响和对于这样的协议，系统是同步的还是异步的。
|235|

6.2.2　实现问题

我们现在转向组通信服务的实现问题，讨论底层组播服务在可靠性和排序方面的特性，以及在进程可以在任何时候加入、离开或失效的动态环境中，组成员管理所起到的关键作用。

在组播中的可靠性和排序 在组通信中，所有组成员必须收到发送给本组的消息的拷贝，并且一般具有传递保证。这个保证包括组中每个进程收到的消息应达成的协定，以及组成员间的消息传递顺序应达成协定。

组通信系统是非常复杂的。甚至是 IP 组播，它提供了最少的传递保证，也需要很大的工程工作量。

到目前为止，我们已经相当笼统地讨论了可靠性和排序。我们现在详细了解这些特性的含义。

2.4.2 节用两个性质定义了在点对点通信中的可靠性：完整性（接收到的和发送的消息是一样的，没有消息被传递两次）、有效性（任何要外发的消息最终都会被传递）。对可靠组播的解释建立在这些性质之上，其中，完整性保证消息至多被正确地传递一次，有效性保证消息最终会被传递。为了扩展语义以覆盖对多个接收者的消息传递，需要增加第三个特性，即协定（agreement）。所谓协定是指，如果消息被传递到一个进程，那么该消息被传递到本组的所有进程。

除了可靠性保证，组通信要求对传递到多个目的地的消息提供消息相对排序方面的额外保障。有序是不能由底层进程间通信原语来保证的。例如，如果组播由一系列一对一的消息来实现，那么，这些消息可能会遭受到任意的延迟。如果用 IP 组播也会产生类似的问题，要解决这个问题，组通信服务提供了有序组播（ordered multicast），提供以下一个或多个特性（也有可能形成混合方案）：

FIFO 序：先进先出（First-In-First-Out，FIFO）序（也被称为源序）被认为是保证了从发送者进程的角度所看到的顺序，这是因为如果一个消息在另一个消息之前发送，那么将以这个顺序传递到组中的所有进程。

因果序：因果序考虑了消息之间的因果关系，如果在分布式系统中一个消息在另一个消息之前发生，那么传递相关消息到所有进程时，这种所谓的因果关系将被保留（"发生在先"关系的详细讨论参见 14 章）

全序：在全序中，如果在一个进程中，一个消息在另一个之前被传递，那么相同的顺序将在所有进程上被维持。

在分布式系统中，可靠性和排序是协调和协定的例子，因此，在第 15 章中会进一步考虑并单独关注这个主题。尤其是，第 15 章提供了更全面的关于完整性、有效性、协定和各种排序性质的定义，研究了可靠的和有序组播算法的实现细节。 |236|

组成员管理 图 6-3 总结了组通信管理的主要元素，图上显示了一个开放组。这幅图说明了组成员管理对于维护一个准确的当前成员视图的重要性，这里，实体可能加入、离开或者出故障。更具体来说，组成员服务有四个主要任务：

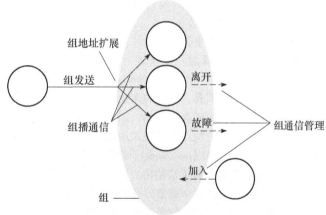

图 6-3 组成员管理的作用

提供组成员改变的接口：组成员服务提供创建和删除进程组、在组中增加或者删除进程的操作。在很多系统中，一个进程可能同时属于多个进程组（即之前定义的重叠组）。例如，IP 组播就是这种情况。

故障检测：服务监测组成员不仅在它们崩溃时，也在因为通信故障导致它们不可达时。检测器标记进程是可疑的和非可疑的。服务使用故障检测器对组成员做出决策：当怀疑其已经出故障或变得不可达时，从成员中去除该进程。

组成员改变时通知成员：当增加进程，或者去除进程时（故障或者是进程有意退出组），服务通知组成员。

执行组地址扩展：当进程组播一个消息时，它提供组标识而不是组中的一系列进程。成员管理服 |237| 务将该标识扩展为要传递的当前组成员。服务通过控制地址扩展来协调成员改变时的组播传递。也就是说，即使在传递中，成员改变了，其仍可以一致地决定向哪里传递一个给定的消息。

注意，IP 组播是一个较弱的组成员服务方面的例子，有一些组成员服务的特性，但不完全。它允许进程动态地加入和离开组并执行地址扩展，所以，对于组播消息，发送者只需提供一个 IP 组播地址作为目的地。但是 IP 组播本身不向组成员提供当前成员的信息，组播传递不会随成员改变而调整。实现这些特性是很复杂的，需要视图同步组通信（view-synchronous group communication）。在第 18 章会进一步研究这一重要问题，其中讨论了组视图的维护和如何在分布式系统支持复制的环境中实现组通信同步视图。

总体来看，需要维护组成员对于基于组的方法有重要影响。尤其是，组通信在小规模、静态的系统中很有效，在大规模或者高度变化的系统中运行并不完善。这要追溯到其对同步假设形式的需求。Ganesh 等［2003］针对大规模和动态环境提出了组成员的一个概率方法，其在底层使用闲聊协议（参见 10.5.3 节）。研究者针对自组织网络和移动环境也开发了组成员协议［Prakash and Baldoni 1998；Roman et al. 2001；Liu et al. 2005］。

6.2.3 实例研究：JGroups 工具箱

JGroups 是用 Java 语言编写的可靠组通信工具箱。该工具箱是组通信工具家族的一部分，该组通信工具家族由康奈尔大学创建，建立在 ISIS［Birman 1993］、Horus［van Renesse et al. 1996］和 Ensemble［van Renesse et al. 1998］开发的基础概念之上。工具箱现在由 JGroups 开源社区［www.jgroups.org］进行维护和开发，正如在第 8 章中讨论的［www.jboss.org］，JGroups 开源社区是 JBoss 中间件社区的一部分。

JGroups 支持进程组，在进程组中，进程可以进入、离开组，发送消息到所有组成员或者单个成员，并且从组中接收消息。工具箱支持多种可靠性和排序保证（下面将详细讨论），并提供组成员服务。

JGroups 的体系结构如图 6-4 所示，它显示了 JGroups 实现的主要组件：

- 渠道（channel）代表为应用开发者提供的最原始的接口，提供加入、离开、发送和接收的核心功能。
- 构造块提供高层次的抽象，它建立在由渠道提供的底层服务上。

238

- 协议栈提供了底层的通信协议，它构造了一个可组合的协议层的栈。

我们下面依次看一下各项。

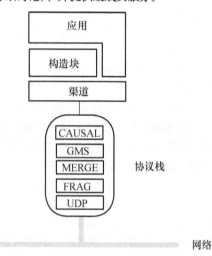

图 6-4 JGroups 的体系结构

渠道 一个进程通过一个渠道对象和一个组进行交互，这里，渠道对象作为一个组的句柄。当渠道被创建时，连接是断开的，但是，随后的连接（connect）操作将一个指定名字的组绑定到这个句柄；如果这个指定名字的组不存在，那么在第一次连接时隐式地创建。进程在离开组时，执行相应的断连（disconnect）操作。还提供了一个关闭（close）操作使渠道无法使用。注意，一个渠道一次只能连接一个组；如果一个进程想连接两个或者更多组，必须创建多个渠道。当进程连接渠道后，进程可以通过渠道发送和接收消息。消息是通过可靠组播发送的，由部署的协议栈定义了精确的语义（下文将进一步讨论）。

渠道上也定义了一系列其他操作，尤其是返回与渠道相关的管理信息。例如，getView 返回定义为当前组成员列表的当前视图，而 getState 返回与组相关的历史应用状态（例如，一个新的组成员可以使用它来了解之前的事件）。

239

注意，术语渠道不要与 6.3.1 节引入的基于渠道的发布 – 订阅（channel-based publish – subscribe）混淆。在 JGroups 中的渠道和第 6.2.1 节中定义的组的实例是相同的含义。

我们通过一个简单的服务举例进一步说明渠道的使用，在这个服务中，一个智能火警器可以发送"火灾！"组播消息到所有已注册的接收者。图 6-5 给出了火警器的代码。

当报警产生时，第一步是创建 JChannel 的一个新实例（在 JGroups 中，JChannel 是代表渠道的类），然后连接到一个被称为 AlarmChannel 的组。如果是第一次连接，在这一阶段将创建组（这个例子中是不太可能的，否则报警将不那么有效）。一个消息的构造函数需要三个参数：目的地、源、有效载荷。在这个例子中，目的地是 null，指定消息将发送到所有成员。（如果指定了地址，将只发送到那个地址。）源也是 null；在 JGroups 中不需要指定源，因为它将会被自动包含。有效载荷是一个非结构化的字节数组，将通过 send 方法传递到组中的所有成员。创建 FireAlarmJG 类的一个新实例并启动报警的代码是：

FireAlarmJG alarm = new FireAlarmJG();
alarm.raise();

接收端相应的代码具有相似的结构，如图 6-6 所示。然而在这个例子中，连接后将调用 receive 方法。该方法只有一个参数，即超时时间。如果该参数被设置为 0，就像本例中一样，接收消息的方法将被阻塞直到接收到一个消息。注意，在 JGroups 中，到达的消息是被缓冲的，receive 方法返回缓冲区顶部的元素。如果现在没有消息，receive 方法将阻塞等待下一个消息。严格地讲，receive 方法可以返回一系列对象类型——例如，告知成员组改变，或者告知组成员被怀疑出故障（因此转换成如上的 Message 类）。

```
import org.jgroups.JChannel;

public class FireAlarmJG {
    public void raise() {
        try {
            JChannel channel = new JChannel();
            channel.connect("AlarmChannel");
            Message msg = new Message(null, null, "Fire!");
            channel.send(msg);
        }
        catch(Exception e) {
        }
    }
}
```

图 6-5　Java 类 FireAlarmJG

```
import org.jgroups.JChannel;

public class FireAlarmConsumerJG {
    public String await() {
        try {
            JChannel channel = new JChannel();
            channel.connect("AlarmChannel");
            Message msg = (Message) channel.receive(0);
            return (String) msg.GetObject();
        }
        catch(Exception e) {
            return null;
        }
    }
}
```

图 6-6　Java 类 FireAlarmConsumerJG

一个给定的接收者必须包含以下代码来等待报警：

FireAlarmConsumerJG alarmCall = new FireAlarmConsumerJG();
String msg = alarmCall.await();
System.out.println("Alarm received: " + msg);

|240|

构造块　构造块是在之前讨论的渠道类之上的更高层次的抽象。渠道在层次上类似于套接字。构建块类似于第 5 章讨论的更高级的通信范型，提供对常见通信模式的支持（但在这种情况下，是针对组播通信的）。在 JGroups 中，构造块的例子有：

- MessageDispatcher 是 JGroups 提供的最直观的构造块。在组通信中，经常使用的方法是发送者发送消息到组中，然后等待部分或所有的应答，这是有实际使用价值的。MessageDispatcher 通过提供 castMessage 方法来支持这种方式，这里，castMessage 方法发送消息到组中，保持阻塞直到收到一定数量的应答（例如，直到收到特定的 n 个、大多数或者所有消息）。

- RpcDispatcher 提供了一个特定的方法（以及可选的参数和结果），然后调用和这个组相关的所有对象上的该方法。和 MessageDispatcher 一样，调用者能阻塞等待部分或者所有的应答。

- NotificationBus 是分布式事件总线的实现，其中，一个事件是任何可串行化的 Java 对象。这个类经常用来实现复制缓存中的一致性。

协议栈　JGroups 遵循 Horus 和 Ensemble 提出的体系结构，从协议层中构建协议栈（起初文献中称为微协议 [van Renesse et al. 1996，1998]）。在这种方法中，一个协议是由多个协议层组成的一个双向栈，每个协议层实现了以下两个方法：　|241|

public Object up (Event evt);
public Object down (Event evt);

因此，协议处理通过在栈中向上或者向下传送事件来完成。在 JGroups 中，事件可能是到达的消息、外发的消息或者管理事件，例如，和视图改变相关的事件。每一层可以对消息进行任意地处理，包括修改内容、增加标题，甚至丢弃或者重排序消息。

为了进一步说明概念，我们研究图 6-4 所示的协议栈，其表明一个协议由五层组成：

- 在 JGroups 中，被称为 UDP 的层是最常见的传输层。注意，尽管叫这个名字，但这并不完全等同于 UDP 协议；相反，该层利用 IP 组播发送给组内所有成员，并专门用 UDP 数据报进行点对点的通信。因此，该层假设 IP 组播是可用的。如果不可用，该层被配置成给成员发送一系列的单播消息，依靠另外一层进行成员发现（特别是，有一层称之为 PING）。对于操作在广域网上的大规模系统，TCP 层会更适合些（使用 TCP 协议发送单播消息，依靠 PING 进行成员发现）。

- FRAG 实现消息编码，并按最大消息大小（默认值是 8192 字节）进行配置。
- MERGE 是处理非预期网络分区以及在分区后合并子组的协议。实际上，有许多合并层是可以获得的，从简单的到用于处理状态转移的（合并层）。
- GMS 实现了一个组成员协议，用以维护组成员之间的一致视图（关于组成员管理算法的更多细节参见第 18 章）。
- CAUSAL 实现了 6.2.2 节介绍的因果序（在第 15 章中会进一步讨论）。

可用的其他协议层很多，包括实现 FIFO 排序和全排序的协议，成员发现协议和故障检测协议，消息加密协议和实现流控制策略的协议（详见 JGroups 网站［www.jgroups.org］）。注意，由于所有层实现了相同的接口，所以，它们能以任何顺序组合，虽然由此产生的许多协议栈没有任何意义。一个组的所有成员必须共享相同的协议栈。

6.3　发布－订阅系统

我们现在把注意力集中在发布－订阅系统（publish-subscribe systems）［Baldoni and Virgillito 2005］上，有时也称为基于事件的分布式系统（distributed event-based system）［Muhl et al. 2006］。它是本章介绍的所有间接通信技术中应用最为广泛的。第 1 章强调了很多种类的系统考虑的基本问题都是通信和事件处理（例如金融交易系统）。更具体地来说，虽然很多系统能自然地映射到第 5 章中的请求－应答交互模式或者远程调用交互模式，但是很多系统不是这样的，而是自然地建模成由事件提供的更为解耦和反应式的编程风格。

在发布－订阅系统中，发布者（publisher）发布结构化的事件到事件服务，订阅者（subscriber）通过订阅（subscription）表达对特定事件感兴趣，其中订阅可以是结构化事件之上的任意模式。例如，一个订阅者可以表达对所有和本书相关的事件感兴趣，如新版本的出版或者相关的网站更新。发布－订阅系统的任务是把订阅与发布的事件进行匹配，保证事件通知（event notification）的正确传递。一个给定的事件将被传递到许多潜在的订阅者，因此，发布－订阅本质上是一对多的通信范型。

发布－订阅系统的应用　发布－订阅系统被使用在很多应用领域中，尤其是与大规模的事件分发相关的领域。例子包括：

- 金融信息系统；
- 实时数据直接输入的其他领域（包括 RSS 源）；
- 支持协同工作，那里需要通知众多参与者其共同感兴趣的事件；
- 支持无处不在计算，包括管理来自无处不在基础设施的事件（例如，位置事件）；
- 一系列监控应用，包括互联网上的网络监控。

发布－订阅也是 Google 基础设施的一个重要组件，包括将与广告相关的事件（诸如"广告点击"）分发给感兴趣的人（参见第 21 章）。

为了进一步说明这个概念，我们考虑一个简单的交易室系统作为广泛的金融信息系统的一个例子。

交易室系统：考虑一个简单的交易室系统，其任务是允许交易者使用计算机查看他们交易的股票市场价格的最新信息。一个已命名的股票的市场价格由相关对象代表。到达交易室的信息来自不同的外部源，代表股票的部分或所有对象的更新，并由称作信息提供者的进程收集。交易者只对自己的股票感兴趣。交易室系统由完成两个不同任务的进程来实现：

- 信息提供者进程连续接收来自单个外部源的新的交易信息。每个更新被看做一个事件。信息提供者发布这些事件到发布－订阅系统中，从而传递到所有对相应股票感兴趣的交易者处。对于每一个外部源，将有一个独立的信息提供者进程与之对应。
- 交易者进程创建一个订阅，该订阅代表用户要求显示的股票。每个订阅表达了对相关信息提供者处的与给定股票相关的事件的兴趣。接着，交易者进程接收所有有发送给它的通知中的信息，并展示给用户。图 6-7 说明了通知的通信。

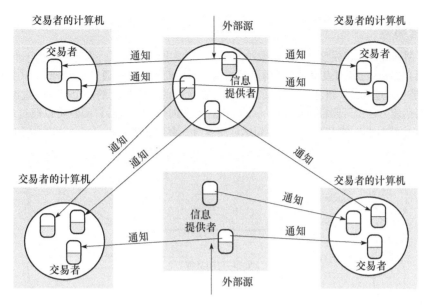

图 6-7　交易室系统

发布 – 订阅系统的特征　　发布 – 订阅系统有两个主要特征：

异构性：当事件通知被用作一种通信手段时，分布式系统中没有被设计实现互操作的组件可以在一起工作。需要的只是生成事件的对象发布它们提供的事件的类型，其他对象订阅事件模式，并提供一个用于接收和处理结果通知的接口。例如，Bates 等 ［1996］ 描述了如何用发布 – 订阅系统来连接互联网中的异构组件。他们描述了一个系统，该系统中应用能够感知用户的位置和活动，例如使用计算机、打印机或者有电子标签的书籍。他们设想在未来使用的家庭网络能够支持一些命令，例如 "如果孩子到家了，打开中央供暖系统"。

异步性：通知是由生成事件的发布者异步地发送到所有对其感兴趣的订阅者的，防止发布者需要与订阅者同步——发布者和订阅者需要解耦。Mushroom［Kindberg et al. 1996］ 是一个基于对象的发布 – 订阅系统，该系统设计用于支持协同工作，用户接口显示了代表用户的对象及信息对象（例如，在共享工作空间中的文档和记事本，这里，共享空间被称为网络地点）。每个网络地点的状态被复制到当前身处那个地点的用户的计算机上。事件被用来描述对象的改变和用户关注的兴趣点的改变。例如，事件可以指明一个用户已经进入、离开一个地点或者对一个对象执行了一个特定的动作。与特定类事件类型相关的任意对象的每个副本通过订阅表示对特定类型事件的相关信息感兴趣，当事件发生时，副本会收到通知消息。但是事件的订阅者与经历事件的对象是解耦的，因为不同的用户活跃在不同时期。

另外，可以为通知提供各种不同的传递保证，具体选择将依赖于应用的需求。例如，如果使用 IP 组播向一组接收者发送通知，那么故障模型将和 4.4.1 节 IP 组播中描述的相关，也将不能保证特定收件人收到特定的通知消息。这对一些应用是合适的——例如，互联网游戏中传送玩家的最新状态——因为下次更新可能已经到达。

然而，其他应用有更强的需求。考虑交易室应用：为了在对某个特定股票感兴趣的交易者之间保持公平，我们要求对于关心同一股票的所有交易者收到相同的信息。这意味着必须使用可靠的组播协议。

在上文提到的 Mushroom 系统中，对象状态改变的通知被可靠地传递到服务器，该服务器的职责是维护最新的对象副本。然而，通知也可能通过不可靠组播被发送到用户计算机上的对象副本。在后者丢失通知的情况下，它们可以从服务器获取对象状态。当应用程序需要时，通知可以被有序、可靠地发送到对象副本。

一些应用有实时需求，例如，核电站报告的事件或者医院患者监控器报告的事件。在一个满足同步分布式系统特点的系统中，设计组播协议提供可靠、有序及实时的保证是可能的。

在下面的章节中，我们将详细讨论发布 – 订阅系统，先看看发布 – 订阅系统提供的编程模型，然后查看一些主要的实现挑战，尤其是和互联网上大规模事件分发相关的。

6.3.1　编程模型

发布 – 订阅系统的编程模型是基于一个小的操作集，如图 6-8 所示。发布者通过 publish(e) 操作分发事件 e，订阅者通过订阅表明对某事件集感兴趣。具体而言，他们通过 subscribe(f) 操作实现该目标，这里，f 是一个过滤器，过滤器是定义在所有可能发生的事件集上的一个模式。过滤器（因而也是订阅）的表达能力是由订阅模型决定的；下面将对此详细讨论。随后订阅者可以通过相应的 unsubscribe(f) 操作取消对事件的兴趣。当事件到达订阅者时，事件是使用 notify(e) 操作被传递的。

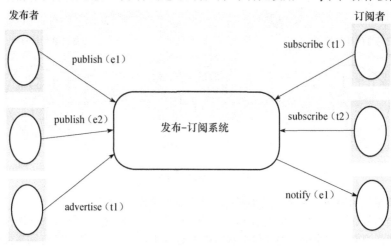

图 6-8　发布 – 订阅范型

一些系统通过引入广告的概念补充上面的操作集。有了广告，发布者可以选择通过 advertise(f) 操作，声明未来将要发生的事件的特性。广告是根据感兴趣的事件类型（它们采取和过滤器相同的形式）定义的。

换句话说，订阅者用订阅声明他们的兴趣，发布者通过广告声明它们将要生成的事件类型。广告可以通过调用 unadvertise(f) 而被取消。

正如上面提到的，发布 – 订阅系统的表达能力由订阅（过滤器）模型决定，下面是一些已定义的和仔细考虑过的模式，按照复杂度递增的顺序列出：

基于渠道：在这种方法中，发布者发布事件到命名的渠道，订阅者订阅其中一个已命名的渠道，并接收所有发送到那个渠道的事件。这是一个相对原始的模式，也是唯一一个定义了物理渠道的模式；所有其他模式采用对事件内容的某种形式的过滤，我们将在下面看到这点。尽管简单，这种模式已经被成功用于 CORBA 事件服务（参见第 8 章）。

基于主题：这种方法中，我们假设每个通知用一定数量的域来表达，其中的一个域表示主题。订阅是根据感兴趣的主题来定义的。这个方法等价于基于渠道的方法，不同的是基于渠道的方法中的主题是隐式的，而基于主题的方法中的主题作为一个域被显式地声明了。通过层次化地组织主题，可以增强基于主题的方法的表达能力。例如，考虑本书的发布 – 订阅系统。订阅可以按 indirect_communication 或 indirect_communication/publish – subscribe 定义。表达对前者感兴趣的订阅者会收到关于本章的所有事件，然而后一种订阅者可以表达对发布 – 订阅这个更特定的主题感兴趣。

基于内容：基于内容的方法是基于主题方法的一般化，它允许订阅表达式具有一个事件通知上的多个域。更具体来说，基于内容的过滤器是用事件属性值的约束组合定义的查询。例如，一个订阅者可以表达对与发布 – 订阅系统的某个主题相关的事件感兴趣，其中，要查询的系统是 "CORBA 事件服务"，作者是 "Tim Kindberg" 或者 "Gordon Blair"。相关查询语言的复杂度是随着系统的不同而不同的，但总体来说，这种方法的表达能力强于基于渠道的和基于主题的方法，但是面临新的重大实现挑战（下面会讨论到）。

基于类型：这些方法和基于对象的方法有内在关联，在基于对象的方法中，对象有一个指定的类型。在基于类型的方法中，订阅根据事件类型来定义，匹配根据给定的过滤器的类型或者子类型来定义。这种方法可以表达一定范围的过滤器，从基于整体类型名称的粗粒度的过滤器到定义了给定对象的属性和方法的细粒度的过滤器。这种细粒度的过滤器在表达能力上和基于内容的方法相似。基于类型的方法的优点是它们可以被很好地集成到编程语言中，可以检查订阅类型的正确性，忽略一些订阅错误。

除了这些经典的分类，一些商业系统基于直接订阅感兴趣的对象。这些系统类似于基于类型的方法，这是因为它们和基于对象的方法有内在关联，它们的不同在于关注感兴趣的对象状态的改变，而不是与对象类型关联的谓词。它们允许一个对象对另一个对象发生的改变做出反应。事件的通知是异步的，由通知的接收者决定。尤其是，在交互应用中，用户在对象上执行的行动，例如，用鼠标操作一个按钮，用键盘在文本框中输入文本，都被看做事件，这些事件引起保存应用状态的对象的改变。每当状态改变时，负责展示当前状态视图的对象会得到通知。

Rosenblum 和 Wolf[1997] 描述了此类发布 – 订阅系统的整体体系结构。在他们的体系结构中，主要的组件是事件服务，它维护了一个事件通知和订阅者兴趣的数据库。当事件在感兴趣的对象上发生时，事件服务会收到通知。订阅者通知事件服务关于它们感兴趣的事件类型。当事件在感兴趣的对象上发生时，包含通知的消息将直接发送到该事件类型的订阅者。

Arnold 等 [1999] 描述的 Jini 分布式事件规约是这种方法的典范，关于 Jini 的实例研究，以及这种方法的背景信息可以参见本书的网站 [www.cdk5.net/rmi]。然而，Jini 是基于事件的分布式系统相对初级的例子，它允许事件的生产者和消费者直接相连（因此破坏了时间和空间的解耦）。

更多的实验方法正在研究中。例如，一些研究者考虑用上下文增加额外的表达能力 [Frey and Roman 2007，Meier and Cahill 2010]。上下文和上下文敏感是移动和无处不在计算中的主要概念。在第 19 章，上下文被定义成与系统行为相关的物理环境的一个方面。上下文的一个直观的例子是位置，这种系统可以提供用户订阅和一个与给定位置相关的事件——例如，和用户所在建筑相关的任何紧急消息。Cilia 等 [2004] 引入了基于概念的订阅模型，在该模型中，过滤器可以根据事件的语义和语法进行表述。更具体来说，数据项有一个相关联的语义上下文，该上下文表达了这些项的意义，这种方式允许对数据项进行解释并翻译成不同的数据格式，从而解决了异构性问题。 〔247〕

对于某些类应用，例如第 1 章中描述的金融交易系统，若订阅仅能表达对单个事件的查询，那么这是不够的。需要一个更为复杂的、能够识别复杂事件模式的系统。例如，第 1 章介绍了根据观察与股票价格相关的事件的时间序列来买入和卖出股份例子，这说明了对复杂事件处理的需要（或者有时称为复合事件检测）。因为发生在分布式环境中，复杂事件处理允许指定事件模式——例如，"如果伊甸园河在至少三个地方水位上升至少 20%，而且仿真模型也报告有洪水泛滥的危险，那么通知我"。第 1 章中出现的事件模式更进一步的例子涉及在一段给定时间内股票价格波动的检测。总的来说，模式可以是逻辑的、时间上的或空间上的。复杂事件处理的进一步信息，请参阅 Muhl 等 [2006]。

6.3.2　实现问题

从上面描述的，发布 – 订阅系统的任务是很清楚的：保证所有事件被有效地传递到有过滤器与事件匹配的所有订阅者。在此之上，可以有安全性、可伸缩性、故障处理、并发和服务质量等额外需求。这使得发布 – 订阅系统的实现相当复杂，而这在学术界也一直是热点研究领域。下面我们考虑主要的实现问题，在考虑实现发布 – 订阅系统所需的总的系统体系结构之前，先研究集中式还是分布式实现（尤其是基于内容方法的分布式实现）。我们通过引用相关的文献和总结发布 – 订阅系统的设计空间来结束本节。 〔248〕

集中式实现与分布式实现　已经有许多实现发布 – 订阅系统的体系结构。最简单的方法是单结点服务器方式的集中式实现，在那个结点上的服务器作为事件代理。发布者发布事件（而且可以选择是否发布广告）到该代理，订阅者发送订阅到代理并接收返回的通知。与代理的交互是通过一系列点对点的消息；这个可以通过使用消息传递或远程调用来实现。

这种方法易于实现，但是设计缺少弹性和可伸缩性，因为集中式代理意味着可能的单点故障和性能瓶颈。因此，发布 – 订阅系统的分布式实现也是可用的。在这种模式下，集中式代理被代理网络

(network of broker) 所取代, 期望的代理网络合作提供的功能如图6-9所示。这些方法有能力从结点故障中生存下来, 并已被证明能够在互联网规模的部署中运作良好。

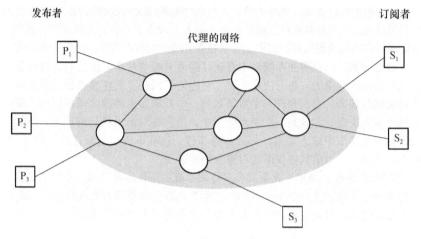

图6-9 代理的网络

更进一步来看, 也可能以一种完全对等的方式实现发布-订阅系统。这是最近一个很流行的系统实现策略。在这种方法中, 发布者、订阅者和代理之间没有区别; 所有结点都是代理, 它们合作实现所需的事件路由功能 (下面进一步讨论)。

总的系统体系结构 如上所述, 集中式模式的实现相对简单, 即用中央服务维护订阅库, 并用订阅匹配形成事件通知。类似的, 基于渠道或基于主题的模式的实现也是相对简单的。例如, 一个分布式实现可以通过将渠道或主题映射到相关的组 (如第6.2节定义的), 然后使用底层组播通信设施传递事件到感兴趣的各方 (适当使用组播的可靠和有序的变种)。基于内容的分布式实现方法较为复杂 (推断认为, 基于类型的方法也是如此), 需要进一步考虑。图6-10中描述了这种方法体系结构选择的范围 (改编自 Baldoni 和 Virgillito [2005])。

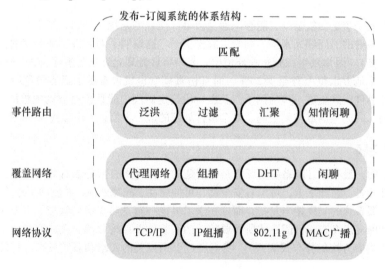

图6-10 发布-订阅系统的体系结构

在底层, 发布-订阅系统使用一系列进程间通信服务, 例如 TCP/IP、IP 组播 (如果可用) 或者更专门的服务 (例如由无线网络提供的)。体系结构的核心是由网络覆盖基础设施支持的事件路由层提供。事件路由层的任务是保证事件通知可以高效地路由到合适的订阅者, 而这由覆盖基础设施通过建立适当的代理网络或 P2P 结构来支持。对于基于内容的方法, 这个路由问题被称作基于内容的路由 (Content-Based Routing, CBR), 目的是利用内容信息将事件有效地路由到指定的目的地。顶层实现匹配，也就是说，保证事件与一个给定的订阅进行匹配。虽然这可以作为一个独立的层实施，但匹配常常被推到事件路由机制中，随后便会看到这种情况。

在这个总的体系结构内，有很多实现方法。我们会逐步通过一套精选的实现技术来说明基于内容的路由背后的一般原则：

泛洪：最简单的方法是基于泛洪，也就是，向网络中的所有结点发送事件通知，在订阅者端执行适当的匹配。作为另一种方案，可以用泛洪发送订阅到所有可能的发布者，在发布端执行匹配，匹配成功的事件通过点对点通信被直接发送到相关的订阅者。泛洪可以利用底层广播或者组播设施来实现。另外，代理可以被安排在无环图中，其中，每一个代理把到达的事件通知转发给所有邻居。（从而有效提供了一个组播覆盖，相关讨论见 4.5.1 节。）这种方法的优点是简单，但是会导致很多不必要的网络流量。因此，下面描述的替代方案尝试通过考察内容来优化消息交换的数量。

249
～
250

过滤：一个支撑许多方法的原则是在代理网络中采用过滤（filtering），这种方法被称为基于过滤的路由。代理通过一个路径到达有效订阅者的网络转发通知。它的实现是通过先向潜在的发布者传播订阅信息，然后在每个代理上存储相关状态。更具体来说，每个结点必须维护一个邻居列表（该列表包含了该结点在代理网络中所有相连接的邻居），一个订阅列表（该列表包含了由该结点为之服务的所有直接连接的订阅者），以及一个路由表。重要的是，这个路由表维护该路径上的邻居和有效订阅的列表。

这个方法也需要在代理网络中的每个结点上实现匹配；尤其是，match 函数以给定的事件通知、一系列结点以及相关的订阅作为参数，返回通知与订阅成功匹配的结点集。图 6-11 描述了这种过滤方法所用的详细算法（来自 Baldoni and Virgillito [2005]）。当一个代理收到一来自给定结点的发布请求时，它把事件通知传送到所有连接的有相应匹配订阅的结点，并决定在代理的网络中将事件传播到何处。第 2 行和第 3 行通过把事件和订阅列表相匹配，并将事件转发到所有成功匹配订阅的结点（即 match-list）来实现第一个目标。第 4 和 5 行重新使用匹配函数，这次将事件和路由表相匹配，然后，仅将事件转发到通往订阅的路径（fwdlist）。代理还需要处理到达的订阅事件。如果订阅事件来自于一个直接相连的订阅者，那么订阅必须加入到订阅表中（第 7 和 8 行）。否则，代理是一个中介结点；该结点知道通往这个订阅的路径存在，因此向路由表中添加相应的条目（第 9 行）。在这两种情况下，订阅事件均被传递给除了源结点以外的所有邻居结点（第 10 行）。

251

```
upon receive publish(event e) from node x                        1
    matchlist := match(e, subscriptions)                         2
    send notify(e) to matchlist;                                 3
    fwdlist := match(e, routing);                                4
    send publish(e) to fwdlist - x;                              5
upon receive subscribe(subscription s) from node x               6
    if x is client then                                          7
        add x to subscriptions;                                  8
    else add(x, s) to routing;                                   9
    send subscribe(s) to neighbours - x;                        10
```

图 6-11　基于过滤的路由

广告：上述纯基于过滤的方法会由于订阅的传播产生大量的网络流量，订阅本质上采用了泛洪的方法向所有可能的发布者推送。在有广告的系统中，通过与订阅传播类似的（事实上是对称的）方式向订阅者传播广告，这样流量负担可以减少。在这两种方法间存在有趣的权衡，一些系统相继采用了两种方法 [Carzaniga et al. 2001]。

汇聚：另外一种控制订阅传播（和实现自然的负载均衡）的方法是汇聚（rendezvous）方法。为了理解这种方法，需要将所有可能的事件集合看做一个事件空间，并且将事件空间的责任划分到网络中的代理集合上。特别地，这种方法定义了汇聚结点，汇聚结点是负责一个给定的事件空间的子集的代理结点。为了实现这种方法，一个给定的基于汇聚的路由（rendezvous-based routing）算法必须定义两个函数。第一，$SN(s)$ 以一个给定的订阅 s 为参数，返回负责订阅 s 的一个或者多个汇聚结点。每个汇聚结点像上述过滤方法一样维护一个订阅列表，并将所有的成功匹配的事件转发到订阅结点集。

第二，当事件 e 被发布，$EN(e)$ 函数也返回一个或多个汇聚结点，这次这些汇聚结点负责在系统中将 e 和订阅进行匹配。注意，如果考虑到可靠性，$SN(s)$ 和 $EN(e)$ 都可以返回多于一个结点。还要注意，这种方法仅在如下情况下可行：对于一个给定的与 s 进行匹配的 e，$EN(e)$ 和 $SN(s)$ 交集必须非空（由 Baldoni 和 Virgillito［2005］定义，被称为映射交集规则）。图 6-12 给出了基于汇聚的路由的相应代码（也来自 Baldoni 和 Virgillito［2005］）。这次，我们将算法的解释留给读者作为习题（参见习题6.11）。

对基于汇聚的路由的一种解释是将事件空间映射到分布式散列表（Distributed Hash Table，DHT）。4.5.1 节简单介绍了分布式散列表，第 10 章将对它进行详细探讨。一个分布式散列表

```
upon receive publish(event e) from node x at node i
    rvlist := EN(e);
    if i in rvlist then begin
        matchlist <- match(e, subscriptions);
        send notify(e) to matchlist;
    end
    send publish(e) to rvlist - i;
upon receive subscribe(subscription s) from node x at node i
    rvlist := SN(s);
    if i in rvlist then
        add s to subscriptions;
    else
        send subscribe(s) to rvlist;
```

图 6-12　基于汇聚的路由

是一种网络覆盖形式，它将散列表分布到一个 P2P 网络的结点集合中。对于基于汇聚的路由最重要的发现是，散列函数可以被用于将事件和订阅映射到相应的管理这些订阅的汇聚结点上。

有可能采用其他对等中间件方法来支持发布 - 订阅系统中的事件路由。确实，这个研究领域很活跃，有很多创新和令人关注的方法出现，尤其是针对非常大规模的系统［Carzaniga et al. 2001］。一种专门的方法是采用闲聊协议作为支持事件路由的一种手段。正如 18.4.1 节讨论的，基于闲聊的方法是一种常见的实现组播（包括可靠组播）的机制。它们的运作主要通过网络中的结点周期性地、以一定概率地与邻居结点交换事件（或数据）。通过这种方法，可以实现有效地传播事件，无需考虑网络结构，而其他方法常常对网络结构有一定的约束。一个纯的闲聊方法实际上是上述泛洪实现的一个替换策略。然而，它可以考虑本地信息和内容（尤其是后者）来实现所谓的知情闲聊（informed gossip）。这些方法在网络断连或结点退出多的高动态环境下特别有吸引力［Baldoni et al. 2005］。

6.3.3　发布 - 订阅系统的例子

我们通过列举一些主要的发布 - 订阅系统来总结本节，为进一步阅读提供参考（参见图 6-13）。

系统（和进一步阅读）	订阅模型	分布模型	事件路由
CORBA 事件服务（第8章）	基于渠道的	集中式的	—
TIB Rendezvouz［Oki et al. 1993］	基于主题的	分布式的	过滤
Scribe［Castro et al. 2002b］	基于主题的	对等的（DHT）	汇聚
TERA［Baldoni et al. 2007］	基于主题的	对等的	知情闲谈
Siena［Carzaniga et al.2001］	基于内容的	分布式的	过滤
Gryphon［www.research.ibm.com］	基于内容的	分布式的	过滤
Hermes［Pietzuch and Bacon 2002］	基于主题和内容的	分布式的	汇聚和过滤
MEDYM［Cao and Singh 2005］	基于内容的	分布式的	泛洪
Meghdoot［Gupta et al. 2004］	基于内容的	对等的	汇聚
Structure-less CBR［Baldoni et al. 2005］	基于内容的	对等的	知情闲谈

图 6-13　发布 - 订阅系统的例子

图 6-13 还收集了发布 - 订阅系统的设计空间，说明了订阅模型和分布模型的决策，尤其是，底层的事件路由策略，是如何导致不同的设计的。注意事件路由不需要集中式模式，因此相应处是空白项。

6.4　消息队列

消息队列（或者更准确地说，分布式消息队列）是间接通信系统的一个重要的类别。相对于组和发布 - 订阅提供了一对多的通信方式，消息队列使用队列概念作为一种间接机制提供点对点的服务，

从而实现所期望的时间和空间解耦性质。它们是点对点的，这是因为发送者将消息放置到队列中，此后由一个进程移走该消息。消息队列也称为面向消息的中间件。这是一类重要的商业中间件，主要实现包括 IBM 的 WebSphere MQ，Microsoft 的 MSMQ 和 Oracle 的 Streams Advanced Queuing（AQ）。这类产品的主要用途是实现企业应用集成（Enterprise Application Integration，EAI），即在企业中实现应用之间的集成，该目标是通过消息队列内在的松耦合实现的。由于其对事务的内在支持，它们还被广泛用作商业事务处理系统的基础，进一步的讨论见 6.4.1 节。

下面我们将更加详细地讨论消息队列，在讨论消息队列的实现问题之前，先考虑由消息队列系统提供的编程模型。下面把 Java 消息服务（Java Messaging Service，JMS）作为支持消息队列（还有发布 – 订阅）中间件规约的例子加以介绍，并以此结束本节。

6.4.1　编程模型

消息队列提供的编程模型很简单。它提供了在分布式系统中通过队列进行通信的一种方法。尤其是，生产者进程发送消息到特定队列，其他（消费者）进程从该队列中接收消息。通常支持三种接收方式：

- **阻塞接收**：保持阻塞直到有合适的消息可用为止。
- **非阻塞接收（轮询操作）**：检查队列的状态，返回可用消息，或者一个不可用的指示。
- **通知操作**：当在相关的队列中有一条消息可用时，会发出一个事件通知。

图 6-14 形象地描述了所有的这些方法。

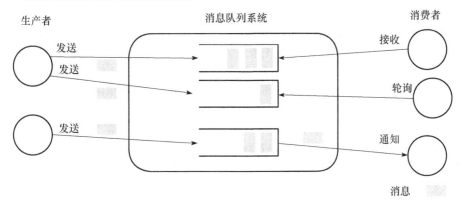

图 6-14　消息队列范型

一些进程能将消息发送到同一个队列，同样也有一些接收者能从队列中取出消息。排队的策略通常是先进先出（FIFO），但大多数消息队列的实现也支持优先级概念，即高优先级的消息先被传递。消费者进程也能基于消息的优先级从队列中选择消息。更具体来说，一条消息通常由目的地（即一个指定目的队列的唯一标识符）、与消息相关的元数据（包括如消息的优先级、传递模式等字段）和消息体组成。消息体通常是不透明的，且未被消息队列系统改变过。消息体相关的内容可以使用 4.3 节所述的任意标准方法进行序列化；也就是说，按数据类型编码、对对象进行序列化或者采用 XML 结构化消息。消息大小可以配置，可以很大，例如，可达 100MB 的数量级。鉴于消息体不透明，通常通过定义在元数据上的谓词表示选择消息的规则。

Oracle 的 AQ 在基本想法上引入了一个有趣的改动，以更好地实现与（关系型）数据库的集成；在 Oracle AQ 中，消息是数据库表中的行，队列是数据库表，可以使用数据库查询语言的所有功能对队列进行查询。

消息队列系统的一个重要特性是消息是持久的——也就是说，消息队列会无限期存储消息（直到它们被消费为止），并将消息提交到磁盘，以实现可靠传递。尤其是，根据 2.4.2 节中"可靠通信"的定义，发送的任何消息最终都会被收到（有效性），接收到的和发送的消息是相同的，没有消息被发送两次（完整性）。因此，消息队列系统确保消息将会被传递（且传递一次），但是不能保证传递的时间。

消息传递系统还能支持额外的功能：

254

- 大部分商用系统支持消息的发送或接收可以包含在一个事务内。目的是保证或者在事务中所有步骤都能完成，或者事务不产生任何作用（"全有或者全无"特性）。这依赖于由中间件环境提供的外部事务服务接口。对事务的详细讨论推迟到第 16 章进行。

- 一些系统也支持消息转换，据此可以任意改造到达的消息。这个概念最常用的应用是转换不同格式的消息来处理底层数据表示的异构性。这可能很简单，例如从一个字节序转换到另一个（大序法到小序法），或者较复杂，例如从一个外部数据表示转换到另一个（例如 SOAP 到 IIOP）。有些系统还允许程序员开发自己的特定于应用的转换以响应来自底层消息队列系统的触发器。在通常处理异构性以及实现企业应用集成（如上所述）方面，消息转换是一个重要的工具。需要注意的是术语"消息代理"经常用来表示负责消息转换的服务。

- 一些消息队列实现也提供安全性的支持。例如，WebSphere MQ 使用安全套接字层（Secure Sockets Layer，SSL）提供对保密数据传输的支持，也支持认证和访问控制。见第 11 章。

最后，将消息队列提供的编程风格与其他通信范型的编程风格进行比较，这对研究消息队列提供的编程抽象是有益的。消息队列在很多方面和第 4 章介绍的消息传递系统很类似。不同的是，消息传递系统通过隐式队列与发送方和接收方相关（例如，在 MPI 中的消息缓冲区），而消息队列系统有显式的队列，它们是第三方实体，区分发送者队列和接收者队列。这个最重要的区别使得消息队列成为具有时空解耦关键特性的间接通信范型。

6.4.2 实现问题

消息队列系统最重要的实现问题是选择集中式实现还是分布式实现。一些实现是集中式的，由位于指定结点上的消息管理器管理一个或者多个消息队列。这种模式的优点是简单，但是这些管理器可能变成重量级组件，可能成为瓶颈或单点故障。因此，提出了更多的分布式实现。为了说明分布式体系结构，我们简要考虑一下代表这一领域目前发展水平的 WebSphere MQ 采用的方法。

实例研究：WebSphere MQ WebSpherer MQ 是 IBM 开发的基于消息队列概念的中间件，它在消息发送者和接收者之间提供了一个间接机制［www. redbooks. ibm. com］。WebSphere MQ 中的队列由队列管理器（queue manager）管理，它存储并管理队列，允许应用通过消息队列接口（Message Queue Interface，MQI）访问队列。MQI 是相对简单的接口，允许应用程序执行一些操作，例如与队列建立连接或者断连（MQCONN 和 MQDISC），或者从队列发送/接收消息（MQPUT 和 MQGET）。多个队列管理器可以驻留在一个物理服务器上。

访问一个队列管理器的客户应用可以驻留在同一个物理服务器上。更一般地，如果它们在不同的机器上，就必须通过所谓的**客户渠道**（client channel）和队列管理器通信。客户渠道采用我们相对熟悉的代理的概念（代理的相关讨论见第 2 章和第 5 章），即在代理上发出 MQI 命令，然后这些命令通过 RPC 被透明地传送到队列管理器去执行。这种配置的一个例子如图 6-15 所示。在这种配置下，一个客户应用正在发送消息到远端队列管理器，接着多个服务（在同一台作为服务器的机器上）使用到达的消息。

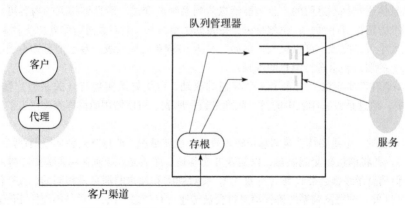

图 6-15 WebSphere MQ 中的一个简单网络拓扑

这是 WebSphere 的一个简单使用，在实践中比较常见的是队列管理器被连接成一个联邦结构，类似（具有代理网络的）发布 – 订阅系统经常采用的方法。为了实现这个目标，MQ 引入了消息渠道（message channel）的概念，作为两个队列管理器之间的单向连接，该消息渠道用于从一个队列异步地转发消息到另一个队列。注意这里的术语，消息渠道是两个队列管理器之间的连接，而客户渠道是一个客户应用和一个队列管理器之间的连接。消息渠道通过两端的消息渠道代理（Message Channel Agent，MCA）进行管理。两个代理负责建立和维护渠道，包括最初的对渠道特性的协商（包括安全特性）。每个队列管理器包含路由表以及渠道，这允许创建任意的拓扑结构。

创建自定义的拓扑的能力对于 WebSphere MQ 很重要，这使得用户可以针对应用领域确定正确的拓扑，例如实现其在可伸缩性和性能方面的特定需求。WebSphere MQ 为系统管理员提供了工具，用于创建合适的拓扑结构，并隐藏建立消息渠道和路由策略的复杂性。

WebSphere MQ 可创建广泛的拓扑结构，包括树形、网格或基于总线的配置。为了进一步说明拓扑的概念，我们给出在 WebSphere MQ 部署中经常使用的一个拓扑例子：集线器和辐条拓扑。

集线器和辐条（hub-and-spoke）方法：在集线器和辐条拓扑中，指定一个队列管理器作为集线器。集线器承载一系列服务。客户应用并不直接连接到这个集线器上，而是通过指定作为辐条的队列管理器来连接。辐条转发消息到集线器的消息队列以便由不同服务进行处理。辐条按照某种策略放置到网络中支持不同的客户。集线器放置在网络中合适的位置，即放置在有足够资源处理网络流量的结点上。大多数应用和服务位于集线器上，虽然辐条上也可能有很多本地服务。

这种拓扑结构随 Websphere MQ 被大量使用，尤其是用于覆盖重要地理区域的（可能跨越组织界限）大规模部署。这一方法的关键是要能通过高带宽连接到一个本地辐条，例如通过局域网（辐条可以作为客户应用被放置在同一台物理机器上，以使延迟最小）。

回想一下客户应用和队列管理器之间是使用 RPC 进行通信的，而队列管理器内部的通信是异步的（非阻塞的）。这意味着客户应用被阻塞，直到消息被存储在本地消息管理器（本地辐条）中；随后的传递可能在广域网上，并且是异步的，由 WebSphere MQ 中间件保证传递是可靠的。

很明显，这个体系结构的缺点是集线器将成为潜在的瓶颈和单点故障。WebSphere MQ 也支持其他设施来克服这些问题，包括队列管理器集群，该方式允许相同服务的多个实例由多个队列管理器支持，并能在不同的实例间进行隐式的负载均衡［www. redbooks. ibm. com］。

6.4.3　实例研究：Java 消息服务

Java 消息服务（JMS）［java. sun. com XI］是分布式 Java 程序间接通信的一个标准化规约。最值得注意的是，该规约通过支持主题和队列作为消息的另一种目的地，至少在表面上整合了发布 – 订阅和消息队列范型。现在有各种各样的对通用规约的实现，包括 OW2 的 Joram、JBoss 的 Java Messaging、Sun 的 Open MQ、Apache 的 ActiveMQ 及 OpenJMS。其他平台包括 WebSphere MQ 也提供一个 JMS 接口，用于与它们的底层基础设施相连。

JMS 区分以下重要的角色：

- 一个 JMS 客户是一个 Java 程序或者组件，它产生或者消费消息，一个 JMS 生产者是一个创建和产生消息的程序，一个 JMS 消费者是一个接收和消费消息的程序。
- 一个 JMS 提供者是任一个实现了 JMS 规约的系统。
- 一个 JMS 消息是一个用于在 JMS 客户（从生产者到消费者）之间交流信息的对象。
- 一个 JMS 的目的地是一个在 JMS 中支持间接通信的对象。它可以是一个 JMS 主题或者是一个 JMS 队列。

用 JMS 编程　JMS API 提供的编程模型如图 6-16 所示。为了和一个 JMS 提供者交互，首先要在一个客户程序和该提供者之间创建连接。这通过连接工厂（connection factory）（负责创建具有所需特性的连接的服务）创建。由此产生的连接是客户和提供者之间的逻辑通道；底层实现如果是在互联网上实现的，则可以映射到 TCP/IP 套接字上。注意，可以建立两种类型的连接，TopicConnection 或者 QueueConnection，从而强制区分了在给定连接中操作的两种模式。

连接可以用来创建一个或者多个会话（session）———一个会话是一系列操作，其中涉及与一个逻辑任务相关的消息的创建、生产和消费。由此产生的会话对象也支持创建事务操作，支持一系列操作以"全有或全无"方式执行，相关讨论见 6.4.1 节。基于主题的会话和基于队列的会话有一个很明确的区分，这是因为一个 TopicConnection 可以支持一个或者多个主题会话，一个 QueueConnection 可以支持一个或者多个队列会话，但是不可能在一个连接里混合会话风格。因此，这两种操作风格的集成是相当表面化的。

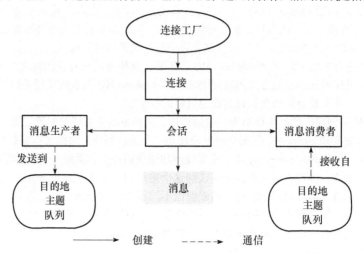

图 6-16　JMS 提供的编程模型

会话对象是 JMS 操作的核心，它具有创建消息、创建消息生产者、创建消息消费者的方法：

- 在 JMS 中，消息由三部分组成：头部、特性集和消息体。头部包含识别和路由消息所需的全部信息，包括目的地（对主题或者队列的引用）、消息的优先级、过期日期、消息 ID 和时间戳。这些域中的大多数由底层系统创建，但是一些域的值可以通过相关的构造方法进行填充。特性全是由用户定义的，可用于将其他特定于应用程序的元数据元素和消息关联起来。例如，如果实现一个上下文敏感的系统（相关讨论见第 19 章），那么特性可以用来表达关于消息的额外的上下文（包括一个位置域）。正如在消息队列系统的总体描述中所说的，消息体是不透明的，系统不能对此进行修改。在 JMS 中，消息体可以是一个文本消息、一个字节流、一个序列化的 Java 对象、一个原始的 Java 值流或者是更加结构化的名/值对的集合。

- 消息生产者是一个对象，它用来发布特定主题下的消息或者将消息发送到一个队列中。

- 消息消费者是一个对象，它用来订阅关于给定主题的消息或者接收来自一个队列的消息。消费者远比生产者复杂，有以下两个原因。第一，通过指定所谓的消息选择器（message selector）可以将过滤器关联到消息消费者，这里，消息选择器是一个谓词，它定义在消息头的值和消息的特性部分（非消息体）上。通过数据库查询语言 SQL 的子集指定特性。例如，这可以用于上述上下文敏感的例子中，从一个给定的位置过滤消息。第二，提供了接收消息的两种模式：程序使用一个 receive（接收）操作，这时程序会被阻塞，或者建立一个消息监听者（message listener）对象，该对象提供 onMessage 方法，每当识别出一个合适的消息时该方法将被调用。

一个简单的例子　为了说明 JMS 的使用，我们返回到 6.2.3 节的例子，即火警服务，展示该服务如何在 JMS 中实现。我们选中了基于主题的发布 – 订阅服务，因为火警服务本质是一个一对多的应用，报警针对许多顾客应用产生报警消息。

火警对象的代码如图 6-17 所示。它比等价的 JGroups 的例子更为复杂，主要原因是其需要创建连接、会话、发布者和消息，如第 6 ~ 11 行所示。除了 createTopicSession 的参数，这些都相对简单，createTopicSession 的参数表示会话是否是事务的（本例中不是）以及指定确认消息的模式。（例子中是 AUTO_ACKNOWLEDGE，这意味着会话会自动确认它收到了一个消息。）在分布式环境中找到相关的连接工厂和主题将增加额外的复杂性。（在 JGroups 中，连接一个已知通道的复杂性都隐藏在 connect 方法中。）这是在第 2 ~ 5 行通过 JNDI（Java Naming and Directory Interface）实现的。为了代码的完整性将

其包括进来，而且我们认为读者可以理解这些代码行的目的，所以没有做进一步的解释。第 12 和 13
行包括了创建一个新消息并将它发布到合适的主题上的关键代码。创建一个 FireAlarmJMS 类的新实例
并发起一个警报的代码如下：

FireAlarmJMS alarm = new FireAlarmJMS();
alarm.raise();

```
import javax.jms.*;
import javax.naming.*;

public class FireAlarmJMS {

    public void raise() {
    try {                                                               1
        Context ctx = new InitialContext();                             2
        TopicConnectionFactory topicFactory =                           3
            (TopicConnectionFactory)ctx.lookup("TopicConnectionFactory");4
        Topic topic = (Topic)ctx.lookup("Alarms");                      5
        TopicConnection topicConn =                                     6
            topic Factory.createTopicConnection();                      7
        TopicSession topicSess = topicConn.createTopicSession(false,    8
                        Session.AUTO_ACKNOWLEDGE);                      9
        TopicPublisher topicPub = topicSess.createPublisher(topic);     10
        TextMessage msg = topicSess.createTextMessage();                11
        msg.setText("Fire!");                                           12
        topicPub.publish(msg);                                          13
        } catch (Exception e) {                                         14
    }                                                                   15
    }
}
```

图 6-17　Java 类 FireAlarmJMS

接收端相应的代码与之非常类似，如图 6-18 所示。第 2 ~ 9 行是完全相同的，分别创建了需要的
连接和会话。然而，这次接着（第 10 行）创建了 TopicSubscriber 类型的对象，在第 11 行的 start 方法
启动了订阅，这使得消息能够被接收。第 12 行的阻塞型 receive 等待到达的消息，第 13 行以字符串形
式返回该消息的文本内容。消费者以如下方式使用这个类：

FireAlarmConsumerJMS alarmCall = new FireAlarmConsumerJMS();
String msg = alarmCall.await();
System.out.println("Alarm received: "+msg);

```
import javax.jms.*;
import javax.naming.*;
public class FireAlarmConsumerJMS {
    public String await() {
    try {                                                               1
        Context ctx = new InitialContext();                             2
        TopicConnectionFactory topicFactory =                           3
            (TopicConnectionFactory)ctx.lookup("TopicConnectionFactory");4
        Topic topic = (Topic)ctx.lookup("Alarms");                      5
        TopicConnection topicConn =                                     6
            topic Factory.createTopicConnection();                      7
        TopicSession topicSess = topicConn.createTopicSession(false,    8
                        Session.AUTO_ACKNOWLEDGE);                      9
        TopicSubscriber topicSub = topicSess.createSubscriber(topic);   10
        topicSub.start();                                               11
        TextMessage msg = (TextMessage) topicSub.receive();             12
        return msg.getText();                                           13
        } catch (Exception e) {                                         14
            return null;                                                15
    }                                                                   16
    }
}
```

图 6-18　Java 类 FireAlarmConsumerJMS

总之，这个实例研究说明了如何通过一个中间件解决方案（在这个例子中是 JMS）支持发布 - 订阅和消息队列，它给程序员提供可选择的间接通信方式：一对多或者点对点。

6.5 共享内存的方式

在这一节，我们考察另一种间接通信范型，它提供了共享内存的抽象。在转向元组空间通信（一种允许程序员从一个共享元组空间读、写元组的方法）之前，我们简要看一下分布式共享内存技术，从理论上讲，它是为并行计算开发的。分布式共享内存在读和写字节级别操作，而元组空间以半结构化数据的形式提供更高层的视角。此外，分布式共享内存可以通过地址进行访问，而元组空间是关联的，它提供了一种内容可寻址的内存形式 [Gelernter 1985]。

本书第 4 版第 18 章深入讲解了分布式共享内存，包括一致性模型和几个实例研究。在本书的网站上可以找到那章 [www.cdk5.net/dsm]。

6.5.1 分布式共享内存

分布式共享内存（DSM）是一种抽象，用于给不共享物理内存的计算机共享数据。进程通过读和更新看上去是其地址空间中普通的内存来访问 DSM。然而，底层的运行时系统透明地保证运行在不同的计算机上的进程可以观察到其他进程的更新。就好像进程在访问单个共享内存，但是事实上物理内存是分布式的（参见图 6-19）。

262

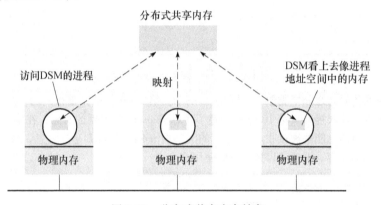

图 6-19 分布式共享内存抽象

DSM 的要点是 DSM 节省了程序员在写应用程序时对消息传递的考虑，否则的话，程序员不得不使用消息传递。DSM 是一个重要工具，用于并行应用、任何分布式应用或者一组应用（其中的每个应用都能直接访问单个共享数据项）。总体上来说，DSM 不太适合客户 - 服务器系统，那里，客户常常视服务器所持有的资源为抽象数据，通过请求对它们进行访问（出于模块化和安全保护的原因）。

在分布式系统中消息传递不能被全部避免：在没有物理共享内存时，DSM 运行时支持通过计算机之间的消息传送更新。DSM 系统管理复制数据：为了加快访问速度，每台计算机都有存储在 DSM 中最近访问过的数据项的本地拷贝。DSM 的实现问题和第 18 章要讨论的复制问题相关，也和第 12 章讨论的缓存共享文件相关。

关于 DSM 实现，一个著名的例子是 Apollo Domain 文件系统 [Leach et al. 1983]，在该系统中，不同工作站拥有的进程通过将文件同时映射到它们的地址空间来共享文件。这个例子表明分布式共享内存可以是持久的。也就是说，它可以比任何访问它的进程或者进程组的运行更持久并且它可以被不同进程组共享。

DSM 的意义伴随着共享内存多处理器（将在 7.3 节进一步讨论）的发展而增加。许多研究工作已经研究了适合在这些多处理器上进行并行计算的算法。在硬件体系结构层次，开发工作包括缓存策略以及快速的处理器 - 内存互连，目标是在实现快速内存访问的低延迟和高吞吐量时，最大化可支持的处理器数目 [Duboisc et al. 1998]。在进程通过一个公共总线连接到内存模块的地方，在总线竞争导致性能急速下降之前，实际的极限是 10 个处理器量级。共享内存的处理器通常以 4 个为一组进行构造，它们通过单个电路板上的总线共享一个内存模块。可以用这样的电路板按非均匀内存访问（Non- Uniform Memory Access，NUMA）体系结构构造多处理器（至多 64 个处理器）。这是一个层次式体系结构，其中，四处理器的电路板通过使用高性能的交换器或者高层次的总线相连。在 NUMA 体系结构中，处理器看到一个单一的地址空间，其中包含所有电路板上的所有内存。但是板上内存的访问延迟小于不同板上的内存模块的访问延迟——这种体系结构因此而得名。

　　在分布式内存多处理器（distributed- memory multiprocessor）和现成的计算组件集群中（参见第 7.3 节），处理器没有共享内存但是通过一个非常高速的网络来连接。这些系统，像通用的分布式系统一样，可以扩展到比共享内存多处理器的 64 个左右的处理器更多数量的处理器。DSM 以及多处理器研究界所关注的核心问题是，在共享内存算法以及相关软件上的知识投资是否可以直接被转化为一个可伸缩性更强的分布式内存体系结构。

　　消息传递与 DSM 作为一种通信机制，DSM 与消息传递更具有可比性，而不是基于请求 – 应答的通信，因为 DSM 在并行处理方面的应用必须使用异步通信。在编程方面，DSM 和消息传递方法对比如下：

　　提供的服务：在消息传递模式下，变量必须在一个进程中编码，被传递后在接收进程中解码成其他变量。对比之下，采用共享内存，相关进程直接共享变量，所以不需要编码（甚至不需要对共享变量的指针编码），这样就不需要单独的通信操作。大多数实现允许存储在 DSM 中的变量可以像普通的非共享变量一样被命名和被访问。另一方面，支持消息传递是因为它允许进程通信，同时通过拥有各自私有地址空间而保护彼此，然而，共享 DSM 的进程可能因为诸如错误地变更数据而引起其他进程失效。更进一步，当在异构计算机之间使用消息传递时，编码考虑了数据表示方法的不同；但是诸如具有不同的整数表示的计算机之间如何共享内存？

　　在消息模型中，通过消息传递原语本身，使用第 16 章中讨论的锁服务器实现技术，可以实现进程之间的同步。而在 DSM 中，同步是通过共享内存编程的常规组成成分，例如锁和信号量实现的。（尽管在分布式内存环境中，锁和信号量需要不同的实现。）第 7 章在线程编程中简要地讨论了这些同步对象。

　　最后，因为 DSM 可以持久化，通过 DSM 通信的进程可能在非重叠的生命周期上执行。进程可以在一个协定的内存位置放置数据，以便其他进程运行时查看数据。相比之下，通过消息传递通信的进程必须在同一时刻执行消息传递。

　　效率：实验表明为 DSM 开发的某个并行程序能表现得和在相同的硬件上用消息传递平台编写的具有等价功能的程序一样出色［Carter et al. 1991］——至少是在相对少量的计算上（10 台左右）如此。然而，这个结论不能推广。基于 DSM 的程序性能依赖于很多因素，我们在下面会讨论到——尤其是数据共享的模式（例如一个数据项是否被多个进程更新）。

　　与两种编程方式相关的开销的可见性是不同的。在消息传递中，所有的远程数据访问是显式的，因此，程序员总是知道一个特定操作是在进行还是涉及了通信的开销。然而，使用 DSM，任何特定的读或者更新有可能涉及、也可能不涉及底层运行时支持提供的通信。其涉及与否取决于下面这些因素，数据以前是否被访问过以及在不同计算机上进程间的共享模式。

　　DSM 是否比消息传递更适合于一个特定应用，没有绝对的答案。DSM 一直是一个工具，它的最终状态取决于其被实现的效率。

6.5.2　元组空间通信

　　元组空间是耶鲁大学的 David Gelernter 作为分布式计算的一种新形式首次引入的，它基于 David Gelernter 提出的"生成通信"［Gelernter 1985］。在这种方法中，进程通过在元组空间放置元组间接地进行通信，其他进程可以从该元组空间读或者删除元组。元组没有地址，但是可以通过内容上的模式匹配进行访问（内容可寻址的内存，相关讨论见 Gelernter［1985］）。所形成的 Linda 编程模型有很广泛的影响力，并在分布式编程方面带来了重大的发展，包括：Agora 系统［Bisiani and Forin 1988］，还有更重要的，Sun 的 JavaSpaces（下面将要讨论）和 IBM 的 TSpaces。元组空间通信在无处不在计算领域也很有影响，原因将在第 19 章深入探讨。

本节研究元组空间范型的一个示例，因为它适用于分布式计算。在简要考虑相关的实现问题之前，我们从研究元组空间提供的编程模型开始。本节把 JavaSpaces 规约作为案例研究，说明元组空间是如何发展从而包罗面向对象世界的。

编程模型 在元组空间编程模型中，进程通过元组空间（一个共享的元组集合）进行通信。而元组由一个或多个带类型的数据域组成，如序列 < "fred"，1958 >，< "sid"，1964 > 和 <4，9.8，"Yes" >。元组类型的任何组合都可能存在于相同的元组空间中。进程通过访问同一元组空间实现共享数据：它们使用 write 操作将元组放置在元组空间中，使用 read 或者 take 操作从元组空间中读或提取元组。write 操作加入一个元组，但不影响元组空间中已存在的元组。read 操作返回一个元组的值，并不影响元组空间的内容。take 操作也返回一个元组，但在这种情况下，它会从元组空间中删除该元组。

当从元组空间中读或者删除元组时，一个进程提供了一个元组规约，元组空间返回符合该规约的任何元组——如上所述，这是一类关联寻址。为了使得进程能够同步其活动，read 和 take 操作都会阻塞，直到在元组空间中找到一个相匹配的元组。一个元组规约包括域的数量和所需的域值或者域类型。例如，take(< String，integer >)可以提取 < "fred"，1958 > 或者 < "sid"，1964 >；take(< String，1958 >)只能提取到两者中的 < "fred"，1958 >。

在元组空间范型中，不允许直接访问元组空间中的元组，进程必须替换元组空间中的元组而不是修改它。这样，元组是保持不变的。假设一组进程在元组空间中维护一个共享的计数器。当前计数（也就是 64）是在元组 < "counter"，64 > 中。一个进程为了增加 myTS 元组空间的计数器的值，必须执行以下形式的代码：

<s, count> := myTS.take(<"counter", integer>);
myTS.write(<"counter", count+1>);

图 6-20 给出了元组空间范型的进一步示例。这个元组空间包含一系列元组，它们表示组成大不列颠联合王国的国家地理位置信息，包括人口和首都。take 操作 take(< String，"Scotland"，String >)将匹配 < "Capital"，"Scotland"，"Edinburgh" >，而 take(< String，"Scotland"，Integer >)将匹配 < "Population"，"Scotland"，5168000 >。write 操作 write(< "Population"，"Wales"，2 900 000 >)将在元组空间中插入一个关于 Wales 人口信息的新元组。最后，如果 read(< "Population"，String，Integer >)这个操作在相应的 write 操作之后执行，那么它可以匹配关于 UK、Scotland 以及 Wales 人口的对应元组。哪一个元组被选中是不确定的，由元组空间的实现决定，这里的 read 操作仍将元组继续留在元组空间。

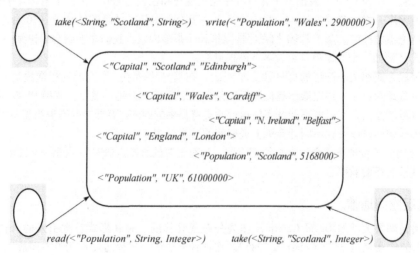

图 6-20 元组空间抽象

注意，write、read 和 take 在 Linda 中被称为 out、rd 和 in；整本书使用前面的更具描述性的名称。

这些术语也在 JavaSpaces 中使用，具体讨论见下面的实例研究。

与元组空间相关的特性：Gelernter[1985] 提出了一些有趣的和元组空间通信相关的特性，重点强调了 6.1 节讨论的空间和时间的解耦：

- 空间解耦：放置在元组空间中的元组可能源自任何数量的发送者进程，也可能会被传递到任何一个潜在的接收者。这种特性在 Linda 中被称为分布式命名（distributed naming）。
- 时间解耦：放置在元组空间中的元组会保留在元组空间中直到被删除（可能是无限期的），因此，发送者和接收者不需要在时间上重叠。

总之，这些特性提供了一种在空间和时间上是完全分布的方法，还通过元组空间提供了一种共享变量的分布式共享形式。

Gelernter［1985］也探讨了与 Linda 采用的相当灵活的命名风格（称为自由命名）相关的一系列其他特性。有兴趣的读者可以阅读 Gelernter 的论文以获取更多的关于这方面的信息。

同主题的相关变种：Linda 引入以来，已经提出了许多对原有模型的改进。

- 原有的 Linda 模型提出了一个单一、全局的元组空间。这在大系统中并不是最佳的，因为这将导致意想不到的元组混淆的危险：随着元组空间中元组数量的增加，read 或者 take 操作匹配到元组的机会会无意中增加。尤其是在对类型进行匹配时，例如上述的 take(< String, integer >)。鉴于此，很多系统提出了多元组空间（multiple tuple spaces），包括了动态创建元组空间的能力，并在系统中引入了作用域（参见下面的 JavaSpaces 实例研究）。
- Linda 按预期被实现成一个集中式的实体，但是后续的系统试了元组空间的分布式实现（包括提供更多的容错策略）。鉴于这一主题在本书中的重要性，后续的小节将集中研究这一问题的实现。
- 研究者已经试验过修改或者扩展元组空间提供的操作，并改变底层语义。一个相当有趣的方案是通过将每一件东西建模为（无序）集合来统一元组和元组空间的概念——也就是说，元组空间是元组的集合，元组是值的集合，这里的值现在可能也包括元组。这种变体被称为 Bauhaus Linda［Carriero et al. 1995］。
- 也许最有趣的是，最近的元组空间实现已从带类型的数据项元组转移到数据对象（带有属性），将元组空间转变为对象空间。在颇具影响的系统 JavaSpaces 中，这个建议被采纳，见下面的详细讨论。 |267|

实现问题 许多元组空间的实现采用了集中式的方案，方案中元组空间资源由一个服务器管理。这种方案的优势是简单，但是这种解决方案显然不能容错也不能伸缩。基于这个原因，提出了分布式解决方案。

复制：几个系统提出使用复制来克服上面提出的问题 ［Bakken and Schlichting 1995，Bessani et al. 2008，Xu and Liskov 1989］。

Bakken 和 Schlichting[1995]、Bessani 等［2008］提出的方案采用与复制类似的方法，被称为状态机方法（复制将在第 18 章进一步讨论）。该方法假设元组空间的行为像状态机，维护状态或者改变状态以响应来自其他副本或者环境的事件。为了保证一致性，副本：1）必须从相同的状态开始（一个空的元组空间）；2）必须以相同的顺序执行事件；3）对每个事件必须做出确定的反应。关键的第二个特性可以通过采用全序组播算法来保证，相关讨论见 6.2.2 节。

Xu 和 Liskov［1989］采用了一个不同的方法，它通过使用特定的元组空间操作语义来优化复制策略。在这种方案中，更新是在当前视图（一致的副本集）的上下文中执行的，而且元组基于其相关的逻辑名称（指定为在元组中的第一个域）被划分到不同的元组集合。该系统由一系列在元组空间上执行计算的工作者（组件）和一系列元组空间副本组成。一个给定的物理结点可以包含任何数量的工作者、副本或者两者都有；一个给定的工作者因此可能有或者可能没有本地副本。结点通过通信网络连接，该通信网络可能丢失、复制或者延迟消息，也可能会乱序传递消息。网络也可能发生分区。

write 操作通过在不可靠的通信通道上向视图的所有成员发送一个组播消息来实现。一旦收到消息，成员将元组放置到他们的副本中并确认收到。重复发送 write 请求直到收到所有确认。为了协议的正确操作，副本必须检测和确认重复的请求，但对重复的请求并不实施相应的 write 操作。

read 操作由发向所有的副本的一个组播消息组成。每个副本寻找一个匹配，并将匹配到的结果返回到请求站点。返回的第一个元组作为 read 结果被传递。这可能来自一个本地结点，但是考虑到许多工作者没有本地副本，所以这并没有保证。

take 操作更为复杂，因为需要在选中的元组上达成一致，并从所有拷贝中删除该元组。算法分为两个阶段执行。第一阶段，元组规约被发送到所有的副本，副本试图获取在相关的元组集上的锁以串行化副本上的 take 请求（write 和 read 操作不受锁的影响）；如果不能获得锁，那么 take 请求被拒绝。每个成功获取锁的副本用匹配的元组集合进行响应。重复执行这一步直到所有副本都接收到请求并作出了响应。发起进程可以从所有应答的交集中选择一个元组，作为 take 请求的结果将其返回。如果不能获取绝大多数锁，副本要释放这些锁并重复第一阶段。

第二阶段，元组必须从所有副本删除。其实现方式是通过重复组播到视图中的所有副本，直到收到所有的删除确认。和 write 请求一样，第二阶段也需要副本检测重复的请求，副本只需发送确认消息，不需要实施其他的删除操作。（否则在这个阶段可能会错误地删除多个元组。）

图 6-21 总结了每个操作所涉及的步骤。注意如果发生结点故障或者网络分区，需要一个单独的算法来管理视图的改变（详细情况参见 Xu 和 Liskov［1989］）。

write	1）发起请求的场地给视图中的所有成员组播write请求； 2）接到该请求后，成员将元组插入到它们的副本，并确认该动作； 3）重复第1步，直到收到所有的确认。
read	1）发起请求的场地给视图中的所有成员组播read请求； 2）接到该请求后，一个成员将一个匹配的元组返回给请求者； 3）请求者返回第一个收到的匹配的元组作为操作结果（忽略其他的）； 4）重复第1步，直到收到至少一个响应。
take	第1阶段：选择要删除的元组 1）发起请求的场地给视图的所有成员组播take请求； 2）接到该请求后，每个副本请求相关元组集合上的锁，如果不能获得锁，那么该take请求被拒绝； 3）所有接受请求的成员用匹配的元组集合响应； 4）重复第1步，直到所有场地接受请求并用它们的元组集合响应而且交集是非空的； 5）选中一个元组作为操作的结果（从所有应答的交集中随机选择）； 6）如果只有少量成员接受了请求，那么这些场地元组集合被请求释放它们的锁，然后重复第1阶段。 第2阶段：删除选中的元组 1）发起请求的场地给视图的所有成员组播remove请求，并在请求中引用这个要删除的元组； 2）接到该请求后，成员从它们的副本中删除元组，发送确认，并释放锁； 3）重复第1步，直到收到所有的确认。

图 6-21　复制和元组空间操作［Xu and Liskov 1989］

给定三个元组空间操作的语义，这个算法被设计用于最小化延迟：

read 操作阻塞直到第一个副本响应请求为止。

take 操作阻塞直到第一阶段结束，那时，对要删除的元组达成一致意见。

write 操作可以立即返回。

然而这引入了不受欢迎的并发。例如，一个 read 操作可能访问一个已经在 take 操作的第二阶段被删除的元组。因此需要增加额外的并发控制。具体而言，Xu 和 Liskov［1989］引入以下额外的限制：

- 每个工作者在副本上的操作都必须按其被工作者发出的相同顺序执行。
- write 操作不能在任何副本上执行，直到之前的所有由相同工作者发起的 take 操作在工作者视图中的所有副本上都完成。

第 19 章提供了进一步使用副本的例子，并介绍了 L^2imbo 方法，它通过使用副本在移动环境中提供高可用性［Davies et al. 1998］。

其他方法：一系列其他方法也被应用于元组空间抽象的实现，包括把元组空间划分到若干结点以及映射到对等的覆盖网上：

- 纽约大学开发的 Linda 内核［Rowstron and Wood 1996］采用了将元组划分到可用的元组空间

服务器 (Tuple Space Server, TSS) 上的方法, 如图 6-22 所示。元组没有副本; 也就是说,
每个元组只有一个拷贝。这样做的动机是提高元组空间的性能, 尤其是在高度并行计算中。
当一个元组放置到一个元组空间时, 需要使用散列算法选择一个要使用的元组空间服务器。 270
read 或 select 的实现稍微复杂一些, 因为提供的元组规约可以指定相关域的类型或者值。散
列算法使用这一规约产生可能包含匹配元组的服务器集合, 接着, 必须使用线性搜索直到找
到一个匹配的元组。注意, 一个给定的元组只有单个拷贝, 所以 take 操作的实现被大大简
化了。

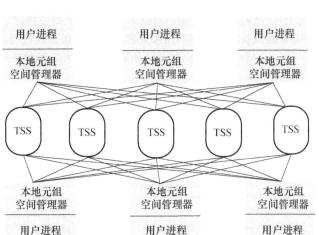

图 6-22　York Linda 内核中的划分

- 元组空间的一些实现采用了对等方法, 由所有结点合作提供元组空间服务。考虑到对等解决方
  案固有的可用性和可伸缩性, 这种方法极具吸引力。对等实现的例子包括 PeerSpaces [Busi et
  al. 2003], 它是使用 JXTA 对等中间件 [jxta. dev. java. net]、LIME 和 TOTA (后两个系统的特
  性见第 19 章) 开发的。

实例研究: JavaSpaces　JavaSpaces 是 Sun 开发的空间通信工具 [java. sun. com X, java. sun. com
VI]。具体而言, Sun 提供 JavaSpaces 服务的规约, 第三方开发者免费提供 JavaSpaces 的实现 (值得注
意的实现包括 GigaSpaces [www. gigaspaces. com] 和 Blitz [www. dancres. org])。该工具非常依赖 Jini
(Sun 的发现服务, 进一步讨论见 19. 2. 1 节), 下文能明显看出这点。Jini 技术入门工具包也包括了一
个 JavaSpaces 的实现, 称为 Outrigger。

JavaSpaces 技术的目标是:

- 提供一个简化分布式应用和服务设计的平台;
- 要使关联类的数量和大小简单化和最小化, 而且, 运行占用的空间要小, 使得代码可以在资源
  有限的设备上运行 (例如智能手机);
- 使得规约能够以复制方式实现 (虽然在实践中, 大多数实现是集中式的)。

JavaSpaces 编程: JavaSpaces 允许程序员创建任意数量的空间实例, 这里, 空间是一个共享的、持
久的对象仓库 (从而提供上面介绍过的对象空间)。更具体来说, 一个 JavaSpaces 项被称为一个条目
(entry): 是包含在实现了 net. jini. core. entry. Entry 的类中的一组对象。注意, 条目包含对象 (而不是
元组), 所以这有可能将任意行为与条目关联, 这大大增加了这种方法的表达能力。

图 6-23 总结了 JavaSpaces 上定义的操作 (给出了每个操作的完整基调), 这些操作的描述如下:

- 一个进程可以使用 write 方法将一个条目放置到一个 JavaSpaces 实例中。与 Jini 一样, 一个条目
  可以有一个与之关联的租约 (参见 5. 4. 3 节), 该租约是授予访问相关对象的时间, 可以是永
  远 (Lease. FOREVER), 也可以是一个以毫秒为单位指定的数值。过了租约指定的这一段时
  间, 条目被销毁。write 操作也被用在事务上下文中, 下文有相关的讨论 (null 值表明这不是一

个事务操作）。write 操作返回一个 Lease 值，它代表那个 JavaSpace 授权的租期值（这可能少于请求的时间）。

- 一个进程可以通过 read 或 take 操作访问在 JavaSpaces 中的条目；read 返回相匹配条目的拷贝，take 从 JavaSpaces 中删除一个相匹配的条目（如同上面介绍的通用编程模型）。匹配需求通过模板（template）指定，模板是条目类型的。模板中的个别域可以设置为指定的值，其他域可以不指定。匹配被定义为和模板属于同一类的一个条目（或者是一个合法的子类），并且这个条目能准确匹配上指定的值集。正如 write，read 和 take 也可以在指定的事务上下文中执行（下文有相关的讨论）。这两个操作也是阻塞型的；最后一个参数指定了超时，其值代表一个特定进程或线程阻塞的最长时间，例如用来处理一个给定条目的进程故障的最长阻塞时间。readIfExists 和 takeIfExists 操作分别等价于 read 和 take，如果相匹配的条目存在，这些操作会将其返回；否则返回 null。

- notify 操作使用（第 6.3 节提到的）Jini 分布式事件通知来注册对某一特定事件感兴趣——在这种情况下，感兴趣的事件是与一个给定模板相匹配的条目的到达。注册由一个租约控制，这里租约表示该注册需要在 JavaSpaces 中存留的时间。通知是通过一个指定的 RemoteEventListener 接口传递。这个操作也可以在指定的事务上下文中执行。

操　　作	效　　果
Lease write（*Entry e, Transaction txn, long lease*）	在特定 JavaSpace 中放入一条目
Entry read（*Entry tmpl, Transaction txn, long timeout*）	返回与指定模板匹配的条目的拷贝
Entry readIfExists（*Entry tmpl, Transaction txn, long timeout*）	功能如上，但不阻塞
Entry take（*Entry tmpl, Transaction txn, long timeout*）	检索（并删除）与指定模板匹配的条目
Entry takeIfExists（*Entry tmpl, Transaction txn, long timeout*）	功能如上，但不阻塞
EventRegistration notify（*Entry tmpl, Transaction txn,* 　　*RemoteEventListener listen, long lease,* 　　*MarshalledObject handback*）	如果与一个指定模板匹配的元组写入了一个 JavaSpace，那么通知一个进程

图 6-23　JavaSpaces API

如上所述，JavaSpaces 中的操作可以发生在事务上下文中，保证所有或者没有任何操作被执行。事务是分布式实体而且能跨越多个 JavaSpaces 和多个参与的进程。第 16 章将会进行事务的总体概念的讨论。

一个简单的例子：我们通过一个例子来总结对 JavaSpaces 的研究，这个例子是在 6.2.3 节首次引入的智能火警的例子，在 6.4.3 节已经回顾过这个例子。在这个例子中，当检测到一个火灾事件时，需要向所有接收者分发紧急消息。

我们首先定义一个类型为 AlarmTupleJS 的条目对象，如图 6-24 所示。这相对简单而且表明要创建一个带有域 alarmType 的新条目。相关的火警代码如图 6-25 所示。报警的第一步是获得对一个 JavaSpaces 相应的实例（称为"AlarmSpace"）的访问，我们假设该实例已经创建。JavaSpaces 的大多数实现为此提供了实用函数，为简化起见，我们在代码里展示的是使用 GigaSpaces 提供的实用类 SpaceAccessor 和 findSpace 方法（为了方便，这个类的拷贝在本书的网站上［www.cdk5.net］提供）。接着，创建一个条目作为之前定义的 AlarmTupleJS 的实例。这个条目只有一个域，一个称为 alarmType 的字符串，该字符串被设置为"Fire!"。最终，使用 write 方法把这个条目放置到 JavaSpaces 中，它将在那保留一个小时。上述代码用如下代码调用：

```
import net.jini.core.entry.*;
public class AlarmTupleJS implements Entry {
    public String alarmType;

    public AlarmTupleJS() {
    }
    public AlarmTupleJS(String alarmType) {
        this.alarmType = alarmType;
    }
}
```

图 6-24　Java 类 AlarmTupleJS

```
FireAlarmJS alarm = new FireAlarmJS();
alarm.raise();
```

```
import net.jini.space.JavaSpace;
public class FireAlarmJS {
    public void raise() {
        try {
            JavaSpace space = SpaceAccessor.findSpace("AlarmSpace");
            AlarmTupleJS tuple = new AlarmTupleJS("Fire!");
            space.write(tuple, null, 60*60*1000);
        catch (Exception e) {
        }
    }
}
```

图 6-25　Java 类 FireAlarmJS

消费者端相应的代码如图 6-26 所示。消费者以同样的方式获得对相应 JavaSpaces 的访问。在此之后，创建一个模板，其单个域被设置为"Fire!"，接着调用相关的 read 方法。注意，通过设置域为"Fire!"，我们确保只有这种类型的条目并且是这个值的条目被返回（域为空将使得类型为 AlarmTuple-JS 的任何条目都是一个合法匹配）。在消费者端将调用如下代码：

```
FireAlarmConsumerJS alarmCall = new FireAlarmConsumerJS();
String msg = alarmCall.await();
System.out.println("Alarm received: " + msg);
```

```
import net.jini.space.JavaSpace;
public class FireAlarmConsumerJS {
    public String await() {
        try {
            JavaSpace space = SpaceAccessor.findSpace();
            AlarmTupleJS template = new AlarmTupleJS("Fire!");
            AlarmTupleJS recvd = (AlarmTupleJS) space.read(template, null,
                                        Long.MAX_VALUE);
            return recvd.alarmType;
        }
        catch (Exception e) {
            return null;
        }
    }
}
```

图 6-26　Java 类 FireAlarmReceiverJs

这个简单的例子说明了使用 JavaSpaces 写多方参与的、在时间和空间上解耦的应用程序是很容易的。

6.6　小结

本章详细考察了间接通信，作为对第 5 章远程调用范型学习的补充。我们从通过中介进行通信的角度定义了间接通信，由此产生消息生产者和消息消费者的解耦。这导致了一些有趣的性质，尤其是在处理改变和建立容错策略方面。

本章我们考虑了五种间接通信方式：

- 组通信；
- 发布 – 订阅系统；
- 消息队列；
- 分布式共享内存；
- 元组空间。

本章的讨论强调了所有通过中介形式支持间接通信的共性，这里的中介包括组、渠道或者主题、队列、共享内存或者元组空间。基于内容的发布 – 订阅系统通过将发布 – 订阅系统作为一个整体进行

272
~
274

通信，通过订阅有效定义了由基于内容的路由管理的逻辑渠道。

在关注共性之外，考虑不同方法之间的主要区别也是有益的。我们首先重新考虑了时间和空间的解耦的层次，在6.1节重新对此进行了讨论。这章考虑的所有技术展示了空间解耦，这是因为消息被发送到中介，而不是任何一个/多个特定的接收者。时间解耦的观点更加微妙，依赖于范型中持久化的水平。消息队列、分布式共享内存和元组空间都具有时间解耦特性。其他的范型也可能有此特性，但这依赖于具体实现。例如，在组通信中，在某些实现中，接收者可以在任意时间点加入一个组，并使得它获得最新的消息。（这是在 JGroups 中可选的特性，可通过构建一个合适的协议栈来选中此特性。）许多发布－订阅系统不支持事件的持久化，因此也不是时间解耦的，但也存在特例。例如，JMS 是发布－订阅和消息队列的集成，它可以支持持久化的事件。

前三项技术（组、发布－订阅、消息队列）提供了一个强调通信（通过消息和事件）的编程模型，然而分布式共享内存和元组空间提供了一个基于状态的抽象。这是一个基本的不同，并在可伸缩性方面有显著的影响；在一般情况下，基于通信的抽象，在适当的路由基础设施支持下，有潜力扩展为一个超大规模的系统。（虽然这不适用于组通信，因为它需要维护组成员，相关讨论见6.2.2节。）与此相反，基于状态的两种方法在伸缩性方面有限制。这是因为需要保持共享状态的一致视图，例如，在共享内存的多个读者和写者之间。元组的不可变更的性质使得元组空间的情况更加细微。问题的关键在于在一个大型系统中破坏性的读操作，即 take 操作的实现；一个有趣的结果是：没有这个操作，元组空间看上去像发布－订阅系统（并因此可能是高可伸缩的）。

上述的大多数系统也提供一对多的通信方式，也就是说，对基于通信的服务来说，这是指组播，从基于状态的抽象的角度，是指对共享值的全局访问。消息队列和元组空间是个例外，消息队列是点对点的（并因此在商业中间件中常常与发布－订阅系统结合起来），而元组空间可以是一对多或者点对点的，分别依赖于接收进程是否使用 read 或 take 操作。

各个系统在设计目的上也有差异。组通信主要用来支持可靠的分布式系统，强调消息传递的可靠性和排序，为此提供算法支持。有趣的是，保证可靠性和排序的算法（尤其是后者）对伸缩性有很大的负面影响，这与维护共享状态的一致视图有类似的原因。发布－订阅系统在很大程度上是针对信息分发（例如，金融系统）和企业应用集成的。最后，共享内存方法通常应用于并行和分布式处理，包括网格社区（尽管元组空间已经有效应用于许多应用领域）。由于发布－订阅系统和元组空间通信对易变环境的支持，它们可以应用于移动和无处不在计算领域（相关讨论见第19章）。

另外一个与五种模式相关的关键问题是基于内容的发布－订阅和元组空间都提供了一种基于内容的关联寻址（associative addressing），允许订阅和事件或模板和元组之间的模式匹配。而其他的方法没有提供。

图6-27 总结了上述讨论。

	组	发布－订阅系统	消息队列	DSM	元组空间
空间解耦	是	是	是	是	是
时间解耦	可能	可能	是	是	是
服务风格	基于通信的	基于通信的	基于通信的	基于状态的	基于状态的
通信模式	一对多	一对多	一对一	一对多	一对一或一对多
主要目的	可靠的分布式计算	信息分发或 EAI；移动和无处不在系统	信息分发或 EAI；商业事务处理	并行和分布式计算	并行和分布式计算；移动和无处不在系统
可伸缩性	有限的	可能	可能	有限的	有限的
关联性	无	仅基于内容的发布－订阅	无	无	有

图6-27 间接通信风格的总结

我们在分析中没有考虑关于服务质量的问题。许多消息队列系统以事务形式对可靠性提供内在支持。

然而更一般地，服务质量仍然是间接通信范型的一个主要挑战。事实上，它们本质上的空间和时间解耦使人们难以对系统的端到端特性（例如实时行为或安全性）进行推理，因此这是一个需要进一步研究的重要领域。

练习

6.1 说明为什么间接通信适合在易变的环境。这些在多大程度上归结于时间解耦、空间解耦或者两者的结合？ (第 230 页)

6.2 6.1 节阐明了消息传递是时间和空间耦合的，也就是说，消息被指向某个特定实体，而且在消息发送时接收者必须存在。考虑下面这个情况，消息被指向一个名称而非一个地址，而这个名称通过 DNS 解析，这样的系统能否表现出相同的间接水平？ (第 231 页，13.2.3 节)

6.3 6.1 节提到了空间耦合但时间解耦的系统，即消息被指向给定的接收者（一个或多个），但接收者可以有独立于发送者的生命周期。你能构建拥有这样特性的通信范型吗？例如，电子邮件是否属于这种类型？ (第 231 页)

6.4 作为第二个例子，考虑被称为排队 RPC 的通信范型，它是在 Rover 中引入的 [Joseph et al. 1997]。Rover 是一个工具箱，它支持移动环境中的分布式系统编程，在移动环境中，通信的参与者可能断连一段时间。系统提供 RPC 范型，因此调用被指向一个给定的服务器（明显是空间耦合的），但调用是通过中介（发送端的一个队列）被路由的，并被维护在队列中，直到接收者可用。这在多大程度上是时间解耦的？提示：考虑一个暂时不可用的接收者在某时间点是否存在这一哲学问题。 (第 231 页，第 19 章)

6.5 如果通信范型是异步的，那么它是否是时间解耦的？用适当的例子解释你的答案。 (第 232 页)

6.6 请提供组通信服务上下文中消息交换的例子，用于说明因果序和全排序之间的区别。 (第 236 页)

6.7 考虑使用 JGroups（6.2.3 节）编写的 FireAlarm 的例子。假设它被推广以支持多种报警类型，如火灾、洪水、入侵等。从可靠性和排序而言，这类应用的需求是什么？ (第 230 页，第 240 页) |277|

6.8 设计一个通知邮件服务，目的是代表多个订阅者存储通知，允许订阅者指定他们需要何时传递通知。阐述并不是时刻在线的订阅者如何利用你所描述的服务。服务在订阅者传递开启时如何处理订阅者崩溃？ (第 245 页)

6.9 在发布 – 订阅系统中，解释如何使用一个组通信服务来实现基于渠道的方法？为什么对于基于内容方法的实现来说这并不是一个很好的策略？ (第 245 页)

6.10 以图 6-11 中基于过滤的路由算法作为起点，开发另一种算法，说明如何使用广告能对产生的消息流量有重大的优化。 (第 251 页)

6.11 逐步解释图 6-12 所示的可替换的基于汇聚的路由算法的操作。 (第 252 页)

6.12 在练习 6.11 答案的基础上，讨论两个可能的 $EN(e)$ 和 $SN(s)$ 实现。为什么对于一个给定的与 s 相匹配的 e，$EN(e)$ 和 $SN(s)$ 的交集必须是非空的（交集规则）？这是否应用到了你可能的实现中？ (第 252 页)

6.13 解释消息队列内在的松耦合是如何帮助企业应用集成的。与练习 6.1 一样，这些在多大程度上归结于时间解耦、空间解耦或者两者的结合？ (第 254 页)

6.14 考虑用 JMS 编写的 FireAlarm 程序（6.4.3 节）。你将如何扩展使得消费者只接收来自一个给定位置的报警？ (第 261 页)

6.15 解释在哪些方面，DSM 适合或者不适合客户 – 服务器系统。 (第 262 页)

6.16 讨论消息传递和 DSM，哪个更适合容错的应用。 (第 262 页)

6.17 假设一个 DSM 系统以平台中立的方式在没有硬件支持的中间件内实现，你将如何处理异构计算机上的不同的数据表示问题？你的解决方案能否扩展到指针？ (第 262 页)

6.18 如何使用元组空间实现等价的远程过程调用功能？按这种方式实现的远程过程交互有什么优点和缺点？ (第 265 页)

6.19 如何使用元组空间实现信号量？ (第 265 页)

6.20 用 Xu 和 Liskov[1989] 算法实现一个可复制的元组空间。解释该算法是如何使用元组空间操作的语义去优化复制策略的。 (第 269 页) |278|

操作系统支持

本章描述在分布式系统的结点上操作系统设施是如何支持中间件的。操作系统促进了服务器内资源的封装和保护，同时它还支持用于访问这些资源的机制，包括通信和调度。

本章的一个重要主题是系统内核的作用。本章的目标是使读者了解在保护域中划分功能的优点和缺点，特别是划分内核级和用户级代码的功能带来的优点和缺点。本章还将讨论内核级设施与用户级设施间的权衡，其中包括效率和健壮性之间的关系。

本章还将探讨多线程处理和通信设施的设计和实现问题，然后介绍已经设计实现的主要的内核结构，查看在操作系统体系结构中虚拟化正在扮演的重要角色。

7.1 简介

第 2 章介绍了分布式系统中的主要软件层次。我们已经知道，资源共享是分布式系统的一个重要方面。客户应用程序所调用的资源经常在另一结点上或至少在另一进程上。应用程序（以客户的形式出现）和服务（以资源管理者的形式出现）使用中间件来进行交互。中间件提供了分布式系统的各结点中对象或进程间的远程通信。第 5 章介绍了中间件中远程调用的主要类型，例如 Java RMI 和 COR-BA，第 6 章介绍了另一种间接通信方式。本章将关注没有实时保证的远程通信支持。（第 20 章将介绍实时和面向数据流的多媒体通信的支持。）

在中间件层下面是操作系统（OS）层，它是本章的主题。本章会介绍这两层之间的关系，特别要介绍操作系统是如何满足中间件需求的。这些需求包括有效和健壮地访问物理资源以及实现多种资源管理策略的灵活性。

任何一个操作系统的任务都是提供一个在物理层（处理器、内存、通信设备和存储介质）之上的面向问题的抽象。例如，一个操作系统如 UNIX（及其衍生版本，如 Linux 和 Mac OS X）或 Windows（及其各个版本，如 XP、Vista 和 Windows 7）给程序员提供的是文件和套接字而不是磁盘块和原始网络访问。操作系统接管单个结点的物理资源并通过系统调用接口管理它们从而给出这些资源抽象。

在详细描述操作系统对中间件的支持之前，首先回顾一下在分布式系统发展过程中的两个概念：网络操作系统和分布式操作系统。虽然有不同的定义，但它们后面的概念却类似如下所述。

UNIX 和 Windows 都是网络操作系统的例子。它们都具有内置的连网功能，因此可以用来访问远程资源。它们能网络透明地访问一些类型的资源（但不是所有资源）。例如，通过分布式文件系统如 NFS，用户能网络透明地访问文件。也就是说，许多用户访问的文件是存储在远端的服务器上，而这对于应用程序很大程度上是透明的。

网络操作系统的一个界定性特征是运行网络操作系统的结点能独立地管理自己的处理资源。换句话说，有多个系统映像，每个结点一个。通过网络操作系统，用户能使用 ssh 远程登录到另一台计算机上并运行那里的进程。然而，与操作系统管理自身结点上的进程不同，网络操作系统并不跨结点管理进程。

相反，可以设想存在这样一种操作系统，用户不必关心程序的运行地点或资源位置。有单一的系统映像。这种操作系统必须能够控制系统中所有的结点，并且它能透明地将新的进程定位在符合调度策略的结点上。例如，它能在负载最小的结点上生成新的进程以防止单个结点过载。

如果一个操作系统能如上所述，在分布式系统中对所有资源只生成单一的系统映像，那么这个系统就是一个分布式操作系统 [Tanenbaum and van Renesse 1985]。

中间件和网络操作系统　事实上，除了 UNIX、MacOS 和 Windows 这些网络操作系统外，几乎没有普遍应用的分布式操作系统。可能有两个主要原因造成这种情况，其一是用户已经在应用软件方面进行了大量的投资，已有软件能够满足他们当前的需要，无论新的操作系统有多么优越的特性，如果它不能运行这些应用软件，用户也不会使用它。有人尝试在新的系统核心上模拟 UNIX 和其他操作系统的内核，但模拟的性能不能令人满意。而且，在主流操作系统不断演化的背景下，模拟所有的主流操作系统本身就是一项繁重的工作。

第二个反对采用分布式操作系统的原因是，即使在一个小单位里，用户也更愿意独立地管理自己的机器。其中一个重要的因素是性能 [Douglis and Ousterhout 1991]。例如，当 Jones 写一个文档时，她需要很好的交互性能，而如果系统由于运行了 Smith 的程序而使交互变慢，她必定会不高兴。

中间件和网络操作系统的结合为自治性需求和网络透明的资源访问之间提供了一个可接受的平衡。网络操作系统使用户能运行他们喜爱的字处理程序和其他独立运行的程序。中间件使他们能享受到分布式系统所提供的服务。

下一节将解释操作系统层的功能。7.3 节查看资源保护的低层机制，以便我们能理解进程和线程之间的关系，以及内核的作用。7.4 节查看进程、地址空间和线程抽象，其中主要介绍并发、本地资源的管理、保护和调度。7.5 节覆盖作为调用机制一部分的通信。7.6 节讨论不同类型的操作系统的体系结构，其中包括所谓的整体内核和微内核设计。读者可以在 www.cdk5.net/oss 上找到有关 Mach 内核以及 Amoeba、Chorus 和 Clouds 操作系统的实例分析。本章还查看了操作系统设计中虚拟化扮演的角色，给出了 Xen 实现虚拟化的实例研究，随后是本章小结。

7.2　操作系统层

只有当中间件和操作系统的联合具有良好的性能时，用户才会满意。中间件运行在一个分布式系统的结点上，而且是多种 OS – 硬件组合（平台）上。运行在一个结点上的操作系统都有其内核和相关的用户级服务，如通信库等，这些操作系统能为处理、存储和通信提供本地硬件资源的抽象。中间件将这些本地资源联合起来以实现在不同结点的对象和进程之间提供远程调用的机制。

图 7-1 给出了两个结点上的操作系统层如何支持一个公共的中间件层，从而为应用和服务提供一个分布式基础设施。

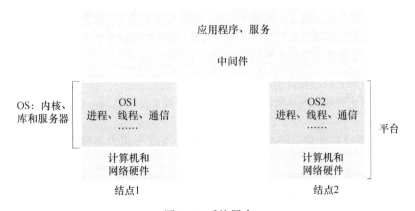

图 7-1　系统层次

本章的目标是讨论某种操作系统机制对中间件提供共享分布式资源能力的影响。内核和运行于其上的客户和服务器进程是我们所关心的主要的体系结构组件。内核和服务器进程用于管理资源和为客户提供资源接口。因此，它们至少应该具备以下特点：

封装：它们应该提供有用的能够访问资源的服务接口，也就是说，它所提供的操作集必须满足客户的需要。像内存管理和设备管理这些实现资源的细节应该对客户隐藏。

保护：资源需要被保护以防止非法访问。例如，没有文件读权限的用户不能访问文件，而且应用程序进程也不能访问设备寄存器。

并发处理：客户可以共享资源并能并发地访问它们。资源管理器负责实现并发透明性。

客户访问资源可以通过远程方法调用访问一个服务器对象，或者通过系统调用访问内核。我们将访问一个已封装资源的手段称为调用机制，而不管其是如何实现的。库、内核和服务器的组合可以实现如下与调用相关的任务：

通信：资源管理器接收来自于网络上或计算机内部的操作参数并返回结果。

调度：当一个操作被调用时，必须在内核或服务器上调度相应处理。

图7-2 给出了我们所关心的核心操作系统功能：进程和线程管理、内存管理以及一台计算机上的进程间的通信（图上水平的分割线表示依赖关系）。内核提供其中的大部分功能，在某些操作系统中，内核实现上述全部功能。

在可能的情况下，操作系统软件的设计在不同的计算机体系结构间是可移植的。这就意味着操作系统的大部分代码是用 C、C++ 或 Modula-3 这样的高级语言编写的，而且操作系统设施是分层实现的，从而可以将

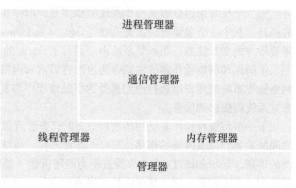

图 7-2　核心操作系统功能

依赖于机器的组件减少到一个最小的层次。一些内核可以在共享内存的多处理器上执行，下面将对其做详细的介绍。

共享内存多处理器　共享内存的多处理器计算机具有多个处理器并共享一个或多个内存模块（RAM）。处理器也可以有自己的内存。多处理器计算机有多种构造方式［Stone 1993］，最简单也是最便宜的方式是在一台个人计算机的主板上包含若干（2～8）处理器来实现多处理器系统。

在常见的对称处理体系结构上，每个处理器都执行同样的内核，并且这些内核在管理硬件资源时都扮演同样的角色。这些内核共享关键的数据结构（例如可运行线程的队列），但它们也拥有一些私有的数据。每个处理器能同时执行各自的线程，也可以同时访问共享内存中的私有（受硬件保护的）数据或与其他线程共享的公有数据。

282
～
283

许多高性能计算任务可以由多处理器来实现。在分布式系统中，因为多处理器的服务器可以运行一个具有多线程的程序来同时处理多个客户的请求，故它特别适合于高性能服务器的实现，例如提供访问共享数据库的服务（见 7.4 节）。

核心操作系统组件和它们的责任是：

进程管理器：负责进程的创建和操作。进程包括一个地址空间以及一个或多个线程，是资源管理单元。

线程管理器：负责线程创建、同步和调度。线程是与进程相关的调度活动，将在 7.4 节详细描述。

通信管理器：负责同一台计算机上不同进程中的线程之间的通信。一些内核也支持远程进程的线程之间的通信。另外一些内核没有其他计算机这个概念，它们需要附加的服务来进行外部通信。7.5 节将讨论通信的设计。

内存管理器：负责管理物理内存和虚拟内存。7.4 和 7.5 节将描述利用内存管理技术来实现高效的数据副本和数据共享。

管理器：负责处理中断、系统调用陷阱和其他异常，同时控制内存管理单元和硬件缓存以及处理器和浮点寄存器操作。在 Windows 中，这被称为硬件抽象层。读者可以在 Bacon［2002］和 Tanenbaum［2007］中找到内核中依赖计算机的那一部分的详细描述。

7.3　保护

上文曾经提到需要保护资源以防止非法访问。然而，对系统完整性的威胁不仅仅来源于恶意编制的程序代码。非恶意的代码也有可能因为存在某些错误或具有未曾预料的行为而导致系统工作异常。

为了使读者了解什么叫对资源的"非法访问"，下面将以文件为例子进行讨论。为方便解释，我

们假设对打开的文件只有两种操作：read 和 write，那么对文件的保护就包括两个子问题。首先，系统需要保证客户必须有相应的权限才能对文件执行这两种操作。例如，史密斯是文件的拥有者，他就有对文件的 read 权限和 write 权限，而琼斯只能对此文件执行 read 操作。当琼斯试图对文件进行 write 操作时，这便是一个非法访问。完全解决分布式系统的资源保护子问题需要运用密码技术，我们把这个问题推迟到第 11 章。

284

我们在这里论述的是另外一种非法访问，即客户错误地执行了资源不能提供的操作。例如，在上面的例子中，当史密斯或琼斯试图执行一个既不是 read 也不是 write 的操作就会产生这种非法访问。假设当史密斯设法直接访问文件指针变量时，他可以构造一个 setFilePointerRandomly 的操作，这一操作将文件指针设置为一个随机值。当然，这是一个没有实际意义的可能扰乱文件正常使用的操作。

我们应该能保护资源来防止像 setFilePointerRandomly 这样的非法调用。一种方法是使用类型安全的编程语言，例如在 Singularity 项目中使用的 Sing#（C#的扩展［Hunt et al. 2007］）或 Modula3。在类型安全的语言中，一个模块只能访问它所引用的目标模块，而不能像 C 或 C++ 那样通过指针来访问一个模块，并且它只能用其对目标模块的引用来执行由目标模块的编程人员提供的可用调用（方法调用或过程调用）。换句话说，它不能随意改变目标模块的变量。相反，C++ 程序员可以把指针转换成任意类型，从而执行非类型安全的调用。

我们也能用硬件支持来保护模块以防止其他模块的非法调用，而不用考虑调用模块是用什么样的语言写成的。如果要在通用的计算机上实现这种保护机制，就需要有相应的系统内核支持。

内核和保护　内核不同于其他计算机程序，它的特点是系统初始化后一直保持运行并且对其主机的物理资源有完全的访问权限。特别是，它可以控制内存管理单元并设置处理器的寄存器，这就使得没有其他代码能访问机器的物理资源除了以内核允许的方式。

大多数处理器都有硬件模式的寄存器，它们的设置决定了特权指令能否被执行，例如有些指令决定内存管理单元当前采用哪一个保护表。内核进程在处理器的管理（特权）模式下执行，而内核安排其他进程在用户（非特权）模式下运行。

内核也通过建立地址空间来保护自己和其他进程以防止异常进程的访问，同时也为正常进程提供它们所需的虚拟内存。一个地址空间是若干虚拟内存区域的集合，其中每一个区域都被赋予特定的访问权限，例如只读或读写权限。进程不能访问自己地址空间以外的内存空间。术语用户进程或用户级进程表示在用户模式下执行并且拥有用户级地址空间的进程（相对于内核，这些进程有受限的内存访问权限）。

当一个进程执行应用程序代码时，它在用户级地址空间中执行；而当这一进程执行内核代码时，它在内核地址空间内执行。通过中断和系统调用陷阱（一种由内核管理的资源调用机制），这一进程可以安全地从用户级地址空间转换到内核地址空间中。系统调用陷阱由一个机器级的 TRAP 指令实现，它将处理器转换为管理模式并将地址空间切换到内核地址空间。当 TRAP 指令（具有某种异常）执行时，计算机硬件强制处理器执行内核提供的处理函数，以保证没有其他进程获得对硬件的控制。

保护机制使程序执行会产生额外的开销。在地址空间之间切换会占用处理器的许多处理周期，并且系统调用陷阱也要比简单的过程调用或方法调用耗费更多的处理器资源。我们将会在 7.5.1 节看到这些不利因素是如何影响调用开销的。

285

7.4　进程和线程

在传统的操作系统概念中，进程只能执行一个活动。到 20 世纪 80 年代，人们发现这一特性不能满足分布式系统的要求，也不能胜任那些需要内部并发的复杂的单机应用。主要问题，正如我们将要展示的，是传统的进程实现相关活动之间的共享是很困难的，而且代价也很大。

对此问题的解决方法是完善进程的概念使它能与多个活动联系起来。现在，一个进程是由一个执行环境和一个或多个线程组成的。一个线程是一个活动的操作系统抽象（这一术语来源于术语"执行线程"）。执行环境是资源管理的基本单位，它是一个进程的线程所能访问的由本地内核管理的资源集。一个执行环境主要包括：

- 一个地址空间；
- 线程同步和通信资源，如信号量和通信接口（例如套接字）；
- 高级资源，如打开的文件和窗口。

创建和管理执行环境在通常情况下代价很高，而多个线程可以共享执行环境。也就是说，它们可以共享执行环境中的所有可用资源。换句话说，一个执行环境代表运行于其中的线程的保护域。

线程可以动态地按需创建和销毁。多线程执行的主要目的是尽可能增加操作间并发执行程度，这样可以将计算和输入输出同时执行，同时也可以支持在多处理器上的并发执行。多线程执行对服务器端运行的程序特别有用，因为处理多个并发的客户请求会降低服务器的执行速度，使其成为瓶颈。例如，一个线程可以处理一个客户的请求，而同时另一个线程可以为另一个客户的请求服务，等待磁盘访问的完成。

执行环境可以提供保护而不被外部线程访问，这样执行环境内的数据和其他资源在默认情况下是不能被其他执行环境中的线程访问的。但是，某些内核允许有条件地共享资源，例如同一计算机上不同执行环境的物理内存。

因为许多老式的操作系统在一个进程上只允许运行一个线程，所以我们使用术语多线程进程来强调这一区别。容易引起混淆的是，在一些编程模型和操作系统设计中，术语"进程"实际是指我们这里所说的线程。读者也可能在其他文献中遇到过术语重量级进程，其中就包含了它的执行环境，而轻量级进程则不包含执行环境。下面将用一个比喻说明线程和其执行环境。

> **线程和进程的比喻** 下面是一个在 comp. os. mach USENET 组上由 Chris Lloyd 描述的关于线程和执行环境的有趣比喻。一个执行环境是一个装有空气和食物且封了口的瓶子。开始，瓶子中只有一个苍蝇———一个线程。这个苍蝇可以生出其他苍蝇，也可以杀死它们；它的后代也能这样做。苍蝇会消耗瓶子内的资源（空气和食物）。但它们必须有顺序的消耗资源。如果它们不遵守这一原则，它们会在瓶子中撞在一起。也就是说，当它们以一种没有约束的方式试图消耗同一资源时会产生冲突，从而产生无法预料的结果。苍蝇能（通过发送消息）与其他瓶子中的苍蝇通信，但是它们都不能飞出瓶子，外面的苍蝇也不能飞进来。按这种观点，最初，一个标准的 UNIX 进程是一个瓶子，且瓶子中只有一只不育的苍蝇。

7.4.1 地址空间

前面已经介绍过，地址空间是管理一个进程虚拟内存的单元。它可以很大（通常可达到 2^{32} 字节，有时可达到 2^{64} 字节），由一个或多个区域组成，这些区域被不可访问的虚拟内存区隔开。一个区域（见图7-3）是一个可以被本进程的线程访问的连续的虚拟内存区。区域间不能重叠。我们要注意区分区域和它们的内容。每一个区域包括如下性质：

- 范围（最低的虚拟内存地址和区域大小）；
- 对本进程的线程的读/写/执行权限；
- 是否能够向上或向下扩展。

注意，这个模型是基于页面的而不是基于段的。与段不同的是，当区域扩展时，它们最终会重叠。区域之间留有空隙，用于区域增长。可以将 UNIX 地址空间概括为由若干不相交区域组成的地址空间，它包含 3 个区域：一个固定的、包含程序代码的不可更改的正文区域；一个堆，其中一部分可以由存储在程序的二进制文件中的值初始化，并且这个区域可以向更高的虚拟地址空间扩展；一个栈，它能向更低的虚拟地址空间扩展。

图7-3 地址空间

有几个因素影响了应提供的区域数目。其中之一是系统需要为每一个线程提供一个独立的栈。通过给每一个线程分配一个区域，系统就能检测栈的溢出并控制栈的增长。试图访问在这些栈之外的没有被分配的虚拟内存将会引起异常（页失配）。另一种方法是为线程在堆上分配栈，但是这样会使系统难于检测何时一个线程超出了它的栈界限。

另一个因素是它能将所有的文件——而不仅仅是二进制文件的正文和数据区——映射到地址空间。映射文件（mapped file）是一个内存中的文件，它像字节数组一样可被访问。虚拟内存系统确保对内存的访问可以反映到底层的文件存储上。18.6 节（www.cdk5.net/oss/mach）描述了 Mach 内核是如何扩展虚拟内存的，以便使区域对应到任意的"内存对象"而不仅仅是对应到文件。

在进程之间或在进程与内核之间共享内存的需求是在地址空间中产生额外区域的另一个原因。共享内存区域（或简称为共享区域）是同一片物理内存区域，并可以作为其他地址空间的一个或多个区域。因此，进程可以访问共享区域中相同的内存内容，而它们的非共享区域仍然是受到保护的。共享区域的应用包括如下几个方面：

库：库的代码可以很大，因此如果每一个使用它的进程都需要独立地装载这个库，那么就会占用相当大的内存。相反，可以将库代码的一个拷贝映射到需要它的多个进程的共享内存区中，以达到共享的目的。

内核：内核代码和数据经常会被映射到每一个地址空间中的相同位置。这样，当进程进行系统调用或出现异常时，系统不需要切换到新的地址映射集合。

数据共享和通信：两个进程之间或进程和内核之间可能需要共享数据以达到协同工作的目的。将共享数据映射到相应的两个地址空间中的特定区域比将共享数据放在消息中传递的效率更高。7.5 节将介绍如何将区域共享用于通信。

288

7.4.2 新进程的生成

一般而言，新进程的创建是由操作系统提供的一个不可分割的操作。例如，UNIX 的 fork 系统调用创建一个新的进程，它的执行环境是从其调用进程拷贝得来的（除了 fork 的返回值）。UNIX 的 exec 系统调用将调用进程转换为执行一个指定名字的程序的代码的进程。

在分布式系统中，设计进程创建机制时必须考虑到多个计算机的使用。因此，支持进程的基础设施被划分为几个独立的系统服务。

在分布式系统中，新进程的创建过程可以被划分为两个独立的方面：

- 选择目标主机，例如，系统可以在作为服务器的计算机集群中选择一个结点作为进程的主机，像第 1 章所介绍的那样）；
- 创建执行环境（和一个初始线程）。

进程主机的选择 选择新进程驻留的结点（即进程分配决定），是一个策略问题。通常，进程分配策略包括从总是在产生进程的主机上运行新进程到在多个计算机上共同分担处理负载等一系列策略。Eager 等人［1986］区分了负载共享的两类策略。

转移策略决定是使新进程在本机运行还是在其他机器上运行，而这取决于本机结点的负载是轻还是重。

定位策略决定选择哪一个结点来驻留被转移的新进程，这取决于结点的相对负载情况、机器的体系结构和它是否拥有某些特殊资源。V 系统［Cheriton 1984］和 Sprite 系统［Douglis and Ousterhout 1991］都为用户提供了相应的命令，可以在操作系统选择的当前空闲的工作站（在某一给定时刻，通常会有很多这样的机器）上执行一个程序。在 Amoeba 系统［Tanenbaum et al. 1990］中，运行服务器（run server）从一个共享处理器池中为每个进程选择一个处理器作为主机。在所有的情况下，如何选择目标主机对程序员和用户来说都是透明的。然而，对那些并行程序或容错程序编程可能需要指定进程位置的手段。

进程定位策略可以是静态的或适应性的。前者不考虑系统的当前状态，尽管它们是根据系统的长期特点设计的。它们是基于数学分析的，其目的是优化像处理器吞吐量这样的系统参数。它们可能是确定性的（"结点 A 总是将进程转移给结点 B"），也可能是非确定性的（"结点 A 应该将进程随机转移给结点 B ~ E 之间的任何结点"）。另一方面，适应性策略根据不确定的运行时因素（例如，每个结点的负载）采取启发式方法来做出进程分配决定。

　　负载共享系统可能是集中式的、层次化的或分散化的。在第一种情况中，有一个负载管理器组件，而在第二种情况中，有多个这样的组件并组织成树形结构。负载管理器负责收集结点的信息并根据这些信息将新进程分配到结点上。在层次化系统中，负载管理器尽可能将分配进程的决定权交给它的树形结构中的底层结点上，但是管理器在某些负载条件下也可以通过与其他管理器的公共祖先结点将进程转移到其他结点上。在分散化的负载共享系统中，结点之间为制定进程分配决策可直接交换信息。例如，Spawn 系统［Waldspurger et al. 1992］将结点看做计算资源的“购买者”和“销售者”，并用（分散化的）“市场经济”来管理它们。

　　在发送方启动的负载共享算法中，需要创建一个新进程的结点负责启动转移决策。如果它的负载超过了某一阈值，它就会启动一个转移过程。相反，在接收方启动的算法中，结点在自己的负载低于某一阈值时向其他结点广告这一信息，以便相对重负载的结点将工作转移给自己。

　　可迁移的负载共享系统可以在任一时间转移负载，而不仅限于在创建一个新进程时转移负载。它们使用一种称为“进程迁移（process migration）”的机制，将一个正在执行的进程从一个结点转移到另一个结点。Milojicic 等人［1999］通过一系列论文详细描述了进程迁移和其他类型的移动。尽管现在已经构建出一些进程迁移机制，但它们并没有得到广泛应用，其中一个主要的原因是它们的代价高昂，而且为了将进程转移到其他的结点上，系统需要从内核中提取出进程运行的当前状态，而实现这种操作是相当困难的。

　　Eager 等人［1986］考察了负载共享的三种方法，从而总结出：在任何负载共享机制中，简单性是一个很重要的性质。这是因为高额的开销（例如状态收集开销）可能会抵消复杂机制带来的好处。

　　创建新的执行环境　一旦选定了主机，新进程需要一个包含地址空间和初始化信息（可能还包含其他资源，如默认打开的文件）的执行环境。

　　有两种方法可以为新创建的进程定义和初始化地址空间。当地址空间是一个静态定义的格式时采用第一种方法。例如，地址空间可能只包含一个程序正文区域、一个堆区域和一个栈区域。在这种情况下，地址空间区域可根据指定了地址空间区域范围的列表来创建，然后地址空间区域由一个可执行文件进行初始化或者用零填满。

　　第二种方法是根据一个已存在的执行环境来定义地址空间。例如，在 UNIX fork 操作的语义中，新创建的子进程共享其父进程的正文区域，同时，它的堆和栈区域在大小上（以及初始内容）是父进程的拷贝。这个机制可以加以推广使子进程继承（或忽略）父进程的每一个区域，被继承的区域可以共享父进程的区域，也可以逻辑地拷贝父进程的区域。当父进程和子进程共享一个区域时，属于父进程区域的页面帧（对应于虚拟内存页面的物理内存单元）同时被映射到相应的子进程区域中。

　　例如，Mach［Accetta et al. 1986］和 Chorus［Rozier et al. 1988，1990］在从父进程拷贝一个继承的区域时，采用了一种称为写时拷贝（copy-on-write）的优化机制。默认情况下，区域被拷贝，但是没有进行物理拷贝。组成继承区域的页面帧被两个地址空间共享。只有当其中的一个进程试图修改区域的页面内容时，系统才进行物理上的页面拷贝。

　　写时拷贝是一种通用的技术，例如，它也用于拷贝大量消息。下面将介绍它的操作机制。在图 7-4 中，进程 A 和进程 B 分别拥有内存区 RA 和 RB，这两个区域是用写时拷贝机制共享的。更明确地说，进程 A 允许它的孩子即进程 B 继承拷贝区域 RA，从而在进程 B 中区域 RB 被创建。

　　为简单起见，假设属于区域 A 中的页面都在内存中。初始情况下，与区域相关的所有页面帧被两个进程的页表所共享。即使这些页面所在的区域是逻辑上可写的，但是页面最初在硬件级是被写保护的。如果某一个进程的线程试图修改数据，就会产生一个称为页失配（page fault）的硬件异常。假设进程 B 试图写内存，页失配处理程序会为进程 B 分配一个新的帧，并将原帧中的数据以字节为单位拷贝到这个新的帧中。同时，在进程 B 的页表中，那个旧的帧号被新的帧号所代替，而在进程 A 的页面表中的页面帧号不变。此后，进程 A 和进程 B 的对应页都在硬件级被设为可写。在完成了以上操作后，进程 B 的修改指令就可以运行了。

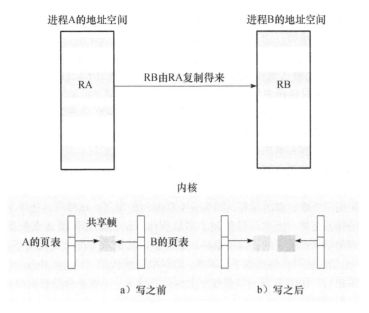

a）写之前   b）写之后

图 7-4 写时拷贝

7.4.3 线程

进程的另一个需要仔细考虑的关键方面是它的线程。本节主要介绍使客户和服务器进程拥有多个线程所带来的好处，然后会用 Java 线程作例子讨论用线程进行编程。最后介绍实现线程的各种方式。

考虑图 7-5 所示的服务器（稍后将介绍客户）。服务器拥有一个包含一个或多个线程的线程池，其中每一个线程反复地从队列中取出已收到的请求并对其进行处理。本节暂不讨论是如何接收请求并将其排队以等待线程处理的。并且为了简单起见，我们假设每一个线程都采用同样的过程来处理请求。假设每一个请求平均占用 2ms 的处理时间和 8ms 的 I/O 延迟，其中 I/O 延迟是由于服务器从磁盘上读取信息造成的（假设没有缓存）。同时进一步假设服务器在一个单处理器的计算机上执行。

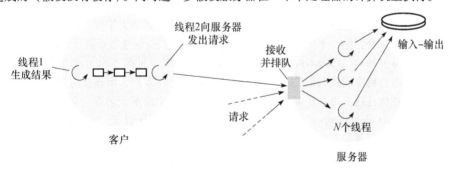

图 7-5 拥有线程的客户和服务器

下面以每秒处理的客户请求数为度量，讨论不同数目的线程运行时服务器的最大吞吐量。如果只有一个线程来执行所有的处理，因为执行一个请求的时间平均需要 2 + 8 = 10ms，那么服务器在 1s 内能处理 100 个客户请求。当服务器在处理一个请求时，任何新到达的请求将在服务器端口上排队。

现在考虑服务器的线程池中包含两个线程时会发生的情况。假设每个线程都是独立调度的，也就是说，当一个线程因为 I/O 阻塞时，另一线程仍可被调度。这样当第一个线程被阻塞的时候，第二个线程能处理第二个请求，反之亦然。这样可以提高服务器的吞吐量。遗憾的是，在我们的例子中，线程会被单一的磁盘存取阻塞。如果所有的磁盘请求都被串行化，且每一个请求用 8ms 来执行，那么，服务器最大的吞吐量为每秒处理 1000/8 = 125 个请求。

现在假设系统中加入磁盘缓存。服务器将它读到的数据放在其地址空间的缓冲区内。当服务器线程检索数据时，它首先在共享缓存中查找数据，如果数据存在于缓存中，就不需要再访问磁盘。如果在缓存中数据的平均命中率为 75%，那么每个请求的平均 I/O 时间减少为 $(0.75 \times 0 + 0.25 \times 8) =$ 2ms，于是理论上最大吞吐量将达到每秒处理 500 个请求。但如果由于缓存的原因，每个请求的平均处理时间增加到 2.5ms（在每次操作中寻找缓存中的数据需要耗费额外的时间），那么上述数字将无法达到。这时，由于处理器的限制，服务器每秒只能处理 1000/2.5 =400 个请求。

采用共享内存的多处理器来缓解处理器的瓶颈，可以提供吞吐量。多线程的进程可以自然地映射到共享内存的多处理器上。其共享的执行环境可以在共享内存中实现，并且多个线程可以在多个处理器上运行。现在考虑上例中的服务器是在有两个处理器的多处理机上执行，假设线程可以独立调度到不同的处理器上，那么最多有两个线程可以并行地处理请求。读者应该计算出：两个线程每秒可以处理 444 个请求，而使用三个或更多的线程，因为受 I/O 时间的限制，每秒可以处理 500 个请求。

多线程服务器的体系结构　上文已经描述了多线程体系结构是如何增加服务器的吞吐量，其中，吞吐量是用每秒处理的请求数度量的。为了描述在服务器内将请求分配给线程的不同方式，我们引用了 Schmidt［1998］总结的结果，他描述了 CORBA 的对象请求代理（Object Request Broker，ORB）的多种实现的线程体系结构。ORB 处理一组套接字上到达的请求。不管系统是否使用 CORBA，其线程体系结构与多种类型的服务器相关。

图 7-5 给出了一种可能的线程体系结构，即工作池体系结构（worker pool architecture）。它的最简单的形式是由服务器创建一个固定的"工作"线程池以便在启动时处理请求。在图 7-5 中"接收并排队"模块通常由一个 I/O 线程实现，该线程从一组套接字或端口中接收请求，并将它们放在共享的请求队列上以便工作线程检索。

有时候，需要按不同的优先级处理请求。例如，一个公司的 Web 服务器可以根据产生请求的用户类别来优先处理某些请求［Bhatti and Friedrich 1999］。我们可以在工作池体系结构中引入多个请求队列来处理不同的请求优先级，这样，工作线程能按优先级降序扫描这些队列。这种体系结构的一个缺点是缺乏灵活性。在上文提出的例子中，如果池中的工作线程数量太少，则不能及时处理到达的每一个用户请求。它的另一个缺点是在 I/O 和工作线程之间的高层切换，因为它们都对共享队列进行操作。

在一请求一线程体系结构（thread-per-request architecture）（见图 7-6a）中，I/O 线程为每一个请求派生一个新的工作线程，并且当工作线程处理完对指定远程对象的请求时，它会销毁自己。这种体系结构的一个优点是线程不会竞争共享队列，并且吞吐量被提高到最大限度，这是因为 I/O 线程对每一个未处理的请求，都会创建一个工作线程来处理它。它的缺点是创建和销毁线程会带来巨大开销。

一连接一线程体系结构（thread-per-connection architecture）（见图 7-6b）为每个连接分配一个线程。服务器在每个客户建立连接时创建一个新的工作线程，并在客户关闭连接时销毁该工作线程。在这一过程中，客户在此连接上可发送多个请求，并可以访问一个或多个远程对象。一对象一线程体系结构（thread-per-object architecture）（见图 7-6c）将每个远程对象分别与一个线程相连。一个 I/O 线程接收请求并将其放入队列等待工作线程的处理，此时每一个对象有一个请求队列。

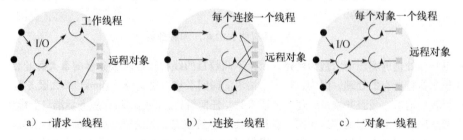

图 7-6　几种服务器线程体系结构（参见图 7-5）

相对于一请求一线程的体系结构而言，在后两种体系结构中，服务器可以从降低的线程管理的开销中获益。这两种体系结构的缺点是当一个工作线程有多个请求等待处理时，其客户的请求会被延迟，而同时可能有其他线程处于空闲状态。

Schmidt[1998] 描述了这些体系结构的衍生形式以及它们的一些混合类型,并详细讨论了它们各自的优点和缺点。7.5 节将描述在单机调用环境中的线程模型,在该模型中客户线程可以进入服务器的地址空间。

客户线程　线程也可以应用于客户,就像它应用于服务器一样。图 7-5 也描述了一个包含两个线程的客户进程。第一个线程生成的结果通过远程方法调用传递到服务器,但该线程不需要得到应答。然而,即使调用者不需要返回结果,远程方法调用也会阻塞调用者。客户进程包含的第二个线程可以执行远程方法调用并且被阻塞,而此时第一个线程可以继续进行计算工作。第一个线程将结果放在缓冲区内,而第二个线程从缓冲区内取出结果。只有在所有缓冲区满了以后,第一个线程才被阻塞。

Web 浏览器就是采用多线程的客户结构的例子。用户在获取网页时经常会经历延迟,因此浏览器必须能处理多个并发的获取网页的请求。

线程与多进程　从上面的例子中可以了解到,线程的使用允许计算与 I/O 操作同时进行,在多处理器的情况下,还可以允许多个计算任务同时进行。读者可能注意到,使用多个单线程的进程也可能达到同样的并行执行的结果。那么,为什么多线程进程模型更适合呢?其原因包括两方面:线程的创建和管理开销比进程少;同时,因为线程共享一个执行环境,线程之间比进程之间更容易共享资源。

图 7-7 分别给出了执行环境和线程必须要维护的几种主要的状态组件。一个执行环境拥有一个地址空间、像套接字这样的通信接口、像打开的文件这样的高级资源以及像信号量这样的线程同步对象。[294]
表中也列出了与之相关的线程。线程拥有一个调度优先级、一个执行状态(例如 BLOCKED 或 RUNNABLE)、当线程阻塞时存储处理器的寄存器值和与线程的软件中断处理有关的状态。一个软件中断(software interrupt)是导致线程中断(类似于硬件中断的情况)的一个事件。如果线程被赋予了一个处理程序,那么控制权就被转移给它了。UNIX 的信号便是软中断的例子。

执行环境	线　　程
地址空间表	被保存的处理器寄存器
通信接口、打开的文件	优先级和执行状态(例如 BLOCKED 状态)
信号量及其他同步对象	软件中断处理信息
线程标识符列表	执行环境标识符
驻留在内存的地址空间页面;硬件缓存入口	

图 7-7　与执行环境和线程相关的状态

图 7-7 显示了执行环境和其线程都与驻留在内存中的地址空间的页面以及在硬件缓存中的数据和指令相关。

下面我们将对进程和线程的比较总结如下:
- 在一个已有进程内创建一个线程比创建一个进程开销小。
- 更重要的是,在一个进程的不同线程之间切换比在不同进程的线程之间切换的开销小。
- 与多个进程相比,一个进程内的线程可以方便有效地共享数据和其他资源。
- 然而,出于同样的原因,线程不能防止同一进程内其他线程的非法访问。

下面考虑在一个已有的执行环境中创建新线程的开销。创建新线程的主要工作是为线程的栈分配一个区域并为处理器中的寄存器、线程执行状态(初始值可以是 SUSPENDED 或 RUNNABLE),以及优先级提供一个初始值。因为执行环境已经存在,因此只需要在线程的描述符记录(其中包含管理线程执行的必要数据)中放置此执行环境的标识符即可。

创建进程的开销一般远远高于创建一个新的线程的开销。创建进程时,必须首先创建一个新的执行环境,其中包括一个地址空间表。Anderson 等人[1991] 给出了下列数据:在运行 Topaz 内核的 CVAX 处理器体系结构上,花费 11ms 用于创建一个新的 UNIX 进程,而创建一个线程只用 1ms。在这两种情形中,所度量的时间包括用一个新的实体调用一个空的过程然后退出。这些数字只是给出一个大致的估计。[295]

当这个新的实体执行一些有用的工作，而不是只调用一个空的过程时，它会产生长期的开销，但创建新进程所产生的这一开销仍比在已有进程中创建新线程的开销多。在操作系统的内核支持虚拟内存的情况下，新创建的进程第一次引用数据和指令时会发生一个页失配。在初始情况下，硬件缓存不包含新进程的数据值，它必须在进程执行时获得缓存数据。在创建线程的情形中，这样的长期开销也可能存在，但它相对要小一些。当新线程所要访问的程序代码和数据已经被进程中的其他线程所访问时，它便自动地利用硬件或主存缓存。

线程的第二个性能上的优点在于线程间的切换。所谓线程切换是指在给定处理器上运行一个新的线程以代替原来运行的线程。它的开销是非常重要的，因为这在线程的生命期中会经常发生。在共享同一执行环境的线程之间切换的开销要比在不同进程的线程之间切换的开销低得多。线程切换的开销主要来源于调度（选择下一个将要运行的线程）和上下文切换。

处理器的上下文包括程序计数器这样的处理器寄存器的值，还包括当前硬件的保护域：地址空间和处理器保护模式（管理模式或用户模式）。上下文切换是在线程切换时或一个线程进行系统调用或处理其他异常时发生的上下文转换。它涉及以下两方面：

- 保存处理器寄存器中原先的状态，并装载新的状态。
- 在某些情况下，转换到新的保护域，这就是所说的域转换（domain transition）。

共享同一执行环境的线程只有完全在用户层切换才不会引起域转换，并且其开销也比较低。切换到内核或通过内核切换到属于同一执行环境的其他线程都会涉及域转换，其开销会相对高一些，然而，如果内核被映射到该进程的地址空间，其开销仍然比较低。如果在属于不同执行环境的线程间切换，其开销就比较大。下面会描述为实现域转换而对硬件缓存的开销影响。当域转换发生时，长期开销更倾向于是由访问硬件缓存条目和主存页面引起的。Anderson 等人［1991］提供的数据说明，在 Topaz 内核上，在 UNIX 的进程间进行切换需花费 1.8ms，而在同一执行环境下的线程切换只需花费 0.4ms。如果线程在用户级切换，则花费的时间更少（0.04ms）。这些数据只是一个大致的估计，此处没有考虑长期的缓存开销。

在上面包含两个线程的客户进程的例子中，第一个线程产生数据，并将其传递给第二个线程，由第二个线程进行远程方法调用或远程过程调用。因为这两个线程共享地址空间，所以不需要在它们之间通过消息传递数据，而是通过一个公共变量来访问数据。这里存在着多线程操作的优点和危险。优点在于它们可以方便、高效地访问共享数据，在服务器方这一优点体现得更为充分，如上面给出的缓存文件数据的例子。然而，如果共享同一地址空间的线程不是用类型安全的语言编写的，那么它们就得不到保护。一个异常的线程可以随意地改变其他线程使用的数据，这会造成错误。如果必须保护执行的线程，那么必须用安全类型语言编写线程，或者改用多进程而不是多线程。

别名问题　内存管理单元通常包括一个硬件缓存，用于加速虚拟地址和物理地址间的翻译，该硬件缓存被称为翻译检索缓冲区（translation lookaside buffer，TLB）。TLB 与存放在虚拟地址中的数据和指令的缓存一样，都会遇到别名问题。同一虚拟地址可以在两个不同的地址空间中都有效，但实际上它们在两个地址空间中指向的是不同的物理数据。仅当它们的入口被标记了上下文标识符，TLB 和虚拟地址化的缓存才会知道这一点，否则缓存会包含不正确的数据。因此，TLB 和缓存内容必须有选择地进入不同的地址空间。物理地址化的缓存不会遇到别名问题，但是通常采用虚拟地址来查找缓存，这是因为这种查找操作可以和地址翻译同时进行。

线程编程　线程编程是一种并发编程，与通常在操作系统领域中的研究一样。本节涉及下列并发编程的概念，在 Bacon［1998］中透彻地解释了这些概念：竞争条件（race condition）、临界区（critical section）（Bacon 把它叫做临界区域）、监视器（monitor）、条件变量（condition variable）和信号量（semaphore）。

许多线程是用 C 这样的常规语言编写的，这些语言已经扩充有线程库。为 Mach 操作系统开发的 C 线程包便是一个例子。最近，POSIX 线程标准 IEEE 1003.1c—1995，也就是所说的 pthreads，已经被广泛采用了。Boykin 等人［1993］基于 Mach 系统描述了 C 线程和 pthreads。

一些语言提供了对线程的直接支持，其中包括 Ada95［Burns and Wellings 1998］、Modula-3［Harbison 1992］和最近的 Java［Oaks and Wong 1999］。下面将简单介绍一下 Java 线程。

像许多线程实现一样，Java 提供了线程创建、销毁和同步的方法。Java Thread 类包括图 7-8 中列出的构造函数和管理方法。Thread 和 Object 的同步方法在图 7-9 中列出。

Thread(ThreadGroup group, Runnable target, String name)
　　创建一个状态为*SUSPENDED*的新线程，它将属于*group*，其标识符
　　为*name*；这一线程会执行*target*的*run()*方法。
setPriority(int newPriority), getPriority()
　　设置和返回线程的优先级。
run()
　　如果线程的目标对象有*run()*方法，线程执行其目标对象的*run()*方法，
　　否则它执行自己的*run()*方法（*Thread*实现*Runnable*）。
start()
　　将线程的*SUSPENDED*状态转换为*RUNNABLE*状态。
sleep(long millisecs)
　　将线程转换为*SUSPENDED*状态，并持续指定的时间。
yield()
　　进入READY状态并调用调度程序。
destroy()
　　销毁线程。

图 7-8　Java 线程的构造函数和管理方法

---

thread.join(long millisecs)
　　调用进程阻塞指定的时间，直到thread终止为止。
thread.interrupt()
　　中断thread，使其从导致它阻塞的方法（如sleep()）返回。
object.wait(long millisecs, int nanosecs)
　　阻塞调用线程，直到调用object的notify()或notifyAll()方法唤醒线程，或者线程被中断，又或者阻塞了指定的时间为止。
object.notify(), object.notifyAll()
　　分别唤醒一个或多个在object上调用wait()方法的线程。

图 7-9　Java 线程同步调用

线程生命期　新线程和它的创建者在同一台 Java 虚拟机（JVM）上，一开始处于 SUSPENDED 状态。在它执行了 start()方法以后处于 RUNNABLE 状态，这之后，它执行在其构造函数中指定的一个对象的 run()方法。JVM 和其上的线程都是在底层操作系统上的一个进程内执行的。线程可以被赋予一个优先级，因此，支持优先级的 Java 实现会在运行低优先级线程之前运行高优先级线程。当线程执行完 run()方法或调用 destroy()方法时，线程的生命期便结束了。

程序可以按组管理线程。在创建线程时，它可以被指定属于一个组。当有许多应用程序在同一个 JVM 上运行时，线程组是非常有用的。使用组的一个例子是安全性：在默认情况下，一个组内的线程不能执行其他组中的线程的管理操作。例如，一个应用程序线程不能恶意打断系统窗口（AWT）线程。

线程组也使对线程相关优先级（在支持优先级的 Java 实现中）的控制更方便。这对运行 applet 的浏览器和运行 servlet 程序的 Web 服务器很有用［Hunter and Crawford 1998］，其中 servlet 能创建动态 Web 页面。在 applet 或 servlet 内部的无授权的线程只能生成属于自己线程组的线程，或者将新线程加入到在其内部生成的后代线程组中（其详细的限制由它所在的安全管理器决定）。浏览器和服务器可以将属于不同 applet 或 servlet 的线程加入到不同的组中并将这些组（包括后代线程组）作为一个整体设置一个最大的优先级。applet 和 servlet 线程不能超越其管理器线程设置的线程组的优先级，因为它们不能通过调用 setPriority()来覆盖组优先级。

线程同步　编程者必须很小心地编写具有多线程的进程。最困难的问题是共享对象和用于线程协

调和合作的技术。每一个线程的方法中的局部变量是其私有的——线程有其私有栈。然而，线程没有静态（类）变量或对象实例变量的私有拷贝。

例如，在本节前面描述的共享队列的例子中，I/O 线程和工作线程在一些服务器线程体系结构中传输请求。从原理上看，线程并发处理像队列这样的数据结构时必然会引起竞争。除非仔细协调线程的指针操作，否则必然会引起队列中请求的丢失或重复处理。

Java 提供了 synchronized 关键字以便程序员为线程的协调指定监视器。程序员可以指定完整的方法，也可以指定任意代码块作为属于某个对象的监视器。监视器可以保证在同一时刻最多只有一个线程在执行。通过将 Queue 类的 addTo() 和 removeFrom() 方法指定为 synchronized 方法，我们可以将例子中 I/O 线程和工作线程的操作串行化。相对于这些方法的调用，在这些方法中所有对变量的访问操作，都是互斥完成的。

Java 允许通过任何作为条件变量的对象来阻塞或唤醒线程。需要阻塞以等待某一条件的线程调用一个对象的 wait() 方法。所有的 Java 对象都实现了这一方法，因为它属于 Java 的根 Object 类。另外一个线程调用 notify() 方法来为至多一个等待该对象的线程解除阻塞状态，也可以调用 notifyAll() 方法为所有等待该对象的线程解除阻塞状态。这两个唤醒方法也属于 Object 类。

作为一个例子，当一个工作线程发现没有可处理的请求时，它会调用 Queue 实例的 wait() 方法。当 I/O 线程后来在队列中加入一个请求时，它会调用队列的 notify() 方法以唤醒工作线程。

图 7-9 给出了 Java 的同步方法。除了已提到的同步原语外，join() 方法将阻塞其调用者，直到目的线程终结为止。interrupt() 方法用于提前唤醒一个等待进程。Java 实现了所有标准的同步原语，如信号量。但必须注意，因为 Java 的监视器保证只应用于对象的同步代码；一个类可能会同时具有同步和非同步的方法。还要注意，一个 Java 对象实现的监视器只包括一个隐式条件变量，而通常，一个监视器可以包含多个条件变量。

线程调度　抢占性和非抢占性线程调度策略之间的区别非常明显。在抢占性调度（preemptive scheduling）中，线程可以在执行中的任一时刻因被其他线程抢占而挂起，甚至当已经抢占处理器的线程正准备运行时也是如此。在非抢占性调度（non-preemptive scheduling）中（有时也叫协同调度），当系统准备让一个线程退出运行并让其他线程运行时，此线程并不一定退出，它要运行到进行一次线程系统的调用（例如系统调用）为止。

非抢占性调度的好处在于，每一个不包含对线程系统调用的代码区都自动地成为一个临界区。这样可以很方便地避免竞争条件。另一方面，因为非抢占性调度的线程是独占式运行的，所以它们不能利用多处理器。要小心对待长期运行的不含线程系统调用的代码区。程序员可能需要在程序中插入一个 yield() 调用，其唯一的作用在于使其他线程能被调度执行。非抢占性调度的线程也不适合于实时应用，在实时应用中，事件与绝对时间相关，事件必须在规定的时间内被处理。

尽管有实时 Java 实现［www.rtj.org］，但在默认情况下，Java 不支持实时处理。例如，处理音频和视频的多媒体应用程序对通信和处理（例如过滤和压缩）有实时要求［Govindan and Anderson 1991］。第 20 章将讨论实时线程调度的需求。过程控制是实时领域的另一个例子。一般来说，每个实时领域都有其自己的线程调度要求。因此，有时需要应用程序实现自己的调度策略。考虑到这一点，下面我们将介绍线程的实现。

线程实现　许多操作系统内核，包括 Windows、Linux、Solaris、Mach 和 Mac OS X 都支持多线程进程。这些内核提供了用于线程创建和管理的系统调用，同时它们还调度线程。其他一些内核只提供了单线程进程的抽象。多线程进程必须在一个与应用程序相链接的过程库中实现。在这种情况下，内核不知道这些用户级的线程，因此就不能独立地调度它们。这时，线程运行时库负责组织线程调度。通过调用一个阻塞型的系统调用，一个线程可以阻塞进程和进程中所有线程，这样可以开发内核的异步（非阻塞的）I/O 功能。类似地，也可以利用内核提供的定时器和软中断设施来实现线程的时间片机制。

当内核不支持多线程进程时，用户级的线程实现时会遇到下列问题：

- 一个进程内的线程不能利用多处理器。
- 一个线程在遇到页失配时会阻塞整个进程和进程内所有的线程。

- 不同进程中的线程不能按统一的优先级方案调度。

另一方面,相对于内核级的线程实现,用户级的线程实现有如下优点:

- 某些线程操作的开销小。例如,在同一进程内的线程间切换不必涉及系统调用,而系统调用需 要陷入内核,其开销是比较大的。 　300
- 若线程调度模块是在内核外部实现的,那么,它可以被定制或改变以满足特定应用的需要。因 为有应用特定的考虑,例如多媒体处理需要具有实时性,所以,对线程调度的需求相差很大。
- 能支持比内核默认提供得更多的用户级线程。

可以将用户级线程实现和内核级线程实现的优点组合起来。一种已经被应用的方法是使用户级代 码能为内核线程调度器提供调度提示,例如 Mach 内核 [1990]。另外一种方法是一种层次化调度,如 Solaris2 操作系统采用的方式。每一个进程可以创建一个或多个内核级线程,在 Solaris 中叫做"轻量级 进程",它同时支持用户级线程。用户级调度器将每一个用户级线程指定到一个内核级线程上。这一机 制可以充分利用多处理器,同时也可以获得因为线程创建和线程切换都在用户级进行而得到的好处。 这一模式的不足在于它缺少灵活性:如果一个线程在内核中被阻塞,那么所有指定到其上的用户级线 程,不管其是否能够运行,就都不能运行了。

为了进一步提供有效性和灵活性,一些研究项目开发出了层次化调度。其中包括所谓的调度器激 活 [Anderson et al. 1991]、Govindan 和 Anderson [1991] 的多媒体工作、Psyche 多处理器操作系统 [Marsh et al. 1991]、Nemesis 内核 [Leslie et al. 1996] 和 SPIN 内核 [Bershad et al. 1995]。驱动这些设 计的洞察力是:用户级调度对内核的需要并不能完全由将内核级线程映射到用户级线程这种方式来满 足。用户级调度器还需要内核向它通知与它调度决定相关的事件。下面将介绍调度器激活的设计,以 使读者能详细了解这一点。

Anderson 等 [1991] 的"快速线程包"是一个层次化、基于事件的调度系统。他们考虑到,主要 的系统组件是一个运行在一个或多个处理器上的内核和一些在其上运行的应用程序。每一个应用进程 包括一个用户级的调度器,它负责管理进程内的线程。内核负责给进程分配虚拟处理器。指派给一个 进程的虚拟处理器的数量取决于下列因素:应用程序的需求、它们的相对优先级以及对处理器总的需 求量。图 7-10a 描述了一个包含 3 个处理器的计算机的例子,其中,内核将一个虚拟处理器分配给进 程 A,用于执行一个优先级相对低的任务;同时将两个虚拟处理器分配给进程 B。因为内核随着时间 的流逝可以为每个进程分配不同的处理器,只要保证它所分配的处理器总数即可,所以这些处理器被 称为虚拟处理器。

分配给进程的虚拟处理器的数量也可以变化。进程可以让出一个它不再需要的虚拟处理器,也可 以请求一个额外的虚拟处理器。例如,如果进程 A 请求获得一个额外的虚拟处理器而进程 B 终止了, 那么内核可以将一个处理器分配给进程 A。

图 7-10b 描述了当一个虚拟处理器"空闲"并不再需要时,或者当进程请求获得额外的虚拟处理 器时,进程通知内核的情况。

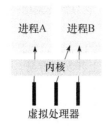

a) 将虚拟处理器分配给进程　　　　b) 在用户级调度器和内核之间的事件

注:P=处理器; SA=调度器激活。

图 7-10　调度器激活

图 7-10b 也描述了四种类型的事件发生时,内核通知进程的情况。调度器激活(scheduler

activation，SA）是一个从内核到进程的调用，它通知进程的调度器有一个事件发生。从一个低层（内核）以这种方式进入上层代码区被称为上调（upcall）；内核通过从物理处理器的寄存器中载入上下文来创建一个 SA，这个上下文用以使进程的代码在用户级调度器指定的过程地址处得以开始运行。这样，一个 SA 也是虚拟处理器上一个时间片的分配单元。用户级调度器把处于 READY 状态的线程指派给当前正在执行的 SA 集合。SA 的数量最多不能超过内核指派给这个进程的虚拟处理器的数量。

下面是内核通知用户级调度器（下面将简称为调度器）的四种事件：

虚拟处理器已分配：内核已经将一个新的虚拟处理器指派给这个进程，并且这是其上的第一个时间片；调度器可以用一个 READY 状态线程的上下文载入 SA，这样，线程能重新开始执行。

SA 被阻塞：SA 在内核中被阻塞。内核准备使用一个新的 SA 来通知调度器；调度器将相应线程的状态设置为 BLOCKED，并分配一个 READY 线程用于通知 SA。

SA 被解除阻塞：在内核中阻塞的 SA 被解除阻塞，并准备好可以再次在用户级执行。调度器现在可以将相应的线程插入到 READY 列表中。为了创建用于通知的 SA，内核或者为进程分配一个新的虚拟处理器，或者它抢占同一进程上的另一个 SA。在后一种情况中，它还将抢占事件告知调度器，调度器可以重新评估线程分配到 SA 的情况。

SA 被抢占：内核从这个进程夺走一个 SA（虽然可以通过这样做，将一个处理器分配给在同一进程上新的 SA）；调度器将被抢占的线程放到 READY 列表中，并重新评估线程分配情况。

因为进程的用户级调度器可以根据在低级事件的基础上建立的任何协议将线程分配给 SA，所以层次化调度方式更具有灵活性。内核总以同一方式运行。它不会影响用户级调度器的行为，但是它通过事件通知和提供阻塞和抢占线程的寄存器状态来帮助调度。这一方式可能是有效的，因为它保证了当有一个虚拟处理器可以运行时，就不会有用户级线程仍需要处于 READY 状态。

7.5 通信和调用

下面我们将把通信作为调用机制的实现的一部分来进行讨论。调用的例子有远程方法调用、远过程调用和事件通知，其作用是在不同的地址空间上执行对资源的操作。

通过考虑下面的关于操作系统的问题，我们可以探讨一下操作系统的设计问题和概念：

- 操作系统提供什么样的通信原语？
- 操作系统支持什么样的协议以及通信实现的开放性有多大？
- 应采取哪些步骤以使通信尽可能地有效？
- 为高延迟和断链操作提供了哪些支持？

通信原语 一些为分布式系统设计的内核所提供的通信原语与第 5 章描述的调用类型是相适应的。例如，Amoeba［Tanenbaum et al. 1990］提供了 doOperation、getRequest 和 sendReply 这样的通信原语。Amoeba、V 系统和 Chorus 系统都提供了组通信原语。在内核中加入相对高层的通信功能可以提高效率。例如，如果一个中间件在 UNIX 连接（TCP）套接字上提供 RMI，那么客户就必须为每次远程调用进行两次通信系统调用（套接字的 write 和 read）。而在 Amoeba 上，它只需要调用一次 doOperation。用组通信更能节省系统调用上的开销。

实际上，是中间件而不是内核提供了当今系统中的大多数高层通信方式，包括 RPC/RMI、事件通信和组通信。在用户级上开发这种复杂的软件系统的代码比在内核上开发要容易。开发者通常在提供对互联网标准协议访问的套接字上实现中间件——经常使用有连接的 TCP 协议，有时也使用无连接的 UDP 协议。使用套接字的主要原因是考虑到可移植性和互操作性；中间件需要尽可能地在多种操作系统之上运行，并且像 UNIX 和 Windows 系列这样的操作系统通常都提供了类似的套接字 API 以便访问 TCP 和 UDP 协议。

尽管广泛使用的是由公共内核提供的 TCP 和 UDP 套接字，但在一些试验性的操作系统内核上还是进行了一些低开销的通信原语研究。7.5.1 节将进一步讨论其性能问题。

协议和开放性 操作系统提供标准的协议，并由这些协议实现在不同平台上的中间件之间的互操作，这是对操作系统主要需求之一。在 20 世纪 80 年代，一些研究性的操作系统内核将自己的网络协议与 RPC 交互结合起来，其中有著名的 Amoeba RPC［van Renesse et al. 1989］、VMTP［Cheriton 1986］和 Sprite RPC［Ousterhout et al. 1988］。然而，这些协议并没有在自身研究环境之外被广泛应用。相反，Mach 3.0 和 Chorus 内核（也包括 L4［Hartig et al. 1997］）的设计者们决定采用完全开放的网络协议。这些内核只提供在本地进程之间的消息传递机制，并将网络协议的处理留给在内核上运行的一个服务器完成。

如果需要每天都访问互联网，那么操作系统需要为几乎所有的联网设备提供 TCP 和 UDP 层的兼容性。操作系统也要求中间件能利用新的底层协议。例如，用户希望在不升级它的应用程序的情况下利用像红外和射频（radio frequency，RF）传输这样的无线技术时，就需要集成相应的协议，例如红外网络使用的 IrDA 和 RF 网络使用的蓝牙技术或 IEEE 802.11。

协议通常被安排在一个有层次的栈中（见第 3 章）。许多操作系统允许新的层次被静态地集成，而这是靠加入像 IrDA 这样的永久安装的协议"驱动器"作为其新的一层来完成的。相反，动态协议合成（dynamic protocol composition）是一项使协议栈能灵活合成新的层次的技术，其合成可以满足特定应用的需要，并且，能够利用可用的物理层，只要已知平台现有的连接。例如，当用户在路上时，运行在笔记本电脑上的 Web 浏览器可以利用广域无线连接，而当用户返回办公室时，可以利用更快的以太网连接。

动态协议合成的另一个例子是用户可以在无线网络层上使用用户定制的请求－应答协议来减少往返延迟。已经证实，标准的 TCP 协议实现不能在无线网络介质上很好地工作［Balakrishnan et al. 1996］，因为相对于有线介质，在无线介质上可能会有更高的丢包率。原则上，一个像 HTTP 这样的请求－应答协议只有通过直接使用无线传输层，而不是用中间的 TCP 层，才能使无线连接的结点之间的工作更有效。

对协议合成的支持出现在 UNIX 流设施［Ritchie 1984］、Horus［van Renesse et al. 1995］和 x-kernel［Hutchinson and Peterson 1991］的设计中。最近的一个动态协议合成例子是在 Cactus 系统基础上构造一个可配置的传输协议 CTP［Bridges et al. 2007］。 |304|

7.5.1　调用性能

在分布式系统设计中，调用性能是一个非常关键的因素。如果设计者在地址空间之间分离的功能越多，使用的远程调用也就越多。客户和服务器在其生命期内可能会执行上百万个与调用有关的操作，这样应该有一小部分时间应计入调用开销。网络技术一直在发展，但调用时间并没有因网络带宽的增加而成比例地减少。本节将解释为什么在调用时间上软件的开销会比网络的开销大得多，至少在局域网或企业内部网上是如此。这与在互联网上的远程调用（例如获得一个 Web 资源）完全相反。在互联网上，网络延迟通常变化很大，平均值也很高，带宽通常很低，服务器的负载主要花费在对每一个请求的处理上。以延迟为例，按照 Bridges 等［2007］的报告，互联网上跨 US 地理区域的两台计算机之间最小的 UDP 消息回转平均需要花大约 400 毫秒，而相同的计算机通过一个以太网，仅需要花 0.1 毫秒。

RPC 和 RMI 的实现问题已经成为研究的主题，因为通用的客户－服务器处理广泛采用了这种机制。许多研究已经涉及在网络上的调用，并且特别研究了如何更好地利用高性能网络来实现调用机制［Hutchinson et al. 1989，van Renesse et al. 1989，Schroeder and Burrows 1990，Johnson and Zwaenepoel 1993，von Eicken et al. 1995，Gokhale and Schmidt 1996］。当然，也有一些研究注重于在同一计算机不同进程之间的 RPC［Bershad et al. 1990，Bershad et al. 1991］。

调用开销　调用一个传统过程或方法，进行一次系统调用，发送一条消息，进行远程过程调用和远程方法调用，这些都是调用机制的例子。每一种调用机制都导致在调用过程和对象之外的代码被执行。一般每次调用都涉及将参数传递给调用代码的通信，以及将结果返回给调用者的通信。调用机制可以是同步的（例如传统调用和远过程调用），也可以是异步的。

除了是否异步，对调用机制的性能影响最大的因素为是否涉及域转换（也就是说，它是否跨越了一个地址空间）、它是否涉及网络上通信，以及它是否涉及线程调度和切换。图 7-11 表示了一个系统调用、在同一计算机上不同进程之间的远程调用和在分布式系统上不同结点的计算机进程之间的远程调用三个例子。

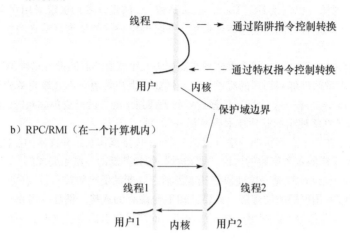

a）系统调用

b）RPC/RMI（在一个计算机内）

c）RPC/RMI（在计算机间）

图 7-11　在地址空间之间的调用

在网络上的调用　一个空的 RPC（类似的，一个空的 RMI）是指一个没有参数、执行一个空的过程、也不返回值的 RPC。执行空 RPC 所交换的消息不包括任何用户数据，只包含很少的系统数据。现在，通过 LAN 连接的用户进程间进行一次空的 RPC，其时间开销在几十毫秒这个数量级内（参见 Bridges 等［2007］度量的、在 100Mbps 以太网上的两台 2.2GHz Pentium 3 Xeon PC 500MHz 的 PC 之间的 UDP 返回时间）。而一个传统的空过程调用只需小于 1 微秒的时间。假设这一空的 RPC 调用总共有 100 字节的数据需要传输。在带宽为 100Mbps 的网络上，这些数据总共的传输时间大约是 0.01ms。显然，大部分观察到的延迟（客户调用 RPC 总共花费的时间），是来源于操作系统内核代码和用户级 RPC 执行代码的执行时间开销。

空调用（RPC、RMI）的开销是非常重要的，因为它度量了一个固定的开销，也就是延迟。随着参数和结果数据量的增加，调用开销也会增加，但在许多情况中，空调用的延迟比其他类型的延迟要大得多。

假设一个 RPC 从服务器上获得指定数量的数据。它包含一个整数型请求参数，用于指明要返回的数据量的大小。在返回结果时，它包括两个返回参数，一个整数型参数表示调用是成功还是失败（客户可能提供的是一个无效的数据量大小）。在调用成功的情况下，另一参数为从服务器返回的一个字节数组。

图 7-12 示意性地表示了被请求的数据量与客户延迟的关系。在数据量的大小达到一个同网络数据包大小相近的阈值之前，延迟和数据量的大小基本上成正比。超过这一阈值之后，为了传输额外的数据，系

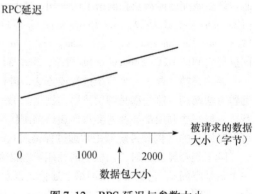

图 7-12　RPC 延迟与参数大小

统至少要多传送一个额外的包。根据协议，为了确认这个额外的包，可能还需要传一个数据包。每一次需要多传送一个包时，图上便会出现一个跳跃。

在 RPC 的实现中，延迟并不是被关注的唯一数据：当数据成批传输时，RPC 带宽（或吞吐量）也会受到关注。它表示在单个 RPC 内的不同计算机间的数据传输率。从图 7-12 中我们可以知道：当固定处理的时间开销占总开销的绝大部分时，对于少量的数据，RPC 的带宽相对较低。随着数据量的增加，带宽会增加，这是因为那些固定处理的开销变得相对比较小。

回想一下，一个 RPC 包括如下步骤（RMI 也包含类似的步骤）：

- 一个客户存根程序将调用参数编码为消息，并将请求消息发送出去，然后接收应答消息，并将其解码。
- 在服务器端，一个工作线程接收到达的请求，或者由一个 I/O 线程负责接收请求，并将其传递给工作线程。不论在哪种情况下，都要调用合适的服务器存根程序。
- 服务器存根程序将请求消息解码，调用指定的过程并将应答编码并发送出去。

下面是除网络传输时间之外造成远程调用延迟的主要因素：

编码：编码和解码涉及拷贝和转换数据，当数据量增加时，它们会成为一个显著的时间开销。

数据拷贝：即使在编码之后，在一个 RPC 过程中，消息数据也可能会被多次拷贝：

- 跨越用户－内核边界时，在客户或服务器地址空间和内核缓冲区之间。
- 跨越每个协议层时（例如，RPC/UDP/IP/以太网）。
- 在网络接口和内核缓冲区之间。

网络接口和主存之间的传输通常是由直接内存访问（Direct Memory Access，DMA）来处理的。其他拷贝则是由处理器处理的。

包初始化：它涉及初始化协议头部和协议尾部，包括校验和。它的开销在某种程度上与需传输数据量的大小成正比。

线程调度和上下文切换：下列情况会发生延迟。

- 当存根程序调用内核的通信操作时，在一个 RPC 过程中会产生几个系统调用（即上下文切换）。
- 调度一个或多个服务器线程。
- 如果操作系统采用单独的网络管理器进程，那么每一次 Send 操作会涉及线程之间的上下文切换。

确认等待：RPC 协议的选择会影响延迟，特别是当有大量数据需要传输的时候。

小心设计操作系统有助于减少这些开销。在 www. cdk5. net/oss 上可以找到 Firefly RPC 设计的实例研究，其中给出了一些可用技术的细节，还包括了在中间件实现中可用的技术。

我们已经介绍过了一些操作系统是怎样支持线程以减少多线程开销的。操作系统通过内存共享机制也可以减少内存拷贝开销。

内存共享　（7.4 节介绍的）共享区域可以用于用户进程和内核之间或者在用户进程之间的快速通信。通过在共享区域中写数据和读数据可以实现数据通信。这样可以实现高效数据传输，不需要从内核地址空间或向内核地址空间拷贝数据。但系统调用和软件中断可能需要同步，例如，当用户进程写完应该被传输的数据时，或者当内核写完用户进程需要使用的数据时。当然，只有当共享区域带来的优点大于建立它所带来的开销时，使用共享区域才是合理的。

即使使用共享区域，内核仍然需要从其缓冲区向网络接口复制数据。U- Net 体系结构［von Eicken et al. 1995］甚至允许用户级的代码直接访问网络接口，因此使用户级的代码可以不经任何复制就能把数据传输到网络。

协议的选择　在 TCP 协议上进行请求－应答交互时客户所经历的延迟未必比运行在 UDP 上的长，事实上有些时候更短一些，特别是传输大消息的时候。然而，在像 TCP 这样的协议之上实现请求－应答交互必须要小心，因为这些协议并不是专为此目的而设计的。特别是 TCP 的缓冲机制会妨害其性能，它的连接开销与 UDP 相比也处于劣势，除非在一个连接上需要传输的数据量相当大，这样才可以忽略连接单个请求的开销。

在 Web 调用中，TCP 的连接开销特别明显，这是因为现在相对很少用的 HTTP 1.0 为每一个调用建立一个独立的 TCP 连接。在建立连接时，客户的浏览器被延迟。而且，TCP 的慢启动算法有延迟 HTTP 数据传输的效果，而很多情况下这是不必要的。TCP 慢启动算法，在面对可能的网络阻塞时，采用一种悲观操作，即在接收到确认前，先向网络传输一个小窗口的数据。Nielson 等［1997］讨论了现在广泛使用的 HTTP 1.1 怎样使用持久连接，持久连接能在几个调用过程内持续存在。只要对同一 Web 服务器有多个调用，初始的连接开销就被分摊在几个调用过程中。这是很有可能的，因为用户经常从同一网址获得多个页面，而每个页面可能包含多个图像。

Nielson 等也发现，修改操作系统默认的缓冲行为对调用延迟有显著的影响。比较好的机制是收集几个比较小的信息，然后将它们一起发送，而不是分别用独立的包将其发送出去，因为每一个包都会产生上面所描述的延迟。由于上面的原因，操作系统并不需要在每一次套接字的 write() 调用后立即将数据分发到网络上。操作系统在默认情况下应该把等待缓冲区满或者超时作为将数据在网络上分发的标准，它希望有更多的数据将到达缓冲区。

Nielson 等发现，在 HTTP 1.1 中默认的操作系统缓冲行为会因为超时而产生明显的不必要的延迟。为了去除这种延迟，他们改变了内核的 TCP 设置，并且在 HTTP 请求边界上强制进行数据分发。这是一个很好的例子，说明了操作系统的实现策略是如何帮助或阻碍中间件的。

在一个计算机内的调用 Bershad 等［1990］进行的一项研究表明，在客户 – 服务器环境中，大多数跨地址空间的调用并不像想象的那样发生在计算机之间，而是发生在计算机内部。将服务功能放置在用户级服务器中的趋势意味着有更多的调用是针对本地进程的。特别是在客户所需要的数据可能在本地服务器上的情况。将一个计算机内的 RPC 开销作为系统性能的一个参数已经变得越来越重要。这些都表明，计算机内的本地调用应该被优化。

图 7-11 说明除了底层的消息传递在本地进行之外，在一个计算机内的跨地址空间的调用和在计算机间的调用几乎完全一样。实际上，这是一种经常实现的模型。Bershad 等［1990］为在同一机器上两个进程之间的调用开发了一种更有效的机制，叫做轻量级 RPC（LightweightRPC，LRPC）。LRPC 的设计基于对数据拷贝和线程调度的优化。

309 首先，他们提出利用共享内存区域为客户 – 服务器提供有效的通信，这里在服务器和每个本地客户之间使用不同（私有）的区域。这样一个区域包含一个或多个 A 栈（见图 7-13）。在这种设计中，客户和服务器可以通过 A 栈传递参数和返回结果，而不必涉及在内核和用户地址空间之间的 RPC 参数的拷贝。客户和服务器存根程序采用同样的栈。在 LRPC 中，参数只拷贝一次，即当它被编码后进入 A 栈时。而在一个等价的 RPC 中，数据被拷贝四次，分别为从客户存根程序的栈中拷贝到消息中；从消息拷贝到内核缓冲区；从内核缓冲区复制到服务器消息中；从服务器消息拷贝到服务器存根程序的栈中。在一个共享区域中可能有数个 A 栈，因为在同一时间同一客户上会有多个线程调用服务器。

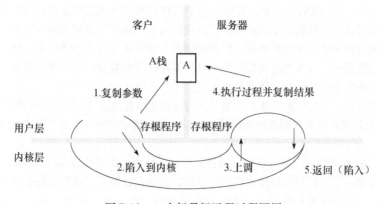

图 7-13 一个轻量级远程过程调用

Bershad 等也考虑了线程调度的开销。通过比较图 7-11 中的系统调用和远程过程调用，可以发现：当发生一个系统调用时，大多数内核并不调度一个新的线程来处理调用，而是在调用线程中进行一次上下文切换，这样它便可以处理系统调用。在一个 RPC 中，一个远程过程可能与客户的线程在不同的计算机上，这样服务器上的一个线程必须被调度来执行被调用的过程。然而，若服务器和客户在同一台机器上，客户线程调用在服务器地址空间内的过程（否则，它可能被阻塞），其执行效率可能更高。

在这种情况下，服务器程序与以前描述过的服务器有所不同。服务器输出一系列过程以备调用，而不是建立一个或多个线程来监听端口是否有调用请求。只要本地进程中的线程开始调用服务器输出的过程，它们就可进入服务器的执行环境。需要调用服务器操作的客户必须首先绑定服务器的接口（没有在图中显示）。上述过程是通过内核通知服务器的。当服务器响应内核并提供一系列允许访问的过程地址时，内核便允许客户调用服务器的操作。

图 7-13 显示了一个调用。客户端线程通过首先陷入内核来进入服务器的执行环境。内核检查其合法性并只允许上下文切换到合法的服务器过程上。如果它是合法的，内核便将线程的上下文转换到服务器执行环境中被调用的过程上。当此服务器中的过程运行结束并返回后，线程便回到内核，内核将线程转换回客户执行环境。需要注意的是：客户和服务器采用存根程序来对应用程序员隐藏其细节。

对 LRPC 的讨论　只要有足够的调用来抵消内存管理的开销，在本机上 LRPC 比 RPC 的效率更高这一点是毋庸置疑的。Bershad 等［1990］统计得到 LRPC 的延迟比本地 RPC 的延迟小 3 倍。

Bershad 的 LRPC 实现并没有牺牲位置透明性。一个客户存根程序在绑定时检查一个用 1 比特表示的设置，判断服务器是在本地还是在远端，然后分别选择采用 LRPC 或 RPC 来进行处理。应用程序并不知道使用的是 LRPC 还是 RPC。然而，当一个资源从本地服务器转移到远程服务器上或反之，则迁移透明性将很难实现，这是因为需要改变调用机制。

在随后的工作中，Bershad 等［1991］描述了几种改进性能的方法，主要适用于多处理器操作。其改进主要注重于避免陷入内核和在调度进程时避免不必要的域转换。例如，当一个客户线程试图调用服务器过程时，如果在服务器的内存管理上下文中有一个处理器是空闲的，那么线程应该被转移到此处理器上。这种方式避免了域转换，同时，客户的处理器可以被客户的其他线程重用。这些改进涉及两层（用户和内核）线程调度的实现（见 7.4 节）。

7.5.2　异步操作

我们已经讨论了操作系统如何帮助中间件层来提供有效的远程调用机制。但是，我们也观察到，在互联网环境中相对高的延迟、低的带宽和高的服务器负载的影响可能抵消操作系统提供的好处。我们还可以算上网络的断链和重新连接的开销，网络的断链和重新连接被认为是造成高延迟通信的原因。用户的移动计算机并不是一直连接在网络上的。即使使用广域无线访问技术（例如，使用蜂窝通信），它们也可能随时断链，例如，当他们乘坐的火车进入了隧道。

异步操作是应付高延迟的一种常用技术。它在两种编程模型中出现：并发调用和异步调用。这些模型主要出现在中间件领域，而不是出现在操作系统内核设计中。但当我们讨论调用性能时，还是应该考虑到异步操作的作用。

使调用并发执行　在第一个模型中，中间件只提供阻塞型调用，但应用程序产生多个线程来并发执行阻塞型调用。

Web 浏览器是这种应用一个很好的例子。一个 Web 页面通常包含几个图像，也可以包含很多图像。浏览器不需要按特定的顺序来获得这些图像，因此它可以一次发出几个并发的请求。在这种方式下，获得所有图像的时间通常比用串行请求所花的时间少。通常情况下，不仅总通信延迟会减少，浏览器也可以将通信和图像绘制并行执行。

图 7-14 表示了这种在单处理器机器上的一个客户和一个服务器间交错调用（如 HTTP 请求）的潜在的好处。在串行的情况下，客户将参数编码并调用 Send 操作，然后等待服务器方应答的到达。服务器执行 Receive 操作，进行解码并处理结果。在此之后，客户才能执行第二个调用。

在并发情况下，第一个客户线程将参数编码并调用 Send 操作。然后，第二个线程立即执行第二个调用。每一个线程等待接收它的调用结果。如图 7-14 所示，并发调用的总时间一般低于串行调用。类似地，当客户线程对多个服务器发生并发请求时也能减少总调用时间。如果客户在多处理器上执行，则可能获得更大的吞吐量，这是因为两个线程的处理可以并行进行。

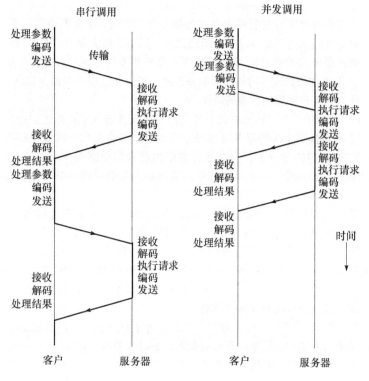

图 7-14   串行调用和并发调用的时间

回到 HTTP 的例子，前面所介绍的 Nielson 等［1997］也研究了在持久连接上并发交错的 HTTP 1.1 调用（他们称为流水线）的结果。他们发现，只要操作系统为刷新缓冲区提供合适的接口以覆盖默认的 TCP 行为，流水线就可以减少网络流量并能提高客户性能。

异步调用   异步调用是对调用者调用的一次异步执行。也就是说，调用者进行的是非阻塞调用，只要创建了调用请求信息并准备发送，调用便结束了。

有些时候，客户不需要任何回复（除了需要故障信息，如目标主机连接不上等），例如，COR-BA 单向调用包含或许语义。否则，客户使用单独的调用来收集调用结果。例如，Mercury 通信系统［Liskov and Shrira 1988］支持异步调用。一个异步操作返回一个叫做 promise 的对象。最后，当调用成功或注定要失败时，Mercury 系统将系统状态和返回值放在 promise 里。调用者使用 claim 操作从 promise 中获得结果。claim 操作一直被阻塞到 promise 准备好，然后，由 promise 返回调用的结果或异常信息。ready 操作可以不阻塞地测试 promise——它根据 promise 的状态为就绪或阻塞状态分别返回 true 或 false。

持久异步调用   像 Mercury 调用和 CORBA 单向调用这种传统异步调用机制是在 TCP 流上实现的。当 TCP 连接中断时，例如网络连接中断或目标主机崩溃，调用就会失败。

断链操作使得一种改进的异步调用模型，称为持久异步调用（persistent asynchronous invocation），变得更加有意义。就所提供的编程操作而言，该模型与 Mercury 相似，它们的不同在故障语义上。一个传统的调用机制（同步或异步）被设计成在超过给定的超时时间后就会失败。但是这些短期的超时经常不能适应连接中断或长延迟的情况。

持久异步调用系统试图无限地执行调用，直到它知道调用成功或失败，或者应用程序取消调用为止。其中一个例子是用于移动信息访问的 Rover 工具集中的 QRPC（排队的 RPC）［Joseph et al. 1997］。

顾名思义，当没有网络连接时，QRPC 将调用请求排队放在固定的日志中，当网络连接建立时，它调度并发送请求给服务器。类似地，它将服务器的返回结果排队并放置在我们所认为的客户调用"邮箱"中，直到客户重新连接服务器并收集结果为止。请求和返回结果在排队时可能被压缩，这样它们可以在低带宽的网络上传输。

QRPC 可以利用不同的通信链路发送调用请求和接收应答。例如，当用户在路上时，其调用请求可以通过蜂窝数据链路发送，但当用户将他的设备连接在企业内部互联网上时，其调用应答可能通过以太网发送。原则上，调用系统可以在靠近用户的下一个可能的接入点存储调用结果。

客户网络调度器可以依照不同的标准操作，而没有必要依照 FIFO 的顺序来发送调用。应用程序可以为单个调用赋予优先级。当有可利用的连接时，QRPC 评估其带宽和使用它的开销。它首先分发高优先级的调用请求，但在连接速度很慢并且开销大（例如广域无线连接）的情况下，它不会发送所有的调用——它假设在不久的将来有像以太网这样更快、更廉价的网络连接可被利用。类似地，当 QRPC 从低带宽连接的邮箱上获取调用结果时，它也会考虑优先级。

在用异步调用系统（持久或其他）的编程中有如下问题：在调用结果未知的情况下，用户如何在客户设备上继续使用其应用程序。例如，用户可能想知道是否成功地更新了共享文档中的一个段落，还是另一个用户同时进行了一次有冲突的更新，如删除了这一段落。第 18 章将讨论这一问题。

7.6 操作系统的体系结构

本节将查看适用于分布式系统的内核结构。我们采用第一原则方法，从开放性的需求出发，查看已有的主要的内核体系结构。

一个开放的分布式系统应该达到以下要求：

- 在每台计算机上仅运行那些在系统体系结构中承担特定角色的系统软件。对系统软件的需求可能会不尽相同，例如，移动电话和服务器计算机对系统软件的需求就会不同。而载入多余的模块会浪费内存资源。
- 允许实现特定服务的软件（和计算机）能独立于其他部分而被更换。
- 当需要适应不同用户或应用时，允许提供同一服务的不同实现。
- 在不破坏已有系统的一致性的情况下加入新的服务。

从资源管理策略中分离固定的资源管理机制（它随着应用程序和服务的不同而不同）已经在很长一段时间内成为操作系统设计的指导原则 [Wulf et al. 1974]。例如，我们说一个理想的调度系统应提供如下机制：该机制既要使一个像视频会议这样的多媒体应用程序能满足其实时需求，也要支持像 Web 浏览这样的非实时应用程序。

理想情况下，内核应该只提供在一个结点上实现通用资源管理任务的最基本机制。服务器模块应按需动态装载，以便为当前运行的应用实现所需的资源管理。

整体内核和微内核 内核设计有两个主要例子：整体内核（monolithic）方法和微内核（microkernel）方法。这两种设计之间主要的区别在于决定哪些功能属于内核和哪些功能属于服务器进程，其中服务器进程可以在运行时动态载入到内核上。尽管微内核没有被广泛应用，但理解它们与当前典型内核相比的优点和缺点仍然是有益的。

UNIX 操作系统内核被称为整体内核（见下面的定义）。这一名称说明了其内核的巨大：它执行所有的基本操作系统功能，其代码和数据量达到上兆字节，并且它是未分化的（undifferentiated），即它以非模块方式编码。这在很大程度上导致它是难于管理的，因为为变化的需求改变单个软件组件将会很困难。Sprite 网络操作系统是另一个整体内核的例子 [Ousterhout et al. 1988]。一个整体内核可以包含在其地址空间内执行的若干服务进程，其中包括文件服务器和一些网络进程。这些进程执行的代码是标准内核配置的一部分（见图 7-15）。

相反，在微内核的设计中，内核只提供最基本的抽象，主要为地址空间，线程和本地进程间通信。所有其他系统服务由服务器提供，这些服务在分布式系统需要它们的时候才动态加载到计算机上（参见图 7-15）。客户使用内核提供的基于消息的调用机制来访问这些系统服务。

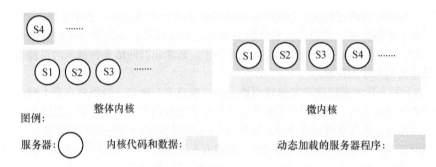

图 7-15　整体内核和微内核

> **整体**　Chambers 20th Century Dictionary 为 monolith 和 monolithic 给出了如下定义：monolith，名词，由一块石头构成的柱子或圆柱；任何整体上一致的、大块的或难管理的事物。Monolithic 形容词，与一个整体相关或像一个整体；一个国家或一个组织机构等，大块的，并且无差别的一致，因此而难于管理。

315

　　我们在前面说过，用户倾向于拒绝不能运行它们应用程序的操作系统。但除了扩展性之外，微内核设计者还有其他目标：像 UNIX 这样的标准操作系统的二进制模似［Armand et al. 1989，Golub et al. 1990，Härtig et al. 1997］。

　　图 7-16 给出了微内核（以最通用的形式）在整个分布式系统中的位置。其中，微内核为在硬件层与包含主要系统组件的子系统层之间的一层。如果主要设计目标是性能而不是可移植性，那么中间件可以直接使用微内核的设施。否则，它使用语言运行时支持子系统或由操作系统模拟子系统提供的高层操作系统接口。这些都是由可链接在应用程序上的库过程和运行在微内核上的服务器实现的。

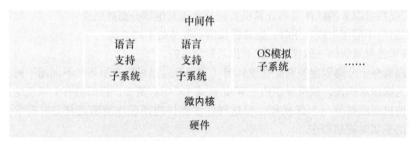

微内核通过子系统支持中间件

图 7-16　微内核的作用

　　可以在同一底层平台之上给程序员提供多个系统调用接口（多个"操作系统"）。一个例子是：在 Mach 分布式操作系统内核上实现 UNIX 和 OS/2 系统。需要注意的是，操作系统模拟不同于机器虚拟化（见 7.7 节）。

　　比较　基于微内核的操作系统的主要好处是它的可扩展性和其在内存保护边界的基础上增强模块化的能力。另外，一个相对小的内核的缺陷可能比大而复杂的内核少。

　　整体内核设计在操作调用方面效率相对高一些。但系统调用可能比常规的过程操作开销大，即使使用了前面介绍过的技术，在同一结点上的一个用户级地址空间上调用的开销仍然比较大。

　　通过使用像分层（在 MULTICS［Organick1972］中使用）或像在 Choices［Campbell 等 1993］中使用的面向对象设计这样的软件工程技术可以避免整体内核设计中的无结构性。Windows 采用了以上两种方法的组合［Custer 1998］。但是 Windows 仍然是"巨大"的，并且其大多数功能没有被设计为可替换的。模块化的大内核也很难维护，同时它只为开放的分布式系统提供有限的支持。只要模块在同一地址空间内执行，并且该模块是用 C 或 C++语言编译为高效代码，并允许随意的数据访问，就可能破坏

316

严格的模块性，因为程序员可能试图使用一种更高效的实现方法，这样在一个模块的缺陷可能会破坏另一个模块的数据。

一些混合的方法　两种最初的微内核 Mach[Acetta et al. 1986] 和 Chorus[Rozier et al. 1990] 在其开发周期中将运行的服务器仅仅作为用户进程。在这种配置下，它们通过硬件支持的地址空间来增加模块性。在服务器需要直接访问硬件的地方，系统为这些特权进程提供了特殊的系统调用，用于将设备寄存器和缓冲区映射到它们的地址空间内。内核将中断转换为消息，这样使用户级服务器可以处理中断。

因为性能问题，Chorus 和 Mach 微内核设计最终允许服务器可以动态地加载到内核地址空间内或用户级地址空间内。在这两种情况中，客户可以用相同的进程间通信调用与服务器交互。因此开发者可以在用户级调试服务器，同时，在开发被确认完成时，为了优化系统性能，开发者允许服务器在内核地址空间内运行。但这样的服务器程序会影响系统的完整性，因为它可能包含某种错误。

SPIN 操作系统 [Bershad et al. 1995] 设计采用语言保护机制来取得效率和保护的折中。其中，内核和所有动态载入到内核的模块在一个地址空间内执行。但是它们都是用类型安全的语言 [Modula-3] 编写的，所以它们相互保护。内核地址空间内的保护域是使用被保护的名字空间来建立的。除非具有对它的引用，否则进入内核的模块是不能访问这一资源的。同时，Modula-3 限制了引用只能用来执行程序员允许的操作。

为了尽可能减少系统模块之间的依赖，SPIN 系统的设计者选择了一个基于事件的模型作为进入内核地址空间内模块的交互机制（见 6.3 节对基于事件的编程的讨论）。系统定义了一系列核心事件，如网络包到达、定时器中断、出现页失配和线程状态改变等。系统组件将自己注册为这些事件的处理程序。例如，一个调度器可以将自己注册为一个处理程序，用于处理那些与我们在 7.4 节讨论过的调度器激活系统中相似的事件。

通过像 Nemesis[Leslie et al. 1996] 这样的操作系统，可以发现这样一个事实：即使在硬件级，一个地址空间也未必是一个保护域。内核和所有动态加载的系统模块以及所有的应用程序都可以共存在单个地址空间内。当地址空间载入应用程序时，内核将应用程序的代码和数据放置在运行时可用的空间内。64 位地址的处理器的出现使单地址空间的操作系统变得更加吸引人，这是因为它们可以支持很大的地址空间，其中可以容纳许多应用程序。

单地址空间操作系统的内核在其地址空间内的一个区域上设置保护属性来限制用户级代码的访问。用户级代码仍然在处理器的特定的保护上下文中运行（由处理器和内存管理单元中的设置决定），它给了代码访问本区域的完全权限和特定的共享其他区域的权限。相对于多地址空间设计，单地址空间设计节省了开销，因为当域转换时，内核不需要刷新任何缓存。

最近一些内核设计，例如 L4[Härtig et al. 1997] 和 Exokernel[Kaashoek et al. 1997] 采用了我们所描述的"微内核"方法，但也包含许多与此机制相反的策略。L4 是"第二代"微内核设计，它要求动态加载的模块在用户级地址空间内执行，但它优化了进程间通信来减少上述策略带来的开销。通过将地址空间的管理委托给用户级服务器，它减少了很多内核的复杂性。Exokernel 系统采用了一种完全不同的方法，它采用用户级库代替用户级服务器来提供功能扩展。它提供了像磁盘块这样极低级资源的保护性分配，并且它希望其他资源管理功能——甚至是文件系统——都作为库连接到应用程序上。

用一个微内核设计者 [Liedtke 1996] 的话说："微内核的发展过程充满了困难和绝境"。正如我们在下一节看到的，需要支持多个子系统和提供这些子系统之间的保护是虚拟化概念要满足的，而虚拟化作为操作系统设计的关键创新已经替代了微内核方法。

7.7　操作系统层的虚拟化

虚拟化是分布式系统中的一个重要概念。我们已经在网络化环境中看到了虚拟化的一个应用，即以覆盖网（见 4.5 节）的形式提供对特定类分布式应用的支持。虚拟化也应用在操作系统环境中；确实，在操作系统环境中，虚拟化已经具有很大的影响力。本节，我们查看在操作系统层面应用虚拟化的含义（系统虚拟化），也给出了针对 Xen 的实例研究，Xen 是系统级虚拟化的先驱。

7.7.1 系统虚拟化

系统虚拟化的目标是在底层物理机器体系结构之上提供多个虚拟机（虚拟硬件映像），每个虚拟机运行一个独立的操作系统实例。这个概念来源于如下的观察：现代计算机体系结构拥有支持大量虚拟机和多路资源所必需的性能。相同操作系统的多个实例能运行在多个虚拟机上，或者能支持大量不同的操作系统。虚拟化系统在它所支持的多个虚拟机之间分配物理处理器和物理机器上的其他资源。

318

历史上，由进程负责在代表一个或几个用户运行的多个任务之间共享处理器和其他资源。最近，出现了系统虚拟化，现在它常被用于共享资源的目的。它有助于任务的安全和隔离，并在分配资源和根据资源使用向每个用户收费方面比运行在单个系统的进程所能实现的更准确。

为了完全理解操作系统层上虚拟化的动机，考虑技术的不同使用情况是有用的：

- 在服务器机器上，一个组织为它提供的每个服务都分配一台虚拟机上，接着，将虚拟机以最佳方式分配到物理服务器上。与进程不同，虚拟机能很简单地迁移到其他物理机器上，这增加了管理服务器基础设施的灵活性。这个方法能潜在地减少服务器计算机的投资并减少能量消耗，后者是大型服务器农场的关键问题。

- 虚拟化与云计算的提供极为相关。正如第 1 章所描述的，云计算采用了这样一个模型，即作为一个服务，提供云上创建的存储、计算和高层对象。所提供的服务覆盖从诸如物理体系结构等的底层方面（被称为基础设即服务）到诸如 Google App Engine 等的软件平台（平台即服务）（见第 21 章的描述），再到任意应用层次的服务（软件即服务）。确实，云计算首先被虚拟化直接驱动，允许为云的用户提供一个或多个虚拟机，供用户自己使用。

- 分布式应用的需求也激发虚拟化解决方案的开发者去以很少开销创建和销毁虚拟机。在可能需要动态地请求资源的应用中，这是必要的，例如第 1 章所刻画的多人在线游戏或分布式多媒体应用 ［Whitaker et al. 2002］。通过采用合适的资源分配策略满足虚拟机服务质量需求，能提升对这样的应用的支持度。

- 另一个相当不同的例子是，在单个台式计算机上提供对几个不同操作系统环境的便利访问。虚拟化可用于在一台物理体系结构上提供多种操作系统类型。

系统虚拟化由底层物理机器体系结构上的一层薄薄的软件实现，这一层被称为虚拟机监控器（virtual machine monitor）或超级管理程序（hypervisor）。虚拟机监控器基于底层物理体系结构提供一个接口。更准确来说，在完全虚拟化（full virtualization）中，虚拟机监控器提供与低层物理体系结构一样的接口。这带来的好处是，已有操作系统能透明并且不用修改地运行在虚拟机监控器上。然而，经验显示，完全虚拟化在许多计算机系统结构（包括 x86 系列处理器）上很难实现令人满意的性能，通过允许提供一个修改后的接口可使性能得到提升。（其缺点是操作系统需要移植到这个修改后的接口。）

319

这个技术叫做半虚拟化（paravirtualization），将在下面的实例研究中细述。

注意，虚拟化与 7.6 节讨论的微内核方法完全不同。虽然微内核支持多个操作系统的共同存在，但它是通过在微内核提供的可重用的构建块上模拟操作系统实现的。与此相反，在操作系统虚拟化中，一个操作系统直接运行在虚拟化硬件上（或稍微做些修改）。虚拟化的核心优势和它优于微内核的主要理由是应用能无须被重写或重编译即可运行在虚拟化环境中。

虚拟化始于 IBM 370 体系结构，它的 VM 操作系统能为运行在同一计算机上的不同的程序提供几个完整的虚拟机。因此，该技术能被回溯到 20 世纪 70 年代。最近，人们对虚拟化的兴趣大增，有许多研究项目和商业系统为商用 PC、服务器和云基础设施提供虚拟化解决方案。主流的虚拟化解决方案的例子包括 Xen［Barham et al. 2003a］、Denali［Whitaker et al. 2002］、VM Ware、Parallels 和微软虚拟服务器。我们下面给出有关对 Xen 方法的实例研究。

7.7.2 实例研究：系统虚拟化的 Xen 方法

Xen 是系统虚拟化的成功典范，它最初是作为剑桥大学计算机实验室的 Xenosever 项目的一部分开发的，现在由一个开源社区［www. xen. org］维护。一个相关的公司 XenSource 于 2007 年被 Citrix Systems 获得，现在由 Citrix 提供基于 Xen 技术的企业解决方案，包括 XenoServer 和相关的管理及自动化工具。下面提供的 Xen 描述是基于 Barham 等［2003a］的论文和相关的 XenoServer 内部报告［Barham et al. 2003b，Fraser et al. 2003］，以及一本全面介绍 Xen 超级管理程序内部技术的书［Chisnall 2007］。

XenoServer 项目［Fraser et al. 2003］的整体目标是为广域分布式计算提供一个公共基础设施。XenoSever 项目是云计算的一个早期的例子，关注将基础设施作为服务。在 XenoServer 远景中，世界充满了 XenoServer，它能够代表顾客执行代码，而顾客为他们所使用的资源付账。

该项目两个主要的结果是 Xen 虚拟机监控器和 XenoServer 开放平台，详细叙述见下。

Xen 虚拟机监控器　Xen 是一个虚拟机监控器，它最初是设计用于支持 XenoServer 的实现，但已演化成系统虚拟化的一个独立的解决方案。Xen 的目标是使得多个操作系统实例以完全隔离方式运行在常规硬件上，同时最小化由相关虚拟化引入的性能代价。Xen 被设计成能处理非常大数量的操作系统实例（在单个机器上多达几百个虚拟机），并能处理异构性，它试图支持大多数操作系统，包括 Windows、Linux、Solaris 和 NetBSD。Xen 可以运行在众多硬件平台上，包括 32 位和 64 位的 x86 体系结构，还包括 PowerPC 和 IA64 CPU。 |320|

1）Xen 的体系结构　图 7-17 展示了 Xen 的整个体系结构。Xen 虚拟机监控器（称为超级管理程序）是这个体系结构的中心，支持底层物理资源（特别是 CPU 和它的指令集）的虚拟化以及 CPU 资源和物理内存的调度。超级管理程序总的目标是通过硬件虚拟化提供虚拟机，形成每个虚拟机拥有自己的（虚拟化的）物理机器的表象，以及虚拟资源复用底层物理资源提供支持。为了实现该目的，超级管理程序必须确保在其所支持的不同的虚拟机之间有强有力的保护。

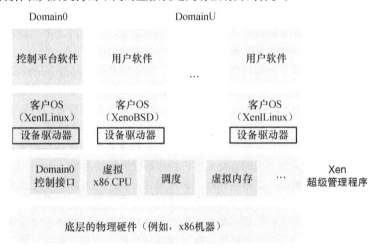

图 7-17　Xen 体系结构

超级管理程序遵循（7.6 节介绍的）Exokernel 的设计，实现了最小的资源管理和隔离机制，将更高层的策略（特别是域）留给系统体系结构的其他部分，这部分将在下面讨论。超级管理程序并不拥有设备或设备管理的知识，但提供设备交互的渠道，这部分也将在下面讨论。最小设计对于下面两个关键的理由是重要的：

- Xen 主要关注点隔离，包括故障隔离，超级管理程序中的一个故障能使整个系统崩溃。因此，超级管理程序的最小化、可充分测试和无错误是至关重要的。
- 相对于在裸硬件上执行，超级管理程序代表了一项不可避免的开销，对于系统的性能而言，其尽可能轻量化是至关重要的。（正如我们将要在下面看到的，半虚拟化通过在可能的地方绕过超级管理程序，也能帮助最小化这个开销。） |321|

超级管理程序的作用是支持一个可能很大数量的虚拟机实例（在 Xen 中称为域），它们都运行客户操作系统（guest operating system）。运行在 Xen 域中的客户操作系统统一被称为 domainU，或无特权域，指的是从访问物理（相对于虚拟）资源角度来看，它们没有特权。换句话说，所有对资源的访问都被 Xen 小心地控制着。Xen 也支持一个特殊的域，称为 domain0。它能优先访问硬件资源，并作为 Xen 体系结构的控制平台，在系统的机制和策略之间提供一个清晰的分离。（我们下面将看到使用 domain0 的例子。）domain0 可配置成运行 Linux 的一个 Xen 端口（XenoLinux），而其他域运行在某个客户操作系统。注意，Xen 体系结构允许将一些挑选出来的特权授予 domainU，特别是直接访问硬件设备或创建新域的能力，虽然实际上最常见的配置是 domain0 保留这些特权。

为了继续我们对 Xen 的研究，在展示 Xen 如何支持设备的管理之前，我们考虑超级管理程序核心功能的实现，即底层硬件的虚拟化（包括半虚拟化的使用）、调度和虚拟内存管理。我们通过考虑它通过什么将一个给定的操作系统移植到 Xen 来获得结论。

2）底层 CPU 的虚拟化：超级管理程序的主要作用是为每个域提供底层 CPU 的虚拟化，也就是造成每个域拥有它自己的（虚拟的）CPU 和相关指令集的表象。这一步的复杂性完全依赖给定 CPU 的体系结构。本节中，我们特别关注将虚拟化应用到 x86 体系结构这个现今被广泛使用的主流处理器家族。

Popek 和 Goldberg［1974］，在一篇关于虚拟化需求的经典论文中，重点研究了所有能改变机器状态从而可以影响其他进程的指令（敏感指令），并进一步将这些指令划分成：

- 控制敏感的指令，这些指令试图改变系统中资源的配置，例如，改变虚拟内存映射；
- 行为敏感的指令，这些指令读取特权状态，通过它揭示物理而非虚拟资源的状况，从而打破虚拟化。

接着，他们认为虚拟化的条件是所有敏感指令（控制敏感和行为敏感）必须由超级管理程序（或等价的内核机制）截获。更特别的，这可以通过掉入超级管理程序来实现，机器体系结构中的特权指令概念支持这点，即特权指令是在特权模式中执行的指令或生成一个陷阱（该陷阱将把指令带入特权模式）的指令。这导出了下面关于 Popek 和 Goldberg 条件的准确叙述：

虚拟化条件：一个处理器体系结构同意参与虚拟化，如果所有的敏感指令是特权指令。

不幸的是，在 x86 系列处理器中不是这样的情况：有可能识别出 17 条指令是敏感指令而非特权指令。例如，LAR（装入访问权力）和 LSL（装入段限制）指令属于此类。它们需要被超级管理程序捕获，以确保正确的虚拟化，但没有这样的机制来实现，因为它们不是特权指令。

一个解决方案是为指令集中的所有指令提供模拟层，这样才有可能在该层内管理敏感指令。这就是在全虚拟化中所做的，这个方法带来的好处是客户操作系统无须改动即可运行在这个虚拟化环境中。但这个方法可能很贵，因为要给每个受影响的指令调用增加开销。相对而言，半虚拟化认为许多指令能直接运行在没有模拟层的裸硬件上，而特权指令应该被超级管理程序捕获和处理。这留下了没有被授权的敏感指令。半虚拟化方案认识到这些指令会导致潜在的问题，需要将它留在客户操作系统中处理。换句话说，必须重写客户操作系统以容忍或处理这些指令的副作用。例如，重写部分代码以避免问题指令的使用是解决方案之一。这种半虚拟化方法大大提高了虚拟化的性能，但代价是要求客户操作系统移植到虚拟化环境中。

为了进一步理解半虚拟化的实现，看一下现代处理器中的特权层次（或环）。例如，x86 系列支持四层特权，环 0 特权最高，环 1 次之，环 3 特权最低。在一个传统的操作系统环境中，内核将运行在环 0，应用运行在环 3，而环 1 和环 2 没有使用。陷阱取得从应用到内核的控制流，并且允许被授权活动执行。在 Xen 中，超级管理程序运行在环 0，这是唯一能执行特权指令的地方。客户操作系统运行在环 1，应用运行在环 3。特权指令被重写成超级调用（hypercall），它们能掉入超级管理程序，从而允许超级管理程序控制这些可能是敏感的操作的执行。所有其他的敏感指令必须像上面讨论的那样，由客户操作系统管理。

图 7-18 总结了基于内核的操作系统和 Xen 之间的不同。

超级调用是异步的，因此代表相应指令应该被执行的通知（在等待结果的客户操作系统中没有阻塞）。超级管理程序和客户操作系统之间的通信也是异步的，由 Xen 超级管理程序提供的一个简单的事件机制支持。例如，该机制可用于处理设备中断。超级管理程序将这样的硬件中断映射到正确的客户操作系统中的软件事件上。Xen 超级管理程序因此也是完全事件驱动的。

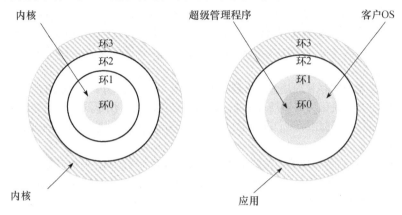

a）基于内核的操作系统　　　　　　b）Xen 中的半虚拟化

图 7-18　特权环的使用

3）调度：在 7.4 节中，我们看到许多操作系统环境支持两层调度，即进程的调度和随后的进程内用户级线程的调度。Xen 前进了一步，引入了额外的与特定客户操作系统的执行相关的调度层。它通过引入虚拟 CPU（VCPU）的概念来实现，其中每个 VCPU 支持一个客户系统。因此，调度涉及下列步骤： |323|

- 超级管理程序将 VCPU 调度到底层物理 CPU，因此为每个客户提供一部分底层物理处理时间。
- 客户操作系统将内核级线程调度到其已被分配的 VCPU 上。
- 在适用的情况下，用户空间的线程库将用户级的线程调度到可用的内核层线程。

Xen 中关键的需求是底层超级管理程序调度器的设计是可预测的，因为高层调度器将做出有关该调度器自身行为的假设，而且更关键的是，这些假设是可被满足的。

Xen 支持两个调度器，简单的 EDF 和信用调度器：

Xen 的简单的最早截止期优先（Simple Earliest Deadline First，SEDF）调度器：这个调度器选择具有最近截止期的 VCPU 来进行操作，其中截止期根据两个参数进行计算：n（片）和 m（周期）。例如，一个域能每 100ms（m 值）请求 10ms（n 值）。这个截止期被定义成：能满足这个域截止期的最晚的开始运行时间。返回我们的例子，在系统的开始点，调度这个 VCPU 在 100ms 周期内最晚从 90ms 加入，仍能满足截止期。调度器通过选择最早的当前截止期、查看可运行的 VCPU 集合来操作。

Xen 的信用调度器：对于这个调度器，每个域（VCPU）按照两个特性指定——权重（weight）和容量（cap）。权重决定应该给 VCPU 的 CPU 份额多少。例如，如果一个 VCPU 的权重是 64，另一个是 32，那么第一个 VCPU 应该得到后者份额的两倍。合法的权重取值是从 1 ~ 65 535，默认是 256。权重授予的 CPU 份额可以由容量修改。容量用一个百分比表示，表示了应该被给予相应 VCPU 的 CPU 的总 |324| 百分比。这容量可以指定为不受上限限制的调度器将一个与 VCPU 相关的权重转换成信用，当 VCPU 运行时，它消费信用。如果它还有信用，VCPU 被认为是"低的"（under），否则，它被认为"高的"（over）。对任何一个 CPU，调度器维护一个可运行的 VCPU 队列，排在前面的是"低的" VCPU，然后是"高的" VCPU。当一个 VCPU 未被调度，它被放在队列中相关分类的末尾。（这取决于它现在是否仍有信用还是信用超支。）接着，调度器选择队列中的头一个元素来运行。作为一种负载平衡，如果一个给定的 CPU 没有低的 VCPU，它将从其他 CPU 的队列搜索一个可能的候选来调度。

以上所讲调度器替换了 Xen 以前的调度器，包括一个简单的循环调度器和 Atropos。其中，简单的循环调度器是基于借到的虚拟时间的，此概念用于根据不同的域权重设置来提供一定比例的底层 CPU

份额，而 Atropos 则用于支持软实时调度。这些调度器的更多细节可以在 Chisnall［2007］中找到。

增加新的调度器到 Xen 超级管理程序也是有可能的，但根据如上讨论的需求，这是需要谨慎对待和充分测试的。Chisnall［2007］提供了一个可以用来实现 Xen 中的一个简单的调度器的步骤指南。

客户操作系统和底层调度器之间的交互是通过若干调度器特定的超级调用来实现的，包括主动让出 CPU（但保留可运行的）的操作、阻塞特定域直到一个事件的发生或者因为某一指定原因而关闭域的操作。

虚拟内存管理：虚拟内存管理是虚拟化最复杂的部分，一部分是因为针对内存管理的底层硬件解决方案的复杂性，一部分是因为需要插入用于保护的额外层以便提供不同域之间的隔离。我们下面提供 Xen 内存管理中的一些通用原则。鼓励读者研究 Chisnall［2007］中有关 Xen 虚拟内存管理的详细描述。

图 7-19 给出了 Xen 内存管理虚拟化的整体方法。与调度一样，Xen 采用三层体系结构，即管理物理内存的超级管理程序，提供伪物理内存的客户操作系统内核，以及提供虚拟内存的操作系统中的应用，这些正如任一底层操作系统所期望的一样。伪物理内存（pseudo-physical memory）概念对理解系统结构很关键，下面做进一步的描述。

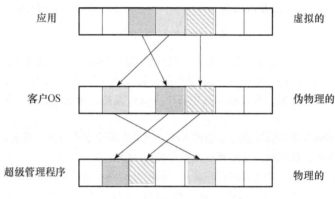

图 7-19　内存管理的虚拟化

在虚拟内存管理体系结构中关键的设计决策是保持超级管理程序功能最小化。超级管理程序实际上有两个角色：按页为单位分配物理内存以及后续的物理内存管理。

- 从内存分配的角度，超级管理程序保留小部分物理内存自用，然后按需分配页给域。例如，当一个新的域创建时，会根据域所声明的需要，分配若干页给该域。实际上，这个页面集合是跨越物理地址空间的若干分段，这可能与客户操作系统的期望相冲突（它可能期望一个连续的地址空间）。伪物理内存的角色是通过提供一个连续的伪物理地址空间，并维护从该地址空间到实际物理地址的映射来提供抽象。关键是，为了维护超级管理程序的轻量特性，这个映射必须由客户操作系统而不是超级管理程序管理。（更具体地说，图 7-19 给出的两个功能的组合要由客户实现。）这个方法允许客户操作系统在自己的上下文环境中解释这个映射（例如，对一些不需要连续地址的客户操作系统，能消除该映射），这个方法也使得迁移一个域到一个不同的地址空间更加容易，例如在一个服务器合并中。相同的机制也被用于支持客户操作系统的暂停和恢复。在暂停时，域的状态被序列化到磁盘；在恢复时，状态被恢复，但可能放在一个不同的物理位置。它通过内存管理体系结构中的额外的间接层实现。

- 从物理内存管理的角度，超级管理程序输出了一个小的超级调用集合来操纵底层页面表。例如，客户操作系统使用超级调用 pt_update（list of requests）请求对一个页面表的一批增量更新。这允许超级管理程序去验证所有的请求，并完成那些它认为是安全的更新（例如，通过强制隔离）。

整体上讲，这是一个灵活的虚拟内存管理方案，它允许客户操作系统优化不同处理器家族的实现。

设备管理：如图 7-20 所示，Xen 设备管理的方案依赖分离的设备驱动器（split device driver）概念。

正如从图 7-20 中所看到的，对物理设备的访问完全被 domain0 控制，它也为这个设备准备了一个实际的设备驱动器。当 domain0 运行 XenoLinux 时，那么 domain0 将是一个可用的 Linux 设备驱动器。当一些设备驱动器能很好地支持多路复用而另一些不能时，强调这点很重要，因此，重要的是 Xen 提供一个抽象，因而出现每个客户操作系统都能拥有自己的虚拟设备的表象。这可以通过分离的驱动器结构实现，它涉及一个运行在 domain0 上的后端设备驱动器和一个运行在客户操作系统中的前端驱动器。它们之间进行通信从而为客户操作系统提供必要的设备访问。设备前端和后端部分各自不同的角色叙述如下：

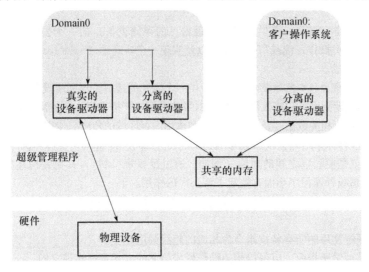

图 7-20　分离的设备驱动器

- 后端在体系结构中有两个关键的角色要扮演。首先，它必须管理多路复用（特别是来自多个客户操作系统的访问），尤其是在底层 Linux 驱动器不支持的地方。其次，它提供一个通用的接口，这些接口不仅可以捕获设备的基本功能，而且中立于所使用的不同客户操作系统。这做起来比较容易，因为操作系统已经提供若干抽象，能以中立的方式有效提供必要的多路复用，例如，读取和写入持久存储上的块。高层接口（例如，套接字）是不合适的，因为它们太偏向于给定操作系统的抽象。

|327|

- 前端，相对而言，是非常简单的，它作为客户操作系统环境中设备的代理来接收命令，并与后端进行如下通信：

分离的设备结构的前端和后端的通信受益于两个组件间共享的内存页的创建。共享内存的区域是通过使用一个由超级管理程序支持的授权表（grant table）机制建立的。授权表是一个结构（授权项）数组，支持这样的操作：授权允许外部访问一个内存保留区或者通过授权引用允许访问其他内存保留区。访问可以被授权以读取或写入共享内存区域。这个机制提供一个轻量和高性能手段用于 Xen 中不同域的通信。

正常的通信机制是在这个共享的内存区域内使用一个名为 I/O 环的数据结构，它在分离的设备驱动器的两部分之间支持双向的异步通信。I/O 环的结构如图 7-21 所示。域通过请求和应答进行通信。特别的，

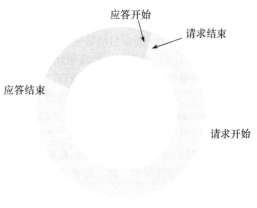

图 7-21　I/O 环

|328|

一个域顺时针方向写入其请求，从请求开始指示器开始（假设有足够的空间），并相应地移动指针。另一端能从这端读数据，再次移动相关指针。应答也是通过相同的过程。对连续传递大量数据的设备，相应的末端将轮询这个数据结构。对不频繁的数据传递，在 I/O 环加上使用 Xen 事件机制可以通知接

收者数据已准备好，可用于消费了。设备发现机制是通过一个名为 XenStore 的共享的信息空间，所有域都可以访问它。XenStore 本身被实现成一个使用分离设备体系结构的设备，该设备的驱动器用于广而告之它们的服务。所提供的信息包括与设备相关的 I/O 环的授权引用和（在合适的地方）与设备相关的任一事件通道。由设备驱动器（I/O 环、事件和 XenStore）使用的通信设施被统一称为 XenBus。

一个给定的 Xen 安装能提供设备驱动器的不同配置。用户期望大多数 Xen 实现能提供两个通用的驱动器：

- 第一个是块设备驱动器，提供块设备（最常见的存储设备）的一个公共抽象。该类接口非常简单，支持三类操作：读或写一个块，以及实现一个写屏障（write barrier）以确保所有悬而未决的写已经完成。
- 第二个是 Xen 虚拟接口网络驱动器，它提供一个公共的接口，与网络设备交互。它使用两个 I/O 环，来传输数据到网络和接收传向/来自网络的数据。严格来说，环被用于控制流，而分离的共享内存区域用于相关数据（从最小化拷贝和重用内存区域的角度起作用）。

注意，大多数这种体系结构被实现超级管理程序上，即在 domain0 中和其他客户操作系统中。超级管理程序的作用仅是便利域之间的通信（例如，通过授权表机制），其他是构建在这个最小的基础之上的。这对保持超级管理程序小而有效起到相当大的作用。

移植一个客户操作系统：从上面的描述能看到移植一个操作系统到 Xen 环境需要什么。这包含几个关键的步骤：

- 替换操作系统使用的所有特权指令为相应的超级调用；
- 对所有的其他敏感指令，以保持相关操作所需语义的方式重新实现它们；
- 移植虚拟内存子系统；
- 为所需设备集开发分离层的设备驱动器，在适当的地方重用在 domain0 中提供的设备驱动器功能，以及通用的设备驱动器接口。

上述内容涵盖了主要的任务，但还有一些其他的、更特定的需要完成的任务。例如，Xen 提供自身的时间体系结构，用于识别实际时间和单个客户操作系统看到的时间之间的差别。

具体一点讲，超级管理程序提供对多种时间抽象的支持，具体包括一个底层的周期计数时间（cycle counter time），它基于底层处理器时钟，被用于对其他时间引用进行插值；一个域虚拟时间（domain virtual time），与周期计数时间具有相同的时间推进率，但仅用在一个特定域被调度时；系统时间（system time），它准确反映了系统中的实际时间；墙钟时间（wall clock time），它提供实际的钟表上的时间。超级管理程序假设运行在域中的操作系统实例通过进一步的移植努力将在这些值之上提供实际时间和虚拟时间抽象。有意思的是，系统时间和墙钟时间通过运行在 domain0 中的一个 NTP 客户（见第 14 章的描述）的实例，可以自动修正时钟漂移。这仅仅是一个由共享的 domain0 完成的优化的例子。

XenoServer 开放平台　如前所述，Xen 最初是作为 XenoServer 项目的一部分被开发的，该项目调研了广域分布式计算的软件基础设施。我们现在描述相关 XenoServer 开放平台［Hand et al. 2003］的整体体系结构。在这个系统结构中，如图 7-22 所示，为了使用系统，客户注册一个名为 XenoCorp 的实体。XenoServer 开放体系结构的开发者期望：在一个给定系统中，XenoCorp 的多个完整的实例可以提供不同支付机制和服务质量（例如，不同的私密性支持）。更正式的，一个给定 XenoCorp 的作用是提供认证、审计、收费和支付服务，在客户和提供 XenoServer 的组织之间维护合同关系。这由一个注册进程支持，在该进程中，建立标识并创建代表（认证的）客户承诺的购买订单，用来为一个给定会话提供支持。

在整体体系结构中，多个 XenoServer 为提供服务而相互竞争。XenoServer 信息服务的作用是允许 XenoServer 广而告之它们的服务，为客户基于他们指定的需求定位合适的 XenoServer。广告用 XML 指定，包括描述功能、资源可用性和价格的条款。

信息服务是相对初级的，提供了对广告集的基本搜索机制。为了补充其功能，平台体系结构还提供一个资源发现（Resource Discovery，RD）系统，支持更复杂的查询，例如：

- 寻找一个 XenoServer，其与客户有低延迟的链接，并能满足客户对给定价格下的资源的需求。
- 寻找一个 XenoServer 集群，它们通过低延迟链接互连，并支持安全通信而且满足某一资源需求。

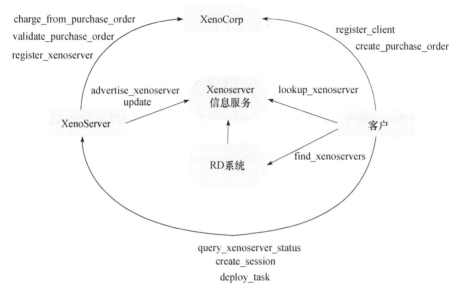

图 7-22　XenoServer 开放平台体系结构

在 XenoServer 项目中，主要的创新在于它如何将上述体系结构与虚拟化相耦合：每个 XenoServer 都运行 Xen 虚拟机监控器，因为要虚拟化，它允许客户为虚拟资源而不是物理资源竞价，允许系统更有效地管理资源集。这是云计算和虚拟化互补本性的一个直接的说明。

7.8　小结

本章介绍了操作系统是如何通过提供在共享资源上的调用来支持中间件层的。操作系统提供了若干机制，用于实现多种资源管理策略，以便满足本地需求及技术进步中获益。它允许服务器封装和保护资源，同时允许客户并发地共享资源。它还提供必要的机制以便客户调用资源上的操作。

进程由执行环境和线程组成：执行环境包括地址空间、通信接口和其他像信号量这样的本地资源；线程是在执行环境中执行的活动抽象。地址空间必须比较大并且是稀疏的，以便支持对文件这样的对象的共享和映射访问。地址空间新创建时可以继承其父进程的区域。写时拷贝是一项重要的区域拷贝技术。

进程可以拥有多个线程，这些线程共享进程的执行环境。多线程进程允许我们以较低的代价实现并发，以及利用多处理器的优势实现并行。这对客户和服务器都很有用。最近的线程实现允许两层调度：用户级代码处理调度策略的细节，而内核提供对多处理器的访问。

操作系统为经由共享内存进行的通信提供了基本的消息传递原语和机制。大多数内核都包含一个实现网络通信的基本设施；其他内核只提供本地通信并将网络通信功能交给服务器完成，它可以实现一系列的通信协议。这是在性能和灵活性之间的一种折中。

我们讨论了远程调用并且说明了直接来源于网络硬件的开销和来源于操作系统代码执行的开销之间的区别。我们发现，对于一个空调用而言，花费在软件上的时间相对比较大，但当调用参数的字节数增大时其时间占总时间的比例会减小。调用中可被优化的主要开销来源于编码、数据拷贝、包初始化、线程调度和上下文切换以及流控制协议的应用。在同一计算机内地址空间之间的调用是一个重要的特例，我们描述了在轻量级 RPC 中使用的线程管理和参数传递技术。

实现内核体系结构有两种主要方法：整体内核和微内核。它们之间的主要区别在于是由内核管理资源还是由动态载入（通常是用户级）的服务器来管理资源。微内核至少要支持进程和进程间通信。

331

它支持操作系统模拟子系统、语言支持子系统和其他像实时处理这样的子系统。虚拟化提供另一种吸引人的替代该方式的方法，主要通过提供对硬件的模拟和允许多个虚拟机（和多个操作系统）在一台机器上共存。

练习

7.1 在 UNIX 文件服务的例子中（或其他你熟悉的例子）讨论封装、并发处理、保护、名字解析、参数和返回结果的通信以及调度。 (第 282 页)

7.2 为什么一些系统接口由专门的系统调用（对内核）实现，而其他一些系统接口基于消息的系统调用？ (第 282 页)

7.3 史密斯认为在他的进程中，每个线程都应拥有其自己的保护栈，而线程的其他区域必须被完全共享。这样做有意义吗？ (第 286 页)

7.4 信号（软件中断）处理器应属于进程还是线程？ (第 286 页)

7.5 讨论共享内存区域的命名问题。 (第 288 页)

7.6 假设要设计一个平衡各计算机负载的方案，你应该考虑如下问题：

　　1）这一方案能满足用户或系统的哪些需求？

　　2）它能适应哪一种类型的应用程序？

　　3）怎样度量和以何种精确程度度量负载？

[332]　　4）假设进程不能迁移，怎样监控负载和为新的进程选择地点？如果进程能在计算机之间迁移，你的设计将受到哪些影响？进程迁移的开销很大吗？ (第 289 页)

7.7 解释在 UNIX 中区域用写时拷贝的好处，其中在一个 exec 调用后通常是一个 fork 调用。在使用写时拷贝的区域是自我拷贝的情况下会发生什么？ (第 291 页)

7.8 一个文件服务器使用缓存，并且其命中率为 80%。当服务器在缓存中查找被请求的块时，服务器中的文件操作要花费 5ms 的 CPU 时间，否则它还要再花 15ms 用于磁盘 I/O。对于下面假设的各种情况，估计服务器的吞吐量（平均请求/秒）：

　　1）单线程。

　　2）在一个处理器上运行的两个线程。

　　3）在两个处理器计算机上运行的两个线程。 (第 292 页)

7.9 比较工作池多线程体系结构和一请求一线程体系结构。 (第 293 页)

7.10 什么样的线程操作开销最大？ (第 295 页)

7.11 spin 锁（见 Bacon［2002］）是一个通过原子性的测试 - 设置指令访问的布尔变量，其用于实现互斥。你能使用 spin 锁在单进程的计算机上实现线程间的互斥吗？ (第 298 页)

7.12 解释内核应为用户级线程的实现提供哪些支持，例如在 UNIX 中用 Java 语言。 (第 300 页)

7.13 页失配是用户级线程实现中的问题吗？ (第 300 页)

7.14 解释在"调度器激活"设计中使用混合调度方法（而不是纯粹的用户级或内核级调度）的动机。 (第 301 页)

7.15 为什么线程包会对线程的阻塞或解除阻塞事件感兴趣？为什么会对即将被抢占的虚拟处理器感兴趣（提示：可以继续分配其他虚拟处理器）？ (第 302 页)

7.16 网络传输时间占一个空 RPC 的总耗时的 20%，而它占一个传输 1024 用户字节（小于一个网络包的大小）的 RPC 的总耗时的 80%。如果网络由原来的 10Mbps 升级到 100Mbps，这两次操作的网络传输时间将改善百分之多少？ (第 305 页)

7.17 一个"空"的 RMI 不包含参数，它调用一个空过程并且不返回结果，其延迟为 2ms。请解释导致延迟的原因。

　　在同一个 RMI 系统中，每 1K 的用户数据会增加 1.5ms 延迟。一个客户希望从文件服务器获取 32KB 的数据，它应该使用一个 32KB 的 RMI 还是应该使用 32 个 1KB 的 RMI？ (第 305 页)

7.18 影响远程调用的哪些因素会影响消息传递？ (第 307 页)

[333] 7.19 请解释共享区域是如何应用于进程读取内核写的数据的。你的解释应包括实现同步的必要机制。

(第 308 页)

7.20 1）轻量级过程调用的服务器能控制其中的并发度吗？

2）请解释在轻量级 RPC 中为什么以及如何客户不允许调用服务器内的任何代码。

3）LRPC 是不是比传统的 RPC（假设是共享内存的）具有相互干扰的风险更大？ （第 309 页）

7.21 一个客户对一个服务器进行 RMI 调用。客户需要 5ms 对每一个请求进行参数计算，并且服务器要花费 10ms 处理每一个请求。每一个 send 和 receive 操作的 OS 处理时间是 0.5ms，同时传输每一个请求或应答消息的时间是 3ms。每个消息的编码或解码时间是 0.5ms。

在如下情况下，请估计客户产生两个请求并返回结果的时间：1）单线程；2）在单个处理器上有两个线程，它们并发地发出请求。如果进程是多线程的，系统需要使用异步 RMI 吗？ （第 311 页）

7.22 请解释什么是安全性策略，在像 UNIX 这样的多用户操作系统中，相对应的是什么机制？

（第 314 页）

7.23 请解释当服务器动态载入内核地址空间内时，程序必须要满足的连接要求，并说明这种情形与在用户级执行服务器的区别。 （第 315 页）

7.24 中断是怎样与用户级服务器通信的？ （第 317 页）

7.25 在某个计算机上，我们预计：不管其运行哪种 OS，线程调度花费 $50\mu s$，一个空过程调用花费 $1\mu s$，上下文切换到内核花费 $20\mu s$，一个域转换花费 $40\mu s$。在使用 Mach 和 SPIN 操作系统的情况下，请估计客户调用动态载入的空过程的开销。 （第 317 页）

7.26 Xen 提倡的虚拟化方法和 Exokernel 项目提倡的微内核风格，两者的区别是什么？针对你的答案，给出两个共同的特点和两个不同的特点。 （第 317, 320 页）

7.27 利用 7.7.2 节讨论的框架，用伪代码概述如何为 Xen 超级管理程序增加一个简单的轮转调度器。

（第 323 页）

7.28 根据你对 Xen 虚拟化方法的理解，讨论 Xen 的哪些特点能支持 XenoServer 体系结构，并说明虚拟化和云计算之间的协同作用。 （P320, 330） 334

第 8 章

Distributed Systems：Concepts and Design，Fifth Edition

分布式对象和组件

一个完整的中间件方案必须提供高层的编程抽象，并屏蔽掉分布式系统底层的复杂性。本章主要关注其中两个最重要的编程抽象，即分布式对象和组件，同时查看相关的中间件平台，包括 CORBA、EJB 和 Fractal。

不论应用程序使用何种编程语言、硬件和软件平台、通信网络，不论应用程序是怎样实现的，CORBA 中间件都允许应用程序间互相通信。应用程序基于 CORBA 对象构建，它的实现使用 CORBA 接口定义语言 IDL 定义的接口。与 Java RMI 类似，CORBA 支持远程对象方法的透明调用。在 CORBA 中，支持 RMI 的中间件组件被称为对象请求代理（Object Request Broker，ORB）。

基于组件的中间件的出现是分布式对象技术自然演化的结果，这些中间件提供对组件间依赖的管理，隐藏与中间件相关的底层细节，用适当的非功能性属性（如安全性）管理构建分布式应用所遇到的复杂性，并支持恰当的部署策略。在这个领域中的关键技术包括 EJB（Enterprises JavaBeans）和 Fractal。

8.1 简介

前面的章节从通信和操作系统支持方面介绍了分布式系统基本的底层构建单元，本章转向完整的中间件方案，给出了当前使用的两种最重要的中间件的风格：分布式对象和组件，第 9 章和第 10 章则讨论基于 Web 服务和对等方案的替代方式。

正如第 2 章所讨论的，中间件的任务是为开发分布式系统提供高层编程抽象，通过分层抽象底层基础设施的异构性，提高互操作性和移植性。

分布式对象中间件　分布式对象的主要特征是允许使用面向对象的编程模型开发分布式系统，从而隐藏分布式编程底层的复杂性。按照这种方法，通信实体被表示成对象。对象通信主要使用远程方法调用，但也可以使用其他的通信范型，例如分布式事件。这种相对简单的方式具有许多好处，包括下面所列出的：

- 基于对象方案固有的封装很适合分布式编程。
- 数据抽象的相关特性使对象的规约和其实现分离，它允许程序员只处理接口而无须关注诸如使用的编程语言和操作系统这样的实现细节。
- 这种方式也适用于更动态和可扩展性的解决方案，例如通过允许引入新的对象或者使用一个对象替代另一个兼容的对象。

基于分布式对象的中间件解决方案有很多，包括 Java RMI 和 CORBA。随后会在 8.2 节总结分布式对象的主要特征，并在 8.3 节给出详细的关于 CORBA 的实例研究。

基于组件的中间件　开发基于组件的中间件是为了克服使用分布式对象中间件开发应用中所遇到的一系列限制，包括：

隐式依赖：对象接口不能描述这个对象的实现依赖的是什么，这使得难以对基于对象的系统进行开发（尤其对第三方开发者）和后续的维护。

编程复杂性：编写分布式对象中间件程序需要掌握很多与中间件实现相关的底层细节。

缺少关注点分离支持：应用开发者不得不关注诸如安全性、故障处理和并发性等细节，而这些细节在不同的应用中是非常相似的。

无部署支持：基于对象的中间件很少提供或不提供对对象（可能是很复杂的）配置的部署支持。

基于组件的解决方案可以理解为它是基于对象方法的自然演化，它继承了基于对象方法的很多前期工作。8.4 节详细讨论了这样做的合理性并介绍了基于组件方法的主要特征。8.5 节提供了基于组件方法的两个有明显差异的实例研究：EJB 和 Fractal。EJB 提供了一个完整的方案，它抽象了分布式应用开发中的很多关键问题，而 Fractal 是一个轻量级的方案，它用于构造更复杂的中间件技术。

8.2　分布式对象

基于分布式对象的中间件旨在提供基于面向对象原则的编程模型，因此给分布式编程带来了面向对象方法的好处。

Emmerich［2000］认为分布式对象是以下三个方面的自然演化：

- 分布式系统方面，早期的中间件是基于客户 – 服务器模型的，因此它有向更复杂编程抽象演化的愿望。
- 编程语言方面，早期的面向对象语言Simula-67、Smalltalk 的工作导致更为主流和广泛使用的编程语言的出现，如 Java 和 C++，它们在分布式系统中广为使用。
- 软件工程方面，面向对象的设计方法取得重要进展从而导致 UML（Unified Modelling Language）的出现，并使 UML 成为详细说明（可能是分布的）面向对象软件系统的业界标准的表示法。

换言之，分布式系统开发者通过采用面向对象的方法，不仅能够拥有丰富的编程抽象（通过利用熟悉的编程语言如 C++ 和 Java），还能在分布式系统软件开发中使用面向对象的设计原则、工具和技术（包括 UML）。这是分布式软件开发的重要进步，在这之前没有可用的设计技术。有趣的是开发 CORBA（参见 8.3 节）的组织 OMG 同时也管理 UML 的标准化。

分布式对象中间件提供基于面向对象原则的编程抽象。分布式对象中间件的典型例子有 Java RMI（相关讨论见 5.5 节）和 CORBA（下面的 8.3 节将深度探讨）。尽管 Java RMI 和 CORBA 有很多共同点，但它们有一个重要的区别：Java RMI 只能使用 Java 开发，而 CORBA 是一个多语言的解决方案，允许用多种语言编写的对象进行互操作（已有对 C++、Java、Python 和其他若干语言的绑定）。 337

必须强调的是分布式对象编程不同于标准的面向对象编程，它比后者更复杂，总结如下：

不同点　分布式对象和一般对象的主要不同点已经在 5.4.1 节介绍 RMI 时给出，为了方便起见，在图 8-1 中又做了总结。其他的不同点会在 8.3 节详细介绍 CORBA 时给出。这些不同点包括：

对象	分布式对象	分布式对象的描述
对象引用	远程对象引用	分布式对象具有全局唯一的引用，可以作为参数传递
接口	远程接口	提供在远程对象上可以调用的方法的抽象规约，该规约使用接口定义语言（IDL）指定
动作	分布式动作	由方法调用初始化，可能会形成调用链；使用 RMI 进行远程调用
异常	分布式异常	由于系统的分布特性，会生成额外的异常，例如消息丢失或进程故障
垃圾回收	分布式垃圾回收	需要分布式垃圾回收算法，扩展现有模式确保对象在至少有一个本地或远程对象引用时必须存在，否则应该回收它

图 8-1　分布式对象

- 类是面向对象语言的基本概念，但在分布式对象中间件中它的特征不那么显著。请注意，在 CORBA 实例研究中，在多种语言共存的异构环境中，很难对类给出一个通用的解释。在面向对象的世界中，类通常有几个解释：一组对象的相关行为描述（从类创建一个对象所使用的模板），用给定的行为实例化对象或对象组的地方（相关的工厂）。而在分布式对象中，避免使用术语"类"，而乐意使用"工厂"和"模板"这样的更特定的术语（一个工厂对象通过一个 338 给定模板实例化一个新对象）。
- 继承的风格与大部分面向对象语言有显著的不同。特别地，分布式对象中间件提供接口继承（interface inheritance），这是一种接口间的关系，它使得新接口从原有接口中继承方法基调（Signature）并可以添加额外的基调。相反的，面向对象的语言，例如Smalltalk，提供实现继承（implementation inheritance），它是实现之间的关系，即（在这个情况下的）新类继承原有类的实现（和行为）并可以增加额外的行为。由于需要正确地分析运行时的执行行为，实现继承在分布式系统中非常难以实施。例如，在分布式系统中，可能存在异构层次，同时还需要实现高可伸缩的解决方案。

Wegner 在他的对面向对象语言发展有巨大影响的论文［Wegner 1987］中将面向对象定义为"对象 + 类 + 继承"。在分布式系统中，这一解释显然要稍做改动，需避免类和继承的使用或改变它们的使用方式，而封装、数据抽象以及与设计方法学的联系仍然是关注的重点。

新增的复杂性　由于涉及新增的复杂性，相关的分布式对象中间件必须提供额外的功能，总结如下：

对象间通信：分布式对象中间件框架必须提供对象在分布式环境中的一个或多个通信机制，这通常由远程方法调用提供，虽然分布式对象中间件也提供其他的通信范型（例如，分布式事件之类的间接方法）作为补充。CORBA 提供事件服务和相关的通知服务，并将其实现为核心中间件之上的服务（参见 8.3.4 节）。

生命周期管理：生命周期管理关注对象的创建、迁移和删除，每一步都需要处理底层环境的分布式特征。

激活与去活：在非分布式实现中，常常假设在包含对象的进程运行时，对象始终是活动的。然而在分布式系统中，不能做这样的假设，因为对象的数目可能非常大，因此让所有的对象在任何时间都可用会导致资源浪费。另外，持有对象的主机可能一段时间不可用。激活是在分布式环境中使得对象变成活动的过程，即为对象提供必要的资源以使它能有效处理到达的调用（在虚拟内存中定位对象并为它分配执行所需的必要线程）的过程。去活是与之相反的过程，它使得对象暂时不能处理调用。

339

持久化：对象通常具有状态，维护对象在可能的激活和去活周期以及系统故障时的状态是很重要的，因此分布式对象中间件必须为有状态对象提供持久化管理。

其他服务：一个完整的分布式对象中间件框架还必须支持本书关注的分布式系统服务，如名字、安全和事务服务。

8.3　实例研究：CORBA

对象管理组（Object Management Group，OMG）成立于 1989 年，它鼓励采用分布式对象系统，以便软件开发能从面向对象编程中获益，以及利用正在变得广泛的分布式系统。为了实现这一目标，OMG 主张使用基于标准的面向对象接口的开放系统，这些系统可以构筑在异构的硬件、计算机网络、操作系统和编程语言之上。

OMG 的一个重要的动机是允许分布式对象可以用任何语言实现并能彼此通信。因此，OMG 设计了一个与任何具体实现语言无关的接口语言。

它们引入了对象请求代理（ORB），ORB 负责协助客户调用对象上的方法（遵循 RMI 风格，参见第 5 章的讨论）。ORB 负责定位对象、在必要时激活对象、将客户请求发送给对象，并在对象执行后发送应答。

本节基于对象请求代理的概念，给出对 OMG 的公共对象请求代理结构（Common Object Request Broker Architecture，CORBA）的实例研究。本节关注 CORBA 2 规约（其后续版本 CORBA 3 的主要创新是引入了一个组件模型，将在 8.4 节中讨论）。

CORBA 的独立于语言的 RMI 框架主要包含以下部分：
- 接口定义语言，将在 8.3.1 节详细描述；
- 体系结构，将在 8.3.2 节讨论；
- 外部数据表示，称为 CDR，在 4.3.1 节已讨论过——CDR 还定义了请求 - 应答协议中消息的具体格式，同时也定义了查询对象位置、取消请求和报告错误的消息。
- 远程对象引用的标准格式，将在 8.3.3 节讨论。

CORBA 的体系结构考虑了 CORBA 服务，CORBA 服务是对分布式应用很有用的一系列通用服务。这些服务会在 8.3.4 节简要介绍。（一个包含了 CORBA 服务详细讨论的更完整的实例研究版本可以在

340 本书的 Web 网站 www.cdk5.net 找到。）

8.3.5 节还包括了一个使用 CORBA 开发客户和服务器的例子。

关于 CORBA 的论文集可以参见 *CACM* 特刊［Seetharamanan 1998］。

8.3.1 CORBA RMI

在 CORBA RMI 这样的多语言 RMI 系统中编程，相比在单语言 RMI 系统（如 Java RMI）中编程，需要程序员具有更多的知识。需要学习以下新的概念：

- CORBA 提供的对象模型；
- 接口定义语言；
- IDL 到实现语言的映射。

CORBA 编程的其他方面和第 5 章中讨论的类似。尤其是，程序员为远程对象定义远程接口并使用接口编译器来产生相应的代理和存根。但在 CORBA 中，代理由客户端语言产生，而存根则由服务端语言产生。

CORBA 的对象模型 CORBA 的对象模型与 5.4.1 节讨论的类似，但客户未必是对象——客户可以是任何程序，它们给远程对象发送请求消息并接收应答。术语 CORBA 对象指的是远程对象。这样，一个 CORBA 对象实现一个 IDL 接口，具有一个远程对象引用，能够应答对其 IDL 接口中的方法的调用。CORBA 对象可以使用非面向对象语言，例如没有类的概念的语言来实现。因为实现语言对类的表示是不同的，或者甚至没有类的概念，因此在 CORBA 中不存在类的概念（参见 8.2 节的讨论）。COR-BA IDL 中不能定义类，这意味着类的实例也不能作为参数传递。然而，其他具有任意复杂度的各种类型的数据结构可以作为参数传递。

CORBA IDL CORBA IDL 接口指定了一个名字和一组客户可以请求的方法。图 8-2 给出了一个例子，定义了两个接口，名为 Shape（第 3 行）和 ShapeList（第 5 行），它是图 5-16 定义的接口的 IDL 版本。接口定义前是两个 struct 的定义，这两个 struct 被用作方法定义的参数类型。请注意，GraphicalObject 被定义为 struct，而在 Java RMI 的例子中它是一个类。一个 struct 类型的组件包含了多个类型值各异的域，就像是对象的实例变量，但它没有方法。

```
struct Rectangle{                                                          1
    long width;
    long height;
    long x;
    long y;
};
struct GraphicalObject {                                                   2
    string type;
    Rectangle enclosing;
    boolean isFilled;
};
interface Shape {                                                          3
    long getVersion();
    GraphicalObject getAllState();    // returns state of the GraphicalObject
};
typedef sequence <Shape, 100> All;                                         4
interface ShapeList {                                                      5
    exception FullException{ };                                            6
    Shape newShape(in GraphicalObject g) raises (FullException);           7
    All allShapes();            // returns sequence of remote object references 8
    long getVersion();
};
```

图 8-2 IDL 接口 Shape 和 ShapeList

更详细地说，CORBA IDL 提供了定义模块、接口、类型、属性和方法基调的设施。除了模块，其他几个在图 5-8 和图 8-2 中都有相应的例子。CORBA IDL 与 C++ 有相同的词法规则，但为了支持分布，增加了一些额外的关键字，例如 interface、any、attribute、in、out、inout、readonly 和 raises。它也支持标准的 C++ 预处理功能，例如参见图 8-3 中用于 All 的 tyepdef。 341

IDL 的语法是 ANSI C++ 的子集，同时增加了支持方法基调的构造设施。这里只给出 IDL 的一个简介。一个有用的概述和众多例子可以在 Baker［1997］、Henning 和 Vinoski［1999］找到。完整的规约可以在 OMG 的网站上找到［OMG 2002a］。

　　IDL 模块：模块构造允许将接口和其他 IDL 类型定义以逻辑单元的形式分组。一个模块（module）定义了一个名字的作用域，它能防止模块内定义的名字与模块外定义的名字相冲突。例如，在图 8-3 中，接口 Shape 和 ShapeList 的定义属于名为 Whiteboard 的模块。

```
module Whiteboard {
    struct Rectangle{
    ...};
    struct GraphicalObject {
    ...};
    interface Shape {
    ...};
    typedef sequence <Shape, 100> All;
    interface ShapeList {
    ...};
};
```

图 8-3　IDL 模块 Whiteboard

　　IDL 接口：正如我们已经看到的，IDL 接口描述了实现该接口的 CORBA 对象的可用方法。可以仅根据 IDL 接口描述开发 CORBA 对象的客户。读者从例子中可以看到，接口定义了一组操作和属性，并常常依赖于一组在接口内定义的类型。例如，图 5-8 中 PersonList 接口定义了一个属性和三个方法，这个接口依赖于类型 Person。

　　IDL 方法：下面是定义方法基调的一般形式。

[oneway] <return_type> <method_name> (parameter1,..., parameterL)
　　[raises (except1,..., exceptN)] [context (name1,..., nameM)];

其中，方括号里的表达式是可选的。例如，下面是一个方法基调的例子，它只包含必要的部分：

void getPerson(in string name, out Person p);

　　参数可以标记为 in、out 和 inout，in 参数的值是从客户传递给所调用的 CORBA 对象，而 out 参数的值是从所调用的 CORBA 对象传递给客户，标记为 inout 的参数很少使用，它表示参数值是双向传递的。如果方法没有返回值，则将返回类型指定为 void。图 5-8 给出了使用这些关键字的一个简单的例子，在图 8-2 的第 7 行，newShape 的参数是一个 in 参数，表示在请求消息中参数值是从客户传递给服务器的。返回值提供了一个额外的 out 参数——如果没有 out 参数，那么可以声明为 void。

　　参数可以是任意的基本类型，例如 long 或 boolean，也可以是构造类型之一，如 struct 或 array（下面可以找到更多的 IDL 基本类型和构造类型）。图 8-2 中第 1、2 行定义了两个 struct。顺序表（sequence）和数组（array）使用 typedef 定义，第 4 行定义了一个长度为 100 的类型为 Shape 的顺序表。参数传递的语义如下：

- **传递 CORBA 对象**：任何参数，若它的类型由 IDL 接口的名称指定，例如第 7 行的返回值 Shape，那么该参数是对一个 CORBA 对象的引用，传递的是远程对象引用的值。
- **传递 CORBA 基本类型和构造类型**：基本和构造类型参数是通过值进行拷贝和传递的。当它到达接收端时，接收者进程中会创建一个新的值。例如，（第 7 行中）struct GraphicalObject 作为参数传递，在服务器上会产生该 struct 的一个新拷贝。

342
～
343

　　这两种参数传递形式在（第 8 行的）allShapes 方法中被结合起来了，它的返回类型是 Shape 类型的数组——一个远程对象引用构成的数组。返回值是数组的拷贝，而这个数组的每个元素是一个远程对象引用。

　　调用语义：默认情况下，CORBA 中的远程调用具有至多一次的调用语义。然而，IDL 可以通过使用关键字 oneway 来指定一个特定方法的调用具有或许（maybe）语义。客户在调用 oneway 请求后不会阻塞，这种方式只能用于无需返回值的方法中。关于 oneway 请求的例子，参见 8.3.5 节末尾的回调例子。

　　CORBA IDL 的异常：CORBA IDL 允许在接口中定义异常并在方法中抛出异常。可选的 raises 表达式声明用户定义的异常，这些异常可以被抛出以终止方法的执行。下面是来自图 8-2 的例子：

exception FullException{ };
Shape newShape(in GraphicalObject g) raises (FullException);

　　方法 newShape 通过 raises 表达式声明它可能会抛出名为 FullException 的异常，该异常在接口 ShapeList 中定义。在我们的例子中，异常未包含变量。但它可以包含变量，例如：

exception FullException {GraphicalObject g} ;

当一个包含变量的异常被抛出时，服务器会使用这些变量来为客户返回异常的上下文信息。

CORBA 也产生与服务器问题（如系统忙或无法激活对象）相关的、与通信问题和客户端问题相关的系统异常。客户程序要处理这些用户定义的异常和系统异常。可选的 context 表达式用来提供字符串名字到字符串值的映射。关于 context 的解释参见 Baker［1997］。

IDL 数据类型：IDL 支持 15 个基本类型，包括 short(16 位)、long(32 位)、unsigned short、unsigned long、float(32 位)、double(64 位)、char、boolean(TRUE，FALSE)、octet(8 位) 和 any(any 可以用来代表任一基本类型或构造类型)。大多数基本类型的常量和字符串常量可以通过关键字 const 声明。IDL 提供了称为 Object 的特殊类型，Object 的值是远程对象引用。如果参数或结果是 Object 类型，那么意味着相应的参数可以指向一个 CORBA 对象。

IDL 的构造类型，无论是在参数中还是在结果中，都是值传递，在图 8-4 中有详细描述。所有的数组和顺序表作为参数使用时都必须使用 typedef 来定义。任何基本类型或构造类型都不能包含引用。

类型	例子	作用
sequence	typedef sequence <Shape, 100> All; typedef sequence <Shape> All; 有界或无界的 Shape 顺序表	定义了一个可变长度的顺序表，成员为一个特定的 IDL 类型，可以指定顺序表长度的上界
string	string name; typedef string<8> SmallString; 有界或无界的字符序列	定义了一个字符序列，以空字符结束，可以指定长度的上界
array	typedef octet uniqueId[12]; typedef GraphicalObject GO[10][8];	定义了一个多维的、长度固定的、具有指定类型的元素序列

record	struct GraphicalObject {
	    string type;
	    Rectangle enclosing;
	    boolean isFilled;
	};
		定义了一个记录类型，它包含了一组相关的实体

enumerated	enum Rand (Exp, Number, Name);	IDL 的枚举类型将一个类型名称映射到一个小型的整数值集合

union	union Exp switch (Rand) {
	    case Exp: string vote;
	    case Number: long n;
	    case Name: string s;
	};
		IDL 可区分的联合类型允许给定类型集中的一个类型作为参数传递，参数以类型一个枚举变量开头，它指定了所使用的成员

图 8-4 IDL 构造类型

CORBA 也支持以值的形式传递非 CORBA 对象［OMG 2002c］。这些非 CORBA 对象也具有属性和方法，从这个意义上说，它们与对象类似。但它们纯粹是本地对象，这是因为它们的操作无法被远程调用。值传递的方式为客户和服务器之间传递非 CORBA 对象的拷贝提供了途径。

在实现上，通过为 IDL 增加新类型 valuetype 来表示非 CORBA 对象。valuetype 是一个增加了方法基调（类似接口中的那些）的结构，valuetype 的参数和结果都使用值传递的方式。也就是说，非 COR-BA 对象的状态被传递到远程目的地，并在目的地用该状态产生了一个新的对象。

新对象的方法可以本地调用，这会导致它与原始对象的状态不一致。传递方法的实现不是那么简单，因为客户和服务器可能使用不同的程序语言。如果客户和服务器都使用 Java 实现，那么代码可以下载。如果都使用 C++，则服务器和客户端都需要有必要的代码。

344

这一功能对在客户进程中放置对象拷贝以便它能接收本地调用是很有用的。但这与以值的方式来传递 CORBA 对象并不相同。

属性：IDL 接口除了方法之外可以有属性。属性类似于 Java 中的公共类字段。属性可以依据需要定义为 readonly。属性是 CORBA 对象私有的，但 IDL 编译器会自动为每个声明的属性生成一对访问方法：一个用来取得属性的值，另一个用来为属性赋值。对于 readonly 的属性，则只提供前一个方法。例如，图 5-8 中定义的 PersonList 接口包含以下属性的定义：

345

readonly attribute string listname;

继承：如上面 8.2 节定义的那样，IDL 接口可以通过接口继承实现扩展。例如，接口 B 扩展自接口 A，这意味着 B（相对于 A）会增加新的类型、常数、异常、方法和属性。一个扩展的接口可以重定义类型、常数、异常，但不允许重定义方法。扩展类型的值作为父类型的参数值或者结果是有效的。例如，类型 B 作为类型 A 的参数值或结果是合法的。另外，一个 IDL 接口可以扩展多个接口。例如，接口 Z 扩展了 B 和 C。

interface A { };
interface B: A{ };
interface C {};
interface Z : B, C {};

这意味着 Z 具有 B 和 C 的所有成分（除了那些重定义的），以及它自己扩展定义的。

当一个接口（例如 Z）扩展了多个接口，那么它可能从两个不同的接口继承了相同名字的类型、常数或异常。例如，假设接口 B 和 C 都定义了一个类型 Q，那么在接口 Z 中使用 Q 时会产生歧义，除非通过 B::Q 或者 C::Q 来区分。IDL 不允许从两个不同接口中继承具有相同名称的方法或属性。

所有的 IDL 接口都继承自类型 Object，这意味着所有的接口都与 Object 类型兼容，而 Object 类型中包含有远程对象引用。这使得能够定义这样的 IDL 操作：它们以任意类型的远程对象引用作为参数或返回类型。名字服务中的绑定和解析操作就是这样的例子。

IDL 类型标识符：正如即将在 8.3.2 节中看到的，IDL 编译器为 IDL 接口的每个类型产生一个类型标识符。例如，接口 Shape（见图 8-3）的 IDL 类型为：

IDL:Whiteboard/Shape:1.0

这个例子说明一个 IDL 类型名字由三部分组成：IDL 前缀、类型名和版本号。由于接口标识符被用作访问接口仓库（相关描述参见 8.3.2 节）中接口定义的主键，程序员必须确保提供的从标识符到接口的映射是唯一的。程序员可以使用 IDL 前缀编译指示给类型名称加上额外的前缀，以区别于其他接口声明中的类型名称。

IDL 编译指示指令：编译指示指令为 IDL 接口中的组件指定附加的、非 IDL 的属性（参见 Henning and Vinoski［1999］）。这些属性包括：指定一个接口只能在本地使用，提供一个接口仓库 ID 的值。每个编译指示都由 #pragma 开头并指定其类型，例如：

#pragma version Whiteboard 2.3

CORBA 语言映射　从 IDL 中的类型到一个给定编程语言的类型映射是很简单的。例如，IDL 中的

346

基本类型被映射到 Java 中相同的基本类型，而 struct、enum、union 被映射成 Java 类，IDL 中的顺序表和数组类型被映射成 Java 的数组类型。IDL 异常被映射成 Java 类，该类为异常字段提供实例变量。C++ 的映射是类似的。

但是，将 IDL 参数传递语义映射到 Java 上时仍然存在一些困难，尤其是，IDL 允许方法通过输出参数返回多个独立的值，但 Java 只允许返回一个值。Holder 类是用来克服这种差别的，但这需要程序员使用 Holder 类来实现，因此不是直接的方式。例如，图 5-2 的 getPerson 方法用 IDL 定义如下：

void getPerson(in string name, out Person p);

在 Java 中，与之等价的方法则被定义为：

void getPerson(String name, PersonHolder p);

客户需要提供一个 PersonHolder 的实例作为方法调用的参数。Holder 类中存放有参数值的实例变量，在调用返回时客户可以通过 RMI 访问这些变量。该 Holder 类还有在客户和服务器间传输参数的方法。

尽管 CORBA 的 C++ 实现能够相当自然地处理 out 和 inout 参数，C++ 程序员也会遇到和存储管理相关的一些参数问题。这些问题发生在对象引用和可变长度实体（例如字符串或者顺序表）作为参数传递的时候。

例如，在 Orbix［Baker 1997］中，ORB 保持远程对象和代理的引用计数，当不再需要它们时就释放掉。它为程序员提供了释放或复制远程对象和代理的方法。当一个服务器的方法执行完成后，out 型的参数和返回结果会被释放，如果程序员还需要使用它们，则必须复制一份。例如，实现 ShapeList 接口的 C++伺服器（servant）程序必须复制由 allShapes 方法返回的引用。当传递给客户的对象引用不再需要时必须释放掉。对长度可变的参数也应用类似的规则。

一般地，使用 IDL 的程序员不仅需要学习 IDL 的表示法，还需要理解 IDL 的参数是如何映射到实现语言的参数上的。

异步 RMI CORBA 支持异步 RMI，允许客户以非阻塞的方式调用 CORBA 对象［OMG 2004e］。异步 RMI 是在客户端实现的。因此，服务器端通常并不清楚是同步调用还是异步调用。（事务服务是个例外，它确实需要知道调用是同步还是异步的。）

异步 RMI 给 RMI 的调用语义增加了两个含义：

- 回调（callback）：对每个方法调用，客户使用额外的参数来传递一个回调引用，这样，服务器能将执行结果放入该回调中；
- 轮询（polling）：服务器返回一个 valuetype 对象，可以用该对象进行轮询或等待应答。

异步 RMI 的体系结构允许部署一个中间代理以确保请求的执行并在需要时存储应答。这适合用于客户可能会临时断开网络的环境，例如客户在火车上使用笔记本电脑。 |347|

8.3.2 CORBA 的体系结构

CORBA 体系结构的设计支持对象请求代理这一角色，对象请求代理使得客户能调用远程对象的方法，其中客户和服务器都可以使用多种编程语言来实现。CORBA 体系结构的主要组件如图 8-5 所示。

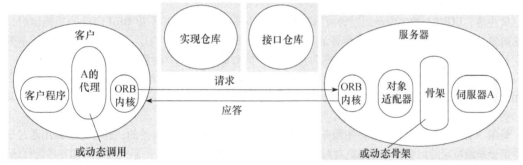

图 8-5 CORBA 体系结构的主要组件

该图和图 5-15 进行比较，可以看到，CORBA 体系结构包含三个新增的组件：对象适配器、实现仓库和接口仓库。

CORBA 提供静态调用和动态调用。CORBA 对象的远程接口在编译时已知，那么使用静态调用，此时，可以使用客户存根和服务器骨架。如果远程接口在编译时未知，就需要使用动态调用。因为静态调用提供的编程模型更加自然，所以大多数程序员喜欢使用静态调用。

接下来先讨论 CORBA 体系结构中的组件，与动态调用相关的部分放在最后讨论。

ORB 内核 ORB 内核包含了图 5-15 中通信模块的所有功能。另外，ORB 内核还提供具有以下功能的接口：

- 启动和停止操作；
- 远程对象引用和字符串相互转化的操作；
- 为使用动态调用的请求提供参数列表的操作。

对象适配器 对象适配器架起了具有 IDL 接口的 CORBA 对象与相应编程语言的伺服器类接口之间的桥梁。它的作用还包含了图 5-15 中的远程引用和分发模块。对象适配器有以下任务： |348|

- 创建 CORBA 对象的远程对象引用（参见 8.3.3 节）；
- 通过骨架将每个 RMI 分发给一个适当的伺服器；

● 激活、去活伺服器。

对象适配器为每个 CORBA 对象分配一个唯一的对象名，该名称是该对象的远程对象引用的一部分。每次激活对象时使用相同的名称。对象名可以由程序指定，也可以由对象适配器生成。每个 CORBA 对象通过它的对象适配器注册，对象适配器保存了将 CORBA 对象的名字映射到伺服器的远程对象表。

每个对象适配器也有它自己的名字，该名称是它所管理的所有 CORBA 对象的远程引用的一部分。该名称可以由应用程序指定，也可以自动生成。

可移植对象适配器　CORBA 对象适配器的标准称为可移植对象适配器（Portable Object Adapter，POA）。称之为可移植是因为它允许应用程序和伺服器在不同开发人员开发的 ORB 上运行［Vinoski 1998］。可移植性是通过骨架类以及 POA 和伺服器之间交互的标准化来实现的。

POA 支持具有两类不同的生命期的 CORBA 对象：

● 一类对象，其生命期严格限定在实例化伺服器的进程中；
● 另一类对象，其生命期可以跨越多个进程中的实例化伺服器的发生。

前者具有暂态对象引用，而后者具有持久对象引用（参见 8.3.3 节）。

POA 允许 CORBA 对象透明地实例化。此外，它分离了 CORBA 对象的创建和实现这些对象的伺服器的创建。服务器应用程序（如具有大量 CORBA 对象的数据库）可以在 CORBA 对象被访问时按需创建伺服器。在这种情况下，可以用数据库主键作为对象名字，或者用单一的伺服器来支持所有这些对象。

此外，也可以为 POA 指定策略，例如，是否给每个调用提供一个单独的线程，对象的引用是持久的还是暂态的，是否为每个 CORBA 对象提供一个单独的伺服器。默认情况下，一个伺服器可以代表该 POA 中所有的 CORBA 对象。

请注意，CORBA 的实现是通过伪对象（pseudo-object）来提供 POA 和 ORB 内核的功能接口，使用伪对象这样的名字是因为它不能像普通的 CORBA 对象那样使用。例如，它不能作为 RMI 的参数传递。但它确实有 IDL 接口，并能被实现为库。POA 伪对象具有一个激活 POAmanager 的方法、一个 servant_to_reference 方法（用于注册 CORBA 对象）。ORB 伪对象包含方法 init（在初始化 ORB 时必须调用该方法）、resolve_initial_references 方法（用于查找服务，例如查找名字服务和根 POA），还有其他的一些方法用于远程对象引用和字符串的相互转化。

349

骨架　骨架类是由 IDL 编译器用服务器端语言生成。如 5.4.2 节所描述的，远程方法调用通过适当的骨架分发给特定的伺服器，骨架负责对请求消息中的参数解码并在应答消息中对结果和异常进行编码。

客户存根/代理　客户存根/代理用客户端语言生成。IDL 编译器通过 IDL 接口为客户端语言生成代理类（如果客户端使用面向对象语言）或存根过程（如果客户端使用过程语言）。和前面一样，客户存根/代理负责将调用请求中的参数编码并将应答消息中的结果和异常解码。

实现仓库　实现仓库负责按需激活注册的服务器并定位当前正在运行的服务器。当注册和激活服务器时使用对象适配器的名字来表示服务器。

实现仓库存储对象适配器名字到包含对象实现的文件路径名的映射。通常，在安装服务器程序时，将对象的实现和对象的适配器名字注册到实现仓库。当服务器中对象的实现被激活时，服务器的主机名和端口号被加入到映射：

实现仓库表项

对象适配名字	对象实现的路径名	服务器的主机名和端口号

并不是所有的 CORBA 对象都需要按需激活。一些对象，例如客户创建的回调对象，只运行一次，当它不再被需要时就会销毁，这些对象不使用实现仓库。

实现仓库通常允许存储关于服务器的额外信息，诸如访问控制信息（允许谁来激活对象、允许谁来调用对象的操作）。实现仓库也可以通过复制信息来提供可用性或容错能力。

接口仓库　接口仓库是为需要它的客户和服务器提供已注册的 IDL 接口的信息。对于一个给定类型的接口，接口仓库可以提供方法的名字、方法中参数的名称和类型、方法的异常信息。这样，接口仓库给 CORBA 增加了反射机制。假如客户程序接收到一个新的 CORBA 对象的远程引用，如果客户没有该对象的代理，那么它可以向接口仓库查询对象的方法和方法要求的参数类型。

当 IDL 编译器处理一个接口时，它为遇到的每个 IDL 类型分配一个类型标识符。接口仓库为每个已注册的接口提供接口中类型标识符到接口之间的映射。这样，接口的类型标识符有时也称为仓库 ID，因为它可以用作将 IDL 接口注册到接口仓库时的主键。 |350|

每个 CORBA 远程对象引用中有一项，该项包含了远程对象引用接口的类型标识符，这使得拥有它的客户能够通过该标识符在接口仓库中查询接口类型。使用具有客户代理和 IDL 骨架的静态（普通）调用的应用程序不需要接口仓库。并不是所有的 ORB 都提供接口仓库。

动态调用接口　如 5.5 节建议的，在一些应用程序中，有必要在不知道将来使用哪些代理类的情况下构造客户程序。例如，一个对象浏览器可能需要显示一个分布式系统中各种服务器上的所有 CORBA 对象的信息。这种情况下，由一个程序包含所有这些对象的代理是行不通的，尤其是随时间流逝，新对象会不断加入系统。CORBA 不允许代理类像在 Java RMI 中那样在运行时下载。CORBA 的替代方法是使用动态调用接口。

动态调用接口允许客户动态调用远程 CORBA 对象。这在无法使用代理时使用。客户可以通过接口仓库获得给定 CORBA 对象的可用方法的信息。客户可以利用这些信息构造具有适当参数的调用并把它发送给服务器。

动态骨架　如 5.5 节解释的，为服务器添加一个在服务器编译时 CORBA 对象接口未知的 CORBA 对象是有必要的。如果服务器使用动态骨架，那么服务器能接收对没有骨架的 CORBA 对象的接口的调用。当动态骨架接收到一个调用时，它通过检查请求的内容来发现该请求的目标对象、待调用的方法和参数，然后调用目标方法。

遗留代码　术语遗留代码是指并非用分布式对象设计的现有代码。遗留代码可以通过为它定义 IDL 接口并提供适当的对象适配器和必需的骨架来将它构造成 CORBA 对象。

8.3.3　CORBA 远程对象引用

CORBA 为远程对象引用指定格式，无论该远程对象是否被一个实现仓库所激活，这种格式都适用。使用这一格式的引用称为互操作对象引用（Interoperable Object Reference，IOR）。下面的图基于 Henning[1998]，该图包含了一个 IOR 的详细说明：

IOR 格式

IDL 接口类型 ID	协议和地址细节		对象主键	
接口仓库标识符或类型	IIOP	主机域名	端口号	适配器名称	对象名

逐个看一下各个字段：

- IOR 的第一个字段指定了 CORBA 对象的 IDL 接口的类型。请注意，如果 ORB 有一个接口仓库，那么这个类型名称也是 IDL 接口的接口仓库标识符，这样允许在运行时检索接口的 IDL 定义。 |351|
- 第二个字段指定了传输协议以及该协议所需的细节以便识别服务器。特别是，互联网 ORB 间协议（Internet Inter-ORB Protocol，IIOP）使用了 TCP，在 TCP 中，服务器地址由主机域名和端口号组成［OMG 2004a］。
- 第三个字段是 ORB 用来识别 CORBA 对象的。它包含了服务器上对象适配器的名字和对象适配器指定的 CORBA 对象的名称。

CORBA 对象的暂态 IOR 仅持续到拥有这些对象的进程结束，而持久 IOR 在 CORBA 对象被多次激活的过程中一直存在。暂态 IOR 中有 CORBA 对象所在服务器的详细地址，而持久 IOR 包含了注册它的实现仓库的详细地址。但无论哪种情况，客户 ORB 都会根据 IOR 提供的地址细节将请求消息发往对应的服务器。下面介绍在这两种方式下如何利用 IOR 来定位代表 CORBA 对象的伺服器。

暂态 IOR：服务器 ORB 内核接收到请求消息，该消息包含对象适配器名称和目标对象名称。ORB

使用对象适配器名称定位对象适配器，对象适配器使用对象名称定位伺服器。

持久 IOR：实现仓库接收请求，它从请求的 IOR 中抽取出对象适配器名称。如果对象适配器名称在实现仓库的表中，如果必要的话，它根据表项中指定的主机地址去尝试激活 CORBA 对象。一旦 CORBA 对象被激活，实现仓库就将 CORBA 对象的详细地址返回给客户 ORB，此地址作为 RMI 请求消息的目的地，请求消息中包含了对象适配器名称和对象名。这使得服务器 ORB 内核能定位对象适配器，而对象适配器使用对象名定位伺服器（如前所述）。

IOR 的第二个字段可以重复，从而指定多个目的地的主机域名、端口号，这样允许对象或者实现仓库被复制到几个不同的位置。

请求 – 应答协议中的应答消息所包含的头信息使得上述关于持久 IOR 的过程能得以执行。尤其是，它有一个状态项来表明请求是否可以转发到另一个服务器，如果可以，则应答消息中就包含有 IOR 信息，该 IOR 指定了新近被激活对象的服务器地址。

8.3.4 CORBA 服务

CORBA 包含分布式对象所需的服务的规约。尤其是，名字服务是 ORB 都需要的，正如我们将在 8.3.5 节的编程例子中看到的。所有服务的文档索引都可以在 OMG 的网站［www. omg. org］上找到。一些 CORBA 服务的描述请参见 Orfali 等［1996，1997］。图 8-6 给出了 CORBA 关键服务的小结，关于这些服务的更多细节可以在网站［www. cdk5. net/corba］上找到。

CORBA服务	作　　用	更多资料
名字服务	支持CORBA命名，尤其是在给定的名字上下文中，将名称映射到远程对象引用（参见第9章）	[OMG 2004b]
交易服务	名字服务允许通过名称定位对象，而交易服务是通过属性定位对象。也就是说，它是个目录服务，底层数据库管理服务类型和相关属性到远程对象引用的映射	[OMG 2000a, Henning and vinoski 1999]
事件服务	允许感兴趣的对象使用普通的CORBA远程方法调用将通知发送给订阅者（参见第6章可了解更多有关事件服务的内容）	[Farley 1998, OMG 2004c]
通知服务	扩展事件服务，允许定义表达感兴趣事件的过滤器，允许定义底层事件通道的可靠性和排序特性	[OMG 2004d]
安全服务	支持各种安全机制，包括认证、访问控制、安全通信、审计和防止抵赖（参见第11章）	[Blakely 1999, Baker 1997, OMG 2002b]
事务服务	支持创建平面和嵌套事务（相关定义参见第16、17章）	[OMG 2003]
并发控制服务	使用锁来实施对CORBA对象访问的并发控制（可以通过事务服务使用，也可单独使用）	[OMG 2000b]
持久状态服务	为CORBA提供对象的持久存储，保存并恢复CORBA对象的状态（实现从实现仓库中检索获得）	[OMG 2002d]
生命周期服务	定义创建、删除、拷贝、移动CORBA对象的约定，例如，如何使用工厂来创建对象	[OMG 2002e]

图 8-6　CORBA 服务

8.3.5 CORBA 客户和服务器实例

本节概述使用图 8-2 中的 IDL 接口 Shape、ShapeList 生成客户和服务器程序的必需步骤。之后讨论 CORBA 中的回调。我们使用 Java 作为客户和服务器编程语言，其他的语言也是类似的过程。CORBA 接口使用接口编译器 idlj 来生成以下各项：

- 等价的 Java 接口——每个 IDL 接口生成两个接口。第一个 Java 接口的名字以 Operations 结束，它仅定义了 IDL 接口中的操作。第二个 Java 接口与 IDL 接口名称相同，并实现第一个接口中的

操作和 CORBA 对象使用的必要接口。例如，IDL 接口 ShapeList 产生了两个 Java 接口—— 353
ShapeListOperations 和 ShapeList，如图 8-7 所示。

- 为每个 IDL 接口生成服务骨架。骨架类的名称以 POA 结束，例如 ShapeListPOA。
- 为每个 IDL 接口生成一个代理类或客户存根，这些类的名字以 stub 结束，例如_ShapeStub。
- 为通过 IDL 接口定义的 struct 生成一个 Java 类。在我们的例子中，生成了类 Rectangle、Graphical-Object。类中包含了为对应 struct 中的每个字段生成的实例变量声明和一对构造器，但没有方法。
- 为 IDL 接口中定义的每个类型生成一个 helper 类和一个 holder 类。helper 类包含 narrow 方法，其用于将给定的对象引用下转型为当前对象所在类层次中更下面的位置。例如，ShapeHelper 类中的 narrow 方法将它下转型为 Shape 类。Holder 类处理 out 和 inout 型参数，这些参数不能直接映射到 Java 中。关于 holder 类的例子，参见习题 8.9。

```
public interface ShapeListOperations {
    Shape newShape(GraphicalObject g) throws ShapeListPackage.FullException;
    Shape[] allShapes();
    int getVersion();
}

public interface ShapeList extends ShapeListOperations, org.omg.CORBA.Object,
    org.omg.CORBA.portable.IDLEntity { }
```

图 8-7 通过 idlj 从 CORBA 接口 ShapeList 生成的 Java 接口

服务器程序 服务器程序应该包含一个或多个 IDL 接口的实现。对于用面向对象语言（例如 Java 或 C++）编写的服务器，这些接口被实现为伺服器类。CORBA 对象是伺服类的实例。

当一个服务器创建一个伺服器类的实例的时候，必须使用 POA 注册该实例，这样将一个实例变成了 CORBA 对象，并给它一个远程对象引用。在这个过程完成前，CORBA 对象将接收不到远程调用。细心研究第 5 章的读者会意识到用 POA 注册的对象使得对象被记录在与远程对象表等价的 CORBA 数据结构中。

在这个例子中，服务器包含接口 Shape 和 ShapeList 的实现，它们以两个伺服器类的形式存在，同时还有一个在 main 方法中包含了初始化（参见 5.4.2 节）设置的服务器类。

伺服器类：伺服器类扩展了相应的骨架类并通过等价的 Java 接口中定义的方法基调实现了 IDL 接口中的方法。实现 ShapeList 接口的伺服器类命名为 ShapeListServant，当然也可以选择其他名称。图 8-8 给出了程序代码。在第 1 行中，方法 newShape 是个工厂方法，因为它创建了 Shape 对象。为了让一个 Shape 对象变成 CORBA 对象，必须通过第 2 行的 servant_to_reference 方法，并用 POA 来注册该 Shape 对象，该方法使用了根 POA 的引用，该根 POA 是在创建伺服器时通过构造器传递获得的。这个例子的 IDL 接口、客户和服务器类的完整版本可以从［www.cdk5.net/corba］找到。

服务器：图 8-9 给出了服务器类 ShapeListServer 的 main 方法。它首先创建和初始化 ORB（第 1 行），然后取得根 POA 的引用并激活 POAManager（第 2 行和第 3 行）。接下来创建 ShapeListServant 的实例，该实例仅仅是个 Java 对象（第 4 行），它传递了一个对根 POA 的引用。接着，把该实例注册到 POA，从而成为一个 CORBA 对象（第 5 行）。完成此操作后，它将此服务器注册到名字服务，然后等待客户请求的到达（第 10 行）。

354 ~ 355

服务器首先使用 NamingContextHelper（第 6 行）在名字服务中获取根名字上下文，名字上下文定义了一组名字使用的范围（在该上下文内，每个名字必须是唯一的）。接着，服务器创建一个 NameComponent（第 7 行），它是 CORBA 中表示一个名字的对象，它由名字和类型两部分构成，类型部分是纯描述性的（名字服务器并不解释这部分，它只被应用程序使用）。名字可能是复合的，它表示到达名字图（naming graph）中的对象的一条路径。在这个例子中，没有使用复合命名，第 8 行中定义的路径由单一名字组成。最后，服务器使用名字服务的 rebind 方法（第 9 行），将名字和远程对象引用对注册到适当的上下文中。客户执行相同的步骤，除了使用的是 resolve 方法之外，如图 8-10 第 2 行所示。

```
import org.omg.CORBA.*;
import org.omg.PortableServer.POA;
class ShapeListServant extends ShapeListPOA {
    private POA theRootpoa;
    private Shape theList[];
    private int version;
     private static int n=0;
    public ShapeListServant(POA rootpoa){
        theRootpoa = rootpoa;
        // initialize the other instance variables
    }
    public Shape newShape(GraphicalObject g) throws ShapeListPackage.FullException {      1
        version++;
        Shape s = null;
        ShapeServant shapeRef = new ShapeServant( g, version);
        try {
            org.omg.CORBA.Object ref = theRootpoa.servant_to_reference(shapeRef);       2
            s = ShapeHelper.narrow(ref);
        } catch (Exception e) {}
         if(n >=100) throw new ShapeListPackage.FullException();
        theList[n++] = s;
        return s;
    }
    public  Shape[] allShapes(){ ... }
    public int getVersion() { ... }
}
```

图 8-8　CORBA 接口 ShapeList 的 Java 服务器程序：ShapeListServant 类

```
import org.omg.CosNaming.*;
import org.omg.CosNaming.NamingContextPackage.*;
import org.omg.CORBA.*;
import org.omg.PortableServer.*;
public class ShapeListServer {
    public static void main(String args[]) {
        try{
        ORB orb = ORB.init(args, null);                                            1
        POA rootpoa = POAHelper.narrow(orb.resolve_initial_references("RootPOA"));   2
        rootpoa.the_POAManager().activate();                                       3
        ShapeListServant SLSRef = new ShapeListServant(rootpoa);                    4
        org.omg.CORBA.Object ref = rootpoa.servant_to_reference(SLSRef);           5
        ShapeList SLRef = ShapeListHelper.narrow(ref);
        org.omg.CORBA.Object objRef = orb.resolve_initial_references("NameService");
        NamingContext ncRef = NamingContextHelper.narrow(objRef);                   6
        NameComponent nc = new NameComponent("ShapeList", "");                     7
        NameComponent path[] = {nc};                                               8
        ncRef.rebind(path, SLRef);                                                 9
        orb.run();                                                                 10
        } catch (Exception e) { ... }
    }
}
```

图 8-9　Java ShapeListServer 类

客户程序　图 8-10 是一个客户程序的示例。该程序首先创建和初始化一个 ORB（第 1 行），然后，联系名字服务使用 resolve 方法来获取远程 ShapeList 对象的引用（第 2 行）。之后，调用了 allShapes 方法（第 3 行）获取当前服务器上所有 Shapes 的远程对象引用顺序表。接着，调用 getAllState 方法（第 4 行），使用返回的远程对象引用顺序表的第一个对象引用作为参数，返回的结果作为 GraphicalObject 类的一个实例。

getAllState 方法似乎与之前我们讲到的 CORBA 中对象不能以值的方式传递的说法互相矛盾，因为这里客户和服务器处理的都是类 GraphicalObject 的实例。实际上，这并不矛盾：CORBA 对象返回一个 struct，由于客户使用不同的语言使得它看起来有所不同。例如，如果客户使用 C++，那么客户看到的就是 struct。即使在 Java 中，生成的类 GraphicalObject 也更像是 struct，因为它没有方法。

```
import org.omg.CosNaming.*;
import org.omg.CosNaming.NamingContextPackage.*;
import org.omg.CORBA.*;
public class ShapeListClient{
    public static void main(String args[]) {
        try{
            ORB orb = ORB.init(args, null);                               1
            org.omg.CORBA.Object objRef =
            orb.resolve_initial_references("NameService");
            NamingContext ncRef = NamingContextHelper.narrow(objRef);
            NameComponent nc = new NameComponent("ShapeList", "");
            NameComponent path [] = { nc };
            ShapeList shapeListRef =
            ShapeListHelper.narrow(ncRef.resolve(path));                  2
            Shape[] sList = shapeListRef.allShapes();                     3
            GraphicalObject g = sList[0].getAllState();                   4
        } catch(org.omg.CORBA.SystemException e) {...}                    5
        }
    }
}
```

图 8-10　CORBA 接口 Shape 和 ShapeList 的 Java 客户程序

客户程序应该始终捕获 CORBA SystemExceptions，它报告由于分布导致的错误（第 5 行）。客户程序也要捕获 IDL 接口中定义的异常，例如在 newShape 方法中抛出的 FullException。

这个例子也阐述了 narrow 操作的使用：名字服务的 resolve 操作返回 Object 类型的值，然后这个类型通过 narrow 转换成所需的特定类型（ShapeList）。

回调　CORBA 中回调的实现和 5.5.1 节中 Java RMI 的方式类似。例如，WhiteboardCallback 接口可以这样定义：

```
interface WhiteboardCallback {
    oneway void callback(in int version);
};
```

该接口被客户实现为一个 CORBA 对象，这使得服务器在新对象加入时可以给客户发送一个版本号。但是在服务器这样做之前，客户必须通知该对象的远程对象引用所在的服务器。为了实现这样的操作，ShapeList 接口需要额外的方法，诸如下面的 register、deregister：

```
int register(in WhiteboardCallback callback);
void deregister(in int callbackId);
```

在客户获得 ShapeList 对象的引用和创建 WhiteboardCallback 的实例之后，客户使用 ShapeList 的 register 方法通知服务器它需要接收回调。服务器的 ShapeList 对象负责维护感兴趣的客户列表，并在新的对象添加后增加版本号，然后通知每个感兴趣的客户。callback 方法被声明为 oneway，这样服务器可以以异步的方式调用，从而避免了它通知每个客户而造成的延时。

8.4　从对象到组件

分布式对象中间件已经大量部署于各种应用，包括第 1 章中提到的领域：金融和商业、卫生保健、教育、交通和物流等。CORBA 和相关平台所包含的技术已被证明在处理分布式编程相关的关键问题上是成功的，尤其是解决分布式系统软件的异构性、可移植性和互操作等相关的问题。这些平台上的一组服务也用来支持开发安全、可靠的软件系统。

然而，人们也发现了很多缺点，这导致了基于组件的方法的出现，可以把它看做是分布式对象计算的自然演化。在深入探讨分布式系统所采用的基于组件的方法之前，本节将先通过讨论促使向基于组件的方式过渡的需求来阐述这一转变并对组件进行定义。随后，在 8.5 节会对比研究两个组件技术的实例：企业 JavaBeans 和 Fractal。

面向对象中间件的问题　如前所述，基于组件方式的出现是为了应对分布式对象计算中出现的问题，这些问题在 8.1 节已经列出，下面进行详细讨论。

隐式依赖：分布式对象用它提供给分布式环境的接口向外提供契约。契约是对象的提供者和对象使用者对期望行为的一种具有约束性的协定。它常常假定该接口对部署和使用这个对象提供了一个完全的契约。然而，实际情况并不是这样。问题在于对象的内部（被封装的）行为是隐藏的。例如，一个对象可能和另外一个对象或相关的分布式系统服务通过一个远程方法调用或其他通信范型通信。分别回顾一下图 8-9 和图 8-10 中的 CORBA 服务器程序和客户程序。我们看到服务器向客户发出一个回调，但这显然不是通过服务器已定义的接口来实现的。而且，虽然客户和服务器都与名字服务通信，但从对象的外部（即接口提供的）看不到这一过程。

[358]

　　一般来说，一个给定对象能任意调用其他应用层对象或提供名字、持久化、并发控制、事务、安全等的分布式系统服务，这些从配置的外部视图是看不到的。分布式配置中的隐式依赖使得难以保证配置的安全组合，难以用一个对象替换另一个以及难以让第三方开发者实现分布式配置中的特定元素。

　　需求：从这一点上说，不仅需要清晰地指定对象提供的接口，还需要指定对象在分布式配置中依赖的其他对象。

　　与中间件的交互：尽管分布式对象中间件有透明性的目标，但它还是把与中间件体系结构相关的很多相对底层的细节暴露给了程序员。仍然通过图 8-9 和图 8-10 的客户 - 服务器例子来阐明这一点。尽管这是一个相当简单的应用，它也包含了很多对于应用操作来说是非常基础的 CORBA 相关调用，这包括与名字服务相关的调用（如上所述），以及与 POA 和 ORB 内核相关的调用。在更复杂的例子中，可能会包含关于对象引用的创建和管理、对象生命周期管理、激活和去活策略、持久状态管理、底层平台资源（例如线程）的映射策略等任意复杂的代码。所有的这些都很快干扰了代码的主要目的，即创建一个特定的应用。这从上述的例子中也能得到印证，上例中，实际与白板应用相关的代码很少，这些代码和与分布式系统相关的代码交织在一起。

　　需求：简化分布式应用的编程，提供中间件框架相关操作代码和应用相关代码的关注完全分离，使得程序员只将注意力集中在应用上。

　　缺少对分布式开发的关注点的分离：使用分布式对象中间件的程序员需要显式地处理非功能性的问题，例如安全、事务、协作和复制。在 CORBA 和 RMI 等技术中，这些功能是通过在对象中插入对相关分布式系统服务的适当调用来实现的。这导致两个不良影响：

* 程序员必须熟悉所有相关分布式系统服务的全部细节知识；
* 一个给定对象的实现中包括应用程序代码、（如上所述的）分布式系统服务调用、底层中间件接口调用，这增加了分布式系统编程的复杂性。

[359]

　　需求：上面提到的关注点分离应该扩展到所有的分布式系统服务，应尽量使这些服务的复杂性对程序员隐藏。

　　没有部署支持：像 CORBA 和 Java RMI 这些技术能开发具有任意分布式配置的对象，但是不支持对这些配置的部署。对象必须手动地部署到各台机器上，尤其对大规模部署而言，这是一个烦人且容易出错的过程，大量对象要分布在大规模（可能异构的）结点上。除了对对象进行物理部署，还需要将其激活并恰当地绑定到其他对象上。由于缺少部署支持，开发者必然会采用随机的部署策略，这对于其他环境是不可移植的。

　　需求：中间件平台应该为分布式软件提供内在的部署支持，这样分布式软件可以像在一台机器上安装和部署软件一样，对用户隐藏部署的复杂性。

　　这四个需求导致了分布式系统开发中基于组件方法的出现，同时导致了基于组件的中间件（component-based middleware）的出现，包括被称为应用服务器（application server）的中间件风格。

　　尽管基于组件的方法只是在近些年受到关注，它的源头却可以追溯到之前在分布式系统中解决重配置的项目，例如伦敦帝国理工学院的 Conic 项目 [Magee and Sloman 1989]。

　　组件的本质　我们采用 Szyperski 在他关于组件软件的书 [Szyperski 2002] 中提出的组件的定义：

　　组件：*软件组件是一个具有契约化指定接口和仅有显式上下文依赖的组合单元。*

　　在这个经典定义中，"仅"是指任何上下文的依赖都应该是显式的，也就是，不存在隐式的依赖。

　　软件组件和分布式对象很相似，因为它们都是软件构造的封装单元。但是，一个给定的组件不仅要指定它提供给外部世界的接口，还要指明它在分布式环境中与其他组件的依赖。依赖也通过接口表示。更具体来说，组件通过契约来指定，该契约包括：

- 一组提供的接口，这里的接口是指组件提供给其他组件的服务；
- 一组所需的接口，即本组件对其他组件的依赖，这些组件必须存在并与本组件相连，以便本组件正确工作。

对于一个给定的组件配置，每个所需的接口必须绑定到另一个组件提供的接口上，这被称为由组件、接口、接口间关联构成的软件体系结构（software architecture）。图 8-11 是这种配置的一个例子，该例是一个简单文件系统的体系结构，它为其他用户提供接口并依次关联到一个目录服务组件和一个平面文件服务组件。图中还有到块和设备模块的附加连接，该图展现了这个特定文件系统的总体结构。（我们将在第 12 章研究分布式文件系统实际的体系结构。）

- 接口可以具有不同的风格。特别的，许多基于组件的方法提供两种接口风格：
- 支持远程方法调用的接口，例如 CORBA 和 Java RMI；

支持分布式事件的接口（参见第 6 章的讨论）。

在 8.5.1 节讨论企业 JavaBeans 时，我们将会看到这两种接口风格。

图 8-11　一个软件体系结构的例子

基于组件系统的编程关注组件及其组合的开发，目标是支持与硬件开发类似的软件开发风格，也就是使用现成的组件并组合它们开发更复杂的服务：将软件开发向软件组装过渡。因此这种方法支持软件组件的第三方开发，并可以通过用一个与组件提供的接口和所需的接口精确匹配的组件来替代它，使得运行时自适应系统配置变得容易。

基于组件方法的拥护者尤其强调使用组合，并把它看做是构造复杂软件系统最纯净的方式。尤其是，他们提倡组合胜过继承，认为继承会导致额外的（类之间的）隐式依赖。继承会导致诸如脆弱基类的问题，即基类的改变会从继承层次继承而来的对象产生不可预见的影响［Szypeski 2002］。

到目前为止，我们已经论述了上面强调的第一个需求（即依赖显式化），但其他的三个还没有涉及，这三个需求关注的是简化分布式应用的开发和部署。当我们进一步考察基于组件的方法是如何在分布式系统社区中演化时，对这三个需求的支持层次就会清晰可见了。

组件和分布式系统　目前已出现很多基于组件的中间件技术，包括企业 JavaBeans（相关讨论参见下面的 8.5.1 节）和 CORBA 组件模型（CORBA Component Model, CCM）［Wang et al. 2001］，CCM 是 CORBA 从基于对象的平台演化到基于组件的平台的结果。基于组件的中间件是基于上述观点构造的，并且增加了对分布式系统开发和部署的支持，相关讨论见下面。

容器：容器对基于组件的中间件而言绝对是核心概念。容器对分布式应用中经常遇到的一种公共模式提供支持，该公共模式包括：

- 一个前端（可能是基于 Web 的）客户端；
- 容器中包含一个或多个实现应用或业务逻辑的组件；
- 在持久存储中管理相关数据的系统服务。

（这类似于 2.3.2 节描述的三层模型。）

容器的任务是为组件提供一个受控的服务器端驻留环境，提供上面提及的必要的关注点分离，其中组件处理应用程序所关注的问题，而容器处理分布式系统和中间件问题，保证实现非功能特性。容器的整体结构如图 8-12 所示。它表明容器内封装了很多组件；容器并不提供到组件中的直

图 8-12　容器结构

接访问而是拦截到达的调用，并采取适当的动作以确保分布式应用所期望的特性被维护。以 CORBA 为例，这包含了：

- 管理与底层 ORB 内核、POA 功能的交互，并对应用开发者完全隐藏交互细节；
- 管理对适当的分布式系统服务的调用，包括安全和事务服务，提供应用所要求的非功能属性，但该过程对程序员透明。

把这些合起来，可以极大地简化分布式应用的开发，允许组件开发者只关注应用层本身。例如，用容器方法，图 8-8 和图 8-9 中所有与 POA 相关的调用都会由容器发出而不是组件。类似地，通过拦截机制，容器能对适当的分布式系统服务发出可能很复杂的调用序列来实现所需的非功能特性。为了阐明这一点，考虑用于处理并发访问组件的一个简单的管理策略。这可以通过在外部接口拦截到达的调用，获取底层组件相关的锁并在该组件上调用相应底层操作来实现，在调用完成后，确保锁会被释放，这一过程对组件是透明的。（关于锁将在 16.4 节详细讨论，这里一般性的了解就足够了。）

支持容器模式和该模式蕴含的关注点分离的中间件被称为应用服务器。这种分布式编程风格在当今工业界广为使用。当前，有很多应用服务器可用，图 8-13 汇总了主要的解决方案。8.5.1 节将介绍应用服务器的一个例子——EJB 规约。

技　术	开　发　者	更　多　细　节
WebSphere应用服务器	IBM	[www.ibm.com]
企业JavaBeans	SUN	[java.sun.com XII]
Spring框架	SpringSource（VMware的一个分支）	[www.springsource.org]
JBoss	JBoss社区	[www.jboss.org]
CORBA组件模型	OMG	[Wang et al. 2001]
JOnAS	OW2联盟	[jonas.ow2.org]
GlassFish	SUN	[glassfish.dev.java.net]

图 8-13　应用服务器

部署支持：基于组件的中间件提供组件配置的部署支持，软件发布是将软件体系结构（组件和它们的相互关联）以及部署描述符一起打包，这里，部署描述符确切地描述了配置应如何部署到分布式环境中。

注意组件是部署在容器中的，容器解释部署描述符来建立底层中间件与分布式系统服务所需的策略。因此，一个给定的容器包括很多组件，这些组件从分布式系统支持角度看要求具有相同配置。

部署描述符通常用 XML 编写，它包含足够的信息以保证：

- 通过恰当的协议和相关的中间件支持，组件被正确地关联；
- 配置底层的中间件和平台以便为组件配置提供正确的支持级别（例如，在 CORBA 中，这可以包括配置 POA）；
- 启动相关的分布式系统服务以提供合适级别的安全、事务支持等。

还提供解释部署描述符的工具以及确保在给定的物理体系结构下进行正确部署的工具。

8.5　实例研究：企业 JavaBeans 和 Fractal

应用服务器的优势在于它为一种分布式编程风格（如上解释的 3 层方法）提供了全面的支持，并向用户隐藏了与分布式编程相关的大部分复杂性。它的劣势在于它是规范性的和重量级的，规范性意味着强制使用特定的系统体系结构风格，而重量级是指应用服务器是庞大而复杂的软件系统，它不可避免地会带来性能和资源上的开销。这种方法在高端服务器机器上运行良好。

与之相反，分布式系统中也采用更加精简和轻巧的组件编程风格，这种风格被称为轻量级组件模型以区别于更重量级的应用服务器的体系结构。本节我们提供组件技术的两个实例研究：应用服务器方法的领军者"企业 JavaBeans"和轻量级组件体系结构的例子 Fractal。

8.5.1 企业 JavaBeans

企业 JavaBeans（EJB）[java.sun.com XII] 是一个服务器端的、受控的组件体系结构规约，是 Java 平台企业版本（Java EE）的一个主要成员，是客户 – 服务器编程的一套规约。其他的规约还包括 Java RMI 和 JMS，它们在本书的其他章节中介绍（分别在第 5 章和第 6 章）。

EJB 被定义为一个服务器端的组件模型，因为它支持一类典型应用的开发，这类应用中有大量的客户与多个服务交互，而服务是通过组件或组件配置实现的。EJB 中的组件被称为 Bean，它旨在捕获应用（或业务）逻辑，正如第 2 章所定义的，用 EJB 还支持应用逻辑与其后台数据库持久存储的分离。也就是说，EJB 对 2.3.2 节引入的三层体系结构提供了直接的支持。

EJB 是受控的，其含义是指它使用了上面（在 8.4 节）介绍的容器模式，用以提供关键的分布式系统服务，包括事务、安全和生命周期管理。一般来说，容器在相关服务中注入适当的调用以提供所需的特性，事务管理器或安全服务的使用对 Bean 的开发者是完全隐藏的（container-managed）。也可能由 Bean 开发者对这些操作进行更多的控制（bean-managed）。

EJB 的目标是维护分布式应用开发中各种角色之间的关注点的强分离。EJB 的规约识别出以下关键角色：

- Bean 提供者，他开发组件的应用逻辑；
- 应用装配者，他将各种 Bean 装配为应用所需的配置；
- 部署者，他使用一个给定的应用组合并确保能在一个给定的操作环境中正确部署；
- 服务提供者，他是基础分布式系统服务（如事务管理）的专家，能在这些领域提供所期望的支持；
- 持久化提供者，他是将持久数据映射到底层数据库以及在运行时管理它们的关系的专家；
- 容器提供者，他在以上两个角色的基础上工作，负责正确地配置容器，提供分布式系统支持所需的非功能特性，例如事务、安全和期望的持久化支持；
- 系统管理员，他负责监控运行时的部署并执行一些调整操作以确保系统正确的运作。

请注意，EJB 是在上述意义下的重量级的组件体系结构。它的软件复杂性相当高，尤其是与容器管理相关的部分。因此，这个方法是规范性的，只能用于某些类型的应用。如上所述，EJB 尤其适合遵循三层体系结构的应用，它在此类应用中使用中间层（应用逻辑）提供的服务接口来访问后台数据库。例如，这种风格的体系结构在电子商务应用中很常见，在这类应用中，数据库维护库存商品、价格和余量数据，中间层提供接口以浏览库存并购买选中的商品。一般地，大型复杂系统需要分布式系统服务的支持，因此，与容器管理相关的开销是完全值得付出的。本节我们将一直使用 eShop 这个例子来阐述 EJB 的使用。也有一些应用不符合这样的模式，因此 EJB 不适合应用于这类应用。这样的例子包括对等结构——它不遵循分层模型；另一个例子是运行在嵌入式设备中的轻量级应用，在这种应用中，EJB 的开销是不可接受的。

本节我们主要关注 2006 年发布的 EJB 3.0 [java.sun.com XII] 的特点，EJB 3.0 有大量的商业的和开源的联盟，包括 Spring、JBoss、JOnAS 和 GlassFish。

EJB 组件模型 EJB 中的 Bean 是为组件的潜在客户提供一个或多个业务接口，接口可能是远程的也可能是本地的，远程接口需要使用适当的通信中间件（如 RMI 或 JMS），而本地接口则可能是更直接的，因此也是更有效的绑定。回顾 8.4 节中介绍的术语，业务接口等价于提供的接口。（在下面的"依赖注入"部分，会看到 EJB 是如何实现所需接口的。）一个 Bean 由一组远程和本地业务接口以及实现这些接口的相关 Bean 类来表示。EJB 3.0 规约中主要支持两种风格的 Bean：

会话 Bean：会话 Bean 是在服务的应用逻辑内实现特定任务的组件，例如，在 eShop 应用中实现购买业务。会话 Bean 在服务期内一直存在，它在会话期内维护与客户的对话。会话 Bean 可以是有状态的，也可以是无状态的。有状态会话 Bean 维护相关对话的状态（例如电子商务事务当前的状态），无状态 Bean 则不维护状态信息。有状态会话 Bean 意味着是一个与单个客户进行的对话，并维护对话的状态，而无状态会话 Bean 则可以和多个不同客户进行并发的对话。正如我们下面讨论的，有状态会话

Bean 的相关状态可以持久化，也可以不持久化。

消息驱动的 Bean：客户使用本地或远程的调用与会话 Bean 交互。纵观本书可以看到，其他的通信模式对于分布式系统开发也很重要，这包括间接通信范型。EJB 2.0 引入了消息驱动 Bean 的概念来支持间接通信，尤其是，提供了通过消息队列或主题与组件进行交互的可能性，这里，交互是通过 JMS 直接提供的功能实现的。（队列和主题是 JMS 中首选实体，用于表示消息的可替代中间媒介，参见 6.4.3 节。）在消息驱动的 Bean 中，业务接口实现为监听者风格的接口，用于反映相关 Bean 的事件驱动本质。

POJO 和注解 在 EJB 中，通过使用企业 JavaBeanPOJO（plain old Java objects）和 Java 的企业 JavaBean 注解能极大地简化编程任务。Bean（即 Bean 业务接口的实现）是一个老式普通的 Java 对象：它仅使用 Java 来编写应用逻辑，无需其他与 Bean 相关的代码。注解用于确保 POJO 在 EJB 上下文中行为的正确性。换句话说，Bean 是一个增补了注解的 POJO。

注解是在 Java 1.5 中引入的，是用于关联包、类、方法、参数和变量的元数据机制。元数据可以供框架使用，用于保证那部分程序与正确的行为或解释相关联。例如，注解可以用于引入一种特定风格的 Bean，下面是带注解的 Bean 的定义的例子（代表 EJB 3.0 中 Bean 的主要风格）：

@Stateful public class eShop implements Orders {...}
@Stateless public class CalculatorBean implements Calculator {...}
@MessageDriven public class SharePrice implements MessageListener {...}

注解也用于表明业务接口是远程（@ remote）的还是本地的（@ local）。下面的例子中，Order 接口是远程的而来自 CalculatorBean 的 Calculator 接口是本地的。

@Remote public interface Orders {...}
@Local public interface Calculator {...}

显而易见，注解在 EJB 中被普遍采用，它提供了在 EJB 上下文中如何解释程序的规约。在下面的描述中，我们将开发 eShop 的例子并展示注解在 Bean 对象编程中的扩展用法（这里是一个会话 Bean）。

EJB 中的企业 JavaBean 容器 EJB 采用了 8.4 节描述的基于容器的方法。Bean 部署在容器中，容器通过拦截机制提供隐式的分布式系统管理支持。按这种方式，容器提供诸如事务管理、安全、持久化、生命周期管理等方面的必要策略，这允许开发者只关注应用逻辑。因此，必须通过配置容器来获得所需的支持级别。在当前版本中，EJB 预先配置了普通的默认策略，开发者只有在默认配置不能满足要求时才需要采取行动去修改那些配置（在规约中被称为"例外配置"）[java. sun. com XII]。

EJB 中定义了大量注解来控制上述的各种支持策略。我们主要通过 EJB 事务管理来展示注解的使用，同时也鼓励读者查看 EJB 3.0 规约来了解更多的例子。事务会在第 16、17 章介绍。概要地说，事务的作用是用来保证被一个服务器（或多个服务器，分布式事务情况下）管理的所有对象的状态在有多个客户并发访问或服务器失效的情况下仍然是一致的。事务的实现是通过使得一组操作序列按原子方式被执行，这是因为操作序列要么成功执行，其执行免于受其他并发用户访问的干扰；要么在故障出现（例如，一个服务器崩溃）的情况下没有执行。以 eShop 为例，事务机制将保证对单一商品的两个并发购买操作不会导致商品被卖出两次，同时，服务器崩溃也不会引起系统进入不一致状态，例如商品已支付而没有将商品分配给顾客。

实现事务的机制相对复杂，因此本书后面有两章专注于这个领域。尽管如此，事务的整个概念还是相对简单的，对它直观的理解就足以理解 EJB 如何管理事务了。要记住的关键的概念是：事务指的是一个操作序列，这一序列必须被事务管理服务清楚地标识出来以便执行。EJB 中的事务可以同样地应用到任一种 Bean，无论是会话 Bean 还是消息驱动的 Bean。

使用事务时首先要声明的是，与一个企业 Bean 相关的事务是 Bean 管理的还是容器管理的。这通过在相关的类中分别使用如下注解来实现。

@TransactionManagement (BEAN)
@TransactionManagement (CONTAINER)

Bean 管理的事务最容易理解。在这种情况下，Bean 开发者负责显式地识别事务要包括的操作序列。这通过显式地将 Java 接口 javax. transaction. UserTransaction 中的两个方法 User. Transaction. begin 和 UserTransaction. commit 引入 Bean 的代码来实现。这些方法可用于一个交互的客户端或服务器端。下面的代码段阐述了 eShop 例子中 Bean 管理的事务的使用。

```
@Stateful
@TransactionManagement (BEAN)
public class eShop implements Orders {
    @Resource javax.transaction.UserTransaction ut;

    public void MakeOrder (...) {
        ut.begin ();
        ...
        ut.commit ();
    }
}
```

然而，某种程度上，这违背了容器方法的精神，因为它需要将事务相关的代码加入到 Bean 中。而另一种方法，即容器管理的事务，通过让容器来决定何时开始和结束事务从而避免使用显式代码。这是通过在 Bean 执行中关联给定的定界（demarcation）策略来实现的。它也是通过在 Bean 类的一个给定方法上关联合适的注解声明来实现的。例如，考虑下面的程序段：

```
@Stateful public class eShop implements Orders {
    ...
    @TransactionAttribute (REQUIRED)
    public void MakeOrder (...) {
    ...
    }
}
```

368

上面的程序表明 REQUIRED 策略与 MakeOrder 方法相关联。该策略规定被关联的方法必须在一个事务内执行。要理解这个策略，需要认识到事务必须被调用者初始化或由 Bean 自己负责事务。RE-QUIRED 策略在必要的时候启动一个新事务，所谓必要的时候是指调用者没有提供一个事务上下文来指明该 Maker Order 方法位于另一个已开始执行的事务中。在图 8-14 中对各种策略做了总结。

属　　　性	策　　　略
REQUIRED	如果客户有一个相关的事务正在运行，那么在该事务中运行该属性关联的方法，否则启动一个新事务
REQUIRES_NEW	总是为这个调用启动一个新的事务
SUPPORTS	如果客户有一个相关的事务，那么在该事务的上下文中执行该方法，否则，该方法调用不被任何事务支持
NOT_SUPPORTED	如果客户在一个事务内调用该方法，那么这个事务在调用该方法前暂停，在该方法执行后继续，也就是说，被调用的方法被排除在事务之外
MANDATORY	关联的方法必须在一个客户事务中调用，否则，抛出异常
NEVER	关联的方法不能在客户事务内调用 如果进行这样的尝试，则会抛出异常

图 8-14 EJB 中的事务属性

需要注意的是，默认情况下，EJB 中的事务是由容器管理的。

依赖注入：上面的例子也阐述了容器的一个更重要的作用——EJB 依赖注入。通常，依赖注入是一种常见的编程模式。该模式中，由第三方（此处为容器）负责管理和解析组件及其依赖（所需接口，见 8.4 节的术语）之间关系。尤其是，在 EJB 3.0 中，组件通过注解来提交依赖，而容器负责解析注解并确保在运行时相关的属性指向正确的对象。这在容器中通常使用反射来实现。

例如，在上面的代码段中，注解@ Resource 指明当前组件依赖于一个实现了 UserTransaction 接口的对象。为了让配置有意义必须有这个声明。依赖注入标识了依赖关系，同时保证在部署了正确的组件配置时，相关的属性 ut 指向了正确的外部资源。

369

EJB 拦截　　EJB 规约允许程序员在 Bean 中拦截下面两类操作以改变其默认的行为：

- 与业务接口相关的方法调用。
- 生命周期事件。

我们分别看一下：

拦截方法：这一机制用于在调用业务接口时必须关联一个或一组带有到达调用的特定的操作。会话 Bean 上的到达的调用或消息驱动 Bean 上的到达的事件都可以使用拦截。正如我们已经看到的，EJB 体系结构中大量地使用拦截来实现隐式的管理。应用开发者可以将拦截扩展到容器未提供的更多的领域相关的关注上。

考虑 eShop 这个例子。假设需要对 eShop 内执行的所有操作增加日志用于审计，那么使用拦截允许程序员在不改变 Bean 内应用逻辑的条件下添加这一服务。作为拦截的第二个例子，拦截机制可以用于阻止特定的顾客在 eShop 中实施购买操作（例如他们未支付以前的购买费用）。

有多种方法可以将拦截器关联到一个给定的 Bean，可以将拦截器类关联到给定的 Bean 类或独有的方法上（使用注解@ Interceptors），或者将一个拦截方法关联到一个给定的类上（使用注解@ AroundInvoke）。为简单起见，我们只讨论后一种机制，回到 eShop 例子。

```
@Stateful
public class eShop implements Orders {
    public void MakeOrder (...) {
        ...
    }
    @AroundInvoke
    public Object log(InvocationContext ctx) throws Exception {
        System.out.println ("The following method was invoked: " +
                            ctx.getMethod().getName());
        return invocationContext.proceed();
    }
}
```

注解@ AroundInvoke 为 eShop 的 Bean 类引入了一个拦截器。拦截器必须使用以下的语法格式：

Object < methodName > (javax. ejb. InvocationContext)

每次 eShop 的业务方法被调用就会触发上述方法，该方法中的参数为拦截器增添了重要的能力，它提供与被拦截调用相关的元数据（例如，对 Bean 的引用，所调用的方法，与调用相关的实际的参数），同时它也限制了在方法执行前改变参数。方法的最后一行调用了 proceed 方法，它将控制权返回给被拦截的方法（或拦截器链中的下一个拦截器，如果定义了多个拦截器）。

图 8-15 列出了与调用上下文相关的主要方法。

基　　调	用　　法
public Object getTarget()	返回与到达调用或事件相关的Bean实例
public Method getMethod()	返回被调用的方法
public Object[]getParameters()	返回与被拦截业务方法相关的参数集
public void setParameters(	设置拦截器可以改变的参数集
Object[] params)	假设能维护参数类型的正确性
public Object proceed()throws	执行拦截器链中的下一个拦截器（如果有）
Exception	或被拦截的方法

图 8-15　EJB 的调用上下文

生命周期事件拦截：相似的机制也可以用于拦截与一个组件相关的生命周期事件并执行特定动作。EJB 规约允许 Bean 程序员使用下列注解来分别将拦截器与组件的创建和删除操作相关联：

@PostConstruct
@PreDestroy

注解将指定的方法关联到 Bean 类，当相关的生命周期事件出现时，这些方法就会被调用。例如，在以下的 eShop 代码段中，TidyUp 会在组件被销毁前调用。

@Stateful

public class eShop implements Orders {

*　　...*

*　　public void MakeOrder (...) { ...}*

*　　...*

*　　@PreDestroy void TidyUp() { ... }}*

}

该注解通常被用于释放当前所使用的资源，例如 eShop 类中，打开的文件或者与 eShop 实现相关的 371
套接字。相似的，TidyUp 也可用于将与 eShop 相关的关键数据写入到后台数据库。

如果 Bean 是有状态的，也可以通过使用@ PostActivate 和@ PrePassivate 捕获激活和去活事件。同样，可以在这些生命周期事件中加入重要的动作——例如，在 Bean 被去活前将会话相关的对话状态写入后台数据库。

注解在 EJB 3.0 中被广泛使用以提供一个一致的和简单的编程模型，由此，组件开发者使用 POJO 来构造应用逻辑，并用由容器框架负责解释的额外的元数据级注解来适当修饰它。

8.5.2　Fractal

如上所述，Fractal 是一个轻量级组件模型，它将基于组件编程范型的优点带到了分布式系统的开发中［Bruneton et al. 2006, fractal. ow2. org I］。Fractal 提供了对接口编程（programming with interfaces）的支持，这为 Fractal 带来了与接口和实现相分离相关的诸多好处。另外，Fractal 还支持系统软件体系结构的显式表示，避免了 8.4 节讨论的隐式依赖问题。Fractal 方法刻意追求最小化，它不支持其他的组件相关的功能，例如部署，也不支持由应用服务器提供的完备的容器模式和丰富的编程模型。Fractal 使用组件模型作为基本的构建模块来构造复杂软件系统（包括下面讨论的中间件系统），这使得软件具有清晰的基于组件的体系结构，而且软件是可配置的，也可以在运行时重配置以适应当前的操作环境和需求。

Fractal 定义了一编程模型，而且它不依赖编程语言。在很多不同的语言中，该模型已经被实现，包括：

- Julia 和 AOKell（基于 Java，后者也提供面向方面的编程支持）；
- Cecilia 和 Think（基于 C 语言）；
- FracNet（基于 . Net）；
- FracTalk（基于 Smalltalk）；
- Julio（基于 Python）。

Julia 和 Cecilia 被看做是 Fractal 的参考实现。

Fractal 是由致力于分布式系统中间件的开源软件组织 OW2 联盟［www. ow2. org］所支持的，OW2 鼓励并推广使用基于组件的方法来构造中间件。目前，使用 Fractal 已经被用于很多中间件平台的构造，包括 Think（一个可配置的操作系统内核）、DREAM（一个支持各种间接通信的中间件平台）、Jasmine（一个支持 SOA 平台的监测和管理工具）、GOTM（提供灵活的事务管理）和 Proactive（一个 372
用于网格计算的中间件平台）。Fractal 也是网格组件模型（Grid Component Model，GCM）的基础，GCM 对相关 ETSI 标准的开发有很大的影响［Baude et al. 2009］。关于这些项目的进一步细节可以在 OW2 网站上找到［www. ow2. org］。

我们注意到还有其他一些专门为分布式系统开发的轻量级组件模型，随后我们着重介绍 OpenCOM 和 OSGI。

核心的组件模型　　Fractal 中的组件提供一个或多个接口，有两种类型的接口可用：

- 服务器接口，它支持到达的操作调用（等价于 8.4 节的术语"提供的接口"）；
- 客户接口，它支持发出的调用（等价于"所需的接口"）。

接口是接口类型（interface type）的实现，接口类型定义了该接口所支持的操作。

1）Fractal 中的绑定：为了实现组合，Fractal 支持接口间的绑定。模型支持两类绑定：

a）原子绑定：原子绑定（primitive binding）是最简单的绑定形式，它直接将类型兼容的同一地址空间的一个客户接口和一个服务器接口绑定。原子绑定能在一个给定的语言环境中高效地实现，例如，通过直接对象引用。

b）组合绑定：Fractal 也支持组合绑定（composite binding），组合绑定是任意复杂的软件体系结构（它包含了组件和绑定），它潜在实现了不同机器的多个接口间的通信。例如，在 Fractal 中实现与 CORBA 的连接，那么绑定就由代表 CORBA 中的核心体系结构的组件（包括代理、ORB 内核、对象适配器、骨架和伺服器类，它们反映了图 8-5 中的体系结构）组成。

在 Fractal 中，组合绑定本身就是组件，这样做有两个原因：

- 就组件和它们的互连而言，Fractal 开发的系统是完全可配置的。例如，可以建立这样的配置，其组件交互可以使用一种组合绑定，该绑定可以用任何在第 5、6 章讨论过的通信范型（远程调用或间接通信，点对点或多方通信等）实现。如果没有提供现成的通信范型，那么可以使用 Fractal 开发并作为一个组件提供给将来的开发者使用。

- 系统一旦建立起来，软件体系结构的任何方面都可以在运行时重配置，包括组合绑定。系统能够在运行时适应通信结构是非常有用的，例如，引入新增的安全层次或者改变实现，以便系统规模增长时变得更具可伸缩性。

373

OpenCOM OpenCOM［Coulson et al. 2008］是一个与 Fractal 目标类似的轻量级组件模型。OpenCOM 被设计成与领域和操作环境无关的开放且最小化的组件模型，也就是说，组件技术足够灵活，它可以用于包括资源受限的无线传感网等任何需要的环境中。OpenCOM 的设计具有可忽略的性能和内存开销，这使得它可以用于性能极为关键的情况，例如路由器的实现。

OpenCOM 的总体结构由支持基本组件操作（包括加载、卸载组件）的最小化运行时内核和绑定的组件构成。通过可选的反射和平台扩展可以增强 OpenCOM 的功能，从而支持反射能力的动态加载和支持支撑关键平台操作的不同模型（包括加载和绑定语义）。因此，从概念上说，这些扩展类似于 Fractal 中的控制器。

OpenCOM 已经用于开发各种实验性的中间件平台，包括 ReMMoC［Grace et al. 2003］，ReMMoC 为高度异构的无处不在计算环境提供服务发现（参见第 19 章）；GridKIT［Grace et al. 2008］，GridKIT 是一个用于网格计算的实验性、高可配置和可重配置的中间件框架，它还具有开放的覆盖框架，用于构造任意网络的虚拟化（包括结构和非结构的对等覆盖网络）。

OSGi OSGi［www.osgi.org］是由开放标准组织 OSGi 联盟管理的基于 Java 的中间件平台规约。OSGi 规约有很多实现，如 Equinox、Knopflerfish、Felix 和 Concierge。OSGi 平台支持组织成相互通信的 bundle（类似组件）的模块化软件系统的部署、其后的生命周期管理和自适应。bundle 的通信是通过发布在服务注册表中的一个或多个服务接口来实现的，这样，它支持动态绑定。作为生命周期管理的单位，给定的 bundle 可以被安装、启动、激活、停止和卸载。bundle 也可以在运行时动态部署，已有的 bundle 可以被更新。OSGi 起初被用于服务网关编程，但现在被用于很多应用领域，包括移动电话编程、针对网格计算的中间件和作为 Eclipse 集成开发环境（即 IDE，一个流行的多语言软件开发框架）的插件体系结构。

OSGi 的目标是实现软件集中式配置的部署和管理，例如在单一设备上或在服务器上。OSGi 的分布式实现 R-OSGi 也已开发出来［Rellermeyer et al. 2007］。这使得软件可以分发到任意网络化配置的服务边界上，R-OSGi 使用（第 2 章首次引入的）代理模式在这样的边界获得透明的分发。

374

在接下来的滤膜和控制器部分将详细介绍对重配置的支持。

2）层次组合：组件模型是层次化的，这是因为组件由一系列子组件和相关的绑定构成，其中子组件本身可能也是组合的。例如，上例中的 ORB 内核在考虑到其内在的复杂性时可以进一步分解。组合由 Fractal 的体系结构描述语言（Architectural Description Language，ADL）支持，这里引入一个简单的例子来展示一个组件的创建，这个组件包含两个以客户–服务器方式交互的子组件：

```
<definition name="cs.ClientServer">
    <interface name="r" role="server"
        signature="java.lang.Runnable" />
    <component name="caller" definition="hw.CallerImpl" />
    <component name="callee" definition="hw.CalleeImpl" />
    <binding client="this.r" server="caller.r" />
    <binding client="caller.s" server="callee.s" />
</definition>
```

Fractal ADL 是基于 XML 的。这个例子表明组件 cs. ClientServer 有两个子组件 caller 和 callee。在客户接口 this. r（该 r 接口被定义在所包含的组件 cs. ClientServer 上）和相关的 caller. r 接口（r 接口定义在 caller 组件上）之间创建绑定，在客户接口 caller. s 和对应服务器接口 callee. s 之间也创建了绑定。图 8-16 展示了相关的配置。

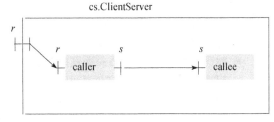

图 8-16　Fractal 组件配置示例

Fractal 也支持共享，由此，一个特定的组件可以被多个软件结构所共享。Fractal 的开发者认为这对于忠实地表达软件体系结构（包括对必须共享的底层资源（例如 TCP 连接）的访问）是必需的。又例如，服务器组件 callee 可能在多个配置中被共享。

滤膜和控制器　在实现上，组件由滤膜（membrane）和相关的内容（content）构成，这里，滤膜通过控制器集定义了与组件相关的控制能力，而内容是组成该体系结构的子组件（及绑定）。接口可以是滤膜内部的，这样的接口只能被内容内的组件访问，接口也可以是外部的，这样的接口对其他组件可见。组件的结构如图 8-17 所示。 |375|

Fractal 方法中滤膜的概念很关键，滤膜为组件（内容）的封装集合提供可配置的控制体制。换句话说，控制器集为这些组件定义了控制能力和相关的语义。通过改变控制器集，组件相应的能力也被改变。

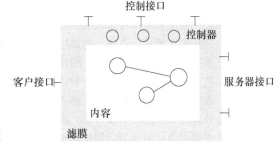

图 8-17　Fractal 组件的结构

控制器可以用于各种目的：

- 控制器的一个关键作用是实现生命周期管理，包括与激活、去活相关的操作（如挂起、恢复和执行检查点）。例如，Fractal 的生命周期控制器（LifeCycleController）使用三个方法：startFc、stopFc 和 getFcState，它们分别实现这三个功能。当需要在运行时实施底层软件结构的重配置时，生命周期控制器提供的功能是很重要的。考虑上述客户 – 服务器配置的一个简单的例子，假设用一个增强的服务器（可能支持多线程以改进吞吐量）动态替换一个服务器。在这种情况下，为了避免不一致，最好是挂起配置，用一个新的 callee 组件替换原来的，然后恢复配置。

- 控制器也提供反射能力（参见第 2 章）。特别是，自省（introspection）能力是通过 Component 和 ContentController 这两个接口来提供的，它们支持组件相关接口的自省（动态发现）以及能逐步深入组合组件结构的内部。这两个控制器完整的接口如图 8-18所示。自省对支持动态重配置也很重要。就客户 – 服务器的例子来说，通过这些接口可以发现底层组件配置的精确结

```
public interface Component {
    Object[] getFcInterfaces ();
    Object getFcInterface (String itfName);
    Type getFcType ();
}

public interface ContentController {
    Object[] getFcInternalInterfaces ();
    Object getFcInterfaceInterface(String itfName);
    Component[] getFcSubComponents ();
    void addFcSubComponent (Component c);
    void removeFcSubComponent(Component c);
}
```

图 8-18　Fractal 中的 Component 和 ContentController 接口

构（在这个例子中，一个简单的配置由两个组件组成），并能确保 callee 组件的替换者能严格支持原有接口。

- 可以引入控制器以提供拦截能力，类似于8.5.1节介绍的 EJB 提供的能力。拦截是一个有很多用途的强大的机制。在叙述 EJB 的那一节中，提供了通过拦截来实现日志的例子。例如，在客户－服务器的例子中，拦截可以以对 caller 和 callee 完全透明的方式记录由 caller 组件发出的所有调用。进一步地，拦截可以实现访问控制策略，使得只有当指定的主体具有访问特定资源的权利时才能允许调用被处理（参见11.2.4节）。

在研究了滤膜和控制器的相对作用后，现在将滤膜和容器联系起来，容器在8.4节和上面 EJB 实例研究中已讨论过。滤膜和容器一样，为组件的部署提供了场所，它们都支持隐式的分布式系统管理：容器通过隐式地调用分布式系统服务，而滤膜则通过组成它的控制器。然而，滤膜更加灵活：

- 就反射而言，它不仅支持隐藏内部结构的黑箱组件，但使用的方法只提供有限的自省（动态发现接口）能力；它还支持高级的反射能力，即支持完全自省，并为组件内部结构随后的自适应提供内在的支持。
- 就非功能需求的支持而言，在最简单情况下，例如部署最少的控制器，滤膜仅提供组件的简单封装；而另一个极端，它们支持完备的组件分布式系统管理，包括像在应用服务器中那样对事务、安全的支持，而且以一种完全可配置和可重配置的方式。

由于 Fractal 内在的灵活性，它被称为一个开放的组件模型。

一个可运行的完整的 Fractal 实现的例子可以在在线教材［fractal. ow2. org Ⅱ］上找到。这个例子展示了如何用 Fractal 实现了一个名为 Comanche 的可配置的、最小功能集的 HTTP 服务器。

8.6 小结

本章阐述了基于分布式对象和组件的完整的中间件解决方案的设计。不难看出，这是编程抽象的自然演化。分布式对象是重要的，它通过封装、数据抽象以及其他面向对象设计领域的相关工具和技术为分布式系统带来了好处。因此，相比于以前直接基于客户－服务器模型的方法，分布式对象方法是一个重要的进步。然而，在应用分布式对象方法时，也有很多重大缺陷，本章对此进行了论述和分析。总之，在实际中，面对复杂的分布式应用和服务，使用像 CORBA 这样的中间件方案通常过于复杂，尤其是处理此类系统的高级特性，例如高可信方面（容错、安全）。

组件技术通过内在地分离应用逻辑和分布式系统管理之间的关注点来克服前述不足。组件依赖的显式识别也有助于支持分布式系统的第三方组合。本章考察了 EJB 3.0 规约，它通过使用 POJO 对象和用 Java 注解实现复杂性管理来进一步简化分布式系统的开发。正如我们看到的，本章也介绍了诸如 Fractal 和 OpenCOM 等更加轻量级的技术，它们为中间件平台自身的开发带来了基于组件编程的好处，而且增加的性能开销很小。

组件技术对于分布式应用的开发很重要，但和任何技术一样，它们也有自己的优势和不足。例如，组件方法是规范性的，很适合类似3层体系结构的应用。为了对可用的中间件平台技术提供更广阔的视角，下两章将介绍另外的方法，即采用基于 Web 标准的方法（Web 服务）和对等系统。

练习

8.1 任务包（Task Bag）是一个存储（key，value）对的对象，key 是字符串，value 是字节序列。Task Bag 接口提供以下远程方法：

pairOut，有两个参数，客户通过它们指定待存储的 key 和 value。

pairIn，客户通过第一个参数指定要从 Task Bag 中删除的键值对的 key，键值对中的 value 通过第二个参数返回给客户。如果没有匹配成功的键值对，那么抛出异常。

readPair，与 pairIn 功能一样，但并不删除 Task Bag 中的键值对。

请使用 CORBA IDL 来定义 Task Bag 的接口。定义一个异常，当任何操作无法执行时抛出此异常。该异常应该返回一个指明问题号的整数值和一个描述此问题的字符串。Task Bag 的接口应单独定义一

个属性来指明其中的任务数目。 (第 341 页)

8.2 为方法 pairIn 和 readPair 定义另一种不同的基调，它的返回值能表示何时没有匹配成功的键值对。返回值应定义为枚举类型，值为 ok 和 wait。试讨论两种方式的相对优点。当 key 中含有非法字符时你用何种方式来指明错误？ (第 342 页)

8.3 Task Bag 接口的哪些方法可以定义为 oneway 操作？请给出关于 oneway 方法的参数和异常的通用规则。关键字 oneway 不同于 IDL 其他部分的含义是什么？ (第 342 页)

8.4 IDL 的 union 类型可以用来描述这样的参数，该参数需要将为数不多的类型中的一个作为参数传递。使用它来定义参数类型有时候为空、有时类型为 Value 的参数。 (第 345 页)

8.5 在图 8-2 中，类型 All 被定义为固定长度的序列。请将它重定义为相同长度的数组。请对如何在 IDL 接口中选择数组和序列类型给出一些建议。 (第 345 页)

8.6 Task Bag 的目的是用于客户之间的协同，其中的一个客户添加（描述任务的）键值对，而其他的客户删除它（并执行所描述的任务）。当客户被通知没有可以匹配的键值对时，它必须等待直到有可用的键值对。请定义用于这种情况下的回调接口。 (第 357 页)

8.7 请描述一下为允许回调操作，Task Bag 接口必须做哪些必要的修改。 (第 357 页)

8.8 在 Task Bag 接口中，哪些方法的参数是值传递的？哪些是引用传递的？ (第 343 页) |379|

8.9 使用 Java IDL 编译器编译读者在习题 8.1 中定义的接口。在生成的与 IDL 接口等价的 Java 程序中，观察 pairIn 和 readPair 方法的基调定义。同时观察为方法 pairIn 和 readPair 的值（value）参数生成的 holder 方法的定义。举例说明客户如何调用 pairIn 方法，解释如何通过第二个参数获得返回值。

(第 346 页)

8.10 举例说明一个 Java 客户如何访问 Task Bag 对象中任务数目属性。此属性与对象的实例变量在哪些方面有所不同？ (第 345 页)

8.11 解释为什么远程对象接口和 CORBA 对象不提供构造函数？解释 CORBA 对象没有构造函数如何创建对象？ (第 5 章和第 355 页)

8.12 用 IDL 重定义习题 8.1 中的 Task Bag 中的接口，其中使用 struct 来表示键值对，该键值对包含一个 key 和一个 value。注意：不要使用 typedef 来定义 struct。 (第 345 页)

8.13 从可伸缩性和容错的角度，讨论实现仓库的功能。 (第 350 页，第 351 页)

8.14 CORBA 对象在多大程度上能从一台服务器迁移到一台服务器上？ (第 350 页，第 351 页)

8.15 请详细解释一般的基于组件的中间件尤其是 EJB 是如何克服分布式对象中间件的主要不足的。请举例说明。 (第 358 ~ 364 页)

8.16 讨论 EJB 体系结构是否适合实现大型多人在线游戏（最初在 1.2.2 节引入的应用领域）？在这个领域使用 EJB 的优势和不足有哪些？ (第 364 页)

8.17 Fractal 在大型多人在线游戏领域是更合适的实现选择吗？为什么？ (第 372 页)

8.18 解释基于容器的思想如何为分布式组件提供透明迁移。 (第 362 页)

8.19 在 Fractal 中如何实现相同的效果？ (第 375 页)

8.20 考虑把 Java RMI 的实现看做是 Fractal 中的组合绑定。讨论这种绑定在什么程度上是可配置的和可重配置的？ (第 5 章，第 373 页) |380|

Web 服务

Web 服务提供了服务接口，使客户能以一种比 Web 浏览器更通用的方式与服务器进行交互。客户通过在 HTTP 上传输的 XML 格式的请求和应答访问 Web 服务接口中的操作。可以通过比基于 CORBA 的服务更自主的方式访问 Web 服务，从而可以使其更容易被互联网范围中的应用程序使用。

与 CORBA 和 Java 一样，Web 服务的接口可以用接口定义语言（IDL）描述。但对于 Web 服务，还需要描述额外的信息，包括所用的编码和通信协议以及服务位置等。

用户需要以安全的方式创建、存储和修改文档以及在互联网上交换文档，TLS（Transport Layer Security，相关描述见第 9 章）提供的安全通道并不能满足这些要求，而 XML 安全性试图解决这些问题。

Web 服务在分布式系统中日渐重要：它们支持跨全球互联网的互操作性，包括业务到业务集成中的关键领域以及新出现的 mashup 文化，后者使得第三方开发者在已有服务基础上创建新型软件。Web 服务也提供网格和云计算的底层中间件。

9.1 简介

近 20 年网络的增长（参见图 1-6）证明了在互联网上使用简单协议作为大量广域服务和应用的基础是有效的。特别是 HTTP 的请求 – 应答协议（见 5.2 节）允许通用客户（即浏览器），通过 URL 引用查看网页及其他资源（URL：见下面对 URI、URL 和 URN 的注释）。

然而，即使可以使用下载的特定于应用程序的 applet 来增强功能，用通用浏览器作为客户仍限制了潜在的应用程序范围。在最初的客户 – 服务器模型中，客户和服务器从功能上是专门化的。Web 服务又回到了这个模型，在 Web 服务中，应用程序特定的客户与具有特定功能接口的服务在互联网上进行交互。

因此，Web 服务提供了基础设施来维持客户和服务器之间的更丰富并且更加结构化的互操作性。Web 服务提供了一个基础，使得一个组织中的客户程序可以在无人监督的情况下与另一个组织中的服务器交互。特别地，Web 服务允许通过提供集成了几个其他服务的服务来开发复杂的应用程序。由于这些交互的通用性，Web 服务不能直接通过浏览器访问。

将 Web 服务附加到 Web 服务器是以使用 HTTP 请求引发程序的执行的能力为基础的。回忆一下，当 HTTP 请求中的 URL 指向一个可执行的程序，例如一个搜索程序，那么该程序将生成结果并将其返回。与此类似，Web 服务是 Web 的扩展，并且可以由 Web 服务器提供。但这些服务器可以不必是 Web 服务器。不应该混淆术语 "Web 服务器" 和 "Web 服务"：Web 服务器提供基本的 HTTP 服务，而 Web 服务提供的服务基于在其接口中定义的操作。

外部数据表示和客户与 Web 服务之间交换的消息的编码是以 XML 的形式完成的，4.3.3 节中已描述过。简言之，XML 是一种文本表示方式，虽然比其他表示所占空间更大，但由于其可读性和易于调试而被广泛采用。

SOAP 协议（9.2.1 节）指定了使用 XML 封装消息（例如支持请求 – 应答协议的消息）的规则。图 9-1 总结了 Web 服务运作的通信体系结构的要点：Web 服务由 URI 定义，客户可以使用 XML 格式的消息对其进行访问。SOAP 用来封装消息并在 HTTP 或其他协议（如 TCP 或 SMTP）上传送这些消息。Web 服务为潜在的客户部署服务描述来指定接口或服务的其他方面。

> **URI、URL 和 URN**　统一资源标识符（Uniform Resource Identifier，URI）是一种通用资源标识符，其值可以为 URL 或 URN。所有 Web 用户熟知的 URL 包括资源定位信息，例如命名资源的服务器的域名。统一资源名称（Uniform Resource Name，URN）是位置独立的，其依赖于查找服务来映射到资源的 URL。有关 URN 的详细信息请见 13.1 节。

图 9-1 的顶层说明：

- Web 服务和应用程序可以构建于其他 Web 服务之上。
- 一些特定的 Web 服务为大量其他 Web 服务的操作提供了所需要的通用功能，包括目录服务、安全和编排。我们将在本章稍后部分讨论这些功能。

Web 服务一般提供一个服务描述（service description），包括接口定义和其他信息，如服务器的 URL。服务描述可作为客户和服务器之间对所提供的服务达成共识的基础。9.3 节介绍了 Web 服务描述语言（Web Services Description Language，WSDL）。

图 9-1　Web 服务基础设施和组件

中间件的另一个共同需求是允许客户找到服务的名字或目录服务。Web 服务的客户也有类似的需求，但经常在没有目录服务的情况下进行管理。例如，它们经常从网页上的信息（例如，从 Google 的搜索结果）中查找服务。然而，已有一些工作能提供适合组织内部使用的目录服务，这些内容将在 9.4 节讨论。

我们将在 9.5 节介绍 XML 安全性。在这种达到安全性的方法中，可以对文档或文档的若干部分进行签名或加密。然后可以传输或存储经过签名或加密的元素，之后可以附加信息，而这个附加信息也可以被签名或加密。

Web 服务可以使远程客户访问资源，但不负责协调它们之间的相互操作。9.7.3 节将讨论 Web 服务的编排，它允许 Web 服务在使用其他服务集时，使用预定义的访问模式。

本章的最后一节考虑了 Web 服务的应用，包括对面向服务的体系结构、网格和云计算。

383

9.2　Web 服务

Web 服务接口通常由客户可以在互联网上使用的操作集合组成。Web 服务中的操作可以由各种不同的资源提供，如程序、对象或数据库。Web 服务既可以与网页一起被 Web 服务器管理，也可以完全独立的服务。

大多数 Web 服务的关键特征是可以处理 XML 格式的 SOAP 消息（参见 9.2.1 节），另一种替代方法是在 386 页方框中列出的 REST 方法。每个 Web 服务使用自己的服务描述处理它接收到的消息中特定于服务的特征。有关 Web 服务的更详细的介绍见 Newcomer[2002] 或 Alonso 等 [2004]。

许多知名的商业 Web 服务器（包括 Amazon、Yahoo、Google 和 eBay）提供允许客户操纵网络资源的 Web 服务接口。例如，Amazon.com 的 Web 服务提供了一些操作，允许客户获取商品的信息，以及将某项商品添加到购物车中或检查交易状态。Amazon 的 Web 服务 [associates.amazon.com] 可以通过 SOAP 或 REST 访问。这可以使第三方应用程序在 Amazon.com 提供的服务之上开发增值服务。例如，一个库存控制和购买应用程序可以在 Amazon.com 需要商品时订购各种商品，并自动追踪每个订单的状态变化。自从引入这些 Web 服务后，两年内有超过 50 000 的开发人员注册使用这项 Web 服务 [Greenfield and Dornan 2004]。

使用 Web 服务的应用程序的另一个有趣的例子是在 eBay 拍卖中实现了称为"snipping"的应用程序。snipping 的意思是在拍卖结束前的最后几秒钟内投标。虽然用户可以在网页上执行相同的动作，但却不一定那么迅速。

Web 服务的组合　提供 Web 服务接口允许该操作与其他服务的操作进行组合，从而提供新的功能（参见 9.7.1 节）。实际上，上面提到的购买程序可能也使用其他供应商的服务。另一个体现几个服务进行组合的优点的例子是：考虑到人们目前使用多种不同网站联机订购机票、酒店和租赁汽车，如果每个 Web 网站都提供标准的 Web 服务接口，那么"旅行代理服务"可以使用它们的操作为旅行者提供上述服务的一个组合，如图 9-2 所示。

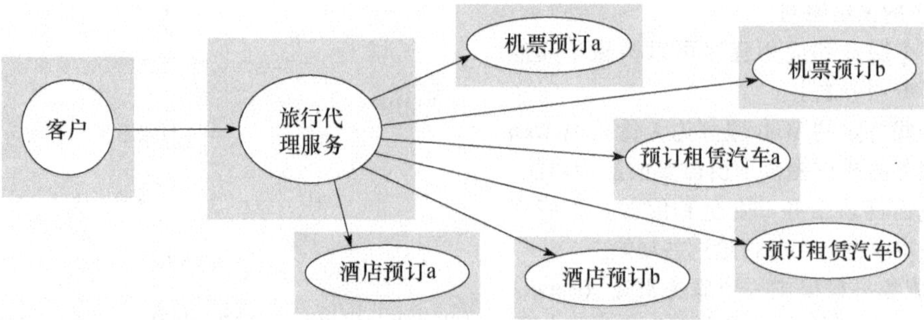

图 9-2 组合其他 Web 服务的 "旅行代理服务"

通信模式 旅行代理服务阐述了 Web 服务中可以使用的两种可以替换的通信模式：

- 预定的处理需要很长时间完成，这可以通过文档的异步交换获得良好的支持，开始传递日期和目的地的详细信息，然后是不时返回状态信息直至返回完成信息。这里不考虑性能。
- 信用卡信息的检查和与客户的交互应由请求 – 应答协议支持。

一般来说，Web 服务要么使用同步请求 – 应答模式与其客户通信，要么通过异步消息进行通信。后一种通信风格甚至可以用在请求需要应答时，在这种情况下，客户发送请求，然后异步接收应答。此外，还可以使用事件风格模式。例如，目录服务的客户可以注册其感兴趣的事件，当某个事件（诸如一个服务的到达或离开）发生时将会通知客户。

考虑到存在多种通信模式，SOAP 协议（讨论见 9.2.1 节）基于单个单向消息的封装。通过使用单向消息对并指定如何表示操作、操作的参数和结果来支持请求 – 应答交互。

更一般来讲，Web 服务是为在多种不同的编程语言和范型并存的互联网环境下支持分布式计算而设计的，因此，它独立于任何特定的编程范型。相比而言，分布式对象主张为开发者提供相对特定的开发范型（关于两者不同的进一步的讨论见 9.2.2 节）。

松耦合 在分布式系统中，松耦合（loose coupling）被广泛关注，特别是在 Web 服务社区中，虽然术语的定义经常是不清楚、不精确的。在 Web 服务环境中，松耦合指的是最小化服务之间的依赖，以便有一个灵活的底层体系结构。（减少由在一个服务中发生改变而带来的风险，会对另一个服务产生相应的作用。）Web 服务原本的独立性和后来产生 Web 服务组合的意图能部分支持这点。然而，有许多额外的特征可以增强松耦合：

384
≀
385

- 用接口编程（见第 5 章的讨论）即将接口与它的实现分离提供了一层松耦合。（这也支持异构性的重要方面，例如选择编程语言和所使用的平台。）接口编程被大多数分布式系统范型所采用，除了 Web 服务之外，还包括分布式对象和组件（相关讨论见第 8 章）。
- 分布式系统使用简单的、通用的接口是一个趋势，相关的例证是由万维网和 Web 服务中的 REST 方法提供的最小化接口。这种方法通过减少对特定操作名字的依赖而对松耦合有所贡献。（第 21 章中的 Google 实例研究提供了分布式编程风格的更进一步的例子。）这个特征导致的结果是数据变得比操作更重要，而互操作的语义经常被数据所拥有（例如，在 Web 服务中相关的 XML 文档定义）；这个面向数据的视图将在 19.3.2 节做进一步讨论。
- 如上所述，Web 服务能通过许多通信范型而被使用，包括请求 – 应答通信、异步消息或真正的间接通信范型（如第 6 章所述）。耦合的层次直接受这个选择的影响。例如，在请求 – 应答通信中，双方是内在耦合的；异步消息提供一定程度的解耦合（在第 6 章中被称为同步解耦合），而间接通信提供时间和空间解耦合。

总之，松耦合有许多维度，使用这个术语时记住这一点很重要。Web 服务内在支持一定程度的松耦合，是因为它所采用的设计方法学和用接口编程的方法。额外的设计选择包括采用 REST 方法和使用间接通信，这能进一步提高松耦合的层次。

消息表示 SOAP 及其携带的数据都是用 4.3.3 节介绍的 XML 表示的，XML 是一种自描述的文本格式。文本表示比二进制表示占用的空间更多，也需要更多的处理时间。在文档方式的交互中不用考虑速度的问题，但在请求－应答交互中速度却十分重要。然而，使用可读的格式也有优势，它可以很容易地构造简单消息并调试更复杂的消息。

　　XML 描述中的每一项都标注了它的类型，每种类型的含义由描述中引用的模式定义。这使得格式具有可扩展性，可以传输任何类型的数据。对 XML 格式文档的潜在丰富性和复杂性并没有限制，但在解释一些过于复杂的文档时可能存在困难。

　　REST（Representational State Transfer）　REST[Fielding 2000] 是一种具有一类非常受约束的操作风格的方法。在该方法中，客户使用 URL 和 HTTP 操作 GET、PUT、DELETE 和 POST 来操作以 XML 表示的资源。重点是对数据资源的操作而非接口。在创建一个新的资源时，该资源获得一个新的 URL，使用该 URL 可以对资源进行访问或更新。这里，是将资源的完整状态提供给客户，而不是调用某个操作提供一部分状态。Fielding 认为在互联网中，繁衍出不同的服务接口不如一个简单、最小、统一的操作集更为有用。根据 Greenfield 和 Dorman[2004]，在 Amazon. com 80% 对 Web 服务的请求都是通过 REST 接口进行，而剩下的 20% 使用 SOAP。

386

　　服务引用　一般来说，每个 Web 服务都有一个 URI，客户可以使用该 URI 来访问服务。URI 最常用的形式是 URL。由于 URL 包含计算机的域名，因此始终可以访问其指向的该计算机上的服务。然而，使用 URN 的 Web 服务的访问点依赖于上下文，并且有时会发生改变，Web 服务当前的 URL 可以通过 URN 查找服务获得。这个服务引用被称为 Web 服务的端点（endpoint）。

　　服务的激活　如果一个 Web 服务当前的 URL 中包含了一台计算机的域名，那么可以通过该计算机访问列表服务。该计算机可能自己运行该服务，也可能在另一台服务器计算机上运行该服务。例如，一个拥有上万个客户的服务可能需要部署在几百台计算机上。Web 服务可以连续运行，也可以只在需要时激活。URL 是持久性引用，这意味着只要 URL 指向的服务器存在，它将永远指向某个服务。

　　透明性　许多中间件平台的主要任务是将程序员从数据表示和编码以及远程访问本地化的细节中解脱出来。而这些在 Web 服务的基础设施或中间件平台中都没有提供。在最简单的层次上，客户和服务器可以直接以 SOAP 格式使用 XML 读写消息。

　　但是为了方便起见，SOAP 和 XML 的细节通常被某种编程语言（如 Java、Perl、Python 或 C++）的本地 API 隐藏。在这种情况下，服务描述可以作为自动生成所需编码和解码程序的基础。

　　代理：可以通过提供客户代理或存根过程集来隐藏本地和远程调用的区别。9.2.3 节给出了 Java 中对此的实现方法。客户代理或存根提供调用的静态形式，在进行任何调用前，都需要在代理中生成每个调用的框架和编码过程。

　　动态调用：代理的一个替代方法是给客户提供一个通用操作，在使用时不用考虑要调用的远程过程，这与图 5-3 中定义的 DoOperation 过程类似（但没有第一个参数）。在这种情况下，客户指定操作的名称和参数，并在运行中将其转化为 SOAP 和 XML。类似的，可以通过提供为客户发送和接收消息的通用操作来实现单条消息的异步通信。

9.2.1　SOAP

　　SOAP 旨在互联网上实现客户－服务器以及异步交互。它定义了使用 XML 表示请求和应答消息内容的模式（见图 5-4），也定义了文档通信的模式。最初 SOAP 仅仅基于 HTTP，但是当前的版本旨在使用各种传输协议，包括 SMTP、TCP 或 UDP。本节的描述是基于 SOAP 版本 1. 2[www. w3. org IX]，它是万维网联盟（W3C）的推荐标准。SOAP 是 Userland XML-RPC[Winer 1999] 的扩展。

387

　　SOAP 规约规定了：

- 如何使用 XML 表示一条消息的内容；
- 如何组合一个消息对来生成请求－应答模式；
- 消息的接收者如何处理消息中的 XML 元素的有关规则；
- HTTP 和 SMTP 如何传送 SOAP 消息。希望将来的规范能够定义如何使用其他传输协议，如 TCP。

本节描述 SOAP 如何使用 XML 表示消息以及如何使用 HTTP 传送消息。但是，程序员通常不需要关心这些细节，因为 SOAP API 已经在很多编程语言中得到实现，这些语言包括 Java、JavaScript、Perl、Python、.Net、C、C++、C#和 Visual Basic。

为了支持客户-服务器通信，SOAP 规定如何对请求消息使用 HTTP POST 方法和其对应答消息的响应。XML 和 HTTP 的组合使用为互联网上的客户-服务器通信提供了标准的协议。

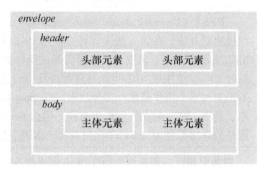

SOAP 消息在传送到管理要访问的资源的计算机的途中需要经过一些中间结点，高层中间件服务（例如，事务服务或安全服务）可以使用这些中间结点来执行处理。

SOAP 消息 SOAP 消息装载在一个"信封"中。在信封内有一个可选的头部和主体，如图 9-3 所示。消息头部可以用于建立服务所需的上下文或维持操作的日志或审计。某个中间结点可以解释并按照消息头部的信息行事，如增加、更改或删除信息。消息主体携带某个 Web 服务的 XML 文档。

图 9-3　信封中的 SOAP 消息

XML 元素 envelope、header 和 body 以及 SOAP 消息的其他属性和元素一起被定义为 SOAP XML 名字空间中的模式。有关该模式的定义可以查阅 W3C 的网站［www. w3. org IX］。

由于使用了文本编码，XML 模式可以使用浏览器中的"查看源文件"选项查看。头部和主体都包含内部元素。

前一节已经说过，服务描述包含客户和服务器要共享的信息。消息发送者使用这些描述生成 body，并确保其包含了正确的内容，消息接收者使用这些描述分析并检查内容的有效性。

SOAP 消息可以用于传送文档或支持客户-服务器通信：

- 将要传送的文档直接放在 body 元素中，并将对包含服务描述的 XML 模式的引用同时放入 body 元素中，该模式定义了文档中使用的名称和类型。这种类型的 SOAP 消息可以同步或异步发送。
- 对于客户-服务器通信，body 元素包含一个 Request 或 Reply。这两种情况在图 9-4 和图 9-5 中展示。

图 9-4 给出了一个没有头部的简单请求消息。body 中封装了元素 m，m 包含了要调用的过程的名称以及相关服务描述的名字空间（包含 XML 模式的文件）的 URI。请求消息的内部元素包含过程的参数。该请求消息提供了两个字符串，服务器上的过程以相反的顺序返回这两个字符串。用 env 表示的 XML 名字空间包含 envelope 的 SOAP 定义。图 9-5 给出了相应的成功应答消息，其中包含两个输出参数。注意，在过程的名称上增加了"Response"。如果过程有返回值，则可以表示为元素 rpc：result。应答消息与请求消息使用相同的两个 XML 模式，第一个模式定义了 SOAP 信封，第二个模式定义了特定于应用程序的过程和参数名称。

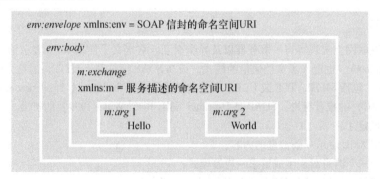

图 9-4　一个没有头部的简单请求示例

在本图和下图中，每个 XML 元素都用阴影框表示。其名称为斜体，后跟属性和内容。

图 9-5　对应于图 9-4 中请求的应答示例

SOAP 故障：如果请求在某种情况下失败了，则在应答消息的主体中用 fault 元素传送故障描述。该元素包含故障的相关信息，包括代码和相关字符串以及特定于应用程序的细节。

SOAP 头部　消息头部可由中间结点添加在处理装载在相应主体中消息的服务中。然而，这种用法有两个方面在 SOAP 规约中尚不清晰：

1）头部如何被某种更高层中间件服务使用。例如，头部可能包含：

- 事务服务使用的事务标识符；
- 消息之间互相关联（例如，实现可靠传输）的消息标识符；
- 用户名、数字签名或公钥。

2）消息如何经由中间结点集路由到最终接收者。例如，由 HTTP 传输的消息可以经由一系列代理服务器，其中有些可能作为一个 SOAP 角色。

然而，规约规定了中间结点的角色和职责。名为 role 的属性可以指定每个中间结点都处理元素或者都不处理元素，或者只是最终接收者处理元素［www. w3. org IX］。要执行的某个动作由应用程序定义，例如某个动作可以是记录元素的内容。

SOAP 消息的传输　需要使用传输协议将 SOAP 消息发送到它的目的地。SOAP 消息独立于使用的传输类型——消息的信封不包含对目的地址的引用。目的地址由 HTTP 或其他用于传输 SOAP 消息的协议指定。

389
∼
390

图 9-6 阐述了如何使用 HTTP POST 方法传输 SOAP 消息。HTTP 头部和主体的作用如下：

- HTTP 头部指定端点地址（最终接收者的 URI）和要执行的动作。Action 头部用于最优化调度——通过给出操作的名称而不需要分析 HTTP 消息主体中的 SOAP 消息。
- HTTP 主体封装 SOAP 消息。

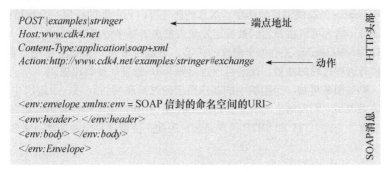

图 9-6　SOAP 客户 – 服务器通信中 HTTP POST 请求的使用

由于 HTTP 是同步协议，它用于返回一个包含 SOAP 应答的应答，类似图 9-5 所示。5.2 节详述了对于成功请求和失败请求，HTTP 返回的状态代码和原因。

如果一个 SOAP Request 仅仅是要返回信息的请求，不含任何参数并且不改变服务器中的数据，那么可以使用 HTTP GET 方法来执行它。

上面关于 Action 头部和调度的特点适用于任何为客户执行不同动作的服务,即使这个服务不提供这样的操作。例如,Web 服务可以处理大量不同类型的文档,如购买订单和询问,它们是由不同的软件模块处理的。Action 头部使得可以不需要检查 SOAP 消息就能选择正确的模块。这个头部可以在 HTTP内容类型指定为 application/soap + xml 时使用。

SOAP 信封的定义和有关如何发送以及发送目的地信息的分离使得使用多种不同的底层协议成为可能。例如,SOAP 规约规定了 SMTP 如何作为一种替代协议传输编码为 SOAP 消息的文档。

但是这个优势也是个弱点。这意味着开发者必须考虑所选择的特定传输协议的细节。另外,这为某个消息经过的路由的不同部分使用不同协议带来了困难。

WS-Addressing:SOAP 寻址和路由的进展   前面提到了两个问题:

- 如何使 SOAP 独立于底层使用的传输协议。
- 如何为一条 SOAP 消息指定通过中间结点集时遵循的路由。

Nielsen 和 Thatte[2001] 在该领域早期的工作建议应该在 SOAP 头部指定端点地址和调度信息。这样做能有效地将消息目的地同底层协议分开。他们提出通过给出端点地址和"下一跳"地址来指定要遵循的路径。每个中间结点都可以更新"下一跳"信息。

Box 和 Curbera[2004] 的工作认为:允许中间结点改变头部信息会破坏安全性。他们提出了 WS-Addressing,允许 SOAP 头部指定消息路由数据,用底层的 SOAP 基础设施提供"下一跳"信息。WS-Addressng 的 W3C 推荐标准见 [www. w3. org XXIII]。这种寻址使用一个端点引用 (Endpoint Reference)——一个包含目的地地址、路由信息和其他可能的关于服务的信息的一个 XML 结构。为了支持长期异步交互,SOAP 头部能提供返回地址和它们自己以及相关消息的消息标识符。

WS-ReliableMessage:可靠通信   SOAP 常用的 HTTP 协议运行在 TCP 之上,在 4.2.4 节中已讨论了 TCP 的故障模型。总结如下:TCP 不能保证在所有情况下都能正确传送消息。如果 TCP 等待确认消息超时,它就会声明连接已经中断,这时通信进程不知道最近发送的消息是否被接收。

在提供 SOAP 消息的有保证传送、无重复、保证消息顺序的可靠通信方面的工作形成了 Ferris 和 Langworthy[2004] 以及 Evans 等 [2003] 提出的两种相互竞争的规范。

最近,Oasis (一个全球性联盟,致力于开发、协商和采用电子商务和 Web 服务标准) 给出了一个称为 WS-ReliableMessaging[www. oasis. org] 的推荐标准。它允许一个 SOAP 消息按至少一次、至多一次或正好一次传递,相关的语义如下:

至少一次 (at-least-once):消息被至少传递一次,但如果不能被传递,将报告出错。

至多一次 (at-most-once):消息被至多传递一次,但如果不能被传递,没有出错报告。

正好一次 (exactly-once):消息被正好传递一次,但如果不能被传递,将报告出错。

Ws-ReliableMessasng 也提供消息的排序,消息的排序可以与上面的任何一个相结合:

按序 (In-order):消息可以按照它们被特定发送方发送的顺序传递到目的地。

注意,WS-ReliableMessaging 关心单个消息的传递,不要与 5.3.1 节描述的 RPC 调用语义相混淆,后者是指服务器执行远程过程的次数。读者可通过习题 9.16 做进一步的比较。

穿越防火墙   Web 服务可被一个组织中的客户用于通过互联网访问另一个组织中的服务器。大多数组织使用防火墙来保护它们网络上的资源,Java RMI 或 CORBA 使用的传输协议通常不能够穿越防火墙。然而,防火墙通常允许 HTTP 和 SMTP 消息通过。因此,使用这两个协议之一来传输 SOAP 消息是非常方便的。

9.2.2   Web 服务与分布式对象模型的比较

Web 服务具有一个服务接口,该接口可提供操作来访问和更新其管理的数据资源。从表面上看,客户和服务器之间的交互十分类似于 RMI,在 RMI 中客户使用远程对象引用来调用远程对象中的操作。对于 Web 服务,客户使用 URI 来调用该 URI 标识的资源中的操作。有关 Web 服务和分布式对象之间的相似点和区别的讨论,参见 Birman[2004]、Vinoski[2002] 和 Vogels[2003]。

通过 5.5 节 Java RMI 和 8.3 节 CORBA 中使用的共享白板的例子,我们试图给出上面分析的局限性。

远程对象引用与 URI　Web 服务的 URI 的作用与单个对象的远程对象引用的作用看似相似。然而，在分布式对象模型中，对象可以动态创建远程对象并返回其远程引用。接收者可以使用这些远程引用调用所引用的对象中的操作。在共享白板的例子中，对 newShape 工厂方法的调用创建了 Shape 对象的一个新实例，并返回对实例的远程引用。Web 服务不能完成类似的工作，Web 服务不能创建远程对象的实例。实际上，一个 Web 服务由一个远程对象组成，因此，与垃圾回收和远程对象引用无关。

Web 服务模型　考虑到不是使用透明的 Java 到 Java 的远程调用，而是使用 Web 服务模型，在该模型中远程对象不能实例化，因此 Java Web 服务工具包（JAX-RPC）[java. sun. com VII] 的用户必须为 Web 服务程序建模使其满足这个限制。JAX-RPC 考虑到这一点，它不允许将远程对象引用作为参数传递或作为结果返回。

图 9-7 给出了图 5-16 中接口的另一个版本，如下修改该接口使其成为 Web 服务接口：

* 在程序（分布式对象）的初始版本中，在服务器中创建 Shape 的实例，并由 newShape 返回对这些实例的远程引用，newShape 的（Web 服务）改进版本如行 1 所示。为避免远程对象的实例化以及相应的对远程对象的使用，删除了 Shape 接口并将其操作（getAllState 和 getGOVersion——最初的 getVersion）添加到 ShapeList 接口中。
* 在程序（分布式对象）的初始版本中，服务器存储了 Shape 的一个向量。现在将其更改为 GraphicalObject 的一个向量。方法 newShape 的（Web 服务）新版本返回一个整数，它表示该向量中 GraphicalObject 的偏移量。

```
import java.rmi.*;
public interface ShapeList extends Remote {
    int newShape(GraphicalObject g) throws RemoteException;          1
    int numberOfShapes()throws RemoteException;
    int getVersion() throws RemoteException;
    int getGOVersion(int i)throws RemoteException;
    GraphicalObject getAllState(int i) throws RemoteException;
}
```

图 9-7　Java Web 服务接口 ShapeList

修改方法 newShape 意味着它不再是工厂方法，也就是说，该方法不再创建远程对象的实例。

伺服器　在分布式对象模型中，服务器程序通常被建模化为伺服器的集合（潜在的远程对象）。例如，共享白板应用程序对形状列表使用一个伺服器，并为创建的每个图形对象使用一个伺服器。将这些伺服器分别创建为伺服器类 ShapeList 和 Shape 的实例。服务器启动时，其 main 函数创建 ShapeList 的实例；每当客户调用 newShape 方法时，服务器创建 Shape 的一个实例。

相反，Web 服务不支持伺服器。因此，在需要处理不同的服务器资源时，Web 服务应用程序不能创建伺服器。为实施这一点，Web 服务接口的实现既没有构造函数也没有 main 方法。

9.2.3　在 Java 中使用 SOAP

用于开发 SOAP 上的 Web 服务和客户端的 Java API 称为 JAX-RPC，在 Java Web 服务教程 [java. sun. com VII] 中介绍了 JAX-RPC。该 API 对客户和服务的编程人员隐藏了 SOAP 的所有细节。

JAX-RPC 将 Java 语言中的某些类型映射到 SOAP 消息和服务描述使用的 XML 中的定义上。允许使用的类型包括 Integer、String、Date 和 Calendar 以及 java. net. uri，它允许将 URI 作为参数传递或作为结果返回。JAX-RPC 不仅支持语言的简单类型和数组，还支持某些集合类型（包括 Vector）。

另外，某些类的实例可以作为参数传递，也可以作为远程调用的结果传递，前提是：

* 每个实例变量都是上述所允许的类型之一。
* 都拥有公共的默认构造函数。
* 没有实现 Remote 接口。

一般来说，如前一节提到的，远程引用（即实现了 Remote 接口）的类型的值不能作为参数传递或作为远程调用的结果返回。

服务接口 Web 服务的 Java 接口必须遵循以下规则，其中某些规则在图 9-7 中给出了示范说明：

- 必须扩展 Remote 接口。
- 必须不含常量声明，例如，public final static。
- 方法必须抛出 java. rmi. RemoteException 或其子类异常。
- 方法参数和返回类型必须符合 JAX-RPC 类型。

服务器程序 实现 ShapeList 接口的类如图 9-8 所示。如上所述，该类不含 main 方法，ShapeList 接口的实现也不包含构造函数。实际上，Web 服务是提供一组过程的单个对象。图 9-7、图 9-8 和图 9-9 中的源程序可以从本书的网站 www. cdk5. net/web 上获得。

```
import java.util.Vector;
public class ShapeListImpl implements ShapeList {
    private Vector theList = new Vector();
    private int version = 0;
    private Vector theVersions = new Vector();

    public int newShape(GraphicalObject g) throwsRemoteException{
        version++;
        theList.addElement(g);
        theVersions.addElement(new Integer(version));
        return theList.size();
    }
    public int numberOfShapes(){}
    public int getVersion() {}
    public int getGOVersion(int i){ }
    public GraphicalObject getAllState(int i) {}
}
```

图 9-8　ShapeList 服务器的 Java 实现

```
package staticstub;
import javax.xml.rpc.Stub;
public class ShapeListClient {
    public static void main(String[] args) { /* pass URL of service */
        try {
            Stub proxy = createProxy();                                         1
            proxy._setProperty                                                  2
            (javax.xml.rpc.Stub.ENDPOINT_ADDRESS_PROPERTY, args[0]);
            ShapeList aShapeList = (ShapeList)proxy;                            3
            GraphicalObject g = aShapeList.getAllState(0);                      4
        } catch (Exception ex) { ex.printStackTrace(); }
    }

    private static Stub createProxy() {                                         5
        return
            (Stub) (new MyShapeListService_Impl().getShapeListPort());          6
    }
}
```

图 9-9　ShapeList 客户端的 Java 实现

服务的接口和实现按通常方式编译。可以使用两个工具 wscompile 和 wsdeploy 生成骨架类和 WSDL（其描述见第 9.3 节）格式的服务描述，这将用到与服务的 URL 有关的信息、XML 格式的配置文件中的服务名称和描述。服务的名称（在该例中为 MyShapeListService）用于生成客户程序访问该服务时使用的类的名称，即 MyShapeListService_Impl。

Servlet 容器 服务实现作为 servlet 运行在 Servlet 容器中。Servlet 容器的作用是加载、初始化并执行 servlet。它包括分发器和骨架（见 5.4.2 节）。当请求到达时，分发器将该请求映射到某个骨架，该骨架将请求转换为 Java 格式并传送给 servlet 中的适当方法，由该方法执行请求并生成应答，然后骨架再将该应答转换为 SOAP 应答。服务的 URL 由 servlet 容器的 URL 以及服务类别和名称连接而成，如 http://localhost：8080/ShapeList-jaxrpc/ShapeList。

Tomcat[jakarta.apache.org] 是一个常用的 servlet 容器。运行 Tomcat 时，可以使用浏览器输入一个 URL 来查看其管理界面。该界面显示了当前部署的 servlet 的名称，并提供了一系列操作来管理这些 servlet，以及获取每个 servlet 的包括服务描述在内的相关信息。一旦在 Tomcat 中部署了某个 servlet，客户就可以访问该 servlet，其操作的组合效果将存储在 servlet 的实例变量中。在我们的例子中生成了 GraphicalObjects 的一个列表，在客户请求 newShape 操作后，将每个 GraphicalObjects 作为客户请求 new-Shape 的结果添加入该列表。如果通过 Tomcat 管理界面停止某个 servlet，那么在重启该 servlet 时实例变量的值将被重置。

Tomcat 还提供对其包含的每个服务的服务描述的访问，这使得编程人员能够设计客户程序，并使客户代码请求的代理的自动编译更加方便。由于服务描述是用 XML（更特别的，在 9.3 节介绍的 WS-DL）表述的，因此是人可读的。

客户程序 客户程序可以使用静态代理、动态代理或动态调用接口。在各种情况下，都可以从相关的服务描述中获得客户代码所需的信息。在我们的例子中，服务描述可以从 Tomcat 中获得。

静态代理：图 9-9 显示了 ShapeList 客户通过代理发起调用。（代理是将消息发送到远程服务的本地对象。）代理的代码由 wscompile 从服务描述中生成。代理的类名是在服务的名称后添加 "_Impl" 得到的。在本例中，代理类称为 MyShapeListService_Impl。该名称是特定于实现的，因为 SOAP 规范中并没有给出代理类的命名规则。

在程序的第 1 行，调用 creatProxy 方法。该方法如第 5 行所示，在第 6 行它使用 MyShapeListService _Impl 创建了一个代理，然后返回了该代理（注意，由于代理有时被称为存根，所以出现 Stub 作为类的名称）。在第 2 行，通过命令行给出的参数将服务的 URL 提供给代理。在第 3 行，将 proxy 的类型强制转换为 ShapeList 接口的类型。第 4 行调用了远程过程 getAllState，请求服务返回 GraphicalObjects 向量中第 0 个元素的对象。

由于代理是在编译时创建的，因此这种代理称为静态代理。从中生成的服务的服务描述不一定是从 Java 接口中生成的，它可以由各种不同语言系统的相关工具生成，甚至可以直接用 XML 写成。

动态代理：除了可以使用预编译的静态代理外，客户也可以使用动态代理。动态代理的类是在运行时从服务描述和服务接口的信息中生成的。这种方法避免了代理类使用特定于实现的名称的问题。

动态调用接口：该接口允许客户调用远程过程，即使服务的基调或服务的名称在运行前是未知的。与以上方法不同的是，客户不需要代理，但必须在发起过程调用前使用一系列操作来设置服务器操作的名称、返回值以及每个参数。

Java SOAP 的实现 Java API 的实现方式可以用图 5-15 来阐述。以下各段说明了 Java/SOAP 环境中各个组件的作用——组件之间的相互作用跟以前一样。不存在远程引用模块。

通信模块：通信模块的任务由一对 HTTP 模块实现。服务器中的 HTTP 模块根据 action 头部中的 URL 为 POST 请求选择合适的分发器。

客户代理：代理（或存根）方法知道服务的 URL，并将其方法的名称和参数与对该服务的 XML 模式的引用一起编码到 SOAP 请求信封中。对应答的解码包括分析 SOAP 信封来抽取结果、返回值或故障报告。将客户的请求方法调用作为 HTTP 请求发送到服务。

分发器和骨架：如上所述，分发器和骨架存在于 servlet 容器中。分发器从 HTTP 请求的 action 头部抽取操作的名称，然后调用合适的骨架中的相应方法，并将 SOAP 信封传递给该方法。

骨架方法执行以下任务：分析请求消息中的 SOAP 信封，然后抽取其参数，调用相应的方法，生成包含结果的 SOAP 应答信封。

395
$
397

　　SOAP/XML 中的错误、故障和正确性：HTTP 模块、分发器、骨架或服务自身都可以报告故障。服务可以通过返回值或利用服务描述中指定的故障参数报告其错误。骨架负责检查 SOAP 信封包含的请求以及 XML（SOAP 信封用良构的 XML 写成）。确认 XML 的有效性后，骨架将使用信封中的 XML 名字空间检查请求是否与提供的服务对应以及操作和其参数是否适合。如果请求验证在上述阶段中的任一阶段失败，则向客户返回错误。在接收到包含结果的 SOAP 信封时，代理也进行类似的检查。

9.2.4　Web 服务和 CORBA 的比较

　　Web 服务和 CORBA 或其他类似的中间件的主要区别是使用它们的上下文不同。CORBA 用于单个组织或很少的几个协作组织。这导致设计的某些方面过于集中，不适合独立组织之间的协作或在没有预先安排时的自主使用，下面我们将解释这个问题。

　　名字问题　在 CORBA 中，通过 CORBA 名字服务（见 8.3.5 节）实例的管理的名称来引用每个远程对象。这种类似 DNS 的服务提供名称到表示地址的值（CORBA 中为 IOR）之间的映射。但与 DNS 不同的是，CORBA 名字服务旨在用于一个组织而不是整个互联网。

　　在 CORBA 名字服务中，每个服务器管理一个具有初始的名字上下文的名称图，该服务器最初独立于其他服务器。尽管各个组织可能联合他们的名字服务，但这不能自动完成。在一个服务器与另一个服务器联合之前，需要知道后者的初始名字上下文。因此，CORBA 名字服务的设计将 CORBA 对象的共享有效地限制到已经联合名字服务的几个组织中。

　　引用问题　现在考虑 CORBA 远程对象引用（称之为 IOR，见 8.3.2 节）是否可以以类似 URL 的方式用作互联网范围内的对象引用。每个 IOR 包含一个槽，指定其引用的对象的接口的类型标识符。不过，只有存储相应类型定义的接口库才能理解这个类型标识符。这意味着客户和服务器需要使用相同的接口库，这在全球范围应用中实际上并不可行。

　　相反，在 Web 服务模型中，服务由 URL 标识，这使得处于互联网上任何位置的客户都可以请求位于互联网其他位置上的组织中的服务。也就是说，客户可以通过互联网共享 Web 服务。URL 访问唯一需要的服务就是 DNS，而 DNS 可以在互联网范围内有效地工作。

　　激活和定位的分离　定位和激活 Web 服务的任务被巧妙地分离开来。相反，CORBA 持久引用指的是平台（实现仓库）的一个组件，在任何合适的计算机上按需激活相应的对象，一旦激活对象，它还将负责定位对象。

　　易用性　虽然用户需要一种方便的编程语言 API 用于 SOAP 通信，但 Web 服务的 HTTP 和 XML 基础设施易于理解和使用，并且已经安装在所有最常用的操作系统上。相反，CORBA 平台需要安装和支持庞大复杂的软件。

　　效率　CORBA 的实现是比较高效的：CORBA CDR（4.3.1 节）是二进制的，而 XML 是文本方式的。Olson 和 Ogbuji[2002] 的一项研究比较了 CORBA、SOAP 和 XML-RPC 的性能。他们发现，SOAP 请求消息的大小是 CORBA 中等价消息的 14 倍，SOAP 请求耗费的时间平均是 CORBA 调用的 882 倍。虽然相关的性能依赖所使用的语言和所采用的特定的中间件实现，这个例子还是显示了基于 XML 方法可能的开销。但在许多应用中，SOAP 的消息开销和较低的性能并不易觉察，由于廉价的带宽、处理器、内存和磁盘空间越来越普及，SOAP 的低效变得更不明显了。

　　W3C 等组织一直在研究允许 XML 元素包括二进制数据以提高效率的可行性。有关该主题的讨论请参见 ［www.w3.org XXI］ 和 ［www.w3.org XXII］。请注意，XML 已经提供了二进制数据的十六进制和 base64 表示。base64 表示与 XML 加密联合使用（见 9.5 节）。将二进制数据转换为 base64 或十六进制数据的时间和空间开销相当大。因此，真正需要的是能够包括数据项（如 CORBA CDR 或 gzip 生成的）的预解析顺序的二进制表示。另一个正在研究的方法是用一个 SOAP 消息（包含附件，其中某些附件可能是二进制的），并使用复合 MIME 文本传输它。

　　CORBA 的优势　CORBA 服务在事务、并发控制、安全和访问控制、事件和持久对象方面的优势使其成为在单个组织内或者相关的几个组织内使用的许多应用程序中的合适选择。通常，CORBA 非常适合具有复杂交互的应用。另外，分布式对象模型对设计复杂应用很有吸引力，因此值得花费一些精力

去理解 CORBA 对象模型（8.3 节）和使用的特定编程语言之间的关系。 399

9.3　Web 服务的服务描述和接口定义语言

客户与服务进行通信需要使用接口定义。对于 Web 服务，接口定义是通常的服务描述（service description）的一部分，服务描述还指定了另外两个特性——消息如何通信（如通过 HTTP 上的 SOAP）以及服务的 URI。为满足多语言环境中的使用，服务描述使用 XML 编写。

服务描述构成了客户和服务器之间对提供的服务达成共识的基础，它聚集了服务方面所有与客户有关的因素。服务描述通常用于生成客户端存根，存根将自动为客户实现正确的行为。

服务描述的类似 IDL 的组件比其他 IDL 更为灵活，这是因为服务可以按照发送或接收消息的类型指定，也可以根据所支持的操作指定，从而允许文档交换以及请求－应答形式的交互。

Web 服务及其客户可以使用很多不同方法进行通信，因此通信方法由服务提供者决定并在服务描述中说明，而不是像 CORBA 一样将其构建进系统。

将服务的 URI 写入服务描述可以避免使用大部分其他中间件使用的单独的绑定器或名字服务。这意味着一旦服务描述对潜在的客户公开，将不能更改其 URI。但 URN 模式通过引用层上的间接性从而允许位置的变化。

相反，在绑定器方法中，客户在运行时使用名称来查找服务引用，因而允许随时更改服务引用。但是这种方法需要在所有服务的名称和服务引用之间存在一个间接层，即使许多服务依旧在相同位置也是如此。

在 Web 服务环境中，Web 服务描述语言（WSDL）通常用于服务描述。当前的版本是 WSDL 2.0 ［www. w3. org XI］，它在 2007 年成为 W3C 推荐版本。它定义了表示服务描述组件的 XML 模式，包括诸如名为 definition、type、message、interface、binding 和 service 的元素。

WSDL 将服务描述的抽象部分与具体部分分开，如图 9-10 所示。

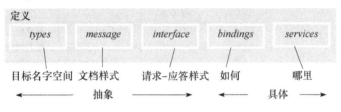

图 9-10　WSDL 描述中的主要元素 400

描述的抽象部分包括服务使用的一组类型的定义，特别是消息中交换的值的类型。9.2.3 节中的 Java 示例的接口如图 9-7 所示，它使用了 Java 类型 int 和 GraphicalObject。前者（跟其他基本类型一样）可以直接转换成 XML 中相应的类型，但 GraphicalObject 是用 Java 类型 int、String 和 boolean 定义的。为满足异构的客户使用，GraphicalObject 用 XML 表示为一个复杂类型，该类型由一组已命名的 XML 类型的序列组成，例如包括：

<element name="isFilled" type="boolean"/>

< element name="originx" type="int"/>

WSDL 定义中的 type 项内定义的名称集称为它的目标名字空间。抽象部分的 message 项包含对所交换的消息集的描述。对于文档样式的交互来说，这些消息将直接被使用。对于请求－应答样式的交互来说，每个操作有两条消息，用于描述 interface 项中的操作。具体部分指定了如何联系服务以及在哪里联系服务。

WSDL 定义的固有的模块性允许其组件以不同的方式组合在一起，例如，相同的接口可以与不同的绑定或位置一起使用。类型可以在 type 元素内定义，也可以在 type 元素中的 URI 引用的单独文档中定义。在后面这种情况，类型定义可以从几个不同的 WSDL 文档引用。

消息或操作　在 Web 服务中，客户和服务器所需要的是对要交换的信息达成共识。若服务只涉及很少几个不同类型的文档的交换，则 WSDL 只需描述要交换的不同消息的类型。当客户发送这些消息之一到 Web 服务时，Web 服务基于其收到的消息的类型决定执行何种操作以及给客户返回何种类型的信息。在我们给出的 Java 例子中，为接口中的每个操作定义两条消息———一条用于请求，一条用于应答。例如，图 9-11 给出了操作 newShape 的请求和应答消息，该操作具有一个类型为 GraphicalObject 的输入参数和类型为 int 的输出参数。

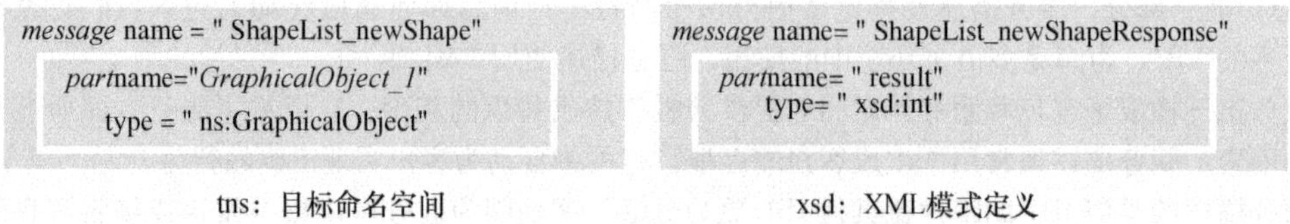

message name = " ShapeList_newShape"	*message* name= " ShapeList_newShapeResponse"
*part*name="*GraphicalObject_1*" 　　type = " ns:GraphicalObject"	*part*name= " result" 　　type = " xsd:int"

tns：目标命名空间　　　　　　　　　　　xsd：XML 模式定义

图 9-11　newShape 操作的 WDSL 请求和应答消息

但对于支持多个不同操作的服务，将交换的消息指定为对带参数的操作的请求以及相应的应答，允许服务将每个请求分派到合适的操作，这种方法效率更高。然而，在 WSDL 中，操作由相关的请求和应答消息构造，而不是服务接口中操作的定义。

接口　属于同一个 Web 服务的操作集合组成一组，放在名为 interface（有时称为 portType）的 XML 元素中。每个操作必须指定客户和服务器之间消息交换的模式。可选的模式如图 9-12 所示。第一个模式 In-Out 是客户 – 服务器通信常用的请求 – 应答形式。在这种模式中，应答消息可以用故障消息代替。In-Only 用于带有或许（maybe）语义的单向消息，Out- Only 用于从服务器到客户的单向消息，这两种模式都不能发送故障消息。Robust In-Only 和 Robust Out-Only 是相应的有传递保证的消息，这时可以交换故障消息。Out-In 是由服务器发起的请求 – 应答交互。WSDL 2.0 也是可扩展的，因为组织能引入它们自己的消息交换模式，如果预定义模式不够用的话。

名　　称	消息发送者		传递	故障消息
	客户	服务器		
In-Out	请求	应答		可以代替应答
In-Only	请求			没有故障消息
Robust In-Only	请求		有保证的	可以发送
Out-In	应答	请求		可以代替应答
Out-Only		请求		没有故障消息
Robust Out-Only		请求	有保证的	可以发送故障

图 9-12　WSDL 操作的消息交换模式

回到上面那个 Java 的例子，每个操作定义为 In- Out 模式。操作 newShape 如图 9-13 所示，该操作使用图 9-11 定义的消息。这个定义与其他四个操作的定义都放在 XML 的 interface 元素中。操作也可以指定可以发送的故障消息。

但是，如果一个操作有两个参数，一个是整数，另一个是字符串，那么就没有必要定义新的数据类型，因为这些类型都已经定义为 XML 模式了。然而，这样就需要定义包含这两个部分的消息。该消息可以用作操作定义中的输入或输出。

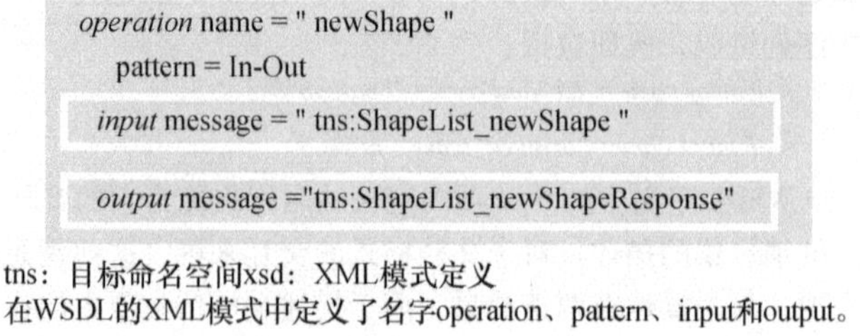

operation name = " newShape " 　　pattern = In-Out
input message = " tns:ShapeList_newShape "
output message ="tns:ShapeList_newShapeResponse"

tns：目标命名空间xsd：XML 模式定义
在WSDL的XML模式中定义了名字operation、pattern、input和output。

图 9-13　WSDL 操作 newShape

继承：任何 WSDL 接口都可以扩展一个或多个其他 WSDL 接口。这是继承的一种简单形式，这里，接口除了支持自身定义的操作外，还支持其扩展的所有接口的操作。接口不允许递归定义，即如果接口 B 扩展了接口 A，则接口 A 不能再扩展接口 B。

具体部分　WSDL 的其余部分（具体部分）由 binding（协议的选择）和 service（端点或服务器地址的选择）组成。这两者是相关联的，因为地址的形式取决于使用的协议类型。例如，SOAP 端点使用 URI, 而 CORBA 端点使用特定于 CORBA 的对象标识符。

绑定: WSDL 文档中的 binding 项表示要使用何种消息格式和外部数据表示形式。例如, Web 服务频繁使用 SOAP、HTTP 和 MIME。绑定可以与特定操作或接口相关联, 也可以不设置从而使用许多不同的 Web 服务。

图 9-14 给出了嵌套一个 soap: binding 的 binding, soap: binding 指定了传输 SOAP 信封的特定协议的 URL: SOAP 的 HTTP 绑定。还可以指定如下该元素可选的属性:

- 消息交换的模式, 可以是 rpc (请求 – 应答) 或 document 交换模式。默认值为 document 模式。
- 消息格式的 XML 模式。默认值为 SOAP envelope。
- 外部数据表示的 XML 模式。默认值为 XML 的 SOAP 编码。

图 9-14　SOAP 绑定和服务定义

图 9-14 还显示了一个操作 newShape 的绑定的详细信息, 它指定了 input 和 output 消息都应在 SOAP 主体内传输, 使用了特定的编码样式, 另外操作还应作为 SOAP Action 传输。

服务: WSDL 文档中的每个 service 元素都指定了服务的名称和一个或多个 endpoint (或端口), 通过 endpoint 可以与服务的某个实例联系。每个 endpoint 元素引用所使用的绑定的名称, 在使用 SOAP 绑定的情况下, 使用一个 soap: address 元素来指定服务位置的 URI。

文档　在 WSDL 文档内的大部分地方, 可以将人与机器都可读的信息插入 documentation 元素中。在使用 WSDL 自动处理之前, 可以通过 stub 编译器将该信息删除。

WSDL 的用途　直接地或间接地通过 UDDI 等目录服务, 客户和服务器可以使用 URI 访问完整的 WSDL 文档。有很多工具可以通过图形用户界面提供的信息生成 WSDL, 从而避免了用户涉及 WSDL 的复杂细节和结构。例如, Web 服务描述语言的 Java 工具包 (WSDL4J) 允许创建、表示和操纵描述服务的 WSDL 文档 [WSDL4J. sourceforge. org]。WSDL 定义还可以直接从用其他语言 (例如 9.2.1 节中讨论的 Java JAX-RPC) 编写的接口定义中生成。

9.4　Web 服务使用的目录服务

客户可以通过很多方法获取服务描述, 例如, 9.1 节讨论的旅行代理服务这类高级 Web 服务的提供者肯定会制作一个网页宣传这个服务, 潜在的客户将在搜索这种类型的服务时遇到这个网页。

然而, 任何计划将 Web 服务作为其应用基础的组织会发现使用目录服务将更便于客户找到服务。这就是统一目录和发现服务 (Universal Description, Discovery and Integration, UDDI) [Bellwood et al. 2003] 的目的, 它提供名字服务和目录服务 (参见 13.3 节)。也就是说, 可以通过名称 (白页服务）或通过属性（黄页服务）查找 WSDL 服务描述。还可以直接通过 URL 访问，这大大方便了开发使用该服务的客户程序的开发人员。

客户可以使用黄页方法来查找特定类别的服务，如旅行代理或书商，或者使用白页方法根据提供[404] 服务的组织来查找服务。

数据结构 支持 UDDI 的数据结构旨在允许上述所有访问方式，并且可以结合任意数量的用户可读的信息。数据以图 9-15 所示的四种结构组织，每种结构都可以通过称为 key 的标识符单独访问（tModel 除外，tModel 可以通过 URL 访问）。

图 9-15 主要的 UDDI 数据结构

businessEntity：描述提供这些 Web 服务的组织，给出其名称、地址和活动等。

businessServices：存储 Web 服务的实例集合的有关信息，如名称和目的描述，前面的旅行代理或书商就是一个例子。

bindingTemplate：存放 Web 服务实例的地址和对服务描述的引用。

tModel：存放服务描述，通常是 WSDL 文档，存储在数据库外并且通过 URL 访问。

查找 UDDI 基于以下两个查询操作集提供查找服务的 API：

- get_xxx 操作集包括 get_BusinessDetail、get_ServiceDetail、get_bindingDetail 和 get_tModelDetail。这些操作根据给定的键检索实体。
- find_xxx 操作集包括 find_business、find_service、find_binding 和 find_tModel。这些操作检索与特定搜索标准相匹配的实体集，并给出名称、描述、键和 URL 的摘要。

因此，拥有某个键值的客户可以使用 get_xxx 操作直接检索相应实体。其他客户可以通过浏览来辅助查找——从一个较大的结果集开始，然后逐渐缩小搜索范围。例如，可以首先使用 find_business 操[405] 作来获得包含有关匹配提供者的信息摘要的列表。从摘要中，用户可以通过匹配所需服务的类型，使用 find_service 操作来缩小搜索范围。在这两种情况下，将会找到合适的 bindingTemplate 的键，并找到一个 URL 来检索合适的服务的 WSDL 文档。

另外，UDDI 提供了通知/订阅接口。通过该接口，客户可以在 UDDI 注册表中注册感兴趣的实体集，并以同步或异步方式获得变更通知。

发布 UDDI 提供了一个接口用来发布和更新 Web 服务的信息。当一个数据结构（见图9-5）第一次在某个 UDDI 服务器上发布时，该结构获得一个 URI 形式的键，例如 uddi：cdk5．net：213，并且该服务器成为其所有者。

注册处 UDDI 服务基于注册处中存储的复制数据。UDDI 注册处由一个或多个 UDDI 服务器组成，每个服务器都有相同数据集的副本。数据在注册处的成员间复制。每一个成员都可以响应查询和发布信息。对某个数据结构的更改必须提交到其所有者，也就是该结构第一次发布时所在的服务器。所有者可以将所有权传给同一注册处的其他 UDDI 服务器。

复制模式：注册处的成员按照如下方式相互传播数据结构的拷贝——进行了变更的服务器通知注册处的其他服务器，然后这些服务器请求进行更改。使用一个向量时间戳来确定应该被传播和应用的更改。与其他使用向量时间戳的复制模式（如 18.4.1 节的闲聊体系结构或 18.4.3 节的 Coda）相比，这个模式是简单的，因为：

1）对某个数据结构的所有更改都在同一个服务器上进行。

2）来自某个服务器的更新按顺序被其他成员接收，但是不同服务器所做的更新之间不存在特定的顺序。

服务器之间的交互：如上所述，服务器之间通过交互来完成复制。还可以通过交互来传递数据结构的所有权。然而，对查询操作的响应由单个服务器执行，而不需要与注册处其他服务器进行任何交互，这一点与 X.500 目录服务（见 13.5 节）不同。在 X.500 目录服务中，数据被分布到服务器上，服务器通过互相协作来查找与特定请求相关的服务器。

9.5 XML 安全性

XML 安全性由一组相关的 W3C 提出的用于签名、密钥管理和加密的设计组成。它用于互联网上的协作，主要针对互联网上的文档内容可能需要认证或加密。通常，文档被创建、交换、存储，然后再次交换，这其中很可能文档被一系列不同用户修改。

|406|

WS-Security[Kaler 2002] 是另一种获得安全性的方法，该方法将消息完整性、消息机密性以及单个消息的认证应用到 SOAP。

考虑一个包含病人病历的文档，在这个场景中 XML 安全性将十分有用。在本地医生的诊疗室以及在病人去过的不同的诊所和医院分别用到病历文档的不同部分。医生、护士、医疗顾问根据病情和治疗方法的历史记录来更新该文档，另外负责预约的管理人员以及提供药品的药剂师也将更新该文档。上面提到的不同角色可以查看文档的不同部分，病人也可能查看文档。将文档的某个部分（如关于治疗的建议等）归属到做出这些建议的人，并保证这个部分不被其他人更改，这种做法是很有必要的。

TLS（即从前的 SSL，见 11.6.3 节）可以用于创建信息通信的安全通道，但它不能满足上面的需要。在通道建立的过程中以及通道的生命周期内，TLS 允许通道两端的进程对认证或加密的需求、密钥以及用到的算法进行协商。例如，可以对有关金融交易的数据进行签名，然后以明文传送，直到需要传送诸如信用卡信息等敏感信息时才应用加密。

考虑到上面列出的新的用途，必须在文档内指定安全性并应用安全性，而不是将安全性作为将文档从一个用户传送到另一个用户的通道的属性。

这可以用 XML 以及其他结构化文档格式实现，因为在这些文档格式内可以使用元数据。XML 标签可以用于定义文档中数据的属性。特别是，XML 安全性依赖于可以用于指示加密或签名数据以及签名项的起止位置的新标签。一旦将必需的安全性应用到文档内，就可以将其发送到大量不同的用户，甚至是通过组播的方式发送。

基本需求 XML 安全性至少应该提供与 TLS 相同等级的保护，即：

既能够加密整个文档，也能选择对文档的某些部分进行加密：例如，考虑金融交易中的信息，包括姓名、交易类型以及使用的信用卡或借记卡的信息。一种情况是，只是将卡的信息隐藏，从而能够在解密记录之前识别出交易。另一种情况是，将交易的类型也隐藏起来，这样外部的人就不能分辨这到底是订单还是付款。

既能够对整个文档签名，也能够只选择文档的某些部分签名：当文档被用于一组人的协同工作时，应该对文档中的某些关键部分签名，以保证这些部分由某个人做出修改或没有做出更改。但是文档中可以有些部分能够在使用期间更改，这是很有用的，这些部分不应该被签名。

|407|

其他基本需求 有时需要存储文档、可能修改文档然后将其发送到许多不同的接收者，这一过程产生了新的需求。

在已签名的文档上增加内容并对结果签名：例如，Alice 对一个文档签名并将其传给 Bob，Bob 通过对其添加一个标记来证明 Alice 的签名，然后对整个文档签名。（第 11.1 节为介绍安全协议而引入的名字，包括 Alice 和 Bob。）

授权不同的用户来查看文档的不同部分：在病历的例子中，调查人员可以查看医疗记录的某个特定部分，管理人员可以查看个人信息，医生可以查看这两个部分。

在包含加密部分的文档上增加内容并对新版本文档的某个部分加密，其中可能包含某些已加密的部分。

XML 记号的灵活性和结构化能力使得它能满足上述所有的需求，不需要对满足基本需求的机制做任何增加。

算法需求 XML 安全文档在考虑谁将访问文档之前已经进行了签名和加密。如果没有涉及文档的创作者，就不可能对协议以及是否使用验证或加密进行协商。因此：

标准应该指定一套在任何 XML 的安全性实现中都提供的算法：至少应该强制提供一个加密算法和签名算法，从而实现最大可能的互操作性。应该尽可能少的提供其他可选的算法。

用于特定文档的加密和认证的算法必须从这一套算法中选择，使用的算法的名称必须在 XML 文档自身内引用：如果文档使用的环境不可预测，则必须使用一个所需的协议。

XML 安全性定义了元素名字，这些名字可以用于指定签名或加密所用的算法的 URI。因此为了能够在相同的 XML 文档内选择多种算法，指定算法的元素通常嵌套在包含签名信息或加密数据的元素内。

查找密钥的需求 当创建文档以及每一次更新文档时，都必须选择合适的密钥，而不必与以后可能访问该文档的人进行任何协商。这引发了以下需求：

帮助安全文档的用户查找必需的密钥：例如，包括签名数据的文档应该包含用来验证签名的公钥信息，如一个可以用于获取密钥的名称，或者一个证书。KeyInfo 元素可以用于此目的。

使协作用户能够彼此帮助查找密钥：假如 KeyInfo 元素没有以加密方式绑定到签名上，则应在不破坏数字签名的情况下添加信息。例如，Alice 对一个文档签名后将其发送给 Bob，该文档中包含一个仅指定密钥的名称的 KeyInfo 元素。当 Bob 收到文档时，他检索验证签名所用的信息并在将文档发送到 Carl 时将这些信息添加到 KeyInfo 元素中。

408

KeyInfo 元素 XML 安全性指定了一个 KeyInfo 元素，指示用于验证签名或解密某些数据的密钥。例如，它可以包括证书、密钥的名称或密钥协定算法。其使用是可选的：签名者可能不想向文档的访问者透漏任何密钥信息；而在某些情况下，使用 XML 安全性的应用程序可能有权访问所用的密钥。

规范的 XML 某些应用程序可能会做一些对 XML 文档的实际信息内容没有影响的更改，这是因为有多种不同的方式来表示逻辑上相同的 XML 文档。例如，属性的顺序可能不同，可能使用不同的字符编码，但信息内容是等价的。规范的 XML [www.w3.org X] 旨在用数字签名，而数字签名则用来保证文档的信息内容不被更改。在签名前，要将 XML 元素规范化，并将规范化算法的名称与签名一起存储起来。这样可以保证在验证签名时使用相同的算法。

规范形式是将 XML 以比特流的形式进行标准的序列化。它添加了默认属性并去除了多余的模式，并在每个元素中将属性和模式声明以词典顺序排列。它使用了标准的换行形式，字符使用 UTF-8 编码方案。任意两个等价的 XML 文档都具有相同的规范化形式。

当对 XML 文档的一个子集（如一个元素）进行规范化时，规范化形式应包括祖先上下文，即所声明的名字空间和属性的值。因此，在规范的 XML 与数字签名一起使用时，如果将那个元素置于一个不同的上下文中，对该元素签名的验证将不会通过。

该算法的一个变种称为排他式规范的 XML (Exclusive Canonial XML)，它忽略序列化的上下文。如果应用程序想要某个签名元素能在不同的上下文中使用，则可以使用该算法。

以 XML 形式表示的数字签名的使用 XML 形式的数字签名规约 [www.w3.org XII] 是 W3C 推荐标准，它定义了新的 XML 元素类型来保存签名、算法的名称、密钥和对签名信息的引用。该规范中提供的名称是按照 XML 签名模式定义的，包括元素 Signature、SignatureValue、SignedInfo 和 KeyInfo。图 9-16 显示了在一个 XML 签名的实现中必须包含的算法。

409

密钥管理服务 XML 密钥管理服务的规约 [www.w3.org XIII] 包含用于分发和注册 XML 签名使用的公钥的协议。虽然不需要任何公钥基础设施，但该服务仍然可以与现有的公钥基础设施兼容，如 X.509 证书（见 11.4.4 节）、SPKI（简单公钥基础设施，见 11.4.4 节）或 PGP 密钥标识符（相当好的私密性，见 11.5.2 节）。

算法类型	算法名称	是否必需	参　考
消息摘要	SHA-1	必需	11.4.3节
编码	base64	必需	[Freed and Borenstein 1996]
签名	使用SHA-1的DSA	必需	[NIST 1994]
（非对称）	使用SHA-1的RSA	推荐	11.3.2节
MAC签名	HMAC-SHA-1	必需	11.4.2节和Krawczyk等[1997]
（对称）			
规范性	规范XML	必需	第409页

图 9-16　XML 签名所需的算法

客户可以使用该服务查找某个人的公钥。例如，如果 Alice 想给 Bob 发送一封加密的电子邮件，她可以使用该服务来获得 Bob 的公钥。另一个例子是，Bob 从 Alice 那里收到一个签名文档，该文档包含 Alice 的 X.509 证书，那么 Bob 将请求密钥信息服务来获取公钥。

XML 加密　　［www.w3.org XIV］中定义了对 XML 的加密标准，它是 W3C 推荐标准，定义了用 XML 表示加密数据的方式，也定义了加密和解密的过程。它引入了 EncryptedData 元素来包含加密数据部分。

图 9-17 指定了应该包含在 XML 加密的实现中的加密算法。块密码算法用于加密数据；base64 编码在 XML 中用来表示数字签名和加密数据。密钥传输算法是用于加密以及解密密钥本身的公钥加密算法。

算法类型	算法名称	是否必需	参　考
块密码	TRIPLEDES	必需	11.3.1节
	AES-128, AES-256		
	AES-192	可选	
编码	base64	必需	[Freed and Borenstein 1996]
密钥传输	RSA-v1.5	必需	11.3.2节
	RSA-OAEP		[Kaliski and Staddon1998]
对称密钥包装	TRIPLEDES KeyWrap	必需	[Housley 2002]
（由共享密钥签名）	AES-128 KeyWrap		
	AES-256 KeyWrap		
	AES-192 KeyWrap	可选	
密钥协定	Diffie-Hellman	可选	[Rescorla, 1999]

图 9-17　加密所需的算法（还需要图 9-16 中的算法）

410

对称密钥包装算法是共享密钥加密算法，用于通过另一个密钥来加密和解密对称密钥。如果密钥包含在 KeyInfo 元素中，则可以使用该算法。

密钥协定算法允许从一对公钥的计算结果得到一个共享的私钥。若应用程序想不进行任何交换就共享密钥，则可以使用该算法。它不适用于 XML 安全系统自身。

9.6　Web 服务的协作

SOAP 基础设施支持客户和服务器之间的单个请求 – 应答交互。然而，许多有用的应用程序往往涉及很多请求，必须以特定顺序处理。例如，在订机票时，在进行预订之前必须收集价格和剩余机票的信息。当用户通过浏览器与网页交互时，例如订机票或在拍卖中竞价，浏览器提供的接口根据服务器提供的信息来控制操作执行的顺序。

然而，如果服务是一个负责预订的 Web 服务，类似于图 9-2 显示的旅行代理服务，那么在该 Web 服务与其他执行汽车租赁、酒店预订和机票预订等的服务交互时，需要按照一个合适的描述来工作。图 9-18 给出了这样一个描述。

1. 客户向旅行代理服务请求有关一组服务的信息，如航班、汽车租赁和酒店预订。
2. 旅行代理服务收集价格和可用信息并将其发送给客户，客户代表用户选择以下一种动作：
   （a）改进查询，可能涉及更多提供者，从而获得更多信息，然后重复步骤2。
   （b）做出预订。
   （c）退出。
3. 客户请求预订，旅行代理服务检查是否可以预订。
4. 要么所有服务都可以预订；
   要么对于不可用的服务；
                    要么向返回步骤3的客户提供替代服务。
                    要么客户返回步骤1。
5. 交纳定金。
6. 作为确认，给客户一个预订号。
7. 在最后付款前这段时间中，客户可修改或取消预订。

图 9-18 旅行代理场景

这些例子阐述了在与其他 Web 服务进行交互时，需要给作为客户的 Web 服务提供一种要遵循的协议的描述。但在服务器接收和响应多个客户的请求时，还存在服务器的数据保持一致性的问题。第 16 章和第 17 章讨论了事务，并通过一系列银行事务阐述了这个问题。作为一个简单的例子，在两个银行账户之间转账时，一致性要求向一个账户存钱和从另一个账户取钱这两个操作必须都执行。第 17 章介绍了两阶段提交协议，协同服务器使用该协议来确保事务的一致性。

在某些情况下，原子事务能够满足使用 Web 服务的应用程序的需求。然而，诸如旅行代理这样的活动需要花费很长时间才能完成，并且由于要在很长时间内锁定资源，因此使用两阶段提交协议来执行这些活动是很不实际的。一种可选的方案是使用更灵活的协议，在该协议中每个参与者在出现时都对持久性状态做出更改。在发生故障的情况下，使用应用级的协议来撤销这些操作。

在传统的中间件中，基础设施提供了一个简单的请求－应答协议，允许将事务、持久性和安全性等服务作为单独的高级服务来实现，以便在需要时可以使用这些服务。对 Web 服务来说也是这样，W3C 和其他组织已经在定义更高级的服务方面做出了许多努力。

在 Web 服务协调的通用模型方面已经取得了一些成果，该模型类似于 17.2 节讨论的分布式事务模型。这是因为有协调者和参与者角色，这些角色能够执行特定的协议，如执行分布式事务。Langworthy[2004] 描述了这项称为 WS-Coordination 的工作。该小组还给出了事务如何在该模型中得到执行的说明。若要透彻研究 Web 服务协调协议，请参见 Alonso 等 [2004]。

在本节的剩余部分里，我们给出了 Web 服务编排所蕴涵的思想。考虑这样一个事实，通过工作在同一个任务（如旅行代理情况）中的 Web 服务对之间的交互，可以描述所有可能的有效路径。如果存在这样一个描述，则可以用它来协调共同任务。它还可以用作服务的新实例（如想加入协作的一个新的航班预订服务）要遵循的规约。

W3C 使用术语编排（choreography）来表示基于 WSDL 的用来定义协调的语言。例如，该语言可以指定参与者之间交换信息所依照的顺序和条件方面的限制。编排旨在提供一组交互的全局描述，显示每个参与者的行为，从而达到增强互操作性的目的。

编排的需求   编排旨在支持 Web 服务之间的交互，这些 Web 服务通常由不同的公司和组织来管理。一个涉及多个 Web 服务和客户的协作应按照参与者之间的一组可观测的交互来描述。这样的一个描述可以看做参与者之间的契约，该描述有以下用途：

- 为想参与的新服务生成代码概要；
- 作为为新服务生成测试消息的基础；
- 提升对协作的共同理解；
- 分析协作，例如识别可能的死锁情况。

一组协作的 Web 服务使用一个通用的编排描述，这样应该能产生具有更好互操作性的更为健壮的服务。另外，将更容易开发和引入新的服务，使得整个服务更为有用。

［www. w3. org XV］上的 W3C 工作草案文档建议一种编排语言应包含以下特征：

- 可以编排出层次和递归结构；
- 为现有服务增加新实例和增加新服务的能力；
- 并发路径、选择路径和重复编排某一部分的能力；
- 可变的超时时间——例如，不同的预订保存时间；
- 异常，比如用来处理乱序到达的消息、用来处理撤销等用户操作；
- 异步交互（回调）；
- 引用传递，如允许汽车租赁公司向银行咨询来检查用户的信用；
- 划分所发生的不同事务的边界，以便进行恢复；
- 包含可供人阅读的文档的能力。

另一个 W3C 工作草案文档［www. w3. org XVI］描述了一个基于这些需求的模型。

编排语言　目的是生成一种声明性的、基于 XML 的语言，用来定义可以使用 WSDL 定义的编排。W3C 已经给出了一个推荐标准：Web 服务编排定义语言版本 1（Web Services Choreography Definition Language Version 1）［www. w3. org XVII］。在此之前，一些公司向 W3C 提交了一个 Web 服务编排接口规范［www. w3. org XVIII］。

9.7　Web 服务的应用

Web 服务现在是分布式系统编程的主流范型之一。本节，我们讨论 Web 服务被广泛采用的若干主要的领域：在支持面向服务的体系结构方面，网格和后来的云计算。

9.7.1　面向服务的体系结构

面向服务的体系结构（Service-Oriented Architecture，SOA）是一套设计原则，依照该原则，分布式系统用松耦合的服务集开发，这里服务能被动态发现，能相互通信并通过编排进行协调从而提供加强的服务。面向服务的体系结构是一个抽象的概念，可以用许多技术实现，包括第 8 章讨论的分布式对象或基于组件的方法。但是，实现面向服务的体系结构的主要手段是通过使用 Web 服务，这主要是由于这个方法中内在的松耦合特性（见 9.2 节的讨论）。 ｜413｜

这个体系结构风格能用在一个业务或组织中，从而提供一个灵活的软件体系结构，实现不同服务之间的互操作性。而它主要在更广阔的互联网使用，提供服务的一个公共视图，使得这些服务可以被全球访问并负责后续的组合。这使得超越互联网内在的异构性水平是可能的，也使得通过内部采用不同的中间件产品能处理不同组织的问题———一种可能的情况是这样的：一个组织内部使用 CORBA，另一个组织内部使用 .NET，但接着两者用 Web 服务暴露其接口，因此这样鼓励全球互操作性。形成的结果被称为业务到业务（Business-to-Business，B2B）集成。在图 9-18 中，我们已经看到 B2B 集成需求的例子（旅游代理场景），旅游代理可以与范围很广的诸如提供飞机航线、汽车租赁和旅店住宿的公司打交道。

面向服务的体系结构也促进和鼓励软件开发的 mashup 方法。一个 mashup 是一个由第三方开发者创建的通过组合两个或更多分布式环境中可用服务的新服务。mashup 文化依赖有良好定义接口的有用服务的可用性，它与开放创新社区紧密关联，雇佣单人或小组开发实验性组合服务，并使得这些服务可被其他人用来做进一步的开发。互联网现在满足了这两个条件，特别是随着云计算和 "软件即服务"（参见 7.7.1 节的介绍）的出现。主要的软件开发者如 Amazon、Flickr 和 eBay 通过发布的接口给其他开发者使得服务可用。作为一个例子，参考 JBidwatcher［www. jbidwatcher. org］，一个基于 Java 的 mashup 提供给 eBay 的接口，主动代表客户管理投标，例如跟踪拍卖，以及在最后一秒投标以最大化成功的机会。

9.7.2　网格

"网格" 指的是一种中间件，它使得非常大规模的文件、计算机、软件、数据和传感器等资源的共享成为可能。这些资源主要是由位于不同组织中的许多用户共享，他们通过共享数据或共享计算能力来协作解决一些需要大量计算机才能解决的问题。这些资源需要得到异构的计算机硬件、操作系统、编程语言和应用程序的支持。为了确保客户能够获得所需的资源并且服务能提供这些资源，需要进行适当的管理来协调对这些资源的使用。在某些情况下，需要复杂的安全技术来保证在该类型的环境下正确地使用资源。至于网格应用程序的一个例子，参考下面方框中的内容，其中介绍了 Microsoft Research 开发的 World-Wide Telescope 应用。

[414]

World-Wide Telescope：一个网格应用

World-Wide Telescope 项目关注天文团体共享的数据资源的部署，在 Szalay 和 Gray[2004]、Szalay 和 Gray[2001] 以及 Gray 和 Szalay[2002] 的工作中介绍了这个项目。天文数据由观测档案组成，每一个观测文档包含一段特定时间、一段电磁波频谱（光学的、X 射线的、无线电的）和天空的一片区域。这些观测数据是由分布在世界各地的不同设备获得的。

有关天文学家如何共享数据的研究对于得出典型的网格应用的特征是非常有用的，这是因为天文学家可以彼此自由地共享他们的成果，可以忽略安全的问题，从而简化了这个问题的讨论。

天文学家需要整合同一天体对象的多个不同时间段和多段频谱的数据来进行研究。能够使用独立的观测数据对研究十分重要。可视化可以使天文学家能够查看数据的 2 维或 3 维散点图。

数据收集小组将数据存储在大容量存储设备中（现在是以 TB 计），这样每个数据收集小组都可以对其进行本地管理。用于收集数据的设备服从摩尔定律，因此收集到的数据以指数方式增长。在收集数据时，使用流水线方式分析数据并存储得到的数据供全世界天文学家使用。但在其他研究人员使用数据之前，在某一领域的科学家需要协商一种方法来标记数据。

Szalay 和 Gray[2004] 指出，在过去，科学研究数据由其作者写成论文发表在期刊上，并保存在图书馆中。但是现在，数据的数量过于巨大，出版物无法包含。这种情况不仅在天文学领域出现，粒子物理、基因和生物研究领域也存在这个问题。现在，科学家通常是共同协作，花费 5～10 年时间做实验，然后将生成的数据发布到基于 Web 的数据存储中。因此，研究该项目的科学家除了是作者还成了数据发布人员和管理人员。

这个额外的职责要求任何管理数据存储的组织要使得其他研究人员能访问这些存储。这意味着在原有的数据分析任务之上要增加相当大的开销。要使这种共享成为可能，就需要元数据来描述数据收集时间、天空区域和使用的设备等原始数据。另外，导出数据需要跟描述处理数据的流水线的参数的元数据一起存放。

导出数据的计算需要大量的计算。通常在技术改进时需要重新进行计算。所有这些对于拥有数据的组织而言都是不小的花费。

World-Wide Telescope 的目的是将全世界的天文数据整合到一个巨大的数据库中，这个数据库包括天文学文献、图像、原始数据、导出数据集和模拟数据。

[415]

网格应用的需求　World-Wide Telescope 是数据密集型网格应用的典型例子，其中：

- 数据通过科学设备收集。
- 数据存储于一系列不同站点的存储设备中，这些站点可以位于世界的任何地方。
- 数据由不同组织的科学家小组管理。
- 设备生成的原始数据十分巨大且不断增长（以 TB 或 PB 计）。
- 使用计算机程序来分析和总结原始数据，如对表示天体对象的原始数据进行分类、校准和编目。

世界各地的科学家可以通过互联网访问所有的这些数据档案，他们能够获得不同地点的不同设备在不同时间采集的数据。然而，一个在其研究中使用这些数据的科学家仅仅对数据存储中对象的一个子集感兴趣。

考虑到诸如所需的传输时间和本地的磁盘空间等因素，数据存储中海量的数据如果不经过处理以抽取感兴趣的对象就传输给用户是不现实的。因此在这种环境下不适合使用 FTP 或 Web 访问。应该在收集原始数据并将其存储在数据库的位置对其进行处理。当科学家对某一对象进行查询时，可以对每一个数据库中的信息进行分析。如果需要，则在返回远程查询结果之前生成可视化图形。

数据在不同的地点被处理这一事实已经为我们提供了内在的并行性，从而有效地分割了要处理的巨大任务。

从上面的特征可以获得以下需求：

R1：对资源的远程访问，即远程访问数据档案中所需的信息。

R2：可以在收集数据时，也可以在响应请求时，在存储和管理数据的站点上处理数据。一个典型的查询可以得到基于不同设备在不同时间记录的某一区域的天空的数据的可视化显示。这将涉及从每个大规模的数据存储中选择少量的数据。

R3：数据存储的资源管理器应该能够动态地创建服务实例来处理所需的数据的特定部分，正如在分布式对象模型中那样，每当需要伺服器来处理由一个服务管理的不同资源时就创建它。

R4：需要使用元数据来描述：

——所存储的数据的特征，例如对于天文学，这些特征有：天空区域、数据收集的日期和时间以及使用的设备。

——管理这些数据的服务的特征，如其花费、地理位置、发布者或负载、可用的空间。 416

R5：基于上述元数据的目录服务。

R6：考虑到资源通常是由生成数据的组织管理，并且需要合理访问这些资源，所以需要管理查询、传输数据和提前预订资源的软件。

Web 服务提供一种简单的方法允许科学家对远程数据存储中的数据进行操作，从而满足了前两个需求。这需要每个应用程序都提供一个服务描述，该服务描述包括一系列访问其数据的方法。网格中间件必须处理剩下的需求。

网格还用于计算密集型网格应用，例如在 CERN［www. uscms. org］处理由 CMS 高能量分子加速器产生的大量数据、测试候选药物分子的效果［Taufer et al. 2003，Chien 2004］或用集群计算机的空闲能力支持大量的多人在线游戏［www. butterfly. net］。在计算密集型应用被部署在网格上时，资源管理将关注分配计算资源和平衡负载。

最后，许多网格应用程序还需要安全性。例如，用于医学研究和商业应用的网格。即使在数据的私密性不是一个问题，建立数据创建者的身份标识也是十分重要的。

网格中间件　开放的网格服务体系结构（Open Grid Servies Architecture，OGSA）是基于网格应用的一个标准［Foster et al. 2002，2001］。它基于 Web 服务，提供了一个可以满足以上需求的框架，通过面向特定应用的网格服务管理资源。Globus 工具包实现了这种体系结构。

Globus 项目开始于 1994 年，其目的是提供一种集成和标准化科学类应用所需功能的软件。这些功能包括目录服务、安全性和资源管理。第一个 Globus 工具包在 1997 年出现。工具包的第 2 版（称为 GT2）中开始出现 OGSA，在 Foster 和 Kesselman［2004］中介绍了这一点。第 3 版出现于 2002 年，称之为 GT3，它基于 OGSA 并构建于 Web 服务之上。GT3 是由 Globus 联盟（www. globus. org）等开发的，其描述见 Sandholm 和 Gawor［2003］。那以后，还发布了两个版本——最新的版本称为 GT5，是一种开源软件［www. globus. org］。

OGSA 的实例研究和 Globus 工具包（到 GT3 版本）能在本书提供的 Web 网站上找到［www. cdk5. net/web］。

9.7.3　云计算

云计算是在第 1 章作为基于互联网的应用、存储和计算服务集合而引入的，这些服务足以支持大多数用户的需求，使得他们能大部分或完全免除本地数据存储和应用软件。云计算也促进"任何东西（从物理或虚拟基础设施到软件）都是服务"的观点，服务经常根据使用情况付费而不是购买。因此， 417
这个概念内在地与计算的新的商务模型相联系，按照这个商务模型，云提供者给顾客提供他们每日使用所需的计算、数据和其他服务，例如，在互联网上提供足够的存储容量，作为一个存档或后备服务。

第 1 章也说明了云计算和网格之间的重叠。网格的开发先于云计算的出现，它是云计算出现的一个重要的因素。它们共享相同的目标，即在更大的互联网上提供资源（服务）。然而，网格试图关注高端数据密集应用或计算昂贵型应用，而云计算更一般化，所提供的服务惠及单个的计算机用户直至高端用户。与云计算相关的商务模型也是一个显著的特征。因此，网格是云计算早期的例子，这种说法是公平的，但云计算自从出现后已经有很大的发展。

按照"任何东西都是服务"的观点，Web 服务提供了一种自然的实现云计算的途径，而且不少供应商按该途径操作。这方面最有名的产品是 Amazon Web Services（AWS）[aws. amazon. com]，下面我们简要查看一下它的技术。在第 21 章，当我们查看 Google 基础设施和相关的 Google App Engine（两者都采用比 Web 服务轻量级的、高性能的方法）时，我们将看到实现云计算的另一种方法。

Amazon Web Service 是一套云服务，实现在 Amazon. com 所拥有的大量的物理基础设施上。Amazon 原本为了内部使用（即支持它们的电子零售业务而开发），现在，它提供了许多设施给外部用户，使得他们能在基础设施上运行独立的服务。AWS 的实现处理了关键的分布式系统问题，如服务可用性的管理、可伸缩性和性能，AWS 允许开发者关注他们的服务的使用。用本章前面描述的 Web 服务标准，可以使得开发的服务可用。熟悉 Web 服务的程序员乐于使用 AWS，并且能在他们的构建中开发结合了 Amazon Web Services 的 mashup。更一般性地，这个方法使得互联网上的互操作成为可能。Amazon 也采用 Fielding[2000] 提倡的、已在 9.2 节讨论过的 REST 方法。

Amazon 提供各种可扩展的服务集，最重要的在图 9-19 中列出。我们下面来详细地谈一下 EC2 的特点。EC2 是一个弹性计算服务，这里术语"弹性"指的是提供计算容量的能力，它可以根据顾客的需求调整大小。相对于一个实际的机器，EC2 提供给用户一个虚拟的机器，称为"实例（instance）"，用于实现用户期望的规约。例如，一个用户能请求下列类型的实例：

- 一个标准实例，适用于大多数应用；
- 一个高内存的实例，提供额外的内存容量，例如，对涉及缓存的应用；
- 一个高 CPU 实例，用于支持计算密集型任务；
- 一个集群计算实例，提供用高带宽互连的虚拟处理器的集群，用于执行高性能计算任务。

418

Web服务	描　　述
Amazon Elastic Compute Cloud（EC2）	基于Web的服务，提供对虚拟机的访问，这些虚拟机具有给定性能和存储容量
Amazon Simple Storage Service（S3）	基于Web的针对非结构化数据的存储服务
Amazon Simple DB	基于Web的可查询结构化数据的存储服务
Amazon Simple Queue Service（SQS）	支持消息队列的托管服务（参见第6章的讨论）
Amazon Elastic MapReduce	基于Web的使用MapReduce模型的分布式计算服务（参见第21章）
Amazon Flexible Payments Service（FPS）	基于Web的支持电子支付的服务

图 9-19　Amazon Web Service 精选

其中的几个 Web 服务能进一步地细化，例如，对一个标准实例，可以请求一个小型的、中等的或大型的实例，以代表按处理能力、内存、磁盘存储等刻画的不同的规约。

EC2 是构建在 Xen 超级管理程序之上的，相关讨论参见 7.7.2 节。实例能通过配置而运行多种操作系统，包括 Windows Server 2008，Linux 或 OpenSolaris。它们也能通过配置而运行多种软件。例如，可以请求安装 Apache HTTP 来支持 Web 托管。

EC2 支持弹性 IP 地址概念，它看上去像一个传统的 IP 地址，但与用户账号相关而不是与一个特定的实例相关。这意味着如果一个（虚拟）机器出故障，IP 地址能被重新赋给一个不同的机器，而不需要请求网络管理员的干扰。

9.8　小结

本章说明了 Web 服务的产生源于为不同组织之间的交互提供基础设施的需要。该基础设施通常使用 HTTP 协议通过互联网在客户和服务器之间传输消息，它使用 URI 来指向资源。使用文本格式的 XML 表示数据和编码数据。

两个独立的因素导致了 Web 服务的出现。一个因素是：为了允许客户程序而不是浏览器以一种更丰富的交互性访问一个站点上的资源，需要将服务接口添加到 Web 服务器。另一个因素是希望基于现有的协议在互联网上提供一种类似 RPC 的结构。由此产生的 Web 服务提供了带有一组可以远程调用的操作的接口。与其他形式的服务类似，Web 服务可以是另一个 Web 服务的客户，并允许一个 Web 服务集成或组合一系列其他 Web 服务。

SOAP 是 Web 服务和其客户通常使用的通信协议，它可以用于在客户和服务器之间传送请求消息及应答，这个过程既可以通过文档的异步交换方式，也可以通过基于一对异步消息交换的请求 – 应答协议来实现。在这两种情况中，请求或应答消息都包含在称为信封的 XML 格式的文档中。虽然可以使用其他协议，但 SOAP 信封通常通过异步 HTTP 协议传送。

XML 和 SOAP 处理程序可用于所有广泛使用的编程语言和操作系统。这使得可以在任何地方部署 Web 服务及其客户。由于 Web 服务既不绑定到任何编程语言也不支持分布式对象模型，这使得这种形式的相互作用成为可能。

在传统的中间件服务中，接口定义为客户提供了服务的详细信息。然而，在 Web 服务中使用了服务描述。服务描述不仅描述了服务的接口，还指定了所使用的通信协议（如 SOAP）和服务的 URI。接口既可以用一组操作描述，也可以用在客户和服务器之间交换的一组消息描述。

需要交换某个文档的多个用户都要在该文档上执行不同的任务，XML 安全性旨在为该文档的内容提供必要的保护。不同的用户可以访问文档的不同部分，某些用户可以添加或更改文档内容而有些用户则只能阅读文档。为使该文档在以后的使用中更加灵活，在文档内定义了安全属性。它通过使用一种自描述的格式——XML 来完成。XML 元素用于指定经过加密或签名的文档部分，也指定了所使用算法的详细信息以及用于帮助查找密钥的信息。

Web 服务已经出于多种目的被用在分布式系统中。例如，Web 服务提供了面向服务体系结构概念的一种自然的实现，其中它们的松耦合使得具有互联网规模的应用之间的互操作成为可能——包括业务到业务（B2B）应用。它们内在的松耦合也支持 Web 服务构造的 mashup 方法的出现。Web 服务也支持网格，支持在世界不同地方的组织中的科学家或工程师之间的协作。他们的工作通常基于由不同站点的设施收集并在本地处理的原始数据的使用。Globus 工具包是这种体系结构的一个实现，它已用于多种数据密集型和计算密集型应用程序。最后，Web 服务被大量用于云计算。例如，Amazon 的 AWS 完全基于 Web 服务标准，并融合了服务构造的 REST 哲学。

练习

9.1 比较 5.2 节介绍的请求 – 应答协议和 SOAP 中的客户 – 服务器通信的实现。为什么 SOAP 使用的异步消息更适合于互联网上的应用，请给出两个原因。SOAP 通过使用 HTTP 在什么范围内减少了两种方法之间的差异？　　　　　　　　　　　　　　　　　　　　　　　　　　（第 388 页）

9.2 比较 Web 服务使用的 URL 结构与 4.3.4 节介绍的远程对象引用的 URL 结构。说明在每一种情况下它们如何处理客户请求。　　　　　　　　　　　　　　　　　　　　　　　　　　（第 393 页）

9.3 对练习 5.11 的 Election 服务，说明 SOAP Request 消息和相应的 Reply 消息的内容，用图 9-4 和图 9-5 中给出的 XML 的图示版本。　　　　　　　　　　　　　　　　　　　　　　　　（第 389 页）

9.4 列出 WSDL 服务描述的五个主要元素。请说明在练习 5.11 定义的 Election 服务中，请求和应答消息所使用的信息类型——这些都必须包括在目标名字空间中吗？对于 vote 操作，画出类似于图 9-11 和图 9-13 的图。　　　　　　　　　　　　　　　　　　　　　　　　　　（第 402 页）

9.5 在 Election 服务的例子中，解释练习 9.4 中定义的部分 WSDL 服务描述被称作"抽象"的原因。为使服务描述成为完全"具体"的，需要向其中增添什么？　　　　　　　　　　　　（第 400 页）

9.6 为 Election 服务定义一个 Java 接口，使其适合用作 Web 服务。说明你定义的接口为什么是合适的。解释如何生成该服务的 WSDL 文档并使得该文档对客户可用。　　　　　　　　　　（第 396 页）

9.7　描述 Election 服务的 Java 客户代理的内容。解释如何从静态代理获得正确的编码和解码方法。

（第 396 页）

9.8　解释 servlet 容器在部署 Web 服务和处理客户请求时的作用。　　　　　　　　　　　（第 396 页）

9.9　在图 9-8 和图 9-9 给出的 Java 例子中，虽然 Web 服务不支持分布式对象，但客户和服务器都处理对象。为什么会出现这种情况？Java Web 服务接口的限制是什么？　　　　（第 395 页）

9.10　概述 UDDI 中使用的复制模式。假设使用向量时间戳来支持该模式，定义注册处交换数据所用的一对操作。　　　　　　　　　　　　　　　　　　　　　　　　　　　（第 406 页）

9.11　考虑到询问类型，解释为什么既可以把 UDDI 看做名字服务又可以看做目录服务？UDDI 中的第二个 "D" 指的是 "发现"，UDDI 真的是一个发现服务吗？　　　　　　（第 13 章和第 404 页）

9.12　概述 TLS 和 XML 安全性之间的主要区别。从这些区别的角度，解释为什么 XML 特别适合其扮演的角色？　　　　　　　　　　　　　　　　　　　　　　　（第 11 章和第 406 页）

9.13　在任何人可以预测最终接收者之前，受 XML 安全性保护的文档可以被签名或加密。采取什么措施可以确保后面的接收者能够访问前面接收者使用的算法？　　　　　　（第 406 页）

9.14　解释规范的 XML 和数字签名之间的相关性。规范的形式中可以包括什么样的上下文信息？给出一个违背安全性的例子，其中上下文在规范的形式中省略了。　　　　　（第 409 页）

9.15　为协调 Web 服务的操作可以执行一个协调协议。分别概述（1）集中式和（2）分布式协调协议的体系结构。在每种情况下，说明在一对 Web 服务之间建立协调所需的交互。　　　（第 411 页）

9.16　比较 RPC 调用语义与 WS-ReliableMessaging 的语义：（1）叙述每个所引用的实体；（2）比较可用语义的不同含义（例如，至少一次、最多一次、正好一次）。　　　（第 5 章和第 392 页）

对 等 系 统

对等系统代表构造分布式系统和应用的一种范型，在对等系统中，互联网上的众多主机以一种一致的服务方式提供它们的数据和计算资源。对等系统的出现源于互联网的快速发展，现在它们已经包含了数百万台电脑以及同等数量的要求访问共享资源的用户。

对等系统的一个关键问题是数据对象在多主机环境中的放置问题，以及考虑在负载平衡的前提下访问数据的方式，并且在不增加不必要开销的情况下保证系统的可用性。我们将描述几个最近开发出来的能够满足上述要求的对等系统和应用。

对等中间件系统也获得了越来越广泛的应用，这些中间件能够使全球"处于互联网边缘"的计算机共享计算资源、存储资源和数据资源。它们以新的方式利用现有的命名、路由、数据复制和安全技术，在一组不可靠、不可信的计算机和网络上建立一个可靠的资源共享层。

对等应用已用于提供文件共享、Web 缓存、信息发布以及其他一些服务，从而利用互联网上众多的计算机资源。对等应用在存储海量不变数据方面具有非常高的工作效率，但是这样的设计对于存储和更新可变数据对象的应用而言，效率会有所降低。

10.1 简介

现在对互联网服务的需求越来越大，其规模可能仅受限于世界人口数。对等系统的目标就是通过消除对单独管理的服务器以及相应的基础设施的需求，实现非常大规模的共享数据和资源。

通过增加服务器来扩展服务的范围收效甚微，因为服务提供者要为提供服务而购置和管理大量的服务器。管理这些服务器和对其进行故障恢复也将耗费大量资源。另外，在可用物理链路上给一台服务器提供的网络带宽也是一个主要的限制。系统级的服务（如 Sun NFS（见 12.3 节）、Andrew 文件系统（见 12.4 节）或视频服务器（见 20.6.1 节））和应用层服务（如 Google、Amazon 或者 eBay）都不同程度地表现出上述问题。

对等系统旨在利用存在于互联网以及其他网络上的不断发展的个人计算机和工作站上的数据和计算资源，提供有用的分布式服务和应用。随着桌面计算机和服务器之间的性能差异越来越小，以及宽带网络的不断增长，对等系统越来越引起人们的关注。

但是对等系统还有更为宏远的目标。一位作者［Shirky 2000］曾经将对等应用定义为"能够利用处于互联网边缘的计算机上的资源的应用，这些资源包括存储资源、CPU 资源、内容资源和人本身"。上述定义中提及的各种资源共享在适用于大多数的个人计算机类型的分布式应用中都能够找到相应的代表。本章的目的是描述一些通用的技术，这些技术可以简化对等系统的构造，增强系统的可伸缩性、可靠性和安全性。

传统的客户－服务器系统可以管理和访问文件、Web 页面或者其他信息对象，这些对象位于一台服务器上或者一个紧耦合的小计算机集群上。采用这样的集中式设计，需要对数据资源的放置以及对服务器硬件资源的管理做出的决策不多，但是提供服务的规模将会受到服务器硬件能力和网络连接的限制。对等系统可以对整个网络上的计算机上的资源进行访问（不论这个网络是互联网还是公司内的局域网）。设计这种系统的一个关键方面是信息对象的放置算法和后续的检索算法，主要的设计目标是提供高度分散和自组织的服务，该服务允许计算机加入或者退出当前服务时，能够在参与的计算机中动态地平衡存储和处理负载。

对等系统具有以下特点：

- 系统设计确保每个用户都能向系统提供资源。
- 虽然各个参与的结点提供的资源不同，但在同一个对等系统中它们具有相同的功能和责任。
- 系统不依赖一个中心管理系统就能正常运行。

- 系统的设计能够给资源的提供者和使用者提供一定限度的匿名性。
- 系统能够高效运行的一个关键点就是选择一个在大量主机中放置数据资源，以及访问这些资源的算法。这个算法能够自动平衡各个主机的负载，确保可用性，并且不会增加不必要的系统开销。

由不同用户和组织拥有、管理的计算机和网络连接往往都是易变的资源，拥有者们不能保证这些资源总是可访问的、连接在网络上的、不发生错误的，因此，参与到对等系统中的计算机和进程的可用性是不可预知的。所以，对等服务也不能确保对单个资源访问的万无一失，虽然可以通过访问相应资源的一个副本使得这种故障发生的概率足够小。值得注意的是，如果对等系统所要求的资源复制能被开发用于在一定程度上抵抗来自恶意结点的干扰（例如，通过拜占庭容错技术，参见第18章），那么对等系统的这个弱点可以变成一个长处。

几个早期的基于互联网的服务，包括 DNS（13.2.3 节）和 Netnews/Usenet［Kantor 和 Lapsley 1986］，都采用了多服务器的、可伸缩的和可容错的体系结构。Xerox Grapevine 名字注册和邮件传递服务［Birrell et al. 1982, Schroeder et al. 1984］也是早期的一个令人感兴趣的可伸缩并且具有容错机制的分布式服务。用于分布式共识的 Lamport 兼职议会算法（Lamport part-time Parliament Algorithm）、Bayou 的复制存储系统（见18.4.2 节）和无类别域间 IP 路由算法（参见3.4.3 节）都是分布式算法的例子，这些算法描述了信息在分布式网络中如何放置或定位，它们也被认为是对等系统的前身。

但是对于利用互联网边缘资源的对等系统的潜力只有在大量用户能够获得宽带网络连接，并且保证经常在线，使他们的桌面计算机变成一个适合共享资源的平台时才能显现出来。最早的对等系统1999 年在美国出现，到 2004 年年中的时候，全世界具有互联网宽带连接的数量已经超过了一亿［Internet World Stats 2004］。

对等系统和应用的开发到现在已经经历了三代。第一代是从提供音乐文件交换服务的 Napster 开始［OpenNap 2001］，我们将在下节描述它。第二代文件共享应用能够提供更大的伸缩性、可以匿名使用、具有容错机制，典型的软件包括 Freenet［Clarke et al. 2000, freenetproject. org］、Gnutella、Kazaa［Leibowitz et al. 2003］和 BitTorrent［Cohen 2003］。

对等中间件 第三代以中间件层的出现为特征，它能够在全球范围内管理与应用无关的分布式资源。一些研究团队已经完成了对等中间件平台的开发、评估和改良，并且把他们的研究成果部署到一系列的应用服务中。众所周知的、深度开发的系统包括 Pastry［Rowstron and Druschel 2001］、Tapestry［Zhao et al. 2004］、CAN［Ratnasamy et al. 2001］、Chord［Stoica et al. 2001］和 Kademlia［Maymounkov and Maziers 2002］。

这些平台可以把资源（数据对象、文件）放置到一组广泛分布在互联网中的计算机上。它们可以代表客户进行消息路由，减轻客户放置资源的决策负担并记录要访问的资源的行踪。与第二代系统不同的是，它们可以保证使用不超过某个限制数量的网络跳数正确地将请求传递到。由于主机并不总是可用的、可信的，以及对负载平衡和信息存储、使用的地域性需求，这些系统以结构化的方式把资源的副本放到可用的主机上。

资源可以用一个全局唯一标识符（globally unique identifier, GUID）来标识，这些标识符通常是根据资源的全部或者部分状态计算一个安全散列码来获得的（见11.4.3 节）。通过使用安全散列码，使得资源本身能够进行"自我验证"——客户接收资源时可以检查散列码的有效性。这样可以避免资源被不信任的结点（资源有可能存储在这个结点上）篡改。但是这个技术要求资源的状态不能改变，因为资源状态的改变将会产生一个不同的安全散列值。因此，对等存储系统本质上适合不可变对象的存储（例如，音乐或视频文件）。这些系统若用于存储可变对象，会遇到更大的挑战，不过这些挑战可以通过增加一些可信服务器来解决，这些服务器管理可变数据的一系列版本，并确定当前的版本（例如，10.6.2 节和 10.6.3 节将介绍的 OceanStore 和 Ivy）。

若将对等系统应用于要求资源有较高可用性的场合，那么需要进行精心的设计，以免所有对象副本同时不可用。如果对象被存储在一组相似的计算机中（拥有者、地理位置、管理方式、网络连接、国家或者管辖区均相同），那么具有一定的风险。使用随机分布的 GUID 可使对象的副本随机分布到底层的网络结点中，从而降低这种风险。如果底层网络跨越了全球的很多组织，那么这种资源及其副本同时不可用的风险将会大大降低。

覆盖路由与 IP 路由　乍一看，覆盖层上的路由和构成互联网通信机制基础的 IP 数据包路由（参见 3.4.3 节）有很多相似点。因此，很自然地会有"为什么在对等系统中还需要一个应用层路由机制？"的问题。这个问题的答案可以参考图 10-1 中列出的几个不同点。有人可能会认为这些不同点来自作为互联网主协议的 IP 协议的遗留特性，但是遗留特性的影响太大，以至于我们在更直接地支持对等应用的过程中无法克服它们。

	IP	应用层路由覆盖
规模	IPv4 可寻址结点的数量的上界是 2^{32}。IPv6 的地址空间是非常大的（2^{128}）。但是在两个版本中，地址空间都是分等级构造的，由于管理上的需求，大量的地址已经被预先分配了	对等系统可以寻址到更多的对象。GUID 的名字空间非常大且扁平（$>2^{128}$），允许可使用的空间更大
负载平衡	路由器上的负载由网络拓扑以及相关的流量模型确定	对象放置的位置可以随机化，因此流量模型与网络拓扑是不相关的
网络动态性（对象/结点的添加/删除）	IP 路由表是基于常量时间（1 小时）按尽力而为方式进行异步更新的	路由表可以同步或者异步更新（仅带有秒级的延迟）
容错	IP 的管理者将冗余引进到 IP 网络设计中，当一台路由器或网络连接失效时，确保容错度。n 倍复制的开销很高	路由和对象引用可以 n 次复制，从而保证在 n 个结点或网络链接失效时的容错能力
目标识别	每个 IP 地址唯一地映射到一个目标结点上	消息可以路由给目标对象的最近副本
安全性和匿名性	只有当所有结点都是可信的时候，寻址才是安全的。地址的拥有者不能匿名	其至可以在有限信任的环境中，获得安全性。可以提供一定程度的匿名性

图 10-1　IP 路由和对等应用中的覆盖路由的不同点

分布式计算　利用终端用户空闲的计算资源一直是开发者颇有兴趣并付诸实验的主题。最早是在 Xerox PARC［Shoch and Hupp 1982］个人计算机上开展的这项工作，说明在连入同一个网络的约 100 台个人计算机上，通过运行后台进程来执行松耦合计算密集型任务是可行的。最近，更多的计算机用于进行几个科学计算任务，这些科学计算都需要几乎无限数量的计算资源。

在这类应用中最著名的是 SETI@home 项目［Anderson et al. 2002］，它是外星智慧搜索工程的一部分。SETI@home 项目把数字射电望远镜采集到的数据流分割成 107 秒一个工作单元，其中每个单元的大小约为 350KB，然后把它们分发给志愿提供计算资源的客户计算机。每个工作单元将冗余地分发给 3~4 个计算机，以免某些结点发生错误或存在恶意的结点，这样还可以检查到重要的信号模式。由一台服务器负责与所有的客户通信，并且由该服务器分发工作单元，并且最后协调各个客户的结果。Anderson 等［2002］指出，到 2002 年 8 月，已经有大约 391 万台个人计算机参与到 SETI@home 项目中来，它们处理完成了 2.21 亿个工作单元，这个工作量如果让具有每秒 27.36 万亿次运算能力的巨型计算机来工作，它也需要 12 个月直到 2002 年 7 月才能完成。这个结果在当时创造了最大的单个计算量的记录。

SETI@home 计算是不同寻常的，这是因为当客户计算机处理工作单元的时候，它们之间不涉及任何通信和相互协调；而当客户和服务器都可用时，计算结果就以一条短消息的方式从客户传递到中心服务器。其他一些类似的科学计算任务，如大素数的搜寻、暴力破解密码等，都可以利用类似的方式解决。但是如果想把互联网上的计算资源应用于更广泛的任务，那么就得依靠一个分布式平台，这个平台能够支持数据共享并大范围内实现计算机间的相互协调。这是网格系统的目标，我们将在 19 章讨论网格。

在本章中，我们只关注现有的在对等网络环境中用于数据共享的分布式系统和算法。在 10.2 节中，我们将总结 Napster 的设计并回顾了从中得到的经验。在 10.3 节中，我们将描述对等中间件层的基本需求。在之后的几节中，我们将介绍对等中间件平台的设计和应用，其中 10.4 节会给出一个抽象的规约，10.5 节对两个已经完全开发好的例子加以详细描述，10.6 节将给出这两个例子的一些应用。

10.2 Napster 及其遗留系统

对等系统的第一个应用是数字音乐文件的下载，在这个应用中出现了在全球范围内可伸缩的信息存储和检索服务的需求。Napster 文件共享系统〔OpenNap 2001〕为用户提供了共享文件的手段，它也第一次向人们展示了对等解决方案的必要性和可行性。Napster 自 1999 年出现以后，很快在音乐文件交换领域得到广泛应用。高峰的时候，有几百万注册用户，有几千人同时交换音乐文件。

Napster 的体系结构包括集中式索引，但是文件由用户提供，这些文件存储在用户的个人计算机上，并且能够被访问。图 10-2 中的步骤说明了 Napster 操作的方法。注意在第 5 步，客户把他的计算机上可用的音乐文件以一个链接的方式传送到 Napster 文件索引服务器上，这样他就把自己的音乐文件添加到共享资源池中了。从中可以看出，Napster 的动机和成功的关键就是通过互联网向用户提供一个巨大的、广泛分布的、对用户可用的文件集；通过提供对"处于互联网边缘上共享资源"的访问，它也兑现了 Shirky 的宣言。

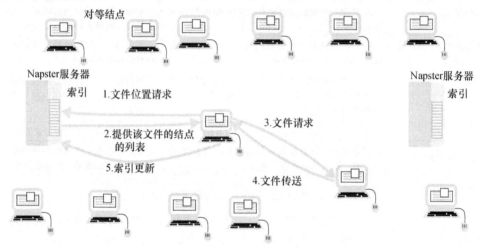

图 10-2 Napster：对等文件共享（采用了一个集中式的、可复制的索引）

由于 Napster 在某些方面（例如，数字编码音乐）涉及相应的版权问题，它的服务提供者遭到了版权拥有者的起诉，最终由于法律原因，Napster 被迫关闭（参见下面的"对等系统与版权归属问题"）。

对等系统与版权归属问题

Napster 的开发者认为他们不应承担侵害所有者版权的责任，因为他们没有参与复制过程，复制过程完全是在用户的机器之间完成的。但是最终他们败诉了，因为索引服务器被认为是复制过程的本质部分。既然索引服务器的地址是众所周知的，那么它们的经营者就不能保持匿名，结果他们就成了法律诉讼中的目标。

一个更彻底的分布式文件共享系统也许可以更好地分离法律责任，如果可能，把法律责任分散给所有的 Napster 用户，这将使得法律索赔变得异常困难。无论人们对共享版权保护的资源的文件复制的合法性持何种观点，在一些应用环境中，匿名的客户和服务器是有其社会、政治的合法性理由的。当要应付审查机构的审查和在一个压制型社区或组织中保持个人言论自由时，匿名就成为最好的手段。

众所周知，在社会政治危机时代，Email 和 Web 站点在获得公众认知方面，扮演了重要角色；如果作者可以以匿名方式获得保护，那么他们扮演的角色还可以获得进一步的延伸。Whistle-blowing 是一个相关的例子：Whistle-blower 是一个雇员，他可以不暴露身份而向上级主管部门举报他们的雇主所做的坏事，从而不必害怕雇主们的制裁或者被他们解雇。在某些环境下，通过匿名来保护这类行为是合理的。

如何使共享数据以及其他资源的访问者和提供者具有匿名性是对等系统设计者关心的一个方面。在多结点系统中，资源请求和结果返回的路由可以足够曲折，从而隐藏它们的来源；文件的内容也可以分布在多个结点上，从而分散责任使得资源可用。抵抗多数流量分析机制的匿名通信机制已经存在 [Goldschlag et al. 1999]。如果在文件存储到服务器之前对它们加密，那么服务器的所有者看似可以否认他们了解内容。但是这些匿名技术增加了资源共享的开销，而且最近的研究表明：在应对网络攻击方面，可用的匿名技术在面对某些攻击时是脆弱的 [Wright et al. 2002]。

Freenet[Clarke et al. 2000] 和 FreeHaven[Dingledine et al. 2000] 项目都强调提供互联网范围的文件服务，该服务能为文件的提供者和用户提供匿名性。Ross Anderson 推荐使用 Eternity Service[Anderson 1996]，它是一项存储服务，通过避免各种意外的数据丢失和拒绝服务攻击，提供长期的数据可用性保障。对于可印刷的信息，出版图书是一种永久不变的模式（事实上，一旦图书出版并且已经被分发到世界上各个组织机构的图书馆中，我们将不可能对它进行删除操作）；可是对于电子出版物来说，它不太容易像图书出版一样能抵抗审查或压制。因此，Anderson 认为这样的服务是必要的。为了确保存储的一致性，Anderson 提出了技术上以及经济上的需求，并且还指出对于信息的持久存储而言，匿名是必要的，因为它能够防备法律起诉，同样它还能避免非法操作，如贿赂或者攻击数据的创造者、拥有者或者持有者。 |429|

从 Napster 中得到的经验 Napster 展示了构造一个有用的大规模服务的可行性，该服务依靠几乎整个互联网上普通用户的数据和计算机。为了避免单个用户（例如，第一个提供排行榜热门歌曲的用户）的计算资源和网络连接的拥塞，当给一个查询歌曲的客户分配服务器时，Napster 将网络的地域性也考虑进来（客户与服务器之间的跳数）。这种简单的负载分配机制使得服务可以伸缩，从而满足大量用户的需求。

局限性：Napster 为所有可用的音乐文件建立一个（可复制的）统一索引。对这种应用来说，并不强烈要求保持副本之间的一致性，所以不会影响服务性能。但是对其他应用，这种方法还是有局限性的。除非数据对象的访问路径是分布的，否则对象的发现和定位将可能变成系统的瓶颈。

应用依赖性：Napster 利用了文件共享应用的下列特征并针对这些特征进行设计：

- 音乐文件的内容从来不会被更新，避免了文件在更新后与其副本之间保持一致性的需求。
- 不需要保证单个文件的可用性——如果一个音乐文件暂时不可用，那么用户可以以后再下载。这就减少了对用户计算机和互联网连接的依赖性。

10.3 对等中间件

在设计对等应用时，一个关键问题是提供一个良好的机制，它能够保证客户无论处于互联网的哪个位置都能快速、可靠地访问数据资源。为此，Napster 通过维护可用文件的统一索引来提供文件所在的主机的网络地址。第二代对等文件存储系统（如 Gnutella 和 Freenet），采用了分区和分布式索引算法，不过不同的系统其算法各有不同。

在出现对等范型之前，在某些服务中就存在定位的问题。例如，Sun NFS 借助每个客户上的虚拟文件系统抽象层来解决这个问题，它根据虚拟文件引用（即 v 结点，参见 12.3 节）来处理对文件的访问请求，这里被请求的文件可能位于多个服务器上。这种解决方案要在文件分布模式或者服务器改变时，在每个客户上做大量的预配置工作和人工干预。显然，这样的服务伸缩性差，仅局限于由单个组织管理的服务。AFS（12.4 节）也具有类似的特点。 |430|

对等中间件系统用于满足被对等系统和应用管理的分布式对象的自动放置及其定位需求。

功能性需求 对等中间件的功能是简化跨越多主机的服务的构建，这些主机可能位于广阔的分布式网络上。为了实现这个目标，它必须能够使客户可以定位单个资源（对相应的服务来说，该资源是可用的）的位置并和该资源通信，即使这些资源分布在多个主机上。其他重要的需求还包括：能够随意地添加新资源或者删除旧资源；能够添加主机或删除主机。与其他中间件一样，对等中间件应该能够向应用程序员提供一个简单的编程接口，该编程接口不应依赖于应用操纵的分布式资源的类型。

非功能性需求 为了高效运行，对等中间件还必须解决以下非功能性需求 [cf. Kubiatowcz 2003]：

全球可伸缩性：对等应用的一个目标就是利用互联网上大量主机的硬件资源。因此对等中间件必须支持能够访问存放于数万台或数十万台主机上的数百万计的资源。

负载平衡：当所设计的系统使用了大量计算机时，它的性能将依赖于工作负载的均衡分布。对于我们正在考虑的系统，可以通过随机的资源放置以及增加频繁使用的热门资源的副本来实现负载均衡。

优化相邻结点间的本地交互：结点之间的"网络距离"对于单个交互（如客户请求访问资源）的时间延迟有很大的影响，而且对于网络流量也会有影响。对等中间件应该能够将资源放置在靠近经常访问它们的结点。

适应高度动态的主机可用性：大多数对等系统都允许主机在任何时候自由地加入或退出系统。对等系统中的主机和网段并不专属于一个组织机构，因此它们的可靠性和能否持续参与提供服务也不能得到保证。构建对等系统的一个主要挑战是：尽管有上述的不利因素，系统仍能够提供可靠的服务。当主机加入系统的时候，这些主机必须集成到系统中，并且负载必须重新分布，从而利用新加入的主机的资源。当主机自愿或非自愿地退出系统时，系统必须能够检测到它们退出，并且能够重新分配负载和资源。

对对等应用和系统（如 Gnutella 和 Overnet）的研究表明：参与到系统中的主机相当多［Saroiu et al. 2002，Baghwan et al. 2003］。Overnet 对等文件共享系统在互联网上拥有 85 000 台活动主机。Baghwan 等在七天时间内从系统中随机抽取 1468 台主机，测得它们的平均会话时间为 135 分钟（中值为 79 分钟），其中有 260~650 台主机在任何时候都是可用的（一个会话表示一段时间，在这段时间内主机是可用的，没有自愿或者非自愿地退出系统）。

另一方面，微软的研究者们从连接到微软公司网络上的主机中随机地抽取了 20 000 台计算机，测得它们的平均会话时间为 37.7 小时，其中有 14 700~15 600 台主机在测试期间一直是可用的［Castro et al. 2003］。上述测试基于 Farsite 对等文件系统的可行性研究［Bolosky et al. 2000］。这些研究所获得的数字有巨大的出入，这主要是因为个人互联网用户和公司（例如，微软公司）网络用户在行为和网络环境方面有所不同。

能够在具有不同信任体系的环境下保持数据的安全性：在一个全球范围的系统中，参与其中的主机有着不同的归属，信任体系必须通过利用授权和加密机制来建立，从而确保信息的完整性和保密性。

匿名、可否认能力和对审查的抵抗：我们注意到（见 10.2 节关于版权的讨论），在许多要求抵制审查机构审查的场合，能否给予数据的持有者和接收者提供匿名属于正当的关注。因此，一个相关的技术需求就是能够保证数据的提供者或持有者可以合理地推卸责任。对等系统存在大量主机，这有助于获得上述性质。

综上所述，设计一个对等中间件层来支持全球规模的对等系统是一个难题。可伸缩性和可用性需求使得在所有的客户结点上维持一个数据库来提供所有感兴趣的资源（对象）的位置是不可行的。

对象的位置信息必须进行分区并且分布于整个网络上。每个结点都负责维护名字空间中的一部分结点位置信息和对象位置信息，还应该对整个名字空间的拓扑结构有一个整体上的了解（见图 10-3）。在面对主机不稳定的可用性和时断时续的网络连接的时候，这些知识的大量复制对确保系统的可靠性是必要的。在下面我们将描述的系统中，常用的复制因子高达 16。

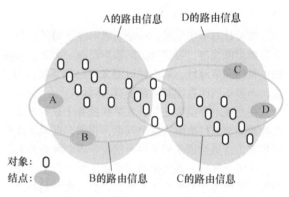

图 10-3　路由覆盖中的信息分布

10.4　路由覆盖

开发满足前节概述的功能和非功能需求的对等中间件是一个非常活跃的研究领域，现在已经开发出几个重要的中间件系统。在本章中，我们将详细描述其中的两个。

在对等系统中，路由覆盖（routing overlay）是一个著名的分布式算法，它负责定位结点和对象。顾名思义，中间件表现为一层的形式，该层负责把来自客户的请求路由到请求所针对的对象所在的主机上。感兴趣的对象可放到网络中的任何结点，然后将它重定位，这个过程不需要任何客户的参与。它之所以称为覆盖，是因为它在应用层实现了一个路由机制，但这个路由机制与部署在网络层的路由机制（如 IP 路由）相分离。这种管理和定位复制对象的方法首先在 Plaxton 等［1997］的具有突破性的论文中被分析，并证明在含有大量结点的网络中该方法是高效的。

路由覆盖通过将请求路由经过一个结点序列和利用每个结点关于目标对象的知识，确保任意一个结点可以访问任意一个对象。对等系统通常会保存一个对象的多个副本以确保对象的可用性。在这种情况下，路由覆盖会维护所有可用副本的位置信息，并且将请求传递到距离它最近的一个含有相关对象拷贝的"活"结点（即未失效的结点）上去。

用于识别结点和对象的 GUID 是一个 13.1.1 节中提到过的"纯"名字的例子。因为 GUID 在引用对象的时候不会暴露对象的任何位置信息，所以它也称为不透明标识符。

路由覆盖的主要任务如下：

路由请求给对象：一个客户希望调用一个对象上的操作，那么他向路由覆盖提交一个请求，请求中包含相应对象的 GUID，路由覆盖把这个请求路由到一个含有该对象副本的结点上。

路由覆盖还必须完成其他一些任务：

插入对象：如果一个结点想要向一个对等服务中添加一个新的对象，那么它可以通过计算得到该对象的 GUID 并通知路由覆盖，路由覆盖会确保所有其他客户能够访问到这个对象。

删除对象：当客户请求从服务中移除对象时，路由覆盖必须使这些对象不再可用。

结点的增加和移除：结点（即计算机）可以加入或者退出服务。当一个结点加入服务时，路由覆盖安排这个结点承担其他一些结点的责任。当一个结点退出时（可能是自愿的，也可能是因为系统或网络故障造成的），它原来承担的责任被分布到其他结点上。

一个对象的 GUID 是根据该对象的全部或一部分状态通过一个函数计算出来的，这个值很有可能是唯一的。可以通过尝试使用同一 GUID 搜索另外的对象来验证其唯一性。通常，用一个散列函数（例如，SHA-1 算法，参见 11.4 节）来根据对象的值产生对象的 GUID。因为使用这些随机的分布式标识符来决定对象的放置和检索对象，所以路由覆盖系统有时也被描述为**分布式散列表**（Distributed Hash Table，DHT）。图 10-4 所示的最简单的 API 形式反映出了这个事实。在这个 API 中，put()操作提交一个数据项，该数据项和它

> *put(GUID, data)*
> data被存储到根据该GUID确定的所有负责存储该对象的结点上。
> *remove(GUID)*
> 删除所有对该GUID的引用和相关联的数据。
> *value = get(GUID)*
> 从相关结点中返回和该GUID相关联的数据。

图 10-4　由 Pastry 上的 PAST API 实现的分布式散列表的基本编程接口

对应的 GUID 要存储在一起。DHT 层负责为该数据项选择一个位置，然后存储它（以及它的副本，以确保可用性），并通过 get()操作来对它进行访问。

分布式对象定位和路由（Distributed Object Location and Routing，DOLR）层提供了一个更加灵活的 API，如图 10-5 所示。通过这个接口，对象可以存储到网络中的任何位置，DOLR 层负责维护对象 GUID 和包含该对象副本的结点地址之间的映射。具有相同 GUID 的对象可以被复制和存储在不同的主机上，路由覆盖负责把请求路由到最近的可用副本上。

> *publish(GUID)*
> GUID可以根据对象（或它的某一部分，例如它的名字）计算得出。
> 这个函数使得执行publish操作的结点成为与该GUID对应的对象的主机。
> *unpublish(GUID)*
> 使与GUID对应的对象变成不可访问状态。
> *sendToObj(msg, GUID, [n])*
> 遵从面向对象的规则，为了访问一个对象，发一个调用消息给它。这个消息可能是为了数据传输而要求打开一个TCP连接的请求，或者也可能是一条包含对象全部或部分状态的消息。最后一个可选的参数[n]（如果存在）要求该消息发送给相应对象的n个副本。

图 10-5　Tapestry 实现的分布式对象定位和路由（DOLR）的基本编程接口

在 DHT 模型中，一个 GUID 是 X 的数据项将被存储在一个结点上，这个结点的 GUID 在数值上最接近 X；该数据项的副本还将存储到 r 个主机上，这些主机的 GUID 在数值上次接近于 X，其中 r 是复制因子，以确保具有较高的可用性。在 DOLR 模型中，数据对象副本的位置是在路由层外确定的，每个副本的主机地址是通过 publish() 操作来通知 DOLR 层的。

图 10-4 和图 10-5 列出的编程接口都是基于一套抽象表示，它最早由 Dabek 等 [2003] 提出，这也表明到今天为止，大多数对等路由覆盖实现提供的功能非常相似。

路由覆盖系统的设计工作开始于 2000 年，2005 年获得收获，目前已经成功开发出几个原型并加以评估。对这些原型的评估显示，它们的性能和可靠性足以使它们可以应用到多种生产环境中。在 10.5 节，我们将针对其中的两个原型进行详细的描述：Pastry 实现了一个与图 10-4 类似的分布式散列表 API；Tapestry 实现了与图 10-5 类似的 API。Pastry 和 Tapestry 都利用了著名的前缀路由（prefix routing）机制来确定基于 GUID 值的消息的传递路线。前缀路由对对象的 GUID 应用一个二进制掩码，即在每一跳后，选择一个比目标 GUID 大的十六进制数字值做这个掩码，从而缩小搜索下一个结点的范围。（这个技术也被应用于 IP 包的无等级域间路由，相关概述见 3.4.3 节。）

此外，还开发了其他几种路由方案，它们利用对结点之间距离的不同度量来缩小搜索下一跳的范围。Chord[Stoica et al. 2001] 根据被选择结点和目标结点的 GUID 在数值上的不同做出选择。CAN [Ratnasamy et al. 2001] 将结点放入 d 维空间，并使用 d 维空间中结点之间的距离。Kademlia[May-mounkov and Mazieres 2002] 对一对结点的 GUID 进行异或操作，用所得到的值来表示结点之间的距离。因为异或操作具有对称性，所以 Kademlia 可以非常容易地维护参与者的路由表；而且参与者收到的请求总是包含在它们路由表中的结点。

<span id="434-435">434 ~ 435</span>
GUID 不是人可读取的，因此，客户应用必须通过搜索请求或一些以资源的可读名字为输入的索引服务来获得他们感兴趣资源的 GUID。理想的情况下，这些索引也以对等方式存储，以此来克服 Napster 集中式索引的弱点。但是对简单的情形，例如用于对等下载的音乐文件或者电子出版物，可以简单地在 Web 页面上索引（参考 BitTorrent[Cohen 2003]）。在 BitTorrent 中，一次 Web 索引搜索形成一个存根文件，这个存根文件包含所需资源的详细信息，包括该资源的 GUID 和跟踪器（tracker）的 URL。这里，跟踪器是一个保存愿意提供该文件的计算机的最新网络地址列表的主机（关于 BitTorrent 协议的细节参见第 20 章）。

对上述的路由覆盖，读者可能质疑它的性能和可靠性。对于这些问题的解答，我们将在 10.5 节通过描述一些实际的路由覆盖系统来给出。

10.5　路由覆盖实例研究：Pastry 和 Tapestry

Pastry 和 Tapestry 均采用前缀路由方法。Pastry 是消息路由的基础设施，它已经被部署到多个应用中，包括 PAST[Druschel and Rowstron 2001] 和 Squirrel，Past 是一个档案文件（不可变文件）存储系统，它以分布式散列表形式实现，具有图 10-4 所示的 API。Squirrel 是一个对等 Web 缓存服务，我们将在 10.6.1 节中描述它。Pastry 的设计直接而高效，因此它是一个可供我们详细研究的很好的例子。

Tapestry 是我们将在 10.6.2 节描述的 OceanStore 存储系统的基础。相对于 Pastry 来说，它具有更复杂的体系结构，因为它旨在提供更大范围内的定位方法。我们将在 10.5.2 节介绍 Tapestry。

我们还在 10.5.3 节查看了另一种无结构的方法，仔细了解了 Gnutella 采用的覆盖风格。

10.5.1　Pastry

Pastry[Rowstron and Druschel 2001，Castro et al. 2002，FreePastry project 2004] 是一个具有我们在 10.4 节中所列特点的路由覆盖系统。能够通过 Pastry 访问的所有结点和对象都被分配了一个 128 位的 GUID 值。每个结点都有一个公钥，将一个安全的散列函数（例如 SHA-1，参见 11.4.3 节）应用到这个公钥上，通过计算便可以得到结点对应的 GUID。而对于对象来说（例如文件），它们的 GUID 的获得是将安全的散列函数应用到对象名字或者它们的部分存储状态上。得到的 GUID 具有安全散列值的常见特性，也就是说，它们随机分布到区间 $[0, 2^{128} - 1]$ 上。这些值不会提供任何有关生成该值的对象或结点的线索，同样，不同的结点或对象之间的 GUID 发生冲突的可能性也是极低的。（如果真的发生了冲突，Pastry 也能检测到并采取补救措施。）

在一个具有 N 个参与结点的网络中，Pastry 路由算法能够在 $O(\log N)$ 步内正确地将消息路由到任何 GUID 对应的地址上。如果 GUID 标识的结点当前处于活跃状态，那么消息将直接发送给这个结点；否则，消息将发送给数值上最接近该 GUID 且处于活动状态的结点。处于活动状态的结点负责处理发往它们的数值意义上的邻居结点的请求。

路由过程涉及使用底层传输层协议（一般是 UDP）将消息传输到一个"更接近"目的地的 Pastry 结点上去。但应该注意，这里提到的"接近"是指在一个完全人造的空间（GUID 构成的空间）中接近。跨越互联网在两个 Pastry 结点之间实际传输一个消息可能需要若干 IP 跳数。为了尽可能降低不必要的扩展传输路径带来的风险，Pastry 在为每个结点建立路由表时，使用了一个本地性指标，这个指标基于底层网络的网络距离（例如，跳数或者往返的传输延迟）来选择合适的邻居结点。

广泛分布的数以千计的主机均可以参与到 Pastry 的覆盖中。它是完全自治的。当新的结点加入到覆盖中时，它们可以从已有成员通过 $O(\log N)$ 条消息获得必要的数据来构建它们的路由表或者其他所需的状态，其中 N 是参与到覆盖中的主机的数量。当一个结点失效或者退出时，其他结点能够检测到它的消失，并且用相似数量的消息共同协作重新配置，以反映路由结构上的变动。

路由算法　完整的路由算法涉及每个结点上路由表的使用以便高效地路由消息，但是为了解释算法，我们用两个阶段来描述路由算法。第一阶段描述一个简化形式的算法，它能够在不用路由表的情况下正确地路由消息，但是效率很低。在第二阶段，我们将描述完整的路由算法，它能够将一个请求以 $O(\log N)$ 条消息的代价路由到任何结点上。

第一阶段：每个活跃结点都保存一个叶子集合（leaf set），叶子集合是一个大小为 $2l$ 的向量 L, L 包含和当前结点 GUID 在数值上接近的 $2l$ 个（l 个大于，l 个小于）其他结点的 GUID 和 IP 地址。当结点加入或者离开网络的时候，Pastry 负责维护结点的叶子集合。即使一个结点出现故障，仍可以在很短的时间内修正相应结点的叶子集合（故障恢复将在下面讨论）。因此，Pastry 系统的不变式是：叶子集合反映了系统的当前状态，即使故障到达某个最大故障率时，它们仍能收敛于当前状态。

GUID 空间是被当做一个环来处理的：比 0 小的 GUID 邻居是 $2^{128} - 1$。图 10-6 给出了分布在这个环形地址空间上的活跃结点。因为每个叶子集合包含的是与当前结点直接相邻的结点的 GUID 和 IP 地址，所以一个 Pastry 系统若具有正确的叶子集合并且叶子集合的大小至少为 2，那么可按下述的方式把消息路由到任意 GUID：对于任意结点 A，当它收到一条目的地址是 D 的消息 M 时，它首先将自己的 GUID 和 D 的 GUID 比较，然后再将叶子集合中的 GUID 和 D 的 GUID 比较，最终，消息 M 将发往和 D 的 GUID 在数值上最接近的结点。

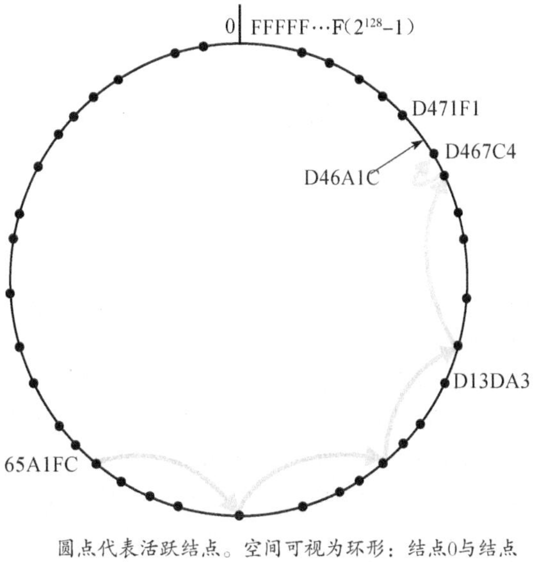

圆点代表活跃结点。空间可视为环形：结点0与结点（$2^{128}-1$）相邻。这个图描述了只使用邻接集合信息，从结点65A1FC路由一条消息到结点D46A1C的过程，此处假设邻接集合的大小是8（l=4）。这是一个退化的路由类型，它的伸缩性很差，因此并没有实际使用。

图 10-6　环型路由是正确的但不是高效的（基于 Rowstron 和 Druschel[2001]）

图 10-6 描述了这样的 Pastry 系统，它的 l 值是 4（Pastry 的典型安装中 l 的值为 8）。基于叶子集合的定义，我们可以总结出：在每步中，消息 M 都将发往比当前结点更接近于 D 的结点，因此这个过程最终将消息 M 发送到距离 D 最接近的活跃结点上去。但是，这样的路由机制的效率很明显非常低，在具有 N 个结点的网络中，发送一条消息需要大约 $N/2l$ 跳。

第二阶段：在算法解释的第二部分，我们将描述完整的 Pastry 算法，并且说明怎样在路由表的帮助下进行高效路由。

　　每个 Pastry 结点都维护一个树型结构的路由表，表中包含一系列结点的 GUID 和 IP 地址，这些 GUID 的值可能是 2^{128} 范围内的任意一个值，其中数值上接近当前结点的 GUID 值的 GUID 的密度更大。

　　图 10-7 给出了某个结点的路由表的结构，图 10-8 说明了路由算法的过程。路由表是按下述方式构造的：GUID 值以十六进制表示，路由表依据 GUID 的十六进制数的前缀的不同对其进行分类。路由表的行数和 GUID 的十六进制表示的位数相同，因此对于我们正在描述的这个 Pastry 系统原型来说，路由表有 128/4 = 32 行。对任意的行 n，包含 15 项，每项对应于一个可能的第 n 个十六进制数位（不包括当前结点的 GUID 的第 n 个十六进制数位）。表中的每项指向具有相关 GUID 前缀的多个结点中的一个。

437
~
439

$p =$	GUID prefixes and corresponding nodehandles n														
0	0	1	2	3	4	5	6	7	8	9	A	B	C	D	E	F
	n	n	n	n	n	n		n	n	n	n	n	n	n	n	n
1	60	61	62	63	64	65	66	67	68	69	6A	6B	6C	6D	6E	6F
	n	n	n	n	n		n	n	n	n	n	n	n	n	n	n
2	650	651	652	653	654	655	656	657	658	659	65A	65B	65C	65D	65E	65F
	n	n	n	n	n	n	n	n	n	n		n	n	n	n	n
3	65A0	65A1	65A2	65A3	65A4	65A5	65A6	65A7	65A8	65A9	65AA	65AB	65AC	65AD	65AE	65AF
	n		n	n	n	n	n	n	n	n	n	n	n	n	n	n

这个路由表位于其 GUID 值以 65A1 开头的结点上。数字都是十六进制的。n 代表 [GUID,IP 地址] 对，将与消息目标地址对应的 GUID 具有的相同前缀的 [GUID,IP 地址] 对作为该消息的下一跳。灰色实体中的 UID 和当前 GUID 匹配的前缀长度最多为 p；应该检查下一行或者邻接集合来确定路由。虽然在一个路由表中最多有 32 行，但是在一个具有 N 个活跃结点的网络中，平均只有 $\log_{16} N$ 行会被填充。

图 10-7　一个 Pastry 路由表的前四行

　　对任意结点 A，路由过程都会使用该结点的路由表 R 中信息和叶子集合 L 中的信息，并根据图 10-9 中描述的算法，来处理来自应用程序的请求和来自其他结点的消息。

　　我们可以确信这个算法总是能够成功地将信息 M 发送到它的目的地，因为程序中第 1、2、7 行执行的操作就是在上面第一阶段中描述的操作。我们已经说明，这些操作是一个完整但低效的路由算法。图 10-9 中的其他步骤是通过使用路由表信息来减少路由时需要的跳数，从而提高算法的性能。

　　当 D 不处于当前结点的叶子集合的数值范围内时，并且路由表中相关项可用时，程序中的 4～5 行会被执行。在当前结点选择下一跳时，需要从左向右比较结点 D 和当前结点 A 的十六进制形式的 GUID，然后确定出 p，p 表示 D 和 A 最长公共前缀的长度。当要访问路由表中的元素时，p 将作为路由表的行偏移量，D 与 A 第一个不同的十六进制位（从左到右）作为列偏移量。根据路由表的构造方式，我们不难得出，该元素如果不为空，那么它包

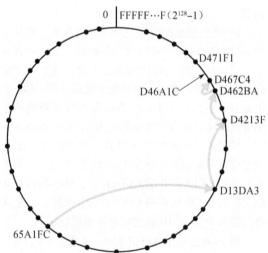

从结点 65A1FC 路由消息给 D46A1C。在结构良好的路由表的帮助下，最多通过 $\log_{16} N$ 跳便可将一条消息成功传送到目的地。

图 10-8　Pastry 路由示例

含了一个结点的 IP 地址，该结点的 GUID 与结点 D 的 GUID 有长为 p + 1 的公共前缀。

要处理目标结点是 D 的消息 M（其中 R[p,i] 是路由表中的第 p 行第 i 列的元素）：

1. If $(L_{-1} < D < L_i)$ { // the destination is within the leaf set or is the current node.
2. Forward M to the element L_i of the leaf set with GUID closest to D or the current node A.
3. } else { // use the routing table to despatch M to a node with a closer GUID
4. find p, the length of the longest common prefix of D and A. and i, the $(p+1)^{th}$ hexadecimal digit of D.
5. If $(R[p,i] \neq null)$ forward M to R[p,i] // route M to a node with a longer common prefix.
6. else { // there is no entry in the routing table.
7. Forward M to any node in L or R with a common prefix of length i, but a GUID that is numerically closer.
   }
}

图 10-9 Pastry 的路由算法

如果 D 落在了叶子集合的数值范围之外，并且相应的路由表单元为空时，执行程序的第 7 行。出现这种情况的概率是非常小的，只有当相应结点失效而路由表未来得及更新的时候，才可能出现这种情况。不过，当这种情况出现时，算法扫描叶子集合和路由表，然后选择一个结点作为发送消息的下一跳，该结点的 GUID 应该最接近目标结点 D 的 GUID，并且具有长度为 p 的公共前缀。如果这个结点包含在 L 中，那么，我们可以按照图 10-6 中描述的第一阶段的过程来操作。如果这个结点包含在路由表 R 中，那么该结点的 GUID 一定比 L 中的任何结点的 GUID 更接近于 D 的 GUID，因此它是对第一阶段的改进。

主机加入 新的结点加入时，使用了一种加入协议，以便获得它们的路由表和叶子集合内容，并且新结点向其他结点通知这一变化使它们更新自己的路由表。首先，要加入的新结点计算出一个 GUID（通常对结点的公钥应用 SHA-1 散列函数而获得），然后和附近的一个 Patry 结点建立连接（这里我们使用的"附近"这个词是指网络距离，即较少的网络跳数或较低的传输延迟。见下面关于"最近邻居算法"的介绍）。 |440|

假设新结点的 GUID 是 X，并且它所联系的附近结点的 GUID 为 A。结点 X 发送一个专门的 join 请求消息给结点 A，并且这个消息的目标地址被设为 X。结点 A 按正常的方式通过 Pastry 分发 join 消息。Pastry 将会把 join 消息发送到其 GUID 值与 X 在数值上最接近的已有结点上去；我们不妨把这个目的地结点称为 Z。

结点 A、Z 以及所有在路由 join 消息到 Z 的路途上的结点（如 B、C……），它们会在常规 Pastry 路由算法中加入一步，这将使它们路由表和叶子集合中的有关信息传递到结点 X，然后结点 X 对这些信息进行检查，再利用这些信息构造自己的路由表和叶子集合。如果有必要的话，结点 X 在这个过程中还可以从其他结点请求获得一些额外的信息。

为了了解结点 X 如何构建它自己的路由表，读者应该注意到路由表的第一行依赖于结点 X 的 GUID 值，而且为了使路由距离尽可能小，构造出来的路由表应该做到尽可能通过邻居结点路由消息。A 是 X 的一个邻居结点，因此结点 A 的路由表的第一行将是结点 X 路由表的第一行（X0）的首选。另一方面，对于结点 X 路由表的第二行（X1）来说，结点 A 的路由表可能与 X1 是不相关的了，因为结点 X 的 GUID 和结点 A 的 GUID 的十六进制形式的第一位可能并不相同。不过，路由算法可以确保结点 X 的 GUID 和结点 B 的 GUID 的第一位相同，这也意味着结点 B 路由表的第二行（B1）对于 X1（结点 X 路由表的第二行）来说是首选。相似的，结点 C 路由表的第三行（C2）对于结点 X 路由表的第三行（X2）来说是首选，其他的行以此类推。

此外，我们回想一下结点叶子集合的性质，注意到既然结点 Z 的 GUID 在数值上最接近结点 X 的 GUID，那么 X 的叶子集合应该和 Z 的叶子集合相似。事实上，理想情况下 X 的叶子集合与 Z 的叶子集合只有一个成员不同。因此 Z 的叶子集合对于 X 来说是一个足够好的最初的近似，最终通过一系列与邻居结点的交互，这个集合将得以优化。这将在下面的"容错"部分加以介绍。

最后，一旦结点 X 按照上面所说的方式建立起它的路由表和叶子集合，它就可以将路由表和叶子集合的内容发送给路由表和叶子集合中的所有可识别结点，相关结点接收到 X 的内容，然后调整它们自己的表以接纳新结点。把一个新的结点加入到 Pastry 基础设施的任务需要传送 $O(\log N)$ 条消息。

主机失效或退出 处于 Pastry 基础设施中的结点可能失效或者没有任何预警退出 Pastry。当 Pastry 中的一个结点的（在 GUID 空间意义上的）直接邻居结点不再与其通信时，便认为这个结点失效了。这时，含有该失效结点的 GUID 的叶子集合应该得到相应的修正。

当某个结点发现有结点失效时，为了修复自身的叶子集合 L，它应该在 L 中寻找靠近失效结点的某个"活"结点，然后从那个结点中获得其叶子集合 L' 的一份副本，L' 中包含与 L 部分重叠的 GUID 序列，其中有一个合适的代替失效结点的结点。其他的邻居结点也会收到有结点失效的通知，这些结点也会执行类似的操作，以修复它们的叶子集合。这个修复过程能够保证结点的叶子集合可以得到修复，除非结点的 l 个相邻结点同时失效。

对路由表的修复基于"一旦发现"机制，即使一些路由表项不再有效，消息的路由仍能继续进行——如果路由失败，那么将使用路由表同一行的其他项。

最近邻居算法

一个新结点要加入 Pastry 时，它至少应该知道 Pastry 中已有的一个结点的地址，不过这个已有的结点与新结点不必是相邻的。为了使新结点知道邻近结点的地址，Patry 包含了一个"最近邻居"算法，它保存当前已知最近的结点，然后定期地给包含在当前最近结点的叶子集合中的结点发送探测消息，然后根据往返延迟来判断是否有比当前结点更近的结点，通过这个递归的过程，便可以使新结点找到它的邻近结点。

441

地域性 Pastry 路由结构是高度冗余的，即在每对结点之间有许多条路由。路由表的构造利用了低层传输网络（通常是互联网结点的一个子集）结点的地域属性，其目的就是利用大量冗余来减少实际消息传递的次数。

我们回想一下，路由表中的每一行包含 16 项。第 i 行包含 16 个结点地址，将它们的 GUID 与当前结点的 GUID 相比较，它们前 $i-1$ 个十六进制位与当前结点是相同的，而第 i 个十六进制位分别取可能的值。一个填充良好的 Pastry 路由覆盖包含的结点要比某个结点路由表中包含的结点多得多。每当构建一个新的路由表的时候，都需要按照最近邻居选择算法 [Gummadi et al. 2003] 在几个（从其他结点提供的路由信息中获得的）候选结点中做出选择。通常根据结点之间地域距离（IP 跳数或通信延迟）来比较候选结点，最后选中最近的且可用的候选结点。因为可用的信息并不够全面，因此这种机制不能产生全局最优的路由。但是模拟实验显示这个路由平均只比最优路由长 30% ~ 50%。

容错 按照上面的描述，Pastry 路由算法假设路由表中所有项和叶子集合对应的结点都是"活"结点，且都工作正常。所有结点都会发送"心跳消息"（即按固定时间间隔发送的消息，用来表明发送消息的结点是"活"结点）给自己叶子集合中的邻居结点。但是以这样的方式检测到的关于某个结点失效的信息并不能很快地发布给其他结点，从而消除路由错误。而且，这种方式也不能避免某些恶意结点试图干扰正确的路由。为了解决这些问题，依靠可靠消息传递的客户希望使用具有"至少一次"语义的传递机制（参见 5.3.1 节），在没有收到应答时，重复发送消息。这样可以使得 Pastry 获得更长的时间窗口来检测和修复结点失效。

为了处理其他的故障或对付怀有恶意的结点，可在图 10-9 描述的路由选择算法基础上引入小范围的随机性。要点是对图 10-9 所示程序的第 5 行进行一下修改，随机地选择一小部分实例，它们具有公共的前缀，但是长度小于最大长度。这将导致可能使用路由表中靠前的行来路由，尽管这样的路由不够优化，但是它不同于算法的标准版路由。通过在路由算法中使用这个随机变化，即使有少量的恶意结点存在，客户重传应该最终获得成功。

442

可靠性 Pastry 的作者已经开发出了一个更新的版本，叫做 MSPastry[Castro et al. 2003]，它仍然使用同样的路由算法和相似的主机管理方法，但是它还包含了一些额外的可靠性措施，并对主机管理算法的性能进行了优化。

保障可靠性的措施包括在路由算法中的每一跳都使用确认。如果发送消息的主机在指定的时间内没有收到相应的确认，那么它将选择另一个路由来重发这条消息。没有成功发送确认消息的结点，将被标记为可疑的失效结点。

如上所述，为了探测到失效的结点，每个 Pastry 结点会定期发送心跳消息给处于叶子集合中左部的（即该结点的 GUID 比当前结点的 GUID 小）直接邻居结点。每个结点还记录上一次从右部邻居结点（即该结点的 GUID 比当前结点的大）收到心跳信息的时间。如果从上次收到心跳消息到现在的时间间隔超出一个时间阈值，则探测结点将开始路由表的修复过程，它会联系叶子集合中的其他结点，告知它们某个结点失效了，并且发出一个关于建议替代结点的请求。就算多个结点同时失效，当这个过程结束时，所有在失效结点左边的结点都将有一个新的叶子集合，其中包含和当前结点 GUID 最接近的 l 个"活"结点。

我们已经看到，路由算法在只使用叶子集合时能具有正确的功能，但是维护一个路由表对于提高性能来说是非常重要的。路由表中的可疑的失效结点可以被探测，其方式类似于可疑的失效结点处于叶子集合中的情况。探测时，如果可疑的失效结点没有响应，那么路由表中相关项包含的结点将被另一个合适的结点（从附近结点中获得）替代。另外，可以使用一个简单的闲聊（gossip）协议（参见18.4.1 节）来定期在结点之间交换路由表信息，从而修复路由表失效的项，并避免地域特性的缓慢退化。闲聊协议每隔 20 分钟运行一次。

评估工作 Castro 和他的同事对 MSPastry 进行了详尽的性能评估，他们的目的就是确定主机加入/离开率以及相关的可靠性机制对性能和可靠性的影响［Castro et al. 2003］。

评估的方法是：有一个模拟器，它运行在一台计算机上，并且能够模拟大量的网络主机；在这个模拟器控制下，再运行 MSPastry 系统，消息传递由模拟的传输延迟替代。这个模拟试验实际上是根据现实应用中的参数而模拟主机加入/离开行为和 IP 传输延迟。

MSPastry 所有的可靠性机制都包含于该模拟中，并设置了实际的探测与心跳消息周期。通过将数据与实际应用负载（在 52 个结点的内部网络上运行了 MSPastry）下的测量结果比较，模拟实验的有效性也得到了验证。

在这里，我们总结他们获得的关键结果。

可靠性：如果 IP 消息的丢失率是 0%，那么在 100 000 个请求中，MSPastry 只有 1.5 个请求没有成功传送到目标主机（可能是因为目标主机不可用），其他所有的请求都被传递，到达目标结点。

如果 IP 消息的丢失率为 5%，那么 MSPastry 在 100 000 个请求中，大约有 3.3 个请求被丢失，另外大约有 1.6 个请求被传递到错误的结点。通过在 MSPastry 中的每一跳使用确认机制，可以保证所有丢失的或者被传错目的地的消息都能够被重传并到达正确的结点。

性能：评估 MSPastry 性能的指标被称为相对延迟惩罚（Relative Delay Penalty，RDP）［Chu et al. 2000］或者扩展度（stretch）。RDP 直接度量发生在覆盖路由层的额外开销。它是两个量之间的比值：第一个量是通过路由覆盖传递一个请求的平均延迟，第二个量是在同样两个结点之间使用 UDP/IP 传递同一个消息的平均延迟。使用模拟负载，MSPastry 观测到的 RDP 值在网络消息丢失率为 0% 情况下约为 1.8，在网络消息丢失率为 5% 情况下约为 2.2。

开销：对每个结点来说，由控制流量（指用来维护结点的叶子集合和路由表的一系列消息）生成的额外网络负载少于每分钟 2 条消息。由于存在初始安装开销，当会话时间少于 60 分钟时，RDP 和控制流量都会显著增长。

总的来说，这些结果表明，在有数以千计结点运行的真实环境中，具有高性能、高可靠性的路由覆盖层是可以被构建出来的。即使在会话时间少于 60 分钟和网络错误率很高的情况下，系统也能适当地降级，继续提供有效的服务。

优化覆盖查找延迟 Zhang 等［2005a］的工作说明一类重要的覆盖网络（包括 Pastry、Chord 和

443

Tapestry）的查找性能能通过增加一个简单的学习算法而有实质性提高，该算法度量实际所需的访问覆盖结点的延迟，并增量式修改覆盖路由表，以优化访问延迟。

10.5.2　Tapestry

Tapestry 实现了一个分布式散列表，并基于和资源相关的 GUID，使用和 Pastry 类似的前缀路由方式将消息路由给结点。但是从应用层面上看，Tapestry 的 API 把分布式散列表隐藏在了类似图 10-5 所示的 DOLR 接口后面。持有资源的结点使用 publish（GUID）原语来告知 Tapestry 它们的存在，然后持有资源的结点仍负责存储这些资源。含有该资源副本的每个结点使用相同的 GUID 来发布该资源，这使得 Tapestry 的路由结构中有多个路由项。

这给了予 Tapestry 应用一些额外的灵活性：它们可以把资源副本放到经常使用该资源的用户附近（按网络距离），从而降低延迟并最小化网络负载，还能够确保对网络和主机故障的容错。但是，这并不是 Pastry 和 Tapestry 最本质的区别：让与 GUID 对应的对象作为更复杂的应用级对象的代理，Pastry 应用也能够获得类似的灵活性；Tapestry 也可以按 DOLR API［Dabek et al. 2003］来实现一个分布式散列表。

在 Tapestry 中，使用 160 位的标识符来引用对象和执行路由动作的结点。标识符要么是标识实施路由操作的计算机的 NodeId，要么是标识对象的 GUID。对于任何 GUID 为 G 的资源来说，它们都具有唯一的根结点，并且这个根结点 R_G 具有的 GUID 是最接近于 G 的。持有资源 G 副本的主机 H 定期调用 publish(G)，以确保新加入的主机能够获知 G 的存在。在每次调用 publish(G) 时，一个发布消息都会从调用者结点路由到结点 R_G。一旦结点 R_G 收到该发布消息，它就为它的路由表添加一项（G, IP_H），该项代表 G 和发送发布消息主机的 IP 地址之间的映射。路由该发布消息时，所经过的每个结点都会缓存这个映射。我们在图 10-10 中说明了这个过程。当结点存储了 GUID 为 G 的多个映射（G, IP）时，它会按照当前结点到这些 IP 地址的网络距离（往返时间）来对这些映射排序。随后发往该对象的消息，会在所有可用的对象副本中选择一个最近的作为消息的目标地址。

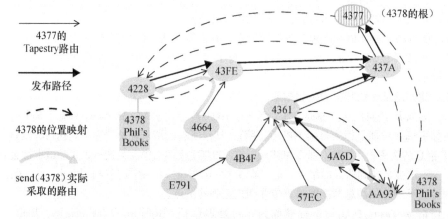

文件 Phil's Book（G=4378）的副本存储在结点 4228 和结点 AA93 中。对于对象 4378，结点 4337 是其根结点。显示的 Tapestry 路由是路由表中的一部分路由项。发布路径给出了发布消息后形成的路由，在这个路径上留下了对象 4378 的位置映射缓存。位置映射接下来会用于路由发送给 4378 的消息。

图 10-10　Tapestry 的路由

Zhao 等［2004］详细地描述了 Tapestry 路由算法，也给出了在遇到结点加入和退出的时候 Tapestry 路由表的管理。他们的论文还包括了详尽的性能评估数据，这些数据是基于对大规模 Tapestry 网络的模拟而得出的，这些数据表明 Tapestry 具有和 Pastry 相似的性能。10.6.2 节描述的 OceanStore 文件存储就是在 Tapestry 上构造和部署的。

10.5.3　从结构化对等方法到非结构化对等方法

到目前为止的讨论集中在所谓的结构化对等方法。在结构化方法中，有一个全局的策略来控制网络的

拓扑、网络中对象的放置以及用于在网络中定位对象的路由或查找功能。换句话说，有一个特定的 445
（分布式的）数据结构支持相关的覆盖网，同时，有一套算法用于在该数据结构上操作。这点可以从
Pastry 和 Tapestry 例子中很清楚地看到，它们基于底层的分布式散列表和相关的环结构。因为所使用的
结构，这样的算法是有效的，它提供定位对象的时限，但也要付出代价，即经常需要在高度动态环境
中维护底层结构。

因为这个维护问题，产生了非结构化对等（unstructured peer-to-peer）方法。在非结构化方法中，
没有对拓扑或网络中对象放置的整体控制。相反的，覆盖网以随机方式创建，每个加入到网络的结点
遵循一些简单的、本地的规则来建立连接。尤其是，一个要加入的结点将建立与一个邻居集的连接，
因为知道那个邻居将与更远的邻居相连接，从而基本形成了去中心化的和自组织的网络，因此能应对
结点故障。为了定位一个给定的对象，有必要对形成的网络拓扑进行搜索，显然，这个方法不能提供
找到对象的任何保证，性能也不能预测。此外，还存在一个真实的风险，即为了定位对象而生成过量
的消息流量。

图 10-11 总结了结构化对等系统和非结构化对等系统各自相对的优势。尽管非结构化对等系统有
明显的缺点，但该方法在互联网中是占主导地位的，特别在支持对等文件共享方面（如 Gnutella、
FreeNet 和 BitTorrent 这样的系统都采用了无结构的方法），认识到这一点很有趣。正如将要看到的那
样，这样的系统已经有了重大的进展，可以提高非结构方法的性能，从互联网中对等文件共享生成的
流量看，这项工作是重要的。（例如，2008/2009 年的一个研究表明：根据研究的样本流量的不同，对
等文件共享应用占所有互联网流量的 43%～70%［www. ipoque. com］。）

	结构化对等系统	非结构化对等系统
优势	保证定位到对象（假设它们存在），能提供该操作的时间和复杂度的边界；消息开销相对低	自组织的和天然能适应结点故障
不足	需要维护经常是复杂的覆盖网结构，它的实现比较难而且代价比较高，特别是在高度动态环境中	存在概率性，因此，不能为定位对象提供绝对的保证；易于产生过量的消息开销，这会影响可伸缩性

图 10-11　结构化对等系统与非结构化对等系统

有效搜索的策略　在对等文件共享中，网络中的所有结点给更大的环境提供文件。如上所述，定
位一个文件的问题是为了定位合适的文件而对全网进行一次搜索。如果简单地加以实现，那么可以在
网络上泛洪请求来实现。这正是 Gnutella 早期版本采用的策略。特别的，在 Gnutella 0. 4 中，每个结点 446
向它的每个邻居转发请求，这些邻居结点再依次把请求传递给它们的邻居，如此这般，一直到找到匹
配的文件为止。在部署 Gnutella 0. 4 的时候，平均的连接度是每个结点大约 5 个邻居。这个方法简单，
但不能伸缩，与搜索相关的流量会很快充斥网络。

已经开发了许多改进方案用于非结构化网络的搜索［Lv et al. 2002，Tsoumakos and Roussopoulos
2006］，包括以下 3 项。

扩展环搜索：在这个方法中，发起结点完成一系列的搜索，期间不断增加存活期（time-to-live）
域的值，同时，识别出大量本地可以满足的请求（尤其是，如果与一个有效的复制策略相结合，见下
面的讨论）。

随机漫步：在该方法中，发起结点发出一系列漫步者（walker），它们在非结构覆盖网提供的互连
的图上沿着它们自己的随机路径进行搜索。

闲聊：在闲聊方法中，一个结点以一定的概率发送请求给一个给定的邻居，因此，请求在网络中
以类似病毒在人群中传播的方式进行（因此，闲聊协议也称为传染病协议）。对于一个给定的网络，
概率既可以是固定的，也可以是根据以前的经验和（或）当前的上下文动态计算出来的（请注意，闲
聊是分布式系统中的一种常见的技术，进一步的应用可以在第 6 章和第 18 章找到）。

这样的策略能极大地减少非结构网络中搜索的开销，因此，增加了算法的可伸缩性。这样的策略
也经常由合适的复制技术支持。通过在若干对等方复制内容，发现特定文件的概率能大大提高。这些

技术包括在互联网上复制整个文件和散布文件的片段。后者是 BitTorrent 使用的方法，它减少了下载大文件的对等方的负载。

　　实例研究：Gnutella　Gnutella 于 2000 年发布，从那时起，它已经成长为一个主要的和最有影响力的对等文件共享应用。如上所述，开始时，协议采用一个相对简单的泛洪策略，该策略不能很好地伸缩。为了应对这个问题，Gnutella 0.6 引入了一系列修改，这些修改大大提升了协议的性能。

　　第一个大的改进是从所有结点都平等的、纯的对等体系结构进化到这样一个结构：所有对等结点仍然相互协作提供服务，但一些结点被选为超级结点（ultrapeer），被指定具有额外的资源，它们形成了网络的核心，而其他一些对等结点承担叶子结点的角色。叶子与少量的超级结点相连，而超级结点又与其他大量超级结点连接（每个都有超过 32 个连接）。这大大减少了进行彻底搜索所需求的最大跳数。这种对等体系结构风格被称为混合体系结构，也是 Skype 采用的方法（相关讨论参见 4.5.2 节）。

　　其他关键的改进是引入一个查询路由协议（Query Routing Protocol，QRP），该协议用于减少结点发送的查询数量。协议建立在交换结点中包含的文件信息上，因此，仅沿系统认为有一个正面结果的路径转发查询。该协议并非直接共享文件信息，而是通过散列文件名字中的各个词产生的一个数字集合。例如，"Chapter ten on P2P"这样的文件名将用四个数字表示，即 < 65，47，09，76 >。一个结点产生一个查询路由表（Query Routing Table，QRT），它包含代表该结点上每个文件的散列值，接着，发送这个路由表给所有与它相连的超级结点。超级结点基于所有相连的叶子结点的所有项加上自身包含的文件的项，形成它们自己的查询路由表，并与其他相连的超级结点交换路由表。这样，超级结点对于一个给定的查询可以决定哪个路径能提供一个有效的路由，从而大大减少了不必要的流量。更具体来说，如果一个超级结点找到一个匹配结点（表明那个结点有这个文件），那么将转发查询到那个结点；如果那个超级结点是到达文件的最后一跳，那么在把请求传递给这个超级结点之前将完成相同的检查。请注意，为了避免超级结点的过载，结点每次发送一个查询到一个超级结点，然后等待一段指定的时间，看是否得到一个正面的应答。

　　最后，Gnutella 中的一个查询包含了发起查询的超级结点的网络地址，这意味着一旦一个文件被找到，它能被直接送到这个相关的超级结点（通过使用 UDP），从而避免了在图上的一次逆向遍历。

　　图 10-12 总结了 Gnutella 0.6 相关的主要元素。

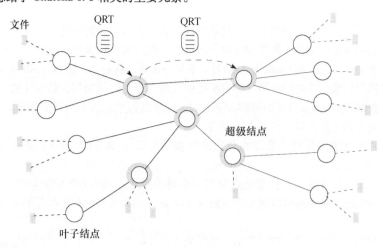

图 10-12　Gnutella 协议的关键元素

10.6　应用实例研究：Squirrel、OceanStore 和 Ivy

　　在 10.5 节描述的路由覆盖层已经被用到几个应用试验中，所形成的几个应用已经被广泛地评估。我们从其中选择三个做进一步的研究，这三个系统是基于 Pastry 的 Squirrel Web 缓存服务、OceanStore 和 Ivy 文件存储系统。

10. 6. 1　Squirrel Web 缓存

Pastry 的作者已经开发出了用于由个人计算机组成的局域网的对等 Squirrel Web 缓存服务［Iyer et al. 2002］。在中等规模和大型的局域网中，Web 缓存服务通常由一台专门的服务器或者一个集群来提供。Squirrel 系统利用局域网中桌面计算机的存储和计算资源也能够完成同样的任务。我们首先概述一个 Web 缓存服务的运作原理，然后介绍 Squirrel 的设计，并考察一下它的有效性。

Web 缓存　Web 浏览器为互联网对象（HTML 页面、图像等）产生 HTTP GET 请求。该请求获得服务的方式可能有多种：或者，客户机器上的浏览器缓存可以为该请求提供服务；或者，一个代理 Web 缓存（proxy Web cache）——它是一个服务，运行在同一个局域网内的另一台计算机上或者在互联网上一个邻近的结点上——可以为该请求提供服务；或者，源 Web 服务器——这个服务器的域名包含在 HTTP GET 请求的参数中——可以为该请求提供服务。最终选择哪一种方式来提供服务，取决于哪种方式能够提供该对象的最新拷贝。每个本地缓存和代理缓存都包含一个最近检索过的对象集合，这个集合按 URL 进行组织以提供快速的查询。另外，有些对象是不可缓存的，因为它们是由服务器根据请求动态产生的对象。

当浏览器缓存或代理 Web 缓存收到一个 GET 请求时，会有三种可能：被请求的对象是不可缓存的；被请求的对象不在缓存中；被请求的对象在缓存中。当出现前两种情况时，GET 请求会被转发给源 Web 服务器。当在缓存中找到了被请求的对象时，还必须检测该对象是否是最新的。

存储在 Web 服务器和缓存服务器中的对象带有一些额外的元数据项，其中包括一个时间戳，这个时间戳给出该对象最后被修改的日期 T，还包含该对象的存活期 t 或者一个 eTag（从 Web 页面的内容计算出的一个散列值）。当一个对象返回给客户时，源服务器都会提供这些元数据项。

对于那些在元数据项中包含存活期 t 的对象，只有当 $T + t$ 表示的时间晚于当前时间时，该对象才被认为是最新的。对于那些没有存活期的对象，要检测该对象是否最新，将使用一个 t 的估计值（通常这个估计值是几秒）。如果检测结果是最新的，那么被缓存的对象会直接返回给客户，而不用再联系提供该对象的源服务器。如果结果不是最新的，那么会提交一个带条件的 GET 请求（cGET）给下一级进行验证。有两种基本的 cGET 请求：If-Modified-Since 请求（它包含已知的最后一次被修改的时间戳）和 If-None-Match 请求（它包含一个代表对象内容的 eTag）。这个 cGET 请求可能由另外一个 Web 缓存来提供服务，也可能由源服务器提供服务。收到 cGET 请求的 Web 缓存如果没有相应对象的最新拷贝，它就将该请求转发给源 Web 服务器。对 GET 请求的应答要么包含整个对象，要么是一条 not-modified 消息（如果缓存的对象还未修改）。 |449|

每当从源服务器接收到一个新的、被修改的、可以缓存的对象时，该对象都会被加入本地缓存的对象集合中（如果有必要，可以替换原来的仍然有效的老对象），同时如果存在该对象的时间戳、存活期 t 和 eTag，那么它们也会被同时保存。

集中式代理 Web 缓存服务已经被部署到大多数支持大量 Web 客户的局域网中，这种代理服务的运行基础就是我们在上面描述的策略。代理 Web 缓存通常被实现成运行于一台专门主机上的多线程进程，或者是运行于计算机集群上的进程集合。这两种情况都需要大量专用的计算资源。

Squirrel　Squirrel Web 缓存服务使用网络中每台客户计算机的一小部分资源完成了同样的功能。对每个缓存对象的 URL 应用 SHA-1 安全散列函数，可以产生一个 128 位的 Pastry GUID。像其他 Pastry 应用一样，既然 GUID 不是用来验证对象内容的，因此产生 GUID 不必依赖于整个对象的内容。Squirrel 的作者依据端到端观点（2.3.3 节）做出自己的判断，他们认为：一个 Web 页面其可靠性可能在从服务器传送到客户的多个环节中遭到破坏，增加对缓存页面的认证对于全面的可靠性保证也只是杯水车薪。对于那些需要可靠性的交互，应该使用 HTTPS 协议（具有端到端传输层安全性，相关讨论见 11.6.3 节）来获得更好的可靠性保证。

在 Squirrel 最简单的实现中——它已经被证明效率是最高的——如果一个结点的 GUID 和对象的 GUID 是数值上最接近的，那么该结点就作为这个对象的主结点（home node），负责持有该对象的缓存拷贝。

每个客户结点都包含一个本地 Squirrel 代理进程，该进程负责缓存所有本地和远程的 Web 对象。如果在本地缓存中没有发现被请求对象的一个最新拷贝，Squirrel 就会通过 Pastry 将一个 GET 请求或者 cGet 请求（当本地缓存包含被请求对象的过时版本时）路由到该对象的主结点。如果主结点有该对象的最新拷贝，它就直接给客户返回最新拷贝或者一条 not-modified 消息。如果主结点包含被请求对象的过时版本或者根本没有该对象的任何拷贝，那么它就分别发送 cGet 或 Get 请求给该对象的源服务器。源服务器的响应可能是一条 not-modified 消息，也可能是被请求对象的拷贝。在前一种情况下，主结点重新验证它的缓存项，并且向客户返回该对象的一个拷贝；在后一种情况下，它将新对象的拷贝转发给客户，并且如果该对象是可缓存的，它还在自己的本地缓存中保存该对象的一个拷贝。

对 Squirrel 的评估　Squirrel 也是使用模型化的负载通过模拟的方式来评估的，其负载来自对微软内部两个真实环境中已有的集中式代理 Web 缓存的活动的跟踪记录。这里，一个研究环境是位于英国剑桥的 105 个活动客户，另外一个研究环境是在美国华盛顿州的雷蒙德，有超过 36 000 个活动客户。评估工作从三个方面比较了 Squirrel Web 缓存与传统集中式 Web 缓存的性能差别：

能够节省总的外部带宽：外部带宽的总使用量跟缓存命中率逆相关，因为仅当缓存中的对象不能命中时，才会发送请求给外部服务器。对于集中式 Web 缓存，观测到的缓存命中率是 29%（雷蒙德）和 38%（剑桥）。使用同一个活动日志，为 Squirrel 缓存产生一个相似的模拟负载，其中每个客户贡献 100MB 的磁盘存储，这样观测到的命中率和集中式 Web 缓存非常相似，分别是 28%（雷蒙德）和 37%（剑桥）。由此可得出结论：两者节省外部带宽的比例相似。

用户访问 Web 对象时感觉到的延迟：路由覆盖的使用会使得在本地网络中将会有好几条消息被传送（路由跳数），它们都用于传送客户的请求到负责缓存相应对象的主机（主结点）。在雷蒙德的模拟环境中，传送一个 GET 请求的路由跳数的平均值是 4.11。在剑桥的模拟环境中，传送一个请求的路由跳数的平均值是 1.8。然而，对于访问集中式 Web 缓存服务来说，仅需要传送一条消息。

在现代以太网硬件的支持下，在局域网中传输一条消息只需几毫秒，这其中还包含了 TCP 连接建立的时间，但跨越互联网传送一条 TCP 消息大概需要 10 ~ 100ms。因此，Squirrel 的作者们认为：一个要访问的对象在缓存中被找到所需要的延迟远远小于缓存中没有满足请求的对象时所需要的延迟。所以，相对于传统的集中式 Web 缓存，Squirrel 缓存也能给用户以相似的体验。

用户结点需要承担的计算和存储负载：在整个评估过程中，每个结点为其他结点提供的缓存请求服务次数是极低的，仅为每分钟 0.31 次（在雷蒙德的模拟环境中），这说明所消耗的系统资源的整体比例是极低的。

基于上面描述的测量结果，Squirrel 的作者们得出结论：Squirrel 的性能与集中式缓存的性能相似。当集中式缓存服务器配备相似大小的专用缓存时，对于 Web 页面的访问，Squirrel 的延迟比集中式 Web 缓存小一些。Squirrel 给客户结点增加的额外负载很少，少到用户可能感觉不到。随后，Squirrel 被部署到一个具有 52 台客户机器的局域网中，作为主 Web 缓存提供服务，最终的结果证明了他们的结论是正确的。

10.6.2　OceanStore 文件存储

Tapestry 的开发者已经为对等文件存储设计并开发了一个原型。与 PAST 不同，它能够支持可变文件的存储。OceanStore[Kubiatowicz et al. 2000，Kubiatowicz 2003，Rhea et al. 2001，Rhea et al. 2003] 的设计目标是提供一个非常大范围的、可增量伸缩的持久存储工具，以便存储可变数据对象，在网络和计算资源经常变化的环境中，仍提供对象存储的长期持久性和可靠性。OceanStore 计划用于多种应用中，包括类 NFS 文件服务的实现、电子邮件托管服务、数据库以及其他涉及大量数据对象共享和持久存储的应用。

OceanStore 的设计还包括提供不变数据和可变数据的复制存储功能。受 Bayou 系统（见 18.4.2 节）中保持对象与其副本之间的一致性机制的启发，把它适当地裁剪，就可以满足应用的需要。通过对数据进行加密和使用拜占庭式协定协议（参见 15.5 节）来更新复制对象，就可以保证数据的私密性和完整性。这样做是有必要的，因为不能对单个主机的可信任度做任何假定。

目前，已经构建了一个 OceanStore 的原型 Pond［Rhea et al. 2003］。它足以支持应用，并且为了验证 OceanStore 设计和比较 OceanStore 在性能上与传统方法的区别，对它的性能用各种基准测试进行了评估。在本节后面的部分，我们将概述 OceanStore/Pond 的设计，并总结它的评估结果。

Pond 使用 Tapestry 路由覆盖机制把数据块放置在结点上，这些结点可能遍布整个互联网，然后 Pond 再把请求分发给它们。

存储的组织　OceanStore/Pond 的数据存储在一组块中，因此可以把它们比喻为文件。但是每个对象都被表示为若干不变版本的有序序列，并且原则上这些版本都是永久存储的。对对象的任何一个更新，都将导致该对象生成一个新版本。这些版本可以依据在 7.4.2 节描述的用于创建和更新对象的写时更新技术共享不变块。因此，如果某些版本之间只有很少的不同点，那么存储这些版本需要的额外空间也是很少的。

对象是按类似 UNIX 文件系统的方式来构造的，它们的数据块的组织和访问都要通过一个元数据块，也叫根块；并且如果有必要还需要额外的间接数据块（参考 UNIX i-nodes）。另外一个级别的间接寻址被用于将数据对象一系列版本和一个持久的文本名字或者其他外部可见的名字（例如一个文件的路径名）关联起来。图 10-13 阐明了对象的组织方式。GUID 被关联到数据对象（AGUID）、对象不同版本的根块（VGUID），间接块和数据块（BGUID）。若某个块有多个副本，它们将被存储到根据地域性和存储可用性标准选择出的对等结点中；并且这些块的 GUID 会被每个包含这些副本的结点发布出来（使用图 10-5 中 publish() 原语），这样，客户可以使用 Tapestry 来访问这些块。

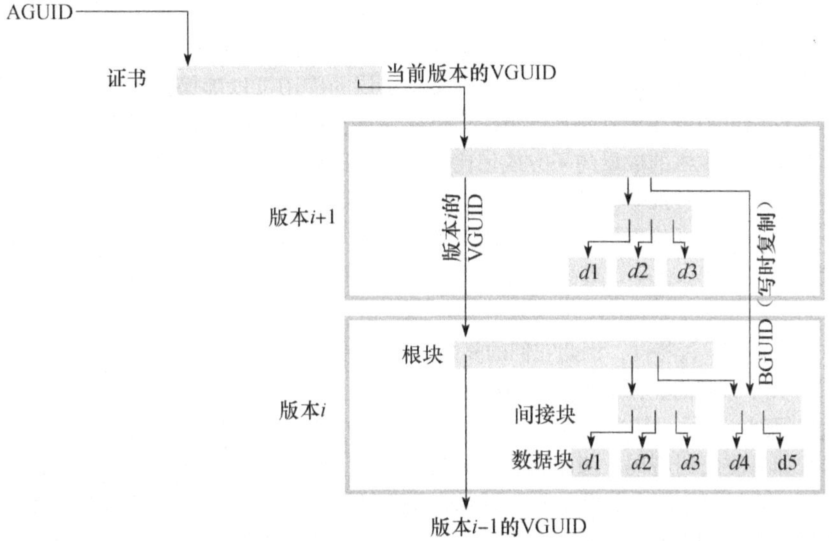

版本i+1更新的块是d1、d2、d3。证书和根块包含的一些元数据没有显示。所有未标记的箭头都是BGUID。

图 10-13　OceanStore 对象的存储组织

有三种类型的 GUID 会被用到，如图 10-14 所示。前两种 GUID 通常用来赋给存储在 Tapestry 中的对象，它们都是根据相关块的内容使用一个安全的散列函数计算得出的，以后可以用它们来认证、验证内容的完整性。因此它们引用的块必须是不可变的，因为一个块的内容的任何改变都会使得用 GUID 作为内容的验证符变得毫无意义。

第三种标识符是 AGUID。这些标识符用来

名字	含义	描述
BGUID	块GUID	一个数据块的安全散列码
VGUID	版本GUID	某个版本根块的BGUID
AGUID	活动GUID	对象的所有版本的唯一标识符

图 10-14　OceanStore 所使用的标识符类型

（间接地）引用一个对象的所有版本构成的流，它使得客户可以访问对象的当前版本或者任何一个以前的版本。既然存储的对象是可变的，那么用来标识它们的 GUID 不能依赖它们的内容而产生，因为这样会导致对象内容改变时对象的 GUID 有关的所有索引信息失效。

452

解决的方式是，当一个新的存储对象被创建时，创建该对象的客户会为其提供一个特定于应用的名字（例如，文件名），对这个名字以及一个代表对象拥有者的公钥（参见 11.2.5 节）应用一个安全的散列函数可以产生出代表该对象的永久 AGUID。在一个文件系统应用中，每个文件名都有一个相应的 AGUID 存储到目录里。

在对象所有版本构成的序列和标识它的 AGUID 之间存在一种关联，这种关联被记录在一个数字签名证书中。通过使用主拷贝复制方案（也叫被动复制，参见 18.3.1 节），数字签名证书可以被存储和复制。该证书中包含当前版本的 VGUID，并且每个版本的根块都包含有其前一版本的 VGUID，因此它们构成了一个引用链，使一个持有相应证书的客户可以遍历整个版本链（见图 10-13）。为了确保关联是可信的并且是由授权主体做出的，必须要有数字签名证书。期望客户能够对此进行检查。每当创建一个对象的新版本时，就会有一个新的证书产生，它包含了新版本的 VGUID、时间戳和一个版本序列号。

对等系统的信任模型要求构建每个新证书时都需要征得一个小型主机集合的同意（将在下面描述），这一小型主机集合称作内部环（inner ring）。每当一个新的对象被存储到 OceanStore 中时，都会选择若干主机作为该对象的内部环。它们使用 Tapestry 中的 publish() 原语来告知 Tapestry 某个新对象的 AGUID。随后，客户使用 Tapestry 把请求获得该对象证书的请求路由给内部环中的一个结点。

新的数字签名证书会替代每个内部环结点上的旧证书，并且它还会被分发到更多的二级拷贝。由客户决定多久检查一次是否有新版本存在（NFS 中文件的缓存拷贝需要类似的决策，大多数 NFS 系统在安装时配置成客户与服务器一致以 30 秒的时间窗口运行，参见 12.3 节）。

通常在对等系统中，个人主机被认为是不可信任的。对主拷贝更新需要得到内部环中所有结点的一致同意。它们使用基于状态机的拜占庭协定算法（该算法由 Castro 和 Liskov［2000］提出）的一个版本来更新对象和对证书进行数字签名。拜占庭协定协议的使用可以确保证书能够被正确地维护，即使当内部环的某些结点失效或者有恶意行为时，仍能保持正确性。因为拜占庭协定的计算量和通信开销的增长速度与参与的主机的数量的平方成正比，因此内部环中的主机数量应保持一个很小值，并且通过使用刚才提到的主拷贝策略，数字签名证书可以被广泛复制。

实施一次更新还包括检查访问权限和用其他挂起的写操作序列化这个更新。一旦主拷贝的更新过程完成，通过使用由 Tapestry 管理的组播路由树，就可将新的结果将发布给二级副本，这些二级副本存储在内部环外的主机上。

由于数据块具有只读特性，因此它们的复制可以采用不同寻常的、更有效的存储机制。该机制将每个块分成 m 个大小相同的段，这些段使用纠删码（erasure code）［Weatherspoon and Kubiatowicz 2002］进行编码，最终得到 n 个段，其中 $n > m$。纠删码的关键特性是：有可能从其中的 m 个段中重新构造出这个块。一个系统如果使用纠删码，当缺失的主机数量不多于 $n - m$ 时，所有的数据对象仍是可用的。在 Pond 实现中，m 的值是 16，n 的值是 32，因此会耗费双倍的存储空间，但是该系统在不丢失数据的情况下，最多可容忍 16 台主机同时失效。使用 Tapestry 来存放和检索存储在网络中的数据片段。

通过从利用纠删码形成的片段中重新构造出块，我们可获得高容错性和数据高可用性，但是我们也要付出一点代价。为了使影响最小，所有的块也都使用 Tapestry 存储到网络中。既然块可以通过片段重新构造，那么可以把这些块当做一个缓存——这些块不具备容错性，当需要存储空间的时候，可以丢弃它们。

性能 开发 Pond 的目的不是为了提供一个产品实现，而是为了提供一个原型，以证明可伸缩对等文件服务的可行性。Pond 是用 Java 语言实现的，并且包括了上面列出的几乎所有的设计。用了几个专门的基准测试来评估它，并且以 OceanStore 对象模拟了 NFS 的客户与服务器。开发者们用 Andrew 基准［Howard et al. 1998］（它模拟了一个软件开发负载）测试了 NFS 模拟。测试的结果在图 10-15 中给出。这些结果是在运行 Linux 的使用奔腾 III 1GHz 的 PC 机上得到的。局域网的测试是在一个千兆以太网上完成的，广域网上的结果是用由互联网连接的两组结点得到的。

作者们得出的结论是：当 OceanStore/Pond 运行于一个广域网上（即互联网）时，它的性能在读文件方面明显地超越了 NFS，而在更新文件和目录方面，其性能则大约是 NFS 的三倍。不过，在局域网内运行得到的性能结果比较差。总之，上述结果表明，基于 OceanStore 设计的应用于互联网范围内的对等文件服务，对于变化不是很快的分布式文件（例如网页的缓存副本）来说，将会是一个高效的解决方案。但是在广域网内作为 NFS 的替代品来使用，人们对它的潜力仍有怀疑；在纯局域网内使用时，很明显它就不具有任何竞争力了。

阶段	局域网		广域网		基准中的主要操作
	Linux NFS	Pond	Linux NFS	Pond	
1	0.0	1.9	0.9	2.8	读和写
2	0.3	11.0	9.4	16.8	读和写
3	1.1	1.8	8.3	1.8	读
4	0.5	1.5	6.9	1.5	读
5	2.6	21.0	21.5	32.0	读和写
总计	4.5	37.2	47.0	54.9	

数字表示运行 Andrew 基准测试不同阶段所需的时间（以秒计）。它有 5 个阶段：1）递归地构建子目录；2）复制源树；3）检查树中所有文件的状态，但不检查它们的数据；4）检查文件内数据的每个字节；5）编译和链接文件。

图 10-15　模拟 NFS 的 Pond 原型的性能评估

这些结果是在数据块的存储没有使用基于纠删码的片段和复制的情况下获得的。公钥的使用对 Pond 操作的计算开销有实质性的贡献。上面图中的数字针对的是 512 位公钥的，它的安全性很好，但并不完美。当使用 1024 位公钥时，对于基准测试中涉及文件更新的阶段，测试结果很差。通过使用专门设计的基准测试，还获得了其他一些结果，包括测量拜占庭协定过程对文件更新延迟上的影响。这些结果都在 100ms 到 10s 之间。更新吞吐量的测试最大达到了每秒 100 次更新。

10.6.3　Ivy 文件系统

跟 OceanStore 一样，Ivy［Muthitacharoen et al. 2002］也是一个支持多个读者和多个写者的读/写文件系统，它实现在一个路由覆盖层和分布式散列地址数据存储上。与 OceanStore 不同的是，Ivy 文件系统模仿了 Sun NFS 服务器。Ivy 将由 Ivy 客户发出的文件更新请求作为文件的状态存储在日志中；在它的本地缓存不能满足某个访问请求时，它都会扫描这些日志，然后重构这个文件。这些日志记录被保存在 DHash 分布式散列地址存储服务中［Dabek et al. 2001］。（日志最早出现在 12.5 节描述的 Sprite 分布式操作系统［Rosenblum and Ooosterhout 1992］中，用来记录关于文件的更新；但那时它只是用来优化文件系统的更新性能。）

Ivy 在设计上解决了一些以前未解决的问题，这些问题源于在部分可信或不可靠的机器上托管文件的需求。Ivy 解决的问题包括：

- 维护文件元数据（参考 UNIX/NFS 文件系统中 i-node 的内容）的一致性，即有可能在不同结点并发地更新文件。它没有使用锁机制，因为结点或者网络的连通性故障可能会导致系统无限长时间的阻塞。
- 参与结点之间的部分信任问题和参与者主机易受攻击的问题。要从攻击导致的完整性失效中恢复，应基于文件系统中的视图概念。一个视图表示一个状态，该状态是从一组参与者所作的更新的日志中构造出来的。参与者可能从系统中移除了，那么视图被重新构造时，便不再包括被移除的参与者做过的更新。因此一个共享的文件系统被看做是由一组（动态选择的）参与者实施的更新合并在一起得到的结果。
- 允许网络分区期间继续进行操作，这会导致对共享文件更新的冲突。解决更新冲突使用的方法和 Coda 文件系统（见 18.4.3 节）使用的方法相似。

Ivy 在每个客户结点实现了一个基于 NFS 服务器协议的 API（和 12.3 节的图 12-9 列出的一组操作相似）。客户结点包括一个 Ivy 服务器进程，该进程基于键值（GUID，是从日志记录内容计算出来的散列值）使用 DHash 来存储和访问局域网或者广域网结点上的日志记录（参见图 10-16）。DHash 实现了一个类似于图 10-4 所示的编程接口，并且在一些结点上复制所有内容，以获得更好的灵活性和可用

454 ~ 455

456

性。Ivy 的作者注意到，从原理上说，DHash 完全可以被其他分布式散列地址存储（如 Pastry、Tapestry 或者 CAN）代替。

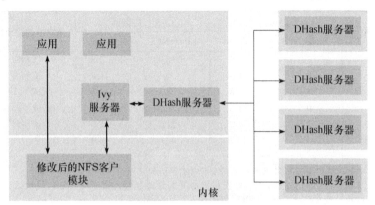

图 10-16　Ivy 系统体系结构

一个 Ivy 文件存储由一组更新日志组成，其中每个参与者拥有一个日志。每个 Ivy 参与者只能在自己的日志中追加内容，但是可以读取组成文件系统的所有日志。将更新单独存储在各个参与者的日志中，这样当安全性遭到破坏或者出现一致性故障时，这些更新可以回滚。

一个 Ivy 日志是由一系列日志条目按照时间反序构成的链表。每个日志条目都是带有时间戳的记录，代表客户想要更改文件内容或文件元数据或目录。DHash 使用记录的 160 位 SHA-1 散列值作为键，用来放置和检索该记录。每个参与者也会维护一个可变的 DHash 块（也叫日志头部），它指向该参与者最近的日志记录。可变的块都由它们的拥有者赋予一个加密的公钥对。这些块的内容会使用一个私钥加以签名，此后就要根据相应的公钥对内容进行认证。当读取多个日志时，Ivy 使用版本向量（即向量时间戳，参见 14.4 节）为所有的日志条目进行一个全排序。

DHash 使用日志记录的内容的 SHA-1 散列值作为键值来存储该日志记录。使用 DHash 键值作为链接，将日志记录按照时间戳顺序构成一个链表。日志头部持有最新日志条目的键。为了存储和检索日志头部，日志的拥有者会计算出一个公钥对。公钥的值将作为它的 DHash 键，而私钥被拥有者用来对日志头签名。任何持有公钥的参与者都可以取得相应的日志头，并且使用日志头来访问日志中的所有记录。

假设一个文件系统当前只有一个日志，这时有一个需要从文件中读取字节序列的请求到来，那么对于这个请求，正规的执行方法需要首先对日志进行顺序扫描，以发现日志中对文件相关部分的更新记录。日志并没有长度限制，但是当找到能够满足所需的字节序列的头一个或多个记录时，上述扫描就会中止。

如果要访问一个多用户、多日志的文件系统，正规的算法还包括比较日志记录中的向量时间戳，以确定更新的次序（因为不能假设存在一个全局时钟）。

为一个进程执行该操作所需的时间就像完成一个 read 请求这样简单的操作所需的时间一样，也可能是很长的。通过结合使用本地缓存和快照，可以将时间降低到一个可以容忍、可以预测的范围内。快照是文件系统的一个代表，由每个参与者作为使用日志的副产品在本地计算并存储。如果一个参与者被当前系统逐出，这些快照可能就不再有效，因此从这种意义上说，它们构成了文件系统的一个软表示。

更新一致性是关闭时开放（close-to-open），也就是说，一个应用程序对一个文件实施的更新不会被其他进程看到，直到该文件被关闭为止。使用关闭时开放的一致性模型可以确保当文件关闭时，所有在该文件上的 write 操作都可以保存到客户结点上；然后所有 write 操作构成的集合被写入一个日志记录，同时产生一个新的日志头部并记录下来（这是对 NFS 协议的一个扩展，这样可以确保当一个应用程序中的 close 操作发生时，该事件能够被通知给 Ivy 服务器进程）。

既然每个结点都有一个 Ivy 服务器，并且它们都独立地将更新分别存储在单独日志中，每个结点都不会与其他结点相互协作，那么为了将文件的内容构造出来，必须在读取日志时将存储在这些日志中的所有更新序列化。写入日志记录中的版本向量可以用于大多数更新的排序，但是有可能会出现冲突的

更新，这个问题可以通过特定于应用的自动化或手工方法解决，就像在 Coda 中那样（见 18.4.3 节）。 457

通过将已经提到的一些机制结合使用，可以获得数据的完整性：日志记录是不可改变的，它们的地址就是它们内容的安全散列值；通过检查日志内容的公钥签名，可以验证日志头部。但是信任模型可能会使某些恶意参与者获得文件系统的访问权限。例如，它们可能恶意地删除自己持有的文件。当检测到这类事件时，这些恶意的参与者会被从当前视图中删除；它们的日志不再用于计算文件系统的内容，并且被它们恶意删除的文件在新的视图中会被重新生成。

Ivy 的作者们使用修改过的 Andrew 基准测试［Howard et al. 1988］来比较 Ivy 和标准 NFS 服务器在局域网和广域网环境中的性能。他们考虑：1）使用本地 DHash 服务器的 Ivy 与单个本地 NFS 服务器相比；2）使用几个位于远程互联网站点的 DHash 服务器的 Ivy 与单个远程 NFS 服务器相比。他们还把性能特征作为一个函数，该函数有三个参数：视图中参与者的数量、同时进行写操作的参与者数量以及用来存储日志的 DHash 服务器数量。

他们发现，在大部分基准测试中，Ivy 的执行时间在 NFS 的两倍之内，而对于所有的测试，Ivy 的执行时间在 NFS 的三倍以内。为广域网部署的 Ivy 的执行时间是为局域网部署的 Ivy 的执行时间的 10 倍或更多，不过远程 NFS 服务器也有相似的比例。关于性能评估的细节可以在 Ivy 的论文中找到［Muthitacharoen et al. 2002］。但是我们应该注意到，NFS 并不是被设计用于广域网的，Andrew 文件系统以及其他一些最近开发出来的基于服务器的系统（例如 xFS［Anderson et al. 1996］）在广域网部署方面可以提供更高的性能。它们应该具有更好的与 Ivy 做比较的基础。Ivy 最主要的贡献是：在一个部分可信的环境中（对于跨越多个组织和管辖区的大规模分布式系统来说，这样的环境是不可避免的）提供了一个新方法来管理安全性和完整性。

10.7 小结

最早出现的对等体系结构是为了支持大规模的数据共享，例如在互联网范围内使用的 Napster 以及专门用于数字音乐共享的 Napster 派生系统。它们的大量使用与版权法相冲突，但这并没有降低它们在技术上的重要性，尽管技术上的一些缺陷限制它们只能部署在那些数据的完整性和可用性保证不重要的应用中。

后续的一些研究促进了对等中间件平台的发展，它们能够将请求传递给位于互联网任意位置上的数据对象。在结构化方法中，对象使用 GUID 寻址，GUID 是一个纯粹的名字，不含有任何 IP 地址信息。根据每个中间件系统特有的映射函数，数据对象会被放置到相应结点上。数据传递需要使用中间件中的路由覆盖来完成，它维护一个路由表，并且能够沿着路由线路不断转发请求，而路由线路是根据所选择的映射函数计算出相应的距离来确定的。在无结构化方法中，结点自身形成一个自组织网络，向邻居传播搜索，以便找到合适的资源。已经开发了几个策略来提高搜索功能的性能和增加系统整体的可伸缩性。 458

基于产生 GUID 的安全散列函数，中间件平台提供了数据完整性保证；基于在几个结点上复制对象以及具有容错能力的路由算法，中间件平台提供了数据可用性保证。

中间件平台已经被部署在几个大规模试验性应用中，对其也进行了改进和评估工作。最近的评估结果表明：该技术已经可以部署在那些包含大量共享数据对象和大量用户的应用中。对等系统的优点包括：

- 具有利用主机中未使用资源（存储资源、处理器资源）的能力；
- 具有很好的伸缩性，可以支持数量众多的客户和主机，在网络链接和主机计算资源方面能获得极好的负载均衡；
- 中间件平台的自组织特性使得系统开销很大程度上不依赖于所部署的客户和主机数量。

对等系统的缺点和当今的研究主题包括：

- 当它们应用于可变数据存储时，相对于可信的、集中式服务，它们的开销有点昂贵。
- 期望它们为客户和主机提供匿名，但是对于匿名还没有强有力的保证。

练习

10.1 早期的文件共享应用（如 Napster）因为需要维护一个集中式的索引资源并且还要维护持有这些索引

资源的主机，因此在可伸缩性方面受到了很大限制。关于索引问题，你能想到其他解决方法吗？

（第 428~430 页，第 435 页，18.4 节）

10.2 维护可用资源索引问题是和具体应用相关的。如果你已经给出了 10.1 题的一些答案，请考虑它们对于下面的应用是否适合：

1）音乐和多媒体文件的共享；

2）需要长期存储的归档材料，例如杂志或报纸内容；

3）通用的可读写文件的网络存储。

10.3 用户希望常规服务器（例如，Web 服务器或文件服务器）能够给他们提供哪些方面的保障？

（1.5.5 节）

10.4 常规服务器提供的保障有可能由于下述原因遭到破坏：

1）对主机的物理损害；

`459` 2）系统管理员或他们的管理者的错误或不一致性；

3）对系统软件安全性的成功的攻击；

4）硬件或软件错误。

对于上述每种破坏类型，各给出两个可能发生的事件例子。它们当中哪些违背了信任体系，哪些是犯罪行为？如果它们发生在一台个人电脑上，而该电脑为一个对等服务贡献了一些资源，那么它们算不算违背了信任体系？为什么这是和对等系统相关的？ （11.1.1 节）

10.5 对等系统通常依赖不可靠的、易变的计算机系统维护它们的大多数资源。作为技术发展的结果，信用已经成为一种社会现象。易变性（即不可预测的可用性）也常常是因为人们自身的行为造成的。详细阐述你在 10.4 题中给出的答案，并根据所使用计算机的下列属性，讨论几种方式之间可能存在的区别。

1）所有权；

2）地理位置；

3）网络连通性；

4）所属国家或管辖区。

在对等存储服务中，关于放置数据对象的策略，你有什么建议？

10.6 评价你所在的环境中个人计算机的可用性和可信任性。你应该评估以下方面：

正常运行时间：计算机每天有多少小时是正常运行并且连接到互联网的？

软件一致性：软件是否由一个称职的技术人员管理？

安全性：计算机能否受到全面保护，免于被它的用户或其他人篡改？

基于你的评估，讨论在你评估的计算机集合中运行数据共享服务的可行性，并列出在对等数据共享服务中必须考虑的问题。 （第 431~432 页）

10.7 解释为什么使用对象的安全散列来识别对象并将消息路由给它，能确保是不会受到损害的。这个散列函数应该具有什么样的性质？当很大一部分对等结点失效时怎样维护完整性？

（第 426 页，第 453 页，11.4.3 节）

10.8 经常有人认为，对等系统可以为访问资源的客户或提供资源访问的主机提供匿名支持。

对这些主张进行讨论。提出一种方式，它也许能够改善对匿名进行攻击的抵抗力。 （第 429 页）

10.9 路由算法会根据某个地址空间内对距离的估计选择下一跳。Pastry 和 Tapestry 使用的都是环状的线性地址空间，在这个空间中使用一个函数，基于 GUID 在数值上的不同来确定结点之间的分离度。

`460` Kademlia 对 GUID 进行异或运算。这对于维护路由表有什么帮助？异或运算是否能为距离指标提供合适的特性？ （第 435 页，［Maymounkov and Mazieres 2002］）

10.10 当模拟评估 Squirrel 对等 Web 缓存服务时，路由一个请求给一个缓存条目，在 Redmond 流量场景中，平均需要 4.11 跳；在 Cambridge 流量场景中，平均需要 1.8 跳。请解释这个现象，并且说明它能够支持 Pastry 声称的理论上的性能。 （第 436 页，第 450 页）

10.11 在非结构化对等系统中，通过采用特定的搜索策略能大大改进搜索结果。比较和对比扩展环搜索和

`461` 随机漫步策略，重点说明每个方法何时可能有效。 （第 446 页）

安 全 性

在分布式系统中，资源的私密性、完整性以及可用性都需要有相应的措施加以保证。安全性攻击会采取窃听、伪装、篡改和拒绝服务等形式。安全的分布式系统的设计者们必须在攻击者可能了解系统所使用的算法和部署计算资源的环境下解决暴露的服务接口和不安全的网络所引发的问题。

密码学为保证消息的私密性和完整性以及消息认证奠定了基础。为使密码学得以应用，需要有精心设计的安全性协议。加密算法的选择和密钥的管理是安全机制的效率、性能和可用性的关键。公钥加密算法使得分发密钥比较容易，但对大数据量数据的加密而言其性能不够理想。相比之下，密钥加密算法更适合大批的加密任务。混合型协议，例如 TLS（传输层安全）用公钥加密先建立一个安全通道，然后使用通道交换密钥，并将此密钥用于后续的数据交换。

可为数字信息签名，生成数字证书。通过数字证书，可以使用户和组织建立起互相信任。

本章包括一个案例，研究 Kerberos、TLS/SSL 和 802.11 WiFi 三个系统的安全性设计和安全机制的部署。 463

11.1 简介

在 2.4.3 节中，我们曾经给出过一个简单的模型用于解释分布式系统对于安全性的需求。我们总结出，分布式系统对安全机制的需求源自共享资源的需求。（对于不需要共享的资源，通常需要将它们同外部访问隔离开。）如果我们将共享资源也看做对象，那么任何封装了共享对象的进程都要受到保护，而且它们之间进行交互的通信信道也应当受到保护，以避免可预料的任何形式的攻击。2.4.3 节中介绍的模型有利于理解安全需求，总结如下：

- 进程封装了资源（包括程序语言层的对象和系统定义的资源），并且允许客户通过接口访问这些资源。已授权的主体（用户或进程）可以操作这些资源，而资源必须被保护以避免未授权的访问（见图 2-17）。
- 进程通过多用户共享的网络进行交互。敌人（攻击者）也可以访问这个网络，它们能够复制或者尝试读取任何在网络中传输的消息，也可以向网络中插入任何的消息，这些欺骗性的消息可以被发送到网络上的任何地方，并且谎称它们来自其他地方（见图 2-18）。

无论是在数字世界里还是在物理世界里，无论是个人还是组织，对信息和资源的私密性和完整性的需求是广泛存在的。这种需求源于对共享资源的期望。在物理世界中，组织采用安全策略（security policy），在指定范围内允许资源的共享。例如，某公司只允许公司的职员以及受信赖的访问者进入办公大楼；而文档的安全策略可以规定某些工作组的成员可以访问指定类的文件。也可以针对单个文件和用户制定安全策略。

安全策略通过安全机制（security mechanism）执行。例如，某人是否允许进入办公大楼可以由接待员来决定，他给受信赖的访问者派发通行证，再由保安人员或者电子门锁来验证谁能进入大楼。对纸质文档的访问，通常可以采用加密和限制性地发送等手段来控制。在电子世界中，安全策略和安全机制的区别同样重要；没有它，就很难判断一个系统是否安全。安全策略和所使用的技术无关，就像在门上装锁，这并不能确保办公大楼的安全，除非为它的使用制定一些策略（例如，当没有人在入口处守卫的时候，门就会被锁上）。我们所描述的安全机制本身并不能保证系统的安全。在 11.1.2 节中，我们将概述各种简单的电子商务场中的安全需求，并说明每个环境中需要的安全策略。

本章的重点是分布式系统中数据和其他资源的保护机制，这种保护机制允许计算机在安全策略许可的范围内进行交互。这些机制用来实施安全策略以应付大部分已确定的攻击。 464

密码学的任务 数字密码学为大多数计算机安全机制奠定了基础，但是注意下面这一点很重要，即计算机安全同密码学是两个不同的主题。密码学是信息编码的艺术，它通过一些特定的格式，仅允许特定的接收者解密并访问。类似于传统交易中的签名，密码学也可以用来验证信息的真实性。

密码学有一段悠久的耐人寻味的历史。军方对安全通信的需求以及截获并解密敌人信息的需求，使得当时一些杰出的数学家为此花费了大量的精力。读者如果对这段历史感兴趣，可以参阅由 David Kahn［Kahn 1967，1983，1991］和 Simon Singh［Singh 1999］所编写的著作。Whitfield Diffie，公钥加密的发明人之一，用第一手的信息记录了近代密码学的历史和加密策略［Diffie 1988，Diffie and Landau 1998］。

以前，政治军事组织控制密码学的发展和使用。直到最近，密码学才被真正地解放。现在，它成为一个大型、活跃的研究团体中一个开放的研究课题。研究结果也相继在各种书籍、杂志和会议上发表。Schneier 的《应用密码学》[⊖]（Applied Cryptography）［1996］的出版成为开放该领域知识的一个里程碑。这是第一本包括了很多重要算法且附带源码的著作，这也是勇敢的一步。在本书第一版出版（1994 年）之前，这类出版物的合法地位还是模糊不清的。在现代密码学的大多数领域，Schneier 的书具有相当的权威性。Schneier 与他人合著的新书［Ferguson and Schneier 2003］中对计算机密码学进行了精彩的介绍，其中讨论了目前使用的所有的重要的算法和技术，其中有些算法和技术在 Schneier 早年的著作中有所涉及。此外，Menezes 等人［1997］也出版了一本有很强理论基础的实用性手册《Network Security Library》（网络安全库）［www. secinf. net］是有关实践知识和经验的一个很出色的在线资源。

Ross Anderson 的《Security Engineering》［Anderson 2001］也是一本很出色的书，其中有丰富的从现实世界的情况和系统安全故障中得出的系统安全设计的实例。

密码学的非军事应用和分布式计算机系统对安全性的需求的巨大增长在很大程度上推进了密码学的开放性。于是，在军事领域以外的第一个自主的密码学研究团体应运而生。

密码学对公众开放并允许公众使用以来，密码技术得到了突飞猛进的发展，不仅体现在对抗敌人的攻击能力方面，而且体现在密码技术部署的方便性上。公钥密码学就是密码技术开放以后获得的成果之一。再举一个例子，DES 标准加密算法最初是一个军事秘密，只能由美国军方和政府部门应用，但当它最终公布并被成功地破解之后，反而促进了密码学的发展，产生出更多更强有力的密钥加密算法。

465另一个进步是使常见术语和方法得到发展。例如，为一个受保护的事务中的角色（主体）选取一组熟悉的名字。为主体和攻击者都起一个熟悉的名字，有利于阐明安全协议和对这些安全协议的潜在攻击，这是识别其弱点的重要一步。图 11-1 中显示的名字在安全文献中广为使用，我们在书中也将使用这些名字。我们还不知道这些名字的由来。据我们所知，它们最初出现于 RSA 公钥算法的论文［Rivest et al. 1978］中。对于它们的使用的注释，请参阅 Gordon［1984］。

Alice	第一参加者
Bob	第二参加者
Carol	三方或四方协议的参加者
Dave	四方协议的参加者
Eve	窃听者
Mallory	恶意的攻击者
Sara	一个服务器

图 11-1　安全协议中角色的常见名字

11.1.1　威胁和攻击

有一些威胁是很明显的。例如，在大多数的本地网络中，可以很容易地在互连的计算机上构造并运行一个程序，用于获得在其他计算机间传递的消息的拷贝。另一些威胁则较为隐蔽，例如，当客户不能认证服务器时，这个程序就安装自己，并取代真实的文件服务器，从而获得客户发送的机密信息。

除了直接破坏而导致信息和资源的丢失或损坏外，攻击者还可能向系统拥有者做出系统是不安全的欺骗性声明。为了避免这些欺骗性声明，拥有者必须证明系统在受到攻击后仍然是安全的，或者为这个可疑时期中的每个事务都产生一个日志文件来反驳这些声明。一个常见的例子就是自动取款机上的"假象提款"问题。最好的方法就是银行提供一个由账户持有者进行了数字签名的事务记录，而第三方无法伪造出这个签名。

安全的主要目的是只允许获得授权的主体访问信息和资源。安全威胁一般可以分为三大类：

泄漏（leakage）——未经授权的接收方获得了信息。

篡改（tampering）——未经授权对信息进行改动。

恶意破坏（vandalism）——干扰系统的正确操作，对破坏者本身无益。 |466|

对分布式系统的攻击依赖于对现有通信通道的访问或者伪装成授权的连接来建立新的通道。（我们用术语"通道"来指代任何进程间的通信机制。）可以按照恶意使用通道的方式，对攻击方法进行进一步的分类：

窃听（eavesdropping）——未经授权获得消息副本。

伪装（masquerading）——在未经授权的情况下，用其他主体的身份收发消息。

消息篡改（message tampering）——在将消息传递给接收者之前，截获并修改消息的内容。中间人攻击就是一种消息篡改方式，其中攻击者截获了密钥交换的第一个消息来建立安全通道。攻击者替换掉发送方与接收方达成的密钥，以便让自己可以对后继消息进行解密，然后再将消息用正确的密钥加密后，传递出去。

重发（replaying）——存储截获的信息，并稍后发送它们。这种攻击甚至对已认证的消息和加密消息都可能有效。

拒绝服务（denial of service）——用大量的消息使通道或者其他资源瘫痪，使得其他访问被拒绝。

这些都是理论上存在的威胁，但实际上这些攻击是怎样实现的呢？成功的攻击取决于发现系统安全方面的漏洞。遗憾的是，在现有系统中普遍存在安全漏洞，有的甚至很明显。Cheswick 和 Bellovin [1994] 指出了 42 种缺陷，他们认为这些在广泛使用的互联网系统及其组件中的存在的缺陷会带来很大的风险。这些弱点包括从口令猜测到对完成网络时间协议或处理邮件传输的程序的攻击。其中有些已经成为人们所熟知的攻击入口点 [Stoll 1989，Spafford 1989]，攻击者会通过这些入口点进行恶作剧或者网络犯罪。

起初设计互联网和与其相连的系统时，安全性没有被充分考虑。设计者可能没有想到互联网会发展成如此规模，而且像 UNIX 之类的系统的基本设计也先于计算机网络出现。我们可以看到，安全手段需要在基本设计阶段就被仔细的考虑。本章的内容就是为此提供一些基础。

我们已经注意到因为暴露通信通道和接口而对分布式系统产生的种种威胁。对许多系统而言，只需要考虑这些威胁（人为错误引起的威胁不在考虑之列，因为安全机制并不能防止用户使用非常简单易猜的口令或者用户粗心泄漏口令而造成的威胁）。对于包含移动程序的系统和其安全性对信息泄漏特别敏感的系统，还存在其他威胁。

对移动代码的威胁 最近开发的一些程序设计语言允许程序从远程服务器中下载到一个进程中，并在本地执行。在这种情况下，执行进程中的内部接口和对象都暴露在移动代码的攻击范围内了。 |467|

Java 是这种类型的语言中使用最广泛的。为了限制这种暴露，设计者也仔细考虑过语言的设计和构造，以及远程下载机制（沙盒（sandbox）模型就是用于对付移动代码的）。

Java 虚拟机（JVM）在设计的时候就考虑到了移动代码。它给每个应用分配各自独立的运行的环境。每个环境都有一个安全管理器，用于决定哪些资源对于该应用来说是可用的。例如，安全管理器会终止应用的读写文件操作或限制程序对网络的访问。一旦设置了网络管理器，它就不能被替换。当用户运行一个程序（如浏览器下载移动代码用于本地运行）时，确实不能保证这些移动代码会可靠地执行。实际上，会存在下载并运行恶意代码的风险，这些恶意代码会删除文件或访问私人信息。为了保护用户免受这些不可信代码的攻击，大部分浏览器都限定 applets 不能访问本地文件、打印机和网络套接字。一些使用移动代码的应用能在下载的代码中设置多种信任级别。这样，安全管理器就允许移动代码访问更多的本地资源。

为保护本地环境，JVM 提供了下面两个手段：

1）下载的类和本地的类分开保存，防止用假冒的版本来替换本地的类。

2）检验字节码以验证其有效性。有效的 Java 字节码由一组来自指定集合的 Java 虚拟机指令组成。这些指令也会被检验，以保证程序执行的时候不会发生某些错误，如访问非法的内存地址。

当人们逐渐意识到最初采用的安全机制不能避免漏洞的时候 [McGraw and Felden 1999]，Java 的安全性就成为许多后续研究的主题。这使得被发现的漏洞得到修补，Java 保护系统也进行了修正，允许移动代码在获得授权时访问本地资源 ［java. sun. com V］。

尽管包括了类型检查和代码验证机制，整合到移动代码系统中的安全机制仍然达不到用于保护通信通道和接口的安全机制所能达到的安全级别。这时因为执行程序的环境为错误的发生提供了很多机会，而且也不能肯定所有的错误都能被避免。Volpano 和 Smith［1999］已经指出一个相对较好的解决办法，该方法基于移动代码的行为是完备的证明。

信息泄露 如果可以观测到两个进程间的消息传递，那么就可以收集到一些信息，例如，如果某支股票有大量交易消息表明这支股票有较高的交易率。还有许多微妙的信息泄露形式，有些是恶意的而有些则源于疏忽。一旦观测到计算结果，则潜在的泄露危险就会增加。在 20 世纪 70 年代，人们就开始了防止这类安全威胁的工作 ［Denning and Denning 1977］。所采取的方法是为信息和通道赋予安全等级，并分析进入通道中的信息流，以保证高层信息不会流入低层通道。Bell 和 LaPadula［1975］率先描述了信息流的安全控制方法。最近一些研究主题是用组件之间的互不信任关系将这种方法扩展到分布式系统 ［Myers and Liskor 1997］。

11.1.2　保护电子事务

互联网在工业、商业和其他领域的许多应用中都包括一些对安全性要求较高的事务。例如：

电子邮件 （E-mail）：虽然电子邮件系统原本不包括安全性，但许多用户的信件内容都必须保密（例如，当发送一个信用卡号的时候）或者内容和消息的发出者必须经过认证（如用电子邮件提交一个拍卖的竞价）。本章所述的密码安全技术现在已经应用到许多邮件客户中了。

购物和服务 （purchase of goods and services）：这样的事务现在已经非常常见了。购买者在 Web 上选定商品并付账，所购的商品会通过相应的配送机制送到购买者的手中。软件或者其他的数字产品（如唱片和录像）可以通过从互联网上下载来交付给购买者。其他有形的商品，如图书、CD 和其他各种商品也可以从互联网供应商处购买，商品通过配送服务交付到购买者手中。

银行事务 （banking transaction）：电子银行为用户提供了常规银行所能提供的所有的服务。用户可以检查余额状态、转账金额、定期缴纳各种款项等。

微事务 （micro-transaction）：互联网参与向大量用户提供少量的信息和其他服务。例如，大部分的 Web 页面还没有收费，但作为一个高质量的发布媒介的网页的发展取决于信息提供者从信息的消费者处获得的费用。例如，互联网上音频和视频会议的使用 （目前还是免费的），当接入电话网络时，就是一种有偿服务。这些服务的价格或许不到一分钱，支付开销必须相应较低。通常来说，让每一个事务包括一个银行或信用卡服务器的方案，不能满足于降低开销的要求。

要想安全地执行这样的事务，必须有相应的安全政策和安全机制。要避免在消息传输过程中泄露购物者的信用卡号码 （卡号），以及防止那些无诚信的供货商在收到付款后却不发货。供货商必须在发货前收到付款，对于下载的产品，他们还必须确保只有顾客得到了可用的数据。保护所需的开销与事务的价值相比，必须是合理的。

为互联网供货商和购买者制定敏感的安全政策，会产生下列 Web 交易的安全需求：

1）为购买者认证供货商，这样购买者就可以确信他们是在和自己准备交易的供货商的服务器联系。

2）不能让购买者的信用卡号和其他支付信息落入第三方手中，保证这些资料不加改变地在购买者和供货商之间传输。

3）如果商品是可以下载的，那么要保证它们的内容不加改变地传递给了购买者，而且不会泄漏给第三方。

通常供货商并不需要对购买者的身份进行认证 （除非是传递不可下载的商品）。供货商会希望能检测购买者的付款能力，但这通常是在发送商品前，向购买者的银行要求支付款项的时候完成的。

把购买者比作银行账户持有者，供货商比作银行，那么使用开放网络的银行事务的安全需要与购买事务类似，但显然还有第四个要求：

4）在给予银行账户的持有者访问账户的权限之前，要对其身份加以认证。

注意，在这种情况下，银行必须保证参与了事务的账户持有者不能抵赖，这一点非常重要。这种安全需求称为不可抵赖（non-repudiation）。

除了上述由安全政策规定的需求外，还有一些系统需求。这些需求源于互联网巨大的规模过于庞大，所以购买者和供货商难于达成某种特定的关系（通过注册密钥，以供以后使用）。购买者应该可以在以前从未与供货商联系过或没有第三方的情况下，完成一个安全的事务。一些技术，例如使用cookies（用于记录以前的交易，并存储在客户主机上）有明显的安全缺陷，因为台式和移动主机都经常处于不安全的物理环境中。

考虑到互联网商业安全的重要性以及互联网商业的飞速发展，我们将讲述一些密码安全性技术的使用，如 11.6 节将描述在大部分电子商务中使用的实际上的标准安全协议—传输层安全（TLS），我们还会描述一个专门为微事务设计的协议 Millicent，参见 www.cdk5.net/security。

互联网商业是安全技术的一个很重要的应用，但它不是唯一的应用。任何个人或是组织在存储和交互重要信息的地方都会用到它。在个人通信间使用加密的电子邮件已经成为大家关心的主题。我们将在 11.5.2 节中提到这场辩论。 |470|

11.1.3 设计安全系统

近年来，密码技术及其应用都得到了巨大发展，但安全系统的设计依然是一个十分困难的任务。出现这种局面的原因是，设计者们总是想尽可能地应付所有可能的攻击和漏洞。这就像是让程序员消除程序中所有的错误。在这两种情况下，都没有具体的方法能保证实现目标。按已知的最好的标准去设计，并进行非形式化的分析和检测。一旦设计完成，可以选择是否进行形式化的验证。对安全协议进行形式化验证的工作已产生了许多重要的结果［Lampson et al. 1992，Schneider 1996，Abadi and Gordon 1999］。可以在 www.cdk5.net/security 找到介绍在这个方向迈出的第一步—BAN 认证逻辑［Burrows et al. 1990］及其应用的介绍。

安全就是要避免大灾难和最小化一般的灾难。进行安全设计的时候，必须假设处于最坏的情况下。下面方框中的内容给出了一些有用的假设和设计指南。这些假设是本章讨论的技术思想的基础。

最坏情况的假设和设计指导

暴露的接口：分布式系统由提供服务或共享信息的进程组成。进程之间的通信接口必须是开放的（为了让新的客户访问它们）——攻击者可以给任一接口发送消息。

不安全的网络：例如，消息源可以是伪造的——有些消息看似来自 Alice，而其实是来自 Mallory。主机地址也可能是伪造的——Mallory 用与 Alice 相同的地址连接到网络，并可以接收发送给 Alice 的消息的副本。

限制保密的时间和范围：当密钥产生时，我们相信这个密钥是安全的。随着密钥的使用时间越来越长、范围越来越广泛，它的安全风险也随之增加。一些保密措施（如密码和共享密钥）的使用时间应当是有限的，而且共享范围应该被严格控制。

攻击者能够获得算法和程序代码：一个秘密分布的范围越广泛，它被泄漏的风险也就越大。在当今如此大规模的网络环境中，现有的密钥加密算法是不够的。最好的保密方法是公布用来加密和认证的算法，而仅仅依靠加密密钥的秘密性。这样可以通过第三方的检验，增强对算法可靠性的信心。

攻击者可能访问大量资源：计算开销在迅速地下降。我们应该假设攻击者能访问一个系统生命期中计算能力最强的计算机，并通过执行大量命令产生不可预计的结果。

使可信库最小化：系统的各个部分都应当对系统的安全负责，而且系统的所有软、硬件组件都应该是可信的——这也常被称为可信的计算库。这个可信库中的任何缺陷或程序错误都可能产生安全漏洞，所以我们应该使可信库的规模最小。例如，不能信任应用程序来保证用户数据的安全。

为了说明一个系统中使用的安全机制的有效性，系统设计者必须首先列出所有可能的威胁，即会破坏安全政策的方法，并给出解决威胁的机制的说明。这种说明可以采取非正式讨论的形式，或采用逻辑证明的形式（这种方式更好）。

在这张威胁列表中不可能列出所有的问题，因此在安全敏感的程序中还必须使用审计的方法。如果安全敏感系统中的安全日志文件总是详细记录用户的操作和他们的授权信息，那么审计是很容易实现的。

一个安全日志会对用户的操作打上时间戳并按序记录。日志中的记录至少要包括主体的身份、所完成的操作（如删除文件、更新账户记录）、被操作对象的标识和一个时间戳。在可疑的地方，记录中还会包含对物理资源（网络带宽和外围设备）使用的记录或是在日志中记录对一些特殊对象的登录操作。后续的分析可以是基于统计的或基于搜索的。随着时间的流逝，即使没有可疑之处，这些统计信息也有助于发现异常的趋势或事件。

安全系统的设计必须在试图解决各种威胁的机制和这种机制带来的开销之间加以权衡。用来保护进程和进程间通信的技术可以涉及相当广的范围而且强大到足以对付几乎任何攻击，但使用它们的也会导致一些开销和不便：

- 在使用安全系统时，产生了额外的开销（在计算机效率和网络的使用上）。必须在这种开销和所要解决的威胁间加以权衡。
- 使用了不合适安全策略，会导致合法的用户也要执行不必要的操作。

不与安全相折中，这样的平衡就很难达成，也似乎与本小节第一段中的建议相冲突。但安全技术的强度可以根据估计的攻击开销来量化和选择。www.cdk5.net/security 中描述的小型商业事务使用的 Millicent 协议就采用开销相对较低的技术。

在 11.6.4 节中，我们将回顾在 IEEE 802.11 WiFi 网络标准的安全设计中遇到的问题，作为对安全系统的设计过程中可能遇到的困难的一个例子。

471
~
472

11.2 安全技术概述

本节的目的是向读者介绍一些保护分布式系统和应用的重要技术和机制。这里我们将非形式化地描述它们，更为严格的描述将在 11.3 节和 11.4 节给出。我们将使用图 11-1 中为主体所起的名字，并将为加密和签发的项目应用图 11-2 中所示的符号。

K_A	Alice的密钥
K_B	Bob的密钥
K_{AB}	Alice和Bob共享的密钥
K_{Apriv}	Alice的私钥（只有Alice知道）
K_{Apub}	Alice的公钥（由Alice公布的，所有人都可以获得）
$\{M\}_K$	用密钥K加密的消息M
$[M]_K$	用密钥K签发的消息M

图 11-2 密码符号

假设最坏情形和设计指南

接口是外露的：分布式系统由提供服务或者共享信息的进程构成。进程间的通信接口有必要公开（以允许新客户对它们进行访问），这就导致攻击者可以给任意接口发送信息。

网络是不安全的：例如，可以伪造消息来源，即消息可以伪造成看起来源自 Alice 而实质是由 Mallory 发送的。主机地址也可以具有"欺骗性"，即 Mallory 可以伪造与 Alice 相同的地址连接到网络，并且接受原本要发送给 Alice 的消息副本。

限制秘密信息的生存周期和范围：我们可能很自信地认为密钥在产生之初是没被修改过的，但密钥使用得越久，就越广为人知，风险性就越大。应该为诸如口令和共享的密钥等这些秘密信息设置生存时间限制和共享程度限制。

攻击者可以获得算法和程序代码：秘密信被分配得越大、越广，其被暴露的风险性越大。在如今大范围网络的环境之下，秘密加密算法是完全不够的。最好的办法是将加密和认证的算法公开，安全性只依赖于加密密钥的私密性。这是很有帮助的。通过向第三方公开并审议，来确保算法足够强大。

攻击者也许能访问到大量的资源：计算能力的成本快速降低。我们应该假设：攻击者可以访问到系统所计划的生存期内的最大和最有能力的计算机资源，并且加入少许一定规模的序列（order），从而导致无法预期的后果。

最小化可信基：系统的部分组成用来实现它的安全性，它们所依赖的所有软件组件和硬件组件必须是可信的，这就是所说的可信计算基（trusted computing base）。在这种可信基下，任何缺陷或编程错误都能产生安全漏洞，所以我们应该最小化它的大小。例如，为了保护数据而将其和使用者分开的应用程序是不可信的。

11.2.1 密码学

加密就是将消息编码以隐藏原有内容的过程。现代密码学包括多种加密和解密消息的安全算法，它们都基于密钥（keys）的使用。密钥是加密算法中的一个参数，也就是说，如果不知道密钥，就不可能解密。

通常使用的加密算法有两类。第一类使用的是共享的密钥（shared secret key），即发送者和接收者必须知道这个密钥，但不能让其他人知道。第二类加密算法使用的是公钥/私钥对（public/private key pair），即消息发送者用一个公钥（public key）（这个密钥已经被接收者公布了）来加密消息。接收者用一个相应的私钥（private key）对消息解密。尽管许多主体都会检测公钥，但只有接收者可以解密消息，因为他有私钥。

这两类加密算法都非常有用，并且在建立安全的分布式系统中得到了广泛的使用。公钥加密算法的处理能力一般是密钥算法的 100 到 1000 倍，但在某些情况下，它的便利性大大弥补了这一缺陷。

11.2.2 密码学的应用

密码学在安全系统的实现中扮演了三种角色。我们在此只通过一些简单的场景概要地介绍一下。在本章后面的小节里，我们会详细讨论它们以及其他一些协议，并着重解决此处提到的几个未解决的问题。

在下面的场景中，我们假设 Alice、Bob 和其他参与者都已经对所用的加密算法达成了一致，同时也实现了这些算法。我们还假设任何密钥或私钥都会得到妥善保存，不会被攻击者获得。

秘密性和完整性　密码学用于维护暴露于潜在的攻击下的信息的秘密性和完整性，例如在通过网络传输的时候，信息很容易被窃听或者篡改，这是密码学在军事和情报活动中的传统作用。它是根据这样一个事实，由某个加密密钥加密的消息，只能由知道相应解密密钥的接收者才能解密。只要解密密钥被妥善保存（未泄漏给第三方），就能保持加密消息的秘密性。当然，还要求加密算法足以应付任何破解它的尝试。如果在加密过程中包括像校验和这样的冗余信息并对之加以检查，那么加密过程也可以维护加密信息的完整性。

场景 1：用共享的密钥进行秘密通信——Alice 想要秘密地给 Bob 发送一些信息。Alice 和 Bob 共享密钥 K_{AB}。

1）Alice 使用 K_{AB} 和两人达成一致的加密函数 $E(K_{AB}, M)$ 加密消息，并将任意数量的消息 $\{M_i\}_{K_{AB}}$ 发送给 Bob。（只要 K_{AB} 是安全的，Alice 就可以继续使用 K_{AB}。）

2）Bob 利用相应的解密函数 $D(K_{AB}, M)$ 对加密消息解密后就可以得到原来的消息了。

Bob 现在可以读取原始的消息 M。如果 Bob 解密的消息是有意义的，或者更好的情况是，它包括 Alice 和 Bob 之间达成一致的值，例如消息的校验和，那么 Bob 就可以知道这个消息确实是来自 Alice，而且没有被篡改过。但仍然存在一些问题：

473

问题1：Alice怎样将共享的密钥K_{AB}安全地发送给Bob？

问题2：Bob怎样知道任何$\{M_i\}$是Alice以前发送的加密消息，而不是后来由Mallory截获并重发的？在进行这样的攻击时，Mallory并不需要有密钥K_{AB}——他只需拷贝表示消息的比特流，然后发送给Bob即可。例如，如果消息是一个付钱给某人的请求，那么Mallory就会让Bob多付一次钱。

我们将在本章后面给出这些问题的解决方案。

认证 密码学可以用来实现主体间通信的认证机制。主体用特定的密钥成功解密消息后，如果它包括正确的校验和或者（使用了加密的块链接模式，见11.3节）其他期望出现的值，则认为消息是可信的。如果这个密钥只为通信双方所知，就可以推断消息的发送者具有相应加密密钥，也就可以推断出发送者的身份。如果密钥是私人所有的，则成功地解密也就认证了已解密的消息是来自特定的发送方。

场景2：和服务器间的认证通信——Alice想访问Bob拥有的文件，也就是她的工作单位的本地网中的一个文件服务器。Sara是一个被安全管理着的认证服务器。Sara向用户发送口令，并且保存着系统中所有主体的当前密钥（通过在用户口令上进行一些转换而得到）。例如，它知道Alice的密钥K_A和Bob的密钥K_B。在这个场景中，我们将谈到票证（ticket）。票证是由认证服务器发出的一个加密项，|474|包括向其发送票证的主体的身份和一个用作当前通信会话的共享密钥。

1）Alice向Sara发送了一条（未加密的）消息，声明了她的身份，并向Sara请求一张访问Bob的票证。

2）Sara用K_A加密应答消息，并回发给Alice，应答消息包括一个用K_B加密的票证（同访问文件的请求一起发送给Bob）和一个新的密钥K_{AB}，K_{AB}用于和Bob通信。因此Alice收到的应答形式为：$\{\{Ticket\}_{K_B}, K_{AB}\}_{K_A}$。

3）Alice用K_A解密应答（K_A是根据Alice的口令用同样的转换过程生成的，该口令没有在网络上传输。一旦被使用后，就从本地存储中删除它，以防泄漏）。如果Alice从口令中生成正确的K_A，那么她就可以得到一个访问Bob服务的有效票证和一个用于与Bob通信的新的加密密钥。Alice不能解密或篡改票证，因为它是用K_B加密的。如果接收者不是Alice，那么就不知道Alice的口令，也就无法解密消息。

4）Alice将票证、自己的身份和一个访问文件的请求R一起发给Bob：$\{Ticket\}_{K_B}$，Alice，R。

5）最初由Sara产生的票证实际上是$\{K_{AB}, Alice\}_{K_B}$。Bob用自己的密钥K_B解密票证。Bob便可以得到Alice的身份认证（基于只有Alice和Sara知道Alice的口令事实）和一个用来和Alice交互的新的共享密钥K_{AB}。（这也被称为会话密钥（session key），因为Alice和Bob可以安全地用它进行一系列交互。）

上面的场景是最初由Roger Needleham和Michael Schroeder[1978]开发的认证协议的一个简化版本，后来又在MIT[Steiner et al. 1988]开发并使用的Kerberos系统上得到了使用，详见11.6.2节。在上面的简化版协议中，没有措施防止对旧认证信息的重放。这个弱点和其他一些弱点将在完整的Needleham-Schroeder协议（见11.6.1节）的描述中解决。

我们描述的认证协议取决于认证服务器Sara事先知道Alice和Bob的密钥K_A和K_B。这在一个单一的组织中是可行的。这时，Sara运行在一个物理安全的计算机上，并由可信的主体管理它，主体产生这些密钥的初始值，并用单独的安全通道传输给相应的用户。但这在电子商务或其他广域应用上是不适合的，此时使用单独的安全通道非常不方便，并且要求一个可信的第三方是不切实际的，而公钥加密的出现让我们摆脱了这种两难境地。

质询的有效性： Needham和Schroeder在1978年取得了一个重要的突破，他们认识到用户的口令并不需要在每次认证时都发送给一个认证服务（这样会暴露在网络中）。相反，他们引入了加密质询（cryptographic challenge）的概念。在上面场景的第2步中，服务器Sara把用Alice的密钥K_A加密的|475|票证发送给Alice。这里包括一个质询，因为Alice除非能解密这个票证，否则就不能使用它，而且Alice只有在知道K_A的情况下才可以解密票证，而K_A来自Alice的口令。冒充Alice的人不可能通过这一步。

场景 3：使用公钥的认证通信——假设 Bob 已经产生了一个公钥/私钥对，下面的对话可以使 Bob 和 Alice 建立一个共享的密钥 K_{AB}。

1）Alice 访问一个密钥分发服务得到公钥证书（public-key certificate），它给出了 Bob 的公钥。它之所以称为证书，是因为它是由一个可信的权威机构签发的——一个广为人知的可靠的人或组织。在检验过签名后，Alice 从证书中读取 Bob 的公钥 K_{Bpub}。（我们将在 11.2.3 节讨论公钥证书的构造和使用。）

2）Alice 创建一个与 Bob 共享的新密钥 K_{AB}，并用公钥算法和 K_{Bpub} 对新密钥加密。她将结果和一个能唯一标识公钥/私钥对的名字发给 Bob（因为 Bob 可能有多个公钥/私钥对）。于是 Alice 发送给 Bob 的是"密钥名字，$\{K_{AB}\}_{K_{Bpub}}$"。

3）Bob 从他的众多私钥中选出相应的私钥 K_{Bpriv}，并用它解密 K_{AB}。注意，Alice 给 Bob 发送的消息在传输过程中可能会被破坏和篡改。结果是 Alice 和 Bob 不能共享密钥 K_{AB}。如果存在这个问题的话，可以比较巧妙地解决：在消息中加入协商好的值或字符串，例如 Alice 和 Bob 的名字或电子邮件地址，这样 Bob 就可以在解密的时候检查一下。

上面的场景说明了使用公钥加密发送一个共享的密钥的方法。这项技术被称为混合密码协议（hybrid cryptographic protocol）并被广泛使用，因为它利用了公钥加密算法和密钥加密算法两者的特点。

问题：这种密钥交换很容易受到中间人攻击。Mallory 可能截获 Alice 最初向密钥分发服务索要 Bob 公钥证书的请求，并回复一个包括自己公钥的消息。然后，他就可以截获所有后续的消息。前面介绍过，为了防止这种攻击，我们要求 Bob 的证书应该由一个众所周知的权威机构签发。同时，Alice 必须确保 Bob 的公钥证书是由一个她在完全安全方式下收到的公钥（下面会讲到）签发的。

数字签名　我们将使用密码学实现一种称为数字签名（digital signature）的机制。它的作用和通常意义的签名相似，用于向第三方核实消息或文档在签名人完成后没有被改变过。

数字签名技术是基于将一个只有签名人才知道的秘密不可逆地绑定在消息或文档上实现的。这可以通过对消息加密来实现，或更好的方法是用只有签名人才知道的密钥将消息压缩成摘要。摘要是由一个安全摘要函数计算而成的固定长度的值。安全摘要函数类似于校验和函数，但它不会为两个不同的消息产生相似的摘要值。加密的摘要附在消息上作为签名。通常按以下方式使用公钥加密：首先，签名人用他们的私钥产生一个签名；签名可以由任何接收者用相应的公钥解密。另一个要求是，验证人必须能确保这个公钥就是签名人的公钥，这使用公钥证书来解决，见 11.2.3 节的描述。

476

场景 4：使用安全摘要函数的数字签名——Alice 要对一个文件 M 签名，使得任何接收者都能验证她是这个文件的签发人。这样，当 Bob 通过某种途径或资源（例如来自消息或者一个数据库）接收到文件后访问这个签了名的文件，他就可以验证 Alice 是文件的签发人。

1）Alice 为文件计算出一个固定长度的摘要 $Digest(M)$。

2）Alice 用她的私钥为这个摘要加密，并附在 M 上，再将"$M, \{Digest(M)\}_{K_{Apriv}}$"公布给需要的用户。

3）Bob 得到这个签了名的文件，抽取出 M 并且计算 $Digest(M)$。

4）Bob 用 Alice 的公钥 K_{Apub} 解密 $\{Digest(M)\}_{K_{Apriv}}$，将结果和自己计算的 $Digest(M)$ 做比较，如果相匹配，那么签名就是有效的。

11.2.3 证书

数字证书是由一个主体签发的包含一个声明（通常较短）的文档。我们用一个场景来说明这个概念。

场景 5：使用证书——Bob 是一家银行。每当他的顾客和他建立联系时，他们需要确认他们是在和银行 Bob 交互，即使他们以前从来没有和 Bob 接触过。Bob 则在授予用户访问他们的账号的权限前，对其身份加以验证。

例如，Alice 觉得从她的银行获得一张证明她的银行账号的证书（见图 11-3）很有用。Alice 可以在购物时用到这个证书，以证明自己已在 Bob 银行开了户。证书用 Bob 银行的私钥 K_{Bpriv} 签发。供货商 Carol 如果能验证第 5 个域中的签名，她就可以接受用这个证书为 Alice 付账。为此，Carol 需要有 Bob

的公钥，而且还要进行验证，防止 Alice 签发了一个将自己名字关联到别人账号的假的证书。要进行这样的攻击，Alice 只要产生一个新的"$K_{B'pub}$，$K_{B'priv}$"密钥对，并用它们产生一个假的证书，且声称它来自 Bob 银行。

Carol 现在需要的是由可信权威机构签发的含有声明了 Bob 公钥的证书。我们假设 Fred 代表银行家联盟，他是能证明银行公钥的人之一。Fred 为 Bob 发行了一个公钥证书（public key）（参见图 11-4）。

1.证书种类：	账户号码
2.姓名：	Alice
3.账号：	6262626
4.证明方：	Bob的银行
5.签名：	$\{Digest(field2+field3)\}K_{Bpriv}$

1.证书种类：	公钥
2.姓名：	Bob的银行
3.公钥：	K_{Bpub}
4.证明方：	Fred—银行家联盟
5.签名：	$\{Digest(field2+field3)\}K_{Fpriv}$

图 11-3　Alice 的银行账号证书　　　　　图 11-4　Bob 银行公钥的证书

当然，这个证书取决于 Fred 公钥 K_{Fpub} 的真实性，这样我们就面临一个真实性的递归问题——如果 Carol 能确信她知道 Fred 真实的公钥 K_{Fpub}，她才能信任这个证书。我们可以让 Carol 用某种可信的方式得到 K_{Fpub}，从而打破这一递归——证书可能是由 Fred 的一个代表亲手交给她或者她从自己信任的人那里收到一个签名的证书，而这个证书直接来自 Fred。我们的例子说明了一个证书链，当前情况下就是一个有两个环节的链。

我们已经间接提到证书引发的一个问题——如何选择一个可信的权威机构，使得认证链得以开始。信任通常不是绝对的，因此对权威机构的选择就必须取决于证书是打算给谁的。由于私钥有被泄漏的危险以及证书链可容许的长度会引发其他问题，证书链越长，冒的风险就越大。

如果小心解决了这些问题，证书链就成为电子商务和真实世界其他事务的重要基础。它们有助于解决大规模认证的问题：世界上有 60 亿人口，我们怎样才能在任意人之间建立起信任关系？

证书可用于验证多种声明的真实性。例如，一个组织或协会的成员可能要维护一份电子邮件列表，并只对组织内成员公开。解决这一问题的办法是让具有管理成员资格的经理（Bob）给每个成员发送一个成员资格证书（S, Bob, $\{Digest(S)\}K_{Bpriv}$），这里 S 是形如"Alice 是友好社的一个成员"的语句，K_{Bpriv} 是 Bob 的私钥。想要加入友好社电子邮件列表的成员必须向列表管理系统提供这个证书的一个拷贝，而管理系统会在检查证书后允许 Alice 加入这个列表。

为了使用证书，需要做两件事情：

- 证书要有标准的格式和表现形式，这样证书签发者和证书用户就可以成功地构造并解释证书。
- 证书链的构造方式必须达成一致，特别是对权威机构。

我们将会在 11.4.4 节讨论这些需求。

有时需要收回一个证书。例如，Alice 不想继续成为友好社的成员，但她或其他人还可能保留她的成员证书的拷贝。跟踪并删除所有这类证书的开销巨大甚至根本就不可能实现，而且取消证书的有效性也是不容易的，因为要通知所有可能接收这个被撤销的证书的接收者。通常，解决这种问题的办法是在证书中包含一个过期日期，收到过期证书的人应该将证书抛弃。证书的主体也必须请求更新自己。如果需要更加迅速地撤销，就要借助于以上提到的这些麻烦的机制了。

11.2.4　访问控制

本节我们将概述分布式系统中对资源访问控制的概念以及实现技术，在 Lampson［1971］的一篇经典论文中非常清晰地介绍了保护和访问控制的概念，而非分布式的实现细节可以在许多操作系统的书中看到［stallings 1998b］。

从历史上看，分布式系统中的资源保护大部分是面向特定服务的。服务器收到下列格式的请求消息：< *op*, *principal*, *resource* >，其中 *op* 是所请求操作的名称，*principal* 是发送请求的主体的一个标识或者一组证书，*resource* 是操作所应用的资源。服务器必须先认证请求消息和主体的证书，然后进行访问控制，拒绝没有访问权限的主体的在特定的资源上完成某类操作的请求。

在面向对象的分布式系统中，可能会有很多种对象必须应用访问控制，而具体的决定又经常是面向特定应用的。例如，每天只允许 Alice 从银行取一次现金，而允许 Bob 取三次现金。访问控制的决定通常留给应用层的代码来处理，但同时也为支持访问控制决定的大部分机器提供一些通用的支持。这包括主体认证、请求的签名和认证、管理证书和访问权限数据。

保护域 保护域是一组进程共享的一个执行环境，它包括一组 < *resource*，*rights* > 对，列出了在域内执行的所有进程允许访问的资源以及在每个资源上所能进行的操作。保护域通常和给定的主体相关——当一个用户登录时，认证她的身份，并为她要运行的进程建立一个保护域。从概念上讲，这个域包括主体具有的所有访问权限，包括她以多个小组成员身份得到的权限。例如，在 UNIX 中，进程的保护域是由在登录时附在该进程上的用户或组的标识符决定的。权限是按照允许的操作来指定。例如，一个文件对这个进程可以读/写，而对另一个只可读。 |479|

保护域只是一个抽象。在分布式系统中普遍使用的实现方式有两种，即权能（capabilities）和访问控制列表（access control lists）。

权能：每个进程根据它所在的域中都持有一组权能。权能是一个二进制值，作为允许所有者对特定资源进行某种访问和操作的权限。在分布式系统中，权能必须是不可伪造的，形式如下：

资源标识符	对目标资源的唯一标识
操作	允许对资源进行的操作列表
认证代码	使权能不可伪造的数字签名

当服务认证了客户属于它所声明的保护域时，它就给客户提供权能。权能中的操作是目标资源定义的操作的一个子集，通常被编码成一个比特标志。可以用不同的权能表示对同一资源不同的访问权限。

使用权能时，客户请求的形式是 < *op*，*userid*，*capability* >。请求包括要访问的资源的权能，而不是一个简单的标识符，这可以使服务器立刻就能知道客户有权能标识的访问该资源的权限，能够进行权能指定的操作。对附有权能的请求的访问控制检查包括检查权能的有效性，以及检查请求的操作是否在权能允许的集合中。这是权能机制的主要优点，它们组成一个自包含的访问钥匙，就像物理门锁的钥匙是访问门锁所保护的大楼的关键。

权能保留了物理锁的钥匙的两个缺点：

- **钥匙被盗**：任何有钥匙的人都可以用它进入大楼，无论他是否是这把钥匙的合法拥有者——他们可以用偷盗或其他不合法的手段来得到钥匙。
- **回收问题**：保管钥匙的资格会随时间的流逝变更。例如，曾经的钥匙拥有者不再是大楼主人的雇员，但他如果仍然保管或者复制了一把钥匙，他就有可能以不合法的方式来使用它。

针对物理钥匙的这些问题，唯一可行的解决办法是：1）将违法的钥匙拥有者送进监狱，但这并不能永远防止那些违法事情的发生；2）换锁并把新钥匙发给当前所有合法的钥匙保管者，这是一种代价高昂的办法。

对于权能而言，类似的问题有：

- 由于不小心或者受到窃听，权能可能会落入非法主体手中。一旦这样，服务器很难阻止他们非法使用权能。
- 取消权能是很困难的。持有者的状态可能会改变，因此其访问的权利也应相应地改变，但他们依然拥有着权能。

现在，已经有解决这两个问题的途径：一是包括对持有者身份验证的信息；二是设置超时并附带回收权能的列表 [Gong 1989，Hayton et al. 1998]。尽管加入这些信息使得原本简单的概念复杂起来，|480|但权能依然是一项重要的技术。例如，它们可以和访问控制列表一起使用来优化对同一资源的重复访问，它们为实现委托提供了最简洁的实现机制 [见 11.2.5 节]。

注意，权能和证书具有相似性。回想一下 11.2.3 节介绍的证明 Alice 有银行账号的证书。证书与权能的区别在于没有允许操作的列表，也不对发出权能者进行认证。在某些环境下，权能和证书是可以互换的概念。Alice 的证书可以被看成对 Alice 的银行账号作一切账号持有者允许的操作的访问钥匙凭证，只要请求者能被证明是 Alice 本人。

访问控制列表：每个资源都有这个列表，有格式为 < *domain*, *operations* > 的项，它指出了对该资源有访问权限的域和对该域所允许的操作。一个域可以是由一个主体的标识指定，也可以是一个用于决定主体在域中资格的表达式。例如，"文件的所有者"是一个表达式，它可以用保存在文件中的所有者的标识和主体的标识作比较而求得该表达式的值。

这是大多数文件系统采用的方案（包括 UNIX 和 Windows NT），每个文件都附有一组表示访问权限的比特值，同时权限被授予的域则是由存在于每个文件中的所有者信息定义的。

发到服务器的请求具有 < *op*, *principal*, *resource* > 的形式。对每一个请求，服务器会认证主体，并检验所请求的操作是否包含在相关资源的访问控制列表的主体项中。

实现 数字签名、证书和公钥证书提供了安全访问控制的密码学基础。安全通道具有性能优势，利用它可以在处理多条请求时不需要重复地检查主体和证书［Wobber et al. 1994］。

CORBA 和 Java 都提供了安全性的 API。支持访问控制是它们的一个主要目的。Java 为分布式对象提供了支持，包括用 Principal、Signer、ACL 类和默认的认证方法进行访问控制，还有对证书、签名有效性及访问控制检查的支持。同时支持密钥和公钥密码学。Farley［1998］对 Java 的这些特色做了很好的介绍。对于 Java 程序（包括移动代码）的保护则基于保护域的概念——本地代码和下载的代码分别在不同的保护域内执行。每个下载的代码都可以有一个保护域，对不同的本地资源的访问权限取决于下载代码中设置的信任级别。

CORBA 提供了一个安全服务规约［Blakley 1999，OMG 2002b］，并给出了一个 ORB 模型以便提供

481 安全通信、认证、基于证书的访问控制、ACL 和审计，这将在 8.3 节做进一步的描述。

11.2.5 凭证

凭证是主体在请求访问某个资源的时候提供的一组证据。最简单的情况下，具有一个从相关权威机构发出的用于证明主体身份的证书就足够了，它可以用来在一个访问控制列表中检查主体所允许的操作（见 11.2.4 节）。通常这就是所有要提供的，但这些概念还可以再推广一下，以处理更加细微的需求。

对于用户来说下面的操作是很不方便的，即在每次需要访问受保护的资源时都让他们同系统交互并给出自己的身份验证，有一种折中的方法是引入"凭证证明（speaks for）主体"的概念。这样，用户的公钥证书可以证明用户——任一进程收到由用户的私钥认证的请求，就可以认为请求就是由该用户所发出的。

证明（speaks for）的想法还可以进一步延伸。例如，在一个合作任务中，可能要求一些敏感的操作只能由团队中具有权限的两名成员来完成。在这种情况下，请求这个操作的主体就会提交自己的凭证和该组另外一个成员的凭证，并要表明在检查凭证时它们是在一起的。

类似地，投票选举时每张选票都会附有选举人的证书和一张身份证书。委托证书允许主体可以代表另外一个人来操作等。通常，访问控制检查包括对一个结合了证书的逻辑公式的求值。Lampson 等人［1992］提出了一个认证逻辑，用于评估由一组凭证形成的证明；Wobber 等人［1994］描述了一个系统，用于支持这种非常通用的检查方法；还可以在［Rowley 1998］中找到真实世界的合作任务中使用的更为有用的形式。

在设计实际的访问控制方案时，基于角色的凭证显得尤为有用［Sandhu et al. 1996］。对于组织机构或合作性任务，可以定义成组的基于角色的凭证，应用层的访问权限也可通过这些凭证建立起来。在特定的任务或组织机构中，角色可以用产生一个角色证书（它将主体与一个命名的角色相关联）的途径，分配给特定的主体［Coulouris et al. 1998］。

委托 凭证的一个特别有用的形式是让某个主体或代理某个主体的进程，在另一个主体的授权下，执行某个操作。下列情况需要使用委托：服务需要访问一个受保护的资源，以代表其客户完成一个动作。考虑接收打印文件的请求的打印服务器。拷贝整个文件将是对资源的浪费，所以用户只需将文件

的名字发送给打印服务器，而由打印服务器代表发出请求的用户来访问这个文件。如果这个文件是读_{保护的，那么只有打印服务器得到临时的读权限，才能进一步工作。委托就是为了解决此类问题而设}

的名字发送给打印服务器，而由打印服务器代表发出请求的用户来访问这个文件。如果这个文件是读保护的，那么只有打印服务器得到临时的读权限，才能进一步工作。委托就是为了解决此类问题而设计的一种机制。

委托可以用委托证书或者委托权能来实现。证书由请求的主体签发，它授权另外一个主体（在我们的例子中指打印服务器）访问某个资源（要打印的文件）。在支持权能的系统中，也可以不需要标识主体便达到同样的效果——访问某资源的权能放在请求中，一起发送到服务器。权能是一个不可伪造的、有关资源访问权限的编码集。

委托权限后，一般会将受委托方使用的权限限制在委托人权限的子集内。这样受委托的主体就不会错用权限。在我们的例子中，证书应该是有时间限制的，以降低打印服务器的代码被损害，而使得文件泄漏给第三方的风险。CORBA 安全服务包括一个基于证书的权限委托机制，支持对权限的限制。

11.2.6 防火墙

3.4.8 节已对防火墙进行过介绍。它可以保护内部网，对流入和流出网络的信息进行过滤。这里我们将讨论它作为安全机制的优点和缺点。

在理想的世界里，通信总是在相互信任的进程中进行，也总是使用安全的通道。但实际上，有许多原因造成这种理想的情况不能达到，有些原因源于分布式系统开放性本质中所固有的限制，有些原因则源于大多数软件中存在的错误。由于请求消息可以被轻松地发送到任何地方的任何服务器，而且大多数服务器在设计时就没有考虑到防范黑客的恶意攻击和突发性错误，这使得机密信息会很容易地从组织的服务器里泄漏出去。一些意想不到的东西也会渗透进组织的网络，例如蠕虫程序或病毒。对防火墙的进一步讨论参见 [Web. mit. edu II]。

防火墙创造了一个本地通信环境，使得所有的外部通信都被截取。只有获得授权的通信消息才会发往本地的接收者。

访问内部网络会受到防火墙的控制，但访问互联网上的公共服务是不受此限制的，因为其目的是为广大用户提供服务。使用防火墙并不能保护网络免受来自组织内部的攻击，而它对外来访问的控制也是粗略的。人们需要细粒度的安全机制，以便个人用户在私密性和完整性不被损害的前提下能够和选定的其他人分享信息。Abadi 等人 [1998] 提供了一个供外部用户访问私人 Web 数据的方法，它基于 Web 隧道（Web tunnel）机制，该机制可以被集成到防火墙中。该机制提供了一个基于 HTTPS 协议（TLS 上的 HTTP）的安全代理，而这些可信和认证过的用户将通过这个代理访问内部的 Web 服务器。

防火墙对于避免拒绝服务攻击（如我们在 3.4.2 节提到的基于 IP 伪冒的那种攻击）不是很有效。问题在于这种攻击生成的消息会像洪水一般淹没任何一个像防火墙之类的防御点。所以必须在目标的上游对进入的大量消息加以处理。使用服务质量机制限制网络中的消息流，将它控制在目标所能处理的水平上，似乎还有可能缓解这种攻击。

11.3 密码算法

发送方按照某种规则将明文（plaintext）消息（正常顺序的比特流）转换成密文（ciphertext）消息（改变了顺序的比特流），这就是消息加密的过程。接收方必须知道这一转换规则，才能够将密文正确转换为原来的明文。其他主体无法解密该密文，除非他们知道转换规则。加密的转换过程由两个部分定义：函数 E 和密钥 K，加密后的消息写成：$\{M\}_K$，即

$$E(K,M) = \{M\}_K$$

加密函数 E 定义了一个算法，用于将明文中的数据项，通过和密钥结合并加以转换，将它们转化成加密的数据项，对于明文的变换很大程度上依赖于是密钥的值。我们可以将一个加密算法看成一簇函数的规约，通过给定的密钥可以从中选出一个函数。解密是由一个逆函数 D 来执行的，它也以一个密钥作为参数。对密钥加密而言，解密使用的密钥和加密使用的密钥是相同的：

$$D(K,E(K,M)) = M$$

因为需要对称地使用密钥，所以密钥密码学通常被称为对称密码学（symmetric cryptography），而

公钥密码学则被称为不对称的（asymmetric），因为它使用的加密密钥和解密密钥是不一样的。下一节我们将描述这两种密码学常用的一些加密算法。

对称算法 如果不考虑密钥参数，即定义 $F_K([M]) = E(K, M)$，那么我们就得到强加密函数的一个性质，即 $F_K([M])$ 相对容易计算，而其逆 $F_K^{-1}([M])$ 难于计算，这样的函数被称为单向函数。加密信息所使用方法的有效性取决于具有单向性质的加密函数 F_K 的使用，也就是说，通过使用 F_K 可以抵御下面的攻击，即通过破解 $\{M\}_K$ 而得到 M。

对于下一小节将要介绍的设计巧妙的对称算法而言，K 的大小决定了从明文 M 及加密后的 $\{M\}_K$ 求出 K 的运算量。通常，最有效的也是最拙劣的攻击是一种被称为强行攻击（brute-force attack）的攻击形式。强行攻击方法的原理是：运行所有可能的 K 值，求出 $E(K, M)$ 和已知的 $\{M\}_K$ 比较，直到匹配为止。如果 K 有 N 比特，那么强行攻击找到 K 平均要进行 2^{N-1} 次迭代，最多要进行 2^N 次迭代。因此破解 K 的时间是 K 的比特数的指数级时间。

不对称算法 当使用公钥/私钥对的时候，单向函数就以另外一种形式得到了应用。第一个可行的公钥方案是由 Diffie 和 Hellman［1976］年提出的，它作为一种密码学方法，消除了通信双方必须要互相信任的前提。所有公钥方案的基础是陷门函数（trap-door function）。陷门函数是一个有秘密出口的单向函数——它在一个方向是容易计算的，而在不知道密钥的情况下几乎不可能求出其逆。似乎寻找这样的函数并将其应用到实际的密码学方案中是 Diffie 和 Hellman 第一次提出的。此后一些实际的公钥方案陆续被提出并不断发展，它们都依靠使用大数函数作为陷门函数。

不对称算法所要使用的密钥对是从一个公共根导出的。11.3.2 节描述的 RSA 算法使用任意选择的非常大的素数对作为根。再由一个单向函数从根导出密钥对。在 RSA 算法中，需要将两个大素数相乘——即使使用非常大的素数，该计算也只需几秒钟就可完成。最后的乘积 N 当然比被乘数大得多。在某种意义上来说，乘法的使用就是单向函数，因为想从乘积得到原来的被乘数——即乘积的分解——从计算上看是不可行的。

密钥对中的一个被用来加密。在 RSA 中，加密函数隐藏明文的方式是将每个比特块作为二进制数，用密钥为指数，对其求幂运算，再将结果对 N 取模。结果值是相应的密文块。

N 的大小和至少一个密钥对要比对称密钥所需的安全密钥尺寸大得多，以保证 N 是不可分解的。因为这个原因，强行攻击 RSA 的可能性就很小了；它对攻击的抵抗力主要依赖于分解 N 的不可行性。我们将在 11.3.2 节讨论 N 的安全大小。

块密码 大多数加密算法是在固定大小的数据块上操作的；通常，块的大小为 64 比特。消息被分割成多个块，必要时，如果最后一块达不到，通过填充达到标准长度。每个块被独立地加密。一旦第一个块加密好了，就可以用于传输了。

对于简单的块加密，每个密文块的值都与前面的块无关。这样存在一个弱点，攻击者可以识别重复的模式并推导出它们和明文间的关系。而且，消息的完整性也得不到保证，除非使用校验和或安全摘要机制。大多数块加密算法使用密码块链接（CBC）来克服这些弱点。

密码块链接：在密码块链接模式中，每个明文块在加密前先和前面的密文块进行异或操作（XOR）（参见图 11-5）。解密时，块先被解密，再和前面的密文块（应该将它保存起来）作 XOR 操作，从而得到原先的明文。这种方法能成功是因为 XOR 操作是幂等的，即两次应用它会产生原来的值。

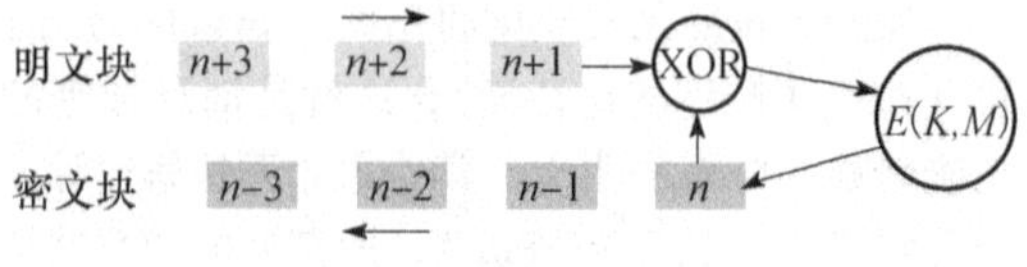

明文块　$n+3$　$n+2$　$n+1$ → XOR
密文块　$n-3$　$n-2$　$n-1$　n　 → $E(K, M)$

图 11-5　密码块链

CBC 意图防止明文中的相同部分加密后在密文中还是相同的。但在每个块序列的起始处都存在着一个弱点——如果我们要与两个目的地建立加密的连接，并向其发送同样的消息，那么加密的块序列就是一样的，这样窃听者就可以从中得到有用的信息。为了防止这样的漏洞，我们需要在每个消息的前面加一段不同的明文，这样的明文叫做初始化向量（initialization vector）。时间戳是一个很好的初始化向量，它强制每个消息都以不同的明文块开头。这和 CBC 操作结合在一起，产生的结果就是：即使用相同的明文，也可转化成不同的密文。

使用 CBC 模式必须保证加密数据在可靠的连接上传输。任意密文块的丢失都会导致解密失败，因为解密过程不能解密后续的密文块。因此它不太适合应用到第 18 章所描述的程序中，该程序要能容忍一些数据的丢失。为此，我们引入流密码的概念。

流密码 对于一些应用，例如对电话交谈加密，块加密的方法就不太合适了，因为数据流是实时产生的多个小块。数据采样可以小到 8 比特，甚至 1 比特。将它们补足到 64 比特再加密并传输就显得特别浪费。流密码是一种增量式加密的加密算法，它每次将明文中的 1 比特加密为密文。

这个提议听起来很难实现，但实际上很容易就可以将一个块密码算法转换成流密码算法，其技巧就在于构造一个密钥流产生器（keystream generator）。密钥流是任意长度的比特序列，通过将其和数据流做 XOR 操作，即可完成加密的过程（参见图 11-6）。如果这个密钥流是安全的，那么得到的加密数据流也是安全的。

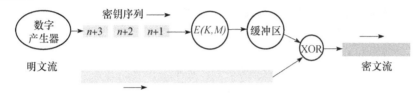

图 11-6　流密码

这种想法和在智能社区避免窃听用到的"白噪声"的方法是类似的。白噪声就是在对室内的交谈录音时，加入噪声，以掩盖谈话内容。如果嘈杂的房间谈话声和白噪声是单独录制的话，那么可以从嘈杂的谈话录音中去掉白噪声的录音，从而得到没有噪声的谈话内容。

密钥流产生器是通过对某个范围的输入值重复地应用一个数学函数，得到一个连续的输出值流而得到的。然后将输出值连接起来组成明文块，再将这些块以收发双方共享的密钥加密。密钥流还可以进一步利用 CBC 来伪装，得到的加密块就作为密钥流。任何可以产生一组不相同的非整数值的函数的迭代都可以作为密钥流产生器的候选函数，但通常我们使用的是一个随机数发生器，其初始值是由收发双方协商决定的。为了保证用于数据流的服务的质量，密钥流块应该在用到它们之前产生，同时产生它们的进程也不应执行太多的操作以免数据流被延迟。 |486|

因此，从原则上讲，在可以提供充足的处理能力来实时加密密钥流的情况下，实时数据的加密可以像批处理数据一样安全。有些设备，例如移动电话，可以从实时加密的过程中得到好处，但它没有功能强大的处理器，这种情况下有必要降低它的密钥流算法的安全性。

密码算法的设计 有很多设计得很好的密码算法，例如 $E(K,M) = \{M\}_K$ 隐藏了 M 的值，并且找到 K 的值的速度不可能比执行强行攻击快。所有的加密算法都是基于信息论［Shannon 1949］的原则，对 M 进行了信息保留操作。Schneier［1996］将 Shannon 的两个基本原理：含混和扩散（confusion and diffusion）用于隐藏密文块 M 的内容，通过将内容和一个足够大的密钥 K 相组合，来对付强行攻击。

含混： 使用非破坏性的操作（如 XOR）和循环移位将每个明文块和密钥组合，产生一种新的位模式，从而隐藏 M 和 $\{M\}_K$ 中各个块之间的关系。如果一个块有多个特征，那么这种方法就可以抵抗基于特征频率知识的分析。（WWII German Enigma 机器使用的是链式单字母块，它无法抵御统计分析。）

扩散： 在明文中通常会有重复和冗余。扩散是通过对每个明文块调换位置来消除规律性模式。如果使用 CBC，稍长一点的正文依然会产生冗余。流密码不能使用扩散，因为不存在块。

在下面两小节中，我们将讨论几个重要的实用算法的设计。这些算法都是基于上述基本原理而设计的，它们也经过了严格的分析，可以抵挡所有已知的攻击，并有相当的安全性。除了 TEA 算法只是用于说明外，其他的算法都广泛应用在一些需要强大安全性支持的程序里。其中有些算法还有一些小的漏洞或需要考虑的地方，由于篇幅所限，我们不能在这里讨论所有需要考虑的问题，读者可以自己参阅 Schneier［1996］来获取更多的信息。我们将在 11.5.1 节总结和比较这些算法的安全性和性能。

不需要理解密码算法的读者可以跳过 11.3.1 节和 11.3.2 节。

11.3.1　密钥（对称）算法

近年来开发和发布了许多密码算法。Schneier［1996］中描述的对称算法多达 25 种以上，其中很多算法都被认为对于已知的攻击是安全的。我们在此只讨论其中的三种。第一个是 TEA，因为其在设计和实现上的简单性，我们用它来具体说明这一类算法的本质。然后简单讨论 DES 和 IDEA 算法。多年来，DES 一直是美国的国家标准，但现在它逐渐地带上了历史的色彩，因为 56 比特的密钥太短了，无法抵抗现代高性能硬件的强行攻击。IDEA 采用 128 比特的密钥，它可能是最有效的对称块加密算法之一，并且对于大量数据的加密，它也具有多方面的优点。

1997 年，美国国家标准和技术研究所（NIST）颁布了一项提议，建议采用一个新的算法来代替 DES 作为新的高级加密标准（AES）；2000 年 10 月，从来自 11 个不同国家的密码学家提交的 21 种算法中，选出了 Rijndael 算法——这个算法因其健壮性和高效性脱颖而出。下面我们将对此做详细的介绍。

TEA 上面概述的对称算法的设计原则在剑桥大学开发的微加密算法［Wheeler and Needham 1994］中得到了很好的说明。C 语言形式的加密函数如图 11-7 所示。

```
void encrypt(unsigned long k[], unsigned long text[]) {
    unsigned long y = text[0], z = text[1];                           1
    unsigned long delta = 0x9e3779b9, sum = 0; int n;                 2
    for (n= 0; n < 32; n++) {                                         3
        sum += delta;                                                4
        y+= ((z<< 4) + k[0]) ^ (z+sum) ^((z>> 5) + k[1]);            5
        z+= ((y<< 4) + k[2]) ^ (y+sum) ^((y>> 5) + k[3]);            6
    }
    text[0] = y;  text[1] = z;                                        7
}
```

图 11-7　TEA 加密函数

TEA 算法利用多轮整数加法、XOR（运算符"^"）和逻辑移位（"<<"和">>"）来完成对明文中位模式的含混和扩散。每个明文块是 64 比特的，所以就以两个 32 比特整数的形式保存在向量 text[] 中。密钥是 128 比特的，表示成 4 个 32 比特的整数。

在 32 轮的每一轮中，正文的两半分别与密钥逻辑移动后的部分以及彼此相组合，见程序的第 5 行和第 6 行。XOR 的使用和正文的移位完成了含混，正文两部分的移位和交换则完成了对明文的扩散。在每个循环中，常数 delta 与正文的每个部分相组合，以免密钥因正文中某部分没有变化而泄漏。解密函数是加密的逆函数，参见图 11-8。

```
void decrypt(unsigned long k[], unsigned long text[]) {
    unsigned long y = text[0], z = text[1];
    unsigned long delta = 0x9e3779b9, sum = delta << 5;  int n;
    for (n= 0; n < 32; n++) {
        z -= ((y << 4) + k[2]) ^ (y + sum) ^ ((y >> 5) + k[3]);
        y -= ((z << 4) + k[0]) ^ (z + sum) ^ ((z >> 5) + k[1]);
        sum -= delta;
    }
    text[0] = y; text[1] = z;
}
```

图 11-8　TEA 解密函数

这段程序提供了一个安全、合理、快速的密钥加密算法。它比 DES 算法速度快，而程序的简洁性也有助于优化和硬件实现。128 比特的密钥足以对付强行攻击。它的作者和其他人只发现了两个很小的漏洞，在［Wheeler and Needham 1997］中有详细描述。

为了说明它的使用，图 11-9 给出了一个简单的使用 TEA 的程序，可以对以前打开的文件进行加密或者解密（使用了 C stdio 库）。

DES 数据加密标准（DES）［National Bureau of Standards 1977］由 IBM 开发，随后被采用为美国的国家标准，在政府和商业中应用。在这个标准中，加密函数用 56 比特的密钥将 64 比特的明文映射成 64 比特的密文。算法中有 16 个依赖密钥的阶段，被称为轮（round）。每个轮中，要加密的数据都会根据由密钥决定的一组比特和三个不依赖密钥的移位值转换每个比特的位置和值。使用 20 世纪 70 ~ 80 年代计算机上的软件来实现该算法是非常耗时的，但它可以在高效的 VLSI 硬件中实现，并且可以轻松地集成到网络接口和其他的通信芯片上。

```
void tea(char mode, FILE *infile, FILE *outfile, unsigned long k[]) {
/* mode is 'e' for encrypt, 'd' for decrypt, k[] is the key.*/
    char ch, Text[8]; int i;
    while(!feof(infile)) {
        i = fread(Text, 1, 8, infile);           /* read 8 bytes from infile into Text */
        if (i <= 0) break;
        while (i < 8) { Text[i++] = ' ';}         /* pad last block with spaces */
        switch (mode) {
        case 'e':
            encrypt(k, (unsigned long*) Text); break;
        case 'd':
            decrypt(k, (unsigned long*) Text); break;
        }
        fwrite(Text, 1, 8, outfile);              /* write 8 bytes from Text to outfile */
    }
}
```

图 11-9　TEA 的应用

1997 年 6 月，一次著名的强行攻击改写了 DES 未被攻破的历史。此次攻击是在一次竞赛中，为了演示低于 128 比特的密钥缺乏安全而进行的［www. rsasecurity. com I］。这次攻击是由一个互联网用户社团召集了多达 14 000 台计算机（PC 及工作站），并在上面运行相应的客户程序在 24 小时内完成的［Curtin and Dolske 1998］。

客户程序的目的是破解出在已知的明文/密文采样中使用的密钥，并用它解密出原来加密的消息。客户与一个服务器交互，服务器负责协调客户的工作，向它们发送要检查的一段密钥值，并从客户处接收相应的进展报告。一般客户计算机将客户程序作为一个后台活动运行，其性能相当于 200MHz 的 Pentium 处理器。密钥在 12 周内被破解，检查的值占所有可能值（2^{56} 或 6×10^{16}）的约 25%。1998 年，由 Electronic Frontier Foundation［EFF 1998］开发的机器可以用三天左右的时间成功地破解 DES 密钥。

尽管在很多商业和其他应用中依然使用 DES 算法，但应该认为基本的 DES 已经过时了。目前常用的一种算法被称为三重 DES 加密算法（或 3DES）［ANSI 1985，Schneier 1996］。它包括利用两个密钥 K_1 和 K_2，并使用三次 DES。

$$E_{3DES}(K_1, K_2, M) = E_{DES}(K_1, D_{DES}(K_2, E_{DES}(K_1, M)))$$

这相当于给出了一个 112 比特的密钥，也就有了充足力量对付强行攻击。但其缺点是效率低，因为它是将一个按现代标准来说比较慢的算法应用了 3 次。

IDEA　国际数据加密算法（IDEA）是在 20 世纪 90 年代初作为 DES 的替代者被开发出来的［Lai and Massey 1990，Lai 1992］。像 TEA 一样，它使用 128 比特的密钥来加密 64 比特的块，它主要基于群代数，有 8 轮 XOR、模 2^{16} 的加法和乘法。对 DES 和 IDEA 而言，同样的函数既可以用于加密，也可以用于解密：这个性质对于能在硬件上实现的算法非常有用。

IDEA 也被进行了广泛的分析，还没有发现重大的漏洞。它加密和解密时间约为 DES 的 3 倍。

RC4　RC4 是一种由 Ronald Rivest［Rivest 1992a］发明的流密码。密码长度不超过 256 字节。RC4 很容易实现［Schneier 1996，pp. 397-398］，而且加密与解密的效率约为 DES 算法的 10 倍。因此，RC4 算法一度被大量的产品广泛使用，包括 IEEE 802.11 WiFi 网络；但不久之后，Fluhrer 等人［2001］就发现了这个算法的缺陷，针对这个缺陷攻击者可以破解一些密钥，这也导致了 802.11 安全模块的重新设计（见 11.6.4 节的进一步讨论）。

AES　被美国 NIST 选做高级加密标准算法的 Rijndael 算法是由 Joan Daemen 和 Vincent Rijmen［Daemen and Rijmen 2000，2002］发明的。算法中密码块的大小和密钥的长度都是可变的，密钥长度可以为 128、192 或 256 比特，密码块的大小可以是 128、192 或 256 比特。密码块的大小和密钥的长度都可以扩展为 32 比特的整数倍。算法根据密码块的大小和密钥的长度需要 9 ~ 13 轮完成。Rijndael 算法可以被很多处理器实现，也可以通过硬件实现。

490

11.3.2 公钥（不对称）算法

至今只开发了少数几个实用的公钥方案。它们都使用大数的陷门函数来产生密钥。密钥 K_e 和 K_d 是一对很大的数，而加密函数用它们其中之一做运算，如对 M 作求幂运算。解密时使用另外一个密钥的一个类似的函数。如果求幂过程中使用了模运算，可以证明结果和 M 的原值是相同的，即

$$D(K_d, E(K_e, M)) = M$$

想要和别人进行安全通信的主体产生一对密钥 K_e 和 K_d，并对解密密钥 K_d 加以保密，而加密密钥 K_e 可以公开，以供任何想要和他通信的人使用。加密密钥 K_e 可以看成单向加密函数 E 的一部分，而 K_d 是使得主体 p 能够转换出加密内容的秘密信息。所有 K_e 的拥有者都可以将消息加密为 $\{M\}_{K_e}$，而只有拥有密钥 K_d 的主体才可以操作这个陷门。

大数函数的使用造成在计算函数 E 和 D 时有很大的运算开销。我们后面可以看到，这个问题的解决方法是仅在安全通信会话的初始阶段使用公钥。RSA 算法显然是使用最为广泛的公钥算法，我们将详细介绍它。另一类算法是基于平面椭圆曲线行为派生的函数。这些算法具有同样级别的安全性，提供了用低开销加密/解密函数的可能，但它们的实际应用还不是很先进，我们仅简要地说明一下。

RSA Rivest、Shamir 和 Adelman（RSA）设计的公钥密码［Rivest et al. 1978］基于两个大素数（大于 10^{100}）乘积的使用，其基本思想就是分解大整数的素因子的计算是非常困难的，不可能有效地计算出来。

尽管做了广泛的研究，但还没有发现 RSA 的漏洞，它现在被广泛使用。下面将给出 RSA 方法的概述。要找到密钥对 $<e, d>$：

1）选择两个大素数，P 和 Q（每个数都大于 10^{100}），并且计算：

$$N = P \times Q$$
$$Z = (P-1) \times (Q-1)$$

2）对于 d，选择任意和 Z 互质的数（也就是，数 d 和 Z 没有公因子）。

我们用比较小的素数 P 和 Q 来说明计算的过程：

$$P = 13, \quad Q = 17 \rightarrow N = 221, \quad Z = 192$$
$$d = 5$$

3）为找出 e，求下列等式：

$$e \times d = 1 \bmod Z$$

也就是说，$e \times d$ 是在 $Z+1$，$2Z+1$，$3Z+1$，……序列中，能被 d 整除的最小数。

$$e \times d = 1 \bmod 192 = 1,193,385,\cdots\cdots$$

385 可被 d 整除

$$e = 385/5 = 77$$

为了使用 RSA 方法加密正文，明文被分成长度为 k 比特的块，其中 $2k < N$（也就是说，一个块的数字值总是小于 N；在实际应用中，k 通常在 512～1024 之间）。

$$k = 7, \quad 因为 2^7 = 128$$

加密明文 M 中一个块的函数是：

$$E'(e, N, M) = M^e \bmod N$$

对于消息 M，密文就是 $M^{77} \bmod 221$

将加密正文 c 的一个块解密成原明文块的函数是：

$$D'(d, N, c) = c^d \bmod N$$

Rivest、Shamir 和 Adelman 证明，对于满足 $0 \le P \le N$ 的所有 P，E' 和 D' 是互逆的（即 $E'(D'(x)) = D'(E'(x)) = x$）。

参数 e，N 可以看成加密函数的密钥，类似的，d 和 N 可以看成解密函数的密钥。于是我们可以写出 $K_e = <e, N>$ 和 $K_d = <d, N>$，并且得到加密函数是 $E(K_e, M) = \{M\}_K$（注意这里指出了加密的消息只能由私钥 K_d 的所有者来解密），解密函数是 $D(K_d, \{M\}_K = M)$。

值得注意的是，所有的公钥算法都有一个潜在的弱点，因为公钥对于攻击者也是公开的，他们可以很容易地产生加密消息。这样他们就可以穷举任意的比特序列，将它加密后，与未知的加密消息比较，直到获得匹配为止。这种攻击也称为明文选择攻击。这种攻击可以通过确保消息比密钥长来破解，此时破解明文的复杂度就已经超过了破解了密钥的复杂度，所以这种类型的强制攻击其实还不如对密钥直接攻击。

一个秘密信息的准接收者必须公布或发布 $<e, N>$ 对，而自己保留 d。公布 $<e, N>$ 对并不损害 d 的安全性，因为想要知道 d 必须知道最初的两个素数 P 和 Q，而这，又只有对 N 进行分解才能做到。对于大数的因式分解（我们提到 P 和 Q 都是 $> 10^{100}$ 的，于是 $N > 10^{200}$），即使是在性能很高的计算机上，也是非常耗时的。1978 年，Rivest 等人得出结论，按照已知的最好的算法，在每秒执行 100 万条指令的计算机上，分解一个规模为 10^{200} 的数，所花费的时间将超过 40 亿年；而类似的计算任务在现在的计算机上只需要 100 万年即可完成。

RSA 组织公布了一系列对 100 比特以上十进制数的分解挑战 ［www.rsasecurity.com II］。编写这本书的时候，174 比特十进制数字（约 576 比特的二进制数字）被成功分解了，这使我们对使用 512 比特密钥的 RSA 的安全性产生了怀疑。RSA 组织（拥有 RSA 算法的专利权）建议采取至少 768 比特（即 230 比特十进制数字）长的密钥才能保证长期（约为 20 年）的安全性。一些程序中已用到了 2048 比特的密钥。

以上这些计算都假设现在知道的分解算法是可用的最佳算法。对于 RSA 和其他使用大素数乘法作为它们单向函数的不对称算法，在发现更好的分解算法后必将会变得很脆弱。

椭圆曲线算法　目前已经开发并测试了一个基于椭圆曲线的性质生成公钥/私钥对的方法。详细的内容可以参见 Menezes 以这个主题写的书 ［Menezes 1993］。密钥来源于一个与 RSA 不同的数学分支，它们的安全性不是建立在分解大数的困难性的基础上的。短一些的密钥也可以是安全的，加密和解密所需的运算需要也远小于 RSA。椭圆曲线加密算法可能在将来得到更为广泛的应用，尤其是对于那些包含了移动设备的系统，因为它们的处理资源很有限。由于该算法相关的数学知识包括了椭圆曲线一些非常复杂的性质，所以本书不再详细讨论。

11.3.3 混合密码协议

公钥密码学对电子商务而言是很便利的，因为它不需要安全的密钥分发机制（当然还需要对公钥进行认证，不过这并不麻烦，只需和密钥一起发送成为一个公钥证书即可）。但公钥密码的运算开销巨大，甚至对电子商务中经常遇到的中等大小的消息加密也是这样。大多数大规模分布式系统中所采取的解决办法是，使用混合加密方案，其中公钥密码用来认证通信的双方和对密钥交互进行加密，这个密钥将用于随后所有的通信中。我们将在 11.6.3 节的 TLS 实例研究中讨论混合协议的实现。

11.4 数字签名

强大的数字签名功能是安全系统的一个基本需求。数字签名可用于证明某些信息的场合，例如为了提供可信赖的声明，可将用户的身份绑定到他们的公钥上，或者将一些访问权限和角色绑定到用户的身份上。

在各种商业和个人交易中，数字签名的必要性毋庸置疑。从文档出现伊始，手写签名就作为一种文件证明，用来满足收件人在以下方面证明文档的需要：

- 可信性（authentic）：它使收件人确信签名者特意对该文档进行了签名，并且文档没有被其他人篡改。
- 不可伪造性（unforgeable）：它证明了是签名者本人而不是他人特意签名了文档。该签名不能被拷贝和置于其他文档上。
- 不可抵赖性（non-repudiable）：签名者不能否认他们对该文档进行了签名。

事实上，使用传统的签名不能完全获得上述我们所希望的签名性质，因为难以检测签名是否被伪造和拷贝，而且文档在签名后可以被篡改，有时候签名者在无意间或在不知情的情况下被骗对文档进行了签名，但是考虑到欺骗有一定的难度且被查获后要承担的责任，我们可以接受这种威胁。与手写签名类似，数字签名是将一个唯一的且秘密的签名者属性绑定到文档中。在手写签名中，该秘密即为签名者的手写体模式。

保存在存储的文件或消息中的数字文档的性质和纸质文档的性质完全不同。数字文档一般很容易生成、拷贝和改变。简单地将作者的身份信息附加在文档之后，无论是一个文本字符串、一张照片还是一副手写体图像，对于验证而言没有任何价值。

因此需要这样一种方法，它将签名者的身份信息绑定到代表文档的整个比特序列上，并且该操作不可撤销。这应该满足了上述的第一个需求——可信性。和手写签名一样，文档的日期不能由签名所保证，签名文档的接收方只知道文档在接收前已经被签名了。

至于不可抵赖性，还存在这样一个问题，该问题并非源于手写签名。如果签名者故意泄漏了他们的私钥并且随后否认了已签名的文档，他们声称由于私钥并非私有，签名可能是其他人做的，那又当如何？在"不可抵赖数字签名"[Schneier 1996] 的主题下，已经设计出一些协议来解决这个问题，但是它们相当复杂。

一个带有数字签名的文档比手写签名更难于伪造，但是"原始文档"对于数字文档意义并不大。正如我们将从对电子商务需求的讨论中所看到的那样，数字签名本身并不能防止电子货币的两次支付——还需要其他的措施来防范这种问题。我们现在将描述用于以数字方式签署文档的两种技术，它们都依赖密码技术的使用，将主体的身份信息绑定到文档中。

数字签名 主体 A 可以通过使用密钥 K_A 加密电子文档或消息 M 并且将加密的信息附加到 M 的明文和 A 的标识上，从而完成对 M 的签名。因此签名后的文档包括 M, A, $[M]_{K_A}$。签名可以被随后接收文档的主体验证以确定文档是由 A 发出的，并且包含的内容 M 未被篡改。

如果使用一个密钥来加密文档，则只有共享该密钥的主体可以验证这个签名。但是如果使用公钥密码，那么签名者使用他自己的私钥加密，任何人只要拥有相应的公钥就可以验证该签名。这是对传统签名更好的模拟，它满足了更为广泛的用户需要。签名的验证过程根据用以产生签名的是密钥密码还是公钥密码而有所不同。这两种情形将分别在 11.4.1 节和 11.4.2 节进行阐述。

摘要函数 摘要函数也称为安全散列函数，用 $H(M)$ 表示。必须仔细设计摘要函数以确保对所有可能的消息对 M 和 M'，函数值 $H(M)$ 和 $H(M')$ 一定不同。如果存在不同消息 M 和 M' 使 $H(M) = H(M')$，那么会出现下述情况：一个不诚实的主体发送了消息 M，但是当面临问题时，他可以声称他发送的原始消息是 M'，并且说消息一定是在传送途中被篡改了。我们将在 11.4.3 节讨论这些安全散列函数。

11.4.1 公钥数字签名

公钥密码特别适合于生成数字签名，因为它相对简单且不需要文档接收者、文档签名者或任何第三方之间的通信。

A 给消息 M 签名，B 进行认证的方法如下（见图 11-10）：

1）A 产生一个密钥对 K_{pub} 和 K_{priv}，并且把公钥 K_{pub} 发布出去，放在一个大家都知道的地方。

2）A 使用一个大家认可的安全散列函数 H 计算消息 M 的摘要 $H(M)$，并用私钥 K_{priv} 加密摘要来产生签名 $S = \{H(M)\}_{K_{priv}}$。

3）A 把已签名的消息 $[M]_K = M$，S 发送给 B。

4）B 用公钥 K_{pub} 解密 S 并且计算 M 的摘要 $H(M)$。如果结果和解密所得的摘要相一致就说明签名是有效的。

RSA 算法非常适合用来构造数字签名。注意，这里签名者的私钥是用来加密签名的，这与秘密传

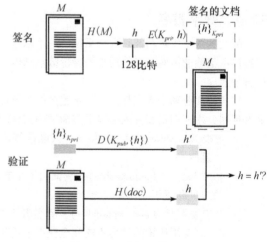

图 11-10 公钥的数字签名

输数据时，接收者用公钥来加密数据的情形相反。解释这种差别是非常简单的，一个签名只能用只有签名者知道的密钥来建立，但此签名可以被所有人认证。

11.4.2 密钥数字签名——MAC

一个密钥加密算法不应该用于加密数字签名并没有什么技术上的原因，但是为了验证这样的签名，密钥必须被透露出去，这会造成一些问题：

- 签名者必须安排验证者接收用来进行可靠签名的密钥。
- 在某些上下文和不同的时刻，有必要进行认证：在签名时，签名者可能不知道验证者的身份。为了解决这个问题，验证可以委托给一个可信赖的第三方机构完成，该机构持有所有签名者的密钥，但是这增加了安全模型的复杂度并且要求与可信的第三方进行安全通信。
- 我们不希望透露用于签名的密钥，因为这会削弱签名的安全性，一个签名可以被一个密钥持有人伪造，而该持有人未必是密钥的合法拥有者。

鉴于上述原因，用公钥方法来产生和验证签名在大多数情况下提供了最便利的解决方案。

当一个安全通道被用来传输未加密的消息，但是需要证实消息的真实性时会出现例外。因为一个安全通道在一对进程之间提供了安全通信，可以使用 11.3.3 节介绍的混合方法建立共享的密钥并用它生成低开销的签名。这些签名称为消息认证码（Message Authentication Code，MAC），这个名字可以反映出它们有限的目的——它们基于一个共享的秘密，在一对主体之间认证通信。

一个基于共享密钥的低开销签名技术（如图 11-11 所示）可以为许多不同的目的提供足够的安全保障，我们将在下面进行阐述。这种方法基于安全通道的存在，通过该通道，共享的密钥可以被分发出去：

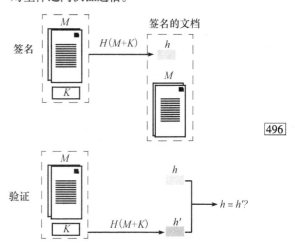

1）A 产生一个随机密钥 K 用以签名，并且通过安全通道将 K 分发给一个或多个需要认证 A 发出的消息的主体。这些主体是受信任的，不会泄漏共享密钥。

2）对于 A 希望签名的任何文档 M，A 将 M 和 K 连接起来，计算连接结果的摘要：$h = H(M + K)$，然后将签名好的文档 $[M]_K = M$，h 发给任何希望验证签名的人（摘要 h 是一个消息认证码）。由于散列函数完全模糊了 K 的值，因此 K 不会因为 h 的泄漏而受到损害。

3）接收者 B 将密钥 K 和接收到的文档 M 连接起来，计算摘要 $h' = H(M + K)$。如果 $h = h'$，那么签名即得到验证。

图 11-11 使用共享密钥的低开销签名

虽然这种方法有上述的不足，但是由于它不涉及加密，因此拥有性能上的优势（通常安全散列比对称加密快 3 ~ 10 倍，见 11.5.1 节）。11.6.3 节描述的 TLS 安全通道协议支持 MAC 的广泛运用，包括这里叙述的方案。该方法也可用于 Millicent 电子货币协议 [www.cdk5.net/security]，在该协议中为小金额交易保持低处理开销是尤为重要的。

11.4.3 安全摘要函数

有许多种方法可产生固定长度的比特模式，这些比特模式可以刻画一个任意长度的消息和文档。也许最简单的方法是反复用 XOR 操作来组合源文档的固定长度片断。这样的一个函数经常用于在通信协议中进行错误检测，主要是用它生成一个能刻画消息的较短的、定长的散列值，但是它作为数字签名方案的基础还不够。一个安全摘要函数 $h = H(M)$ 应该有以下性质：

1）给定 M，很容易计算 h；

2）给定 h，很难算出 M；

3）给定 M，很难找到其他消息 M'，使得 $H(M) = H(M')$。

这样的函数也称为单向散列函数，这个名字源于前两个性质。性质 3 要求额外的特性：即使我们知道散列函数的结果不能保证唯一（因为摘要是一个信息减损的转化过程），我们需要保证，即使知道产生散列值 h' 的消息 M，攻击者也不能找到其他的具有相同散列值 h 的消息 M'。如果攻击者可以做到这一点，那么他们可以不需要知道签名密钥，就从已签名文档 M 中拷贝签名并附加在 M' 上，从而伪造签名文档 M'。

必须承认，经过散列后具有相同散列值的消息的集合是有限的，攻击者产生一个有意义的伪造签名会十分困难，但是如果有耐心，他还是能办到的，所以必须对此进行防范。在生日攻击（birthday attack）情况下这种可能性显著增加：

1）Alice 给 Bob 准备了两个合同版本 M 和 M'，对 Bob 而言，M 是有意义的，而 M' 对他没有意义。

2）Alice 制作了 M 和 M' 的只有几个细微差别的不同版本，例如在行尾增加空格等，两个版本的差别在视觉上难以分辨。她比较所有的 M 和 M' 的散列值，如果她发现两个值是相同的，她可以进行下一步；如果不相同，她继续产生两个文档具有细微差别版本，直到两个文档产生匹配的散列值为止。

3）当她获得一对有着相同散列值的文档 M 和 M' 时，她把有意义的文档 M 给了 Bob，让 Bob 用他的私钥对文档进行数字签名。当 Bob 把签好的文档发回给 Alice，她可以用和 M 匹配的没有意义的版本 M' 替换 M，并且保留着从 M 得来的签名。

如果我们的散列值有 64 比特长，那么平均只要 2^{32} 个 M 和 M' 的版本就可以进行攻击。这个值太小了难以让人放心，因此我们需要使散列值至少达到 128 比特长才足以防范这类攻击。

这种攻击依赖于统计学悖论，即所谓的生日悖论（birthday paradox），在给定的一个集合中找到一个匹配对的概率远远大于在其中寻找与给定的个体匹配的概率。Stallings[2005] 为这种在一个有 n 个人的集合中存在两个具有相同生日的人的概率给出了统计学的推导。结果是，从只有 23 个人的集合中寻找一对生日相同的人的概率，与从 253 人中寻找在某一个指定的日期过生日的人的概率是相同的。

为了满足上述性质，必须小心设计安全摘要函数。使用的比特级操作和它们的先后顺序与对称密码学相似，但是在这种情况下操作不必保存信息，因为函数不需要是可逆的，所以安全摘要函数可以利用任何算术方法和基于比特位的逻辑操作。源文本的长度通常包含在摘要数据里。

在实际应用中，广泛应用的两个摘要函数是 MD5 算法（之所以这样命名是因为它是由 Ron Rivest 开发的消息摘要算法系列中的第 5 个）和 SHA-1（安全散列算法），这两个算法被美国国家标准和技术研究所（NIST）采纳为标准。这两个算法都经过仔细测试和分析，可以充分满足可预见的将来的安全需要，同时它们的实现相当高效。我们在这里只给出简短的描述。Schneier[1996] 和 Mitchell 等人[1992] 对数字签名技术和消息摘要函数给出了详细的综述。

MD5　MD5 算法 [Rivest 1992] 共有 4 轮操作，源文本以 512 比特为一块，每一块又划分为 16 个 32 比特的段，每轮对一个段应用四个非线性函数中的一个，结果产生一个 128 比特的摘要。MD5 是当前可用的最高效的算法之一。

SHA-1　SHA-1 [NIST 2002] 是一个产生 160 比特摘要的算法。它基于 Rivest 的 MD4 算法（与 MD5 算法类似），并附加了一些额外操作。运行速度比 MD5 慢得多，但是 160 比特的摘要可以提供更大的安全保障以防止强行攻击和生日类型的攻击。SHA 算法也被包含在标准 [NIST 2002] 中，SHA 算法能产生更长的摘要（224、256 和 512 比特）。当然，摘要越长，生成摘要的开销越大，需要的存储空间更大，数字签名和 MAC 通信的开销也越大。但是，根据公布的对 SHA-1 改进前的算法的攻击记录可以得知，SHA-1 算法是易受攻击的 [Randall and Szydlo 2004]。美国国家标准和技术研究所宣称将在 2010 年之前将美国政府软件用有更长摘要的 SHA 算法重新加密 [NIST 2004]。

使用加密算法生成摘要　可以使用 11.3.1 节所述的对称加密算法来生成一个安全摘要。在这种情况下，应该将密钥发布出去，让任何希望验证数字签名的人可以运用摘要算法进行有关的验证。加密算法被用于 CBC 模式，其摘要是倒数第二个 CBC 值和最终加密块的组合结果。

11.4.4　证书标准和证书权威机构

X.509 是应用最为广泛的证书标准格式 [CCITT 1988b]。虽然 X.509 证书格式是 X.500 标准的一部分，用于进行全球性的名字和属性目录的构建［CCITT 1988a］，但是它在加密处理中通常定义为一种独立证书的格式。我们将在第 13 章描述 X. 500 的命名标准。

X. 509 证书的结构和内容如图 11-12 所示，它将一个公钥绑定到一个称为主题（subject）的命名实体上。该绑定存在于签名中，这个签名被另一个称为发布者（issuer）的实体发布。证书有一个有效期（period of validity），其中包含起止日期。＜标识名＞项指一个人、组织或其他有着足够上下文信息用以保证唯一性的实体的名字。在一个完整的 X. 500 的实现中，这种上下文信息可以从命名实体所在的目录层次中抽取出来，但是如果没有全局的 X. 500 实现，这种关系只能是一个描述性的字符串。

主题	标识名、公钥
发布者	标识名、签名
有效期	不早于某日期且不晚于另一个日期
管理信息	版本，序列号
扩展信息	

图 11-12　X. 509 证书格式

这种格式被包含在 TLS 协议中应用于电子商务，它在实际的服务和客户端的公钥认证中得到广泛运用。某些众所周知的公司和组织已经建立并担当了证书权威机构（例如，Verisign［www. verisign. com］，CREN［www. cren. net］），其他公司和个人通过向这些组织提交符合要求的身份证明来获得 X. 509 公钥证书。于是，对任何 X. 509 证书都有一个两阶段的验证过程：

1）从一个可信之处获得发布者（证书权威机构）的公钥证书。

2）验证签名。

SPKI 方法 X. 509 方法基于标识名是全局唯一的，但这被认为是一个不实际的目标，它不能很好地反映当前的法律和商业实践［Ellison 1996］，因为个体的身份不能被看做是唯一的，而是相对于其他个人和组织时是唯一的。这在使用驾驶执照或银行证明信认证一个人的名字和地址（一个名字在世界范围内不可能唯一）中是相当常见。这就使验证链加长，因为存在许多可能的公钥证书的发布者，他们的签名必须通过一个验证链认证，最后认证被传给执行验证的主体知道的且信任的人。如果得到的认证足以让人信服，而且验证链中的许多步骤可以缓存起来，以便在未来某些场合中缩短处理过程。

上述讨论是最近开发的简单公钥基础设施（Simple Public-key Infrastructure，SPKI）的依据（参见 RFC 2693［Ellison et al. 1999］）。这是一个建立和管理公共证书集合的方案，它使得用逻辑推理来处理的证书链能生成派生的证书。例如，"Bob 相信 Alice 的公钥是 $K_{Apub'}$" 并且 "Carol 在 Alice 的密钥上信任 Bob"，这就意味着 "Carol 相信 Alice 的公钥是 $K_{Apub'}$"。

11.5 密码实用学

在 11.5.1 节中，我们将比较前面介绍的加密算法和安全散列算法的性能。我们把加密算法和安全散列函数放在一起考虑是因为加密算法有时候被用来进行数字签名。

在 11.5.2 节中，我们将讨论围绕密码技术的应用一些非技术问题。自从功能强大的密码算法出现在公共领域，还没有对发生在此学科上的大量的政治性讨论进行过公正的评判，而且对该学科的争论也没有达成明确的结论。我们的目的只是让读者了解一些正在进行的争论。

11.5.1 密码算法的性能

图 11-13 给出了对称加密算法和本章讨论的安全摘要算法的性能比较，我们给出两个速度上的度量。在 "PRB 优化" 这一列的数据是根据 Preneel 等［Preneel et al. 1998］提供的数据给出的。"Crypto++" 这一列的数据则是最近刚刚从密码方案［www. cryptopp. com］的 Crypto++ 开源库的作者处得到的。同时，在列标题中也注明了相应性能测试过程中使用的硬件速度。Preneel 的实现是通过手工优化的汇编程序，而 Crypto++ 的实现则是通过一个优化的编译器生成的 C++ 程序。

密钥的长度决定了对其进行强制攻击所需的计算开销，加密算法的真实强度很难衡量，而且它依赖于算法能否成功地加密明文。Preneel 等［1998］对主要的对称算法的强度和性能进行了有益的讨论。

	密钥长度/散列 长度（比特）	PRB优化90MHz 奔腾 I（兆字节/秒）	Crypto++ 2.1GHz 奔腾4(兆字节/秒)
TEA	128	—	23.801
DES	56	2.113	21.340
Triple-DES	112	0.775	9.848
IDEA	128	1.219	18.963
AES	128	—	61.010
AES	192	—	53.145
AES	256	—	48.229
MD5	128	17.025	216.674
SHA-1	160	—	67.977

图 11-13 加密和安全摘要算法的性能

那么，上面的性能数字对于现实的密码应用程序（例如，为保证安全的网络交互（11.6.3 节讨论的 *https* 协议）使用的 TLS 机制中的应用）有什么意见呢？网页的大小很少会超过 100KB，所以任何一个网页的内容都可以采用任何一种对称算法由一个如今看起来很慢的单处理器在几毫秒之内完成加密。RSA 算法主要用于数字签名，而且 RSA 算法也仅需几毫秒的执行时间。所以，算法性能对 *https* 程序的运行速度产生的影响是很小的。

不对称的算法（如 RSA）很少用于数据加密，但是它们的性能对于签名服务还是很有吸引力的。Crypto++ 开源库的网页显示，利用图 11-13 中最后一列提到的硬件资源，使用带有 1024 比特密钥的 RSA 算法对一段待加密的信息（可以认为是由 160 比特的 SHA-1 算法生成的）进行签名，耗费时间为 4.75ms，而验证这个签名则仅消耗了 0.18ms。

11.5.2 密码学的应用和政治障碍

上述算法均在 20 世纪 80 年代到 90 年代之间出现，在这期间计算机网络开始用于商业用途，而同时计算机网络缺乏安全性也已成为制约其商业化的一大问题。正如我们在本章开始所述，美国政府非常抵制密码软件的出现。有两个原因：其一，美国国家安全局（NSA）有这样一个政策，它将其他国家可用的密码长度限制在一个较低的水平，使得国家安全局可以基于军事情报的目的破解任何秘密通信；其二，美国联邦调查局（FBI）以执法为目的，要确保它的机构拥有访问所有在美的私有组织和个人所使用的密钥的特权。

在美国，密码软件被列为军需品，有严格的出口限制。其他国家，特别是美国的盟国，也是采取类似的做法，在某些情况下甚至有更为严格的限制。而政治家以及一般公众就什么是密码软件和它潜在的非军事化应用的一无所知，这使得问题更加复杂化。来自美国软件公司的抗议认为这种限制抑制了如浏览器这样的软件的出口，因为该出口限制最终确定为只允许使用不超过 40 比特密钥（不太强的密码）的软件代码出口。

出口限制可能已经阻碍了电子商务的发展，但是它们在防范密码技术的扩散和保持密码软件不被其他国家所控制方面并不是特别有效，因为在美国国内外有许多程序员热衷于实现和分发密码代码。当前的情形是，实现了绝大多数密码算法的软件已在全世界流行多年了，包括出版物［Schneier 1996］和在线资料、商业和免费软件［www.rsasecurity.com I、cryptography.org、privacy.nb.ca、www.openssl.org］。

一个例子是称为 PGP（Pretty Good Privacy）的程序［Garfinkel 1994，Zimmermann 1995］，它最早是由 Philip Zimmermann 开发的，并由他和其他人分发出去。这种方式使得密码方法的使用不被美国政府所控制。PGP 已经被开发出来并分发出去，目的是使所有计算机用户都可以在他们的通信中使用公钥密码算法，从而享受由此带来的私密性和完整性。PGP 代表用户生成并管理公钥和私钥，它使用 RSA 公钥加密算法进行认证并把密钥传送给通信伙伴，并使用 IDEA 或者 3DES 密钥加密算法来加密邮件消息和其他文档（PGP 刚开发时，DES 算法的使用被美国政府控制）。PGP 有免费版本和商业版本，它经由不同的分发站点发布给北美用户［www. pgp. com］和世界上其他地区的用户［International PGP］，这样可以完全合法地逃避美国的出口限制。

美国政府最终认识到 NSA 的观点是毫无作用的，并认识到这带给美国计算机业的危害（无法在全球范围内出售网络浏览器、分布式操作系统和其他许多产品的安全版本）。2000 年 1 月，美国政府引入了一个新的政策法规［www. bxa. doc. gov］，目的是允许美国软件供货商出口包含有很强加密功能的软件产品。2004 年，新的管理措施允许出口包含有高达 64 比特加密密钥，以及最高达 1024 比特的用于签名和交换密钥的公钥的软件产品。法规要求政府"审查"出口的软件，允许软件中采用更长的密钥。但是仍有法令限制出口所给的国家和终端用户。详情参看 www. rsa. com。当然，美国并不持有密码软件生产或出版的专利，对所有知名的算法都已有了开源的实现［www. cryptopp. com］。这些法规仅会限制某些美国生产的商业软件的市场销售。

一些人提出通过立法来坚持软件必须包含只对政府法律执行和安全机构有效的入口或者后门，以便由国家来控制密码的使用。这些建议源自这样的设想：为了防止秘密的通信通道可以被各种各样的犯罪分子使用。在数字密码出现之前，美国政府一直依靠截取来分析公众的通信信息，而数字密码的出现从根本上改变了这种状况。但是这些立法提案妨碍了密码学的使用，同时也遭到关心自身隐私权的公民和自由团体的强烈反对。迄今为止，这些立法提案没有一个被采纳，但是政治上的努力依旧会持续下去，最终必将引入一个合法的使用密码的框架。

11.6 实例研究：Needham-Schroeder、Kerberos、TLS 和 802. 11 WiFi

最初由 Needham 和 Schroeder[1978] 发表的认证协议是许多安全技术的核心，我们将在 11. 6. 1 节详细说明。最为重要的密钥认证协议的应用是 Kerberos 系统［Neuman and Ts6 1994］，这是我们第二个案例的主题（参见 11. 6. 2 节）。Kerberos 用于为网络上客户和服务器间提供认证服务，从而形成一个管理域（内部互联网）。

我们的第三个案例（参见 11. 6. 3 节）是关于传输层安全（TLS）协议的，这是专门用于满足电子交易安全的需要的，该协议目前被大多数 Web 浏览器和服务器支持，并被大多数 Web 商务交易采用。

最后一个案例（参见 11. 6. 4 节）将阐述工程安全系统的困难。1999 年发布的 IEEE 802. 11 WiFi 标准就带有一个有关安全的规约。但是，随后的分析和攻击结果表明，这个规约有严重的不足，我们将揭示这种不足，并讨论其与本章提到密码学原理的关系。 503

11. 6. 1 Needham-Schroeder 认证协议

这里描述的协议是为了满足在网络上安全地管理密钥（和口令）的需要而开发的。在这项工作［Needham and Schroeder 1978］发布的时候，网络文件服务刚刚出现，在局域网中迫切需要更好的安全管理方法。

在管理型网络中，需要能由以质询（见 11. 2. 2 节）的形式发布会话密钥的密钥服务来满足，这就是 Needham 和 Schroeder 开发的密钥协议的目的。在同一篇论文中，Needham 和 Schroeder 也陈述了一种基于使用公钥认证和密钥分发的协议，该协议不依赖已有的密钥服务器，因此更适合于在互联网这样有着许多独立管理域的网络中使用。在这里我们不准备描述公钥版本，但是将在 11. 6. 3 节描述的 TLS 协议是它的一个变种。

Needham 和 Schroeder 提出了一个认证和密钥分发的解决方案，它基于一个给客户提供密钥的认证服务器（authentication server）。认证服务器的工作是为进程对提供一个安全地获得共享密钥的方式。为了做到这一点，它必须使用加密消息与客户通信。

Needham-Schroeder 密钥 在该模型中，一个进程代表一个主体 A，A 希望启动与代表主体 B 的其他进程的安全通信，为达到这个目的 A 进程可以获得一个密钥。这个协议是对任意两个进程 A 和 B 来说的，但是在客户－服务器系统中，A 可能是一个对某个服务器 B 发起一系列请求的客户。提供

给 A 的密钥有两种形式,一种是 A 用来加密传递给 B 的消息的,另一种可以安全地传递给 B。(后者在一个 B 可知而 A 不知道的密钥中被加密,因此 B 可以对其进行解密并且该密钥在传输过程中未被篡改。)

认证服务器 S 维护一张表,为系统所知的每个主体保存一个名字和一个密钥。密钥只用来认证连接到认证服务器的客户进程,并在客户进程和认证服务器之间安全地进行消息传输。该密钥从不泄漏给第三方,在密钥生成后在网络上最多传送一次(在理想情况下,一个密钥应该总是通过其他途径传送,例如以书面形式或口头形式,以避免密钥暴露在网络上)。一个密钥与在集中式系统中用来认证用户的口令等价。对于主体是人的情况,认证服务持有的名字是他们的"用户名",密钥是他们的口令,它们都是由用户在向代表他们的客户进程发出请求时提供的。

这个协议基于认证服务器产生和传送的票证。票证是一个加密了的消息,它包含用于在 A 和 B 之间通信的密钥。我们将 Needham 和 Schroeder 的密钥协议中的消息制成表格,如图 11-14 所示。其中 S 是认证服务器。

消息头	消息	注　　释
1. $A{\rightarrow}S$:	A, B, N_A	A 请求 S 提供一个用于与 B 通信的密钥
2. $S{\rightarrow}A$:	$\{N_A, B, K_{AB}$ $\{K_{AB}, A\}K_B\}K_A$	S 返回用 A 的密钥加密的消息,消息含有新生成的密钥 K_{AB} 和一个用 B 的密钥加密的"票证"。当前时间 N_A 说明该消息是响应前一个消息的。由于只有 S 知道 A 的密钥,所以 A 相信是 S 发送了消息
3. $A{\rightarrow}B$:	$\{K_{AB}, A\}K_B$	A 将"票证"发送给 B
4. $B{\rightarrow}A$:	$\{N_B\}K_{AB}$	B 解密票证,并使用新的密钥 K_{AB} 来加密另一个当前时间 N_B
5. $A{\rightarrow}B$:	$\{N_B-1\}K_{AB}$	A 通过返回一致的当前时间 N_B 的转换给 B,证明它是前一个消息的发送者

图 11-14　Needham-Schroeder 密钥认证协议

N_A 和 N_B 是当前时间。当前时间是一个整数值,它被加入到消息里以说明该消息是新近产生的。当前时间只被使用一次,并在需要的时候生成。例如,当前时间可以是一系列顺序的整数值或者可以通过读取发送机器的时钟值生成。

如果成功完成协议,那么 A 和 B 都可以确定任何从对方接收到的用 K_{AB} 加密的消息确实是来自对方,任何发送给对方的用 K_{AB} 加密的消息只能被对方或 S(S 被认为是可信任的)解密,这是因为只有传送带有 K_{AB} 的消息才能用 A 或 B 的密钥加密。

该协议存在一个不足之处,因为 B 没有理由相信消息 3 是新近产生的。入侵者如果获得密钥 K_{AB} 并且复制了票证和认证者消息 $\{K_{AB}, A\}_{K_B}$(这些信息可能由于疏忽或在 A 的授权下,因客户程序运行错误而被置于一个暴露的地方。),他就可以假扮 A,并使用上述内容发起和 B 的信息交换。这种攻击会损害密钥 K_{AB} 的旧值,在现今的术语中,Needham 和 Schroeder 的威胁列表中没有包括这种可能性,但多数观点认为应该包括这种可能性。通过给消息 3 增加当前时间或时间戳可以弥补这个不足,所以消息变成: $\{K_{AB}, A, t\}_{K_{Bpub}}$,$B$ 解密这个消息并检查 t 是否是新近的,这就是 Kerberos 采取的解决方案。

11.6.2　Kerberos

Kerberos 是 20 世纪 80 年代在 MIT 大学[Steiner et al. 1988]开发出来的,目的是为 MIT 校园网和其他内部互联网提供一系列认证和安全设施。根据用户和组织的经验和反馈,Kerberos 协议经历了多次修订和改进。下面要描述的是版本 5[Neuman and Tsó 1994],它遵循互联网的标准轨迹(参见 RFC4120[Neuman et al. 2005]),目前被许多公司和大学使用。Kerberos 的实现源代码可以从 MIT[Web. mit. eduI]获得。它包含在 OSF 的分布式计算环境(DCE)[OSF 1997],并且作为微软默认的认证服务[www. Microsoft. com II]。扩展 Kerberos 的提议认为可以利用公钥证书来进行主体的初始认证(参见图 11-15 步骤 A)[Neuman et al. 1999]。

图 11-15 显示了 Kerberos 的进程体系结构，Kerberos 处理三类安全对象：

- 票证（ticket）：Kerberos 票证授予服务给每个客户发一张标记，该标记用于发送给某一个服务器，证实 Kerberos 最近已经认证了发送者。票证包括过期时间和新生成的会话密钥以供客户和服务器使用。
- 认证（authenticator）：由客户构造的一个标志，并发送给服务器，用于证明用户身份以及任何与服务器的通信的 currency。一个认证器仅可以使用一次，它包含客户的名字和时间戳，并用恰当的会话密钥加密。
- 会话密钥（session key）：会话密钥是由 Kerberos 随机产生的，在与某个服务器通信时发给客户使用。对于与服务器进行的所有通信，并非必须要加密；会话密钥就是用来对与要求加密的与服务器之间的通信进行加密，也用来对所有认证器加密（参见上面的描述）。

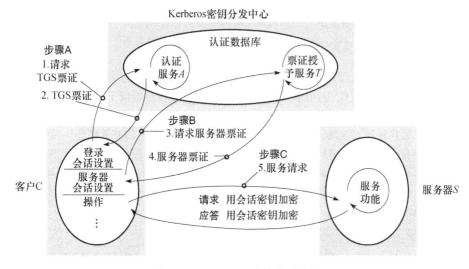

图 11-15　Kerberos 系统体系结构

客户进程对它们所使用的每个服务器都必须提供票证和会话密钥。为客户 – 服务器的每次交互都提供新票证和密钥是不切实际的，因此大多数票证允许客户在几小时内使用以便与某一个服务器进行交互，直至到期为止。

一个 Kerberos 服务器也称为一个密钥分发中心（KDC）。每个 KDC 提供认证服务（AS）和票证授予服务（TGS）。登录时，AS 用网络安全的口令认证用户，然后给代表用户的客户进程提供一张能授予票证的票证（ticket granting ticket）和用来与 TGS 通信的会话密钥。因此，一个客户进程及其子进程可以用授予票证的票证从 TGS 中获取用于指定服务的票证和会话密钥。 506

Needham-Schroeder 协议与 Kerberos 协议很接近，Kerberos 用时间值（表示日期和时间的整数）表示当前时间。这有两个目的：

- 防止从网络中截取的旧消息的重播，或重用在授权用户已退出登录的机器内存中发现的旧票证（在 Needham-Schroeder 协议中用当前时间达到此目的）。
- 应用票证生命期，使系统在用户不再是系统的授权用户时收回他们的权利。

下面我们详细描述 Kerberos 协议，所用符号如下所示。首先，我们描述客户为访问 TGS 而获得票证和会话密钥的协议。

Kerberos 票证有固定的有效期：从 t_1 开始，到 t_2 结束。客户 C 访问服务器 S 的票证的形式如下：$\{C, S, t_1, t_2, K_{CS}\}_{K_S}$，记做 $\{ticket(C, S)\}_{K_S}$。

客户名包含在票证中，以免被冒充者使用（将在后文介绍）。图 11-15 中的步骤和消息号对应于描述栏 A 中的内容，注意消息 1 没有加密，也不含 C 的口令。它包含当前时间值，用来检查应答的有效性。

A. 每次登录时，将获得 Kerberos 会话密钥和 TGS 票证		
消息头	消息	注释
1. C→A：请求 TGS 票证	C, T, n	客户 C 请求 Kerberos 认证服务器 A 提供与票证授予服务通信的票证
2. A→C：TGS 会话密钥和票证	$\{K_{CT},n\}_{K_C}, \{ticket(C,T)\}_{K_T}$, 包含 C, T, t_1, t_2, K_{CT}	A 返回一条消息，其中包含用 A 的密钥加密的票证和 C 要用的会话密钥（与 T 一起使用）。当前时间 n 是用 K_C 加密的，它表明消息来自消息 1 的接收者，他必须知道 K_C

符号：

A	Kerberos 认证服务的名字	n	时间
T	terberos 票证授予服务的名字	t	时间戳
C	客户的名字	t_1	票证有效期的开始时间
		t_2	票证有效期的截止时间

[507]

消息 2 有时称为"质询"，因为它发送给请求者的信息是只有知道 C 的密钥 K_C 后才有用的信息。冒充者企图靠发消息 1 来模仿 C，但由于无法对消息 2 解密，他没法继续下去。对于用户主体，K_C 是用用户的口令拼凑出来的。客户进程会提示用户键入口令，并试图用该口令对消息 2 解密。如果用户给出正确的口令，客户进程就能获得会话密钥 K_{CT} 和用于票证授予服务的有效票证；否则，它获得无意义的信息。服务器有它们自己的密钥，只有有关的服务器进程和认证服务器知道这些密钥。

从认证服务获得有效票证后，客户 C 可以用它与票证授予服务通信，以多次获得其他服务器票证，直至票证到期为止。因此，为了获得某一服务器 S 的票证，C 构造一个用 K_{CT} 加密的认证器，形式如下：$\{C, t\}_{K_{CT}}$，记做 $\{auth(C)\}_{K_{CT}}$，然后向 T 发送请求：

B. 每次客户 – 服务器会话时，将为服务器 S 获得票证		
3. C→T：请求服务 S 的票证	$\{auth(C)\}_{K_{CT}}$ $\{ticket(C,T)\}_{K_T},S,n$	C 请求票证授予服务器 T 提供与另一服务器 S 通信的票证
4. T→C：服务票证	$\{K_{CS},n\}_{K_{CT}}, \{ticket(C,S)\}_{K_S}$	T 检查票证。若票证有效，T 就生成新的随机会话密钥 K_{CS}，并用 S 的密钥 K_S 加密的 S 的票证一起返回

然后 C 开始向服务器 S 发出请求消息：

C. 发布一个带有票证的服务器请求		
5. C→S：服务请求	$\{auth(C)\}_{K_{CS}}$, $\{ticket(C,S)\}_{K_S},request,n$	C 向 S 发票证，附上为 C 新生成的认证器及请求若要求数据保密，则用 K_{CS} 加密该请求

为了让客户确信服务器的真实性，S 应向 C 返回一个当前时间 n（为减少需要的消息数，可以把它包含在含有服务器对请求的应答的消息中）：

D. 认证服务器（可选）		
6. S→C：服务器认证	$\{n\}_{K_{CS}}$	（可选）：S 向 C 发送当前时间 n，n 用 K_{CS} 加密

[508]

Kerberos 的应用　Kerberos 是 MIT 为在 Athena 项目中使用而开发的，是面向大学教育的校园网计算设施的，其中有许多工作站和服务器，为 5000 多比特用户提供服务。运行环境中客户、网络和提供网络服务的机器的安全性都不可信赖——例如，未对工作站进行保护以防止安装用户开发的系统软件，而对服务器（除了 Kerberos 服务器外）提供了多余的安全保障用以防止利用软件配置进行物理干扰。

Kerberos 在 Athena 系统中提供了所有的安全保护，它用于认证用户和其他主体。大多数运行在网络上的服务器都进行了扩展，从而在每个客户 – 服务器交互开始时要求客户提供票证，包括文件存储（NFS 和 Andrew 文件系统）、电子邮件、远程登录和打印。用户的口令只有用户自己和 Kerberos 认证服务知道。服务拥有的密钥只为 Kerberos 和提供服务的服务器所知。

我们将描述用 Kerberos 来进行用户登录认证的方式。如何使用 Kerberos 来保护 NFS 文件服务将在第 12 章描述。

用 Kerberos 登录　当用户登录到工作站时，登录程序将用户名发送给 Kerberos 认证服务。如果用户名通过认证服务的认证，则返回用该用户的口令加密的会话密钥、当前时间和用于 TGS 的票证。登录程序在口令提示下尝试用用户键入的口令解密会话密钥和当前时间。如果口令正确，登录程序即可获得会话密钥和当前时间。它检查当前时间，并保存好会话密钥和票证以备随后与 TGS 通信时使用。这时，登录程序可以从内存中删除用户口令，因为票证现在可以用于认证该用户。然后，这台工作站上的用户的登录会话开始。注意，用户的口令从来不暴露在可能被监听的网络上，它只保存在工作站上，一旦登录立刻从内存中删除。

通过 Kerberos 访问服务器　运行在工作站上的程序一旦需要访问一个新的服务，它就向票证授予服务请求该服务的票证。例如，当一个 UNIX 用户希望登录到一个远程计算机时，用户的工作站上的 rlogin 命令程序从 Kerberos 票证授予服务处获得票证用来访问 rlogind 网络服务。在用户希望登录的计算机上，rlogin 命令程序响应远程机器的 rlogind 进程的要求，发送票证和一个新的认证器。rlogind 程序使用 rlogin 服务的密钥解密票证，并检查票证的有效性（即票证是否过期）。服务器必须小心地把它们的密钥存储到入侵者难以访问的地方。

然后，rlogind 程序使用包含在票证中的会话密钥解密认证器并检查认证器是否为新近产生的（认证器只能使用一次）。一旦 rlogind 程序确信票证和认证器都是有效的，它就不再需要检查用户的名字和口令，因为 rlogind 程序已经知道用户的身份，并建立一个远程用户的登录会话。 509

Kerberos 实现　Kerberos 可以作为一个在安全机器上运行的服务器来实现。可以提供一些库供客户应用程序和服务程序使用。也可以采用 DES 加密算法，不过这是作为独立模块实现的，可以很容易地被替换掉。

Kerberos 服务是可扩展的——它将世界分成不同的认证区域，称为域（realms），每个域有自己的 Kerberos 服务器。大多数主体仅在一个域中登记，但 Kerberos 的票证授予服务器（TGS）在所有域中登记。通过本地 TGS，主体可以在其他域中的服务器上认证自己。

在一个域中可以有多个认证服务器，它们都有同一个认证数据库的备份。认证数据库的复制采用一种简单的主从技术。由 Kerberos 数据库管理服务（KDBM）负责更新主拷贝，KDBM 只在主机上运行。KDBM 处理用户改变口令的请求，以及系统管理员增删主体和改变口令的请求。

为了使这种方案对用户透明，TGS 的生命期应该至少与可能最长的登录会话一样长，因为使用过期的票证会导致服务请求被拒绝，唯一的补救方法就是让用户重新认证登录会话，然后为所有使用中的服务请求新的服务器票证。在实际应用中，域的票证生命期一般为 12 小时。

对 Kerberos 的评价　上面描述的 Kerberos 版本 5 针对早期版本的一些批评做了改进［Bellovin and Merritt1990，Burrows et al. 1990］。对 Kerberos 版本 4 最主要的批评是认证器中的当前时间是用时间戳来实现的，且防止认证器重播至少需要客户和服务器时钟松散同步。如果使用同步协议使客户和服务器时钟松散同步，那么同步协议本身也必须安全，并且能防范安全攻击。有关时钟同步协议的内容请参考第 14 章。

Kerberos 5 的协议定义允许认证器中的当前时间可以用时间戳或者序号实现，无论用哪种方法，都要求它们是唯一的，并且服务器应该保留最近收到的每个客户的当前时间，以便检查它们有没有重播。这种要求实现起来很不方便，并且在服务器出现故障时难以得到保证。Kehne 等［1992］已经公布了一个不依赖同步时钟的 Kerberos 协议的改进建议。

Kerberos 的安全性依赖于有限的会话生命期——TGS 票证的有效期通常只有几个小时。这个有效期必须选得足够长，以避免服务中断造成的不便，同时又必须足够短，以确保撤销登记的用户或降级的用户不会继续长期使用资源。这可能会给某些商业应用带来困难，因为要求用户在交互过程中的任一点提供新的认证细节可能会妨碍实际应用。 510

11.6.3 使用安全套接字确保电子交易安全

安全套接字层（SSL）协议最初是由 Netscape 公司［www. mozilla. org］开发的，它提出了一种标准用于满足上述需求。SSL 的扩展版本传输层安全（TLS）协议已经被采纳为互联网标准，具体描述参见 RFC 2246［Dierk and Allen 1999］。大多数浏览器都支持 TLS 协议，它广泛应用于互联网电子商务。它的主要特性如下：

协商加密和认证算法　在一个开放的网络中，我们不应该认为所有的人都使用相同的客户软件，也不能认为所有的客户和服务器软件都包含特定的加密算法。实际上，一些国家的法律试图限制只能在这些国家使用某些加密算法。TLS 可以在连接的两端进行初始化握手通信时，在进程间协商加密和认证的算法。因此可能出现通信的双方因为没有足够的公共算法而导致连接尝试失败。

自举安全通信　为了满足安全通信的要求而不需要事先协商或第三方的帮助，可以用与前面提过的混合方案类似的协议建立安全通道。使用未加密的通信进行初始化交换，然后使用公钥密码，一旦建立共享密钥，就可以转换到密钥密码学上来。每个转换都是可选的，都通过协商进行。

因此，安全通道是完全可配置的，它允许对每个方向上的通信进行加密和认证（但是不要求这么做），这使得计算资源不必因为执行不必要的加密操作而消耗掉。

TLS 协议的细节已经被公布并标准化了，一些软件库和工具包能够支持它［Hirsch 1997，www. openssl. org］，其中一些是在公众领域里。TLS 已被整合到许多应用软件中，其安全性也经过独立审核得到验证。

TLS 由两层组成（参见图 11-16）。一层是 TLS 记录协议层，该层实现了一个安全通道，用来加密和认证通过任何面向连接的协议传输的消息；另一层是握手层，包含 TLS 握手协议和两个其他相关协议，它在客户和服务器之间建立并维护一个 TLS 会话（即一个安全通道）。这两层通常都是用客户和服务器应用层的软件库实现的。TLS 记录协议是一个会话层协议，可以用来在保证安全性、完整性和真实性的前提下在进程之间透明地传送应用层数据。这些就是我们在安全模型（见 2.4.3 节）中为安全通道指定的性质，但是这些性质在 TLS 中是可选的，通信各方可以选择是否在每个方向上都部署

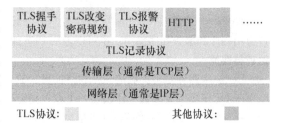

TLS协议: ▨　　　　　其他协议: ▨

图 11-16　TLS 协议栈（图 11-16～图 11-19 基于 Hirsh［1997］中的图表，并得到 Frederick Hirsch 的出版许可）

消息的解密和认证。每个安全会话被赋予一个标识符，通信各方可以在缓存中存储会话标识符以备以后重用，当要求与相同的一方进行其他安全会话时，便可避免建立新会话的系统开销。

TLS 被广泛用于在现有应用层协议之下增加一个安全通信层。它最常用于互联网商务和其他安全性敏感的应用中，以保证安全的 HTTP 交互。几乎所有 Web 浏览器和 Web 服务器都实现了 TLS：它通过在 URL 中使用协议前缀 https:，在浏览器和 Web 服务器间建立起一个 TLS 安全通道。它也被广泛地部署以提供 Telnet、FTP 和许多其他应用协议的安全实现。对于那些要求安全通道的应用，TLS 是事实上的标准，它通过提供 CORBA 和 Java 的 API，为商业和公共领域提供了多种可用的实现选择。

TLS 握手协议如图 11-17 所示。握手操作是在一个已建立的连接上进行的。它通过交换已认可的选项和参数来建立 TLS 会话，这些选项和参数是执行加密和认证所需要的。握手序列根据是否需要客户和服务器的认证而变化。握手协议也可以在之后改变一个安全通道的规约时调用，例如，在通信开始时可能只用消息认证码来认证消息。在这之后可以使用加密。这是通过利用现有的通道，再次执行握手协议进行协商，从而获得一个新的密码规范而实现的。

TLS 初始化握手易受到 11.2.2 节场景 3 所述的"中间人"攻击。为了防止这种情况，用来验证接收到的第一个证书的公钥可以通过一个单独的通道传送——例如，经由 CD-ROM 交付的浏览器和其他互联网软件可以包括一些著名的证书权威机构的公钥。另一个众所周知的服务的客户防范措施，是基于在它的公钥证书中包含了服务的域名——客户只能用和域名相一致的 IP 地址来处理服务。

511

　　TLS 支持密码函数的多种选项。它们统称为密码组（cipher suite）。一个密码组为图 11-18 所示的每个特性包含了一个选项。

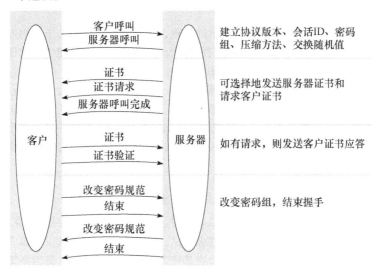

图 11-17　TLS 握手协议

组　件	描　述	例　子
密钥交换方法	用来交换一个会话密钥的方法	带公钥证书的 RSA
数据传输密码	用于数据的块密码或流密码	IDEA
消息摘要函数	用于创建消息认证码（MAC）	SHA-1

图 11-18　TLS 握手配置选项

　　客户和服务器上预装各种带有标准标识符的常用密码组。在握手时，服务器为客户提供了可用的密码组标识符清单，客户选择其中的一个并返回。（如果没有匹配选项，则给出错误指示。）在这个阶段，它们也就压缩方法（可选的）和 CBC 块加密函数（见 11.3 节）的随机起始值达成一致。

　　接下来，通信双方按照 X.509 格式交换签名的公钥证书进行互相认证。这些证书可能是从一个公钥权威机构获得的，或者只是为此目的临时生成的。在任何情况下，至少有一个公钥必须是在握手的下一个阶段可用的。

　　随后通信一方生成一个控制前的密文（pre-master secret），用公钥加密后发送给另一方。控制前密文是一个大随机数，通信双方都使用这个数生成用来加密传送数据的两个会话密钥（称为写密钥）和用来认证消息的消息认证密文。当这些工作完成后，一个安全会话就开始了。这是由通信双方交换的

改变密码规约（ChangeCipherSpec）消息触发的。随后是结束（Finished）消息。一旦交换了 Finished 消息，所有后续的通信就可以根据所选的密码组连同议定的密钥进行加密和签名。

　　图 11-19 显示出记录协议的操作。一个要传输的消息首先被分割成便于处理的块，然后有选择地压缩这些块。严格来说，压缩并不是安全通信的一个特性，但是由于一个压缩算法可以参与加密和数字签名算法中对大量数据的处理工作，因此在这里提供了压缩选项。换句话说，数据转换管道可以在 TLS 记录层中建立，由 TLS 记录层执行所有转换，这种转换比独立转换更有效。

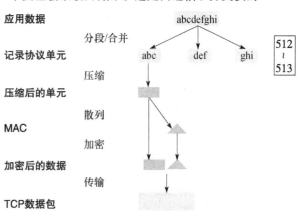

512 ～ 513

图 11-19　TLS 记录协议

加密和消息认证码（MAC）转换部署了经协商后的密码组中指定的算法，如 11.3.1 节和 11.4.2 节所述。最后通过相关的 TCP 连接，将签名和加密后的数据块传送给另一方，接收方执行逆向转换，生成原始数据块。

小结 TLS 提供了一个实用的混合加密方案的实现，它能进行认证和基于公钥进行密钥交换。因为密码在握手中协商，所以它不依赖于任何专门的算法，也不依赖于会话建立时的任何安全服务。唯一需要的是权威机构发布的通信双方认可的公钥证书。

由于作为 TLS 基础的 SSL 协议及其参考实现的公布［www.mozilla.org］，它逐渐成为争论的主题。早期的设计已经有了一些修改，作为一种有价值的标准，它得到了广泛的认可。现在 TLS 已经被集成到大多数 Web 浏览器和 Web 服务器中，也被应用于诸如安全 Telnet、FTP 等其他应用中。商业和公共领域［www.rsasecurity.com I、Hirsch 1997、www.openssl.org］实现通常以程序库和浏览器插件的形式供用户使用。

11.6.4 IEEE 802.11 WiFi 安全设计中最初的缺陷

3.5.2 节描述的面向无线局域网的 IEEE 802.11 标准，于 1999 年最初发布［IEEE 1999］。从发布之日起，它就被广泛应用在移动通信领域，有许多基站、笔记本电脑和便携设备都实现了该规约。遗憾的是，人们不久就发现了这个标准的安全设计在某些方面有严重的缺陷。我们将简要介绍它的最初设计和安全缺陷，并以此作为 11.1.3 节提到过的安全设计困难的一个实例。

大家认为，无线网络比有线网络更容易遭受攻击，因为网络和传输数据很容易被装备有同频收发器的设备所窃听和篡改。最初的 802.11 协议用于为 WiFi 网络提供访问控制，并且依照称为有线等效加密（Wired Equivalent Privacy，WEP）的安全规约保证传输数据的私密性与完整性。WEP 包含下面几项，网络管理员可以有选择地激活这些项。

访问控制：通过质询 – 应答协议进行访问控制（cf. Kerberos，11.6.2 节），即当一个结点加入网络时，基站会质询该结点是否有正确的共享密钥。网络管理员会指定一个密钥 K，并将 K 在基站和所有已认证的设备之间共享。

私密性与完整性：使用任一种基于 RC4 流密码的加密机制来保证私密性与完整性。加密过程中使用的密钥与访问控制中使用的密钥，都为 K。密钥长度可以是 40、64 或 128 比特。每个分组通过包含加密校验和来保证其完整性。

在 803.11 标准公布不久，便被发现有下列缺陷和设计弱点。

网络用户共享单一的密钥是设计中的一个缺陷，因为在实践中会有下面的问题：

—密钥可能在未受保护的信道上发送给一个新的用户。

——个粗心的或是恶意的用户（例如，心怀不满的前雇员）拥有访问密钥的权限，他们会破坏整个网络的安全性，而且这种破坏有可能完全不被发觉。

解决办法：像 TLS/SSL（见 11.6.3 节）所采用的一种基于公钥的协议一样，通过协商获得私有密钥。

基站是不需要认证的，所以一个知道当前共享密钥的攻击者可以采取欺骗手段，窃听，添加或篡改任何消息。

解决办法：基站应当提供一个证书，它可以通过第三方提供的公钥被认证。

WEP 不恰当地使用了流密码，而没有使用块密码（见 11.3 节对流密码和块密码的描述）。图 11-20 给出了 802.11 WEP 安全协议下的加密和解密流程。每个分组都通过与一个 RC4 算法产生的密钥流进行 XOR 操作来加密。接收站利用 RC4 算法产生一个相同的密钥流，并通过 XOR 操作对每一个分组进行解码。为了避免密钥流在分组丢失或被破坏时产生同步错误，RC4 算法会用一个新的起始值重新开始，这个起始值是通过在全局共享密钥后面连接一个 24 比特的*初始值*得到的。这个初始值被更新并被包含在每一个传输分组中。共享密钥在大多数应用中不会轻易改变，所以起始值仅有 $S = 2^{24}$（约 10^7）个不同的状态。因此，在发送过 10^7 个分组后就会产生重复的起始值以及密钥流。在实际系统中，这种情况在几个小时内就会发生，而且当有分组丢失时，产生重复起始值的周期会更短。攻击者从截获的加密分组中总可以侦测出重复出现的起始值，因为这些起始值显式地包含于分组中。

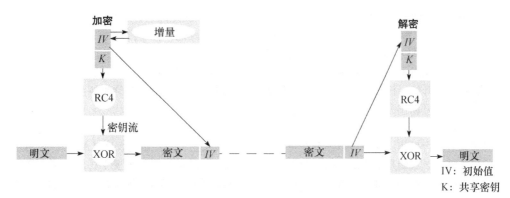

图 11-20　IEEE 802.11 WEP 中使用的 RC4 流加密

RC4 规范中对密钥流的重复问题给出了明确的警告。因为如果攻击者截获了加密分组 C_i，并且知道明文 P_i（例如，通过猜测密文是一个标准的服务器问讯信息）就能计算出用于加密分组的密钥流 K_i。同样的 K_i 值在 S 个分组之后又会重现，于是攻击者就可以通过已知的 K_i 来解密这个分组。通过正 |516| 确地猜测明文分组，攻击者最终可以解密大部分的分组。Borisov 等 ［2001］ 首先指出了这个安全缺陷，并领导了对 WEP 安全机制的重新评估以及在 802.11 的更新版本中使用的新的安全机制。

解决方法：根据最坏情况下密钥序列重复出现时间，选择一个小于它的时间段。每个时间段后通过协商获得新的密钥。和在 TLS 中一样，这个过程需要一个明确的中止代码。

正如 11.5.2 节中论及的，由于美国政府严格限制出口设备的密钥长度最多为 40 比特（后改为 64 比特），因此，802.11 标准中同时引进了 40 比特和 64 比特两种密钥长度。但 40 比特密钥很容易被强行攻击破解，因此 40 比特密钥提供的安全保障有限。即使是 64 比特的密钥也会有因持续攻击而被破解的危险。

解决方法：使用 128 比特密钥。最近许多 WiFi 产品都使用了 128 比特密钥。

在 802.11 标准公布后，就发现 RC4 流密码即使在密钥流没有出现重复的情况下，通过观察大量的数据流也可能泄漏密钥 ［Fluhrer et al. 2001］。这个缺陷已经在实践中被证明，这个缺陷说明即使使用 128 比特的密钥，WEP 方案也并不安全，有些公司也因此限制他们的雇员使用 WiFi 网络。

解决方法：采用类似 TLS 的办法，提供一种协商机制来决定选择何种密码规约以及加密算法。RC4 算法是被紧紧绑定在 WEP 标准中的，它不提供选择其他加密算法的协商机制。

用户通常不会部署 WEP 提供的保护机制，其原因可能是用户没有意识到他们的数据是暴露的。这并不是标准设计时的缺陷，而是产品所基于的市场造成的。大多数产品的初始设置都会关闭安全功能，而且与安全风险相关的文档常常不足。

解决方法：提供更好的默认设置和文档。但是用户往往更注重获得更好的性能，而当硬件可用的情况下，开启加密功能会明显减慢通信的速度。用户避免使用 WEP 加密功能的需求导致基站需要增加新的特性，即基站不可以像平常那样将含有识别信息的分组广播出去，并且拒绝从未经认证的 MAC 地址（见 3.5.1 节）发来的分组。但上述措施也不足以提供足够的安全保障，因为网络中的分组容易被截获（"嗅探"），而且可以通过修改操作系统轻易地篡改 MAC 地址。

IEEE 专门成立了一个任务组来建立一个对现有安全解决方法的替代方法，即一个全新的安全协议，WiFi 保护访问协议（WiFi Protected Access，WPA）。这个协议在 IEEE 802.11i 草案 ［IEEE 2004b，Edney and Arbaugh 2003］ 中有详细说明，并在 2003 年的中期出现于产品之中。IEEE 802.11i（也称为 WPA2）在 2004 年的 6 月被正式批准，它使用 AES 加密而不是 RC4。WEP 中使用 RC4。IEEE 802.11 随后的开发兼容 WAP2。 |517|

11.7　小结

分布式系统常常面临安全威胁。保护通信通道和可能成为攻击目标的用于信息处理的系统的接口是非常重要的。个人电子邮件、电子商务和其他金融交易都是这样的信息。要小心地设计安全协议以防止出现漏洞。安全系统的设计从一系列威胁和一组最坏情况的假设开始。

安全机制基于公钥密码学和密钥密码学。密码算法以某种方式搅乱原有的消息，在不知道解密密钥的情况下不可能对密文解密。密钥密码学是对称的，即加密和解密使用相同的密钥。如果通信双方共享一个密钥，那么他们可以交换加密后的信息，而不存在被窃听和篡改的风险，并且能保证信息的真实性。

公钥密码学是非对称的，即加密和解密使用不同的密钥，只知道其中一个密钥不会泄露另一个密钥。一个密钥是公开的，任何人可以发送安全消息给相应的私钥持有者，允许私钥持有者对消息和证书进行签名。证书可以作为使用被保护的资源的凭证。

资源通过访问控制机制得到保护。访问控制方案把权限分派给持有凭证的主体，使之能对分布式对象和对象集合执行操作。权限可以保存在与对象集合相关联的访问控制列表里（ACL），或者由主体以权能的形式持有，权能是不可伪造的访问资源集合的密钥。使用权能对于授予访问权限来说十分便利，但是很难收回。对 ACL 的改变能即刻生效，能收回以前的访问权限，但是对于 ACL 的管理比对权能的管理复杂得多，也昂贵得多。

直到最近，DES 加密算法才成为最为广泛使用的对称加密方案，但是 56 比特的密钥长度不足以防止强行攻击。DES 的第 3 版实现了 112 比特密钥，该长度是安全的，但其他的算法（例如 IDEA 和 AES）的运行速度更快而且提供了更高的安全性。

RSA 是使用最为广泛的非对称加密方案。为了防范因数分解攻击，它应该使用 768 比特或更长的密钥。密钥（对称）算法比公钥（非对称）算法性能优越好几个数量级，因此公钥算法一般只用于混合协议（如 TLS）中，例如在 TLS 中建立安全通道后，就可以使用共享密钥进行后续的交换。

Needham-Schroeder 认证协议是第一个通用的、实用的安全协议，它为许多实际的系统奠定了基础。Kerberos 是一个设计优良的用于在单个组织中进行用户认证和服务保护的方案。Kerberos 基于 Needham-Schroeder 协议和对称密码学。TLS 是广泛运用于电子商务中的安全协议。它是个灵活的协议，用于建立和使用基于对称密码学和非对称密码学的安全通道。有关 IEEE 802.11 WiFi 安全协议的缺陷的讨论，使我们对安全设计中可能遇到的困难有了客观的认识。

[518]

练习

11.1 描述你所在机构的一些物理安全策略，参照一个计算机化的门锁系统中实现的方式来表达。

（第 464 页）

11.2 举例说明传统的电子邮件易受到窃听、伪装、篡改、重播以及拒绝服务攻击的情形。针对每种攻击形式电子邮件应如何采取相应的保护措施提出建议。　　　（第 466 页）

11.3 公钥的初始交换易受到中间人攻击。尽可能多地描述相应的防范措施。　　（第 473 页，第 511 页）

11.4 PGP 通常被应用于安全电子邮件通信。在保证私密性和真实性的前提下，描述两个用户交换电子邮件消息前，使用 PGP 的步骤。在哪些范围内要使初始密钥协商对用户不可见？（PGP 协商是混合方案的一个实例）。　　　（第 493 页，第 502 页）

11.5 如何使用 PGP 或其他类似的方案把电子邮件发送给一个大的接收者列表。当这个列表被频繁使用时，试提出一个更为简单快速的方案。　　　　　　　　　　　　　　（第 502 页，4.4 节）

11.6 图 11-7 ~ 图 11-9 中给出的 TEA 对称加密算法的实现不可在所有的机器间移植，试解释原因。如何使一个用 TEA 算法实现加密的消息被传送，并正确地在所有其他的体系结构中进行解密？（第 488 页）

11.7 修改图 11-9 中的 TEA 应用程序以使用密码块链接（CBC）。　　　（第 485 页，第 488 页）

11.8 根据图 11-9 中程序，构建一个流密码的应用程序。　　　　　　　（第 486 页，第 488 页）

11.9 试估计使用一个 2000 MIPS（每秒兆指令）的工作站，通过强行攻击破解一个 56 比特 DES 密钥需要的时间，已知强行攻击程序的内循环对于每个密钥值需要 10 个指令，再加上加密一个 8 比特明文的时间（见图 11-13）。对于一个 128 比特 IDEA 密钥进行同样的计算。推测如果使用一个 200 000 MIPS 的并行处理器（或是一个具有相同处理能力的互联网社团）所需的破解时间。　　　（第 489 页）

11.10 在带有密钥的 Needhan-Shroeder 认证协议中，试解释为什么下面的消息 5 的版本是不安全的：

$$A \to B: \{N_B\}_{\{K_{AB}\}}$$

（第 504 页）

11.11 回顾在讨论 802.11 WEP 协议设计时的解决办法，大致给出每种解决办法的实现方法，以及缺陷和遇到的困难（5 个答案）。

[519]

（第 515 页）

分布式文件系统

分布式文件系统使程序可以像对本地文件那样对远程文件进行存储和访问，允许用户访问网络中的任意计算机上的文件。访问存储在服务器上的文件时应该能获得与访问本地磁盘文件类似的性能和可靠性。

在本章中，我们将给出文件系统的一个简单体系结构，并且介绍两种已被广泛使用20多年的分布式文件系统：

- Sun 网络文件系统（NFS）
- Andrew 文件系统（AFS）

这两个实例都模拟了 UNIX 文件系统接口，但它们具有不同的可扩展性和容错能力，以及同 UNIX 中的单拷贝文件修改语义的差异程度。

我们还将回顾一些相关的文件系统，它们采用了新的磁盘数据组织模式、高性能的多服务器访问、容错和可伸缩性的文件系统。书中的其他地方还将介绍其他类型的分布式存储系统，其中包括点对点存储系统（第10章）、复制文件系统（第18章）和多媒体数据服务器（第20章），支持互联网搜索和其他大规模密集型数据访问要求的存储服务的特殊形式在第21章中会提到。

521

12.1　简介

在第1章和第2章中，我们已经说明共享资源是分布式系统的主要目标。共享存储信息可能是分布式资源共享的一个最重要的方面。共享数据机制有许多种形式，我们将在本书中的相关部分分别介绍。Web 服务器提供了一种严格的数据共享，其中客户可以通过互联网访问存储在服务器本地的文件。但是，通过 Web 服务器获得的数据是由服务器端或分布于本地网中的文件系统来管理和更新的。大规模广域可读写文件存储系统会产生负载平衡、可靠性、可用性和安全性问题，将在第10章介绍的对等网络文件存储系统的目标就是解决这些问题。第18章将重点讨论复制存储系统，它适合于需要对存储在系统上的数据进行可靠访问的应用，而系统中单独的主机不能保证可用性。在第20章中，我们将介绍一种媒体服务器，它用来满足大量用户实时的视频数据流传输。在第21章中，我们将介绍一个为支持像互联网搜索这样的大规模密集型数据的文件系统。

局域网和企业内部网中的共享需求产生了一种不同类型的服务，它能够为客户端提供各种类型的程序和数据的存储持久性，以及更新数据的分布一致性。本章的主要目的是讨论基本分布式文件系统的体系结构和实现。我们在这里使用的"基本"一词，表示分布式文件系统的主要目的是在多个远程计算机系统上为客户模拟非分布式文件系统的功能。它并不维持一个文件的多个持久副本，也不提供多媒体数据流所需的宽带和实时保证——这些需求会在后面的章节中讨论。基本分布式文件系统为企业内部网上的有组织计算提供了必要支持。

文件系统最初是为集中式计算机系统和台式机开发的，它作为一种操作系统设施提供方便的磁盘存储的程序接口。后来，它们加入了访问控制和文件锁机制以实现数据和程序的共享。在企业内部网中，分布式文件系统以文件形式支持信息共享，并以持久存储的形式支持硬件资源共享等。一个设计良好的文件服务提供与访问局域文件性能和可靠性相似甚至更好的分布式文件访问。它们的设计能适应局域网的性能和可靠性特点，因此它们能提供在企业内部网中使用的更有效的共享永久存储。在20世纪70年代，研究者开发出第一个文件服务器 [Birrell and Needham 1980, Mitchell and Dion 1982, Leach et al. 1983]，在20世纪80年代早期，Sun 的网络文件系统 [Sandberg et al. 1985, Callaghan 1999] 也开始被使用了。

分布式文件系统的文件服务允许用户在企业内部网上的任一计算机上访问自己的文件，程序可以像对待本地文件一样存储和访问远程文件。在几台服务器上集中存储文件可以减少本地磁盘存储，更

重要的是可以使对组织机构拥有的持久数据的归档和管理更有效率。对于名字服务、用户认证服务和
打印服务等其他服务，当它们可以调用文件服务满足它们的持久存储需求时，它们可以更容易实现。
Web 服务器依赖于文件系统来存储其网页。在一个可以操纵 Web 服务器通过企业内部网进行外部和内
部访问的机构中，而 Web 服务器经常从本地分布式文件系统中获取和存储数据。

随着分布式面向对象编程的出现，用户需要系统提供对共享对象的永久存储和分布。一种实现方
法是序列化对象（按 4.3.2 节描述的方式），并使用文件存储和检索序列化对象。但对于快速变化的对
象来说，这种获得持久性和分布性的方法是不可行的，因此研究者开发出一些更直接的方法。Java 的
远程对象调用和 CORBA 的 ORB 提供了访问远程共享对象的方式，但它们都不能保证对象的持久性，
也不保证对分布式对象的复制。

图 12-1 概述了不同类型的存储系统。除了已经提到的存储系统外，表中还包括了分布式共享内存
（DSM）系统和持久对象存储，第 6 章将详细介绍 DSM。DSM 通过在每一个主机上复制内存页或内存
段，实现了对共享内存的模拟。它不一定要提供自动持久性。持久对象存储已在第 5 章介绍过了，其
目标是为分布式共享状态提供持久性。此类例子有 CORBA 的持久状态服务（见第 8 章）和 Java 的持
久性扩充［Jordan 1996 java. sun. com Ⅷ］。一些研究项目已经开发出了支持自动复制和对象持久存储
的平台（例如，PerDis［Ferreira et al. 2000］和 Khazana［Carter et al. 1998］）。点对点存储系统提供了
更大的伸缩性，以支持比本章介绍的系统大很多的客户负载。但是，它们为了提供安全访问控制和可
更新副本间的一致性而付出了高额的性能代价。

	共享	分布式持久性	维护缓存/复本	例子一致性
主存	×	×	×	1	RAM
文件系统	×	√	×	1	UNIX文件系统
分布式文件系统	√	√	√	√	Sun NFS
Web	√	√	√	×	Web服务器
分布式共享内存	√	×	√	√	Ivy（DSM，第6章）
远程对象（RMI/ORB）	√	×	×	1	CORBA
持久对象存储	√	√	×	1	CORBA持久状态服务
持久分布式对象存储	√	√	√	2	OceanStore（第10章）

一致性类型——1：严格的单份复制；√：弱保证；2：非常弱的保证。

图 12-1　存储系统以及它们的性质

其中，**一致性**这一列表示当数据进行更新时是否有一种机制来维护其数据的多个拷贝之间的一致
性。实际上，所有存储系统都使用缓存来优化程序的性能，缓存首先应用到主存和非分布式系统，对
它们而言，一致性是严格的（在图 12-1 中用"1"表示一个拷贝的一致性）——在更新后，程序不能
发现存储数据与其缓存拷贝之间的任何区别。使用分布式副本时，很难达到严格的一致性。像 Sun
NFS 和 Andrew 文件系统这样的分布式文件系统会将客户机的一部分文件副本缓存起来，并且采用一种
特定的一致性机制来维持近似的一致性。这在图 12-1 的"一致性"列中用"√"来表示——我们将
在 12.3 节和 12.4 节讨论这些机制和它们与严格一致性的偏离程度。

Web 使用客户机上的缓存和由用户组织维护的代理服务器上的缓存。在 Web 代理和客户机缓存上
的拷贝和原服务器中数据的一致性只能由用户行为来维持。当原服务器中的网页更新时并不通知客户；
他们必须进行检查才能保持他们的本地拷贝为最新版本。在网页浏览中，这就能够满足要求了，但它
不能支持像共享分布式白板这样的协作式应用程序的开发。DSM 系统使用的一致性机制在提供这本书
的网站［www. cdk5. net］上有所介绍。不同的持久对象系统使用缓存和一致性的方法的差别相当大。
CORBA 和持久化 Java 方案只维护持久对象的单一拷贝，访问这些对象需要使用远程调用，所以唯一的
一致性问题是内存活动拷贝和磁盘上对象的持久拷贝之间的一致性，这对远程用户是不可见的。前面
提到的 PerDiS 和 Khazana 项目维护缓存的对象副本，并采用了相当完备的一致性机制来产生与 DSM 系
统中相似的一致性形式。

在讨论了与持久和非持久数据的存储及分布相关的问题之后，我们现在回到本章的主题——基本分布式文件系统的设计。我们将在 12.1.1 节介绍（非分布式的）文件系统的相关特性，在 12.1.2 节介绍分布式文件系统的需求，在 12.1.3 节介绍贯穿本章的实例。在 12.2 节中，我们将定义基本分布式文件服务的抽象模型，其中包括程序的接口集。12.3 节将介绍 Sun NFS 系统，它具有抽象模型的许多特征。在 12.4 节中，我们将描述 Andrew 文件系统——它是一种被广泛使用的系统，采用了完全不同的缓存和一致性机制。12.5 节将回顾在文件服务设计领域的最近的进展。

本章所描述的系统并没有包括分布式文件和数据管理系统的所有情形。本书后面的章将会介绍几个更先进的系统。第 18 章将介绍 Coda 系统，它是一种分布式文件系统，为了维持其可靠性、可用性和断链工作，它维护文件的多个持久拷贝。在第 18 章还将介绍一种分布式数据管理系统 Bayou，它为了实现高可靠性，提供了副本的弱一致性形式。第 21 章将介绍 Google 文件系统（GFS）为支持大规模、数据密集型应用（包括互联网搜索）而专门设计的文件系统。

12.1.1　文件系统的特点

文件系统负责文件的组织、存储、检索、命名、共享和保护。它提供了描述文件抽象的程序接口，这样程序员就不必关心存储分配以及存储布局的细节。文件存储在磁盘或其他稳定的存储介质上。

文件包括*数据*和*属性*。其中，数据部分包括一系列的数据项（通常是 8 位字节），读和写操作可访问这些数据项的任何部分。属性部分用一个记录表示，其中包括文件长度、时间戳、文件类型、拥有者身份和访问控制列表等信息。图 12-3 描述了一个典型的属性记录结构。其中带阴影的属性是由文件系统管理的，用户程序不能更新它。

文件系统用来存储和管理大量的文件，它具有创建、命名和删除文件的功能。应用目录系统可以为文件命名提供帮助。*目录*通常是一种特殊类型的文件，它提供从文本名字到内部文件标识符的映射。目录可以包括其他目录的名字，这样就形成了一种层次化的文件命名方案，UNIX 和其他一些操作系统使用的是多部分组成的*路径名*。文件系统还负责控制对文件的访问，并根据用户授权和其请求的访问类型（读、更新、执行及其他操作）限制对文件的访问。

*元数据*这一术语是指文件系统用于管理文件而存储的所有额外信息。它包括文件属性，目录和其他文件系统使用的持久信息。

图 12-2 给出了传统操作系统中非分布式文件系统的实现所具有的一个典型的层次模块结构。每一层只依赖其下面一层。分布式文件服务的实现需要图中所示的所有部件，可能需要附加组件来处理客户 – 服务器通信、分布式命名以及文件定位。

目录模块：	将文件名和文件ID关联
文件模块：	将文件ID和特定文件关联
访问控制模块：	检查操作请求是否许可
文件访问模块：	读或写文件数据或属性
块模块：	访问和分配磁盘块
设备模块：	磁盘I/O和缓冲

```
文件长度
创建时间戳
读时间戳
写时间戳
属性时间戳
引用计数
拥有者
文件类型
访问控制列表
```

图 12-2　文件系统模块　　　　　　　　图 12-3　文件属性记录结构

文件系统操作　图 12-4 总结了在 UNIX 系统中应用程序可用的主要的文件操作。这些是由内核实现的系统调用，应用程序员通常通过像 C 标准输入/输出库或 Java 文件类这样的库进程来访问这些操作。这里我们给出的原语暗示了文件服务希望支持的操作，并用于与下面介绍的文件服务接口相比较。

filedes = open（name,mode）	打开一个名字为name的已存在文件
filedes = creat（name,mode）	用给定名name创建一个新文件
	以上两个操作都给出打开文件的文件描述符。其中，mode包括read、write之一或read、write二者兼有
status = close（filedes）	关闭已打开的filedes文件
count = read（filedes,buffer,n）	从被filedes引用的文件中传输n字节给buffer
count = write（filedes,buffer,n）	从buffer传输n字节给被filedes引用的文件
	以上两个操作都会返回实际的传输字节数并移动读写指针
pos = lseek（filedes,offset,whence）	将读写指针移动指定的位移（根据whence决定是相对位移还是绝对位移）
status = unlink（name）	从目录结构中删除文件name，如果此文件没有其他名字，它就被删除
status = link（name1,name2）	为文件（name1）添加新的名字（name 2）
status = stat（name,buffer）	获得文件name的文件属性，并将其放入buffer中

图 12-4　UNIX 文件系统操作

UNIX 操作基于一个程序模型，在这个程序模型中，对每个运行的程序，文件状态信息是被存储在文件系统中的。它包含一系列当前打开的文件，在每个文件上有一个读－写指针，它用于为下一次读或写操作指示文件位置。

文件系统还负责文件的访问控制。在 UNIX 这样的本地文件系统中，当文件被打开时，系统就会进行访问控制。它在访问控制表中检查用户的权限，并将权限与在 open 系统调用中请求访问的模式做比较。如果权限与其模式匹配，文件就被打开，同时该模式被记录在打开文件的状态信息中。

12.1.2　分布式文件系统的需求

在分布式文件系统的早期开发过程中，发现了许多分布式服务设计的需求和潜在的缺陷。最初，分布式文件系统只提供访问透明性和位置透明性，然而在后续的开发过程中，出现了性能、可伸缩性、并发控制、容错和安全需求，并且这些需求在开发中都得到了满足。我们将在后面的小节中讨论这些需求以及相关的需求。

透明性　在企业内部网上，文件服务通常都是负载最重的服务，因此它的功能和性能非常关键。文件服务的设计应该满足 1.5.7 节定义的分布式系统的透明性需求，其设计还必须平衡灵活性、可伸缩性、软件的复杂性和性能之间的关系。下列透明性是当前文件服务能够部分解决或完全解决的。

访问透明性：客户程序应该不了解文件的分布性。用户通过一组文件操作来访问本地或远程文件。操作本地文件的程序在不做修改的情况下也应该能访问远程文件。

位置透明性：客户程序应该使用单一的文件命名空间。在不改变路径名的情况下，多个文件或文件组应该可以被重定位，同时用户程序在任一时刻执行时都使用同样的名字空间。

移动透明性：当文件被移动时，客户程序和客户结点上的系统管理表都不必进行修改。它们支持文件的移动性——多个文件或文件卷可以被系统管理者移动或自动移动。

性能透明性：当服务负载在一个特定范围内变化时，客户程序应该可以得到满意的性能。

伸缩透明性：文件服务可以不断扩充，以满足负载和网络规模增长的需要。

并发文件更新　客户改变文件的操作不应该影响其他客户同时进行的访问和改变同一文件的操作。这就是众所周知的并发控制问题，第 16 章会对此做详细讨论。许多应用程序都需要对共享信息的访问进行并发控制，其实现技术也为大家所熟知，但其开销比较大。当前大多数文件服务都遵循现代 UNIX 标准，提供建议性的或强制性的文件级或记录级加锁。

文件复制 在支持文件复制的文件服务中，一个文件可以表示为其内容在不同位置的多个拷贝。这样做有两个好处——它允许当客户端访问相同的文件集合时多个服务器分担文件服务的负载，改善服务的伸缩性，同时改善容错性能，因为当一个文件损坏时，客户可以访问另一台具有此文件副本的服务器。少数文件服务支持完全的复制，但大部分文件服务支持文件缓存或本地部分文件复制（这是一种受限的复制形式）。关于数据复制的讨论详见第 18 章，其中包括 Coda 复制文件服务的描述。

硬件和操作系统异构性 文件服务的接口必须有明确的定义，这样在不同的操作系统和计算机上可以实现同样的客户和服务器软件。这一需求是开放性的一个重要方面。

容错 在分布式系统中，文件服务的中心角色决定了在客户和服务器出现故障时服务能继续使用是非常重要的。幸运的是，为一个简单的服务器设计一个中等的容错设计是比较容易的。为了应付暂时的通信故障，容错设计可以基于最多一次的调用语义（参见第 5.3.1 节）。而在按幂等操作设计的服务器协议中，容错设计可以使用更简单的最少一次语义，以保证重复的请求不会导致对文件的无效更新。服务器可以是无状态的，这样它可以重新启动，而且服务在发生故障后被恢复时，它不需要恢复以前的状态。文件复制可以实现对连接中断和服务器故障的容错，相比前面的情况而言这个目标很难达到，我们会在第 18 章讨论这一问题。

一致性 像 UNIX 文件系统这样的传统的文件系统提供的是单个拷贝更新的语义。它提供了一个对文件进行并发访问的模型，即当多个进程并发访问或修改文件时，它们只看到仅有一个文件拷贝存在。当文件在不同的地点被复制或被缓存时，一个拷贝的被修改之处要传播到所有拷贝，这之间会有不可避免的延迟，这种情况可能会导致在一定程序上偏离单个拷贝语义。

安全性 几乎所有的文件系统都提供基于访问控制列表的访问控制机制。在分布式文件系统中，客户的请求需要加以认证，于是服务器上的访问控制要基于正确的用户身份，同时还需要用数字签名和对机密数据加密（可选）机制来保护请求和应答消息。我们将在案例的描述中讨论这些需求的影响。

效率 分布式文件系统应该提供至少和传统的文件系统相同的能力，并且它还应满足一定的性能要求。Birrell 和 Needham［1980］对他们的 Cambridge 文件服务器（CFS）的设计目标的描述如下：

为了共享一个昂贵的资源（也就是硬盘），我们希望拥有一个简单、低级别的文件服务器。这样，我们就可以自由地设计适合特定客户的文件系统，但同时我们也希望拥有可以被客户共享的高级别的系统。 528

磁盘存储费用的降低减弱了效率的重要性，但不同客户仍然有不同需求，并且它能用上述的模块化体系结构加以解决。

实现文件服务的技术是分布式系统设计中的一个重要部分。分布式文件系统应提供在性能和可靠性方面能和本地文件系统比拟的、甚至更好的服务。它必须便于管理，能提供相应的操作和工具，使得系统管理员能方便地安装和操作系统。

12.1.3 实例研究

我们已经为文件服务构造了一个抽象模型，这个模型与实现机制分离并且比较简单，我们将它作为介绍性的例子。我们将详细地描述 Sun 网络文件系统，描述我们更为简单的抽象模型，以阐明它的体系结构。然后，我们将介绍 Andrew 文件系统，它采用不同的方法获得可伸缩性并保持一致性。

文件服务体系结构 这一抽象体系结构模型同时支持 NFS 和 AFS。它基于三个模块间的责任划分为应用程序模拟传统文件系统接口的客户模块、为客户提供目录和文件操作的服务器模块。这种体系结构设计启用了服务器模块的无状态实现。

SUN NFS Sun Microsystem 的网络文件系统（NFS）自 1985 年面世以后，已广泛应用于工业界和学术界。1984 年，Sun Microsystems 的工作人员承担了 NFS 的设计和开发［Sandberg et al. 1985；Sandberg 1987，Callaghan 1999］。尽管当时已经开发出一些分布式文件服务，并且已应用于学校和研究性实验室，但 NFS 是第一个设计成产品的文件服务。NFS 的设计和实现在技术上和商业上获得了巨大成功。

为了将 NFS 推广为一个标准，Sun 公司公开了 NFS 主要的接口定义［Sun 1989］，允许其他供货商来产生实现，同时通过授权的方式允许其他计算机供货商获得参考实现的源代码。现在，NFS 被许多供货商支持，同时定义在 RFC 1813［Callaghan et al. 1995］的 NFS 协议（版本 3）成为一个互联网标准。Callaghan 关于 NFS 的书［Callaghan 1999］是关于 NFS 的设计和开发以及相关问题的一个极好的参考。

NFS 为运行在 UNIX 和其他系统上的客户程序提供对远程文件的透明访问。客户 – 服务器的关系是对称的：NFS 网络上的每一台计算机既可以是客户，也可以是服务器，同时在每一台机器上的文件可以被其他机器远程访问。当输出自己的文件时，计算机扮演的是服务器的角色；当访问其他机器的文件时，它扮演的是客户的角色。但在实际环境中，通常会将某些配置较高的机器作为专用服务器，而将其他机器作为工作站。

NFS 的一个重要目标是对硬件和操作系统异构性实现高层支持。NFS 的设计是独立于操作系统的：客户和服务器几乎可以在当前所有的操作系统平台上实现，包括各种版本的 Windows、Mac OS、Linux 和几乎所有其他版本的 UNIX。有一些供货商在高性能多处理器主机上开发了 NFS 实现，它们被广泛用于满足具有许多并发用户的企业内部网的存储需要。

Andrew 文件系统　Andrew 文件系统是 Carnegie Mellon 大学（CMU）开发的一个分布式计算环境，它被作为校园计算和信息系统［Morris et al. 1986］。Andrew 文件系统（以后简称为 AFS）的设计反映了通过减少客户 – 服务器通信来支持大规模共享信息这一意图。它通过在客户和服务器之间传输整个文件，并在客户机中缓存文件直到服务器收到一个更新的版本的方式来实现这一意图。在介绍过 Satyanarayanan［1989a；1989b］之后，我们会介绍 AFS-2，这是 AFS 第一个"产品"级的实现。关于 AFS 更多最新的介绍可以在 Campbell［1997］和［Linux AFS］中找到。

AFS 最初在 CMU 运行 BSD UNIX 和 Mach 操作系统的工作站和服务器网络中实现，然后，它的商业和公用领域版本也相继实现。最近，在 Linux 操作系统［Linux AFS］上也可以使用 AFS 的公用领域实现。AFS 已成为开放软件基金会（OSF）的分布式计算环境（DCE）［www. opengroup. org］中的 DCE/DFS 文件系统的基础。DCE/DFS 的设计在一些重要方面超越了 AFS，我们将在 12.5 节介绍这一点。

12.2　文件服务体系结构

为了清晰地划分文件访问问题的关注点，我们将文件系统的结构化成三个组件——平面文件服务、目录服务和客户端模块。图 12-5 显示了相关的模块以及它们之间的关系。平面文件服务和目录服务将接口开放，供客户程序使用，它们同时和 RPC 接口一起提供了访问文件的操作。客户模块提供了同传统文件系统相似的关于文件操作的一个程序接口。设计的开放性体现在可以用不同的客户模块实现不同的程序接口，从而模拟不同操作系统的文件操作并根据不同的客户和服务器硬件配置优化性能。

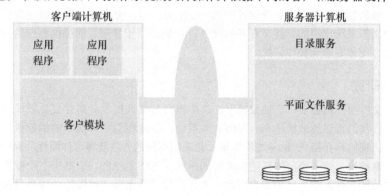

图 12-5　文件服务体系结构

模块之间的职责划分如下：

平面文件服务　平面文件服务注重实现在文件内容上的操作。唯一文件标识符（UFID）用于在所有平面文件服务操作的请求中标识文件。文件服务和目录服务的职责划分是基于 UFID 的使用。UFID 是一长串比特，每个文件的 UFID 在分布式系统的所有文件中是唯一的。当平面文件服务接收到一个创建文件的请求时，它生成一个新的 UFID 并将此 UFID 返回给请求者。

目录服务　目录服务提供文件的文本名字到 UFID 的映射。客户可以通过对目录服务引用文本名字来获得文件的 UFID。目录服务提供生成目录、为目录增加新的文件名以及从目录中获得 UFID 所必需的功能。它是平面文件服务的客户；它的目录文件存储在平面文件服务提供的文件中。当采用 UNIX 那样的层次化文件命名方案时，目录包含对其他目录的引用。

客户模块　客户模块运行在客户计算机上，它在一个应用程序接口下集成和扩展了平面文件服务和目录文件服务的操作，该程序接口可供客户计算机上的用户级程序使用。例如，在 UNIX 主机上，一个客户模块可以模拟 UNIX 所有文件操作的集合，并通过向目录服务迭代地发出请求来解释 UNIX 的文件名的各个部分，从而模拟 UNIX 文件操作集。客户模块也拥有平面文件服务器和目录服务器进程的网络位置信息。最后，客户模块还可以通过在客户端缓存最近使用的文件块的方式来获得满意的性能。

平面文件服务接口　图 12-6 包含对平面文件服务的接口定义。这是客户模块使用的 RPC 接口，它并不是直接被用户级程序使用。当 FileId 所指的文件不在处理请求的服务器中，或访问权限不允许对此文件进行请求的操作时，FileId 是无效的。如果 FileId 参数包含无效的 UFID 或用户没有足够的访问权限，那么除了 Create 接口之外的所有接口上的过程都会抛出异常。为清晰起见，这些异常从定义中省略了。

Read（FileId,i,n）→Data －抛出 BadPosition	如果 $1 \leq i \leq$ Length（File），则从文件中读取从 i 项开始的至多有 n 项的序列，并在 Data 中返回结果
Write（FileId,i,Data） －抛出 BadPosition	如果 $1 \leq i \leq$ Length（File）+1，则从文件的 i 项开始写入 Data 序列，在需要时扩展文件
Create()→FileId	生成一个长度为 0 的新文件，并为其指定一个 UFID
Delete（FileId）	从文件存储中删除一个文件
GetAttributes（FileId）→Attr	返回指定文件的文件属性
SetAttributes（FileId,Attr）	设置文件属性（图 12-3 中没有阴影的那些属性）

图 12-6　平面文件服务操作

读和写是最重要的文件操作，Read 和 Write 操作都需要一个参数 i 来指定文件的读写位置。read 操作从指定文件的第 i 项开始顺序地复制 n 个数据项到 Data 中，然后将 Data 返回给客户。write 操作复制 Data 中的数据序列到指定文件的第 i 项位置，它会替换原有文件在相应位置的内容，并在需要的时候扩展文件。

Create 操作创建一个新的空文件并返回生成的 UFID。Delete 操作删除指定的文件。

GetAttributes 和 SetAttributes 操作使用户能访问属性记录。GetAttributes 操作通常对每个能读文件的客户都可用。对 SetAttributes 操作的访问通常被限制在提供访问文件的目录服务中。属性记录的长度和时间戳的值不会受 SetAttributes 操作的影响；它们由平面文件服务单独管理。

与 UNIX 的比较：平面文件服务接口和 UNIX 的文件系统原语在功能上等价。用下一节介绍的平面文件服务和目录服务操作来构建模拟 UNIX 系统调用的客户模块是很容易的。

与 UNIX 接口相比，平面文件服务没有 open 和 close 操作——通过引用合适的 UFID 可以立刻访问文件。在我们的接口中，Read 和 Write 请求包括指明文件中起始读写点的参数，而在与之等价的 UNIX 操作中则没有。在 UNIX 中，每一个 Read 或 Write 操作在读－写指针指向的当前位置开始操作，并且读－写指针在 read 或 write 操作传输完数据后会自动前移。seek 操作用于使读写指针显式地重定位。

平面文件服务的接口与 UNIX 文件系统接口的差别主要对容错有一些影响：

可重复的操作：除了 Create 操作之外，其他操作都是幂等级的，即允许使用至少一次的 RPC 语义，客户可能在没有收到应答的情况下重复调用。重复执行 Create 操作会每次生成一个新的文件。

无状态服务器：接口适合用无状态服务器实现。无状态服务器可以发生故障后重启，它可以在不需要客户或服务器恢复任何状态的情况下继续操作。

UNIX 文件操作既不是幂等级的，也与无状态实现的需求不一致。当文件被打开时，UNIX 文件系

531
∫
532

统生成读–写指针，并且同访问控制检查的结果一起维持到文件关闭为止。UNIX 的 read 或 write 操作不是幂等级的。如果一个操作意外重复时，读–写指针的自动前移会导致在重复的操作中访问文件的不同位置。读–写指针是一个隐藏的、与客户相关的状态变量。为了在文件服务中模仿它，系统应提供 open 和 close 操作，并且必须在相关文件打开后就一直维持读–写指针的值。通过消除读–写指针，我们消除了大多数文件服务中代表客户保留状态信息的需要。

访问控制 在 UNIX 文件系统中，系统会根据在 open 调用中请求的访问（读或写）模式来检查用户的访问权限（图 12-4 给出了 UNIX 文件系统的 API），并且只有在用户拥有相应的权限时，才能打开文件。访问权限检查中使用的用户标识（UID）是用户认证登录的结果，并且在非分布式的实现中，它是不能被修改的。访问权限会保持到文件关闭为止，并且在同一文件上进行后续操作时，系统不需要进行进一步检查。

在分布式的实现中，访问权限检查必须在服务器上进行，这是因为不这样做的话，服务器 RPC 接口就是访问文件的一个无保护的点。用户标识必须在请求中传输，并且服务器容易被伪造的标识欺骗。更严重的是，如果访问权限检查的结果被保留在服务器上并在今后的访问中使用时，服务器就不再是无状态的。有两种方法可以解决后一个问题：

- 当文件名被转化为 UFID 时，系统执行一次访问检查，同时其结果以权能的形式编码（见第 11.2.4 节），它作为以后一系列请求的访问许可返回给客户。
- 在每一次客户请求时，都要提交用户标识，并且在每一次文件操作时，服务器都进行访问检查。

这两种方法都支持把服务器实现成无状态的，并且它们都已经应用在分布式系统中了。第二种方法更常用一些，NFS 和 AFS 都使用这种方法。两种方法都没有解决关于伪造用户标识的安全问题。这个问题可以利用第 7 章介绍的数字签名解决。Kerberos 是一种有效的认证方案，它已经应用于 NFS 和 AFS 中。

在我们的抽象模型中，我们没有说明采用哪种方法实现访问控制。用户标识可以作为一个隐式参数传递，并且在需要的时候使用它。

目录服务接口 图 12-7 包含目录服务的 RPC 接口的定义。目录服务的主要目的是提供将文本名字翻译为 UFID 的服务。为了做到这一点，它维护了一个包含文件名到 UFID 映射的目录文件。每一个目录作为具有 UFID 的普通文件加以存储。因此，目录服务是文件服务的一个客户。

我们只定义了在单个目录上的操作。在每一个操作中，系统需要包含目录文件的 UFID（在 Dir 参数中）。基本目录服务中的 Lookup 操作执行 Name→UFID 的转换。它可以供其他服务或客户模块使用以完成更复杂的映射，如在 UNIX 中的层次化名字解释。像以前一样，定义中省略了访问权限不足可能引起的异常。

Lookup（Dir,Name）→FileId —抛出 *NotFound*	在目录中找到文本名字，并返回相关的 UFID。如果在目录中没有找到 Name，便抛出异常
AddName（Dir,Name,FileId） —抛出 *NameDuplicate*	如果目录中没有 Name，则将（Name, File）加入到目录中，并更新其文件属性记录。如果在目录中已经有 Name，便抛出异常
UnName（Dir,Name） —抛出 *NotFound*	如果在目录中已经有 Name，则包含 Name 的条目被删除。如果在目录中没有找到 Name，便抛出异常
GetNames（Dir,Pattern）→NameSeq	返回在目录中所有与正则表达式 Pattern 匹配的文本名字

图 12-7 目录服务操作

改变目录可采用两种操作：AddName 和 UnName。AddName 给目录增加一个条目，并且在文件的属性记录中将引用计数字段增 1。

UnName 从目录中删除一个条目并将引用计数字段减一。当引用计数字段减少到零的时候，文件被删除。GetName 使客户能够检查目录内容，同时它还实现像 UNIX shell 中的对文件名的模式匹配操作。它返回给定目录中存储的全部或部分名字。在此操作中，系统通过对客户提供的正则表达式进行模式匹配来寻找文件名。

GetName 操作提供的模式匹配功能使得用户能够通过一个文件名中的部分字符的规约来查找一个或多个文件。一个正则表达式是一种由子字符串和标识可变字符，以及重复出现的字符/子串的符号组成的字符串表达式。

层次文件系统　类似 UNIX 提供的层次文件系统由组织成树型结构的目录组成。每一个目录包含文件和其他可以从此目录访问的目录的名字。可以使用路径名来访问任一文件或目录——路径名是代表树中一条路径的多部分名字。树的根有一个特定的名字，并且每一个在目录中的文件或目录都有名字。UNIX 的文件命名方案不完全是层次性的——一个文件可能有多个名字，它们可以在相同或不同的目录中。这是用 link 操作实现的，该操作可以为指定目录中的文件增加新的名字。 534

像 UNIX 这样的文件命名系统可以由使用了平面文件服务和目录服务的客户模块来实现。在目录的树型结构中，文件在叶结点上，而目录在树的其他结点上。树的根是一个具有"众所周知"的 UFID 的目录。可以使用 AddName 操作和属性记录中的引用计数字段来为同一个文件取多个名字。

客户模块提供一个函数，用于实现对给定路径的文件查找其 UFID 的功能。该函数从根开始解析路径名，通过使用 Lookup 操作获得路径上每一个目录的 UFID。

在层次化目录服务中，文件属性应该包括一个区别普通文件和目录的类型字段。可以根据它沿着路径确定名字的各个部分（除了最后一个部分）都是目录。

文件组　文件组是在一个位于给定服务器上的文件集合。一个服务器可能包含数个文件组，文件组可以在服务器之间移动，但文件不能改变它所属的组。在 UNIX 和大多数其他操作系统中使用的是一个相似的构造——文件集系统。（术语"文件集系统"（filesystem）指的是一个存储设备或分区拥有的文件的集合，而"文件系统"（file system）指的是提供文件访问的软件组件。）文件组最初被用来支持在计算机间移动存储在可移动介质上的文件集合。在分布式文件服务中，文件组支持将文件以更大的逻辑单位分配在文件服务器上，同时它还支持用存储在几个服务器上的文件共同实现文件服务。在支持文件组的分布式文件系统中，UFID 包括一个文件组标识符，它能使每个客户计算机上的客户模块决定是否向包含相应文件组的服务器分发请求。

在分布式系统中，文件组标识符必须唯一。因为文件组可以被移动，同时最初分离的分布式系统也可以合并成一个系统，所以保证文件组在给定的系统中唯一的方法只能是：用一个确保全局唯一性的算法生成文件组标识符。例如，创建新的文件组时，可由创建新组的主机的 32 位的 IP 地址和一个根据日期生成的 16 位整数拼接而成的 48 位整数来形成唯一标识符。

文件组标识符:	32位	16位
	IP地址	日期

需要注意的是，IP 地址不能用来定位文件组，因为它可以被移动到其他服务器上。文件服务应该维护一个组标识和服务器之间的映射。 535

12.3　实例研究：SUN 网络文件系统

图 12-8 给出了 Sun NFS 的体系结构。它遵循前面介绍的抽象模型。所有的 NFS 实现都支持 NFS 协议——为客户提供操作远程文件存储的远程过程调用集合。NFS 协议与操作系统无关，但是它最初是为在 UNIX 系统网络中使用而开发出的，我们将描述 NFS 协议（版本 3）的 UNIX 实现。

NFS 服务器模块驻留在每一个作为 NFS 服务器的计算机的内核上，客户模块将引用远程文件系统中的文件的请求翻译为 NFS 协议操作，并将它传输到保存相关文件系统的计算机的 NFS 服务器模块上。

NFS 客户和服务器模块使用远程过程调用进行通信。5.3.3 节描述的 Sun RPC 系统是为 NFS 开发的。它可以配置为使用 UDP 或使用 TCP，NFS 可以兼容这两种配置。该系统包括一个端口映射服务，它能使客户给定的主机名字绑定在服务上。RPC 为 NFS 提供的接口是开放的，即任一进程都能向 NFS 服务器发送请求；如果请求是有效的并且包含有效的用户凭证，那么系统会进行相应的操作。提交有用户签名的凭证可以作为一个可选的安全机制，它就像数据加密一样能提供私密性和完整性。

虚拟文件系统　图 12-8 表明 NFS 能够提供访问透明性：用户程序可以对本地和远程文件发起访问

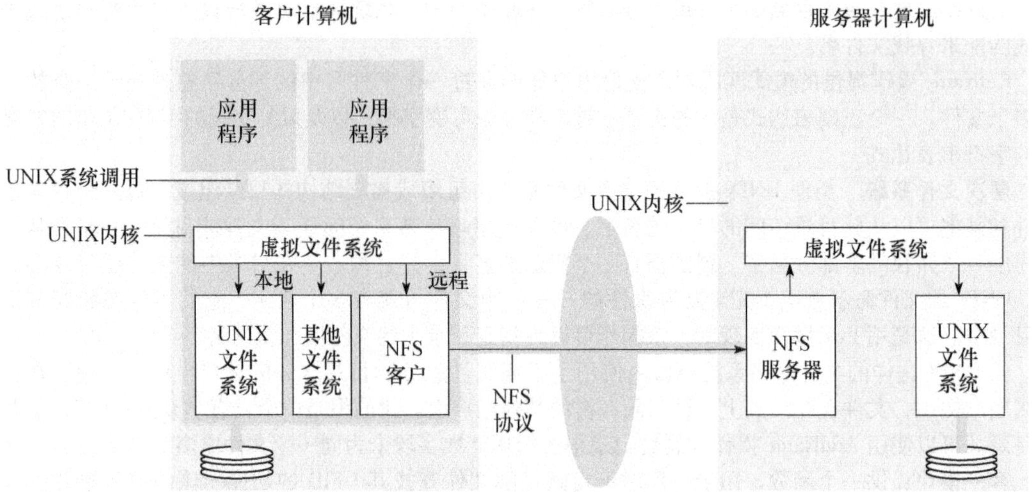

图 12-8 NFS 体系结构

而没有什么区别。其他分布式文件系统也可能支持 UNIX 系统调用，如果是这样，那么它们可以用同
样的方法集成起来。

利用虚拟文件系统（VFS）模块可以实现上述集成，该模块已经加入到 UNIX 内核中，用于区分本
地和远程文件，它还用于在 NFS 使用的独立于 UNIX 的文件标识符和在 UNIX 及其他文件系统中使用的
内部文件标识符之间进行转换。另外，VFS 保持对当前本地和远程均可用的文件集系统的跟踪，并且
它将每一个请求发送到合适的本地系统模块上（UNIX 文件系统，NFS 客户模块或其他文件系统中的服
务模块）。

在 NFS 中使用的文件标识符称为文件句柄。文件句柄对客户是不透明的，它包含服务器区分单个
文件所需要的信息。在 NFS 的 UNIX 实现中，文件句柄是从文件的 i 结点数得来的，它在 i 结点中加入
以下两个附加域（UNIX 文件的 i 结点数是用来在存储文件的文件系统中标识和定位文件的数值）：

文件名柄：	文件集系统标识符	文件的 i 结点数	i 结点产生数

NFS 采用 UNIX 的可安装文件集系统作为上一节定义的文件组单元。文件集系统标识符域是在创
建每一个文件集系统后为其分配的一个唯一的数值（在 UNIX 实现中，它存储在文件系统的超级块
中）。因为在传统的 UNIX 文件系统中，i 结点数在文件被删除后就由其他文件重用，因此需要 i 结点产
生数。在 VFS 对 UNIX 文件系统的扩展中，i 结点产生数和文件一起存储，并在每次 i 结点被重用时
（例如，在 UNIX create 系统调用中）加一。第一个文件句柄是在客户安装远程文件系统时获得的。文
件句柄包含在 lookup、create 和 mkdir 等操作（见图 12-9）的结果中，从服务器传送给客户，而在所有
服务器操作的参数列表中，文件句柄都是从客户传到服务器端。

在虚拟文件系统层中，每一个已安装的文件系统有一个对应的 VFS 结构，并且每一个打开的文件
有一个 v 结点。VFS 结构将一个远程文件系统与安装 VFS 的本地目录联系起来。v 结点包含一个指示此
文件是本地文件还是远程文件的标识。如果文件是在本地，v 结点包含对本地文件索引的引用（在
UNIX 实现中，是一个 i 结点）。如果是远程文件，它包含远程文件的文件句柄。

客户集成 在我们的体系结构模型中，NFS 客户模块扮演的是客户模块的角色，提供适合传统应
用程序使用的接口。但与我们模型中的客户模块不同的是：它精确模拟标准 UNIX 文件系统原语的语
义，并与 UNIX 内核集成在一起。它与内核集成到一起，而不是以客户进程运行时动态加载库的形式
提供，这样会导致：

- 用户程序可以通过 UNIX 系统调用访问文件，而不需要重新编译或重新加载库。
- 一个客户端模块通过使用一个共享缓存存储最近使用的文件块（将在下面介绍），可以为所有
  的用户级进程服务。

- 传输给服务器用于认证用户 ID 的密钥可以由内核保存，这样可以防止用户级客户假冒用户。

在每一台客户机上，NFS 客户模块与虚拟文件系统协同工作。它以一种和传统 UNIX 文件系统相似的方式操作，在服务器和客户之间传输文件块，并在可能的情况下将文件块缓存在本地的内存中。它共享本地输入输出系统使用的缓冲区。但因为会有不同主机上的多个客户同时访问同一远程文件的情况，所以出现了新的且重要的缓存一致性问题。

537 ~ 538

lookup（dirfh,name）→fh,attr	返回目录dirfh中的文件name的文件句柄和属性
create（dirfh,name,attr）→ newfh,attr	在目录dirfh中创建具有attr属性的新文件name，返回新文件的句柄和属性
remove（dirfh,name）→status	从目录dirfh中删除文件name
getattr（fh）→attr	返回文件fh的文件属性（类似于UNIX的stat系统调用）
setattr（fh, attr）→attr	设置属性（模式、用户ID、组ID、文件大小、访问时间和文件的修改时间）。将文件大小设为0意味着截断文件
read（fh,offset,count）→attr, data	从文件offset位置开始读count个字节的数据，也返回文件的最新属性
write（fh,offset,count,data）→attr	从文件offset位置开始写count个字节的数据。并返回写完后文件的属性
rename（dirfh,name,todirfh, toname）→status	将dirfh目录中的文件name的名字改为todirfh目录中的名字toname
link（newdirfh,newname,fh）→status	在目录newdirfh中创建一个条目newname，该条目指向文件或目录fh
symlink（newdirfh,newname,string）→status	在目录newdirfh中创建一个类型为symbolic link、值为string的新条目newname，服务器并不解释string而是建立一个符号链接文件保存该string
readlink（fh）→string	返回与fh标识的符号链接文件关联的字符串
mkdir（dirfh,name,attr）→newfh, attr	创建一个具有attr属性的新目录name，并且返回新的文件句柄和属性
rmdir（dirfh, name）→status	从父目录dirfh中删除空目录name，如果此目录非空，则操作失败
readdir（dirfh,cookie,count）→entries	从目录dirfh中返回目录条目的至多count字节。每一个条目包含一个文件名、文件句柄和一个指向下一个目录条目的不透明指针，该指针称为cookie。cookie用于在随后的readdir操作中从下一个目录条目中开始读。如果cookie的值是0，则从目录中第一个条目开始读
statfs（fh）→fsstats	为包含文件fh的文件系统返回文件系统信息（例如块大小，空闲块的数目等）

图 12-9　NFS 服务器操作（NFS v3 协议，简化表示）

访问控制和认证　与传统 UNIX 文件系统不同，NFS 服务器是无状态的，并且不代表客户持续打开文件。因此在用户发出每一个新的文件请求时，服务器必须重新对比用户标识和文件访问许可属性来判断是否允许用户进行相应的访问。Sun RPC 协议要求用户在每一次请求时发送用户认证信息（例如，传统 UNIX 的 16 位用户 ID 和组 ID），同时将它与文件属性中的访问许可进行对比。图 12-9 是对 NFS 协议的简介，其中没有给出这些附加参数，它们由 RPC 系统自动提供。

在最简单的形式下，访问控制机制有一个安全漏洞。在每个主机的已知端口上，NFS 服务器提供了一个传统的 RPC 接口，而且每个进程可以作为一个客户向服务器发送访问和更新文件的请求。客户可以修改 RPC 调用以包括用户 ID，从而防止该用户被假冒。这一安全漏洞可以通过在 RPC 协议中使用 DES 加密用户认证信息的方法来弥补。最近，Kerberos 已经与 Sun NFS 集成起来，它为用户认证和安全性问题提供了功能更强、更全面的解决方案，我们将在下面中介绍它。

NFS 服务器接口　图 12-9 给出了由 NFS 服务器 v3（在 RFC 1813 [Callaghan et al. 1995] 中定义的）提供的 RPC 接口的一个简化表示。NFS 的文件访问操作 read、write、getattr 和 setattr 几乎等同于我们在

平面文件服务模型（参见图 12-6）中定义的 Read、Write、GetAttributes 和 SetAttributes 操作。在图 12-9 中定义的 lookup 操作和其他大部分目录操作与我们在目录服务模型（参见图 12-7）中定义的操作类似。

文件和目录操作集成在一个服务中。用一个 create 操作就能在目录中完成创建和插入文件名的操作，该操作取新文件的文件名和目标目录的文件句柄作为参数。目录上的其他 NFS 操作包括 create、remove、rename、link、symlink、readlink、mkdir、rmdir、readdir 和 statfs。除了 readdir（提供了一个读目录内容的独立于表示的方法）和 statfs（给出远程文件系统的状态信息）之外，它们都在 UNIX 中有对应的操作。

安装服务 运行在每一个 NFS 服务器上的安装服务进程支持客户安装远程文件集系统的子树。每一个服务器上都有一个具有已知名字的文件（/etc/exports），它包含用于远程安装的本地文件集系统的名字。每一个文件集系统的名字与一个访问列表相关联，该表用来指明哪些主机可以安装文件集系统。

客户使用一个修改过的 UNIX mount 命令，通过在其中指定远程主机名字、远程文件集系统的目录路径名和将要安装的本地名字来请求安装一个远程文件集系统。远程目录可以是所请求的远程文件系统的某个子树，使得客户可以安装任何一部分远程文件集系统。修改过的 mount 命令使用 mount 协议与远程主机上的安装服务进程进行通信。mount 协议是一种 RPC 协议，它以一个给定的目录路径名作为参数，并返回指定目录的文件句柄，其前提是用户拥有访问相关文件集系统的权限。服务器的位置（IP 地址和端口号）和远程目录的文件句柄被发送到 VFS 层和 NFS 客户。

图 12-10 描述了一个具有两个远程安装的文件存储的客户。在服务器 1 和服务器 2 上的文件集系统中的 people 和 users 结点被安装到客户本地文件存储的 students 和 staff 结点上。这意味着运行在客户端的程序可以通过使用像/usr/students/jon 和/usr/staff/ann 这样的路径名来访问服务器 1 和服务器 2 上的文件。

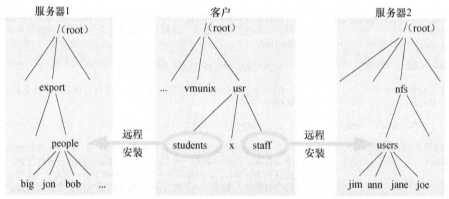

注：安装在客户/usr/students 上的文件系统实际上是位于服务器 1 上的/export/people 下的一个子树；
安装在客户/usr/stuff 上的文件系统实际上是位于服务器 2 上的/nfs/users 下的一个子树。

图 12-10 在 NFS 客户端可访问的本地和远程文件集系统

远程文件集系统可通过硬安装和软安装两种方式安装到客户计算机上。当一个用户级进程访问硬安装的文件集系统中的一个文件时，进程被挂起直到请求完成。如果远程主机因为某种原因无法使用时，NFS 客户模块会继续重复其请求直到该要求被满足为止。这样，在服务器失效的情况下，用户级进程会一直挂起直到服务器重启为止，然后继续执行其工作，就好像没有出现故障一样。但是，如果相关文件集系统是采用软安装方式安装的，NFS 客户模块会在数次重新请求失败后向用户级进程返回一个故障指示。构建恰当的程序可以检测到故障，并能执行合适的恢复或报告操作。但许多 UNIX 设施和应用并不检测文件访问操作的故障，当软安装文件集系统失效时，它们可能以一种非预期的方式执行。基于此，许多情况下只使用硬安装，结果造成 NFS 服务器如果在较长时段内不可用时，程序不能很好地恢复。

路径名翻译 每次使用 open、create 或 stat 系统调用时，UNIX 文件系统一步步地将多部分文件路径名转换为 i 结点引用。在 NFS 中，路径名不能在服务器上转换，这是因为一个名字可能涉及客户端的一个"安装点"——拥有多部分不同名字的目录可能驻留在不同服务器上的文件集系统中。所以要解析路径名，由客户以交互方式完成路径名的翻译。系统使用数个单独的对远程服务器的 lookup 请求将指向远程安装目录的名字的每一部分翻译为文件句柄。

lookup 操作在给定的目录中查找路径名的一个部分，并返回相应的文件句柄和文件属性。在前一步返回的文件句柄作为下一个 lookup 的参数。由于文件句柄对 NFS 客户端代码是不透明的，所以虚拟文件系统负责将文件句柄解析为本地或远程目录，如果文件句柄引用了本地安装指针，虚拟文件系统还需要做一些间接转换。路径翻译的每一步结果可以被存储在缓存中，这样可以利用对文件和目录的本地引用来提高进程执行的效率。用户和程序通常仅访问一个或几个目录中的文件。

自动装载器　为了在客户引用一个"空"安装点时动态地安装一个远程目录，人们在 NFS 的 UNIX 实现中加入了自动装载器。最初，自动装载器的实现是在每一个客户计算机上作为一个用户级的 UNIX 进程来运行的。此后的版本（称为 autofs）实现在 Solaris 和 Linux 的内核中。这里，我们介绍最初的版本。

自动装载器维护一张记录安装点（路径名）和对应的一个或多个 NFS 服务器的列表。在客户机上，它就像一个本地的 NFS 服务器一样。当 NFS 客户模块试图解析包含一个安装点的路径名时，它向本地自动装载器发出一个 lookup() 请求，由自动装载器在它的列表中定位所需的文件集系统，并且向表中对应的服务器发出"试探性"的请求。然后通过正常的安装服务，将第一个响应的服务器上的文件集系统安装到客户端上。被安装的文件集系统通过符号链接连接在安装点上，这样客户下一次访问时就不需要再向自动装载器发出请求。除非在数分钟内系统没有引用符号链接（这种情况下，自动装载器卸载了远程文件集系统），否则都可以正常的访问文件。

后来的内核实现方式以真实的安装取代了符号链接，这样避免了因为缓存用户级自动装载器使用的临时路径名而引起的一些问题 [Callaghan 1999]。

如果在自动装载器列表中列出包含同一文件集系统或文件子树的拷贝的服务器，那么自动装载器可以实现一种简单的只读复制。对不经常改变但使用频繁的文件系统而言（如 UNIX 系统二进制文件），该机制是非常有用的。例如，/usr/lib 目录及其子树的拷贝可以存储在多个服务器上。当/usr/lib 的文件被一个客户打开时，系统向所有的服务器发送试探性消息，第一个响应的服务器的文件集系统被安装到客户端上。这种方式提供了一定程度的容错和负载平衡，因为第一个响应的服务器是正常工作的，同时它也可能是负载较轻的。

服务器缓存　为了获得良好的性能，可以在客户和服务器上进行高速缓存，它是 NFS 实现的一个不可缺少的特征。

在传统的 UNIX 系统中，从磁盘上读取的文件页、目录和文件属性都保留在主存的缓冲区缓存上， 541 直到其他页面要求占用该缓冲区的空间为止。如果一个进程对缓存中的页面发出一个读或写的请求，那么系统不需要再访问磁盘就可以完成此操作。预先读用于预测读访问，并将那些最近最常用的页面取入内存，而延迟写用于优化写操作的性能：当一个页面已经被改变时（因为一个写操作），只有在该缓冲区页将被其他页占用时才将该页面内容写到磁盘中。为了防止因系统崩溃引起的数据丢失，UNIX 的 sync 操作每隔 30s 将改变的页面写到磁盘中。这些缓存技术在传统的 UNIX 环境中都可行，因为由用户级进程发出的所有的读和写请求都被发送到在 UNIX 内核空间中实现的一个缓存上。该缓存保持的内容是最新的，同时文件操作不能绕过该缓存。

仅当 NFS 服务器被用于访问其他文件时，它才使用服务器上的缓存。使用服务器的缓存来保存最近读取的磁盘块不会引起任何一致性问题；但当服务器执行写操作时，系统需要特殊的方法来保证客户确信写操作的结果是持久性的，即使服务器崩溃时也是如此。在 NFS 协议版本 3 中，write 操作为此提供了两种选项（没有在图 12-9 中标出）：

1）客户发出的 write 操作中的数据存储在服务器的内存缓存中，在给客户发送应答前先将应答写入磁盘。这称为写透缓存。客户可以相信：当他收到应答时，数据已经被持久地存储起来了。

2）write 操作中的数据只存储在内存缓存中。当系统接收相关文件的 commit 操作时，它被写入磁盘中。仅当客户接收到相关文件的 commit 操作的应答时，客户才能肯定数据被持久地存储了。标准的 NFS 客户使用这种操作方式：在每次用于写而打开的文件关闭时，它发送一个 commit。

commit 是 NFS 协议版本 3 提供的一个附加操作，它用来解决在具有大量 write 操作的服务器中因写透操作模式引起的性能瓶颈问题。

在分布式文件系统中，对写透的需求是对第 1 章讨论的独立故障模式的一个实例——当服务器出现故障后，客户可以继续工作，同时应用程序在以前写操作的结果已经被提交到磁盘存储的假设下继续执行。这种情况不可能发生在本地文件更新上，因为本地文件系统的故障一定会导致运行在相同计算机上的应用程序进程发生故障。

客户缓存 为了减少传输给服务器的请求数量，NFS 客户模块将 read、write、getattr、lookup 和 readdir 操作的结果缓存起来。客户缓存可能导致在不同的客户结点上存在不同版本的文件或不同的文件内容，这是因为在一个客户上的写操作可能不会引起在其他客户上的同一文件拷贝的立即更新。要由客户用轮询服务器的方式来检查他们所拥有的缓存数据是否是最新的。

在使用缓存块之前，可以使用一种基于时间戳的方法对缓存块进行验证。缓存中的每个数据或元数据项被标记上两种时间戳：

- Tc 是缓存条目上一次被验证的时间。
- Tm 是服务器上一次修改文件块的时间。

[542]

设当前时间为 T，如果 $T - Tc$ 小于更新的时间间隔 t，或者当记录在客户端的 Tm 值和在服务器上的 Tm 值相等时（也就是说，在缓存这个条目后，服务器上的数据就没有更新过），那么该缓存条目是有效的。以下是用形式化方法表示的有效性条件：

$$(T - Tc < t) \lor (Tm_{client} = Tm_{server})$$

选择 t 值时对一致性和效率进行了折中。更新间隔过短会导致近似于单个拷贝的一致性，但因为服务器要频繁地检查 Tm_{server}，开销比较大。在 Sun Solaris 客户上，根据文件更新的频度，t 可在 3 ~ 30s 之间取值。而对于目录，t 可在 30 ~ 60s 之间取值，这说明发生目录并发更新的风险比较低。

每个文件的所有数据块都有一个 Tm_{server} 值，对于文件属性还有另一个值。因为 NFS 客户不知道文件是否被共享，所以验证过程要施加到所有被访问的文件。每次使用缓存项，系统就执行有效性检查：前一个有效性条件的判断可以不访问服务器就能进行。如果其判定结果为真，那么系统不需要检查第二个条件；如果结果为假，那么就要从服务器上获得当前的 Tm_{server} 值（对服务器应用 getattr 操作），并将它与本地的 Tm_{client} 进行比较。如果结果相同，那么此缓存项便被认为有效，并且其 Tc 值将被更新为当前时间。如果它们不相同，那么缓存的数据已在服务器上被更新过，此条目无效，这会产生一个获得服务器上相关数据的请求。

有几种方法可以减小对服务器进行 getattr 调用的数量：

- 当客户收到一个新的 Tm_{server} 值时，将该值应用于所有相关文件派生的缓存项。
- 将每一个文件操作的结果同当前文件属性一起发送，如果 Tm_{server} 值改变，客户便使用它来更新缓存中与文件相关的条目。
- 采用自适应算法来设置更新间隔值 t，对大多数文件而言，可以极大地减少调用数量。

验证过程不能保证提供和传统 UNIX 系统一样一致性，因为共享一个文件的所有客户并不是总能及时知道数据的更新，会存在两种时间延迟：写数据后更新在客户内核缓存中的相应数据之前的延迟，以及用于缓存验证的 3s 的"窗口"。幸运的是，大多数 UNIX 应用程序并不严格依赖于文件的同步更新，由这个原因引发的麻烦已经引起人们的重视。

写操作以不同的方式被处理。当一个缓存的页面被修改后，它被标记为脏的，并通过调度被异步地更新到服务器中。当客户关闭文件或发生 sync 操作时，修改的页面被更新到服务器中，如果使用 bio-daemon（见下面的介绍），它的更新频率会更高。这并不能提供像服务器缓存一样的持久性保证，但它能够模拟本地写操作的行为。

[543]

为了实现预先读和延迟写，NFS 客户需要异步地执行读和写操作。在 NFS 的 UNIX 实现中，客户可以通过在每个客户端包含一个或多个 bio-daemon 进程实现这一点。（bio 代表块输入输出；daemon 经常指执行系统任务的用户级进程。）bio-daemon 负责执行预先读和延迟写操作。每当发生读请求，就通知 bio-daemon，由它请求将这些文件块从服务器传输给客户缓存。在执行写操作的情况下，当一个块被客户操作填满时，bio-daemon 会将此块发给服务器。当目录发生改变时，相应的目录块会被立即发送。

bio-daemon 进程改善了性能，确保客户模块不会因等待服务器端的 read 返回或者 write 确认而阻塞。这些并不是逻辑上的需要，因为在没有预先读的情况下，用户进程的一个 read 操作会触发对相关服务器的同步请求，当相关的文件关闭或当客户端的虚拟文件系统执行一个 sync 操作时，用户进程的 write 操作的结果将被传输给服务器。

其他优化　Sun 文件系统基于 UNIX BSD 快速文件系统，它使用 8KB 磁盘块，相对于以前的 UNIX 系统，它减少了用于顺序文件访问的文件系统调用。实现 Sun RPC 的 UDP 数据包扩充到 9KB，这使得包含一个完整块的 RPC 调用可以作为一个参数在数据包中传送，当顺序读取文件时，还可以减小网络延迟的影响。NFSv3 没有限制 read 或 write 操作处理的文件块的最大尺寸；当文件块的尺寸超过 8KB 并且客户端和服务器都可以处理这类文件块时，它们将进行协商。

正如上面所提到的，对于活动的文件，客户应该至少每隔 3s 更新在缓存的文件的状态信息。为了减少由 getattr 请求引起的服务器负载，关于文件或目录的所有操作都隐含 getattr 请求，并且可以在其他操作的结果中捎带上当前的属性值。

用 Kerberos 实现 NFS 的安全性　在 11.6.2 节中，我们介绍了 MIT 开发的 Kerberos 认证系统，它已经成为保护企业内部网服务器防止非授权访问和恶意攻击的工业标准。使用 Kerberos 方案认证客户增强了 NFS 实现的安全性。本小节将介绍 NFS 的"Kerberos 化"实现（它由 Kerberos 的设计者完成）。

在 NFS 最初的标准实现中，用户标识以非加密的数字标识符形式放置在每一个请求中（在以后的 NFS 版本中，这些标识符可以被加密）。NFS 并没有采取其他措施来检查客户标识符的真实性。这意味着必须高度信任客户计算机及其 NFS 软件的真实性，而 Kerberos 和其他基于认证的安全系统的目的就是尽量减少需要信任的组件的范围。实质上，当在"Kerberos 化"环境中使用 NFS 时，它只能接收那些通过 Kerberos 认证的客户发出的请求。

Kerberos 开发者考虑过的一种直接的解决方案是将 NFS 所需要的凭证的本质转变为成熟的 Kerberos 票证和认证者。但因为 NFS 是作为无状态服务器的形式实现的，所以每一个文件的访问请求都是按请求内容处理的，并且每一个请求中必须包含认证数据。这种设计是难以接受的，因为执行必要的加密所需的时间代价是相当大的，同时在每个工作站内核中都必须加入 Kerberos 客户库。

|544|

实际的系统采用了一种混合的方法，即安装用户的主文件集系统和根文件集系统时，给 NFS 安装服务器提供用户所有的 Kerberos 认证数据。认证结果包含用户常规的数字标识符和客户计算机的地址，它们被保存在服务器每个文件集系统的安装信息中（尽管 NFS 服务器并没有保存与单个客户进程相关的状态，但它还是保存了每一个客户计算机的当前安装信息）。

对于每个文件访问请求，NFS 服务器检查用户标识符和发送者的地址，仅当这两者都与存储在服务器中的相关客户端的安装信息相符时，NFS 服务器才允许访问。这种混合的方法仅需要很少的附加开销，而且如果在某一时刻每一个客户计算机上只有一个用户使用时，那么它对于大多数形式的攻击而言是安全的。MIT 采用这种方法设计其系统，最近，NFS 实现将 Kerberos 认证作为几种认证选项之一，并且建议在运行 Kerberos 服务器的机器上选择此选项。

性能　由 Sandberg［1987］报告的早期性能图表说明：相对于访问存储在本地磁盘的文件而言，使用 NFS 通常不会导致性能降低。他提出了两个问题：

- 为了从服务器获得时间戳以进行缓存验证，系统频繁地使用 getattr 调用。
- 因为写透是在服务器端使用的，这导致了 write 操作性能相对较差。

他同时指出，在典型的 UNIX 工作负载中，write 操作相对不多（大约占对服务器调用的 5%），因此，除了将大文件写入服务器这种情况外，写透操作的开销是可以容忍的。他所测试的 NFS 的版本并不包含上面所提到的 commit 机制，而当前 NFS 版本中的这一机制将明显提高写性能。他的结果也表明，lookup 操作大约占服务器调用的 50%。这是使用 UNIX 文件名语义所需的一步步的路径名翻译方法带来的结果。

Sun 和其他 NFS 实现者使用 LADDIS［Keith and Wittle 1993］这样的基准程序集进行正规的度量测

试。现在和过去的一些测试结果可以在［www. spec. org］上找到，其中总结了不同厂商的 NFS 实现和不同硬件配置上的性能差别。基于 PC 硬件的单一 CPU，以及专用的操作系统实现能够获得超过每秒 12 000 个服务器操作的吞吐量；而拥有多个磁盘和控制器的大规模多处理器配置能够获得每秒 300 000 个服务器操作的吞吐量。这些数字说明：不管是能够支持数以百计的软件工程师进行开发的传统 UNIX，还是通过 NFS 服务器获取数据的 Web 服务器组，NFS 可以为大多数企业内部网（无论它的规模和使用类型）的分布式存储需求提供有效的服务。

545

NFS 小结　Sun NFS 与我们的抽象模型十分相似。如果 NFS 的安装服务为每个客户都提供类似的名字空间，那么这种设计便能提供良好的位置透明性和访问透明性。NFS 支持异构的硬件和操作系统。NFS 服务器的实现是无状态的，它使得客户和服务器在出现故障后不需要任何恢复过程就可以继续执行操作。NFS 不支持文件或文件集系统的迁移，除非在将一个文件集系统移动到一个新位置后，由客户手工干预，重新配置安装指令。

在每个客户计算机上缓存文件块可以大大提高 NFS 的性能。为了达到满意的性能，这一点很重要，但是它导致系统偏离了 UNIX 严格的单个拷贝文件更新语义。

下面是 NFS 其他的设计目标以及它们被实现的程度：

访问透明性：NFS 的客户模块为应用程序提供的对本地进程的接口与它为本地操作系统提供的接口相同。这样 UNIX 的客户可以使用正常的 UNIX 系统调用来访问远程文件。用户不需要修改现有的程序就能使这些应用程序正确地访问远程文件。

位置透明性：每个客户通过将一个已安装的远程文件集系统的目录加入自己的本地名字空间来建立一个文件名空间。如果客户进程要访问一个远程文件系统，那么包含远程文件系统的计算机结点必须导出该文件系统，并且客户在使用前必须远程安装该文件系统（参见图 12-10）。远程安装的文件系统出现的客户名字层次上的地点由客户自己决定，因此 NFS 并没有强制实现一个网络范围的文件名字空间——每个客户看到的远程文件集系统都是本地定义的，同一远程文件在不同的客户上可能有不同的路径名，为了实现位置透明性，客户可以根据恰当的配置表来建立统一的名字空间。

移动透明性：文件集系统（在 UNIX 中，它是文件树的子树）可以在服务器之间移动，但为了使客户能访问在新位置上的文件集系统，要分别更新每一个客户上的远程安装表，所以 NFS 不能完全达到迁移透明性。

可伸缩性：已经发表的性能数据表明，NFS 服务器可以以一种比较有效、高性价比的方式处理现实工作环境中的大量负载。通过增加处理器、磁盘和控制器，单个服务器上的性能会提高。但达到处理极限时，必须加入新的服务器，同时在服务器间重新分配文件集系统。这种策略的效率受"热点"文件的限制，"热点"文件是指被频繁访问从而导致服务器达到性能极限的文件。若负载超过了这种策略可提供的最大性能，分布式文件系统可提供更好的解决方案，例如可以使用支持复制可更新文件的分布式文件系统（如 Coda，见第 18 章），或者像 AFS 这样通过缓存整个文件减少协议通信量的软件。我们将在 12.5 节介绍实现伸缩性的其他方法。

546

文件复制：只读文件可以复制到多个 NFS 服务器上，但 NFS 不支持具有更新的文件的复制。Sun 网络信息服务（NIS）是一个可与 NFS 一起使用的服务，它支持以键－值对形式组织的简单数据库的复制（例如，UNIX 的系统文件/etc/passwd 和/etc/hosts）。它根据一个简单的主－从复制模型（或者叫主拷贝模型，将在第 18 章讨论，该模型在每个场地上提供部分或全部数据库的副本）来管理分布式更新和对复制文件的访问。NIS 为不经常变化的系统信息提供了一个共享库，并且它不要求所有的更新同步进行。

硬件和操作系统的异构性：几乎在所有已知的操作系统和硬件平台上都实现了 NFS，有许多文件系统支持 NFS。

容错：NFS 文件访问协议的无状态和幂等性本质确保在访问远程文件时客户发现的故障模式与访问本地文件时发生的故障模式类似。当服务器失效后，它提供的服务会挂起，直到服务器重启为止，一旦服务器重启，用户级客户进程就可以从服务中断的那一点继续执行，它不需要了解服务器出了什么故障（访问软安装的远程文件系统除外）。实际上，在大多数情况下系统使用的是硬安装，并且它阻止让应用程序处理服务器故障。

客户计算机或客户的用户级进程的故障不会影响它使用的服务器，因为服务器不存储代表客户状态的任何信息。

一致性：我们已经比较详细地描述了更新行为。它提供的语义近似于单个拷贝语义，它能满足大多数应用程序的要求，但我们不推荐将 NFS 提供的文件共享用于通信或在不同计算机进程之间的紧密协作。

安全性：当将企业内部网连接到互联网上时，对 NFS 提出了安全性要求。NFS 与 Kerberos 的结合是一个巨大的进步。最近还有一些进展，例如提供安全 RPC 实现（RPCSEC_GSS，见 RFC 2203 [Eisler et al. 1997]），用于认证和在读写数据时提供传输数据的私密性和安全性。许多安装还没有使用这些安全性机制，因此它们是不安全的。

效率：几个 NFS 实现的性能度量和 NFS 在大负载的环境的广泛使用，都说明 NFS 协议实现具有较高的效率。

547

12.4　实例研究：Andrew 文件系统

和 NFS 一样，AFS 为运行在工作站上的 UNIX 程序提供了对远程共享文件的透明访问。可以用正常的 UNIX 文件原语访问 AFS 文件，使现有的 UNIX 程序可以不经过修改或重编译就可以访问 AFS 文件。AFS 和 NFS 是兼容的：AFS 服务器拥有"本地" UNIX 文件，但在服务器上的文件系统是基于 NFS 的，这样它使用 NFS 风格的文件句柄而不是 i 结点来引用文件，并且可通过 NFS 远程访问文件。

AFS 主要在设计和实现方面与 NFS 有区别。区别主要在于可伸缩性这一重要的设计目标。相对于其他分布式文件系统而言，AFS 用来满足更多活动用户使用的需要。AFS 实现可伸缩性的关键策略是在客户结点上缓存整个文件。AFS 有两个设计特点：

- **整体文件服务**：AFS 服务器将整个文件和目录的内容都传输到客户计算机上（在 AFS-3 中，大于 64KB 的文件以 64KB 文件块的形式传输）。
- **整体文件缓存**：当一个文件或文件块的拷贝被传输到客户计算机上时，它被存储到本地磁盘的缓存中。该缓存包含该计算机最常用的数百个文件。该缓存是持久的，不会随客户计算机的重启而丢失缓存内容。文件的本地拷贝用于满足客户访问远程文件拷贝的 open 请求。

场景　下面是一个简单的场景，用于说明 AFS 操作：

- 当一个客户计算机上的用户进程向共享文件空间内的一个文件发出 open 系统调用，并且这一文件的当前副本不在本地缓存上时，AFS 查找文件所在的服务器，并向其请求传输此文件的一个副本。
- 传输来的文件拷贝存储在客户计算机的本地 UNIX 文件系统中。该文件拷贝被打开，相应的 UNIX 文件描述符被返回给客户。
- 客户计算机上的进程在此本地文件拷贝上进行一系列 read、write 和其他操作。
- 当客户进程发出一个 close 系统调用时，如果本地的文件拷贝的内容已经改变，则该文件就被传回服务器。服务器更新此文件的内容和时间戳。客户本地磁盘上的拷贝一直被保留，以供在同一工作站上的用户级进程下一次使用。

下面我们将讨论 AFS 的性能，但我们只能根据上面提到的 AFS 的设计特点来粗略地观察和预测其性能：

- 对于那些不常更新的共享文件（例如那些包含 UNIX 命令和库的代码的文件）和那些通常只有一个用户访问的文件（例如在用户的主目录及其子目录中的文件），本地缓存的拷贝可以在相当长的时间内保持有效——在第一种情况中，是因为文件不被更新；在第二种情况中，是因为如果文件被更新，更新的文件拷贝会被保存在用户自己的工作站缓存中。这两种类型的文件占被访问文件总数的绝大部分。

548

- 本地缓存可以获得每个工作站的磁盘空间上相当大的空间，例如 100MB。通常，对于一个用户使用的工作文件集来说，这一空间是足够大的。为文件工作集提供足够的缓存空间，可以保证在给定工作站上常规使用的文件存储在缓存里以便下次使用。
- 设计策略基于一些假设，这些假设包括 UNIX 系统中文件的平均大小、最大文件大小以及文件引用的地域性。这些假设是通过观察学术和其他环境中的一些典型的 UNIX 负载得到的 ［Saty-anarayanan 1981；Ousterhout et al. 1985；Floyd 1986］。其中最重要的结果包括：

—通常文件比较小，大多数文件小于 10KB。

—文件的读操作比写操作更常用（通常是 6 倍以上）。

—顺序访问更常用，随机访问不常用。

—大多数文件只由一个用户读写。当文件被共享时，通常只有一个用户修改它。

—文件引用是爆发性的。如果一个文件最近被引用，那么很有可能在不久的将来被再次引用。

上述观察结论可用于指导 AFS 的设计和优化，而不是限制用户可用的功能。

- 对于上面第一点所提到的文件类型，AFS 能很好地运行。还有一种重要的文件类型，它不属于上述文件类型——数据库通常许多用户共享，并且频繁地更新。AFS 的设计者已经明确地从设计目标中排除了数据库的存储功能，他们认为由于不同的命名结构具有的约束（即基于内容的访问）以及对细粒度数据访问、并发控制、更新原子性的需要，造成设计一个分布式数据库（它也是一个分布式文件系统）是比较困难的。他们认为应该单独考虑分布式数据库的功能 ［Satyanarayanan 1989a］。

12.4.1 实现

上面的场景介绍了 AFS 的操作，但留下许多有关其实现的问题。其中最重要的问题包括：

- 当客户对共享文件空间中的文件发出 open 或 close 系统调用时，AFS 怎样获得控制？
- 如何定位包含所需文件的服务器？
- 在工作站上如何为缓存文件分配存储空间？
- 当文件可能被多个客户更新时，AFS 怎样保证缓存中的文件拷贝是最新的？

549 下面将回答这些问题。

AFS 由两个软件组件实现，这两个软件组件作为两个 UNIX 进程 Vice 和 Venus 存在。图 12-11 给出了 Vice 和 Venus 进程的分布。Vice 是服务器软件的名字，它是运行在每个服务器计算机上的用户级 UNIX 进程；Venus 是运行在客户计算机上的用户级进程，相当于我们给出的抽象模型中的客户模块。

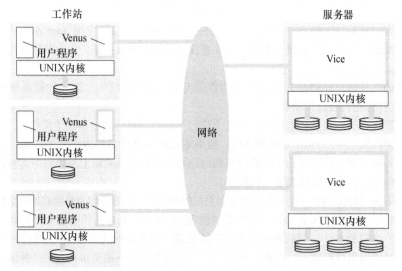

图 12-11 在 Andrew 文件系统中的进程分布

可用于运行在工作站上的用户进程的文件是本地的或共享的。本地文件可作为普通的 UNIX 文件来处理，它们被存储在工作站磁盘上，只有本地用户进程可以访问它。共享文件存储在服务器上，工作站在本地磁盘上缓存它们的拷贝。图 12-12 显示了用户进程所看到的名字空间。它是一个传统的 UNIX 目录层次结构，其中有一个包含所有共享文件的子树（称为 cmu）。将文件名空间划分为本地文件和共享文件会丧失一部分位置透明性，但除了系统管理员以外，一般的用户很难注意到这一点。本地文件仅作为临时文件（/tmp），或者供工作站启动进程使用。其他标准的 UNIX 文件（例如那些通常在/bin、/lib 目录下的文件）实际上是通过将本地文件目录中的文件符号链接到共享文件空间这种方式实现的。用户目录被放在共享空间中，这使得用户可以从任意一个工作站访问他们的文件。

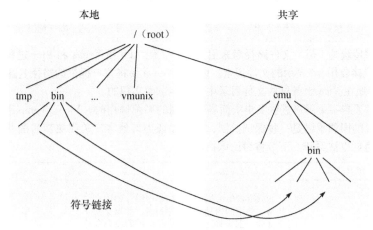

图 12-12　AFS 的客户所看到的文件名空间

工作站和服务器上的 UNIX 内核是 BSD UNIX 的修改版本。修改的部分主要是截获那些指向共享名字空间中文件的调用，例如 open、close 和其他一些文件系统调用，并将它们传递给客户计算机上的 Venus 进程处理（参见图 12-13）。对内核的另外一个修改是基于性能的考虑，将在后面介绍。

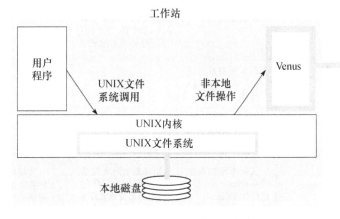

图 12-13　AFS 中系统调用拦截

每个工作站的本地磁盘上都有一个文件分区被用作文件的缓存，保存共享空间中的文件拷贝。Venus进程管理这一缓存。当文件分区已满，并且有一个新的文件需要从服务器拷贝过来时，它将最近最少使用的文件从缓存中删除。通常，这些工作站缓存都足够大，可以容纳数百个一般大小的文件，这样，当客户缓存已经包含了当前用户文件和经常使用的系统文件时，工作站可以基本独立于 Vice 服务器工作。

AFS 和 12.2 节描述的抽象文件服务模型在下列方面很相似：

* Vice 服务器实现了平面文件服务，工作站上的 Venus 进程实现了 UNIX 用户程序所需的层次目录结构。
* 共享文件空间中的每一个文件和目录是由类似于 UFID 的唯一的 96 位的文件标识符（fid）标识的。Venus 进程将客户使用的文件路径名翻译为 fid。

文件可以聚集成卷以便存储和移动。卷通常比 UNIX 的文件集系统小一些，卷是 NFS 中的文件分组的单位。例如，每个用户的个人文件通常位于独立的卷中。其他卷用来存储系统二进制文件、文档和库代码。

fid 的表示包括文件所在卷的卷号（类比：UFID 中的文件组标识）、用来标识卷中文件的 NFS 文件句柄（类比：UFID 中的文件号）以及保证此文件标识不被重用的唯一标识：

32位	32位	32位
卷号	文件句柄	唯一标识

用户程序使用传统的 UNIX 文件路径名来引用文件，但 AFS 在 Venus 和 Vice 进程之间通信中使用 fid。Vice 服务器只接收用 fid 表示的文件请求。因此，Venus 要将客户提供的路径名翻译为 fid，这是由 Venus 通过一步步地在 Vice 服务器的文件目录中查找信息而实现的。

图 12-14 描述了当一个用户进程发出上面场景提到的系统调用时，Vice、Venus 和 UNIX 内核采取的动作。这里所说的回调承诺是一种保证机制，用于保证当其他客户关闭更新后的共享文件时，本地缓存中的此文件拷贝也被更新。下节将讨论该机制。

用户进程	UNIX内核	Venus	网络	Vice
open（FileName,mode）	如果FileName指向共享文件空间内的一个文件，那么将这一请求传给Venus 打开本地文件并向应用程序返回其文件描述符	在本地缓存中检查文件列表，如果文件不在其中或者没有合法的回调承诺，那么向管理包含此文件的卷的Vice服务器发送一个请求 在本地文件系统中放置文件的副本，并在本地缓存列表中输入本地名字，同时向UNIX返回其本地名字		向工作站传输一个文件副本以及一个回调承诺记录该回调承诺
read（FileDescriptor,Buffer,Length）	在本地副本上执行一个正常的UNIX读操作			
write（FileDescriptor,Buffer,Length）	在本地副本上执行一个正常的UNIX写操作			
close（FileDescriptor）	关闭本地副本并通知Venus，此文件已经被关闭	如果本地副本被修改，向管理此文件的Vice服务器发送此副本		替换此文件的内容并向拥有此文件回调承诺的其他客户端发送回调

图 12-14　AFS 中文件系统调用的实现

12.4.2　缓存的一致性

当 Vice 为 Venus 进程提供文件拷贝时，它同时提供了一个回调承诺——由管理该文件的 Vice 服务器发送的一种标识，用于保证当其他客户修改此文件时通知 Venus 进程。回调承诺和被缓存的文件一起存储在工作站磁盘上，它有两种状态：有效或取消。当服务器执行一个更新文件请求时，它会通知它发送过回调承诺的所有 Venus 进程，其方式是向每一个进程发送一个回调，回调是从服务器到 Venus 进程的一种远程过程调用。当 Venus 进程接收到回调时，它将相关文件的回调承诺标识设置为取消状态。

当 Venus 处理客户的 open 请求时，它首先检查其缓存。如果所需的文件在缓存中，它便检查其标识。如果标识的值是取消，那么必须从 Vice 服务器取得文件的最新拷贝；如果它的值是有效，那么 Venus 不需要引用 Vice 就可以打开和使用缓存中的文件拷贝。

当工作站因为故障或关机而重启时，Venus 要在本地磁盘上保留尽可能多的缓存文件，但它不能肯定回调承诺标识是正确的，因为一些回调可能已经丢失了。因此，在重启后第一次使用缓存文件或目录之前，Venus 要生成一个缓存有效性请求发给管理该文件的服务器，该请求包含文件修改时间戳。如果其时间戳是当前的，服务器就应答一个有效信息，其标识值被恢复。如果时间戳显示该文件是过期的，那么服务器便应答一个取消信息，其标识就被设置为取消状态。在打开文件之前，如果从文件被缓存开始已经有 T 时间（通常为几分钟）没有和服务器通信了，那么回调必须被更新。这样可以处理可能的通信故障，因为通信故障可能导致回调信息的丢失。

552

相对于采用了和 NFS 相似的基于时间戳机制的原型（AFS-1）方法而言，这种维持缓存一致性的基于回调的机制可以提供更大的可伸缩性。在 AFS-1 中，拥有缓存文件拷贝的 Venus 进程进行 open 操作时会询问 Vice 进程，以便判定本地拷贝上的时间戳和服务器上的时间戳是否相符。基于回调的方法具有更大的可伸缩性，因为它只在文件被更新时才产生客户和服务器的通信以及服务器上的活动，而时间戳方法会在每一个 open 操作时都产生客户和服务器的通信，即使本地有有效的拷贝。因为绝大多数文件都不会被并发访问，同时在大多数应用中，read 操作比 write 操作多得多，回调机制使客户和服务器的交互量大大减少。

与 AFS-1、NFS 和我们的文件服务模型不同，AFS-2 和其后的 AFS 版本使用的回调机制要求 Vice 服务器维护一些 Venus 客户的状态信息。这些与客户有关的状态信息包含发送过回调承诺的 Venus 进程列表。这一回调列表应在服务器故障时也被保留——它们被保存在服务器磁盘上，同时系统对它们使用原子性更新加以操作。

553

图 12-15 显示了 AFS 服务器提供的用于文件操作的 RPC 调用（也就是 AFS 服务器为 Venus 进程提供的接口）。

Fetch（fid）→attr,data	返回用 fid 标识的文件属性（状态）和文件内容（可选），同时记录一个回调承诺
Store（fid,attr,data）	更新指定文件的属性和文件内容（可选）
Create（）→fid	创建一个新文件并记录一个回调承诺
Remove（fid）	删除指定的文件
SetLock（fid,mode）	为指定的文件或目录加锁，锁的模式可以是共享锁或排他锁。在 30min 后，没有解除的锁视为过期
ReleaseLock（fid）	为指定的文件或目录解锁
RemoveCallback（fid）	通知服务器一个 Venus 进程已经将文件更新
BreakCallback（fid）	Vice 服务器对 Venus 进程发出调用。它取消相关文件上的回调承诺

注：图中没有显示目录和管理操作（Rename、Link、Makedir、Removedir、GetTime、CheckToken 等）。

图 12-15　Vice 服务接口的主要组件

更新语义　缓存一致性机制的目标是：在不对性能产生严重影响的情况下，近似实现单个拷贝文件语义。UNIX 文件访问原语的单个拷贝语义的严格实现要求对每一个文件进行 write 操作时，其结果必须在发生进一步访问操作之前发送到所有在缓存中包含此文件的计算机上。在规模较大的系统中，这是不可行的，而回调承诺机制维护了一种对单个拷贝语义的较好的近似实现。

对 AFS-1 来说，可以用很简单的方法形式化表示它的更新语义。若客户 C 操作服务器 S 管理的文件 F，F 拷贝的传播要保证满足以下条件：

- 在成功的 open 操作后：*latest*（F, S）
- 在失败的 open 操作后：*failure*（S）
- 在成功的 close 操作后：*updated*（F, S）
- 在失败的 close 操作后：*failure*（S）

其中，*latest*(F, S) 表示文件 F 在客户 C 的当前值和在客户 S 上的值相同；*failure*(S) 表示 open

554 和 close 操作并没有在 S 上执行（故障可以被客户 C 检测到），同时 $updated(F, S)$ 表示客户 C 的文件 F 的值已经传播到服务器 S 上。

对 AFS-2 来说，对 open 操作的传播保证相对要弱一些，同时相应的形式化表示要复杂一些。这是因为客户可能会打开一个旧的拷贝，而该文件已被其他客户更新过了。当因为网络故障等原因，回调信息丢失时，这种情况就有可能发生。但系统设置了一个客户不知道文件最新版的最大时间 T。因此，我们有下列保证：

在成功的 open 操作后：$latest\ (F,\ S,\ 0)$
or $(lostCallback\ (S,\ T)$ and $inCache\ (F)$ and $latest\ (F,\ S,\ T))$

其中，$latest(F, S, T)$ 表示客户所见到的 F 的文件拷贝的过期时间不会超过 T_s，$lostCallback(S, T)$ 表示在最近的 T_s 时间内从 S 传递到 C 的回调信息已经丢失了，$inCache(F)$ 表示在 open 操作前客户 C 的缓存中就包含文件 F。以上这些形式化表示说明：或者在 open 操作后客户 C 缓存的文件 F 的拷贝是系统中的最新版本，或者回调信息被丢失（因为通信故障）而不得不使用已在缓存中的文件版本，二者必居其一；被缓存的文件 F 的拷贝的过期时间不会超过 T 秒。（T 是一个系统常量，它表示回调承诺必须被更新的时间间隔。在大多数的系统安装中，T 的值被设置为 10min。）

为了实现这一目标，即提供大范围的与 UNIX 兼容的分布式文件服务，AFS 并没有提供进一步的控制并更新的机制。上述缓存一致性算法只在 open 操作和 close 操作中起作用。一旦文件被打开，客户可以在不知道其他工作站进程的情况下以任意方式访问和更新本地拷贝。当文件被关闭后，将文件拷贝返回到服务器，取代服务器上的当前版本。

如果在不同工作站上的客户对同一文件并发执行 open、write 和 close 操作，除了最后 close 操作的更新结果外，其他更新结果通常会丢失（没有报错）。如果客户要实现并发，那么必须独立实现并发控制。另一方面，当同一工作站上的两个客户进程打开一个文件时，它们共享同一个缓存文件拷贝，并且依照 UNIX 方式（一块接一块）更新文件。

尽管更新语义随并发进程访问文件的位置不同而不同，并且和标准的 UNIX 文件系统提供的语义并不完全相同，但它已经足以使大部分已有的 UNIX 程序正确运行了。

12.4.3 其他方面

AFS 引入了几个我们重点强调的有趣的设计开发和改进，还对它们性能的估计结果做了总结：

UNIX 内核修改 我们注意到，Vice 服务器是运行在服务器上的用户级进程，并且服务器主机专
555 用于提供 AFS 服务。AFS 主机中的 UNIX 内核被修改过，这样 Vice 可以用文件句柄而不是 UNIX 文件描述符执行文件操作。这是 AFS 唯一需要的内核修改。如果 Vice 不维护任何客户状态（如文件描述符），这种修改是必须的。

位置数据库 每一个服务器包含一个位置数据库的拷贝，用于将卷名映射到服务器。当一个卷被移动后，该数据库会出现暂时的不精确，但这是无害的，因为新的信息存储在此卷被移动前所在的服务器上。

线程 Vice 和 Venus 的实现使用非预先抢占性线程包，使客户（其中数个用户进程可能同时访问文件）和服务器能并行地处理请求。在客户端，描述缓存内容和文件卷数据库的表被存放在内存中，供 Venus 线程共享。

只读复制 经常执行读操作但很少被修改的文件卷，例如 UNIX 包含系统命令的/bin 和/usr/bin 目录和包含手册信息的/man 目录，可以作为只读卷拷贝到多个服务器上。这样，系统中只存在一个读 - 写拷贝，所有的更新都放在此拷贝上。在更新操作后，由一个显式的操作过程将改变传播到每个只读拷贝上。在位置数据库中，对于被复制的卷的位置数据库，其条目是一对多的形式，并且可根据服务器负载和访问能力为每一个客户请求选择服务器。

批量传输 AFS 以 64KB 的文件块形式在客户和服务器之间传输文件。使用大的数据包有助于减少网络延迟、提高性能。这样，AFS 的设计可以优化对网络的使用。

部分文件缓存 当应用程序只需要读文件的一小部分时仍然将整个文件传输到客户端，这种方式显然是低效率的。AFS v3 解决了这个问题，在保留了 AFS 协议的一致性语义和其他特征的同时，允许

文件数据以 64KB 块的形式传输以及缓存。

性能 AFS 的主要目标是实现可伸缩性，所以它特别关心在大量用户环境中的性能。Howard 等人［1988］详细介绍了性能比较度量结果，它使用了专门的 AFS 基准测试，该基准测试后来被广泛应用于分布式文件系统的度量。不出所料，缓存整个文件和回调协议极大减少了服务器的负载。Saty-anarayanan［1989a］解释说，在运行标准基准测试的具有 18 个客户结点的系统中，服务器的负载是 40%，而在运行同样基准测试的 NFS 系统中，服务器的负载是 100%。Satyanarayanan 将性能的提高归功于 AFS 使用回调来通知客户文件更新以减少服务器负载的方式，而在 NFS 中，系统采用超时机制检查缓存在客户端的页面的有效性。

广域支持 AFS v3 支持多个管理单元，每一单元有自己的服务器、客户、系统管理员和用户。每个单元是一个完全自治的环境，但这些协作的单元可以共同为用户提供一个统一的、无缝的文件名空间。Transarc 公司广泛部署了此类系统，并且发表了性能使用模式调查结果［Spasojevic and Saty-anarayanan 1996］。这一系统已安装在超过 150 个结点的超过 1000 台服务器上。调查结果表明，在一个大约有 200GB 数据的 32 000 个文件卷的系统中，缓存命中率在 96%~98% 之间。

12.5 最新进展

NFS 和 AFS 出现以后，分布式文件系统的设计又取得了一些进展。在本节中，我们将介绍在改善传统分布式文件系统的性能、可用性和可伸缩性方面的一些进展。我们将在本书的其他章节介绍一些更有影响的进展，包括在 Bayou 和 Coda 系统中，通过维持读写文件集系统副本的一致性来支持断连和高可用性（参见 18.4.2 节和 18.4.3 节），以及在 Tiger 视频文件服务器系统中保证实时传输数据的质量的高伸缩性的体系结构（参见 20.6.1 节）。

NFS 的改进 一些研究项目已经解决了单个拷贝的更新语义问题，它们扩展了 NFS 协议使其包括 open 和 close 操作并加入回调机制使服务器能通知包含失效缓存条目的客户。下面将介绍其中的两方面工作。它们的结果说明：在可以容忍的复杂度和通信开销下，可以采用这些改进。

Sun 公司和其他 NFS 开发者最近致力于使 NFS 服务器更易访问并使用在广域网上。尽管 Web 服务器支持的 HTTP 协议提供了有效的和高伸缩性的文件方法，以使整个文件可供互联网上每个用户使用，但它不适用于需要访问大文件或更新部分文件的应用程序。WebNFS 的开发（将在下面介绍）使互联网内的任一地点的应用程序成为 NFS 服务器的客户成为可能（通过直接使用 NFS 协议而不是间接地通过内核模块的方式）。这种方式和合适的支持 Java 和其他网络编程语言的库一起，提供了实现直接共享数据的互联网应用的可能性，例如多用户的游戏或者具有大规模动态数据库的客户端。

达到单个拷贝更新语义： NFS 的无状态服务器结构提高了 NFS 的健壮性，并使 NFS 更容易实现，但它偏离了精确的单个拷贝更新语义（不保证多个客户对同一文件并发写的结果，与在一个 UNIX 系统中多个进程并发写本地文件的结果完全相同）。同时它也未使用回调通知客户文件发生了改变，这样就导致客户为了检查文件是否改变了而频繁地调用 getattr 操作。

有两个已开发的研究系统解决了这些缺陷。Spritely NFS［Srinivasan and Mogul 1989，Mogul 1994］是为 Berkeley 的 Sprite 分布式操作系统［Nelson et al. 1988］开发的文件系统。

Spritely NFS 在其 NFS 协议的实现中加入了 open 和 close 调用。当本地用户级进程对服务器上的文件的执行打开操作时，客户模块必须发送一个 open 操作，open 操作的参数指定了操作模式（读、写或两者都有）以及当前有打开的文件（进行读或写）的本地进程数。同样，当本地进程关闭远程文件时，它必须给服务器发送一个包含读写更新计数的 close 操作。服务器将这一数字和客户的 IP 地址和端口号一起记录在一个打开文件表中。

当服务器接收到一个 open 调用时，它通过查找打开文件表找出所有打开同样文件的客户，并且将回调信息发送给这些客户，指导它们修改其缓存策略。如果该 open 操作指定的是写模式，并且有其他客户以写模式打开此文件时，这一操作便会失败。在一个客户写文件时，系统会通知其他以读模式打开文件的客户，使客户缓存中的文件拷贝失效。

对于一个以读模式的打开文件的客户，服务器会将回调消息发送给正在对此文件执行写操作的客户，通知它停止缓存（即使用严格的写透模式），并且它会通知所有读此文件的客户停止缓存此文件

（这样所有的本地读调用都会发出一个对服务器的请求）。

这种方法导致维持 UNIX 的单个拷贝更新语义的文件服务需要在服务器上记录一些与客户相关的信息。在处理对缓存文件的写操作方面，效率也有所提高。如果服务器在其非持久的存储器中保存与客户相关的状态，这就易受服务器崩溃的影响。Spritely NFS 实现了一个恢复协议，通过查询最近在服务器上打开文件的客户列表来恢复整个打开文件表。这是基于一种"悲观"策略，即客户列表存储在磁盘上，并且很少被更新——可能它包含的客户比在系统崩溃时打开文件的客户多。出故障的客户可能也在打开文件表中，但当该客户重启时，它会被删除。

当将 Spritely NFS 和 NFS v2 进行比较时，前者的性能有了一定程度的改进。这源于对写文件缓存的改进。NFS v3 至少达到了同样程度的改进，但 Spritely NFS 项目的结果表明在不明显损失性能的情况下实现单个拷贝更新语义是可能的，虽然这样做客户和服务器模块比较复杂，并且需要一个恢复机制以便在服务器崩溃后能够恢复原有状态。

NQNFS：NQNFS（Not Quite NFS）系统［Macklem 1994］的目标和 Spritely NFS 类似——在 NFS 协议中加入更精确的缓存一致性并且通过更好地使用缓存来改进性能。NQNFS 服务器维持与 Spritely NFS 相似的关于客户打开文件的状态，但它使用租借（参见 5.4.3 节）处理服务器崩溃后的恢复。服务器为客户持有打开文件的租借期设置一个上限。如果客户希望在超出此时间后继续持有该打开文件，它必须续租。当发生写请求时，系统使用与 Spritely NFS 相似的回调机制来通知客户刷新其缓存，但如果客户没有应答，服务器在响应新的写请求之前会一直等待，直到租借期满为止。

WebNFS：Web 和 Java applet 的出现使 NFS 开发小组和其他人认识到：一些互联网应用可以直接访问 NFS 服务器，这样做不会产生与模拟标准的 NFS 客户中包含的 UNIX 文件操作相关的开销。

WebNFS（在 RFCo2055 和 2056 中描述［Callaghan 1996a，1996b］）的目标是使 Web 浏览器、Java 程序和其他应用程序与 NFS 服务器直接进行交互来访问文件，这些文件是使用公共文件句柄访问相对于公共根目录的文件而被"公开的"的。这种模式避免了安装服务和端口映射服务（见第 5 章）。WebNFS 客户通过一个约定的端口号（2049）与服务器交互。为了根据路径名访问文件，它使用一个公共文件句柄发出一个 lookup 请求。该公共文件句柄有一个约定的值，服务器上的虚拟文件系统专门解释这个值。由于广域网的高延迟性，系统使用多组件的 lookup 操作来查找请求中的多部分路径。

这样在较少的安装开销下，WebNFS 使客户能够访问远程 NFS 服务器上的文件。它也提供了访问控制和认证，但在许多情况下，客户只需要读取公共文件，在这些情况下，认证选项可以关闭。在支持 WebNFS 的 NFS 服务器上，为了读一个文件的某一部分，系统需要建立一个 TCP 连接和两个 RPC 调用——一个多组件的 lookup 操作和一个 read 操作。NFS 协议不限制所读数据块的大小。

例如，一个天气服务可以在它的 NFS 服务器上公开一个文件，该文件包含一个需要经常更新的天气数据的数据库，它的 URL 为：

nfs: //data. weather. gov/weatherdata/global. data

一个显示气象图的交互式 WeatherMap 客户可以以用 Java 或其他支持 WebNFS 过程库的语言构建。客户只需要读取 weatherdata/global. data 文件中的部分信息就可以构建用户所需的气象图，而使用 HTTP 访问天气数据的类似应用程序需要将整个数据库传输给客户，或者需要使用专门服务器程序来获得所需的数据。

NFS 第 4 版：NFS 协议的新版本在 2000 年开发出来。RFC 2624［Shepler 1999］和 Brent Callaghan 的书［Callaghan 1999］中都描述了 NFS 第 4 版的目标。和 WebNFS 相似，它的目标是使 NFS 能适用于广域网和互联网的应用。它将包含 WebNFS 的特征，但新协议的引进也提供了做更多改进的可能。（WebNFS 对改变服务器有一定限制，它并没有在协议中加入新的操作。）

开发 NFS v4 的工作组希望利用在过去十几年中文件服务器设计领域的一些研究成果，例如使用回调或租借机制来维持一致性。NFS v4 希望通过允许文件系统透明地从一个服务器转移到另一个服务器来支持服务器故障后的即时恢复。通过使用代理服务器来改进可伸缩性。

AFS 的改进 我们已经提到过 DCE/DFS，它是一种包含在开放软件基金会的分布式计算环境中的分布式文件系统［www. opengroup. org］，基于 Andrew 文件系统。DCE/DFS 的设计超越了 AFS，特别是在保证缓存一致性的方法方面。在 AFS 中，仅当服务器接收到对已经更新的文件的 close 操作请求时，系统才生成回调。DFS 使用一种与 Spritely NFS 和 NQNFS 相似的策略在文件被更新时生成回调。为了更新一个文件,客户必须从服务器获得一个 write 标记,用于指定允许客户更新的文件区域。在请求 write 标记后,具有同一文件拷贝（用于读）的客户会收到撤回回调。可使用其他类型的标识获得缓存文件属性和其他元数据的一致性。所有标记都有与之关联的生命期,在生命期满以后,客户必须续延其标识的生命期。

存储组织的改进 关于存储在磁盘上的文件数据的组织的研究有很大的进展。分布式文件系统需要支持更多的负载,具有更高的可靠性,这种需求推动了这方面的研究工作,也导致了文件系统性能的大幅度提高。这些研究工作的主要成果如下:

廉价磁盘的冗余阵列（RAID）:这是一种存储模式 [Patterson et al. 1988, Chen et al. 1994],其中数据被分解成固定大小的块,并存储在跨越多个磁盘的"条带"上,它们和冗余的错误更正代码存储在一起,更正代码用于在磁盘故障时完全重建数据块,系统可以继续操作数据。RAID 也比单个磁盘的性能好,这是因为组成块的条带可以被并发地读、写。

日志结构的文件存储（LFS）:和 Spritely NFS 一样,这项技术源于 Berkeley Sprite 分布式操作系统项目 [Rosenblum and Ousterhout 1992]。注意,在文件服务器中用于文件缓存的主存越多,相应缓存命中率越高,读文件操作的性能越好,但是写文件性能仍然没有提高。这源于将单个数据块写入磁盘以及更新元数据块（包含文件属性和指向文件中数据块的指针向量,例如 i 结点）操作的延迟。

LFS 的解决方案是在内存积累若干写操作,然后将它们写到划分为大的、连续的、定长的段的磁盘上。这些段被称为日志段,因为数据和元数据块严格地按照被更新的顺序存储。一个日志段的大小为 1MB 或更大,存储在一个磁道上,它去掉了与写单个块相关的磁盘头延迟。被更新数据的最新拷贝和元数据块总是被写,因此要求维护一个指向 i 结点的动态映射。系统还要回收废弃的块空间,其方法是将"活"的块放置在一起以便为日志段的存储留出连续的空闲空间。后一种操作是比较复杂的,它由一个称为 cleaner 的组件以后台活动的方式执行。根据仿真的结果,现在已开发了一些比较复杂的 cleaner 算法。

尽管有这些额外的开销,但整个系统的性能改进还是比较显著的:Rosenblum 和 Ousterhout 测量得到写的吞吐量高达可用带宽的 70%,而在传统的 UNIX 文件系统中,这一数字小于 10%。日志结构也简化了服务器崩溃后的恢复过程。Zebra 文件系统 [Hartman and Ousterhout 1995] 作为最初的 LFS 的后继成果,将结构化日志的写和分布式 RAID 方法结合起来——日志段被划分为包含错误更正代码的节并且被写到不同网络结点的磁盘上。在写大文件时,其性能是 NFS 系统的 4 ~ 5 倍;在与小文件时,性能提高则不那么明显。 |560|

新的设计方法 高性能交换网络（例如 ATM 和高速交换以太网）的开发使研究人员注意研究如何在有许多结点的企业内部网上,以高伸缩性和高容错性的方式提供分布式文件数据的持久性存储系统,把管理元数据和客户请求服务的职责与读写数据的职责相分离。下面将概述这方面的两项进展。

这些方法比我们在前面介绍的集中式服务器方法有更好的伸缩性。它们通常要求合作提供服务的计算机之间有高级别的信任度,因为它们通常使用低级别的协议在持有数据的结点间通信（有些类似于一个"虚拟磁盘"的 API）。因此它们的范围常常只限于单个本地网络。

xFS:美国加州大学伯克利分校的一个小组设计了一个无服务器网络文件系统体系结构并开发了一个原型,即 xFS [Anderson et al. 1996]。有 3 个因素促成了该原型的实现:

1) 快速交换局域网使本地网上的多个文件服务器可以并发地向客户传输大量的数据。

2) 不断增长的访问共享数据的需求。

3) 基于集中式文件服务器的一些限制。

关于第 3 点,他们提出这样一个事实:构建高性能的 NFS 服务器需要相对昂贵的硬件,包括多个 CPU、磁盘和网络控制器,并且存在划分文件空间的限制——需要将不同文件集系统的共享文件安装到不同的服务器上。他们还指出,一个中心式的服务器系统容易受单点故障的影响。

xFS 是"无服务器"的,意味着它在单个文件的粒度上将文件服务器处理责任分散到本地网的可用的计算机上。存储责任独立于管理和其他服务责任进行分布:xFS 实现了一个软件的 RAID 存储系统,它将文件数据分散存储到多个计算机磁盘上（从这个意义上说,它是第 20 章将描述的 Tiger 视频文件系统的先驱），它使用了和 Zebra 文件系统相似的结构化日志技术完成分散存储。

管理每个文件的责任可以被分配到任意一个支持 xFS 服务的计算机上。通过被复制到每一个客户和服务器上的叫做管理者映射表的一个元数据结构可以实现这一策略。文件标识符包含一个作为此管理者映射表索引的域，并且此映射表中的每一个条目都标识了当前负责管理相应文件的计算机。其他一些元数据结构用来管理结构化日志文件存储和条带化磁盘存储，它们和其他结构化日志和 RAID 存储系统中的元数据结构相似。

已经构造了一个 xFS 的初步原型，并且进行了性能评估。进行性能评估时，这一原型还是不完善的——崩溃恢复还没有完全实现并且结构化日志的存储方案也缺少一个 cleaner 模块来恢复被废弃的日志和压缩文件所占据的空间。

对这一初步原型进行性能评估时，使用的是连接在高速网络上的 32 个单处理器和双处理器的 Sun SPARC 工作站。评测时对运行在 32 个工作站上的 xFS 和运行在双处理器 Sun SPARC 工作站上的 NFS 和 AFS 进行了比较。具有 32 个服务器的 xFS 的读写带宽是运行在一个双处理器上的 NFS 和 AFS 的读写带宽的 10 倍左右。当使用标准的 AFS 基准测试时，xFS 和 NFS、AFS 的性能差距并不明显。总之，结果表明：xFS 的高度分布式处理和存储体系结构为分布式文件系统获得更好的可伸缩性提供了一个有希望的方向。

Frangipani：Frangipani 是在数字系统研究中心（现在是 Compaq 系统研究中心）开发和部署的高可伸缩性的分布式系统［Thekkath et al. 1997］。它的目标和 xFS 十分相似，并且和 xFS 一样，其设计目的也是将持久存储责任和其他文件服务活动相分离。但 Frangipani 的服务被划分为完全独立的两个层次。其底层由 Petal 分布式虚拟磁盘系统［Lee and Thekkath 1996］提供。

Petal 为交换式局域网上的多个服务器磁盘提供了一个分布式的虚拟磁盘抽象。这一虚拟磁盘抽象通过存储数据的多个副本来应付大多数的硬件和软件错误，它还通过对数据重定位来自动平衡服务器上的负载。UNIX 磁盘驱动器通过标准的块输入输出操作访问 Petal 虚拟磁盘，所以 Petal 虚拟磁盘可以支持大多数文件系统。Petal 增加了 10% ~ 100% 的磁盘访问延迟，但缓存策略可以使其读写吞吐量至少和底层的磁盘驱动一样好。

Frangipani 服务器模块运行在操作系统内核中。和 xFS 中一样，管理文件和相关任务的职责（包括对客户提供的文件锁服务）被动态地分配给主机，并且所有的机器看到的是一个统一的文件名空间，它们可以一致地（具有近似的单个拷贝语义）访问共享的可被更新的文件。数据以结构化日志和条带格式存储在 Petal 虚拟磁盘存储中。Petal 减轻了 Frangipani 管理物理磁盘空间的需要，从而可以实现一个较简单的分布式文件系统。Frangipani 可以模拟几种已有的文件服务的服务接口，包括 NFS 和 DCE/DFS。Frangipani 的性能至少和 UNIX 文件系统的 Digital 实现一样好。

12.6 小结

分布式文件系统的主要设计问题包括：
- 有效地使用客户缓存以便获得和本地文件系统相同甚至更好的性能。
- 当文件更新时，维护文件的多个客户拷贝的一致性。
- 在客户和服务器发生故障后进行恢复。
- 提高读写不同大小文件的吞吐量。
- 可伸缩性。

分布式文件系统在有组织的计算中被广泛使用，它们性能的提高是优化的目标。NFS 包含一个简单的无状态协议，借助于对协议的细小改进、优化的实现和高性能的硬件支持，NFS 一直保持它在分布式文件系统技术领域的统治地位。

AFS 显示了一种相对简单的体系结构的可行性，它使用服务器状态减小维护客户缓存一致性的开销。AFS 在许多情况下的性能好于 NFS。最近，AFS 使用了跨越数个磁盘的数据条带和结构化日志写操作，这些研究进展进一步改进了 AFS 的性能和可伸缩性。

当前最先进的分布式文件系统具有较高的伸缩性，并且可提供跨越本地和广域网的优良性能，维护单个拷贝文件更新语义，并且能容错和从故障中恢复。未来的需求包括支持经常有断连操作的移动用户，支持自动重集成和服务质量保障，以便满足持久存储和传输多媒体数据流以及其他实时数据的需要。第 18 章和第 20 章将介绍这些需求的解决办法。

练习

12.1　为什么在平面文件服务或目录服务的接口中没有 open 操作或 close 操作。目录服务的 lookup 操作和 UNIX 的 open 操作有哪些区别？　　　　　　　　　　　　　　　　　（第 532 ~ 534 页）

12.2　请列出使用模型文件服务，客户模拟 UNIX 文件系统接口的方法。　　　（第 532 ~ 534 页）

12.3　写出一个 PathLookup（Pathname，Dir）→UFID 过程，该过程基于模型目录服务实现对 UNIX 式路径名的 Lookup 操作。　　　　　　　　　　　　　　　　　　　　　　　　（第 532 ~ 534 页）

12.4　为什么 UFID 必须在多个可能的文件系统上保持唯一？这种唯一性是怎样保证的？　　（第 535 页）

12.5　Sun NFS 在何种程度上偏离了单个拷贝文件更新语义？请构造这样一个场景：两个共享一个文件的用户级进程可以在一个 UNIX 主机上正常操作，但当它们运行在不同的主机上时便会出现不一致性。
　　　　　　　　　　　　　　　　　　　　　　　　　　　　　　　　　　　　（第 542 页）

12.6　Sun NFS 的目标是通过提供一个独立于操作系统的文件服务来支持异构的分布式系统。一个非 UNIX 的操作系统的 NFS 服务器的实现者必须采取的关键决策是什么？为了实现 NFS 服务器，其底层的文件系统要遵守什么限制？　　　　　　　　　　　　　　　　　　　　　　（第 536 页）

12.7　NFS 客户模块必须拥有哪些代表用户级进程的数据？　　　　　　　　　（第 536 ~ 537 页）

12.8　使用图 12-9 中的 NFS RPC 调用，分别给出在不使用和使用一个客户缓存情况下，UNIX 的 open() 和 read() 系统调用的实现。　　　　　　　　　　　　　　　　（第 538 页，第 542 页）

12.9　请解释为什么 NFS 的最初实现中的 RPC 接口可能是不安全的。NFS 3 通过使用加密弥补了这个安全漏洞。密钥是如何保密的？密钥的安全性足够吗？　　　　　　　（第 539 页，第 544 页）

12.10　在一个 RPC 调用访问一个硬安装的文件系统上的文件超时后，NFS 客户模块并没有将控制返回到发出调用的用户级进程，为什么？　　　　　　　　　　　　　　　　　（第 539 页）

12.11　NFS 的自动安装器是如何改进 NFS 的性能和可伸缩性的？　　　　　　　（第 541 页）

12.12　解析存储在 NFS 服务器上的包含 5 部分的路径名（例如，/usr/users/jim/code/xyz. c）需要多少个 lookup 调用？执行一步步翻译的原因是什么？　　　　　　　　　　　　（第 540 页）

12.13　为了在基于 NFS 的文件系统上获得访问透明性，在客户计算机上的安装表的配置必须满足哪些条件？　　　　　　　　　　　　　　　　　　　　　　　　　　　　　（第 540 页）

12.14　当客户发送一个对共享文件空间内的一个文件的打开和关闭系统调用时，AFS 如何获得控制？
　　　　　　　　　　　　　　　　　　　　　　　　　　　　　　　　　　　　（第 549 页）

12.15　将访问本地文件的 UNIX 更新语义和 NFS 及 AFS 的更新语义进行比较。在什么情况下，客户可以意识到其差异？　　　　　　　　　　　　　　　　　　　　（第 542 页，第 554 页）

12.16　AFS 是如何处理回调信息可能丢失这一风险的？　　　　　　　　　　　（第 552 页）

12.17　AFS 设计的什么特点使得它比 NFS 有更大的可伸缩性？假设需要加入服务器，那么其伸缩性有什么限制？有哪些最近的研究成果提供了更好的可伸缩性？　（第 545 页，第 556 页，第 561 页）

563
564

名 字 服 务

本章将名字服务作为一个独特的服务加以介绍。使用名字服务，客户进程可以根据名字获取资源或对象的地址等属性。被命名的实体可以是任何类型，并且可由不同的服务管理。例如，名字服务经常用于保存用户、计算机、网络域、服务以及远程对象的地址以及其他细节。除名字服务外，我们还将介绍目录服务，它可以根据服务的属性寻找特定服务。

我们将以互联网域名系统（DNS）为例来介绍名字服务的设计要点，如服务可以识别的名字空间的结构与管理、名字服务支持的操作等。

我们还将探讨名字服务的实现，其中涉及名字解析过程中的名字服务器导航、为提高性能与可用性对名字数据进行缓存与复制等。

本章包含两个深入研究的实例：全局名字服务（GNS）与 X. 500 目录服务（包括 LDAP）。

13.1 简介

在分布式系统中，名字用于指称计算机、服务、远程对象、文件，甚至用户等各种资源。命名在分布式系统设计中其实是一个非常基本的问题，尽管它极易被忽略。名字为通信与资源共享提供了便利。当要求计算机系统对某个资源进行操作时，就需要一个名字。例如，访问特定 Web 页面需要一个以 URL 形式表示的名字。只有在所有进程中一致地命名了计算机系统管理的特定资源，进程才能共享这些资源。同样，在分布式系统中，只有用户能够给出对方名字，双方才能互相通信，例如，电子邮件地址就是一种名字。

名字并不是识别对象的唯一方法，描述性的属性也可用于识别对象。有时候，一些客户并不知道它们寻找的实体的名称，却知道一些描述这些实体的信息。也有可能客户需要一个服务（而不是实现它的一个实体），却只知道该服务具有的一些特征。

本章将介绍名字服务以及目录服务的相关概念。在分布式系统中，名字服务可向客户提供被命名对象的数据；而目录服务提供满足某个描述的对象的数据。我们将以域名服务（DNS）、全局域名服务（GNS）以及 X. 500 作为研究实例，来描述设计与实现这些服务的方法。首先我们将讨论名字、属性等基本概念。

名字、地址及其他属性

任何请求访问一个资源的进程必须拥有该资源的名字或标识符。文件名（如/etc/passwd）、URL（如 http：//www. cdk5. net/）以及互联网域名（如 http：//www. cdk5. net/）都是我们可以阅读的名字。而标识符这个术语有时指只有程序才能够解释的名字。远程对象引用以及 NFS 文件句柄都是标识符的例子。选择标识符的一个重要指标是软件存储与查询标识的效率。

Needhan［1993］将纯粹的名字与其他名字区分开来。纯粹的名字仅仅是未解释的比特模式。而非纯粹的名字则包含被命名的对象的信息，特别地，它们会包含对象的位置信息。纯粹的名字在使用前必须被查找。与纯粹的名字完全相反的是对象的地址（address），该值标识对象的位置而不是对象本身。地址通常可用于访问对象，但对象有时会被重定位，因此，地址并不足以作为标识方法。例如，用户的电子邮件地址通常会因用户在不同的组织或使用不同的互联网服务供应商而改变，因此邮件地址本身并不能永久地指代特定用户。

当一个名字被翻译成被其命名的资源或对象的数据时，我们称一个名字被解析（resolved），解析对象名的目的是在对象上调用一个动作。名称与对象之间的关联通常称为绑定。一般而言，名字被绑定到被命名对象的属性（attribute），而不是对象本身的实现。属性是对象特性的值，与分布式系统相关的实体的一个重要属性就是对象的地址。例如：

- DNS 将域名映射到主机的属性上：主机的 IP 地址、条目的类型（例如，引用的是邮件服务器还是其他主机）以及主机条目的有效时间。
- X. 500 目录服务用于将人名映射到邮件地址、电话号码等一系列属性上。
- CORBA 名字服务与交易服务将在第 8 章介绍。名字服务将一个远程对象名映射到它的远程对象引用上，而交易服务在将一个远程对象名映射到它的远程对象引用上的同时，也给出了用户可以理解的对象的一些属性。

注意，"地址"常被看做另一种可用于查找的名字，或者它包含一个可查找的名字。必须查找 IP 地址来获得以太网地址等网络地址。类似地，Web 浏览器以及邮件客户使用 DNS 来解释 URL 中的域名与邮件地址。图 13-1 给出了一个 URL 的域名部分，它首先通过 DNS 被解析成 IP 地址，然后在互联网路由的最后一跳通过 ARP 解析成一个 Web 服务器的以太网地址，URL 的最后一部分被 Web 服务器上的文件系统解析，用于寻找相关文件。

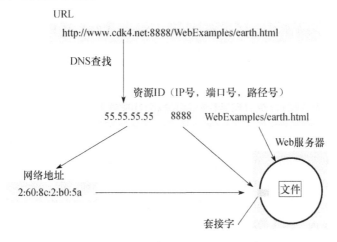

图 13-1　使用组合命名域从 URL 访问资源

名字与服务　分布式系统使用的许多名字是特定的服务专用的。例如，社会网络的 Web 站点 twitter. com 的用户可以有这样的名字@ magmapoetry，而服务器并不解析这个名字。用户客户程序使用名字来请求特定服务以便在它管理的已命名对象或资源上执行某个操作。例如，当请求删除一个文件时，需要将文件名传送给文件服务；如果需要向特定进程发送信号，则要将该进程的标识符传送到进程管理服务。除客户基于共享对象通信的情况外，上述名字仅在管理命名对象的服务的上下文中使用。 |567|

在分布式系统中，名字也要能指称超出单个服务范畴的实体。这些实体主要包括用户（具有专有名和电子邮件地址）、计算机（有主机名（hostnames），如 www. cdk5. net）以及服务本身（如文件服务（file service）、打印服务（printer service））。在基于对象的中间件中，名字指向提供了服务或应用的远程对象。注意，上述名字必须是人类能阅读与理解的，因为用户与系统管理员需要使用分布式系统中的主要组件与配置；程序员需要使用程序中的服务，而用户需要通过分布式系统相互通信，同时讨论系统不同部分有哪些可用的服务。考虑到互联网的连接无处不在，这些命名需求可能是全球性的。

统一资源标识符　统一资源标识符（Uniform Resource Identifier，URI）[Berners Lee et al. 2005] 是用来标识 Web 资源，以及其他互联网资源（如电子邮箱）的。它的重要目标是将资源以一致的方式标识出来，以便它们能被公共软件（如浏览器）处理。URI 是"统一的"，它的语法结构整合了各种相对独立并且尚不明确的资源标识符类型（即 URI 方案），还提供了处理全球名字空间方案的过程。统一的优点在于，它简化了引进新的标识符类型的过程，并且能够将已有的标识符类型应用到新的上下文中，而不会影响已有的应用。

例如，如果有人想发明一种"窗口部件" URI，则 URI 就可以成为一个窗口部件（widget）：必须要遵守全球 URI 语法规范，以及本地窗口部件标识符方案的规则。这样做，那些 URI 就能明确标识窗口部件资源，现有的并不会访问窗口部件的软件也可以正确处理窗口部件 URI——例如，通过管理包含窗口部件的目录。下面是一个 URI 如何整合一个已有资源标识符的例子，即在已有的电话号码面前增加机制名 tel，并且将电话号码统一表示为如下的标准形式：tel：+1－816－555－1212。这些 telURI 可以作为 Web 连接，而且当有人单击链接时，就会拨通相应的电话。

统一资源定位器：有些 URI 提供了资源的位置信息；而另外一些 URI 则纯粹用作资源的名称。统一资源定位器（Uniform Resource Locator，URL）常常用作 URI，它提供资源位置信息和指定访问资源的方法，包括 1.6 节提到的"http"URL，例如 http：//www.cdk5.net/，它标识了主机 www.cdk5.net 上给定路径（"/"）的网页并具体说明了存取此资源所用到的 HTTP 协议。另一个例子是"mailto" URL，如 mailto：fred@flintstone.org 标识了一个给定地址的邮箱。

URL 是一种有效的用于访问资源的标识符，但是它也有下面的缺点：当一个资源被删除或者从一个网站移到另一个网站时，原来的 URL 就会成为一个指向该资源变动前所在网站的悬空链接。当用户单击这个悬空链接时，Web 服务器或者会应答所访问资源不存在，或者更糟糕的是会返回给用户一个不同的资源，因为这个 URL 又被重新分配给了另一个资源。

统一资源名称：统一资源名称（Uniform Resource Name，URN）是 URI 的一种，它仅作为纯粹资源名，而不包含资源定位符。例如，下面的 URI：

　　mid：0E4FC272-5C02-11D9-B115-000A95B55BC8@hpl.hp.com

就是一个 URN，它被标注在电子邮件的 Message-Id 域中，从而标识了该邮件消息。这个 URI 能将邮件消息区分开。但这个 URI 本身并没有提供任何有关该邮件地址的消息，如果需要邮件地址，则需要调用相应的查询操作。

以 urn：开头的特殊的 URI 的子树是为 URN 而保留的，但并不是所有 URN 都必须以 urn 开头，例如上面例子中的 URN 就是以 mid 开头。以 urn 开头的 URI 都形如：urn：nameSpace：nameSpace-specific-Name。例如，urn：ISBN：0-201-62433-8 标识以标准 ISBN 命名机制命名的、编号为 0-201-62433-8 的书。又例如，urn：doi：10.555/music-pop-1234 标识了依据数据对象标识方案［www.doi.org］，出版者为10.555，名称为 music-pop-1234 的出版物。

有一些解析服务（resolution service）（本章称为名字服务 name services），例如用于处理 URN（DOI）的 Handle 系统可以通过数据对象标识［www.handle.net］获得资源属性，但是没有一种解析服务获得了广泛的应用。事实上，在 Web 和互联网搜索社区有关于独立分类的 URN 应该如何扩展的争论一直在继续。其中一派认为应该"保持 URL 不变"，换句话说，每一个人都应该保证 URL 所引用的资源持续有效。相反的观点则认为并不是每个人都要保证 URL 的有效性，因为这需要必要的资金来维持对域名和资源的管理。

13.2　名字服务和域名系统

一个名字服务（name service）存储了一个文本名字集合的信息，其形式为（表示用户、计算机、服务以及对象等）实体文本名字与属性的绑定。这个集合通常再细分为一个或多个命名上下文：单个绑定的子集，它们作为一个基本单元接受管理。名字服务的主要操作是名字解析，即根据一个给定的名字查找相应的属性，我们将在 13.2.2 节中描述名字解析的实现。其他操作，如创建新的绑定、删除绑定、列出绑定的名称以及增删上下文都是名字服务必须支持的操作。

名字管理从其他服务中分离出来的主要原因在于分布式系统的开放性。开放性带来了下列需求：

- 一致性：不同服务管理的资源使用相同的命名方案会很方便，URL 就是一个很好的例子。
- 集成性：在分布式系统中并不总能预测共享的范围。在某些情况下，必须共享（从而命名）在不同管理域中创建的资源。如果没有一个公共的名字服务，管理域会使用完全不同的命名约定。

通用名字服务的需求　名字服务最初非常简单，因为它仅用来满足名字与单个管理域（如单个 LAN 或 WAN）中的地址绑定的需求。然而，网际互连以及分布式系统的不断扩展带来了更大规模的名字映射问题。

Grapevine［Birrell et al. 1982］是最早的可扩展多域名字服务之一。从名字的数量以及可处理的负载来看，至少可在两个数量级范围内伸缩。

数字设备公司的系统研究中心［Lampson 1986］开发的全局名字服务是 Grapevine 的改进。GNS 具有更宏大的目标，包括：

- 处理任意多的名字，为任意多的管理组织提供服务：例如，系统应该能处理全世界文档的名字。
- 长生命周期：在生命周期中，名字集的组织、实现服务的组件都会发生变化。
- 高可用性：很多系统依赖名字服务，名字服务一旦崩溃，系统就无法工作。
- 故障隔离：局部故障不会带来整个服务的崩溃。
- 允许不信任：一个大型的开放系统很难使每一个组件都被系统中所有客户信任。

例如，全局名字服务［van Steen et al. 1998］（包括电子邮件用户地址或文档）和 Handle 系统［www. handle. net］，它们都关注提高系统在大规模对象条件下的可伸缩性。第 3 章中介绍的互联网域名系统（DNS）命名了互联网上的计算机（或者别的实体）。

本节将以 DNS 为例子，讨论名字服务设计的主要问题，然后给出有关 DNS 的实例研究。

13.2.1 名字空间

名字空间（name space）是一个服务所能识别的所有有效名字的集合，所谓有效意味着服务将试图查找它，即使该名字并不对应于任何对象，即未被绑定。名字空间需要语法定义，将有效与无效的名字分开。例如，名字"…"作为计算机的 DNS 名是不可接受的。名字 www. ckd99. net 即便未被绑定，也是有效的名字。

名字可以有一个内部结构，表示它们在层次化名字空间中的位置（如文件系统中的路径名）或在组织机构层次中的位置（如互联网域名），或者可以从一个平面的数字标识符集合或符号标识符集合中选择名字。层次化名字的每个部分总是相对于一个独立的相对较小的上下文进行解析，而相同的名字在不同的上下文中可以有不同的含义，以此来满足不同场合的使用。对于文件系统，每个目录都代表一个上下文。因此，/etc/passwd 是一个具有两个部分的层次化的名字。首先，etc 相对于上下文"/"或根（root）进行解析，而第二部分"/passwd"相对于上下文"/etc"被解析。名字"/oldetc/passwd"可以有不同的含义，因为该名字的第二个部分在不同的上下文中解析。类似地，同样的名字"/etc/passwd"在两台不同的机器上，基于不同的上下文会解析到不同的文件上。 570

层次化名字空间可以是无限的，所以系统可以无限增长。平面名字空间通常是有限的，它们的大小由名字所允许的最大长度决定。层次化名字空间另一个好处是可由不同的人管理不同的上下文。

第 1 章介绍了 http URL 的结构。URL 名字空间也包括 ../images/figure1.jpg 这样的相对名。当一个浏览器或者别的 Web 客户遇到这样一个相对名，它使用相对名被嵌入的资源来决定该路径名所指的服务器主机名与目录。

DNS 名通常被称为域名（domain name），它是字符串形式的。DNS 名的例子有：www. cdk5. net（一台计算机）、net、com 和 ac. uk（后三个是域名）。

DNS 名字空间具有层次化的结构，即一个域名包括一个或多个字符串，这些字符串通常称为名字成分（name component）或标签（label），并且用分隔符"."分隔开来。尽管为管理方便，DNS 名字空间的根结点有时用"."指代，但事实上，域名的开头与结尾并没有分隔符。名字成分是不包含"."符号的非空可打印字符串。一般来说，名字的前缀（prefix）指的是包含零个或多个完整名字成分的名字的最初一部分。例如，在 DNS 中，www 和 www. cdk5 都是 www. cdk5. net 的前缀。DNS 名不区分大小写，因此，www. cdk5. net 与 WWW. CDK5. NET 的含义相同。

DNS 服务器不能识别相对名，所有的名字都基于全局的根结点。然而，在实际实现中，客户软件会维护一个域名表，在解析单部分域名时，会将该列表自动附加到单部分域名之后。例如，域 cdk5. net 中的名字 www 有可能指的是 www. cdk5. net。在试图解析 www 时，客户软件将默认域名 cdk5. net 附加在 www 后。如果解析失败，则附加其他默认域名。最后，将 www 作为（绝对）名解析。

（在这个例子中，这个操作当然会失败。）另外，具有多个部分的名字通常不做预处理，作为绝对名被送到 DNS。

别名 别名（alias）作为另一个名字，被定义代表与名字相同的信息，这类似于文件路径名之间的符号链接。别名允许用更加方便的名字代替相对较复杂的名字。对于相同的实体，不同的人可以使用不同的名字。最常见的例子就是使用 URL 缩写，这通常用于 Twitter 海报和别的空间需要额外付费的情形下。例如，使用 Web 重定向，http://bit.ly/ctqjvH 即为 http://cdk5.net/additional/rmi/program-Code/ShapeListClient.java. 另一个例子，当一个域名已经定义，域名系统 DNS 允许别名代表另一个名字所代表的资源。别名通常用来说明运行 Web 服务器或文件传输协议（FTP）服务器的机器名字。例如，www.cdk5.net 是 cdk5.net 的别名。这有一个好处就是客户可以为 Web 服务器使用二者中任一名字。如果 Web 服务器转移到另一台计算机上，只需将 DNS 数据库的 cdk5.net 更新即可。

命名域 命名域（naming domain）是一个仅有一个总的管理权利来管理该域中的名字分派问题的名字空间。该权威机构完全控制哪些名字可以被绑定到域中，它也可以将这个任务委托出去。

DNS 的域是域名的集合。语法上，一个域的名字是在该域中所有域名的公共后缀，除了公共后缀这个特点，域名很难与其他名字（如计算机名）区分开来。例如，net 是一个包含了 cdk5.net 的域。注意，"域名"这个术语可能会令人迷惑，因为仅有一部分域名标识了域（而其他域名则标识了计算机）。

域的管理可以被移交到子域中。域 dcs.qmul.ac.uk，即英国 Queen Mary College（伦敦大学）的计算机系可以包含任何该系想要的名字。但 dcs.qmul.ac.uk 域名本身需要得到学院权威机构（它管理着域 qmul.ac.uk）的认同。类似地，qmul.ac.uk 必须得到已注册的权威机构 ac.uk 的认同。

管理命名域，以及管理由名字服务使用的存储在权威名字服务器上的权威数据库，使该数据库保持最新状态，这两个职责是密切相关的。通常，属于不同命名域的命名数据存储在不同的名字服务器上，这些名字服务器由不同的权威机构管理。

组合与定制名字空间 DNS 提供了一个全局的、同构的名字空间，在 DNS 中，无论是哪台计算机上的哪个进程进行查询，同一个名字总是指向同一个实体。与之相反，某些名字服务允许不同的名字空间——甚至是异构的名字空间——嵌入其中。而且，有些名字服务允许定制名字空间，以满足个别组织、用户甚至进程的需要。

合并：在 UNIX 与 NFS 的安装文件系统的实践（见 12.3 节）中，提供了一个名字空间的一部分被方便地嵌入到另一个名字空间的实例。此刻我们考虑如何合并两个完整的 UNIX 文件系统，这两个系统在两台分别名为 red 与 blue 的计算机上。每台计算机有自己的根，具有重叠的文件名。例如，/etc/passwd 在 red 上指的是一个文件，而在 blue 上指的是另一个文件。合并两个文件系统的最简单的方法是：用一个"超级根"替代原来每台计算机的根，然后将每台计算机的文件系统安装到该超级根目录下，称为/red 与/blue。这样用户与程序可以将上文中的文件分别称为/red/etc/passwd 与/blue/etc/passwd。然而，这个新的命名规范本身就会导致在两台计算机上仍然使用旧名字/etc/passwd 的程序发生故障。一个解决方法是，将每台计算机旧根下的内容仍然保留，并将两台计算机上已装载的文件系统/red 与/blue 嵌入（假设这样做不会带来旧根下的名字冲突）。

结论是我们总是可以通过构造更高一级的根上下文来合并名字空间，但这样做会带来向后兼容问题。修正兼容性问题又会给我们带来混合名字空间问题，在两台计算机的用户之间翻译旧的名字也非常不方便。

异构性：分布式计算环境（DCE）的名字空间［OSF 1997］允许嵌入异构名字空间。DCE 名字可以包含接合点（junctions），接合点的概念与 NFS 与 UNIX（见 12.3 节）中的安装点相似，只不过它允许安装异构的名字空间。例如，考虑完整的 DCE 名/…/dcs.qmul.ac.uk/principals/Jean.Dollimore。名字的第一部分/…/dcs.qmul.ac.uk 标识了一个称为单元的上下文。下一个部分是一个接合点。例如，接合点 principals 是一个包含安全主体的上下文，在该上下文中可以查询名字的最后一个部分 Jean.Dollimore。类似地，在/…/dcs.qmul.ac.uk/files/pub/reports/TR2000-99 中，接合点 files 是一个对应于文件系统目录的上下文。在该上下文中，查询名字的最后一个部分 pub/reports/TR2000-99。接合点 principals 与 files 是异构名字空间的根,它们由异构名字服务实现。

定制:从上面嵌入 NFS 文件系统的例子中可以看出,在有些情况下,用户愿意构造自己的名字空间,而不是共享某个名字空间。文件系统的安装使用户可以导入存储在服务器上的共享文件,而其他名字依然指向本地未共享的文件,并且可以进行自治管理。然而,即使是同一个文件,如果从不同的计算机访问,也会安装到不同的安装点上,从而有不同的名字。在不共享整个名字空间的情况下,用户必须在不同的计算机间翻译名字。

Spring 名字服务[Radia et al. 1993]提供了动态构造名字空间以及有选择地共享个人命名上下文的能力。与上面例子不同的是,甚至同一台计算机上的两个不同的进程也可以有不同的命名上下文。Spring 命名上下文是在分布式系统中可以共享的第一类对象。例如,假设计算机 red 上的用户试图运行 blue 上的一个程序,该程序寻找/etc/passwd 这样的文件路径,但是该路径被解析到 red 文件系统上的文件,而不是 blue 上的文件。在 Spring 中,可以通过将对 red 的本地命名上下文的引用传递给 blue 并将其作为程序的名字上下文来达到这一目的。Plan 9[Pike et al. 1993]也允许进程具有自己的文件系统名字空间。Plan 9 的一个新颖的特色(该特色也可在 Spring 中实现)是它的物理目录可以被排序并合并为一个逻辑目录。这样做的效果是,在单个逻辑目录中被查询的名字会在后续的物理目录中被查询,直到查询得到匹配的结果,然后可以返回相应的属性。这样做的好处是,在搜寻程序或库文件的过程中,用户无需提供一组路径。

13.2.2 名字解析

对于层次结构的命名空间,名字解析通常是一个迭代的过程,通过该过程,名字被反复地送到命名上下文中,来查找其涉及的属性。一个命名上下文或者直接将给定的名字映射到一组简单属性中(例如,一个用户的属性),或者将之映射到一个更深层次的命名上下文中,同时将一个派生名送到该上下文。在解析一个名字时,该名字首先被送到某个初始命名上下文中;随着更深层次的命名上下文以及派生名的输出,解析过程不断迭代。在 13.2.1 节的开始,我们以/etc/passwd 为例阐述了该过程,在此例中,etc 首先被送到上下文/,然后 passwd 被送到上下文/etc。

解析过程迭代特性的另一个实例是别名的使用。例如,当请求 DNS 服务器解析诸如 www. dcs. qmul. ac. uk 之类的别名时,服务器首先将该别名解析到另一个域名(在该例中为 traffic. dcs. qmul. ac. uk),然后这个域名被进一步解析产生一个 IP 地址。

通常,别名的使用可能会导致名字空间带有循环,在这种情况下,解析过程将永不终止。有两个解决方案,一是一旦到达解析次数的阈值,就放弃解析;二是让管理员禁止任何会导致循环的别名。

名字服务器与导航 诸如 DNS 这样的名字服务需要将数据存储在一个巨大的数据库中,并由一大群人访问,因此通常不会将所有的名字信息放在单个服务器上。这样的服务器会成为一个瓶颈以及故障的临界点。任何常用的名字服务都应该使用复制以提高可用性。我们将看到,DNS 规定数据库的任何一个子集都必须复制到至少两个不会同时失效的服务器上。

我们曾提到,属于一个命名域的数据通常被存储在该域的权威管理机构管理的本地名字服务器上。尽管在某些情况下,一个名字服务器会存储多个域的数据,但数据根据域的不同被分区到不同服务器上却是事实。我们看到,在 DNS 中,大多数条目是有关本地计算机的。当然,也有些名字服务器存储更高的域(如 yahoo. com、ac. uk)和根信息。

数据的分区意味着本地名字服务器若没有其他名字服务器的帮助,将无法回答所有的询问。例如,在 dcs. qmul. ac. uk 域中的名字服务器将不能提供域 cs. purdue. edu 中的计算机的 IP 地址,除非该计算机的域名被缓存——此时,该域名必然不是第一次被访问。

为解析一个名字,从超过一个名字服务器上定位命名数据的过程被称为导航(navigation)。客户端的名字解析软件代表客户进行导航。它们在解析名字的过程中会与名字服务器进行必要的通信。它们可能作为库代码链接到客户端,例如 DNS 的 BIND 实现(见 13.2.3 节)或 Grapevine[birrell et al. 1982]。另一种方法(如在 X. 500 中使用的)是在一个独立的进程中提供名字解析,而该进程可被

573

该计算机上的所有客户进程共享。

DNS 支持迭代导航（iterative navigation）模型（参见图 13-2）。在解析一个名字时，客户将该名字送到本地名字服务器，该服务器试图解析之。若本地名字服务器有这个名字，则立刻返回结果。如果没有这个名字，则它会建议另一个能提供帮助的服务器。在另一个服务器上继续解析，进行进一步的导航，直到该名字被定位或是发现并未与任何名字绑定为止。

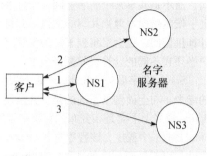

为解析一个名字，客户反复地与名字服务器NS1～NS3联系。

图 13-2　迭代导航

由于 DNS 可以容纳数百万个域的条目，并且可以被大量的客户访问，因此，即使在根服务器被大量复制的情况下，所有的查询都从根服务器开始也是不可行的。将 DNS 数据库划分到不同服务器上的策略是：大多数查询可在本地被满足，其余的查询无需单独解析名字的每一个部分即可被满足。13.2.3 节将详细描述 DNS 解析名字的方案。

NFS 在解析文件名时，按每个部分进行解析，也使用了迭代导航（参见第 12 章）。这是因为在解析名字时，文件服务可能会遇到符号链接。符号链接必须在客户的文件系统名字空间中被解释，因为它可以指向另一个服务器目录中的文件。客户计算机必须确定该服务器是哪个，因为只有客户知道安装点。

在组播导航（multicast navigation）中，客户向名字服务器组组播需解析的名字以及需要的对象类型。只有包含命名属性的服务器会响应该请求。遗憾的是，如果名字确实并未绑定到任何对象，则该请求不会得到任何响应。Cheriton 与 Mann［1989］描述了一个基于组播的导航方案，在该方案中，服务器组中包含一个独立的服务器来处理名字未被绑定的情况。

迭代导航模型的替代方案是，名字服务器协调名字的解析过程，并将结果返回给用户代理。Ma［1992］区分了非递归式（non-recursive）以及递归式服务器控制的导航（recursive server-controlled navigation）（参见图 13-3）。在非递归式服务器控制的导航中，任何名字服务器都可被客户选中。该服务器使用上文描述的方式，通过组播或迭代与其他对等服务器通信，如同它是一个客户一样。在递归式服务器控制的导航中，客户依然只与一个服务器打交道。如果服务器未存储该名字，则服务器与另一个存储了该名字（更长）前缀的服务器联系，此服务器接着试图解析该名字。这个过程递归地继续下去，直到名字被解析为止。

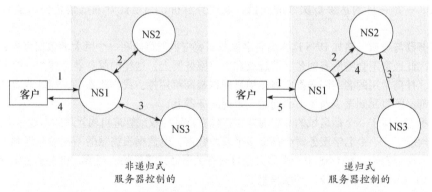

非递归式
服务器控制的

递归式
服务器控制的

注：名字服务器NS1代表客户与其他名字服务器通信。

图 13-3　非递归和递归的服务器控制的导航

若一个名字服务跨越了不同的管理域，则在一个管理域中执行的客户可能会被禁止访问另一个管理域上的名字服务器。此外，名字服务器甚至会被禁止探测在另一个管理域中的名字服务器上的命名数据的部署。这样，客户控制的导航与非递归式服务器控制的导航均不适用，此时必须使用递归式的服务器控制的导航方式。获得授权的名字服务器向指定的名字服务器请求名字服务数据，该指定的名字服务器由其他的管理部门管理，它返回相应的属性，而并不暴露命名数据库的不同部分是如何存 储的。

缓存 在 DNS 以及其他名字服务中，客户端的名字解析软件以及服务器维护了一个以往名字解析结果的缓存。当客户发出一个名字查询请求时，客户端的名字解析软件就查询它的缓存，如果该缓存包含通过上次查询该名字得到的一个最近的结果，那么将该结果返回给客户；否则，客户软件将着手从某个服务器上寻找结果，而服务器又有可能返回缓存在其他服务器中的数据。

缓存是名字服务性能的关键，即使在名字服务器崩溃的情况下，缓存也可以帮助维护名字服务器以及其他服务的可用性。它的作用非常清晰，即通过节省与名字服务器的通信时间提高响应速度。缓存可用于在导航路径上消除高层的名字服务器——特别是根服务器，同时在一些服务器产生故障的情况下，允许解析过程继续进行。

因为名字数据不会经常改变，从而客户端的名字解析程序的缓存在名字服务中得到广泛使用，并且特别成功。例如，计算机或服务地址的信息很可能会在几个月或几年内不变。然而，一个名字服务也有可能在解析过程中返回过时的属性信息，例如过时的地址。

13.2.3 域名系统

域名系统是一个名字服务，它的主命名数据库主要在互联网上使用。它由 Mockapetris［1987］（RFC 1034 和 RFC 1035）设计，DNS 代替了原有的互联网命名方案。在原有的方案中，所有的主机名和地址都保存在一个中央主文件中，需要这些信息的计算机通过 FTP 下载信息［Harrenstien et al. 1985］。此方案有以下三个缺点：

- 计算机数量众多时，缺乏可伸缩性。
- 本地组织希望管理自己的命名系统。
- 需要通用的名字服务——而不是仅查找计算机地址的名字服务。

DNS 命名的对象主要是计算机，IP 地址作为其属性存储。本章中涉及的命名域在 DNS 中简单地称作域（domain）。然而原则上，所有的对象都能被命名，同时对象名字的结构可以支持各种各样的实现。组织和部门可以管理自己的命名数据。互联网 DNS 绑定了几百亿个名字，而全世界的计算机都基于该 DNS 查找。任何名字均可被任何客户解析，这是由名字数据库的层次化分区、命名数据的复制以及缓存来实现的。

域名 DNS 可供多种实现使用，每种实现都可以拥有自己的名字空间，但实际上，只有一种方法应用最广，即在互联网上使用的命名方式。互联网 DNS 名字空间既按组织分区也按地域分区。名字中最高级的域位于右端。最初在互联网上广泛使用的顶级组织域名（也称作通用域）包括：

- com：商业化组织。
- edu：大学以及其他教育机构。
- gov：美国政府机构。
- mil：美国军事组织。
- net：主要的网络支持中心。
- org：上文未提及的组织。
- int：国际组织。

2000 年年初，又增加了一些新的顶级组织域名，如 biz 和 mobi。现在，可以通过互联网编号管理局［www.iana.org］获得包含全部通用域名的列表。

此外，每个国家拥有自己的域名：

- us：美国
- uk：英国
- fr：法国

......

每个国家，尤其是美国之外的其他国家，使用自己的域来区分国家内的各个组织。以英国为例，有 co. uk 和 ac. uk 域，分别对应于 com 和 edu（ac 代表 academic community）。

值得注意的是，尽管有相似的后缀 uk，doit. co. uk 这样的域也能在 Doit Ltd（一家英国公司）的西班牙办事处拥有数据，换句话说，地域式的域名仅仅是一种习惯用法，域名事实上完全独立于其物理位置。

DNS 查询　互联网 DNS 主要用于简单的主机名解析与电子邮件主机查找。具体内容如下：

主机名解析（host name resolution）：通常，应用程序使用 DNS 将主机名解析为 IP 地址。例如，当一个 Web 浏览器获得一个包含了 www. dcs. qmul. ac. uk 的 URL 之后，它将发出 DNS 查询，并获得相应的 IP 地址。正如第 4 章指出的（如果此 URL 中无特别说明），浏览器使用 HTTP 协议与占据了保留端口号的特定 IP 地址的 Web 服务器通信。FTP 服务与 SMTP 的工作方式类似。例如，当 FTP 客户程序获得域名 ftp. dcs. qmul. ac. uk 后，它会发出一个 DNS 查询以获得该域名的 IP 地址，然后使用 TCP 协议在一个保留端口上与服务器通信。

邮件主机定位（mail host location）：电子邮件软件使用 DNS 将域名解析为邮件主机的 IP 地址，邮件主机用于接收相应域的邮件。例如，当需要解析 tom@ dcs. rnx. ac. uk 时，使用地址 dcs. rnx. ac. uk 查询 DNS，类型指定为 mail。如果存在对应的邮件服务器，那么 DNS 会返回可接收 dcs. rnx. ac. uk 的邮件的主机的域名列表（有时可选择返回 IP 地址），DNS 可能会返回多于一个的域名，这样，当主邮件服务器因某种原因不可用时，邮件软件可以尝试使用其他服务器。DNS 对每个邮件主机均返回一个整型的优先值，表示邮件主机应被尝试的顺序。

有些安装版本也包括了其他类型的查询，但远没有上面两种查询应用广泛。它们是：

反向解析（reverse resolution）：一些软件需要通过 IP 地址获得域名。这与正常的主机名查询恰恰相反。对于接收查询的名字服务器，仅当 IP 地址在自己的域中时才会应答。

主机信息（host information）：DNS 可以存储主机域名相应的计算机的体系结构类型与操作系统信息。有人建议不应实现该选项，因为它为那些试图在未授权情况下访问计算机的黑客提供了有用的信息。

原则上，DNS 可以存储任意属性。一个查询通过域名、类别与类型三者来定义。互联网上域名的类别是 IN。查询的类型定义是否需要一个 IP 地址、一个邮件主机、一个名字服务器或其他类型信息。特殊域 in- addr. arpa 存储的是 IP 地址，可以用于反向查询。类别属性用于区分互联网命名数据库与实验阶段的 DNS 命名数据库。一个给定的数据库会有一组类型定义，互联网数据库的类型定义参见图 13-5。

DNS 名字服务器　通过结合使用分区、复制以及在需要地点的最近处缓存命名数据库等方法，可以解决伸缩性问题。DNS 数据库分布在一个逻辑服务器网络上。每个服务器存储命名数据库的一部分——主要是本地域的数据。大多数查询涉及本地域的计算机，并且由该域中的服务器给出应答。然而，每个服务器记录了其他名字服务器的域名与地址，这样可满足对本地域以外对象查询的需要。

DNS 命名数据被划分为区域，一个区域包含下列数据：

- 除那些由更低层的权威机构管理的子域内的数据外，一个域里名字的所有属性数据。例如，一个区域除了包括每个系（如计算机科学系 dcs. qmul. ac. uk）持有的数据外，还包括属于伦敦大学 Queen Mary College（qmul. ac. uk）的数据。
- 至少两台名字服务器的名称与地址，这些服务器提供该区域的权威（authoritative）数据，而且数据的版本被认为是最新的。
- 一些名字服务器的名字，这些名字服务器存储了被委托的子域的权威数据，以及给出了服务器 IP 地址后的一些 "粘合" 数据。
- 区域管理参数，例如管理区域数据缓存与复制的参数。

一个服务器可以拥有零个或多个区域的权威数据。为了在一个服务器发生故障的情况下，名字数据依然可用，DNS 体系结构规定每个区域必须至少在两台服务器上复制。

系统管理员将一个区域的数据送入一个主控文件中，此文件是该区域权威数据的来源。有两种服务器可提供权威数据：主服务器（primary server 或者 master server）直接从本地主控文件中读取区域数据。次服务器（secondary server）从主服务器下载区域数据。它们周期性地与主服务器通信，以检验次服务器上的版本是否与主服务器上数据版本的一致。若次服务器上的版本过期，则主服务器将最新的版本发送给它。管理员将次服务器检查过期的频率作为一个区域参数设定，通常它的值是一天一次或两天一次。

任何服务器均可缓存其他服务器的数据，以避免在解析名字时再与那些服务器联系请求数据。这样做的附带条件是当客户收到缓存数据时，需被告知数据是不可信的。区域中的每个条目有一个存活期。当一个非权威服务器缓存来自权威服务器的数据时，它会记录存活期。它将仅在存活期内向客户提供缓存数据；对于超过存活期后的查询，服务器需要重新与权威服务器联系，核对它的数据。这是一个有用的特征，它减少了网络流量，同时保留了系统管理员的灵活性。在预料到属性不会经常改变时，可以给它们赋予相当长的存活期。如果管理员知道属性可能很快就会改变，那么他/她将相应地减少属性的存活期。

图 13-4 给出了 2001 年时 DNS 数据库的部分安排。即使由于系统的重新配置而导致一些数据发生变化，这个例子依然能说明问题。注意，在实际中，a.root- servers.net 这样的根服务器除了保存第一级域名外，也会保存多个级别的域条目。这样，在域名被解析时，可以降低导航的次数。根名字服务器拥有顶级域名字服务器的权威条目。它们也同时是 com、edu 等常用顶级域的权威名字服务器。然而，根名字服务器不是国家域的名字服务器。例如，uk 域有若干名字服务器，其中一个被称为 ns1.nic.net。这些名字服务器知道英国二级域（如 ac.uk 与 co.uk）的名字服务器。域 ac.uk 的名字服务器知道本国所有大学域的名字服务器，例如 qmul.ac.uk 或 ic.ac.uk。在某些情况下，一个大学域将某些管理权委派给一个子域，如 dcs.qmul.ac.uk。

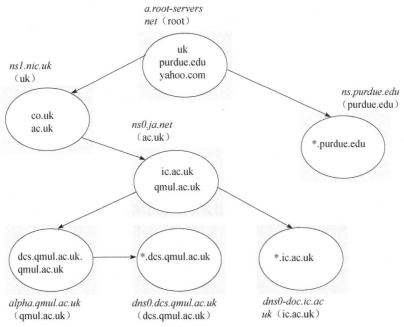

注：名字服务器名用斜体，而相应的域在括号中。箭头指示了名字服务器入口。

图 13-4　DNS 名字服务器

根域信息由主服务器复制到若干次服务器上。尽管如此，一些根服务器依然要做到每秒接收约 1000 个查询。所有 DNS 服务器都会存储一个或多个根名字服务器的地址，这些服务器的地址通常不会改变。DNS 服务器通常也会存储父域的一个权威服务器的地址。查询 www.berkeley.edu 这样的具有三个部分的域名，最坏情况下需要两步导航；第一步是向存储了合适的名字服务器条目的根服务器发出请求，第二步则向第一次查询得到的服务器发出请求。

参见图 13-4，域名 jeans-pc.dcs.qmul.ac.uk 可以使用本地服务器 dns0.dcs.qmul.ac.uk，从域 dcs.qmul.ac.uk 查找到。该服务器未存储 Web 服务器 www.ic.ac.uk 的任何条目，但它缓存了 ic.ac.uk 的条目（从权威服务

器 ns0.ja.net 中获得)。服务器 dns0-doc.ic.ac.uk 可用于解析全名。

导航与查询处理 DNS 客户被称为解析器(resolver),通常被实现为库代码。它接收查询后,将查询格式化为符合 DNS 协议格式的消息,再与一个或多个名字服务器通信。通信时一般使用简单的请求–应答协议,通常情况下使用互联网的 UDP 包(DNS 服务器使用的是一个已知的端口号)。解析器有可能超时,必要时需要重发查询。解析器可被配置成与一组带优先级的初始名字服务器联系,以应付某个或某几个服务器不可用的情况。

DNS 体系结构能够处理递归导航与迭代导航两种情况。当与名字服务器联系时,解析器指定需要何种类型的导航。然而,名字服务器并不一定实现递归导航。正如上面所指出的,迭代导航会占用服务器线程,这意味着其他请求会被延迟。

为节省网络通信,DNS 协议允许将多个查询打包到一个请求消息中,相应地,名字服务器可以在应答消息中发送多个回答。

资源记录 区域数据以多种固定类型的资源记录形式存储到名字服务器的文件中。对于互联网数据库,包含图 13-5 所示的类型。每条记录指的是一个域名(在图中未表示出来)。除了 AAAA 条目用来存储 IPV6 地址信息,A 存储 IPV4 地址信息,TXT 主要是为了存储域名的任一意信息之外,表中的条目大多在上文已提及。

记录类型	含义	主要内容
A	计算机地址	IP 号
AAA	计算机地址(IPv6)	IPv6 号
NS	权威名字服务器	服务器的域名
CNAME	别名的标准名	别名的域名
SOA	标识了一个区域数据的开始	管理该区域的参数
WKS	已知服务的描述	服务名与协议的列表
PTR	域名指针(反向查找)	域名
HINFO	主机信息	机器体系结构与操作系统
MX	邮件交换	<优先级,主机>列表
TXT	文本字符串	任意文本

图 13-5　DNS 资源记录

一个区域的数据从一个 SOA 类型的记录开始,该记录包含区域参数,参数可指定版本号以及次服务器刷新副本的频率等。SOA 类型的记录后紧跟着类型为 NS 的记录集合,用于指定域的名字服务器,接着是类型为 MX 的记录集合,用于指出邮件主机的优先级和域名。例如,域 dcs.qmul.ac.uk 的数据库中记录的一部分如图 13-6 所示,记录中的 1D 表示存活期为 1 天:

域名	存活期	类别	类型	值
dcs.qmul.ac.uk	ID	IN	NS	dns0
dcs.qmul.ac.uk	ID	IN	NS	dns1
dcs.qmul.ac.uk	ID	IN	MX	1 mail.qmul.ac.uk
dcs.qmul.ac.uk	ID	IN	MX	2 mail2.qmul.ac.uk

图 13-6　DNS 区域数据记录

后面的类型为 A 的记录会给出两个名字服务器——dns0 与 dns1 的 IP 地址。邮件主机以及第三个名字服务器的 IP 地址在域相应的数据库中给出。

对于 dcs.qmul.ac.uk 这样较低层的区域,数据库剩下的主要记录是 A 类型的,它将计算机的域名映射到一个 IP 地址。对于众所周知的服务,数据库可能会包含一些别名,例如:

域名	存活期	类别	类型	值
www	1D	IN	CNAME	traffic
traffic	1D	IN	A	138. 37. 95. 150

如果该域还有子域，那么将会有更多的 NS 类型的记录，这些记录指定了子域的名字服务器，而这些服务器也会有自己的 A 类型的条目。例如，qmul.ac.uk 的数据库对于子域 dcs.qmul.ac.uk 的名字服务器，会有下列记录：

域名	存活期	类别	类型	值
dcs	1D	IN	NS	dns0.dcs
dns0.dcs	1D	IN	A	138. 37. 88. 249
dcs	1D	IN	NS	dns1.dcs
dns1.dcs	1D	IN	A	138. 37. 94. 248

名字服务器的负载共享：对于某些站点，诸如 Web、FTP 等常用的服务由同一网络上的一组计算机同时支持。在这种情况下，该组的每个成员使用的是同一个域名。当一个域名由多台计算机共享时，名字服务器对该组的每台计算机都有一条记录，记录其 IP 地址。对于名字会涉及多条记录的查询，名字服务器根据循环调度方法返回 IP 地址。这样，后续的客户访问被分发到不同的服务器，以便服务器之间能均衡负载。而缓存可能会破坏这种方案，因为一旦一个非权威的名字服务器或客户在它的缓存中包含了某个服务器的 IP 地址，那么它会持续地使用该地址。为消除这种后果，资源记录一般给定较短的存活期。

DNS 的 BIND 实现 Berkeley 互联网域名系统（Berkeley Internet Name Domain，BIND）是运行 UNIX 的计算机的 DNS 实现。客户程序通过链入 BIND 软件库作为名字服务的解析器。DNS 名字服务器所在的计算机运行已命名的守护进程。

BIND 允许使用三类名字服务器：主服务器、次服务器以及仅提供缓存功能的服务器。已命名的程序根据配置文件内容仅实现三类中的一类服务器。前两类服务器上文已介绍过。缓存服务器从一个配置文件中读取足够多的权威服务器的名字与地址用于解析。因此，缓存服务器仅存储这些数据以及在为客户解析名字时所积累的数据。

一个组织通常具有一个主服务器以及在站点的不同局域网段提供名字服务的一个或多个次服务器。另外，每个计算机常常运行自己的缓存服务器，以降低网络开销，加速响应时间。

关于 DNS 的讨论 考虑到互联网命名数据的数量以及网络的规模，DNS 的互联网实现获得了较短的平均查询响应时间。我们看到，获得上述效果是通过对命名数据进行分区、复制以及缓存而达到的。命名的对象主要是计算机、名字服务器以及邮件主机。计算机（主机）名到 IP 地址的映射以及名字服务器与邮件主机的标识等信息的改变不太频繁，因此，缓存与复制可在一个相对宽松的环境中进行。

DNS 允许命名数据不完全一致，即当命名数据修改时，其他服务器在几天时间内仍会给提供客户过期的信息，这里没有使用第 18 章中研究的复制技术。然而，只有在客户试图使用过期信息的情况下，不一致性才会产生不好的后果。DNS 自己未指出如何探测过期数据。

除计算机外，DNS 还命名了一种特殊的服务：基于每个域的邮件服务。DNS 假设在每个指定的域中仅有一个邮件服务器，因此，用户无需显式地用名字指出服务。电子邮件应用在与 DNS 服务器联系时，通过使用合适的查询类型，透明地选择该服务。

总而言之，DNS 存储的不同类型的名字数据是非常有限的，但这在诸如电子邮件这样的应用中已经足够了，因为在电子邮件这类应用中可以将它们自己的名字机制加到域名之上。DNS 数据库作为对大量互联网用户有用的、最低层的公共命名者的地位应该是值得质疑的。DNS 并不是为互联网设计的唯一名字服务，它与本地名字与目录服务共存，这两种服务都存储了与局部需求有关的数据。（如 Sun 的网络信息服务（该服务存储了加密的口令）或者微软的活动目录服务［www.microsoft.com I］，该服务存储了一个域中所有资源的详细信息。）

DNS 设计的一个潜在的问题是，它的设计过于严格，很难改变它的名字空间的结构，同时，缺乏定制名字空间以满足本地需求的能力。在 13.4 节的全局名字服务的实例研究中，考虑了命名设计在这些方面的需求。在此之前，我们先来介绍目录服务。

13.3 目录服务

我们已描述了名字服务如何存储 < 名字，属性 > 对集合以及如何通过名字查找属性。很自然地，我们会考虑上述情况的另一面，即将属性作为查找的关键字。在这些服务中，文本名仅仅被看做是一个属性。有时，用户希望找到某一个人或资源，他不知道对方的名字，仅知道对方的一些属性。例如，一个用户可能会问："电话号码为 020-555 9980 的用户名是什么？"有时，用户需要一个服务，但只要服务可以被方便地访问，用户并不关注系统中的哪个实体提供了该服务。例如，用户会问："本大厦的哪台计算机是运行了 MacOs X 操作系统的 Macintosh 机？"或者"我在哪儿可以打印一个高分辨率的彩色图像？"

具有下列功能的服务称为目录服务 (directory service)：存储了一组名字和属性的绑定，条目的查找基于属性规范。目录服务的例子有：微软的活动目录服务、X.500 以及它相关的 LDAP（在 13.5 节描述）、Univers ［Bowman et al. 1990］和 Profile ［Peterson 1988］。目录服务有时也称为黄页服务 (yellow pages service)，而传统的名字服务被称为白页服务 (white pages service)，这与不同类型的电话簿目录相似。目录服务有时也被称为基于属性的名字服务。

目录服务返回满足特定属性的所有对象的属性集合。例如，"TelephoneNumber = 020-555 9980"这样的请求会返回 ｛'Name = John Smith'，'TelephoneNumber = 020-555 9980'，'emailAddress = john@dcs.gormenghast.ac.uk'，…｝。客户会指定感兴趣的属性子集，例如，仅返回匹配对象的邮件地址。X.500 以及其他目录服务也允许通过传统的层次型文本名查找对象。将在 9.4 节描述的统一目录和发现服务 (UDDI) 提供了关于各个机构以及它们提供的服务的信息的白页和黄页服务。

除了 UDDI，发现服务 (discovery service) 通常特指用于自发网络环境下设备提供的服务的目录服务。正如在 1.3.2 节中所述，自发网络中的设备连接与断连是不可预测的。发现服务与其他目录服务的本质区别在于一般目录服务的地址通常是众所周知的，而且在客户端是预先配置好的。但是，在自发网络环境下，一个设备会随时加入，这就会导致组播导航（至少这个设备第一次访问这个本地发现服务时会这样）。19.2.1 节会详细讨论发现服务。

属性用于指定对象显然比名字更有效。在不知道名字的情况下，可以通过编写程序来，根据精确的属性规范选择对象。属性的另一个优点是不会将组织机构内部的结构暴露给外界，而使用组织机构划分的名字会有这种风险。然而，使用文本名相对简单，这使得在很多应用中，名字服务不可能被基于属性的命名方法替代。

13.4 实例研究：全局名字服务

全局名字服务 (GNS) 是由 Lampson 与 DEC 系统研究中心的同事 ［Lampson 1986］设计与实现的，它用于提供资源定位、邮件寻址以及认证等功能。GNS 的设计目标已在 13.1 节的最后列出，这些目标反映的事实是：互联网使用的名字服务必须支持一个名字数据库，该数据库可以扩展到包含数百万台计算机的名字以及数十亿用户的邮件地址。GNS 的设计者也意识到，名字数据库可能会有很长的生命周期，它必须在规模由小变大以及底层网络发展的情况下有效地工作。在此过程中，名字空间的结构可以改变以反映组织结构的变化。名字服务必须允许其中的个人、组织、小组的名字发生变化。除此以外，也应允许一个公司被另一个公司接管时，名字结构发生变化。在本节中，我们重点描述允许这些变化的设计要点。

由于 GNS 可能在大规模分布式环境中运行，具有海量命名数据库，因此缓存的使用成为设计要点，在这种情况下维护数据库条目的所有副本的完全一致性就变得困难。决定采取的缓存一致性策略基于下面的假设：数据库的更新将是非频繁的，而因为客户可以探测和修复已过期命名数据的使用，所以慢速发送数据更新是可以接受的。

GNS 管理的名字数据库由一个包括名字与值的目录树构成。目录命名方式可以是相对于根或相对于某个工作目录的多部分路径名，这与 UNIX 文件系统的文件名很相似。每个目录被赋予一个整数作为唯一的目录标识符 (Directory Identifier, DI)。本节中，我们使用斜体字表示目录的 DI，如 EC 是 EC

目录的标识。目录包含了一组名字与引用。目录树的叶子中存储的值被组织成值树，这样与名字相关的属性可以是结构化的值。

GNS 中的名字有两个部分：<目录名，值名>。第一部分标识了一个目录，而第二部分指的是值树或是值树的一部分。例如，参考图 13-7，在图中为说明方便，DI 都是小整数，尽管在实际中为保证唯一性，DI 会从很广的整数范围中选择。目录 QMUL 下的用户 Peter.Smith 的属性会存储在一个名为 <EC/UK/AC/QMUL，Peter.Smith> 的值树中。该值树包含一个口令和多个邮件地址，口令可以通过 <EC/UK/AC/QMUL，Peter.Smith/password> 方式来引用，而每个邮件地址都作为值树的单独结点，以 <EC/UK/AC/QMUL，Peter.Smith/mailboxes> 作为结点名列出。

目录树被分区后存储在多个服务器中，每个分区又由多台服务器复制。首先要维护在两个或多个并行修改发生时树的一致性。例如，两个用户试图同时用同一名字创建一个条目，这时应该仅有一人能成功。复制目录带来了另一个一致性问题，通过一个能够保证最终一致性的异步更新分布式算法能解决该一致性问题，但不能保证所有的副本都是最新的。 585

适应改变　现在我们探讨与适应名字数据库的增长和改变有关的设计方面。在客户与管理员层，可以通过正常的方式扩展目录树来适应增长。但我们可能会集成两个原来分离的 GNS 名字树。例如，我们如何将图 13-7 中的 EC 目录下的数据库与 NORTH AMERICA 数据库进行集成？图 13-8 显示了在要合并的树的根之上，引入了新根 WORLD。这个技术非常简单直观，但对继续使用集成前的"根"作为名字的客户有什么影响呢？例如，</UK/AC/QMUL，Peter.Smith> 是在集成之前客户使用的名字。它是一个绝对名（因为它以"/"开始），但根指的是 EC，而不是 WORLD。EC 与 NORTH AMERICA 是工作根，工作根是一个初始上下文，这时必须查询以根"/"开始的名字。

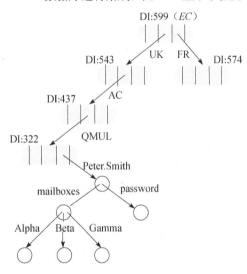

图 13-7　GNS 中用户 Peter. Smith 的目录树和值树

唯一目录标识符的存在可用于解决这个问题。每个程序的工作根必须作为执行环境的一部分（与一个程序的工作目录相同）。当一个在欧盟的客户使用形如 </UK/AC/QMUL，Peter.Smith> 的名字时，它的本地用户代理由于知道它的工作根，会在名字前添加目录标识符 EC（#599），从而构造出名字 <#599/UK/AC/QMUL，Peter.Smith>。用户代理在一个对 GNS 服务器的查询请求中发送出该派生名。用户代理对指向工作目录的相对名使用相似的方法。了解新的配置的客户也会向 GNS 服务器提供绝对名，它指向包含了所有目录标识符的概念上的超根目录，例如，<WORLD/EC/UK/ AC/QMUL，Peter.Smith>，但设计无法假设所有的客户考虑到该变化而被更新。

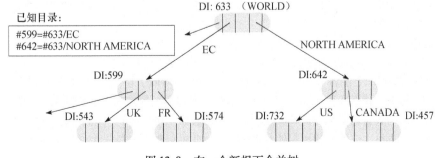

图 13-8　在一个新根下合并树 586

上述技术解决了逻辑问题，它甚至在插入一个新的真实根的情况下，依然允许用户以及客户程序继续使用已定义的相对于旧根的名字。但这样做产生了一个实现问题：在包含上百万目录的分布式名字数据库中，若仅给定#599这样的目录标识符，GNS 服务如何定位一个目录？GNS 的解决方案是在名字数据库的当前真实根下包含一个表，称为"已知目录"表，该表列出了所有作为工作根使用的目录，如 EC。一旦名字数据库真实的根发生改变，如图 13-8 所示，就会向所有 GNS 服务器通知真实根的新位置。然后它们可使用常用方式解释 WORLD/EC/UK/AC/QMUL（指向真实根）形式的名字，也可使用"已知目录"表将#599/UK/AC/QMUL 格式的名字翻译成以真实根开始的完全路径名。

GNS 也支持数据库的重构，以适应组织变化。假设美国成为欧盟的一部分，图 13-9 给出了新的目录树。但如果 US 子树仅被移到 EC 目录下，以 WORLD/NORTH AMERICA/US 开始的名字将无法继续工作。GNS 采取的方法是增加一个"符号链接"替代原有的 US 条目（见图 13-9 中加黑的一部分）。GNS 目录查找过程将链接重定向到新位置上的 US 目录。

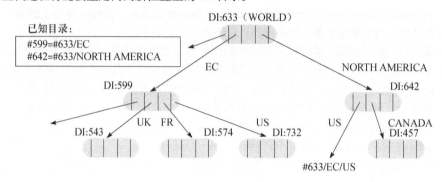

已知目录：
#599=#633/EC
#642=#633/NORTH AMERICA

图 13-9　重构目录

GNS 的讨论　GNS 由 Grapevine［Birrell et al. 1982］以及 Clearinghouse［Opeen and Dala1 1983］发展而来，这两个系统是 Xerox Corporation 成功开发的主要面向邮件发送名字系统。GNS 成功地解决了可伸缩性与可配置性问题，但合并与移动目录树采用的方法导致一个数据库（"已知目录"表）必须在每个结点被复制。在大规模的网络中，重配置可以在每个层次上发生，而该表可能会增长到很大，这与可伸缩性的目标相冲突。

13.5　实例研究：X.500 目录服务

X.500 是 13.3 节所定义的目录服务。它可以按传统的名字服务的使用方式使用，但它通常用于满足描述性的查询，并用来发现其他用户或系统资源的名字与属性。在网络用户、组织机构以及系统资源目录下，用户可能会有各种搜索与浏览需求，以获取该目录包含的实体的信息。这种服务的使用有可能非常的分散。查询的不同导致了目录服务的不同使用方法，可以使用与查询电话簿相似的方法，例如通过简单的"白页"查询获得一个用户的电子邮件地址；或是一个"黄页"查询，例如获得一个专修某种汽车的修车厂的名字与电话号码，再如，使用目录访问个人的工作职位、饮食习惯甚至照片等信息。

这些查询可以由用户发出，如上文中修车厂例子所代表的"黄页"查询；或是从进程发出，例如在用于识别满足某个功能的服务时。

个人与组织可以使用目录服务，在网络中使大量有关自己的信息以及提供的资源被他人访问。用户可在仅有部分名字、结构或内容的信息的情况下，搜索目录寻找特定信息。

ITU 与 ISO 标准组织已经将 X.500 目录服务（directory service）［ITU/ISO 1997］定义为一个满足上述需求的网络服务。该标准称 X.500 为一个访问有关"现实世界实体"信息的服务，它也可用于访问有关软硬件服务与设备的信息。X.500 被定义为开放系统互连［OSI］标准中的一个应用级的服务，但它的设计在很大程度上并不依赖于其他 OSI 标准，因此可以被看做是一个通用的目录服务。我们将在这里概述 X.500 目录服务的设计与实现。对 X.500 的详细信息以及实现方法感兴趣的读者可以参阅 Rose［Rose 1992］有关该主题的书。X.500 也是 LDAP 的基础（将在下面讨论），它被用于 DCE 的目录服务［OSF 1997］。

在 X.500 服务器中的数据被组织成一个由名字结点构成的树状结构,如在本章中提到的其他名字服务器一样。但在 X.500 中,树的每个结点存储了大量的属性,访问不仅可以根据名称进行,也可以根据属性的组合搜索条目。

X.500 名字树也称为目录信息树(Directory Information Tree,DIT),而整个目录结构以及与结点有关的数据称为目录信息库(Directory Information Base,DIB)。一般倾向于将全世界范围内的机构提供的信息存储在一个集成的 DIB 中,而 DIB 的一部分存储在单独的 X.500 服务器中。一个中等规模或大规模的组织至少会提供一个服务器。客户通过建立一个到服务器的连接以及发出访问请求来访问目录。如果请求的数据并不在连接的服务器的 DIB 中,该服务器会调用其他服务器以解析查询,或者将客户重定向到另一个服务器。

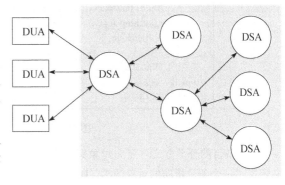

在 X.500 标准的术语中,服务器称为目录服务代理(Directory Service Agent,DSA),客户称为目录用户代理(Directory User Agent,DUA),图 13-10 给出了软件体系结构以及可能的导航模型中的一个。其中,每个 DUA 客户进程与单个

图 13-10 X.500 服务的体系结构

DSA 进程交互,而 DSA 进程在需要的时候访问其他 DSA 以满足请求。

DIB 的每个条目由一个名字和一组属性集组成。与其他名字服务器相似,一个条目完整的名字对应于 DIT 的一个从树根到条目的路径。除完整名或绝对名外,DUA 可以建立一个上下文,其中包括一个基本结点,然后 DUA 即可使用较短的相对名,该名字给出了从基本结点到已命名条目的路径。

图 13-11 显示了包括英国 Gormenghast 大学的部分目录信息树,图 13-12 是一个相关的 DIB 条目。DIB 与 DIT 中的条目的数据结构非常灵活。一个 DIB 条目包括一组属性,而每个属性由一个类型和一个或多个值组成。属性的类型由类型名表示(如 CountryName、organizationName、commonName、telephoneNumber、mailbox、objectClass)。在需要的时候可以定义新的属性类型。对于每一个类型名都有一个相应的类型定义,该定义包括一个类型描述以及一个使用 ASN.1 记号(一种语法定义的标准记号)表示的语法定义,语法定义确定了该类型的值域。

589

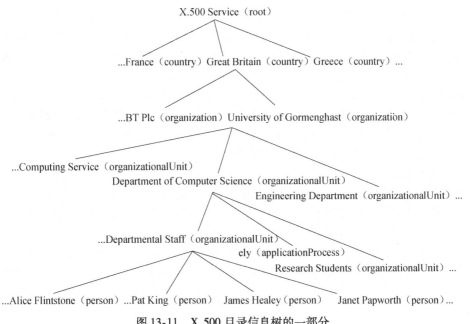

图 13-11 X.500 目录信息树的一部分

```
info
        Alice Flintstone, Departmental Staff, Department of Computer Science,
        University of Gormenghast, GB


commonName                          uid
        Alice.L.Flintstone                  alf
        Alice.Flintstone            mail
        Alice.Flintstone                    alf@dcs.gormenghast.ac.uk
        A.Flintatone                        Alice.Flintstone@dcs.gormenghast.ac.uk
surname                             roomNumber
        Flintstone                          Z42
telephoneNumber                     userClass
        +44 986 33 4604                     Research Fellow
```

图 13-12 一个 X. 500 DIB 条目

DIB 条目的分类方式与面向对象语言中的对象类结构相似。每个条目包括一个 objectClass 属性，它定义了一个条目指向的对象的类。Organization、organizationPerson 以及 document 都是 objectClass 的值的例子。在需要的时候可以进一步地定义类。类定义确定了给定类的条目中哪些属性是必需的，哪些是可选的。类的定义可以组织成一个继承层次，其中，除了 topClass 类外，所有类都必须有 objectClass 属性，objectClass 属性的值必须是一个或多个类的名字。如果有多个 objectClass 值，对象继承每个类的必需的和可选的属性。

要确定 DIB 条目的名字（确定它在 DIT 中位置的名字），可通过选择一个或多个属性作为辨别属性（distinguished attribute）。基于该目的而被选中的属性被称为条目的辨别名（Distinguished Name, DN）。

现在我们考虑访问目录的方法。一般有两种访问请求：

读：给定某个条目的绝对的或相对名字（在 X. 500 中称为域名）以及可读的属性列表（或者需要的属性的指示）即可。DSA 通过在 DIT 中导航，定位已命名的条目，当 DIT 中没有相关条目时，会向其他 DSA 服务器发出请求。DSA 检索需要的属性，并将它们返回给客户。

搜索：这是一个基于属性的访问请求。需提供一个基本名以及一个过滤表达式作为参数。基本名指定在 DIT 中开始搜索的结点，过滤表达式是一个布尔表达式，用于对基本结点以下的每个结点进行判定。过滤表达式指定了一个搜索准则：对条目属性值进行各种逻辑组合测试。search 命令会返回一组名字（域名），这些名字是基本结点之下的条目名，并且这些条目的过滤表达式判定值为真。

例如，可以构造一个过滤表达式，用于寻找在 Gormenghast 大学的计算机科学系占据了 Z42 房间的员工的 commonName（参见图 13-12）。然后使用一个读请求获得这些 DIB 条目的任意属性。

搜索目录树的大子树（可能会驻留在多台服务器中）需要很大开销。可以提供更多的参数以限制搜索的范围，如持续搜索的时间以及返回条目的数目。

DIB 的管理与更新 DSA 接口包括增加、删除以及修改条目的操作，查询与更新操作都提供了访问控制，因此对部分 DIT 的访问必须限定只能由特定用户或是一类用户来进行。

一般来说，DIB 是分区的，每个组织至少应提供一个服务器来容纳该组织中实体的细节。DIB 的各个部分可以复制到多个服务器上。

作为一个标准（或按 CCITT 术语称为"建议"），X. 500 未涉及实现细节。然而，很清楚的是，任何在广域互连网络中的涉及多个服务器的实现必须广泛地使用复制与缓存技术，以避免过多的查询重定向。

Rose [1992] 描述了 X. 500 的一个实现——QUIPU [Kille 1991]，它是伦敦的 University College 开发的一个系统。在该实现中，缓存与复制的级别是单个 DIB 条目，或是同一结点下的条目集。系统假设在更新后值变得不一致，而恢复一致性的时间间隔可能会需要几分钟。这种更新分发的形式对于目录服务应用而言是可接收的。

轻量级目录访问协议 X.500 标准假设组织能够在公共系统的公共目录下提供自己的信息，这一假设很大程度上是毫无根据的。同样，这一标准的复杂性意味着它对信息的摄取能力相对较弱。

Michigan 大学的一个研究小组提出了一个更轻量级的方法，称为轻量级目录访问协议（Lightweight Directory Access Protocol，LDAP），在该协议中，DUA 直接通过 TCP/IP 而不是通过 ISO 协议栈的上层来访问 X.500 目录服务。参见 RFC 2251 [Wahl et al. 1997]。LDAP 还用其他方法简化了 X.500 接口。例如，它提供了一个相对简单的 API，并使用文本编码替代了 ASN.1 编码。

尽管 LDAP 规范基于 X.500，但 LDAP 并不需要它。任何实现都可以使用符合更简单的 LDAP 规范的目录服务器——与 X.500 规范相反。例如，微软的活动目录服务提供了一个 LDAP 接口。

与 X.500 不同的是，LDAP 已被广泛采用，特别适用于企业内部网目录服务。它通过认证提供了安全的目录访问。

13.6 小结

本章描述了分布式系统中名字服务的设计与实现。名字服务存储了分布式系统中的对象的属性，特别是它们的地址，并在用一个文本名查询时返回这些属性。

名字服务的主要需求是处理任意数目名字的能力，服务应具有长期性、高可用性、故障隔离性与不信任容忍性。

首要的设计问题是名字空间的结构——管理名字的语法规则，相关问题是解析模型，即有多个部分的名字被解析为一组属性的规则，另外，绑定名的集合必须被管理。最后，大多数设计将名字空间分割为域，即名字空间的离散区域，每个域具有一个独立的相关权威机构，该机构控制域内名字的 |592| 绑定。

名字服务的实现可以跨越不同的组织机构与用户群。换句话说，名字与属性绑定构成的集合被存储在多个名字服务器上，每个服务器至少存储一个名字域的部分名字集。因此，出现了导航问题，即当需要的信息存储在多个站点上时名字被解析的方式。支持的导航类型有迭代、组播、递归服务器控制的导航，以及非递归服务器控制的导航。

另一个有关名字服务实现的重要方面是复制与缓存的使用。两者均对提高服务可用性以及降低名字解析时间有帮助。

本章讨论了两个主要的名字服务的设计与实现。域名系统被广泛地用于互联网上的计算机命名与电子邮件寻址，它通过复制与缓存获得理想的响应时间。全局名字服务解决了组织机构变化时重新配置名字空间的问题。

本章还讨论了目录服务，当客户提供基于属性的描述时，该服务返回与对象和服务相匹配的数据。X.500 是目录服务的一个模型，它既可以用于个人组织的目录也可以用于全球目录。随着 LDAP 软件的使用，X.500 也在企业内部网中被广泛使用。

练习

13.1 描述在分布式文件服务（如 NFS 中，见第 8 章）所使用的名字（包括标识符）与属性。

（第 566 页）

13.2 讨论在名字服务中使用别名带来的问题，并且指出如何解决这些问题。 （第 571 页）

13.3 解释为什么在不同名字空间可以局部集成的名字服务中（如由 NFS 提供的文件命名机制中）需要迭代导航。 （第 574 页）

13.4 描述组播导航中出现的名字未绑定问题。通过安装一个服务器，解决查询过程中名字的未绑定问题，可以得到什么结论？ （第 575 页）

13.5 缓存如何提高名字服务的可用性？ （第 576 页）

13.6 讨论 DNS 的绝对名与相对名在语法上缺乏差别（如最后的"."）的情况。 （第 571 页）

13.7　考察 DNS 域与服务器的本地配置。你可以寻找一个安装程序，如 dig 或 nslookup，它可以执行单个名
593　　字服务器的查询。　　　　　　　　　　　　　　　　　　　　　　　　　　　　　　　　（第 578 页）

13.8　为什么 DNS 根服务器包含两层名字（如 yahoo. com 与 purdue. du）而不是一层名字（如 edu 与 com？）

　　　（第 579 页）

13.9　默认情况下，DNS 名字服务器包含哪些名字服务器的地址，为什么？　　　　　　　（第 579 页）

13.10　为什么 DNS 客户选择递归导航而不是迭代导航？迭代导航选项会对名字服务器的并发性产生何种
　　　　影响？　　　　　　　　　　　　　　　　　　　　　　　　　　　　　　　　　　（第 581 页）

13.11　什么情况下一个 DNS 服务器会给一个名字查询返回多个回答，为什么？　　　　　　（第 581 页）

13.12　GNS 未保证命名数据库中的所有条目的副本是最新的，GNS 的客户怎样才能意识到它们所持有的
　　　　是一个过期的条目？在哪种情况下，这是有害的？　　　　　　　　　　　　　　　（第 585 页）

13.13　讨论用 X. 500 目录服务替代 DNS 与互联网邮件传送程序的好处与不足。为一个互联网粗略设计一
　　　　下邮件传送程序，其中每个邮件用户与邮件主机都注册到一个 X. 500 数据库。　　　（第 588 页）

594　13.14　哪些安全问题可能会与目录服务相关，例如，在一个大学里运行的 X. 500 目录服务？

　　　（第 588 页）

时间和全局状态

本章将介绍分布式系统中与时间有关的若干问题。时间是一个重要的问题。例如，我们要求全世界的计算机为电子商务交易给出一致的时间戳。时间也是理解分布式运行是如何展开的一个重要的理论概念。但时间又是分布式系统中容易出现问题的方面。每个计算机可以有自己的物理时钟，但时钟通常会有偏离，我们无法使它们完全准确地同步。本章将分析使物理时钟大致同步的算法，然后解释逻辑时钟，其中包括向量时钟。向量时钟是给事件排序的一种工具，它不需要精确地知道事件是何时发生的。

全局物理时间的缺乏使得很难找到分布式程序在执行时的状态。我们通常需要知道在进程 B 处于某种状态时，进程 A 所处的状态，但我们不能依靠物理时钟了解在同一时刻什么是真的。本章的后半部分将研究在缺乏全局时间的情况下决定分布式计算中全局状态的算法。

595

14.1 简介

本章将介绍一些基本概念和算法，它们与分布式系统运行时的监控有关，与发生在分布式系统运行中的事件时序有关。

在分布式系统中，时间是一个重要而有趣的问题，原因如下。第一，时间是我们想要精确度量的量。为了知道一台特定计算机上的一个特定事件在什么时间发生，将计算机的时钟与一个权威的外部时间源同步是必要的。例如，一个"电子商务"事务涉及的事件是在贸易商的计算机和银行的计算机上发生的。为了便于审计，这些事件必须要精确地标记时间戳。

第二，为了解决分布方面的几个问题，已经开发了若干依赖时钟同步的算法 [Liskov 1993]。这些算法包括维护分布式数据一致性的算法（16.6 节将讨论用时间戳来串行化事务）、检查发送给服务器的请求的真实性的算法（Kerberos 认证协议的一个版本依赖松散同步的时钟，具体讨论见第 11 章）以及消除重复更新的算法（参见 Ladin 等 [1992]）。

由于存在多个参考系，因此时间测量可能是不确定的。爱因斯坦在他的《相对论》中论证了从观察中得出的结论：不管观察者的相对速度如何，光速对所有的观察者而言是一个常量。他从这个假设证明了，若两个事件在一个参照系下是同时的，但对于其他与这个参照系相对运动的参照系中的观察者而言，它们不一定是同时的。例如，在地球上的观察者和在宇宙飞船中飞向太空的观察者对事件之间的时间间隔会有不同的意见，当他们的相对速度增加时，他们的看法就相差更大。

此外，对于两个不同的观察者，两个事件的相对顺序甚至是相反的。但如果一个事件能引起另一个事件的发生，那么上述情况就不可能出现。在这种情况下，对所有的观察者而言，虽然观察到的在原因和结果之间的时间间隔不同，但物理效果跟随在物理原因之后。这样就证明了，物理事件的时序对观察者而言是相对的，牛顿的绝对物理时间概念是不足信的。在度量时间间隔时，宇宙中没有一个专门的能引起我们兴趣的物理时钟。

在分布式系统中，物理时间的概念也是不确定的。这不是由于相对性的影响，相对性在常规计算机中是可忽略或不存在的（除非在太空旅行中用计算机计数！）。问题是我们的能力有限，不能准确记录不同结点上的事件的时间，以便知道事件发生的顺序或事件是否同时发生。没有绝对的全局时间。可是，我们有时需要观察分布式系统，确定事件的某些状态是否同时出现。例如，在面向对象系统中，我们要确定对某一对象的引用是否已不存在，即是否对象已经变成无用单元（这时我们能释放它的内存）。做出以上判断需要观察进程的状态（找出它们是否包含引用）和进程之间的信道（万一包含引用的消息正在传送过程中）。

596

在本章的前半部分，我们研究利用信息传递近似同步计算机时钟的方法。接着我们会介绍逻辑时钟，包括向量时钟，它可以用来在不用测量物理时间（发生时的时间）的情况下定义事件的顺序。

本章的后半部分将描述一些算法，这些算法用于捕获分布式系统在运行时的全局状态。

14.2 时钟、事件和进程状态

第 2 章介绍了分布式系统中进程之间的交互模型。我们将精化该模型，以帮助大家理解如何随系统的执行描述系统的演化，如何给系统执行过程中用户感兴趣的事件打时间戳。我们将从如何给一个进程中发生的事件排序和打时间戳开始。

设一个分布式系统由 N 个进程 $p_i(i=1, 2, \cdots, N)$ 组成，记为 $\mathcal{P}$。每个进程在一个处理器上执行，处理器之间不共享内存（第 6 章将考虑共享内存的进程）。在 $\mathcal{P}$ 中，进程 p_i 的状态是 s_i，通常在进程执行时进行状态变换。进程的状态包括进程中所有变量的值，还包括在它影响的本地操作系统环境中的对象（如文件）的值。此处假设除了通过网络发送消息外，进程之间不能相互通信。例如，如果进程操纵机器人手臂（这些手臂连接到系统中各自独立的结点），那么不允许通过机器人通过握手来通信。

当每个进程 p_i 执行时，它会采取一系列动作，每个动作或是一个消息 Send/Receive 操作，或是一个转换状态 p_i 的操作，即改变 s_i 中的一个或多个值。实际上，我们可以根据应用，选择使用动作的高层描述。例如，如果 $\mathcal{P}$ 中的进程用于一个电子商务应用，那么动作可能是"客户发出订单消息"或"交易服务器将事务情况记录到日志中"。

我们把事件定义成发生了一个动作（通信动作或状态转换动作），该动作由一个进程完成。进程 p_i 中的事件序列可以用全序方式排列，我们用事件之间的关系 $\rightarrow_i$ 表示。也就是说，当且仅当在 p_i 中事件 e 在 e' 前发生时，表示为 $e \rightarrow_i e'$。不论进程是不是多线程的，这个排序都是定义良好的，因为我们假设进程在单个处理器上执行。

现在，我们把进程 p_i 的历史定义成在该进程中发生的一系列事件，而且按关系 $\rightarrow_i$ 排序：

$$\text{history}(p_i) = h_i = \langle e_i^0, e_i^1, e_i^2, \cdots \rangle$$

时钟 我们已经知道如何在一个进程中给事件排序，但还不知道如何给事件标记时间戳，即给事件赋予一个日期和时间。每个计算机有它们自己的物理时钟。这些时钟是电子设备，计算有固定频率晶体的振荡次数，把计数值分割一下，保存在计数器寄存器中。可以对时钟设备编程以便按照一定间隔产生中断，从而实现时间片之类的功能。不过，我们可以不关心这个方面的时钟操作。

操作系统读取结点的硬件时钟值 $H_i(t)$，按一定比例放大，再加上一个偏移量，从而产生软件时钟 $C_i(t) = \alpha H_i(t) + \beta$，用于近似度量进程 p_i 的实际物理时间 t。换句话说，当在一个绝对参照系中的实际时间为 t 时，$C_i(t)$ 则是软件时钟的读数，例如，$C_i(t)$ 可以是从一个方便的参考时间开始的已流逝的以纳秒为单位的 64 位值。通常，时钟不完全准确，所以 C_i 与 t 不同。然而，如果 C_i 表现得相当好（我们将马上研究时钟正确性的概念），那么我们能用它的值给 p_i 的事件打时间戳。注意，连续的事件将相对应于不同的时间戳，条件是时钟分辨率（时钟值更新的周期）比连续事件之间的时间间隔小。事件发生的速率取决于处理器指令周期长度这样的因素。

时钟偏移和时钟漂移 计算机时钟与其他时钟一样，并不是完全一致的（如图 14-1 所示）。两个时钟的读数之间的瞬间不同称为时钟偏移（clock skew）。在计算机中使用的基于晶体的时钟和其他时钟一样有时钟漂移问题，即它们以不同的频率给事件计数，所以会产生差异。时钟的振荡器在物理上会有不同，因此振荡器的频率会有不同。而且，时钟频率有时会随温度不同而有所差别。有些设计试图弥补这种不同，但这些设计不能完全消除这种问题。两个时钟之间的振荡周期的不同可能相对很小，经过许多次的累加仍会形成在时钟计数器中可观察到的差异，不论这两个时钟的初始值是多么的一致。时钟的漂移率（drift rate）是指在由参考时钟度量的每个单位时间内，在时钟和名义上完美的参考时钟之间的偏移量。对普通的基于石英晶体的时钟，漂移率大约为 10^{-6}s/s，即每 1 000 000s 或 11.6 天有 1s 的偏差。"高精度"的石英钟的漂移率大约为 10^{-7} 或 10^{-8}。

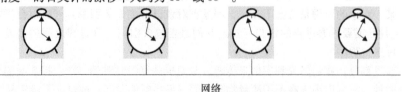

网络

图 14-1 分布式系统中计算机时钟之间的偏移

通用协调时间　计算机时钟能与外部的高精度时间源同步。最准确的物理时钟使用原子振荡器，它的漂移率大约为 10^{-13}。这些原子时钟的输出被用作实际时间的标准，称为国际原子时间（International Atomic Time）。从 1967 年起，标准的秒被定义为铯（Cs^{133}）在两个层次之间的跳跃周期的 9 192 631 770 倍。

秒、年和其他我们使用的时间单位来源于天文时间。它们最初按地球的自转和公转定义。然而，地球自转周期在慢慢变长，这主要因为潮汐的摩擦力；大气的影响和地球内核的对流也导致周期短期的增加和减少。所以天文时间和原子时间并不一致。

通用协调时间（Coordinated Universal Time，UTC（该缩写是根据法语得来的））是国际计时标准。它基于原子时间，但偶尔需要增加闰秒或极偶尔的情况下要删除闰秒，以便同天文时间保持一致。UTC 信号由覆盖世界大部分地方的广播电台和卫星进行同步和广播，例如，在美国，广播电台 WWV 用几个短波频率广播时间信号。卫星设备包括全球定位系统（Global Positioning System，GPS）。

接收器可从商家购买。与"极为准确的"UTC 相比，从陆地广播站接收的信号具有 $0.1 \sim 10$ms 级的精度，这取决于所使用的广播站。从 GPS 接收的信号能精确到 1ms。与接收器相连的计算机能用这些时序信号同步它们的时钟。计算机也能通过电话线从诸如美国国家标准和技术研究所这样的组织接收时间。

14.3　同步物理时钟

为了知道在分布式系统 $\mathcal{P}$ 的进程中事件发生的具体时间（例如，为了进行会计工作），有必要用权威的外部时间源同步进程的时钟 C_i。这标为外部同步（external synchronization）。如果时钟 C_i 与其他时钟同步到一个已知的精度，那么我们能通过本地时钟度量在不同计算机上发生的两个事件的间隔——即使它们没有必要与外部时间源同步。这称为内部同步。我们在实际时间 I 的一个区间上定义两个同步模式：

外部同步：设一个同步范围 $D>0$，UTC 时间源为 S，I 中的所有实际时间为 t，满足 $|S(t)-C_i(t)|<D$，其中 $i=1，2，\cdots，N$。该定义的另一种说法是时钟 C_i 在范围 D 中是准确的。

内部同步：设同步范围 $D>0$，I 中的所有实际时间为 t，则有 $|C_i(t)-C_j(t)|<D$，其中 $i，j=1，2，\cdots，j，N$。该定义的另一种说法是时钟 C_i 在范围 D 中是一致的。

内部同步的时钟未必是外部同步的，因为即使它们相互一致，它们与时间的外部源也可以有漂移。然而，根据定义，如果系统 $\mathcal{P}$ 在范围 D 内是外部同步的，那么同一系统在范围 $2D$ 内是内部同步的。

时钟正确性（correctness）概念有不同的提法。通常，如果一个硬件时钟 H 的漂移率在一个已知的范围 $\rho>0$ 内（该值从制造商处获得，例如 10^{-6}s/s），那么该时钟就是正确的。这表明度量实际时间 t 和 t'（$t'>t$）的时间间隔的误差是有界的：

$$(1-\rho)(t'-t) \leqslant H(t')-H(t) \leqslant (1+\rho)(t'-t)$$

该条件禁止了硬件时钟值（在正常操作中）的跳跃。有时，我们也要求软件时钟遵循该条件。但用一个较弱的单调性条件就足够了。单调性是指一个时钟 C 前进的条件：

$$t'>t \Rightarrow C(t')>C(t)$$

例如，UNIX 的 make 是一个工具，用于编译那些自上一次编译以来被修改的源文件。make 将源文件和相应的目标文件的修改日期进行比较，以决定是否进行编译。如果一台计算机时钟运行得快了，在编译源文件后修改源文件前把该时钟调整正确，那么会出现源文件在编译前被修改的结果，此时 make 就会错误地不编译该源文件。

尽管发现时钟运行快了，我们还是能获得单调性的。我们仅需要改变比率，使得对时间的更新与应用一样。可不改变硬件时钟滴答的比率而用软件达到这一目标，回忆等式 $C_i(t)=\alpha H_i(t)+\beta$，这里我们可自由选择 α 和 β 的值。

有时使用的一个混合正确性的条件是要求时钟遵循单调性条件，同时它的漂移率在两个同步点之间是有界的，但是在同步点允许时钟值可跳跃前进。

不满足正确性条件的时钟就被定义成是有故障（faulty）的。当时钟完全停止滴答，称为时钟的崩

598

599

溃故障（crash failure）。其他时钟故障是随机故障（arbitrary failure）。有千年虫的时钟故障就是此类故障的例子，它破坏了单调性条件，因为将 1999 年 12 月 31 日后的日期登记成 1900 年 1 月 1 日，而不是 2000 年 1 月 1 日。另一个例子是时钟的电池不足，它的漂移率会突然变得很大。

注意，根据定义，时钟不必非常正确。因为目标可以是内部同步而不是外部同步，正确的标准仅仅与时钟"机制"的正常运行有关，而不是它的绝对设置。

|600|

现在描述外部同步和内部同步的算法。

14.3.1 同步系统中的同步

考虑最简单的情况：在一个同步分布式系统中，两个进程之间的内部同步。在同步系统中，已知时钟漂移率的范围、最大的消息传输延迟和进程每一步的执行时间（见 2.4.1 节）。

一个进程在消息 m 中将本地时钟的时间 t 发送给另一个进程。原则上，接收进程可以将它的时钟设成 $t + T_{trans}$，其中 T_{trans} 是在两个进程间传输 m 所花的时间。两个时钟应该能一致（因为是内部同步，它不管发送进程的时钟是否精确）。

但 T_{trans} 是常常变化和未知的。通常，其他进程与要同步的进程在各自的结点上竞争资源，其他消息与 m 竞争网络。如果没有其他进程要执行，也没有其他网络通信，那么总有一个最小的传输时间 min，min 可以被度量或适当地估计出来。

根据定义，在一个同步系统中，用于传输消息的时间有一个上界 max。设消息传输时间的不确定性为 u，那么 $u = (max - min)$。如果接收方将它的时钟设成 $t + min$，那么时钟偏移至多为 u，因为事实上消息可能花了 max 时间才到达。类似地，如果将时钟设成 $t + max$，那么时钟偏移可能为 u。然而，如果将时钟设成 $t + (max + min) / 2$，那么时钟偏移至多为 $u/2$。通常，对一个同步系统，同步 N 个时钟时，可获得的时钟偏移最优范围是 $u (1 - 1/N)$ [Lundelius and Lynch1984]。

大多数实际的分布式系统是异步的。导致消息延迟的因素有很多，消息传输延迟没有上界 max，在互联网上尤其如此。对于一个异步系统，我们只能说 $T_{trans} = min + x$，其中 $x \geqslant 0$。x 的值在某些情况下是不知道的，虽然对特定的环境，值的分布是可以度量的。

14.3.2 同步时钟的 Cristian 方法

Cristian [1989] 建议使用一个时间服务器，它连接到一个接收 UTC 信号的设备上，用于实现外部
|601| 同步。在接收到请求后，服务器进程 S 根据它的时钟提供时间，如图 14-2 所示。Cristian 观察到，虽然在异步系统中消息传输延迟没有上界，但在一对进程之间进行消息交换的往返时间通常相当短，只有几分之一秒。他把算法描述成带条件（probabilistic）的：只有在客户和服务器之间的往返时间与所要求的精确性相比足够短，该方法才能达到同步。

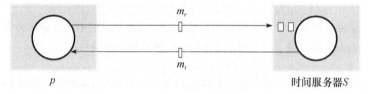

图 14-2 用时间服务器进行时钟同步

进程 p 在消息 m_r 中请求时间，从消息 m_t 中接收时间值 t（t 在从 S 的计算机传送之前的最后可能时刻插入到 m_t）。进程 p 记录了发送请求 m_r 和接收应答 m_t 的整个往返时间 T_{round}。如果时钟漂移率小，那么该值可以比较精确地度量这段时间。例如，往返时间在 LAN 上应该达到 1 ~ 10ms 数量级，漂移率为 10^{-6}s/s 的时钟在这段时间里变化至多 10^{-5}ms。

假设 S 在 m_t 中放置 t，往返时间在 t 时间点之前和之后平分，那么估计进程 p 应该设置它的时钟的时间为 $t + T_{round}/2$。正常情况下，这是一个相当精确的假设，除非两个消息在不同的网络上传递。如果最小传输时间 min 的值是已知的或者能保守地估计，那么我们能用如下方法判断结果的精确性。

S 能在 m_t 中放置时间的最早点是在 p 发出 m_r 之后的 min。它能做此工作的最近时间点是在 m_t 到达 p 之前的 min。因此，应答消息到达时 S 的时钟的时间位于范围 $[t + min，t + T_{round} - min]$ 内。这个范围的宽度是 $T_{round} - 2min$，所以精确度是 $\pm (T_{round}/2 - min)$。

通过给 S 发送几个请求（应该每隔一段时间发送一个请求以便造成拥堵）并用 T_{round} 的最小值给出最精确的估计，这样可在一定程度上应对可变性。精确性要求越高，达到它的可能性越小。这是因为最精确的结果源于两个消息在接近 min 的时间中传输——在繁忙的网络中，这是不太可能的。

关于 Cristian 算法的讨论   如上所述，Cristian 方法存在的问题与所有由单个服务器实现的服务相关，单个时间服务器可能出现故障，以至于暂时不能同步。因此，Cristian 建议应该由一组同步时间服务器提供时间，每一个服务器都有一个 UTC 时间信号接收器。例如，一个客户可以将它的请求组播到所有服务器并仅使用获得的第一个应答。

用假的时间值进行应答的故障时间服务器或故意用不正确的时间做应答的假冒的时间服务器都会给计算机系统带来灾难。这些问题超出了 Cristian［1989］所描述的工作的范围，Cristian 假设外部时间信号源是自检测的。Cristian 和 Fetzer［1994］描述了内部时钟同步的条件协议族，其中每一个协议都能容忍某类故障。Srikanth 和 Toueg［1987］首先描述了一个算法，它在容忍一些故障的同时，在同步时钟的精确性上是最优的。Dolev 等［1986］认为，如果 f 是所有 N 个时钟中出错时钟的个数，那么要让其他正确的时钟仍能达成一致，必须满足 $N > 3f$。处理出错时钟的问题可由下面描述的 Berkeley 算法解决。恶意干扰时间同步的问题使用认证技术来应对。

602

14.3.3 Berkeley 算法

Gusella 和 Zatti［1989］描述了一个内部同步的算法，用于运行 Berkeley UNIX 的计算机群。在该算法中，选择一台协调者计算机作为主机（master）。与 Cristian 协议不同，这个计算机定期轮询其他要同步时钟的计算机（称为从属机）。从属机（slave）将它们的时钟值返回给主机。主机通过观察往返时间（类似 Cristian 的技术）来估计它们的本地时钟时间，并计算所获得值（包括它自己时钟的读数）的平均值。概率的均衡是指这个平均值能抵偿单个时钟跑快或跑慢的趋势。协议的准确性依赖于主机和从属机之间名义上最大的往返时间。主机排除了某些比这个最大值更大的时间读数。

主机不是发送更新的当前时间给其他计算机（这种方式会因为消息传递时间而引入更多的不确定性），而是发送每个从属机的时钟所需的调整量。这个量可以是一个正数，也可以是一个负数。

算法避免了读取错误时钟的问题。如果用一个一般的平均值的话，这种有错的时钟会产生极大的负面影响。主机采用容错平均值（fault-tolerant average）。也就是说，在时钟中选择差值不多于一个指定量的子集，平均值仅根据这些时钟的读数计算。

Gusella 和 Zatti 描述了涉及 15 台计算机的实验，使用他们的协议，这些计算机的时钟可同步在 20 ~ 25ms 之内。本地的时钟漂移率小于 2×10^{-5}，最大的往返时间为 10ms。

如果主机出现故障，要能选举另一个主机接管，并像它的前任一样工作。15.3 节将讨论一些通用的选举算法。注意，它们并不保证在有限时间内选出一个新的主机，所以如果使用它们，在两个时钟之间的不同应不受约束。

14.3.4 网络时间协议

Cristian 的方法和 Berkeley 算法主要应用于企业内部网。网络时间协议（Network Time Protocol, NTP）［Mills 1995］定义了时间服务的体系结构和在互联网上发布时间信息的协议。

NTP 主要的设计目标和特色如下：
- 提供一个服务，使得跨互联网的用户能精确地与 UTC 同步：尽管在互联网通信中会遇到大的可变的消息延迟，但 NTP 采用了过滤时序数据的统计技术，以辨别不同服务器的时序数据。
- 提供一个能在漫长的连接丢失中生存的可靠服务：提供冗余的服务器并在服务器之间提供冗余的路径。如果其中一个服务器不可达，能重配置服务器以便继续提供服务。

使得客户能经常有效地重新同步以抵消在大多数计算机中存在的漂移率：服务能被扩展到处理大

603

量客户和服务器的情况。

- 提供保护，防止对时间服务的干扰，无论是恶意的还是偶然的：时间服务使用认证技术来检查来自声称是可信源的时序数据。它也验证发送给它的消息的返回地址。

NTP 服务由互联网上的服务器网提供。主服务器（primary servers）直接连接到像无线电时钟这样的接收 UTC 的时间源；二级服务器（secondary servers）最终与主服务器同步。服务器在一个称为同步子网的逻辑层次中连接（见图 14-3），其中的分层叫层次。主服务器占据层次 1：它们是根。层次 2 的服务器是与主服务器直接同步的二级服务器；层次 3 的服务器与层次 2 的服务器同步，依此类推。最低层（叶子）服务器在用户的工作站上执行。

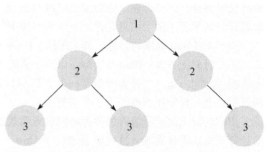

注：箭头表示同步控制，数字表示层次

图 14-3　在 NTP 实现中同步子网的例子

层次数大的服务器上的时钟比层次数小的服务器上的时钟更容易不准确，因为在同步的每一层都会引入误差。NTP 在评估由某个服务器拥有的计时数据的质量时，也考虑了整个消息到根的往返时间延迟。

在服务器不可达或出现故障时，同步子网可以重配置。例如，如果主服务器的 UTC 源出现故障，那么它能变成层次 2 的二级服务器。如果二级服务器的常规同步源出现故障或变得不可达，那么它可以与另一个服务器同步。

NTP 服务器用以下三种模式中的一种相互同步：组播、过程调用和对称模式。组播模式用于高速 LAN。一个或多个服务器定期将时间组播到由 LAN 连接的其他计算机上的服务器中，并设置它们的时钟（假设延迟很小）。这个模式能达到的准确性较低，但对许多目的而言，这已经足够了。

过程调用模式（procedure-call mode）类似上述的 Cristian 算法的操作（在 14.3.2 节中有说明）。在这个模式下，一个服务器从其他计算机接收请求，并用时间戳（当前的时钟读数）应答。这个模式适合准确性要求比组播更高的场合，或不能用硬件支持组播的场合。例如，在同一 LAN 或邻近 LAN 中的文件服务器，它们需要为文件访问保持准确的时序信息，这时就可以用过程调用模式与本地服务器打交道。

最后，对称模式（symmetric mode）可用于在 LAN 中提供时间信息的服务器和同步子网的较高层（层次数较小），即要获得最高准确性的地方。按对称模式操作的一对服务器交换有时序信息的消息。时序数据作为服务器之间的关联的一部分被保留，维护时序数据是为了提高时间同步的精确性。

在所有的模式中，使用标准 UDP 互联网传输协议进行消传递，是不可靠的。在过程调用模式和对称模式中，进程交换消息对。每个消息有最近消息事件的时间戳：发送和接收前一个 NTP 消息的本地时间，发送当前消息的本地时间。NTP 消息的接收者记录它接收消息的本地时间。图 14-4 给出了在服务器 A 和 B 之间发送的消息 m 和 m' 的 4 个时间 T_{i-3}、T_{i-2}、T_{i-1} 和 T_i。注意，在对称模式中，与上面描述的 Cristian 算法不一样，在一个消息的到达和另一个消息的发送之间会存在不可忽视的延迟。而且，消息也可能丢失，但是由每个消息携带的 3 个时间戳仍是有效的。

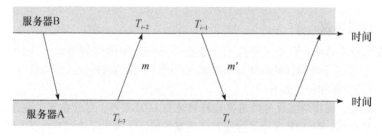

图 14-4　一对 NTP 服务器之间的消息交换

对于两个服务器之间发送的每对消息，由 NTP 计算偏移 o_i 和延迟 d_i。偏移 o_i 是对两个时钟之间实际偏移的一个估计，延迟 d_i 是两个消息整个的传输时间。如果 B 上时钟相对于 A 的真正偏移是 o，而 m 和 m' 实际的传输时间分别是 t 和 t'，那么我们有：

$$T_{i-2} = T_{i-3} + t + o \text{ 和 } T_i = T_{i-1} + t' - o$$

由它推出：

$$d_i = t + t' = T_{i-2} - T_{i-3} + T_i - T_{i-1}$$

以及

$$o = o_i + (t' - t)/2,\text{其中 } o_i = (T_{i-2} - T_{i-3} + T_{i-1} - T_i)/2$$

利用 t 和 $t' \geq 0$ 的事实，有 $o_i - d_i/2 \leq o \leq o_i + d_i/2$。这样 o_i 是偏移的估计，d_i 是该估计的精确性的一个度量。

NTP 服务器对于连续的 $<o_i, d_i>$ 对应用数据过滤算法，用于估计偏移 o 并计算这个估计的质量（采用称为过滤离中趋势（filter dispersion）的统计量形式）。若过滤离中趋势较高，则表示数据相对而言不可靠。保留 8 个最近的 $<o_i, d_i>$ 对。与 Cristian 算法一样，选择对应于最小 d_i 值的 o_j 的值用于估计 o。

与某个源通信得到的偏移值未必用于控制本地时钟。通常，一个 NTP 服务器参与几个对等方的消息交换。除了应用到与每个对等方交换的数据过滤外，NTP 还使用对等方选择算法。它检查从与几个对等方交换中获得的值，查找相对不可靠的值。这个算法的输出使服务器可以改变它主要用于同步的对等方。

层次较低的对等方比层次较大的对等方更受欢迎，因为它们"更接近"主时间源。具有最低同步离中趋势（synchronization dispersion）的对等方也比较受欢迎。这是服务器和同步子网的根之间度量的过滤离中趋势之和。（对等方在消息中交换同步离中趋势，这样就可以计算该总计值。）

NTP 采用一个阶段锁循环模型 [Mills 1995]，它按照对漂移率的结果修改本地时钟的更新频率。举一个简单的例子，如果发现一个时钟总是以固定比例走快，如每小时快 4s，那么为了弥补这个问题，可稍微降低它的频率（用软件或硬件）。这样，时钟在两次同步间隔中的漂移会减少。

Mills 提到，同步精确性在互联网路径上是 10ms 数量级，在 LAN 上是 1ms 数量级。

|606|

14.4　逻辑时间和逻辑时钟

从单个进程的角度看，事件可唯一地按照本地时钟显示的时间进行排序。但 Lamport [1978] 指出，因为我们不能在一个分布式系统上完美地同步时钟，因此通常我们不能使用物理时间指出在分布式系统中发生的任何一对事件的顺序。

通常，我们使用类似物理因果关系的方案，但将它应用到分布式系统是为了给发生在不同进程里的事件排序。这种排序是基于下面既简单又直观的两点：

- 如果两个事件发生在同一个进程 $p_i(i = 1, 2, \cdots, N)$ 中，那么它们发生的顺序是 p_i 观察到的顺序，即我们上面定义的顺序 $\rightarrow_i$。
- 当消息在不同进程之间发送时，发送消息的事件在接收消息的事件之前发生。

Lamport 将推广这两种关系得到的偏序称为发生在先关系。有时它也称为因果序或潜在的因果序。

我们按如下所示定义发生在先关系（用 $\rightarrow$ 表示）：

HB1：如果 ∃ 进程 p_i：$e \rightarrow_i e'$，那么 $e \rightarrow e'$。

HB2：对任一消息 m，$send(m) \rightarrow receive(m)$，其中 $send(m)$ 是发送消息的事件，$receive(m)$ 是接收消息的事件。

HB3：如果 e、e' 和 e'' 是事件，且有 $e \rightarrow e'$ 和 $e' \rightarrow e''$，那么 $e \rightarrow e''$。

由此，如果 e 和 e' 是事件，且 $e \rightarrow e'$，那么我们能找到在一个或多个进程中发生的事件 $e_1, e_2, \cdots, e_n$ 有 $e = e_1$，$e' = e_n$，并且对于 $i = 1, 2, \cdots, N-1$，在 e_i 和 e_{i+1} 之间既可以应用 HB1 也可以应用 HB2。也就是说，或者它们在同一个进程中连续发生，或存在一个消息 m 使得 $e_i = send(m)$，$e_{i+1} = receive(m)$。事件 $e_1, e_2, \cdots, e_n$ 的顺序不必是唯一的。

图 14-5 中的 3 个进程 p_1、p_2 和 p_3 可用于说明关系 $\rightarrow$。可以看到 $a \rightarrow b$，因为在进程 p_1 中事件按这个顺序发生（$a \rightarrow_i b$），类似地有 $c \rightarrow d$。进一步有 $b \rightarrow c$，因为这些事件是发送和接收消息 m_1，类似地有 $d \rightarrow f$。结合这些关系，我们可以得到 $a \rightarrow f$。

|607|

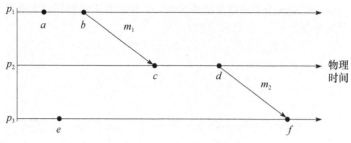

图 14-5 发生在三个进程中的事件

从图 14-5 还可以看出，并不是所有的事件与关系→相关。例如，$a \not\rightarrow e$ 和 $e \not\rightarrow a$，因为它们发生在不同的进程中，且它们之间没有消息链。我们说，像 a 和 e 这样不能由→排序的事件是并发的，写成 $a \parallel e$。

关系→捕获了两个事件之间的数据流。但是要注意，原则上数据可以按非消息传递的方式流动。例如，如果 Smith 输入一条命令让进程发送一条消息，然后给 Jones 打电话，Jones 让自己的进程发另一条消息，那么第一条消息的发送显然在第二条消息之前发生。但是，因为在进程之间没有发送网络消息，我们不能在系统中为这种类型的关系建模。

要注意的另一点是，如果发生在先关系在两个事件之间成立，那么第一个事件可能引起了第二个事件，也可能并未引起第二个事件。例如，如果服务器接收一个请求消息，后来发送了一个应答，那么很显然，应答的传送是由请求的传送引起的。但是，关系→只捕获可能的因果关系，两个事件即使没有真正的联系，也可以有→关系。例如，一个进程可能收到一个消息，后来又发送了另一个消息，但这个消息是每五分钟发送一次的，与第一个消息没有特别的关系。这里，并没有实际的因果关系，但这些事件可以用关系→来排序。

逻辑时钟 Lamport［1978］发明了一种简单的机制，称为逻辑时钟（logical clock），它可数字化地捕获发生在先排序。Lamport 逻辑时钟是一个单调增长的软件计数器，它的值与任何物理时钟无关。每个进程 p_i 维护它自己的逻辑时钟 L_i，进程用它给事件加上所谓的 Lamport 时间戳（Lamport timestamp）。我们用 $L_i(e)$ 表示 p_i 的事件 e 的时间戳，用 $L(e)$ 表示发生在任一进程中的事件 e 的时间戳。

为了捕获发生在先关系→，进程按下列规则修改它们的逻辑时钟，并在消息中传递它们的逻辑时钟值：

LC1：在进程 p_i 发出每个事件之前，L_i 加 1：

$L_i: = L_i + 1$

LC2：（a）当进程 p_i 发送消息 m 时，在 m 中附加值 $t = L_i$。

（b）在接收 (m, t) 时，进程 p_j 计算 $L_j: = max(L_j, t)$，然后在给 receive (m) 事件打时间戳时应用 LC1。

尽管上面时钟的增量是 1，但我们可以选用任何正数。通过在与事件 e 和 e' 有关的事件序列上进行长度归纳，可以很容易地看到：$e \rightarrow e' \Rightarrow L(e) < L(e')$。

注意，相反的情况是不成立的。如果 $L(e) < L(e')$，我们不能推出 $e \rightarrow e'$。图 14-6 给出了对图 14-5 中给出的例子使用逻辑时钟的结果。进程 p_1、p_2 和 p_3 都有各自的逻辑时钟，初始值为 0。时钟值紧邻着事件给出。注意，例如，$L(b) > L(e)$ 但 $b \parallel e$。

608

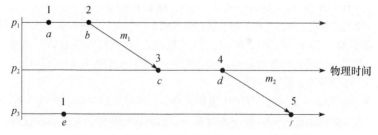

图 14-6 图 14-5 中的事件的 Lamport 时间戳

全序逻辑时钟　一些由不同进程生成的不同的事件对会有用数字值表示的 Lamport 时间戳。然而，我们能通过考虑发生事件的进程的标识符来创建事件的全序，即对所有的事件对排序。如果 e 是在 p_i 中发生的事件，本地时间戳为 T_i，而 e' 是在 p_j 发生的事件，本地时间戳为 T_j，我们为这些事件分别定义全局逻辑时间戳 (T_i, i) 和 (T_j, j)。当且仅当 $T_i < T_j$ 或 $T_i = T_j$ 以及 $i < j$ 时定义 $(T_i, i) < (T_j, j)$。这种排序没有通常的物理意义（因为进程标识符是随机的），但它有时有用。例如，Lamport 用它在一个临界区给进程排序。

向量时钟　Mattern［1989］和 Fidge［1991］开发了向量时钟用以克服 Lamport 时钟的缺点：我们从 $L(e) < L(e')$ 不能推出 $e \to e'$。有 N 个进程的系统的向量时钟是 N 个整数的一个数组。每个进程维护它自己的向量时钟 V_i，用于给本地事件加时间戳。与 Lamport 时间戳类似，进程在发送给对方的消息上附加向量时间戳，更新时钟的规则如下：

VC1：初始情况下，$V_i[j] = 0$，$i, j = 1, 2, \cdots, N$。

VC2：在 p_i 给事件加时间戳之前，设置 $V_i[i] := V_i[i] + 1$。

VC3：p_i 在它发送的每个消息中包括值 $t = V_i$。

VC4：当 p_i 接收到消息中的时间戳 t 时，设置 $V_i[j] := max\ (V_i[j], t[j])$，$j = 1, 2, \cdots, N$。这种取两个向量时间戳的最大值的操作称为合并（merge）操作。

对向量时钟 V_i，$V_i[i]$ 是 p_i 已经附加时间戳的事件的个数，$V_i[j]\ (j \neq i)$ 是在 p_j 中发生的可能会影响 p_i 的事件的个数（在这一时刻，进程 p_j 可能给多个事件加时间戳，但至今没有信息流向 p_i）。 |609|

我们用下列方法比较向量时间戳：

$$V = V' \text{ iff } V[j] = V'[j]\ (j = 1, 2, \cdots, N)$$
$$V \leqslant V' \text{ iff } V[j] \leqslant V'[j]\ (j = 1, 2, \cdots, N)$$
$$V < V' \text{ iff } V \leqslant V' \wedge V \neq V'$$

设 $V(e)$ 是发生 e 的进程所应用的向量时间戳。通过在与事件 e 和 e' 相关的事件序列的长度上进行归纳，可以看到 $e \to e' \Rightarrow V(e) < V(e')$。练习 10.13 将要读者证明：如果 $V(e) < V(e')$，那么 $e \to e'$。

图 14-7 给出了图 14-5 中的事件的向量时间戳。从图上可以看到，$V(a) < V(f)$，这反映了 $a \to f$ 的事实。类似地，通过比较时间戳，我们能区分何时两个事件是并发的。例如，从 $V(c) \leqslant V(e)$ 和 $V(e) \leqslant V(c)$ 均不成立的事实可推出 $c \parallel e$。

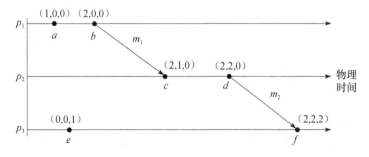

图 14-7　图 14-5 中的事件的向量时间戳

与 Lamport 时间戳相比，向量时间戳的不足在于占用的存储以及消息的有效负载与进程数 N 成正比。Charron-Bost［1991］证明，如果我们能通过观察时间戳来区分两个事件是否并发，那么就不可避免地用到 N 维向量。但是，想以重构完整向量为代价来存储和传送更少量数据，这种技术是存在的。Raynal 和 Singhal［1996］对其中一些技术进行了介绍。他们还描述了矩阵时钟（matrix clock）的概念，进程凭借它保持自己和其他进程的向量时间。

14.5　全局状态

本节和下一节将研究查找分布式系统中的一个性质在系统执行时是否成立的问题。我们从分布式无用单元收集、死锁检测、终止检测和调试的例子开始。 |610|

　　分布式无用单元收集：如果在分布式系统中不再对某个对象进行任何引用，那么该对象被认为是无用的。一旦认为对象是无用的，那么就要回收它所占据的内存。为了检查一个对象是否是无用的，我们必须验证系统中对它没有任何引用。在图 14-8a 中，进程 p_1 有两个对象，它们都有引用——一个引用在进程 p_1 内部，而进程 p_2 引用了另一个对象。进程 p_2 有一个无用对象，在系统中没有对它的引用。还有一个对象，p_1 和 p_2 都没有引用它，但在进程之间的暂态消息中对它进行了引用。这说明，当我们考虑系统的性质时，我们必须包括信道的状态和进程的状态。

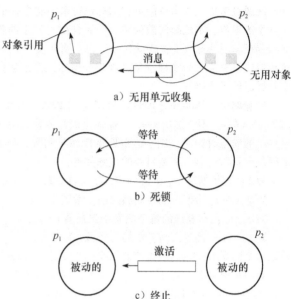

a) 无用单元收集

b) 死锁

c) 终止

图 14-8　检测全局性质

　　分布式死锁检测：当一组进程中的每一个进程都在等待另一个进程给它发送消息，并且在这种"等待"关系图中存在循环时，就会发生分布式死锁。在图 14-8b 中，进程 p_1 和 p_2 都在等待对方的消息，所以这个系统不会有任何进展。

　　分布式终止检测：这里的问题是检测一个分布式算法是否终止。检测终止是一个听起来很容易解决的问题：看起来只要测试每个进程是否都已经停止而已。为了说明问题并不是这么简单，考虑由进程 p_1 和 p_2 执行的一个分布式算法，每个进程都会请求另一个进程的值。我们能确定在一个瞬间进程是主动的还是被动的——一个被动的进程没有参与它自己的任何活动但准备回应另一个进程请求的值。假设我们发现 p_1 是被动的，p_2 是被动的（如图 14-8c 所示）。

　　为了说明我们不能推断算法已经终止，考虑下列情形：当我们测试 p_1 的被动性时，一个消息在从 p_2 向 p_1 传送，p_2 在发出该消息后马上变成被动的。p_1 接收消息后，我们发现它又从被动变成主动。因此算法不能被终止。

　　终止和死锁的现象在某些方面比较类似，但它们是不同的问题。首先，死锁只影响系统中的进程子集，而所有进程必须终止。其次，进程被动性与死锁循环中的等待不一样：死锁进程试图执行进一步的动作，该动作是另一个进程等待的；一个被动进程不参与任何活动。

　　分布式调试：分布式系统的调试非常复杂［Bonnaire et al. 1995］。要非常仔细才能确定系统执行过程中发生了什么。例如，在 Smith 写的应用中，每个进程 p_i 包含一个变量 $x_i(i = 1, 2, \cdots, N)$。变量随程序执行的进行而改变，但它们被要求相互之间的差值在一个 δ 值范围内。但是，程序中有一个缺陷，Smith 怀疑在某种情况下对某些 i 和 j 有 $|x_i - x_j| > \delta$，从而破坏了一致性限制。这里的问题是在变量值变化的同时要计算这种关系。

　　上述的每个问题都有适合的解决方案，但它们都说明了观察全局状态的必要，所以有必要开发一个通用的方案。

14.5.1　全局状态和一致割集

　　从原理上说，观察单个进程的连续状态是可能的，但查明系统的全局状态问题（进程集的状态）是非常困难的。

　　本质的问题是缺乏全局时间。如果所有进程都有完全同步的时钟，那么我们可以在同一时间让每个进程记录下它的状态——结果就是系统实际的全局状态。从进程状态集中我们可以判断进程是否发生死锁等。但我们不能获得完美的时钟同步，所以这个方法不适用。

　　我们可能会问：利用不同时间记录的本地状态能否得出一个有意义的全局状态？答案是在满足一

定条件时可以，为了说明这一点，我们先引入一些定义。

回到有 N 个进程 $p_i(i=1，2，\cdots，N)$ 的一般系统 $\mathbf{P}$ 中，我们将研究它的执行过程。在上面说过，在每个进程中发生了一系列事件，我们可以通过每个进程的历史来描述每个进程的执行过程：

$$\text{history}(p_i) = h_i = \langle e_i^0, e_i^1, e_i^2, \cdots \rangle$$

类似地，我们可以考虑进程历史的任何一个有限前缀：

$$h_i^k = \langle e_i^0, e_i^1, \cdots, e_i^k \rangle$$

612

每个事件或是进程的内部动作（例如，更新一个变量）或是在与进程相连的信道上发送或接收一个消息。

原则上，我们能记录在 $\mathbf{P}$ 执行时发生的一切。每个进程能记录本进程发生的事件，以及它经过的连续状态。我们用 s_i^k 表示进程 p_i 在第 k 个事件发生之前的状态，所以 s_i^0 是 p_i 的初始状态。我们注意到，在上面的例子中，信道的状态有时是相关的。我们不引入新的状态类型，而是让进程记录所有消息的发送或接收作为状态的一部分。如果我们发现进程 p_i 已经记录它发送了消息 m 到进程 $p_j(i \neq j)$，那么通过检查 p_j 是否接收到该消息，我们就能推断出 m 是否是 p_i 和 p_j 之间信道状态的一部分。

通过取单个进程历史的并集，我们可以得到 $\mathbf{P}$ 的**全局历史**（global history）：

$$H = h_0 \cup h_1 \cup \cdots \cup h_{N-1}$$

数学上，我们可以取单个进程状态的任一集合来形成一个全局状态 $S = (s_1，s_2，\cdots，s_N)$。但是哪个全局状态是有意义的，也就是说，哪些进程状态能同时发生？一个全局状态相当于单个进程历史的初始前缀。系统执行的**割集**（cut）是系统全局历史的子集，是进程历史前缀的并集

$$C = h_1^{c1} \cup h_2^{c2} \cup \cdots \cup h_N^{cN}$$

在对应于割集 C 的全局状态 S 中的状态 s_i 是在由 p_i 处理的最后一个事件即 $e_i^{ci}：i(i=1，2，\cdots，N)$ 之后的 p_i 的状态。事件集 $\{e_i^{ci}：i=1，2，\cdots，N\}$ 称为割集的**边界**（frontier）。

考虑图 14-9 中给出的在进程 p_1 和 p_2 中发生的事件。该图给出了两个割集，一个割集的边界是 $\langle e_1^0, e_2^2 \rangle$，另一个割集的边界是 $\langle e_1^2, e_2^2 \rangle$。最左割集是**不一致**（inconsistent）的。这是因为在 p_2 中它包含了对消息 m_1 的接收，但在 p_1 中它不包含对该消息的发送。这是一个没有"原因"的"结果"。实际的执行不会处于该割集边界所对应的全局状态。原则上，我们通过检查事件之间的 $\rightarrow$ 关系可获得这一点。相反，最右割集是**一致**（consistent）的。它包括消息的 m_1 的发送和接收。它也包括 m_2 的发送但不包括 m_2 的接收。这与实际执行相一致，毕竟，消息要花一些时间才能到达。

613

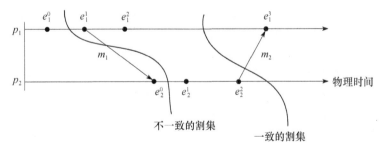

图 14-9 割集

割集 C 是一致的，条件是对它包含的每个事件，它也包含了所有在该事件之前发生的所有事件，即

$$\text{对于所有事件 } e \in C，f \rightarrow e \Rightarrow f \in C$$

一致的全局状态（consistent global state）是指对应于一致割集的状态。我们可以把一个分布式系统的执行描述成在系统全局状态之间的一系列转换：

$$S_0 \rightarrow S_1 \rightarrow S_2 \rightarrow \cdots$$

在每个转换中，正好一个事件在系统的一个进程中发生。这个事件或是发送消息，或是接收消息，也可以是一个外部事件。如果两个事件同时发生，我们可以认为它们按一定的顺序发生——按照进程

标识符排序（同时发生的事件必须是并发的，不是一个在另一个之前发生）。系统通过一致全局状态以这种方式逐步发展。

"走向"（run）是全局历史中所有事件的全序，并且它与每个本地历史排序→i（$i=1$，2，…，N）是一致的。线性化走向或一致的走向是全局历史中所有事件的全序，并且与 H 上的发生在先关系是一致的。注意，线性化走向也是一个走向。

不是所有的走向都经历一致的全局状态，但所有线性化走向只经历一致的全局状态。如果有一个经过 S 和 S' 的线性化走向，我们说状态 S' 是从状态 S 可达的（reachable）。

有时，我们可以在一个线性化走向中变换并发事件的排序，得到的走向仍是经历一致全局状态的走向。例如，如果线性化走向中两个连续的事件是由两个进程接收消息，那么我们可以交换这两个事件的顺序。

14.5.2 全局状态谓词、稳定性、安全性和活性

检测像死锁和终止之类的条件实际上是求一个全局状态谓词的值。全局状态谓词是一个从系统 P 的进程全局状态集映射到 {True，False} 的函数。与对象成为无用、系统死锁、系统终止的状态相关的谓词的一个特征是这些谓词都是稳定的（stable）：一旦系统进入谓词值为 True 的状态，它将在所有可从该状态可达的状态中一直保持 True。相反，当我们监控或调试一个应用程序时，我们通常对不稳定谓词感兴趣，如在前面的例子中，变量的差别是受限的。即使应用程序到达了受限范围内的一个状态，它也不必停留在这个状态。

我们还注意到，与全局状态谓词有关的两个概念：安全性和活性。假设有一个不希望有的性质 α，该性质是一个系统全局状态的谓词。例如，α 可以是成为死锁的性质。设 S_0 是系统的原始状态。关于 α 的安全性（safety）是一个断言，即对所有可从 S_0 到达的所有状态 S，α 的值为 False。相反，设 β 是系统全局状态希望有的性质，例如，到达终止的性质。关于 β 的活性（liveness）是对于任一从状态 S_0 开始的线性化走向 L，对可从 S_0 到达的状态 S_L，β 的值为 True。

14.5.3 Chandy 和 Lamport 的"快照"算法

Chandy 和 Lamport［1985］描述了决定分布式系统全局状态的"快照"算法。该算法的目的是记录进程集 p_i（$i=1$，2，…，N）的进程状态和通道状态集（快照）。这样，即使所记录的状态组合可能从没有在同一时间发生，但所记录的全局状态还是一致的。

我们将看到，快照算法记录的状态能很方便地用于求稳定的全局谓词的值。

算法在进程本地记录状态，它没有给出在一个场地收集全局状态的方法。收集状态的一个简单方法是让所有进程把它们记录的状态发送到一个指定的收集进程，但我们这里不对这个问题做进一步讨论。

算法有如下假设：
- 不论是通道还是进程都不出现故障。通信是可靠的，因此每个发送的消息最终被完整地接收一次。
- 通道是单向的，提供 FIFO 顺序的消息传递。
- 描述进程和通道的图是强连接的（任意两个进程之间有一条路径）。
- 任一进程可在任一时间开始一个全局快照。
- 在拍快照时，进程可以继续它们的执行，并发送和接收消息。

对每个进程 p_i，设接入通道（incoming channel）是其他进程向 p_i 发送消息的通道。类似的，p_i 的外出通道（outgoing channel）是 p_i 向其他进程发送消息的通道。算法的基本思想如下：每个进程记录它的状态，对每个接入通道还记录发送给它的消息。对每个通道，进程记录在它自己记录下状态之后和在发送方记录下它自己状态之前到达的任何消息。这种安排可以记录不同时间的进程状态并且能用

已传送但还没有接收到的消息说明进程状态之间的差别。如果进程 p_i 已经向进程 p_j 发送了消息 m，但 p_j 还没有接收到，那么 m 属于它们之间通道的状态。

算法使用了特殊的标记（marker）消息，它与进程发送的其他消息不一样，它可在正常执行中发送和接收。标记有双重作用：如果接收者还没有保存自己的状态，那么标记作为提示；作为一种决定哪个消息包括在通道状态中的手段。

算法定义了两个规则：标记接收规则和标记发送规则（如图 14-10 所示）。标记接收规则强制进程在记录下自己的状态之后但在它们发送其他消息之前发送一个标记。

进程 p_i 的标记接收规则
p_i 接收通道 c 上的标记消息：

    if（p_i 还没有记录它的状态）
      p_i 记录它的进程状态；
      将 c 的状态记成空集；
      开始记录从其他接入通道上到达的消息；
    else
      p_i 把 c 的状态记录成从保存其状态以来它在 c 上接收到的消息集合。

    end if

进程 p_i 的标记发送规则
    在 p_i 记录了其状态之后，对每个外出通道 c：
      （在 p_i 从 c 上发送任何其他消息之前）
      p_i 在 c 上发送一个标记消息。

图 14-10　Chandy 和 Lamport 的"快照"算法

标记接收规则强制没有记录状态的进程去记录状态。在这种情况下，这是进程接收到的头一个标记。它记录在其他接入通道上后来收到了哪个消息。当一个已保存状态的进程接收到一个（在另一个通道上的）标记，它就把从它保存其状态以来所接收到的消息集合作为那个通道的状态记录下来。

任何进程可以在任何时候开始这个算法。进程好像已接收到一个（在一个不存在的通道上的）标记，并遵循标记接收规则。这样，进程记录它的状态并开始记录在所有接入通道上到达的消息。几个进程可以以这种方式并发地开始记录（只要能区别它们使用的标记）。

我们用一个系统来说明这个算法，这个系统有两个进程 p_1 和 p_2，它们通过两个单向通道 c_1 和 c_2 相连。两个进程进行"窗口部件"交易。进程 p_1 通过 c_2 向 p_2 发送窗口部件的订单，并以每个窗口部件 10 美元附上货款。一段时间以后，进程 p_2 沿通道 c_1 向 p_1 发送窗口部件。进程的初始状态如图 14-11 所示。进程 p_2 已经接收到 5 个窗口部件的订单，它将马上分发给 p_1。

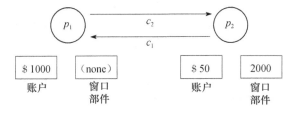

图 14-11　两个进程和它们的初始状态

图 14-12 给出了系统的执行过程并记录系统的状态。进程 p_1 在实际的全局状态 S_0 中记录它的状态，当时 p_1 的状态是 < \$1000，0 >。根据标记发送规则，进程 p_1 在它通过通道 c_2 发送下一个应用层消息（Order 10，\$100）之前，在它的外出通道 c_2 上发送一个标记消息。系统进入实际的全局状态 S_1。

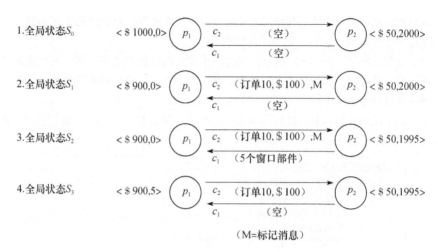

图 14-12 图 14-11 中进程的执行

在 p_2 接收到标记之前，它通过 c_1 发出一个应用消息（5 个窗口部件）以响应 p_1 以前的订单，产生新的实际全局状态 S_2。

现在，进程 p_1 接收到 p_2 的消息（5 个窗口部件），p_2 接收到标记。根据标记接收规则，p_2 将它的状态记录成 < \$50, 1995 >，将通道 c_2 的状态记录成空序列。根据标记发送规则，它通过 c_1 发送标记消息。

当进程 p_1 接收到 p_2 的标记消息时，它将通道 c_1 的状态记录成在它第一次记录它的状态之后接收到的那个消息（5 个窗口部件）。最后实际的全局状态是 S_3。

最后记录的状态是 p_1：< \$1000, 0 >；p_2：< \$50, 1995 >；c_1：<（5 个窗口部件）>；c_2：<>。注意，这个状态与系统实际经过的所有全局状态不同。

快照算法的终止 我们假设一个已经接收到一个标记消息的进程在有限的时间里记录了它的状态，并在有限的时间里通过每个外出通道发送了标记消息（即使它不再需要在这些通道上发送应用消息）。如果有一条从进程 p_i 到进程 $p_j(j \neq i)$ 的信道和进程的路径，那么可假设，在 p_i 记录它的状态之后的有限时间里 p_j 将记录它的状态。因为我们假设进程和通道图是强连接的，所以在一些进程记录它的初始状态之后的有限时间内，所有的进程将记录它们的状态和接入通道的状态。

刻画所观察到的状态 快照算法从执行的历史中选择了一个割集。因此，割集与该算法记录的状态是一致的。为了说明这一点，设 e_i 和 e_j 分别是在 p_i 和 p_j 中发生的事件，且有 $e_i \rightarrow e_j$。我们断言，如果 e_j 在割集中，那么 e_i 也在割集中。也就是说，如果 e_j 在 p_j 记录它的状态之前发生，那么 e_i 必须在 p_i 记录它的状态之前发生。如果两个进程是相同的，那么这一点非常明显，所以我们假设 $j \neq i$。假设目前我们要证明的是：在 e_i 发生之前 p_i 记录了它的状态。考虑 H 个消息序列 $m_1, m_2, \cdots, m_H (H \geq 1)$，有关系 $e_i \rightarrow e_j$。通过在传递这些消息的通道上进行 FIFO 排序，以及标记发送和接收规则，一个标记消息将在每个 $m_1, m_2, \cdots, m_H$ 之前到达 p_j。根据标记接收规则，p_j 将在事件 e_j 之前记录它的状态。这与我们 e_j 在割集中的假设相矛盾，所以得证。

我们将在根据算法运行时所观察到的全局状态与初始和最后的全局状态之间建立可达关系。设 $Sys = e_0, e_1, \cdots$ 是系统执行时的线性化走向（若两个事件同时发生，我们将按照进程标识符给它们排序）。设 S_{init} 是在第一个进程记录它的状态之前的全局状态，S_{final} 是在快照算法终止（最后一个状态记录动作之后）的全局状态，S_{snap} 是所记录的全局状态。

我们将找到 Sys 的一个排列，$Sys' = e_0', e_1', e_2', \cdots$，使得三个状态 S_{init}、S_{final}、S_{snap} 都在 Sys' 中发生，S_{snap} 可从 Sys' 中的 S_{init} 处到达，S_{final} 可从 Sys' 中的 S_{snap} 处到达。图 14-13 给出了这种情况，上面的线性化走向是 Sys，下面的线性化走向是 Sys'。

我们首先通过把 Sys 中的所有事件分成快照前事件（pre-snap event）或快照后事件（post-snap event），从 Sys 得到 Sys'。进程 p_i 的快照前事件是在进程 p_i 记录它的状态之前发生的事件，其他事件是快照后事件。如果事件在不同的进程中发生，那么在 Sys 中快照后事件可以在快照前事件之前发生，理解这一点是很重要的（当然，在同一进程中，快照前事件之前不可能发生快照后事件）。

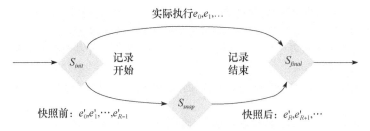

图 14-13　在快照算法中状态之间的可达性

我们将给出在快照后事件之前给快照前事件排序的方法以获得 Sys′。假设 e_j 是一个进程的快照后事件，而 e_{j+1} 是另一个进程的快照前事件。不能得到 $e_j \rightarrow e_{j+1}$。这两个事件可能分别是一个消息的发送和接收。标记消息必须在消息之前，使得消息的接收是一个快照后事件，但根据假设，e_{j+1} 是一个快照前事件。因此我们可以在不违反发生在先关系的前提下交换两个事件（也就是说，事件的结果序列仍然是一个线性化走向）。交换并不引入新的进程状态，因为我们没有改变任何单个进程发生的事件的顺序。

我们继续以这种方式交换相邻事件对，直到在 Sys′ 执行结果中，所有快照前事件 e'_0, e'_1, e'_2, $\cdots$, e'_{R-1} 排列在所有快照后事件 e'_R, e'_{R+1}, e'_{R+2}, $\cdots$ 之前。对每个进程，在 e'_0, e'_1, e'_2, $\cdots$, e'_{R-1} 中的该进程发生的事件集正好是它在记录它的状态之前经历的事件集。因此，在那一时刻每个进程的状态和信道的状态就是算法记录的全局状态 S_{snap}。我们不干扰线性化走向开始和结束的状态 S_{init} 和 S_{final}。这样，我们就建立了可达关系。

所观察到的状态的稳定性和可达关系　快照算法的可达性质对检测稳定谓词非常有用。通常，在状态 S_{snap} 中成为 True 的任何不稳定谓词在记录全局状态的实际执行中可以是 True，也可以不是 True。但是，如果在 S_{snap} 状态中稳定谓词为 True，那么我们可以肯定在 S_{final} 状态中谓词是 True。因为由定义可知，一个状态 S 为 True 的稳定谓词在从 S 可达的任一状态都是 True。类似地，如果对于 S_{snap} 状态谓词为 False，那么在 S_{init} 状态，该谓词也一定是 False。

14.6　分布式调试

我们现在研究记录系统全局状态的问题，以便我们能对实际执行中的暂态状态（与稳定状态相反）做出有用的判断。这是调试分布式系统时通常所要求的。上面我们给出了一个例子，即进程集合中的每一个进程 p_i 都有一个变量 x_i。在这个例子中，所要求的安全条件是 $|x_i - x_j| \leq d (i, j = 1, 2, \cdots, N)$；即使进程可能在任何时候改变它的变量值，也要满足这个限制。另一个例子是一个控制工厂管道系统的分布式系统，这里我们感兴趣的是是否所有的阀门（由不同的进程控制）在某些时间都是开放的。在这些例子里，通常我们不能同时观察变量的值或阀门的状态。这里我们面临的挑战是随时监控系统的执行（即捕获"跟踪"信息而不是单个快照）以便我们能在此之后了解所要求的安全条件是否成立或已被破坏。

Chandy 和 Lamport 的快照算法［1985］按分布的方式收集状态，我们指出了系统中的进程如何把它们收集的状态发送给一个监控进程。下面描述的算法（归功于 Marzullo 和 Neiger［1991］）是集中式的。被观察的进程将它们的状态发送到一个称为监控器的进程，监控器根据接受到的信息汇总成全局一致状态。我们认为监控器在系统之外观察系统的执行。

618
~
619

我们的目的是在我们所观察的系统执行的某一点判定一个给定的全局状态谓词 f 明确为 True，以及它可能为 True 的情况。出现"可能"这个概念是很自然的事，因为我们可以从一个执行系统中抽取一个一致的全局状态 S 并发现 $\phi(S)$ 为 True。仅仅观察一个一致的全局状态我们无法判断出一个非稳定谓词在实际的执行中是否曾为 True。不过，我们有兴趣了解它们是否有可能发生，直到我们通过观察系统的执行来明确这一点。

概念"明确"应用于实际执行，而不是应用于我们推断的运作。考虑在实际的执行中发生了什么听起来有点荒谬，但是，通过考虑所观察事件的所有线性化走向是有可能判断出 ϕ 是否明确为 True 的。

现在我们按照 H 的线性化走向为谓词 ϕ 定义可能的 ϕ 和明确的 ϕ 概念。

可能的 ϕ　可能的 ϕ 意味着存在一个一致的全局状态 S，H 的一个线性化走向经历了这个全局状态 S，而且该 S 使得 $\phi(S)$ 为 True。

明确的 ϕ　明确的 ϕ 意味着对于 H 的所有线性化走向 L，存在 L 经历的一个一致的全局状态 S，使得 $\phi(S)$ 为 True。

当我们使用 Chandy 和 Lamport 的快照算法，并获得全局状态 S_{snap} 时，如果 $\phi(S_{snap})$ 正好是 True，那么我们就可以认为可能的 ϕ 成立。但通常，求解可能的 ϕ 需要对从所观察到的执行中得出的所有一致的全局状态进行搜索。仅对所有一致的全局状态 S 有 $\phi(S)$ 为 False，这还不是可能的 ϕ 的情况。还要注意，虽然我们从 ¬ 可能的 ϕ 能得出明确的 (¬ ϕ)，但我们不能从明确的 (¬ ϕ) 得出 ¬ 可能的 ϕ。后者是指如下断言：在每个线性化走向中，对于部分状态 ¬ ϕ 成立，而对于另一部分状态 ϕ 成立。

我们现在描述：如何收集进程状态；监控器如何抽取一致的全局状态；监控器如何在异步和同步系统中求解可能的 ϕ 和明确的 ϕ。

14.6.1　收集状态

所观察的进程 $p_i(i=1, 2, \cdots, N)$ 最初用状态消息向监控器进程发送它们的初始状态，这以后也会不时发送状态消息。监控器进程在单独的队列 $Q_i(i=1, 2, \cdots, N)$ 中记录来自进程 p_i 的状态消息。

准备和发送状态消息的活动可能会延迟所观察进程的正常执行，但对其他方面没有受干扰。除了初始时和状态改变时，其他时候没有必要发送状态信息。有两种优化方法可减少发送到监控器的状态消息流量。第一，全局状态谓词可以只依赖进程状态的某一部分。例如，它可以仅依赖特定变量的状态。这样，所观察的进程只需要向监控器进程发送相关状态。第二，进程仅在谓词变成 True 或不再为 True 时发送它们的状态。发送不影响谓词值的状态的变化是没有意义的。

例如，在进程 p_i 应该遵循 $|x_i - x_j| \leqslant d(i, j=1, 2, \cdots, N)$ 限制的系统例子中，进程只需要在它们自己的变量 x_i 的值改变时通知监控器。当它们发送状态时，它们只需提供 x_i 的值而不需要发送其他变量。

14.6.2　观察一致的全局状态

为了计算 ϕ，监控器必须汇总一致的全局状态。先回忆一下，一个割集 C 是一致的当且仅当对割集 C 中所有的事件 e 有 $f \to e \Rightarrow f \in C$ 时。

例如，图 14-14 给出了两个进程 p_1 和 p_2，它们分别有变量 x_1 和 x_2。在（具有向量时间戳的）时间线上的事件是对两个变量的值作调整。初始的时候，$x_1 = x_2 = 0$。要求是 $|x_1 - x_2| \leqslant 50$。进程对变量作调整，但"大的"调整将使包含新值的消息被发送到其他进程。当一个进程从另一个进程接收到一个调整消息，它会把它的变量设成消息中所含的值。

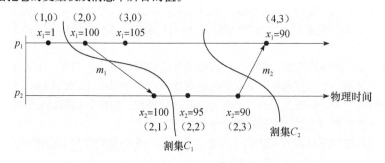

图 14-14　执行图 14-9 产生的向量时间戳和变量值

每次进程 p_1 或 p_2 中的一个调整了它的变量值（不论是"小的"调整还是"大的"调整），它就通

620

过状态消息给监控器进程发送一个值。监控器进程在为 p_1、p_2 而设置的队列中保存该消息用于分析。如果监控器进程使用图 14-14 中不一致割集 C_1 中的值，那么它将发现 $x_1 = 1$，$x_2 = 100$，这违反了约束 $|x_1 - x_2| \leqslant 50$。但这个状态是不会发生的。另一方面，来自一致割集 C_2 的值显示 $x_1 = 105$，$x_2 = 90$。

为了让监控器区分不一致的全局状态和一致的全局状态，被观察的进程在它们的状态消息中附上了向量时钟值。每个队列 Q_i 都以发送顺序排序，这是通过检查向量时间戳的第 i 个部分实现的。监控器进程可能因为变量消息有延迟而从到达次序上推断不出不同进程发送的状态的顺序。它必须检查状态消息的向量时间戳。

设 $S = (s_1, s_2, \cdots, s_N)$ 是从监控器进程接收到的状态消息中得出的全局状态。设 $V(s_i)$ 是从 p_i 接收到的状态 s_i 的向量时间戳。那么 S 是一致的全局状态当且仅当： 621

$$V(s_i)[i] \geqslant V(s_j)[i] \quad (i, j = 1, 2, \cdots, N) \text{——}(\text{CGS 条件})$$

也就是说，当 p_j 发送 s_j 时，p_j 知道的 p_i 的事件个数不多于在 p_i 发送 s_i 时在 p_i 发生的事件个数。换句话说，如果一个进程的状态依赖于另一个进程的状态（根据发生在先排序），那么全局状态也包含了它所依赖的状态。

总之，我们的方法是使用由被观察进程保持的向量时间戳和在被观察进程发送给监控器的状态消息上附带信息，这样，监控器进程可以判断一个给定的全局状态是否一致。

图 14-15 给出了与图 14-14 的两个进程执行相对应的一致的全局状态的网格。这个结构捕获了一致全局状态之间的可达性关系。结点表示全局状态，边表示状态之间可能的变换。全局状态 S_{00} 表示在初始状态中有两个进程；S_{10} 表示 p_2 仍在它的初始状态，p_1 处在它的本地历史中的下一个状态。状态 S_{01} 不是一致的，因为消息 m_1 从 p_1 发送到 p_2，所以它没有出现在网格中。

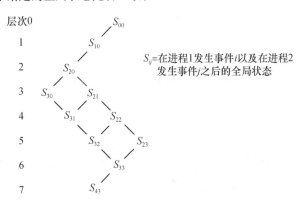

图 14-15　执行图 11-14 产生的全局状态网格

S_{ij}=在进程1发生事件i以及在进程2发生事件j之后的全局状态

网格按层次排列，例如，S_{00} 在层次 0，S_{10} 在层次 1。通常，S_{ij} 位于层次 $(i + j)$。线性化走向从任一全局状态开始遍历网格到达下一层的全局状态，也就是说，在每一步，都有一些进程经历了一个事件。例如，可从 S_{20} 到达 S_{22}，但不能从 S_{30} 到达 S_{22}。

网格给出了与一个历史相对应的所有线性化走向。现在从原理上能清楚地知道一个监控器进程应如何判定可能的 ϕ 和明确的 ϕ。为了判定可能的 ϕ，监控器进程从初始状态开始，经过从这点开始可到达的所有一致状态，在每一步判定 ϕ。当 ϕ 判定为 True 时停止计算。为了判定明确的 ϕ，监控器进程必须试图找到所有线性化走向必须经过的 ϕ 判定为 True 的状态集。例如，如果图 14-15 中的 $\phi(S_{30})$ 和 $\phi(S_{21})$ 都是 True，那么因为所有线性化走向经过这些状态，所以明确的 ϕ 成立。 622

14.6.3　判定可能的 ϕ

为了判定可能的 ϕ，监控器进程必须从初始状态 $(s_1^0, s_2^0, \cdots, s_N^0)$ 开始，遍历可达状态的网格。算法如图 14-16 所示。算法假设执行是无限的。但可以很容易地将它改成有限的执行。

根据下列方法，监控器进程可以发现在 $L+1$ 层中的可从 L 层一个给定的一致状态可达的一致状态集。设 $S = (s_1, s_2, \cdots, s_N)$ 是一个一致的状态，那么从 S 可达的下一层的一致状态具有 $S' = (s_1, s_2, \cdots, s_i', \cdots, s_N)$ 的形式，它与 S 的不同仅仅在于包含了一些进程 p_i 的（在一个事件之后的）下一个状态。通过遍历状态消息 $Q_i (i = 1, 2, \cdots, N)$ 的队列，监控器能找到所有这样的状态。状态 S' 从 S 可达当且仅当：

$$V(s_j)[j] \geqslant V(s_i')[j] \quad (j = 1, 2, \cdots, N, \text{且 } j \neq i)$$

该条件来自上面的 CGS 条件以及 S 已经是一个一致的全局状态这个事实。通常一个给定的状态可

623 从前一层的几个状态到达，所以监控器进程应该仅对每个状态判定一次一致性。

1.对N个进程的全局历史H求解可能的ϕ

$L:=0;$

$States:=\{\ (s_1^0,s_2^0,\cdots,s_N^0)\ \};$

while（对所有的$S\in States,\phi(S)=False$）

   $L:=L+1;$

   $Reachable:=\{S':H$中从一些$S\in States$可到达的状态$\wedge level(S')=L\};$

   $States:=Reachable$

end while

输出"可能的ϕ";

2.对N个进程的全局历史H求解明确的ϕ

$L:=0;$

If（$\phi(s_1^0,s_2^0,\cdots,s_N^0)$）那么$States:=\{\}$ *else* $States:=\{\ (s_1^0,s_2^0,\cdots,s_N^0)\ \};$

while（$States\neq\{\}$）

   $L:=L+1;$

   $Reachable:=\{S':H$中从一些$S\in States$可到达的状态$\wedge level(S')=L\};$

   $States:=\{S\in Reachable:\phi(S)=False\}$

end while

输出"明确的ϕ";

图 14-16　求解可能的ϕ和明确的ϕ

14.6.4　判定明确的ϕ

为了判定明确的ϕ，监控器进程再次从初始状态（s_1^0，s_2^0，$\cdots$，s_N^0）开始，每次一层地遍历可到达状态的网格。算法（如图 14-16 所示）又一次假设执行是无限的，但它可很容易地改成有限的执行。它维护 States 集合，该集合包含当前层的通过遍历ϕ为 False 的状态可从初始状态线性化可达的状态。只要这样的线性化走向存在，我们就不可以断言明确的ϕ；执行可以采用这个线性化走向，ϕ在每个阶段可以是 False。如果我们到达了一个不存在这样的线性化走向的层，我们就能断定明确的ϕ。

在图 14-17 中，第 3 层中的 States 集仅由一个状态组成，这个状态通过一个所有状态都是 False（用粗线标记）的线性化走向可达。第 4 层只考虑一个标记为"F"的状态。（右边的状态没有被考虑，因为它仅能通过ϕ判定为 True 的状态到达。）如果ϕ在第 5 层的状态为 True，那么我们可以断定明确的ϕ。否则，算法必须在这个层次上继续。

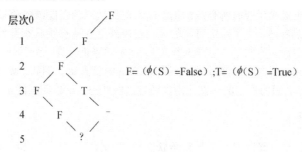

图 14-17　判定明确的ϕ

624

开销　刚才描述的算法是组合爆炸的。假设k是一个进程中的事件的最大个数。那么我们描述的算法需要$O(k^N)$次比较（监控器进程相互比较N个所观察的进程的状态）。

这些算法的空间开销是$O(k^N)$。但是，我们观察到，当从另外进程到达的其他状态项不可能与包含s_i的一个一致的全局状态相关时，就是说，在下列条件成立时：

$$V(s_j^{last})[i]>V(s_i)[i]\quad(j=1,2,\cdots,N,\text{且}j\neq i)$$

其中s_j^{last}是监控器进程从进程p_j接收到最后的状态，那么监控器进程可以从队列Q_i删除包含状态s_i的消息。

14.6.5　在同步系统中判定可能的 ϕ 和明确的 ϕ

到目前为止，我们所给出的算法在一个异步系统中工作：我们没有设置时序的假设。但为此付出的代价是对于监控器所检查的一个一致的全局状态 $S = (s_1, s_2, \cdots, s_N)$，在系统实际执行时，其中任意两个本地状态 s_i 和 s_j 可能间隔任意长的时间发生。而现在，我们的需求是仅考虑这些实际执行在原则上能遍历的全局状态。

在同步系统中，假设进程均将它们的物理时钟内部同步在一个已知的范围，并假设所观察的进程在它们的状态消息中提供物理时间戳和向量时间戳。接着给定时钟的近似同步值，监控器进程仅需要考虑那些本地状态可能已经同时存在的一致全局状态。在足够精确的时钟同步条件下，这些状态的数量将比所有全局一致状态少。

我们现在按这种方式给出一个算法来利用同步时钟。假设每个要观察的进程 $p_i (i = 1, 2, \cdots, N)$ 和监控器进程（我们称为 p_0）保持一个物理时钟 $C_i (i = 0, 1, 2, \cdots, N)$。它们在一个已知的范围 $D > 0$ 内同步。也就是说，在同一实际时间，有

$$\left| C_i(t) - C_j(t) \right| < D (i, j = 0, 1, \cdots, N)$$

所观察的进程将带有向量时间和物理时间的状态消息发送给监控器进程。监控器进程现在应用一个条件，该条件不仅用于测试全局状态 $S = (s_1, s_2, \cdots, s_N)$ 的一致性，而且在给定物理时钟值时用于测试是否在同一实际时间能发生每对状态，换句话说，对 $i, j = 1, 2, \cdots, N$，有

$$V(s_i)[i] \geq V(s_j)[i]，且 s_i 和 s_j 能在同一实际时间发生$$

条件的第一个部分是我们以前使用的条件。对于第二个部分，我们注意到 p_i 是从它第一次通知监控器进程的时间 $C_i(s_i)$ 到稍后的本地时间 $L_i(s_i)$（即在 p_i 发生下一个状态变换）的时候均处在状态 s_i。考虑到时钟同步的边界，对在同一实际时间上获得的 s_i 和 s_j，有：

$$C_i(s_i) - D \leq C_j(s_j) \leq L_i(s_i) + D，反之亦然（交换 i 和 j）$$

监控器进程必须计算 $L_i(s_i)$ 的值，这个值是用 p_i 的时钟来度量的。如果监控器进程已经接收到 p_i 的下一个状态 s'_i 的状态消息，那么 $L_i(s_i)$ 就是 $C_i(s'_i)$。否则，监控器进程把 $L_i(s_i)$ 估计为 $C_0 - max + D$，其中 C_0 是监控器当前的本地时钟值，max 是状态消息的最大传输时间。 625

14.7　小结

本章的开始描述了分布式系统精确计时的重要性，接着描述了同步时钟的算法，尽管存在时钟漂移和计算机之间消息延迟的可变性。

实际可获得的同步精确度可满足许多需求，但对于判断发生在不同计算机上的任意事件对的排序还是不够的。发生在先关系是事件的偏序关系，它反映了事件之间的信息流——这些事件或在一个进程中，或是两个进程之间的消息。一些算法要求事件按发生在先顺序排序，例如，后续的更新在数据的一个单独的备份里进行。Lamport 时钟是一个计数器，它们依照事件之间的发生在先关系进行更新。向量时钟是 Lamport 时钟的改进，因为通过检查它们的向量时间戳，可以判断两个事件是按发生在先关系排序还是并发的。

我们介绍了下列概念：事件、本地历史、全局历史、割集、本地状态、全局状态、走向、一致状态、线性化走向（一致走向）和可达性。一致状态或走向是与发生在先关系一致的状态。

接着，我们考虑通过观察系统执行来记录一致全局状态的问题。我们的目的是判定这个状态上的谓词。有一类重要的谓词是稳定谓词。我们描述了 Chandy 和 Lamport 的快照算法，它捕获一致全局状态，并允许我们就一个稳定谓词是否在实际执行中成立给出断言。接着我们给出了 Marzullo 和 Neiger 的算法，用于判断一个谓词是否在实际的走向中成立或可能成立。算法采用一个监控器进程收集状态。监控器检查向量时间戳来抽取一致的全局状态，它构造并检查所有一致全局状态的网格。这个算法的计算复杂性很高，但对理解很有价值，它比较适合只有相对少的事件改变全局谓词值的实际系统。这个算法有一个适合于时钟可以同步的同步系统的变种。 626

练习

14.1　为什么计算机时钟同步是必要的？描述用于同步分布式系统中的时钟的系统设计需求。

14.2 当发现一个时钟快4s时，它的读数是10:27:54.0（小时:分钟:秒）。解释为什么这时不愿将时钟设成正确的时间，并（用数字表示）给出它应该如何调整以便在8s后变成正确的时间。 （第600页）

14.3 一种实现至多一次的可靠消息传递的方案是使用同步时钟来拒收重复的消息。进程在它们发送的消息中放上本地的时钟值（一个"时间戳"）。每个接收者为每个发送进程维护一张表，在其中给出了它已看到的最大的消息时间戳。假设时钟被同步在100ms范围，消息在传递后至多50ms能到达。

1）如果一个进程已经记录了从另一个进程接收到的最后的消息的时间戳为 T'，那么这个进程何时能忽略具有时间戳 T 的消息？

2）何时接收方能从它的表中删除时间戳175 000ms？（提示：使用接收者本地的时钟值。）

3）时钟应该进行内部同步还是外部同步？ （第601页）

14.4 一个客户试图与一个时间服务器同步。它在下表中记录了由服务器返回的往返时间和时间戳。下面哪个时间可以用于设置它的时钟？它应该设成什么时间？与服务器时钟相比，估计设置的精确性。如果已知系统发送消息和接收消息之间的时间是至少8ms，那么你的答案应该如何改变？

往返时间（ms）	时间（小时:分钟:秒）
22	10:54:23.674
25	10:54:25.450
20	10:54:28.342

（第601页）

14.5 在练习14.4的系统中，要求将文件服务器时钟同步在 ±1ms 的范围内。讨论它与Cristian算法的关系。 （第601页）

14.6 在NTP同步子网中，你希望发生怎样的重配置？ （第604页）

627
14.7 一个NTP服务器B在16：34：23.480接收到来自服务器A的带有时间戳16：34：13.430的消息，并对消息给出了应答。A在16：34：15.725接收到带有B的时间戳16：34：25.7的消息。估计B和A之间的偏差和估计的精确性。 （第605页）

14.8 讨论当决定一个客户应该与哪一个NTP服务器同步它的时间时，应该考虑什么因素。 （第606页）

14.9 通过观察时间的漂移率，讨论补偿同步点之间的时钟漂移的可能方法。讨论该方法的局限性。

（第607页）

14.10 通过考虑连接事件 e 和 e' 的零或多个消息的链，并使用归纳方法证明 $e{\rightarrow}e'{\Rightarrow}L(e)<L(e')$。

（第608页）

14.11 证明 $V_j[i] \leqslant V_i[i]$。 （第609页）

14.12 按练习14.10的方式，证明 $e{\rightarrow}e'{\Rightarrow}V(e)<V(e')$。 （第610页）

14.13 利用练习14.11的结果，证明如果事件 e 和 e' 是并发的，那么 $V(e)\leqslant V(e')$ 和 $V(e')\leqslant V(e)$ 均不成立。因此证明：如果 $V(e)<V(e')$，那么有 $e{\rightarrow}e'$。 （第610页）

14.14 两个进程 P 和 Q 用两个通道连成一个环，它们不断地轮转消息 m。在任何时刻，系统中只有一份 m 的拷贝。每个进程状态由它接收到 m 的次数组成，P 首先发送 m。在某一点，P 得到消息且它的状态是101。在发送 m 之后，P 启动快照算法。给定由快照算法报告的可能的全局状态（s），试解释该情况下算法的操作。 （第615页）

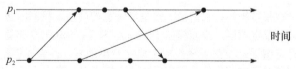

14.15 上图给出了在两个进程 p_1 和 p_2 中发生的事件。进程之间的箭头表示消息传递。

从初始状态（0，0）开始，画出并标注一致状态（p_1 的状态、p_2 的状态）的网格。 （第622页）

14.16 Jones 正在运行一组进程 p_1，p_2，…，p_N。每个进程 p_i 包含一个变量 v_i。她希望判定所有变量 v_1，v_2，…，v_N 在执行中是否相等。

1）Jones 的进程在同步系统中运行。她使用一个监控器进程判定变量是否相等。应用进程何时应该与监控器进程通信？它们的消息应该包含什么？

628
2）解释语句：possibly（$v_1 = v_2 = \cdots = v_N$）。Jones 如何能判定该语句在她的执行中成立。 （第623页）

协调和协定

本章介绍的主题和算法与如下问题有关：在发生故障时，分布式系统中的进程如何协调它们的动作和对共享值达成协定。本章将首先介绍实现一组进程互斥的算法，该算法可用于协调这些进程对共享资源的访问。接下来研究在分布式系统中如何实现选取，即在前一个协调者出现故障后，一组进程如何能就新协调者达成一致。

本章后半部分研究与组播通信、共识、拜占庭协定和交互一致性有关的问题。在组播中，问题是对消息发送顺序这样的事情如何达成协定。共识和其他的问题是由如下问题归纳而来：一组进程如何对一些值达成协定，而不管这些值的值域是什么。我们会遇到分布式系统理论中的一个基本结果：在某些条件下（甚至包括良性故障条件）不可能保证进程会达成共识。

15.1 简介

本章将介绍一组算法，这些算法目标不同，但却都具有分布式系统的一个基本目的：供一组进程来协调它们的动作或对一个或多个值达成协定。例如，对于像太空船这样的复杂设备，一个基本要求是就控制它的各个计算机能对太空船的任务是继续还是已经终止这样的条件达成协定。此外，各个计算机必须正确地协调它们关于共享资源（太空船的传感器和传动装置）的动作。计算机必须能做到这些，即使在各个部分之间没有固定的主－从关系（主－从关系会使协调变得简单）。避免固定的主－从关系的原因是，我们经常希望系统在出现故障时也能正确工作，因此就需要避免单节（例如固定的主控器）故障。

正如在第14章中那样，对于我们来说，一个重要的差别是所研究的分布式系统是异步的还是同步的。在异步系统中不做时序上的假设。在同步系统中，我们假设消息传送的最大延迟、进程的每步运行时间以及时钟漂移率都有约束。这些同步假设允许我们用超时来检测进程崩溃。

除了讨论算法外，本章的另一个重要目的是考虑故障以及在设计算法时如何处理故障。本章将使用2.4.2节介绍的一个故障模型。处理故障是一个精细的工作，因此我们先考虑一些不容许故障的算法，然后考虑针对良性故障的算法，直到过渡到考虑怎样容许随机故障。我们会遇到分布式系统理论中的一个基本结果：即使在良性故障条件下，在异步系统中也不可能保证一组进程能对一个共享值达成协定，例如太空船的所有控制进程对"继续任务"或"放弃任务"达成协定。

15.2节将研究分布式互斥问题。这是大家熟悉的在内核和多线程应用中避免竞争条件的问题在分布式系统中的扩展。由于在分布式系统中遇到的多是资源共享问题，因此这是一个重要的要解决的问题。随后，15.3节将介绍一个与之相关但更一般的问题，即如何"选举"一组进程中的一个来完成特定任务。例如，在第14章中，我们看到进程如何把时钟与一个指定的时间服务器同步。如果这个服务器出现故障，而有多个正常的服务器可以完成这一任务，那么为了一致性起见，必须只选择一个服务器来接管。

组播通信中的协调与协定是15.4节的主题。正如在4.4.1节解释的，组播是一个非常有用的通信范型，从定位资源到协调复制数据的更新都有相应的应用。15.4节将研究组播的可靠性和排序语义，并给出多种算法。组播传递本质上是进程间的协定问题，即接收者对接收哪些消息和按什么顺序接收消息达成一致。15.5节将从更一般性的角度讨论协定问题，主要形式是共识和拜占庭协定。

本章后面的论述包括陈述假设和要达到的目标，以及以非形式化方式解释所给出的算法为何是正确的。由于篇幅所限，此处没有提供更严格的论述。读者可参考详细介绍分布式算法的教材，如Attiya和Welch[1998]编写的教材以及Lynch[1996]编写的教材。

在给出问题和算法之前，我们先讨论分布式系统中的故障假设和检测故障的实际问题。

故障假设和故障检测器

为简单起见，本章假设每对进程都通过可靠的通道连接。也就是说，尽管底层网络组件可能出现故障，但进程使用能屏蔽故障的可靠通信协议，例如通过重传丢失或损坏的消息来屏蔽故障。为保持简洁性，我们还假设进程故障不隐含对其他进程的通信能力的威胁。这意味着没有进程依赖于其他进程来转发消息。

注意，一个可靠的通道最终将消息传递到接收者的输入缓冲区。在同步系统中，我们假设在必要的地方有硬件冗余，以便在出现底层故障时，可靠通道不仅最终能传递每个消息，而且能在指定时间内完成传递工作。

在某个时间间隔内，一些进程之间的通信可能成功，而另一些进程之间的通信则被延迟。例如，两个网络之间的路由器故障可能意味着 4 个进程被分为两对，每个网络内的进程对可以通信，但两对进程间在路由器故障时是不可能进行通信的。这称为网络分区（network partition）（参见图 15-1）。在一个点对点的网络上（如互联网），复杂的拓扑结构和独立的路由选择意味着连接可能是非对称的（asymmetric），即从进程 p 到进程 q 可以通信，但反之不行。连接还可能是非传递的，也就是说，从进程 p 到进程 q 和从进程 q 到进程 r 都可以通信，但 p 不能直接与 r 通信。因此，我们的可靠性假设要包括任何有故障的链接或路由器最终会被修复或避开的内容。然而，所有进程不能够同时进行通信。

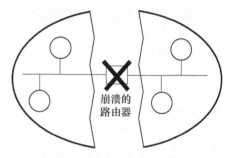

崩溃的路由器

图 15-1　网络分区

除非特别说明，本章假定进程只在崩溃时出故障。这个假定对许多系统来说都足够了。在 15.5 节，我们将考虑如何对待进程有随机（拜占庭）故障的情况。不论哪种故障，一个正确的进程是在所考虑的运行中任何点都没有故障的进程。注意，正确性应用于整个运行，而非运行的一部分。因此，一个出现崩溃故障的进程在某一点之前是"无故障"的，但不是"正确"的。

设计克服进程崩溃的算法所遇到的问题之一是判断进程何时已经崩溃。故障检测器（failure detector）［Chandra and Toueg 1996, Stelling et al. 1998］是一个服务，该服务用于处理有关某个进程是否已经出现故障的查询。故障检测器通常是由（同一计算机上的）每个进程中的一个对象实现的，此对象与其他进程的对应部分一起执行一个故障检测算法。每个进程中的这个对象叫做本地故障检测器（local failure detector）。我们稍后将介绍如何实现故障检测器，但首先我们关注故障检测器的一些性质。

一个故障"检测器"没有必要精确。它们大多属于不可靠故障检测器（unreliable failure detector）的范畴。当给出一个进程标识时，一个不可靠故障检测器可以产生下列两个值之一：Unsuspected 和 Suspected。这两种结果都是提示，这种提示可能精确地也可能不精确地反映进程是否确实出故障了。Unsuspected 表示检测器最近已收到表明进程没有故障的证据，例如，最近从该进程收到一个消息。但是那个进程可以自那以后出现故障。Suspected 表示故障检测器有迹象表明进程可能已经出故障了。例如，在多于最长沉默时间里没有收到来自进程的消息（即使在异步系统里，实际使用的上限也可被作为提示）。这样的怀疑可能是错的：例如，进程可能正常运行，但在网络分区的另一边；或者进程可能运行得比预期慢得多。

可靠的故障检测器（reliable failure detector）是能精确检测进程故障的检测器。对于进程的询问，它回答 Unsuspected（与前面一样，这只是一个提示）或 Failed。Failed 表示检测器确定进程已崩溃。如前所述，已崩溃进程会保持原状，因为根据定义，进程一旦崩溃就不会再采取其他步骤。

要注意，尽管我们说一个故障检测器是作用于一组进程的，但是故障检测器对一个进程的应答只是相当于该进程可用的信息。故障检测器有时会对不同的进程给出不同的应答，因为不同进程的通信条件不同。

我们可以用下述算法实现不可靠的故障检测器。每个进程 p 向其他所有进程发送消息"p is here"，

并且每隔 T 秒发送一次。故障检测器用最大消息传输时间 D（秒）作为评估值。如果进程 q 的本地故障检测器在最后一次 $T+D$ 秒内没有收到"p is here"的消息，则向 q 报告 p 是 Suspected。但是，如果后来收到"p is here"消息，则向 q 报告 p 是 OK。

在实际的分布式系统中，消息传送时间是有限制的。电子邮件系统也会在几天后放弃，即使很可能通信链路和路由器在此时间里已被修复。如果我们为 T 和 D 选择很小的值（比如它们总共为 0.1s），那么故障检测器很可能会多次怀疑非崩溃的进程，并且大部分带宽会被"p is here"消息占据。如果我们选择一个大的总超时值（比如一星期），那么崩溃的进程会经常被报告为 Unsuspected。

对于此问题，一个实用解决方案是使用反映所观察网络延迟条件的超时值。如果本地故障检测器在 20 秒而不是预期的 10 秒内收到"p is here"，那么它会依据此值为 p 重置超时值。这个故障检测器仍然是不可靠的，它对询问的回答仍只是提示，但检测精确的概率增加了。

在同步系统中，可以使我们的故障检测器变得可靠。我们可以选择 D，使得它不是一个评估值，而是消息传输时间的绝对界限。如果在 $T+D$ 秒内没有收到消息"p is here"，那么本地故障检测器就可以得出 p 已经崩溃的结论。

读者可能想知道故障检测器是否实用。不可靠故障检测器可能怀疑一个无故障的进程（即它们可能是不精确的）；它们也可能不怀疑一个已经出现故障的进程（即它们可能是不完全的）。另一方面，可靠的故障检测器要求系统是同步的（而实际系统很少是同步的）。

我们介绍故障检测器是因为它们有助于我们了解分布式系统中故障的本质，而任何用于应对故障的实际系统必须检测故障——不管多么不完美。但是即使是不可靠的故障检测器，只要它具有某些良构特性，也能为我们提供解决方案来处理发生故障时进程协调问题。我们在 15.5 节再讨论这个问题。

15.2　分布式互斥

分布式进程常常需要协调它们的动作。如果一组进程共享一个或一组资源，那么访问这些资源时，常需要互斥来防止干扰并保证一致性。这就是在操作系统领域中常见的临界区问题。然而，在分布式系统中，一般来说，共享变量或者单个本地核心提供的设施都不能用来解决这个问题。我们需要一个解决分布式互斥问题的解决方案：一个仅基于消息传送的解决方案。

在某些情况下，管理共享资源的服务器也提供互斥机制。第 16 章将描述服务器如何同步客户对资源的访问。但在某些实际情况下，需要一个单独的用于互斥的机制。

考虑多个用户更新一个文本文件的情况。保证他们更新一致的一个简单方法是，要求编辑器在更新之前锁住文件，一次只允许一个用户访问文件。第 12 章描述的 NSF 文件服务器是无状态的，因此不支持文件加锁。为此，UNIX 系统提供由守护进程 locked 实现的一个文件加锁服务，用于处理客户的加锁请求。

一个特别有趣的例子是一组对等进程在没有服务器的环境下，必须协调它们对共享资源的访问。这种情况经常出现在以太网、"自组织"模式的 IEEE 802.11 无线网等网络中，其中网络接口作为对等成分进行协作，使得在共享介质上一次只有一个结点进行传输。再考虑一个监控一个停车场空位数的系统，在每个入口和出口有一个进程来跟踪进出车辆的数目。每个进程记录停车场内车辆总数，并且显示停车位是否已满。这些进程必须一致地更新车辆数的数目。有几个方法能实现这一点，比较方便的方法是这些进程只要通过相互通信就能互斥，这样可以不需要单独的服务器。

具有用于分布式互斥的一般机制是有用的——这种机制独立于特定的资源管理方案。我们现在就来研究可达到这一目的算法。

互斥算法

考虑无共享变量的 N 个进程 p_i，（$i=1,2,\cdots,N$）的系统。这些进程只在临界区访问公共资源。为简单起见，我们假设只有一个临界区。这可以很容易地把我们将要介绍的算法扩展到多个临界区。

假设系统是异步的，进程不出故障，并且消息传递是可靠的，这样传递的任何消息最终都被完整地恰好发送一次。

执行临界区的应用层协议如下：

```
enter ()                //进入临界区——如果必要，可以阻塞进入
resourceAccesses ()     //在临界区访问共享资源
exit ()                 //离开临界区——其他进程现在可以进入
```

我们对互斥的基本要求如下：

ME1：（安全性）　　在临界区（CS）一次最多有一个进程可以执行。

ME2：（活性）　　　进入和离开临界区的请求最终成功执行。

条件 ME2 隐含着既无死锁也无饥饿问题。死锁涉及两个或多个进程，它们由于相互依赖而在试图进入或离开临界区时被无限期地锁住。但是，即使没有死锁，一个差的算法也可能导致饥饿问题：进程的进入请求被无限推迟。

没有饥饿问题是一个公平性条件。另一个公平性问题是进程进入临界区的顺序。按进程请求的时间决定进入临界区的顺序是不可能的，因为没有全局时钟。但有时使用的一个有用的公平性条件利用了请求进入临界区的消息之间的发生在先顺序（参见 14.4 节）：

ME3：（→顺序）　　如果一个进入 CS 的请求发生在先，那么进入 CS 时仍按此顺序。

如果一种解决方案用发生在先顺序来决定进入临界区的先后，并且如果所有请求都按发生在先建立联系，那么在有其他进程等待时，一个进程就不可能进入临界区多于一次。这种顺序也允许进程协调它们对临界区的访问。一个多线程的进程可以在一个线程等待进入临界区时，继续进行其他处理。在此期间，它可能给另一进程发消息，该进程因此也试图进入临界区。ME3 指定第一个进程在第二个进程之前被准予进入临界区。

我们按下列标准评价互斥算法的性能：

- 消耗的带宽（bandwidth），与在每个 entry 和 exit 操作中发送的消息数成比例。
- 每一次 entry 和 exit 操作由进程导致的客户延迟。
- 算法对系统吞吐量（throughput）的影响。这是在假定后续进程间的通信是必要的条件下，一组进程作为一个整体访问临界区的比率。我们用一个进程离开临界区和下一个进程进入临界区之间的同步延迟（synchronization delay）来衡量着这个影响。当同步延迟较短时，吞吐量较大。

在我们的描述中，没有考虑资源访问的具体实现。但是我们假设客户进程行为正常，并且在临界区中花费有限的时间去访问资源。

中央服务器算法　实现互斥的最简单的方法是使用一个服务器来授予进入临界区的许可。图 15-2 给出了该服务器的使用。要进入一个临界区，一个进程向服务器发送一个请求消息并等待服务器的应答。从概念上说，该应答构成一个表示允许进入临界区的令牌。如果在请求时没有其他进程拥有这个令牌，服务器就立刻应答来授予令牌。如果此时另一进程持有该令牌，那么服务器就不应答而是把请求放入队列。在离开临界区时，给服务器发送一个消息，交回这个令牌。

如果等待进程的队列不为空，服务器会选择队列中时间最早的项，把它从队列中删除并应答相应的进程。被选择的这个进程持有令牌。图中给出了 p_2 的请求被加入已经包含 p_4 请求的队列的情况。p_3 离开临界区，服务器删除 p_4 的项并通过应答 p_4 来允许 p_4 进入临界区。进程 p_1 目前不需要进入临界区。

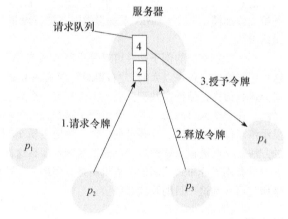

图 15-2　为一组进程管理互斥令牌的服务器

如果假设没有故障，很容易看到此算法满足安全性和活性条件。但是，读者会发现此算法不满足性质 ME3。

我们现在来评估此算法的性能。进入临界区（即使在当前没有进程占有它时）需要两个消息（请

求（request）和随后的授权（grant）），这样，因为往返时间而使请求进程被延迟。离开临界区需要发送一个释放（release）消息。假设采用异步消息传递，就不会对要离开临界区的进程造成延迟。

服务器可能会成为整个系统的一个性能瓶颈。同步延迟是下面两个消息往返一次要花费的时间：发到服务器的释放消息和随后让下一进程进入临界区的授权消息。

基于环的算法　在 N 个进程间安排互斥而不需其他进程的最简单的方法之一是把这些进程安排在一个逻辑环中。这样只要求每个进程 p_i 与环中下一个进程 $p_{(i+1)\,\mathrm{mod}N}$ 有一个通信通道。该方法的思想是通过获得在进程间沿着环单向（如顺时针）传递的消息为形式的令牌来实现互斥。环的拓扑结构可以与计算机之间的物理互连无关。

如果一个进程在收到令牌时不需要进入临界区，那么它立即把令牌传给它的邻居。需要令牌的进程将一直等待，直到接收到令牌为止，它会保留令牌。要离开临界区时，进程把令牌发送给它的邻居。

进程的布局如图 15-3 所示。验证该算法满足条件 ME1 和 ME2 是很容易的，但令牌不必按发生在先顺序获得。（记住，进程可以交换消息而不必理会令牌的轮转。）

该算法会不断消耗网络带宽（当一个进程在临界区中时除外）：进程沿着环发送消息，即使在没有进程需要进入临界区时也是这样。请求进入临界区的进程会延迟 0 个（这时它正好收到令牌）到 N 个（这时它刚传递了令牌）消息。离开临界区只需要一个消息。在一个进程离开和下一个进程进入临界区之间的同步延迟可以是 $1\sim N$ 个消息传输。

使用组播和逻辑时钟的算法　Ricart 和 Agrawala［1981］开发了一个基于组播的实现 N 个对等进程间互斥的算法。该算法的基本思想是要进入临界区的进程组播一个请求消息，并且只有在其他进程都回答了这个消息时才能进入。进程回答请求的条件用于确保满足条件 ME1 ~ ME3。

进程 p_1，p_2，…，p_N 具有不同的数字标识符。假设进程互相之间都有通信通道，且每个进程 p_i 保持一个根据 14.4 节的规则 $LC1$ 和 $LC2$ 更新的 Lamport 时钟。请求进入的消息形如 $<T, p_i>$，其中 T 是发送者的时间戳，p_i 是发送者的标识符。

每个进程在变量 state 中记录它的状态，这些状态包括在临界区外（RELEASED）、希望进入（WANTED）以及在临界区内（HELD）。图 15-4 给出了协议。

初始化：
　state:=RELEASED;

为了进入临界区：
　state:=WANTED;
　组播请求给所有进程；　｝请求处理在此被延期
　T:=请求的时间戳；
　Wait until（接收到的应答数=（N-1））;
　state:=HELD;

在 p_j（$i \neq j$）接收一个请求$<T_i,p_i>$
　if（state=HELD or（state=WANTED and（T_j,p_j）<（T_i,p_i）））
　then
　　　　将请求放入p_j队列，不给出应答；
　　else
　　　　马上给p_i应答；
　　end if

为了退出临界区：
　state:=RELEASED;
　对已入队列的请求给出应答；

图 15-3　传播互斥令牌的进程环　　　　　图 15-4　Ricart 和 Agrawala 算法

如果一个进程请求进入，而其他进程的状态都是 RELEASED，那么所有进程会立即回答请求，请求者将得以进入。如果某进程状态为 HELD，那么该进程在结束对临界区的访问前不会回答请求，因此在这期间请求者不能得以进入。如果有两个或多个进程同时请求进入临界区，那么时间戳最近的进程将是第一个收集到 $N-1$ 个应答的进程，它将被准许下一个进入。如果请求具有相等的 Lamport 时间戳，那么请求将根据进程的标识符排序。注意，当一个进程请求进入时，它推迟处理来自其他进程的请求，直到发送了它自己的请求并且记录了该请求的时间戳 T 为止。这样做的目的是为了进程在处理请求时做出一致的决定。

该算法实现了安全性特性 ME1。如果两个进程 p_i 和 $p_j(i \neq j)$ 能同时进入临界区，那么这两个进程必须已经互相回答了对方。但是，因为 $<T_i, p_i>$ 对是全排序的，所以这是不可能的。请读者自行证明算法满足需求 ME2 和 ME3。

为了说明上述算法，考虑图 15-5 所示的涉及三个进程 p_1、p_2 和 p_3 的情况。假设 p_3 不打算进入临界区，而 p_1 和 p_2 并发地请求进入。p_1 的请求的时间戳是 41，p_2 的请求的时间戳是 34。当 p_3 接到它们的请求时，将立即应答。当 p_2 接到 p_1 的请求时，它发现自己的请求有更早的时间戳，因此不予应答，将 p_1 搁置。然而，p_1 发现 p_2 的请求比自己的请求有更早的时间戳，因此立即应答。p_2 一收到第二个应答，便能进入临界区。当 p_2 离开临界区时，它将应答 p_1 的请求，因此允许 p_1 进入。

在该算法中，获得进入的许可需要 $2(N-1)$ 个消息：$N-1$ 个消息用于组播请求，随后是 $N-1$ 个应答。如果硬件支持组播，请求只需要一个消息，那么共需要 N 个消息。因此，在带宽消耗方面，该算法比前述算法更昂贵。

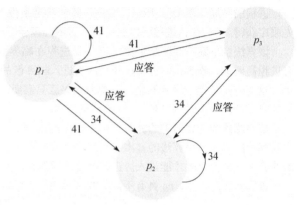

图 15-5 组播同步

然而，请求进入的客户延迟仍是一个往返时间（忽略组播请求消息带来的延迟）。

该算法的优点是它的同步延迟仅是一个消息传输时间。前两个算法都有一个往返的同步延迟。

该算法的性能可以改进。首先我们注意到，最近一次进入过临界区且没有接到其他的进入请求的进程，仍需如描述的那样执行协议，即使它可以简单地在本地把令牌重新分配给自己。其次，Ricart 和 Agrawala 改进了协议，使它在没有硬件支持组播时，在最坏（也是通常的）情况下需要 N 个消息来获得进入许可。对此的描述见 Raynal [1988]。

Maekawa 投票算法 Maekawa [1985] 观察到，为了让一个进程进入临界区，不必要求所有对等进程都同意。只要任意两进程使用的子集（subset）有重叠，进程只需要从其对等进程的子集获得进入许可即可，我们可以把进入临界区想象成进程互相选举。一个"候选"进程为进入必须收集到足够的选票。在两个投票者集合的交集中的进程，通过把选票只投给一个候选者，保证了安全性 ME1，即最多只有一个进程可以进入临界区。

Maekawa 把每个进程 $p_i(i=1, 2, \cdots, N)$ 关联到一个选举集（votingset）V_i，其中 $V_i \subseteq \{p_1, p_2, \cdots, p_N\}$。集合 V_i 的选择，使得对所有 $i, j=1, 2, \cdots, N$, 有：

- $p_i \in V_i$。
- $V_i \cap V_j \neq \phi$，即任意两个选举集至少有一个公共成员。
- $|V_i| = K$，即为公平起见，每个进程有同样大小的选举集。
- 每个进程 p_j 包括在选举集 V_i 中的 M 个集合中。

Maekawa 指明，最优解（即使 K 最小且允许进程达到互斥的情况）具有 $K \sim \sqrt{N}$ 且 $M = K$（因此每个进程所在的选举集数与每个集合中的元素数相同）。计算最优集 R_i 并不简单。作为一种近似，得到使 $|R_i| \sim 2\sqrt{N}$ 的集合 R_i 的一个简单方法是把进程放在一个 $\sqrt{N} \times \sqrt{N}$ 矩阵中，并令 V_i 是包含 p_i 的行和列的并集。

Maekawa 算法如图 15-6 所示。为获得进入临界区的许可，进程 p_i 发送请求消息给 V_i 的所有 K 个成

员（包括自己）。在收到所有 K 个应答消息前，p_i 不能进入临界区。当 V_i 中的进程 p_j 收到 p_i 的请求消 |639|
息时，它立即发送一个应答消息，除非它的状态是 HELD，或者它自从它上次收到一个释放消息以来已经给了应答（"已投票"）。这时，它把请求消息加入队列（按到达时间顺序），但现在不回答。当一个进程收到一个释放消息时，它从请求队列中删除队头（如果队列不空），并发送一个应答消息（一个"投票"）响应该释放消息。为了离开临界区，p_i 发送释放消息给 V_i 中的所有 K 个成员（包括自己）。

　　该算法实现了安全性 ME1。如果两个进程 p_i 和 p_j 能同时进入临界区，那么 $V_i \cap V_j \neq \phi$ 中的进程必须已经对它们两个投票。但该算法规定一个进程在连续收到的释放消息之间最多投一个选票，所以上述情况是不可能的。

　　遗憾的是，该算法易于死锁。考虑三个进程 p_1、p_2、p_3，且 $V_1 = \{p_1, p_2\}$，$V_2 = \{p_2, p_3\}$，$V_3 = \{p_3, p_1\}$。如果三个进程并发地请求进入临界区，那么可能 p_1 应答了自己但延缓 p_2，p_2 应答了自己但延缓 p_3，p_3 应答了自己但延缓 p_1。每个进程收到两个应答中的一个，因此都不能继续。

　　可以修改算法［Saunder 1987］使其成为无死锁的。在修改后的协议中，进程按发生在先顺序对待应答的请求排队，因此也满足需求 ME3。

　　该算法的带宽使用是每次进入临界区需 $2\sqrt{N}$ 个消息，每次退出需要 $\sqrt{N}$ 个消息（假设没有硬件组播故障）。如果 $N > 4$，$3\sqrt{N}$ 的结果要优于 Ricart 和 Agrawala 算法的 $2(N-1)$ 的结果。客户延迟与 Ricart 和 Agrawala 算法一样，但同步延迟更差一些，因为是一个往返时间，而不是单个消息的传输时间。

```
初始化:
    state:=RELEASED;
    voted:=FALSE;

p_i 为了进入临界区:
    state:=WANTED;
    将请求组播给 V_i 中的所有进程;
    Wait until (接收到的应答数=K);
    state:=HELD;

在 p_j (i≠j) 接收来自 p_i 的请求:
    if (state=HELD or voted=TRUE)
    then
        将来自 p_i 的请求放入队列，不予应答;
    else
        将应答发给 p_i;
        voted:=TRUE;
    end if

p_i 为了退出临界区:                        |640|
    state:=RELEASED;
    将释放组播给 V_i 中的所有进程;

在 p_j (i≠j) 接收到来自 p_i 的释放:
    if (请求队列非空)
    then
        删除队列头——例如 p_k;
        将应答发给 p_k;
        voted:=TRUE;
    else
        voted:=FALSE;
    end if
```

图 15-6　Maekawa 算法

　　容错　在容错方面，评估以上算法的要点是:
- 当消息丢失时会发生什么?
- 当进程崩溃时会发生什么?

　　如果通道不可靠，我们介绍的算法都不能容忍消息丢失。基于环的算法不能容忍任何单个进程的崩溃故障。Maekawa 算法可以容忍一些进程的崩溃故障：如果一个崩溃进程不在所需的投票集中，那么它的故障不会影响其他进程。中央服务器算法可以容忍一个既不持有也不请求令牌的客户进程的崩溃故障。可以通过隐式地给所有请求授权来修改我们描述的 Ricart 和 Agrawala 算法，使得它容忍进程的崩溃故障。

　　请读者考虑，假设存在可靠的故障检测器，如何修改算法使之能够容错。即使有一个可靠的故障检测器，也需要注意允许在任何点出故障（包括在恢复过程期间）并在检测到故障以后重构进程的状态。例如，在中央服务器算法中，如果服务器发生故障，那么无论它持有令牌还是客户进程中的一个持有令牌，都必须恢复它们。

　　在 15.5 节我们将研究在有故障时进程如何协调它们的动作。

15.3　选举

　　选择一个唯一的进程来扮演特定角色的算法称为选举算法（election algorithm）。例如，在我们的

"中央服务器"互斥算法的一个变种中,"服务器"是从需要使用临界区的进程 p_i,($i = 1$,2,$\cdots$,N)中选择的。这就需要一个选举算法来选择一个进程来扮演服务器的角色。基本要求是所有进程都同意这个选择。然后,如果担任服务器角色的进程不想再担任此角色,那么需要再进行一次选举来选择替代者。

641如果一个进程采取行动启动了选举算法的一次运行,则称该进程召集选举(call the election)。一个进程每次最多召集一次选举,但原则上 N 个进程可以并发召集 N 次选举。在任何时间点,进程 p_i 可以是一个参与者(participant)——意指它参加选举算法的某次运行,也可以是非参与者(non-participant)——意指它当前没有参加任何选举。

一个重要的要求是对当选进程的选择必须唯一,即使若干个进程并发地召集选举。例如,两个进程可以独立判定一个协调进程已经失败,并且都召集选举。

不失一般性,我们要求选择具有最大标识符的进程为当选进程。"标识符"可以是任何有用的值,只要标识符唯一且可按全序排序即可。例如,通过用 $< 1/load, i >$ 作为进程的标识符(其中 $load > 0$ 且进程索引 i 用于对负载相同的标识符排序),我们可以选举出具有最低计算负载的进程。

每个进程 $p_i(i = 1$,2,$\cdots$,$N)$ 有一个变量 $elected_i$,用于包含当选进程的标识符。当进程第一次成为一次选举的参与者时,它把变量值置为特殊值"$\perp$",表示该值还没有定义。

我们的要求是,在算法的任何一次运行期间,满足:

E1:(安全性) 参与的进程 p_i 有 $elected_i = \perp$,或 $elected_i = P$,其中 P 是在运行结束时具有最大标识符的非崩溃进程。

E2:(活性) 所有进程 p_i 都参与并且最终或者置 $elected_i \neq \perp$,或者进程 p_i 崩溃。

注意,可能有还不是参与者的进程 p_j,它在 $elected_i$ 中记录着上次当选进程的标识符。

我们通过使用的总的网络带宽(与发送消息的总数成比例)和算法的回转时间(从启动算法到终止算法之间的串行消息传输的次数)来衡量一个选举算法的性能。

基于环的选举算法 我们给出 Chang 和 Roberts [1979] 的算法,该算法适合按逻辑环排列的一组进程。每个进程 p_i 有一个到下一进程 $p_{(i+1) mod N}$ 的通信通道,所有消息顺时针沿着环发送。我们假设没有故障发生,并且系统是异步的。该算法的目标是选举一个叫做协调者(coordinator)的进程,它是具有最大标识符的进程。

最初,每个进程被标记为选举中的一个非参与者。任何进程可以开始一次选举。它把自己标记为一个参与者,然后把自己的标识符放到一个选举消息里,并把消息顺时针发送给它的邻居。

当一个进程收到一个选举消息时,它比较消息里的标识符和它自己的标识符。如果到达的标识符较大,它把消息转发给它的邻居。如果到达的标识符较小,且接收进程不是一个参与者,它就把消息里的标识符替换为自己的,并转发消息;如果它已经是一个参与者,它就不转发消息。任何情况下,642当转发一个选举消息时,进程把自己标记为一个参与者。

然而,如果收到的标识符是接收者自己的,这个进程的标识符一定最大,该进程就成为协调者。协调者再次把自己标记为非参与者并向它的邻居发送一个当选消息,宣布它当选并将它的身份放入消息中。

当进程 p_i 收到一个当选消息时,它把自己标记为非参与者,置变量 $elected_i$ 为消息里的标识符,并且把消息转发到它的邻居,除非它是新的协调者。

容易证明该算法满足条件 E1。因为一个进程在发送当选消息前必须收到自己的标识符,所以所有标识符都被比较了。对任意两个进程,标识符较大的进程不会传递另一进程的标识符。因此不可能两者都收到它们自己的标识符。

根据算法保证环的遍历(没有故障)立即可证明条件 E2。注意,非参与者和参与者状态的使用方式,这种使用方式使另一进程同时开始进行的一次选举所引发的消息被尽可能地压制,并且总在"获胜的"选举结果宣布之前进行。

如果只有一个进程启动一次选举,最坏的情况是它的逆时针方向的邻居具有最大的标识符。这时,到达该邻居需要 $N-1$ 个消息,并且还需要 N 个消息再完成一个回路,才能宣布它的当选。接着当选

消息被发送 N 次，共计 $3N-1$ 个消息。回转时间也是 $3N-1$，因为这些消息都是顺序发送的。

进行中的一次基于环的选举的例子如图 15-7 所示。选举消息当前包含 24，但进程 28 会在消息到达时，把它替换为自己的标识符。

虽然基于环的算法有助于理解一般选举算法的性质，但是它不容错的事实限制了它的实用价值。然而，通过利用可靠的故障检测器，在一个进程崩溃时重构环原则上是可能的。

霸道算法　霸道算法［Garcia-Molina 1982］虽然假定进程间消息发送是可靠的，但它允许在选举期间进程崩溃。与基于环的算法不同，该算法假定系统是同步的：它使用超时来检测进程故障。另一个区别是，基于环的算法假定进程相互之间具有最小的先验知识：每个进程只知道如何与邻居通信，且没有进程知道其他进程的标识符。而霸道算法假定每个进程知道哪些进程有更大的标识符，并且可以和所有这些进程通信。

在该算法中有 3 种类型的消息。选举消息用于宣布

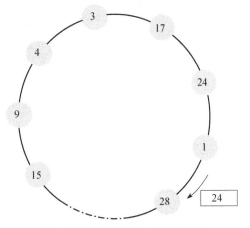

注：选举从进程 17 开始。到目前为止，所遇到的最大的进程标识符是 24。参与的进程用深色显示。

图 15-7　进行中的一次基于环的选举

选举；应答消息用于回复选举消息；协调者消息用于宣布当选进程的身份——新的"协调者"。一个进程通过超时发现协调者已经出现故障，并开始一次选举。几个进程可能同时观察到此现象。

因为系统是同步的，所以我们可以构造一个可靠的故障检测器。最大消息传输延迟为 T_{trans}，最大消息处理延迟为 $T_{process}$。因此，我们可以计算时间 $T = 2T_{trans} + T_{process}$，它是从发送一个消息给另一进程到收到回复的总时间的上界。如果在 T 时间内没有收到应答，本地故障检测器可以报告请求的预期接收者已经出现故障。

知道自己有最大标识符的进程可以通过发送协调者消息给所有具有较小标识符的进程，来选举自己为协调者。另一方面，有较小标识符的进程通过发送选举消息给那些有较大标识符的进程来开始一次选举，并等待应答消息。如果在时间 T 内没有消息到达，该进程便认为自己是协调者，并发送协调者消息给所有有较小标识符的进程来宣布这一结果。否则，该进程再等待时间 T' 以接收从新的协调者发来的消息。如果没有消息到达，它开始另一次选举。

如果进程 p_i 收到一个协调者消息，它把它的变量 $elected_i$ 置为消息中包含的协调者的标识符，并把这个进程作为协调者。

如果一个进程收到一个选举消息，它回送一个应答消息并开始另一次选举——除非它已经开始了一次选举。

当启动一个进程来替换一个崩溃进程时，它开始一次选举。如果它有最大的进程标识符，它会决定自己是协调者，并向其他进程宣布。因此即使当前协调者正在起作用，它也会成为协调者。正是因为这个原因，该算法被称为"霸道"算法。

算法的运行过程如图 15-8 所示。有 4 个进程 $p_1 \sim p_4$。进程 p_1 检测到协调者 p_4 出现故障，并宣布进行选举（图 15-8 中阶段 1）。当收到 p_1 发来的选举消息时，进程 p_2 和 p_3 发送应答消息给 p_1，并开始它们自己的选举；p_3 发送一个应答消息给 p_2，但 p_3 没有从出现故障的进程 p_4 收到应答消息（阶段 2）。因此它决定自己是协调者。但在它发出协调者消息之前，它也出现故障（阶段 3）。当 p_1 的超时周期 T' 过去后（我们假设这发生在 p_2 的超时周期过去之前），它得出没有协调者消息的结论并开始另一次选举。最终，p_2 被选为协调者（阶段 4）。

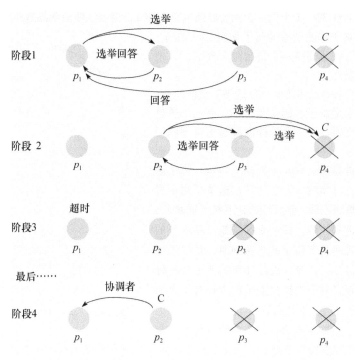

最初是p_4出现故障，然后是p_3出现故障，在这种情况下，选举p_2为协调者。

图 15-8 霸道算法

依据可靠消息传输的假定，该算法显然满足活性条件 E2。而且如果没有进程被替换，算法满足条件 E1。两个进程不可能都决定它们是协调者，因为有较小标识符的进程会发现另一进程的存在并服从于它。

但是，如果崩溃的进程被替换为具有相同标识符的进程，那么该算法不能保证满足安全性条件 E1。正在另一个进程（它已经检测到进程 p 崩溃）已经决定它有最大的标识符时，替换 p 的进程可能决定它有最大的标识符。两个进程可能同时宣布它们自己为协调者。遗憾的是，由于消息的传输顺序没有保证，这些消息的接收者对于谁是协调者可能得出不同的结论。

此外，如果假定的超时值被证明是不准确的，即如果进程的故障检测器是不可靠的，那么条件 E1 也可能会不成立。

考虑刚给出的例子，假设 p_3 没有崩溃但运行异乎寻常得慢（即系统同步的假定是不正确的），或者 p_3 已经崩溃但被替换。正在 p_2 发送它的协调者消息时，p_3（或替换者）也做着同样的事情。p_2 在发送自己的协调者消息后收到 p_3 的消息，因此置 $elected_2 = p_3$。由于消息传输延迟不同，p_1 在收到 p_3 的协调者消息后收到 p_2 的协调者消息，因此最终 $elected_1 = p_2$。于是，违反了条件 E1。

关于算法的性能，最好情况是具有次大标识符的进程发现了协调者的故障。于是它可以立即选举自己并发送 $N-2$ 个协调者消息。回转时间是一个消息。在最坏情况下，霸道算法需要 $O(N^2)$ 个消息，即具有最小标识符的进程首先检测到协调者的故障。然后 $N-1$ 个进程一起开始选举，每个进程都发送消息到有较大标识符的进程。

15.4 组通信中的协调与协定

本章研究关于组通信的关键的协调和协定问题，即怎样获得所期望的可靠度和所有组成员之间的顺序特性。第 6 章描述了组通信，它是间接通信技术（据此进程可以发送消息给一组进程）的一个示例。一条消息可以根据某种在可靠性和顺序策略方面的保证来传递给组内的所有成员。我们特别倾向于基于有效性、完整性和协定的可靠性，以及基于 FIFO 排序（FIFO ordering），因果排序（causal ordering）和全排序（total ordering）的顺序。

本章研究成员已知的进程组的组播通信。第 18 章将把研究扩展到成熟的组通信，包括对动态变化组的管理。

系统模型　系统包含一组进程，它们可以通过一对一的通道可靠地进行通信。如前所述，进程在崩溃时才出现故障。

进程是组的成员，它们是使用组播操作发送的消息的目的地。通常，进程可以同时是几个组的成员是有用的，例如，进程通过加入几个组，能接收几个来源的信息。但是，为了简化顺序性质的讨论，我们有时限制进程一次最多是一个组的成员。

操作 $multicast(g, m)$ 发送消息 m 给进程组 g 的所有成员。相应地，操作 $deliver(m)$ 传递由组播发送的消息到调用进程。我们使用术语 deliver 而不是 receive，以阐明组播消息被进程结点收到后，并不总是被提交到进程内部的应用层。在随后讨论组播传递语义时对此会进行解释。 |646|

每个消息 m 携带发送它的进程 $sender(m)$ 的唯一标识符和唯一目的组标识符 $group(m)$。我们假定进程不会谎报消息的源和目的地。

有一些算法假定组是封闭的（在第 6 章有定义）。

15.4.1　基本组播

拥有一个可自由使用的基本组播原语是有用的，与 IP 组播不同，该原语保证，只要组播进程不崩溃，一个正确的进程最终会传递消息。我们把这个原语称为 B-multicast，而与它对应的基本传递原语是 B-deliver。我们允许进程属于几个组，而每个消息发往某些特定组。

实现 B-multicast 的一个简单方法是使用一个可靠的一对一 send 操作，如下：

$B\text{-}multicast(g, m)$：对每个进程 $p \in g$，$send(p, m)$。

进程 p receive（m）时：p 执行 $B\text{-}deliver(m)$。

为了减少传递消息的总时间，实现可以利用线程来并发执行 send 操作。遗憾的是，如果进程数很大，这样的实现会不可靠，很可能出现一种叫做确认爆炸（ack-implosion）的现象。作为可靠 send 操作的一部分发送的确认很可能从许多进程几乎同时到达。进行组播的进程的缓冲区会很快被填满，因此很可能丢掉确认消息。于是进程会重新发送消息，导致更多的确认并浪费更多的网络带宽。更为实用的基本组播服务可以使用 IP 组播来构建，请读者在练习 15.10 中自行完成这一服务。

15.4.2　可靠组播

第 6 章讨论了基于有效性、完整性和协定的可靠组播。本节以这个非正式的讨论为基础，给出一个更为完整的定义。

按照 Hadzilacos 和 Toueg［1994］、Chandra 和 Toueg［1996］的研究成果，我们现在定义可靠组播（reliable multicast）以及相应的操作 R-multicast 和 R-deliver。在可靠组播发送中，显然非常需要类似完整性和有效性的性质。但我们还要增加另一个性质：要求如果组中任何一个进程收到一个消息，那么组中所有正确的进程都必须收到这个消息。这不是基于可靠的一对一发送操作的 B-multicast 算法的性质，认识到这一点是重要的。在 B-multicast 进行时，发送进程可能在任何一点出现故障，因此一些进程可能传递消息而另一些进程则不传递消息。

一个可靠组播是满足以下性质的组播，我们先给出这些性质，再对这些性质进行解释。

完整性（integrity）：一个正确的进程 p 传递一个消息 m 至多一次。而且，$p \in group(m)$ 且 m 由 $sender(m)$ 提供给一个组播操作。（与一对一通信一样，消息总可以通过一个与发送者相关的序号来区别。）|647|

有效性（validity）：如果一个正确的进程组播消息 m，那么它终将传递 m。

协定（agreement）：如果一个正确的进程传递消息 m，那么在 $group(m)$ 中的其他正确的进程终将

传递 m。

完整性与可靠的一对一通信中的完整性类似。有效性保证了发送进程的活性。这看上去可能是一个与众不同的性质，因为它是不对称的（它只提到某个进程）。但是注意，有效性和协定一起得到一个完整的活性要求：如果一个进程（发送者）最终传递了一个消息 m，那么，因为正确的进程在它们传递的消息上是一致的，可知 m 终将被传递到组中所有正确的成员。

按照自传递来表达有效性条件的优点是简单。我们需要的是消息最终被组中的某个正确的成员传递。

协定条件与原子性相关（即"都有或都没有"的性质），原子性用于对组的消息传递。如果一个组播消息的进程在传递消息之前就崩溃了，则这个消息有可能不被传递到组中的任何进程。但如果消息被传递到某个正确的进程，则其他所有正确的进程都会传递它。文献中的许多文章用术语"原子的"来包括一个全排序条件，我们稍后给出定义。

用 B-multicast 实现可靠组播 图 15-9 给出了一个使用原语 R-multicast 和 R-deliver 的可靠组播算法，它允许进程同时属于几个封闭的组。为了 R-multicast 一个消息，一个进程将消息 B-multicast 到目的组中的进程（包括它自己）。当消息被 B-deliver 时，接收者依次 B-multicast 消息到组中（如果它不是最初的发送进程），然后 R-deliver 消息。因为消息到达的次数可能多于一次，所以还要检测消息的副本且不传递它们。

这个算法显然满足有效性，因为一个正确的进程终将 B-deliver 消息到它自己。根据 B-multicast 中的通信通道的完整性，算法也满足完整性。

每一个正确的进程在 B-deliver 消息后都 B-multicast 该消息到其他进程这一事实可以说明该算法遵循协定。如果一个正确的进程没有 R-deliver 消息，这只能是因为它从来没有 B-deliver 此消息，而这又只能是因为没有其他正确的进程 B-deliver 此消息。因此，没有进程会 R-deliver 此消息。

我们描述的这个可靠组播算法在异步系统中是正确的，因为我们没对时间进行假设。但是，该算法从实用角度来说是低效的。每个消息被发送到每个进程 $|g|$ 次。

用 IP 组播实现可靠组播 R-multicast 的另一种实现是将 IP 组播、捎带确认法（即确认附加在其他消息上）和否定确认结合使用。这个 R-multicast 协议基于下述观察，即 IP 组播通信通常是成功的。在该协议中，进程不发送单独的确认消息，而是在发送给组中的消息中捎带确认。只有当进程检测到它们漏过一个消息时，它们才发送一个单独的应答消息。指出一个预期的消息没有到达的应答被叫做否定确认。

该描述假定组是封闭的。每个进程 p 为它属于的组 g 维持一个序号 S_g^p。序号最初为零。每个进程还记录 R_g^q，即来自进程 q 并且发送到组 g 的最近消息的序号。

p 要 R-multicast 一个消息到组 g 时，它在消息上捎带值 S_g^p。它还在消息上捎带确认，形如 $<q, R_g^q>$。这个确认给出了一个序号，即自从发送进程 q 上一次组播消息后，p 最近传递的来自进程 q 并且发往该组 g 的消息的序号。然后，组播进程 p 把消息连同它捎带的序号和确认一起 IP 组播到 g，并且把 S_g^p 加 1。

在组播消息中捎带的值使接收者了解到它们还没有接收到的消息。当且仅当 $S = R_g^p + 1$，一个进程 R-deliver 一个来自 p 并发往 g 且序号为 S 的消息，在传递后立即把 R_g^p 加 1。如果一个到达的消息有 $S \leqslant R_g^p$，那么 r 已经传递了它，所以丢弃该消息。如果 $S > R_g^p + 1$，或对任意封闭的确认 $<q, R>$ 有 $R > R_g^q$，说明 r 已经漏了一个或多个消息（在第一种情况下，很可能该消息已被丢弃）。它把满足 $S > R_g^p + 1$ 的消息保留在一个保留队列中（参见图 15-10），这种队列常用于提供消息传递保证。它通过发送否定确认来请求丢失的消息。它或者发送请求到那个收到遗漏消息信息的进程 q（这个进程收到一个确认 $<q, R_g^q>$，R_g^q 不小于所要求的序号）或发到最初的发送进程。

保留队列并不是可靠性必需的，但它简化了协议，使我们能使用序号来代表已传递的消息集。它也提供了传递顺序保证（见 15.4.3 节）。

```
初始化:
  Received:={};

进程p 为了将R-multicast消息m发给组g:
  B-multicast（g,m）;    //p∈g被作为目的地包括在内

在进程q 执行B-deliver（m）时, 其中g=group（m）
  if（m∉Received）
  then
               Received:=Received∪{m}
               if（q≠p）then B-multicast（g,m）;end if
               R-deliver m;
  end if
```

图 15-9 可靠组播算法

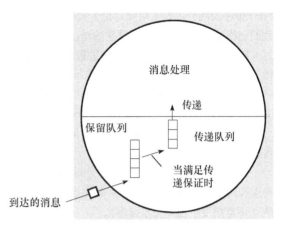

图 15-10 用于到达的组播消息的保留队列

通过检测副本和 IP 组播性质（使用校验和来除去损坏的消息）可以得到完整性。有效性仅当 IP 组播具有该性质时才成立。当一致起见，我们首先要求进程总可以检测漏掉的消息，这又意味着进程会收到又一个消息，使它能够检测到遗漏。因此，只在假定每个进程都无限组播消息的情况下，这个协议具有有效性。其次，对任何消息，只要保证一个没有收到该消息而又需要它的进程能够得到它的一个副本，就能保证一致性成立，因此我们假定进程无限地保留它们已传递消息的副本。

我们为保证有效性和协定所作的假设都是不实用的（参见练习 15.15）。但是，在我们所讲述的协议所派生出的协议中，协定已经被解决了：Psync 协议［Peterson et al. 1989］，Trans 协议［Melliar-Smith et al. 1990］和可伸缩的可靠组播协议［Floyd et al. 1997］。Psync 和 Trans 协议还提供传递顺序保证。

统一性质 上面给出的协定定义只提到正确进程的行为，即进程从不崩溃。请考虑如果一个进程不是正确的，并且在 R-deliver 一个消息后崩溃，如图 15-10 的算法会发生什么。由于任何 R-deliver 消息的进程必先 B-multicast 它，可知所有正确的进程最终仍会传递此消息。

无论进程是否正确都成立的性质称为统一性质。我们定义统一协定如下：

统一协定：如果一个进程传递消息 m，不论该进程是正确的还是出故障，在 group（m）中的所有正确的进程终将传递 m。

统一协定允许一个进程在传递一个消息后崩溃，同时仍然保证所有正确的进程将传递此消息。我们已经论证了图 15-9 的算法满足这一性质，该性质比前面定义的非统一协定更强。

对于一些应用，其中进程在崩溃前可以采取行动产生一个可观察的不一致现象，在这种应用中，统一协定是有用的。例如，考虑进程是管理银行账户副本的服务器，且账户的更新使用可靠组播发送到服务器组的情况。如果组播不满足统一协定，那么就在一个服务器崩溃前，访问该服务器的客户可以观察到一个其他服务器都不会处理的更新。

有趣的是，在图 15-9 中，如果颠倒 "R-deliver m" 和 "if（q≠p）then B-multicast（g，m）；end If" 这两行的顺序，那么算法将不满足统一协定。

正如协定有一个统一的版本一样，任何组播性质也有统一的版本，包括有效性、完整性和我们将要定义的有序性。

15.4.3 有序组播

由于底层的一对一发送操作会发生随机延迟，因此 15.4.1 节的基本组播算法按任意顺序给进程传递消息。这种顺序保证的缺少对许多应用而言都是不能令人满意的。例如，在一个核电站里，表示对安全条件有威胁的事件和表示控制单元的动作的事件能被系统中的所有进程以同样的顺序观察到是很重要的。

就像第6章讨论的，常见的排序需求有全排序、因果排序、FIFO排序以及全－因果排序和全－FIFO排序的混合。为了简化讨论，我们在假定任何进程至多属于一个组的前提下定义这些排序。后面我们还将讨论允许组之间有重叠的情况。

FIFO排序：如果一个正确的进程发出 $multicast\ (g, m)$，然后发出 $multicast\ (g, m')$，那么每个传递 m' 的正确的进程将在 m' 前传递 m。

因果排序：如果 $multicast\ (g, m) \rightarrow multicast\ (g, m')$，其中 $\rightarrow$ 是只由 g 的成员之间发送的消息引起的发生在先关系，那么任何传递 m' 的正确的进程将在 m' 前传递 m。

全排序：如果一个正确的进程在传递 m' 前传递消息 m，那么其他传递 m' 的正确的进程将在 m' 前传递 m。

因果排序隐含FIFO排序，因为同一进程的任何两个组播都被发生在先关系联系起来。注意，FIFO排序和因果排序都只是偏序：一般来说，不是所有的消息都由同一进程发送。同样，一些组播是并发的（不是按发生在先关系排序）。

图15-11说明了3个进程的排序。仔细观察图可发现，全排序消息的传递顺序与它们被发送的物理时间的顺序相反。事实上，全排序的定义允许消息的传递可以随机排序，只要该顺序在不同进程中是一样的即可。因为全排序不必同时也是FIFO或因果排序，我们把FIFO－全的混合排序定义为消息传递既遵守FIFO也遵守全排序的排序。同样，在因果－全排序下，消息传递既遵守因果排序也遵守全排序。

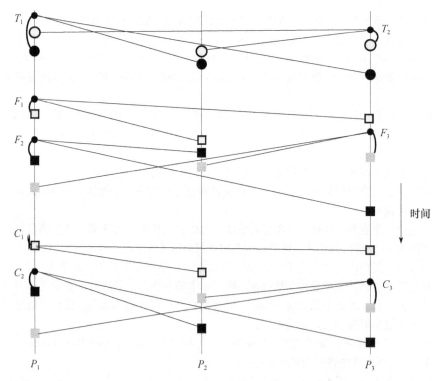

图15-11 组播消息的全排序、FIFO排序和因果排序

有序组播的定义并不假定或隐含可靠性。例如，读者可以证明，在全排序下，如果正确的进程 p 传递消息 m 然后传递 m'，那么正确的进程 q 可以传递 m 而不传递 m' 或排在 m 后的任何消息。

649
～
651
我们也可以构造有序的和可靠的混合协议。一个可靠的全排序的组播在文献中常被称为原子组播（atomic multicast）。同样，我们可以构造可靠的FIFO组播、可靠的因果组播和混合排序组播的可靠版本。

正如我们将看到的那样，对组播消息的传递排序在传递延迟和带宽消耗方面是昂贵的。我们已描述的排序语义可能会不必要地延迟消息的传递，即在应用层，一个消息可能因为另一个它事实上不依赖的消息而被延迟。因此，一些人提出了只用应用特定的消息语义来确定消息传递的顺序的组播系统 [Cheriton and Skeen 1993, Pedone and Schiper 1999]。

公告牌的例子　为使组播传递语义更具体，考虑用户张贴消息到公告牌的应用。每个用户运行一个公告牌应用进程。每个讨论的主题有自己的进程组。当一个用户将一个消息张贴到一个公告牌时，应用进程把用户的张贴组播到相应的组。每个用户的进程是他或她感兴趣的主题的组的成员，所以用户只收到关于这个主题的张贴。　|652|

如果每个用户最终要收到每个张贴，就需要可靠的组播。用户也有排序的需求，图 15-12 给出了出现在某个用户面前的张贴。至少需要 FIFO 排序，因为这样才能使用户可以按同样的顺序收到来自一个给定用户（例如"A. Hanlon"）的每一个张贴，用户才可以一致地讨论 A. Hanlon 的第二个张贴。

注意，主题为"Re：Microkernels"（25）和"Re：Mach"（27）的消息出现在它们引用的消息之后。为保证这种关系，需要因果排序的组播。否则，随机的消息延迟可能会造成消息"Re：Mach"出现在关于 Mach 最初的消息之前。

公告牌：对操作系统感兴趣的		
编号	张贴人	主题
23	A.Hanlon	Mach
24	G.Joseph	Microkernels
25	A.Hanlon	Re: Microkernels
26	T.L' Heureux	RPC performance
27	M.Walker	Re: Mach
结束		

图 15-12　公告牌程序的显示

如果组播传递是全排序的，那么左边一栏的编号在用户之间是一致的。用户可以无二义地谈及某个消息，如"消息 24"。

实际上，USENET 公告牌系统既未实现因果排序也未实现全排序。在大范围内实现这些排序的通信代价超过了实现排序所带来的好处。

实现 FIFO 排序　FIFO 排序的组播（具有 FO-multicast 和 FO-deliver 操作）可以用顺序号实现，就像我们在一对一通信中实现的那样。我们只考虑非重叠组的情况。读者可以验证，15.4.2 节中我们在 IP 组播之上定义的可靠组播也保证了 FIFO 排序，但我们将展示如何在给定的任何基本组播之上构造 FIFO 排序的组播。我们使用 15.4.2 节可靠组播协议中进程 p 的变量 S_g^p 和 R_g^q，S_g^p 是进程 p 已发送到 g 的消息个数，R_g^q 是 p 已传递的来自进程 q 并且发往组 g 的最近的消息的序号。

p 要 FO-multicast 一个消息到组 g 时，它在消息上携带值 S_g^p，接着 B-multicast 消息到 g，然后把 S_g^p 加 1。当收到来自 q 的序号为 S 的消息时，p 检查是否 $S = R_g^q + 1$。如果满足该条件，说明这个消息是预期的来自发送进程 q 的下一个消息，p FO-deliver 该消息，并且置 $R_g^q := S$。如果 $S > R_g^q + 1$，它把消息放　|653|
到保留队列中，直到介于其间的消息已被传递且 $S = R_g^q + 1$ 为止。

因为来自一个给定发送进程的所有消息以同样的次序传递，并且消息的传递被延迟直到到达该序号，显然 FIFO 排序的条件已满足。但是这仅在组不重叠的假设下成立。

注意，在这个协议中，可以使用 B-multicast 的任何实现。而且，如果用可靠的 R-multicast 代替 B-multicast，则可以获得可靠的 FIFO 组播。

实现全排序　实现全排序的基本途径是为组播消息指定全排序标识符，以便每个进程可以基于这些标识符做出相同的排序决定。传递算法与我们描述的用于 FIFO 排序的算法很相似；区别是进程保持组特定的序号，而不是进程特定的序号。我们只考虑如何对发送到非重叠组的消息进行全排序。我们把这类组播操作称为 TO-multicast 和 TO-deliver。

我们讨论为消息指定标识符的两种主要方法。第一种方法是由一个叫做顺序者的进程来指定标识符（见图 15-13）。一个要 TO-multicast 消息 m 到组 g 的进程把一个唯一的标识符 id(m) 附加到消息上。发往 g 的消息在被发送到 g 的成员的同时，也被发送到 g 的顺序者 sequencer(g)。（顺序者可以是 g 的一个成员。）进程 sequencer(g) 维护一个组特定的序号 s_g，用来给它 B-deliver 的消息指定连续的且不断增加的序号。它通过给 g 发送 B-multicast 顺序消息来宣布序号（详见图 15-13）。

一个消息将一直保留在保留队列中，直到它依照相应的序列号可以被 TO-deliver 为止。因为序号是（被顺序者）明确定义的，所以满足全排序的标准。而且，如果进程使用 B-multicast 的一个 FIFO

排序的变种，则全排序的组播也是因果序的。证明的过程请读者自行完成。

基于顺序者的方案有一个明显的问题，即顺序者会成为瓶颈，并且是一个关键的故障点。有一些解决故障问题的实用算法。Chang and Maxemchunk［1984］首先提出了一个使用一个顺序者（它们称为令牌场地（token site））的组播协议。Kaashoek 等人［1989］为 Amoeba 系统开发了一个基于顺序者的协议。这些协议保证一个消息被传递前保留在 $f+1$ 个结点的保留队列中，因此可以容忍多达 f 个故障。像 Chang 和 Maxemchunk 一样，Birman 等人［1991］也使用一个令牌保留场地作为顺序者。令牌可以在进程之间传递，这样，如果只有一个进程发送全排序组播，那么这个进程可以作为顺序者，从而减少通信。

```
1. 组成员p的算法
初始化：r_g:=0;
为了给组g发TO-multicast消息：
  B-multicast（g∪{sequencer（g）},<m,i>）；
在B-deliver（<m,i>）时，其中g=group（m）
  将<m,i>放在保留队列中；
在B-deliver（M_order= < "order",i,s>）时，其中g=group（M_order）
  Wait until <m,i>在保留队列中并且S=r_g；
  TO-deliver m;//在从保留队列中删除它之后
  r_g=S+1;

2. 顺序者g的算法
初始化：s_g:=0;
在B-deliver（<m,i>）时，其中g=group（m）
  B-multicast（g,< "order",i,s_g）；
  s_g:=s_g+1;
```

图 15-13　使用顺序者的全排序

Kaashoek 等人的协议使用基于硬件的组播（如可在以太网上用的），而不是可靠的点对点通信。在他们的协议的最简单的变种里，进程把要组播的消息一对一发送到顺序者。顺序者把消息本身连同标识符和序号一起组播。这样做的优点是组中其他成员每次组播只接收一个消息，但缺点是带宽的使用增加。完整的协议描述见 www.cdk5.net/coordination。

实现全排序组播的第二种方法是一种进程以分布式方式集体地对分配给消息的序号达成一致的方法。一个简单的算法——与最初为 ISIS 工具包开发的实现全排序的组播传递的算法［Birman and Joseph 1987a］类似，如图 15-14 所示。它也是由一个进程把消息 B-multicast 到组成员。组可以是开放或封闭的。当消息到达时，接收进程提出消息的序号，并把它们返回给发送者，后者用这些顺序数来产生协定的序号。

组 g 中的每个进程 q 保存 A_g^q（即它迄今为止从组 g 观察到的最大的协定序号）和 P_g^q（即它自己提出的最大序号）。进程 p 组播消息 m 到组 g 的算法如下：

1）pB-multicast $<m, i>$ 到 g，其中 i 是 m 的一个唯一的标识符。

2）每个进程 q 回答发送者 p，提议 P_g^q：$= Max(A_g^q, P_g^q) + 1$ 为此消息的协定序号。实际上，在提议的 P_g^q 里必须包括进程标识符以保证全排序，否则，不同的进程可能提议相同的整数值。但为简单起见我们在这里不这样做。每个进程临时把提议的序号分配给消息，并把消息放入它的保留队列中，保留队列是按照最小的（smallest）序号在队首的方式排序。

3）p 收集所有提议的序号，并选择最大的数 a 作为下一个协定序号。然后，它 B-multicast $<i, a>$ 到 g。g 中每个进程 q 置 A_g^q：$= Max(A_g^q, a)$，并把 a 附加到（标识符为 i 的）消息上。如果协定序号与提议的序号不一样，它把保留队列中的消息重新排序。当在保留队列队首的消息被赋予协定序号时，它被转移到传递队列的队尾。但是，已被赋予协定序号、但不在保留队列队首的消息不被转移。

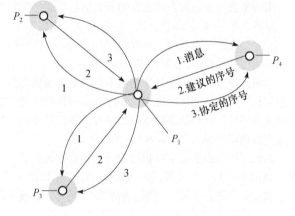

图 15-14　全排序的 ISIS 算法

如果每个进程同意同一组序号，并按相应的顺序传递它们，那么满足全排序。显然，正确的进程最终会对同一组序号达成一致，但我们必须指出，序号是单调递增的，并且正确的进程不能过早地传递消息。

假定给消息 m_1 指派了一个协定序号，并已到达保留队列的队首。根据构造规则，在这阶段以后收到的消息将在（也应在）m_1 后传递：它将有一个比 m_1 大的提议序号，因此也有一个比 m_1 大的协定序号。这样，令 m_2 是尚未指定协定序号、但在同一队列中的其他消息。根据刚给出的算法，我们有：

$$\text{agreedSequence}(m_2) \geqslant \text{proposedSequence}(m_2)$$

因为 m_1 在队首：

$$\text{proposedSequence}(m_2) > \text{agreedSequence}(m_1)$$

所以：

$$\text{agreedSequence}(m_2) > \text{agreedSequence}(m_1)$$

这样，全排序得到了保证。

这个算法比基于顺序者的组播有更大的延迟：在一个消息被传递前，发送者和组之间要串行发送 3 个消息。

注意，这个算法选择的全排序并不保证因果或 FIFO 序：受通信延迟的影响，任意两个消息被按着本质上随机的全排序来传递。

实现全排序的其他方法见 Melliar-Smith 等人［1990］、Garcia-Molina 和 Spauster［1991］和 Hadzilacos、Toueg［1994］的文章。

实现因果排序　图 15-15 给出了一个非重叠封闭组的算法，该算法基于 Birman 等人［1991］开发的算法，其中因果序组播操作是 CO-multicast 和 CO-deliver。该算法只考虑由组播消息建立的发生在先关系。如果进程互相发送一对一消息，那么这些进程将不会被考虑。

```
对组成员 pᵢ（i=1,2,…,N）的算法
初始化：
    Vⁱⁱ[j]:=0（j=1,2,…,N）；
为了给组 g 发 CO-multicast 消息 m：
    Vⁱⁱ[i]:=Vⁱⁱ[i]+1；
    B-multicast（g,< Vⁱⁱ,m>）；
在 B-deliver（<Vʲⁱ,m>）来自 pⱼ（j≠i）的一个消息时，其中 g=group（m）：
    将<Vʲⁱ,m>放入保留队列，直到 Vⁱⁱ[j]=Vʲⁱ[j]+1 和 Vⁱⁱ[k]≤Vʲⁱ[k]（k≠j）；
    CO-deliver m;//在把它从保留队列中删除后
    Vⁱⁱ[j]:=Vⁱⁱ[j]+1；
```

图 15-15　使用时间戳向量的因果排序

657

每个进程 p_i（$i=1, 2, …, N$）维护自己的时间戳向量（见 14.4 节）。时间戳的分量记录来自每个进程的发生在下一个要组播的消息之前的组播消息数。

为了 CO-multicast 一个消息到组 g，进程在时间戳的相应分量上加 1，并且把消息和时间戳 B-multicast 到 g。

当进程 p_i B-deliver 来自 p_j 的一个消息时，它必须在它能 CO-deliver 该消息前，把消息放入保留队列中，直到可以保证它已经传递了按因果关系在该消息前的任何消息。为实现这个目的，p_i 会一直等待，直到（1）它已传递了由 p_j 发送的任何较早的消息；（2）它已传递了 p_j 在组播该消息时已传递的任何消息。这些条件都可以通过检查时间戳来检测，参见图 15-15。注意，一个进程可以把它 CO-multicast 的任何消息立即 CO-deliver 到它自己，虽然在图 15-15 中没有描述这一点。

每个进程在传递消息时，要更新它的向量时间戳，以维护按因果关系在先的消息计数。它是通过把时间戳的第 j 个分量加一来做到这一点的。这是对 14.4 节更新向量时钟的规则里出现的合并（merge）操作的一种优化。考虑到图 15-15 的算法中传递条件保证只有第 j 个分量会增加，我们可以做到这种优化。

我们概述此算法的正确性证明如下。假设 $multicast(g, m) \rightarrow multicast(g, m')$。令 V 和 V' 分别是 m

和 m' 的向量时间戳。从算法可以直接地归纳证明 $V < V'$。特别地，如果进程 p_k 组播 m，那么 $V[k] \leqslant V'[k]$。

考虑当某个正确的进程 p_i B-deliver m'（与 CO-deliver 相反）但没有先 CO-deliver m 时会发生什么。根据算法，仅当 p_i 传递一个来自 p_k 的消息时，$V_i[k]$ 可以加 1。但 p_i 还没有收到 m，因此 $V_i[k]$ 的增长不可能超过 $V[k]-1$。于是 p_i 不可能 CO-deliver m'，因为需要满足 $V_i[k] \geqslant V'[k]$，这样的话，就会有 $V_i[k] \geqslant V[k]$。

读者应该能证明，如果用可靠的 R-multicast 原语替换 B-multicast，能得到既可靠又是因果序的组播。

此外，如果把因果组播协议和基于顺序者的全排序传递协议结合起来，那么我们就得到既是全排序又是因果序的消息传递。顺序者根据因果序传递消息，并按收消息的次序组播消息的序号。目的组中进程直到收到了来自顺序者的排序消息，并且消息是传递队列中的下一个消息时，才发送此消息。

因为顺序者按因果序传递消息，并且所有其他进程按与顺序者相同的顺序传递消息，因此确实既是全排序又是因果序。

组重叠 在 FIFO、全排序和因果排序语义的定义和相关算法中，我们只考虑非重叠的组。这样简化了问题，但并不能令人满意，因为进程一般会成为多个重叠组的成员。例如，一个进程可能对来自多个来源的事件感兴趣，并因此要加入事件分发组的相应集合。

我们可以把排序定义扩展为全局排序 [Hadzilacos and Toueg 1994]，其中我们必须考虑如果消息 m 被组播到 g，且消息 m' 被组播到 g'，则两个消息被发到 $g \cap g'$ 的成员。

全局 FIFO 排序：如果一个正确的进程发出 $multicast(g, m)$，然后发出 $multicast(g', m')$，则 $g \cap g'$ 中的每一个传递 m' 的正确的进程将在 m' 前传递 m。

全局的因果排序：如果 $multicast(g, m) \rightarrow multicast(g, m')$，其中 $\rightarrow$ 是任何组播消息链都包含的发生在先关系，则 $g \cap g'$ 中的任何传递 m' 的正确的进程将在 m' 前传递 m。

进程对的全排序：如果一个正确的进程在传递发送到 g' 的消息 m' 前传递了发送到 g 的消息 m，则 $g \cap g'$ 中的任何传递 m' 的其他正确的进程将在 m' 前传递 m。

全局的全排序：令 "$<$" 是传递事件之间的排序关系。我们要求 "$<$" 遵守进程对的全排序，并且无环——在进程对的全排序下，"$<$" 默认不是无环的。

实现这些排序的一种方法可能是组播每个消息 m 到系统中所有进程的组。每个进程根据消息是否属于 $group(m)$ 来放弃或传递消息。这是一个低效的并不令人满意的实现：除了目的组的成员以外，组播应该涉及尽可能少的进程。在 Birman 等人 [1991]、Garcia-Molina 和 Spauster [1991]、Hadzilacos 和 Toueg [1994]、Kindberg [1995]、Rodrigues 等人 [1998] 的文章中研究了其他的方法。

在同步和异步系统中的组播 本节描述了可靠的无序组播、（可靠的）FIFO 序的组播、（可靠的）因果序组播和全排序组播的算法。我们还指出如何实现既是全排序又是因果序的组播。我们把既保证 FIFO 序又保证全排序的组播原语的算法的设计留给读者自行完成。我们描述的所有算法在异步系统中都能正常工作。

然而，我们没有给出一个既保证可靠传递又保证全排序传递的算法。虽然看起来有点令人惊奇，但具有这些保证的协议在同步系统中是可能的同时，在异步的分布式系统中是不可能的——即使是一个在最坏情况下忍受单个进程崩溃故障的协议。我们将在下一节讨论这一问题。

15.5 共识和相关问题

本节介绍共识问题 [Pease et al. 1980, Lamport et al. 1982]、相关的拜占庭将军问题和交互一致性问题。我们把这些问题统称为协定。粗略地说，该问题是在一个或多个进程提议了一个值应当是什么后，使进程对这个值达成一致意见。

例如，第 2 章描述了一种两个部队要对进攻或撤退达成一致意见的情形。类似地，我们要求，在每一个计算机提议了一个动作后，控制飞船引擎的所有正确的计算机要决定 "继续" 还是 "放弃"。在把一笔资金从一个账户转到另一账户的事务里，涉及的计算机必须对相应的借、贷动作达成一致。

在互斥中，进程对哪个进程可以进入临界区达成协定。在选举中，进程对当选进程达成协定。在全排序组播中，进程对消息传递顺序达成协定。

659

适合这几类协定的协议是存在的。我们描述了其中的一些协议，在第 16 章和第 17 章还会研究事务。但是，考虑协定的更一般形式，探索共同的特点和解决方案，对我们是有用的。

本节将更精确地定义共识以及与它相关的 3 个协定问题：拜占庭将军、交互一致性和全排序组播问题。接下来，我们研究在什么情况下这些问题可得到解决，并概述一些解决方案。特别地，我们将讨论众所周知的 Fischer 等人 [1985] 的不可能性结果，它声明在异步系统中，即使进程组只含有一个有错进程也不能保证达成共识。最后，我们考虑在有不可能性结果情况下的实用算法。

15.5.1 系统模型和问题定义

我们的系统模型包括一组通过消息传递进行通信的进程 $p_i (i = 1, 2, \cdots, N)$。在许多实际情况下，一个重要的要求是，即使有故障也应能达成共识。如前所述，我们假设通信是可靠的，但是进程可能出现故障。本节将考虑拜占庭（随机）进程故障以及崩溃故障。我们有时假设 N 个进程中至多有 f 个是有错的，即它们具有某种类型的错误，其余的进程是正确的。

如果出现随机故障，那么刻画系统的另一因素是进程是否对它们发送的消息进行数字签名（参见 11.4 节）。如果进程对它们的消息签名，那么一个故障进程可能造成的伤害就受到限制。特别地，在一个协定算法过程中，它对一个正确的进程发送给它的值不会做出错误的断言。当我们讨论拜占庭将军问题的解时，消息签名的相关性将变得更为清楚。默认情况下，我们假设不进行签名。

共识问题的定义 为达到共识，每个进程 p_i 最初处于未决（undecided）状态，并且提议集合 D 中的一个值 $v_i (i = 1, 2, \cdots, N)$。进程之间互相通信，交换值。然后，每个进程设置一个决定变量（decision variable）$d_i (i = 1, 2, \cdots, N)$ 的值。在这种情况下，它进入决定（decided）状态。在此状态下，它不再改变 $d_i (i = 1, 2, \cdots, N)$。图 15-16 给出了参与一个共识算法的 3 个进程。两个进程提议"继续"，第三个进程提议"放弃"但随后崩溃。保持正确的两个进程都决定"继续"。

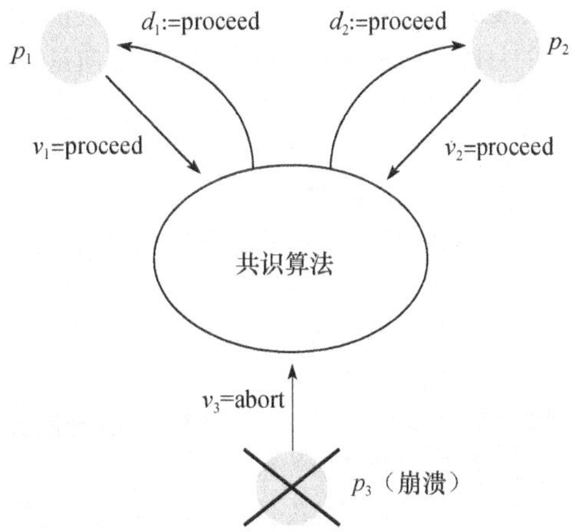

共识算法的要求是在每次执行中满足以下条件：

终止性：每个正确进程最终设置它的决定变量。

协定性：所有正确进程的决定值都相同，即如果 p_i 和 p_j 是正确的并且已进入决定状态，那么 $d_i = d_j (i, j = 1, 2, \cdots, N)$。

完整性：如果正确的进程都提议同一个值，那么处于决定状态的任何正确进程已选择了该值。

根据应用的不同，完整性定义可以有变化。例如，一种较弱的完整性是决定值等于某些正确进程提议的值，而不必是所有进程提议的值。除非有特别说明，我们将使用上面的定义。在文献中，完整性也被称作有效性。

660

图 15-16 3 个进程的共识

为理解问题的表达是如何翻译为算法的，考虑进程不出现故障的一个系统。这时，解决共识是比较简单的。例如，我们可以把进程集中为一组，并让每个进程可靠地将它提议的值组播到组中的成员。每个进程等待，直到它收集到 N 个值（包括它自己的）为止。然后它计算函数 $majority (v_1, v_2, \cdots, v_N)$，该函数返回它的参数中出现最多的值，如果没有，返回特殊值 $\perp \notin D$。终止性由组播操作的可靠性保证。协定性和完整性由 $majority$ 的定义和可靠组播的完整性保证。每个进程收到相同的提议值集合，并且每个进程计算这些值上的相同函数。因此它们一定一致，并且如果每个进程提议相同的值，那么它们都决定这个值。

值得注意的是，这些进程为了从候选值中选出一个共同认可的值可以采用很多函数，函数 $majority$ 只是其中之一。例如，如果那些值是有序的，那么函数 $minimum$、$maximum$ 也是合适的函数。

如果进程可能崩溃，那么就会给检测故障带来复杂性，共识算法的执行是否能够终止并不是马上就能得出的。事实上，如果系统是异步的，它可能不会终止。我们稍后再讨论这个问题。

如果进程以随机（拜占庭）方式出现故障，那么出错的进程原则上可以向其他进程发送任何数据。虽然在实际中这看起来不太可能，但是一个有漏洞的进程确实可能出现这样的错误。而且，这样的错误可能不是偶然的，而是一些恶意操作的结果。某些人可能故意让一个进程给一组进程中不同进程发送不同的值，以阻止这组进程达成一致。如果遇到这种不一致的情况，正确的进程必须用它们自己接收的值和别的进程声明的所接收到的值进行比较。

拜占庭将军问题 拜占庭将军问题（Byzantine generals problem）[Lamport et al. 1982] 可以非正式地表述成：3 个或者更多的将军协商是进攻还是撤退。一个将军（司令）发布命令，其他的将军（作为司令手下的中尉）决定是进攻还是撤退。但是一个或者多个将军可能会叛变，也就是说会出错。如果司令叛变，他可能会让一个中尉进攻，而让另一个中尉撤退。如果一个中尉叛变，他可能告诉某个中尉说司令让他进攻，而告诉另一个中尉说司令让他撤退。

拜占庭将军问题和共识问题的区别在于：前者有一个独立的进程提供一个值，其他的进程来决定是否采取这个值；而后者是每个进程都提议一个值。拜占庭将军问题的要求如下：

终止性：每个正确进程最终设置它的决定变量。

协定性：所有正确进程的决定值都相同：如果 p_i 和 p_j 是正确的并且已进入决定状态，那么 $a_i = d_j$ $(i, j = 1, 2, \cdots, N)$。

完整性：如果司令是正确的，那么所有正确的进程都采取司令提议的值。

值得注意的是，在拜占庭将军问题中，当司令正确的时候，完整性隐含着协定性；但是司令并不需要一定是正确的。

交互一致性 交互一致性问题是共识问题的另一个变种，这个问题中每个进程都提供一个值。算法的目的是正确的进程最终就一个值向量达成一致，向量中的分量与一个进程的值对应。我们称这个向量为"决定向量"。例如，可以让一组进程中的每一个进程获得相同的关于该组中每一个进程的状态信息。

交互一致性的要求如下：

终止性：每个正确进程最终设置它的决定变量。

协定性：所有正确进程的决定向量都相同。

完整性：如果进程 p_i 是正确的，那么所有正确的进程都把 v_i 作为它们决定向量中的第 i 个分量。

共识问题与其他问题的关联 虽然人们通常用随机进程故障考虑拜占庭将军问题，但是实际上，共识、拜占庭将军、交互一致性问题在随机故障和崩溃故障的环境中都是有意义的。同样，它们都可以用于同步或者异步的系统。

有时候可以用解决另一个问题的方法来解决这个问题。这是一个很有用的性质，不仅是因为加深了我们对问题的理解，也因为通过重用已有的解决方案，我们能降低实现的工作量以及复杂性。

假设存在如下方法能够解决共识（C）、拜占庭将军（BG）和交互一致性（IC）问题：

在一个对共识问题的解决方案中，$C_i(v_1, v_2, \cdots, v_N)$ 返回进程 p_i 的决定值，其中 $v_1, v_2, \cdots, v_N$ 代表进程所提议的值。

在一个对拜占庭将军的解决方案中，$BG_i(j, v)$ 返回进程 p_i 的决定值，其中 p_j 是司令，它建议的值是 v。

在一个对交互一致性问题的解决方案中，$IC_i(v_1, v_2, \cdots, v_N)[j]$ 返回进程 p_i 的决定向量的第 j 个分量，其中 $v_1, v_2, \cdots, v_N$ 是各个进程提议的值。

在对 C_i、BG_i、IC_i 的定义中，我们假设一个有错的进程提议一个概念值，也就是说虽然它可能对不同的进程提供不同的值，我们只用一个概念值。这只是为了方便，我们的解决方案不会依赖于这个概念值的具体内容。

可以从其他问题的解决方案中构造出对一个问题的解决方案。我们给出如下的 3 个例子：

从 BG 构造 IC：通过将 BG 算法运行 N 次，每次都以不同的进程 $p_i(i, j = 1, 2, \cdots, N)$ 作为司

令，我们可以从 BG 构造对 IC 的解决方法：

$$IC_i(v_1, v_2, \cdots, v_N)[j] = BG_i(j, v_j)(i, j = 1, 2, \cdots, N)$$

从 IC 构造 C：如果大部分进程是正确的，那么通过运行 IC 算法能够在每个进程中产生一个值向量，然后在该向量值上使用一个适当的函数可以获得一个单一的值：

$$C_i(v_1, v_2, \cdots, v_N) = majority(IC_i(v_1, v_2, \cdots, v_N)[1], \cdots, IC_i(v_1, v_2, \cdots, v_N)[N]) \quad (i = 1, 2\cdots N)$$

其中 majority 如前定义。

从 C 构造 BG：我们采用如下的方式从 C 构造 BG 的解决方案：

- 司令进程 p_j 把它提议的值 v 发送给它自己以及其余的进程。
- 所有的进程都用它们收到的那组值 $v_1, v_2, \cdots, v_N$ 作为参数运行 C 算法（其中 p_j 可能是错误的）。
- 最后得到 $BG_i(j, v) = C_i(v_1, v_2, \cdots, v_N)(i = 1, 2, \cdots, N)$。

读者可以证明在每一个例子都满足终止性、协定性和完整性。Fisher［1983］提供了关于这三个问题的更多细节。

在存在崩溃故障的系统中，解决共识问题等同于解决可靠且全排序组播，给定其中一个问题解决方案，就可以解决另一个问题。使用一个可靠且全排序组播操作 RTO- multicast 实现共识问题是比较简单的。我们将所有的进程组成一个组 g。为了达成共识，每个进程 p_i 运行 RTO- multicast (g, v_i)。然后每个进程选择 $d_i = m_i$，其中 m_i 是 p_iRTO- delivers 的第一个值。终止性是利用组播的可靠性得到的。协定性和完整性是利用组播的可靠性和全排序得到的。Chandra 和 Toueg［1996］说明了如何从共识问题中得到可靠且全排序组播。

15.5.2　同步系统中的共识问题

本节描述解决同步系统中共识问题的算法，该算法仅使用了一个基本的组播协议。算法假设 N 个进程中最多有 f 个进程会出现崩溃故障。

663

为了达成共识，每个正确的进程从别的进程那里收集提议值。算法进行 f + 1 个回合，在每个回合中，正确的进程 B-multicast 值。根据假设，最多有 f 个进程可能崩溃。最坏的情况下，f 个进程都崩溃了，但是算法还是能够保证在这些回合结束后，所有活下来的正确的进程处于一个一致的状态。

如图 15-17 所示，该算法是基于 Dolev 和 Strong［1983］的算法，其表示基于 Attiya 和 Welch［1998］。在第 r 个回合开始的时候，进程 p_i 将自己知道的那组提议值存放在变量 Valuesir 中。每个进程都将自己前一个回合没有发出的那个值集合组播出去。然后它接收从别的进程组播来的相似的消息，并且记录新的值。虽然图 15-18 中没有提到最大时限，但是每个回合持续的时间是基于每个正确的进程组播消息所需要的最长时间来确定的。经过 f + 1 个回合以后，每个进程选择它所收到的最小值作为它的决定值。

```
对 p_i∈g 的进程的算法；算法进行到 f+1 轮
初始化：
    Values_i^1 := {v_i}; Values_i^0 := {};
在第 r 轮（1 ≤ r ≤ f+1）
    B-multicast (g, Values_i^r - Values_i^{r-1}); //仅发送还没有发送的值
    Values_i^{r+1} := Values_i^r;
    While（在第 r 轮）
    {
        在 B-deliver（V_j）来自 p_j 的消息时：
        Values_i^{r+1} := Values_i^{r+1} ∪ V_j;
    }
在（f+1）轮之后
    将 d_i 赋成 minimum（Values_i^{f+1}）；
```

图 15-17　同步系统中的共识

既然系统是同步的，终止性是显然的。为了检查算法的正确性，我们必须能够证明在最后一个回合结束的时候，每个进程达到一个相同的值集合。同时因为进程对这个集合应用了 minimum 函数，所以以能够保证协定性和完整性。

664

反之，假设两个进程的最终值集合不同。不失一般性，某个正确的进程 p_i 所得到的值是 v，另一个正确的进程 $p_j(i \neq j)$ 得到的值不是 v。出现这种情况唯一的解释是另外还有一个进程，假设是 p_k，它在把 v 传送给 p_i 后，还没有来得及传送给 p_j，就崩溃了。同样道理，在前一个回合里 p_k 得到值 v 而 p_j 没有收到值的唯一解释是在该回合中发送 v 的进程崩溃了。以此类推，每个回合至少一个进程崩溃。

但是我们假设最多只有 f 个进程崩溃，而我们进行了 $f+1$ 个回合。这样我们就得出了矛盾。

事实上，不管如何构造，如果要在至多 f 个进程崩溃的情况下仍然能够达到共识，必须进行 $f+1$ 轮的信息交换［Dolev and Strong 1983］。这个下限同样适用于拜占庭故障［Fischer and Lynch 1980］。

15.5.3　同步系统中的拜占庭将军问题

现在我们讨论同步系统的拜占庭将军问题。与前一节描述的共识问题不同的是，现在我们假设进程可能会出现随机故障。也就是说，一个故障的进程可能在任何时刻发送任何消息，也可能漏发消息。假设 N 个进程中最多有 f 个会发生故障。正确的进程通过超时能发现丢失了信息，但是由于发送这个消息的进程可以沉默一段时间再发送消息，因此这个正确的进程并不能断定发送者已经崩溃。

我们假设在每对进程之间的通信通道是私有的。如果一个进程可以检查其他进程发送的所有消息，那么它就可以发现一个故障进程给不同进程发送的消息是不一致的。我们一般认为通道是可靠的，也就是说一个故障进程不能把消息插入到正确进程之间的通信通道中。

Lamport 等人［1982］讨论了 3 个进程相互发送未签名消息的情景。他们证明，如果允许一个进程出现故障，那么将无法保证满足拜占庭将军问题的条件。他们还将这一结果推广到 $N \leqslant 3f$，此时也没有解决方法。稍后我们将会简要说明这个结论。他们还给出一个算法，解决在同步系统中 $N \geqslant 3f+1$ 的情况下未签名消息（他们将这些消息称为"口头的"）的拜占庭将军问题。

3 个进程的不可能性　图 15-18 给出了 3 个进程中只有一个进程出现故障的两个场景。在左边的场景中，中尉 p_3 有故障；对于右边的情况，司令 p_1 有故障。图 15-18 中给出了两个回合的消息交换：司令发送的值和两个中尉相互发送的值。数字前缀表明消息的来源，并且给出了不同的回合数。我们可以把消息中的"："读成"说"，例如"3:1:u"读成"3 说 1 说 u"。

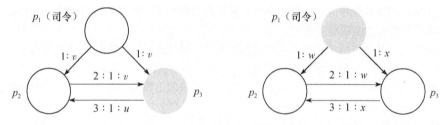

有故障的进程用灰色表示

图 15-18　3 个拜占庭将军

665

在左边的场景下，司令正确地将同一个值 v 发送给其他两个进程，p_2 正确地将这个消息发送给 p_3。然而，p_3 将 $u \neq v$ 发送给 p_2。在这个阶段 p_2 知道的只是它收到了两个不同的值，它并不能判断哪个值是司令传过来的。

在右边的场景下，司令有错误，它发给两个中尉的值是不同的。p_3 发送了它收到的值 x 后，p_2 处于和前一种情况（p_3 有错时）相同的状态：它也收到两个不同的值。

如果存在一个解决办法，那么当司令是正确的时候，进程 p_2 必须决定值 v，这是完整性条件所要求的。如果没有算法能够区分这两种情况，那么 p_2 必须还是选择右边场景下司令发送的值。

对 p_3 做完全相同的推理，假设 p_3 是正确的。由于对称性，我们必须得出结论：p_3 也选择司令发来的值作为它的决定值。但这就违反了协定性条件（司令出现故障的时候对不同的进程发出了不同的值）。所以，不存在可能的解决办法。

注意，上面的讨论基于我们的直觉，那就是在第一阶段我们不能分辨哪个进程是有故障的，而在以后我们也无法增加一个正确进程的知识。我们可以证明这一直觉的正确性［Pease et al. 1980］。如果将军们能够对他们发出的消息使用数字签名，那么 3 个将军中有一个出现故障，也能实现拜占庭协定。

对于 $N \leqslant 3f$ 的不可能性　Pease 等人推广了 3 个进程的不可能性结论，证明只要 $N \leqslant 3f$，就不可能有解决方法。下面简要给出证明。假设在 $N \leqslant 3f$ 时有一个解决方案。我们假设 3 个进程 p_1、p_2、p_3 分

别模拟 n_1、n_2、n_3 个将军，其中 $n_1 + n_2 + n_3 = N$ 并且 n_1、n_2、$n_3 \leqslant N/3$。我们进一步假设 3 个进程中有一个有错误。p_1、p_2、p_3 中正确的进程模拟正确的将军：进程在内部模拟内部将军之间的交互，并且自己的将军还会给被其他进程模拟的将军发送信息。错误的进程模拟出错的将军：它发送给其他两个进程的信息可能是伪造的。既然 $N \leqslant 3f$ 并且 n_1、n_2、$n_3 \leqslant N/3$，所以最多 f 个将军可能出错。

由于假设进程运行的算法是正确的，因此模拟能够终止。那些正确的将军（在两个正确的进程中）就会达成一致并且满足完整性。但是，这就是说 3 个进程中的两个达到了共识：每个进程对由所有将军选择的值做出决定。这就与前面的 3 个将军中有一个是有错的不可能性结论相矛盾。 666

对一个有错进程的解决方案　Pease 等人提出了一个算法来解决 $N \geqslant 3f+1$ 同步系统中的拜占庭将军问题。在这里没有足够的篇幅来讨论这个算法，但是我们将给出 $N \geqslant 4$，$f = 1$ 的算法操作，并以 $N = 4$，$f = 1$ 来说明该算法。

正确的将军通过两轮消息取得一致：
- 第一轮，司令给每个中尉发送一个值。
- 第二轮，每个中尉将收到的值发送给与自己同级的人。

每个中尉收到司令发来的一个值，以及从其他中尉来的 $N-2$ 个值。如果司令有错，而所有中尉都是正确的，那么每个中尉都会收到司令发出的值。否则，一个中尉有错，他的其他同事收到司令发来的值的 $N-2$ 份副本，以及有错的中尉发来的一个值。

不管在哪种情况下，每个正确中尉只需要对它们收到的值集合应用一个简单的 majority 函数。由于 $N \geqslant 4$，$(N-2) \geqslant 2$，因此，majority 函数会忽略出错中尉发来的值，并且当司令是正确的时候，该函数能产生司令发来的值。

我们用有 4 个将军的情况说明上述算法。图 15-19 给出了与图 15-18 相似的两个场景，但是现在有 4 个进程，其中一个进程是有错的。像在图 15-18 中一样，左边图中的中尉 p_3 是有错的；在右边的图中，司令 p_1 是有错的。

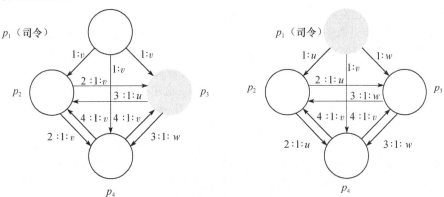

有故障的进程用灰色显示

图 15-19　4 个拜占庭将军

当出现左图的场景时，两个正确的中尉进程在决定司令的值时达成一致：

$$p_2 \text{ 决定 } majority\,(v,\ u,\ v)\ = v$$
$$p_4 \text{ 决定 } majority\,(v,\ v,\ w)\ = v$$

在右图的场景中，司令是有错的，但是正确的 3 个中尉进程能达成一致：

$$p_2 \text{、} p_3 \text{ 和 } p_4 \text{ 决定 } majority\,(v,\ u,\ w) = \perp \text{（特殊值} \perp \text{代表没有占多数的值存在）}$$ 667

这个算法考虑了一个错误进程可能漏发消息的情况。如果一个正确的进程在一个适当的时间范围内（系统是同步的）没有收到一个消息，它就认为错误进程向它发送了特殊值 $\perp$，然后继续处理。

讨论　对于一个解决拜占庭将军（或者其他协定问题）的算法，我们通过以下两个问题来度量其效率：
- 进行了多少轮消息传递？（这个因素影响算法终止需要的时间。）

- 发送了多少消息，消息的长度是多少？（这个因素度量带宽的利用，并且会影响执行的时间。）

一般情况下（$f \geq 1$），Lamport 等人的算法用于未签名的消息传送时，需要操作 $f+1$ 轮。在每轮中，每个进程发送它在前一轮中收到的其他进程发来的值的一个子集。算法代价很高，它需要发送 $O(N^{f+1})$ 条信息。

Fischer 和 Lynch［1982］证明，如果允许出现拜占庭故障（因而也包括拜占庭将军问题，见15.5.1 节），那么任何确定性的解决共识问题的算法至少需要 $f+1$ 轮消息传递。所以在这个方面，没有算法能比 Lamport 等人的算法执行更快。但是可以改善消息的复杂度，例如 Garay 和 Moses［1993］做的改进。

有些算法（例如 Dolev 和 Strong［1983］的算法）对消息进行签名。Dolev 和 Strong 的算法也需要进行 $f+1$ 轮，但是发送消息的数量仅是 $O(N^2)$。

由于算法的复杂性和代价，因此建议只在安全威胁很严重的地方使用这些算法。如果威胁来自硬件错误，那么出现随机行为错误的可能性是很小的。如果解决方案所基于的错误模型的知识越详细，那么可以得到的解决方案更有效［Barborak et al.1993］。如果威胁来自于恶意的用户，那么受到威胁的系统更可能使用数字签名，一个不使用签名的解决方案是不合实际的。

15.5.4 异步系统的不可能性

现在我们已经提供了同步系统中共识和拜占庭将军问题的解决方案（由此可推导出交互一致性的解决方案）。然而这些算法都依赖于系统是同步的。算法假定消息交换按轮进行，进程有超时机制，可以因为超过最大延迟而认为出错的进程在那轮没有发送消息。

Fischer 等人［1985］证明在一个异步系统中，即使是只有一个进程出现崩溃故障，也没有算法能够保证达到共识。因为在一个异步系统中，进程可以随时发出响应的消息，所以没有办法分辨一个进程是速度很慢还是已经崩溃。他们的证明显示了进程的执行总是有中断了再延续的情况，这阻止了进程达到共识。详细的证明已经超出本书的范围，这里不再细述。

从 Fischer 等人的结论中我们立刻可以得到：在异步系统中，我们没有可以确保解决拜占庭将军问题、交互一致性问题或者全排序和可靠组播问题的方法。如果有这样的解决办法，根据 15.5.1 节的结论，我们就会有共识问题的解决办法——这与不可能性结论是相矛盾的。

注意，我们在不可能性结论中使用了"确保"这个词。这并不是说在分布式系统中，如果有一个进程出现了错误，进程就永远不可能达到共识。它允许我们达到共识的概率大于 0，这与实际相符合。例如，尽管我们的系统通常是异步的，但是事务系统多年来一直能达到共识。

绕过不可能性结论的办法是考虑部分同步系统（partially synchronous system）。部分同步系统比同步系统对同步性要弱，可以作为实际应用的系统的模型；但其同步性又比异步系统要强，使得共识问题能够被解决［Dwork et al.1988］。这个方法的介绍同样超出了本书的范围。我们将简要介绍绕过不可能性结论的三个方法：故障屏蔽、利用故障检测器达到共识、随机化进程的行为。

故障屏蔽 第一种完全避免不可能性结论的技术是屏蔽发生的所有进程故障（2.4.2 节有故障屏蔽的介绍）。例如，事务系统使用持久存储，它能够从崩溃中恢复。如果一个进程崩溃，它会被重启（自动重启或者由管理员重启）。进程在程序的关键点的持久存储中保留了足够多的信息，以便在崩溃和重启时能够利用这些数据正确地继续被中断的工作。换句话说，它能够像正确的进程那样工作，只是有时候它需要很长时间来执行一个处理。

当然，故障屏蔽一般可应用到系统设计中。第 16 章讨论了事务系统如何利用持久存储。第 18 章描述了如何利用软件组件的复制来屏蔽进程故障。

使用故障检测器达到共识 另一种绕过不可能性结论的方法是使用故障检测器。一些实际的系统使用"完美设计"的故障检测器来达到共识。实际上，在一个仅仅依靠消息传递工作的异步系统中，没有故障检测器是真正达到完美的。然而，进程可以协商后认为一个超过指定时间没有反应的进程已经出错了。一个没有响应的进程未必已经出错了，但是其余的进程认为它已经出错了。它们将接下来收到的所有从出错的进程发来的消息全部抛弃，从而把这个故障变成"失败 - 沉默"。换句话说，我们已经有效地将一个异步系统转化为一个同步系统。这项技术被应用在 ISIS 系统中［Birman 1993］。

该方法要求故障检测器是精确的。如果故障检测器不精确的话，系统在工作中可能放弃一个成员，而实际上这个成员为系统的有效性做出贡献。遗憾的是，让故障检测器保证合理的精确性需要设定很长的超时值，这就需要进程等待一个相对较长的时间（并且不能执行有用的工作）才能得出一个进程已经出错的结论。这个方法还会引起了另一个问题——网络分区，我们将在第 18 章讨论这个问题。

一个完全不同的方法是使用"不完美"的故障检测器，这种方法允许被怀疑的进程正确行动而不是排除它来达到共识。为了解决在异步系统中的共识问题，Chanadra 和 Toueg［1996］分析了一个故障检测器必须拥有的属性。他们证明，即使是使用不可靠的故障检测器，只要通信是可靠的，崩溃的进程不超过 $N/2$，那么异步系统中的共识问题是可以解决的。我们称能够实现这个目标的最弱的故障检测器（eventually weak failure detector）为最终弱故障检测器。该检测器具有如下性质： 669

最终弱完全性（eventually weakly complete）：每一个错误进程最终常常被一些正确进程怀疑。

最终弱精确性（eventually weakly accurate）：经过某个时刻后，至少一个正确的进程从来没有被其他正确的进程所怀疑。

Chandra 和 Toueg 证明，在异步系统中，我们不能只依靠消息传递来实现一个最终弱故障检测器。但是，我们在 15.1 节中描述了一个基于消息的故障检测器，它能够根据观察到的响应时间调节它的超时值。如果一个进程或者一个到检测器的连接很慢，那么超时值就会增加，那么错误地怀疑一个进程的情况将变得很少。在很多实际系统中，从实用目的看，这个算法与最终弱故障检测器相当相似。

Chandra 和 Toueg 的共识算法允许被错误怀疑的进程继续它们正常的操作，并且允许怀疑它们的进程接受它们发出的消息并正常地处理。虽然这使得应用程序员的工作变得复杂，但是这样做的好处在于：正确的进程不会被错误地排斥出去而造成浪费。而且，与 ISIS 方法相比，故障检测的超时值可以不必那么保守。

使用随机化达到共识 Fischer 等人的结论依赖于我们考虑的"敌人"是什么。这是一个"人物"（实际上是一个随机事件的集合），它能够利用异步系统的现象来阻止进程达到共识。敌人操纵网络来延迟消息以便使它们在错误的时刻到达，或者减缓或加速进程，使得当进程收到一个消息的时候处于错误的状态。

第 3 种解决不可能性结论的技术是引入一个关于进程行为的可能性元素，使得敌人不能有效地实施它们的阻碍战术。在有的情况下还是不能达到共识，但是这个方法使得进程能够在一个有限的期望（expected）时间内达到共识。Canetti 和 Rabin［1993］提出了一个概率算法可以解决共识甚至拜占庭故障问题。 670

15.6 小结

本章开始讨论了进程在互斥条件下访问共享资源的必要性。锁并不总是由管理共享资源的服务器实现的，所以需要一个单独的分布式互斥服务。我们考虑了 3 种实现互斥的算法：一种使用中央服务器的算法，一个基于环的算法以及一个使用逻辑时钟的基于组播的算法。像我们描述的那样，它们中没有一个能够经受住故障，虽然经过修改它们能够容忍一些错误。

接下来，本章考虑了一个基于环的算法和霸道算法，它们共同的目的是从一个给定的集合中选出唯一的一个进程——即使同时发生几个选举。例如，在主时间服务器或者锁服务器出故障时，霸道算法可用于选取一个新的服务器。

紧接着的一节描述了组播通信中的协调和协定。讨论了可靠组播（正确的进程要对传递的消息集合达成一致意见）以及具有 FIFO 排序、因果排序、全排序的组播。我们给出了可靠组播的算法，还给出了所有 3 种传递顺序的算法。

最后我们描述了共识问题、拜占庭将军问题以及交互一致性问题。我们定义了它们的解决方案的条件，并且证明了这些问题之间的关系——包括共识和可靠、全排序组播之间的关系。

在同步系统中可以解决上述问题，我们描述了一些算法。实际上，即使可能出现随机故障，解决的方法也是存在的。我们大致描述了 Lamport 等的关于拜占庭将军问题的解法的一部分内容。最近的算法有更低的复杂度，但是从原理上看，没有一个算法能比该算法采用的 $f+1$ 轮处理更好，除非消息采用数字签名。

本章最后描述了 Fischer 等人的基本结论，即关于异步系统中保证共识的不可能性。我们讨论了虽然有这样的结论，异步系统还能够达成一致的方法。

练习

15.1 使用一个不可靠的通信通道，有没有可能实现一个可靠的或者不可靠（进程）的故障检测器？

(第 632 页)

15.2 如果所有的客户进程都是单线程的，那么用来按发生在先顺序指定位置的互斥条件 ME3 是否有用？

(第 635 页)

15.3 根据同步延时给出计算互斥系统最大吞吐量的公式。 (第 635 页)

[671] 15.4 在用于互斥的中央服务器算法中，描述使得两个请求不是按照发生在先顺序处理的情景。

(第 636 页)

15.5 修改用于互斥的中央服务器算法，使之能够处理任何客户（在任何状态）的崩溃故障，假设服务器是正确的，并且有一个可靠的故障检测器。讨论这个系统是否能够容错。如果拥有令牌的客户被错误地怀疑为出了故障，会发生什么样的情况？ (第 636 页)

15.6 就基于环的算法，给出一个执行的例子，用以说明进程不必以发生在先顺序授权进入临界区。

(第 637 页)

15.7 在某个系统中，每个进程常常多次使用一个临界区后另一个进程才需要访问。解释为什么 Ricart 和 Agrawala 的基于组播的互斥算法在这种情况下效率很低，描述如何提高它的性能。你的修改是否满足活性条件 ME2？ (第 639 页)

15.8 在霸道算法中，恢复进程启动一次选举，并且如果它比当前的协调者进程有更高的标识符，那么它就成为新的协调者。这是算法所必需的吗？ (第 644 页)

15.9 如何修改霸道算法以处理两种情况：暂时的网络分区（通信变慢）以及处理变慢。

(第 646 页)

15.10 设计一个在 IP 组播上进行基本组播的协议。 (第 647 页)

15.11 对开放组的情况，怎样修改可靠组播的完整性、协定性、有效性定义。 (第 647 页)

15.12 在图 15-9 中，如果颠倒以下两个语句的顺序："R-deliver m"和"if（q ≠ p）then B-multicast（g, m）; end if"，那么算法将不再满足统一的协定。基于 IP 组播的可靠组播算法是否满足统一的协定？

(第 648 页)

15.13 解释为什么基于 IP 组播的可靠组播算法不适用于开放组也不适用于封闭组。给定任何一个用于封闭组的算法，我们如何从它构造一个用于开放组的算法？ (第 649 页)

15.14 解释如何修改 IP 组播上的可靠组播算法，从而消除保持队列，这样，收到的非重复的消息能马上被传递，但没有任何排序保证。提示：用集合而不是序号来表示到目前为止已经被传递的消息。

(第 649 页)

15.15 在基于 IP 组播的可靠组播协议中，为了达到有效性和协定性做了一些不合实际的假设，说明如何解决这些假设。提示：当一个消息被传递后，增加一个删除保留消息的规则；考虑增加一个哑"心跳"消息，这个消息永远不会发给应用，而是当应用没有消息要发送的时候由协议发送。

(第 649 页)

15.16 在基于 FIFO 顺序的组播中，考虑同一个信息源发送两个信息给两个有重叠的组，以及一个处于两个组的交集中的进程，证明这个算法不适用于有重叠组。修改该算法使之能用于重叠组。提示：进
[672] 程应该在它们的消息中包括发给所有组的消息的最新顺序号。 (第 654 页)

15.17 证明：如果我们在图 15-13 所示的基本组播算法中是 FIFO 序的，那么得到的全排序组播也是因果排序的。任何一个为 FIFO 序并且是全排序的组播是不是也是因果序的？ (第 655 页)

15.18 考虑如何修改因果序的组播协议来处理重叠组。 (第 657 页)

15.19 在讨论 Maekawa 的互斥算法的时候，我们给出了 3 个进程的 3 个子集可能导致死锁的例子。使用这

些子集作为组播的组，证明为什么进程对的全排序不一定是无环的。 （第 658 页）

15.20 使用一个可靠组播和一个解决共识问题的方法，在同步系统中建立一个可靠的、全排序组播。

（第 659 页）

15.21 从可靠全排序组播（涉及选择第一个可以传递的值）的解决方案可以得到共识的解决方法。从基本原理解释，为什么在一个异步系统中，我们不能从可靠的但不是全排序的组播服务以及 majority 函数得到共识的解决方案。（注意，如果我们能够做到，就会与 Fischer 等的不可能性结论相矛盾。）

提示：考虑速度慢的或者出故障的进程。 （第 663 页）

15.22 考虑在图 15-17 中给出的实现同步系统中的共识的算法，采用如下完整性定义：

如果所有进程（不管正确与否）提出相同的值，那么在决定状态的任何正确的进程都将会选择该值。现在考虑一个应用程序，其中正确运行的进程可能会提出不同的结果，例如通过运行不同的算法来决定在控制系统的操作中应该采取何种行动。请提出一个合适方案对完整性定义进行修改，从而改变这个算法。 （第 664 页）

15.23 在 3 个将军的拜占庭将军问题中，证明如果将军对消息进行签名，那么在一个将军有问题的情况下也可以达成协定。 （第 665 页） 673

第16章

Distributed Systems: Concepts and Design, Fifth Edition

事务和并发控制

本章将讨论事务和并发控制在服务器管理共享对象时的应用。

事务定义了一个服务器操作序列，由服务器保证这些操作序列在多个客户并发访问和服务器出现故障情况下的原子性。嵌套事务定义了若干事务之间的嵌套结构，它们因为具有更高的并发度，因而在分布系统中非常有用。

所有的并发控制协议都是基于串行相等的标准，它们都源于用来解决操作冲突的规则。本章描述了三种方法：

- 锁用于在多个事务访问同一个对象时根据这些操作访问同一对象的先后次序给事务排序。
- 乐观并发控制允许事务一直执行，直到它们准备提交为止，只是在提交时通过检查来确定已执行的操作是否存在冲突。
- 时间戳排序利用时间戳将访问同一对象的事务根据它们的起始时间进行排序。

16.1 简介

事务的目标是在多个事务访问对象以及服务器面临故障的情况下，保证所有由服务器管理的对象始终保持一个一致的状态。第2章介绍了分布式系统的故障模型。事务能够处理进程的崩溃故障和通信的遗漏故障，但不能处理任何随机（或拜占庭）行为。16.1.2节将给出事务的故障模型。

能够在服务器崩溃后恢复的对象称为可恢复（recoverable）对象。通常这些对象存储在挥发性存储（例如RAM）或持久存储（例如硬盘）中。即使对象存放在挥发性存储中，服务器仍然可以利用持久存储来保存足够多的对象状态信息，以便在服务器进程崩溃后能够恢复这些对象。这使得服务器能保证对象是可恢复的。事务是由客户定义的针对服务器对象的一组操作，它们组成一个不可分割的单元，由服务器执行。服务器必须保证或者整个事务被执行并将执行结果记录到持久存储中，或者在出现故障时，能完全消除这些操作的所有影响。第17章将讨论涉及几个服务器的事务的相关问题，特别是如何决定一个分布式事务的结果。本章重点研究单服务器上的事务。从其他客户事务的角度而言，

一个客户的事务也被认为是不可分割的，因为一个事务中的操作不能观察到另一个事务中的操作的部分结果。16.1.1节将介绍对象的简单同步访问；16.2节将介绍事务，事务需要防止客户之间冲突的更高级的技术。16.3节讨论嵌套事务。16.4节~16.6节分别讨论单服务器上的事务的三种并发控制方法，即锁、乐观并发控制和时间戳排序。第17章进一步讨论如何将这些方法加以扩展，运用到多个服务器上的事务中。

为了方便本章讨论，我们使用了一个银行的例子，如图16-1所示。每个银行账户由一个远程对象表示，它支持一个Account接口，该接口提供存款、取款、查询和设置账面余额等操作。银行分行用一个远程对象表示，其接口为Branch，该接口提供创建新账户、通过名字查找账户和查询分行总余额等操作。

```
deposit（amount）
    向账户存amount数量的钱

withdraw（amount）
    从账户中取amount数量的钱

getBalance（）→amount
    返回账户中余额

setBalance（amount）
    将账户余额设置成amount


Branch接口中的操作

create（name）→account
    用给定用户名创建一个新账户

lookUp（name）→account
    根据给定用户名查找账户，并返回该账户的一个引用

branchTotal（）→amount
    返回该银行分理处的所有账户余额的总数
    account接口和Branch接口的操作
```

图16-1 Account 接口的操作

16.1.1 简单的同步机制（无事务）

本章涉及的一个主要问题是如果不仔细设计服务器，不同客户执行的操作有时会相互冲突。这种冲突会导致对象产生不正确的值。本节先讨论没有事务时客户操作如何同步。

服务器上的原子操作 从本书前面的章节，我们已经看到，使用多线程可以提高服务器的性能。我们也注意到使用多线程能够让不同的客户并发执行并且访问同一个对象。因此，对象应该设计成支持多线程的上下文环境。以银行为例，如果 deposit 方法和 withdraw 方法在设计时没有考虑应用于多线程程序中，那么当多个线程并发执行这些方法时，可能会导致这些方法的交织执行，从而产生奇怪的账户对象数据。

第 6 章引入的 synchronized 关键字是应用在 Java 方法中用以保证一次只能有一个线程访问对象。在我们的例子中，实现 Account 接口的类可以将方法声明成同步的。例如：

```
public synchronized void deposit(int amount) throws RemoteException {
    // 将 amount 数量的钱加入账户余额
}
```

当一个线程调用某个对象的同步方法时，该对象在调用期间被一直锁住，这时如果另一个线程也调用该同步方法，那么该线程将被阻塞，直到相应的锁被释放为止。这种形式的同步将线程的执行分散到不同的时间中，从而保证对一个对象的实例变量的访问一致性。如果没有同步机制，那么两个不同的 deposit 方法调用可能在对方未更新前读取账户余额——导致不正确的数据。因此，应该同步所有访问会发生变化的实例变量的方法。

免受其他线程中执行的并发操作干扰的操作称为原子操作（atomic option）。Java 语言中的同步方法是实现原子操作的途径之一。在其他多线程服务器的编程环境中，为了保证对象的一致性，对象上的操作仍然应该是原子操作。通过互斥机制，例如 mutex，可实现这一点。

通过服务器操作的同步加强客户协同 客户可以将服务器作为一种共享资源的设施。一些客户调用更新服务器上对象的操作，而另一些客户调用方法来访问对象便可实现上述目的。上述同步访问对象的机制提供了大多数应用中所需要的东西——避免了线程相互干扰。但是，某些应用需要线程间相互通信的机制。

例如，会出现这种情况：某个客户的操作要等到另一个客户操作结束后才能完成。一个典型的例子是某些客户是生产者而另一些客户是消费者——消费者在生产者提供更多的所需商品前必须等待。这种情况在客户共享某种资源时也会出现——请求资源的客户必须等待其他客户释放资源。在本章的后面部分，我们还会看到，在用锁或时间戳进行事务并发控制时也会有类似的情况。

第 6 章介绍的 Java notify 和 wait 方法允许线程以一种能够解决上述问题的方式相互通信。这两个方法必须用于对象的同步方法中。当一个线程调用某个对象的 wait 方法后，该线程被挂起并允许其他线程执行该对象的方法。线程通过调用 notify 方法通知等待该对象的线程它已改变了该对象的一些数据。在线程等待时，对对象的访问仍是原子的，因为调用 wait 的线程把放弃锁和挂起自身作为单个原子动作。当线程被通知重新开始时，它需要重新获得对象上的锁，继续 wait 之后的执行。而调用 notify 的线程（从一个同步方法内）在它执行完当前方法后才会释放对象锁。

现在考虑共享对象 Queue 的实现，Queue 有两个方法：first 方法用于删除并返回队列中的第一个对象，append 方法用于将一个给定对象放到队列尾部。first 方法首先检查队列是否为空，如果队列为空则调用该队列的 wait 方法。因此在队列为空时，某个客户调用 first 方法将不会得到应答，必须等待其他客户向队列添加内容——append 方法在将对象加入队列时会调用 notify，这使得等待队列对象的线程能继续执行，并将队列中的第一个对象返回给客户。在线程通过 wait 和 notify 同步对象操作时，对于不能立即满足的请求，服务器将暂时挂起它们，客户只有在另一个客户产生它们所需的数据后才能得到应答。

在后面关于事务锁的小节中，我们将讨论利用带同步操作的对象来实现一个事务锁。当某个客户试图获取一个锁时，它必须等待其他客户释放该锁。

如果没有这种线程同步机制，那么请求不能马上得到满足的客户，例如客户在一个空队列上调用

first 方法，会被告之以后重试。这种方式是不能令人满意的，因为它导致客户不断轮询服务器，服务器也要不断执行额外的请求。另外，服务器在处理这些轮询时，其他客户必须等待，这也造成了不公平。

16.1.2 事务的故障模型

Lampson［1981a］提出过一个分布事务的故障模型，包括了硬盘故障、服务器故障以及通信故障。该故障模型声称：可以保证算法在出现可预见故障时正确工作，但是对于不可预见的灾难性故障则不能保证正常处理。尽管会出现错误，但是可以在发生不正确行为之前发现并处理这些错误。Lampson 的故障模型包括以下故障：

- 对持久性存储的写操作可能发生故障（或因为写操作无效或因为写入错误的值）。例如，将数据写到错误的磁盘块被认为是一个灾难性故障。文件存储有可能损坏。从持久性存储中读数据时可根据校验和来判断数据块是否损坏。
- 服务器可能偶尔崩溃。当一个崩溃的服务器由一个新进程替代后，它的可变内存被重置，崩溃之前的数据均已丢失。此后新进程执行一个恢复过程，根据持久存储中的信息以及从其他进程获得的信息设置对象的值，包括与两阶段提交协议有关的对象的值（见 17.6 节）。当一个处理器出现故障时，服务器也会崩溃，这样它就不会发送错误的消息或将错误的值写入持久存储，即它不会产生随机故障。服务器崩溃可能出现在任何时候，特别是在恢复时也可能出现。
- 消息传递可能有任意长的延迟。消息可能丢失、重复或者损坏。接收方（通过校验和）能够检测到受损消息。未发现的受损消息和伪造的消息会导致灾难性故障。

利用这个关于持久存储、处理器和通信的故障模型能够设计出一个可靠系统，该系统的组件可对付任何单一故障，并提供一个简单的故障模型。特别是，可靠存储（stable storage）可以在出现一个 write 操作故障或者进程崩溃故障的情况下提供原子写操作。它是通过将每一个数据块复制到两个磁盘块上实现的。此时一个 write 操作作用于两个磁盘块上，在一个磁盘出现故障的情况下，另一个好的数据块能提供正确数据。可靠处理器（stable processor）使用可靠存储，用于在崩溃后恢复对象。可通过可靠的远程过程调用机制来屏蔽通信错误。

16.2 事务

在某些情况下，客户要求给服务器的一组请求是原子的，也就是说：

1）它们不受其他并发客户操作的干扰。

2）所有操作或者全部成功完成，或者在服务器故障时不会产生任何影响。

让我们回到银行的例子来说明事务概念。当一个客户对特定账户操作时，它首先利用 lookUp 根据用户名查询到相应的银行账户，然后在相关账户上进行 deposit、withdraw 或者 getBalance 操作。我们的例子使用了账户名为 A、B 和 C 的三个账户。客户查找这些名字并将它们的引用存储在 Account 类型的变量 a、b 和 c 中。为简单起见，我们略去了由名字查找账户和变量声明等细节。

图 16-2 给出了一个简单客户事务的例子，该事务指定了若干涉及账户 A、B 和 C 的动作。前两个动作是从账户 A 转账 100 元至账户 B，后两个操作从账户 C 转账 200 元至账户 B。客户是通过一个取款操作和一个存款操作完成转账的。

事务起源于数据库管理系统。数据库管理系统中的事务是访问数据库的一个程序的执行。事务后来通过事务文件服务器，例如 XDFS［Mitchell and Dion 1982］，被引入到分布式系统中。在事务文件服务器中，事务是指客户执行一组文件操作请求。在若干研究项目（如 Argus［Liskov 1998］和 Arjuna［Shrivastava et al. 1991]）中，事务又被引入分布式对象系统。这时的事务是指一组客户请求的执行，如图 16-2 的例子所示。从客户角度来看，事务是组成一个步骤的一组操作，它将服务器的数据从一个

Transaction T:
a.withdraw（100）；
b.deposit（100）；
c.withdraw（200）；
b.deposit（200）；

图 16-2 一个客户的
银行事务

一致性状态转换到另一个一致性状态。

事务可以作为中间件的一部分提供。例如，CORBA 提供了对象事务服务规范［OMG 2003］，它的 IDL 接口允许客户事务访问多个服务器上的多个对象。客户可利用有关操作来指定事务的开始和结束。客户 ORB 为每个事务维持一个上下文，该上下文随着操作调用而传递。在 CORBA 中，事务对象在事务作用域内被调用，通常有一些与它们相关的持久存储。

在以上的讨论中，事务总是应用到可恢复对象上并具有原子性。这样的事务常常被称作原子事务（atomic transaction）（见下面的讨论）。这里的原子性包含两方面的含义：

全有或全无：一个事务或者成功完成，使其操作的所有效果都记录到相关对象中；或者由于故障或有意终止等原因而不留下任何效果。这种全有或全无本身又包含两层含义：

- **故障原子性**：即使服务器崩溃，事务的效果也是原子的。
- **持久性**：一旦事务成功完成，它的所有效果将被保存到持久存储中。这里的"持久存储"指的是磁盘或其他永久介质中的文件。文件中存放的数据不受服务器崩溃影响。

隔离性：每个事务的执行不受其他事务的影响。换言之，事务在执行过程中的中间效果对其他事务是不可见的。下面的盒子中介绍了 ACID 助记符以助于读者更好地记住原子事物的特性。

ACID 特性 Härder 和 Reuter［1983］建议用"ACID"表示事务的下列属性：

原子性（Atomicity）：事务必须是全有或全无。

一致性（Consistency）：事务将系统从一个一致性状态转换到另一个一致性状态。

隔离性（Isolation）。

持久性（Durability）。

在我们的事务属性列表中没有包括"一致性"，因为它通常是服务器和客户端程序员的责任，应由他们确保事务使得数据库是一致的。

作为一致性的一个例子，假设在银行的例子中，一个对象持有所有账户余额的总计，该值被作为 branchTotal 的结果。客户或者通过使用 branchTotal 或者在每个账户上调用 getBalance 来得到所有账户余额的总计。从一致性的角度看，这两种方法应该得到相同的结果。为了维护这个一致性，deposit 和 withdraw 操作必须更新拥有所有账户余额总计的对象。

680
~
681

为了支持故障原子性和持久性要求，对象必须是可恢复的（recoverable）。当服务器进程由于硬件故障或软件错误而崩溃时，所有已完成事务的更新必须保留在持久存储中。这样，当服务器被新的进程替代后，它可以利用这些更新信息来恢复对象，以达到全有或全无的要求。当服务器确认完成了一个客户事务时，事务中所有对对象的改变必须已经记录在持久存储中。

支持事务的服务器必须有效地对操作进行同步以保证事务之间的隔离性。最简单的方法是串行执行事务——可以按任意次序一次一个地执行事务。遗憾的是，这种解决方案对有多个交互用户共享其资源的服务器而言是不可接受的。在我们的银行例子中，就需要同时允许多个银行柜员执行联机银行事务。

任何支持事务的服务器的目标都是最大程度地实现并发。因此，如果事务的并发执行与串行执行具有相同的效果，即它们是串行等价（serially equivalent）的或可串行化（serializable）的，那么可允许事务并发执行。

事务功能可加到有可恢复对象的服务器上。每个事务都由协调者创建和管理，协调者实现了图 16-3 中的 Coordinator 接口。协调者为每个事务赋予一个事务标识符（TID）。客户调用协调者的 openTransaciton 方法来引入一个新事务——分配并返回一个事务标识符。当事务结束时，客户调用 closeTransaction 方法表示事务结束——该事务访问的所有可恢

---

openTransaction()→trans;
    开始一个新事务，并返回该事务的唯一 TID。
    该标识符将用于事务的其他操作中。
closeTransaction（trans）→（commit,abort）;
    结束事务：如果返回值为 *commit*，表示该事务被成功提交；
    否则返回 *abort*，表示该事务被放弃。
abortTransaction（trans）;
    放弃事务。

图 16-3 Coordinator 接口的操作

复对象都应该被保存。如果由于某种原因，客户需要放弃事务，那么它调用 abortTransaction 方法——事务的所有效果将被取消。

事务的完成需通过一个客户程序、若干可恢复对象和一个协调者之间的合作。客户指定了组成事务的一系列针对可恢复对象的操作。为了实现这一点，客户在每次调用中发送由 openTransaction 返回的事务标识符。一种可能的实现方式是将 TID 作为可恢复对象的每个方法的一个额外参数。例如，在银行服务中，deposit 操作可能定义成：

deposit(trans , amount)
在 TID 为 trans 的事务中给账户存款 amount

如果事务作为中间件提供，那么所有介于 openTransaction 和 closeTransaction 或 abortTransaction 之间的远程调用都隐式地传递 TID。这正是 CORBA 事务服务的做法。因此，在我们的例子中不再列出 TID。

通常，事务在客户调用 closeTransaction 后结束。如果事务正常进行，那么 closeTransaction 的返回值表明事务被提交——它给客户一个承诺：事务所请求的所有更新都被永久记录。此后的其他事务访问同一数据时将看到这些更新的结果。

另一种情况是，事务由于某些原因，比如事务自身的特性、与其他事务发生冲突或者计算机或进程崩溃，而不得不放弃（abort）。一旦事务被放弃，参与方（可恢复对象和协调者）必须保证在持久存储中，在对象及其副本上清除所有效果，使该事务的影响对其他事务不可见。

事务或者成功执行，或者以两种方式之一被放弃——客户放弃事务（使用 abortTransaction 调用）或服务器放弃事务。图 16-4 分别列出了事务的 3 个执行历史。在这几种情况中，我们都称事务执行失败（failing）。

682

成功执行	被客户放弃		被服务器放弃
openTransaction	*openTransaction*		*openTransaction*
操作	操作		操作
操作	操作		操作
⋮	⋮	服务器放弃事务→	⋮
操作	操作		向客户报告*ERROR*
closeTransaction	*abortTransaction*		

图 16-4 事务执行历史

进程崩溃时的服务器动作 如果服务器进程意外崩溃，它最终会被新的服务器进程替代。新的服务器进程将放弃所有未提交事务，并使用一个恢复过程将对象的值恢复成最近提交的事务所产生的值。为了处理事务过程中意外崩溃的客户，服务器给每个事务都设定一个过期时间，服务器将放弃在过期时间前还未完成的事务。

服务器进程崩溃时的客户动作 如果服务器在执行事务期间崩溃，那么客户在超时后会接收到一个异常，从而了解到服务器崩溃。如果在执行事务期间服务器崩溃且被新服务器进程替代，那么未完成的事务将不再有效，当客户发起新操作时它会收到异常。在任何一种情况下，客户需要建立一个计划（可能通过人工干预等方式）来完成或放弃事务所在的任务。

16.2.1 并发控制

本节将用银行的例子说明并发事务中的两个著名问题——"更新丢失"问题和"不一致检索"问题。然后，本节给出如何利用事务的串行等价执行来避免这些问题。我们假设 deposit、withdraw、getBalance 和 setBalance 都是同步操作，即它对记录账户余额的实例变量的效果是原子的。

更新丢失问题 更新丢失问题可用银行账户 A、B 和 C 上的两个事务来说明。这 3 个账户的初始余额分别是 \$100、\$200 和 \$300。事务 T 将资金由账户 A 转到账户 B，事务 U 将资金由账户 C 转到账户

B。两次转账的金额都是当前 B 账户余额的 10% 。因此，两次转账的最终效果是两次以 10% 的幅度增 683 加账户 B 的余额，B 的最终值是 \$242。

　　下面来看看事务 T 和事务 U 并发执行的效果，如图 16-5 所示。两个事务获得账户 B 的余额 \$200，然后存入 \$20。结果是将账户 B 的余额提高了 \$20，而不是 \$42，这是不正确的。这就是所谓的"更新丢失"问题。事务 U 的更新被丢失是因为事务 T 覆盖了它的更新。两个事务在写入新数据前读出的都是旧数据。

　　在图 16-5 的后半部分，我们列出了对相应账户余额有影响的操作（阴影部分），我们假定某行上的操作在该行之前的行执行之后执行。

事务T:		事务U:	
balance = b.getBalance();		balance = b.getBalance();	
b.setBalance(balance*1.1);		b.setBalance(balance*1.1);	
a.withdraw(balance/10)		c.withdraw(balance/10)	
balance = b.getBalance();	\$200		
		balance = b.getBalance();	\$200
		b.setBalance(balance*1.1);	\$220
b.setBalance(balance*1.1);	\$220		
a.withdraw(balance/10)	\$80		
		c.withdraw(balance/10)	\$280

图 16-5　更新丢失问题

　　不一致检索　图 16-6 列出了另一个与银行账户有关的例子：事务 V 将资金由账户 A 转到账户 B，事务 W 调用 branchTotal 方法获得银行所有账户的总余额。账户 A 和 B 的最初余额都是 \$200，但是 branchTotal 计算 A 和 B 的总和，结果却是 \$300，这是错误的。这就是"不一致检索"问题。事务 W 的检索是不一致的，因为在 W 计算总和的时候，V 已经完成了转账操作中的取款部分。

事务V:		事务W:	
a.withdraw(100)		aBranch.branchTotal()	
b.deposit(100)			
a.withdraw(100);	\$100		
		total = a.getBalance()	\$100
		total = total+b.getBalance()	\$300
		total = total+c.getBalance()	
b.deposit(100)	\$300	...	

图 16-6　不一致检索问题

684

　　串行等价性　如果每个事务知道它单独执行的正确效果，那么我们可以推断出这些事务按某种次序一次执行一个事务的结果也是正确的。如果并发事务交错执行操作的效果等同于按某种次序一次执行一个事务的效果，那么这种交错执行是一种串行等价的交错执行。我们说两个事务具有相同效果，是指读操作返回相同的值，并且事务结束时，所有对象的实例变量也具有相同的值。

　　使用串行等价性作为标准来判断并发执行是否正确，可以防止更新丢失和不一致检索问题的出现。

　　在两个事务都读取了一个变量的旧数据，并用它来计算新数据时，会出现更新丢失问题。如果两个事务一前一后执行，就不会发生这个问题，因为后执行的事务将读取到前面执行的事务更新后的数据。由于两个事务进行串行等价的交错执行能够产生与串行执行同样的效果，所以通过串行等价，我们能够解决更新丢失问题。图 16-7 列出了这样的一种交错执行，其中影响共享账户 B 的操作实际上是串行的，因为事务 T 在事务 U 之前完成了所有对 B 的操作。另一种具有该性质的交错执行是事务 U 在事务 T 开始之前完成它对账户 B 的操作。

事务T:		事务U:	
balance = b.getBalance()		balance = b.getBalance()	
b.setBalance(balance*1.1)		b.setBalance(balance*1.1)	
a.withdraw(balance/10)		c.withdraw(balance/10)	
balance = b.getBalance()	$ 200		
b.setBalance(balance*1.1)	$ 220		
		balance = b.getBalance()	$ 220
		b.setBalance(balance*1.1)	$ 242
a.withdraw(balance/10)	$ 80		
		c.withdraw(balance/10)	$ 278

图 16-7   串行等价地交错执行事务 T 和事务 U

现在我们在事务 V 将资金从账户 A 转账到 B 而事务 W 正在获取所有余额总和（见图 16-6）的情况下，考虑与不一致检索有关的串行等价性的效果。不一致检索在某个检索事务与一个更新事务并发运行的时候出现。如果检索事务在更新事务之前或之后执行，问题就不会发生。一个检索事务和一个更新事务进行串行等价的交错执行（如图 16-8 中的例子），可以防止不一致检索的发生。

事务V:		事务W:	
a.withdraw(100);		aBranch.branchTotal()	
b.deposit(100)			
a.withdraw(100);	$ 100		
b.deposit(100)	$ 300		
		total = a.getBalance()	$ 100
		total = total+b.getBalance()	$ 400
		total = total+c.getBalance()	
		...	

图 16-8   串行等价地交错执行事务 V 和事务 W

冲突操作   如果两个操作的执行效果和它们的执行次序相关，我们称这两个操作相互冲突（conflict）。为简化讨论，我们考虑操作 read 和 write。read 读取对象值，而 write 更新对象值。一个操作的效果（effect）是指由 write 操作设置的对象值和由 read 操作返回的结果。图 16-9 给出了 read 和 write 操作的冲突规则。

对任意两个事务，可以确定它们之间冲突操作的访问次序。那么，串行等价性可以从冲突操作角度定义如下：

两个事务串行等价的充分必要条件是，两个事务中所有的冲突操作都按相同的次序在它们访问的对象上执行。

不同事务的操作		是否冲突	原　　因
read	read	否	由于两个 read 操作的执行效果不依赖这两个操作的执行次序
read	write	是	由于一个 read 操作和一个 write 操作的执行效果依赖于它们的执行次序
write	write	是	由于两个 write 操作的执行效果依赖这两个操作的执行次序

图 16-9   read 和 write 操作的冲突规则

考虑下面的例子，事务 T 和事务 U 定义如下：

T：$x = read(i)$；$write(i,10)$；$write(j,20)$；
U：$y = read(j)$；$write(j,30)$；$z = read(i)$；

图 16-10 列出了它们的一种交错执行过程。注意，每个事务相当于另一个事务对对象 i 和 j 的访问是串行的，因为事务 T 对变量 i 的访问都在事务 U 对 i 访问之前进行，而事务 U 对变量 j 的访问都在事务 T 对 j 访问之前进行。但是这

事务T:	事务U:
x = read(i)	
write(i, 10)	
	y = read(j)
	write(j, 30)
write(j, 20)	
	z = read (i)

图 16-10   非串行等价地执行事务
T 和事务 U 的操作

个执行次序不是串行等价的，因为对两个对象的冲突操作并未按照相同次序执行。串行等价的执行次序要求满足下面两个条件之一：

1）事务 T 在事务 U 之前访问 i，并且事务 T 在事务 U 之前访问 j。

2）事务 U 在事务 T 之前访问 i，并且事务 U 在事务 T 之前访问 j。

串行等价性可作为一个标准用于生成并发控制协议。并发控制协议用于将访问对象的并发事务串行化。有 3 种常用的并发控制方法：锁、乐观并发控制和时间戳排序。大多数实际系统利用锁方法（参见 16.4 节的讨论）。使用锁方法时，对象在被访问之前，服务器就为该对象设置一个锁，并在该锁上标记上事务标记，当事务完成后服务器再删除这些锁。某个对象被锁住后，只有锁住该对象的事务可以访问它；而其他的事务必须等到该对象被解锁，或者某些情况下共享该锁。使用锁可能会导致死锁，此时，事务相互等待其他事务释放锁。例如，有两个事务各自锁住了一个对象，而又要访问被对方锁住的对象，就会产生死锁。关于死锁和它的补救方法，我们将在 16.4.1 节讨论。

16.5 节将描述乐观并发控制。在乐观并发控制方案中，事务能够一直运行而不会被锁住，当它请求提交时，服务器检测该事务是否执行了与其他并发事务相冲突的操作，一旦检测出冲突，服务器就放弃该事务并重新启动该事务。检测的目的是保证所有对象是正确的。

时间戳排序将在 16.6 节描述。在时间戳排序中，服务器记录对每个对象最近一次读写访问的时间。事务访问对象时，需要比较事务的时间戳和对象的时间戳，来决定是否允许立即访问、延迟访问或拒绝访问该对象。如果决定延迟访问，那么该事务就要等待；如果决定拒绝访问，那么将放弃该事务。

在检测到操作冲突之后，一般通过让一个客户事务等待另一个事务或是重新运行事务或是两者的结合来实现并发控制。

16.2.2 事务放弃时的恢复

服务器必须记录所有已提交事务的效果，但不保存被放弃事务的效果。因此，服务器必须保证事务被放弃后，它的更新作用完全取消，而不影响其他并发事务。

本节以银行的例子阐述与事务放弃相关的两个问题。这两个问题是"脏数据读取"和"过早写入"，这两个问题在事务的串行等价执行中仍然出现。这两个问题与对象上的操作效果有关，如影响银行账户的余额。为简化讨论，我们将所有的操作分为 read 操作和 write 操作，在我们的例子中，getBalance 是 read 操作而 setBalance 是 write 操作。

脏数据读取 事务的隔离性要求未提交事务的状态对其他事务是不可见的。如果某个事务读取了另一个未提交事务写入的数据，那么这种交互会引起"脏数据读取"问题。考虑图 16-11 中的事务执行情况，事务 T 读取账户 A 的余额并为它增加 $10，事务 U 也读取 A 的余额并给它增加 $20，这两个事务的执行是串行等价的。现在假设事务 U 提交之后事务 T 被放弃，由于账户 A 的余额必须恢复到它的初始值，所以事务 U 所读取的数据是一个从不存在的值。我们称事务 U 进行了一次脏数据读取（dirty read）。因为它已经被提交，所以它不能被取消。

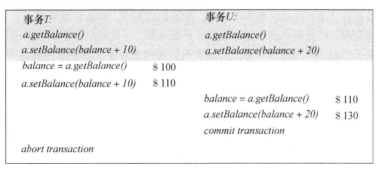

图 16-11 事务 T 放弃时的脏数据读取

事务可恢复性 如果某个事务（例如 U）访问了被放弃事务的更新结果，并且已提交，那么服务器的状态就不可恢复。为了确保不出现这种情况，所有进行了脏数据读取的事务（例如 U）必须推迟提交。可恢复的策略是推迟事务提交，直到它读取更新结果的其他事务都已提交。在我们的例子中，事务 U 必须延迟到事务 T 提交后才能提交。如果事务 T 放弃了，那么事务 U 也必须放弃。

连锁放弃 在图 16-11 中，假设事务 U 推迟提交直到事务 T 被放弃，那么此时事务 U 也要放弃。遗憾的是，其他观察到 U 结果的事务同样也要放弃。这些事务的放弃可能导致后续更多的事务被放弃。这种情况称为连锁放弃（cascading abort）。防止这种情况出现的方法是，只允许事务读取已提交事务写入的对象。为了保证这一点，读某对象的操作必须推迟到写该对象数据的事务提交或放弃。防止连锁放弃是一个比保证事务可恢复性更强的条件。

过早写入 考虑事务放弃隐含的另一种可能结果。它涉及两个事务针对同一个对象进行 write 操作。在图 16-12 中，账户 A 上的事务 T 和事务 U 都调用 setBalance。事务开始前，账户 A 的余额是 $\$100$，图中的事务执行是串行等价的，事务 T 将将余额更改为 $\$105$，事务 U 将余额更改为 $\$110$。如果事务 U 被放弃而事务 T 提交，那么余额将恢复为 $\$105$。

事务T:		事务U:	
a.setBalance(105)		a.setBalance(110)	
	$ 100		
a.setBalance(105)	$ 105		
		a.setBalance(110)	$ 110

图 16-12　重写未提交数据

一些数据库系统在放弃事务时，将变量的值恢复到该事务所有 write 操作的"前映像"。在我们的例子中，A 的初始值是 $\$100$，它是事务 T 的 write"前映像"，类似地，事务 U 的 write 前映像是 $\$105$。所以，如果事务 U 放弃了，我们可得到正确的账户余额 $\$105$。

现在考虑事务 U 提交而事务 T 放弃的情况。此时，余额应该是 $\$110$，但事务 T 的 write"前映像"是 $\$100$，所以我们最终获得了 $\$100$ 的错误值。类似地，如果事务 T 先被放弃接着 U 也被放弃，由于 U 的 write 前映像是 $\$105$，所以我们得到的账户余额为 $\$105$，但是正确的数值应该是 $\$100$。

为了保证使用前映像进行事务恢复时获得正确的结果，write 操作必须等到前面修改同一对象的其他事务提交或放弃后才能进行。

事务的严格执行 为了避免"脏数据读取"和"过早写入"，通常要求事务推迟 read 操作和 write 操作。如果 read 操作和 write 操作都推迟到写同一对象的其他事务提交或放弃后才进行，那么这种执行被称为是严格的。事务的严格执行可以真正保证事务的隔离性。

临时版本 对于参与事务的可恢复对象服务器，它必须保证事务放弃后，能清除所有对象的更新。为了达到这个目的，事务中所有的更新操作都是针对对象的挥发性存储中的临时版本完成。每个事务都有本事务已更改的对象的临时版本集。事务的所有更新操作将值存储在自己的临时版本中，如果可能，事务的访问操作就从事务的临时版本中取值，如果取值失败，再从对象取值。

只有当事务提交时，临时版本的数据才会用来更新对象，与此同时，它们也被记录到持久存储中。这个过程是一个原子步骤，其间将暂时不让其他事务访问相关对象。如果事务被放弃，系统将删除它的临时版本。

16.3　嵌套事务

嵌套事务扩展了前面介绍的事务模型，它允许事务由其他事务构成。这样，从一个事务内可以发起几个事务，从而能够将事务看成按需组成的模块。

嵌套事务的最外层事务称为顶层事务（top-level）。除顶层事务之外的其他事务称为子事务（subtraction）。例如在图 16-13 中，事务 T 是一个顶层事务，它启动两个子事务 T_1 和 T_2。子事务 T_1 启动它的子事务 T_{11} 和 T_{12}；子事务 T_2 启动它的子事务 T_{21}，T_{21} 又启动子事务 T_{211}。

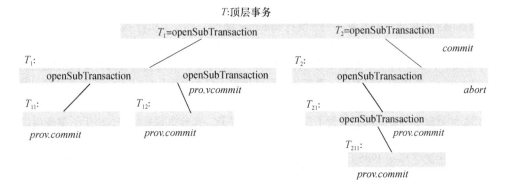

图 16-13　嵌套事务

就事务的并发访问和故障处理而言，子事务对它的父事务是原子的。处于同一个层次的子事务（例如 T_1 和 T_2）可以并发运行，但它们对公共对象的访问是串行化的，例如通过 16.4 节描述的锁机制。每一个子事务可能独立于父事务和其他子事务出现故障。当某个子事务放弃时，其父事务有时可能选择另一个子事务来完成它的工作。例如，某个事务需要将一个邮件消息发送给一个列表中的所有接收者，该事务可以由一系列子事务组成，每个子事务负责将消息发送给其中一个接收者。如果某些子事务执行失败，父事务可记录这些信息，然后提交整个事务，结果将提交所有成功的子事务。然后，可以启动另一个事务来重新发送第一次未发出的那些消息。

为了以示区别，我们称前文介绍的事务为平面事务（flat）。之所以称为平面的，是因为平面事务的所有工作都在 openTransaction 和 commit/abort 之间的同一个层次里完成，它不可能提交或放弃部分事务。嵌套事务有下列主要的优势：

1）在同一个层次的子事务（及其后代）可以并发运行，这提高了事务内的并发度。如果这些子事务运行在不同的服务器上，那么它们能够并行执行。例如，考虑银行例子中的 branchTotal 操作，可以通过在分行的每一个账户上调用 getBalance 来实现它。现在在每次 getBalance 调用可以作为一个子事务实现，这些子事务可并发执行。由于这些操作应用于不同的账户，所以子事务之间不存在冲突的操作。

2）子事务可以独立提交和放弃。与单个事务相比，若干嵌套的子事务可能更强壮。前面的发送邮件的例子可以表明这一点——如果利用平面事务，一个事务失败会导致整个事务重启。事实上，父事务可以根据子事务是否放弃来决定不同的动作。

嵌套事务的提交规则相当细致：

- 事务在它的子事务完成以后，才能提交或放弃。
- 当一个子事务执行完毕后，它可以独立决定是暂时提交还是放弃。如果决定是放弃，那么这个决定是最终的。
- 父事务放弃时，所有的子事务都被放弃。例如，如果 T_2 放弃了，那么子事务 T_{21} 和 T_{211} 也必须放弃，即使它们可能已经暂时提交了。
- 如果某个子事务放弃了，那么父事务可以决定是否放弃。在我们的例子中，虽然 T_2 放弃了，但 T 决定提交。
- 如果顶层事务提交，那么所有暂时提交的子事务将最终提交（这里假设它们的祖先没有一个放弃）。在我们的例子中，事务 T 的提交将允许事务 T_1、T_{11} 和 T_{12} 提交，但 T_{21} 和 T_{211} 不能提交，因为它们的父事务 T_2 放弃了。需要注意的是，只有当顶层事务提交后，子事务的作用才能持久化。

某些情况下，由于一个或多个子事务放弃，顶层事务最终选择放弃。例如，考虑下面的事务 Transfer：

从 B 转账 \$100 到 A

a. *deposit*(100)

691

b. *withdraw*(100)

事务 Transfer 包括两个子事务：一个执行 withdraw 操作，另一个执行 deposit 操作。如果两个子事务都成功提交，那么 Transfer 事务也提交。假设遇到账户透支，withdraw 子事务将放弃。现在考虑 withdraw 子事务放弃，而 deposit 事务提交的情况。回想一下，子事务的提交将视父事务提交而定，我们假设顶层（Transfer）事务选择放弃，父事务的放弃将导致子事务放弃，所以 deposit 事务放弃，其效果被消除。

CORBA 的对象事务服务同时支持平面事务和嵌套事务。在分布式系统中，由于子事务可以在不同服务器上并发执行，所以嵌套事务显得尤其重要。我们将在第 17 章讨论这个问题。嵌套事务的这种形式是由 Moss 提出的［Moss 1985］。嵌套事务有很多变种，这些变种具有不同的串行特性，详情可参考 Weikum［1991］。

16.4 锁

事务必须通过调度使它们对共享数据的执行效果是串行等价的。服务器可以通过串行化对象访问来达到事务的串行等价。图 16-7 的例子表明如何在某种程度的并发的情况下达到串行等价——事务 T 和事务 U 都访问账户 B，但事务 T 在 U 开始访问前就完成了它的访问。

一个简单的串行化机制是使用互斥锁。在这种锁机制下，服务器试图给客户事务操作所访问的对象加锁。如果客户请求访问的一个对象已被其他客户的事务锁住，那么服务器将暂时挂起这个请求，直到对象被解锁。

图 16-14 说明了互斥锁的使用。它给出的事务与图 16-7 中的事务相同，但多出一列用于为每个事务列出加锁、等待和解锁的动作。这个例子假设在事务 T 和 U 运行前，账户 A、B 和 C 均未加锁。当事务 T 准备访问账户 B 时，账户 B 被事务 T 锁住。此后，当事务 U 准备访问 B 时，由于 B 被 T 锁住，所以 U 必须等待。事务 T 提交时，B 被解锁，此时事务 U 继续执行。在 B 上使用锁有效地串行化了对 B 的访问。需要注意的是，如果事务 T 在 getBalance 和 setBalance 之间释放 B 的锁，那么事务 U 对 B 的 getBalance 操作就能穿插在 T 的操作之间。

事务T：		事务U：	
balance = b.getBalance()		balance = b.getBalance()	
b.setBalance(bal*1.1)		b.setBalance(b a l*1.1)	
a.withdraw(bal/10)		c.withdraw(bal/10)	
操作	锁	操作	锁
openTransaction			
bal = b .getBalance()	锁住B		
b .setBalance(bal*1.1)		openTransaction	等待事务T在
a.withdraw(bal/10)	锁住A	bal = b .getBalance()	B上的锁
closeTransaction	对A, B解锁	...	锁住B
		b .setBalance(bal*1.1)	
		c.withdraw(bal/10)	锁住C
		closeTransaction	对B,C解锁

图 16-14 事务 T 和 U 使用互斥锁

串行等价性要求一个事务对某个对象的所有访问相对于其他事务进行的访问而言是串性化的。两个事务的所有的冲突操作对必须以相同的次序执行。为了保证这一点，事务在释放任何一个锁之后，都不允许再申请新的锁。每个事务的第一个阶段是一个"增长"阶段，在这个阶段中，事务不断地获取新的锁；在第二个阶段中，事务释放它的锁（一个"收缩阶段"）。这称为两阶段加锁（two-phase locking）。

16.2.2 节介绍了事务的放弃可能引起脏数据读取和过早写入问题，需要用严格执行来防止这些问题。在事务的严格执行中，事务对某个对象的读写必须等到其他写同一对象的事务提交或放弃之后才能进行。为了保证这一点，所有在事务执行过程中获取的锁必须在事务提交或放弃后才能释放。这称为严格的两阶段加锁（strict two-phase locking）。锁可以阻止其他事务读/写对象。在事务提交时，为了保证可恢复性，锁必须在所有被更新的对象写入持久存储之后才能释放。

服务器通常包含大量的对象，而一个事务只访问其中少量的对象，不太可能与其他并发事务发生冲突。并发控制使用的粒度（granularity）是一个重要问题，因为如果并发控制（例如，锁）只能同时应用到所有对象上，那么服务器中对象的并发访问范围将会严重受限。在我们的银行例子中，如果一次将分行中的所有客户账户都锁住，那么在任何时候，只有一个柜员能够进行联机事务——这是不可接受的限制。 [693]

对其访问必须被串行化的那部分对象的数量应尽可能少，即尽量限制与事务的每个操作相关的那部分对象。在银行例子中，分行包含众多账户，每个账户都有余额。每次银行业务操作会影响一个或多个账户余额——deposit 操作和 withdraw 操作影响一个账户余额，而 branchTotal 影响所有账户余额。

下面介绍的并发控制机制没有假定任何特定的粒度。我们讨论可应用于对象的并发控制协议，其中对象的操作可以抽象成对象上的 read 和 write 操作。为了保证协议能够正常工作，每个 read 和 write 操作在对象上的效果必须是原子性的。

并发控制协议用于解决不同事务中的操作访问同一个对象时的冲突（conflict）。本章使用操作之间的冲突来解释协议。图 16-9 给出了 read 操作和 write 操作的冲突规则，其中不同事务对同一个对象的 read 操作是不冲突的。因此，对 read 和 write 操作都使用简单的互斥锁会过多地降低并发度。

可以采用这样一种锁机制，它能够支持多个并发事务同时读取某个对象，或者允许一个事务写对象，但它不允许两者同时存在。这通常称为"多个读者/一个写者"机制。该机制使用两种锁：读锁（read lock）和写锁（write lock）。在事务进行读操作之前，应给对象加上读锁。在事务进行写操作之前，给对象加上写锁。如果不能设置相应的锁，那么事务（和客户）必须等待，直到可以设置相应的锁为止——从不拒绝客户的请求。

由于不同事务的读操作不冲突，因此可以在已有读锁的对象上设置读锁。所有访问同一对象的事务共享它的读锁——正是这个原因，读锁有时也被称为共享锁（shared lock）。

操作冲突规则包括：

规则 1：如果事务 T 已经对某个对象进行了读操作，那么并发事务 U 在事务 T 提交或放弃前不能写该对象。

规则 2：如果事务 T 已经对某个对象进行了写操作，那么并发事务 U 在事务 T 提交或放弃前不能写或读该对象。

为了保证规则 1，如果一个对象上有另一个事务的读锁，那么给该对象加写锁的请求将被延迟。为了保证规则 2，如果一个对象上有另一个事务的写锁，那么对该对象加读锁或写锁的请求将被延迟。 [694]

图 16-15 给出了任一对象上读锁和写锁的相容性。表中的第一列是对象上已设置的锁类型，第一行是请求的锁类型。每个单元中的项分别指明，当对象在另一个事务中被左边类型的锁锁住时，一个事务请求读锁或写锁的结果。

对某一对象		被请求的锁	
		read	*write*
已设置的锁	*none*	OK	OK
	read	OK	等待
	write	等待	等待

图 16-15　锁的相容性

不一致检索和更新丢失是在没有并发控制机制（如锁）的保护下，由于一个事务的读操作和另一个事务的写操作之间的冲突引起的。通过在更新事务之前或之后运行检索事务，可以避免不一致检索问题。如果先执行检索事务，那么这个事务上的读锁将推迟更新事务的执行；如果后执行检索事务，那么检索事务对读锁的请求将推迟自身的执行，直到更新事务完成为止。

更新丢失在两个事务同时读取了对象的值，然后利用读取的数据来计算新值的时候出现。通过让后面的事务推迟它们的读操作直到前面的事务完成为止，可以避免更新丢失问题。它的实现方式是：每个事务在读对象时都设置一个读锁，然后在写该对象时将读锁提升为写锁。这样，当后继事务要求一个读锁时，该请求将被延迟直到当前事务完成工作为止。

如果一个事务的读锁被多个事务共享，那么该事务不能将读锁提升为写锁，因为它可能会与其他事务拥有的读锁相冲突。因此，该事务必须请求一个写锁并等待其他读锁被释放。

锁的提升是指将某个锁转化为功能更强的锁，即互斥性更强的锁。如图 16-15 所示，锁的相容性列表给出了锁的互斥性强弱。读锁允许其他读锁，但是写锁不允许其他读锁。两者都不允许其他写锁。因此写锁比读锁互斥性更强。锁可以被提升，因为结果是一个互斥性更强的锁。但是在事务提交前降低一个事务的锁却是不安全的，因为结果是一个更宽容的锁，它可能允许执行与串行等价不一致的其他事务。

图 16-16 总结了在严格的两阶段加锁实现中锁的使用规则。为了保证遵守这些规则，客户不能直接调用加锁和解锁操作。在 read 和 write 操作的请求将被应用到可恢复对象上时，执行加锁，而解锁则由事务协调者的 commit 或 abort 操作完成。

---

1. 当某个事务中有一个操作访问某个对象时：

   1）如果该对象未被加锁，那么它被加上锁并且操作继续执行。

   2）如果该对象已被其他事务设置了一个冲突的锁，那么该事务必须等待，直到对象被解锁为止。

   3）如果该对象被其他事务设置了一个不冲突的锁，那么这个锁被共享并且操作继续执行。

   4）如果该对象已被同一事务锁住，那么在必要时提升该锁，并且操作继续执行（当一个冲突的锁阻止了锁的提升，那么使用规则2）。

2. 当事务被提交或被放弃时，服务器将释放该事务在对象上施加的所有锁。

图 16-16　在严格的两阶段加锁中使用锁

例如，CORBA 的并发控制服务 [OMG 1997a] 既可以用于事务的并发控制，也可以在不使用事务时直接用来保护对象。该服务提供了一种将资源（例如可恢复对象）和一个锁的集合（称为锁集）相关联的方式。锁集支持获取和释放锁。锁集的 lock 方法用来获取锁，如果这个锁暂时不能获取时，调用者将被阻塞。锁集合提供的其他方法还可用来提升和释放锁。事务性的锁集所支持的方法与锁集一致，但要求将事务标识符作为参数。我们在前面提到，CORBA 的事务服务给所有在同一个事务中的客户请求都标上事务标识符。这就允许可恢复对象在被访问之前可以加上合适的锁。当事务提交或放弃时，事务协调者负责释放所有的锁。

由于锁一旦获取，就一直要保持到事务提交或放弃，所以图 16-16 中的规则保证了事务执行的严格性。然而，没必要为确保严格性而保持读锁，读锁只需保持到提交请求或放弃请求为止。

锁的实现　锁的授予通常由服务器上的一个对象实现，我们称该对象为锁管理器（lock manager）。锁管理器把所拥有的锁存放在诸如散列表之类的数据结构中。每个锁都是 Lock 类的一个实例，并与某个对象相关联。图 16-17 给出了 Lock 类。Lock 类的每个实例在它的实例变量中维护以下信息：

- 被锁住对象的标识符。
- 当前拥有该锁的事务的标识符（共享锁可以有若干拥有者）。

- 锁的类型。

类 Lock 的方法都是同步方法，这样试图获得或释放锁的线程将不会相互干扰。另外，当试图获取正被使用的锁时，线程将调用 wait 方法等待该锁释放。

```
public class Lock {
    private Object object;      //the object being protected by the lock
    private Vector holders;        //the TIDs of current holders
    private LockType lockType;        //the current type
    public synchronized void acquire(TransID trans,  LockType aLockType ){
        while(/*another transaction holds the lock in conflicing mode*/) {
            try {
                wait();
            }catch ( InterruptedException e){/*...*/ }
        }
        if(holders.isEmpty()) { //no TIDs hold lock
            holders.addElement(trans);
            lockType  = aLockType;
        }else if(/*another transaction holds the lock, share it*/ )){
            if(/*this transaction not a holder*/) holders.addElement(trans);
            else if (/*this transaction is a holder but needs a more exclusive lock*/)
                lockType.promote();
        }
    }

    public synchronized void release(TransID trans ){
        holders.removeElement(trans);            //remove this holder
        //set locktype to none
        notifyAll();
    }
}
```

图 16-17　Lock 类

acquire 方法实现了图 16-15 和图 16-16 给出的规则。它的两个参数分别是事务标识符和该事务请求的锁类型。它首先测试能否满足该请求。如果另一个事务以与之冲突的模式拥有锁，那么它调用 wait，将调用者线程挂起直到接收到相应的 notify 为止。注意，wait 调用被放在一个 while 循环中，这是因为多个等待线程被通知但并非所有的线程都可以继续执行。当条件最终被满足后，该方法的剩余部分将设置适当的锁：

- 如果没有其他事务拥有该锁，将当前事务设为锁的拥有者并设置相应的锁类型。
- 否则，如果有其他的事务拥有该锁，那么将当前事务设为该锁的共享拥有者（除非它已是一个拥有者）。
- 否则，如果该事务本身就是锁的拥有者，而它正在请求更互斥的锁，那么提升当前锁。

697

release 方法的参数是需要释放锁的事务的标识符。该方法从锁的拥有者中删除该事务标识符，将锁的类型设置为 none 并且调用 notifyAll。倘若有多个事务正在等待获得读锁，那么该方法通知所有等待的线程，使得它们能够继续执行。

图 16-18 给出了 LockManager 类。所有的事务要求加锁和解锁的请求都被送往类 LockManager 的某个实例。

- setLock 方法的参数指定了给定事务要锁住的对象和锁类型。它在散列表中查找该对象相应的锁，如果没有则创建一个新锁，然后调用该锁的 acquire 方法。
- unLock 方法的参数指定了释放锁的事务，它在散列表中找出该事务拥有的所有锁，对每个锁分别调用 release 方法。

```
public class LockManager {
  private Hashtable theLocks;

  public void setLock(Object object, TransID trans, LockType lockType){
    Lock foundLock;
    synchronized(this){
      // find the lock associated with object
      // if there isn't one, create it and add to the hashtable
    }
    foundLock.acquire(trans, lockType);
  }
  // synchronize this one because we want to remove all entries
  public synchronized void unLock(TransID trans) {
    Enumeration e = theLocks.elements();
    while(e.hasMoreElements()){
      Lock aLock = (Lock)(e.nextElement());
      if(/* trans is a holder of this lock*/) aLock.release(trans);
    }
  }
}
```

图 16-18 LockManager 类

一些策略问题：我们注意到，当若干线程等待同一个被锁住的项时，wait 方法的语义将保证每个事务都会被处理。在上面的程序中，冲突规则允许锁的拥有者可以是多个读者或一个写者。因此除非拥有者拥有写锁，否则请求读锁总能成功。

请读者考虑下面的问题：

698

如果不断面临读锁请求，那么写事务的结果会如何？有没有其他的实现方法？

当某个拥有者拥有一个写锁时，那么可能有多个读者和写者在等待。请读者考虑 notifyAll 的执行效果以及其他实现方法。如果读锁的拥有者试图提升被共享的锁，那么它将被阻塞。这个问题有解决方法吗？

嵌套事务的加锁规则　嵌套事务的锁机制用于串行化访问对象，以便保证：

1) 每个嵌套事务集是一个实体，它不能观察到其他嵌套事务集的部分效果。

2) 一个嵌套事务集中的每个事务不能观察到同一事务集中其他事务的部分效果。

实施第一个规则要求子事务成功执行后，由它的父事务继承子事务所获得的所有锁，随后，这些被继承的锁继续由更高层的事务继承。注意，这里的继承是从底层向高层传递。因此，顶层事务最终将继承嵌套事务中任何层次的成功子事务所获得的所有锁。这种方式确保了这些锁能一直保持到顶层事务提交或放弃，从而防止不同嵌套事务集的成员观察到其他事务集的部分效果。

下列机制用于实施第二个规则：

- 父事务不允许和子事务并发运行。如果父事务拥有某个对象上的一个锁，那么它将在子事务执行时保留该锁。这意味着，子事务在执行过程中需要临时从父事务处获取该锁。
- 同层次的子事务可以并发执行，这样，在它们访问同一个对象时，锁机制必须串行化它们的访问。

下列规则描述了锁的获取和释放：

- 如果子事务获取了某个对象的读锁，那么其他活动事务不能获取该对象的写锁，只有该子事务的父事务们可以持有该写锁。
- 如果子事务获取了某个对象的写锁，那么其他活动事务不能获取该对象的写锁或读锁，只有子事务的父事务们可以持有该写锁或读锁。
- 当子事务提交时，它的所有锁由它的父事务继承，即允许父事务保留与子事务相同模式的锁。
- 在子事务放弃时，它的所有锁都被丢弃。如果父事务已经保留了这些锁，那么它可以继续保持这些锁。

注意，当同层次的子事务访问同一个对象时，子事务将轮流从父事务处获取锁，这保证了它们对公共对象访问的串行性。

例如，假设图 16-13 中的子事务 T_1、T_2 和 T_{11} 访问同一个对象，而顶层事务 T 不访问该对象。如果子事务 T_1 最先访问该对象并成功获取了一个锁，那么在 T_{11} 执行时 T_1 将该锁传给 T_{11}，并在 T_{11} 结束时收回该锁。当 T_1 运行结束时，顶层事务 T 将继承该锁，并保留到整个嵌套事务结束。子事务 T_2 在执行时可以从 T 获取该锁。

699

16.4.1 死锁

使用锁有可能引起死锁。考虑图 16-19 中锁的使用。因为 deposit 和 withdraw 方法符合原子性，所以我们在图上显示它们需要获得写锁——虽然实际上这两个方法是先读取账户余额，然后写入新余额。图 16-19 表示两个事务分别获取了一个账户的写锁，但在访问另一方锁定的账户时被阻塞。这就是死锁的情景——两个事务都在等待并且只有对方释放锁后才能继续执行。

事务 T		事务 U	
操作	锁	操作	锁
a. deposit(100);	给 A 加写锁		
		b. deposit(200)	给 B 加写锁
b. withdraw(100)	等待事务 U		
…	在 B 上的锁	a. withdraw(200);	等待事务 T
		…	在 A 上的锁
…		…	
…		…	

图 16-19　写锁造成的死锁

在客户涉及交互程序的情况下，死锁是一种常见的情形。由于交互程序中的事务通常运行时间较长，造成很多对象被锁住，从而阻止了其他客户使用这些对象。

我们注意到，在结构化对象的子项上加锁有助于避免冲突和可能的死锁情形。例如，日记中的某一天可以被组织成很多时间段，每个时间段可以为了更新而独立加锁。如果应用需要给不同操作加不同粒度的锁，层次化的加锁机制是非常有用的，参见 16.4.2 节。

死锁的定义　死锁是一种状态，在该状态下一组事务中的每一个事务都在等待其他事务释放某个锁。等待图（wait-for graph）可用来表示当前事务之间的等待关系。在等待图中，结点表示事务，边表示事务之间的等待关系。例如，如果事务 T 在等待事务 U 释放某个锁，那么在等待图中有一条从结点 T 指向结点 U 的边。图 16-20 中的等待图表示了图 16-19 中的死锁的情形。回想一下，图中的死锁是由于事务 T 和 U 都试图获取对方拥有的锁造成的，因此事务 T 等待事务 U，同时事务 U 等待事务 T。事务之间的依赖关系是间接的——通过对象上的依赖。图 16-20 的右图表示事务 T 和 U 分别拥有和等待的对象。由于每个事务只能等待一个对象，因此可以把对象从等待图中删去，简化成图 16-20 所示的左图。

700

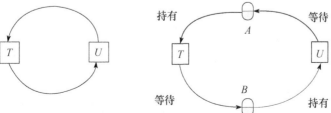

图 16-20　图 16-19 的等待图

假设像图 16-21 一样，等待图中包含环路 $T \rightarrow U \rightarrow \cdots \rightarrow V \rightarrow T$，那么环路中的每一个事务都在等待下一个事务。所有的事务都被阻塞以等待锁。由于没有一个锁会释放，因此这些事务均处于死锁状态。如果环路中的某一个事务被放弃，那么它的锁就被释放，从而打破环路。例如，如果图 16-21 中的事务 T 被放弃，那么它将释放事务 V 正在等待的锁，即事务 V 将不再等待 T。

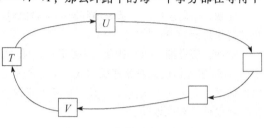

图 16-21 等待图中的环路

如图 16-22 的右图所示，事务 T、U 和 V 共享对象 C 上的读锁，事务 W 拥有对象 B 上的写锁，而事务 V 正在等待获取对象 B 的锁。接着，事务 T 和 W 请求对象 C 上的写锁，那么会进入死锁状态：事务 T 等待 U 和 V，V 等待 W，而 W 又在等待 T、U 和 V，如图 16-22 的左图所示。这表明，尽管每个事务一次只能等待一个对象，但是它却可能处于多个等待环路中。例如，事务 V 在环路 $V \rightarrow W \rightarrow T \rightarrow V$ 和 $V \rightarrow W \rightarrow V$ 中。

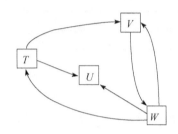 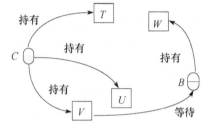

图 16-22 另一个等待图

在这个例子中，假设事务 V 被放弃。这将释放对象 C 上的 V 所加的锁，V 所在的两个环路均被打破。

预防死锁 死锁的一个解决方案是预防发生死锁。一个简单但不是很好的克服死锁的方案是让每个事务在开始运行时就锁住它要访问的所有对象。为了避免在这一步出现死锁，这个过程必须是原子性的。该方案防止了死锁，但是却带来了不必要的资源访问限制。而且，有时在事务开始时无法预计事务将访问哪些对象。在交互应用中这种情形更为常见，因为用户必须事先说明准备使用哪些对象，这在浏览型应用（允许用户查找他们事先不知道的对象）中是不可想象的。死锁还可以通过以预定次序加锁来预防，但是这会造成过早加锁和减少并发度。

701

更新锁 CORBA 的并发控制服务介绍了第三种类型的锁——更新锁（upgrade），使用它是为了避免死锁。造成死锁的原因通常是：两个冲突的事务首先获得读锁，接着试图提升它们为写锁。一个在数据项上加更新锁的事务可以读该数据项，但该锁与其他事务加在同一数据项上的更新相冲突。这种类型的锁不能由读操作隐式地添加，而必须由客户添加。

死锁检测 通过寻找等待图中的环路可以检测死锁。一旦检测出死锁，必须选择放弃一个事务，从而打破环路。

负责死锁检测的软件通常是锁管理器的一部分。它必须维护一个等待图，以便不时检测死锁。锁管理器的 setLock 和 unLock 操作用于增加或删除等待图中的边。死锁检测软件在图 16-22 左图表示的时刻有下面信息：

事务	等待
T	U, V
V	W
W	T, U, V

当锁管理器因为事务 T 请求事务 U 已锁住对象上的锁而阻塞请求时，在等待图中增加边 $T \rightarrow U$。注

意，如果锁被共享，那么可能增加多条边。一旦事务 U 释放了 T 等待的锁并允许事务 T 继续执行时，将边 $T{\to}U$ 从等待图中删去。练习 16.14 包含了死锁检测实现的详细讨论。如果一个事务共享一个锁，那么该锁不被释放，但通向某个事务的边被删除了。

　　每次有新边加入等待图时，就检测一下是否存在环路。为了避免不必要的开销，可以降低检测频率。一旦检测出死锁，必须选择出环路中的一个事务并将其放弃。此时，等待图中与该事务有关的结点和边也被删除。这发生在被放弃的事务删除其锁的时候。

　　选择一个要放弃的事务不是个简单的问题。要考虑的因素有事务的运行时间以及它所处的环路的数量。

　　超时　锁超时是解除死锁最常用的方法。每个锁都有一个时间期限。一旦超过这个期限，锁将成为可剥夺的。如果没有其他事务竞争被锁住的对象，那么具有可剥夺锁的对象会被继续锁住。但是，一旦有一个事务正在等待由可剥夺锁保护的对象时，这个锁将被等待事务剥夺（即对象被解锁），等待事务将继续执行。被剥夺锁的事务通常被放弃。

　　使用超时作为死锁的补救方法会产生很多问题：最坏的情况是系统中本没有死锁，但是某些事务由于它们的锁变成可剥夺的，正好其他事务在等待它们的锁，因此这些事务被放弃。在一个负载很大的系统中，超时事务的数量将增加，长时间运行的事务经常被放弃。另外，很难确定适当的超时时间长度。相比之下，如果使用死锁检测，事务被放弃是因为已经出现死锁并且死锁检测能决定放弃哪一个事务。

　　利用锁超时，我们可以解除图 16-19 中的死锁，如图 16-23 所示。事务 T 在对象 A 上的锁在锁超时后变为可剥夺的。事务 U 正在等待获取 A 上的写锁，因此事务 T 被放弃并释放 A 上的锁，从而允许事务 U 继续执行并完成该事务。

事务T		事务U	
操作	锁	操作	锁
a.deposit(100);	给A加写锁		
		b.deposit(200)	给B加写锁
b.withdraw(100) ...	等待事务U在B上的锁（超时）	a.withdraw(200);	等待事务T在A上的锁
		...	
T在A上的锁变成可剥夺的，释放A上的锁，放弃T		...	
		a.withdraw(200);	给A加写锁释放A，B上的锁

图 16-23　图 16-19 中死锁的解除

当事务访问的对象分布在不同的服务器上时，可能会出现分布式死锁。在分布式死锁中，等待图可能涉及多个服务器上的对象。关于分布式死锁将在 17.5 节讨论。

16.4.2　在加锁机制中增加并发度

　　即使加锁规则建立在读操作和写操作之间的冲突上，并且所应用的锁的粒度也尽可能小，但仍然有增加并发度的空间。我们将讨论两种已被使用的方法。在第一种方法（双版本加锁）中，互斥锁的设置推迟到事务提交时才进行。在第二种方法（层次锁）中，使用混合粒度的锁。

　　双版本加锁　这是一种乐观策略，它允许一个事务针对对象的临时版本进行写操作，而其他的事务读取同一对象提交后的版本。读操作只在其他事务正在提交同一个对象时才等待。这种机制比读 - 写锁具有更高的并发度，但是写事务在试图提交时要冒等待甚至被拒绝的风险。一个事务在其他未完成事务正在读取对象时，不能立即提交它对同一对象的写操作。在这种情况下，请求提交的事务必须等待读事务完成，在事务等待提交的时候可能发生死锁。因此，在事务等待提交时，为了解除死锁，可能需要放弃这些事务。

这种策略用在严格的两阶段加锁上时，使用 3 种锁：读锁、写锁和提交锁。在进行事务的读操作之前，必须在对象上设置读锁——除非对象上有一个提交锁，否则读锁总能成功设置，当对象上有提交锁时，事务必须等待。在进行事务的写操作之前，必须在对象上设置写锁——除非对象上有一个提交锁或写锁，否则写锁总能成功设置，当对象上有提交锁或读锁时，事务必须等待。

当事务协调者收到提交事务的请求后，它试图将事务的所有写锁转换为提交锁。如果其中某些对象上还有读锁，那么要提交的事务必须等待设置这些锁的事务完成并释放读锁。读锁、写锁和提交锁之间的相容性关系如图 16-24 所示。

对某个对象		要设置的锁		
		read	write	commit
已设置的锁	none	OK	OK	OK
	read	OK	OK	等待
	write	OK	等待	—
	commit	等待	等待	—

图 16-24　锁的相容性（读锁、写锁和提交锁）

在性能方面，双版本加锁和普通的读 – 写锁机制有两个主要区别。一方面，在双版本加锁机制中，读操作只在其他事务提交时（而不是事务的整个执行过程中）才会延迟。在大多数情况下，提交协议只占整个事务的执行时间中很少的一部分时间。另一方面，某个事务的读操作可能会推迟其他事务的提交。

层次锁　对于某些应用，适合一个操作的锁粒度不一定适合另一个操作。在我们的银行例子中，大多数操作要求在账户粒度上加锁。但是，branchTotal 操作有所不同，它读取所有账户的余额值，因此应该在所有账户上加上读锁。为了减少加锁开销，应当允许有混合粒度的锁。

Gray［1978］提出使用具有不同粒度的层次锁。在每一层，设置父锁与设置等价的子辈锁具有相同的效果。这样可以有效减少需要设置的锁数量。在我们的银行例子中，支行是父结点，而账户是子结点，如图 16-25 所示。

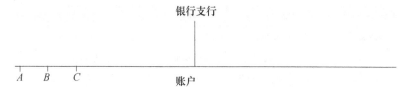

图 16-25　银行例子的锁层次

混合粒度的锁在日记系统中很有用，这里的数据按照每周的天数分成不同部分，而每天的数据又可以继续按时间段进行细分，如图 16-26 所示。查看一周情况的操作需要在整个层次的最顶层加锁，而输入约会的操作只需要在某个时间段上加锁。加在星期上的读锁会阻塞任一子结构（例如该星期每一天的所有时间段上）的写操作。

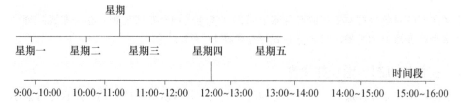

图 16-26　日记的锁层次

在 Gray 的机制中，层次中的每个结点都可以加锁。此后，锁的拥有者能显式访问该结点并隐式访问它的子结点。在图 16-25 所示的例子中，对支行的读/写锁隐含地对所有账户加上了读/写锁。在给子结点加上读/写锁时，需要在它的父结点和祖先结点（如果有）上设置一个读/写试图锁。这个试图锁和其他类型的试图锁是相容的，但是和读/写锁冲突。图 16-27 给出了层次锁的相容性表。Gray 还提出了第三种类型的试图锁——该锁结合了读锁和写试图锁的性质。

对某个对象		要设置的锁			
		read	write	I-read	I-write
已设置的锁	none	OK	OK	OK	OK
	read	OK	等待	OK	等待
	write	等待	等待	等待	等待
	I-read	OK	等待	OK	OK
	I-write	等待	等待	OK	OK

图 16-27　层次锁的锁相容性表

在我们的银行例子中，branchTotal 操作请求在支行上加上读锁，即隐含地对所有账户加上了读锁。deposit 操作需要在余额上设置写锁，但是它首先试图在支行上加上写试图锁。图 16-27 中的规则可以防止这两个操作并发运行。

当需要混合粒度的锁时，层次锁具有减少锁数量的优势。但是它的相容性表和锁提升规则更加复杂。

混合粒度的锁允许每个事务按其需要锁住部分数据。一个访问大量对象的长事务可能需要锁住整个系统，而一个短事务只需锁住细粒度的数据。

CORBA 并发控制服务支持可变粒度的加锁，包括试图读和试图写锁类型。它们可按上述方式使用，从而利用在层次结构化数据中应用不同粒度锁的好处。

16.5　乐观并发控制

Kung 和 Robinson［1981］指出了锁机制的许多固有的不足，并提出了另一种串行化事务的乐观方法来避免锁机制的缺点。我们将加锁的缺点总结如下：

- 锁的维护带来了新的开销，这些开销在不支持对共享数据并发访问的系统中是没有的。即使是只读事务（查询），它不可能改变数据的完整性，通常仍然需要利用锁来保证数据在读取时不会被其他事务修改。但是锁只在最坏的情况下起作用。

  例如，有两个并发执行的客户进程将 n 个对象的值增 1。如果这两个客户程序同时开始执行并运行相同的时间，但它们访问对象的次序不相关，并使用独立的事务来访问并增加对象的值，那么这两个程序同时访问到同一个对象的概率只有 $1/n$，因此每 n 个事务只有 1 个才真正需要加锁。

- 使用锁会引起死锁。预防死锁会严重降低并发度，因此必须利用超时或者死锁检测来解除死锁，但这两种死锁解除方法对交互程序来说都不理想。

- 为了避免连锁放弃，锁必须保留到事务结束才能释放。这会显著地降低潜在的并发度。

Kung 和 Robinson 提出的另一个方法是一种"乐观"策略，这是因为他们发现这样一个现象，即在大多数应用中，两个客户事务访问同一个对象的可能性是很低的。事务总是能够执行，就好像事务之间不存在冲突一样。当客户完成其任务并发出 closeTransaction 请求时，再检测是否有冲突。如果确实存在冲突，那么一些事务将被放弃，并需要客户重新启动该事务。每个事务分成下面几个阶段：

- 工作阶段：在事务的工作阶段，每个事务拥有所有它修改的对象的临时版本。这个临时版本是对象最新提交版本的拷贝。使用临时版本，事务便可以在工作阶段放弃或者在与其他事务发生冲突不能通过验证时放弃（而不产生副作用）。读操作总是可以立即执行——如果事务的临时版本已经存在，那么读操作访问这个临时版本；否则，访问对象最新提交的值。写操作将对象的新值记录成临时值（这个临时值对其他事务是不可见的）。当系统中存在多个并发事务时，一个对象有可能存在多个临时版本。另外，每个事务还维护被访问对象的两个集合：读集合（read set）包含事务读的所有对象；写集合（write set）包含事务写的对象。注意，所有的读操作都是在对象的提交版本（或它们的副本）上执行，因此不会出现脏数据读取。

- 验证阶段：在接收到 closeTransaction 请求时验证事务，判断它在对象上的操作是否与其他事务对同一对象的操作相冲突。如果验证成功，那么该事务就允许提交，否则，必须使用某种冲突解除机制，或者放弃当前事务，或者放弃其他与当前事务冲突的事务。

- 更新阶段：当事务通过验证以后，记录在所有临时版本中的更新将持久化。只读事务可在通过验证后立即提交。写事务在对象的临时版本记录到持久存储后即可提交。

事务的验证　验证过程使用读-写冲突规则来确保某个事务的执行对其他重叠（overlapping）事务而言是串行等价的，重叠事务是指在该事务启动时还没有提交的任何事务。为了帮助完成验证过程，每个事务在进入验证阶段之前（即在客户发出 closeTransaction 时）被赋予一个事务号。如果事务通过验证并且成功完成，那么它保留这个事务号；如果事务未通过验证并被放弃，或者它是只读事务，那么这个事务号被释放以便重用。事务号是整数，并按照升序分配，因此事务号定义了该事务所处的时间位置——一个事务总是在序号比它小的事务之后完成它的工作阶段。也就是说，如果 $i<j$，那么事务号为 T_i 的事务总是在事务号为 T_j 的事务之前。（如果在工作阶段的开始分配事务号，那么一个事务若在另一个具有更小事务号的事务之前到达工作阶段的结尾，就要在验证前一直等待前者完成。）

对事务 T_v 的验证测试是基于事务 T_i 和 T_v 之间的操作冲突完成的。事务 T_v 对重叠事务 T_i 而言是可串行化的，那么它们的操作必须符合下面的规则：

T_v	T_i	规　　则
write	read	1）T_i 不能读取 T_v 写的对象
read	write	2）T_v 不能读取 T_i 写的对象
write	write	3）T_i 不能写 T_v 写的对象，并且 T_v 不能写 T_i 写的对象

与事务的工作阶段相比，验证过程和更新过程通常只需要很短的时间，因此可以采用一个简单的方法：每次只允许一个事务处于验证和更新阶段。当任何两个事务都不会在更新阶段重叠时，规则3自动满足。注意，在写操作上的这个限制和不发生脏数据读取这个事实，将产生事务的严格执行。为了防止重叠，整个验证和更新阶段被实现成一个临界区，使得每次只能有一个客户执行。为了增加并发度，验证和更新的部分操作可以在临界区之外实现，但是必须串行地分配事务号。我们注意到，在任何时刻，当前的事务号就像一个伪时钟，每当事务成功结束，这个时钟就产生一次嘀嗒。

事务的验证必须保证事务 T_v 和 T_i 的对象之间的重叠遵守规则1和规则2。有两种形式的验证——向前验证和向后验证 [Härder 1984]。向后验证检查当前事务和其他较早重叠事务之间的冲突，向前验证检查当前事务和其他较晚的事务之间的冲突。

向后验证　由于较早的重叠事务的读操作在 T_v 验证之前进行，因此它们不会受当前事务写操作的影响（满足规则1）。T_v 的验证过程将检查它的读集（受 T_v 的读操作影响的对象）是否和其他较早的重叠事务 T_i 的写集是否重叠（规则2）。如果存在重叠，验证失败。

设 *startTn* 是事务 T_v 进入其工作阶段时系统已分配（给其他已提交事务）的最大事务号，*finishTn* 是 T_v 进入验证阶段时系统已分配的最大事务号。下面的程序描述了 T_v 的验证算法：

```
boolean valid = true;
for (int T_i = startTn+1; T_i <= finishTn; T_i++){
    if (T_v 的读集与 T_i 写集相交) valid = false;
}
```

图16-28 给出了 T_v 验证过程中需要考虑的重叠事务。时间从左至右增加。T_1、T_2 和 T_3 是较早提交的事务。T_1 在 T_v 开始之前提交。T_2 和 T_3 在 T_v 完成其工作阶段前提交，并且有 $startTn + 1 = T_2$，$finishTn = T_3$。向后验证过程必须比较 T_v 的读集和 T_2、T_3 的写集。

向后验证比较被验证事务的读集和已提交事务的写集。因此一旦验证失败，解决冲突的唯一方法就是放弃当前进行验证的事务。

在向后验证中，没有读操作（只有写操作）的事务无需进行验证。

向后验证的乐观并发控制要求最近提交事务中对象的已提交版本的写集合必须保留，直到没有可能发生冲突的未验证重叠事务。每当一个事务成功通过验证，它的事务号、*startTn* 和写集合被记录在前述的事务列表中，这个列表由事务服务维护。注意，这个列表按事务号排序。如果有长事务存在，较早事务的写集合的保留将是一个问题。例如在图 16-28 中，T_1、T_2、T_3 和 T_v 的写集合必须保留到活动事务 $active_1$ 结束之后。值得注意的是，尽管这个活动事务有事务标识符，但它还没有事务号。

709

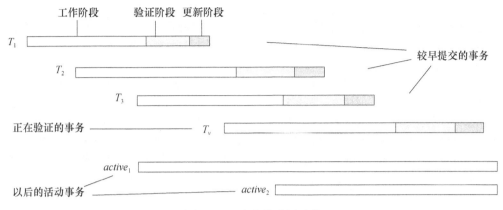

图 16-28　事务的验证过程

向前验证　在事务 T_v 的向前验证中，T_v 的写集合要与所有重叠的活动事务的读集合进行比较——活动事务是那些处在工作阶段中的事务（规则 1）。规则 2 自动满足，因为活动事务在 T_v 完成之前不会进行写操作。设活动事务具有（连续的）事务标识符（从 $active_1 \sim active_N$），那么下面程序描述了 T_v 的向前验证算法：

boolean valid = true;
for (int T_{id}= $active_1$; T_{id}<= $active_N$; T_{id}++){
　　if (T_v的写集与T_{id}的读集相交) valid = false;
}

在图 16-28 中，T_v 的写集合必须和事务 $active_1$ 和 $active_2$ 的读集合进行比较。（向前验证应该允许活动事务的读集合在验证过程和写入过程中改变。）由于被验证事务的读集合没有包括在验证过程中，因此只读事务总能通过验证。因为与被验证事务进行比较的事务仍是活动的，所以发生冲突时，可以选择或者放弃被验证事务或者用其他方法解决冲突。Härder［1984］提出了下面几个策略：

- 推迟验证，直到冲突事务结束为止。但是这不能保证被验证的事务在将来一定能够通过验证，在验证完成前，还是有可能启动会产生冲突的活动事务。
- 放弃所有有冲突的活动事务，提交已验证的事务。
- 放弃被验证事务。这是最简单的策略，但是由于冲突的活动事务可能在将来被放弃，因此这种策略会造成被验证事务的不必要放弃。

710

向前验证和向后验证的比较　我们看到，向前验证在处理冲突时有较强的灵活性，而向后验证只有一种选择，即放弃被验证的事务。通常，事务的读集合比写集合大得多。因此，向后验证将较大的读集合和较早事务的写集合进行比较；而向前验证将较小的写集合和活动事务的读集合比较。我们注意到，向后验证涉及存储已提交事务写集合（直到不再需要它们为止）的开销。另一方面，向前验证不得不允许在验证过程中开始新事务。

饥饿　在一个事务被放弃后，它通常由客户程序重新启动。但是这种依赖放弃和重新启动事务的机制不能保证事务最终能够通过验证检查，这是因为每次重新运行后它都有可能与其他事务访问相同的对象从而产生冲突。这种阻止事务最终提交的现象称为饥饿（starvation）。

出现饥饿的情形很少，但是使用了乐观并发控制的服务器必须保证客户的事务不能反复放弃。Kung 和 Robinson 认为，服务器在检测到事务被多次放弃后，能够保证该事务不再被放弃，他们建议一旦服务器检测到这样的事务，服务器应该让该事务利用由信号量保护的临界区对服务器上的资源进行互斥访问。

16.6　时间戳排序

在基于时间戳排序的并发控制机制中，事务中的每一个操作在执行之前要先进行验证。如果该操作不能通过验证，那么事务将被立即放弃，然后由客户重新启动该事务。每个事务在启动时被赋予一个唯一的时间戳。这个时间戳定义了该事务在事务时间序列中的位置，来自不同事务的操作请求可以根据它们的时间戳进行全排序。基本的时间戳排序规则基于操作之间的冲突，也是非常简单的：

- 只有在对象最后一次读访问或写访问是由一个较早的事务执行的情况下，事务对该对象的写请求是有效的。只有在对象的最后一次写访问是由一个较早的事务执行的情况下，事务的对该对象的读请求是有效的。

这个规则假设系统中的每个对象只有一个版本，并且每个对象一次只能由一个事务访问。如果每个事务都有其所访问对象的临时版本，那么多个并发事务可同时访问一个对象。通过细化时间戳排序规则可以保证每个事务访问的对象版本是一致的，同时它也必须保证对象的临时版本按事务的时间戳所决定的顺序提交。这是通过在必要时让事务等待，以便使较早的事务完成它们的写操作来实现的。这些写操作可在 closeTransaction 返回之后执行，这样，客户就不用等待了。但是当读操作需要等待较早的事务完成时，客户必须等待。由于事务总是等待较早的事务（在等待图中不可能形成环），因此不会引起死锁。

可以根据服务器的时钟来给时间戳赋值，或者利用前面介绍的"伪时间"来给时间戳赋值，伪时间基于一个计数器，每次获取时间戳的请求都会使计数器加1。关于在事务服务是分布的、一个事务涉及几个服务器的环境中如何生成时间戳的问题，我们将在第17章中进行讨论。

下面我们描述 SDD-1 ［Bernstein et al. 1980］系统中采用的并由 Ceri 和 Pelagatti ［1985］描述的基于时间戳的并发控制方法。

和其他方法一样，写操作被记录在对象的临时版本中并对其他事务是不可见的，直到调用了 closeTransaction 请求并提交了事务。每个对象有一个写时间戳、若干临时版本和一个读时间戳集合，其中每个临时版本都有一个写时间戳。（已提交）对象的写时间戳比它的所有临时版本都要早，它的所有读时间戳可以用其中的最大值来代表。每当服务器接受一个事务对某个对象的写操作时，服务器就创建该对象的一个新的临时版本，并将该临时版本的写时间戳设置为这个事务的时间戳。事务的读操作作用于时间戳为小于该事务时间戳的最大写时间戳的对象版本上。一旦事务对某个对象的读操作被接受，该事务的时间戳就被加入到读时间戳集合中。当事务被提交时，临时版本的值就变成对象的值，临时版本的时间戳变成相应对象的时间戳。

在时间戳排序中，需要检查事务对对象的每个读/写操作请求，看它是否与操作冲突规则一致。当前事务 T_c 的请求会与其他事务 T_i 之前的操作相冲突，T_i 的时间戳表明它们应该比 T_c 晚。图16-29给出了这些规则，其中 $T_i > T_c$ 表示 T_i 晚于 T_c，$T_i < T_c$ 表示 T_i 早于 T_c。

规则	T_c	T_i	
1.	write	read	如果$T_i>T_c$，那么T_c不能写被T_i读过的对象，这要求$T_c \geq$该对象的最大读时间戳
2.	write	write	如果$T_i>T_c$，那么T_c不能写被T_i写过的对象，这要求$T_c>$已提交对象的写时间戳
3.	read	write	如果$T_i>T_c$，那么T_c不能读被T_i写过的对象，这要求$T_c>$已提交对象的写时间戳

图 16-29 时间戳排序中的操作冲突

时间戳排序的写规则：通过结合规则1和规则2，我们可以得到下列规则，该规则用于决定是否接受事务 T_c 对对象 D 执行写操作：

if ($T_c \geq D$的最大读时间戳 && $T_c > D$的提交版本上的写时间戳)

在D的临时版本上执行写操作，写时间戳置为T_c；

else /* 写操作太晚了 */

放弃事务T_c；

如果写时间戳为 T_c 的对象临时版本已经存在，那么写操作直接作用于这个版本，否则服务器创建一个新的临时版本并且为其标记上写时间戳 T_c。值得注意的是，"到达太晚的"写操作将引起事务放弃，这里的"太晚"是指具有后来时间戳的事务已经读或写了这个对象。

图16-30说明了事务 T_3 的写操作的执行情况，其中 $T_3 \geq$对象的最大读时间戳（图上没有给出读时

间戳)。在情况 a)、b) 和 c) 中，$T_3 >$ 对象的提交版本的写时间戳，因此服务器创建一个写时间戳为 T_3 的对象临时版本，并将其插入到按事务时间戳排序的临时版本列表中。在情况 d) 中，$T_3 <$ 对象提交版本的写时间戳，因此事务 T_3 被放弃。 713

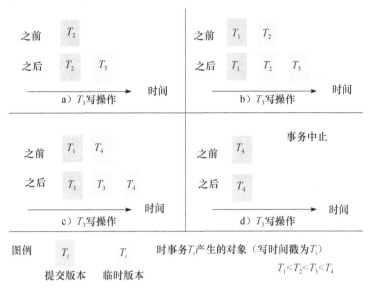

图 16-30 写操作和时间戳

时间戳排序的读规则：应用规则 3，我们可以得到下面的规则，该规则用于决定马上接受、等待或拒绝事务 T_c 对对象 D 执行读操作的请求：

if (T_c > D 提交版本的写时间戳) {

　　设 $D_{selected}$ 是 D 的具有最大写时间戳的版本 T_c;

　　if (D_{selected} 已提交)

　　　　　　在 $D_{selected}$ 版本上完成读操作;

　　else

　　　　　　等待直到形成 $D_{selected}$ 版本的事务提交或放弃,然后重新应用读规则;

} else

　　放弃事务 T_c;

注意以下几点：

- 如果事务 T_c 已经写了对象 D 的临时版本，那么读操作将针对这个临时版本。
- 如果读操作来得太早，那么它要等待前面的事务完成。如果较早的事务已提交，则 T_c 的读操作将针对对象的已提交版本。如果较早的事务被放弃，那么 T_c 将重复读规则（选择以前的版本）。这个规则可防止脏数据读取。
- "到达太晚的"读操作将被放弃，太晚是指具有后来时间戳的事务已经写了相应的对象。

图 16-31 说明了时间戳排序的读规则，图中共有 4 种情况，分别标记为 a ~ d，它们均用于说明事务 T_3 的读操作动作。在每种情况下，服务器选出一个写时间戳小于或等于 T_3 的版本。如果存在这样的版本，那么在图中用一个短线做标记。在情况 a 和 b 中，读操作针对提交版本——在 a 中，该提交版本是对象的唯一版本；而在 b 中，有一个临时版本属于另一个较晚的事务。在情况 c 中，读操作针对临时版本，并且必须等待制作该临时版本的事务提交或者放弃。在情况 d 中，由于没有合适的版本用于读操作，事务 T_3 被放弃。

当一个协调者收到提交事务的请求后，由于事务的所有操作在执行之前都进行了一致性检查，因此它总能提交。必须按照时间戳顺序创建每个对象的提交版本。因此，协调者在写某个事务所访问的对象的提交版本之前，可能需要等待较早的事务结束，不过客户并不需要等待。为了保证在服务器崩溃后事务是可恢复的，在确认客户提交事务的请求之前，必须将对象的临时版本和提交信息记录到持久存储中。

需要指出的是，这里的时间戳排序算法是严格的——它保证了事务的严格执行（参见 16.2 节）。时间戳排序的读规则要求事务对对象的读操作等待，直到所有写该对象的较早事务提交或者放弃为止。对象的提交版本也按时间戳顺序排列，以保证事务对对象的写操作必须等待，直到所有写对象的较早事务提交或者放弃为止。

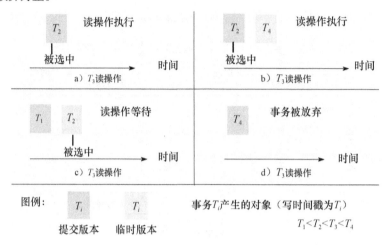

图 16-31　读操作和时间戳

图 16-32 说明了如何利用时间戳排序方法来控制图 16-7 中的并发银行事务 T 和 U。其中列 A、B 和 C 分别表示不同的银行账户。每个账户有一项 RTS，用于记录最大的读时间戳；还有一项 WTS，用于记录每个版本的写时间戳，其中提交版本的时间戳用粗体表示。最初，每个账户拥有由事务 S 写入的提交版本，读时间戳集合为空。假设 $S < T < U$。图中的例子表示当事务 U 准备获取账户 B 的余额时，它必须等待事务 T 结束，这样它才能读取由 T 设置的值（假设 T 提交）。

		对象的不同版本及其时间戳					
T	U	A		B		C	
		RTS	WTS	RTS	WTS	RTS	WTS
		{}	*S*	{}	*S*	{}	*S*
openTransaction							
bal=b.getBalance()				{T}			
	openTransaction						
*b.setBalance(bal*1.1)*					S, T		
	bal=b.getBalance()						
	wait for T						
a.withdraw(bal/10)	...	S, T					
commit	...	T		**T**			
	bal=b.getBalance()			{U}			
	*b.setBalance(bal*1.1)*				T, U		
	c.withdraw(bal/10)					S, U	

图 16-32　事务 T 和 U 中的时间戳

这里介绍的时间戳方法能够避免死锁，但是它容易造成事务重启动。一个被称为"忽略过时写"规则的修改方案提供了一种改进方法。它对时间戳排序的写规则做了如下一些改动：

- 如果写操作来得太晚，那么直接忽略这个操作，而不是放弃该事务，这是因为即使它来得早一些时，它的更新效果也会被覆盖。然而，如果其他事务读取了该对象，那么这个写操作会因为读时间戳而失败。

多版本时间戳排序　本节将介绍如何通过允许每个事务写自己的对象临时版本来提高基本时间戳

排序的并发度。在由 Reed［1983］引入的多版本时间戳排序中，每个对象除了有若干临时版本外，还有一个已提交版本列表。此列表记录了对象值的历史。利用多版本的好处在于，过迟到达的读操作不会被拒绝。

对象的每个版本除了有一个写时间戳外，还有一个读时间戳，用于记录读该版本的事务的最大时间戳。和以前一样，每当一个写操作被接受后，它将针对与事务写时间戳相应的临时版本进行操作。每当执行读操作时，它将针对具有小于该事务时间戳的最大写时间戳的版本进行操作。如果事务时间戳大于所使用版本的读时间戳，那么该版本的读时间戳被设置成该事务的时间戳。

当读操作太迟到达时，允许它读取一个较早的已提交版本，这样就没必要放弃这个读操作了。在多版本时间戳排序中，读操作总是被允许的，尽管它们有可能要等待较早的事务结束（或提交或放弃）来保证事务执行是可恢复的。练习 16.22 讨论了连锁放弃的可能性问题。它用于处理时间戳排序的冲突规则 3。

不同事务的写操作之间不存在冲突，因为每个事务进行写操作时都针对所访问对象的已提交版本。这样，就不需要时间戳排序的冲突规则 2 了，仅留下下面的规则：

规则　T_c 不能写事务 T_i 读过的对象，其中 $T_i > T_c$。

如果对象的某个版本的读时间戳大于 T_c，那么这条规则就被破坏了，但只有在该版本有一个小于或等于 T_c 的写时间戳时才会这样。（这个写操作不能影响以后的版本。）

多版本时间戳排序的写规则：由于每个可能冲突的读操作被作用于对象最近的一个版本上，所以服务器查看具有小于或等于 T_c 的最大写时间戳的对象版本 DmaxEariler。以下规则用于执行事务 T_c 在对象 D 上执行写操作的请求：

if ($D_{maxEariler}$ 的读时间戳 $\leqslant T_c$)

　　在 D 的临时版本上完成写操作，并标记上写时间戳 T_c

else

　　放弃事务 T_c

图 16-33 说明了一个写操作被拒绝的例子。图中的对象有两个写时间戳为 T_1 和 T_2 的提交版本。该对象收到下列对对象进行操作的请求序列：

T_3read；T_3write；T_5read；T_4write；

1）T_3 请求一个读操作，它在 T_2 版本上设置读时间戳 T_3。

2）T_3 请求一个写操作，生成一个写时间戳为 T_3 的新临时版本。

3）T_5 请求一个读操作，它访问写时间戳为 T_3 的版本（小于 T_5 的最高的时间戳）。

4）T_4 请求一个写操作，由于写时间戳为 T_3 的版本的读时间戳 T_5 大于 T_4，该写操作被拒绝。（如果该操作不被拒绝，那么新版本的写时间戳将是 T_4。如果允许这个版本，那么这会和 T_5 的读操作相冲突，T_5 的读操作应该使用时间戳为 T_4 的版本。）

图例：

事务 T_i 产生的对象（写时间戳为 T_i 且读时间戳为 T_k）

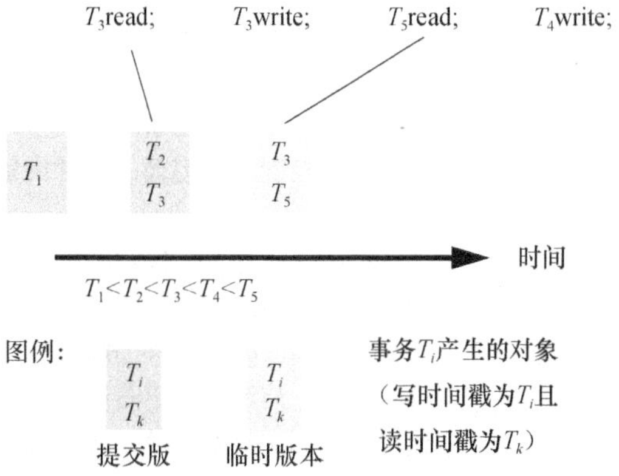

图 16-33　过迟的写操作将使读操作失败

当一个事务被放弃时，它创建的所有版本都被删除。当事务提交时，它创建的所有版本都被保留。但是为了控制存储空间的使用，必须定期删除旧版本。尽管多版本时间戳排序方法会带来存储空间的开销，但这种方法既可以使并发度有极大提高，又不会造成死锁，而且读操作总能进行。有关多版本时间戳排序的进一步讨论，请参见 Bernstein 等的文章［1987］。

16.7　并发控制方法的比较

我们已经描述了 3 种不同的控制并发访问共享数据的方法：严格的两阶段加锁、乐观方法和时间戳排序。所有的方法都会带来时间和空间的开销，并且它们都在一定程度上限制了并发操作的可能性。

时间戳排序方法类似于两阶段加锁，是因为它们都使用了悲观方法，即在访问每个对象时都检测事务之间是否会产生冲突。一方面，时间戳排序静态地决定事务之间的串行顺序，即在事务开始时就决定它们的顺序。另一方面，两阶段加锁动态地决定事务之间的串行顺序，即根据对象被访问的顺序确定串行顺序。对只读事务来说，时间戳排序，特别是多版本时间戳排序，优于严格的两阶段加锁。如果事务的绝大多数操作是更新操作，那么两阶段加锁的性能更好。

一些研究人员根据时间戳排序对以读操作为主的事务有益、而加锁对写操作多于读操作的事务有益这个现象，提出一种混合方案，即某些事务利用时间戳排序进行并发控制，而另一些事务利用两阶段加锁方法进行并发控制。对混合方法的使用有兴趣的读者可阅读 Bernstein 等［1987］的文献。

悲观方法在检测到对象访问冲突时有不同的解决策略。时间戳排序将立即放弃事务，而加锁机制让事务等待，但是有可能在稍后为避免死锁而放弃该事务。

在使用乐观并发控制时，所有的事务被允许执行，但是其中的一些事务在试图提交时被放弃；如果采用向前验证，那么会在更早的时候放弃事务。如果并发事务之间的冲突较少时，乐观并发控制具有较好的性能，但当事务被放弃时，乐观并发控制需要重复非常多的工作。

加锁在数据库系统中已被使用多年，而时间戳排序也已应用于 SDD-1 数据库系统中。这两种方法都用于文件服务器中。然而，在分布式系统中对数据访问进行并发控制的主流方法还是加锁，例如，前面提到的 CORBA 的并发控制服务就完全基于锁的使用。特别的，它提供层次加锁，这种方式允许对层次化结构数据进行混合粒度的加锁。

一些研究性的分布式系统，例如 Argus［Liskov 1988］和 Arjuna［Shrivastava et al. 1991］，研究了语义锁的使用、时间戳排序和针对长事务的新方法。

Ellis 等［1991］撰写了满足多用户应用需求方面的研究综述，在这种多用户应用中，所有的用户都希望看到对象不断被其他用户更新的公共版本。其中不少方案认为应该让做出改变的用户发出更新通知，但这与隔离的思想相悖。

Barghouti 和 Kaiser［1991］撰写了所谓的高级数据库应用方面的研究综述，诸如协同 CAD/CAM 和软件开发系统。在这些应用中，事务通常持续很长时间，用户针对对象的独立版本进行工作，这些对象版本从一个公共数据库中取出，在工作结束时再放回。对象版本之间的合并需要用户之间的协同。

同样，对于那些允许用户在互联网上共享文档的应用来说，上述的并发控制机制也并不充分。很多后来使用的乐观并发控制形式遵循的是冲突解决原则，而不是将冲突操作对的其中一个取消。

以下是部分示例。

Dropbox Dropbox［www.dropbox.com］是一个云服务，它提供文件备份功能，允许用户共享文件和文件夹，并从任何地方访问它们。Dropbox 使用乐观的并发控制形式，跟踪不一致并预防用户更新所导致的崩溃，这些更新是以整个文件为粒度的。因此，如果两个用户对同一个文件做了并发更新，那个第一个更新将被接受，而第二个更新会被拒绝。然而，Dropbox 会提供文件或文件夹的历史版本以便用户能够手动地合并他们的更新，或恢复其历史版本。

Google apps Google Apps［www.google.com］（见图 21-2），其中包含 Google Docs。Google Docs 是一个提供一些基于 Web 应用的云服务，如文字处理、电子表格和报告等，它允许用户通过共享文档的方法进行协作。如果一些用户同时编辑了同一个文档，他们将相互看到对方的更改。在共同使用文字处理器处理一个文档时，用户可以相互看到对方的光标，任何参与者输入的更新将会一个字符一个字符地显示出来。用户要做的是解决当中出现的冲突，但由于用户可以感觉到其他人的活动，这种冲突通常也是可以避免的。在使用电子表格的情况下，用户的光标和更改是以一个单元格为粒度进行显示和更新的。如果两个用户同时访问同一个单元格，那么最后的更新才是有效的。

Wikipedia 它在编辑时使用的是乐观并发控制。并允许编辑人员并发地访问那些第一次写入已经被接受的页面，或者在某个用户提交之后显示"编辑冲突"并要求该用户解决冲突的页面。

Dynamo Amazon.com 的键值存储服务使用带有冲突解决的乐观并发控制方法。如下框中所示：

Dynamo

719

Dynamo［DeCandia et. al 2007］是 Amazon. com 使用的一种存储服务，其平台利用上万台服务器在高峰时段能为几千万用户提供服务。这种环境对性能、可靠性和可扩展性提出了极高的要求。Dynamo 被设计用来支持购物车和最佳销售商列表这样的应用，这种应用只需利用主键来访问数据存储中的值。该服务的关键是利用视图来大量复制数据，以提供可伸缩性和可用性。

Dynamo 使用 get 和 put 操作而不是事务，也不保证 ACID 属性中所指定的隔离性。为了保证系统的可用性，它为其支持的应用程序提供了弱一致性。

Dynamo 在并发控制中使用乐观的方法。只要版本不同就调和它们。在购物车应用程序中使用应用逻辑来合并版本。

在应用逻辑不能用的地方，就采用基于时间戳的调和方法。Dynamo 使用"最后写有效"的规则，即将具有最新时间戳的版本当成最新的版本。

16. 8　小结

面对事务的并发执行和服务器崩溃，事务提供了一种由客户指定原子操作序列的手段。实现原子性第一个方面的含义是通过运行事务使得它们的执行效果是串行等价的。已提交事务的效果被记录在持久性存储中，以便事务服务能从进程崩溃中恢复。为了在事务放弃后消除所有的效果，事务的执行必须是严格的。也就是说，某个事务的读写操作必须推迟到另一个写同一对象的事务提交或放弃之后。为了保证事务可自行选择是提交还是放弃，事务中的操作是针对其他事务不可访问的临时版本。当事务提交时，对象的临时版本被拷贝到实际对象以及持久性存储中。

嵌套事务由若干子事务组合形成。在分布式系统中，嵌套事务是非常有用的，因为它允许在不同服务器上并发执行子事务。嵌套事务还有一个好处是允许独立恢复部分事务。

操作冲突是形成各种并发控制协议的基础。并发控制协议不仅要确保串行性，并且要用严格执行来保证恢复处理，以避免与事务放弃（例如连锁放弃）有关的问题。

在调度事务的某个操作时有 3 种策略：（1）立即执行；（2）推迟执行；（3）放弃事务。

720

严格的两阶段加锁使用了前两种策略，只有在死锁时才应用放弃事务。它根据事务访问公共对象的时间对事务进行排序来保证事务的串行化。它的主要缺点是会造成死锁。

时间戳排序利用了上述 3 种策略，它根据事务开始的时间来排列事务对对象的访问顺序。这种方法不会引起死锁，并且对只读事务很有利。但是，到来较晚的事务必须被放弃。多版本时间戳排序是一种特别有效的方法。

乐观并发控制在事务的执行过程中不进行任何形式的检测，直到事务完成为止。事务在提交之前必须通过验证。向后验证需要维护已提交事务的多个写集合，而向前验证必须验证活动事务，它的好处是允许使用多种策略解决冲突。在乐观并发控制甚至在时间戳排序中，由于不能通过验证的事务不断地放弃，从而引起饥饿。

练习

16.1　TaskBag 是一个提供"任务描述"仓库的服务。它支持在几台计算机上运行的客户并行执行部分计算。一个主（master）进程在 TaskBag 中放置一个计算的子任务描述，工作者（worker）进程从 TaskBag 中选择任务并实现它们，然后将结果的描述返回给 TaskBag。主（master）进程收集结果并将它们组合起来，产生最后的结果。

TaskBag 服务提供下列操作：

- setTask：允许客户向 TaskBag 中增加任务描述。
- takeTask：允许客户从 TaskBag 中取出任务描述。

当一个任务当前不可用，但可能不久就可用的时候，客户发出 takeTask 请求。讨论下列方法的优缺点：

1）服务器马上回答，告诉客户以后重试。

2）让服务器操作（和客户）等待，直到任务变成可用为止。

3）使用回调。 （第 678 页）

16.2 一个服务器管理对象 a_1，a_2，$\cdots$，a_n，它为客户提供下面两种操作：

- $Read(i)$：返回对象 a_i 的值。
- $Write(i, Value)$：将对象 a_i 的值设置为 $Value$。

事务 T 和 U 定义如下：

T：$x=read(j); y=read(i); write(j, 44); write(i, 33);$

U：$x=read(k); write(i, 55); y=read(j); write(k, 66).$

请给出事务 T 和 U 的 3 个串行化等价的交错执行。 （第 685 页）

16.3 针对练习 16.2 的事务 T 和 U 的串行化等价交错执行，给出满足下面特性的执行：1）严格执行；2）虽然不是严格执行，但是不会造成连锁放弃；3）会引起连锁放弃。 （第 689 页）

16.4 操作 *create* 在银行分行中插入一个新的银行账户。事务 T 和 U 分别定义如下：

T：$aBranch.create("Z");$

U：$z.deposit(10); z.deposit(20);$

假设账户 Z 不存在，并假设 *deposit* 操作在账户不存在时不做任何操作。考虑下面的事务 T 和 U 的交错执行：

T	U
$aBranch.\ create(Z);$	$z.\ deposit(10);$
	$z.\ deposit(20);$

按这个执行顺序，请给出账户 Z 在执行后的余额。这种执行是否与 T 和 U 的串行等价执行一致？ （第 685 页）

16.5 练习 16.4 中新创建的账户 Z 有时被称为假象（phantom）。在事务 U 看来，账户 Z 一开始不存在，然后就像幻影一样出现。请用一个例子来说明删除账户时也会出现假象。 （第 685 页）

16.6 "转账" 事务 T 和 U 分别定义如下：

T：$a.withdraw(4); b.deposit(4);$

U：$c.withdraw(3); b.deposit(3);$

假设它们组织成一对嵌套事务：

T_1：$a.withdraw(4);$ T_2：$b.deposit(4);$

U_1：$c.withdraw(3);$ U_2：$b.deposit(3);$

请比较 T_1、T_2、U_1 和 U_2 之间的串行等价交错执行的数目和 T 和 U 的串行等价交错执行的数目。试解释为什么嵌套事务比非嵌套事务串行等价交错执行的数目更多？ （第 685 页）

16.7 考虑练习 16.6 中嵌套事务的恢复问题。假设 withdraw 事务在账户透支时将放弃，因而父事务也被放弃。请给出满足下列条件的 T_1、T_2、U_1 和 U_2 的串行等价执行：1）这是一个严格执行；2）非严格执行。考虑严格的执行在多大程度上减少嵌套事务的并发度？ （第 685 页）

16.8 请解释为什么串行等价性要求一旦事务释放了对象上的某个锁，它就不允许再获得其他锁？

一个服务器管理对象 a_1，a_2，$\cdots$，a_n。该服务器为客户提供两种操作：

- $Read(i)$：返回对象 a_i 的值。
- $Write(i, Value)$：将对象 a_i 的值设置为 $Value$。

事务 T 和 U 定义如下：

T：$x=read(i); write(j, 44);$

U：$write(i, 55); write(j, 66);$

请给出一个事务 T 和 U 的一个交错执行，在这个执行中由于锁过早释放而导致执行不是串行等价的。 （第 693 页）

16.9 练习 16.8 中的事务 T 和 U 在服务器上分别定义如下：

T: $x=read(i); write(j, 44);$

U: $write(i, 55); write(j, 66);$

对象 a_i 和 a_j 的初值分别是 10 和 20，下面的执行哪些是串行等价的？哪些可能出现在两阶段加锁中？

T	U
$x=read(i);$	
	$write(i,55);$
$write(j,44);$	
	$write(j,66);$

a)

T	U
$x=read(i);$	
$write(j,44);$	
	$write(i,55);$
	$write(j,66);$

b)

T	U
	$write(i,55);$
	$write(j,66);$
$x=read(i);$	
$write(j,44);$	

c)

T	U
	$write(i,55);$
$x=read(i);$	
	$write(j,66);$
$write(j,44);$	

d)

（第 693 页）

16.10 考虑将两阶段锁的限制适当放宽，只读事务可以较早地释放读锁。那么一个只读事务是否能达到一致检索？对象是否会变得不一致？请用练习 16.8 中的事务 T 和 U 来说明你的结论：

T: $x=read(i); y=read(j);$

U: $write(i, 55); write(j, 66);$

其中对象 a_i 和 a_j 的初值分别是 10 和 20。 （第 690 页） 723

16.11 事务的严格执行要求某个事务的读写操作必须推迟到写这个对象的所有其他事务提交或放弃之后才能进行。请解释图 16-16 中的加锁规则是如何保证严格执行的。 （第 696 页）

16.12 如果事务完成所有操作后但在提交前就释放写锁，请描述此时如何引起不可恢复的状态。

（第 690 页）

16.13 如果事务完成所有操作后但在提交前就释放读锁，请解释为什么此时事务的执行仍是严格的。根据这一点来改进图 16-16 中规则 2。 （第 690 页）

16.14 考虑单个服务器上的死锁检测机制，精确地描述何时将边加入等待图，何时从等待图中删除边。利用练习 16.8 中的服务器上运行的事务 T、U 和 V 来说明你的答案：

T	U	V
	$Write(i, 66)$	
$Write(i, 55)$		
		$write(i, 77)$
	commit	

当事务 U 释放它在 a_i 上的写锁时，T 和 V 都在等待获取这个写锁。如果 T（首先到达）在 V 之前获得锁，你的方案能否正确工作？如果不能，请修改你的描述。 （第 702 页）

16.15 考虑图 16-26 中的层次锁。如果某次会见被安排在 w 周的 d 天的时刻 t，那么需要设置哪些锁？应该按照什么次序设置这些锁？释放这些锁也按照上述次序吗？

当查看 w 周的每天的时间段时需要设置哪些锁？在已为某个约会设置了锁的时候，能这样做吗？

（第 705 页）

16.16 考虑将乐观并发控制应用于练习 16.9 中的事务 T 和 U 的情况。如果 T 和 U 同时处于活动状态，试描述以下几种情况的结果：

1）服务器首先处理 T 的提交请求，使用向后验证方式。

2）服务器首先处理 U 的提交请求，使用向后验证方式。

3）服务器首先处理 T 的提交请求，使用向前验证方式。

4）服务器首先处理 U 的提交请求，使用向前验证方式。

对于上面的每种情况，描述事务 T 和 U 的操作顺序，注意写操作在验证通过之后才真正起作用。

724

(第 707 页)

16.17 考虑事务 T 和 U 的交错执行：

T	U
OpenTransaction	OpenTransaction
$y = read(k)$;	
	$write(i, 55)$;
	$write(j, 66)$;
	commit
$x = read(i)$;	
$write(j, 44)$;	

在使用具有向后验证的乐观并发控制时，由于事务 T 的针对 a_i 的读操作与事务 U 的写操作冲突，事务 T 将被放弃，尽管这个执行是串行等价的。请改进算法来处理这种情况。

(第 707 页)

16.18 试比较练习 16.8 中事务 T 和 U 分别在两阶段加锁（练习 16.9）和乐观并发控制（练习 16.16）中的操作执行顺序。 (第 707 页)

16.19 考虑将时间戳排序用于练习 16.9 中事务 T 和 U 的各种交错执行情况。对象 a_i 和 a_j 的初值分别是 10 和 20，初始的读写时间戳都是 t_0。假设每个事务在开始第一个操作之前就获得时间戳，例如在情况 a 中，T 和 U 获得的时间戳分别是 t_1 和 t_2，并且 $t_0 < t_1 < t_2$。请根据时间顺序描述 T 和 U 的各个操作的效果。对于每个操作需描述：

1）根据读规则或写规则，这个操作是否允许执行。

2）赋给事务或者对象的时间戳。

3）临时对象的创建和它们的值。

对象的最终值和时间戳分别是什么？ (第 711 页)

16.20 对于下面的事务 T 和 U 的交错执行，重新考虑练习 16.19 中的问题。

T	U
openTransaction	
	openTransaction
	$write(i,55)$;
	$write(j,66)$;
$x=read(i)$;	
$write(j,44)$;	
	commit

T	U
openTransaction	
	openTransaction
	$write(i,55)$;
	$write(j,66)$;
	commit
$x=read(i)$;	
$write(j,44)$;	

725

(第 711 页)

16.21 利用多版本时间戳排序，重新考虑练习 16.20。 (第 715 页)

16.22 在多版本时间戳排序中，读操作可以访问对象的临时版本。请举例说明，如果所有的读操作都允许立即执行，则有可能造成连锁放弃。 (第 715 页)

726 16.23 与普通的时间戳排序相比，多版本时间戳排序有哪些优点和缺点？ (第 715 页)

分布式事务

本章介绍分布式事务，即涉及多个服务器的事务。分布式事务可以是平面事务，也可以是嵌套事务。

原子提交协议是参与分布式事务的服务器所使用的一个协作过程，它使多个服务器能够共同决策是提交事务还是放弃事务。本章将描述两阶段提交协议，它是最常用的原子提交协议。

分布式事务的并发控制一节将讨论为支持分布式事务如何扩展加锁、时间戳排序和乐观并发控制。使用加锁机制可能会造成分布式死锁，17.5 节将讨论分布式死锁的检测算法。

每个提供事务的服务器都包含一个恢复管理器，它的作用是在出现故障之后服务器被替代时，用它来恢复服务器所管理的对象上的事务的效果。恢复管理器将对象、意图列表和每个事务的状态信息记录在持久性存储中。

727

17.1　简介

第 16 章讨论了只访问一个服务器中对象的平面事务和嵌套事务。通常情况下，不管是平面事务还是嵌套事务，它们都需要访问不同计算机上的对象。访问由多个服务器管理的对象的平面事务或嵌套事务称为分布式事务（distributed transaction）。

当一个分布式事务结束时，事务的原子特性要求所有参与该事务的服务器必须全部提交或全部放弃该事务。为了实现这一点，其中一个服务器承担了协调者（coordinater）的角色，由它来保证在所有的服务器上获得同样的结果。协调者的工作方式取决于它选用的协议。"两阶段提交协议"是最常用的协议。该协议允许服务器之间的相互通信，以便就提交或放弃共同做出决定。

分布式事务的并发控制基于第 16 章中讨论的方法。每个服务器对自己的对象应用本地的并发控制，以保证事务在本地是串行化的。分布式事务还需要保证全局串行化，如何实现这一点与是否使用加锁、时间戳排序或乐观并发控制有关。在某些情况下，事务在单个服务器上是串行化的，但同时，由于不同服务器之间存在相互依赖循环，因此可能出现分布式死锁。

事务恢复用于保证事务所涉及的所有对象都是可恢复的。除此之外，它还保证对象只反映已提交事务所做的更新，不反映被放弃事务所做的更新。

17.2　平面分布式事务和嵌套分布式事务

如果客户事务调用了不同服务器上的操作，那么它就成为一个分布式事务。有两种构造分布式事务的方式：按平面事务构造和按嵌套事务构造。

在平面事务中，客户给多个服务器发送请求。例如，在图 17-1a 中，事务 T 是一个平面事务，它调用了服务器 X、Y 和 Z 上的对象操作。一个平面客户事务完成一个请求之后才发起下一个请求。因此，每个事务顺序访问服务器上的对象。当服务器使用加锁机制时，事务一次只能等待一个对象。

在嵌套事务中，顶层事务可以创建子事务，子事务可以进一步地以任意深度嵌套子事务。图 17-1b 给出了一个客户事务 T，它创建了两个子事务 T_1 和 T_2，它们分别访问服务器 X 和 Y 上的对象。子事务 T_1 和 T_2 又创建子事务 T_{11}、T_{12}、T_{21} 和 T_{22}，这 4 个子事务分别访问服务器 M、N 和 P 上的对象。在嵌套事务中，同一层次的子事务可并发执行，所以 T_1 和 T_2 是并发执行的，又由于它们访问不同服务器上的对象，因此它们能并行运行。同样，T_{11}、T_{12}、T_{21} 和 T_{22} 也可以并发执行。

728

现在考虑这样一个分布式事务：客户从 A 账户转账 \$10 到 C 账户，然后从 B 账户转账 \$20 到 D 账户。账户 A 和 B 分别在服务器 X 和 Y 上，而账户 C 和 D 在服务器 Z 上。如果将该事务组织成 4 个嵌套事务（如图 17-2 所示），那么 4 个请求（两个 deposit 操作和两个 withdraw 操作）可以并行运行，从而整体执行性能优于 4 个操作被顺序调用的简单事务。

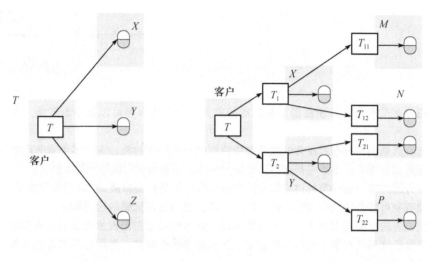

a）平面事务   b）嵌套事务

图 17-1　分布式事务

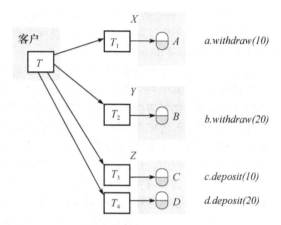

```
T = openTransaction
    openSubTransaction
    a.withdraw(10);
    openSubTransaction
    b.withdraw(20);
    openSubTransaction
    c.deposit(10);
    openSubTransaction
    d.deposit(20);
    closeTransaction
```

图 17-2　嵌套的银行事务

分布式事务的协调者

执行分布式事务请求的服务器需要相互通信，以确保在事务提交时能够协调它们之间的动作。客户在启动一个事务时，向任意一台服务器上的协调者发出一个 openTransaction 请求，参见 16.2 节的描述。该协调者处理完 openTransaction 请求后，将事务标识符（TID）返回给客户。分布式事务的事务标识符在整个分布式系统中必须是唯一的。构造 TID 的一种简单方法是将 TID 分成两部分：创建该事务的服务器的标识符（例如 IP 地址）和一个对该服务器来说是唯一的数字。

创建某一分布式事务的协调者成为该分布式事务的协调者，它在分布式事务结束时负责提交或放弃事务。管理分布式事务访问的对象的每个服务器都是该事务的参与者（participant），每个服务器提供一个我们称为参与者的对象。每个事务参与者负责跟踪所有参与分布式事务的可恢复对象。这些参与者配合协调者共同执行提交协议。

在事务的执行过程中，协调者在列表中记录所有对参与者的引用，每一个参与者也记录一个对协调者的引用。

图 13-3 给出的 Coordinator 接口提供了一个额外的方法 join，它用于将一个新的参与者加入当前事务：

join（Trans, reference to participant）
　　通知协调者一个新的参与者已加入到事务Trans

729
～
730

协调者将新的参与者记录到参与者列表中。事实上，协调者知道所有的参与者，而每个参与者也知道协调者，这样在事务提交时，协调者和参与者都能收集到必要的信息。

图 17-3 显示了一个客户，它的（平面）银行事务涉及服务器 BranchX、BranchY 和 BranchZ 上的账户 A、B、C 和 D。该客户事务 T 从账户 A 转账 \$4 到账户 C，然后从账户 B 转账 \$3 到账户 D。将图中左边的事务 T 展开，我们可以看到事务 T 的 openTransaction 和 closeTransaction 操作被发送给协调者，协调者可以位于任何一个参与事务的服务器上。每个服务器上都有一个参与者，它们通过调用协调者的 join 方法加入该事务。当客户调用事务中的一个方法时，例如 b. withdraw（T, 3），接收该调用的对象（服务器 BranchY 的 B 对象）将通知参与者对象自己属于事务 T。如果在这之前没有通知过协调者，则参与者对象调用 join 操作来通知协调者。在这个例子中，我们看到事务标识符作为一个额外的参数传递，这样，接收者能将它传递给协调者。在客户调用 closeTransaction 时，协调者就拥有了对所有参与者的引用。

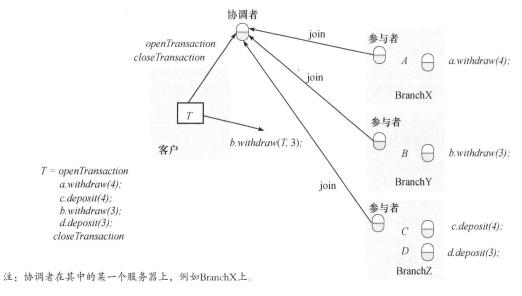

注：协调者在其中的某一个服务器上，例如BranchX上。

图 17-3　一个分布式银行事务

值得注意的是，任何一个参与者可能由于某些原因无法继续事务而调用协调者的 abortTransaction 方法。

17.3　原子提交协议

事务的提交协议最初于 20 世纪 70 年代提出，而两阶段提交协议是由 Gray［1978］提出的。事务的原子性要求分布式事务结束时，它的所有操作要么全部执行，要么全部不执行。就分布式事务而言，客户请求多个服务器上的操作。在客户请求提交或放弃事务时，事务结束。以原子方式完成事务的一个简单方法是让协调者不断地向所有参与者发送提交或放弃请求，直到所有参与者确认已执行完相应操作。这是一个单阶段原子提交协议（one-phase atomic commit protocol）的例子。

但是，这种简单的单阶段原子提交协议是不够用的，在客户请求提交时，该协议不允许任何服务器单方面放弃事务。阻止服务器提交它那部分事务的原因通常与并发控制问题有关。例如，如果使用加锁，为了解除死锁需要将事务放弃，客户有可能在发起新的请求之前并不知道事务已被放弃。如果使用乐观并发控制，某个服务器的验证失败将导致放弃事务。在分布式事务的进行过程中，协调者可能不知道某个服务器已经崩溃并且已被替换——而这个服务器也需要放弃事务。

731

两阶段提交协议（two-phase commit protocol）的设计出发点是允许任何一个参与者自行放弃它自己

的那部分事务。由于事务原子性的要求，如果部分事务被放弃，那么整个分布式事务也必须被放弃。在该协议的第一个阶段，每个参与者投票表决事务是放弃还是提交。一旦参与者投票要求提交事务，那么就不允许放弃事务。因此，在一个参与者投票要求提交事务之前，它必须保证最终能够执行提交协议中它自己那一部分，即使参与者出现故障而被中途替换掉。一个事务的参与者如果最终能提交事务，那么可以说参与者处于事务的准备好（prepared）状态。为了保证能够提交，每个参与者必须将事务中所有发生改变的对象以及它自己的状态（准备好）保存到持久性存储中。

在该协议的第二个阶段，事务的每个参与者执行最终统一的决定。如果任何一个参与者投票放弃事务，那么最终的决定将是放弃事务。如果所有参与者都投票提交事务，那么最终的决定是提交事务。

问题是要保证每个参与者都投票，并且达成一个共同的决定。在无故障时，该协议相当简单。但是，协议必须在出现各种故障（例如一些服务器崩溃、消息丢失或服务器暂时不能通信）时能够正常工作。

提交协议的故障模型 16.1.2 节给出了事务的故障模型，该模型同样适用于两阶段（或其他任何）提交协议。提交协议的运行环境是异步系统，在该环境下服务器可能崩溃，消息也可能丢失。但是，提交协议假设底层请求 – 应答协议能去除受损和重复的消息，并且系统中没有拜占庭故障——服务器或者崩溃或者服从所发送的消息。

两阶段提交协议是一种达到共识的协议。在异步系统中，如果进程可能崩溃，那么是不可能达到共识的（参见第 15 章）。但是，两阶段提交协议确实在这些条件下达成了共识，这是由于进程的崩溃故障被屏蔽了，崩溃的进程被一个新进程所替代，新进程的状态根据持久性存储中保存的信息和其他进程所拥有的信息来设定。

17.3.1　两阶段提交协议

在事务的进行过程中，除了参与者在加入分布式事务时通知协调者之外，协调者和参与者之间没有其他通信。客户的事务提交（或放弃）请求被直接发送给协调者。如果客户请求 *abortTransaction*，或者事务已被某个参与者放弃，那么协调者可以立即通知所有参与者放弃事务。只有当客户请求协调者提交事务时，两阶段提交协议才开始使用。

在两阶段提交协议的第一个阶段，协调者询问所有的参与者是否准备好提交；在第二个阶段，协调者通知它们提交（或放弃）事务。如果某个参与者可以提交它那部分事务，那么它将把所有的更新和它的状态记录到持久存储中——也就是准备好提交。完成这些工作，它就同意提交事务。为实现两阶段提交协议，分布式事务中的协调者和参与者利用图 17-4 总结的操作进行通信。其中，*canCommit*、*doCommit* 和 *doAbort* 方法是参与者接口中的方法，而方法 *haveCommitted* 和 *getDecision* 位于协调者接口中。

---

canCommit?(trans)→ Yes / No
  协调者用该操作询问参与者它是否能够提交事务，参与者将回复它的投票结果。
doCommit(trans)
  协调者用该操作告诉参与者提交它那部分事务。
doAbort(trans)
  协调者用该操作告诉参与者放弃它那部分事务。
haveCommitted(trans, participant)
  参与者用该操作向协调者确认它已经提交了事务。
getDecision(trans) → Yes / No
  当参与者投Yes票后一段时间内未收到应答时，参与者用该操作向协调者询问事务的投票表决结果。该操作用于从服务器崩溃或消息延迟中恢复。

图 17-4　两阶段提交协议中的操作

两阶段提交协议由投票阶段和完成阶段组成，如图 17-5 所示。在步骤 2 结束时，协调者和所有投 Yes 票的参与者都准备提交。在步骤 3 结束时，事务实际上已经结束。在步骤 3a 处，协调者和参与者提交事务，因此协调者将事务提交的决定通知客户；在步骤 3b 发生时，协调者将放弃事务的决定通知给客户。

阶段1（投票阶段）：

1）协调者向分布式事务的所有参与者发送canCommit? 请求。

2）当参与者收到canCommit? 请求后，它将向协调者回复它的投票（Yes或者No）。在投Yes票之前，它在持久性存储中保存所有对象，准备提交。如果投No票，参与者立即放弃。

阶段2（根据投票结果完成事务）：

3）协调者收集所有的投票（包括它自己的投票）。

　（a）如果不存在故障并且所有的投票均是Yes时，那么协调者决定提交事务并向所有参与者发送doCommit请求。

　（b）否则，协调者决定放弃事务，并向所有投Yes票的参与者发送doAbort请求。

4）投Yes票的参与者等待协调者发送的doCommit或者doAbort请求。一旦参与者接收到任何一种请求消息，它根据该请求放弃或者提交事务。如果请求是提交事务，那么它还要向协调者发送一个haveCommitted来确认事务已经提交。

图 17-5　两阶段提交协议

在步骤 4 中，所有的参与者确认它们已提交，这样协调者能知道它所记录的事务信息何时将不再需要。

显然，由于一个或多个服务器崩溃或服务器之间的通信中断，协议可能出错。要处理可能的崩溃，每个服务器需要将与两阶段提交协议相关的信息保存到持久存储中。这些信息可由替代崩溃服务器的新进程获取。分布式事务的恢复处理将在 17.6 节讨论。

协调者和参与者之间的信息交换会由于服务器崩溃或消息丢失而失败。采用超时可防止进程无限阻塞。当进程检测到超时后，它必须采取适当的措施。考虑到这一点，协议在进程可能阻塞的每一步都包括了一个超时动作。这些动作的设计虑及下列事实：在异步系统中，超时并不一定意味着服务器出现故障。

733

两阶段提交协议的超时动作　在两阶段协议的不同阶段，协调者或参与者都会遇到这种情景：不能处理它的那部分协议，直到接收到另一个请求或应答为止。

首先考虑这样的情形：某个参与者投 Yes 票并等待协调者发回最终决定，即告诉它是提交事务还是放弃事务。参见图 17-6 的步骤 2。这样的参与者的结果是不确定(uncertain)的，它在从协调者处得到投票结果之前不能进行进一步处理。参与者不能单方面决定下一步做什么，同时该事务使用的对象也不能释放以用于其他事务。参与者向协调者发出 getDecision 请求来获取事务的结果。当它收到应答时，它才能进行图 17-5 中协议的步骤 4。如果协调者发生故障，那么参与者将不能获得决定，直到协调者被替代为止，这可能导致处在不确定状态的参与者长时间地延迟。

734

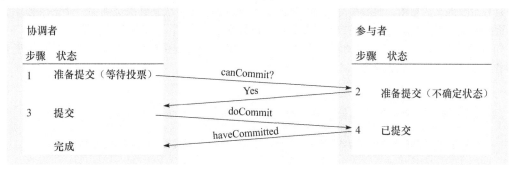

图 17-6　两阶段提交协议中的通信

不依靠协调者获取最终决定的方法是通过参与者协作来获得决定。这种策略的优点是可以在协调者出故障时使用。有关详细情况请参考练习 17.5 和 Bernstein et al. [1987]。但是，即使使用协作协议，如果所有的参与者都处于不确定状态，那么仍然不能得到决定，直到协调者或一个参与者得知最终结果为止。

另一种可能导致参与者延迟的情况是，参与者已经完成了事务中所有的客户请求，但还没有收到协调者发来的 canCommit? 消息。当客户向协调者发送 closeTransaction 时，该参与者只能（通过锁超时）检测到它是否长时间未收到任何有关该事务的操作请求。因为在这个阶段还没有做出任何决定，所以参与者可以在一段时间后决定单方面放弃该事务。

协调者在等待参与者投票时可能会被延迟。由于它还未决定事务的最终命运，因此在等待一段时间后它可以决定放弃该事务。但是它必须给所有发送了投票的参与者发送 doAbort 消息。一些反应较慢的参与者此后仍然可能投 Yes 票，但这些投票将被忽略，它们将进入前面描述的不确定状态。

两阶段提交协议的性能 假设一切运行正常，即协调者和参与者不出现崩溃，通信也正常时，有 N 个参与者的两阶段提交协议需要传递 N 个 canCommit? 消息和应答，然后再有 N 个 doCommit 消息。这样，消息开销与 $3N$ 成正比，时间开销是 3 次消息往返。由于协议在没有 haveCommited 消息时仍能正确运行——它们的作用只是通知服务器删除过时的协调者信息，因此在估计协议开销上，不将 haveCommited 消息计算在内。

在最坏的情况下，两阶段提交协议在执行过程中可能出现任意多次服务器和通信故障。尽管协议不可能指定协议完成的时间限制，但它能够处理连续故障（服务器崩溃或消息丢失），并保证最终完成。

对于前面提到的超时问题，两阶段提交协议可能造成参与者很长时间停留在不确定状态上。这些延迟主要源于协调者故障或者不能从参与者那里得到 getDecision 请求的回答。即使协作协议允许参与者可以向其他参与者发送 getDecision 请求，但是当所有参与者都处于不确定状态时，延迟仍然不可避免。

三阶段提交协议用来减少这种延迟。但是这种协议代价很大，在正常的情况（无故障情况）下需要更多的消息和更多次的消息往返。关于三阶段提交协议的详细情况，请参见练习 17.2 和 Bernstein 等［1987］。

17.3.2 嵌套事务的两阶段提交协议

一组嵌套事务的最外层事务被称为顶层事务（top-level transaction），除顶层事务之外的其他事务被称为子事务（subtractions）。在图 17-1b 中，T 是顶层事务，T_1、T_2、T_{11}、T_{12}、T_{21} 和 T_{22} 是子事务。T_1 和 T_2 是事务 T 的孩子事务，即 T 是它们的父事务。类似的，T_{11} 和 T_{12} 是事务 T_1 的孩子事务，T_{21} 和 T_{22} 是事务 T_2 的孩子事务。每个子事务在其父事务开始后才能执行，并在父事务结束前结束。例如，T_{11} 和 T_{12} 在 T_1 开始后执行，在 T_1 结束前结束。

当子事务执行完毕时，它独立决定是临时提交还是放弃。临时提交和准备好提交是不同的：它只是一个本地决定，也不用备份到持久存储中。如果服务器随后崩溃，那么该服务器的替代者不能提交。在所有子事务完成后，临时提交的事务参与到一个两阶段提交协议中，其中，临时提交子事务所在的服务器表示要提交的意图，而那些有放弃祖先的子事务将被放弃。准备好提交确保一个子事务能够提交，而临时提交仅意味着它正确完成了，如果随后被问及是否提交，它将可能同意提交。

如图 17-7 所示，子事务的协调者提供创建子事务的操作，并提供操作用来使子事务的协调者查询父事务是已经提交了还是放弃了。

```
openSubTransaction(trans) → subTrans
创建一个新的子事务，它的父事务是trans，该操作返回一个唯一的子事务标识符。
getStatus(trans) → committed, aborted, provisional
向协调者询问事务trans的当前状态。返回值表示下列情况：已提交、已放弃、临时提交。
```

图 17-7 嵌套事务中协调者的操作

客户使用 openTransaction 操作创建一个顶层事务，从而启动一组嵌套事务，openTransaction 操作返回顶层事务的事务标识符。客户调用 openSubTransaction 操作创建子事务，该操作的参数要求指定它的父事务。新创建的子事务自动加入（join）父事务，并返回一个新创建子事务的标识符。

子事务的标识符必须是其父事务 TID 的扩展，子事务标识符的构造方法应使得能根据子事务的标识符确定父事务或顶层事务的标识符。另外，所有子事务的标识符必须是全局唯一的。客户通过在顶层事务的协调者上调用 closeTransaction 或 abortTransaction 来结束整个嵌套事务。

与此同时，每个嵌套事务执行自己的操作。当它们结束时，管理这些子事务的服务器记录下事务临时提交或放弃的信息。注意，如果父事务放弃，那么它的子事务将被强制放弃。

第 16 章提到，尽管子事务可能被放弃，但是它的父事务（包括顶层事务）仍然可以提交。在这种情况下，父事务将根据子事务提交还是放弃采取不同的动作。例如，银行需要在特定的某一天在某一支行上完成"未结算订单"事务。这个事务包含若干个嵌套的 Transfer 子事务，每个 Transfer 事务由嵌套的 deposit 子事务和 withdraw 子事务组成。我们假设当某个账号透支时，withdraw 事务将被放弃，相应的 Transfer 事务也被放弃。但是放弃某个 Transfer 子事务并不要求放弃整个未结算订单事务。相反，顶层事务将发现 Transfer 子事务执行失败并执行相应的动作。

考虑图 17-8 所示的顶层事务 T 和它的子事务（图 17-8 基于图 17-1b）。每个子事务或者临时提交或者放弃。例如，T_{12} 临时提交而 T_{11} 被放弃，但是 T_{12} 的命运由它的父事务 T_1 决定，且最终依赖顶层事务 T。尽管 T_{21} 和 T_{22} 都临时提交了，但 T_2 被放弃了，这意味着 T_{21} 和 T_{22} 也必须被放弃。假设顶层事务 T 不管 T_2 被放弃的事实，最终决定提交，同时 T_1 不管 T_{11} 被放弃的事实，仍决定提交。

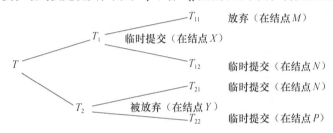

图 17-8 事务 T 决定是否提交

当顶层事务完成后，它的协调者将执行两阶段提交协议。参与者子事务不能完成的唯一原因是在它临时提交后服务器出现崩溃。回想一下，当每个子事务被创建时，它就加入到父事务中。因此，每个父事务的协调者都有一个它的孩子事务列表。当一个嵌套事务临时提交时，它将自己的状态和所有后代事务的状态报告给它的父事务。当一个嵌套事务放弃时，它只需将自己的放弃（abort）报告给父事务，而不用报告后代事务的任何信息。最终，顶层事务将获得嵌套事务树中所有子事务及其状态列表，而被放弃的子事务则不在这个列表中。

图 17-8 给出的例子中的各协调者持有的信息在图 17-9 中列出。注意，T_{12} 和 T_{21} 在同一个服务器 N 上运行，因此它们共用一个协调者。当子事务 T_2 放弃时，它把该事实报告给它的父事务 T，但不传递它的子事务 T_{21} 和 T_{22} 的状态。如果事务的某个祖先事务被显式放弃了或者由于其协调者崩溃而被放弃，那么这个子事务被称为孤儿（orphan）。在我们的例子中，子事务 T_{21} 和 T_{22} 都是孤儿，因为它们的父事务被放弃，从而没有将它们的信息传递给顶层事务。但是，它们的协调者可以使用 getStatus 操作来获取父事务的状态。如果某个事务被放弃，那么它的临时提交的子事务也必须放弃，而不管顶层事务最终是否提交。

事务的协调者	子事务	参与者	临时提交列表	放弃列表
T	T_1, T_2	yes	T_1, T_{12}	T_{11}, T_2
T_1	T_{11}, T_{12}	yes	T_1, T_{12}	T_{11}
T_2	T_{21}, T_{22}	no（被放弃）		T_2
T_{11}		no（被放弃）		T_{11}
T_{12}, T_{21}		T_{12}（不包含 T_{21}）[①]	T_{21}, T_{12}	
T_{22}		no（父事务被放弃）	T_{22}	

①T_{21} 的父事务被放弃。

图 17-9 嵌套事务各协调者持有的信息

顶层事务在两阶段提交协议中扮演协调者的角色，参与者列表由所有临时提交子事务的协调者组成（注意，这些子事务没有被放弃的祖先事务）。到了这个阶段，程序的逻辑已经决定了顶层事务将试图提交整个事务，而不管是否有一些被放弃的子事务。在图 17-8 中，事务 T 的协调者、事务 T_1 和 T_{12} 是参与者，它们将投票表决是否提交。如果它们投票提交事务，那么它们必须将对象的状态保存到持久存储中来准备（prepare）提交。这个状态被记录在顶层事务中，此后，两阶段提交协议可以使用层次的或平面的方式来执行。

两阶段提交协议的第二阶段与非嵌套的情况是一致的。协调者收集所有的投票，然后将最终决定通知所有参与者。协议结束时，协调者和参与者将一致地提交或一致地放弃整个事务。

层次化两阶段提交协议 在这种方法中，两阶段提交协议变成一个多层的嵌套协议。顶层事务的协调者和作为子事务的直接父事务的协调者进行通信。它向每一个子事务的协调者发送 canCommit? 消息，这些子事务协调者收到消息后，又向各自的子事务协调者发送该消息（直至整个嵌套事务树）。每个参与者首先收集其后代事务的应答，然后再应答自己的父事务。在我们的例子中，T 向事务 T_1 的协调者发送 canCommit? 消息，然后 T_1 向 T_{12} 发送 canCommit? 消息。由于事务 T_2 被放弃，因此协议没有向它的协调者发送消息。图 17-10 给出了 canCommit? 需要的参数。其中，第一个参数是顶层事务的 TID，而第二个参数是发起 canCommit? 调用的事务的 TID。每当参与者接收到调用后，将在它的事务列表中查看已临时提交的事务或与第二个参数中的 TID 相匹配的子事务。例如，由于 T_{12} 和 T_{21} 运行在同一个服务器上，因此 T_{12} 的协调者也是 T_{21} 的协调者，但是如果服务器收到的 canCommit? 调用的第二个参数是 T_1 时，只需处理 T_{12} 即可。

---

canCommit?(trans, subTrans)→Yes / No

用来向某个子事务的协调者询问是否能够提交某个子事务subTrans。第一个参数trans是顶层事务的标识符。参与者用Yes票或者No票来回复。

图 17-10 层次化两阶段提交协议中的 canCommit? 调用

如果参与者找到能够匹配第二个参数的任何子事务，那么它将准备对象并且回复 Yes。如果没有找到匹配的子事务，那么它在执行子事务之后系统必定出现过崩溃，因此它将回复 No。

平面两阶段提交协议 在这种方法中，顶层事务的协调者向临时提交列表中的所有子事务的协调者发送 canCommit? 消息。在我们的例子中，顶层事务向 T_1 和 T_{12} 的协调者发送消息。此时，每个参与者都用顶层事务的 TID 来引用事务。每个参与者都查找自己的事务列表，寻找能够匹配那个 TID 的事务或子事务。例如，T_{12} 的协调者也是 T_{21} 的协调者，因为它们运行在同一个服务器（N）上。

但是，当服务器 N 上有临时提交子事务和放弃子事务并存时，这种方法不能为协调者正确处理提供足够的信息。如果服务器 N 的协调者正准备提交 T，根据本地信息，T_{12} 和 T_{21} 都处于临时提交状态，那么两者均会提交。但是对于 T_{21} 来说，由于其父事务 T_2 被放弃，因此提交 T_{21} 是不正确的。为了处理这种情况，平面两阶段提交协议中的 canCommit? 操作的第二个参数提供了放弃子事务的列表，如图 17-11所示。参与者提交顶层事务的后代，除非这些后代有被放弃的祖先。当参与者收到 canCommit? 请求后，它进行下面的操作：

- 如果参与者有临时提交的子事务，并且它们是顶层事务 trans 的后代事务时：
  - 确保这些子事务的祖先不在 abortList 中，然后准备提交（将事务状态和它的对象记录到持久存储中）。
  - 如果子事务的祖先在 abortList 中，放弃这些子事务。
  - 向协调者发送 Yes。
- 如果参与者没有任何顶层事务的临时提交子事务，那么在执行子事务后系统一定曾经崩溃过，故向协调者发送 No。

两种方法的比较 层次化协议的优点在于，在任何阶段，参与者只需查找其直接父事务的子事务，而平面协议要求提供一个放弃列表来去除那些祖先已放弃的子事务。Moss［1985］更喜欢平面算法，因为平面协议允许顶层事务的协调者直接和所有的参与者进行通信，而层次化事务需要按嵌套关系来传递一系列消息。

---

canCommit?(trans, abortList)→Yes / No

　　由协调者向参与者调用该操作，用来询问它是否能够提交某个事务。参与者用Yes票或者No票来回复。

图 17-11　平面两阶段提交协议中的 canCommit？调用

超时动作　与非嵌套事务的两阶段提交协议一样，嵌套事务的两阶段提交协议也会在同样 3 个地方造成协调者和参与者延迟。除此之外，还有第 4 个地方会延迟子事务。考虑被放弃子事务的临时提交孩子事务：它们没必要得到事务提交或放弃的信息。在我们的例子中，T_{22} 就是这样一个子事务——它被临时提交，但是它的父事务 T_2 却被放弃，所以 T_2 没有成为参与者。为了解决这个问题，任何未收到 canCommit？消息的子事务在经过超时时间后将进行查询。图 17-7 中的 getStatus 操作可支持子事务查询它的父事务是否提交/放弃。为了保证这些查询是可能的，已放弃的子事务的协调者需要存活一段时间。如果一个孤儿子事务不能联系上其父事务，那么它将最终放弃。

17.4　分布式事务的并发控制

　　每个服务器要管理很多对象，它必须保证在并发事务访问这些对象时，这些对象仍保持一致性。因此，每个服务器需要对自己的对象应用并发控制机制。分布式事务中所有服务器共同保证事务以串行等价方式执行。

　　这意味着，如果事务 T 对某一个服务器上对象的冲突访问在事务 U 之前，那么在所有服务器上对对象的冲突操作，事务 T 都在事务 U 之前。

17.4.1　加锁

　　在分布式事务中，某个对象的锁总是本地特有的（在同一个服务器中）。是否加锁是由本地锁管理器决定的。本地锁管理器决定是满足客户对锁的请求，还是让发出请求的事务等待。但是，事务在所有服务器上被提交或放弃之前，本地锁管理器不能释放任何锁。在使用加锁机制的并发控制中，原子提交协议进行时对象始终被锁住，其他事务不能访问这些对象。如果事务在第一阶段就被放弃，锁可以提早释放。 [740]

　　由于不同服务器上的锁管理器独立设置对象锁，因此，对不同的事务，它们的加锁次序可能不一致。考虑下图中事务 T 和事务 U 在服务器 X 和服务器 Y 之间的交错执行：

T	U
Write(A)　在服务器 X 上对 A 加锁	
	Write(B)　在服务器 Y 上对 B 加锁
Read(B)　在服务器 Y 上等待 U	
	Read(A)　在服务器 A 上等待 T

　　事务 T 锁住了服务器 X 上的对象 A，而事务 U 锁住了服务器 Y 上的对象 B。此后，当 T 试图访问服务器 Y 上的对象 B 时，要等待 U 的锁。同样，事务 U 在访问服务器 X 的对象 A 时也需要等待 T 的锁。因此，在服务器 X 上，事务 T 在事务 U 之前；而在服务器 Y 上，事务 U 在事务 T 之前。这种不同的事务次序导致事务之间的循环依赖，从而引起分布式死锁。有关分布式死锁的检测和解除问题在 17.5 节讨论。一旦检测出死锁，必须放弃其中的某个事务来解除死锁。这时，协调者将得到通知，并且它将放弃该事务涉及的所有参与者上的事务。

17.4.2　时间戳并发控制

　　对于单服务器事务，协调者在它开始运行时分配一个唯一的时间戳。通过按访问对象的事务的时间戳次序提交对象的版本来保证串行等价性。在分布式事务中，协调者必须保证每个事务附上全局唯一的时间戳。全局唯一的时间戳由事务访问的第一个协调者发给客户。若服务器上的对象执行了事务中的一个操作,那么事务时间戳被传送给该服务器上的协调者。

分布式事务中的所有服务器共同保证事务执行的串行等价性。例如,如果在某个服务器上,由事务 U 访问的对象版本在事务 T 访问后提交;而在另一个服务器上,事务 T 和事务 U 又访问了同一个对象,那么它们也必须按相同次序提交对象。为了保证所有服务器上的相同次序,协调者必须就时间戳排序达成一致。时间戳是一个二元组 < 本地时间戳,服务器 id > 对。在时间戳的比较中,首先比较本地时间戳,然后比较服务器 id。

即使各服务器的本地时钟不同步,也能保证事务之间的相同顺序。但是为了效率的原因,各协调者之间的时间戳还是要求大致同步。如果是这样的话,事务之间的顺序通常与它们实际开始的时间顺序相一致。利用第 14 章中的本地物理时钟同步方法可以保证时间戳的大致同步。

当利用时间戳机制进行并发控制时,按照 16.6 节中所描述的规则执行操作即可解决冲突。如果为了解决冲突需要放弃某个事务时,相应的协调者将得到通知,并且它将在所有的参与者上放弃该事务。这样,如果事务能够坚持到客户发起提交请求命令时,这个事务总能提交。因此在两阶段提交协议中,正常情况下参与者同意提交。参与者不同意提交的唯一情形是参与者在事务执行过程中崩溃过。

17.4.3　乐观并发控制

在乐观并发控制中,每个事务在提交之前必须首先进行验证。事务在验证开始时首先要附加一个事务号,事务的串行化是根据这些事务号的顺序实现的。分布式事务的验证由一组独立的服务器共同完成,每个服务器验证访问自己对象的事务。这些验证在两阶段提交协议的第一个阶段进行。

考虑两个事务 T 和 U 的交错执行,它们分别访问服务器 X 和 Y 上的对象 A 和 B:

T	U
$Read(A)$　在服务器 X 上	$Read(B)$　在服务器 Y 上
$Write(A)$	$Write(B)$
$Read(B)$　在服务器 Y 上	$Read(A)$　在服务器 X 上
$Write(B)$	$Write(A)$

在服务器 X 上,事务 T 在事务 U 之前访问对象;在服务器 Y 上,事务 U 在事务 T 之前访问对象。如果现在事务 T 和 U 同时开始验证过程,但服务器 X 首先验证 T,而服务器 Y 首先验证 U。在 16.5 节介绍的简化的验证协议中,要求一次只能有一个事务执行验证和更新阶段。这样,服务器在一个事务完成验证前不能验证其他事务,从而造成提交死锁。

16.5 节中介绍的验证协议假设验证过程很快,这在单服务器事务的情况下是成立的。但在分布式事务中,由于两阶段提交协议需要一定的时间,因此在获得一致提交决定之前,可能推迟其他事务进入验证过程。在分布式乐观并发控制中,每个服务器使用并行验证协议。这是对向前及向后验证的扩展,允许多个事务同时进入验证阶段。在这种扩展验证中,向后验证除了检查规则 2,还必须检查规则 3。也就是说,正在被验证事务的写集合必须和较早启动的与被验证事务重叠的事务的写集合进行检查,看两者是否重叠。Kung 和 Robinson［1981］在他们的论文中叙述了并行验证过程。

如果使用了并行验证,事务就不会在提交过程中出现死锁。然而,如果服务器只是进行独立验证,同一个分布式事务的不同服务器可能按不同的次序来串行化同一组事务,例如,在服务器 X 上先执行 T 再执行 U,在服务器 Y 上先执行 U 再执行 T。

分布式事务的服务器必须防止这种情况发生。一个解决方案是在每个服务器完成本地验证后,再执行一个全局验证［Ceri and Owicki 1982］。全局验证用来检查每个服务器上的事务执行次序是否满足串行化要求,换言之,这些事务不会形成环路。

另一种方案是让分布式事务的所有服务器在验证开始时使用相同的全局唯一的事务号［Schlageter 1982］。两阶段提交协议的协调者负责生成全局唯一的事务号,并将此事务号通过 canCommit? 消息传给参与者。由于不同的服务器会协调不同的事务，这些服务器必须像在分布式时间戳排序协议中一样，对生成的事务号有个统一的排序。

Agrawal 等人［1987］提出了 Kung 和 Robinson 算法的一个变种，这个变种对只读事务进行了优化，并且结合了称为 MVGV（多版本通用验证）的算法。MVGV 是一种并行验证，它确保事务号反映了串行化次序，但是它要求延迟某些事务在提交之后的可见性。MVGV 还允许事务号改变，以使更多的可能失败的事务执行验证。Agrawal 等人的论文还提出了一种用于提交分布事务的算法。它与 Schlageter 的方案类似，同样需要全局唯一的事务号。在读阶段结束时，协调者发布一个全局事务号，每个参与者试图用这个事务号来验证它们的本地事务。但是，如果发布的全局事务号太小，某些参与者不能验证自己的事务，那么它会通知协调者要求增大事务号。如果没有找到合适的事务号，那么参与者只能放弃事务。最终，如果所有的参与者能够验证它们的事务，那么协调者将收到每个参与者发来的事务号；如果这些事务号相同，那么事务就能提交。

17.5 分布式死锁

在 16.4 节中有关死锁问题的讨论表明，单服务器在使用加锁机制进行并发控制时可能出现死锁。服务器要么防止死锁发生，要么检测并解除死锁。采用超时的方法来解除死锁是一种麻烦的方法——因为设定合适的超时间隔很困难，它会导致事务不必要地放弃。利用死锁检测方法，只有死锁中的事务才被放弃。大多数死锁检测方法都是通过在事务等待图中寻找环路而实现的。在包含多个事务访问多个服务器的分布式系统中，全局等待图在理论上可以通过局部等待图构造出来。全局等待图中的环路在局部等待图中可能不存在，也就是说，可能出现分布式死锁。等待图是有向图，其结点表示事务和对象，边表示事务拥有某个对象或者事务正在等待对象。死锁出现的充要条件是等待图中存在一个环路。

图 17-12 表示 3 个事务 *U*、*V* 和 *W* 的交错执行，它涉及服务器 *X* 上的对象 *A* 和服务器 *Y* 上的对象 *B*，以及服务器 *Z* 上的对象 *C* 和 *D*。

U		*V*		*W*	
d.deposit(10)	锁住D				
		b.deposit(10)	在结点Y		
a.deposit(20)	在结点X 锁住A		锁住B		
				c.deposit(30)	在结点Z 锁住C
b.withdraw(30)	在结点Y 等待	c.withdraw(20)	在结点Z 等待		
				a.withdraw(20)	在X处等待

图 17-12 事务 *U*、*V* 和 *W* 的交错执行

图 17-13a 的等待图表明一个死锁环路由不同的边组成，这些边分别代表某个事务等待某个对象以及某一对象被某个事务持有。由于任何事务一次只能等待一个对象，因此可以在死锁环路中删除对象结点，从而将等待图简化为图 17-13b。

分布式死锁的检测要求在分布于多个服务器上的全局等待图中寻找环路。第 16 章提到局部等待图可以由每一个服务器上的锁管理器构造。在上面的例子中，各服务器的局部等待图为：

服务器 *Y*：*U*→*V*（在 *U* 请求 b. withdraw（30）时出现）

服务器 *Z*：*V*→*W*（在 *V* 请求 c. withdraw（20）时出现）

服务器 *X*：*W*→*U*（在 *W* 请求 a. withdraw（20）时出现）

每个服务器都构造出全局等待图的一部分，因此，各服务器之间通过通信才能发现图中的环路。

一种简单的解决方案是使用集中式死锁检测，其中的一个服务器担任全局死锁检测器。全局死锁检测器通过收集各服务器发送的最新的局部等待图的副本来构造全局等待图。全局死锁检测器在全局

等待图中检查环路。一旦发现环路，就要决定如何解除死锁，并通知各服务器通过放弃相应事务来解除死锁。

744

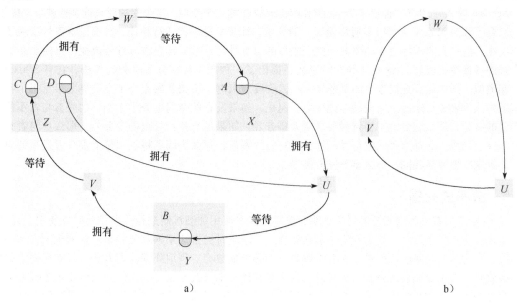

图 17-13 分布式死锁

集中式死锁检测并不是一个非常好的方法，最主要的问题是它依赖单一的服务器来执行检测。因此它和分布式系统中其他集中式解决方案一样，可用性较差，缺乏容错，没有可伸缩性。而且，频繁地传输局部等待图代价很大。如果不频繁地收集全局等待图，那么可能需要更长的时间才能检测出死锁。

假死锁 如果"检测出"的死锁并非真正的死锁，那么这个死锁被称为"假死锁"（phantom deadlock）。在分布式死锁检测中，等待关系的信息在服务器之间传递。如果确实存在死锁，那么最终有一个结点有足够的信息来发现环路。但是由于收集过程需要一定的时间，在这段时间内，可能有的事务已经放弃了某些锁，这种情况下死锁就不存在了。

考虑图 17-14 中的情景，一个全局死锁检测器收到来自服务器 X 和 Y 的局部等待图。假设此时事务 U 释放了服务器 X 上的对象，并且请求服务器 Y 上被事务 V 拥有的对象。而且，假设全局检测器先收到服务器 Y 的等待图，再收到服务器 X 的等待图。此时，尽管 $T \rightarrow U$ 并不存在，但仍然检测出环路 $T \rightarrow U \rightarrow V \rightarrow T$，这就是一个假死锁。

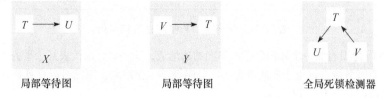

图 17-14 局部等待图和全局等待图

细心的读者可能意识到在采用两阶段加锁的情况下，事务不能在释放对象后获取新的对象，因此假死锁也就不会出现。现在来考虑检测到环路 $T \rightarrow U \rightarrow V \rightarrow T$ 之后，要么表明这是一个死锁，要么表明 T、U 和 W 最终都会提交。但实际上，它们中的任何一个都不能提交，因为它们彼此相互等待永远不会释放对象。

如果在死锁检测过程中等待死锁环路中的某个事务被放弃，那么也有可能检测出假死锁。例如，如果有一个环路 $T \rightarrow U \rightarrow V \rightarrow T$，但在收集到 U 的信息后，事务 U 被放弃，由于环路被打断，也就没有死锁。

边追逐方法　另一种分布式死锁检测方法称为边追逐方法（edge chasing）或路径推方法（path chasing）。在这种方法中，不需要构造全局等待图，但是每个服务器都有很多关于边的信息。服务器通过转发探询（probe）消息来发现环路，这些探询消息沿着分布式系统的图的边发送。一个探询消息包含全局等待图中表示路径的一个事务等待关系。

问题是：服务器何时发送探询消息？考虑图 17-13 中服务器 X 的情形。此时该服务器刚刚在它的局部等待图中加上边 $W{\rightarrow}U$，与此同时，事务 U 正在等待访问对象 B，而服务器 Y 上的对象 B 正被事务 V 使用。这条边可能是环路 $V{\rightarrow}T_1{\rightarrow}T_2{\rightarrow}\cdots{\rightarrow}W{\rightarrow}U{\rightarrow}V$ 的一部分，它涉及使用其他服务器上对象的事务。这意味着可能存在分布式死锁环路，可以通过向服务器 Y 发送探询消息找到这个死锁环路。

现在来考虑当服务器 Z 将边 $V{\rightarrow}W$ 加入它的局部等待图之前的情景：此时，W 并不在等待。因此不需要发送探询消息。

每个分布式事务在某个服务器（被称为事务的协调者）上启动，并在若干个服务器（事务的参与者）之间移动，每个参与者和协调者通信。在任何时刻，事务或者是活动的，或者在某个服务器上等待。协调者负责记录事务是活动的还是正在等待某个对象，并且参与者可以从它们的协调者那里获取这些信息。锁管理器在事务开始等待对象时通知协调者，同样在事务获取对象而又成为活动事务时也通知协调者。当事务被放弃而打破死锁时，它的协调者将通知所有的参与者，所有的相关锁将被释放，该事务的所有边也从局部等待图中删除。

745
～
746

边追逐算法由下面 3 步组成——开始阶段、死锁检测和死锁解除。

开始阶段：当服务器发现某个事务 T 开始等待事务 U，而 U 正在等待另一个服务器上的对象时，该服务器将发送一个包含 $<T{\rightarrow}U>$ 的探询消息来启动一次检测过程，这个消息将发送到阻塞 U 的服务器。有时 U 和其他事务共享锁，那么探询消息将被发送到这些锁的拥有者。有时，有些事务可能会在稍后共享该锁，这时，探询消息也将发送给这些事务。

死锁检测：死锁检测过程包含接收探询消息并确定是否有死锁产生，以及是否需要转发探询消息三个步骤。

例如，当对象所在的服务器接收到探询消息 $<T{\rightarrow}U>$（表示 T 正在等待拥有本地对象的事务 U）时，它检查 U 是否也在等待。如果 U 也在等待另一个事务（例如 V），那么 V 就添加到探询消息中（成为 $<T{\rightarrow}U{\rightarrow}V>$），如果 V 也在等待另外的对象，那么继续转发探询消息。

就这样，全局等待图上的路径被逐一构造出来。在转发探询消息之前，服务器将检测当事务（以 T 为例）加入到等待序列后是否会使探询消息产生环路（例如 $<T{\rightarrow}U{\rightarrow}V{\rightarrow}T>$）。如果图中产生环路，那么就检测出死锁。

死锁解除：当检测出环路后，环路中的某个事务将被放弃以打破死锁。

在我们的例子中，下面的步骤描述了在相应的检测阶段，如何开始死锁的检测过程，以及探询消息的转发过程。

- 服务器 X 发起死锁检测过程，向对象 B 的服务器 Y 发送探询消息 $<W{\rightarrow}U>$。
- 服务器 Y 收到探询消息 $<W{\rightarrow}U>$ 后，发现对象 B 被事务 V 拥有，因此将 V 附加在探询消息上，产生 $<W{\rightarrow}U{\rightarrow}V>$。由于 V 在服务器 Z 上等待对象 C，因此该探询消息被转发到服务器 Z。
- 服务器 Z 收到探询消息 $<W{\rightarrow}U{\rightarrow}V>$，并且发现 C 被事务 W 拥有，那么将 W 附加在探询消息后形成 $<W{\rightarrow}U{\rightarrow}V{\rightarrow}W>$。

这个路径上包含一个环路，服务器会检测出一个死锁。必须放弃环路中的某个事务来解除死锁。可根据事务优先级来选择被放弃的事务。

图 17-15 表示了从对象 A 的服务器发出探询消息并最终在对象 C 的服务器上检测出死锁的过程。其中探询消息用粗箭头表示，对象用圆圈表示，事务协调者用矩形表示。每个探询消息直接连接两个对象。在实现中，在服务器发送探询消息到另一个服务器之前，它首先将询问路径上最后一个事务的协调者，来确定该事务是否在等待其他对象。例如，在对象 B 的服务器发送探询消息 $<W{\rightarrow}U{\rightarrow}V>$ 之前，它询问 V 的协调者来确定 V 正在等待对象 C。在绝大多数边追逐算法中，对象所在的服务器通常向事务协调者发送探询消息，事务协调者再将消息转发到事务等待的对象所在的服务器。在我们的例

子中，对象 B 的服务器发送探询消息 $<W \rightarrow U \rightarrow V>$ 到 V 的协调者，然后 V 的协调者再将其转发到 C 的服务器。这表明，转发一个探询消息需要发送两个消息。

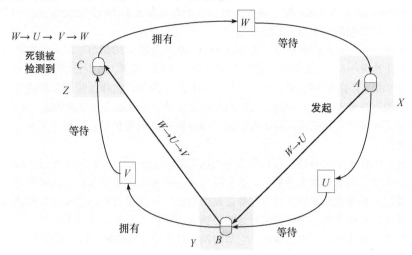

图 17-15 传递探询消息来检测死锁

假设等待的事务没有放弃，并且不会丢失消息，服务器也不会崩溃，那么上面的算法能够找到出现的死锁。为了理解这一点，考虑一个死锁环路，其中最后的事务 W 开始等待并且闭合该环路。当 W 开始等待某个对象时，服务器发出一个探询消息给 W 正在等待的对象的服务器。探询消息的接收者扩展这个消息并将这个消息转发到它们发现的所有等待事务请求的对象所在的服务器。因此所有 W 直接或者间接等待的事务将最终加到探询消息中，除非检测出死锁。当死锁出现后，W 就间接地在等待自己。这样，探询消息将返回到 W 拥有的对象。

看起来，为了检测出死锁，需要发送大量的消息。在上面的例子中，我们看到，为了检测出 3 个事务的死锁需要发送两个探询消息，而每个探询消息通常需要两个消息（从对象发送到协调者，再由协调者发送到对象）。

如果一个死锁涉及 N 个事务，那么检测该死锁的探询消息需要被 $(N-1)$ 个事务协调者转发，并且经过 $(N-1)$ 个对象的服务器，因此最终需要 $2(N-1)$ 个消息。幸运的是，绝大多数死锁只涉及两个事务，因此不用考虑过量的消息。这个结论来源于数据库领域的研究。它也可扩展到考虑对象冲突访问的概率问题上，参见 [Bernstein et al. 1987]。

事务优先级 在上面的算法中，死锁涉及的每个事务都可能发起死锁检测。环路上的多个事务同时发起死锁检测会造成死锁检测在多个服务器上被执行，会使得多个事务被放弃。

在图 17-16a 中，考虑事务 T、U、V 和 W，事务 U 正在等待事务 W，V 正在等待 T。几乎在同一时刻，T 请求 U 拥有的对象，W 请求 V 拥有的对象。两个独立的探询消息 $<T \rightarrow U>$ 和 $<W \rightarrow V>$ 由这些对象的服务器同时发起和转发，最终由两个不同的服务器检测出死锁。在图 17-16b 中，等待环路是 $<T \rightarrow U \rightarrow W \rightarrow V \rightarrow T>$。在图 17-16c 中，等待环路是 $<W \rightarrow V \rightarrow T \rightarrow U \rightarrow W>$。

为了保证环路中只有一个事务被放弃，应给每个事务都附加一个优先级，这样事务之间就建立了一个全序关系。例如，时间戳就可以作为事务的优先级。当检测出死锁环路后，具有最低优先级的事务被放弃。这样尽管若干个不同的服务器同时检测出死锁环路，它们仍然可以就放弃哪一个事务达成一致的决定。我们用 $T > U$ 表示 T 的优先级高于 U。在上面的例子中，假设 $T > U > V > W$，那么不管检测到环路 $<T \rightarrow U \rightarrow W \rightarrow V \rightarrow T>$ 还是环路 $<W \rightarrow V \rightarrow T \rightarrow U \rightarrow W>$，事务 W 都将被放弃。

如果要求死锁检测只有在高优先级的事务等待低优先级事务时才能发起，那么事务优先级也可以用来减少发起死锁检测的次数。在图 17-16 的例子中，由于 $T > U$，因此发生探询消息 $<T \rightarrow U>$，而由于 $W < V$，因此不能发出探询消息 $<W \rightarrow V>$。如果我们假设事务开始等待另一个事务时，等待事务的优先级比被等待事务的优先级高或低的概率相同，那么利用上面的死锁检测发起规则，可以减少一半探询消息。

 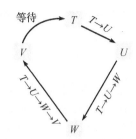 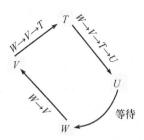

a）初始状态　　　　b）在由T请求的对象上发起的检测结果　c）在由W请求的对象上发起的检测结果

图 17-16　同时发起两个探询消息

事务优先级还可以用来减少探询消息转发的次数。一般的想法是探询消息只能"向下"传递，即从高优先级的事务到低优先级的事务。为了达到这一目的，服务器不会将探询消息转发到比发起者优先级还高的事务。这是由于如果目标事务正在等待另一个事务，那么它在开始等待时一定已经通过发送探询消息而发起了死锁检测。

然而，这种明显的改进存在一个缺陷。在图 17-15 的例子中，当事务 W 开始等待 U 时，事务 U 正在等待事务 V，事务 V 正在等待 W。如果不使用优先级规则，在 W 开始等待时发起死锁检测，探询消息为 <W→U>；如果使用优先级规则，因为 W < U，所以不发出探询消息，死锁就不能检测出来。

这里的问题是由事务开始等待的次序决定死锁是否被检测出来。为避免上面的缺陷，协调者可以将所有收到的代表每一事务的探询消息存储在探询队列（probe queue）中。当事务开始等待一个对象时，它将探询消息转发到对象所在的服务器，由它将探询消息向下传递。

在图 17-15 的例子中，当 U 开始等待 V 时，V 的协调者将保存探询消息 <U→V>，见图 17-17a。接着，当 V 开始等待 W 时，W 的协调者将保存 <V→W>，并且 V 将它的探询队列 <U→V> 发给 W。在图 17-17b 中，W 的探询队列包含 <U→V> 和 <V→W>。当 W 开始等待 A 时，它就转发它的探询队列 <U→V→W> 到 A 的服务器，该服务器发现新的依赖 W→U，并将它和已收到的信息合并，发现 U→V→W→U。从而将死锁检测出来。

a）在U开始等待时V存储探询消息　　　　b）V开始等待时探询消息被转发

图 17-17　探询消息向下传递

当一个算法要求将探询消息存储在探询队列中时，同时要求将探询消息传递到新的服务器并且丢弃已提交或已放弃时事务的探询消息。如果相关的探询消息被丢弃，某些死锁就有可能不被发现；另一方面，如果过期的探询仍然保留，就可能检测出假死锁。这样边追逐算法会变得很复杂。对算法的细节有兴趣的读者可参见［Sinha and Natarajan 1985］和［Choudhary et al. 1989］，其中给出了使用排他锁的算法。Choudhary 等人指出，Sinha 和 Natarajan 的算法是不正确的，该算法不能检测出所有的死锁，还会发现一些假死锁。Choudhary 等人的算法仍然存在这些问题，［Kshemkalyani and Singhal 1991］又更正了 Choudhary 等人的算法（该算法不能检测出所有的死锁，而且可能报告假死锁），并且提供了一个更正后算法的正确性证明。在随后的一些文献中，［Kshemkalyani and Singhal 1994］指出，由于分布式系统中不存在全局状态或时间，因此理解分布式死锁有一定的困难。事实上，任何一个收集到的环路所记录的信息来自不同的时间。另外，在死锁发生时，结点可能得到信息，但是这些结点得到死锁被解除的信息的时间却会被延迟。该文献利用在不同场地的事件之间的因果关系，描述了一种在分布式共享内存中的分布式死锁。

17.6 事务恢复

事务的原子性要求所有已提交事务的效果反映在事务所访问的对象中，而这些对象不呈现所有未提交或放弃事务的效果。这个特性可以从两方面加以描述：持久性和故障原子性。持久性要求对象被保存在持久性存储中并且一直可用。因此，如果客户提交请求得到确认，那么事务的所有影响就被记录到持久存储和服务器（的挥发性）对象中。故障原子性要求即使在服务器出现故障时，事务的更新作用也是原子的。事务恢复就是保证服务器上对象的持久性并保证服务提供故障原子性。

虽然文件服务器和数据库服务器将数据保持在持久性存储中，但其他类型的服务器上的可恢复对象不必如此保存，除非是为了恢复。本章假设在服务器运行时，它的所有对象都存放在挥发性存储中，而提交后的对象保存在一个或多个恢复文件（recovery file）中。这样，事务恢复过程实际上就是根据持久存储中最后提交的对象版本来恢复服务器中对象的值。由于数据库需要处理大量数据，它们通常将对象保存在磁盘的稳定存储中，而在挥发性内存中维护一个缓存。

持久性要求和故障原子性要求两者并非完全独立，它们可以利用统一的机制来解决，即利用恢复管理器（recovery manager）。恢复管理器的任务是：

- 对已提交事务，将它们的对象保存在持久存储（在一个恢复文件）中。
- 服务器崩溃后恢复服务器上的对象。
- 重新组织恢复文件以提高恢复的性能。
- 回收（恢复文件中的）存储空间。

在某些情况下，恢复管理器应能够应对介质故障。所谓介质故障是指，由于软件崩溃、持久存储老化或持久存储故障，造成恢复文件故障，以至于磁盘数据丢失。此时，我们需要恢复文件的另一个拷贝。当然，这也可以在稳定存储中实现，如利用位于不同场地的镜像磁盘或异地副本，使持久存储不太可能出现故障。

意图列表 每一个提供事务支持的服务器都需要记录被客户事务访问的对象。第 16 章提到，当客户创建一个事务时，与之联系的服务器首先提供一个新的事务标识符，并返回给客户。此后的每个客户操作，包括最后的提交（commit）和放弃（abort）操作，都要将这个事务标识符作为一个参数传递。在事务的进行过程中，所有的更新操作都是针对该事务私有的临时版本对象集进行。

在每个服务器上，意图列表（intention list）用来记录该服务器上的所有活动事务，每个事务的意图列表都记录了该事务修改的对象的值和引用列表。当事务提交时，它的意图列表用来确定所有受影响的对象，然后事务将用对象的临时版本替换成对象的提交版本，并将对象的新值写入服务器的恢复文件中。当事务放弃时，服务器利用意图列表来删除该事务形成的对象的所有临时版本。

前面介绍过，分布式事务在提交和放弃时必须执行一个原子提交协议。我们讨论的恢复基于两阶段提交协议：首先所有的参与者投票表决是否准备提交；如果都准备好提交，那么它们统一执行真正的提交动作。如果有参与者不同意提交，那么该事务必须放弃。

一旦某个参与者表示已准备好提交，那么它的恢复管理器必须将意图列表和列表中的对象都保存到恢复文件中，此后不管中途是否出现崩溃故障，它总能完成提交动作。

如果分布式事务中的所有参与者一致同意提交，那么协调者将向所有的参与者发送提交命令并通知客户。当客户得知事务已被提交时，参与者服务器的恢复文件必须保存足够的信息。这样即使服务器在准备好提交和提交之间出现崩溃故障，也能保证事务最终完成提交。

恢复文件中的条目 为了处理分布式事务所涉及的服务器的恢复问题，除了保存对象值外，还需在恢复文件中保存其他信息。这些信息和事务状态（statu）相关，即事务是处于"已提交"（commited）、"已放弃"（aborted）还是"准备好"（prepared）状态。另外，恢复文件中的每一个对象都通过意图列表和某个事务联系在一起。图 17-18 列出了恢复文件中的记录类型。

类　型	描　述
对象	某个对象的值
事务状态	事务标识符，事务的状态（准备好、已提交、已放弃）和其他用于两阶段提交协议的状态
意图列表	事务标识符和一系列意图记录，每个意图记录由<对象标识>、<对象值在恢复文件中的位置>组成

图 17-18　恢复文件中的记录类型

两阶段提交协议中的事务状态值将在 17.6.4 节讨论。下面将介绍恢复文件的两种常用方法：日志方法和影子版本方法。

17.6.1　日志

在日志技术中，恢复文件包含该服务器执行的所有事务的历史。该历史由对象值、事务状态和意图列表组成。日志中的次序反映了服务器上事务准备好、已提交或已放弃的顺序。实际上，恢复文件将包含服务器上所有对象的值的一个最近快照，随后存放该快照后的事务历史。

在服务器的正常操作过程中，当事务处于准备提交、提交或放弃状态时，恢复管理器就被调用。当服务器准备提交某个事务时，恢复管理器将所有意图列表中的对象追加到恢复文件中，后面是事务的当前状态（准备好）和意图列表。当该事务最终提交或放弃时，恢复管理器将事务相应的状态追加到恢复文件。

我们假定恢复文件的追加操作是原子的，即它总是写入完整的内容。如果服务器崩溃，那么只有最后一次写操作可能不完整。为了有效利用磁盘，可以将几次连续的写操作缓冲起来，然后通过一次操作写入恢复文件。日志技术的另一个优点就是顺序写盘操作要比随机写盘操作的速度快。

所有未提交的事务在崩溃后全部放弃。因此，当事务提交时，它的"提交"状态应强制（forced）写入日志文件，即连同其他缓冲的内容一并写入日志。

恢复管理器给每个对象附上唯一的标识符，这样在恢复文件中，对象的不同版本可以与服务器上的对象联系起来。例如，远程对象引用的持久形式（例如 CORBA 的持久引用）就可以作为对象标识符。

图 17-19 表示了图 16-7 的银行业务中事务 T 和 U 的日志机制。日志文件被重新组织后，双线左边的内容表示事务 T 和 U 开始前对象 A、B 和 C 的值。本图直接利用 A、B 和 C 作为对象标识符。双线右边的内容表示事务 T 已提交而事务 U 准备好但未提交的状态。在事务 T 准备提交时，对象 A 和 B 的值分别写到日志位置 P_1 和 P_2 处，紧接着"已准备好"状态和意图列表（$<A, P_1>$，$<B, P_2>$）也被写入日志。当 T 提交时，它的提交状态被写入位置 P_4 处。然后，在事务 U 准备提交时，对象 C 和 B 的值被分别写入位置 P_5 和 P_6 处，"已准备好"事务状态和意图列表（$<C, P_5>$，$<B, P_6>$）也被写入日志。

753

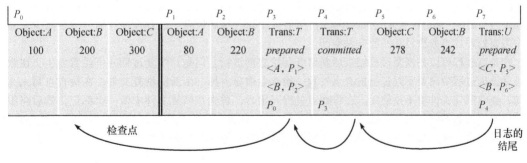

图 17-19　银行服务例子的日志

在恢复文件中，每个事务状态记录都包含一个指针，指向恢复文件中前一个事务状态记录的位置。这样，恢复管理器可根据这个指针逆向读取某个事务的所有事务状态值。事务状态记录序列的最后一个指针指向检查点。

对象的恢复 当服务器因崩溃而被替换后，它首先将对象置为默认的初始值，然后将控制转给恢复管理器。恢复管理器的任务是恢复所有对象的值，使这些值反映按正确次序执行的所有已提交事务的效果，而不包含任何未完成或放弃的事务的效果。

有关事务最新的信息在日志的尾部。根据恢复文件来恢复数据有两种方法。第一种方法是，恢复管理器将对象的值恢复到最近一次检查点时的值，接着读取每一个对象的值，将它们与意图列表相关联，同时对所有已提交事务更新对象值。这种方法按事务的执行次序来更新对象值，由于检查点离日志尾部可能很远，因此需要读取大量的日志记录。第二种方法是，恢复管理器通过逆向读取恢复文件来恢复服务器的对象值。恢复文件中有一个向后指针从一个事务状态指向下一个事务状态。恢复管理器用具有已提交状态的事务来恢复还没有被恢复的对象，直到它恢复了所有服务器上的对象为止。这种方式的优点是每个对象只需恢复一次。

为了恢复事务的效果，恢复管理器从恢复文件中读取相应的意图列表。列表包含了所有更新对象的标识符和更新后对象值的在恢复文件中的位置。

以图 17-19 为例，如果服务器崩溃后日志文件的内容如图所示时，它的恢复管理器将按如下步骤进行恢复处理。首先它读取日志文件的最后一个记录（在 P_7 处），从而得知事务 U 尚未提交，它的更新应全部撤销。接着，它读取前一个事务状态记录（在 P_4 处），得知事务 T 已提交。为了恢复事务 T 的更新，恢复管理器读取在 P_3 处的前一个事务状态记录，获取 T 的意图列表（$<A, P_1>$，$<B, P_2>$），从而读取 P_1 和 P_2 处的记录来恢复 A 和 B 的值。此时，还未恢复对象 C 的值，它移回到检查点 P_0 处，恢复 C 的值。

为了有助于后继的恢复文件重组，恢复管理器在以上过程中记录了所有准备提交的事务。对于每个准备好提交的事务，它在恢复文件中追加一个放弃事务状态记录。这样可以保证每个事务总是处于已提交或已放弃状态。

服务器在恢复过程中仍然可能发生故障，因此有必要保证恢复过程是幂等的，即可以重复进行多次而保证执行效果不变。由于我们假设所有的对象都存储在可变内存中，因此恢复过程自然是可重复的。但在数据库系统中，由于数据保存在持久存储中，可变内存中只有一个缓存，因此在服务器崩溃后被替换时，持久存储中的有些对象可能已经过期。这样，它的恢复管理器必须恢复这些持久存储中的对象。如果它在恢复过程中又崩溃，部分已恢复的对象可能还在那里，这使达到幂等效果的难度稍微大一些。

恢复文件的重组 恢复管理器为了使恢复过程执行得更快或为了节省存储空间，它有时需要重组恢复文件。如果恢复文件一直不重组，那么恢复过程必须逆向搜索整个恢复文件，直到找到所有对象的值为止。从概念上说，恢复过程需要的信息只需包含所有对象的提交后版本的拷贝，这是恢复文件最简洁的形式。检查点过程（checkpointing）是将当前所有已提交的对象的值写入一个新恢复文件的过程，同时还需写入的信息包括事务的状态记录和尚未完全提交的事务的意图列表（包括两阶段提交协议相关的信息）。术语检查点（checkpoint）指由该过程存储的信息。设置检查点的目的是减少恢复过程中需要处理的事务数目和回收文件空间。

检查点过程可以在恢复过程结束后新事务开始之前进行。但是，恢复过程并不经常发生。在服务器正常处理过程中需要不时进行检查点过程。检查点被写入另一个新的恢复文件，在检查点写入完毕之前，当前恢复文件将不再使用。在检查点过程开始时，首先在恢复文件中做一个标记，然后将服务器的对象写入新的恢复文件，接着进行拷贝：1）标记点前与未完成事务有关的内容；2）标记点后的所有内容到这个新的文件中。当检查点完成时，这个新文件可用于以后的操作。

恢复管理器通过丢弃旧的恢复文件来减少磁盘空间。当恢复管理器执行恢复过程时，可能遇到恢复文件中的检查点。一旦遇到检查点，它就立即根据检查点中的对象值来恢复对象。

17.6.2 影子版本

日志技术将事务状态信息、意图列表和对象记录在同一个文件（即日志）中。影子版本（shadow

version）是另一种恢复文件的组织方式。它利用一个映射来定位在版本存储文件中的某个对象版本。这个映射将对象标识符和对象当前版本在版本存储（version store）中的位置对应起来。每个事务写入的版本均是前面提交版本的影子版本。当使用影子版本方式的恢复处理时，事务状态和意图列表被分别对待。下面首先介绍对象的影子版本。

当事务准备提交时，该事务更新的所有对象被追加到版本存储中，并保留对象的相应的已提交版本不变。对象的这个新的临时版本被称为影子（shadow）版本。当事务提交时，系统从旧映射表复制一个新的映射表并在其中输入影子版本的位置。接着，用这个新映射表替换旧映射表即完成提交过程。

当服务器因崩溃而被替换时，要恢复对象，由恢复管理器读取映射，并使用映射中的信息来定位版本存储中的对象。

图 17-20 表示了事务 T 和 U 使用影子版本时的情况。表的第一列表示事务 T 和 U 运行之前的映射，这时账户 A、B 和 C 的余额分别是 \$100、\$200 和 \$300。表的第二列表示事务 T 提交后的映射。

版本存储包含一个检查点，接着是事务 T 更新的对象 A 和 B 的版本，分别位于 P_1 和 P_2 处。它也包含事务 U 更新的对象 B 和 C 的影子版本，分别在 P_3 和 P_4 处。

映射必须保存在一个已知的位置，例如版本存储的开始处或者一个独立的文件中，这样当系统需要进行恢复时总能找到它。

事务开始时的映射				事务提交后的映射		
$A \to P_0$				$A \to P_1$		
$B \to P_0'$				$B \to P_2$		
$C \to P_0''$				$C \to P_0''$		
	P_0	P_0'	P_0''	P_1	P_2	P_3	P_4
版本存储	100	200	300	80	220	278	242
	检查点						

图 17-20 影子版本

事务提交时从旧映射到新映射的切换必须用一个原子步骤完成。为了保证这一点，必须将映射放在持久存储中，这样即使写文件操作失败后仍然能保留有效的映射。在恢复过程中，由于影子版本方式在映射中记录了所有对象的最新提交版本，因此它比日志具有更好的性能。但在系统的正常操作过程中，日志操作应该更快，这是因为日志操作只需向同一个文件追加日志记录，而影子版本需要额外的相对稳定存储（涉及不相关磁盘块）的写操作。

影子版本对于处理分布式事务的服务器而言还是不够的。事务状态和意图列表被记录在事务状态文件（transaction status file）中。每个意图列表代表某个事务提交后会改变的部分映射。事务状态文件可能组织成日志。

下图给出了银行例子所使用的映射和事务状态文件，这时，事务 T 已经提交，而事务 U 正准备提交。

映射
$A \to P_1$
$B \to P_2$
$C \to P_0''$

事务状态文件（持久存储）

T	T	U
准备好	已提交	准备好
$A \to P_1$		$B \to P_3$
$B \to P_2$		$C \to P_4$

在提交状态写入事务状态文件和映射被更新之间的这段时间内，服务器有可能崩溃，此时，客户不会得到通知。在服务器崩溃后被替换的时候，恢复管理器必须允许出现这种可能性。遇到这种情况，可以检查映射是否包含了在事务状态文件中最后提交事务的效果。如果没有，那么这个事务就应该标记成已放弃。

17.6.3 为何恢复文件需要事务状态和意图列表

设计不包含事务状态信息和意图列表的简单恢复文件是可能的，这种恢复文件适用于单服务器上的事务。但对于参与分布事务处理的服务器来说，事务状态信息和意图列表是非常必要的。而且，对于非分布式事务的服务器，这种方法也是有益的，其原因有以下几点：

756

- 一些恢复管理器会较早地将对象写入恢复文件——假设事务会正常提交。
- 如果事务使用了很多大对象时，将这些对象连续地写入恢复文件会使服务器设计更加复杂。如果对象可以从意图列表引用的话，那么对象可以存在恢复文件的任何地方。
- 在时间戳并发控制方法中，有时候服务器能够知道事务将最终提交并告之客户，此时对象必须写入恢复文件（参见第 16 章）来保证持久性。但是，事务可能需要等待其他较早的事务提交。在这种情况下，恢复文件中相应的事务状态将是"等待提交"，然后是"提交"，以确保恢复文件中已提交事务的时间戳排序。在进行恢复时，任何一个等待提交的事务将允许提交，这是因为它等待的事务或者已经提交，或者由于服务器故障已被放弃。

17.6.4　两阶段提交协议的恢复

在分布式事务中，每个服务器维护自己的恢复文件。前面介绍的恢复管理必须加以扩展，以处理服务器故障时执行两阶段提交协议的事务。这时恢复管理器会用到两个新的事务状态："完成"（done）和"不确定"（uncertain）。图 17-6 表示了这两个状态的含义。协调者用"已提交"状态来标记投票的结果是 Yes，用"完成"状态表示两阶段提交协议已经完成。参与者用"不确定"状态表示它的投票是 Yes 但尚未收到事务的提交决议。另外还使用了两种记录类型，以便让协调者需要记录所有的参与者，每个参与者需要记录协调者。

记录类型	记录内容的描述
协调者	事务标识符，参与者列表
参与者	事务标识符，协调者

在协议的第一阶段，当协调者准备提交时（并且已经在恢复文件中追加了一个"准备好"状态记录），它的恢复管理器在恢复文件中追加一个"协调者"记录。每个参与者在它投 Yes 票之前，必须已经处于准备提交的状态，即在恢复文件中追加一个"准备好"状态记录。当它投 Yes 票时，它的恢复管理器在恢复文件中增加一个参与者记录，并写入"不确定"事务状态。当它投 No 票时，则在恢复文件中追加"已放弃"事务状态。

在协议的第二阶段，协调者的恢复管理器根据提交决议，在恢复文件中添加"已提交"或"已放弃"状态。这必须是一次强制写入，也就是必须立即写入恢复文件中。参与者的恢复管理器根据从协调者收到的消息，在恢复文件中分别追加"已提交"或"已放弃"状态。当协调者收到所有参与者的确认消息之后，它的恢复管理器向恢复文件中写入"完成"状态，这次写入不是强制要求的。状态"完成"本身不是提交协议的一部分，但是使用它有利于组织恢复文件。图 17-21 表示了用于事务 T 的日志文件的内容，其中服务器在事务 T 中扮演协调者角色，在事务 U 中扮演参与者角色。这两个事务的最初状态都是"准备好"。在事务 T 中，"准备好"状态记录之后跟着一个协调者记录和一个"已提交"状态记录（图中没有显示"完成"状态记录）。在事务 U 中，"准备好"状态记录之后跟着一个状态为"不确定"的参与者记录，接着是一个"已提交"或"已放弃"状态记录。

| 事务：T
准备好
意图列表 | 协调者：T
参与者
列表：… | … | 事务：T
已提交 | 事务：U
准备好
意图列表 | … | 参考者：
U协调者
… | 事务：U
不确定 | 事务：U
已提交 |

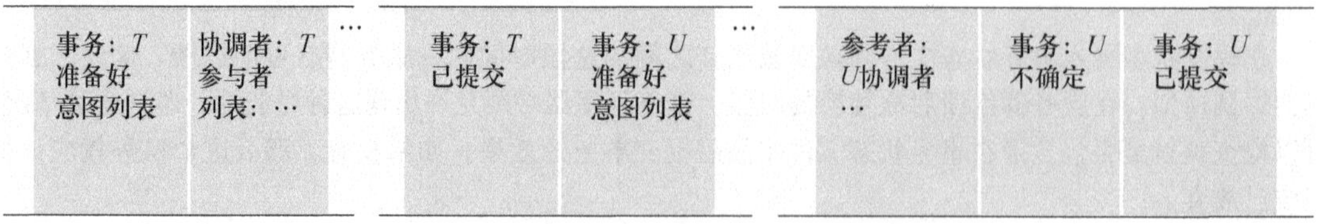

图 17-21　与两阶段提交协议相关的日志记录

当服务器因崩溃而被替代之后，恢复管理器除了需要恢复对象之外，还要处理两阶段提交协议。对任何一个服务器扮演协调者角色的事务而言，恢复管理器应当寻找协调者记录和事务状态信息。对任何一个服务器扮演参与者角色的事务，恢复管理器应当寻找参与者记录和事务状态信息。在这两种情况下，最新的事务状态信息（在日志的最后部分）反映了故障时的事务状态。此时，恢复管理器需要根据服务器是协调者或参与者以及故障时的状态采取动作，如图 17-22 所示。

角　色	状　态	恢复管理器的动作
协调者	准备好	由于在服务器发生故障时尚未做出任何决定，因此向参与者列表中的所有服务器发送abortTransaction命令，并在恢复文件中记录一个已放弃记录。在已放弃状态下的操作也是这样。如果目前还没有参与者列表，那么参与者将由于超时最终放弃事务
协调者	已提交	在服务器故障发生时已经做出决定要提交事务。因此向参与者列表中的所有参与者发送doCommit命令，继续执行两阶段提交协议的第4步
参与者	已提交	参与者向协调者发送haveCommitted消息。这允许协调者在下一个检查点处丢弃该事务的信息
参与者	不确定	参与者在获得决议之前发生故障，那么它在协调者通知它前不能确定事务的状态。因此参与者将向协调者发送getDecision请求来询问事务状态。当它获得回复后再提交或放弃事务
参与者	准备好	参与者尚未投票，它可以单方面放弃事务
协调者	完成	不需要任何操作

图 17-22　两阶段提交协议的恢复

恢复文件的重组　在执行检查点的过程中，需特别注意不能将未完成的协调者从恢复文件中删除，这些信息必须在所有参与者确认它们已完成事务之前一直保留。事务状态是"已完成"的记录可以被丢弃。状态是"不确定"的参与者也必须保留。

嵌套事务的恢复　在最简单的情况下，嵌套事务的每个子事务访问不同的对象集。在两阶段提交协议中，当每个参与者准备提交时，它将它的对象和意图列表写入本地的恢复文件，并且在这些记录上附上顶层事务的标识符。尽管嵌套事务使用两阶段提交协议的变种，但恢复管理器使用的事务状态值和平面事务是一样的。

但是，如果相同或不同嵌套层次上的子事务访问了相同的对象，那么事务放弃和恢复过程将变得复杂一些。16.4 节描述的加锁方案支持父事务继承子事务的锁以及子事务从父事务处获取锁。这种加锁方案要求父事务和子事务在不同的时刻访问公共数据对象，并确保并发子事务对同一对象的访问必须是串行化的。

根据嵌套事务规则访问的对象由各子事务提供临时版本来保证其可恢复性。嵌套事务的子事务所使用的对象的不同临时版本之间的关系和锁之间的关系类似。为了支持事务放弃时的恢复，多个层次事务共享的对象的服务器按栈方式组织临时版本——每个嵌套事务使用一个栈。

每当嵌套事务中的第一个子事务访问对象时，该事务获得对象当前提交版本的一个临时版本，并且这个临时版本被放置在栈顶。但是除非有其他的子事务访问同一个对象，否则这个栈实际上不需要真正产生。

当某个子事务访问同一个对象时，它将复制栈顶的版本并且把它重新入栈。所有的子事务更新都作用于栈顶的临时版本。当子事务临时提交后，它的父事务将继承这个新版本。为了实现这一点，子事务的版本和父事务的版本都从栈中丢弃，而将子事务的新版本重新放入栈中（实际上替换了父事务的版本）。当子事务放弃后，它在栈顶的版本被丢弃。最终，当顶层事务提交时，栈顶版本（如果有的话）将成为新的提交版本。

759
～
760

例如，在图 17-23 中，假设事务 T_1、T_{11}、T_{12} 和 T_2 以 T_1，T_{11}，T_{12}，T_2 的次序访问同一个对象 A。设它们的临时版本分别是 A_1、A_{11}、A_{12} 和 A_2。当 T_1 开始执行时，基于 A 的提交版本的 A_1 被推入栈。当 T_{11} 开始执行时，它基于 A_1 上的 A_{11} 版本，并将 A_{11} 推入栈；当它完成时，它替换栈中父事务的版本。事务 T_{12} 和 T_2 按类似的方式执行，最终 T_2 的结果被留在栈顶。

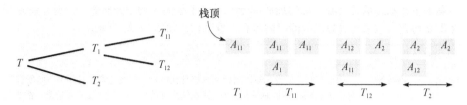

图 17-23 嵌套事务

17.7 小结

在大多数情况下，一个客户发起的事务会操作多个不同服务器上的对象。一个分布式事务是指涉及多个不同服务器的事务。在分布式事务中，可以使用嵌套事务结构，以便支持更高的并发度，并允许服务器独立提交。

事务的原子性要求参与分布式事务的所有服务器或者全部提交或者全部放弃。原子提交协议用于保证这一点，即使在执行过程中出现服务器崩溃的情况也可以保证原子性。两阶段提交协议允许任何一个服务器单方面放弃事务，它包含了一些超时操作来处理由于服务器崩溃造成的延时。两阶段提交协议不能保证在有限的时间内完成，但是它能确保最终完成。

分布式事务中的并发控制是模块化的——每个服务器负责访问它自己对象的事务的串行化。但是在保证事务全局串行化时需要额外的协议。使用时间戳排序的分布式事务需要一种时间戳排序生成方法，以便在多个服务器之间保持统一的时间戳排序。使用乐观并发控制的事务则需要一种全局验证或一种强制正在提交事务进行全局排序的手段。

利用两阶段加锁方式的分布式事务会导致分布式死锁。分布式死锁检测的目的是在全局等待图中寻找环路。一旦发现某个环路，必须放弃一个或者多个事务来解除死锁。边追逐方法是一种非集中式分布式死锁检测方法。

基于事务的应用通常在长生命周期和存储信息的完整性方面有很强的需求，但很多情况下它们对响应时间的要求不高。原子提交协议是分布式事务的关键，但它们不能保证在特定的时间限制内完成。事务的持久性是通过执行检查点和在恢复文件中记录日志完成的，当服务器崩溃后被新的进程取代后，检查点和恢复文件可用来进行恢复处理。在进行恢复处理的过程中，事务服务的用户会感受到一些延迟。尽管运行分布式事务的服务器可能出现崩溃，并且处于异步系统中，但由于替换崩溃的服务器的进程可以从持久存储或其他服务器中获取必要的信息，因此，这些服务器仍然能够就事务的结果达成共识。

练习

17.1 两阶段提交协议的一个非集中方式的变种是让各个参与者直接通信，而不是利用协调者进行间接通信。在第一阶段，协调者将它的投票发送给所有的参与者。在第二阶段，如果协调者投的是 No 票，那么参与者只是放弃事务；如果投的是 Yes 票，那么每个参与者将它的投票发送给协调者和其他参与者，它们各自根据收到的投票来决定是否提交并进行执行。请计算这种协议需要进行几轮消息发送以及消息总数，并将它和集中式的两阶段提交协议进行比较，列出其优缺点。　　　　　（第 732 页）

17.2 三阶段提交协议由以下步骤组成：

第 1 阶段：和两阶段提交协议相同。

第 2 阶段：协调者收集所有投票并做出决定。如果决定是 No，那么它放弃事务并通知所有投 Yes 票的参与者；如果决定是 Yes，它向所有的参与者发送 preCommit 请求。每个投 Yes 票的参与者都等待 preCommit 或 doAbort 请求。接收到 preCommit 请求后它们会加以确认，收到 doAbort 请求后将放弃事务。

第 3 阶段：协调者收集确认消息。一旦收集到所有的确认，它就提交事务并且向参与者发送 doCommit 请求。每个参与者等待 doCommit 请求，该请求到来后就提交事务。

假设通信没有故障，请阐述上面的协议是如何避免参与者在不确定状态下的延时（由于协调者或参与者出现故障）？ （第 735 页）

17.3 试解释两阶段提交协议如何保证嵌套事务的顶层事务一旦成功提交，那么所有正确的后代事务都能提交或放弃。 （第 736 页）

17.4 请给出两个分布式事务的交错执行在每个服务器上都是串行的，但是在全局上不是串行的例子。 `762` （第 740 页）

17.5 图 17-4 中定义的 getDecision 函数仅由协调者提供。请定义一个新的 getDecision 函数，该函数在协调者不可用时，由参与者提供并且被其他需要获得决议的参与者使用。

假设每个参与者都可以对其他参与者调用 getDecision 函数，那么这样是否能够解决不确定状态引起的延时问题？请解释你的答案。为了支持上面的通信，协调者在两阶段提交协议的什么时刻将所有参与者的标识符通知给每个参与者？ （第 732 页）

17.6 扩展两阶段加锁的定义来支持分布式事务，解释为什么本地使用严格的两阶段加锁就能够保证分布式事务的串行化？ （第 740 页，第 16 章）

17.7 假设系统使用严格的两阶段加锁方法，试描述两阶段提交协议和每个服务器的并发控制之间的关系。分布式死锁检测如何实现？ （第 732 页，第 740 页）

17.8 一个服务器用时间戳排序进行本地并发控制。在参与分布式事务处理时需要做哪些变化？在什么条件下，两阶段提交协议可以不必用时间戳排序。 （第 732 页，第 741 页）

17.9 请考虑分布式乐观并发控制，其中每个服务器在本地顺序（即一次仅有一个事务在验证和更新阶段）使用向后验证，请考虑练习 17.4 答案所涉及的情况。试描述两个并发事务试图同时提交时的所有可能情况。服务器采用并行验证时处理有何不同？ （第 16 章，第 742 页）

17.10 一个集中式全局死锁检测器收集并合并所有的局部等待图。请给出一个例子，解释在死锁检测过程中，当一个死锁环路中的等待事务放弃后，怎样检测到假死锁。 （第 745 页）

17.11 考虑无优先级的边追逐算法，请用例子说明它可能检测出假死锁。 （第 746 页）

17.12 一个服务器管理对象 a_1, a_2, …, a_n，它向客户提供下面两个操作：

1）$Read(i)$ 返回对象 a_i 的值。

2）$Write(i, Value)$ 将值 $Value$ 赋给对象 a_i。

事务 T、U 和 V 的定义如下：

T：$x = Read(i)$；$Write(j, 44)$；

U：$Write(i, 55)$；$Write(j, 66)$；

V：$Write(k, 77)$；$Write(k, 88)$；

试描述在使用严格两阶段加锁，并且 U 在 T 之前访问 a_i 和 a_j 的情况下，这 3 个事务写日志文件的情况。请描述服务器在崩溃后被替换时，恢复管理器如何利用日志文件中的内容来恢复 T、U 和 V 的执行效果。阐述日志文件中提交记录次序的重要性。 （第 753 ~ 754 页）

17.13 向日志文件追加记录是原子操作，但是追加来自不同事务的记录操作可能是相互交错的。请阐述这种交错对练习 17.12 的答案影响。 （第 753 ~ 754 页）`763`

17.14 练习 17.12 中的事务 T、U 和 V 使用严格两阶段加锁，进行的交错操作如下：

T	U	V
$x = Read(i)$;		$Write(k, 77)$;
	$Write(i, 55)$	
$Write(j, 44)$		
		$Write(k, 88)$
	$Write(j, 66)$	

假设恢复管理器在每次写操作后就立即将记录写到日志文件中（而不是等到事务结束后再写入），试描述日志文件中有关 T、U 和 V 的日志记录的信息。这种立即写日志的方法是否会影响恢复过程

的正确性? 这种方法的优缺点如何? (第 753 ~ 754 页)

17.15 事务 T 和 U 的并发控制利用时间戳方法, 事务 U 的时间戳晚于事务 T, 因此必须等待 T 提交。试描述写入日志文件中的有关事务 T 和 U 的信息。解释为什么日志文件中的提交记录必须按时间戳顺序排列? 考虑下面两种情况下服务器如何恢复: (1) 在两个事务提交之间服务器崩溃; (2) 服务器在两个事务提交后崩溃。

T	V
$x = Read\ (i)$;	
	$Write\ (i,\ 55)$;
	$Write\ (j,\ 66)$;
$Write\ (j,\ 44)$;	
	$Commit$
$Commit$	

请解释在使用时间戳方法时提前写日志的优缺点。 (第 757 页)

17.16 练习 17.15 中的事务 T 和 U 采用乐观并发控制, 并使用向后验证, 验证失败时重新运行事务。请描述写入日志文件中的这两个事务的信息, 解释为什么日志文件中的提交记录必须按事务号排列? 在日志文件中的已提交事务的写集合是怎样的? (第 753 ~ 754 页)

17.17 假设事务的协调者在意图列表记录到日志文件之后, 但是尚未记录参与者列表或尚未发送 canCommit 请求之前崩溃。请描述参与者如何解决这种情况, 协调者如何进行恢复? 试问在记录意图列表之前先记录参与者列表是否更好? (第 758 页)

复　制

在分布式系统中，复制是提供高可用性和容错的关键技术。随着受移动计算的发展和与此相关的断链操作频繁发生，高可用性日益引起人们广泛的兴趣。容错在安全是关键要素的系统和其他重要系统中通常作为一项必备的服务被提供。

本章的第一部分将讨论这样一个系统，系统每次将一个操作作用于复制对象的集合。本章的开始描述了一个采用复制的服务的体系结构组件和系统模型。我们还描述了对容错服务至关重要的组成员关系管理，它是组通信的一部分。

本章接着描述实现容错的各种方法。首先将介绍线性化和顺序一致性的正确性标准。接下来会介绍并讨论如下两种方法：被动（主备份）复制（这时，客户与单个副本进行通信），主动复制（这时，客户通过组播与所有副本进行通信）。

本章对三个提供高可用性服务的系统进行了实例研究。在闲聊（gossip）和 Bayou 体系结构中，共享数据各个副本之间的更新操作是延时传播的。在 Bayou 中，为了实施一致性，使用了操作变换技术。Coda 是高可用文件系统的一个例子。

本章的结尾部分涉及复制对象上的事务（操作的序列），详细阐述了复制事务系统的体系结构以及这些系统是如何处理服务器故障和网络分区的。

18.1　简介

本章研究数据的复制，即如何在多个计算机中进行数据副本的维护。由于复制能够增强性能，提供高可用性和容错能力，因此它是保证分布式系统有效性的一个关键技术。复制技术的使用非常广泛。例如，Web 服务器的资源在浏览器上的缓存和在 Web 代理服务器上的缓存都属于复制的一种形式，因为缓存中的数据和服务器中的数据彼此互为副本。第 13 章介绍的 DNS 名字服务维护关于计算机的名字－属性映射的副本，它是依赖于在互联网上每天对服务进行访问实现的。

复制是一种增强服务的技术。进行复制的动机包括改善服务性能，提高可用性，或者增强容错能力。

增强性能：迄今为止，客户和服务器的数据缓存是增强性能的常用手段。例如，第 2 章曾经提到，浏览器和代理服务器都对 Web 资源进行缓存以避免因为从原始服务器上读取数据而造成延迟。进而，数据有时还在同一个域中的多个原始服务器之间透明地复制。通过将所有服务器 IP 地址绑定到站点的 DNS 名字（如 www.aWebSite.org），负载便可以在服务器之间得以分担。当解析 www.aWebSite.org 域名时，将以循环方式返回几个服务器 IP 地址中的一个（参见 13.2.3 节）。更复杂的服务基于在上千机器之间的数据复制，要求更复杂的负载平衡策略。例如，Dilley 等［2002］描述了在 Akamai 内容分布网络中采用的 DNS 名字解析方法。

不可变数据的复制是很简单的：它仅需花费极小的代价即可提高性能。变化数据（如 Web 数据）的复制需要额外的开销，例如设计有关协议来确保客户接收最新数据（参见 2.3.1 节）。因此，作为性能增强的一项技术，复制在有效性方面有一些限制。

提高可用性：用户要求服务是高度可用的，也就是说，在合理的响应时间内获得服务的次数所占的比例应该接近 100%。除了由于悲观并发控制冲突（数据加锁）等原因造成的延迟外，与高可用性有关的因素有：

- 服务器故障；
- 网络分区和断链操作：通信断链通常是不可预计的，也可能是用户移动性带来的副作用。

对前一个问题，复制是一项在服务器故障的情况下能够自动维护数据的可用性的技术。如果数据被复制到两个或者多个不受对方故障干扰的服务器上，那么，客户软件就可能在默认服务器错误或者不可访问的情况下，通过其他备用服务器获取数据。这就是说，通过复制服务器数据，服务可用时间的比率就能够增加。如果 n 个服务器中的每一个都有独立的发生故障概率或者不可访问概率 p，那么在每个服务器上保存的对象的可用性概率就是：

$$1 - 概率（所有管理器故障或不可用）= 1 - p^n$$

例如，有两个服务器，在给定的时间段内任何一个服务器出故障的概率是 5%，那么其可用性概率就是 $1 - 0.05^2 = 1 - 0.0025 = 99.75\%$。缓冲系统和服务器复制的一个重要区别就是缓冲不必要保存全部对象（如文件）集合。因而缓冲在应用层次上未必能够增强可用性，因为用户需要的文件可能没有被缓存。

网络分区（参见 15.1 节）和断链操作是影响高可用性的第二个因素。移动用户在移动过程中，可能有意或无意地将计算机从无线网络中断开。例如，一个乘坐火车的用户，他的笔记本电脑可能无法上网（无线网络可能会中断，或者可能没有无线上网功能）。为了在这种环境下工作（这被称为断链工作或者断链操作），用户经常将使用率高的数据（如共享日记的目录）从他们平时的应用环境中复制到笔记本电脑内。但是在断链期间，总是存在一个关于可用性的权衡：当用户查阅或更新日记时，他们读到的数据可能已经被其他人修改。例如，他们可能把面谈安排在某个时间段，但这个时间段其实已经被占用了。断链工作仅在用户（或代表用户的应用程序）能够解决这种过期数据、以后能够解决由此导致的所有冲突时才可行。

容错：高可用性数据未必是绝对正确的数据。例如，它们可能已经过时，或者两个在网络分区不同地方的用户进行了有冲突的更新操作，这里的冲突是需要解决的。相反地，一个容错服务在一定数量和类型的故障范围内，总能保证严格正确的行为。这里的正确性关注的是提供给客户的数据是否最新以及客户对数据的操作的结果。正确性有时也考虑服务响应的及时性，例如在航空控制系统中，必须在短时间内获得正确数据。

在计算机之间复制数据和功能这一用于高可用性的基本技术同样可用来实现容错。如果 $f+1$ 个服务器中有至多 f 个服务器崩溃，那么从理论上讲至少还有一个服务器能够提供服务。如果至多 f 个服务器会发生拜占庭故障，那么理论上 $2f+1$ 个服务器能够通过正确的服务器以多数票击败故障服务器（其可能提供混乱值），从而提供正确的服务。但是容错要比这里给出的简单描述更难以捉摸。系统必须面对在任何时间都可能发生的故障，精确地管理其组件之间的协调，以保证正确性。

复制透明性是数据复制的常见需求。也就是说，客户通常并不需要知道存在多个物理副本。客户关心的是，数据被组织成独立的逻辑对象，当需要执行一个操作时，他们仅对其中的一项进行操作。进而，客户期望操作仅仅返回一个值的集合，而不管事实上的操作可能是针对一个以上的物理拷贝一起进行的。

数据复制的另一个常见需求是一致性，不同应用之间的一致性在强度上会有所不同。它主要关注针对一个复制对象集合的操作是否产生满足这些对象正确性要求的结果。

我们看到在日记的例子中，在断链操作期间，数据可以被允许变得（至少是暂时的）不一致。但是当客户保持连接时，如果不同的客户（使用数据的不同物理副本）对同一逻辑对象发出请求，但获取了不一致的数据，这通常是不可接受的。换言之，对应用正确性标准的破坏是不可接受的。

以下我们查看在利用复制数据实现高可用和容错服务时的更详细的设计问题。我们还要研究一些处理这些问题的标准的解决方案和技术。首先，18.2 节 ~ 18.4 节将描述基于共享数据的客户调用。18.2 节给出一个管理复制数据的通用体系结构并介绍作为重要工具的组通信。组通信对于实现容错极为有用，它是 18.3 节的主题。18.4 节阐述各种高可用技术，包括断链操作。18.4 节还包括了对闲聊体系结构、Bayou 和 Coda 文件系统的实例研究。18.5 节将介绍如何在复制数据上支持事务。正如第 16 章和第 17 章所解释的，事务是由一系列操作、而不是单个的操作组成的。

18.2 系统模型和组通信的作用

我们系统中的数据是由对象集合组成的。一个"对象"可以是一个文件、或者是一个 Java 对象。每一个这样的逻辑对象是由若干称为副本（replica）的物理拷贝组成的集合实现的。副本是物理对象，每一个副本存储在某台计算机上，这些副本上的数据和行为在系统操作下遵循某种程度的一致性。给定对象的副本未必完全相同，至少不必在任何的时间点上都要求一样。一些副本可能已经接收了更新的数据，而另一些副本还没有收到更新的数据。

本节先给出一个用来管理副本的通用系统模型，然后描述了组通信系统的作用以通过复制实现容错，并突出了视图同步的组通信的重要性。

18.2.1　系统模型

我们假定一个异步系统中的进程发生故障的唯一原因是崩溃。我们的默认假设是不会发生网络分区，但是我们有时也考虑出现网络分区时会发生的情况。我们使用故障检测器来实现可靠、全序的组播，而网络分区使得建立故障检测器变得更困难。

从一般性方面考虑，体系结构组件是通过其作用来描述的，但不意味着每项功能必须用不同的进程（或者硬件）来实现。模型中的副本由不同的副本管理器（Replica Manager, RM）来管理（见图 18-1）。副本管理器是包含了特定计算机上的副本，并且直接操作这些副本的组件。该模型可以在客户–服务器的环境中应用，此时，一个副本管理器就是一个服务器。我们有时简单地称副本管理器为服务器。同样的，该模型也可以应用到一个应用程序，在这种情况下，应用进程既是客户又是副本管理器。例如，乘火车用户的笔记本电脑可以包含一个应用，它的作用相当于用户日记的副本管理器。

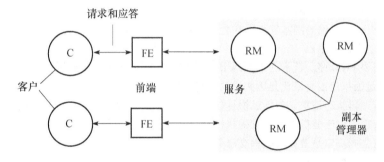

图 18-1　用于复制数据管理的基本的体系结构模型

我们应该始终要求一个副本管理器对于它的副本的操作是可恢复的。这样，我们可以假定，如果副本管理器的一个操作中途失败了，这个操作也不会留下不一致的结果。我们有时要求每个副本管理器是一个状态机 [Lamport 1978, Schneider 1990]。这样的一个副本管理器对其副本实行原子性操作（不可分操作），其执行等价于以某种严格顺序执行操作。此外，副本的状态是其初始状态的一个确定性函数，由在副本上的操作次序决定。其他外部因素，如时钟的读数或传感器的读数，不会对其状态值产生影响。如果没有这个假定，在独立接收更新操作的副本管理器之间建立一致性是不可能做到的。系统只能决定在所有副本管理器上应用什么样的操作和它们的次序——它不会再次产生非确定的影响。这个假设意味着服务器不可能是多线程的。

在不特别说明的情况下，每个副本管理器为每一个对象都维护一个副本。但在一般情况下，不同对象的副本由不同的副本管理器来维护。例如，一个网络上的客户可能经常需要某个对象，而另一个网络上的客户却需要另一个对象。复制这些对象到其他网络的管理器上就没什么好处。

副本管理器的集合可以是静态的，也可以是动态的。在动态系统中，新的副本管理器可能不断出现（例如，另一个秘书复制了一份日记到他的笔记本电脑）；而在静态系统中这是不允许的。在动态系统中，副本管理器可能崩溃，接着它们被认为离开了这个系统（尽管它们可被替换）。在静态系统中，副本管理器不崩溃（崩溃意味着将永远不会执行下一步），但它们可能停止操作任意长一段时间。我们将在 18.4.2 节讨论故障问题。

图 18-1 给出了副本管理的一般模型。副本管理器集合给客户提供了某种服务。客户得到一个允许它们访问对象（例如，日记或银行账户）的服务，而这个对象其实在管理器上被复制。客户每次请求一系列的操作——调用一个或多个对象。一个操作可能组合了读对象和更新对象。不包含更新操作的

请求称作只读请求，包含更新操作的请求称作更新请求（更新请求也可能包含读操作）。

每个客户的请求先由一个被称为前端（Front End，FE）的组件处理。前端的作用是通过消息传递与多个副本管理器进行通信，而不是直接让客户进行通信。这是保证复制透明性的一种手段。前端可以在客户进程的地址空间内实现，也可以实现成一个独立的进程。

副本对象上的一个操作通常涉及五个阶段 ［Wiesmann et al. 2000］。对于不同类型的系统，每一阶段的动作都不一样，下面的两节会做进一步的说明。例如，一个支持断链操作的服务其行为与支持容错的服务的行为是不同的。这些阶段如下所述：

请求：前端将请求分给一个或多个副本管理器。一种可能是前端和某个副本管理器通信，这个管理器再和其他副本管理器通信；另一种可能就是前端将请求组播到各个副本管理器。

协调：副本管理器首先进行协调以保证执行的一致性。如果需要的话，在这个阶段，它们将就是否执行请求而达成一致（如果这一阶段出现故障，请求将不会被执行）。副本管理器同时决定该请求相对于其他请求的次序。15.4.3 节中为组播定义的所有排序类型同样适用于请求处理，这里我们再次简述一下这些排序类型：

- FIFO 序：如果前端发送请求 r，然后发送请求 r'，那么任何正确的处理了 r' 的副本管理器，在处理 r' 之前处理 r。
- 因果序：如果请求 r 在请求 r' 发送之前发生（happen-before），那么，任何正确的处理了 r' 的副本管理器，在处理 r' 之前处理 r。
- 全序：如果一个正确的副本管理器在处理请求 r' 之前处理请求 r，那么任何正确的副本管理器在处理 r' 之前先处理 r。

大多数应用需要 FIFO 序。我们在下面两节中讨论对因果序、全序、混合序的需求，混合序是指既满足 FIFO 序又满足因果序或是既满足因果序又满足全序。

执行：副本管理器执行请求，包括试探性执行，也就是说，这种请求执行的效果是可以去除的。

协定：副本管理器对于要提交的请求的执行结果达成一致。例如，在这个阶段，在一个事务系统中，副本管理器可共同决定是放弃还是提交事务。

响应：一个或多个副本管理器给前端应答。在某些系统中，只有一个副本管理器响应前端。在另外一些系统中，前端接收一组副本管理器的应答，然后它选择或综合成一个单独的应答返回给客户。例如，如果目标是高可用性，那么它将第一个到达的应答返回给用户。如果目标是容忍拜占庭故障，那么它需将大多数副本管理器提供的应答传送给客户。

不同的系统可以选择对各个阶段进行不同的排序，也可以选择它们的内容。例如，在支持断链操作的系统中，尽早将应答反馈给客户（例如用户笔记本电脑的应用）是非常重要的。用户并不希望一直等到笔记本电脑的副本管理器和办公室里的副本管理器能够协调。相比之下，在一个容错系统中，在结果的正确性得到保证以前将不会把应答给客户。

18.2.2　组通信的作用

第 6 章介绍了组通信的概念，15.4 节通过覆盖了组通信系统中消息传递的可靠性和排序的算法扩展了关于组通信的讨论。在本章中，我们将查看在管理复制数据中的组的角色。15.4 节将组成员定义成静态的，尽管组成员可能崩溃。然而，在复制中，在许多其他实际环境中，确实需要动态的成员关系：在系统执行过程中，进程可以加入和离开组。例如，在管理复制数据的服务中，用户可以增加或删除一个副本管理器，一个副本管理器也可能由于崩溃而需要从系统的操作中删除。因此，6.2.2 节引入的组成员关系管理，在这里特别重要。

如果系统自身能适应进程加入、离开和崩溃的情况，那么它（特别是容错系统）通常会要求有更高级的特性，例如故障检测和组成员关系变更通知等。一个完整的组成员关系服务维护组视图（group view），即由唯一进程标识符标识的当前组成员的列表。该列表是有序的，例如，可按照成员加入组的顺序来排序。每次当一个进程加入组或从组中删除时，一个新的组视图就产生了。

非常重要的一点是，组成员关系服务可能因为某个进程处于"怀疑"状态而将该进程删除，尽管这个进程可能还未崩溃。通信故障可以使进程变得不可达，尽管它仍在正常执行。组成员关系服务总是自由删除这样的进程。删除的结果是，此后消息将不再发送给这个进程。而且，面对一个封闭组，如果这个进程再次被连接，那么它试图发送的消息都不会发给组成员，这个进程必须重新加入这个组（作为自己的一个"新生"，将获取新的标识符），或放弃它的操作。 771

如果错误地怀疑进程并进而将其从组中删除，那么将降低组的有效性。组不得不负责退出的进程可能已经提供的可靠性和性能。除了要将故障检测器设计得尽可能准确，设计挑战还在于，要保证当一个进程被错误地怀疑时，组通信也不会异常工作。

组管理服务如何对待网络分区是需要重点考虑的。诸如网络中的路由器等组件的断链或故障都会使一个进程组分割成两个或更多子组，这些子组之间不能通信。组管理服务的不同在于它们是主分区（primary-partition）还是可分区的（partitionable）。在第一种情况下，组管理服务最多允许网络分区中有一个子组（一个较大的子组）在网络分区中存活，其他进程被告知挂起。这种安排非常适合于进程管理重要的数据以及各子组之间的不一致的代价大于断链操作优点的情景。

另一方面，在某些情况下，两个或更多的子组继续操作是可接受的，一个可分区的组成员关系服务允许这样。例如，在一个应用中，用户召开音频或视频会议来讨论某些问题，当发生分区时两个或更多的子组成员之间进行独立讨论是允许的。当分区修复，各子组又连接上时，他们可以再综合他们的讨论结果。

视图传递 考虑某个程序员的任务是写一个应用，这个应用在一组进程中的每一个进程上运行，它必须处理新的和丢失的组成员。程序员需要知道当组成员变更时，系统用某种一致性的方法来对待每一个组成员。每当组成员变化时，如果程序员不能在本地就如何响应变更做出决定，而不得不查询所有其他的组成员的状态才能做出决定，那么这种方法是非常笨拙的。程序员工作的难易取决于系统能够确保何时将视图传递给组成员。

对于每个组 g，组管理服务将一系列的视图 $v_0(g)$，$v_1(g)$，$v_2(g)$，…传递给组的每个进程 $p \in g$。例如，一个视图的序列可以是 $v_0(g) = (p)$，$v_1(g) = (p, p')$ 和 $v_2(g) = (p)$，即首先 p 加入一个空组，然后 p' 加入组，然后 p' 离开。虽然几个组成员关系的改变可能同时发生，例如，某个进程进入组时另一个进程离开组，但是，系统要对每个进程给视图的序列加上一个顺序。

如果当组成员关系发生变更时，一个成员将新的成员关系告知给应用（和进程传递组播消息类似），那么我们称这个成员传递了视图。与组播传递一样，传递视图和接收视图是截然不同的。组成员关系协议将提出的视图放到一个保留队列上，直到所有现有的组成员同意进行传递为止。

如果在一个事件发生时，进程 p 已经传递了视图 $v(p)$ 但是还没有传递下一个视图 $v'(g)$，那么，我们称这个事件发生在进程 p 的视图 $v(p)$ 中。

视图传递有如下一些基本需求：

顺序：如果一个进程 p 传递了视图 $v(g)$，然后传视图 $v'(g)$，那么不存在这样的进程 $q \neq p$，它在 $v(g)$ 之前传递 $v'(g)$。 772

完整性：如果进程 p 传递了视图 $v(g)$，那么 $p \in v(g)$。

非平凡性：如果进程 q 加入一个组中，并且对于 q 来说变为从进程 $p \neq q$ 无限期地可达的话，那么最终 q 总是在 p 传递的视图中。同样的，如果组被分割并形成分区并且分区仍然存在，那么最终任何一个分区所传递的视图将不包含其他分区中的进程。

通过保证在不同的进程中视图变化总是以同样的次序发生，上面的第一个需求是向程序员提供一致性保证。第二个需求是一个"常规检查"。第三个需求是为了防止平凡的解决方案。例如，一个组成员关系服务不管进程的连接性如何，告诉每一个进程它自己独自地在这个组中并不令人感兴趣。非平凡性条件表明，如果两个已经加入了同一个组的进程能进行无限期的通信，那么它们将被认为是该组的成员。类似的，当发生分区时，组成员关系服务应该最终反映分区。条件并没有说明在有问题的间歇性连接时应如何处理组成员关系服务。

视图同步的组通信 在组播消息传递方面，视图同步的组通信系统除了以上视图传递的要求外，还做出额外的保证。视图同步的组播通信扩展了第15章讨论的可靠组播语义，考虑到了组视图的动态变化。为了简化讨论，我们只考虑不发生分区的情况。视图同步的组通信提供的保证如下：

协定：正确的进程传递相同序列的视图（从加入组的视图开始），并且在任何给定的视图中传递同样的消息集合。换句话说，如果一个正确的进程在视图 $v(g)$ 中传递了消息 m，那么所有其他传递 m 的正确的进程都在视图 $v(g)$ 中传递 m。

完整性：如果一个正确的进程 p 传递消息 m，那么它不会再传递 m，而且，$p \in group(m)$，并且发送 m 的进程处于 p 传递 m 的视图中。

有效性（封闭组）：正确进程总是传递它们发送的消息。如果系统在向进程 q 传递消息时发生了故障，那么它将传递一个删除了 q 的视图给余下的进程。也就是说，设 p 是一个正确的进程，它在视图 $v(g)$ 中传递消息 m。如果某个进程 $q \in v(g)$ 没有在视图 $v(g)$ 中传递 m，那么在 p 传递的下一个视图 $v'(g)$ 中将有 $q \in v'(g)$。

考虑一个具有三个进程 p、q、r 的组（如图 18-2 所示）。假设 p 在视图 (p, q, r) 中发送一个消息 m，p 发送完消息 m 后就崩溃了，而 q 和 r 仍然正确运行。一种可能性是当 m 到达任何其他的进程之前 p 就崩溃了。在这种情况下，q 和 r 每个传递新的视图 (q, r)，但都不会传递消息 m（如图 18-2a 所示）。另一种可能性是当 p 崩溃时，消息 m 至少到达了余下的两个未崩溃进程中的一个。此时 q 和 r 都先传递消息 m，然后传递视图 (q, r)（参见图 18-2b）。让 q 和 r 先传递视图 (q, r) 然后传递 m 是不允许的（参见图 18-2c），因为那样的话它们将传递来自已经出现故障的进程的消息。同样，两个进程也不能以相反的次序传递消息和新视图（见图 18-2d）。

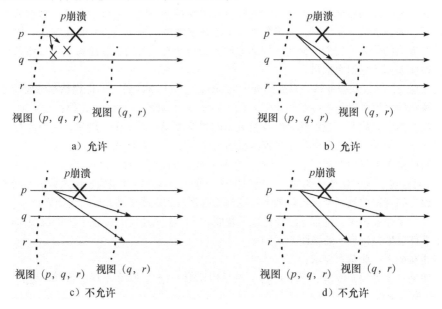

图 18-2　组通信中的视图同步

在一个视图同步系统中，新视图的传递在概念上绘制出一条横穿系统的线，每一个被传递的消息都在线的一端或另一端被一致地传递。这样，当程序员传递一个新的视图时，他只需根据局部的消息传递和视图传递事件的次序，就能推断出其他正确进程已经传递的消息的集合。

用视图同步通信来进行状态转换，即工作状态从一个进程组的当前成员转到组的一个新成员，这可以说明视图同步通信的用处。例如，如果进程是保存日记状态的副本管理器，然后副本管理器在加入组时，需要获得日记的当前状态。然而当日记状态被捕获的同时，日记同时被更新了。副本管理器不应遗漏任何在它获得的状态中没有反映出来的更新消息，也不应重新使用已经反映在状态中的更新信息（除非这些更新是幂等的）。

为了获得这种状态转换，我们可以在如下的一个简单的方案中应用视图同步通信。当第一个包含新进程的视图被传递时，现有成员中的一个不同的进程（比如最早的一个）截获了它的状态，将其以一对一方式发送给新的成员并且挂起它自身的执行。所有其他的已有进程也都暂停它们的执行。注意，根据视图同步通信的定义，反映到这个状态中的更新集合要非常明确地应用到其他所有的成员。当新进程收到状态后会集成它，然后组播一个"开始"消息给组，这时所有的进程再次执行。 774

讨论 我们已经给出的视图同步的组通信概念是"虚拟同步"通信范型的一种形式。这个范型最早开发于 ISIS 系统中［Birman 1993，Birman et al. 1991，Birman and Joseph 1987b］。Schiper 和 Sandoz［1993］描述了一个获得视图同步（他们称做原子视图）通信的协议。注意，组成员关系服务获得了共识，它这样做并不违反 Fischer 等人［1985］的关于不可能性的理论结果。就像我们将在 15.5.4 节中描述的那样，系统可通过使用一个适当的故障检测器来巧妙地解决这个问题。

Schiper 和 Sandoz 还提供了一个统一的视图同步通信版本。在这个版本中，协定条件包括了进程崩溃的情况。这与组播通信的统一协定也是相似的，后者已在 15.4.2 节中描述了。在视图同步通信的统一版本中，即使一个进程在它传递完消息后崩溃了，所有正确的进程也会在同样的视图中传递这个消息。这个强大的保证有时在容错应用中很有用，因为一个已经传递了消息的进程在崩溃以前可能对外部的世界有一定的影响。出于同样的原因，Hadzilacos 和 Toueg［1994］考虑了在第 15 章中描述的可靠的和有序的组播协议的统一版本。

V 系统［Cheriton and Zwaenepoel 1985］是第一个支持进程组的系统。在 ISIS 系统之后，具有某种组成员关系服务的进程组开始在其他的系统中开发出来，这包括 Horus［van Renesse et al. 1996］和 Totem［Moser et al. 1996］以及 Transis［Dolev and Malki. 1996］。

针对可分区的组成员关系服务，视图同步也有其相应的变种，包括支持分区处理的应用［Babaoglu et al. 1998］和扩展的虚拟同步［Moser et al. 1994］。

最后，Cristian［1991b］讨论了用于同步分布式系统的组成员关系服务。

18.3 容错服务

本节讨论如何通过在副本管理器上复制数据和功能来提供容错服务，即使有至多 f 个进程出故障还能提供正确的服务。为了简单起见，我们假定通信是可靠的，并且不发生分区。

假设每个副本管理器按照它管理的对象在没有崩溃时的语义规约来执行。例如，银行账户的规约包括如下保证：在银行账户间转账的资金不会消失，并且只有存款和取款会影响某个账户的余额。

直观上，如果在出现故障情况下，服务还能保持响应并且客户不能区别服务是实现在副本数据上还是由一个正确的副本管理器提供的，那么基于复制的服务是正确的。我们必须非常仔细地对待这个准则。否则，如果不采取相应预防措施，在有许多副本管理器时，可能会发生异常——即便我们考虑的是一个操作而不是一个事务。 775

考虑一个简单的复制系统，其中两个副本管理器分别位于计算机 A 和 B 上，它们都维护两个银行账户 x 和 y 的副本。客户在本地的副本管理器上读取和更新账户，如果本地副本管理器出现故障，就尝试使用另一个管理器。当响应完客户后，副本管理器会在后台相互传播更新。两个账户初始余额为 \$0。

客户 1 在它的本地副本管理器 B 上更新 x 的余额为 \$1，然后试图更新 y 的余额为 \$2，但是发现 B 出故障了。客户 1 因此将更新应用在 A 上。现在客户 2 在它的本地副本管理器 A 上读取余额，发现 y 有 \$2，然后发现 x 是 \$0——由于 B 出现故障，B 的银行账户 x 的更新没有传过来。这种情况如下所示，每个操作被标记上其首次发生时所处的计算机名。另外，操作按发生次序排列：

客户 1	客户 2
$setBalance_B(x, 1)$	
$setBalance_A(y, 2)$	
	$getBalance_A(y) \rightarrow 2$
	$getBalance_A(x) \rightarrow 0$

这个执行不符合银行账户行为的规约：客户 2 如果读到了 y 的余额为 \$2，那它应该读到 x 的余额

为 \$1，因为 y 的余额是在 x 余额更新之后更新的。如果银行账户是由一台服务器实现的话，那么这种复制情况下的异常将不会发生。我们可以构建一个管理副本对象的系统，它不会出现因为采用了例子中的简单协议而发生的异常行为。为此，我们必须首先理解复制系统的正确行为是什么样的。

线性化能力和顺序一致性 对于复制对象有不同的正确性准则。最严格的正确系统是可线性化的，该性质称为线性化能力。为了理解线性化能力，考虑一个有两个客户的复制服务实现。设客户 i 的某一执行中读和更新操作的序列为 o_{i0}，o_{i1}，o_{i2}，……。其中每一个操作 o_{ij} 在运行时被指定了操作类型、参数和返回值。我们假定每一个操作都是同步的，即客户在执行下一个操作前必须等待前一个操作的完成。

管理单副本对象的单个服务器总是能串行化客户的操作。在只有客户 1 和客户 2 的执行情况下，这种操作的交错序列可能是 o_{20}，o_{21}，o_{10}，o_{22}，o_{11}，o_{12}，……。我们通常参考一个虚拟的客户操作交错序列来定义复制对象的正确性准则。这种序列未必在每台副本管理器上发生，但它建立了执行的正确性。

一个被复制的共享对象服务，如果对于任何执行，存在某一个由全体客户操作的交错序列，并满足以下两个准则，则该服务被认为是可线性化的：

- 操作的交错执行序列符合对象的（单个）正确副本所遵循的规约。
- 操作的交错执行次序和实际运行中的次序实时一致。

该定义符合这样的观点：对于任何客户操作，依靠共享对象的虚拟映像，有一个虚拟的规范执行——所谓规范执行是指由定义确定的交错执行操作。每个客户看到的共享对象的视图和那个映像一致，即当客户的操作发生在交错执行序列中时，这些操作结果才有意义。

在前面的例子中，引起银行账户客户执行的服务不是可线性化的。即使忽略了操作发生的真实时间，也没有两个客户操作的任何序列满足银行账目规约。为了进行审计，如果一个账户的更新发生在另一个账户更新之后，那么如果已经观察到第二个更新，第一个更新也应该被观察到。

注意，线性化能力仅仅考虑单个操作的交错次序，并不打算成为事务的。如果不施加并发控制，那么一个可线性化操作可能破坏应用特定的一致性概念。

线性化能力中的实时要求是现实世界所需要的，这是因为它符合我们的观念：客户应该收到最新的数据。不过，定义中的实时性要求会引起线性化能力的一些现实问题，因为我们不能总是将时钟同步到要求的精确程度。一个较弱的正确性条件是顺序一致性（sequential consistency）。在不要求实时的情况下，这个条件抓住了处理请求的顺序的实质。顺序一致性保留了线性化能力定义中的第一个准则，但对第二个准则做了修改：

一个被复制的共享对象服务被称为是顺序一致的，如果对任何执行而言，由所有客户发出的操作序列存在某种交错执行，并满足下面两个条件：

- 操作的交错序列符合对象的（单个）正确副本所遵循的规约。
- 操作在交错执行中的次序和在每个客户程序中执行的次序一致。

注意，在上述定义中并没有出现绝对时间，在操作上也没有要求任何全序。与次序相关的唯一概念是每个客户上的事件次序——程序的次序。操作的交错执行会以任意方式来重新排列一个客户集合上的操作，只要不违反每个客户的顺序，而且按照对象规约而言，每个操作的结果与重新排列前的操作结果一致。这就像把几堆牌以某种方式混在一起，但要求保持每堆牌的原有次序一样。

每一个可线性化服务都是顺序一致的，这是因为实时次序反映了程序次序。但是反之不成立。下面的例子满足顺序一致性，但不是可线性化的：

客户 1	客户 2
$setBalance_B(x, 1)$	
	$getBalance_A(y) \rightarrow 2$
	$getBalance_A(x) \rightarrow 0$
$setBalance_A(y, 2)$	

这个执行在简单复制策略下是有可能出现的，即使计算机 A 和 B 都没出故障，但客户 1 在 B 上对 x 的更新在客户 2 读取它时没有到达的话，就会出现这种情况。在该例中，由于 $getBalance_A(x) \to 0$ 发生在 $setBalance_B(x, 1)$ 之后，因此线性化的实时准则没有满足。但是下面的交错执行却满足顺序一致性的两个准则：$getBalance_A(y) \to 0$，$getBalance_A(x) \to 0$，$setBalance_B(x, 1)$，$setBalance_A(y, 2)$。

Lamport 考虑了共享内存寄存器的顺序一致性［1979］和线性化问题［1986］（尽管他使用的术语是"原子性"而不是"线性化能力"）。Herlihy 和 Wing［1990］将这一思想加以推广，使之涵盖任意共享对象。分布式共享内存系统也支持弱一致性模型，可参见本书 Web 站点［www.cdk5.net/dsm］的讨论。

18.3.1 被动（主备份）复制

在用于容错的被动或主备份（primary-backup）复制模型中（见图 18-3），任何时候都有一个主副本管理器和一个或多个次备份副本管理器，它们称为"备份"或"从管理器"。该模型的实质是，前端只和主副本管理器通信以获得服务。主副本管理器执行操作并将更新操作的副本发送到备份副本管理器。如果主副本管理器出现故障，那么某个备份副本管理器将被提升为主副本管理器。

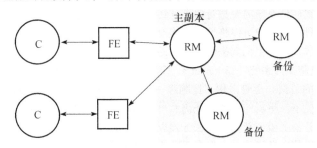

图 18-3 用于容错的被动（主备份）模型

当用户需要执行一个操作时，事件的次序如下：

1）请求：前端将请求发送给主副本管理器，请求中包括了一个唯一标识符。

2）协调：主副本管理器按收到请求的次序原子地执行每一个请求。它检查请求的唯一标识符，如果请求已经执行了，那只需再次发送应答。

3）执行：主副本管理器执行请求并存储应答。

4）协定：如果请求是更新操作，那么主副本管理器向每个备份副本管理器发送更新后的状态、应答和唯一标识符，备份副本管理器返回一个确认。

5）响应：主副本管理器将响应前端，前端将应答发送给客户。

在主副本管理器正确运行的情况下，由于主副本管理器在共享对象上将所有操作顺序化，因此该系统显然是具有线性化能力的。当主副本管理器出故障时，如果某个备份变为新的主副本管理器并且新的系统配置从故障点正确接管的话，那么系统仍具有线性化能力。也就是下列条件成立：

- 主副本管理器被唯一的备份副本管理器代替（如果两个客户使用两个备份，那么系统将不会正确执行）；
- 当接管主副本管理器时，剩余的备份副本管理器在哪些操作已被执行上达成一致。

如果副本管理器（主副本管理器和备份副本管理器）组织为一个组，并且主副本管理器使用视图同步组通信发送更新到备份，那么上述两个要求都能达到。上述两个要求中的第一个要求很容易满足。当主副本管理器崩溃时，通信系统最终传递一个新的视图给存活的备份副本管理器，该视图不包含原来的主副本管理器。替代主副本管理器的备份可以用针对该视图的任何函数选择，比如可选择视图中的第一个成员作为替代。作为替代的那个备份副本管理器使用名字服务将自己登记为主副本管理器，客户在怀疑主副本管理器出故障（或在第一次请求服务）时可以通过名字服务进行查询。

通过使用视图同步的排序性质，以及通过存储标识符来检测重复的请求，可以满足第二个要求。视图同步的语义保证了在传递新视图以前，或者所有备份副本管理器或者没有备份副本管理器传递任

778

何更新。这样，新的主副本管理器和存活下来的备份副本管理器能就客户的更新是否已执行达成一致。

现在来考虑前端没有收到应答的情况。前端将请求重传到接管主副本管理器的备份副本管理器。主副本管理器在操作执行的任何点都可能崩溃。如果它在"协定"阶段4）之前崩溃，那么存活的副本管理器将不再处理这个请求。如果它在"协定"阶段中崩溃，那么它们可能已经执行了那个请求。如果它在协定阶段之后崩溃，那么它们肯定不会再处理这些请求。但新的主副本管理器并不需要知道原来的管理器在崩溃时处在什么阶段。当它收到一个请求，它从第二阶段开始执行。通过视图同步，主副本管理器并不需要查询备份副本管理器，因为它们处理了同样的消息集合。

有关被动复制的讨论　当主副本管理器以非确定性方式运行时（例如以多线程方式操作时），可以使用主备份模型。由于主副本管理器是将操作的更新状态发送给备份副本管理器而不是发送操作自身的规约，所以备份副本管理器只是被动地记录这些由主副本管理器的行为独立决定的状态。

为了能够在至多 f 个进程崩溃时还能工作，被动的复制系统需要 $f+1$ 个副本管理器（但该系统不能忍受拜占庭故障）。前端不需要任何容错功能。不过，当当前的主副本管理器不响应时，前端需要查找新的主副本管理器。

被动复制的缺点是开销相对较大。视图同步通信在每次组播时需要几个回合的通信，而且当主副本管理器发生故障时，组通信系统需要进行协商并传递新视图，这会导致更多的延时。

在该模型的一个变种中，客户可以将读请求提交到备份副本管理器，这样可减轻主副本管理器的负载。该系统不能保证线性化，但仍能提供具有顺序一致性的服务给客户。

被动复制在 Harp 复制文件系统 [Liskov et al. 1991] 中使用。Sun 网络信息服务（Network Information Service，NIS，以前的黄页）尽管采用了比顺序一致性要弱的保证，但通过被动复制获得了高可用性和高性能。在某些情况下，更弱的一致保证仍然可以满足需求，例如存储某些用于系统管理的记录。复制的数据在一个主服务器上被更新并从主服务器以一对一的方式（而不是组）传播到从服务器。客户通过和主或从服务器通信以获得信息。但在 NIS 中，客户不可以请求更新，更新仅针对主服务器的文件进行。

18.3.2 主动复制

在用于容错的主动复制模型中（参见图18-4），副本管理器是一个状态机，其中每个副本管理器充当同等的角色并被组织成一个组。前端将它们的消息组播到副本管理器组，并且所有的副本管理器按独立但相同的方式来处理请求并给出应答。任何一个副本管理器的崩溃都不会影响服务的性能，因为剩下的副本管理器能继续以正常的方式响应。我们将看到，主动复制能容忍拜占庭故障，因为前端可以收集并比较收到的应答。

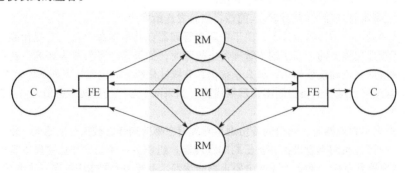

图 18-4　主动复制

对于主动复制，当客户请求一个操作时，事件顺序如下：

1）请求：前端给请求加上一个唯一标识符并将其组播到副本管理器组，这里使用一个全序的、可靠的组播原语。假设在最坏的情况下，前端会由于崩溃而出现故障。前端在收到应答之前不会发送新的请求。

2）协调：组通信系统以同样的次序（全序）将请求传递到每个正确的副本管理器。

3）执行：每个副本管理器执行请求。由于它们是状态机，并且请求以相同的全排序方式传递，因此正确的副本管理器以相同的方式处理请求。请求的应答包括客户的唯一请求标识符。

4）协定：鉴于组播的传递语义，不需要该阶段。

5）响应：每个副本管理器将它的应答送往前端，前端收到应答的数量取决于故障模型的假设和组播算法。例如，如果目标是只容忍崩溃故障并且组播满足统一协定和排序性质，那么前端可将第一个应答返回给客户，并丢弃其他应答。（通过查看应答中的标识符，前端能将这些应答与其他请求的应答区分开来。）

这个系统具有顺序一致性。所有正确的副本管理器处理同样次序的请求。组播的可靠性保证每一个正确的副本管理器处理同样的请求集合，全序保证以同样的顺序处理它们。因为它们是状态机，所以在每一个请求后，它们都会到达同一个状态。每个前端的请求以 FIFO 的顺序进行处理（因为前端在发出下一个请求前会等待应答），这和"程序的顺序"一样，从而保证了顺序一致性。

如果客户在等待它们请求的应答时并不和其他客户通信，那么它们的请求按发出在先顺序处理。如果客户是多线程的，并且在等待服务响应时和其他的客户相互通信，那么为了确保请求以发生在先次序处理，我们必须将组播替换为既是因果序又是全序的传播方法。

主动复制系统并不具有线性化能力，这是因为副本管理器处理请求的全排序未必和客户发出这些请求的实时次序相同。Schneider［1990］阐述了在有大致同步时钟的同步系统中，副本管理器处理请求的全排序能够根据前端为请求提供的物理时间戳顺序来实现。因为时间戳是不精确的，所以不能保证线性化，但能够保证大致上一致。

有关主动复制的讨论　我们假设存在保证全序和可靠组播的解决方案。就像第 15 章指出的，解决了可靠性和全序的组播等价于解决了共识。解决共识又要求系统是同步的，或者使用了一种技术（如采用故障检测器）来绕过 Fischer 等人［1985］获得的理论上的不可能性。

某些共识的解决方案，像 Canetti 和 Rabin 的方法［1993］，可以在有拜占庭故障的情况下工作。给定这样的一个解决方案，因此也是一个提供全序和可靠组播的解决方案，那么主动复制系统就能够屏蔽至多 f 个拜占庭故障，只要服务包含至少 $2f + 1$ 个副本管理器。每个前端一直等待到它收集到 $f + 1$ 个相同的应答才将应答返回给用户。它丢弃对同一请求的其他应答。为了确定哪个应答和哪个请求相联系（假定有拜占庭故障），我们要求副本管理器对它们的应答进行数字签名。

可以将我们描述的系统进行适当放宽。首先我们已经假定所有对于共享复制对象的更新必须以同样的次序发生。然而，在实际中一些操作是可交换的，即两个操作以 $o_1；o_2$ 的顺序执行和以相反的顺序 $o_2；o_1$ 的执行效果是一样的。例如，（来自不同客户的）任何两个只读操作是可交换的；任何两个非读操作，若更新不同的对象，也是可交换的。主动复制系统需要使用交换性的知识来避免将所有请求排序的代价。我们在第 15 章已指出，一些系统已经采用了应用特定的组播排序语义［Cheriton and Skeen 1993，Pedone and Schiper 1999］。

最后，前端可以只发送只读请求到某个副本管理器。这样，系统丧失了与组播请求有关的容错，但是服务仍然是顺序一致的。此外，在这种情况下，前端可非常容易地屏蔽副本管理器的故障，仅仅需要将这个只读请求发送到另一个副本管理器。

18.4　高可用服务的实例研究：闲聊体系结构、Bayou 和 Coda

本节考虑如何利用复制技术来获得服务的高可用性。我们现在的重点是使客户在合理的响应时间内访问服务——即使某些结果没有遵守顺序一致性。例如，本章开头所说的火车上的用户如果在断链时能继续工作，那么他们会愿意应对数据副本（例如日记）间暂时的不一致，并在以后加以修正。

在 18.3 节中我们看到，容错系统用一种"及时"的方式将更新传播到副本管理器：只要可能，所有正确的副本管理器都收到更新，并在将控制传递回客户以前达成一致。这种方式并不适合高可用操作。反之，系统应该通过使用最小的与客户连接的副本管理器集合，提供一个可接受级别的服务。当副本管理器协调它们的动作时，应该尽量减少客户的等待时间。较弱程度的一致性通常要求较少的协定，这使得共享数据的可用性提高。

下面查看三个提供高可用服务的系统的设计：闲聊体系结构、Bayou 和 Coda。

18.4.1 闲聊体系结构

Ladin 等［1992］开发了闲聊体系结构，用它作为实现高可用性服务的框架，具体实现方式是复制数据到需要这些数据的客户组的邻近点。它的名字就反映了这样的一个事实：副本管理器定期通过闲聊消息来传递客户的更新（见图 18-5）。这种体系结构是基于 Fisher 和 Michael［1982］、Wuu 和 Bernstein［1984］早期在数据库方面的工作。它可以用来创建一个高可用性的电子公告板或日记服务。

闲聊服务提供两种基本操作：查询和更新。查询是只读操作，更新用来变更状态但却不读取状态（第二种操作比我们已经在使用的更新具有更严格的定义）。一个关键的特征是前端发送查询和更新给它们选择的副本管理器，只要这个副本管理器可用并能提供合理响应时间。尽管某个副本管理器可能暂时不能和其他副本管理器通信，系统仍然做出以下两个保证：

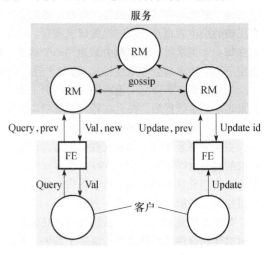

图 18-5　闲聊服务中的查询和更新操作

随着时间推移，每个用户总能获得一致服务：为了回答某个查询，副本管理器提供给一个客户的数据能反映迄今为止客户已经观测到的更新。即使用户在不同的时间和不同的副本管理器通信，结果也是这样。因此从原理上可能与一个副本管理器通信，而这个副本管理器比以前使用的"稍微落后一些"。

副本之间松弛的一致性：所有的副本管理器最终将收到所有的更新。它们根据排序保证来执行这些更新，排序保证使副本足够相似从而满足应用的要求。值得注意的是，尽管闲聊体系结构可以用来获得顺序一致性，但它主要是用来保证较弱的一致性。尽管副本包含同样的更新集，但两个客户仍会观察到不同的副本，客户也可能观察到过时的数据。

为了支持松弛的一致性，闲聊体系结构支持更新的因果序，其定义见 15.2.1 节。它同样支持更强的排序保证：强制序（全序和因果序）和即时序。即时序的更新是在所有副本管理器上按一致的次序执行任何更新，不管这些更新的次序被指定为因果的、强制的还是即时的。如果一个强制序的更新和一个因果序的更新之间不存在发生在先关系时，它们在不同副本管理器上的执行次序可能不同，因此除了提供强制序外，还需要提供即时序。

具体使用哪种排序由应用的设计者决定，它反映了在一致性和操作代价之间的一种取舍。因果更新的代价远远低于其他排序的更新，只要可能，一般都使用它。注意，任意一个副本管理器都能满足的查询相对于其他操作永远以因果序执行。

考虑一个电子公告板的应用，其中一个客户程序（它结合了前端）在用户的计算机上执行，并和一个本地副本管理器通信。客户程序将用户的投稿发送给本地副本管理器，这个副本管理器在闲聊消息中将新投稿发送给其他的副本管理器。电子公告板的读者看到的是略微过时的投稿列表，但是如果延时是以分和小时计而不是以天计的话，一般影响不大。因果序可用于投稿项。这意味着一般投稿在不同的副本管理器将以不同的次序出现。但是，一个主题为"回复：橘子"的投稿总是比它引用的标题为"橘子"的消息晚发送。强制序能够用来在电子公告板中加入一个新的订阅者，这样用户加入记录的顺序是无二义的。即时序可以用来从电子公告板中的订阅列表中删除一个用户，这样一旦删除操作返回，那个用户就不会从一个响应迟缓的副本管理器获得消息了。

一个闲聊服务的前端通过使用应用特定的 API 来处理客户操作，并将其转为闲聊操作。通常，客户操作可以是读取复制的状态、修改复制的状态或两者都有。由于在闲聊中，更新操作只是修改状态，因此前端会把一个读取和修改都有的操作转换为分离的查询操作和更新操作。

在我们的基本复制模型中，闲聊服务处理查询和更新操作的大致流程如下：

1）请求：前端通常只发送请求到一个副本管理器。然而，当它使用的副本管理器出现故障或不可达时，前端将和另一个副本管理器通信。当正常的那个副本管理器负担过重时，前端也将尝试使用其他的副本管理器。因此，前端，也就是客户，可能被阻塞在一个查询操作上。另一方面，在默认情况下，更新操作一旦被传递给前端，就可立即返回给客户；前端再在后台传播这个操作。另一种方法是，为了提高可靠性，客户可以被阻塞到更新已经传给了 $f+1$ 个副本管理器后才继续执行，这样就算 f 个副本管理器出现故障，操作也将传递到任何位置。

2）对更新操作的响应：如果请求是一个更新，那么副本管理器只要一收到更新就立即回答。

3）协调：收到请求的副本管理器并不处理操作，直到它能根据所要求的次序约束处理请求为止。这可能涉及接收其他的副本管理器以闲聊消息形式发送的更新。各副本管理器之间不存在其他方式的协调。

4）执行：副本管理器执行请求。

5）对查询操作的响应：如果请求是一个查询操作，副本管理器将在此给出回答。

6）协定：副本管理器通过交换闲聊消息进行相互更新，这些闲聊消息包含了大多数最近收到的更新。副本管理器相互之间以惰性方式更新，这是因为闲聊消息只是偶尔进行交换。在收集到若干更新之后，或者当某个副本管理器发现它丢失了一个发送到其他副本管理器的更新，而该管理器在处理新请求时又需要这个更新时，副本管理器才会交换闲聊消息。

下面将更详细地描述闲聊系统。我们先考虑前端与副本管理器为了维持更新排序保证而维护的时间戳和数据结构，接着，在此基础上，解释副本管理器如何处理查询和更新。维持因果更新的向量时间戳的处理和 15.4.3 节的因果组播算法相似。

前端的版本时间戳   为了控制操作处理的次序，每个前端维持了一个向量时间戳，它用来反映前端访问的（因而也是客户访问的）最新数据值的版本。该时间戳（即图 18-5 中的 prev）包含了每个副本管理器的条目。前端将其放入每一个请求消息中，与更新或查询操作的描述一起发送给副本管理器。当副本管理器返回一个值作为查询操作的结果时，副本管理器提供一个新的向量时间戳（图 18-5 中的 new），因为自从前一个操作后副本可能已经更新了。类似地，更新操作也返回一个对更新而言唯一的向量时间戳（图 18-5 中的 UpdateId）。每一个返回的时间戳和前端先前的时间戳合并，用于记录已经被客户观察到的复制数据的版本（参见 14.4 节的向量时间戳合并的定义）。

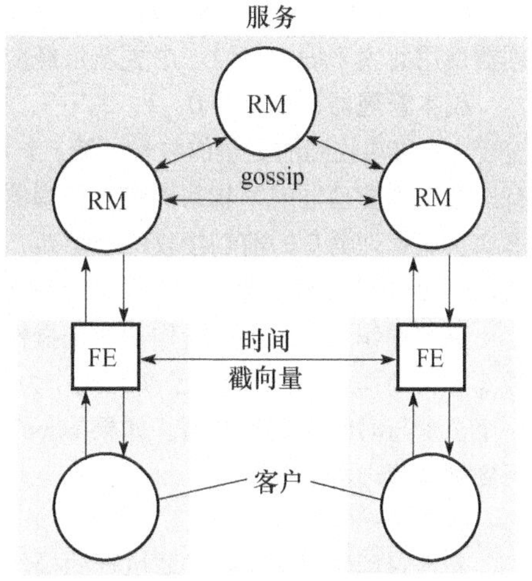

客户通过访问相同的闲聊服务和相互直接通信来交换数据。由于客户到客户的通信也能导致施加到服务上的操作之间的因果关系，因此交换数据同样也要通过前端。这样，前端可以顺便将它们的向量时间戳发送给其他的客户。接收者将它们和自己的向量时间戳合并，这样可正确地推理出因果次序。这种情况如图 18-6 所示。

副本管理器状态   在不考虑应用时，一个副本管理器包含的主要状态组件如下（参见图 18-7）：

1）值：这是由副本管理器维护的应用状态的值。每个副本管理器是一个状态机，它起始于一个特定的初始值，此后，它的状态完全是施加更新操作的结果。

2）值的时间戳：这是代表反映在值中的更新的向量时间戳。该时间戳包含了每个副本管理器的条目。每当在值上执行更新操作时，它就被更新。

3）更新日志：所有的更新操作只要被收到了，就将记录在这个日志中。一个副本管理器在日志中记录更新有两个理由。第一个理由是因为更新操作不稳定，副本管理器不能进行更新操作。一个稳定的更新操作是指可以在它的排序保证（因果、强制和即时）下一致地执行的更新操作。不稳定的更新

图 18-6   当客户直接通信时前端
传播它们的时间戳

785

必须被保留而不处理。第二个将更新保留在日志中的理由是，即使更新是稳定的并且已经在值上执行，副本管理器并没有收到更新已被其他所有副本管理器收到的确认。与此同时，它以闲聊消息形式传播更新。

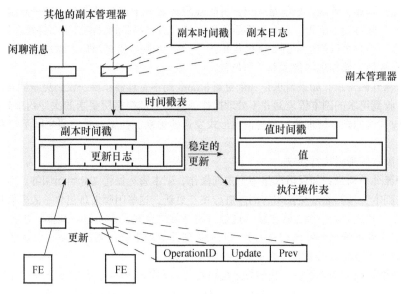

图 18-7　闲聊的副本管理器及其主要状态组件

4）副本时间戳：这个向量时间戳代表那些已经被副本管理器接收到的更新，即已放在管理器日志中的更新。一般情况下，它和值的时间戳不同，因为并不是所有在日志中的更新都是稳定的。

5）已执行操作表：同样的更新可以从前端，也可以从其他的副本管理器通过闲聊消息发送到一个给定的副本管理器。为了防止一个更新操作被执行两次，需要维护一个"已执行操作"表，它包含已经执行的更新的唯一标识符，这个唯一标识符由前端提供。副本管理器将更新加入日志前，先检查这个表。

6）时间戳表：这个表为每个副本管理器包含一个向量时间戳，这些时间戳来自闲聊消息。副本管理器使用此表来确定何时一个更新已经应用于所有的副本管理器。

副本管理器被编号为 0，1，2，…，并且由第 i 个副本管理器掌握的向量时间戳中的第 i 个元素对应于 i 从前端收到的更新的数量；第 j 个元素（$i \neq j$）等于 j 收到的并传播给 i 的更新的数量。例如，在有三个副本管理器的闲聊系统中，管理器 0 上的一个值时间戳（2，4，5）代表着那里的值反映这样的事实：从管理器 0 的前端接收两个更新，从管理器 1 接收到头 4 个更新，从管理器 2 接收到头 5 个更新。下面将详细地描述如何使用时间戳来保证次序。

查询操作　最简单的操作是查询操作。一个查询请求 q 包含操作的描述和一个由前端发送的时间戳 $q.pre$，后者反映了前端已读到或作为更新已提交的值的最新版本。因此，副本管理器的任务是返回一个至少与时间戳接近的值。如果 valueTS 是副本管理器的值时间戳，且下面条件满足，那么 q 能够应用到副本管理器的值上：

$q.pre \leqslant valutTS$

副本管理器将 q 放到将要执行的操作表中（即一个保留队列），直到这个条件满足为止。它能等待丢失的更新（丢失的更新最终将通过闲聊消息到达），也能从相关的副本管理器获取更新。例如，如果 valueTS 是（2，5，5）并且 q.pre 是（2，4，6），可以看出，只有一个更新丢失了，即从丢失了来自副本管理器 2 的一个更新（提交 q 的前端必须与另一个副本管理器联系，这个管理器先前看见了这个更新，而原来的管理器却没有看见这个更新）。

一旦可以执行查询，副本管理器返回 valueTS 给前端，作为在图 18-5 中显示的时间戳 new。前端将其和它的时间戳合并：frontEndTS：= merge（frontEndTS，new）。在所举的例子中，查询执行前，前端没有看到的副本管理器 1 上的更新（q. pre 是 4 而副本管理器是 5）将反映在 frontEndTS 的更新中（也可以反映在返回的值中，这取决于查询）。

按因果次序处理更新　前端提交一个更新请求给一个或更多的副本管理器。每一个更新请求 u 包含一个更新的规约（包括它的类型和参数）u. op、前端的时间戳 u. prev 和一个前端产生的唯一的标识符 u. id。如果前端发送同样的请求 u 给若干副本管理器，那么每次在 u 中使用相同的标识符——这样 u 就不会被处理成几个不同的请求而是相同的请求了。

当副本管理器 i 收到前端的更新请求时，它通过在已执行的操作表和它的日志中的记录查找这个操作的标识符以确定这个请求是否已被处理。如果查找到了，它将丢弃这个请求；否则它将它的复制时间戳的第 i 个元素加 1，以记录它从前端直接收到的更新个数。然后，副本管理器给更新请求 u 分配一个唯一的向量时间戳（下面将给出这个向量的来源），并且将一个更新记录放置到副本管理器的日志中。如果 ts 是副本管理器分配给更新的唯一时间戳，那么更新记录按如下元组构建并保存在日志中：

logRecord := <i, ts, u.op, u.prev, u.id>

副本管理器 i 将 u. prev 的第 i 个元素替换为它的副本时间戳的第 i 个元素（这个元素刚刚加 1），完成从 u. prev 中生成 ts 时间戳的工作，这样能使 ts 是唯一的，从而保证所有的系统组件能正确地记录而不管它们是否观察到了更新。时间戳 ts 中剩下的元素从 u. prev 中获取，因为正是要用这些从前端送来的值决定何时更新是稳定的。副本管理器立刻将 ts 返回给前端，前端将其与它的时间戳合并。注意，前端可以提交它的更新给多个副本管理器，并且作为回报收到许多不同的时间戳，所有这些时间戳都被合并入它的时间戳。

更新请求 u 的稳定性条件类似于下面的查询：

u.prev ≤ valueTS

这个条件说明了这个更新依靠的所有的更新（即所有由发起更新的前端观察到的更新）已经执行了。如果在更新提交时这个条件不满足，它将在闲聊消息到达时重新检查。对于一个更新记录 r，当稳定条件已经满足时，副本管理器将更新值、值的时间戳和已执行操作表（名为 executed）：

value := apply(value, r.u.op)
valueTS := merge(valueTS, r.ts)
executed := executed ∪ {r.u.id}

在这三个语句中，第一个语句表示更新值，第二个语句将更新的时间戳和那个值的时间戳合并，在第三个语句中，更新操作的标识符被加入已执行操作的标识符集合中——这用来检查重复的操作请求。

强制的和即时的更新操作　强制更新和立即更新需要特殊处理。强制更新是全序加因果序。给强制更新排序的基本方法是在与更新相关的时间戳后加入一个唯一的序号，并以这个序号的次序来处理它们。像第 15 章所解释的，产生序号的一般方法是使用一个顺序者进程。但是，在一个高可用服务的环境中，依赖某个进程是不恰当的。解决方法是指派一个所谓的主副本管理器作为顺序者，当主副本管理器出故障时，可以选举另一个副本管理器替代成为顺序者。这就要求对于大多数的副本管理器（包括主副本管理器）在其操作被执行前，记录下哪个更新是下一个操作。接着，只要大多数副本管理器未出现故障，就能从存活的副本管理器中选出新的主副本管理器，从而实现这个排序决定。

相对于强制更新，即时更新是通过使用主副本管理器来对更新序列进行排序。主副本管理器也决定了哪个因果更新被认为在一个即时更新之前。为了达成协定，它通过与其他副本管理器的通信和同步来完成这工作，进一步的细节见 Ladin 等的文章［1992］。

闲聊消息　副本管理器可以发送包含一个或多个更新信息的闲聊消息，以便使其他副本管理器的状态更新成最新的。副本管理器使用它的时间戳表里的记录来估计其他副本管理器还没有收到哪些更新（由于副本管理器可能已经收到了更多的更新，因此这只是个估计）。

源副本管理器发送的一个闲聊消息 m 包含两项：日志 m. log 和副本时间戳 m. ts（见图 18-7）。收到闲聊消息的副本管理器有下面三项主要任务：

- 将到达的日志和它自己的日志合并（m 可能包含接收者先前没看到的更新）。

- 执行任何以前没有执行并已经稳定了的更新。（在到达的消息日志中的稳定的更新又可能将许多悬而未决的更新变得稳定。）
- 当知道更新已执行并且已经没有被重复执行的危险时，删除日志和已执行操作表中的记录。从日志和已执行操作表中删除冗余条目非常重要，因为，如果不这样做，它们将无限制地增长。

将包含在闲聊消息中的日志和接收者的日志进行合并是非常简单的。设 replicasTS 表示接收者的副本时间戳。$m.log$ 中的记录 r 被加到接收者的日志中，除非 $r.ts \leq replicsTS$——此时，它已存在于日志中或已经被执行且被丢弃了。

副本管理器将收到的消息中的时间戳和它自己的复制时间戳 replicaTS 合并，以便与日志的增加相一致：

$replicaTS := merge(replicaTS, m.ts)$

当新的更新记录被并入日志时，副本管理器将确定日志中所有已稳定的更新集合 S。这些更新可以执行，但必须仔细考虑它们执行的次序，以维持发生在先关系。根据向量时间戳间的偏序 "$\leq$"，副本管理器对集合中的更新进行排序，然后它以这种次序来执行更新，即当且仅当没有 $s \in S$ 满足 $s.prev < r.prev$ 时，才有 $r \in S$。

副本管理器然后在日志中查找可丢弃的条目。如果闲聊消息由副本管理器 j 发送并且 tableTS 是这个副本管理器的副本时间戳表，那么副本管理器设置：

$tableTS[j] := m.ts$

对于任何一个副本管理器都已收到的更新，该副本管理器现在能够丢弃日志中的记录 r。也就是说，如果 c 是创建这个记录的副本管理器，那么我们要求所有的副本管理器 i：

$tableTS[i][c] \geq r.ts[c]$

闲聊体系结构同样定义了副本管理器如何删除已执行操作表中的条目。值得指出的是，操作不能过早删除，否则一个延迟过大的操作将被错误地执行两次。Ladin 等人［1992］提供了该方案的细节。

790 本质上，前端会对更新的应答发出确认，所以副本管理器知道前端何时会停止发送更新。副本管理器从这点可以知道最大的更新传播延时。

更新传播　闲聊体系结构并不指定何时副本管理器相互交换闲聊消息，也不指定某个副本管理器怎样决定闲聊消息发到何处。如果所有的副本管理器要在一个可接收的时间内收到所有的更新，必须要有一个健壮的更新传播策略。

所有副本管理器收到某个给定更新所花费的时间取决于三个因素：

- 网络分区的频率和持续期间。
- 副本管理器发送闲聊消息的频率。
- 选择一个副本管理器并与之交换闲聊的策略。

第一个因素超出了系统控制的范围，尽管用户可以在一定程度上决定他们离线工作的频率。

合适的闲聊交换频率可以由应用决定。考虑一个由许多站点共享的电子公告板系统。每个条目看来没必要立刻分派到所有的站点。但是如果闲聊要经过很长的时间才交换一次，例如一天一次，那么会如何呢？如果只使用因果更新，那么很可能，每一个站点上的客户在同一个电子公告板上有它们自己的一致的讨论，而不考虑其他站点上的讨论。然后在深夜，所有的讨论将被合并。但是当要考虑其他人的讨论时，针对同一话题的讨论很容易不一致。在这个例子中，闲聊交换的周期按小时或分钟计将更合适。

人们还提出一些选择合作者的策略。Golding 和 Long［1993］在他们的著作"基于时间戳的反熵协议"（timestamped anti-entropy protocol）中使用了一个闲聊风格的更新传播机制，考虑了随机型、确定型和拓扑型的策略。

随机型的策略以随机的方式选择一个合作者，但是使用了加权概率来表示对一些合作者的喜爱大于另一些合作者。例如，邻近的合作者优于远距离的合作者。Golding 和 Long 发现，这种策略在模拟环境中工作得非常好。确定型的策略使用副本管理器的状态的一个简单函数来选择合作者。例如，一个副本管理器可以检查它的时间戳表，选择看上去在它收到的更新中位于最后的那个副本管理器。

拓扑型的策略将副本管理器安排为一个固定图。一种可能性是安排为网格（mesh）：副本管理器将闲聊消息发送到它连接到的 4 个副本管理器。另一种方案是将副本管理器组织为一个环，每个管理器只将闲聊消息传给它的邻居（例如，以顺时针方向），这样任何一个副本管理器的更新将遍历整个环。还有其他一些可能的拓扑结构，如树。

这些合作者选择策略必须权衡通信量和高传播延时，以及某个故障影响其他副本管理器的概率。实际中的选择取决于这些因素的相对重要性。例如，环拓扑将产生较小的通信量，但可能造成高延时，因为闲聊消息通常要遍历若干个副本管理器。而且，如果某个副本管理器出现故障，那么整个环都不能正常工作，而需要重新配置。比较而言，随机型的选择策略不易受故障影响，但它的更新传播时间可能会变化。

有关闲聊体系结构的讨论　闲聊体系结构的目标是实现服务的高可用性。这个体系结构保证：即使客户落到一个网络分区中，只要至少有一个副本管理器在这个分区中能工作，该客户就能继续获得服务。但是这种可用性的代价是实施松弛的一致性保证。对银行账户这样的对象，顺序一致性是必需的，闲聊体系结构不会比 18.3 节研究的容错系统表现得更好，闲聊系统仅在一个主分区中提供服务。

更新传播的惰性方法使一个基于闲聊的系统不适合接近实时的更新复制，例如用户参加一个"实时"会议并更新一个共享文档。一个基于组播的系统更适合这种情况。

闲聊系统的可伸缩性是另一个问题。随着副本管理器数量的增长，需要传递的闲聊消息的数量和使用的时间戳的大小也在增长。在一个客户进行查询时，（在前端和副本管理器之间）通常需要两个消息。如果一个客户进行一个因果序的更新操作，并且 R 个副本管理器都在闲聊消息中收集 G 个更新，那么交换的消息数量为 $2 + (R - 1)/G$。式中的第一项代表前端和副本管理器之间的通信次数，第二项是发送到其他副本管理器的闲聊消息的更新消息。提高 G 有助于减少消息数量，但它会使传递延时变长，因为副本管理器在传播消息前要等待更多的更新到达。

为了增强基于闲聊的服务的可伸缩性，一个方法是将大多副本管理器设置为只读的。换言之，这些副本管理器只通过闲聊消息进行更新，并不直接从前端接收更新。当更新/查询率很小时，这是非常有用的。只读副本管理器可以靠近客户组，更新可由相对少的中央副本管理器完成。因为只读副本管理器没有闲聊消息要传播，所以闲聊流量会降低。同时，向量时间戳只需要包含那些能更新的副本管理器的条目。

18.4.2　Bayou 系统和操作变换方法

Bayou 系统［Terry et al. 1995，Petersen et al. 1997］通过数据复制获得高可用性，但 Bayou 系统提供比顺序一致性更弱的保证，它类似于闲聊体系结构和基于时间戳的反熵协议。与那些系统类似，Bayou 的副本管理器通过成对地交换更新来处理变化的网络连接，设计者也将这种交换方式称为反熵协议。但 Bayou 采用了一个非常不同的方法，因为它能够进行领域特定的冲突检测和冲突解决。

考虑一个离线工作时需要更新日记的用户。如果需要严格的一致性，在闲聊体系结构中，更新必须用强制的（全序）操作执行。但那样的话，只有主分区中的用户可以更新日记。用户对日记的访问将受限——不考虑他们实际上是否需要做会破坏日记完整性的更新。预定不冲突约会的用户和不经意中在一个时间段进行两次预约的用户会被一视同仁。

相比之下，在 Bayou 中，火车上的用户和办公室中的用户都可以进行他们希望的任何更新。所有更新将被执行，并且记录到这些更新到达的副本管理器中。当任何两个副本管理器接收的更新在一个反熵期间合并时，副本管理器负责检测并解决冲突，这时可以使用领域特定的准则来解决操作间冲突。例如，如果一个在离线工作的行政主管和他的秘书都在同一个时间段加入了预约，那么 Bayou 会在行政主管重新连接上他的笔记本电脑后检测到这个冲突。此外，它利用领域特定的策略解决这个冲突。在这种情况下，它能够确认行政主管的预约而取消秘书的预约。一个或多个相冲突的操作被取消或改变以解决冲突的效果被称为操作变换（operational transformation）。

Bayou 复制的状态以数据库的形式保存，它支持查询和更新（可以在数据库中插入、修改和删除条目）。尽管我们不将注意力集中在这一方面，但 Bayou 更新是事务的一种特殊情况。它由单个操作组成，是一个"存储过程"调用，它影响着每个副本管理器中的一些对象，但它遵循 ACID 保证。在执行过程中，Bayou 可以取消和重做对数据库的更新。

Bayou 保证最终每个副本管理器收到相同的更新集合，副本管理器最终将以一种使副本管理器的数据库都相同的方式来执行这些更新。实际上，可能有一个连续的更新流，数据库也可能永远不会相同。但如果一旦停止更新，数据库将变得相同。

提交的更新和临时更新 当更新首次应用于一个数据库时，它们被标记为临时的（tentative）。Bayou 最终将临时的更新以规范次序放置并标记为提交的。在更新为临时的情况下，系统在必要时可取消和重复更新，以产生一个一致的状态。一旦提交，它们将按规定的顺序保留其效果。实际中，可以通过将某个副本管理器设为主副本管理器来获得提交的次序。通常，这决定了提交的次序为它收到临时更新的顺序并且传播这个排序信息给其他的副本管理器。例如，对于主副本管理器，用户可以选择一个通常可用的快速机器。同样，如果用户更新占有优先权的话，主副本管理器可以是行政主管的笔记本电脑上的副本管理器。

在任何时刻，数据库副本的状态来自一个（可能空的）提交的更新序列，后跟着一个（可能空的）临时的更新序列。如果下一个更新到达，或如果某个临时更新已经被执行变为下一个提交的更新，那么必须对更新进行重排序。在图 18-8 中，t_i 已经变为提交的。c_N 后的所有更新都必须撤销。然后，t_i 在 c_N 后执行，并且 $t_0 \sim t_{i-1}$ 和 t_{i+1} 等在 t_i 后被重新执行。

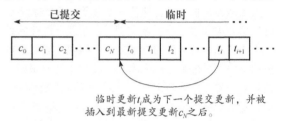

临时更新 t_i 成为下一个提交更新，并被插入到最新提交更新 c_N 之后。

图 18-8 Bayou 中的提交的更新和临时更新

依赖检查和合并过程 一个更新可能和已经执行的其他操作相冲突。考虑到这种可能性，除了操作规约（包括操作类型和参数）外，每一个 Bayou 更新还包含一个依赖检查和一个合并过程。一个更新的所有这些成分都是领域特定的。

一个副本管理器在执行操作前调用依赖检查过程。该过程用来检查是否一个更新执行时会产生冲突，为检查冲突，它可能检查数据库的任何部分。例如，考虑在日记中登记一个预约的情况。最简单的情况是，依赖检查可以检查写–写冲突，即是否另外一个客户已经占据了需要的时间段。依赖检查还能检查读–写冲突。例如，它能检查所需的时间段是空的，并且那天的预约少于 6 个。

如果依赖检查发现了一个冲突，那么 Bayou 将调用操作的合并过程。该过程会改变将要执行的操作以获得与所要效果相似的东西，但避免了冲突。例如，就日记来说，合并过程可以选择相近的另一个时间段，或者就像我们上面提到的，它可以使用一个简单的优先级方案以决定哪个预约更重要，然后留下重要的预约。合并过程可能无法找到一个操作的合适替代，这种情况下系统将报错。然而合并过程的影响是确定的——Bayou 副本管理器是状态机。

讨论 Bayou 和其他我们已考虑的复制方案的不同之处在于它使得复制对于应用而言是不透明的。它利用应用语义的知识提高数据的可用性，同时维持一个复制状态，我们称之为最终顺序一致性（eventually sequentially consistent）。

这种方法有一些不足之处。首先，增加了应用程序员工作的复杂度，他必须提供依赖检查和合并过程。当需要检查并解决大量可能的冲突时，生成这两者非常复杂。其次，不足是增加了用户工作的复杂度。用户不仅要处理所读的临时数据，而且要处理这样的事实：用户指定的操作可能被改变。例如，用户在日记中登记了一个时间段，后来却发现登记已经"跳"到了邻近的一个时间段。应给用户一个清晰的指示，说明哪些数据是临时的，哪些数据是提交的，这一点非常重要。

Bayou 使用的操作变换方法用于支持 CSCW（Computer-Supported Cooperative Working，计算机支持的协同工作）的计算机系统中，该系统中地理上分离的用户可能发生更新冲突 [Kindberg et al. 1996, Sun and Eills 1998]。该方法的实际应用限于冲突较少的应用，也就是底层数据语义较简单的应用以及用户可以处理临时信息的应用。

18. 4. 3　Coda 文件系统

Coda 文件系统的前身是 AFS 系统（参见 12. 4 节），其目标是解决一些 AFS 不能解决的需求，特别是高可用性的要求（即使有断链操作情况）。它是卡内基 - 梅隆大学（CMU）的 Satyanarayanan 及其合作者承担的一个研究项目［Satyanarayanan et al. 1990；Kistler and Satyanarayanan 1992］中开发的。Coda 的设计需求来源于 CMU AFS 项目和其他一些对局域网、广域网上的大型分布式系统的使用经验。

尽管在 CMU 的使用经验中发现，AFS 系统的性能和易管理性令人满意，但是由于 AFS 只能提供非常有限的复制（只限于只读卷），这在某种程度上成为约束因素，特别访问大规模共享的文件，如电子公告板系统和其他系统范围的数据库。

另外，AFS 提供的服务仍然有提升可用性的空间。AFS 用户所经历的最常见的困难是服务器和网络组件的故障（或调度中断）。在 CMU 的系统规模下，每天会发生一些服务故障，这些故障在几分钟到数小时内给用户造成了极大的不便。

最后，计算机使用的一种新趋势——便携式计算机的移动使用出现了，这不是 AFS 能满足的。这种趋势导致了下列需求：在计算机断链时，用户能继续自己的工作，不必借助手工方式管理文件的位置。

Coda 的目标是满足这三个需求，这三个需求统称为稳定的数据可用性（constant data availability）。目标是提供给用户一个共享文件存储，并且在该存储全部或部分不可访问时可完全依赖本地资源继续操作计算机。除了这些目标，Coda 保留了 AFS 原来的目标，包括可伸缩性和仿真 UNIX 文件语义。

AFS 的读写卷存储在一个服务器上，与之相比，Coda 的设计依赖文件卷的复制来提高文件访问操作的高吞吐率和高容错性。另外，Coda 扩展了 AFS 使用的在客户计算机上缓存文件副本的机制，使客户在未与网络连接时仍然能够继续操作。

就 Coda 采用了乐观策略而言，Coda 类似于 Bayou 系统。也就是说，它允许客户在有网络分区的情况下更新数据，只要冲突发生的可能性较小并且冲突可随后修正。与 Bayou 类似，Coda 检测冲突；但与 Bayou 不同的是，它在进行检测时不考虑存储在文件中的数据的语义，并且它为解决副本之间的冲突只提供了非常有限的系统支持。

Coda 体系结构　按照 AFS 的术语，Coda 在客户计算机上运行的进程称为 Venus 进程，在文件服务器上运行的进程称为 Vice 进程。Vice 进程就是我们所说的副本管理器，Venus 进程是前端和副本管理器的混合体。它们扮演前端的角色，将服务的实现隐藏在本地客户进程中。由于它们管理文件的一个本地缓存，因此尽管它们和 Vice 进程类型有所不同，它们仍是副本管理器。

795

持有一个文件卷副本的服务器集合称为卷存储组（Volume Storage Group，VSG）。在任何时候，希望在这样的卷中打开一个文件的客户能访问 VSG 某个子集，该子集被称为可用的卷存储组（Svailable Volume Storage Group，AVSG）。由于网络或服务故障使服务器变得可访问或不可访问，AVSG 的成员关系也在变化。

正常情况下，Coda 文件访问过程和 AFS 的文件访问过程相似，当前 AVSG 中的任何一个服务器提供文件的缓存副本给客户计算机。就像在 AFS 中，通过一个回调承诺机制，客户被告知文件的变化，而 Coda 依靠一个附加机制对每个副本管理器进行更新分布。当文件关闭时，修改过的拷贝并行广播到 AVSG 中的所有服务器。

在 Coda 中，断链操作被认为发生于 AVSG 为空时。这可能是由于网络或服务器故障造成的，也可能是客户计算机（比如一台笔记本电脑）有意离线的结果。断链操作的有效性依赖于客户计算机缓存中是否有用户继续工作所需的所有文件。为了保证这一点，用户必须和 Coda 系统合作以产生应该被缓存的文件列表。Coda 提供了一个工具，用它来记录网络连接时文件使用的历史表，并以这个表为基础预测离线时要使用的文件。

Coda 的一个设计原则是服务器上的文件拷贝比客户计算机缓存中的拷贝更可靠。尽管逻辑上有可能构造一个文件系统，使其完全依靠客户计算机上缓存的文件拷贝，但这样的系统不大可能提供令人满意的服务质量。Coda 服务器的目标是提供必要的服务质量。客户计算机缓存中的文件拷贝被认为是有效的，只要它们的当前数据能定期与服务器上的拷贝进行验证。在断链操作的情况下，重新验证在断链操作停止并且将缓存文件和服务器上的文件重新整合时发生。最坏情况下，需要一些手工干预来解决不一致或冲突。

复制策略 Coda 的复制策略是乐观的——在网络分区和断链操作期间，仍然可以进行文件修改。它依靠文件的每个版本上附加的 Coda 版本向量（Code Version Vector，CVV）。CVV 是一个向量时间戳，其中的一个元素对应着在相关 VSG 中的一个服务器。CVV 中的每个元素是一个估计值，是服务器上文件的修改次数的估计。CVV 的目的是提供足够的关于每个文件副本的更新历史，使得能够检测并提交潜在的冲突用于手工干预和对过时复制的自动更新。

如果一个站点的 CVV 大于或等于所有其他站点相应的 CVV（14.4 节给出了对于向量时间戳 v_1 和 v_2 而言 $v_1 \geqslant v_2$ 的定义），那么不会发生冲突。旧的副本（有严格小的时间戳）包括一个较新的副本中的所有更新，于是它们可以自动地将数据更新。

如果不是这种情况，对于两个 CVV，即当 $v_1 \geqslant v_2$ 和 $v_2 \geqslant v_1$ 均不成立时，表示存在一个冲突：每个副本至少反映了其他副本没反映的一个更新。一般情况下，Coda 不会自动解决冲突。文件被标记为"不可操作"并且向文件拥有者告知有冲突。

当一个修改的文件被关闭后，由客户的 Venus 进程发送一个更新消息（包括当前的 CVV 和文件的新内容）到当前的 AVSG 中的每一个站点。每个站点的 Vice 进程检查 CVV，如果这个 CVV 比当前它持有的 CVV 大，则存储文件新内容并返回一个肯定的确认。然后 Venus 进程计算一个新的 CVV：对更新消息进行肯定应答的服务器，增加它的修改记数，并且发布新的 CVV 给 AVSG 中的成员。

由于消息仅仅发送给 AVSG 的成员而不是 VSG 的成员，因此不在当前 AVSG 中的服务器收不到新的 CVV。因此，CVV 总是包含一个准确的对本地服务器的修改记数，但对于非本地的记数一般是下界，因为仅当服务器收到一个更新消息时它们才更新。

下面的例子说明了在三个站点上使用 CVV 来管理文件副本的更新。可以在［Satyanarayanan et al. 1990］中找到使用 CVV 管理更新的更多细节。CVV 基于 Locus 系统使用的复制技术［Popek and Walker 1985］。

例子：考虑对卷中的文件 F 的一个修改序列，这个文件在 3 个服务器 S_1、S_2 和 S_3 上有副本。对于 F 的 VSG 是 $\{S_1, S_2, S_3\}$。F 在同一时间被两个客户 C_1 和 C_2 修改。由于网络故障，C_1 仅能访问 S_1 和 S_2（C_1 的 AVSG 是 $\{S_1, S_2\}$），C_2 仅能访问 S_3（C_2 的 AVSG 是 $\{S_3\}$）。

1）起初，F 的 CVV 在 3 个服务器上是相同的，例如 $[1, 1, 1]$。

2）C_1 运行一个进程，它打开 F，修改 F，然后关闭。C_1 的 Venus 进程将一个更新消息广播给它的 AVSG，即 $\{S_1, S_2\}$。最后产生 F 的一个新的版本和 S_1、S_2 上的一个 CVV $[2, 2, 1]$，但在 S_3 上没有任何改变。

3）同时，C_2 运行两个进程，每一个进程都打开 F，修改 F，然后关闭。在每一次修改后，C_2 的 Venus 进程广播一个更新消息到它的 AVSG，即 $\{S_3\}$。最后，产生了 F 的一个新的版本和 S_3 上的一个 CVV $[1, 1, 3]$。

4）在以后的某个时间，网络故障修复，C_2 通过某个例行检查查看 VSG 的不可访问的成员是否变成可访问了（进行这个检查的进程在稍后描述），发现 S_1 和 S_2 现在可达了。故包含 F 的卷修改它的 AVSG 为 $\{S_1, S_2, S_3\}$，并且从新的 AVSG 的所有成员请求 CVV。当它们到达时，C_2 发现 S_1 和 S_2 每一个都有 CVV $[2, 2, 1]$，而 S_3 有 $[1, 1, 3]$。这是一个冲突，需要手工干预以使 F 能以信息丢失最少的方式更新到最新状态。

另一方面，考虑一个相似但是更简单的情况，即事件顺序与上述相同，但删去了第 3 条，所以 F 没被 C_2 修改。S_3 上的 CVV 因此没有变化，还是 $[1, 1, 1]$。当网络故障修复后，C_2 发现 S_1 和 S_2 的 CVV（$[2, 2, 1]$）支配（dominate）了 S_3。S_1 或 S_2 的文件的版本应该替代 S_3 上的文件版本。

在正常的操作中，Coda 的行为和 AFS 相似。一次缓存访问未命中，对于用户而言是透明的，并且仅仅是性能上的问题。在多个服务器上复制某些或全部文件卷，所获得的好处有：

- 对于至少可以访问一个副本的客户，可访问一个复制卷上的文件。
- 通过在具有副本的服务器上共享对一个复制卷的客户请求，系统的性能可以得到提高。

在断链操作（客户不能访问卷中的任何服务器）中，一次缓存访问未命中会阻止进一步的操作，计算被挂起直到重新连接上或用户放弃了进程。因此，在断链操作开始前加载缓存非常重要，这样可以避免缓存访问未命中。

总之，和 AFS 相比，Coda 通过文件在多个服务器上复制和客户能在缓存范围之外操作，改善了可用性。上述两种方法都依赖乐观检测策略的使用，该策略在有网络分区的情况下检测出更新冲突。这两种方法既是相互补充的，又是相互独立的。例如，一个用户可以利用断链操作的好处，即使需要的文件卷被存储在单个服务器上。

更新语义　当客户打开一个文件时 Coda 提供的传播保证比 AFS 要弱，这反映了乐观更新策略的特点。在 AFS 的传播保证中的单个服务器 S 被服务器集合 $\bar{s}$（文件的 VSG）代替，客户 C 可以访问 $\bar{s}$ 的一个子集（C 看到的文件的 AVSG）。

通俗地说，在 Coda 中一个成功的 "open" 提供的保证如下：它从当前的 AVSG 中提供 F 的最近副本，并且如果没有服务器是可访问的，那么如果有一个本地的缓存副本是可用的话，它将被使用。一个成功的 "close" 保证文件已经传播给当前可访问的服务器集合，如果没有可用的服务器，这个文件便被加上标记以便在第一时间传播出去。

考虑到丢失回调的影响，通过扩展在 AFS 中使用的标记，可以产生上述这些保证的更精确的定义。除了最后一个定义外，每个定义都有两种情况：首先，$\bar{s} \neq \varnothing$，指 AVSG 不为空的情景；然后处理断链操作：

在一个成功的 open 之后：	$(\bar{s} \neq \varnothing$ and $($latest$(F, \bar{s}, 0)$
	or$($latest$(F, \bar{s}, T)$ and lostCallback$(\bar{s}, T)$ and
	inCache$(F))))$
	or$(\bar{s} = \varnothing$ and inCache$(F))$
在一个失败的 open 之后：	$(\bar{s} \neq \varnothing$ and conflict$(F, \bar{s}))$
	or$(\bar{s} = \varnothing$ and $\neg$ inCache$(F))$
在一个成功的 close 之后：	$(\bar{s} \neq \varnothing$ and updated$(F, \bar{s}))$
	or$(\bar{s} = \varnothing)$
在一个失败的 close 之后：	$\bar{s} \neq \varnothing$ and conflict$(F, \bar{s})$

|798|

上述模型假定是一个同步系统。T 是客户不知道在其他地方对其缓存中的文件做了一次更新的最长时间，latest$(F, \bar{s}, T)$ 指客户 C 的文件 F 的当前值是最近 T 秒 $\bar{s}$ 的所有服务器中的最新值，与该时刻 F 的拷贝没有冲突。lostCallback$(\bar{s}, T)$ 指在最近 T 秒由 $\bar{s}$ 的一些成员发送了一个回调，但在 C 端没有收到。conflict$(F, \bar{s})$ 指当前 $\bar{s}$ 中的一些服务器上的 F 值有冲突。

访问副本　open 和 close 使用的访问一个文件的副本的策略是 18.5 节所描述的读一个/写所有方法的一个变种。对于 open，如果一个文件的拷贝并不在本地缓存中，客户确定 AVSG 中的一个服务器作为首选服务器。首选服务器可以随机选择，也可以基于性能准则（例如物理上接近或服务器负荷）进行选择。客户从一个首选服务器上请求一个文件属性和内容的拷贝，并且在接收时检查 AVSG 中其他的成员以证实这个拷贝是最新可用版本。如果不是，AVSG 中有最新版本的成员变为首选站点，文件内容将被重新获取，并且告知 AVSG 成员一些成员有过时的副本。当完成读取时，在那个首选服务器上建立一个回调承诺。

当客户的一个文件在修改后关闭时，将使用一个组播远程过程调用协议将它的内容和属性并行传递到 AVSG 的所有成员。这将使一个文件在每个复制站点都有当前版本的可能性最大。它并不确保每个站点都有当前的版本，因为 AVSG 未必包括所有 VSG 成员。正常情况下，通过让客户负责传播文件的修改到各个复制场地，可以将服务器负载减到最小（只有在 open 操作发现一个过时的副本时，才需要服务器帮忙）。

因为在所有的 AVSG 成员中维持回调状态是非常昂贵的，所以回调承诺仅维持在首选服务器上。但这样做引入了一个新的问题：第一个客户的首选服务器并不在另一个客户的 AVSG 中。如果出现这种情况，第二个客户的一个更新将不会导致对第一个客户的回调。下一节将讨论这个问题的解决方法。

缓存一致性　Coda 的传播保证意味着每个客户的 Venus 进程必须在下面事件发生的 T 秒内检测到它们：

- 扩大一个 AVSG（由于一个先前不可访问的服务器变得可访问）。
- 收缩一个 AVSG（由于一个服务器变得不可访问）。
- 回调事件丢失。

为了实现这个目标，Venus 每隔 T 秒发送一个探测消息给已存放在缓存中的文件的 VSG 中的所有服务器。Venus 只能从可访问的服务器那里收到应答。如果 Venus 从一个先前不可访问的服务器收到应答，那么它会扩大对应的 AVSG 并且丢弃相关卷的文件的回调承诺，这样做是因为缓存中的拷贝可能不再是新的 AVSG 中的最新可用版本了。

如果 Venus 不能从一个先前可访问的服务器处接收到应答，那么它收缩对应的 AVSG。并不需要对回调进行修改，除非收缩由丢失一个首选服务器引起，在这种情况下，那个服务器的所有回调承诺必须丢弃。如果一个响应显示已发送了一个回调消息但没有被收到，那么相应文件上的回调承诺将被丢弃。

剩下的问题是，一个服务器没有收到更新，因为该服务器不在执行这个更新的另一个客户的 AVSG 中。为了处理这种情况，Venus 发送一个卷版本向量（卷 CVV）响应每个探测消息。卷版本向量包含一个卷中所有文件的 CVV 的摘要。如果 Venus 检测到卷 CVV 间的任何不匹配，则说明一些 AVSG 成员肯定有一些过时的文件版本。尽管过时的文件可能不是在本地缓存的，但 Venus 使用悲观的假设，它会丢弃所有它持有的相关文件上的回调承诺。

值得注意的是，Venus 只探询持有缓存副本的文件的 VSG 中的所有服务器，一个探询消息用于更新 AVSG 并检查某一文件卷中的所有文件的回调。这（再加上相对大的 T 值（在实验性实现中这个值是在 10 分钟的量级上））意味着探询消息并不是使 Coda 在大量服务器和广域网方面具有可伸缩性的障碍。

断链操作　在短暂的断链期间，诸如由于不可预料的服务干扰而导致的离线，Venus 采用最近最少使用的缓存替代策略，这可能足以避免对断链的文件卷上的缓存不命中。但除非采取另外的策略，否则，一个客户在断链模式下长期工作时不访问不在缓存的文件或目录是不可能的。

因此，Coda 允许用户指定一个文件和目录的优先级表，Venus 应该努力把它们保留在缓存中。最高层的对象被认为是不变的，它们必须时时保持在缓存中。如果本地硬盘足够大，能够容纳所有的高层对象的话，那么用户可一直访问它们。由于要精确地知道某种次序的用户动作将产生什么样的文件访问是非常困难的，因此 Coda 提供了一个工具使得用户能够将动作序列分组；Venus 记录由访问序列生成的文件引用并且为它们标上一个给定的优先级。

在断链操作结束时，开始重新整合过程。对于每个在断链操作期间进行了修改、创建或删除的缓存文件或目录来说，Venus 执行一系列更新操作以使得 AVSG 副本和缓存拷贝相同。重新整合从每个缓冲文件卷的根起自顶向下进行。

在重新整合期间，由于其他客户更新了 AVSG 副本，因此可能会检测到冲突。一旦发生了这样的情况，缓存的拷贝被存储在服务器上的一个临时位置，并且通知发起重新整合的用户。这种方法基于 Coda 采用的设计理念：Coda 分配给基于服务器的副本的优先级要高于缓存中的拷贝的优先级。临时拷贝存储在一个合作卷中，它和服务器上每一个卷相关。合作卷很像传统 UNIX 系统中的 lost + found 目录。合作卷仅镜像部分用于存放临时数据的文件目录结构。它并不怎么需要额外的存储，因为合作卷几乎总是空的。

性能　Satyanarayanan 等［1990］用仿真典型 AFS 用户（从 5 个到 50 个）的基准负载，比较了 Coda 和 AFS 的性能。

如果没有复制，AFS 和 Coda 的性能没有太大的差别。若采用复制三次的策略，Coda 在 5 个典型用户负载的基准下，完成负载的时间只超过无复制的 AFS 5%，但是，同样是三次复制，在 50 个典型用户的负载基准下，Coda 完成负载的时间增加了 70%，对无复制的 AFS，完成负载的时间只增加了 16%。这个差别部分归因于与复制相关的开销，优化实现上的不同也是造成性能差异的原因。

讨论　上面我们指出 Coda 和 Bayou 相似之处在于 Coda 也使用了乐观方法以获得高可用性（尽管它们在其他一些方面不同，不仅仅是因为一个管理文件而另一个管理数据库）。我们也描述了 Coda 如何使用 CVV 检查冲突，不用考虑存储在文件中的数据的语义。这个方法可以检测潜在的写 – 写冲突但不能检查读 – 写冲突。之所以说是 "潜在" 的写 – 写冲突，是因为在应用语义的层次上来说，可能并不存在实际的冲突：客户可能无冲突地更新了文件中的不同的对象，因此一个简单的自动合并将是可能的。

Coda 所用的语义无关的冲突检测和手工解决的方法在许多情况下是可行的，尤其在需要人为判断的应用或者是没有数据语义知识的系统中。

目录是 Coda 的一个特殊情况。在冲突解决中自动地维持这些关键对象的完整性是有可能的，因为它们的语义相对简单：目录发生的变化只有目录项的插入和删除。Coda 用它自己的方法解决目录问题。它与 Bayou 的操作变换方法有相同的效果，但是 Coda 直接合并相互冲突的目录的状态，因为它没有记录客户完成的操作。

Dynamo 中的复制　16.7 节介绍了 Dynamo 存储服务，该服务被 Amazon 用于仅需要键/值访问的购物车等应用中。在 Dynamo［DeCandia et al. 2007］中，数据被分区和复制，所有的更新最终会到达所有的副本。

类似 Bayou 和 Coda，Dynamo 使用了乐观复制技术，所有更新被允许并发地在后台传播到副本，能在断链的情况下工作。这个方法会导致有冲突的变更，这些变更必须被检测和解决。

在 Dynamo 中，写总是被接受并被写成不变的版本，这样，顾客总是能在他们的购物车中增加和删除条目。

向量时间戳被用于决定相同对象的不同版本的因果序。时间戳的比较参见 14.4 节的描述。当一个版本的向量时间戳比另一个小时，丢弃较早的版本。否则，两个版本相冲突，必须要解决冲突。两个版本的数据都被存储并作为读操作的结果提供给客户。

客户负责解决冲突。Dynamo 提供类似 Bayou 的应用层方法和类似 Coda 的系统层方法。前一个方法用于购物车，那里相冲突版本的所有 "增加条目" 操作被合并，有时，一个被删除的条目会再次出现。当应用语义不能用时，Dynamo 使用简单的基于时间戳的解决方法——具有大的物理时间戳值的对象被选为正确的版本。

801

18.5　复制数据上的事务

到目前为止，在我们考虑的系统中，客户只在对象的复制集合上一次请求一个单独的操作。第 16 章和第 17 章解释了事务是一个或多个操作的序列，并具有 ACID 性质。对 18.4 节中的系统，事务系统中的对象可以通过复制来提高可用性和性能。

对客户而言，复制对象上的事务看上去应该和没有复制的对象的事务一样。在无复制的系统中，事务以某种次序执行一次。这是通过确保客户事务的交错执行是串行等价的来实现的。作用于复制对象的事务应该和它们在一个对象集上的一次执行具有一样的效果。这种性质叫做单拷贝串行化（one-copy serializability）。该性质与顺序一致性非常相似，但不能混淆。顺序一致性考虑有效的执行，并不考虑将客户的操作组合成一个事务。

每一个副本管理器为它自己的对象提供并发控制和恢复。本节假定用两阶段加锁实现并发控制。

一个副本管理器出现故障，不能再提供服务，但是同一个副本管理器集合中的其他成员在它不可用的时候，继续提供服务，这使恢复问题变得复杂。当副本管理器从故障中恢复后，考虑到在它不可用期间发生的所有变化，它需要从别的副本管理器获取信息以恢复对象的当前值。

本节首先介绍处理复制数据的事务的体系结构。体系结构上的问题包括：一个客户请求能否寻址到副本管理器中的任一个；为了成功完成一个操作需要多少副本管理器；是否某个客户相连的副本管理器能够推迟转发请求，直到事务提交；以及如何实现两阶段提交协议。

单拷贝串行化的实现可以通过读一个/写所有来说明。这是一个简单的复制方案，其中读操作由一个副本管理器完成，写操作由所有的副本管理器执行。

本节接着讨论服务器崩溃和恢复时如何实现复制方案，并介绍了读一个/写所有复制方案的一个变种，即可用拷贝复制方法——读操作由任何一个副本管理器完成，写操作由所有当前可用的副本管理器执行。

最后，本节提出了三种复制方案。在出现网络分区，副本管理器集合被分为子组时，这三种方案均可正确工作。

- 带验证的可用拷贝：在每一个分区中应用可用拷贝复制，当修复分区后，通过一个验认过程来处理任何不一致情况。
- 法定数共识：每个子组必须是一个法定组（意味着它有足够的成员），以便在出现分区时能够继续提供服务。当分区修复后（并且当一个副本管理器在故障后重新启动时），副本管理器通过恢复过程获得它们的最新对象。
- 虚拟分区：法定数共识和可用拷贝的结合。如果一个虚拟分区有一个法定组，它就能使用可用拷贝复制。

18.5.1 复制事务的体系结构

在前面几节已考虑的系统范围中，一个前端可以将客户请求组播到副本管理器组或发送请求到某个副本管理器，这个副本管理器负责处理请求并响应客户。Wiesmann 等［2000］、Schiper 和 Raynal［1996］考虑了组播请求的情况，我们在此不再赘述。从现在开始，我们假定前端发送客户请求到一个逻辑对象的副本管理器组中的某一个副本管理器。在主拷贝（primary copy）方法中，所有前端和一个"主"副本管理器通信来执行某个操作，由这个副本管理器负责更新备份。另一种方法是，前端可以和任何一个副本管理器通信来执行某个操作，但是这种情况下副本管理器之间的协调问题更加复杂。

收到针对特定对象执行操作请求的副本管理器负责协调组中具有那个对象拷贝的其他副本管理器。至于需要多少数量的副本管理器才能成功地完成一个操作，不同的复制方案有不同的规则。例如，在读一个/写所有方案中，read 请求可以由单个副本管理器来执行，而 write 请求必须由组中所有副本管理器来执行，如图 18-9 所示（不同对象可以有不同数目的副本）。法定数共识方案用来降低执行一个更新操作所必需的副本管理器的数目，但它的代价是增加了执行只读操作的副本管理器的数目。

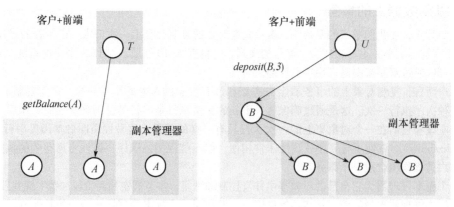

图 18-9 复制数据上的事务

另一个问题是和前端联系的副本管理器是否应该延迟转发更新请求到别的管理器，直到一个事务提交为止，即所谓的更新传播的惰性方法；或者相反，是否副本管理器应该在它提交事务以前将每一个更新请求转发到所有的管理器——及时方法。惰性方法是一个很好的选择：它降低了响应更新客户之前发生的副本管理器之间的通信量。但是在该方法中，需要仔细考虑并发控制。惰性方法有时用在主拷贝复制中（见下文），主副本管理器可将事务串行化。但如果几个不同的事务试图访问某对象在一个组中不同管理器上的副本时，为了确保事务能在所有的副本管理器上正确执行，每一个副本管理器必须知道其他管理器的执行情况。此时，及时方法是唯一可用的方案。

两阶段提交协议　两阶段提交协议现在变成两层嵌套的两阶段提交协议。与以前一样，一个事务的协调者和其他参与者进行通信。但是，如果协调者或参与者是一个副本管理器时，那么它将和其他的副本管理器通信，它将在事务期间发送请求给这些副本管理器。

简而言之，在第一阶段，协调者发送"canCommit?"给参与者，参与者再将这个消息传递给其他副本管理器，并在回答协调者之前收集它们的应答。在第二阶段，协调者发送"doCommit"或"do-Abort"请求，这个请求将传递给副本管理器组成员。

主拷贝复制　主拷贝复制可用在事务环境。在这个方案中，所有的客户请求（不管是否只读）直接送到一个主副本管理器（见图18-3）。对于主拷贝复制，并发控制被应用于主副本管理器上。当提交一个事务时，主副本管理器和备份副本管理器通信，然后用及时方法应答用户。这种形式的复制可以在主副本管理器出故障时，由一个备份副本管理器一致地接管它。在惰性方法中，主副本管理器在它更新备份前就响应前端。此时，一个替代了故障前端的备份副本管理器未必有数据库的最新状态。

读一个/写所有　我们使用这个简单的复制方案来说明如何通过每个副本管理器上的两阶段加锁来获得单副本串行化，这里，前端可以和任何副本管理器通信。每一个write操作必须在任何副本管理器上执行，副本管理器在操作影响到的每个对象上加一个写锁。每个read操作由单个副本管理器执行，该副本管理器在受此操作影响的对象上加一个读锁。

考虑在同一对象上的不同事务的两个操作：任何两个write操作需要在所有副本管理器上请求冲突锁；一个read操作和一个write操作将请求一个副本管理器上的冲突锁。结果，获得了单副本串行化。

18.5.2　可用拷贝复制

简单的读一个/写所有复制并不是一个现实的方案。因为当副本管理器因为崩溃或发生通信故障而变得不可用时，这种方案就不可能实现。可用副本复制方案允许某些副本管理器暂时不可用。这个方案是客户对一个逻辑对象的read请求可以由任何可用的副本管理器执行。但是一个客户的更新请求必须由具有那个对象副本的拷贝管理器组中的所有可用副本管理器执行。"副本管理器组中可用成员"的概念和18.4.3节描述的Coda中的可用卷存储组非常相似。

在正常情况下，一个正常工作的副本管理器接收并执行客户的请求。read请求可由收到请求的副本管理器执行。write请求由收到请求的副本管理器和组中其他可用的副本管理器执行。例如，在图18-10中，事务 T 的getBalance操作由 X 执行，而它的deposit操作由 M、N 和 P 执行。每个副本管理器上的并发控制影响本地执行的操作。例如，在 X 上，事务 T 已经读了 A，因此事务 U 并不允许用deposit操作来更新 A，直到事务 T 完成为止。只要可用的副本管理器集没有变化，本地的并发控制将和读一个/写所有复制一样可获得单拷贝串行化。遗憾的是，如果相冲突的事务在进行过程中，副本管理器出了故障或正在恢复，那么就不是这种情况了。

副本管理器故障　我们假定副本管理器的故障是良性崩溃。崩溃的副本管理器被一个新的进程取代，它用一个恢复文件来还原对象的提交状态。前端使用超时检查来判断某个副本管理器当前是否可用。当一个客户发送一个请求到一个已崩溃的副本管理器后，前端将会超时，并重新尝试将请求发送到组中的另一个副本管理器。如果请求被某个副本管理器接收，但由于副本管理器尚未完全从故障中恢复而导致对象数据过时，副本管理器将拒绝请求，这时前端将重新发送请求到组中的另一个副本管理器。

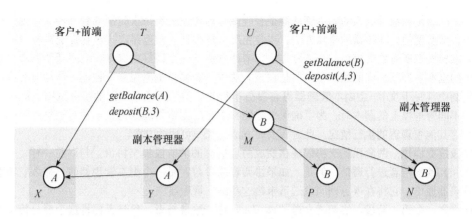

图 18-10 可用的副本

单拷贝串行化要求崩溃和恢复就事务而言是串行化的。根据是否能够访问某个对象，一个事务能够判断在事务完成之后还是在事务启动之前存在故障。当不同的事务观察到相互冲突的故障情况时，将无法获得单拷贝串行化。

考虑图 18-10 中的情况，副本管理器 X 在 T 已经执行了 getBalance 之后出故障，副本管理器 N 在 U 完成 getBalance 后出现故障。假定在 T 和 U 执行 deposit 操作以前副本管理器 X 和 N 出现故障。这暗示着 T 的 deposit 将在副本管理器 M 和 P 上执行，U 的 deposit 将在副本管理器 Y 上执行。但是，副本管理器 X 上对于 A 的并发控制并不会阻止事务 U 在副本管理器 Y 上更新 A。同样，副本管理器 N 上对 B 的并发控制也不会阻止 T 在副本管理器 M 和 P 上更新 B。

这种现象与单拷贝串行化需求是相违背的。如果这些操作在对象的单一拷贝上执行，那么它们应该是可串行化的，即要么事务 T 在 U 之前执行，要么 T 在事务 U 之后执行。这保证一个事务可以读取另一个事务设置的值。对象拷贝的本地并发控制不足以在可用拷贝复制方案中保证单副本串行化。

由于 write 操作直接作用于所有可用的拷贝上，所以，本地并发控制确实能保证在一个对象上的冲突写是可串行化的。与此相反，一个事务的 read 操作和另一个事务的 write 操作未必影响对象的同一个拷贝。因此，该方案需要额外的并发控制方法以防止一个事务的 read 操作和另一个的 write 操作相互依赖而形成一个环。如果故障和对象副本的恢复对事务而言是串行化的，那么不会产生这样的依赖。

本地验证 我们把额外的并发控制过程称为本地验证。本地验证用来确保任何故障或恢复事件不会在事务的执行过程中发生。在我们的例子中，当 T 已经对 X 上的一个对象进行了 read 操作，X 的故障一定出现在 T 完成以后。同样的，当 T 试图更新对象时发现 N 出了故障，那么 N 的故障一定在 T 之前出现，即：

N 出故障→T 在 X 上读对象 A；T 在 M 和 P 上写对象 B→T 提交→X 出故障

同样对事务 U 而言，有：

X 出故障→U 在 N 上读对象 B；U 在 Y 上写对象 A→U 提交→N 出故障

本地验证过程确保两个这样的不相容的序列不会同时发生。在一个事务提交以前，它检查事务已访问的副本管理器的任何故障（和恢复）。在上面的例子中，T 通过检查发现 N 仍然不可用，而 X、M 和 P 仍然可用。在这种情况下，T 能够提交。这暗示着在 T 验证之后、U 验证之前 X 出现故障。换言之，U 的验证是在 T 的验证之后进行的。U 验证失败是因为 N 已经出现故障。

每当某个事务发现故障时，本地验证过程将试图和发生故障的副本管理器通信来确信它们仍然没有恢复。本地验证过程的其他部分用于测试访问对象时，副本管理器是否发生故障，这些部分操作可以并入两阶段提交协议中。

当正常工作的副本管理器不能和另外的副本管理器通信时，可用拷贝算法不能使用。

18.5.3　网络分区

复制方案需要考虑网络分区的可能性。网络分区将一个副本管理器组分为两个或更多的子组，在这种情况下，一个子组中的成员可相互通信，但不同子组中的成员不能通信。例如，在图 18-11 中，收到 deposit 的副本管理器不能将其发送给收到 withdraw 请求的副本管理器。

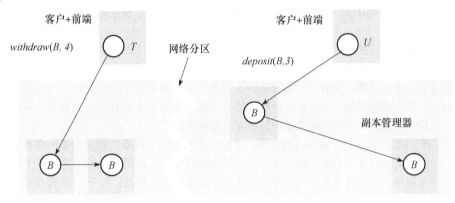

图 18-11　网络分区　807

复制方案的设计基于这样的假定：网络分区最终将被修复。因此，单个分区中的副本管理器必须保证在分区期间它们执行的任何请求在分区修复后不会造成不一致。

Davidson 等［1985］讨论了多种不同的方法。按照是否容易发生不一致，这些方法可分为乐观方法和悲观方法。乐观方法在分区期间不限制可用性，然而悲观方法却对此有所限制。

乐观方法允许在所有的分区中进行更新——这可能会导致分区的不一致，该问题必须在分区修复后解决。这种方法的一个例子是可用拷贝算法的一个变种，即在分区中允许进行更新，并且当分区恢复时，对更新加以验证——任何违背单拷贝串行化准则的更新将被丢弃。

即使没有分区，悲观算法也对可用性有所限制，但它阻止了在分区时任何不一致的产生。当一个分区恢复时，所要做的是更新对象的拷贝。法定数共识方法是悲观方法，它允许在大多数副本服务器所在分区中进行更新并当分区修复时将更新传给其他的副本管理器。

18.5.4　带验证的可用拷贝

可用副本算法可在每一个分区内使用。这种乐观方法即使在分区期间也可以维持正常水平的 read 操作的可用性。当一个分区被修复后，需要对发生在不同分区中的可能相互冲突的事务进行验证。如果验证失败，必须采取一些步骤来克服这种不一致。如果没有发生分区，相互冲突的两个事务之一将被延迟或放弃。遗憾的是，当分区存在时，冲突的事务已经被允许在不同的分区中提交。这种情况发生后的唯一选择就是放弃其中的一个事务。这需要在对象中进行某些变化，甚至在某些情况下要补偿现实世界中的影响，例如银行的账户透支。当能采取这种补偿行为时，乐观方法才是可行的。

可利用版本向量来验证相互冲突的 write 操作。这些方法在 18.4.3 节中已经描述过，并且已被用于 Coda 文件系统中。这种方法并不能检测到读 – 写冲突，但在事务多是访问单个文件并且读 – 写冲突不重要的文件系统中，这种方法能够很好地工作。它并不适合类似银行例子这类应用，因为对这种应用而言，读 – 写冲突很重要。

Davidson ［1984］使用前驱图（precedence graph）来检测分区间的不一致。每一个分区维持着一个受事务 read 和 write 操作影响的对象的日志。这个日志用来构建一个前驱图，图的结点是事务，它的边代表事务 read 和 write 操作之间的冲突。这样一个图应该不包含任何环，因为并发控制已经应用于分区中。验证过程取出分区的前驱图并在不同分区中的事务之间加上代表冲突的边。如果最终的图包含了环，那么验证失败。

18.5.5 法定数共识方法

一种阻止分区中的事务产生不一致的方法是制定一个规则，使操作只能在某一个分区中进行。由于不同分区中的副本管理器不能相互通信，因此每一个分区中的副本管理器子组必须独立地决定它们是否能进行操作。法定数是一个副本管理器子组，它的大小使它具有执行操作的权利。例如，如果拥有大多数成员是一个标准的话，那么含大多数成员的子组可形成一个法定组，因为其他的子组不会拥有大多数成员。

在一个法定数共识的复制方案中，一个逻辑对象上的更新操作可以成功地被副本管理器组中的一个子组完成。该子组的其他成员将拥有对象的过时的拷贝。版本号或时间戳可以用来决定拷贝是否是最新的。如果使用版本的话，那么，对象的初始状态是第一个版本，并且经过每一个变化后，我们有一个新的版本。每个对象的每个拷贝有一个版本号，只有最新的版本拥有当前版本号，而过时的副本有一个较早的版本号。操作应该只被应用于具有当前版本号的拷贝。

Gifford［1979a］开发了一个文件复制方案，其中一定数量的"选票"被分配给一个逻辑文件在副本管理器上的每个物理拷贝。选票可以看成是一个对使用特定拷贝的需求度的权重。每个 read 操作必须在它对任何最新拷贝进行读之前，先获得一个有 R 个选票的读法定数，每个 write 操作必须在它进行更新操作之前，获得一个有 W 个选票的写法定数。其中，对一个副本管理器组，R 和 W 的设置要满足下面条件：

$W >$ 总选票的一半

$R + W >$ 组选票的总数

这就确保了任何一对（由一个读法定数和一个写法定数或两个写法定数组成），一定包含相同的拷贝。因此，在分区出现时，不可能在不同的分区中进行同一拷贝上的冲突操作。

为了进行一个 read 操作，首先必须通过足够多的版本号查询来发现一组拷贝，从而收集一个读法定数，选票的数量不得少于 R。并不要求所有这些拷贝都是最新的。由于每个读法定数和每个写法定数存在重叠，每个读法定数必定至少包括一个当前拷贝。read 操作可在任何最新的拷贝上执行。

为了进行一个 write 操作，首先必须通过足够多的版本号查询来收集一个写法定数，法定数中的成员必须具有最新的拷贝，并且选票的数量不得少于 W。如果没有足够的最新拷贝，那么一个非当前的文件会被一个当前文件的拷贝所替代，以使法定数得以建立。由写法定数中的每个副本管理器进行write 操作中指定的更新，增加所有对象副本的版本号，write 操作的完成要报告给客户。

然后，在剩下可用的副本管理器中的文件由写操作以后台任务方式进行更新。任何副本管理器，如果它的文件拷贝的写版本号比写法定数拥有的文件拷贝的版本号旧时，那么它上的这个文件整个由来自最新更新过的副本管理器的一个副本替换掉。

在 Gifford 的复制方案中，两阶段读–写加锁可以用来进行并发控制。用准备的版本号查询来获得读法定数 R 时，使得每个联系到的副本管理器都被设置了一个读锁。当在写法定数 W 中执行 write 操作时，每个被涉及的副本管理器上设置了一个写锁（这里，锁被用在与版本号一样的粒度）。由于一个读法定数和一个写法定数重叠，并且两个写法定数也重叠，因此这些锁保证了单拷贝串行化。

副本管理器组的配置能力 加权投票算法的一个重要性质是副本管理器组能够通过配置来提供不同的性能或可靠性。一旦通过它的选票配置得到一个副本管理器组的可靠性和性能，write 操作的可靠性和性能的提高可以通过减少 W 而得以增加，同样可以通过减少 R 来提高 read 操作的可靠性和性能。

该算法既允许使用客户机本地磁盘的文件拷贝，也允许使用文件服务器上的文件。客户机上的文件拷贝被认为是弱代表（weak representative），并且总是给它们分配 0 个选票。这就确保它们不会包含在任何法定数中。一旦获得了某个读法定数，一个 read 操作就可以在任何最新的拷贝上执行。因此，如果一个文件的本地拷贝是最新的，则读操作可以在该拷贝上执行。弱代表能用来加快 read 操作速度。

Gifford 的例子 Gifford 给出了三个例子，这三个例子通过给一个组上的不同副本管理器分配权重

和分配适当的 R 和 W，从而显示出不同的特性。现在基于下面的表再现 Gifford 的例子。阻塞概率表示在进行一个读或写操作时，不能获得法定组的概率。假设在发请求时，任何副本管理器不可用的概率均为 0.01。阻塞概率据此计算。

例 1 用来在一个有若干弱代表和单个副本管理器的应用中，配置一个具有高读写率的文件。复制用来提高系统的性能，而不是可靠性。局域网上有一个副本管理器，它可以在 75ms 内被访问。两个客户已经选择在它们的本地磁盘上做弱代表，它们能在 65ms 内访问，结果导致了低延时和更少的网络流量。

例 2 用来配置一个有中等读写率的文件，该文件主要通过局域网被访问。局域网上的副本管理器被分配两个选票，远程网络上的每个副本管理器被分配一个选票。读可以在本地副本管理器上执行，但写操作必须访问本地副本管理器和一个远程副本管理器。如果本地副本管理器出现故障，文件在只读模式下仍然是可用的。客户为了获得更低的读延时，可以创建本地的弱代表。

例 3 用来配置一个具有非常高读写率的文件，例如在一个具有三副本管理器环境下的系统目录。客户能从任何副本管理器上读，文件不可用的概率很低。更新必须作用于所有的拷贝。同样，为了降低读操作延时，客户可以在本地机器上创建弱代表。

		例 1	例 2	例 3
延迟	副本1	75	75	75
（ms）	副本2	65	100	750
	副本3	65	750	750
选票配置	副本1	1	2	1
	副本2	0	1	1
	副本3	0	1	1
法定数大小	R	1	2	1
	W	1	3	3
文件包得到的性能				
读	延迟	65	75	75
	阻塞概率	0.01	0.0002	0.000 001
写	延迟	75	100	750
	阻塞概率	0.01	0.0101	0.03

法定数共识方法的主要缺点是，由于需要从 R 个副本管理器中收集一个读法定数，因此 read 操作的性能被降低了。

Herlihy [1986] 为抽象数据类型扩展了法定数共识方法。这种方法允许考虑操作的语义，因此提高了对象的可用性。Herlihy 的方法使用时间戳而不是版本号，这样做的好处是不需要为了在执行一个写操作前得到一个新版本号而进行版本号查询。Herlihy 声称的主要好处是使用语义知识可以提高法定组选择的数量。

Dynamo 中的法定数共识 Dynamo 使用类似法定数的方法来维护副本之间的一致性。与 Gifford 模式一样，读和写操作必须分别用 R 和 W 个结点，并且 $R + W > N$。在 Dynamo 中，N 是有副本的结点的数。W 和 R 的值影响可用性、持续性和一致性。DeCandia 等 [2007] 认为 Dynamo 中一个常规配置是 $[N, R, W] = [3, 2, 2]$。

在分区的情况下，Gifford 的法定数仅能在一个"大多数"分区上操作。但 Dynamo 使用"马虎的法定数"，该法定数与 N 个结点相关，副本被存在替代结点上，在目标结点恢复时，由替代结点传递值。

18.5.6　虚拟分区算法

该算法由 El Abbadi 等 [1985] 提出，结合了法定数共识和可用拷贝两种算法。当出现分区时，法定数共识能够正确地工作，而可用拷贝对于 read 操作的代价更低。虚拟分区（virtual partition）是真实

分区的一个抽象，包含了一个副本管理器的集合。注意，术语"网络分区"是指将副本管理器分成许
多部分的屏障，而术语"虚拟分区"是指这些部分本身。尽管它们并不通过组播通信相连接，但虚拟
分区还是很像18.2.2节介绍的组视图。如果虚拟分区包含充足的副本管理器而具有访问对象的读法定
数和写法定数，那么一个事务能在该虚拟分区中操作。在这种情况下，这个事务使用可用拷贝算法，
这样做的好处是read操作只要访问某个对象的单一拷贝，因此可以通过选择"最近"的拷贝来提高性
能。如果一个副本管理器发生故障，并且在事务执行期间内虚拟分区发生变化，那么这个事务将被放
弃。由于所有存活的事务以同样的次序发现副本管理器的故障和恢复，从而确保了事务的单拷贝可串
行化。

每当虚拟分区的一个成员检测到它不能访问其他成员时（例如，当一个write操作没被确认时），
它试图创建一个具有读、写法定数的新虚拟分区。

例如，设想有4个副本管理器 V、X、Y 和 Z，每一个副本管理器都有一个选票，并且写和读法定
数是 $R=2$ 和 $W=3$。开始，所有的副本管理器可相互连接。只要它们相连，它们就能使用可用副本算
法。例如，一个事务 T 由read操作后紧跟着write操作组成，它将在一个副本管理器（如 V）上执行
read操作，并且所有的4个副本管理器上进行write操作。

假设事务 T 开始在 V 上执行read操作时，V 仍和 X、Y、Z 相连。假设发生了如图18-12所示的网
络分区，V、X 在一部分，Y、Z 各在不同的分区。然后，当事务 T 试图执行write操作时，V 将注意到
它已不能连接到 Y 和 Z 了。

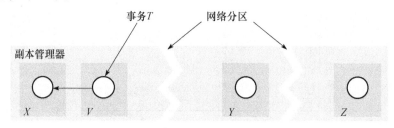

图18-12 两个网络分区

当一个副本管理器不能和它先前连接的副本管理器相连时，它不断地尝试，直到它可以创建一个
新的虚拟分区为止。例如，V 将不断试图连接 Y 和 Z，直到它们中的一个或两个回应它为止，像
图18-13所示 Y 能被访问那样。副本管理器 V、X 和 Y 组成了一个虚拟分区，因为它们足以形成读法定
组和写法定组。

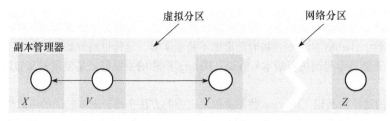

图18-13 虚拟分区

在一个事务执行期间（例如事务 T 已经在一个副本管理器上执行了一个操作），这时创建了一个
新的虚拟分区，那么这个事务必须放弃。此外，一个新的虚拟分区内的副本必须通过拷贝其他副本来
进行更新。可以使用与在Gifford的算法一样的版本号来决定哪个拷贝是最新的。所有的副本必须是最
新的，因为read操作在任一个副本上执行。

虚拟分区的实现 每个虚拟分区都有一个创建时间、一个潜在成员的集合和一个实际成员的集合。
创建时间是逻辑时间戳。虚拟分区的实际成员具有相同的创建时间和成员关系（一个它们可以与之通
信的副本管理器的共享视图）。例如，在图18-13中，潜在的成员是 V、X、Y、Z，而实际的成员是 V、
X 和 Y。

一个新虚拟分区的创建可以由一个合作协议来实现。这个协议由发起协议的那些副本管理器可访问的潜在成员来执行。几个副本管理器可能同时试图创建一个新的虚拟分区。例如,设想在图 18-12 中的副本管理器 Y、Z 不断地试图连接其他的副本管理器,一段时间以后,网络分区部分获得恢复,虽然 Y 不能和 Z 通信,但是两个组 V、X、Y 和 V、X、Z 却能相互通信。此时存在的一个危险是创建两个相互重叠的虚拟分区,如图 18-14 中的 V_1 和 V_2。

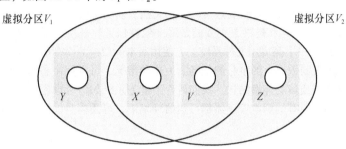

图 18-14　两个重叠的虚拟分区

考虑在两个虚拟分区中执行不同事务的影响。在 V、X、Y 中的事务的读操作可能被应用于副本管理器 Y 上,在这种情况下,它的读锁将不会和另一个虚拟分区中事务的写操作设置的写锁相冲突。重叠虚拟分区和单副本串行化相违背。

协议的目标是创建一个一致的新虚拟分区,即使在协议期间发生了真正的分区。创建一个新虚拟分区的协议有两个阶段,参见图 18-15。

阶段1:
· 发起者发送一个Join请求给每个潜在的成员。Join的参数是一个用于新虚拟分区的逻辑时间戳。
· 当某个副本管理器收到Join请求后,它比较请求的逻辑时间戳和自己当前虚拟分区的时间戳:
　—如果请求中的逻辑时间戳大,那么它同意加入并回复Yes。
　—如果请求中的逻辑时间戳小,那么它拒绝加入并回复No。
阶段2:
· 如果发起者收到了足够的Yes应答,从而获得读和写法定数,那么它通过发送一个 Confirmation消息给同意加入的站点来创建一个新的虚拟分区。该虚拟分区的创建时间戳和实际成员列表以参数形式发送。
· 收到Confirmation消息的副本管理器加入新虚拟分区,并记录它的创建时间戳和实际成员列表。

图 18-15　创建一个虚拟分区

一个在阶段 1 回复 Yes 的副本管理器并不属于一个虚拟分区,直到它在阶段 2 中收到相应的 Confirmation 消息为止。

在上面的例子中,图 18-12 中显示的副本管理器 Y、Z 都试图创建一个虚拟分区,具有较高逻辑时间戳的副本管理器,最终创建一个虚拟分区。

当分区并不经常发生时,这是一个有效的方法。在一个虚拟分区内,每个事务使用可用副本算法。

18.6　小结

复制对象是在分布式系统中获得具有高性能、高可用性和容错性质的服务的重要手段。我们描述了复制服务的体系结构,其中副本管理器掌管着对象的副本,前端使得复制对客户透明。客户、前端和副本管理器既可以是分开的进程,也可以在同一个地址空间中。

本章首先阐述了系统模型,其中每个逻辑对象都由一组物理副本来实现。可以通过组通信来非常方便地更新这些副本。我们扩展了组通信内容,以包括组视图和视图同步通信。

我们定义了线性化能力和顺序一致性作为容错服务的正确性准则。这些准则表达了即使这些对象是复制的,服务必须怎样保证它们与逻辑对象集合的单个映像等价。最有实际意义的准则是顺序一致性。

在被动（主备份）复制中，通过直接将所有请求发送到一个选出的副本管理器，并在其出故障时选出一个备份副本管理器代替它，便可以获得容错。在主动复制中，所有的副本管理器独立地处理所有的请求。通过组通信，可以方便地实现这两种复制形式。

814

我们接下来考虑了高可用性服务。闲聊和 Bayou 都允许客户在发生网络分区时在本地副本上进行更新。在任一系统中，副本管理器在恢复连接时相互交换更新。闲聊以松弛因果一致性的代价来获得它所具有的最高的可用性。Bayou 提供了更强的最终一致性保证，采用了自动冲突检测以及操作变换技术来解决冲突。Coda 是一个高可用文件系统，它使用版本向量检测潜在的更新冲突。

最后，我们考虑了复制数据上的事务的性能。为这种情况，可以用主备份体系结构，也可以用前端可以与任何副本管理器通信的体系结构。我们讨论了事务系统如何考虑副本管理器出现故障和网络分区。即使在某些并不是所有的副本管理器都可达的环境下，可用拷贝、法定数共识和虚拟分区的技术仍能使事务中的操作继续进行。

练习

18.1　三台计算机一起提供一个复制服务。制造商声称每一台计算机平均 5 天出一次故障；一次故障一般需要 4 小时才能修复。那么这项复制服务的可用性如何？　（第 766 页）

18.2　试解释为什么一个多线程的服务器不能看成是一个状态机。　（第 768 页）

18.3　在一个多用户的游戏中，多个玩家在一个公用屏幕上移动游戏人物。游戏的状态被复制到玩家各自的工作站和一台服务器上，这个服务器包含从全局上控制游戏的服务，例如碰撞检测等。更新被组播给所有的副本。考虑下列条件：

　　1）这些游戏人物之间可能相互射弹，并且一次打击会使不幸的击中者变得虚弱。那么这里需要什么类型的更新次序？提示：请考虑"投掷"、"碰撞"和"复活"等事件。

　　2）玩家可能使用一个外接的操作设备来玩这个游戏，那么对这个设备的"捡起设备"操作需要什么样的次序？　（第 770 页）

18.4　一个路由器将进程 p 与另外两个进程 q 和 r 分开。p 组播消息 m 后路由器就出现故障。如果组通信系统是视图同步的，接下来进程 p 将会怎样？　（第 773 页）

18.5　给你一个具有全序组播操作的组通信系统和一个故障检测器。是否能够只利用这些组件，来构造一个视图同步组通信系统？　（第 773 页）

18.6　看一下同步有序的组播操作，其传递排序语义和视图同步组通信系统中的传递视图的语义相同。在某个服务中，操作之间是因果排序的。该服务支持一个列表中的多个用户在这个服务上执行操作。试解释为什么从列表中删除用户应该是同步有序操作？　（第 773 页）

815 18.7　由状态迁移引起的一致性问题是什么？　（第 774 页）

18.8　对象 o 上的一个操作 X 引起 o 调用另一个对象 o'。现在打算复制 o 而不是 o'。解释由于涉及在 o' 上的调用而引起的问题，并给出一个解决方案。　（第 773 页）

18.9　试解释线性化和顺序一致性之间的不同。一般情况下，为什么在实现中后者更实际些？

（第 777 页）

18.10　在被动复制系统中，试解释为什么允许备份继续处理读操作会导致顺序一致性，而不是线性化执行？　（第 780 页）

18.11　闲聊体系结构能够应用于练习 18.3 描述的分布式游戏吗？　（第 783 页）

18.12　在闲聊体系结构中，为什么一个副本管理器需要保持一个"副本"时间戳和一个"值"时间戳？　（第 786 页）

18.13　在闲聊系统中，前端有一个向量时间戳 (3, 5, 7)，代表着它从一个有三个副本管理器的组中的成员接收到的数据。相应的，这三个副本管理器分别有向量时间戳 (5, 2, 8)、(4, 5, 6) 和 (4, 5, 8)。哪一个或哪一些副本管理器能立刻满足前端发出的一个查询？前端最后的时间戳是什么？哪一个副本管理器能立刻从前端合成一个更新？　（第 788 页）

18.14　试解释为什么让某些副本管理器只读就可以提高闲聊系统的性能？　　　　　　　（第792页）

18.15　对于一个简单的房间预定应用，写出（如 Bayou 中使用的）依赖性检查和合并过程的伪代码。
　　　　　　　　　　　　　　　　　　　　　　　　　　　　　　　　　　　　　（第793页）

18.16　在 Coda 文件系统中，为什么在更新多个服务器上一个文件副本时，有时需要用户手工干预？
　　　　　　　　　　　　　　　　　　　　　　　　　　　　　　　　　　　　　（第800页）

18.17　请设计一种方案来集成文件系统目录的两个副本，它们能够在断链操作下执行单独的更新。试使用 Bayou 的操作变换方法或者 Coda 方法。　　　　　　　　　　　　　　　　（第801页）

18.18　在数据项 A 和 B 上应用可用副本复制，因此具有副本 A_x、A_y 和 B_m、B_n。事务 T 和 U 定义如下：

T:Read(A);Write(B,44);U:Read(B);Write(A,55)

假定在副本上应用两阶段加锁，设计一个 T 和 U 的交错序列。解释为什么在 T 和 U 的执行中出现副本故障时，只用锁不能确保单副本串行化。利用这个例子来解释本地验证是如何确保单副本串行化的。　　　　　　　　　　　　　　　　　　　　　　　　　　　（第805页）

18.19　Gifford 的法定数共识复制在服务器 X、Y 和 Z 上使用，这些服务器都有数据项 A 和 B 的副本。A 和 B 副本的初始值是100，并且在 X、Y 和 Z 上 A 和 B 的选票是1。同样对于 A 和 B，$R = W = 2$。一个客户读 A 的值然后将它写到 B 上。

　1）当客户执行这些操作时，出现了一个分区，将服务器 X 和 Y 与服务器 Z 分隔开了。描述当客户能访问服务器 X 和 Y 时，获得的法定数和发生的操作。

　2）描述当客户仅能访问服务器 Z 时，获得的法定数和发生的操作。

　3）分区修复了，然后另一个分区发生了，结果 X 和 Z 与 Y 分隔开了。描述当客户能访问服务器 X 和 Z 时，获得的法定数和发生的操作。　　　　　　　　　　　（第810页）　816

移动和无处不在计算

本章将探讨移动和无处不在计算领域，这些领域是由于设备小型化和无线连接的出现而产生的。从广义上说，移动计算主要研究关于便携设备之间的连通问题；无处不在计算则研究日常物理世界中计算设备的增量集成问题。

本章将介绍一种常用的系统模型，它强调移动和无处不在系统的易变性，即在任何给定环境中的用户、设备和软件组件都在频繁地改变。之后，本章还将研究涉及易变性和易变性物理基础的几个研究领域，包括当实体移动、失效或自发出现时，软件组件之间如何实现互连和互操作；系统如何通过感知和上下文敏感信息与物理世界集成；在易变、物理集成的系统中出现的安全性和私密性问题以及适合计算能力和 I/O 资源相对缺乏的小型设备的技术。本章的最后会以 Cooltown 项目进行实例研究，Cooltown 项目具有为移动和无处不在计算设计的一种面向人的、基于 Web 的体系结构。

19.1 简介

设备的小型化和无线连接的出现导致了移动和无处不在计算的产生。从广义上说，移动计算研究的是日常物理世界中移动设备的连通问题；无处不在计算研究的是物理世界中设备的增量集成问题。随着设备越来越小，我们能将它们带在身边或穿戴它们，而且我们能将它们嵌入到物理世界的许多物体中——不只是安装在我们熟悉的桌面设备中或服务器架上。而且，随着无线连接越来越普遍，我们可以将这些新型便携设备互连，或者连接到传统的个人计算机或服务器上。

本章将概述移动计算（第 18 章的断链操作处理已经涉及这个主题）和无处不在计算的各个方面。本章侧重它们的共有特性和它们同传统分布式系统的不同。虽然本章将给出该领域最新的进展，但本章将更关注开放性问题，而不是解决方案。

本章将首先介绍移动和无处不在计算的起源，并介绍若干子领域，包括可穿戴计算、手持计算和上下文敏感计算。之后，本章还将围绕这些领域的特性——易变性，即在任一给定环境下用户、设备和软件组件都在频繁地改变——给出一个系统模型。本章随后将讨论涉及易变性和易变性物理基础的几个主要研究领域，包括当实体移动、失效或自发出现时，软件组件之间如何实现互连和互操作；系统如何通过感知和上下文敏感信息与物理世界集成；易变的、物理上集成的系统所引发的安全性和私密性问题以及适合计算能力和 I/O 资源相对缺乏的小型设备的技术。本章最后以 Cooltown 项目作为实例研究对象，Cooltown 为移动和无处不在计算设计了一种面向人的、基于 Web 的体系结构。

移动和手持计算　移动计算最初作为一种能够保持用户所携带的个人电脑与其他机器的连接的计算范型出现。大约到 1980 年才出现适合携带的个人计算机，并且它们可以使用调制解调器通过电话线与其他电脑连接。技术进化大致沿着这个理念，并获得了更好的功能和性能：今天的便携产品有笔记本电脑、网络笔记本或平板计算机，它们均与无线连接（包括红外线、WiFi、蓝牙、GPRS 或 3G 通信技术）相结合。

技术进化的另一条路径产生了手持计算。利用手持设备，包括"智能"移动电话（智能电话）、个人数字助理（Personal Digital Assistant，PDA）和其他的更专门化的手持操作设备。智能电话和 PDA 可以运行许多不同类型的应用程序，但是与笔记本电脑相比，它们必须在大小、电池容量和相对有限的处理能力、小屏幕和其他资源限制间进行折中。制造商正在不断为手持设备装配与笔记本电脑相似的无线连接功能。

手持计算的一个有趣的趋势是模糊了 PDA、移动电话和专业手持设备（例如照相机和基于 GPS 的导航设备）之间的差别。智能手机通过运行 Nokia 的 Symbian 和其他制造商的操作系统如 Google 的 Android，Apple 的 iOS 或 Microsoft 的 Windows Phone 7 获得了类似于 PDA 的计算功能。它们可以装配摄像头和其他类型的特殊配件，使它们成为某种专业手持设备的替代品。例如，用户能通过智能手机上的照相机读取条形码，从而获得价格比较信息。智能手机也经常有内置的 GPS 设备用于导航和其他与定位有关的目的。

Stojmenovic［2002］介绍了无线通信的原理和协议，包括本章所研究的系统需要解决的网络层的两个主要问题。第一个问题是当移动设备进出基站覆盖范围时，如何保证它们的持续连接，基站是提供无线覆盖区域的基础设施。第二个问题是在没有基站的地方，设备集合之间如何进行无线通信（见19.4.2 节自组织网络给出的简洁的处理方法）。通常，在两个给定设备之间无法建立直接的无线连接时，上面两个问题都会出现。通信需要经由几个无线或有线网段来完成。下面两个因素导致无线覆盖必须划分为若干子覆盖。第一，无线网络的范围越大，就有越多的设备竞争网络的有限带宽。第二，考虑能量的使用，传输一个无线信号所需的能量与它传输距离的平方成正比，但是我们关注的很多设备的能量有限。

无处不在计算　1988 年，Mark Weiser 提出了无处不在计算这个术语［Weiser 1991］。无处不在计算有时也称为普适计算，这两个术语通常被认为是同义的。"无处不在"的意思是"处处存在"。Weiser 看到了计算设备的普及，并相信它们会让我们使用计算机的方式产生一场革命性的变革。

首先，他预测世界上每个人会使用多个计算机，我们可以把它与之前的个人计算机革命，即追求每个人拥有一台计算机，相提并论。尽管这听起来简单，但是与之前的主机时代（那时是一台计算机有多个用户）相比，这种改变将对我们使用计算机的方式产生巨大的影响。Weiser 的"一个人，多台计算机"的理念与通常的理解有很大的不同，通常的理解是每人有多台计算机——一台在工作单位，一台在家里，一台笔记本电脑，可能还有一部随身携带的智能电话。更确切地说，在无处不在计算中，为了适应不同的任务，计算机的增加是在形式上和功能上，而不只是在数量上。

例如，一个房间内的所有固定的显示屏和书写工具（白板、书、纸张、便签等），被几十个、甚至上百个带有电子屏幕的计算机代替。书本以电子方式出现，使读者可以搜索文本、查找词意、在Web 上搜索相关的想法并查看连接的多媒体内容。现在，设想在所有的写作工具中嵌入计算功能。例如，笔和各种标记工具能存储用户写的和画的内容，并且可以在周围的多台计算机之间收集、拷贝和移动这些多媒体内容。该场景没有考虑可用性和经济性问题，而且它只涉及我们生活的一小部分，但它给了我们关于"计算处处存在"可能是什么样子的一个想法。 [819]

Weiser 预测的第二个转变是计算机将要"消失"——它们将"渗透于日常生活中，直至不可或缺"。这在很大程度上只是一种心理概念，正如人们认为家具是理所当然该有的，因而很少注意到它们。这反映出计算机将融入到我们的日常用品中去——正常情况下，我们不认为这些物品具有计算能力，正如我们并不认为洗衣机或车辆是"计算设备"，即使它们由嵌入在其中的微处理器控制——有些汽车中大约有 100 个微处理器。

虽然某些设备不可见的是合适的（例如在汽车中嵌入计算机系统的情况），但是这不是我们所关心的设备，尤其是移动用户经常携带的设备。例如，移动电话在当前是一种最普遍的设备，它的计算能力是可见的，并且无疑的，它也应该是可见的。

可穿戴计算　用户能够在他们身上携带可穿戴设备，可以附在他们衣服的外面或里面，也可以像戴手表、珠宝和眼镜一样戴在身上。与我们上面提到的手持设备不同，这些设备经常在无需用户操纵的情况下运行，它们通常具有特定的功能。一个早期的例子是"活动徽章（active badge）"，它是一种可以夹在用户衣服上的小型计算设备，其功能是定期通过一个红外线发送装置广播一个（与用户相关的）标识符［Want et al 1992，Harter and Hopper 1994］。环境中的设备对徽章发送的信息做出响应，从而对用户的出现做出响应；红外线发送的作用范围有限，所以只有用户在附近时才能被设备发现。例如，一个电子屏幕可以依照用户的偏好（例如默认的绘画颜色和线宽度）定制行为来响应用户的出现（如图 19-1 所示）。类似地，可以根据屋内的人已记录的偏好来调整房间的空调和灯光的设置。

上下文敏感计算　活动徽章——或者说是其他设备对它的出现做出的反应，即作为一个例子解释了上下文敏感计算。上下文敏感计算是移动和无处不在计算中一个很重要的子领域。这就是计算机系 [820]
统根据物理环境自动调整它们的行为。这些环境原则上是物理可测量的或可觉察的，例如用户的出现、一天的时间或大气的状况。一些依赖条件确定起来比较简单，例如根据时间、日期和地理位置判断现在是不是晚上。但其他依赖条件需要经过复杂的处理来检测。例如，考虑一个上下文敏感的手机，它只在适合的时候才响铃。特别是，在电影院，它应该自动切换到"振动"而不是"响铃"。但是要它感知用户是在电影院里看电影，还是站在电影院的门廊上，却不是件容易的事情（假定位置传感器的测量并不准确）。19.4 节将会更详细地介绍上下文。

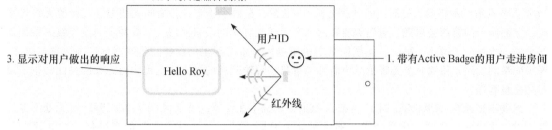

图 19-1　一个对带有活动徽章的用户能做出响应的房间

易变系统

从分布式系统的观点看，移动和无处不在计算或我们已经介绍的子领域（更确切地说，还包括我们省略的子领域，例如可触摸计算［Ishii and Ullmer 1997］和类似 Wellner 数字桌面的增强现实领域［Wellner 1991］）之间没有本质的区别。在本节中，我们将给出一个称为易变系统（volatile system）的模型，它包括了以上所有领域的核心的分布式系统特征。

我们之所以称本节所描述的系统是"易变的"，是因为与本书其他部分描述的大多数系统不同，某些在其他系统中异常的改变在该系统中是很平常的。移动和无处不在系统中的用户、硬件和软件组件是高度动态的，并且其变化是不可预计的。我们对这些系统有时使用另一个词：自发的（spontaneous），在文献中该词出现在词组自发网络中。易变性的相关形式包括：

- 设备和通信链接故障；
- 通信特征（例如带宽）的改变；
- 设备上的软件组件之间的关联（逻辑上的通信关系）的建立和中断。

这里，术语"组件"包括任何的软件单元，例如对象或进程，而不管它是进行互操作中的一个客户、一个服务器还是一个对等方。

第 18 章已经介绍了一些处理改变的方法，即处理故障和断连操作的方法。但是那里的解决方案将进程和通信故障作为异常而不是规则，而且是以存在冗余的处理资源为前提的。易变系统不但打破了前述假设，并且加入了更多的变化现象，特别是组件间的关联变化频繁。

在我们深入介绍易变性之前，有必要澄清一些可能的误解。易变性不是移动和无处不在系统定义的一个属性：其他类型的系统也显示出一种或多种形式的易变性，但是它们既不是移动的也不是无处不在的。一个很好的例子是对等计算，例如文件共享应用（见第 10 章），其中参与进程集合和进程之间的关联都在频繁地发生改变。移动和无处不在计算的不同之处在于，由于它们与物理世界集成的方式，它们表现出了上述易变性的所有形式。我们将对物理集成和如何产生易变性进行更多介绍。但是物理集成不是分布式系统的属性，而易变性则是分布式系统的属性。因此我们采用易变性这个术语。

我们将在本节余下的部分描述智能空间，它是易变系统存在的环境；之后我们将描述移动和设备无处不在设备，它们的物理和逻辑连接，以及在低信任和低私密性下的后果。

智能空间　物理空间非常重要，因为它形成了移动和无处不在计算的背景。移动性发生在物理空间之间；无处不在计算嵌入在物理空间内。智能空间（smart space）是具有嵌入服务的物理空间，也就是说，服务只在或原则上在物理空间内提供。可以将计算设备引入野外（那里没有基础设施）来执行应用程序，例如环境监测。但是更典型的移动设备和无处不在系统在任何时间都存在于一个有计算能力的建筑的一部分或车辆环境中，例如房间、建筑、广场或火车车厢。在这些情况下，智能空间通常包括一个相对稳定的计算基础设施，基础设施包括常规的服务器、设备（例如打印机和显示器）、传感器和一个无线网络基础设施（能够连接到互联网）。

在智能空间中存在几种移动或"出现和消失"。第一，*物理移动性*。智能空间可以作为访问和离开它们的设备的环境。例如，用户可以携带或穿戴设备进入和离开；机器人甚至可以自己移入和移出空间。第二，*逻辑移动性*。移动进程或代理可能移入或移出智能空间，或者移入或移出用户的个人设备。而且，设备的物理移动可能导致其内部组件的逻辑移动。然而，不论组件的移动是否是由于它的物理设备的移动造成的，不会发生有意义的逻辑移动，除非组件改变了它与其他组件的关联。第三，用户可以增加相对静止的设备（例如多媒体播放器）使其在空间中长期存在。相反，用户也可以从空间中撤出旧设备。例如，考虑智能家居（smart home）的发展，居住者经过一段时间之后，就会以一种相对无计划的方式改变其中的设备布置 [Edwards and Grinter 2001]。最后，设备可能失效并从空间中"消失"。

从分布式系统观点看，有一些现象是类似的。在每种情况下，一个软件组件可以出现在一个业已存在的智能空间中，并且如果有感兴趣的事件形成，那么它将与空间（至少是暂时的）集成；或者一个组件通过移动、关闭或者失效从空间中消失。在上述情况下，任何特定的组件不一定能够区分"访问"设备和"基础设施"设备。

然而，在设计一个系统时，要抽取最重要的区别。易变系统之间的一个重要区别是变化的频率。用于处理一天中若干组件出现或消失的算法（例如，在智能家居内）与用于处理任何时候至少有一个组件变化的算法（例如，在一个拥挤的城市，移动电话之间使用蓝牙通信实现的系统）有很大的不同。此外，虽然以上的出现和消失现象看上去相似，但依然存在很大的区别。例如，从安全性的角度看，用户的设备进入智能空间是一件事，外面的软件组件进入属于该空间的基础设施设备中则是另一件事。 |822|

设备模型　随着移动和无处不在计算的出现，一种新型的计算设备正在成为分布式系统的一部分。该设备的能量供给和计算资源有限；它有与物理世界交互的途径：传感器（例如光线检测器）或制动器（例如可以控制移动的可编程工具）。因此，我们的设备模型必须考虑下列特征：

有限能量：物理世界中的便携式或嵌入式设备通常使用电池，并且设备越小、越轻，它的电池容量就越小。从时间（可能一个用户拥有几百台这样的设备）和物理访问而言，更换电池或充电是不方便的。计算、访问内存或其他形式的存储动作都会消耗宝贵的能量。无线通信是典型的能量密集型应用。此外，接收一条消息所消耗的能量与发送消息所需能量相差不多。即使处于"待机"模式，在此模式下网络接口准备接收消息，也需要消耗相当可观的能量 [Shih et al. 2002]。因此，如果设备要在给定的电池容量下持续尽可能长的时间，算法就需要对设备消耗的能量敏感，特别是在消息复杂度方面。最后，由于电池放电，设备故障的可能性也会增加。

资源限制：就处理器速度、存储能力和网络带宽而言，移动设备和无处不在设备的计算资源有限。部分原因是我们若提高这些特性，能量消耗就会随之增加。而且，若要实现设备便携或嵌入到日常物品中，就需要将它们在物理上做得很小，并对制作过程加以限制，限制每个结点上晶体管的数目。这会引发两个问题：尽管资源有限，如何设计出可在结点上用合理时间执行完成的算法；如何利用环境中的资源来增强结点贫乏的资源。

传感器和制动器：为了使设备与物理世界集成——特别地，使得它们是上下文敏感的——给设备配备了传感器（sensor）和制动器（actuator）。传感器是测量物理参数并把值传给软件的设备；相反地，制动器是影响物理世界的由软件控制的设备。有多种类型的组件存在。就传感器而言，例如，有测量位置、方向、负载以及光线和声音的传感器。制动器包括可编程的空调控制器和发动机。传感器的一个重要的问题是精度，因为精度很有限，所以可能导致虚假的行为，例如一个不合适的响应导致位置错误。不精确可能是这类设备的一个特性，因为它们要足够廉价以便可以到处部署。 |823|

如上描述的设备可能听起来有些奇特，然而，它们不但在商业上是可行的，而且有些甚至是批量生产的。这样的例子有 mote 和智能手机。

mote：mote（微尘）[Hill et al. 2000；www.xbow.com] 是用于满足应用程序（例如环境感知）的自治操作的设备。它们被设计成可嵌入环境的、可编程的，这样它们能无线地发现彼此并且在它们之间传送感知到的数据。例如，倘若有一场森林火灾，那么散布在森林周围的多个 mote 就能感知到不正常的高温，并且通过其他 mote 结点把信息通知给一个更强的设备，该设备能够把这种情况传达给紧急服务。mote 的最基本形式是：具有一个低功率处理器（一个微控制器），该处理器在内部闪存中运行 TinyOS 操作系统［Culler et al. 2001］；用于记录数据的内存；一个短程、双向地使用"工业、科学和医学"（ISM）波段的无线电收发机。还可以包含多种传感器模块。mote 也称为"智能尘埃"，这反映了这些设备微小的尺寸，尽管在写书时它们的尺寸大约是 6 × 3 × 1 厘米（不包括电池组和传感器）。Smart- its 以一种类似的形式因素（form factor）提供类似 mote 的功能［www. smart- its. org］。19. 4. 2 节将讨论类似 mote 的设备在无线传感器网络中的使用。

智能手机：智能手机在我们考虑的系统中是一种非常不同的设备。它们的主要功能是通信和照相。但是，运行诸如 Symbian、Android 或 iOS 操作系统后，它们就可编写多种应用程序。除了它们的广域数据连接之外，通常有红外线（IrDA）或蓝牙短程无线网络接口使得它们可以彼此连接，或与 PC 和辅助设备连接。它们经常包含感知设备（如 GPS 传感器）来决定它们的位置，包含磁力计感知它们的方向，包含加速器来感知迁移的动作。此外，它们可以运行软件从相机图像中识别符号（例如条形码），使得它们成为物理物体（例如产品）上"编码数值"的传感器，这些传感器信息可用于访问相关的服务。例如，用户可以用他们的照相手机从产品盒子上的条形码发现商店产品的说明［Kindberg 2002］。

易变连接 本章感兴趣的设备都有某种形式的无线连接，而且可能会有多种。不同的连接技术（蓝牙、WiFi、3G 等）在它标称的带宽和延迟、能量消耗以及是否需要为通信支付费用等方面都有不同。但是连接的易变性（在运行时设备之间的连接或断链状态的易变性和服务质量的易变性）对系统属性也有很大的影响。

断链：无线断链比有线断链更可能发生。我们描述的很多设备是移动的，并且可能超出了与其他设备的操作距离或者遇到了无线电障碍物，例如建筑物。即使设备静止时，也可能有移动的用户或车辆成为阻塞物而导致断链。设备间还存在多跳无线路由的问题。在自组织路由（ad hoc routing）中，一组设备之间彼此通信，而不依赖于其他设备：它们相互协作在它们之间路由所有的包。以森林中的 mote 为例，mote 可能与其他 mote 在无线电范围内直接通信，但是不能将它的高温读数传送给紧急服务，因为所有包都要经过的较远的那个 mote 出现了故障。

变化的带宽和延迟：导致完全断连的因素也可能导致带宽和延迟的显著变化，因为它们带来错误率的变化。随着错误率的上升，越来越多的包被丢弃。这在本质上导致了吞吐率降低。然而由于高层协议的超时，情况可能会更加恶化，很难设置合适的超时数值来适应明显变化的环境。如果与当前的错误情况相比，超时值太大，那么延迟和吞吐量就会受影响。如果超时值太小，可能会增加拥塞而且浪费能量。

自发互操作 在易变系统中，随着组件的移动或其他组件的出现，组件会改变与它们进行组件间通信的组件集合。我们使用术语关联（association）来表示逻辑关系，当一对给定的组件中的至少一个组件与另一个组件在某一定义好的时间段内通信时，逻辑关系就会产生；使用术语互操作（interoperation）表示它们在关联中的交互。注意，关联不同于连接：两个组件（例如，笔记本电脑的邮件客户端和邮件服务器）可能当前已经断链，但仍然可以保持关联。

在一个智能空间中，组件可以充分利用与本地组件交互的机会而改变关联。举一个简单的例子来说明机会：无论设备出现在哪儿，它都可以使用本地打印机。类似地，设备可能想为本地环境中的客户提供服务——例如，用户穿戴的（例如，在他的皮带上）的"个人服务器"［Want et al. 2002］，它给附近设备提供关于用户的或属于用户的数据。当然，某些静态关联在易变系统中仍然有意义。例如，一台笔记本电脑跟随它的主人走遍世界，但仍然仅与一个固定的邮件服务器通信。

为了将这种类型的关联放到互联网上服务的大背景中，图 19-2 给出了三种类型的自发关联的例子（在右边），并与预配置关联（在左边）相比较。

预配置关联是服务驱动的。也就是说，需要长期使用一种服务的客户通过预配置以便与之关联。配置客户的开销（包括用所需服务的地址建立它们）与使用某种服务的长期收益相比是很小的。

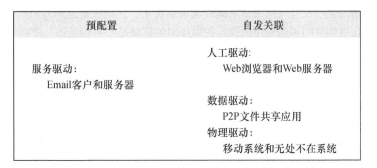

预配置	自发关联
服务驱动： 　Email客户和服务器	人工驱动： 　Web浏览器和Web服务器 数据驱动： 　P2P文件共享应用 物理驱动： 　移动系统和无处不在系统

图 19-2　预配置与自发关联的例子

在图 19-2 的右边是按常规变化的关联的类型，包括由人工操作驱动、由对特定数据的需求驱动或由物理环境的改变驱动。我们认为，Web 浏览器和 Web 服务之间的关联是自发的和人工驱动的（human-driven）：用户作出动态的和（从系统角度看）不可预测的点击，这样便可访问服务实例。Web 是个真正的易变系统，对于它的成功而言，最重要的是关联的改变通常涉及可忽略的开销——Web 网页的作者已经做了配置工作。

互联网上的对等网络应用程序（例如文件共享程序）也是易变系统，但它们主要是数据驱动的（data-driven）。数据经常来源于人（例如，所寻找内容的名字），但是，正是提供给它的数据值导致对等结点通过一个基于数据的分布式发现算法与另一个对等结点关联，这个结点与它以前可能从未关联过，并且以前也未存储过该结点的地址。

本章讨论的移动和无处不在系统展示出关联的大量物理驱动（physically driven）的自发性。关联的建立和破坏（有时由人完成）依据组件当前的物理环境，尤其是它们的靠近程度。

低信任和私密性　正如第 11 章所述，分布式系统的安全基于可信任的硬件和软件——可信任的计算基础。但是由于自发的互操作，易变系统中信任是成问题的：能自发关联的组件间的信任基础是什么？在智能空间之间移动的组件可能属于独立的个体或组织并且对彼此或可信任的第三方了解很少。

私密性是与用户相关的主要问题，用户可能由于对系统的感知能力而不信任系统。在智能空间中，传感器的出现意味着它可以在先前无法看到的、可能很大的范围内跟踪用户。通过上下文敏感服务（如在房间的例子中，可依据房间中用户的喜好来设置空调），用户可以让他人知道他们在哪儿和他们在那儿做什么。更糟糕的是，他们可能并没有意识到他们被感知了。即使用户没有暴露他们的身份，其他用户也可能了解到并查找出底是哪一个人。例如，通过观察工作地点与住址之间的有规律的路径，并且将那些和住址与工作地点间信用卡的偶尔使用相关联。

826

19.2　关联

正如上面所解释的，设备容易在智能空间中出其不意地出现和消失。尽管如此，易变组件需要互操作——最好没有用户的干预。也就是说，出现在智能空间中的设备需要能通过自举将自己引导进局域网络，从而与其他设备通信，并且能在智能空间中适当地关联：

网络自举——通常，通信发生在局域网内。设备必须首先在局域网内获得一个地址（或注册一个已存在的地址，例如移动 IP 地址）；它可能还要获得或注册一个名字。

关联——设备上的组件或者关联到智能空间中的服务，或者为智能空间的其他组件提供服务，或者两者都有。

网络自举　目前已有很好的方法来解决网络中设备的集成问题。某些解决方案依赖智能空间中可访问的服务器。例如，DHCP 服务器（见 3.4.3 节）能提供 IP 地址、其他网络和 DNS 参数，设备通过给一个众所周知的广播地址发出一个查询获得这些信息。智能空间中的服务器也可以给设备分配一个唯一的域名；或者，如果已经开放了对互联网的访问，那么设备可以使用一个动态 DNS 更新服务来注册它的新的 IP 地址，以取代一个静态的域名。

一个很有趣的情况是在没有任何服务基础设施的情况下，如何在智能空间中（甚至其外）分配网络参数。这对于简化智能空间和避免可能失败的服务间的依赖是很有帮助的。IPV6 标准包括一个无服务器地址分配协议。IETF 的零配置联网工作组［www. zeroconf. org］正在为无服务器地址分配、域名查找、组播地址分配和服务发现（见下一节）开发标准。苹果电脑公司（Apple）的 Bonjour［www. apple. com I］是一个包含上述大多数功能的商业实现。就像 DHCP 访问一样，所有的这些方法通过使用一个众所周知的地址在局域网内进行广播或组播。任何设备都能向这个地址发送消息，也能监听发往这个地址的消息，并且只涉及设备自己的网络接口。

关联问题和边界原理 一旦设备能在智能空间中通信，它就面临着关联问题：在智能空间中如何适当地关联。解决关联问题方案必须处理好两个主要的方面：规模和范围。第一，在智能空间中可能有许多设备，并且在这些设备上可能有更大数量级的软件组件。设备上的组件应该与智能空间中的哪些组件交互（如果有的话）？如何保证这种选择是高效的？

第二，当解决了上面的问题后，我们如何限制范围，以便只需要考虑来自智能空间的组件（或者智能空间中的所有组件）而不是其外的成千上万个组件？范围并不仅仅指规模问题。一个智能空间通常有管理和领域边界，这对用户和管理者有非常大的区别。例如，如果宾馆房间内一个设备想发现一个服务（例如打印机），它就必须要在它的用户房间内（而不是隔壁房间）找到一个打印机。同样的，如果在用户房间内有合适的打印机，那么解决方案应该将它作为一个关联的候选方案包括在内。

边界原理（boundary principle）说的是智能空间需要有系统边界，它精确地对应于一个有意义的空间，因为它是在地域上和管理上有正规定义的［Kindberg and Fox 2001］。那些"系统边界"是系统定义的标准，这些标准划定作用域但不一定限制关联。

一个尝试解决关联问题的方案是通过使用下文描述的一个发现服务。发现服务通常基于子网组播，其缺点是子网范围可能与智能空间中可用的服务不一致即它们破坏了边界原理。19.2.2 节将描述一些解决方案，这些解决方案依赖物理参数和人工输入以提供更精确范围的关联。

19.2.1 发现服务

客户使用发现服务（discovery service）来发现智能空间中提供的服务。发现服务是一个目录服务（见 13.3 节），智能空间的服务在其中注册，并根据它们的属性进行查找，但是它们的实现要考虑易变系统的特性。这些特性包括：第一，某个客户所要求的目录数据（即将要查询的服务的属性集合）在运行时才能确定。目录数据是作为客户上下文的一个函数被动态确定的，在这里，客户上下文是指发生查询的智能空间。第二，智能空间中可能没有存放目录服务器的基础设施。第三，目录中注册的服务可能自发消失。第四，访问目录使用的协议需要对它们所消耗的能量和带宽敏感。

目前，存在设备发现服务和服务发现服务。蓝牙包括这两者。客户通过设备发现获得设备的名字和地址。通常，他们随即根据额外信息（例如由人选择）选择一个单独的设备，并查询它所提供的服务。另一方面，当用户不关心他们所需要的服务由哪个设备提供，而是只关心服务的属性时，他们就可以使用服务发现服务。本节的描述将集中在服务发现服务上，除非特别说明，否则这就是我们之前所说的发现服务的意思。

发现服务有接口用于自动注册和注销可用于关联的服务，也为客户提供一个接口用于查找当前可用的服务，从而继续与合适的服务关联。图 19-3 给出这些接口的一个假想的、简化的例子。首先，通过函数调用用给定的地址和属性注册可用的服务，并且通过调用来管理随后的注册。之后，有函数调用用于查找与所需属性的规约相匹配的服务。可能有零个或多个服务与规约匹配；每一个服务返回它的地址和属性。注意，仅有发现服务不能启用关联：还需要服务选择——从返回集合中选择一个服务。这可以由编程实现，或者通过列出匹配的服务让用户来选择。

已开发的发现服务包括 Jini 发现服务（见下节的讨论）、服务位置协议［Guttman 1999］、意图命名系统［Adjie - Winoto et al. 1999］、简单服务发现协议（它是通用即插即用项目［www. upnp. org］的核心）和安全的服务发现服务［Czerwinski et al. 1999］。此外还有链路层发现服务，例如蓝牙。

服务注销/注册方法	说明
lease :=register(address, attributes)	用给定的属性，在给定的地址注册服务；返回一个租期
refresh(lease)	刷新注册时返回的租期
deregister(lease)	删除在给定租期下注册的服务记录
查找服务的方法	
serviceSet :=query(attributeSpecification)	返回一个注册服务的集合，其属性与给定的说明匹配

图 19-3　发现服务的接口

设计一个发现服务所需处理的问题如下：

低能耗、合适的关联：理想情况下，合适的关联应该在无任何人为控制因素下进行。第一，查询（query）操作（参见图 19-3）返回的服务集合应该是合适的——它们应该是智能空间中存在的精确符合查询的服务。第二，应该通过编程或者利用少量的人工输入选择满足用户需要的服务。

服务描述和查询语言：整体目标是匹配客户请求的服务。预先假设一种语言用于描述可用服务，另一种语言用于表示服务请求。查询和描述语言应该一致（或可翻译），并且它们的表达能力应该紧跟新设备和服务的发展。

智能空间特定的发现：我们需要一种机制以便让设备访问适合它们当前物理环境的发现服务的一个实例（或范围）——这是一种设备不需要预先知道该服务的名字或地址的机制。实际上，发现服务仅通过在与它交互的子网的有限范围内的组播才能与某一智能空间产生关联，稍后我们将说明这一点。

目录实现：逻辑上，发现服务的每个实例都包括可用服务的一个可查询的目录。有多种方式可实现这样一个目录，这些方法所需的网络带宽、所提供的服务发现的及时性和能量消耗都不相同。

服务易变性：易变系统中的任何服务都要有效而体面地处理一个客户的消失。发现服务把客户作为服务，应恰当地处理服务消失。

作为通过发现而关联的一个例子，考虑一个偶然或第一次去主人家或宾馆的客人，他需要从笔记本电脑上打印一份文档。用户当然不能认为在他的笔记本电脑上配置了当地某打印机的名字，或者能猜测出它们的名字（例如，\\myrtle\titus 和 \\lionel\frederick）。与强制用户在访问时配置他们的机器相比，更好的方法是让笔记本电脑使用发现服务的查询调用来查找满足用户需要的可用的网络打印机集合。可以通过与用户的交互或者参考用户的偏好记录来选择某个打印机。

打印服务所要求的属性可能有说明它是"激光"还是"喷墨"，它是否提供彩色打印，以及它相对于用户的物理位置（例如，房间号）。

相应地，服务通过 register 调用将它的地址和属性提供给发现服务。例如，打印机（或管理它的服务）可按如下方式向发现服务注册它的地址和属性：

serviceAddress=http://www.hotelDuLac.com/services/printer57; resource-Class=printer, type=laser, colour=yes, resolution=600dpi, location=room101

在运行时，在无手动配置情况下，自举访问本地目录服务的一般方法就是使用局域子网的可达范围。具体地说，在局域子网内向一个众所周知的 IP 组播地址组播（或广播）查询。所有需要访问发现服务的设备事先知道这个众所周知的 IP 组播地址。只基于网络可达范围的发现服务有时被明确地称为网络发现服务（network discovery service）。

注意，有些网络（例如蓝牙）使用跳频，所以不能在物理层同时与所有相邻设备通信。蓝牙使用"众所周知地址"的等价方法，即一个众所周知的跳频次序来实现发现。可发现设备频率周期比试图发现它们的设备慢，这样发送者（发现者）和接收者最后可以在频率上重叠并建立通信。

实现发现服务时有几种设计选择，不同的设计对实现会有很大的影响。

第一个选择是发现服务应该由目录服务器（directory server）实现，还是不需要服务器。目录服务器保存注册过的服务的描述，并对客户发出的服务查询做出响应。任何想使用本地目录服务器的组件（服务器或客户）发出一个组播请求来定位它，目录服务器以它的单播地址作为响应。之后，组件与

829

目录服务器进行点对点通信，避免了采用组播通信会对无关设备进行干扰。这种方法在提供了基础设施的智能空间中运作良好。目录服务经常运行于一个有稳定电源的机器。但是，在低标准会议室这样的简单智能空间中，没有用于目录服务器的设施。原则上，可以从现场的设备中选择一台服务器（参见 15.3 节），但是这样的服务器可能自发地消失。这可能导致发现服务的客户端的实现的复杂性，因为客户不得不去适应一个变化的注册服务器。此外，在高易变系统中重新选举带来的开销可能很大。

另一种方法是无目录服务器的发现（serverless discovery），其中参与的设备通过协作实现一个分布式发现服务，以此代替目录服务器。至于分布式目录，有两种主要的实现方法。在推（push）模型中，服务定期组播（"广告"）它们的描述。客户监听这些组播并对它们发起查询，并可能缓存描述以备以后使用。在拉（pull）模型下，客户组播他们的查询。提供服务的设备比较它们的描述和这些查询是否匹配，只响应那些匹配的描述。如果没有响应，客户间隔一段时间后重复它们的查询。

推和拉两种模型都涉及带宽和能量的使用。每次设备发出一个组播消息，都令消耗带宽并且所有的监听设备都要消耗能量来接收消息。在纯推模型下，设备需要定期广告它们的服务，以便客户能发现它们。但是如果没有客户需要服务，就会对带宽和能量造成浪费。而且客户等待服务的时间要与消耗的带宽和能量相权衡，而带宽和能量消耗随广告的频率的增加而增加。

在纯拉模型下，可用的服务一出现，客户就能够发现它。在给定的间隔内若没有发现需求就不会有组播浪费。客户可能收到多个响应，但只要一个响应就够了。在默认情况下，对频繁需要的服务，无法利用包含相同查询的请求来提高效率。

可以设计混合协议来解决上面的缺陷，习题 19.2 将涉及这个问题。

一个服务在它消失之前会调用注销（deregister）函数（参见图 19-3），但同样地它也可能自发地消失。根据目录实现的体系结构，服务易变性有多种处理方法。注册的服务消失后，目录服务器需要尽快知道这个情况，这样它才不会错误地发出它的描述。通常使用一个称为租期（lease）的通用机制实现这一目标。租期是指服务器给客户临时分配一些资源，在租期过期之前，客户要进一步发送请求加以续租。如果客户续租失败（例如，使用图 19-3 的 refresh 调用），服务器就会收回（并且可能重新分配）资源。我们在 5.4.3 节作为讨论 Jini 的一部分介绍了租期，而且 DHCP 服务器在分配 IP 地址时也使用了租期。只有当服务定期与目录服务器通信并更新该服务项的租期时，目录服务器才会保存服务的注册。在这里，我们看到一个类似在及时性与带宽和能量消耗之间进行权衡的方法——租期越短，服务消失的通知就发得越快，但是需要的网络和能量资源越多。在无服务器体系结构中，不需要采取任何步骤（除了清除缓存服务的设备中的陈旧项信息），因为已经消失的服务不再广告自己，并且使用基于拉协议的客户只能发现当前的服务。

Jini Jini［Waldo 1999；Arnold et al. 1999］是一个设计用于移动和无处不在系统的系统。它完全基于 Java——它假定在所有的计算机中都运行 Java 虚拟机，这样，机器之间通过 RMI 或事件（见第 5 章和第 6 章）进行通信并且能在必要时下载代码。接下来我们描述 Jini 的发现系统。

Jini 系统中与发现相关的组件是查找服务、Jini 服务和 Jini 客户（参见图 19-4）。查找服务实现了我们所说的发现服务，尽管 Jini 只为发现"查找服务"本身使用术语"发现"。查找服务允许 Jini 服务注册它们所提供的服务，并允许 Jini 客户请求与它们需求相匹配的服务。一个 Jini 服务（例如打印服务）可以在一个或多个查找服务上注册。Jini 服务所提供的同时也是查找服务所存储的是提供该服务的对象以及该服务的属性。Jini 客户为了查找符合它们需求的 Jini 服务，首先查询查找服务；如果找到匹配的服务，就从查找服务上下载提供访问该服务的一个对象。给客户请求提供的服务可以基于属性或者 Java 类型，例如允许客户请求一台具有相应 Java 接口的彩色打印机。

当 Jini 客户或服务启动时，它发送一个请求给一个众所周知的 IP 组播地址。接收到该消息，并可以响应它的查找服务都返回自己的地址，使得请求者执行一个远程调用来查找或注册一个服务（在 Jini 中注册称为加入）。查找服务也通过发送数据报到同一组播地址宣布它们自身的存在，Jini 客户和服务可以监听组播地址以便它们发现新的查找服务。

发自一个给定的 Jini 客户或服务的组播通信可能到达多个查找服务的实例。每个这样的服务实例配置了一个或多个组名字，例如"管理"、"财政"和"销售"，这些将作为划分边界的标签。图 19-4 展示了一个 Jini 客户发现和使用打印机服务的例子。客户需要一个"财政"组中的查找服务，所以它组播一条带有该组名字的请求（图中的请求 1）。只有一个绑定到"财政"组的查找服务（该服务也绑定到"管理"组），该服务做出响应（2）。查找服务的响应包括它的地址，然后客户通过 RMI 直接与它通信来定位所有类型为"打印"的服务（3）。只有一个打印服务注册到"财政"组的查找服务上，因此返回一个用于访问该服务的对象。接着，客户利用返回的对象直接使用该打印服务（4）。图 19-4 显示了另一个位于"管理"组的打印服务，还有一个不绑定到任何组的公司信息服务（并且它可能注册到所有的查找服务中）。

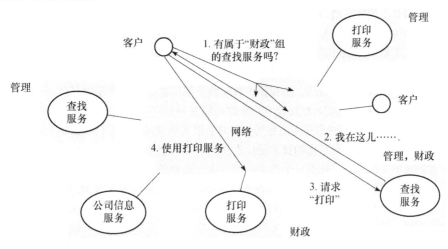

图 19-4　Jini 中的服务发现

关于网络发现服务的讨论　刚刚描述过的基于网络可达区域的发现服务（网络发现服务）采取了一些措施来解决关联问题。存在有效的目录实现，包括那些不依赖于基础设施的实现。在很多情况下，就计算和网络代价而言，通过子网可到达的客户和服务的数目是可管理的，所以规模通常不是问题。我们已经描述了用于处理系统易变性的措施。

然而，从边界原理的角度来看，网络发现服务引发了两个困难：子网的使用和服务描述方式的不完备。

子网近似于一个智能空间。第一，网络服务可能错误地包括并不属于智能空间的服务。例如考虑一个宾馆房间。基于无线射频（RF）信号（例如 802.11 或蓝牙）的传送通常会穿透墙壁到达另一个客房。效仿 Jini 例子，将服务在逻辑上按组划分——每个宾馆房间为一组。但是它回避了用户房间号如何成为发现服务的一个参数的问题。第二，网络发现可能错误地忽视了"在"智能空间中可以被发现的但超出子网的服务。Cooltown 实例研究（见 19.7.1 节）说明了非电子实体（例如智能空间中要打印的文档）是如何与智能空间外的服务关联的。

此外，网络发现服务不总是能产生合适的关联，因为用于描述服务的语言可能在下面两个方面是不够的。第一，发现可能是脆弱的：不同组织使用的服务描述词汇的微小变化都可能导致发现失败。例如，宾馆房间有个名为"Print"的服务，然而房客的笔记本电脑搜索的是名为"Printing"的服务。人类语言在词汇上的各种变化更容易加剧这个问题。第二，可能会错失访问服务的机会。例如，在宾馆房间的墙壁上有个"数码相框"，它会以 JPEG 格式显示假日快照。房客的相机有无线连接，并且生成该格式的图像，但是它没有该服务的描述——它没有随着最近的发展而进行更新。因此这个相机不能利用该服务。

833

19.2.2　物理关联

网络发现系统的缺陷在一定程度上可使用物理方法解决，尽管解决方案经常在要很大程度上需要人为的参与。下列技术已经被开发：

采用人工输入界定发现的范围　人向设备提供输入，以便设置发现范围。该技术的一个简单例子是输入或选择智能空间的标识符，例如在宾馆客人例子中的房客的房间号。之后，设备可以将标识符作为一个额外服务"组"属性（就像在 Jini 中那样）。

采用传感技术和物理受限通道界定发现的范围 一个可能减少用户劳力的方法是在他们的设备上使用传感器。例如，智能空间可能有一个标识符，在文档和空间表面——例如，显示在旅客房间的电视屏幕上——用基于标识符进行编码的符号（称为图像文字）表示。房客使用他们的拍照手机或其他图像设备来解码这种符号，接着设备以我们描述的用户直接输入一样的方式使用该结果标识符。为了使用具有卫星导航信号的智能空间，另一种可能的方法是使用传感器来得到智能空间的纬度和经度坐标位置，并且把那些坐标发送给一个众所周知广域服务，该服务返回本地发现服务的地址。然而，在卫星导航不精确的情况下，如果旁边有其他的智能空间，该方法对智能空间的识别就可能不准确了。

另一种避免人工输入的技术是使用物理受限通道（physically constrained channel）（参见 19.5.2 节）——它是一种通信通道，可以近似地认为它只作用于智能空间所在的物理范围内。例如，在客房内，电视可能正在轻声播放背景音乐，房间标识符的数字编码被叠加为音乐信号的一个听不见的微扰［Madhavapeddy et al. 2003］；房间内也可能有一个红外线发射器（一个信标）用来传送标识符［Kindberg et al. 2002a］。这两种通道遇到房间边界的材料时会极大地衰减（假设门和窗是关闭的）。

直接关联 最后我们在这里考虑的技术是让人使用物理机制直接关联两个设备，而不使用发现服务。通常，这种情况下的设备只提供一个或少量的可由人选择的服务。在下面提到的每种技术中，用户都能够使用他们携带的设备获得"目标"设备的网络地址（例如蓝牙或 IP 地址）。

*地址感知：*使用一种设备能直接感知目标设备的网络地址。这可能包括：读取设备上的条形码，形成网络地址编码；或者将一个设备靠近另一个设备，并使用短程无线通道读取它的地址。这种短程无线通道的例子有近距离通信和短程的红外线传输，其中的近距离通信［www.nfc-forum.org］是一种双向无线电通信标准（拥有多个可选的较短的作用范围，但是通常只能在 3 厘米之内变化）和远程红外线传输。

*物理触发器：*使用一个物理触发器让目标设备发送它的地址。例如，将一种数字调制的激光束（另一种物理受限通道）照射到目标设备上［Patel and Abowd 2003］，就能将它的地址传送给目标设备，目标设备用它的地址加以响应。

*时间或物理相关性：*可以使用时间上或物理上相关的触发器来关联设备。用于家庭环境内无线联网的 SWAP-CA 规范［SWAP-CA 2002］引入了一个协议，它有时也被称为两按钮协议，让人将两个无线设备关联起来。每个设备监听一个众所周知的组播地址。用户几乎同时按下各自设备上的按钮，同时设备向组播地址发送它们的网络地址。由于不可能在同一子网、同一时刻进行该协议的下一轮，因此设备与在按钮按下这一小段时间间隔内到达的任何地址进行关联。有一个有意思但不太实际的两按钮协议的实现［Holmquist et al. 2001］，用户一只手握着两个设备并同时摇动它们。每个设备有一个加速计以感知它的运动状态。设备记录摇动模式，从中计算出一个标识符，并且将标识符连同它的单播地址组播到一个众所周知组播地址。只有精确体验该加速模式的两个设备（并在直接通信范围内）才会识别出彼此的标识符并由此知道双方的地址。

19.2.3 小结和前景

本节描述了易变系统组件的关联问题，并提出从网络发现到人工监控技术等方法来试图解决该问题。移动和无处不在系统引发了特有的难题，因为它们是与我们日常的、凌乱的物理世界空间集成的（例如住宅房间和办公室），这使得研究解决方案很困难。人们在考虑一个特定智能空间内部有什么和外部有什么时容易在头脑中有很多地域和管理方面的考虑。边界原理说的是解决关联问题的方法需要在某种用户可以接受的程度上匹配底层的物理空间。我们看到，由于网络发现系统的缺陷，通常需要一定程度上的人工监管。Cooltown 实例研究（参见 19.7 节）描述了一种有人参与的模型。

在关联问题的解决方案中，由于整个世界通常被分成可管理大小的智能空间，因此我们很大程度上忽略了规模因素。但是，有一些针对发现服务的研究——毕竟，有些应用可能将整个地球看做一个智能空间。例如 INS/Twine［Balazinska et al，2002］，它将目录数据划分到一系列对等服务器上。

19.3　互操作

我们已经描述了易变系统的两个或多个组件关联的方式，现在转向它们如何互操作的问题。组件基于它们中的一个或两个拥有的某些属性或数据进行关联。这留下了下面这些的问题：它们使用什么协议进行通信？在较高层次上，什么样的编程模型最适合它们之间的交互？本节将解决上述问题。 |835|

第4、5 和6 章描述了用于互操作的模型，包括各种形式的进程间通信、方法调用和过程调用。其中一些模型包含的隐含假设是互操作组件被设计为在一个特定系统或应用中共同工作，还有互操作组件集合的改变要么是一个长期配置问题，要么是一个偶尔被处理的运行时错误条件。但是那些假设在移动和无处不在系统中是不成立的。幸运的是，正如本节我们阐述的，第4、5 和6 章中介绍的互操作的某些方法（除一些新方法外）非常适合这些易变系统。

理想情况下，移动系统或无处不在系统中的组件可以与变化的服务类型关联，而不只是与相同类型服务的不同的实例集合关联。也就是说，最好能避免前一节描述的"失去机会"问题。前面的例子中，数码相机不能将它的图像发送到一个数字相框，因为它不能与相框的图像使用服务互操作。

从另一个角度看，无处不在计算和移动计算的一个目标是组件应该有机会与功能兼容的组件互操作，即使后者处于一个不同于最初开发它的智能空间中。这需要软件开发者之间具有全局协定。给定达成协定所需的努力，最好能将需要达成一致的内容减到最少。

易变互操作的最主要的困难是软件接口的不兼容。例如，如果数码相机希望调用操作 pushImage，但是在数字相框接口中没有这样的操作，那么它们就不能互操作——至少，不能直接互操作。

该问题有两种主要的解决方法。第一种方法是允许接口异构，但是要适应彼此的接口。例如，如果数字相框的 sendImage 操作与 pushImage 操作有相同的参数和语义，那么就能构造一个组件作为数字相框的代理，将相机的 pushImage 调用转换成相框的 sendImage 调用。

然而，这种方法很难实现。通常，操作的语义以及语法可能变化，并且解决语义不兼容性一般是很困难的并且容易造成错误。然后，该问题的规模是：如果有 N 个接口，则潜在的要编写的适配器要有 N^2 个，并且随时间的增长可能需要创建更多的接口。此外，在易变系统中组件重新关联时，存在它们如何获得合适的接口适配器的问题。组件（或拥有它们的设备）不能预装载所有可能的 N^2 个适配器，所以要在运行时确定并装载正确的适配器。尽管有上述困难，但仍然有关于如何在实际中解决接口适配问题的研究。参见 Ponnekanti 和 Fox ［2004］。

另一种关于互操作的方法是限制接口，使其在语法上尽可能像一种组件类型一样一致。这听起来可能不现实，但实际上它已经广泛、成功地应用了几十年了。最简单的例子是 UNIX 中的管道。管道只有两个操作：read 和 write，用于管道两端组件（进程）间的数据传送。多年来，UNIX 程序员创建 |836| 了许多程序能从管道中读数据/或向管道中写数据。因为这些程序使用标准接口和通用的文本处理功能，所以其中任何一个程序的输出都能作为另一个程序的输入。用户和程序员发现了许多有用的方法用于把多个程序组合在一起（那些独立开发的、不涉及其他程序的特定功能的程序）。

一个已经比较成功的、通过一个固定接口达到高度互操作的例子是 Web。HTTP 规约（见 5.2 节）定义的方法集合规模很小并且很固定。通常，Web 客户只使用 GET 和 POST 操作访问 Web 服务器。使用固定接口的好处是能通过一个相对稳定的软件（通常是浏览器）与服务集合互操作。服务之间所不同的是交换的内容的类型和数值，以及服务器的处理语义。但是每个交互依然是一个 GET 或 POST 操作。

19.3.1　易变系统的面向数据编程

我们称使用一个不变的服务接口（如 UNIX 管道和 Web）的系统为面向数据（或面向内容）的系统。选择这个术语是为了与面向对象区别开来。面向数据系统中的组件可以由知道固定接口的其他组件调用。另一方面，对象或过程的集合可能有一个变化多样的接口集合，并且只能由那些知道它的特定接口的组件调用。分发和利用一个不确定的特殊接口定义比发布和使用一个接口规约（如 HTTP 规约）更困难。这就解释了为什么我们熟知的、广泛使用的异构分布式系统是 Web，而不是类似的范围有限的对象集合，例如 CORBA 对象集合。

然而，我们要在面向数据系统的灵活性与健壮性之间做出权衡。两个组件的互操作不总是有意义的，并且很难用程序核查兼容性。在面向对象或面向过程系统中，程序至少能够核查其特有的接口签名是否匹配。但是面向数据组件只能通过验证发送给它的数据类型来强制兼容性。这种验证要么通过作为元数据提供的（例如，Web 内容的 MIME 类型）标准数据类型描述符来完成，要么通过检查传递给它的数据值（例如，JPEG 类型的数据有一个可识别的信息头）来完成。

我们现在分析几种编程模型，由于它们具有面向数据互操作特性，所以适用于易变系统。首先介绍用于间接关联组件间互操作的两种模型：事件系统和元组空间。之后我们将描述用于直接关联的设备间互操作的两种设计：JetSend 和 Speakeasy。

事件系统　我们在 6.3 节中介绍了事件系统 [Bates et al. 1996]。事件系统提供事件服务的实例。
每个系统提供一个固定的、通用的接口，名为发布者（publisher）的组件通过该接口发布称为事件的结构化数据，同时，称为订阅者（subscriber）的组件接收事件。每个事件服务与某个物理的或逻辑的事件传递范围相关联。订阅者只接收（"处理"）这样的事件：1）在同一个事件服务中发布的；2）与它们已注册的感兴趣事件的规约相匹配的。

对于声明和处理组件在易变系统中或在易变系统间移动时所经历的变化而言，事件是一个很自然的编程范型。事件可以被构造以说明诸如设备位置改变之类的事情的新状态。最近一个在无处不在计算中使用事件的系统是 one. world [Grimm 2004]，其实事件很早以前就用于无处不在系统了。在活动徽章系统 [Harter and Hopper 1994] 中，应用可以订阅用户移动时发生的位置改变事件。关于位置事件还提出了检测同时或相邻发生的事件模式（也称为复合事件）的问题。例如，考虑检测两个用户位于相同位置的问题，所知的仅是单个用户何时进入或离开一个特定位置。位置系统并不亲自检测这些事件：当复合事件（例如位于相同位置）发生时，有必要用原子事件（例如"到达（用户，位置，时间）"和"离开（用户，位置，时间）"）来制定规则。

尽管已给定事件的发布、订阅和处理接口（事件系统之间的变化相对很小），但是发布者和订阅者只有在对使用的事件服务（可能有许多实例）和事件的类型、属性（它们的语法和语义）达成一致时，才能正确地进行互操作。因此，事件系统转换了而不是解决了无处不在互操作问题。对于给定的组件，要在种类繁多的智能空间中实现互操作，需要将事件类型标准化，并且理想中的事件应该用一种独立于编程语言的标记语言（例如 XML 或 JSON）描述。

另一方面，事件产生者和消费者不需要识别彼此。这在易变系统中是一个优势，在该系统中跟踪其他组件的位置是很困难的。两个组件通过发布和订阅匹配的事件，以及通过对事件传递范围达成一致来进行通信——换句话说，它们间接关联。

在移动和无处不在系统中，事件传递范围本身就是一个有趣的话题。随着服务发现的应用，出现了事件服务的范围如何与智能空间的物理范围联系的问题。该问题是习题 19.7 的主题。

元组空间　同事件系统类似，元组空间也是一个成熟的编程范型，而且它在易变系统中已得到应用。元组空间范型在 6.5.2 节是作为间接通信范型引入的，它支持在一个元组空间中称为元组的结构化数据的增加和检索。元组空间系统允许交换应用特定的元组，元组关联和互操作的基础是组件对元组结构和元组所包含数值的约定。

作为元组空间能支持无处不在计算的例子，数码相机可以发现本地智能空间（如一个宾馆房间）的元组空间，并且使用元组，例如：

<'The leaning tower', 'image/jpeg', <jpeg data>>

将它的图像放到元组空间中。

相机软件的设计者有一个用于将图像以一定格式放置其中的元组空间的模型，但没有那些图像的特殊处理模型。

相应的，图像使用设备（比如数字相框）可以通过编程发现它的本地元组空间，并试图用如下模板格式从元组中检索，其中"*"代表通配符：

<*, 'image/jpeg', *>

相机的元组匹配了相框要求的模板——相机有三个域，第二个域包括了所需的 MIME 类型字符串。相框将检索到相机的元组并且能显示图像和相关的标题。另一个例子是用户可以激活一个打印机来打印元组空间的图像。

有几种特别为移动和无处不在系统开发的基于元组空间的编程系统，见下面的讨论。

事件堆：尽管名为事件堆 [Johanson and Fox 2004]，但它是为称为 iRoom 的一类智能空间开发的基于元组的编程系统。iRoom 中包括多个大显示器和其他基础设备。对于每个 iRoom，有一个对应的事件堆，在该事件堆中，iRoom 中的组件（包括带入房间内的移动设备上的组件）可以发现或配置使用。组件通过事件堆交换元组来实现互操作，并且事件堆提供一定程度的间接关联以便于设备间的动态关联。例如，放在 iRoom 中的一个远程控制设备可以与不同的显示器动态地关联。例如，一段视频可以在几个大显示器中的任何一个上显示。当用户按下远程控制的"暂停"按钮时，控制器在事件堆中放置一个"暂停"元组。显示视频的设备通过编程来查找并检索"暂停"元组，进而加以响应。远程控制器还可以以完全相同的方式与一个音频输出设备一起工作，不需要重新编程。

LIME：LIME 系统（移动环境中的 Linda）[Murphy et al. 2001] 是作为移动系统的编程模型而开发的。在 LIME 中，参与的设备拥有元组空间，并且不依赖基础设施。每个设备拥有它自己的元组空间。当元组空间所在的设备相关联的时候，LIME 会共享各自的元组空间，即通过聚合共享元组空间形成了元组集合的并集。例如，这可用于服务发现。请求服务的组件能够通过编程得到描述它所需服务实例的元组；实现相应服务的设备能够通过编程在它的本地元组空间中放置一个描述性元组。当二者连接时，LIME 将建立匹配，并且为潜在客户提供服务的详细资料。

虽然 LIME 模型易于描述，但是面对任意的连接和断链来实现合适的一致性语义是很困难的。LIME 的实现者做出了有争议的、不现实的假设来简化他们的设计，包括组播连通性在元组空间被聚集的设备间保持一致；到聚集集合的连接和从聚集集合的断开是串行化的、有序的。 |839|

TOTA：TOTA（Tuples On The Air）项目 [Mamei and Zambonelli 2009] 为元组空间的标准实现提出了一个相当有趣的转变。在这个方法中，将元组插入网络的方式如下：把元组放在一个本地的结点，接着，允许元组以类似闲聊协议方式，通过网络进行克隆和传播（见 18.4.1 节）。最终的结果是一个元组域（tuple field），表示一个给定元组的空间分发。接着，一个进程按常规的方法用关联匹配读取元组。为了支持这种风格的编程，一个元组 T 被定义成 $T = (C, P, M)$，其中，C 是元组的内容，P 是该元组的传播规则，M 是一个维护规则，定义了元组如何应对来自环境的事件或时间的流逝。例如，Mamei 和 Zambonelli [2009] 描述一个艺术博物馆应用，其中博物馆中的不同房间已经设置了固定的无线设备，游客拥有无线功能的智能手机，这些一起形成了一个自组织网络。游客对某个艺术品感兴趣，就通过智能手机，在系统中放一个查询元组，查询元组的内容是对艺术品的描述和一个表示距离的域。传播规则是将元组传播到附近所有结点，每传播一次就增加距离；维护规则是在一段存活期（time-to-live period）后删除元组。一旦这个元组到达艺术品所在的房间，就在系统中插入一个回答元组，该元组包含了对艺术品的描述、艺术品的位置和距离域；这次的传播规则是沿着返回到游客的路径，每传播一次就增加距离，维护规则还是实现一个存活期策略。最后的结果是一个高度灵活的编程模型，它对空间上与自组织环境相连的操作非常有用，更广泛的，对无处不在计算中的操作也非常有用。

L^2imbo：L^2imbo 是一个复制的元组空间实现，用于在移动环境中操作 [Davies et al. 1998]。而复制最常见的动机是获得高可用性和容错，L^2imbo 利用复制处理设备断链。L^2imbo 采用了一个完全复制的方法，其中，每个结点维护一个副本。目标是保证副本集合的一致性。为了这个目的，L^2imbo 采用了在 IP 组播上的可靠组播方法（见 15.4.2 节的讨论），特别使用了该节中的可伸缩的可靠组播方法 [Floyd et al. 1997]。L^2imbo 支持多个元组空间的创建，每个元组空间被唯一地映射到一个 IP 组播地址上。read 和 write 的实现相对直接，read 经常能在本地被满足，而 write 要映射到一个（可靠）组播操作上。在给定了全局提取的需求后，take 的实现更复杂些。这个方法建立在 L^2imbo 中的拥有者的概念上，仅拥有者能删除元组。正常情况下，拥有者是元组的创建者，但拥有权随后被传递给其他进程。

事件系统和元组空间的比较　如果我们认为"事件"等同于"元组"，"说明兴趣的规约"等同于"元组匹配模板"，那么这两种互操作模型是一致的。两者都提供一定程度的间接性，这对易变系统是有用的，因为默认情况下产生和使用事件或元组的组件的身份对彼此是透明的。这样组件集合就可以透明地改变了。然而，也有重要的区别。第一，事件模型是绝对异步的，而元组空间系统支持同步操作以检索匹配的元组。同步操作的编程比较容易。另一方面，期望某个组件（例如，动态遇到的图像产生设备）最终会提供匹配的元组是错误的想法，因为断链在任何时候都可能发生。

第二个重要的区别是事件和元组的生命期。默认情况下，事件在发布者和订阅者间的传播后消亡。然而，元组空间的元组可能比放置它的组件和任何读取（而不是破坏性地使用）它的组件的生命期长。这种持久性是一种优点。例如，用户相机的电池可能在他将图像上传到宾馆房间的元组空间后，但在将它们分配给另一个设备前用完。同时，持久性也可能是一种缺点：如果一组不可控制的设备将元组放到空间中，但因为使用元组的组件已经断链而不能使用，这将会产生什么样的结果呢？这种空间中的元组集合将不可控制地增长。没有关于易变组件集合的全局知识，是不可能确定哪些元组是无用的。

事件堆的设计者认识到了 iRoom 的持久性问题。他们选择让元组在事件堆中待一段时间后过期（也就是垃圾回收），元组所待的时间通常与人的交互时间间隔一致。例如，当用户第二天试图播放视频时，该机制能阻止一个来自远程控制器的未用的"暂停"事件。

设备的直接互操作　前面的编程模型用于间接关联的组件间的互操作。JetSend 和 Speakeasy 是用于由人为因素导致直接关联的两个设备间的互操作的系统。

JetSend：JetSend 协议［Williams 1998］用于家电（例如照相机、打印机、扫描仪和电视）间的交互。JetSend 是面向数据的，这样家电就不需要根据将要交互的特定设备装载特殊的驱动程序了。例如，JetSend 相机能发送图像到 JetSend 图像使用设备，例如打印机或电视，而不用考虑使用者的特殊功能。相连接的 JetSend 设备间的主要通用操作是同步一方呈现给另一方的状态。这意味着以设备协商的格式传送状态。例如，图像产生设备（例如扫描仪）可通过使用来自产生者的 JPEG 格式的图像与图像使用设备（例如数字相框）同步。这里，JPEG 格式是从图像产生者可提供的几种图像格式中挑选出来的。同一个扫描仪可能在使用另一种不同的图像格式与一个电视同步。

JetSend 的设计者认识到，他们的同步操作只对异构设备间的简单操作（本质上是数据传递）有利。它回避了如何在指定设备间达到更复杂交互的问题。例如，在传递要打印的图像时，如何在单色和彩色间做出选择？假定源设备没有特定打印机的驱动程序，并且对于该设备不可能编程得到它可能要连接的任意设备（包括未发明的设备）的语义的先验知识。JetSend 对该问题的回答是使用目标设备指定的、在源设备（例如相机）上显示的用户界面，通过人为选择目标设备（例如打印机）的特定功能来实现。这就是用户通过他们的浏览器与高度异构的服务交互时，在 Web 上如何发生互操作的：每个服务将它的接口以标记脚本的形式发送给浏览器，浏览器以通用窗口小部件集合的形式将服务呈现给用户，而不需要关于服务特有语义的知识。Web 服务（见第 9 章）试图以程序代替人（甚至在一些复杂的交互中也是如此）。

Speakeasy：Speakeasy 项目［Edwards et al. 2002］采用了与 JetSend 相同的设计原理来实现设备间的互操作，但有一点不同：它使用了移动代码。使用移动代码有两个动机。第一个动机是设备（例如打印机）能够将任何用户接口发送给另一个设备（例如智能电话）的用户。用移动代码实现的用户接口能够执行本地处理（例如输入验证），并且它能够提供用标记语言指定的用户接口所不能提供的交互模式。然而，与该优点相对的是，必须要设置执行移动代码的安全性，相对于能处理有更多约束的标记脚本，移动代码需要复杂的保护机制来预防特洛伊木马，并且要有在虚拟机上运行移动代码的许可。

在设备互操作中使用移动代码的第二个动机是优化数据传送。虽然 Speakeasy 的移动代码必须在主机设备的 API 限制内运作，但它可以与发送它的远程设备进行任意交互。因此，移动代码能够为传送内容（内容类型是特定的）实现优化的协议——例如，视频可能在传送前被压缩。比较而言，JetSend 只能使用预定义的内容传送协议。

19.3.2　间接关联和软状态

当服务（例如基础设施服务）的资源能提供足够高的可用性时，组件与它的关联就有意义了。也就是说，组件期望可以获得服务的地址。当组件随后使用该地址与服务互操作时（例如关联后 10 分钟），它们仍然可以希望它是可达的并且是可响应的。然而，通常情况下，系统易变性使得依赖某特定组件提供的服务是不可能的，因为该组件可以在任何时候离开或失效。从这个区别中得到的教训是：有必要告诉程序员哪些服务是高可用的，哪些服务是易变的。此外，为了处理易变性，需要给他们提供不依赖特定组件的编程技术。

以上几种面向数据编程系统的例子涉及间接的、匿名的关联。特别是，通过事件系统或元组空间互操作的组件未必知道彼此的名字或地址。只要事件服务或元组空间继续存在，单个组件可以进入、离开，或被替代。这需要小心维护整个系统的正确操作，但至少组件的编写者不需要管理与经常会消失的结点的关联。 〔842〕

使用间接关联的客户 – 服务器系统的一个例子是意图名字系统（Intentional Name System，INS）〔Adjie-Winoto et al. 1999〕。组件发起请求，说明所需服务的属性、要调用的操作和参数。组件不需要说明所需服务实例的名字或地址，因为 INS 自动将操作和参数路由到一个合适的（如本地的）、与所需属性相匹配的服务实例。因为指向相同属性说明的后续操作可能由不同的服务器组件处理，所以 INS 假设那些服务器是无状态的，或者使用第 18 章描述的某种技术复制它们的状态。

这导致了一个常见问题：在易变系统中程序员如何设法管理状态？第 18 章的复制技术允许资源的冗余，在易变系统中资源可能不可用——至少，不是持续可用的。复制技术也导致了额外通信，从而导致相关的能量消耗和性能降低，所以额外通信可能是不实际的。

Lamport 的 "Paxos" 或 "Part-time Parliament" 算法 〔1998〕 提供了一种忽略易变性而达到分布式一致的方法——假定参与的进程有规律地、独立地消失和重新出现。不过，该算法依赖于每个进程访问自己的持久性存储。

相比之下，一些实现使用软状态（soft state）来提供不太严格但有用的一致性保证，甚至在没有持续可用的持久性存储的情况下。Clark 〔Clark 1998〕 引入了软状态的概念，作为一种管理互联网路由器的配置方式，而且不考虑故障情况。路由器集合是一个易变系统，即使系统中没有路由器能够保证总是可用，但是系统也必须能持续运作。软状态的定义一直处于争论之中 〔Raman and McCanne 1999〕，但从广义上讲，它是提供提示信息的数据（也就是说，它提供的数据可能是过时的，并且从严格意义上讲不应该被依赖），而且，最重要的是，软状态的源会自动更新它。一些发现系统（见 19.2 节）给出了软状态在管理服务注册条目集合上的应用。条目只是提示——可能有某一服务的条目，但该服务已经消失。条目通过服务的组播自动地更新——增加新条目和保持现有的条目。

19.3.3 小结和前景

本节描述了易变系统组件间的互操作模型。如果每个智能空间都开发它自己的编程接口，那么移动性的好处就无法体现。如果一个组件不是源于给定的智能空间而是移动到该空间的，那么它与智能空间内服务互操作的唯一方法将是使它的接口自发地适应新环境的接口。实现这个目标需要非常复杂的运行支持，除实验中已有几个例子外，这仍是不现实的。

通过上面几个例子的描述可知，另一种解决方法是使用面向数据编程。一方面，Web 显示了该范型的可扩展性和极大的可应用性。另一方面，没有 "尚方宝剑" 能够解决易变系统互操作的所有问题。面向数据的系统是在接口的函数集合上达成一致而不是在作为参数传递给那些函数的数据的类型上达成一致。尽管 XML（见 4.3.3 节）使得数据能够 "自我描述"，所以有时用作一种便于数据互操作的方式，但是实际上它仅提供了表示结构和词汇的框架。XML 本身对什么是语义问题没有贡献。有些作者认为 "语义 Web" 〔www.w3.org XX〕 将在实现无人介入的、机器之间的互操作上占据一席之地。 〔843〕

19.4 感知和上下文敏感

前面几节重点介绍了移动和普适系统的易变性方面。本节将着重介绍系统的其他特征：与物理世界集成的特征。特别地，将会考虑用于处理从传感器收集的数据的体系结构和对（感知的）物理环境做出响应的上下文敏感系统。我们还将详细论述位置感知——一个重要的物理参数。

因为我们考虑的用户和设备是经常移动的，并且物理世界为跨越时空的大量交互提供了不同的机会，所以它们的物理环境通常是系统行为的决定性因素。汽车的上下文敏感刹车系统应该能根据路面是否覆盖着冰来调整它的行为。个人设备应该能够自动利用在它的环境中探测到的资源，例如一个大显示器。活动徽章系统提供了一个历史上的例子：在移动电话出现之前，用户的位置（也就是他们所穿戴的徽章所在的位置）用于确定他们的电话应该路由到哪个电话机上（Want et al. 1992）。

实体（人、位置或物体，不论是否是电子的）的上下文是与系统行为相关的物理环境的一个方面。它包括相对简单的值，例如位置、时间、温度；一个相关联的用户（例如，操作设备的用户或附近的用户）的标识符；物品（例如另一个设备，如显示器）的存在和状态。可以通过规则编撰和作用于上下文，例如"如果用户是 Fred 并且他在 IQ 实验室的会议室，同时如果在他 1 米范围内有一个显示器，那么就将设备上的信息显示在显示器上——除非有非 IQ 实验室的员工在场"。上下文也包括比较复杂的属性，如用户的活动。例如，上下文敏感手机决定是否要响铃时，需要以下问题的答案：用户正在电影院看电影，还是正在放映前与他们的朋友聊天？

19.4.1 传感器

上下文值的确定依赖于传感器，传感器是用来测量上下文值的硬件和/或软件的结合物。下面给出一些例子：

位置、速度和方位传感器：卫星导航（GPS）装置提供全球坐标和速度；加速计用来监测移动；磁力计和陀螺仪提供方位数据。

周围环境传感器：温度计；测量光线强度的传感器；感受声音强度的麦克风。

存在传感器：用来测量物理负重的传感器，例如探测到人坐在椅子上或走过某块地板；读取靠近它们的标签的电子标识符的设备，例如 RFID（无线射频识别，NFC 的一个子集）阅读器［Want 2004］，或红外线阅读器（例如那些用于感知活动徽章的）；用于检测计算机的按键按下的软件。

以上分类只有作为用于某种目的的传感器的例子时才有意义。一个给定的传感器可能有多种用途。例如，在会议室用麦克风可监测人的存在；可通过在已知地点检测对象的活动徽章来确定它的位置。

传感器的一个很重要的方面是它的误差模型。任何传感器产生的数值都带有一定程度的误差。有些传感器（例如温度计）可以通过精密地制造从而将误差控制在一个已知的可容忍的范围内，或属于一个已知分布（如 Gaussian 分布）。其他传感器，如卫星导航装置，有一个依赖于当时环境的复杂的误差模型。第一，在某些环境下，它们可能根本无法产生数值。卫星导航装置依赖于当时可见的卫星集合。它们通常在建筑物内根本无法工作，建筑物的墙壁可以大大削弱卫星信号。第二，装置位置的计算依赖于一些动态因素，包括卫星位置、附近的障碍物和电离层。即使在建筑物外，在不同的时间，装置通常会为同一位置给出不同的数值，这些数值只是当前精确度的一个尽力而为的估计。靠近建筑物或其他遮蔽或反射无线电信号的高大物体时，只有当可见卫星足够多时才能产生一个读数，但是精确度可能很低甚至读数可能是完全虚假的。

用来陈述传感器误差的一个有用的方法是引用精确度，说明测量值达到了一个指定的比例。例如，"在给定区域内，在 90% 的测量中，卫星导航装置的精确度在 10 米以内"。另一种方法是为某次测量标定一个置信值——该数值的选择依据测量中遇到的不确定性（通常为 0～1）。

19.4.2 感知体系结构

Salber 等［1999］认为在设计上下文敏感系统中有四个功能性方面的挑战需要克服：

异质传感器的集成：上下文敏感计算所需的一些传感器在它们的结构和编程接口上是不一般的。可能需要特殊的知识才能在感兴趣的物理场景中正确地部署它们（例如，要测量用户的胳膊姿势，加速计应该放在哪），并且可能产生系统问题，例如标准操作系统的驱动程序的可用性。

传感器数据的提取：应用程序要求对上下文属性进行抽象，以避免涉及单个传感器的特殊点。但问题是，即使用于相似用途的传感器也会提供不同的原始数据。例如，一个给定的位置可能被卫星导航传感器感知成纬度/经度对，或者被附近的红外线源感知成"Joe's Café"字符串。应用程序所需要的可能是两者之一或两者都需要或两者都不需要。需要对上下文属性的含义达成一致，需要软件从传感器原始数值中推断出这些属性。

传感器输出可能需要结合：可靠地感知一种现象可能需要结合来自几个有误差的数据源的数据。例如，检测人的出现可能需要：麦克风（用来检测声音，但附近的声音会产生干扰）、地板压力传感器（用来监测人的活动，但很难区分不同用户的模式）以及录像机（用来监测人的形体，但很难区分面部特征）。传感器融合（sensor fusion）是指结合多个传感器源以减少错误。同样的，应用为了收集操作需要的多种上下文属性，可能需要不同类型的传感器输出。例如，一个上下文敏感的智能手机为了决定是否将它的数据投影到附近的一个显示器上，需要来自不同传感器源的数据，包括监测现场有谁和什么设备的传感器以及一个或多个感知位置的传感器。

上下文是动态的：上下文敏感应用通常需要对上下文的变化做出响应，并且不是只读取上下文的一个快照。例如，如果非员工进入或者如果 Fred（设备的主人）离开房间，上下文敏感的智能手机必须清除房间里显示器上的数据。

研究者已经设计出了各种软件体系结构以支持上下文敏感应用，同时处理上面提到的一些或所有问题。我们将给出一些体系结构的例子，它们用于传感器几乎是已知的和静态的情况，或者用于确定来自易变传感器集合的上下文属性——此时非功能性需求（如能量节约）也变得很重要。

基础设施中的感知 活动徽章传感器最初部署在英国剑桥 Olivetti 研究室，位于建筑物内已知的、固定的地点。最初的上下文敏感应用之一是电话接线员帮助系统。如果有人打电话说让 Roy 接电话，接线员就会在屏幕上查找 Roy 的房间位置，随后将电话转到一个最合适的分机。系统从最近一次感知Roy 穿戴的徽章的信息中确定 Roy 的位置，并将信息显示给接线员。Olivetti 研究室和 Xerox PARC 进一步精化了用于处理活动徽章数据和其他上下文数据的系统。Harter 和 Hopper［1994］描述了一种用于处理位置事件的完整的系统。Schilit 等［1994］也描述了一种通过调用所谓的上下文触发动作（context-triggered action）从而对活动徽章感知事件进行处理的系统。例如，应用下面的规约：

Coffee Kitchen arriving 'play-v 50 / sounds/rooster.au'

那么，当感知到徽章靠近安装在厨房的咖啡机上的传感器时，就会发出一种声音。

上下文工具包［Salber et al. 1999］是比那些基于特殊技术（如活动徽章）的应用更通用的上下文敏感应用所使用的一种系统体系结构。正是上下文工具包的设计者们阐述了上面列出的上下文敏感系统面临的四个挑战。他们的体系结构遵循了如何通过可重用窗口部件库构成图形用户界面的模型，这种方式对应用的开发人员隐藏了对底层硬件处理的大多数细节和大部分的交互管理。上下文工具包定义了上下文窗口部件（context widget）。那些可重用软件组件给出了一些上下文属性类的抽象表示，同时隐藏了实际使用的传感器的复杂性。例如，图 19-5 显示了 IdentityPresence 窗口部件的接口。它通过轮询窗口部件将上下文属性提供给软件，并在上下文信息改变时（即用户到达或离开）发起调用。如上所述，可以从给定实现中的多个传感器的组合的任何一个中得到人员出现信息；抽象使得应用程序编写者忽略了那些细节。

属性（通过轮询访问）	说明
Location	窗口部件正在监控的位置
Identity	上一个被感知的用户ID
Timestamp	上一次到达的时间
回调	
PersonArrives(location, identity, timestamp)	用户到达时触发
PersonLeaves(location, identity, timestamp)	用户离开时触发

图 19-5 上下文工具包的 IdentityPresence 窗口部件类

窗口部件是从分布式组件中构建的。生成器（generator）从传感器（比如地板压力传感器）中得到原始数据，并且将数据提供给窗口部件。窗口部件使用解释器（interpreter）服务，该服务从生成器

846

的原始数据中提取上下文属性，得到较高层的值，例如从人的不同脚步声中判断出人的身份。最后，由名为服务器（server）的部件提供更高层的抽象，该抽象是通过从其他小部件收集、存储并解释上下文属性得到的。例如，建筑物的一个 PersonFinder 部件能够由该建筑物内各个房间的 IdentityPresence 部件构成（见图 19-6）。IdentityPresence 部件又可以用基于地板压力读数的脚步解释或基于视频捕捉的脸部识别来实现。PersonFinder 窗口部件为应用程序编写者封装了建筑物的复杂性。

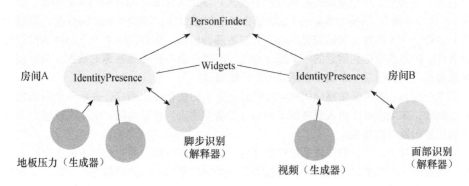

图 19-6 使用 IdentityPresence 窗口部件构建 PersonFinder 窗口部件

查看一下上下文工具包体系结构与这些设计者提出的四个挑战的关系，我们看到他们设计的体系结构容纳了各种类型的传感器，它从传感器的原始数据中获得抽象的上下文属性，上下文敏感应用程序通过轮询或回调的方式来获知上下文的变化。但该工具包的实用性有限。它并没有帮助用户和程序员集成异质的传感器，也没有解决实际案例中任何解释和组合过程所固有的难题。

无线传感器网络 我们已经讨论过了传感器集合相对稳定的应用的体系结构。例如，传感器安装在建筑物的房间内，通常有外部电源和有线网络连接。我们现在转而研究由传感器集合形成一个易变系统的情况。无线传感器网络（wireless sensor network）包括很多的（通常是大量的）、小的、低成本设备或结点，每一个结点都带有用于感知、计算和无线通信的设施 [Culler et al. 2004]。它是自组织网络的一个特例：结点在物理上几乎是随意安排的，但它们可以通过结点间的物理多跳进行通信。这些网络的一个重要的设计目标是在无全局控制条件下运作，每个结点通过发现它的无线邻居和与它们的通信来自举它自己。3.5.2 节描述了 802.11 网络中的自组织配置，但在这里更相关的是为了低功率技术，如 ZigBee（IEEE 802.15.4）。

结点不是通过单跳与其他结点进行通信，而只与相邻的结点直接通信，其原因是，无线通信在能量消耗上是很大的（与无线电射程的平方成正比）。另一个限制无线电射程的主要原因是减少网络竞争。

无线传感网络被设计成加入到一个已存在的自然或人造的环境中，并且不依赖环境运作——即不依赖基础设施。由于它们的无线电波和感知范围有限，结点必须安装得足够密集从而使得在任意两结点间的多跳通信成为可能，使得能够感知重大的现象。

例如，考虑设备遍布整个森林，它们的任务是监控火灾和其他环境条件，如动物出现。这些结点非常像 19.1.1 节介绍的设备。它们各自有附属的传感器，用于检测温度、声音和光亮；它们使用电池组；此外，它们与其他设备以对等方式通过短程无线电通信进行交流。易变性源于设备会因为电池耗尽或者事故（如火灾）而停止运转，并且它们的连通性可能由于结点故障（结点在其他结点之间中继包）或影响无线电传播的环境条件而改变。

另一个例子是用于监控交通和路面条件的结点安装在车辆上的什么位置。观察到不佳情况的结点可以将该消息通过从该结点旁经过的车辆上的结点传送。如果连通性足够充分，那么该系统能够警告出现在该问题前方附近的其他驾驶者。在这里，出现易变性主要是由于结点的运动，运动会迅速地改变每个结点与其他结点的连通性。这是移动自组织网络（mobile ad hoc network）的一个例子。

通常，无线传感网络专用于应用特定的目的，等同于检测某种警报（alarm），即感兴趣的情况

（比如火灾或糟糕的路面情况）。该网络中至少包括一台功能强大的设备，称为根结点，用于与响应警报的常规系统进行远距离通信——例如，发生火灾时呼叫紧急服务。

构造传感器网络软件体系结构的一种方法是通过从高层中分离出网络层，并把它们类似地看做传统网络。特别地，当它们动态地发现它们自己已经通过直接无线电链接连接上了，并且每个结点都能够作为与其他结点通信的路由器时，就可以对结点图采用已有的路由算法。自适应路由试图适应网络的易变性，目前它已是研究的热点，Milanovic 等［2004］提供了相关技术的概述。

然而，对网络层的关心引发了下面的问题。第一，自适应路由算法未必考虑低能量（和带宽）消耗。第二，易变性破坏了传统的网络层以上层的一些假设。无线传感网络软件体系结构的另一种具有第一原理性的方法是由两个主要需求驱动的：能量节约和在易变性条件下持续运作。这两个因素导致了三个主要的体系结构特征：网内处理，容中断网络和面向数据的编程模型。

网内处理：无线通信不但能量消耗过高，而且与处理相比代价也很高。Pottie 和 Kaiser［2000］计算了能量消耗，发现无线电将 1K 比特数据传输 100 米所使用的能量（3J）可以令一台通用处理器执行 300 万条指令。因此，通常情况下，处理优于通信：最好花费几个处理器周期来决定是否仍需要通信，而不是盲目地传送感知到的数据。毫无疑问，这是为什么传感器网络的结点有处理能力的原因——否则，它们可能只由感知模块和将感知的数值发送到根结点处理的通信模块组成。

网内处理（in-network processing）是指在传感器网络内处理，也就是说，在网络结点上处理。传感器网络中的结点执行如下任务：求来自邻近结点的数值的总和或平均值，从而为一个区域而不是单个传感器过滤掉不感兴趣的或重复的数据；检查数据以检测警报；根据感知的数据接通或关掉传感器。例如，如果低功率光线传感器指示可能有动物出现（由于影子的投射），那么影子投射的位置附近的结点就会接通它们的高功率传感器，例如麦克风，试图探测动物的声音。在该方案中，为了节约能量，应该在其他情况下关闭麦克风。

容中断网络：端对端的争论（见 2.3.3 节）是分布式系统的一个重要的体系结构方面的原则。然而，在易变性系统（例如传感器网络）中，可能没有持续存在时间足够长的端对端路径去实现一个操作（例如大块数据在系统中移动）。术语容中断网络（disruption tolerant networking）和容延迟网络（delay tolerant networking）用于那些在易变（通常异构）网络上实现高层传输的协议［www.dtnrg.org］。这个技术不仅用于传感器网络，而且可以用于其他易变网络，例如空间研究需要的星际间通信系统［www.ipnsig.org］。通信并不是依赖两个固定端点间的持续连通性进行，而是寻找机会进行：数据在它能够传输的时候传输，并且结点以存储转发方式承担起传输数据的责任，直至达到端对端目标（例如，传输大块数据）。结点间的传输单元称为束（bundle）［Fall 2003］，它包括了源端应用程序数据和描述如何在终点和中间结点管理和处理它的数据。例如，一个束可能通过逐跳可靠传输来传送。束一旦交付，接收结点就承担起随后的传递责任，以此类推。这个过程不依赖任何持续的路由，而且资源不足的结点将数据传送给下一跳之后，就将存储数据释放了。为了预防故障，数据可以冗余地转发给多个相邻结点。

面向数据的编程模型：考虑应用层的互操作，面向数据的技术包括定向扩散（directed diffusion）和分布式查询处理（distributed query processing），简单说，它们被开发出来用于传感器网络的应用。这些技术通过包含处理分布在结点间的方法来承认网内处理的需要。此外，这些技术通过消除结点的标识（和其他组件的名字，例如与结点相关的进程和对象）来承认传感器网络的易变性。正如我们在 19.3.2 节所讨论的，任何依赖于结点或组件的持续存在的程序在易变系统中不会工作得很健壮，因为存在与结点或组件无法通信的可能。

在定向扩散［Heidemann et al. 2001］中，由程序员说明兴趣，所谓兴趣是要注入到系统中称为槽（sink）的结点的任务的声明。例如，一个结点可能对动物的出现感兴趣。每个兴趣包括若干属性－值对，它们是将要执行该任务的结点的"名字"。这样，对结点的引用不是通过它的标识而是通过执行所要求任务所需要的特性，比如在某个可感知的范围内的值。

运行时系统（runtime system）在称为扩散（参见图 19-7a）的进程中将兴趣从一个槽传遍网络。槽将兴趣转发给相邻结点。任何收到兴趣的结点在将它向前传播以搜索匹配该兴趣的结点之前，保存它的一个记录以及回传数据给槽结点所需要的信息，源结点（source）是一个匹配兴趣的结点，它的特性与兴趣中说明的属性－值对相匹配——例如，它可能装配了合适的传感器。对于一个给定兴趣，可能有多个源结点（就像将兴趣注入多个槽）。当运行时系统找到一个匹配的源结点时，它将兴趣传给应用程序，应用程序接它所需要的传感器并产生槽结点所需要的数据。运行时系统沿着由从槽传递兴趣而到达的结点所构成的逆向路径回送数据给槽。

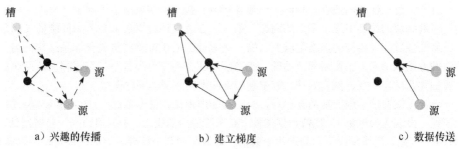

a）兴趣的传播　　　　　　　　b）建立梯度　　　　　　　　c）数据传送

图 19-7　定向扩散

一般来说，没有结点事先了解其他哪个结点可作为源，因此定向扩散可能包括大量多余的通信。最坏情况下，一个兴趣可能遍布整个网络。然而，有时候兴趣只与某个物理区域相关，例如森林中的一个特定区域。如果传感器结点知道它们的位置，那么兴趣只需传到目标区域。从原则上讲，结点为了达到该目的应装配卫星导航接收器，尽管自然覆盖（如茂密的树木）可能阻碍接收数据。

从源到槽的数据回流由梯度控制，梯度是结点间的（方向，值）对，它是当某个兴趣在整个网络中扩散时建立的（见图 19-7b）。方向是数据流动的方向，值是应用特定的但可用于控制流动的速率。例如，槽每小时可能只需要一定次数的动物监测数据。从给定源到给定槽可能有多条路径。系统可以采用各种策略来进行选择，包括万一发生故障时使用冗余的路径，或者使用启发式算法找到一条最短路径（见图 19-7c）。

应用程序员也可以提供称为过滤器（filter）的软件，过滤器在每个结点上运行，截获经过该结点的匹配的数据流。例如，过滤器可以压缩重复的动物监测警报，这些警报来自不同结点但感知到的是同一动物（可能是图 19-7c 中源和槽之间的结点）。

另一种用于传感器网络编程的面向数据的方法是分布式查询处理 [Gehrke and Madden 2004]。在这种情况下，使用一种类似 SQL 的语言来声明将要由结点集体执行的查询。考虑到与使用某种传感器结点有关的所有已知开销，最优的查询执行计划通常是在用户 PC 或网络外的基站上处理。考虑到处理查询所需的通信模式，基站沿着动态发现路径将经过优化的查询分发到网络中的结点，例如为了计算平均数据，需要将数据发送到收集结点。与定向扩散一样，数据能在网络中聚集以分担通信代价。结果流回到基站，等待进一步处理。

19. 4. 3　位置感知

在无处不在计算使用的各种类型的感知中，位置感知是最受关注的。位置是移动和上下文敏感计算的一个显然的参数。它可以使应用和设备很自然地以依赖于用户在什么地方的方式运转，例如在上下文敏感的手机例子中。但位置感知有很多其他的用途，从帮助用户在城市或乡下导航到根据地理信息决定网络路由 [Imielinski and Navas 1999]。

位置感知系统用于得到实体（包括对象和人）在某种感兴趣区域内的位置的数据。这里我们将关注实体位置，然而利用一些技术也可以得到实体的方位值或更多信息，例如它们的速度。

由对象或用户确定自己的位置，还是由其他东西确定对象的位置，这两者有很大的区别，特别是谈到私密性时更为重要。后一种情况称为跟踪（tracking）。

图 19-8（基于 [Hightower and Borriello 2001] 中类似的图）显示了某些定位技术和它们的主要特性。其中的一个特性是得到位置的机制。该机制有时会对相关技术部署的地点（例如技术是在室内还

是室外起作用）和在本地基础设施中需要的装置施加限制。该机制也与精度有关，图 19-8 中以数量级次序给出。其次，不同技术产生关于对象位置的不同数据类型。最后，技术在给要定位的实体提供的信息方面有区别，这与用户关心的私密性是相关的。Hightower 和 Borriello 综述了其他一些技术。

类型	机制	局限性	精确度	位置数据的类型	私密性
GPS	卫星射频源的多点定位法	室外（卫星可见）	1～10m	绝对物理坐标（纬度，经度，高度）	有
无线电信标	无线基站的广播（蜂窝，802.11，蓝牙）	无线覆盖区域	10m～1km	接近已知的实体（通常是语义上的）	有
活动蝙蝠	无线电和超声波的多点定位法	天花板需要安装传感器	10cm	相对（房间）坐标	暴露蝙蝠的标识
超宽带	无线电脉冲接收的多点定位法	要安装接收器	15cm	相对（房间）坐标	暴露标签的标识
活动徽章	红外传感	日光或荧光	房间大小	接近已知的实体（通常是语义上的）	暴露徽章的标识
自动识别标签	RFID、近距离通信、视觉标签（如条形码）	需要安装阅读器	1cm～10m	接近已知的实体（通常是语义上的）	暴露标签的标识
Easy Living	视力，三角测量	要安装照相机	不定的	相对（房间）坐标	无

图 19-8　一些位置感知技术

美国全球定位系统（GPS）是卫星导航系统的一个最著名的实例——一个通过卫星信号确定接收器或装置的近似位置的系统。其他的卫星导航系统有俄罗斯的 GLONASS 系统和已规划的欧洲 Galileo 系统。由于在建筑物内信号会削弱，所以 GPS 只作用于室外，它通常用于车辆和手持导航设备，并且逐渐用于非传统的应用，例如在城市内将依赖于位置的媒体数据传送给人们 ［Hull et al. 2004］。接收者的位置是根据绕地球 6 个平面运行的 24 颗卫星的一个子集计算的，每个平面 4 颗。每颗卫星每天绕地球运行 2 圈。每颗卫星广播其上原子钟的当前时间，以及在一段时间内它的位置信息（通过来自地面站的观测判断）。接收者（它的位置将被确定）根据信号被接收到的时间和它被广播的时间的差值（也就是信号编码的时间）以及无线电从卫星到地面传播的速度估计来计算它到每个可见卫星的距离。然后，接收器利用称为"多点定位法"（multilateration）的三角计算来计算它的位置。要得到一个位置，那么至少有 3 颗卫星对接收者是可见的。如果刚好有 3 颗卫星可见，那么接收器就只能计算出它的纬度和经度；若有更多可见卫星，那么高度也可以计算出。

另一种可能在广域范围、至少在人口高度密集区域工作的定位方法是，识别附近的从传输范围有限的固定无线结点发出的信标。设备可以用信号强度度量哪个信标是最近的。移动电话的蜂窝基站（也叫蜂窝发射塔）都有一个蜂窝标识符；802.11 访问点有一个基本服务集标识符（Baisc Service Set Identifier，BSSID）。一些信标广播标识信息，其他的信标是被发现的。例如，许多 802.11 访问点广播它们的标识符，而一台蓝牙设备在被另一台蓝牙设备发现时提供它的标识符。

无线电信标自身不会确定一个实体的位置，仅能获得它与另一个实体邻近。如果信标的位置已知，那么就知道目标实体的位置是在无线电射程内。绝对定位是在位置数据库中查找信标标识符。电信提供商一般不会直接或通过第三方公开那些用到其发射塔位置的定位信息。一些公司，例如 Google，用车辆系统化地搜索一个区域内的 802.11 访问点，他们把这些点用 GPS 定位标记到地图上。一个智能手机在这样一个地图化的访问点范围内，它的位置可以被确定在几十米范围内（假设访问点没有被重定位，有时会发生这样的情况）。

接近度本身就是一个有用的属性。例如，使用接近度的话，可能创建位置敏感的应用，该应用在用户返回到以前访问过的位置时触发。例如，在火车站等待的用户可以创建一个警告，当他在每月的第一天走近火车站时（也就是说，当他们的设备接收到相同的信标标识符时），提醒他去买新的火车

852
～
853

月票。蓝牙是另一种无线电技术，它具有一个有趣的特征，就是有些无线电信标（例如，某些与移动手机集成的信标）本身是移动的。这也很有用。例如，火车乘客会通过他们的移动手机从经常一起旅行的人——"熟悉的陌生人"那里接收数据。

　　考虑更明确的定位形式，GPS 得到室外对象的绝对（也就是全球）坐标。相比之下，活动蝙蝠（Active Bat）系统［Harter et al. 2002］能够产生对象或人在室内的位置的相对坐标，也就是相对于该对象或用户所在房间的位置得到的坐标（见图 19-9）。活动蝙蝠系统的精确度大约是 10cm。相对精确的室内位置对某些应用而言是有用的，例如检测用户距离哪个屏幕最近，并且使用 VNC 协议（参见 2.3.2 节的"瘦客户实现"）将 PC 的桌面"远距离运输"到该屏幕。蝙蝠（bat）是附着在要定位的用户或对象上的一种设备，它能接收无线电信号并发射超声波信号。该系统依赖位于天花板已知位置上的一个超声波接收器子网，该子网通过有线连接连到一个基站。为了定位蝙蝠，基站向蝙蝠发射一个包括其标识符的无线电信号，同时向安装在天花板的超声波接收器发射一个有线信号。当带有给定标识符的蝙蝠接收到基站的信号时，它发射一个短的超声波脉冲。当天花板上的接收器接收到基站的信号时，它启动一个计时器。因为电磁波传播的速度远远大于声音的传播速度，所以超声波脉冲的发射和计时器的启动实际上是同时的。当一个天花板接收器接收到相应的（来自蝙蝠）超声波脉冲时，它计算间隔的时间，并将时间转发给基站，基站根据对声音速度的一个估计来推断接收器到蝙蝠的距离。如果基站接收到至少三个非共线超声波接收器的距离，它就能计算出蝙蝠在三维空间的位置。

图 19-9　在房间内定位一个活动蝙蝠

　　超宽带（Ultra Wide Band，UWB）是用来在短程内（不超过 10m）以高比特率（100Mbps 或更多）传播数据的技术。比特通过低功耗但很宽的频谱，使用细脉冲（宽度为 1ns）进行传播。给定脉冲的大小和形状，可以测量脉冲变化的次数从而得到很高的精确度。通过在环境中放置接收器和使用多点定位法，可以确定一个 UWB 标签的坐标，其精确度大约为 15cm。与其他技术不同，UWB 信号可以穿过墙壁和建筑物内的其他类型的障碍物。它的另一个优点是功耗低。

　　一些研究者已经就已有无线结点的使用做了实验，例如，802.11 无线访问点超越简单的信标，试图通过度量相对于几个访问点的信号强度推理无线客户的位置。实际上，环境中其他实体的出现会减弱、反射或折射信号，这意味着信号强度不是一个简单的与发射机距离有关的函数。处理这个问题的一个方法是指纹技术（fingerprinting），它根据已度量的信号强度特征以概率的方式给出位置。作为位置实验室项目的一部分，Cheng 等［2005］考虑了一些根据信号强度决定位置的技术、这些技术能获得的精度和所涉及的校准量。

　　前述技术都能提供对象的**物理位置**数据：在物理区域中的坐标。知道物理位置的一个好处是，通过地理信息系统（GIS）和建筑空间的世界模型数据库，一个位置能与对象的很多其他类型的信息或其他对象相联系。然而，不利之处是生成和维护数据库所需的开销，这些数据库可能会受制于很高的变化率。

　　相比之下，活动徽章系统（见 19.1 节）产生对象的**语义位置**：位置的名字或描述。例如，如果一个徽章被 101 室的红外线接收器感知到，则徽章的位置确定为"101 房间"。（与大多数无线电信号不同，建筑材料会极大地削弱红外线信号，所以徽章不可能在房间外被识别。）除了在空间中的位置，该数据什么也没有告诉我们，但是它确实为用户提供了与他们居住的世界相关的信息。相对而言，同一地点的纬度和经度，例如 51°27.010N，002°37.107W 可以用于计算到其他地点的距离，但人们使用它很困难。注意，无线电信标（它与活动徽章截然不同，它将接收器放置在将要定位的目标上而不是在基础设施上）可以用于提供语义位置，或是物理位置。

活动徽章是自动标识标签（automatic identification tag）的一种特殊形式，自动标识标签是电子可读的标识符，它通常用于大规模工业应用。自动标识标签包括 RFID［Want 2004］、近距离通信（NFC）［www.nfc-forum.org］标签和图像文字或其他可视符号（如条形码），特别是那些设计成可被远处的照相机读取的符号［de Ipiña et al. 2002］。这些标记附着在要确定位置的对象上。当在被作用范围有限且位置已知的阅读器发现时，目标对象的位置也就可知了。 855

最后，计算机视觉技术被用来定位一个对象，例如被一个或多个照相机观测的人。Easy Living 项目［Krumm et al. 2000］以几个来自照相机的输入来使用视觉算法。一个目标对象如果能被一个在已知位置的照相机识别，它就可以被定位。原则上，如果已知位置有多个照相机，那么，所摄图片上对象外观之间的区别可以用来更准确地确定对象的物理位置。更特殊的设备组合了可见光摄像和红外线寻找，它可以用来确定人的出现以及他们手和肢体的位置以作为游戏的手势输入。

正如在 Cooltown 实例研究（见 19.7.2 节）中将要说明的，上面某些位置技术（特别是自动标识标签和红外线信标）通过可用的标识符，可以用于对它们所依附的实体的信息和服务进行访问。

就私密性而言，上述技术如何比较？GPS 解决方案提供了绝对的私密性：GPS 操作从不将关于接收设备的信息传送到其他地方。无线电信标也能提供绝对的私密性，但它依赖于它被使用的方式。如果设备只是监听信标，并且从不与基础设施进行其他的通信，那么可以保证它的私密性。相比之下，其他技术属于跟踪技术。活动蝙蝠、UWB、活动徽章和自动标识方法都产生一个属于基础设施的标识符，表示在已知的地点、已知的时间出现。即使相关的用户没有公开他们的身份，也能推断出来。最后，Easy Living 的视觉技术依赖于识别出用户以便定位他们，所以以用户的身份更容易暴露。

用于位置感知的体系结构　位置系统需要的两个主要特征是：1）用于位置感知的各种传感器的类型的一般性；2）相对于要定位对象的数目以及当对象（如人和车辆）移动时发生位置更新事件速度的可伸缩性。研究人员和开发人员为小范围的（在单个智能空间，例如覆盖了传感器网络的房间、建筑物或自然环境）的位置感知设计了相应的体系结构；也为高可伸缩地理信息系统开发了相应的体系结构，这些系统覆盖广大区域并包含大量对象的位置。

位置栈（location stack）［Hightower et al. 2002，Craumann et al. 2003］的目标是满足一般性的需求。它将用于单个智能空间的位置感知系统分成若干层。传感器层包含用于从各种位置传感器中抽取原始数据的驱动程序。测量层将原始数据转化为常见的测量类型（包括距离、角度和速度）。融合层是应用程序可用的最低层。它结合来自不同传感器（通常是不同类型的）的测量数据，从而推断对象的位置，并通过一个统一接口提供给应用。因为传感器产生不确定的数据，所以对融合层的推理是基于概率的。Fox 等［2003］综述了一些可用的贝叶斯技术。安排层推断出对象间的关系，例如它们是否是在同一位置。以上诸层是为了将位置数据与来自其他类型传感器的数据合并，以确定较复杂的上下文属性，比如一栋房子中的一群人是否全部睡着了。 856

可伸缩性是地理信息系统关心的一个主要方面。诸如"最近 60 天内谁住在这座楼内？"，"是否有人跟着我？"或者"该区域内哪种移动对象最容易发生碰撞？"都是时空查询，这些查询说明了对可伸缩性的需求。要定位的对象数目（尤其是移动对象的数目）和并发查询的数量可能很大。此外，上述查询的最后一个例子要求实时响应。使位置系统具有可伸缩性的一个显然的方法是使用数据结构（如四叉树）递归地将感兴趣的区域分成子区域。时空数据库的索引技术是一个热门研究领域。

19.4.4　小结和前景

本节描述了几种为上下文敏感计算而设计的基础设施。我们重点讨论了如何利用传感器产生应用所依赖的上下文属性的方法。我们介绍了用于相对静态传感器集合的体系结构和用于高易变传感器网络的体系结构。最后，我们描述了一些位置感知方面特别重要的实例所采用的技术，有些技术是被广泛使用的。万维网联盟（W3C）的地理位置 API［www. w3. org XXIV］包含了下列支持：（如前面讨论的）通过移动设备使用 GPS 或接近基站发射塔的位置或 802. 11 访问点以自动感知用户的位置，给用户呈现位置特定的 Web 内容。

通过上下文敏感，我们将日常物理世界与计算机系统集成到一起。还需要解决的一个主要问题是：与人类对物理世界的细微理解相比，我们描述的系统相当粗糙。不但传感器（至少是那些足够便宜以至能广泛部署的）不可避免地不够精确，而且从原始传感器数据所包含的信息中精确产生语义丰富的信息也是极其困难的。机器人世界（除了感知，它还包括制动器，这是我们忽略的一个话题）解决该问题已经好多年了。在严格受限区域内，比如室内吸尘器清扫或工业生产，机器人能妥善地执行任务。但是从受限领域的应用到普遍化的应用依然是很困难的。

19.5 安全性和私密性

易变系统引发了许多新的安全性和私密性问题。第一，易变系统的用户和管理员要求他们的数据和资源具有安全性（机密性、完整性和可用性）。但是，正如我们在 19.1 节描述易变系统的模型时所指出的，在易变系统中，信任度（所有安全性的基础）经常被降低。这是因为进行自发交互的组件的主体只有很少的关于对方的先验知识，而且不可能有共同的可信任的第三方。第二，很多用户关心他们的私密性——粗略地讲，是他们自己控制对自身信息访问的能力。但是由于在智能空间中能感知用户经过，因此私密性比以前更可能受到威胁。

[857]

尽管存在这些挑战因素，但确保人们的安全性和私密性的措施必须是轻量级的——部分是为了保存交互的自发性，部分是由于很多设备的用户界面是受限的。例如，在办公室内使用智能笔之前，人们不想“登录”到智能笔。

本节我们将概述易变系统的安全性和私密性的几个主要问题。Stajano［2002］给出了这些问题的较详细的处理措施。Langheinrich［2001］从历史的和法律的角度上查看了无处不在计算的私密性问题。

19.5.1 背景

由于与硬件相关的问题，如资源缺乏，安全性和私密性在易变系统中是很复杂的，并且由于它们的自发性导致了新型的资源共享。

硬件相关的问题 传统的安全协议往往基于对设备和连通性的假设，这些假设在易变系统中是不成立的。第一，便携设备（例如智能手机和传感器结点）通常比锁在房间里的 PC 类的设备更容易被偷和受到干扰。易变系统的安全性设计应该不依赖于任何容易失效的设备子集的完整性。例如，如果一个智能空间跨越了一个足够大的物理区域，那么帮助保护系统整体完整性的一种方法是：如果攻击要成功，那么就要让攻击者必须在大约同一时间访问它内部的许多位置［Anderson et al. 2004］。

第二，易变系统中的设备有时没有足够的计算资源用于非对称（公钥）加密，即使使用椭圆曲线加密也是如此（见 11.3.2 节）。SPINS［Perrig et al. 2002］为无线传感器网络中的低功率结点在有潜在攻击的环境中交换数据提供了安全性保证。他们的协议只使用对称密钥加密，与非对称密钥加密不同，它在那些低功率的设备上是可行的。然而，它回避了下面的问题：无线传感器网络中的哪些结点应该共享相同的对称密钥。一种极端情况是，如果所有结点共享相同的密钥，那么在一个结点上的攻击成功将危害整个系统。另一种极端情况是，如果每个结点与其他每个结点分享一个不同的密钥，那么将有太多的密钥要保存在只有有限内存的结点中。一个折中方案是结点只与距离它最近的邻居共享密钥，并且依赖于成熟的可信赖结点链，该链对消息按跳加密，而不是使用端对端的加密。

第三，能量永远是个问题。不但要设计安全协议使得尽量减少通信负荷以延长电池的使用时间，而且有限的能量是新型服务拒绝攻击的基础。Stajano 和 Anderson［1999］描述了在电池供能的结点上的“睡眠剥夺折磨攻击”：攻击者可以通过发送伪造的消息使设备耗尽它们的电能（因为设备在接收消息时要消耗能量），以此完成拒绝服务的攻击。Martin 等［2004］描述了其他的“睡眠剥夺”攻击，包括隐蔽地给设备提供数据和代码来消耗用于处理所需的能量。例如，攻击者可以提供一个动画式的

[858]

GIF 图像，对用户而言，它看起来是静态的，但实际上需要反复渲染。

最后，断链操作意味着最好不要使用依赖于持续在线访问服务器的安全协议。例如，假设休息站的自动售货机只为某公交公司的乘客提供免费的点心和饮料。与其假设这样的机器总是要连接到公司的总部来验证权限，不如设计出一个协议，给用户设备（如手机）发放一个证书使得自动售货机仅使用蓝牙或其他短程通信手段就能验证权限 [Zhang and Kindberg 2002]。遗憾的是，不使用在线服务器也意味着证书不能撤回，只能设计一个过期时间来解决这个问题——这回避了下列问题：离线设备如何安全地保证精确的时间。

新型资源共享：问题例子　易变系统引发了新型的资源共享，这需要新的安全性设计，如下面的例子所示：

- 智能空间的管理者暴露一个服务，使得访问者可以通过无线网络访问这个服务，例如发送幻灯片到会议室的投影仪或使用咖啡屋内的打印机。
- 同一公司的两个员工在会议上遇见时，可以在他们的手机或其他便携设备之间通过无线连接交换文档。
- 护士从一个存放类似设备的盒子中取出一个无线心率监控器，将它装在病人身上，并且将它关联到诊所中该病人的数据日志服务上。

这些事例都是自发互操作例子，每个例子都提出了安全性和/或私密性问题。它们与在有防火墙保护的企业内部网或者开放的互联网上的资源共享模式不同。

投影服务和打印服务只能由访问者使用，但无线网络可能越出建筑物的边界，这样攻击者可以窃听、干扰展示或发送伪造的打印任务。所以，服务需要保护，类似于只为俱乐部成员服务的 Web 服务器。但是登录（输入用户名和密码）和处理登录的注册过程开销比较大。此外，用户可能会出于私密性考虑而反对。

两个员工间的文档交换在某些方面类似于在公司内部网内发送一封邮件。这种交互通过一个公共的无线网络发生在一个几乎充满陌生人的地方。原则上存在可信任的第三方（员工所在公司），但实际上第三方可能不可达（在会议室，员工的手机也许不能得到足够好的无线电通信信号）或者第三方可能没有配置在所有用户的设备上。

护士的工作在某些方面类似于第一个例子，她可以临时但安全地使用一个可信任的设备，就像访问者可以使用一个投影仪或打印机。但是这个例子要强调的是重用问题。可能有很多的无线传感器在不同的时间用于不同的病人，如何安全地在设备和各个病人日志间建立和打破关联是最基本的问题。

859

19.5.2　一些解决办法

为了解决在易变系统中提供安全性和私密性的问题，我们现在来看一下已有的尝试：安全自发的设备关联、基于位置的认证和私密性保护。我们描述的安全技术很明显地脱离了分布式系统的标准方法。它们利用了如下事实：我们考虑的系统被集成到了日常的物理世界中，是通过使用物理证据而不用密码学证据来自提升安全性特性。

安全自发的设备关联　前一节的例子提出的一个重要问题是如何在通过无线电网络 W 相连的两个设备间保护自发关联。这就是安全自发的设备关联（secure spontaneous device association）问题，也称为安全短暂关联（secure transient association）问题。目标是通过在两个设备间安全地交换会话密钥并使用该密钥来加密 W 上的通信来创建安全通道。因为关联是自发的，所以首先要假设设备（或它的用户）既不与其他设备共享密钥，也没有其他设备的公钥，并且设备也不访问可信任的第三方。攻击者可能试图在 W 上窃听、重播或合成消息。特别是攻击者可能试图发起一个中间人攻击（相关描述见 11.1.1 节）。

该问题的解决方法能够使访问者安全连接到投影仪或打印服务；参加会议的同事能够安全地在他们的携带设备间交换文档；护士能够安全地通过病床将无线心率监控器连接到数据日志装置上。

W 上的通信再多也不能由自身完成安全密钥交换，所以需要紧急通信。特别地，在以蓝牙连接的两个设备间建立链路层密钥的标准方法依赖于一个或多个用户的紧急控制动作。在一个设备上选择的数字串必须由用户在其他设备上输入。但是这种方法通常不会安全地实施，因为可能被使用的、简单的、短数字串（例如"0000"）易于被攻击者通过穷举搜索而得到。

另一种解决安全关联问题的方法是使用带有某一物理特性的侧通道。特别地，经由此侧通道传播的信号在角度、范围或时序（或它们的某种组合）上会受到限制。为了尽可能接近，我们可以推断出此通道上消息的发送者和接收者的特性，这使得我们能够使用一种物理可示范的设备（我们下面将介绍）建立安全关联。Kindberg 等［2002b］称它们为物理受限通道（physically constrained channel），我们在本书中使用此术语；Balfanz 等［2002］称之为有限位置通道。Stajano 和 Anderson［1999］首先以物理接触的形式开发了此种侧通道。在 19.2.2 节介绍物理设备关联的时候，我们介绍了这些通道的几个例子。

在一个场景中，某个设备生成一个新会话密钥，并通过接收受限的通道（receive-constrained channel）将它发送到其他设备，接收受限通道提供一定程度的安全性。也就是说，它限制哪些设备可以接收密钥。下面是用于属于接收受限通道的一些技术：

- 物理接触。每个设备有终端来进行直接电子连接［Stajano and Anderson 1999］，参见图 19-10。

a）通过物理接触交换新会话密钥K　　　　b）在W上使用K构建安全通道的设备通信

图 19-10　使用物理接触的安全设备关联

- 红外线。可以限制红外线光束在 60° 以内，它可以被墙壁和窗户大大地削弱。用户可以通过"光束"传送密钥给相距 1 米以内的接收设备［Balfanz et al. 2002］。
- 音频。数据可以作为一种音频信号（例如在房间内轻柔地播放的音乐）的调制传送，但它传送的距离很短［Madhavapeddy et al. 2003］。
- 激光。一个用户将设备的携带数据的窄激光束指向另一个设备上的接收器来传送数据［Kindberg and Zhang 2003a］。该方法具有比其他远程技术具有更高的精确度。
- 条形码和照相机。一个设备在它的屏幕上将密钥显示成条形码（或其他可解码的图像），另一个设备（带有摄像头，比如拍照手机）读取并解码。该方法的精确度与设备间的距离成反比。

通常，物理上受限的通道只提供有限的安全性。具有高灵敏度接收器的攻击者就能窃听红外线或音频；具有功能强大的照相机的攻击者能够读取（即使在小屏幕上）。激光会受大气散射的限制，尽管量子调制技术可以使得发散的信号对窃听者没有用处［Gibson et al. 2004］。然而，当技术部署在合适的环境中时，攻击者就需要付出极大的努力才能完成攻击，这样的安全性足以满足日常工作的需要。

第二种用于安全交换会话密钥的方法是使用受限通道在物理上认证设备的公钥，并将它发送给其他设备。之后设备参与到一个标准协议中，使用认证的公钥以交换会话密钥。当然，该方法假定设备功能足够强大，可以执行公钥加密。

对于设备而言，认证公钥最简单的方法是将它通过一个发送受限通道（send-constrained channel）发送出去，这使用户能够认证密钥是从那个物理设备中得到的。有几种方法实现合适的发送受限通道。例如，物理接触提供了一个发送受限通道，因为只有一个直接连接的设备可以在该通道上发送。习题 19.14 将请读者考虑以上描述的哪些接收受限通道技术也提供发送受限通道。此外，使用一个接收受限通道实现一个发送受限通道是可能的，反之亦然（参见习题 19.15）。

对于设备而言，第三种利用物理受限通道的方法是最优化但不安全地交换会话密钥，之后使用物理受限通道来验证密钥。也就是说，使用物理受限通道来证实密钥只由所请求的物理源拥有。

首先，我们考虑如何用自发但可能与错误的主体交换会话密钥，随后介绍几种技术来验证交换。如果验证失败，那么过程还可以重复。

在 19.2.2 节中，我们描述了用于关联两个设备的物理的和由人控制的技术。例如，两按钮协议，当人几乎同时按下设备上的按钮时，设备交换它们的网络地址。可以方便地修改协议，使得设备使用 Diffie-Hellman 协议 ［Diffie and Hellman 1976］ 交换会话密钥，但是，该方法正如它自己叙述的，是不安全的：由于同时运行该协议，单独的用户组仍有可能意外地错误关联设备，并且怀有恶意的一方仍有可能发起中间人攻击。

中间人不能（除了有可忽略的概率）同每个设备交换相同的密钥，这是 Diffie-Hellman 协议的一个特性。所以，我们可以通过比较两个设备运行 Diffie-Hellman 协议后得到的密钥的安全散列值来验证关联（见图 19-11）。以下技术使得我们在使用前验证密钥。尽管也使用接收受限通道，但它们涉及发送受限通道（见习题 19.15）。

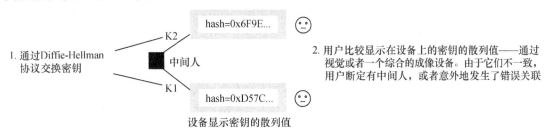

图 19-11　检测中间人

显示的散列值：Stajano 和 Anderson ［1999］ 指出，每种设备都可以以十六进制字符或其他人工可以比较的形式显示它的公钥的散列值。然而，他们认为这类人为参与太容易出错。上面提到的条形码方法可能更可靠。该方法是使用发送受限通道的另一个例子：一个设备的显示屏和接近条形码的另一个设备的摄像头间的光路安全地从所请求的设备传播安全散列值。

超声波：通过使用类似于 19.4.3 节描述的活动蝙蝠系统使用的技术，将超声波信号与无线电信号结合，可以推断发送散列值的设备的距离和方向 ［Kindberg and Zhang 2003b］。

由于受限通道的特性，以上方法提供的安全性的程度是不同的，但是所有方法都适合于自发关联。没有一个方法要求在线访问其他组件。没有一个方法要求用户去认证他们自己或查找设备的电子名称或标识符，相反，要向用户提供关于哪个设备已安全关联的物理证据。通过假设，用户已在那些设备（和它们的用户）中建立了信任。当然，已获得的安全性只是同所涉及设备的可信任性一样：可能将一个设备"安全地关联"到另一个实际上发起攻击的设备上。

Stajano 和 Aderson ［1999，Stajano 2002］ 在"复活鸭"协议的上下文中使用了物理受限通道。该协议与无线心率监控器的例子是相关的，在那个例子中，几个同样的设备要在病人间安全地关联或重新关联。该协议的名字指下面的事实：（实际的）小鸭在可铭记的状态下开始生命，随后受控于任何它们首先认出的实体（理想情况下，是它们的母亲！），该过程称为铭记（imprinting）。在我们的实例中，"小鸭"设备受控于第一个与它关联的设备，并且之后拒绝来自任何其他实体的请求——其他实体是指不知道在铭记点"小鸭"与它的"母亲"交换密钥的主体。重新关联只能通过先"杀死该鸭的灵魂"来进行——例如，当"母亲"指示"鸭"重新呈现可铭记的状态，该情况下它的记忆被安全地擦除了。从这一点开始，"小鸭"准备受控于下一个与它关联的设备。

基于位置的认证　访问者使用会议室的投影服务以及用户在咖啡店打印文档的例子可以从访问者和管理者两个角度来看。从访问者的角度看，他们可以使用前面介绍的任一种物理受限通道安全地将他们的设备关联到投影仪或打印机上，从而保护他们的数据的私密性和完整性（尽管在咖啡店内打印敏感的文档是不明智的）。

但是那些智能空间的每个管理者都有附加的需求：在让他们的访问者享有安全性的同时，他们需要实现访问控制。只有物理上位于他们空间内的人（会议室的讲演者，在咖啡店喝咖啡的人）才能使用他们的服务。可是，正如我们已经解释过的，由于访问者私密性的需求和管理者对自发出现和消失的用户和设备集成一体的需要，认证用户的身份可能是不合适的。

862

满足那些需求的一种认证方法是使访问控制基于服务的客户的位置，而不是它们的身份。Kindberg 等［2002b］描述了一种认证客户位置的协议，该协议使用一种遍及但不会超越智能空间的物理受限通道。例如，该通道可以使用咖啡店内播放的音乐或会议室内的红外线来构建。还有一个嵌入相应智能空间（即直接连接到同一个受限通道）的、被位置特定的服务所信任的位置认证代理。例如，Acme 咖啡公司想通过它们的连锁店让它们的客户免费下载多媒体信息作为奖励，但是又希望保证 Acme 咖啡店外的任何人都不可以访问该多媒体信息，即使下载服务是集中式的并且连接到互联网。该协议假定用户通过 Web 浏览器访问服务，协议使用 Web 重定向，这样访问者的设备从位置认证代理透明地得到证实，即客户设备位于它所声明的位置，然后，该协议负责将该证明转发给目标服务。

Sastry 等［2003］使用由超声波实现的临时受限通道验证位置声明。该协议的基础是：因为声波的速度是物理受限的，在应答包含在请求包中的随机数时，只有一个恰好声明在此的设备可以通过超声波足够快地传送消息到目的地。

与安全的设备关联一样，位置认证只能在有限的程度上保护系统的安全。即使服务已证实客户在一个真实的位置，该客户也可能仍然是恶意的或者作为其他位置客户的代理。

私密性保护　基于位置的认证表明权衡使得保护易变系统的私密性变得很难：即使用户拒绝提供他们的身份，他们也会暴露位置，该位置可能与其他类型的潜在标识信息无意地进行了关联。用户信息可能流经的所有通道都需要安全措施。例如，即使用户在咖啡店匿名地访问电子服务，他们的私密性也可能被破坏（如果照相机捕捉到他们）。如果用户需要为一项服务支付费用，那么即使通过第三方来完成这项工作，他们也必须提供电子支付细节。他们也可能要购买货物，那些货物需要运送到他们家或工作地址。

在系统层中，最基本的威胁是，当用户走进智能空间并访问其中的服务时，用户会有意地或无意地提供各种各样的标识符。第一，他们在访问服务时可能提供名字和地址。第二，他们个人设备上的蓝牙或 IEEE 802.11 网络接口都有一个固定的 MAC 层地址，该地址对其他设备（如访问点）是可见的。第三，如果用户携带标签，如 RFID 标签（例如，嵌入到衣服中的 RFID 标签使智能洗衣机能够自动地选择一种合适的洗衣周期），那么智能空间可以潜在地在门口和其他"关键点"感知那些标签。RFID 是全球唯一的，可以用于识别用户的什么物品带有该标签（如他们穿的衣服类型），还可以用于跟踪。

无论标识符的来源是什么，它们都可以与一个位置和在给定时间内的一个活动相关联，这样就可能被潜在地连接到用户的个人信息。在智能空间中的用户可能窃听并收集标识符。如果他们与智能空间（或嵌入到智能空间的服务）串通，那么他们就可以跟踪标识符，推断出用户的活动，所有这些都有可能导致私密性的丧失。

科学家们正在研究如何把当前的"硬"标识符（如无线 MAC 地址和 RFID）做成"软"地址，这些软地址可以时不时被替换以阻止追踪。改变 MAC 地址（和更高层的网络地址，如 IP 地址）的困难在于会导致通信中断，这就要与私密性进行权衡［Grueser and Grunwald 2003］。改变 RFID 的困难在于，虽然生成 RFID 的用户不想被"错误"的传感器跟踪，但用户希望他们的 RFID 标签被某些"正确"的传感器读取（如他们洗衣机内的传感器）。解决该问题的技术是对于标签使用（单向）散列函数，替换已存储的标识符和生成在每次读取标识符后要发出的标识符［Ohkubo et al. 2003］。只有一个知道标签原始唯一标识符的可信赖方能够使用发出的标识符来证实哪个标签被读取。此外，因为标签通过一个单向散列函数在发出它们前改变它们存储的标识符，所以攻击者不能（除非他们篡改了标签）知道所存储的标识符，这样，也就不能欺骗标签——例如，故意错误地声称一个带标签的用户出现在犯罪现场。

考虑客户提供给服务的软件标识符，帮助维护私密性的一种显而易见的方法是要么用一个匿名标识符（为每个服务请求随机送择的）要么用一个假名（pseudonym）来替代。假名是一个不真实的标识符，但是在一段时间内一直用于同一个客户主体。假名相对于匿名标识符的优势是它使客户不必暴露真实身份就可与给定服务建立一种信任的关系或好名声。

对于用户来说，管理匿名或假名标识符太麻烦，所以这项工作通常由一个称为*私密性代理*（privacy

proxy）的系统组件完成。私密性代理是一个用户信任的可以将所有服务请求都匿名发送的组件。每个用户设备有一个到私密性代理的安全的专用通道。该代理将服务请求中所有的真实标识符用匿名标识符或假名替换。

私密性代理的一个问题是它是脆弱性的中心点：如果代理被成功攻击，那么所有的客户使用服务的信息将被泄露。另一个问题是代理不会隐藏用户访问了哪个服务。一个窃听者或一群窃听者可以使用流量分析，即观察流向或流出一个特定用户设备的消息和流向或流出一个特定服务的消息间的流量的相关性，检查消息的时序和大小等因素。

混合（mixing）是一种统计技术，它以一种攻击者很难整理出用户的动作规律的方式，组合来自许多用户的通信，从而帮助维护用户的私密性。混合的一个应用是构建代理的一个覆盖网络，在消息进入网络以后，代理对消息加密、聚集、重排以及在它们之间使用多跳传送消息，从而对服务或客户而言，很难在来自客户或服务的进入网络的消息和离开网络的消息间建立联系［Chaum 1981］。每个代理只信任它的邻居，且只与它们共享密钥。只要不是所有代理的串通，就很难危害到网络。Al- Muhtadi 等［2002］描述了一种用于在智能空间中将客户的消息匿名地路由到服务的体系结构。

混合的另一种应用是利用在每个位置出现许多用户来隐藏用户的位置。Beresford 和 Stajano［2003］描述了一种使用混合地带（mix zone）隐藏用户位置的系统，混合地带是一个用户不会访问位置敏感服务的区域，例如智能房间之间的走廊。其基本思想是用户在混合地带内改变他的假名标识符，在那里任何用户的位置信息是不知道的。如果混合地带足够小并且有足够多的人经过混合地带，那么混合地带可以扮演一个类似于混合的匿名代理网络的角色。习题 19.16 在更深层次上考虑了混合地带。 865

19.5.3　小结和前景

本节介绍了在易变系统中提供安全性和私密性的问题，并简要介绍了几种尝试性的解决方案，包括安全自发关联、基于位置的认证和各种保护私密性的技术。广泛的感知、与硬件有关的问题（如资源缺乏）和自发关联是产生困难的根源。感知增加了用户对私密性的关注，因为不但他们的服务访问被监控，而且他们的位置等基本信息也被监控；与硬件有关的问题和自发性对我们提供安全方案的能力提出了挑战。这是一个重要的研究领域：安全性，尤其是私密性可能成为使用易变系统的障碍。

19.6　自适应

本章所研究的易变系统的设备在处理能力、I/O 能力（例如屏幕大小、网络带宽、内存和能量容量）方面与 PC 相比，异构性更加明显。由于我们为设备设定了多个目标，所以异构性不太可能大大减少。便携和嵌入设备的不同要求意味着资源（例如能量和屏幕大小）最缺乏和最丰富的设备之间有着巨大的差别（在资源上仅有的正面总体趋势是逐渐增容的但是可负担得起的持久存储［Want and Pering 2003］）。可能唯一不变的就是运行时变化本身：运行条件（如可用的带宽和能量）是易于动态变化的。

本节介绍自适应（adaptive）系统：它们基于不同的资源模型，并且使它们的运行时行为适应当时的资源可用性。自适应系统的目标是通过允许软件在上下文中重用以容纳异构（这里，上下文会根据一些因素变化，这些因素包括设备功能和用户偏好）；同时，通过适应应用行为但不牺牲关键的应用特性来容纳变化的运行时资源条件。但是，实现这些目标是极其困难的。本节给出了自适应领域的一些特点。

19.6.1　内容的上下文敏感自适应

在 19.3.1 节，我们看到易变系统的某些设备相互提供多媒体内容。多媒体应用（见第 20 章）通过交换或传输多媒体数据（例如图像、音频和视频）而运作。 866

交换内容的一种简单办法是，不管何种内容消费设备，内容产生者都发送相同的内容，而内容消费设备根据它的需要和限制对内容进行适当的呈现。确实，该方法有时有效，只要内容被指定得足够抽象，接收设备总能找到一个适合它需要的具体表现方法。

　　然而，一些因素（如带宽限制和设备异构）使得该方法通常不可行。与 PC 不同，易变系统的设备接收、处理、存储和显示多媒体内容的能力差别非常大。它们的屏幕大小不同，有的甚至没有屏幕，所以会导致在发送固定大小的图片、固定字体大小的文本，以及固定布局的内容时得到不满意的结果。设备可能有也可能没有 PC 所应有的其他类型的 I/O：键盘、麦克风、音频输出设备等。即使一个设备有 I/O 硬件来呈现某种形式的内容（如视频），它也可能没有某种编码（例如 MPEG 或 QuickTime）所需的软件或者没有足够的内存及处理资源来以完全的保真度（对视频信号而言指全分辨率或帧率）呈现多媒体。最后，设备可能具有足够的资源来呈现给定的内容，但是如果设备的带宽太低，内容就不能发送到设备（除非内容被适当地压缩）。

　　更普遍的情况是，一个服务需要传送到给定设备的内容是上下文的一个函数：媒体制作人不但应该考虑消费设备的能力，还要考虑设备用户的偏好，以及用户任务的本质等因素。例如，一个用户可能更希望在小屏幕上显示文本而不是图像；另一个用户更喜欢音频输出而不是视频输出。此外，服务传递的在一段内容中的条目可能是用户任务的一个函数。例如，某一区域的地图上的特征依赖于用户是参观景点的旅游者还是寻找基础设施访问点的工作者而确定［Chalmers et al. 2004］。在一个屏幕大小有限的设备上，如果地图只包括一种特征类型，那么该地图就比较易读了。

　　对多媒体内容的作者来说，可能会因为开销太大以至于不能为很多不同的上下文配置各自的解决方案。替代的方法是改变最初的数据使之符合一种适当的形式，可采用的手段有：从原始数据中选择、从原始数据中生成内容或对其进行转换，或以上三个过程的任何组合。有时，原始数据与应该如何表示它无关。例如，数据可能是 XML 格式的，脚本是扩展样式表转换语言格式（XSLT），它用于在给定的上下文中创建可呈现的形式。在其他情况下，原始数据已经是一种多媒体数据，例如图像，在这种情况下，自适应过程称为转码（transcoding）。自适应性可以在媒体类型内（例如，选择地图数据或降低图像的分辨率）和媒体类型间（例如，根据用户的偏好或根据消费设备是有屏幕还是有音频输出，将文本转化成语音，反之亦然）发生。

　　在互联网（特别是 Web）上的客户/服务器系统中，内容自适应问题已得到很多的关注。Web 模型使得自适应发生在资源丰富的基础设施上（要么在服务本身中，要么在代理中），而不是在资源贫乏的客户端进行自适应。HTTP 协议允许就内容类型进行协商（参见 5.2 节）：客户在它的请求头中为它可以接收的内容的 MIME 类型声明其偏好，接着服务器设法在它返回的内容中匹配这些偏好。但是该机制对于上下文敏感自适应的作用很有限——例如，客户能指定可接收的图像编码，但不能指定设备的屏幕大小。W3C 通过它的设备独立工作小组［www. w3. org XIX］和开放移动联盟（OMA）［www. openmobilealliance. org］正在开发标准，通过这些标准能比较详细地表达设备的功能和配置。W3C 开发了复合功能/偏好设置文件（CC/PP）使得不同类型的设备可以描述它们的功能和配置，例如屏幕大小和带宽。OMA 的用户代理配置（user agent profile）规约为手机提供了 CC/PP 词汇。它非常详细，以至于对某一给定设备，它的大小能达到 10KB 以上。这样的配置信息在带宽和能量方面显得太过昂贵，以至于不能同请求一起发送，所以移动手机只能在请求头中发送它的配置信息的 URI。服务器检索规约以提供匹配的内容，并且为了将来的使用，会将该规约缓存起来。

　　对带宽受限设备，一类重要的自适应是类型特定的压缩。Fox 等［1998］描述了一种体系结构，其中代理在服务（它可能是或可能不是 Web 的一部分）和客户之间实时完成压缩。它们的体系结构中有 3 个主要特征：

- 为了适应有限带宽，压缩应该会有损耗，但必须特定于媒体类型。这样语义信息可用来决定哪种媒体特征比较重要，应予以保留。例如，通过去掉颜色信息来压缩图像。
- 转码应该实时进行，因为静态预先准备的内容形式不会提供足够大的灵活性去处理动态数据和不断增加的客户和服务器组合的情况。
- 转码应该在代理服务器上进行，这样客户和服务两者都无需关注转码。不必重写代码，计算密集的转码活动可以在合适的可伸缩的硬件上运行（例如机架固定的计算机集群），从而使延迟保持在可接受的范围内。

当谈论到易变系统（如智能空间）时，我们要回顾一下为 Web 和其他互联网规模的自适应作出的一些假设。易变系统的要求更加苛刻，因为它们可能要求在任何一对动态关联的设备间有自适应性，这样自适应性不再受限于基础设施中某个服务的客户。现在，有很多潜在的提供商，他们的内容需要适配。此外，这些提供商也可能因为资源太差而不能自行完成某些类型的自适应。

对智能空间的一个建议是，在它们的基础设施中提供代理以实现它们拥有的易变组件间的内容自适应 [Kiciman and Fox 2000；Ponnekanti et al. 2001]。第二个建议是应该更密切地观察哪种类型的内容自适应可以并且应该在小型设备上完成。在这方面，压缩是一个很重要的例子。

即使在基础设施中只有一个强大的自适应代理，设备仍然需要将它的数据发送给代理。上面我们讨论过，与处理相比通信是非常昂贵的。原则上，在发送前压缩数据是最有效的节约能量的方法。然而，压缩时的内存访问模式对能量消耗有很大的影响。Barr 和 Asanovic [2003] 证实，第一次压缩数据时使用默认的实现可能要消耗更多能量，但是对压缩和解压缩算法（特别是对内存访问模式）进行细致的优化后，与传送未压缩数据相比可能会极大地节约能量。 868

19.6.2　适应变化的系统资源

虽然设备间的硬件资源（如屏幕大小）是不同的，但它们至少是稳定的并且是我们熟悉的。相比之下，应用还依赖于运行时变化的、难预测的资源，例如可用的能量和网络带宽。在本小节中，我们下面将介绍在运行时处理资源级别变化的技术。我们下面将讨论操作系统对运行在易变系统中的应用的支持和在智能空间基础设施中为应用增强资源可用性的支持。

对易变资源自适应性的 OS 支持　Satyanarayanan [2001] 描述了自适应性的三种方法。第一种方法是为应用请求资源并得到资源预留。虽然资源预留对应用而言很便利（第 20 章），但在易变系统中满足 QoS 保证有时很难，甚至在某些情况下（如能量耗尽的时候）是不可能满足的。第二种方法是通知用户可用资源的级别发生了变化，这样他们可以作出相应的反应。例如，如果带宽变低，视频播放器的用户可以操作应用程序中的滑动条来改变帧率或分辨率。第三种方法是 OS 通知应用资源条件发生了变化，而应用根据它的特定需求进行适应。

Odyssey [Nobel and Satyanarayanan 1999] 为应用适应资源（如网络带宽）可用级别的变化提供了操作系统支持。例如，如果带宽降低，那么视频播放器可能切换到颜色较少的视频流，也可能调整分辨率或帧率。在 Odyssey 体系结构中，应用程序管理数据类型，例如视频或图像，并且随资源条件的变化调整保真度（类型特定的质量），根据保真度呈现数据。称为总督（viceroy）的系统组件将设备所有的资源分配给运行在设备上的几个应用。在任何时候，每个应用运行时带有一个容忍窗口以容忍资源条件的改变。容忍窗口给出了资源级别的一个区间，根据实际资源变化，它要选得足够宽以便与实际适应，但也要足够窄以使得应用始终运行在该限制内。当总督要将资源等级变成容忍窗口外的一个值时，它对应用发出一个向上调用，之后应用做出相应反应。例如，如果带宽降到较低级别，视频播放器可能变成黑白色；它可能平稳地调整帧率和/或分辨率。

利用智能空间资源　在 Cyber foraging [Satyanarayanan 2001；Goyal and Carter 2004；Balan et al. 2003] 中，处理受限的设备在智能空间中发现了一个计算服务器，并将它的一些处理负载转给该服务器。例如，将用户的语音转化成文本是一项处理密集的活动，并且很少有便携设备能满意地实现这个任务。利用智能空间资源的一个目标是增加应用对用户的响应度——基础设施中的计算机的处理能力是便携设备的许多倍。但是这也是能量敏感自适应的一个例子：该系统的另一个目标是通过将工作分配给大功率计算服务器来保存便携设备的电量。 869

Cyber foraging 仍然面临一些挑战。需要将应用分解，以便有效地在计算服务器上处理分解后的子应用。但是如果没有计算服务器可用，应用应该仍能正确运行（虽然比较慢或保真度有所降低）。计算服务器应该运行应用的一部分，这部分应用与便携设备间的通信相对很少，否则在低带宽连接上通信所占用的时间会超过处理所用的时间。此外，便携设备全部的能量消耗必须是令人满意的。因为通信需要消耗大量的能量，所以使用计算服务器不一定能节约能量。与计算服务器通信耗费的能量可能超出转移处理所节约的能量。

Balan 等 [2003] 讨论了如何划分应用来解决上述挑战，并描述了一个用于监控资源级别（例如计算服务器的可用性、带宽和能量）的系统，以及使用一个小的分解选项集合，以适应在便携设备和计算服务器之间划分应用。例如，考虑下面的情景，用户通过对着移动设备说话来显示文字，再将文字翻译为一种外语（他们访问国家的语言）。有多种方法可以在移动设备和计算服务器之间划分这个应用（不同的划分具有不同的资源利用含义）。如果有多个计算服务器可用，那么可以让它们分担识别和翻译的不同的阶段的工作；如果只有一个计算服务器可用，那么这些应用应该在该机器上共同运行或在移动设备和计算服务器之间运行。

Goyal 和 Carter［2004］采用了一种更静态的方法来划分应用，这种方法假定应用已分解成独立的通信程序。例如，移动设备可以用两种方式执行语音识别。第一种方式是，应用完全运行在移动设备上（但速度很慢）。第二种方式是，移动设备只运行用户界面，用户界面将用户声音的数字音频装载到计算服务器上运行的一个程序中；该程序将识别后的文本回送给移动设备加以显示。对移动设备而言，发送识别程序到计算服务器的能量代价可能很高，所以设备改为发送程序的 URL，计算服务器从外部资源中下载该程序并运行。

19.6.3 小结和前景

本节描述了易变系统的两种自适应，自适应是由它们的异质和它们的运行条件的易变性造动的。有根据媒体消费者的上下文（例如设备的特征和设备用户的任务）的多媒体数据自适应；还有根据系统资源（例如能量和带宽）的动态等级进行的自适应。

我们指出，在原则上最好制造出一种自适应软件，它可以根据一个对变化有深刻理解的模型适应变化的环境，而不是随需要被迫以随机的方式进化软件和硬件。然而，制造这样的自适应软件很困难，并且在制造这样的软件方面没有通用的协定。第一，变化模型本身（关于资源等级如何变化和当它们变化时如何反应）就很难得到。第二，存在软件工程方面的挑战。在已存在的软件中，找到合适的自适应的地方需要具有该软件工作的固有知识，并且不一定能成功。然而，在从头开始创建新的自适应软件时，可以利用软件工程领域的技术（如面向方面的编程［Elrad et al. 2001］）帮助程序员管理自适应性。

19.7 实例研究：Cooltown

Hewlett-Packard 的 Cooltown 项目［Kindberg et al. 2002a；Kindberg and Barton 2001］的目标是为游牧计算（nomadic computing）提供基础设施，游牧计算是这个项目用于面向人的移动和无处不在计算的术语。"游牧"指人在他们的日常生活中，在不同地点（例如家、工作地点和商店）间移动。"计算"指提供给游牧用户的服务——不只是那些只要连通就可以提供的服务（如邮件），更多的是那些与用户进行移动的日常物理世界中的实体集成的服务。为了访问这些服务，假定用户携带或穿戴带有传感器的无线设备。那个项目进行时经常提及当时最流行的设备形式：PDA。在该项目中，智能手机和更实验性的设备如智能手表也被考虑了。

特别是，通过下面两个目标，项目把从 Web 中学到的成功经验运用到游牧计算中。因为 Web 在虚拟世界中提供了丰富的、可扩展的资源集合，因此大多数资源可以潜在地通过将 Web 的体系结构和 Web 中已有的资源扩展到物理世界中而获得。Cooltown 的第一个目标可以总结为"任何事物都有一个 Web 页面"：我们物理世界中的每个实体，不论是否是电子的，都有一个相关联的 Web 资源（称为 Web 存在（Web presence）），当存在这样的实体时，用户就能够方便地访问 Web 存在。Web 存在可能只是一个包括实体信息的 Web 页，也可能是与该实体关联的任何服务。例如，一个物理产品的 Web 存在可以是得到替换部件的一个服务。

第二个目标是为了与设备交互以达到 Web 高度的互操作性。游牧用户可能需要在以前从未到达的地方与他们以前从未遇到的 Web 存在交互。为了从这些服务中获益，用户不得不在他们的便携设备上装载新软件或重新配置已有的软件，这对用户而言是不可接受的。

我们关注 Cooltown 体系结构的主要方面（见图 19-12）有：Web 存在、物理超链接（它从物理实体连接到 Web 存在，从而连接到该 Web 上的超链接资源）、eSquirt（一个与 Web 存在设备互操作的协议）。

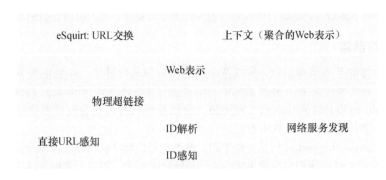

图 19-12　Cooltown 的各层

19.7.1　Web 存在

Cooltown 考虑将物理实体划分为三种类型：人、地点和物体。人、地点或物体的 Web 存在是为适合特定应用而选择的任何可能的 Web 资源；但是 Cooltown 为人和地点的 Web 存在选定了某些角色。物体和人的 Web 存在被收集在地点的 Web 表示中，所以下面的描述遵循这个顺序。

物体："物体"是指设备或者非电子的物理实体。通过将 Web 服务器嵌入物体中或者在 Web 服务器内拥有它们的 Web 表示，物体就成为 Web 存在。如果物体是设备，那么它的 URL 就是它实现的服务。例如，"互联网收音机"是一个音乐播放设备，它拥有自己的 Web 存在。发现互联网收音机的 URL 的用户得到一个可控的 Web 页面，使得用户可以将它"调"到一个互联网广播源，还可以调整它的设置（如音量），或者上载用户自己的声音文件。即使非电子物体也可以有 Web 存在，即这种 Web 存在是与该物体关联的一个 Web 资源，但由其他地方的 Web 服务器拥有。例如，一个打印出来的文档的 Web 存在可以是它对应的电子文档：用户可以从物理制品上发现它的 Web 存在（正如我们在19.7.2 节解释的）并请求新的打印，而不是去影印已打印的文档（那样会降低质量）。音乐 CD 的 Web 存在可能是一些相关的数字内容（如额外的音乐剪辑和图像），这些内容保存在其拥有者的个人媒体集合中。

人：人通过提供带有方便通信的服务的 Web 主页以及通过提供关于他们当前上下文的信息而成为 Web 存在。例如，没有移动电话的用户可以通过它们的 Web 存在使得本地电话号码可用，这个 Web 存在是一个数值，当他们到处走动时，他们的 Web 存在自动更新该电话号码值。但是他们也可能用显式地注册当前的位置作为他们的 Web 存在，这里，显示注册可以通过一个到他们所处的物理地点的 Web 存在的链接来完成。

地点：使用本章的术语，地点是智能空间。地点变成 Web 存在是通过注册在其中的人和物体的 Web 存在——甚至嵌套的或其他相关的地点的 Web 存在，注册工作可由带有一个地点特定的目录服务完成（13.3 节）。地点的目录也包括相对静态的信息，例如对地点的物理特征和功能的描述。目录服务使得组件发现地点内的动态 Web 存在集合，并与之交互。它也可作为有关地点和它的内容的一个信息源（以 Web 页面的形式展示给用户）。

地点内 Web 存在的目录条目可以通过两种方法建立，第一，由网络发现服务（19.2.1 节）自动注册该地点子网内设备所实现的任何 Web 存在——地点内无线连接的设备，或该地点的基础设施服务器。然而，即使网络发现服务很有用，它们也不得不面对不是所有的 Web 存在都由该地点子网内的设备拥有的事实。非电子物理实体的 Web 存在，包括人、打印的文档和音乐 CD，它们是被移入地点或被带进地点的，可能属于其他地方。这些 Web 存在必须在一个称为物理注册（physical registration）的过程中手动地注册到那里或通过感知机制（例如，通过感知它们的 RFID 标签）进行注册。

称为 Web 存在管理器 [Debaty and Caswell 2001] 的服务管理着 Web 存在的地点（例如，一个建筑物的所有房间），它也管理人和物体的 Web 存在。地点是 Cooltown 的上下文抽象的一个特殊实例：一组相关的 Web 存在实体为某些目的（如浏览）链接在一起。Web 存在管理器将每个有 Web 存在的实体与该实体上下文中实体的 Web 存在关联。例如，如果实体是物体，它的相关实体可能是携带它的人和

871
↓
872

放置它的地方。如果实体是人，他的相关实体可能是他携带的物体、他当前所处的地点和周围的人。

19.7.2 物理超链接

Web 存在与其他的 Web 资源类似，所以 Web 页也可以像其他链接一样包含到 Web 存在的文本或图像链接。但是，在那些标准 Web 链接模型中，用户通过信息源（即 Web 页）找到人、地点或物体的 Web 存在。Cooltown 设计使人从他们的物理源（也就是他们每天在物理世界移动时遇到的具体的人、地点或物体）直接到达相应的 Web 存在。

物理超链接（physical hyperlink）是一种手段，通过它用户能够从物理实体本身或它邻近的环境检索实体的 Web 存在的 URL。我们现在考虑实现物理超链接的方式。首先，考虑 Web 页中一个典型链接的 HTML 标记，例如：

< a href="http://cdk4.net/ChopSuey.html" >Hopper's painting Chop Suey</a>

表示将 Web 页中的文本"Hopper's painting Chop Suey"链接到位于 http://cdk4.net/ChopSuey.html 的关于 Edward Hopper 的作品 Chop Suey 的网页。现在，考虑这个问题：博物馆的访问者看到一幅绘画作品，如何通过"点击"该作品以在他们的手机、PDA 或其他便携设备的浏览器上得到有关该绘画的信息。这可能需要一种方法从作品本身的物理配置中或它的物理环境中发现该作品的 URL。一种方法是将作品的 URL 写在墙上，这样用户可以将该 URL 键入他们的设备的浏览器中。但是这种方法是笨拙的、费力的。

Cooltown 利用用户拥有与他们的设备集成的传感器。项目研究出了两种主要通过传感器发现实体的 URL 的方法：直接感知和间接感知。

直接感知：在该模型下，用户设备直接从标签（"自动标识"标签）或附在感兴趣的实体上的信标或在实体旁边的信标感知到 URL（参见 19.4.3 节）。一个相对较大的实体（如房间）在容易看见的位置可能有几个标签或信标。标签是一个被动的设备或制品，当用户将他们设备的传感器放置在它旁边时，它会显示 URL。例如，拍照手机在原理上可以对写在标签上的 URL 实行光学字符识别或者读取编码成二维条形码的 URL。另一方面，信标定期发射实体的 URL，通常通过（定向）红外线而不是无线电，因为无线电通常是全方位的，因此会导致不确定哪个 URL 属于哪个实体。

特别是，Cooltown 项目以小设备形式（仅几厘米长）开发信标，这些小设备每几分钟使用一种单程触发的、无连接协议通过红外线发射一个字符串（图 19-13a）。发射的字符串是类似 XML 的文档，包括实体的 Web 存在的 URL 和一个简短的标题。许多在项目开始时可获得的便携设备（如手机和 PDA）中都集成了红外线接收器，因此能够接收这样的字符串。当客户程序接收字符串时，它能使用设备的浏览器直接连接到接收到的 URL，也可以用接收到的标题创建一个到接收到的 URL 的超链接，并将该超链接加入到接收到的超链接列表中，之后用户可以点击相应的超链接。

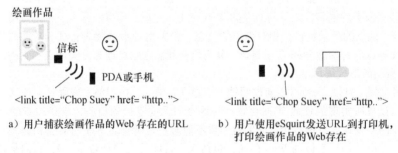

图 19-13　捕获和打印绘画作品的 Web 存在

间接感知：间接感知是用户设备从一个标签或信标中得到一个标识符，通过查询它得到一个 URL。感知设备知道一个解析器（resolver）的 URL，这个解析器是一个名字服务器，它维护一个从标识符到 URL（第 13 章中的术语叫名字上下文）的绑定集合，并返回绑定到给定标识符的 URL ［Kindberg 2002］。在理想情况下，用于实体标识符的名字空间将足够大以使得每个物理实体有一个唯一的标识

符，从而消除了二义性。然而，原则上，本地标识符只要曾经被本地解析器查找过，就可以被使用。否则，可能得到假的结果，因为其他人可能为另一个实体使用了相同的标识符。

有时需要使用间接感知，因为标签技术中的限制意味着不可能直接感知 URL。例如，线性条形码没有足够的能力存储任意一个 URL；便宜的 RFID 标签只能存储一个定长的二进制标识符。在这些情况下，必须查询存储的标识符以得到 Web 存在的 URL。

不过，使用间接感知还有一个积极的原因：它允许给定的物理实体有一组 Web 存在而不是只有一个 Web 存在。正如短语"Hopper's painting Chop Suey"可能出现在多个 Web 网页上，而且链接到不同的 Web 网页，给定的物理绘画作品可能根据所选的解析器的不同导致不同的 Web 存在。例如，某个作品的一个 Web 存在可以是一个到服务的链接，该服务是在博物馆中邻近的打印机上打印一个副本；该作品的另一个 Web 存在可以是一个提供该作品信息的网页，这些信息来自一个与博物馆无关的独立的第三方。

解析的实现遵循 Web 体系结构，其中每个解析器是一个独立的 Web 站点。客户软件是一个浏览器加上一个简单的插件。解析器提供 Web 表单（包括一个用户填写的域）作为感知产生的副作用，而不是将域显示给用户让其手工填写。也就是说，当用户扫描条形码时，作为结果的标识符自动地填写到表单中，并且客户将表单发送给解析器。解析器返回相应的 URL（如果存在）。

因为解析器本身也是 Web 资源，所以它们像其他 Web 页面一样，用户可以导航到解析器 [Kindberg 2002]，并通过客户使用的解析器更新信息。特别地，用户可能使用本地物理超链接得到本地解析器的 URL。例如，博物馆的管理者可以建立 Cooltown 信标让其发射本地解析器的 URL，这样访问者能够使用解析器得到博物馆内与绘画相关的 Web 存在。同样的，如果绘画作品的标识符是众所周知的，那么访问者就可以利用 Web 上其他地方的解析器。例如，一个西班牙的访问者在访问北美的一个博物馆时可能利用保存成书签的西班牙艺术博物馆站点的解析器。

最后，尽管我们已经指出间接感知相对于直接感知的几个优点，但它也有一个缺点：客户连接到解析器会产生额外的往返，同时有延迟和能量消耗。

19.7.3　互操作和 eSquirt 协议

一个 Web 存在的目标设备和用户便携设备之间进行互操作的一种方法是使用标准的 Web 协议。用户的便携设备发起一个 HTTP GET 或 POST 操作；目标设备以 Web 页面形式的用户界面作为响应，便携设备负责呈现这个 Web 页面。回到前面的例子，一个 Web 存在的互联网收音机可以通过面向用户的信标给出它的 Web 服务的 URL。用户走到收音机前，将他们的便携设备（也就是 PDA）上的红外线接收器指向它；PDA 上的客户程序从收音机上接收到 URL，并将 URL 传送给它的浏览器。结果，PDA 上出现收音机的"主"页，它带有控制面板用以调节它的音量，可以从 PDA 上载和播放声音文件，等等。

博物馆内的 Web 存在的打印机也具有类似的行为。用户通过打印机的信标得到打印机的主页，这样能够上载内容到打印机并通过 Web 页面指定打印机的设置。当然，设备（如打印机）可能有物理用户界面，但是简单的应用（如数码相框）则可能没有，那么虚拟的用户界面就是最基本的了。

以上互操作的形式是面向数据的并且是与设备无关的，这大体上与 Web 类似。因为目标设备提供了自己的用户界面，所以用户可以通过他们的浏览器控制设备，而不需要目标设备特定的软件。例如，PDA 上带有图像文件的用户可以在任何图像呈现设备上呈现它，不论是打印机还是数码相框都可以；PDA 上带有声音文件的用户可以在任何音频播放设备上收听该文件，不论它是一个互联网收音机还是一个"智能"的 HiFi 系统。

那些场景的问题在于用户的便携设备的资源相对匮乏，该设备可能有低带宽的无线连接，该无线连接处在内容源和目的地之间的内容传递路径上。假设用户在安装了 Cooltown 的博物馆中已得到绘画作品的一个图像，或者已得到某人评论该作品的一段音频剪辑。在这种情况下，因为资源有限（例如屏幕大小和带宽），所以可以将 19.6 节介绍的自适应技术加以运用，从而在便携设备上得到图像或音频剪辑的较低失真的版本。当用户将图像传送到博物馆的打印机，或者在宾馆房间将声音剪辑传送到网上电台，它们的质量将会降低，即使那些设备有能力进行高质量的渲染，并且可能有高带宽的有线网络连接。

在 Cooltown 中，用于设备间互操作的 eSquirt 协议解决了低失真的问题，并避免了宝贵的带宽和能量消耗，方法是将内容的 URL 从一个设备传送到另一个，而不是传送内容本身。事实上，该协议与通过红外线将 URL（和标题）从一个 Cooltown 信标发送到设备的协议相同（图 19-13b）。设备通过低能量红外线介质传送少量数据，并且这是 eSquirt 协议唯一的网络操作，所有设备都涉及该操作。然而，接收设备可以作为 Web 客户使用 URL 检索内容，并执行操作（例如呈现结果数据）。

例如，用户从 Hopper 的绘画作品旁的信标得到该作品的 URL，通过使用具有 eSquirt 功能的 PDA 可将该 URL 发送到一个打印机。eSquirt 使用的协议是不可靠的，但是，和一个电视远程控制器一样，如果传输失败，那么用户可再次按下 "squirt" 按钮，直到从打印机来的反馈确认了成功执行为止。之后打印机（更确定的说是打印服务，它可能在基础设施中实现）作为一个 Web 客户从 URL 中检索内容（以高保真的形式）并打印它。

这样，用户的便携设备可以作为该 URL 的一个与设备无关的剪切板，类似于桌面用户界面上的复制 - 粘贴操作中与应用无关的数据剪切板。用户采用设备在源和目的地之间 "复制和粘贴" URL，从而在它们之间传送内容。

与设备无关是 eSquirt 范型最重要的优势。eSquirt 协议总是以相同的方式工作，不同的是接收器对 URL 的处理过程。然而，用户必须对发射的 URL 和接收设备怎样组合才会有意义要有理性的认识。接收设备的设计者必须想到一些可能的错误：用户可能错误地将一个音频文件的 URL 发射到打印机。不过，我们不提倡在设计时就解决这些错误。采取预防措施（例如类型检查）可能导致我们在 19.2.2 节提到的丢失机会和脆弱的互操作现象。

虽然简单性是 eSquirt 协议的一个优点，但它的缺点是它依赖于接收设备的默认设置，或者依赖使用物理控制器来输入它的设置。也就是说，eSquirt 不能使用我们在本小节开始提到的互操作范型。在该范型中，客户设备为控制目标设备的设置获得一个虚拟用户界面。例如，将一个声音文件或一个流式无线电电台的 URL 发射到网上电台后，用户如何用他们的便携设备控制音量？习题 19.19 将讨论这个问题。

19.7.4 小结和前景

我们已经概述了 Cooltown 体系结构的主要特点。该项目的目标是通过扩展 Web（即超链接内容的一个虚拟集合）到物理世界中的实体，而不管那些实体本身是否有电子功能，从而方便游牧用户。体系结构考虑了物理实体（包括人、地点和物体）如何关联到 Web 存在。其次是物理超链接——从物理实体上感知 Web 存在的 URL 的机制。项目使用红外线信标、标签（例如条形码和 RFID 标签）和解析器将标识符转变为 URL，从而实现物理超链接。随着从 PDA 转向智能手机，对红外线的支持在下降；而对 2D 和 1D 条形码的读取支持以及（在一些国家中）对 NFC 和其子集 RFID 的支持在增加。最后，eSquirt 是一个与设备无关的互操作协议，它将低功耗的便携式设备从内容源和目的地之间的内容路径中解脱出来。

Cooltown 在很大程度上达到了它的目标，但建立在人会 "不断重复指令" 的假设上。人通过物理超链接发现与他们遇到的实体相关联的服务。人可能也需要注册贴有标签的非电子实体的 Web 存在，如音乐 CD，当这些实体被放在一个 Web 存在方式的地点（如一座房子）中，这样它们在那就变成电子可发现的了。最终，人不但通过 "点击" 物理超链接将他们的便携设备关联到 Web 存在实体，而且通过 eSquirt 协议带来了与设备无关的互操作。人的参与增加了灵活性，并解决了丢失交互机会的问题。然而，简单 eSquirt 互操作模型不能让用户控制接收设备如何处理他们发送的 URL。

另一项研究是关于自动关联和 Web 存在实体的互操作。每个物理实体可以有统一类型的 Web 存在实例，它将记录该实体的语义的细节（可能使用语义 Web 技术），包括该实体和其他实体之间的关系，特别是 Web 存在的人或物体和包括它们的 Web 存在地点之间的关系。因此，给定地点的 Web 存在可以互相发现并进行互操作。例如，在会议上，秘书的 Web 存在可以在会议室内发现需要打印的文档、发现出席的人员、发现附近的打印机并且打印一定数目的副本。Cooltown 的 Web 存在管理器［Debaty and Caswell 2001］已经开始实现这个目标，不只是对地点而是对 Web 存在的物体和人统一管理，这些物体和人链接到相关的实体，例如他们所在的 Web 存在的地点。例如，当一个实体进入一个新地点并在那里注册时，实体用一个到它新地点的 Web 存在的链接自动地进行更新。理想情况下，实体关系将全部编程建立，而不是由当前可用的有限的支持来建立。但是，由于我们日常世界的复杂语义，使得以一种实际有用而没有错误的方式实现一个应用（如自动会议支持）还有很长的路要走。同时，在交互中包括人为参与将可能取得进展。

19.8　小结

本章给出了移动和无处不在计算系统的主要挑战，并给出了一些解决方案（因为可用的方案不多）。大多数挑战源于下面的事实：系统是易变的，这很大程度上是由于系统与我们日常物理世界集成在一起造成的。系统是易变的，因为在给定智能空间中用户、硬件和软件组件集合会发生不可预测的改变。组件倾向于常规化地建立和断开关联，或者是由于它们从一个智能空间移入另一个智能空间或者是由于失效。连接带宽随时间会产生很大变化。组件可以因电量耗尽或其他原因而失效。19.1 ~ 19.3 节全面地讨论了易变性的这些方面和一些用于关联组件并使得它们互操作（尽管有"不断的改变"的困难）的技术。

设备与我们的物理世界的集成涉及感知和上下文敏感（见 19.4 节），并且我们已经描述了处理感知数据的一些体系结构。但存在一个可以描述为物理保真度（physical fidelity）的挑战：带有感知和计算行为的系统如何精确地按照把我们与我们居住的物理世界相关联的敏感语义运转？当我们在不同地点之间移动时，一个"上下文敏感手机"是否能够真的如我们所希望的那样恰当地禁止响铃？在 Cooltown 中，一个地点（如宾馆房间）的 Web 存在是否真实记录了在那个地点的所有的 Web 存在实体，或者没有，例如，有些在相邻房间内？

安全性和私密性（见 19.5 节）成为移动和无处不在系统研究的一大特色。易变性使安全性问题更加复杂，因为它回避了这个问题：组件想要建立安全通道，那么，什么是建立组件之间信任的基础？幸运的是，物理受限通道的存在对构建有人存在的安全通道有一定作用。物理集成对私密性有影响：如果对用户进行跟踪并提供给他们上下文敏感服务，那么可能导致严重的私密性损失。我们描述了一些用于标识符管理的方法，概述了用于减少该问题的统计技术。 |878|

物理集成也意味着对设备能量、无线带宽和用户界面等因素的新的限制，对于传感器网络中的结点，前两者很少，没有最后一个因素；对于手机，这三者都有，但仍比桌面机器少很多。19.6 节讨论了一些体系结构，在这些体系结构中，组件能够适应资源限制。

19.7 节将 Cooltown 项目作为一个实例研究，描述了其体系结构。该体系结构独特之处在于它将从 Web 中学到的经验运用到无处不在计算中。它的优势是高度的互操作性。但是，Cooltown 主要用于人监控交互的情况。

最后，本章重点讨论了移动和无处不在系统与本书其他章节介绍的更传统的分布式系统的差异，主要集中在易变性和物理集成方面。习题 19.20 将请读者列出它们的一些相似点，并考虑将传统分布式系统解决方案应用到移动和无处不在系统的程度。

练习

19.1　什么是易变系统？列举在无处不在系统中会发生的变化的主要类型。　　　　　　（第 821 页）

19.2　讨论是否可能通过组播（或广播）和缓存对查询的应答改进服务发现的"拉"模型。　（第 831 页）

19.3　解释为什么要在发现服务中使用租期来处理服务易变性问题？　　　　　　　　（第 831 页）

19.4　Jini 查找服务基于属性或 Java 类型以提供匹配用户请求的服务。举例说明这两种匹配方法的不同。这两种匹配各有什么优势？　　　　　　　　　　　　　　　　　　　　　　（第 832 页）

19.5　描述允许客户和服务器定位查找服务器的 Jini "发现"服务中 IP 组播和组名字的使用。（第 832 页）

19.6　什么是面向数据编程？它与面向对象编程有何不同？　　　　　　　　　　　　（第 837 页）

19.7 讨论下列问题：事件系统的范围能怎样和应该如何联系到使用它的智能空间的物理范围。

（第 838 页）

19.8 比较和对比智能空间基础设施中与事件系统和元组空间相关的持久性需求。 （第 840 页）

19.9 描述感知显示器旁用户存在的三种方法，从而给出上下文敏感系统的体系结构的一些特色。

（第 844 页）

19.10 解释无线传感器网络网内处理的含义，并说明其动机。 （第 849 页）

19.11 在活动蝙蝠定位系统中，为得到一个三维位置，默认情况下只使用三个超声波接收器，而在卫星导航中为得到一个三维位置却需要四颗卫星。为什么会有这样的差异？ （第 854 页）

19.12 在一些定位系统中，被跟踪的对象把它们的标识符送交基础设施。解释这如何引发了对私密性的关注（即使这些标识符是匿名的）？ （第 856 页）

19.13 许多传感器结点遍布一个区域。结点进行安全地通信。解释密钥分发问题并概述一种用于分发密钥的概率策略。 （第 858 页）

19.14 我们描述了几种为安全的自发设备关联提供接收受限通道的技术。其中哪些技术也提供了发送受限通道？ （第 861 页）

19.15 说明如何从一个接收受限通道构建一个发送受限通道，反之亦然。提示：使用一个连接到给定通道的可靠结点。 （第 861 页）

19.16 一组智能空间只通过它们之间的空间（例如走廊或广场）相连。讨论判断该中间空间是否可以作为一个混合地带的因素。 （第 865 页）

19.17 解释适应多媒体内容时要考虑的上下文因素。 （第 866 页）

19.18 假设使用无线电在 100 米距离发射或接收 1K 比特数据所消耗的能量可以使设备执行 300 万条指令。设备可以选择发送 100K 字节的二进制程序到 100 米远的计算服务器上，服务器在运行时将要执行 600 亿条指令，并与设备交换 10 000 × 1K 比特的消息。如果只考虑能量，设备应该卸载计算还是自己执行计算呢？假设在卸载情况下可以忽略设备的计算。 （第 869 页）

19.19 一个 Cooltown 用户将声音文件或流式广播电台的 URL 发送给互联网电台。建议对 eSquirt 协议进行修改，使得用户可以使用他们的便携设备控制音量。提示：考虑发射设备应该另外提供什么样的数据。 （第 877 页）

19.20 讨论将以下领域的技术运用到移动和无处不在系统的适用性：1）对等系统（第 10 章）；2）协调和协定协议（第 15 章）；3）复制（第 18 章）。 （第 879 页）

分布式多媒体系统

多媒体应用程序实时生成和消费连续的数据流。它们包含大量的音频、视频和其他基于时间的数据元素，并且及时处理和传递单个数据元素（音频采样、视频帧）是非常重要的。晚到的数据元素是没有价值的，通常将其丢弃。

一个多媒体流的流规约通常包含如下部分：可以接受的从源到目的地传输数据的速度值（带宽），每个数据元素的传递延时（延迟）以及数据元素的丢失或丢弃率。在交互式应用程序中，延迟是特别重要的。如果应用程序在某些数据丢失后可以重新同步数据，那么一些程度较轻的多媒体数据的丢失是可以接受的。

为了满足多媒体和其他应用程序的需求而进行的资源计划分配和资源调度被称为服务质量管理。分配处理器处理能力、网络带宽和内存容量（用来缓冲那些提前传到的数据元素）都很重要。系统根据应用对服务质量的请求来分配上述资源。一个成功的 QoS 请求向应用程序传递一个 QoS 保证，并且将被请求的资源预留，以便日后进行调度。

本章参考并引用了 Ralf Herrtwich[1995] 的培训论文，在此感谢他允许我们使用他的材料。

881

20.1 简介

现代计算机可以处理像数字音频和视频这样连续的、基于时间的数据流。这种处理能力促进了分布式多媒体应用程序的发展，例如，网络视频库、互联网电话和视频会议。这些应用程序可以在当前通用的网络和系统上运行，但是它们的音频和视频质量经常难以令人满意。许多高要求的应用程序（例如，大规模的视频会议、数字电视产品、交互式电视以及视频监视系统）超出了当前的网络和分布式系统技术的能力。

多媒体应用程序需要及时地将多媒体数据流传递到最终用户。音频和视频流被实时地生成和消费。同时及时地传递单个数据元素（音频采样、视频帧）对于应用程序的完整性而言是非常重要的。简单地说，多媒体系统是实时系统：它必须按照外部决定的调度方案执行任务和传递结果。底层系统达到这些要求的程度被认为是应用程序拥有的服务质量（quality of service，QoS）。

尽管在多媒体系统出现前实时系统的设计问题就已经被研究过，并且已经开发出许多成功的实时系统（参见，例如，Kopetz 和 Verissimo[1993]），但是它们都没有被集成到一个通用的操作系统和网络中。航空电子设备、航空控制、制造过程控制和电话交换这些已有的实时系统所执行的任务的本质和多媒体应用程序执行的任务的本质不同。前者通常处理的数据量比较小，并且硬性截止期（hard deadline）相对较少，但是不能满足这个截止期，就会导致严重的甚至是灾难性的后果。在这种情况下，解决办法是充分指定计算资源并为其指定固定的调度计划，以保证在最坏的情况下也能满足其需要。这种类型的解决方案对桌面计算机上的大多数互联网多媒体流应用不适合，导致了使用可用资源的"尽力而为"服务质量。

为了满足多媒体和其他应用程序的需要而进行的有计划的资源分配和资源调度被称为服务质量管理（quality of service management）。大多数当前的操作系统和网络并没有包含支持多媒体应用程序的有保证的服务质量的 QoS 管理设施。

在多媒体应用程序中，特别是在视频点播服务、商业会议应用和远程医疗服务这样的商业环境中，不能满足截止期的后果是严重的。但是这些多媒体应用与其他实时应用程序的需求相比有很大差别：

- 多媒体应用程序通常是高度分布的，并且在通用的分布式计算环境中使用。因此在用户工作站和服务器上，它们要和其他分布式应用程序竞争网络带宽和计算资源。
- 多媒体应用程序对资源的需求是动态的。在一个视频会议系统中，随着参会人数的增加和减少，其所需的带宽也会增加和减少。在每个用户的工作站上使用的计算资源也会变化，这是因为需要显示的视频流的数目会发生变化。多媒体应用程序可能涉及其他变化的负载和间歇性的

882

526 · 第 20 章 分布式多媒体系统

负载。例如，一个网络化的多媒体讲座可能包括处理器密集型的仿真活动。

- 用户总希望平衡多媒体应用程序的资源开销和其他活动的资源开销。因此，为了在参加会议时进行一个独立的音频会话，或者在参加会议时能同时开发程序或运行一个字处理程序，用户会希望减少会议应用程序对视频带宽的需求。

QoS 管理系统希望满足所有这些需求，动态地管理和分配可用的资源以应对变化的需求和用户的优先级。一个 QoS 管理系统必须管理用于获得、处理和传输多媒体数据流的所有计算和通信资源，特别是在资源由多个应用程序共享的地方。

图 20-1 给出了一个典型的分布式多媒体系统，它能支持多种应用程序，例如桌面会议、提供对已保存的视频片段的访问、播放数字电视和广播。其中，QoS 管理的资源包括网络带宽、处理器周期以及内存能力。在使用视频服务器时，还包括磁盘带宽资源。我们将采用资源带宽（resource bandwidth）这一通用术语来表示用于传输或处理多媒体数据的任何硬件资源（网络、中央处理器、磁盘子系统）可提供的能力。

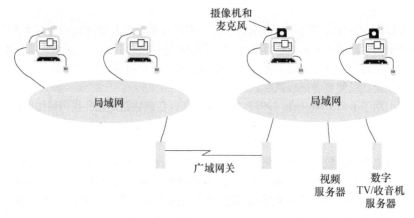

图 20-1　一个分布式多媒体系统

在一个开放式的分布式系统中，可以在不预先安排的情况下启动和使用多媒体应用程序。多个应用程序可以同时存在于一个网络中，甚至可能同时存在于一个工作站上。因此，不管系统中的资源带宽和内存容量的总体质量如何，出现了 QoS 管理需求。QoS 管理是为了保证应用程序能在所需的时间内获得必要质量的资源，甚至当其他应用程序竞争资源时，也能保证这一点。

一些多媒体应用程序已经部署在当今缺乏 QoS 管理、按尽力而为方式工作的计算和网络环境中。它们包括：

基于 Web 的多媒体：这些应用程序为访问音频和视频数据流（通过 Web 发布的）提供尽力而为的服务质量。当不需要或很少需要对不同地点上的数据流进行同步时，它们是成功的。它们的性能随网络上带宽和延迟的变化而变化，并受限于当前操作系统对实时资源调度的无能。然而，诸如 YouTube、Hulu 和 BBC iPlayer 等的应用为在轻负载的个人计算机上流化多媒体回放的可行性提供了一个有效证明。它们使用目的地的巨大缓冲区来减缓带宽和延迟的变化，这样它们可以获得连续的、平滑的高质量音频和中分辨率的视频显示，虽然从源到达目的地的延迟可能会长达数秒。

视频点播服务：这些服务以数字形式提供视频信息，它们从大型联机存储系统中检索数据，并传递给最终用户的显示器。当有足够网络带宽可用且视频服务器和接受站点是专用的时候，这些服务是成功的。它们也在目的地采用相当大的缓冲区。

高交互性的应用程序会提出更大的问题。许多多媒体应用程序是合作性的（涉及多个用户），并且是同步的（需要紧密地协调用户的活动）。它们的应用上下文和场景各种各样，例如：

- 互联网电话，稍后详述。
- 一个简单的涉及两个或多个用户的视频会议，每一个用户使用装备有数字摄像机、麦克风、声音输出设备和视频显示设备的工作站。十几年前就出现了支持简单远程视频会议的应用软件（CUSeeMe［Dorcey 1995］），现在有些已经被广泛部署了（例如，Skype、NetMeeting［www.microsoft.com III］）、

iChat AV[www. apple. com II])。

- 一个音乐排练和演奏设施使音乐家可以在不同的地点进行合练［Konstantas et al. 1997］。这是一个有特殊高要求的多媒体应用程序，因为它的同步限制很严格。

884

这样的应用程序有如下需求：

低延迟的通信：往返延迟为 100 ~ 300ms，这样在用户之间的交互才会看起来是同步的。

同步的分布状态：如果一个用户将视频停止在给定的帧上，那么其他用户也应该看到视频在该帧上停止。

媒体同步：音乐合奏的所有参与者都应该几乎在同一时间（Konstants 等［1997］指出它的同步需要限制在 50ms 内）内听到其演奏。独立的声道和视频流应该保持"音唇同步"，例如，当用户对于一段视频回放进行实时评论时，或者用户在使用分布式的卡拉 OK 伴唱应用时。

外部同步：在会议系统和其他合作性的应用程序中，可能会存在其他形式的活动数据，例如，计算机生成的动画、CAD 数据、电子白板以及共享的文档。对这些数据的更新必须是分布式的，并且还必须近似地和基于时间的多媒体数据流同步。

这些应用程序只能在包含严格的 QoS 管理方案的系统上才能成功地运行。

885

互联网电话-VoIP

互联网并不是为实时交互应用（例如电话）设计的，但是随着互联网核心组件——主干网的速度达到 10 ~ 40Gbps，而且连接主干网的路由器也有相当强的性能——核心组件的功能和性能增强，互联网已经可能为实时交互应用提供服务。互联网核心组件经常运行在较低的负载下（ < 10% 带宽利用率），而且很少因资源竞争造成 IP 传输延迟或丢失。

这使得可以在公共互联网上构建电话应用：将数字化的声音采样流作为没有服务质量特殊要求的 UDP 分组，将其从声音源传输至目的地。Voice- over- IP(VoIP) 应用，例如，Skype 和 Vonage，就是依赖这项技术；即时通信应用（例如，AOL Instant Messaging、Apple iChat AV 和 Microsoft Net-Meeting）中的声音功能，也是依赖此项技术。

当然，那些都是实时交互应用，因而延迟性仍然是一个很重要的问题。正如在第 3 章讨论的，IP 分组在经过每一个路由器时，都不可避免地发生延迟。在路径较长的情况下，这些延迟的积累很容易超过 150ms，于是用户在对话交互中，便可以察觉这种延迟。正是由于这个原因，长距离的（尤其是洲际间的）互联网电话服务产生的延迟会比使用常规电话网络的电话服务的延迟大得多。

然而，更多的声音流量仍然是通过互联网进行的，而且其与传统电话网的集成正在进行中。会话初始化协议（SIP，在 RFC 2543 中定义［Handley et al. 1999］）是一个在互联网上建立声音电话（以及其他服务，例如即时通信）的应用层协议。在世界各地，都有连接常规电话网络的网关，它们允许从连接在互联网上的设备发出的呼叫，通过互联网的传输，到达常规电话或个人电脑。

---

20. 2 节我们将回顾多媒体数据的特征。20. 3 节将介绍为了实现 QoS 管理而采取的匮乏资源的分配方法。20. 4 节讨论了资源调度的方法。20. 5 节讨论在多媒体系统中优化数据流的方法。20. 6 节描述了三个多媒体系统的实例研究：Tiger 视频文件服务器，这是一个低开销、可伸缩的用于将存储的视频流并发地传递到大量客户的系统；BitTorrent 是一个 P2P 的文件共享应用的例子，支持大量多媒体文件的下载；CMU 的端系统多播是一个支持在互联网上广播视频内容的系统的例子。

20. 2　多媒体数据的特征

我们已经说过，视频和音频数据是连续的和基于时间的。我们怎样更精确地定义其特征呢？"连续性"一词表示的是从用户观点看到的数据特征。连续的媒体在内部是由一系列离散值组成的，后到达的值会替换先到达的值。例如，为了给出一个电视质量的运动场景，其图像阵列值每秒要更新 25 次；为了传播电话质量的语音信息，其声音振幅值每秒要更新 8000 次。

因为音频和视频流中的定时数据元素定义了流的语义或"内容"，所以多媒体流被称为是基于时间（或等时）的。由于数据值被播放和记录的时间会影响数据的有效性，因此，当支持多媒体应用程序的系统处理连续的数据时，它需要保持数据的时序。

886

多媒体流的数据量通常很大，因此，支持多媒体应用程序的系统必须在数据移动方面比传统的系统有更大的吞吐量。图 20-2 给出了一些常用的数据速率和帧/采样频率。我们注意到，其中有些所需的资源带宽比较大，特别是为了获得较好的视频质量。例如，一个未压缩的标准的 TV 视频流需要120Mbps 以上的带宽，它超过了 100Mbps 以太网所能提供的带宽。而对标准 TV 视频数据流的每一个数据帧进行复制和简单转换的程序要消耗一个 PC CPU 处理能力的 10% 以下。在处理高清电视数据流，这个数字会更高，并且许多像视频会议这样的应用程序需要同时处理多个视频和音频流。因此必须使用数据压缩技术来解决这个问题，尽管对压缩流完成诸如视频混合和编辑等转换工作是困难的。

	数据速率 （近似值）	采样或帧 大小	频率
电话交谈	64kbps	8比特	8000/秒
CD质量的声音	1.4Mbps	16比特	44 000/秒
标准TV视频 （未压缩）	120Mbps	最高640×480 像素×16比特	24/秒
标准TV视频 （用MPEG-1压缩）	1.5Mbps	可变的	24/秒
HDTV视频 （未压缩）	1000～3000Mbps	最高1920×1080 像素×24比特	24～60/秒
HDTV视频 （用MPEG-2压缩）	6～20Mbps	可变的	24～60/秒

图 20-2　典型多媒体数据流的特征

压缩可以将对带宽的需求减少到原来的 1/100～1/10，但它不会影响连续数据的时序需求。为了设计出高效、通用的多媒体数据流表示和压缩方法，人们进行了深入的研究，并定义了许多标准。这些工作的成果包括各种数据压缩格式，例如为图像数据设计的 GIF、TIFF 和 JPEG 标准以及为视频序列设计的 MPEG-1、MPEG-2 和 MPEG-4 标准。

尽管使用压缩的视频和音频数据减少了对通信网络的带宽需求，但它增加了在源端和目的端处理资源的负担。这个需求的满足经常需要使用特殊的硬件来处理和发送视频和音频信息，即个人计算机的视频卡上所包含的视频和音频的编码/解码器（codecs）。但是随着个人计算机和多处理器体系结构功能的增强，系统可以用软件编码和解码过滤器来完成上述功能。这种解决方法对应用特定的数据格式、特殊目的的应用逻辑以及同时处理多个媒体流提供了更好的支持，所以提供了更大的灵活性。

用于 MPEG 视频格式的压缩方法是非对称的，包括一个复杂的压缩算法和一个相对简单的解压算法。这一点在桌面会议中是有用的，因为在桌面会议中，通常是由硬件编码器来执行压缩，而由软件对到达每个用户计算机的多个数据流解压，这样可以不必考虑每个用户计算机上的解码器的个数，而会议的参与者数目可以动态地变化。

20.3　服务质量管理

当多媒体应用程序运行在由个人计算机组成的网络上时，它们需要对应用程序所在的工作站（处理器周期、主线周期、缓冲区容量）和网络（物理传输连接、交换机、网关）上的资源进行竞争。工作站和网络可能同时支持多个多媒体程序和传统应用程序。在多媒体应用程序和传统应用程序之间有竞争，在不同的多媒体应用程序之间甚至在单个应用程序的多媒体数据流之间都可能有竞争。 887

在多任务操作系统和共享网络中，用于不同任务的物理资源是可以并发使用的。在多任务操作系统中，中央处理器执行每一个任务（或进程），或者按轮流方式，或者在当前竞争处理器资源的任务中采用某种以尽力而为为基础的处理资源的调度方案。

网络用来使不同来源的消息交织在一起传输，它允许多个虚拟通信通道存在于同一个物理通道上。以太网这一主要的局域网技术以*尽力而为*的方式来管理共享的传输介质。当介质空闲时，任何结点都可以使用它。但是可能会发生包冲突，当发生冲突时，结点会等待随机的一段时间，然后重发包，以便防止冲突重复发生。当网络负载很重时，很容易发生冲突，这种方案在这种情况下不能提供关于带宽和延迟的任何保证。

这些资源分配方案的主要特点是：当对资源的需求增加时，它们将资源更稀疏地分配给每个竞争资源的任务。共享处理器周期和网络带宽的轮转方法和其他尽力而为方法都不能满足多媒体应用程序的需求。显而易见，及时地处理和传输多媒体流对它们而言是非常关键的。晚到的数据传递是没有价值的。为了实现及时传递，应用程序要保证在需要的时候将被分配到必要的资源。

为了提供这一保障而进行的资源管理和分配被称为*服务质量管理*（quality of service management）。图 20-3 显示了运行在两个个人计算机上一个简单的多媒体会议应用程序的基础设施组件，使用了软件方式进行的数据压缩和格式转换。白色方框代表其资源需求会影响应用程序服务质量的软件组件。 888

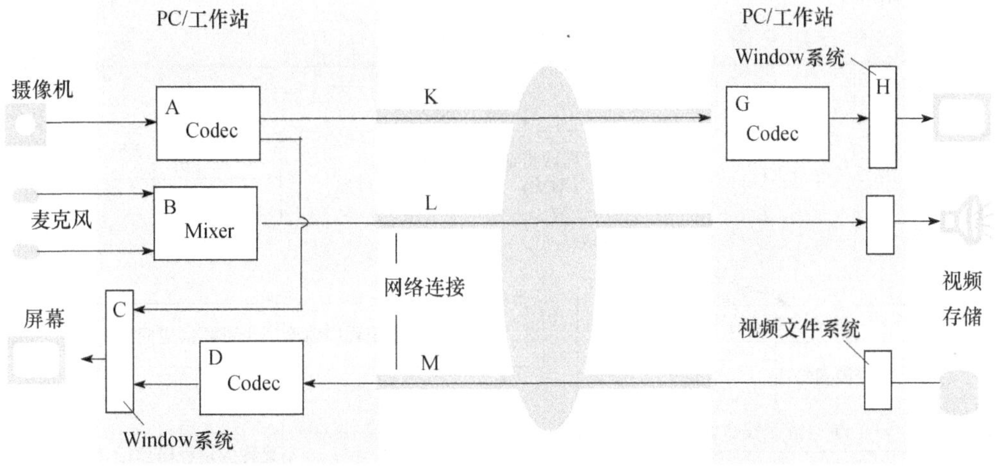

→ :多媒体数据流
白色方框表示媒体处理组件，其中多数是用软件实现的，包括：
codec:编码/解码过滤器
mixer:声音合成组件

图 20-3　多媒体应用程序典型的底层组件

这个图给出了多媒体软件最常用的抽象体系结构，其中连续流动的媒体数据元素流（视频帧、音频采样）被一系列进程处理，并通过进程间的连接在进程间传输。这些进程产生、传输和消费连续的多媒体数据流。这些进程的连接使得从媒体元素的*源端*按顺序连到*目标端*，在目标端，多媒体数据被显示或者被消费。进程间的连接可以由网络连接实现，当源和目标端的进程位于同一台计算机上时，这些连接也可以由内存内部传输实现。当多媒体数据元素按时地到达目标端时，系统必须划分出足够的 CPU 时间、内存容量和网络带宽给处理这项任务的进程。同时，系统必须调度这些进程，使它们能充分地使用资源以便能按时向下一个进程传递多媒体流中的数据元素。

在图 20-4 中，我们列出了图 20-3 中主要的软件组件和网络连接所需要的资源（两幅图中的字母是相对应的)。显然，需要有一个系统组件负责分配和调度这些资源，这样才能保证所要求的资源。我们把这一组件称为*服务质量管理器*（quality of service manager）。

组件	带宽	延迟	丢失率	所需要的资源
摄像机	输出：10帧/秒，原始视频数据 640×480×16比特	—	零	—
A Codec	输入：10帧/秒，原始视频 输出：MPEG-1数据流	交互的	低	每100ms需CPU10ms； 10MB RAM
B Mixer	输入：2×44kbps音频 输出：1×44kbps音频	交互的	很低	每100ms需CPU1ms； 1MB RAM
H窗口系统	输入：可变 输出：50帧/秒帧缓冲区	交互的	低	每100ms需CPU5ms； 5MB RAM
K网络连接	输入/输出：MPEG-1数据流， 大约1.5Mbps	交互的	低	1.5Mbps，低丢失率的 数据流协议
L网络连接	输入/输出：44kbps音频	交互的	很低	44kbps，非常低丢失率 的数据流协议

图 20-4　图 20-3 中的应用程序组件的 QoS 规约

图 20-5 以流程图的形式说明了 QoS 管理器的职责。在下面的两小节中，我们将介绍 QoS 管理器的两个主要任务：

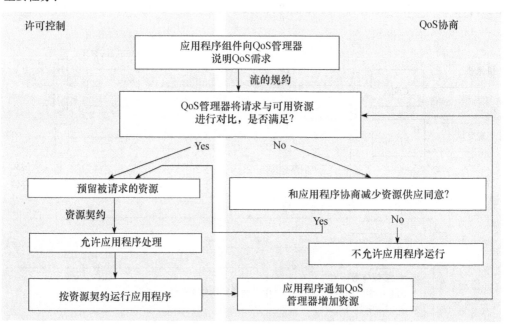

图 20-5　QoS 管理器的任务

服务质量协商：应用程序向 QoS 管理器提出自己的资源需求。QoS 管理器根据包含可用资源和当前被使用资源信息的数据库来评估满足这些需求的可行性，然后它给应用程序一个肯定或否定的答复。如果答复是否定的，那么应用程序会被重新配置以便使用更小的资源，然后再重复以上过程。

许可控制：如果资源评估的结果是肯定的，则预留被请求的资源，同时应用程序获得一个资源契约（resource contract），用于说明被预留使用的资源。该契约包含了一个时间限制。然后，应用程序就可以运行了。如果应用程序的资源需求发生了变化，它必须通知 QoS 管理器。如果资源需求减小了，被释放的资源被加入到数据库中作为可用资源；如果资源需求增加了，便需要进行新一轮的协商和许可控制。

在本节的剩余部分，我们将进一步描述执行这些任务所使用的技术。当然，当一个应用程序运行时，它需要细粒度的资源调度（如处理器时间和网络带宽），以保证实时进程能按时接收到已分配的资源。20.4 节将介绍这些技术。

20.3.1　服务质量协商

为了在应用程序和底层系统之间进行 QoS 协商，应用程序必须向 QoS 管理器说明自己的 QoS 需求。这是通过传递一个参数集实现的。当处理和传输多媒体流时，有三个参数是首要关心的，它们是带宽、延迟和丢失率。

带宽：多媒体流或组件的带宽是指数据流过的速度。

延迟：延迟是指单个数据元素通过流从源端移动到目的端的所需的时间。当系统中的数据量大小以及系统负载中的其他特征变化时，延迟也会发生变化。这种变化被称为抖动（jitter），抖动是由延迟引发的第一个问题。

丢失率：因为迟到的多媒体数据是没有价值的，当不可能在预定的数据传递时间之前传输到目的端时，数据元素将被丢掉。在管理良好的 QoS 环境中，这种情况应该是不会发生的，但是因为前面所说的原因，现在很少有这样良好的环境。而且，保证每个数据元素都能按时传递所耗费的资源代价经常是不可接受的——为了应付偶尔的高峰，可能要预留比平均需要的资源多得多的资源。所采用的变通的方法是接受一定比例的数据丢失，即丢失的视频帧或音频采样。可接受的比率通常很低——很少高于 1%，并且在质量关键的应用程序中这个数字会更低。

这三个参数可以用来：

1）描述特定环境中多媒体流的特点。例如，一个视频流可能需要 1.5Mbps 的平均带宽，并且因为用于会议应用程序，为了避免会话间隔，传输延迟最多为 150ms。在丢失率小于 1% 时，目的端的解压算法仍可以生成可以接受的图像。

2）描述用于传输数据流的资源的容量。例如，一个网络可以提供带宽为 64kbps 的连接，网络的排队算法可以保证延迟小于 10ms，而传输系统可以保证丢失率小于 $1/10^6$。这些参数相互间是有联系的，例如：

- 现代系统的丢失率很少与因为噪声、失效等引起的实际的比特错误相关，而是与缓冲区溢出和与时间相关的数据到达太晚有关。因此，带宽越大和延迟越低，丢失率就可能越小。
- 与负载相比，资源所占的总带宽越小，就有越多的信息在传输端聚集，因此存储这些信息的缓冲区就应越大以避免信息丢失。缓冲区变得越大，就可能有更多的信息等待被服务，因此，延迟会变得更大。

为数据流设定 QoS 参数　QoS 参数的值可以显式地给出（例如，图 20-3 中摄像机输出流需要带宽：50Mbps，延迟：150ms，丢失率：在 10^3 帧中少于 1 帧），也可以隐式地给出（例如，对于网络连接 K，输入流的带宽是对摄像机输出流采用 MPEG-1 压缩而得到的结果）。889 ~ 891

但是更常见的情况是我们需要指定一个值和一个允许变化的范围。这里我们将讨论一下对每个参数的需求：

带宽：大多数视频压缩技术根据原始视频数据的内容不同，生成的帧数据流的大小也不同。在 MPEG 中，平均压缩比在 1:50 到 1:100 之间，但是压缩比会依赖内容而动态变化。例如，在内容变化很快时，所需要的带宽会很高。因此，经常以最大值、平均值和最小值三种类型的值来表示 QoS 参数，选择哪种值依赖于当前使用哪种 QoS 管理制度。

在带宽规约中出现的另一个问题是数据爆发（burstiness）特点。假设有三个 1Mbps 的数据流。其中一个流每秒传输一个 1M 比特的帧，第二个流是一个传输计算机生成的动画元素的异步数据流，平均带宽为 1Mbps，第三个流每微秒发送 100 比特的声音采样信号。尽管这三个数据流都需要同样的带宽，它们的流量模式差别很大。

一种解决不规则数据爆发的方法是在传输率和数据帧大小之外定义爆发参数。这个爆发参数指定可能提前到达（也就是说，在它们根据常规到达率应该到达之前）的媒体元素的最大数目。Anderson[1993] 使用的线性限制的到达处理（linear-bounded arrival processes, LBAP）模型将任一时间间隔 t 内的数据流最大消息数目定义为 $Rt+B$，其中 R 是传输速率，B 为数据爆发的最大大小。使用这种模型的优点是它能很好地反映多媒体数据源的特点：从磁盘上读出的多媒体数据通常以大块方式传递，而且从网络接收的数据通常是以小数据包序列的形式到达。在这种情况下，爆发参数提供了避免丢失而需要的缓冲区空间大小。

延迟：多媒体中的一些时序需求来源于数据流本身，如果不能以和流中数据帧到达同样的速度处理数据帧，那么等待处理的数据会越来越多，可能会超出缓冲区的容量。如果要避免这个问题，数据帧滞留在缓冲区的时间必须平均不能高于 $1/R$，其中 R 为数据流中帧的传输率。如果发生了数据堆积，除了处理和传播时间之外，积压数据的数目和大小也会影响数据流最大的端到端延迟值。

另一种延迟需求来源于应用程序环境。在会议应用程序中，为了达到参与者之间的即时交互，数据流端到端的绝对延迟应不超过 150ms，从而避免会谈中人的不良感觉问题；而对重播存储的视频数据，为了保证"暂停"和"停止"这样的命令发出后能及时得到响应，最大的延迟应在 500ms 左右。

关系到多媒体消息传递时间的第三种情况是抖动——传递两个相邻帧的时间间隔的变化。尽管大多数多媒体设备都确保它们按正常速度没有变化地给出数据，但软件（例如，处理视频帧的软件解码器）需要采取额外的方法来避免抖动。本质上，使用缓存可以解决抖动问题，但是抖动消除的范围是有限的，这是因为端到端的整体延迟是受上面提到的种种考虑约束的，所以媒体序列的回放也要求媒体元素在固定的截止期之前到达。

892

丢失率：丢失率是最难指定的 QoS 参数。通常，丢失率值来源于对缓冲区溢出和延迟消息的概率统计。这种计算要么基于最坏情形的假设，要么基于标准分布。这两种方法都不能很好地与实际情况相匹配。但是，必须用丢失率规约来限定带宽和延迟参数：两个应用程序可能拥有同样的带宽和延迟特征，但如果一个应用程序丢失率为 20%，而另一个应用程序丢失率为百万分之一，那么它们看上去差别将会很大。

在带宽参数规约中，不仅仅是在一段时间内发送的数据总量很重要，在这段时间间隔内数据的分布也很重要。与带宽参数规约一样，丢失率参数规约需要确定达到某个程度的数据丢失的时间间隔。特别的，在无穷长时间间隔内的丢失率是没有用的，这是因为在一个短期内丢失的数据可能会明显超过长期的丢失率。

流量调整 流量调整是用来描述使用输出缓冲来使数据元素流平滑这一方法的术语。多媒体流的带宽参数通常提供在数据流传输时对实际流量模式的理想化近似。实际的流量模式越匹配这一描述，系统就能越好地处理流量，特别是在系统使用为周期性请求设计的调度方法时，这一特点就会越明显。

刻画带宽变化的 LBAP 模型要求对多媒体流的爆发进行管理。通过在源端加入一个缓冲区并定义数据元素离开缓冲区的方法，该模型可管理任何数据流。漏桶图（图 20-6a）形象化地说明了这种方法：可以向这个桶中注水，直到它满了为止；通过在桶底的一个漏洞，水可以连续地流出。漏桶算法保证数据流的传输速率不超过 R。缓冲区 B 的大小定义了在没有丢失元素的情况下数据流能遭受的最大爆发值。B 也决定了数据元素停留在桶中的时间的长短范围。

漏桶算法完全消除了数据爆发。只要带宽在任意时间间隔内都是有界的，以上的消除就不总是必要的。令牌桶算法通过在数据流空闲一段时间后允许较大的数据爆发来做到这一点（图 20-6b）。它是

893

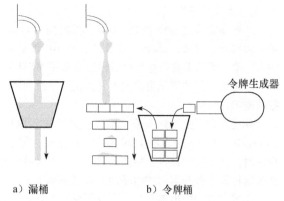

令牌生成器

a) 漏桶　　　　b) 令牌桶

图 20-6　流量调整算法

漏桶算法的变种，其中发送数据的令牌以固定的速率 R 生成。令牌被收集到一个大小为 B 的桶中。只有当桶里至少有 S 个令牌时，大小为 S 的数据才能被发送。然后，发送程序删除这 S 个令牌。令牌桶算法保证在任一时间间隔 t 内数据发送量不超过 $Rt + B$。因此，它是 LBAP 模型的一个实现。

在令牌桶系统中，仅当数据流空闲了一段时间后，大小为 B 的传输高峰才会出现。为了避免这些数据爆发，可以在令牌桶后面放置一个简单的漏桶。为了使这种配置方案起作用，这个桶的流动速率 F 必须远大于 R。它的唯一目的是分解大的数据爆发。

流规约   QoS 参数的集合通常称为流规约（flow specification，或简称为 flow spec）。现有的几个流规约，它们都比较相似。在互联网 RFC 1363［Partridge 1992］中，流规约被定义为 11 个 16 位的数字值（图 20-7），它以下面的方式反映上面讨论的 QoS 参数：

- 最大传输单元和最大传输率决定数据流所需要的最大带宽。
- 令牌桶大小和速率决定数据的爆发量。
- 通过应用程序可以发现的最小延迟（因为我们希望避免对短延迟的过度优化）和其可以接受的最大抖动来描述延迟特性。
- 通过在某一时间间隔内可接受的丢失总数和最大可接受的连续丢失数目来定义丢失特征。

	协议版本
	最大传输单元
带宽：	令牌桶速率
	令牌桶大小
	最大传输速率
延迟：	可被发现的最小延迟
	延迟变化的最大值
	可以被发觉的丢失
丢失率：	可以被发觉的爆发丢失
	丢失间隔
	服务质量保证

图 20-7 RFC 1363 的流规约

还有许多表示每个参数组的方法。在 SRP［Anderson et al. 1990］中，通过一个最大超前工作参数来给出数据流的爆发量，该参数定义了在任一时间点上数据流提前到达的消息的数量。Ferrari 和 Verma［1990］给出了最坏情况下延迟的界：如果系统不能保证在这一时间间隔内传输数据，那么对应用程序来说这一数据传输是没有用的。在 RFC 1190 的 ST-II 协议规约［Topolcic 1990］中，丢失率表示为每一个包被丢失的概率。

上面的例子提供了 QoS 值的连续范围。如果要支持的应用程序和数据流是有限的，定义一个离散的 QoS 类集合就可能足够了：例如，电话质量和高保真音频，实况和回放视频，等等。所有系统组件必须隐式地知道所有这些类的需求。对某一混合流量情况，系统也可以被配置。

协商过程   对分布式多媒体应用程序而言，一个数据流的组件很可能位于几个结点上。在每个结点上有一个 QoS 管理器。进行 QoS 协商的最直接的办法是跟随从源端到目的端的数据流。源端组件通过向本地 QoS 管理器发送一个流规约来启动协商过程。QoS 管理器可以检查数据库中记录的可用资源并决定所请求的 QoS 是否能满足。如果这一应用程序涉及其他系统，那么流规约被传送到下一个请求资源的结点。这一流规约遍历所有的结点，直到它最终到达目的端。之后，系统是否可以提供所期望的 QoS 的信息被传回源端。这种简单的协商方法可以满足多种目的，但它没有考虑到在不同结点上开始的并发 QoS 协商之间可能会发生冲突。需要一个分布式事务型的 QoS 协商过程，才能形成对这个问题的一个彻底解决方案。

应用程序很少拥有固定的 QoS 需求。相对于返回一个布尔值表示某一 QoS 是否能被提供的方式，另一种更好的方法是由系统决定可以提供什么样的 QoS，并让应用程序来决定它是否可以接受。为了避免过度优化的 QoS，或者为了在所需的服务质量明显不能达到的情况下放弃这一协商，通常为每个 QoS 参数指定预期值和最坏情况值。也就是说，一个应用程序可能会指定它需要 1.5Mbps 的带宽，但在 1Mbps 带宽的情况下它也能处理；或者延迟应该为 200ms，但 300ms 是它可接受的最坏情况。因为一次只能优化一个参数，所以像 HeiRAT［Vogt et al. 1993］这样的系统希望用户只定义两个参数的值，并让系统来优化第三个参数。

如果一个数据流包含多个槽（即目的地），那么将根据数据流确定协商路径的分支。作为以上方案的直接扩展，中间结点能聚集来自目的端的 QoS 反馈消息并生成 QoS 参数在最坏情况下的值。之后，可用的带宽变成各目的端可用带宽的最小值，延迟变成各目的端延迟的最大值，丢失率变成各目的端丢失率的最大值。像 SRP、ST-II 和 RCAP［Banerjea and Mah 1991］这样的由发送端发起的协商协议使用了以上过程。

在目的端是异构的情况下，通常不适合给所有目的端赋予一个公共的最坏情况 QoS。相反，每一个目的端应接收最好的 QoS 可能值。这就要求由接收端发起协商，而不是由发送方发起协商过程。RSVP［Zhang et al. 1993］是另一类 QoS 协商协议，其中由目的端连接数据流。源端将现有的数据流和它们的内在特征通知给各个目的端。目的端便可以连接到数据流经过的最近结点，并从那里获得数据。为了使它们能获得适合 QoS 的数据，它们可能需要使用过滤（参见 20.5 节的讨论）这样的技术。

894

895

20.3.2　许可控制

许可控制管理对资源的访问，以避免资源过载，并防止资源接收不可能实现的请求。如果一个新的多媒体流的资源需求违反了已有的 QoS 保证，那么它还涉及关闭服务请求。

一个许可控制方案是基于整个系统容量和每个应用程序产生的负载这两方面的知识的。一个应用程序的带宽需求规约能反映应用程序需要的最大带宽、保证其运行的最小带宽，或者是它们之间的平均值。相应的，一个许可控制方案可以基于这些值之一进行资源分配。

如果所有的资源只由一个分配器控制，那么许可控制是非常简单的。如果资源访问分布在不同结点上，例如许多局域网环境，那么可以使用一个集中式许可控制实体，也可以使用一个分布式的许可控制算法来避免并发许可控制的冲突。工作站的总线仲裁算法就属于这一类算法。然而，执行带宽分配的多媒体系统并不控制总线许可，因为总线带宽并不被认为在匮乏区内。

带宽预留　保证多媒体流某一 QoS 级别的一个常用方法是预留一部分的资源带宽，以便由它独占使用。为了在任一时刻满足数据流的需求，需要为它预留最大带宽。这是给应用程序提供有保障 QoS 的唯一可能的方法——至少不会发生灾难性的系统故障。在应用程序不能适应不同级别的 QoS 或者当其质量下降使程序不可用的情况下，可以使用这种方法。相应的例子包括一些医疗应用系统（在 X 光视频中，某症状图像可能正好位于丢失的帧中）和视频记录系统（每次播放视频时，丢掉的帧可能会导致可见记录中的缺陷）。

基于最大需求的预留是非常简单的：当控制访问一个带宽为 B 的网络时，仅当 $\sum b_s \leq B$ 时，带宽为 b_s 的多媒体数据流 s 才能允许访问。这样，一个 16Mbps 的令牌环网可能支持最多 10 个 1.5Mbps 的数字视频流。

896

遗憾的是，容量计算并不总是和在网络中一样简单。为了以同样的方式分配 CPU 带宽，需要知道每个应用程序进程的执行配置。然而，执行时间取决于所使用的处理器，并且经常不能被精确估计。虽然存在几种自动计算执行时间的提议［Mok 1985，Kopetz et al. 1989］，但它们都没有被广泛应用。通常通过过度量来决定执行时间，但它通常有很宽的错误范围并且移植性很有限。

对于 MPEG 这样典型的媒体编码而言，应用程序实际消耗的带宽可能比最大带宽小得多。基于最大需求的预留方法可能会导致带宽资源的浪费：尽管新的资源申请可以被满足，即使用已被保留而未被已有程序实际使用的带宽，但是该申请请求仍然被拒绝。

统计的多路技术　因为资源低利用情况可能会发生，所以过度预留是常事。而一些保证技术仅在某一（通常很高的）概率下有效，这些保证经常被称为统计保证或软保证，它与前面介绍的确定性保证或硬保证技术不同。因为不考虑最坏的情况，所以统计保证技术可以提供更好的资源利用率。但是如果仅仅只依据最小或平均需求来分配资源，那么瞬时的高峰负载可能会导致服务质量的下降；应用程序必须能处理这样的服务质量下降。

统计的多路技术是基于这样一个假设：对大量数据流来说，虽然单个的数据流可能会发生变化，但这些数据流需要的总带宽相对稳定。它假设当一个数据流发送大量的数据时，就有可能有另一个数据流发送较小的数据量，这样总带宽需求保存平衡。当然这只是数据流之间无关联的情况。

正像试验所显示的那样［Leland et al. 1993］，在典型环境下，多媒体流量并不符合这一假设。假设有大量的爆发的数据流，那么总流量仍然是爆发的。术语自相似（self-similar）被应用于这种现象，它表示总流量和组成它的单个流量具有相似性。

20.4　资源管理

为了向应用程序提供某一 QoS 等级，系统不仅要有充分的资源（性能），它还要在应用程序需要时有能力将这些资源提供给程序使用（调度）。

资源调度

系统根据进程的优先级来为其分配资源。资源调度器根据某一标准来决定进程的优先级。在分时系统中，传统的 CPU 调度器经常基于程序的响应时间以及公平性来指定优先级：I/O 密集的进程会获得高优先级，这样可以保证对用户请求做出快速响应，CPU 密集型的任务获得低优先级，并且总的说来，平等对待同一优先级的进程。

上述准则对多媒体系统仍然有效，但是传递单个多媒体数据元素的截止期制改变了调度问题的本质。如下面所讨论的，可以应用实时调度算法。因为多媒体系统必须处理离散的和连续的媒体，因此在不会造成离散媒体访问和其他交互应用程序饥饿的情况下，如何为时间相关的数据流提供充分的服务是一个巨大的挑战。

调度方法必须应用到（并协调）影响多媒体应用程序性能的所有资源。在一个典型的场景中，系统从磁盘上读取多媒体数据流，并将其通过网络传输到目的机器。在目的机器上，该数据流和其他来源的数据流同步合成起来，并最终显示出来。在这个例子中，所需要的资源包括磁盘、网络、CPU 以及内存和总线带宽。

公平调度　如果有多个流竞争同一资源，那么必须考虑公平性，防止不正常的数据流占用过多的带宽。保证公平性的一个简单方法是对同一类数据流使用轮转调度方法。在 Nagle[1987] 中，这一方法是基于包（packet-by-packet basis）引入的。在 Demers 等 [1989] 中，这种方法是在比特基础上（bit-by-bit）使用的，相对于包的大小和包的到达时间会发生变化，所以后一种方法提供了更好的公平性。这些方法被称为公平排队。

数据包实际上不能按比特进行发送，但是在给定的帧速率并且要求必须完全发送的情况下，计算用于每个包的时间是可能的。如果包传输是基于这一计算结果排序的，那么它可以获得接近基于比特的轮转方法所产生的传输结果，除非有个非常大的数据包需要传输，这时它会阻塞小数据包的传输。这种情况用基于比特的机制更合适。然而，任何包的延迟都不会长于最大包的传输时间。

所有的基本轮转方案都为每一个数据流分配了同样的带宽。考虑到单个数据流的带宽，可以将基于比特的方法进行扩展，使得一些数据流可以在每个周期传输更多的比特。这种方法称为基于权值的公平排队。

实时调度　人们已经开发出一些实时调度算法来满足一些应用程序（如航空工业中的过程控制）的 CPU 调度需要。假设 CPU 资源并没有被过度分配（这是 QoS 管理器的任务），调度算法将 CPU 时间片以某种方式分配给多个进程，而这种分配方式必须保证进程能及时完成任务。

传统的实时调度方法十分适合规则的连续多媒体流模型。最早截止期优先（Earliest-Deadline-First，EDF）调度方法几乎已经成为这些方法的代名词。EDF 调度器根据每个工作项的截止期来决定下一个要处理的工作项：具有最早截止期的工作项第一个处理。在多媒体应用程序中，我们将到达一个进程的多媒体元素称为工作项。EDF 调度方法被证明在基于时序标准分配资源方面是最优的：如果有一个调度满足了所有的时序需求，那么 EDF 调度将能找到它 [Dertouzos 1974]。

EDF 调度方法需要在每个消息（即每个多媒体元素）上进行调度决策。如果是对长期存在的元素进行调度，那么还有更有效的方法。单调速率（Rate-Monotonic，RM）调度方法是一个适用于实时调度周期性进程的著名技术，它可以实现以上目标。根据数据流的速率为流赋予优先级：数据流中工作项的速率越高，数据流的优先级越高。在多媒体程序使用的带宽低于 69% 时，RM 调度方法已经被证明是最优的 [Liu and Layland 1973]。使用这样的分配方案，剩余的带宽可以用于非实时应用程序。

为了应付爆发的实时流量，基本的实时调度方法应该被调整为能识别有严格时间要求和无严格时间要求的连续媒体工作项。Govindan 和 Anderson [1991] 介绍了截止期/预工作调度方法。它允许在数据爆发时连续数据流中的消息可以提前到达，但是只有在一条消息的正常到达时刻才对这一消息使用 EDF 调度。

20.5　流自适应

每当系统不能保证特定的 QoS，或者当系统只能以某种概率保证 QoS 时，应用程序需要适应变化的 QoS 级别，相应地调整自身的性能。对于连续媒体数据流而言，这种调整将转化为媒体表示质量的不同级别。

最简单的调整是丢掉部分信息。音频数据流的采样是相互独立的，因此这种方法比较容易实现，但是收听者会立刻发现这种丢失。在 Motion JPEG 编码技术中，因为它的视频帧是独立的，所以数据丢失还是可以容忍的。在诸如 MPEG 等编码机制中，一个视频帧的解释依赖于数个相邻的帧，所以容忍数据丢失的能力比较弱：它要花一段时间从错误中恢复，并且这种编码机制可能会放大错误。

如果没有足够的带宽并且数据也没有丢失，那么随时间的流逝会发生延迟。对于非交互式的应用，这是可以接受的，尽管它会因为数据累积在源端和目的端之间最终导致缓冲区溢出。对于会议和其他交互式的应用程序而言，延迟增加是不可接受的，或者延迟只能持续一小段时间。如果一个数据流的播放时间延迟了，它的播放速率应该被加快，直到回到正常的播放时间表为止；当数据流被延迟时，数据帧在它可用时就应该立即被输出。

20.5.1 调整

如果在流的目的端执行流自适应操作，系统中任一瓶颈的负载非但没有被减少，并且过载情形会持续。为了解决这一问题，需要在进入瓶颈资源前就将流调整到系统可用带宽可以承受的范围。这称为流调整（scaling）。

在采样现场直播数据流时，最合适采用流调整。对于已存储的数据流来说，生成降级流的容易程度取决于编码方法。如果仅为了调整的目的，整个数据流不得不被解压缩和再次编码，那么流调整可能会变得很麻烦。尽管所有的流调整方法都是一样的：对给定的信号进行二次采样，但流调整算法是依赖于媒体的。对音频信息来说，可以通过减少音频采样的频率来实现这一二次采样过程。也可以通过减少立体声传输中的一个声道来实现二次采样。这个例子也说明，不同的流调整方法能在不同的粒度上工作。

[899]

下列的流调整方法适合视频数据流：

时序调整：通过减少一个时间间隔传输的视频帧的数目，可以减少时间域中的视频流的分辨率。时序调整最适合于那些每个视频帧是自包含的并且对单个视频帧可独立访问的视频流。它很难处理 Delta 压缩技术生成的数据流，因为不是所有的帧都可以轻易丢弃。因此，时序调整技术更适合于 Motion JPEG 流，而不太适合 MPEG 流。

空间调整：在视频流中减少每个图像的像素数。对空间调整技术而言，最理想是采用层次型管理，因为这样可以立即获得各种分辨率的压缩视频。因此，在最终传输前不需要对每个图像再次编码，就可以在网上使用不同的分辨率来传输视频流。JPEG 和 MPEG-2 支持图像不同的空间分辨率，很适合使用这种调整方法。

频率调整：修改应用于图像的压缩算法。这样会导致一部分图像质量的损失，不过在通常的图像中，可以在察觉到图像质量降低前，大大增加压缩。

振幅调整：减少每个像素的颜色深度。这种调整方法实际上被 H.261 编码使用，以便在图像内容发生变化时，以恒定的吞吐率到达。

颜色空间调整：减少颜色空间中项的数目。实现颜色空间调整的一种方法是将彩色图像转变为黑白图像。

在需要时，还可以将这些调整方法组合起来。

执行调整的系统由一个位于目的端的监视进程和一个位于源端的调整进程组成。监视进程监视流中消息的到达时间。延迟的消息说明系统中存在瓶颈。监视进程会向源端发送一个向下调整消息，源
[900] 端就减少数据流的带宽。过一段时间以后，源端将流向上调整回原来的水平。如果瓶颈仍然存在，监视进程会再次检测到延迟，源端会再次向下调整数据流 [Delgrossi et al. 1993]。调整系统的问题包括：如何避免不必要的向上调整操作和如何避免系统进入抖动状态。

20.5.2 过滤

流调整在源端改变了流，但它并不总适合于涉及多个接收者的应用程序：当瓶颈出现在从源端到

其中一个目的端的路径上时，目的端向源端发送一个向下调整消息，这会使所有的目的端接收到的图像质量下降，尽管其中可能有些接收者在处理原数据流时没有任何问题。

过滤技术可以为每个目的端提供尽可能好的QoS，它是通过在从源端到目的端的路径上的每个相关结点上采用流调整技术（图 20-8）来实现的。RSVP[Zhang et al. 1993]是支持过滤的 QoS 协商协议的一个例子。过滤将一个流分解为一个层次性的子流集合，其中每一个子流增加更高级别的质量。路径结点的容量决定了一个目的端接收到的子流数。其他的子流在靠近源的地方（甚至可能就在源端）就被过

图 20-8　过滤

滤掉，这样可以避免传输后来被丢弃的数据。如果一个中间结点存在一条可以传输整个子流的向下传输的路径，那么子流在这个结点上就不会被过滤。

20.6　实例研究：Tiger 视频文件服务器、BitTorrent 和端系统多播

正如第 1 章所讨论的，多媒体是当代分布式系统的一个重要趋势。多媒体被认为存在于所有的分布式系统中，而不是一个自己的领域，因此它对分布式系统的所有设计方面都提出了必须要考虑的挑战。本节中，我们给出实例研究，说明多媒体如何影响分布式系统开发的三个关键领域：

- 支持视频文件的分布式文件系统的设计（Tiger 视频文件服务器）；
- 支持非常大的多媒体文件的对等下载系统的设计（BitTorrent）；
- 实时多播流服务的设计（端系统多播）。

请注意，在我们查看 Skype 所采用的覆盖网结构时，我们已经看到了一个多媒体服务的例子（参见 4.5.2 节）。

20.6.1　Tiger 视频文件服务器

同时提供多个实时视频流的视频存储系统被看做支持面向消费者的多媒体应用程序的一个重要的系统组件。人们已经开发了多个这种类型的原型系统，并且其中的一些已经进化成实际产品（见[Cheng 1998]）。最先进的一个系统是 Tiger 视频文件服务器，它是由 Microsoft 研究院开发的[Bolosky et al. 1996]。

901

设计目标　这个系统的主要设计目标如下：

适用于大量用户的视频点播：这一应用程序是向付费的用户提供电影的服务。系统从大容量的数字电影库中选择电影。客户应在发送点播请求的数秒内就能获得他们选中的电影的第一个帧，并且他们应该能随心所欲地执行暂停、回退和快进操作。尽管库中电影的数量很多，但是可能有一些电影是很受欢迎的，它们可能被多个客户不同步地请求，这就可能导致同时播放它们，但是播放的时间进度不同。

服务质量：视频流的传输速率应保持稳定，其中客户端可用的缓冲区大小决定了最大的抖动，并且视频流还应保持低丢失率。

可伸缩性和分布性：目的是设计一种（通过增加计算机）具有可扩展的体系结构的系统，它可以同时支持 10 000 个客户。

硬件成本低：这个系统是由低价的硬件构建的（具有标准磁盘驱动的"商用" PC）。

容错性：在单个服务器计算机或者是磁盘驱动器发生故障时，系统可以继续运行并且执行性能没有明显下降。

总而言之，这些需求要求有一个存储和检索视频数据的基本方法和一个平衡多个相似服务器之间负载的有效调度算法。该调度算法的主要任务是将从磁盘存储上获取的高带宽的视频数据流传输到网络上，并且这个负载应该是在服务器之间共同承担的。

体系结构　在图 20-9 中显示了 Tiger 系统的硬件体系结构。所有的组件都是市面上可买到的成品。

图中所示的 cub 计算机是一样的 PC，每个 PC 包含了同样数量的标准硬盘驱动器（通常是 2~4 个）。它们还安装了以太网和 ATM 网网卡（参见第 3 章）。controller 是另一台 PC。它不负责处理多媒体数据，其职责只是处理客户请求和管理 cub 计算机的工作调度。

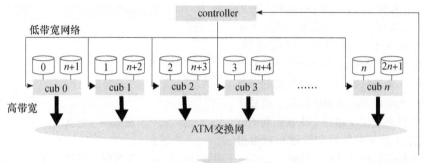

图 20-9 Tiger 视频文件系统的硬件配置

存储组织 存储主要的设计问题是如何在 cub 计算机的磁盘上分布视频数据，以使得计算机共享负载。因为系统负载涉及提供同一电影的多个流以及提供多个不同电影的多个流，因此使用单个磁盘来存储每个电影的解决方案是不能达到以上目标的。相反，电影被存储在跨越所有磁盘的条带上。这导致了这样的故障模型：磁盘或 cub 的丢失会形成每个电影序列中的一段空白。这可以通过复制数据的镜像方法和容错机制来处理，下面将介绍这一内容：

条带存储（striping）：电影被划分为块（具有相等播放时间的视频块，通常是 1 秒左右，大概占据 0.5MB），这些组成一部电影的块集合（通常两小时的电影大约包含 7000 个块）存储在属于不同 cub 计算机的磁盘上，形成由磁盘号表示的一个序列，如图 20-9 所示。一部电影能从任一磁盘开始存储。每次到达编号最大的磁盘，那么电影又重新存储，这样下一数据块会被存储在磁盘 0 上，然后继续这个过程。

镜像：镜像模式将每个数据块划分为几个部分，称为二级备份。这样做能保证当一个 cub 计算机失效后，本来由 cub 计算机提供块数据的任务被分配到剩余 cub 计算机的几个上而不是一个上。每个块的二级备份的数目取决于散列因子 d，它的值通常在 4~8。存储在磁盘 i 上的块的二级备份被存储在磁盘 $i+1$ 到 $i+d$ 上。注意，只要 cub 计算机的数目多于 d 个，那么这些磁盘中没有一个和磁盘 i 属于同一个 cub 计算机。如果散列因子的值为 8，那么 cub 计算机接近 7/8 的处理能力和磁盘带宽，能将其分配给无故障的任务。剩余的 1/8 的资源应该足以为二级备份提供服务（在需要时）。

分布式调度 Tiger 系统设计的核心是调度 cub 计算机的工作负载。它的调度表组织成一个槽的列表形式，其中每个槽表示播放电影的一个块所必须做的工作。也就是说，从相关的磁盘上读取数据块，并将其传输到 ATM 网络上。每一个可能的接收电影的客户（被称为收看者）只有一个槽，并且每个被占据的槽表示一个收看者正在接收实时视频数据流。在调度表中，收看者的状态通过以下信息表示：

- 客户计算机的地址。
- 被播放的文件的标识。
- 文件中收看者的位置（流中下一个要传递的数据块）。
- 收看者播放的序号（从中可以计算出下一个数据块的传递时间）。

902
~
903

- 其他一些记录信息。

图 20-10 给出了 Tiger 调度的示意图。**块播放时间**（block play time）T 是指在客户计算机上收看者播放一个块的时间——其值通常是 1s，并且假设对所有存储的电影来说，该值都是相等的。因此，Tiger 系统必须在每个数据流的块传递期数之间维持一个时间间隔 T，由客户计算机上的可用缓冲大小来决定系统可以允许的抖动。

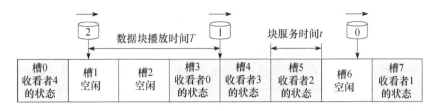

图 20-10 Tiger 系统的调度

每一个 cub 计算机维持一个指针，该指针指向该 cub 控制的每个磁盘的调度表。在播放每个块时，cub 计算机必须处理所有满足下列条件的槽，槽中的块号正好落在属于它控制的磁盘上，而传递时间落在当前的块播放时间内。cub 计算机一次对调度表的一个实时处理槽进行如下动作：

1）将下一个数据块从磁盘上读出，放在此 cub 计算机的缓冲区内。

2）将此数据块打包并记下客户端计算机的地址，并将其传输到 cub 计算机的 ATM 网络控制器上。

3）更新调度表中收看者的状态，这样可以给出下一个数据块和播放序号，然后将更新的槽传送给下一个 cub 计算机处理。

假设这些动作的最大时间开销为 t（称为块服务时间）。如图 20-10 所示，t 实际上小于磁盘块的播放时间。t 值取决于磁盘带宽或网络带宽，取两个值中小的那个（在 cub 计算机中处理资源是足够完成对其拥有的所有磁盘的调度工作的）。当一个 cub 计算机完成对当前的块播放时间的调度任务，它就可以执行其他未调度的工作，直到到达下一个播放时间为止。实际上，磁盘并没有提供具有固定延迟的块，为了适应这种不均匀的传递，至少在块被打包和传递前的一个块服务时间，就启动读盘过程。

一个磁盘可以为 T/t 个流服务，并且 T 和 t 的值通常导致 T/t 的结果大于 4。这一比率以及整个系统中的磁盘数目决定了 Tiger 系统可以服务的收看者的数目。例如，一个拥有 5 个 cub 计算机并且每个计算机上有 3 个磁盘的 Tiger 系统可以同时传递大约 70 个视频流。

容错性 因为在 Tiger 系统中，所有电影文件的条带都跨越了所有的磁盘，所以任一组件（磁盘驱动器或 cub 计算机）的故障都可能导致对所有客户的服务的中断。Tiger 系统应付这种情况的方法是：当因为一个磁盘驱动器或一台 cub 计算机发生故障而引起一个主块不可用时，从它镜像的二级备份副本中读取数据。前面曾经提过，二级备份块比主块小，比例为散列因子 d，一个块的二级备份是分布的，这样它们在不同 cub 的数个磁盘上。 | 904

当一个 cub 计算机或者磁盘失效后，一个临近的 cub 计算机会修改调度表并显示数个镜像收看者状态（mirror viewer state），它表示存储这些电影二级备份的 d 个磁盘的工作负载。镜像收看者状态与普通的收看者状态类似，但是它具有不同的磁盘号和时序需求。因为这一额外的工作负载被 d 个磁盘和 d 个计算机共享，所以如果在调度表中发现有空余能力，那么这项任务就能不中断其他槽的任务而被容纳。一个 cub 计算机的故障等价于它的所有磁盘出现故障，其处理方式相似。

网络支持 cub 计算机只是将每部电影的块以及相关客户的地址信息传输到 ATM 网络上。能否按顺序和及时地向客户计算机传递块，依赖于 ATM 网络协议的 QoS 保证。客户需要大到能存储两个主块的缓冲区，其中一个块是客户屏幕上正在播放的，而另一个块是正在从网络上到达的。当提供的是主块时，客户只需要检查每个到达块的序号，并将它们传送到显示处理程序。当提供的是二级备份时，负责存储散列块的 d 个 cub 计算机负责将二级备份顺序地传递到网络上，客户负责在缓冲区中收集和组装这些二级备份。

其他功能 我们已经介绍过了 Tiger 服务器的有严格时间要求的活动。设计需求要求提供快进和回退。这些功能要求能将电影块的某一部分传递给客户，以便由视频播放器提供一个对用户要求的可视反馈。cub 计算机在非调度的时间内基于尽力而为方式实现这一点。

剩下的任务包括管理和分发调度表以及管理电影数据库，其中包括在磁盘上删除旧的电影、写入新的电影以及维护电影的索引。

在 Tiger 系统的最初实现中，controller 计算机处理调度表的管理和分发。因为这会导致单点故障以及潜在的性能瓶颈，后来，调度表管理被重新设计为一个分布式算法［Bolosky et al. 1997］。cub 计算机负责在非调度的时间内执行管理电影数据库的工作，以响应 controller 计算机发出的命令。

性能和可伸缩性　这一系统的初始原型在 1994 年被开发出来，使用了 5 个 133MHz 的奔腾 PC，每个 PC 上装有 48MB 的 RAM 和 3 个 2GB 的 SCSI 磁盘驱动器以及一个 ATM 网络控制器，运行的操作系统是 Windows NT。通过使用模拟的客户负载来度量此系统的配置。在无错运行并且服务的客户数目达到 68 时，Tiger 系统的数据传递相当不错——没有块被丢失或晚到达客户端。当有一个 cub 计算机失效时（因此有 3 个磁盘失效），服务能维持，数据丢失率仅为 0.02%，这在设计目标内。

另外一个度量是检查启动延迟，该延迟表示系统收到客户请求到传递第一个电影块之间的时间间隔。它与调度表中空闲槽的位置和数目密切相关。最早实现这项工作的算法会将客户请求放置在调度表中的一个槽中，这个槽是和所请求电影的块 0 所在的磁盘最近的一个空闲槽。这导致启动延迟的度量值在 2 ~ 12s 范围内。最近已经研究出一个槽分配算法［Douceur and Bolosky 1999］，它能降低调度表中被占据的槽的聚集性，使空闲的槽更均匀地分布在调度表中，这样可以减少平均启动延迟时间。

尽管最初试验的规模很小，但后来在有 14 个 cub 计算机、56 个磁盘以及使用了 Bolosky 等［1997］的分布式调度方案的系统上又进行了新的测量。这个系统能为之提供服务的负载具有伸缩性。当所有的 cub 计算机都正常工作时，系统可以同时发送 602 个 2Mbps 的数据流，丢失率小于 1/180 000。当有一个 cub 计算机失效时，数据丢失率小于 1/40 000。这些结果给人印象深刻，可以证明在 Tiger 系统使用的 cub 计算机数达到 1000 时，它可以同时支持 30 000 ~ 40 000 个收看者。

20.6.2　BitTorrent

BitTorrent［www.bittorrent.com］是一个流行的对等文件共享应用，专门用于下载大型文件（包括视频文件）。它并不打算用于实时内容流，而是用于文件的初次下载以便以后回放。第 10 章中，作为对等文件共享协议曾简单提到过 BitTorrent。本章将查看更多 BitTorrent 的设计细节，重点在对视频文件的下载支持上。

BitTorrent 中主要的设计特点是将文件分割成固定大小的块（chunk）和位于对等网络上不同场地的这些块的后续可用性。客户能从不同的场地并行下载多个块，减少了由任一特定场地提供的下载服务的负担（记住：BitTorrent 依赖普通用户机器的能力，同时也会有许多的针对受欢迎文件的请求）。这可以与更集中化的策略相比较，集中化策略是客户从一个服务器用诸如 HTTP 下载一个文件。

更具体的，BitTorrent 协议按如下方式操作：当一个文件在 BitTorrent 中可用时，一个 .torrent 文件被创建，该文件拥有与该文件相关的元数据，包括：

- 文件的名字和长度；
- 跟踪器（tracker）的位置（用一个 URL 指定），跟踪器是一个集中化的服务器，管理文件的下载；
- 与每个块相关的校验和，用 SHA-1 散列算法生成，它使得内容可以由后继下载验证。

跟踪器的使用是对纯对等原理的一个妥协，但这允许系统以一种集中化的方式维护上述信息变得更容易。

跟踪器负责跟踪与一个特定文件相关的下载状态。为了了解由跟踪器拥有的信息，必须后退一步，考虑一下一个给定文件的生命周期。

从文件的块角度看，在 BitTorrent 术语中，具有一个文件完整版本的一个对等方被称为种子方（seeder）。例如，最初创建文件的对等方将为文件的分发提供最初的种子。想下载一个文件的对等方称为吸血方（leecher）。一旦一个吸血方下载了与一个文件相关的所有块，它能变成后继下载的种子方。按这种方式，文件像病毒一样在网络上传播，其传播速度可由需求刺激形成的。在此之上，跟踪器按照相关的种子方和吸血方维护一个给定文件的当前下载状态信息。在 BitTorrent 中，跟踪器加上相关的种子方和吸血方被称为该文件的激流(torrent)（或群体(swarm)）。（BitTorrent 术语的总结参见图 20-11。）

当一个对等方想要下载一个文件，它首先与跟踪器接触，从能支持下载的对等方集合的角度，获得激流的部分视图。在那以后，跟踪器的工作就完成了——它不涉及后续对下载的调度，这是涉及下载的多个对等方的事，因此协议的这部分是去中心化的。之后，块可以按任何顺序被请求和传递到发出请求的对等方。（它与 CoolStreaming 的比较，见 20.6.3 节的方框部分。）

术　语	含　义
.torrent文件	该文件维护可下载文件的元数据
跟踪器	一个包含下载进展信息的服务器
块	文件的一部分，其大小固定
种子方	拥有一个文件的完整副本（由它的所有块组成）的对等方
吸血方	下载一个文件的对等方，它当前拥有一部分块
激流（或群体）	下载一个文件所涉及的若干场地，包括跟踪器、种子方和吸血方
一报还一报	在BitTorrent中，控制下载调度的激励机制
乐观不阻塞	允许新的对等方建立证书的机制
越稀少者优先	一种调度机制，指BitTorrent在其互连的对等方集合中提升稀有帧的优先级

图 20-11　BitTorrent 术语

BitTorrent 以及许多对等方协议都依赖对等方表现成"好公民"，为系统提供贡献也从系统获取。重要的是，系统有一个内在的激励机制来奖励合作，该机制称为一报还一报（tit-for-tat）机制 [Cohen 2003]。非正式来说，这个方法为以前或正在站点中进行上载文件的下载方提供优先权。除了作为一个激励机制之外，一报还一报机制也鼓励下载和上载同时进行的通信模式，从而最优化使用带宽。

具体来说，给定一个对等方，它通过不阻塞（unchoking）其他对等方来支持从 n 个同时存在的对等方下载。决定哪些对等方不阻塞是根据不断地对这些对等方的下载率进行计算的，这个决策计算每 10s 进行一次。算法也每隔 30s 在一个随机的对等方实施乐观不阻塞（optimistic unchoking）机制，以便允许新的对等方参与并建立它们的证书。注意，激励机制已经是一个重要的研究主题，其代替机制也已经提出，例如 Sirivianos 等 [2007]。BitTorrent 将该机制与最稀少者优先（rarest first）策略联合使用，同时用于下载调度，最稀少者优先是指一个对等方将提升与之相连的对等方集合中最稀有的块的优先级，确保不太容易获得的块能快速传播。

907

20.6.3　端系统多播

分布式多媒体系统的一个最大的技术挑战是在互联网上支持实时的视频广播。这样的系统在很多方面是高要求的 [Liu et al. 2008]：
- 系统必须能伸缩以接纳可能数量众多的用户。
- 从资源使用的角度，这些系统的要求是非常高的，从而给系统的带宽、存储和处理带来很大的约束。
- 必须满足严格的实时需求，以达到满意的用户体验。
- 系统必须是有弹性的，能适应网络中变化的条件。

尽管有这些挑战，现今已经有了重要的进展，有许多商业强度（commercial-strength）的服务可用，包括 BBC iPlayer、BoxeeTV [boxee. tv] 和 Hulu [hulu. com]。本节将介绍此类系统的特点，并以这个领域有影响力的一个系统为例：端系统多播 [Liu et al. 2008]，该系统由 CMU 开发，现在由 Conviva 进行商业化运营[www. conviva. com]。在查看 ESM 推荐的技术方法之前，把这个工作放在相关系统研发背景中看一下是有帮助的。

ESM（End System Multicast）研发背景　正如4.4.1节所描述的那样，互联网上视频流的最早实验是直接构造在 IP 多播上的。这个方法的优势是多播的支持可以直接由系统的底层提供，因此，能提升整体性能。但这个方法有许多缺点，包括许多路由器不支持 IP 多播，为支持多播需要在路由器内维护软状态。更根本的问题是，这也违反 2.3.3 节讨论的端对端原理，该原理主张只有基于通信系统端点所在的应用的知识和帮助，才能完全和可靠地实现对通信功能的支持（本例中，指多媒体流）。

结果，现在大多数系统主张对视频流使用端系统方法（end-system approach），按照这种方法，智能和控制驻留在网络的边缘而非网络中。这个方法也称为应用层多播（application-level multicast），是用了覆盖网络支持相关的多媒体流量（参见 4.5 节对覆盖网络的讨论）。

更进一步来说，在支持互联网多媒体广播方面，对等方法对此有相当大的兴趣。ESM 是此类系统的一个成功典范。更特别的，ESM 采用结构化对等技术，其中，对等方组成一个树结构，用于后续的媒体的实时传递。作为由 ESM 倡导的结构化方法的一个替换方法，CoolStreaming 建立在 BitTorrent（参见 20.6.2 节的讨论）的基础之上，提供了一个无结构的方法（其细节参见 20.6.3 节方框部分）。

许多系统采用端系统方法学（不是用对等方法），其提供一个固定的基础架构，维护位于互联网结点上的多媒体（或其他）内容的多个拷贝，从而支持更快的传递。这些系统被称为内容分发网络（content distribution network，CDN），成功案例有 Akamai［www.akamai.com］、Coral［www.coralcdn.org］和 Kontiki［www.kontiki.com］。这样的系统支持多种风格的内容传递，包括 Web 加速（改善访问 Web 内容时的性能）和视频流——例如，BBC iPlayer 最早的版本使用了 Kontiki。

图 20-12 总结了支持实时多媒体流的技术范畴。

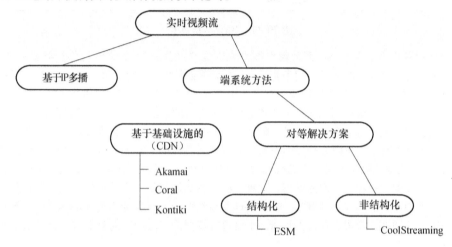

图 20-12 实时视频流方法

ESM 体系结构 ESM 是一个结构化对等解决方案，用于互联网上的视频实时多播。这个方法最初在卡内基 - 梅隆大学作为研究工作的一部分而开发，该研究调研了用端系统方法实现多播的特点，最初的原型被用于许多主流会议的实时流视频，包括 SIGCOMM、INFOCOM 和 NOSSDAV［esm.cs.cmu.edu］。正如上面提到的，这个方法已经由 Conviva 商业化了［www.conviva.com］，该公司最近与 NBC Universal 达成协议，使用 Conviva 平台（即 C3）在互联网上传递它的内容。

908
～
909

除了调研端系统方法，ESM 的另一个关键目标是通过自组织寻找对改变的应变能力。特别是，底层协议用于恰当地处理结点的动态加入和离开、结点的故障以及底层网络配置和性能的改变。特别是，他们推进了性能感知的自适应（performance-aware adaptation），经常重评估与对等系统相关的覆盖网结构以最大化整体性能。我们下面讨论如何实现这点。

ESM 为每个视频流构造一棵树，以视频流的源为根，并基于此运行。支持 ESM 运行的关键算法元素是：

- 如何维护成员信息；
- 如何处理加入树的新的对等方；
- 如何处理离开树的对等方（正常离开或是因为故障离开）；
- 如何为了性能修改树结构（上面提到的性能感知的自适应）。

下面我们逐一处理。在每个描述中，我们以图 20-13 中的树结构为例子，该结构正在传递一个前面提到的音乐家现场

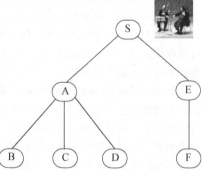

图 20-13 ESM 中树的示例

演奏流（20.1 节）。

CoolStreaming：实现视频流的一个非结构化 P2P 方法

　　许多实现视频流的方法是基于一个结构化对等方法，例如构造一棵树，像在 ESM 中一样，或另一个覆盖网结构，如一个森林（不相交树的并集）或一个网格。CoolStreaming［Zhang et al. 2005b］采取了一个彻底不同的、非结构化方法实现视频流，其创建者称其为*以数据为中心的方法*（data-centric approach）。在 CoolStreaming 中，结点维护成员的部分视图，并用闲聊协议进行周期性更新（与 ESM 一样）。当一个新的对等方加入时，它首先接触具有想得到的视频流的源结点（假设它将被广播），然后，这个结点随机地从它已知的成员集合中选取一个结点作为代理（平衡所有成员的负载）。接着，新结点从代理获得合作者的初始集合，并将它们引导到系统。必须强调，不像基于树的方法，合作者集合没有隐含着针对下载的父子关系；相反，下载调度由数据可用性动态决定和驱动，具体解释如下：

　　在 CoolStreaming 中，一个视频文件可分成若干固定大小的段（segment），这点与 BitTorrent 一样。每个对等方创建一个缓冲区映射，表示文件的段的本地可用性，并且与它所知道的合作者交换该信息。这个信息接着被用于获得一个给定视频源的所有必需的段。到目前为止，都看上去非常像 BitTorrent，但有两个关键的不同，这两个不同是由实时流需求驱动的。第一，BitTorrent 能按任何顺序下载块，CoolStreaming 必须满足视频回放所期望的实时约束。第二，在任一给定时间内，CoolStreaming 仅对从现在到将来很短的一个滑动窗口（sliding window）（实际上，活动窗口包含 120 个 1 秒的段）感兴趣而非整个文件。相关调度的计算对 CoolStreaming 的操作是关键的，虽然找到最优解决方案是个 NP 难问题，但 CoolStreaming 基于段可能提供者的数量、提供者带宽和处理请求的可用时间等因素采用了一套成功的启发式方法。

　　最终的结果是一个分布式系统体系结构，它能满足视频流的实时需求，可以更自然地从结点失效和网络性能或可用性的改变中恢复。

　　成员管理　每个结点维护树成员的一个局部视图，该视图通过闲聊协议（该协议是对等结构中维护组成员的一个常用方法，相关描述见 18.4 节）进行周期性更新。它的操作方式如下：每个成员周期性选一个组成员并发送自己的组成员视图的子集给这个成员，同时，用它最后一次从每个成员听到的信息进行注释。因此，没有关于组成员信息的一个一致的全局视图，但这个部分视图对于协议的操作来说足够了，下面的叙述将说明这点。

　　加入树　假设广播了源结点（树根），因此整个系统都知道源结点。一个想要加入的新结点与源结点接触，并从源结点维护的组视图中获得一个随机选择的结点集。这些结点集是新结点的有效候选父结点，新结点必须从这个可能集合中选出一个合适的父结点。

　　父结点选择（parent selection）协议对 ESM 的操作是关键的，总的目标是为提升性能（特别是，如我们将要看到的，首先为了吞吐量，其次是为了延迟）而优化树。

　　父结点选择的第一个阶段是探查源结点提供的成员集，并收集每个候选父结点的下列信息：

910
～
911

- 结点当前的性能（按从这个结点到源结点的吞吐量和延迟）；
- 结点的饱和度（按它已经支持的孩子的数量）。

从探查获得的参数，它也可能确定从新结点到不同候选结点之间的往返延迟。

　　新结点删除其认为饱和（该值用一个内置的参数定义）的候选结点，接着按吞吐量和延迟预测它从每个候选父结点期望得到的服务。吞吐量用那个候选父结点所达到的吞吐量和从新结点到那个候选父结点的历史数据（这个数据可以获得，如果新结点以前已经连接到这个候选结点）的最小值估计，延迟的估计是基于从源结点所报告的延迟和通过探测获得的延迟的总和。父结点选择是基于到新结点的最佳可用带宽，如果带宽信息不可用，那么父结点选择根据延迟数据做出。

　　返回图 20-13 的例子，假设一个新结点 G 想要加入这个视频流。G 与源结点 S 接触，然后 G（随机地）给予了下列结点集 {A，C，E，F}。A 马上被删除了，因为它被认为是饱和的（假设饱和的定义是有三个孩子），而 C 报告其吞吐量较低，可能因为 A 饱和了。剩下就要在结点 E 和 F 之间进行选择，最后，因为 E 被报告具有最好的可用的吞吐量数值（可能 E 和 F 之间的连接是一条相对低带宽的连接），所以 E 被选中，G 以前也连接到 E，并曾经有好的吞吐量特征。

处理结点离开 成员能离开一个树，或通过一个显式的离开请求或因为故障而离开。在前一种情况下，为了避免中断，离开成员通知它的孩子它正在离开，并期望保持传递数据一段时间，避免服务中断沿树向下发展。在后一种情况下，成员周期性发送 alive 消息给它的孩子，当这些消息没有收到的时候，故障就被检测出来了。

在这两种情况下，所有孩子必须调用上面定义的父结点选择过程，再加上额外的检查，确保候选的父结点不是给定结点的后代。

假设在 G 加入树后不久，结点 E 出故障了。在这种情况，F 和 G 都必须运行父结点选择算法来重新建立连接。

性能感知的自适应 每个结点连续地监控它从父结点得到的服务（如上所述，保存历史信息以便将来引用）。如果速率被检测大大下降并低于源结点期望的速率，那么将触发自适应策略。为了避免反复，在进行自适应之前，一个结点必须等待一段特定的时间，称为检测时间（detection time）。

一旦做出了自适应的决定，结点将调用父结点选择算法来确定一个新的、更优化的父结点。按这种方式，树构造被不断地重新评估，并进行自组织以优化整体性能。

例如，过了一段时间，C 可以判断通过 A 接收到的吞吐量是不满意的，并运行父结点选择算法，导致 C 成为 E 的孩子。

912

20.7 小结

多媒体应用程序需要新的系统机制以保证它们能处理大量的时间相关数据。这些机制最重要的一点是服务质量管理。它们必须合理地分配带宽和其他资源以保证应用程序的资源需求得到满足，同时它们必须对这些资源的使用进行调度，这样，多媒体应用程序的许多细粒度的截止期可以得到满足。

服务质量管理处理应用程序提出的 QoS 请求，这一请求指定了多媒体流可接受的带宽、延迟和丢失率，它执行许可控制，决定是否有足够的未预留资源来满足新的请求并在必要时与应用程序进行协商。一旦系统接受了应用程序的 QoS 请求，其资源就被预留，同时系统给应用程序发送一个保证信息。

必须调度分配给应用程序的处理器的处理能力和网络带宽以满足应用程序的需要。需要像最早截止期优先和速率单调这样的实时处理器调度算法以保证及时地处理每个流元素。

流量调整是一个名字，它给予缓冲实时数据的算法，算法的目的是平滑数据流中数据元素之间的间隔时间的不均匀，而这种不均匀是不可避免的。通过减少源端的带宽（调整）或减少中间结点的带宽（过滤），流可以被调整以适应较少的资源。

Tiger 视频文件服务器是可伸缩系统的一个很好的例子，它能大范围地提供具有较强服务质量的流传递。它的资源调度方法相当特别，在这类系统经常要求的设计方法改变方面，它提供了一个很好的例子。其他两个实例研究，BitTorrent 和 ESM，也是强有力的例子，分别提供对视频数据的下载支持和实时流的支持，这些例子再次强调了多媒体对系统设计的影响。

练习

20.1 简要描述一个支持分布式音乐演奏的排练系统。请对这一系统可能使用的 QoS 需求以及硬件和软件配置提出建议。
（第 884 页，第 889 页）

20.2 当前互联网没有任何提供资源预留或服务质量管理设施。现有的基于互联网的音频和视频流应用程序如何获得可接受的服务质量？在多媒体应用程序中所采用的解决方法，有哪些局限性？
（第 884 页，第 893 页，第 899 页）

20.3 请说明分布式多媒体应用程序可能需要的三种形式的同步（分布式状态同步、媒体同步和外部同
913 步）之间的区别。对于一个视频会议应用程序而言，请对其实现同步的机制提出自己的建议。
（第 885 页）

20.4　假设有一个由 ATM 网络连接多个桌面计算机以支持多个并发的多媒体应用程序的系统，简要描述其 QoS 管理器的设计。为你描述的 QoS 管理器定义 API 接口，也就是，给出其主要操作以及相应的参数和可能返回的结果。　　　　　　　　　　　　　　　　　　　　　　（第 889 ~ 891 页）

20.5　为了给出处理多媒体数据的软件组件的资源需求，我们需要估计其处理负载。如何在合理的开销下获得这种信息？　　　　　　　　　　　　　　　　　　　　　　　　　　　　（第 889 ~ 891 页）

20.6　当有大量的客户在不确定的时间访问同一部电影时，Tiger 系统如何处理？　　　（第 901 ~ 906 页）

20.7　Tiger 系统的调度表是一个大的数据结构，并且被频繁地更新，但是每一个 cub 计算机需要获得它当前处理的部分在调度表中的最新信息。请设计一个为 cub 计算机分布调度表的机制。
　　　　　　　　　　　　　　　　　　　　　　　　　　　　　　　　　　（第 901 ~ 906 页）

20.8　当 Tiger 系统要对一个失效的磁盘或 cub 计算机进行操作时，系统使用二级备份数据块来代替丢失的主数据块。二级备份块比主数据块小 n 倍（n 是散列因子）。系统如何适应块的大小改变？
　　　　　　　　　　　　　　　　　　　　　　　　　　　　　　　　　　　　（第 905 页）

20.9　请讨论与更传统的顺序下载方法相比，BitTorrent 中越稀少者优先下载策略的相对优点。
　　　　　　　　　　　　　　　　　　　　　　　　　　　　　　　　　　（第 906 ~ 908 页）

20.10　除了 Tiger 系统（参见习题 20.6），ESM 和 CoolStreaming 也都支持大量用户对同一电影的流访问。讨论 ESM 和 CoolStreaming 所采取的管理并发访问的策略，比较它们的方法与 Tiger 主张的方法。　　914
　　　　　　　　　　　　　　　　　　　　　　　　　　　（第 901 ~ 906 页，第 908 ~ 912 页）

分布式系统设计：Google 实例研究

创造一个有效设计的能力是分布式系统中一项十分重要的技能，这不仅需要对本书描述的所有不同的技术选择有所了解，还需要对相关应用程序领域的需求有深刻的理解。通过结合一致且完整的设计选择，最终目标是设计出一套能够解决所有需求的分布式系统体系结构。这是一项艰巨的任务，需要有相当丰富的分布式系统开发经验。

我们通过一个实例研究来阐明分布式设计。我们详细查看了 Google 基础设施，即一个平台和相关中间件的设计，它们支持 Google 搜索、一些相关的 Web 服务以及包括 Google Apps 在内的应用程序。具体研究的关键底层组件包括支撑 Google 的物理基础设施、Google 基础设施提供的通信范型以及与存储和计算相关的核心服务。

本章重点集中在 Google 基础设施后面的关键的设计原则，以及它们如何渗透到系统体系结构中，形成一个一致且有效的设计。

21.1 简介

本书重点关注了支撑分布式系统发展的重要概念，强调了分布式系统的主要挑战，包括异构性、开放性、安全性、可伸缩性、故障处理、并发、透明性以及服务质量。后续部分着重关注于分布式系统的组成部分，包括：通信范型（例如远程调用及其间接方式）；对象、组件或者 Web 服务提供的编程抽象；对特定的分布式系统服务如安全、命名以及文件系统的支持；协调和协定等方面的算法方案，等等。然而，考虑分布式系统的总体设计以及这些组成部分如何协调工作是同等重要的，为了满足大规模应用领域以及操作环境的需求，在进行系统体系结构整体设计时将必须针对不同的挑战进行权衡。对分布式系统设计方法的更详尽的讨论将把我们带到分布式系统的软件工程方法学领域，这超出了本书的范围，感兴趣的读者可以参考下面给出的一些相关话题和资源。相比之下，我们通过对一个复杂的分布式系统进行实例研究来提供这个领域的洞察力，期间，我们特别突出了分布式系统设计所涉及的关键决策和权衡。

为了激发读者学习本书的兴趣，第 1 章概述了代表分布式系统中许多主要挑战的关键应用领域的三个例子：Web 搜索、大型多人在线游戏以及金融交易。我们本可以在上述三个领域中任意挑选一个，并展开有启发性的实例研究，但最终选择将精力集中在第一个：Web 搜索（实际上，我们所关注的已超越了网络搜索，还包括对基于 Web 的云服务的更通用的支持）。特别是，在本章中我们对支撑 Google 的分布式系统基础设施展开了研究（此后将称为 Google 基础设施）。Google 是当今正在使用的最大的分布式系统之一，并且 Google 基础设施成功地应对了大量高要求需求，这些需求将在下面讨论。底层的体系结构和概念的选择也非常有趣，本章挑选了本书中涉及的一些核心的主题。因此，Google 基础设施的实例研究让读者以完美的方式结束分布式系统的学习。注意，除了作为如何支持 Web 搜索的例子之外，Google 基础设施还是云计算的领先例子，这将在下面的介绍中显现出来。

分布式系统的软件工程

我们向读者介绍该领域中已取得的重要进展，例如：

- 面向对象设计，包括使用建模符号，例如 UML[Booch et al. 2005]；
- 基于组件的软件工程（Component-Based Software Engineering，CBSE），及其与企业体系结构的关系 [Szyperski 2002]；
- 针对分布式系统的体系结构模式 [Bushmann et al. 2007]；
- 寻求生成复杂系统的模型驱动工程（包括从更高层的抽象（模型）得到的分布式系统）[France and Rumpe 2007]。

21.2 节初步介绍了实例研究，提供了 Google 的背景信息。21.3 节展现了 Google 基础设施的整体设计，既考虑了底层的物理模型，又考虑了相关的系统体系结构。21.4 节研究了系统体系结构的最底层，即由 Google 的基础设施支持的通信范型。随后的 21.5 节和 21.6 节讨论了 Google 基础设施提供的核心服务，介绍了海量数据的存储和处理的特点。21.3～21.6 节共同描述了一个为 Web 搜索和云计算提供完整的中间件的解决方案。最后，21.7 节总结了 Google 基础设施中出现的关键点。在整个实例研究中，重点将放在如何识别、判断核心设计决策以及如何在设计中进行权衡。

21.2　实例研究简介：Google

Google[www. google. com] 是美国的一家公司，总部位于加利福尼亚州山景城（Mountain View）（总部名为 the Googleplex），提供互联网搜索和更广泛的网络应用，并且通过这些服务中的广告获得了巨额收入。公司名字是在单词 googol 上做了一个文字游戏（googol 表示 10^{100}，即 1 后面跟 100 个 0），以此来强调现在互联网上可用信息的庞大规模。Google 的使命就是"驯服"这个庞大的信息体："组织全世界的信息，以使得这些信息可访问并且有用"[www. google. com Ⅲ]。

Google 源自于斯坦福大学的一个研究项目，并于 1998 年成立公司。从那时起，它已成长为一个拥有互联网搜索市场主导份额的公司，这主要归功于其搜索引擎底层使用的排名算法的有效性（下面将进一步讨论）。更重要的是，Google 已经多元化，在提供搜索引擎的同时，目前已是云计算的主要参与者。

从分布式系统的角度看，Google 提供了一个极具魅力的实例研究，它能处理极为苛刻的高需求，特别是在可伸缩性、可靠性、性能以及开放性方面（参见 1.5 节对这些挑战的讨论）。例如，值得注意的是，随着公司的扩展，搜索方面的底层系统已成功地从 1998 年最初的生产系统扩展到了 2010 年年底能处理每月超过 880 亿的搜索量的搜索引擎。在此期间，主搜索引擎从来没有出现过中断，并且用户可期望在大约 0.2 秒获得查询结果[googleblog. blogspot. com Ⅰ]。本章的实例研究将分析 Google 成功背后的策略和设计决策，并提供对复杂的分布式系统设计的见解。

在进行实例研究之前，更详细地了解搜索引擎并且把 Google 看做云服务提供商是很有益的。　　917

Google 搜索引擎　Google 搜索引擎的作用，与任何 Web 搜索引擎的作用一样，对于一个给定的查询，通过搜索 Web 的内容来匹配该查询，然后将匹配的最相关的结果以有序列表方式返回。其中的挑战来自 Web 的规模和变化率，同时要求从用户的角度出发提供最相关的结果。

下面我们简要概述一个 Google 搜索操作的运作，关于 Google 搜索引擎运作的更全面描述可以在 Langville 和 Meyer [2006] 中找到。作为一个运行实例，我们考虑搜索引擎是如何响应"distributed systems book"这个查询的。

以下将介绍组成底层搜索引擎的一系列服务，包括对 Web 进行抓取、对发现的网页建立索引和排序。

抓取（crawling）：爬虫的任务是定位和检索 Web 的内容，并将内容传递给索引子系统。这是通过一个名为 Googlebot 的软件服务来完成的，该服务递归地读取给定网页，获取该网页上的所有链接，通过调度在这些链接上进行进一步的"抓取"。（名为深度搜索的技术，在到达 Web 上几乎所有页面方面是十分有效的。）

在过去，由于 Web 的规模小，爬虫一般每隔几个星期执行一次。然而，对于某些网页来说，这是不够的。例如，能够准确地报告突发新闻或变化的股价对于搜索引擎来说是非常重要的。因此 Googlebot 记录网页改变的历史，在一段时间内以大约和页面的更新频率成正比的方式重新访问改变的页面。随着在 2010 年引入 Caffeine 系统 [googleblog. blogspot. com Ⅱ]，为了使搜索结果更新，Google 已经从批处理方法的爬虫行为转变为一种更为连续的抓取过程。Caffeine 采用了一个新的基础设施服务，称为过滤器（Percolator），它支持大型数据集的增量更新 [Peng and Dabek 2010]。

索引（indexing）：虽然抓取在了解 Web 内容方面有非常重要的作用，但它并不能真正帮助我们搜索"distributed systems book"在 Web 内容中的出现。为了了解这是如何处理的，我们需要对索引有更为仔细的了解。

索引的作用和图书后面的索引类似，它为 Web 内容产生索引，不过规模要大得多。更确切地说，建立的是倒排索引（inverted index），它是网页和其他文本型 Web 资源（包括. pdf、. doc 和其他格式的文档）上的单词到文档中出现该单词的位置的映射，包括文档中的准确位置和其他相关信息，如字体大小和大小写

（用来决定单词的重要性，接下来将会详述）。该索引也被排序以便支持根据单词的位置信息进行高效查询。

除了维护对单词的索引，Google 搜索引擎还维护了对链接的索引，跟踪哪些页面链接到一个给定的站点。这个索引被用于 PageRank 算法中，下面将会进行讨论。

918 我们回到刚才的查询例子。倒排索引使我们发现包含搜索术语"distributed"、"systems"和"book"的网页，通过仔细分析，我们能够发现包括所有三个术语的网页。例如，搜索引擎能够识别出在 amazon. com、www.cdk5.net 和其他很多网站上含有这三个术语。通过使用索引，可以缩小候选网页的集合。候选网页可能从数十亿缩小到数万，最终结果取决于所选择的关键字的区分度。

排名（ranking）：索引本身存在的问题是，它没有提供包含这些特定关键字的网页的相对重要性的信息——但是这在决定一个搜索与一个给定网页的潜在相关性上有着重要意义。因此，所有现代的搜索引擎都强调排序系统的重要性，即较高的排名表示一个网页更为重要，用来确保重要的网页比排名较低的网页在返回时更靠近结果列表的顶部。如上所述，Google 的成功很大程度上可以追溯到其排名算法，即 PageRank 算法［Langville and Meyer 2006］的有效性。

PageRank 算法受到了基于引用分析的学术论文排序系统的启发。在学术界，如果一篇论文被该领域的其他很多学者引用，那么这篇论文就被认为是十分重要的。类似的，在 PageRank 算法中，如果一个网页被其他很多页面链接（通过使用上面提到的链接数据），那么它就是非常重要的。同时，PageRank 算法也超越了简单的"引用"分析，它还考虑了链接到一个给定页面的网站所具有的重要性。例如，来自 bbc. co. uk 的链接被看做比来自 Gordon Blair 个人页面的链接更为重要。

Google 的排名算法还考虑了很多其他因素，包括页面上单词的同义词，以及这些关键字字体大小、是否大写等（基于存储在倒排索引中的信息）。

回到我们的例子，在对查询中的三个单词分别查找索引后，搜索功能根据感知到的网页重要性对结果网页引用进行排名。例如，排名算法将挑选出 amazon. com 和 www.cdk5.net 下的某些页面引用，因为其他"重要"网站有大量的指向这些网页的链接。排名算法也将页面按照"distributed"、"systems"和"book"出现时相距远近来区分其优先次序。相似的，排名算法挑选出那些在页面开始的位置出现这些单词或者这些单词是大写的网页，这些表明这可能是分布式系统教科书的清单。最终的结果应该是搜索结果的一个排名列表，这个列表的顶部是最重要的条目。

剖析搜索引擎：Google 创始人，Sergey Brin 和 Larry Page，在 1998 年写了一篇开创性的论文来"剖析"Google 搜索引擎［Brin and Page 1998］，对他们的搜索引擎是如何实现的提供了有趣的见解。论文中所描述的总体体系结构如图 21-1 所示，该图是在原来的基础上进行了重新绘制。在图中，我们区分了直接支持 Web 搜索的服务和底层的存储基础设施组件，前者绘制为椭圆形，后者用矩形表示。

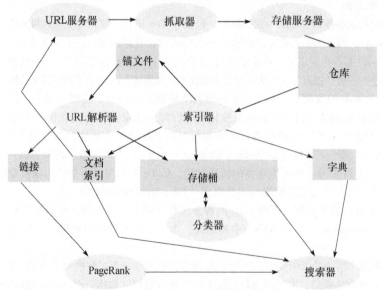

图 21-1 原始的 Google 搜索引擎的体系结构概要［Brin and Page 1998］

虽然本章的目的并不是详细地介绍这个体系结构，但一个简短的概述将有助于和现在更复杂的 Google 基础设施进行比较。抓取的核心功能如上文所述。它将 URL 服务器（URL server）提供的 URL 列表作为输入，将由此抓取到的结果页面存储到存储服务器（store server）。这些数据被压缩、存储在仓库（repository）中留待进一步分析，特别是为搜索创建索引。索引功能分两个阶段进行。第一阶段，索引器（indexer）解压仓库中的数据，并产生一个命中集。命中集用文档 ID、单词、单词在文档中的位置和其他信息（如单词的大小及其大小写等）表示。然后，这些数据存储在一个"桶"（barrel）的集合中，在最初的体系结构中，桶是一个关键的存储元素。所有数据根据文档 ID 进行排序。分类器（sorter）从"桶"中取出这些数据，并根据单词 ID 进行排序以产生必要的（如上所讨论的）倒排索引。在分析数据时，索引器还有另外两个重要的功能：提取文档中有关链接的信息并将这些信息存储在一个锚文件（anchor）中；为分析过的数据生成一个字典（lexicon）（在使用初始体系结构时，该字典包含 1400 万个单词）。URL 解析器（URL resolver）读取锚文件内容并对数据进行一系列处理，包括把相对 URL 转成绝对 URL，然后生成链接数据库，它是 PageRank 算法的重要输入。URL 解析器还会产生一个文档索引（doc index），它给 URL 服务器提供输入，即下一步要抓取的页面。最终，搜索器（searcher）通过使用从文档索引中取出的数据、排名算法（PageRank）、桶中存储的倒排索引和字典等输入一起实现了 Google 核心的搜索功能。

这种体系结构引人注目的一点是，当体系结构的某些具体细节改变时，支持网络搜索的关键服务，即抓取、索引（包括分类）和排序（通过 PageRank）仍旧保持不变。

同样令人吃惊的是，从早期尝试识别 Web 搜索体系结构到现在对复杂分布式系统的支持，不论是在识别通信、存储、处理的可重用构件方面，还是在超越搜索将体系结构一般化方面，Google 基础设施已经发生了极大的变化，这些特点将在下文变得更加明显。

Google 作为云提供者　Google 已经超越搜索逐渐多元化，现在提供范围很广的基于 Web 的应用，包括一些 Google Apps 的应用［www.google.com I］。更一般地说，Google 现在是云计算领域的主要参与者。回想一下第 1 章引入的云计算，它被定义为"一个基于互联网的应用、足以支持大多数用户需求的存储和计算服务的集合，这使得用户能大部分或全部免除本地数据存储和应用软件"。这正是 Google 现在致力于提供的，特别是提供软件即服务和平台即服务领域（正如在 7.7.1 节中介绍的）的重要产品。接下来我们依次看一下各个领域。

软件即服务：这个领域关注的是在互联网上作为 Web 应用提供应用层软件。一个典型的例子是 Google Apps，它是一系列基于 Web 的应用的集合，包括 Gmail、Google Docs、Google Sites、Google Talk 和 Google Calendar。Google 的目标是用支持共享文档编写的应用、在线日历和一系列支持电子邮件、wiki、基于 IP 的语音工具和即时通信等的协作工具取代传统的办公套件。

最近 Google 开发了几个新型的基于 Web 的应用，在图 21-2 中总结了这些应用和最初的 Google Apps。为编写本章而观察到的一个关键点是 Google 鼓励组织内的开放式创新，因此每时每刻都会有新的应用出现。这对底层分布式系统基础设施提出了特殊的要求，这点会在 21.3.2 节重新讨论。

应　　用	描　　述
Gmail	邮件系统，消息由 Google 托管，采用桌面风格的消息管理
Google Docs	基于 Web 的办公套件，支持对存储在 Google 服务器上的文件的共同编辑
Google Sites	wiki 风格的网站，具有共享编辑设施
Google Talk	支持基于 IP 的即时文本消息和语音
Google Calendar	基于 Web 的日历，所有的数据都由 Google 服务器托管
Google Wave	整合了邮件、即时消息、wiki 和社交网络的协作工具
Google News	全自动的新闻聚合器网站
Google Maps	基于 Web 的可缩放的世界地图，包括高分辨率的图像和不受限制的由用户生成的覆盖网
Google Earth	可缩放的接近 3D 效果的地球仪，包括不受限制的由用户生成的覆盖层
Google App Engine	Google 分布式基础设施，它作为一项服务提供给外部机构（平台即服务）

图 21-2　Google 应用举例

平台即服务：该领域关注的是作为互联网上的服务提供分布式系统 API，这些 API 用于支持 Web 应用程序的开发和托管（请注意，在此上下文中的术语"平台"的使用和本书其他地方该术语的使用在含义上有所不同，在本书其他地方，它指的是硬件和操作系统级别的）。随着 Google App Engine 的推出，Google 已经超越了"软件即服务"，可将其分布式系统的基础设施作为一项云服务来提供，本章将贯穿这个主题。更具体来说，Google 的业务已经是基于云基础设施的了，在 Google 内部这些基础设施支持着所有的应用程序和服务，包括 Web 搜索引擎。现在的 Google App Engine 允许外部访问这一基础设施的一部分，允许其他组织在 Google 平台上运行自己的 Web 应用程序。

随着本章内容的展开，我们将进一步展现 Google 基础设施的细节，关于 Google App Engine 的更多细节可参见 Google 网站[code. google. com Ⅳ]。

21.3 总体结构和设计理念

本节关注 Google 系统的总体结构，需要了解：
- Google 采取的物理体系结构；
- 相关的系统体系结构，它为 Google 提供的互联网搜索引擎和众多 Web 应用提供公共服务。

21.3.1 物理模型

Google 在物理基础设施方面的关键理念是通过使用大量的商用 PC 为分布式存储和计算提供经济合算的环境。购买决策是基于每一美元可以获得的最佳性能，而不是花费 1000 美元购买一个典型的 PC 时获得的绝对性能。通常，一个给定的 PC 大约有 2TB 的磁盘存储和 16GB 的 DRAM（动态随机存取存储器），运行一个精简版的 Linux 内核。（利用商用 PC 构建系统的想法反映了该研究项目初期的情况，那时候，Sergey Brin 和 Larry Page 用斯坦福大学实验室清理出的多余的硬件搭建了第一个 Google 搜索引擎。）

在决定遵循商用 PC 的思路之后，Google 意识到其基础设施中有一部分会出现故障，因此下面我们将看到，Google 设计了一系列策略来容忍这些故障。Hennessy 和 Patterson [2006] 描述了 Google 的故障特点：

- 迄今为止最常见的故障来源是软件，每天因软件故障而需要重新启动的机器大约有 20 台左右。（有趣的是，所有的重启过程都是手动的。）

[922]

- 硬件故障显示大约有 1/10 的硬件故障是由于软件引起的，每年大约有 2% ~ 3% 的机器会出现硬件故障。其中，95% 的硬件故障是磁盘或者 DRAM 故障。

这证明了采购商用电脑的决定是正确的。考虑到绝大多数的故障是由于软件引起的，因此不值得投资更昂贵、更可靠的硬件。Pinheiro 等 [2007] 的论文进一步描述了在 Google 物理基础设施中使用的商用磁盘的故障特点，提供了在大规模部署的情况下观察到的磁盘存储的故障模式。

Google 按下面的方式构造物理体系结构[Hennessy and Patterson, 2006]：

- 在每个机架上组织安放 40 ~ 80 台商用 PC。机架是双面的，每面放置一半数量的 PC。每个机架有一台以太网交换机，提供机架之间和到机房之外的连接（参见图 21-3）。交换机是模块化的，组织为一些刀片集合，每个刀片支持 8 个 100Mbps 的网络接口或者一个 1Gbps 的网络接口。对于 40 台电脑的机架，需要 5 个刀片，每个包含 8 个网络接口，足以确保机架内的连接。还有另外两个刀片，都支持 1Gbps 的网络接口，用以与外部世界相连。

- 机架被组织成集群（相关讨论见 1.3.4 节），这是一个关键的管理单位，例如决定了服务的安置和复制。一个集群通常由 30 个或更多的机架和两个高带宽交换机组成，提供与外面世界（互联网和其他 Google 中心）的连接。通常每个机架连接到两个交换机以备不时之需。此外，为进一步冗余，每台交换机对外界有冗余的连接。

- 集群被安置在 Google 遍布全世界的数据中心中。2000 年，Google 依靠位于硅谷（两个中心）和弗吉尼亚州的关键的数据中心。在编写本书时，数据中心的数量显著增长。目前有很多数据中心跨越不同的地理位置，分别分布在美国各地、都柏林（爱尔兰）、Saint- Ghislain（比利时）、苏黎世（瑞士）、东京（日本）和北京（中国）。（截至 2008 年，已知的数据中心的地图可以在网站找到 [royal. pingdom. com]。）

整个组织的简化版本如图 21-3 所示。这些物理基础设施为 Google 提供了巨大的存储和计算能力，同时通过必要的冗余来构建大型的、容错的系统（注意，为避免混乱，该图只显示从一个集群到外部的以太网连接）。

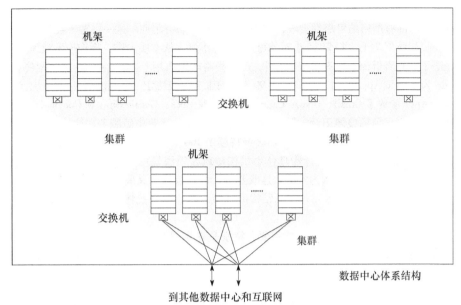

（为了避免杂乱，以太网连接仅给出了从集群中的一个到外部的连接）

图 21-3　Google 物理基础设施的组织

存储能力：我们来看看 Google 提供的存储容量。如果每台 PC 提供 2TB 的存储空间，那么一个 80 台 PC 的机架提供 160TB 的存储空间，因而一个拥有 30 个机架的集群可提供 4.8PB 的存储能力。我们并不能准确地知道 Google 总共拥有的机器数量，这是涉及 Google 公司业务的重要秘密，但是我们可以假设 Google 有 200 个数量级的集群，总共提供 960PB 或者 1EB（10^{18} 字节）的存储空间。这很可能是一个保守的数字，Google 副总裁 Marissa Mayer 已经说过数据爆炸正在把我们带到 EB 级的数据量范围［www. parc. com］。

在本章的剩余篇幅中，我们将看到 Google 是如何使用这种广泛的存储和计算能力以及相关的冗余来提供核心服务的。

21.3.2　总的系统体系结构

在了解总的系统体系结构之前，详细考察关键的需求是非常重要的。

可伸缩性：对 Google 底层基础设施的首要的也是最明显的需求就是掌控可伸缩性，特别是，可以支持第 2 章中描述的超大规模的分布式系统的方法。对于搜索引擎，Google 在三个维度考虑可伸缩性的问题：1）能够处理更多的数据（例如，随着倡导使用数字化图书馆，Web 上的信息量不断增加）；2）能够处理更多的查询（因为在家里和工作场所使用 Google 的人数不断增长）；3）寻求更好的结果（这是尤为重要的，因为这是用户决定使用一个搜索引擎的关键因素）。图 21-4 说明了对可伸缩性问题的看法。

可伸缩性要求使用（复杂的）分布式系统策略。我们通过对 Jeff Dean 在 PACT'06［Dean 2006］上的发言进行简要的分析来说明这一点。他假设 Web 一共包括约 200 亿个网页，每个网页大小为 20KB。这意味着数据总规模约为

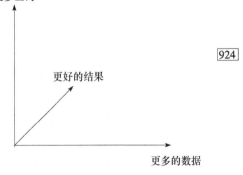

图 21-4　Google 中的可伸缩性问题

400TB。假设计算机每秒可以读取 30MB，使用一台计算机抓取这么大量的数据需要 4 个月以上的时间。相对地，使用 1000 台机器读这些数据所需时间不超过 3 个小时。此外，由 21.2 节介绍可知，搜索并不仅仅是抓取。为了具有可伸缩性，其他的功能（包括索引、排名和搜索）都需要高度分布式的解决方案。

可靠性：Google 有严格的可靠性要求，特别是关于服务的可用性。这一点对于搜索功能尤其重要，搜索功能需要提供每周 7 天、每天 24 小时的可用性。（不过，从本质上讲，掩饰搜索故障是很容易的，因为用户无法了解是否返回了所有的搜索结果。）这些需求也适用于其他的 Web 应用程序，值得注意的是，Google 为 Google Apps 的付费用户提供 99.9% 的服务等级协定（实际上是一个系统保证），这里所指的 Google Apps 覆盖了 Gmail、Google Calendar、Google Docs、Google Sites 和 Google Talk 等。公司在服务可用性方面拥有出色的整体记录，但 2009 年 9 月 1 日 Gmail 曾中断服务，这件事被广泛报道并提醒大家这个领域仍有持续的挑战。（这次中断服务持续了 100 分钟，是在日常维护期间出现了超载服务器的级联问题引起的。）注意，在设计物理体系结构时就必须满足可靠性的需求，这意味着期望（软件和硬件）故障在合理的频率范围内发生。这既要进行故障检测，又要采取策略来掩饰或容忍出现此类故障。这些策略严重依赖于底层物理体系结构的冗余。在介绍系统体系结构的细节时，我们会看到这些策略的例子。

925

性能：系统的总体性能对 Google 非常重要，特别是在实现与用户交互的低延迟方面。性能越好，用户就越有可能返回来执行更多的查询，进而又增加了广告的曝光，因此有可能增加收入。在 0.2 秒内完成网络搜索操作（如上所述），并且要达到在处理非常大的数据集时响应所有的输入请求所需的吞吐量，这个目标可以作为一个例子来说明性能的重要性。这适用于与 Google 搜索操作相关的一系列功能，包括 Web 抓取、索引和排序。注意，性能是一个端到端的特性，它要求所有相关的底层资源协同工作，包括网络、存储和计算资源。

开放性：上述需求在很多方面从 Google 支持其核心服务和应用程序的角度是显而易见的。开放性也是一个强烈的需求，特别是为了进一步开发供出售的 Web 应用程序。众所周知，作为一个组织，Google 鼓励和培育创新，这在开发新的 Web 应用程序中尤其明显。这只有在基础设施是可扩展的，并且能为新的应用开发提供支持的情况下才有可能实现。

为了满足这些需求，Google 开发了总的系统体系结构，如图 21-5 所示。此图底部显示了底层的计算平台（也就是上面描述的物理体系结构），顶部显示了众所周知的 Google 服务和应用程序，中间层定义了一个通用的分布式基础设施，为搜索和云计算提供中间件支持，这是 Google 成功的关键。基础设施为 Google 服务和应用程序的开发者提供了通用的分布式系统服务，并封装了处理可伸缩性、可靠性和性能等的关键策略。提供这样一个精心设计的通用的基础设施，使得新的应用和服务的开发可以通过重用底层系统服务来完成，更巧妙的是，通过实施通用策略和设计原则，为日益扩大的 Google 代码库提供了整体的一致性。

926

Google 应用和服务
Google 基础设施（中间件）
Google 平台

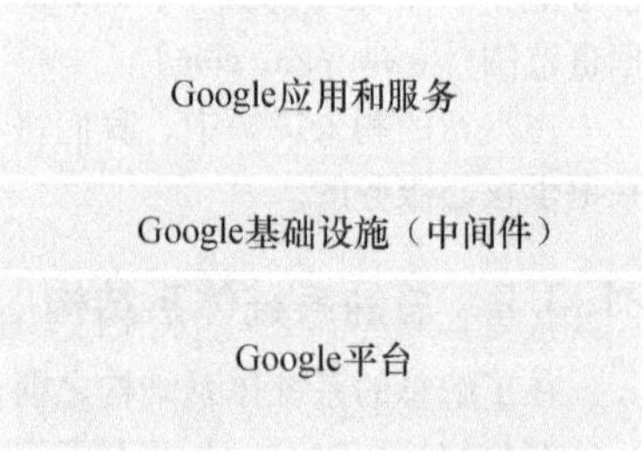

图 21-5　Google 总的系统体系结构

Google 基础设施　系统由一个分布式服务集合构建而成，向开发者提供了核心的功能（参见图 21-6）。这个服务集合被自然地分为以下几个子集：

- 底层通信范型，包括为远程调用和间接通信提供的服务：
  - 协议缓冲区组件为 Google 提供了公共的序列化格式，包括远程调用中的请求和应答的序列化格式。
  - Google 的发布 – 订阅服务为潜在的大量的订阅者提供有效的事件分发。
- 数据和协调服务为数据的存储提供了非结构化或者半结构化的抽象，并提供服务以支持对数据的协调访问：
  - GFS 提供了一个分布式文件系统，并针对 Google 的应用程序和服务（包括超大文件的存储）的特殊要求进行了优化。

—Chubby 支持协调服务，并能够存储少量的数据。

—Bigtable 提供一个分布式数据库，提供对半结构化数据的访问。

- 分布式计算服务为运行在物理基础设施之上的并行和分布式计算提供支持：

—MapReduce 支持可能非常大的数据集（例如存储在 BigTable 里）的分布式计算。 |927|

—Sawzall 为这些分布式计算的执行提供一个更高层次的语言。

图 21-6　Google 基础设施

从 21.4 节到 21.6 节我们将依次了解这些组件。然而，首先了解与体系结构相关的关键设计原则是非常有益的。

相关的设计原则　为了充分理解 Google 基础设施的设计，了解渗透于该组织中的关键设计理念是非常重要的：

- Google 软件背后的最重要的设计原则是简单性：软件应该做一件事，并把它做好，尽可能避免功能丰富的设计。例如，Bloch[2006] 讨论了这一原则如何适用于 API 的设计，这意味着 API 的设计应尽可能小，并且没有比这个设计更小的。这是一个应用 Occam 剃刀的例子。

- 另一个关键的设计原则是在系统软件开发时对性能的重视，词组"以每一毫秒计"[www.google.com Ⅳ] 体现了这一设计原则。在 LADIS'09 会议的特邀报告上，Jeff Dean（Google 系统基础设施团队的成员）强调了能够通过基本操作的性能来估计系统设计性能的重要性，其中，基本操作包括访问内存和磁盘、通过网络发送数据包、加一个互斥锁和解一个互斥锁等，此外，他还提到了称为"信封背面"的计算 [www.cs.cornell.edu]。

- 最后一个原则是，提倡严格的软件测试制度，"如果程序未被攻破，那么是你努力不够"[googletesting.blogspot.com] 这句话体现了这一原则。强调通过日志和追踪来检测和解决系统故障是这一原则的补充。

在这些背景下，我们现在已经准备好研究 Google 基础设施的各个组成部分，我们将从底层的通信范型开始。对于每一个领域，我们展现其整体设计，并突出关键的设计决策和相关权衡。

21.4　底层通信范型

回顾第 3 章至第 6 章，很明显底层通信范型的选择对于一个系统整体设计的成功非常重要。可选择的通信范型包括：

- 直接使用一个基本的进程间通信服务，如套接字抽象所提供的（在第 4 章中已有描述，所有现代操作系统都支持）；

- 使用支持客户-服务器交互的远程调用服务（如请求-应答协议，远程过程调用或远程方法调用，相关讨论参见第 5 章）；

|928|

- 采用间接通信范型（如组通信，分布式基于事件的方法，元组空间或者分布式共享内存方法等等，相关讨论参见第 6 章）。

为了遵循在 21.3 节确定的设计原则，Google 采用了一个简单的、最小的且高效的远程调用服务，该服务是远程过程调用方法的一个变种。

回顾一下，远程过程调用的通信需要一个序列化组件来转换过程调用数据（程序的名称和参数，可能是结构化的），即从内部二进制表示转换为打平的或序列化的与处理器无关的格式，为传输到远程目的地做好准备。Java RPC 的序列化在 4.3.2 节中已有描述。XML 最近已经成为一个"通用"的序列化数据的格式，但其通用性带来了可观的开销。因此 Google 开发了一个简化的、高性能的序列化组件——协议缓冲区，它可以被基础设施内绝大部分的交互使用。它可以在任意底层的通信机制上使用以提供 RPC 功能。协议缓冲区的开源版本是可获得的 [code. google. com I]。

同时 Google 也使用了一个单独的发布 - 订阅服务，这一通信范型在分布式设计的很多领域有关键作用，包括向多个参与者实时高效地分发事件。和许多其他的分布式系统平台类似，Google 基础设施提供了一种混合的解决方案，允许开发人员为他们的需求选择最好的通信范型。在 Google 的基础设施中，发布 - 订阅并不是协议缓冲区的替代者，而是一种增强，从而在最合适的领域提供增值服务。

接下来我们将查看这两种方法的设计，并重点强调协议缓冲区（发布 - 订阅协议的全部细节尚未公开）。

21.4.1 远程调用

协议缓冲区重点关注对数据的描述和随后的数据序列化，因此这个概念可以和一些直接的替代方法（如 XML）相类比。协议缓冲区的目标是提供一种与语言、平台无关的方式来简单、高效、可扩展地指定和序列化数据；序列化后的数据随后可以用于数据存储或者使用底层通信协议进行数据传输，或者用于任何需要序列化格式以获得结构数据的场景。我们稍后就会看到如何把协议缓冲区用作 RPC 方式交互的基础。

在协议缓冲区中，消息规约需要用一个语言指定。我们将举例介绍这种（简单的）语言的主要特点，图 21-7 显示如何指定 Book 消息。

```
message Book {
    required string title = 1;
    repeated string author = 2;
    enum Status {
        IN_PRESS = 0;
        PUBLISHED = 1;
        OUT_OF_PRINT = 2;
    }
    message BookStats {
        required int32 sales = 1;
        optional int32 citations = 2;
        optional Status bookstatus = 3 [default = PUBLISHED];
    }
    optional BookStats statistics = 3;
    repeated string keyword = 4;
}
```

图 21-7 协议缓冲区举例

可以看出，Book 消息由一系列唯一编号的字段组成，每个字段用字段名称和相关的值的类型表示。值的类型可以是以下类型之一：

- 一个基本数据类型（包括整型、浮点型、布尔型、字符串或原始字节）；
- 一个枚举类型；
- 一个嵌套的消息，意味着允许分层结构的数据。

图 21-7 中有每一个类型的例子。

字段用下列三个标签之一进行注解：

- required 字段必须出现在消息中；
- optional 字段可能出现在消息中；
- repeated 字段可以在消息中出现零次或者多次。（协议缓冲区的开发者们将其视为一个动态大小的数组类型。）

如图 21-7 所示，我们可以在 Book 消息格式中看到每种注解的使用。

唯一的编号（ = 1， = 2 等）表示二进制编码的消息中某一特定的字段。

这个规约包含在一个 .proto 文件中，由一个名为 protoc 的工具编译。该工具的输出是生成码，程序员可以操作生成码中的特定的消息类型，特别是向/从消息中赋值/取值。更确切来讲，protoc 工具生成一个 builder 类，该类为每个字段提供 getter 和 setter 方法，还有一些其他额外的方法来测试是否已设置某些方法，以及将一个字段的值清除为空。例如，为 title 字段生成如下的方法：

```
public boolean hasTitle();
public java.lang.String getTitle();
public Builder setTitle(String value);
public Builder clearTitle();
```

builder 类的重要性在于虽然在协议缓冲区中消息是不可改变的，但是 builder 类是可变的，可以用于构造和操作新的消息。

可重复字段的生成代码稍微复杂一些，提供 count 方法可以返回一个相关列表中的元素数目的计数，提供 get 或 set 方法获取或设置在列表中的特定字段，提供 append 方法向一个列表中追加新的元素，提供 addAll 方法向列表中添加一个元素集合。我们将以 keyword 字段举例说明，下面列出了为该字段生成的方法：

```
public List<string> getKeywordList();
public int getKeywordCount();
public string getKeyword(int index);
public Builder setKeyword(int index, string value);
public Builder addKeyword(string value);
public Builder addAllKeyword(Iterable<string> value);
public Builder clearKeyword();
```

生成的代码还提供一系列其他的方法来操作消息，包括 toString 方法，它将消息表示为可读的形式（经常在调试时使用），以及其他一系列解析到达的消息的方法。

可以看出，和 XML 相比，这是一个非常简单的格式（例如，将上面的规约和在 4.3.3 节介绍的 XML 规约做对比），它的开发者声称比 XML 小 3～10 倍，而操作速度要快 10～100 倍。提供数据访问的相关编程接口也比 XML 的接口简单。

注意，这是一个多少有些不公平的比较，原因有二。第一，Google 基础设施是一个相对封闭的系统，因此不像 XML，并且协议缓冲区没有解决跨开放系统的互操作性。第二，XML 更为丰富，因为它生成自描述的消息，这些消息包含数据和相关的描述消息结构的元数据（参见 4.3.3 节）。协议缓冲区不直接提供这种功能（虽然它可以实现这种效果，在相关网页的 techniques 一节中有描述 [code.google.com II]）。总的来说，可以通过要求 protoc 编译器生成一个 FileDescriptorSet 来包含消息的自我描述，然后在消息描述中显式地包含这些信息。但是，协议缓冲区的开发者强调这不是一个特别有用的功能，很少在 Google 基础设施的代码中使用。

支持 RPC　如上所述，协议缓冲区是一种可用于存储或通信的通用机制。然而，协议缓冲区最常见的使用场景是跨网指定 RPC 交换，可以通过在语言设计中包含额外的语法来实现。同样，我们举例说明该语法：

```
service SearchService {
rpc Search (RequestType) returns (ResponseType) ;
}
```

该代码片段描述了一个被称为 SearchService 的服务接口，它包含一个远程操作 Search，该操作需要一个 RequestType 类型的参数，并返回一个 ResponseType 类型的参数。例如，对应的类型可能分别是关键字列表和一个匹配该关键字集合的 Book 列表。protoc 编译器采用这种规约产生一个抽象的接口 SearchService 和一个存根，支持使用协议缓冲区以类型安全的 RPC 方式调用远程服务。

协议缓冲区除了与语言和平台无关之外，也与底层 RPC 协议无关。特别是，存根假定存在两个抽象接口 RpcChannel 和 RpcController 的实现，前者为底层 RPC 实现提供一个通用的接口，后者提供一个通用的控制接口，例如进行与实现相关的设置。程序员必须提供这些抽象接口的实现，从而有效地选择所需的 RPC 实现。例如，可以通过使用 HTTP 或 TCP 传输序列化的消息，或者映射到协议缓冲区网站上的、可用的任意一个第三方 RPC 实现 [code. google. com III]。

注意，一个服务接口可以支持多个远程操作，但是每个操作必须遵守输入一个单一的参数，并返回一个单一的结果（两者都是协议缓冲区消息）的模式。与 RPC 和 RMI 系统的设计相比，这是不同的（正如我们在第 5 章已看到的），远程调用可以有任意数量的参数，RMI 的参数或结果可以是对象或者指向对象的引用（虽然注意到 5.3.3 节中描述的 Sun RPC，采用了一个类似协议缓冲区的方法）。将操作设计成一个请求一个应答的原因是为了支持可扩展性和软件演化；接口更通用的风格可能随时间推移而变化显著，而这种更受约束的接口可能保持恒定。这种将复杂性推给数据的方式让人联想到 REST 的理念，后者支持的操作集合是受限的，但强调对资源的操作（参见 9.2 节）。

21.4.2 发布 - 订阅

协议缓冲区虽然被广泛使用，但不是 Google 基础设施唯一的通信范型。为了补充协议缓冲区，基础设施还支持发布 - 订阅系统，目的是保证实时、可靠地将分布式事件发送给潜在的大量的用户。如上所述，发布 - 订阅服务是对协议缓冲区的一个增强，实际上它使用协议缓冲区作为其底层通信。

发布 - 订阅系统的一个关键应用，是要支持 Google 广告系统，我们必须意识到 Google 的广告遍布全球，网络中任何地方的广告服务系统必须在零点几秒之内响应一个查询并显示符合条件的广告。

以上所述的 RPC 系统对于这种形式的交互显然是不合适的，而且是非常低效的，尤其是考虑到潜在的大量订阅者和相关应用所要求的保障。特别地，发送者需要知道其他所有的广告服务系统，可能有非常多这样的广告服务系统。需要发送 RPC 到每一个服务系统，耗费了发送方的很多连接和大量的缓冲区空间，更不用说跨广域网链接的数据发送的带宽要求。相反，发布 - 订阅解决方案具有时间和空间解耦的内在特性，克服了这些难题，同时很自然地支持订阅者的故障恢复（参见 6.1 节）。

[932]

Google 还没有公开发布 - 订阅系统的细节。因此，我们将讨论限制在一些高层次的系统特色上。

Google 采用了一种基于主题的发布 - 订阅系统，为事件流提供了一系列的渠道，其中每个渠道对应特定的主题。和基于内容的系统相比，基于主题的系统更易于实现，并且在性能方面更具有可预测性——也就是说，可以建立专门用于传递与给定主题相关的事件的基础设施。缺点是在指定感兴趣的事件时缺乏表达能力。作为一种折中，Google 的发布 - 订阅系统增强了订阅的定义；在定义订阅时不仅可以选择一个渠道，还可以选择该渠道内事件的子集。尤其是，一个给定的事件是由一个头、相关的关键字集合和有效载荷组成的，其中有效载荷对程序员是不透明的。订阅请求在指定一个渠道的同时，还指定了一个定义在关键字集合上的过滤器。使用渠道是为了处理相对静态的、粗粒度的并且要求高事件吞吐量（至少 1Mbps）的数据流，所以，使用过滤器以表述精确的订阅这一附加功能意义重大。例如，如果一个主题产生的数据小于这个数据量，它会被纳入到另一个主题中，但是可以根据关键字识别该主题。

发布 - 订阅系统实现为以树的集合形式表示的代理覆盖，每棵树代表一个主题。树的根是事件发布者，叶子结点代表订阅者。由于引入了过滤器，所以，订阅者在树中被尽可能向后推送以将不必要的流量最小化。

与第 6 章讨论的发布 - 订阅系统不同，Google 的发布 - 订阅系统强调可靠和及时的传递：

- 在可靠性方面，系统维护了冗余树，尤其是，为每个逻辑渠道（主题）维护两个单独的树覆盖。
- 在及时传递方面，该系统通过服务质量管理技术的实现来控制消息流。特别是，Google 引入了一个简单的速率控制机制，在每个用户/每个主题的基础上强制增加了速率限制。该机制取代了一种更复杂的方法，它在内存、CPU、消息和字节率等方面来管理树上预期的资源使用。

树在初始化时构建，并根据最短路径算法（参见第 3 章）不断被重新评估。

21.4.3　通信的关键设计选择总结

Google 基础设施中与通信范型相关的整体设计选择归纳在图 21-8 中。此图突出了与总体设计相关的最重要的决策和构成成分（协议缓冲区和发布 – 订阅系统），并总结了与每个选择相关的合理性和特定的权衡。

933

成　　分	设计选择	理　　由	权　　衡
协议缓冲区	使用一种语言来确定数据格式	灵活性，源于可以用同一种语言对数据进行序列化（用于存储或通信）	
	语言的简单性	高效的实现	与 XML 相比，表达能力不足
	支持 RPC 风格（用一个消息作为参数，并返回一个消息作为结果）	更高效，可扩展，支持服务演化	和其他 RPC 或 RMI 包相比，表达能力不足
	协议不可知（即不依赖于某个协议）的设计	可以使用不同的 RPC 实现	对 RPC 交换而言没有共同的语义
发布 – 订阅	基于主题的方法	支持有效的实现	与基于内容的方法相比，表达能力不足（通过附加的过滤器功能来弱化此问题）
	实时和可靠性保证	支持一致视图的维护（以时间的方式）	需要额外的算法，会产生相关的开销

图 21-8　与通信范型相关的设计选择总汇

934

总之，我们看到了一个混合方案，它提供两种不同的通信范型，用于支持体系结构内不同风格的交互。这允许开发人员为每一个特定的问题域选择最佳的范型。

我们将在以下各节重复这种风格的分析，从而从整体角度了解与 Google 基础设施相关的关键设计决策。

21.5　数据存储和协调服务

我们现在介绍三种服务：Google 文件系统（GFS）、Chubby 和 Bigtable，这三种服务一起为更高层的应用和服务提供数据和协调服务。在 Google 基础设施中，它们是相互补充的：

- Google 文件系统是一个分布式文件系统，提供了类似 NFS 和 AFS（相关讨论见第 12 章）的服务。它允许以文件的形式访问非结构化数据，但对 Google 所需的数据和数据访问风格（例如非常大的文件）进行了优化。
- Chubby 是一个多方面的服务，例如，提供粗粒度的分布式锁，用于在分布式环境中的协调，并提供极少量的数据存储，用于配合 Google 文件系统所提供的大规模存储。
- Bigtable 提供对表格形式的结构化数据进行访问，这里表格可以以多种方式进行索引，例如按行索引或者按列索引。因此，BigTable 是分布式数据库的风格，但和许多数据库不同，它不支持所有的关系运算符（Google 认为支持全部的关系操作符会引入不必要的复杂性，而且不易伸缩）。

这三项服务是相互依存的。例如，Bigtable 使用 Google 文件系统作为存储，使用 Chubby 作为协调。

接下来我们研究每个服务的细节。

21.5.1　Google 文件系统

第 12 章对分布式文件系统这个主题进行了详细的研究，分析它们的需求和整体体系结构，并详细研究了两个实例，即 NFS 和 AFS。这些文件系统都是通用的分布式文件系统，为各种组织内和跨组织的应用提供文件和目录抽象。Google 文件系统（Google File System，GFS）也是一个分布式文件系统；它提供了类似的抽象，但为 Google 对大量数据的存储和访问等特殊需求提供了定制（Ghemawat et al. [2003]）。我们将在下面看到，这些需求会导致和 NFS 以及 AFS（和其他分布式文件系统）非常不同的设计决策。我们从查看 Google 特定的需求开始讨论 GFS。

GFS 的需求 GFS 的总体目标是为了满足 Google 的搜索引擎和其他 Web 应用程序的迅速增长的需求。出于对这些特定领域的理解，Google 确定了下列 GFS 需求（参见 Ghemawat 等 [2003]）。

935

- 第一个要求是 GFS 必须可靠地运行在 21.3.1 节讨论的物理体系结构上——这是一个用商用硬件搭建的非常庞大的系统。GFS 的设计者开始就假设组件会失效（不只是硬件组件，还包括软件组件），设计必须充分容忍这样的故障，使应用级的服务在面对任何可能的故障组合时能继续执行它们的操作。

- GFS 根据 Google 的使用模式进行了优化，包括存储的文件类型以及这些文件的访问模式。与其他系统相比，GFS 中的文件数量并不是非常多，但文件大小会非常大。例如，Ghemawat 等 [2003] 的报告显示需要一百万个平均 100MB 大小的文件，但一些文件可以到 GB 的级别。访问模式也和一般的文件系统不一样。访问主要是大文件的顺序读和对文件追加数据时的顺序写，GFS 对这种风格的访问进行了定制。随机读和随机写少量数据（后者很少）确实也会发生，系统也支持这些操作，但系统没有针对这些情况进行优化。文件访问模式会受多种应用的影响，例如，许多数据分析程序扫描顺序地存储在单个文件中的网页，这会影响文件访问模式。在 Google 中，并发访问也很多，大量并发追加写的现象非常普遍，并且时常伴有并发读。

- GFS 必须整体上满足 Google 基础设施所有的要求，也就是说，它必须是可伸缩的（特别是从数据量和客户数量的角度），必须在发生上面提到的故障时是可靠的，它必须具有良好的性能，而且必须是开放的，因为它应该支持新的 Web 应用的开发。在性能方面，给定所存储的数据文件类型，该系统针对读数据时持续的高吞吐量进行了优化，而不是优先考虑延迟。这并不是说延迟是不重要的，更确切地说，为了实现高性能的读操作和大量数据的追加操作，需要对这个特殊的组件（GFS）进行优化，以保证系统整体的正常运行。

这些需求和 NFS 或 AFS 的需求明显不同；NFS 和 AFS 必须储存大量通常很小的文件，常常发生随机读和随机写。以下将讨论这些区别导致的非常特别的设计决策。

GFS 接口 GFS 提供了一个传统的文件系统接口，该接口提供了一个层次结构的命名空间，每个单独的文件由文件路径名唯一标识。虽然文件系统不完全兼容 POSIX，但是此类文件系统的用户会很熟悉 GFS 的许多操作（参见图 12-4）：

create——创建文件的一个新实例；

delete——删除文件的一个实例；

open——打开一个指定的文件，并返回一个句柄；

close——关闭一个句柄指定的文件；

read——从指定文件中读取数据；

write——将数据写到指定的文件中。

936

由此可以看出，GFS 主要的操作和第 12 章中描述的平面文件服务的操作非常相似（参见图 12-6）。我们应该假设 GFS 的 read 和 write 操作需要一个参数来指定文件中的起始偏移量，这与平面文件服务的情况一样。

API 还提供两个专门的操作，快照（snapshot）和追加记录（record append）。前一个操作提供一个有效的机制，可以复制一个特定的文件或目录树结构。后者支持上文提到的公共访问模式，即多个客户同时对一个给定的文件追加写。

GFS 的体系结构 在 GFS 中最有影响力的设计选择是将文件存储在固定大小的块（chunk）中，每个块的大小是 64MB。与其他文件系统相比，这是非常大的。这一方面反映了 GFS 中存储的文件的大小；另一方面，这个决策对提供高效率的大量数据的顺序读和追加写是至关重要的。在下文讨论完 GFS 体系结构的更多细节后，我们再继续讨论这一点。

有了这个设计选择，GFS 的工作是提供从文件到块的映射，然后将文件的标准操作映射为各个块上的操作。这是用图 21-9 所示的体系结构实现的，该图显示了一个 GFS 文件系统的实例，它映射到一个给定的物理集群。每一个 GFS 集群有一个主服务器和多个块服务器（chunkserver）（通常有数百个），它们共同为大量客户同时访问数据提供文件服务。

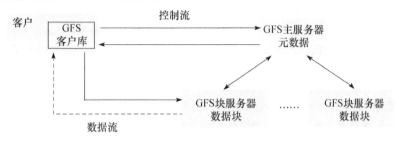

图 21-9　GFS 总的体系结构

主服务器的作用是管理有关文件系统的元数据，这些元数据定义了文件的名字空间、访问控制信息和将每个文件映射到相关的数据块集合。此外，所有的块都被复制（默认有三个独立的块服务器，但可以由程序员指定复制级别）。在主服务器中可以维护副本的位置信息。在 GFS 中，复制是重要的，以便在发生（预期中的）硬件和软件故障时为 GFS 提供必要的可靠性。这与 NFS 或 AFS 相反，它们不给更新提供复制（参见第 12 章）。

关键的元数据被持久化地存储在一个操作日志中，以便支持系统崩溃时的恢复（再次增强可靠性）。特别是，上面提到的所有信息除了副本的位置信息，其他都要在日志中记录（副本位置信息通过轮询块服务器并且询问它们当前存储了哪些副本来恢复）。

尽管主服务器是集中的，但是发生一个单点故障时，由于操作日志已被复制到几个远程机器上，所以主服务器可以很容易地从故障中恢复。这样的单一的集中式的主服务器的好处是，它有一个文件系统的总体视图，因此它可以作出最优的管理决策，例如与块放置相关的决策。这种机制也更容易实现，允许 Google 在一个相对较短的时间内开发出 GFS。McKusick 和 Quinlan［2010］说明了这种不寻常的设计选择的合理性。

如果客户需要从文件中一个特定的字节偏移量开始访问数据，那么 GFS 客户库首先翻译出文件名和数据块索引对（因为给定块的大小是固定的，所以很容易计算出），然后以 RPC 请求的形式发送到主服务器（使用协议缓冲区）。主服务器回复合适的块标识符和副本的位置，然后这些信息缓存在客户中，随后利用这些信息通过发起直接的 RPC 调用到一个有副本的块服务器对数据进行访问。这样，只有最开始的交互涉及主服务器，主服务器随后完全在决策圈外，实现了控制流和数据流的分离——这个分离对维持高性能的文件访问非常关键。考虑到每块的大小，这意味着一旦一个块被识别和定位，那么该 64MB 数据的读取速度就取决于文件服务器和网络允许的读取速度，没有任何与主服务器的其他交互，直到需要访问另一个块。因此，最小化了与主服务器的交互，优化了吞吐量。同样的道理也适用于连续追加操作。

需要注意的是较大的块大小带来的进一步的影响是 GFS 需要维护较少的元数据（例如，如果一个块大小采用 64KB，元数据量将增加 1000 倍）。反过来，这意味着 GFS 的主服务器可以将所有的元信息保存在主存中（例外见下文），从而大大降低了控制操作的延迟。

随着该系统在使用中不断增长，集中式主服务器机制逐渐出现了问题：

- 尽管控制流和数据流已经分离并且对主服务器的性能进行了优化，但现在发现主服务器是设计中的一个瓶颈。
- 尽管较大的块大小会使产生的元数据量减少，但当每个主服务器存储的元数据量逐渐增长到一定程度时，实际上很难将所有元数据保存在主存中。

由于这些原因，Google 现在正在设计一个新的解决方案，该解决方案以分布式的主服务器为特色。

缓存：正如我们在第 12 章看到的，缓存在文件系统的性能和可伸缩性方面经常起到至关重要的作用（参见 2.3.1 节关于缓存的更一般性的讨论）。有趣的是，GFS 并不大量地使用缓存。如上所述，块被首次访问后，块的位置信息被缓存在客户中，以减少与主服务器的交互。除此之外，没有使用其他的客户缓存。特别是，GFS 客户不缓存文件数据。鉴于大多数访问涉及的是连续流，例如通过读取 Web 内容产生所需的倒排索引，所以，缓存这些数据对系统性能帮助较小。此外，通过限制客户端的缓存，GFS 也避免了对缓存一致性协议的需要。

GFS 也不提供任何特定的服务器端（即块服务器）缓存策略，而是依靠 Linux 中的缓冲区缓存将经常访问的数据缓存在内存中。

日志：GFS 是 Google 中使用日志进行调试和性能分析的典型例子。特别是，GFS 的服务器保存着大规模的诊断日志，这些日志记录着重要的服务器事件和所有 RPC 请求和应答。这些日志被不断监测，当出现系统问题相关事件时，这些日志被用于识别底层的原因。

GFS 中的一致性管理 考虑到每一个块在 GFS 中都有副本，在面对改变数据的操作（即写操作和追加记录操作）时保持副本的一致性很重要。GFS 提供一种管理数据一致性的方法：

- 保持前面提到的数据流和控制流的分离，将主服务器的参与度降到最低，以此允许高性能的数据更新操作；
- 提供了一种松弛一致性，例如，在追加记录时，识别该操作提供的特殊的语义。一致性管理方法按如下方式工作：

当对一个块进行一次变动时（即写、追加或删除操作），主服务器向其中一个副本授予该块的租约（lease），然后将其指定为主副本（primary）。该主副本负责为随后针对该块的悬而未决的所有并发变动提供串行化顺序。由块租约的顺序结合主副本决定的顺序可以确定一个全序。特别是，租约允许主副本在本地副本上进行数据变动，并且可以控制次副本的变动顺序；然后另一个主副本将获得租约，等等。

因此，在变动时所涉及的步骤如下（略有简化）：

- 当接收到来自客户的请求时，主服务器授予其中一个副本（主副本）一个租约，然后将主副本和其他（次）副本的标识符返回给客户。
- 客户将所有数据发送到多个副本，数据暂时存放在缓冲区缓存，直到收到进一步的指示才进行写操作（再一次保持控制流和数据流的分离，并且在租约的基础之上封装了一个轻量级的控制机制）。
- 一旦所有的副本都确认收到此数据，客户向主副本发送一个写请求；然后主副本确定并发请求的串行顺序，并按照该顺序在主副本所在站点进行更新。
- 主副本请求在次副本上以同样的顺序执行同样的变动，等到所有的变动成功执行后次副本发送回确认信息。
- 如果收到了所有的确认信息，主副本向客户报告成功信息，否则报告失败信息，失败信息表明主副本上的变动成功执行，在部分但不是所有次副本上执行失败。这被视为操作失败，使副本处于不一致的状态。GFS 试图通过重试失败的变动来克服这种故障。在最坏的情况下，这仍然不会成功，因此这种方法不保证一致性。

有趣的是，可以将这种设计和第 18 章中讨论的复制技术联系起来。GFS 采用被动复制的体系结构，并进行了一个重要的改动。在被动复制中，更新发送到主副本，接着主副本负责将后续的更新发送到备份服务器，并确保它们是协调的。在 GFS 中，客户发送数据到所有的副本，但该请求发送到主副本，由主副本负责调度实际的变动（上文提到的数据流和控制流的分离）。这使得大量数据的传输可以独立于控制流进行优化。

在变动中，写操作和追加记录操作之间有一个重要的区别。写操作指定一个变动发生的偏移量，而追加记录操作不会（在一个给定的时间点上，不论变动发生在何处，变动均写入到文件尾）。在前一种情况下，变动的位置是预先确定的，而在后一种情况下，是由系统决定的。并发写入到相同位置是不可序列化的，并可能导致文件区域的损坏。对于追加记录操作，GFS 保证追加操作会至少发生一次且是原子的（即作为一个连续的字节序列），但系统并不保证块的所有副本相同（有些可能有重复数据）。再次强调，将这部分内容与第 18 章的内容结合起来是有益的。第 18 章中的复制策略都是通用的，而考虑到 Google 的应用程序和服务可以容忍一致性放松后的语义，这里提到的复制策略是针对特定领域的，并且削弱了一致性的保证。（针对特定领域的复制的另一个例子是由 Xu 和 Liskov［1989］为元组空间设计的复制算法，在 6.5.2 节中可以找到。）

21.5.2　Chubby

Chubby［Burrows 2006］在 Google 基础设施中是一个关键的服务，提供存储服务并为其他的基础设施服务（包括 GFS 和 Bigtable）提供协调服务。Chubby 是一个多方面的服务，提供四种不同的用途：

- 它提供粗粒度的分布式锁，可以为大规模、异步环境中的分布式活动提供同步。
- 它提供一个文件系统，为小文件提供可靠存储（补充 GFS 提供的服务）。
- 它可以用来支持副本集合选举主副本（例如 GFS 需要选举主副本，相关讨论见 21.5.1 节）。
- 它用来做 Google 内部的名字服务。

乍一看，这似乎与整体设计原则中的简单性（做一件事并且做好）相抵触。然而，如果我们展开 Chubby 的设计，我们将看到它的内部是一个核心服务，其为分布式共识提供一个解决方案，而其他方面都从这一核心服务衍生而来，该核心服务针对 Google 的使用方式进行了优化。 940

我们从 Chubby 提供的接口开始研究，然后仔细查看 Chubby 系统的体系结构，以及这一体系结构是如何映射到物理体系结构上的。最后，我们详细地查看一下 Chubby 核心部分中的分布式共识算法 Paxos 的实现。

Chubby 接口　Chubby 提供一个基于文件系统的抽象，采取最早由 Plan 9［Pike et al. 1993］提出的观点，即每一个数据对象是一个文件。文件被组织成一个层次的名字空间，使用目录结构，文件名具有以下格式：

/ls/chubby_cell/directory_name/. . ./file_name

这里，/ls 指锁服务，指明这是 Chubby 系统的一部分，chubby_cell 是 Chubby 系统的一个特定实例的名字。（在 Chubby 系统中，术语 cell 用来表示系统的一个实例。）紧接着是一系列的目录名，以 file_name 结束。/ls/local 是一个特殊的名字，它被解析为与调用应用或者服务相关的本地单元（指 Chubby 系统实例）。

Chubby 作为一个锁服务开始其生命；其意图是将系统中所有的东西都看做锁。然而，我们很快会发现，将数据量（尤其是少量）和 Chubby 实体进行关联是非常有用的——在了解 Chubby 是如何用于主副本选举时，我们会看到这样的例子。因此 Chubby 中的实体兼具了锁和文件的功能。它们可以单独用于加锁，或者用来存储少量数据，或者将少量数据（实际上是元数据）和锁操作结合起来。

图 21-10 显示了 Chubby 提供的 API 的简化版本。open 和 close 是标准操作，open 操作打开一个命名的文件或目录，返回一个指向该实体的 Chubby 句柄。客户可以指定与 open 操作相关的各种参数，包括声明预期的用途（例如，读、写或加锁），并在此阶段使用访问控制列表进行权限检查。close 操作仅仅放弃使用该句柄。delete 用于删除文件或目录（当目录有子目录时，此操作失败）。

角　　色	操　　作	效　　果
通用	Open	打开一个给定名字的文件或目录，并返回一个句柄
	Close	关闭与该句柄相关的文件
	Delete	删除该文件或目录
文件	GetContentsAndStat	（按原子操作方式）返回全部文件内容和与文件相关的元数据
	GetStat	仅返回元数据
	ReadDir	返回目录的内容，即名称和所有子目录的元数据
	SetContents	（按原子操作方式）在文件里写入全部内容
	SetACL	写入新的访问控制列表信息
锁	Acquire	获取文件上的锁
	TryAcquire	试图获取文件上的锁
	Release	释放锁

图 21-10　Chubby API

作为文件系统，Chubby 提供了对整个文件进行读写操作的小型操作集合，这些都是单独的操作，如返回文件完整的数据以及将完整数据写入文件。采用这种整个文件的方法是为了防止大文件的创建，因为创建大文件并不是使用 Chubby 的初衷。第一个操作，GetContentsAndStat，返回文件的内容以及与该文件相关的所有元数据（而一个相关的操作，GetStat，仅仅返回文件相关的元数据；ReadDir 操作负责读取与目录的孩子结点相关的名字和元数据）。SetContents 将内容写入文件，SetACL 提供了一种设置访问控制列表数据的方法。整个文件的读和写都是原子操作。

作为一个锁管理的工具，Chubby 提供的主要操作是 Acquire、TryAcquire 和 Release。顾名思义，Acquire和 Release 对应的操作为 16.4 节介绍的获取锁和释放锁；TryAcquire 是 Acquire 的非阻塞变种。请注意，虽然 Chubby 提供的锁为建议性的（advisory），但应用程序或服务必须通过正确的协议获取和释放锁。Chubby 的开发者确实考虑过使用强制锁，即系统强制所有其他用户都无法访问锁定的数据；但建议性的锁提供了额外的灵活性和弹性，将冲突检测的责任留给了程序员［Burrows 2006］。

如果应用程序需要防止一个文件被并发访问，那么它可以同时使用 Chubby 的这两个角色：在文件中存储数据，并在访问这些数据之前获得锁。

在分布式系统中，Chubby 也可以用于选举主副本，即在被动复制管理中选出一个副本作为主副本（分别参考 15.3 节讨论的选举算法和 18.3.1 节讨论的被动复制）。首先，所有候选副本都试图获取与选举相关的锁，只有一个会成功。那么该候选副本成为主副本，所有其他候选副本都变为次副本。获胜的主副本将自己的标识符写入相关的文件，其他进程可以通过读取这个标识符数据而确认主副本的身份。如上所述，这是在分布式系统中锁和文件相结合的一个重要的例子。这也说明了如何在共识服务之上实现主副本的选举，它可以替代 15.3 节介绍的基于环的方法或霸道算法。

最后，Chubby 支持一种简单的事件机制，客户在打开文件时可以注册，以便接收所有与该文件相关的事件消息。更具体来说，客户在调用 open 操作时可以作为一个选项来订阅一系列事件。相关的事件可以通过回调异步传递给客户。事件的例子包括文件内容被修改、文件句柄失效等。

和 POSIX 相比，Chubby 大幅削减了文件系统编程接口。Chubby 支持适用于整个文件的读取和更新操作，但它不支持在目录之间移动文件的操作，也不支持符号链接或硬链接。此外，Chubby 只维护有限的元数据（与访问控制、版本和校验和相关的，以保护数据的完整性）。

Chubby 体系结构　如上所述，Chubby 系统的一个实例被称为一个单元，每个单元由较少数量（通常 5 个）的副本组成，其中一个被指定为主副本。客户应用程序通过 Chubby 的库访问这些副本，它使用21.4.1 节中所述的 RPC 服务与远程服务器通信。副本被分别存储在故障独立的场地，以减少关联故障的可能性——例如，它们不会包含在同一个机架中。所有副本通常包含在一个给定的物理集群中，虽然这并不是协议正确性所要求的，并且跨越 Google 数据中心的实验性单元已经创建。

每个副本维护一个小型的数据库，其元素是 Chubby 名字空间中的实体，即目录和文件/锁。被复制的数据库的一致性是通过使用底层的共识协议实现的（Lamport 的 Paxos 算法［Lamport 1989，Lamport 1998］的一种实现），该协议基于操作日志的维护（下面我们将研究该协议的实现）。考虑到日志会随着时间的推移变得非常大，Chubby 还支持创建快照——在一个给定的时间点上的完整的系统状态。一旦执行了快照，那么以前的日志以及相应的系统一致性状态可以被删除了；将以前的快照和日志中记录的操作集合结合起来，可以确定系统一致的状态。Chubby 整体结构如图 21-11 所示。

一个 Chubby 的会话(session) 是一个客户和一个 Chubby 单元之间的关系。两个实体之间通过 KeepAlive 握手保持会话。为了提高性能，Chubby 库实现了客户缓存，用于保存文件数据、元数据和打开的句柄信息。和 GFS（它支持大量的顺序读和追加写）相反，客户缓存非常有效，这是由于 Chubby 中的小文件有可能多次被访问。由于该客户缓存的存在，系统必须保持文件、客户缓存以及文件的不同副本之间的一致性。Chubby 中所要求的缓存一致性实现如下。每当一个变动发生时，相关的操作（例如 SetContents）会被阻塞，直到所有相关的缓存都失效（出于效率考虑，当失效发生时，会立即在主副本发出的 KeepAlive 应答中携带失效请求）。缓存的数据也从不直接更新。

941

942

Chubby单元

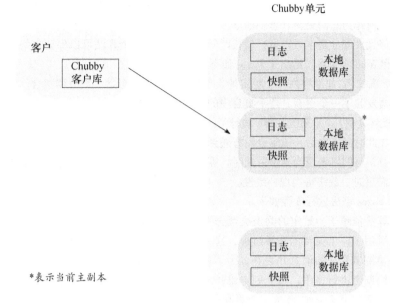

客户

Chubby
客户库

日志

快照

本地
数据库

日志

快照

本地
数据库　*

日志

快照

本地
数据库

*表示当前主副本

图 21-11　Chubby 总的体系结构

最终结果是为缓存一致性提供了一个简单的协议，该协议向 Chubby 客户传递了确定性的语义。将其与 NFS 中的客户缓存机制进行对比，例如，在 NFS 中，变动不会导致缓存副本的立即更新，因而导致不同的客户结点上可能存在不同的文件版本。将其与 AFS 的缓存一致性协议进行比较也是非常有趣的，我们把它作为一个习题留给读者来解决（参见习题 21.7）。

这种确定性对于许多使用 Chubby 来存储访问控制列表的客户应用和服务（例如，21.5.3 节讨论的 Bigtable）而言非常重要。Bigtable 需要从缓存的复制角度在所有的备份上保证访问控制列表的一致更新。注意，这种确定性使得 Chubby 被用作 Google 内部的名字服务器。在 13.2.3 节中，我们提到 DNS 允许名字数据的不一致性。虽然在互联网上这是可以容忍的，但是 Google 基础设施的开发者更倾向于由 Chubby 提供的更一致的视图，他们使用 Chubby 文件维护名字到地址的映射。Burrows［2006］详细讨论了 Chubby 作为名字服务的用法。 ⌐943⌐

Paxos 的实现　Paxos 是提供分布式共识的一组协议（参见 15.5 节了解更多关于分布式共识协议的讨论）。共识协议对一个副本集合进行操作，其目标是在管理这些副本的服务器之间达成协定，从而更新为一个公共的值。这一工作是在下面的环境中完成的：

- 备份服务器可能以任意速度进行操作，还可能失效（随后可能会恢复）。
- 备份服务器可以访问能在崩溃后恢复的稳定、持久的存储。
- 消息可能出现丢失、乱序或重复。它们可以被无误地发送出去，但是传递时间的长短不定。

因此，Paxos 本质上是异步系统（参见 2.4.1 节）的一个分布式共识协议，而且在这一领域具有支配地位。Chubby 的开发者强调上述假设反映了基于互联网的系统（如 Google）的真实本性，并告诫实践者对共识算法做出更强的假设（例如，用于同步系统的算法）［Burrows 2006］。 ⌐944⌐

回顾第 15 章，其中提到不可能保证异步系统中的一致性，但是已提出了多项技术用以解决这个问题。Paxos 通过保证正确性而非活性来运行，即 Paxos 不能保证算法终止。（待我们了解该算法的细节后再回到这个问题上来。）

该算法由 Leslie Lamport 于 1989 年在一篇名为兼职议会（The Part-Time Parliament）［Lamport 1989，Lamport 1998］的论文中首次提出。受到他对拜占庭将军（相关讨论参见 15.5.1 节）描述的启发，他再次采用类比的方法提出了这一算法，这一次他用的是名为 Paxos 的希腊岛上的一个虚构议会的例子。Lamport 在他的网站［research. microsoft. com］上有趣地描述了对议会这一表述的反应。

在这个算法中，任一副本可以提交一个值，目标是达成对最终值的共识。在 Chubby 中，协定等同于所有的副本用该值作为它们更新日志中的下一项，这样为所有场地上的日志实现了一个一致的视图。在网络稳定性较好且大部分副本可以运行较长时间的情况下，这个算法可以保证最终达成共识。更正式地说，Kirsch 和 Amir［2008］给出了 Paxos 如下的活性特性：

Paxos-L1（进展性）：如果存在一个稳定的、包含有大多数服务器的服务器集合，那么如果这个集合中的一个服务器发起了一个更新，这个集合中的某一成员最终会执行该更新。

Paxos-L2（最终复制）：如果服务器 s 执行了一个更新，并且存在一个包含 s 和 r 的服务器集合以及一个时间点，在此时间点之后，该集合没有遇到任何通信或进程故障，那么 r 最终会执行该更新。

从直观上来看，当网络表现为异步方式时，算法无法保证达到一致性，但当越来越多的同步（或稳定）的条件被满足时，最终将实现一致性。

Paxos 算法：Paxos 算法运行步骤如下。

第一步：该算法依赖于为给定的共识决策选举一个协调者（coordinator）的能力。考虑到协调者可能失效，所以采用了一个灵活的选举过程，这一过程可能导致多个协调者并存（老的和新的），因此要识别出老的协调者发来的消息并丢弃。为了确定出正确的协调者，通过为每个协调者分配一个序列号，从而对协调者进行排序。每个副本维护它到目前为止所看到的最高的序列号，如果这个副本要竞标成为协调者，那么它要选择一个更高的唯一的序列号，并用一个 propose 消息向所有副本广播。

确保可能的协调者选取的序列号唯一是非常重要的，两个（或更多）协调者所选取的值不能相同。假设现在有 n 个副本，一个唯一的序列号可以这样生成：如果为每个副本分配一个唯一的标识 i_r（在 0 到 $n-1$ 之间取值），那么选出比目前为止所看到的其他序列号都大的最小序列号 s，并使得 $s \bmod n = i_r$。（例如现在有 5 个副本，对于唯一标识 i_r 为 3 的副本，最近看到的序列号为 20，则该副本应选取 23 作为下一次竞标的序列号。）

如果其他副本没有看到一个更高的竞标序列号，它们回复一个 promise 消息，表明它们保证不处理更低序列号的其他协调者（即老的协调者），或者发送一个否决确认，表明他们不会选此协调者。每个 promise 消息还包含发送者最近收到的一个值（作为共识的一个提议），如果没有得到其他的提议，该值设为空（null）。如果某个副本已经收到大部分的 promise 消息，则该副本被选举为协调者，支持该协调者的那些副本被称为法定人群（quorum）。

第二步：选举出的协调者必须选出一个值，随后将这个值用 accept 消息发送给相关的法定人群。如果任一 promise 消息中包含一个值，那么协调者必须从其收到的值的集合中选取（任）一个；否则，协调者可以自由选择一个值。收到该 accept 消息的法定人群成员必须接受这个值，并通过 acknowledge 消息确认收到该值。在该算法中，协调者可能无限期地等待，直到大部分副本确认已收到 accept 消息为止。

第三步：如果大部分副本确认了，那么已经有效地达到了共识。然后，协调者广播一个 commit 消息以通知其他副本已达成共识；否则，协调者丢弃提议值，重新开始。

上面提到的术语是在 Google 中使用的，例如在 Chandra 等［2007］文献中。在文献中，关于这个协议的描述可以使用其他的术语，如根据角色不同分为提议者（proposer）、接受者（acceptor）、学习者（learner），等等。

在不考虑故障的情况下，通过如图 21-12 所示的消息交换可以达成共识。在存在故障的情况下，这个算法也是安全的——例如，一个协调者或某个副本出现故障，或者消息出现丢失、乱序、重复或延迟的问题（如上文所述）。算法正确性的证明已经超出了本书的范围，但其严重依赖第一步中的排序，并且和下列事实紧密相关：由于法定人群机制，所以如果两个大多数服务器集合在一个提议值上达成共识，则至少有一个公共副本与这两个服务器集合达成共识。另外，如果网络分区，由于至多一个分区能构建出一个大多数服务器集合，因此法定数机制也能保证正确性。

第一步：选举协调者

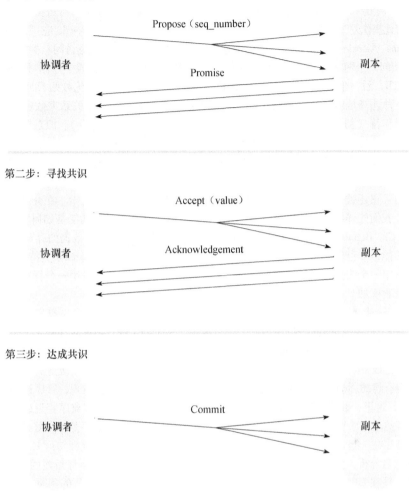

图 21-12　Paxos 中的消息交换（无故障情况下）

　　回到算法终止这一问题上来，如果两个提议者相互竞争，无限期地竞标使得序列号越来越大，Paxos 可能无法终止。这与 Fischer 等［1985］关注的在异步系统中不可能绝对保证达成共识这一结论一致。

　　其他的实现中的问题　在 Chubby 中，在一个单独的值上达成协定是不够的，需要在一系列的值上达成协定。在实践过程中，算法必须重复执行以使日志中的一个实体集达成协定。在 Chandra 等［2007］中，这被称为 Multi-Paxos。在 Multi-Paxos 中，有很多可能的优化策略，包括选举一个协调者，使其当选（很可能较长）一段时间，这样可以避免第一步的重复执行。

　　Chandra 等的论文还探讨了在现实世界设置中实现 Paxos 的工程方面的挑战，尤其是在 Google 基础设施提供的复杂的分布式系统设置中。在这篇有趣又有益的论文中，他们还讨论了从算法描述和形式化证明到使算法作为 Chubby 系统中的一部分有效运行的挑战，包括处理磁盘出错以及诸如系统升级这样的上下文事件。这篇论文强调了严谨的测试机制的重要性，尤其针对容错系统的重要组成模块，这与在 21.3 节中提到的 Google 的广泛测试原则一致。

946
～
947

21.5.3　Bigtable

　　GFS 提供的是一个可以存储和访问大的平面文件的系统，根据文件的内容在文件中的字节偏移量对其进行访问。GFS 允许程序存储海量数据，所执行的读、写（尤其是追加写）操作均为 Google 内部的典型使用方式进行了优化。虽然 GFS 是 Google 的一个重要的组成成分，但它不能满足 Google 所有的数据需求。因此，需要一个分布式存储系统，其中，数据的索引以一种较为复杂的、与数据的内容和结构相关的方式建立，借此提供对这些数据的访问。Web 搜索和几乎所有其他的 Google 应用，包括抓取设施、Google Earth/Maps、Google Analytics 和个性化搜索，使用的都是结构化的数据访问。例如，Google Analytics 将关于用户访问一个网站的点击情况信息存储在一个表里，并在另一张表中存储对分析信息的总结。前一张表约 200TB，后一张表约 20TB。（分析采用 MapReduce 完成，相关讨论参见下面的 21.6 节。）

  Google 的一种选择是实现（或重用）一个分布式数据库，例如，一个关系型数据库，其需要具备所有的关系型操作符（例如，union、selection、projection、intersection 和 join）。但是要在这样的分布式数据库中实现较好的性能和可伸缩性是很困难的，更关键的是，Google 应用的工作方式决定了其不需要用到关系型数据库提供的所有功能。因此 Google 引入了 Bigtable[Chang et al. 2008]，它保留了关系型数据库提供的"表"模型，并且提供了更加简单的接口，这样的接口更适合 Google 提供的应用和服务的工作方式，而且它还被设计用于支持海量结构化数据集的高效存储和检索。在介绍 Bigtable 内部体系结构之前，让我们先详细地看一看 Bigtable 的接口，着重了解其提供的功能是如何实现的。

  Bigtable 接口 Bigtable 是一个分布式存储系统，它支持大量的结构化数据的存储。它的命名揭示了它所提供的功能，即存储非常大的表（通常为 TB 级）。更准确来说，Bigtable 支持表格的容错存储、创建和删除，其中一个表是包含一些单元（cell）的三维结构，这些单元是用一个行主键、一个列主键和一个时间戳来索引的。

  行：表中的每一行有相应的行主键，行主键是一个至多 64KB 大小的任意字符串（虽然大部分行主键长度较短）。一个行主键由 Bigtable 映射到一个行地址。一个给定的行可能包括关于一个给定实体（如一个网页）的大量数据。考虑到 Google 中经常处理网页信息，例如，若某行包含了某个 URL 引用的资源的信息，则通常把该 URL 作为该行的行主键。Bigtable 对一个给定的表按行主键进行字典式排序，这种方式产生了一些有趣的影响。特别是当我们查看底层体系结构时，我们会发现，行序列会被映射到数据片（tablets）上，这里，数据片是数据分发和部署的单位。因此，按照以字典序相近或相邻的方式来分配行主键，会有益于地域性的管理。这意味着，即使将 URL 设定为主键并不是一个好选择，但是因为公共的域名会被排序在一起，所以将 URL 域名部分的顺序倒转过来可以使数据访问具有更强的地域性，并且可以支持域名分析。为了说明这一点，我们看一个 BBC 网站上有关体育新闻的信息存储的例子。如果这些信息存储在 URL 为 www.bbc.co.uk/sport 和 www.bbc.co.uk/football 的网页上，那么排序的结果是相当随机的，并且是受前几个域的字典序支配的。然而，如果这些信息根据 uk.co.bbc.www/sports 和 uk.co.bbc.www/football 进行存储，那么它们很有可能被存储在相同的数据片上。需要强调的是，这些主键的赋值工作完全由程序员来完成，因此，他们必须了解 Bigtable 的排序机制以便最优地利用系统。为了处理并发事件，所有对行的访问都是原子的（这和 GFS、Chubby 中的设计决策相似）。

  列：列的命名比行的命名更加结构化。列被组织成一些列族（column family）——列族是逻辑上的分组，同属一个列族的数据趋向于同属一个类型，在一个列族中的列用限定词（qualifier）加以区分。也就是说，用语法"族名：限定词（family：qualifier）"来指定一个列，其中族名是一个可打印的字符串，限定词是一个任意字符串。我们倾向于让一个给定的表只具有相对少量的列族，但是一个列族中可能有许多列（列用不同的限定词来区分）。引用 Chang 等［2008］的例子，上述规则可以应用到与网页相关的结构化数据上，将网页内容、与网页相关的锚点，以及网页中使用的语言作为有效的列族。如果一个列族名仅涉及一列，那么其限定词可能被省略。例如，一个网页只有一个内容域，那么用名为 contents：的列主键即可指向它。

  时间戳：Bigtable 中任一给定的单元有很多版本，它们用时间戳来索引，这里，时间戳可以是一个真实的时间，也可以是程序员指定的任意时间（例如，一个逻辑时间，如在 14.4 节中提到的，或一个版本标识符）。多个版本按照时间戳的逆序排序，即最近的时间戳排在第一位。这种设计可以用于存储同一数据的不同版本，包括网页的内容，允许系统对历史数据和当前数据进行分析。可以让表自动对先前的版本进行垃圾回收，这减轻了程序员管理大数据集和相关版本的负担。这种三维表的抽象如图 21-13 所示。

列族和限定词

	CF1:	CF2:q_1	CF2:q_2	CF3:q_1	CF3:q_2
R_1					
R_2			$t=10$ $t=7$ $t=3$ 时间戳		
R_3					
R_4					
R_5					

行

图 21-13　Bigtable 中的表抽象

Bigtable 提供了支持多种操作的 API，这些操作包括：

- 表的创建和删除；
- 表中列族的创建和删除；
- 访问指定行的数据；
- 写入或删除单元值；
- 执行原子行变换，包括数据访问、相关的写入和删除操作（不支持全局和跨行的事务）；
- 不同列族之间的迭代操作，包括用正规表达式识别列的范围；
- 把表、列族与元数据（如访问控制信息）关联起来。

可以看出，Bigtable 比关系型数据库要简单得多，而且更适合 Google 应用的工作方式。Chang 等讨论了这个接口是如何支持网页数据的表的存储的（这里，行代表单独的网页，列代表与给定网页相关的数据和元数据），如何支持 Google Earth 的原始数据和处理后数据的存储（这里，行代表地理分区，列代表该分区内的不同的图片），以及如何支持 Google Analytics 的数据的存储（例如，维护一个点击情况表，其中行代表一个终端用户会话，列代表相关的活动）。

下面介绍底层系统总的体系结构。

Bigtable 体系结构　一个 Bigtable 被分成一些数据片，一个数据片约 100~200MB 大小。Bigtable 基础设施的主要任务是管理数据片，支持上述访问和修改相关结构化数据的操作。具体实现的任务还包括把数据片结构映射到底层文件系统（GFS）以及确保系统有效地进行负载均衡。正如我们下面要看到的，Bigtable 充分利用了 GFS 和 Chubby 来实现数据的存储和分布式协调。

Bigtable 实现的单一实例被称为一个集群（cluster），每个集群存储多个表。Bigtable 集群的体系结构和 GFS 的体系结构相似，它由三个主要的组件组成（如图 21-14 所示）：

- 客户端的一个库组件；
- 一个主服务器；
- 可能是大量的数据片服务器。

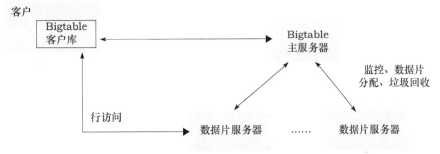

图 21-14　Bigtable 总的体系结构

就规模而言，Chang 等报告，在 2008 年，388 个生产集群运行在多个 Google 机器集群中，每个集群平均约有 63 个数据片服务器，许多集群上的数据片服务器会更多（有的集群有 500 多个数据片服务器）。每个集群的数据片服务器数量是动态变化的，在运行过程中向系统中加入新的数据片服务器以提高吞吐量的情况很普遍。

在 Bigtable 中，两个主要的设计决策和 GFS 中的一样。首先，出于完全相同的理由，Bigtable 采用了单一主服务器方法，这个理由就是为了维护系统状态的集中化视图以支持优化放置和负载均衡决策，而且这种方法的实现简单。其次，其实现保证了控制和数据的严格分离，其主服务器维护一种轻量级的控制机制，而数据访问完全通过数据片服务器进行，主服务器在这一阶段并不参与（在访问大数据集时，通过直接与数据片服务器交互来确保吞吐量的最大化）。特别地，主服务器相关的控制任务如下：

- 监控数据片服务器的状态，对新的数据片服务器的可用性和已有的数据片服务器的故障进行响应；
- 把数据片分配到数据片服务器，并保证有效地负载均衡；
- 对存储在 GFS 的底层文件进行垃圾回收。

Bigtable 主服务器不参与将数据片映射到底层持久化数据（如上所述，存储在 GFS 中）这个核心任务，因此，Bigtable 比 GFS 做得更好。这意味着 Bigtable 客户不必与主服务器通信（将其与 GFS 中的 open 操作相比较，该操作需要涉及主服务器），这样的设计大大减轻了主服务器上的负载并降低了主服务器成为瓶颈的可能性。

现在看看 Bigtable 是如何利用 GFS 来存储数据，并如何以创新的方式用 Chubby 来实现监控和负载均衡的。

Bigtable 中的数据存储：将 Bigtable 中的表映射到 GFS 上包括几个步骤，总结如下。

- 表按行分解成多个数据片，每行大小约 100～200MB，并将每一行映射到一个数据片上。因此，一个给定的表会由多个数据片组成，这取决于表的大小。随着表的增长，会加入额外的数据片。
- 每个数据片用一个存储结构表示，该存储结构包含了一些文件集合和实现日志功能的存储结构，其中，这些文件集合以特定形式（SSTable）存储数据。
- 从数据片到 SSTable 的映射是一个由 B$^+$树衍生出的层次索引结构提供的。

下面具体看一看存储表示和映射。

在 Bigtable 中一个数据片的精确存储表示如图 21-15 所示。在 Bigtable 中主要的存储单元是 SSTable。（它是一种文件格式，也被应用在 Google 基础设施的其他地方。）SSTable 被组织成一个已排序的、不可变的从主键到值的映射，其中，主键和值均为任意字符串。其提供的操作有：高效读取一个与给定主键相关联的值，以及在一个给定主键的范围内的一系列值上进行迭代。SSTable 的索引被写入到 SSTable 文件的末尾，并在访问一个 SSTable 时，被读入内存。这意味着一个给定的项可以通过单次磁盘读操作读入。一个完整的 SSTable 可以可选地存储在内存中。

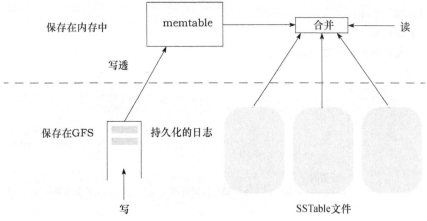

图 21-15　Bigtable 中的存储体系结构

一个给定的数据片由若干 SSTable 表示。Bigtable 并不直接在 SSTable 上执行变动操作，为了支持恢复功能（参见第 17 章），写入操作首先在日志上执行，日志也保存在 GFS 中。日志项被写透到存储在主存中的 memtable 中。因此，SSTable 成为一个数据片状态的快照，这样，在出现故障时，可以通过重新执行最近一次快照以后的日志项来实现恢复。读入操作是通过将 SSTable 中的数据和 memtable 合并得到的视图来实现的。正如 Chang 等［2008］所报告的，为了维护高效的操作，在这个数据结构上执行了不同层次的压缩。注意，SSTable 也能被压缩以减少 Bigtable 中的特定表对存储空间的需求。用户可以指定是否对表进行压缩以及所使用的压缩算法。

如上所述，主服务器不参与将表映射到存储的数据的工作，映射的管理是通过遍历基于 B⁺树概念创建的索引来进行的。（B⁺树是 B 树的一种，其中所有的实际数据都存储在叶结点中，其他结点存储索引数据和元数据。）

Bigtable 的客户要查找一个数据片的位置，需要通过查找 Chubby 中的一个特定的文件开始搜索，该文件存储了一个根数据片（root tablet）的位置信息，而根数据片中包含了树结构的根索引，还包含了关于其他数据片的元数据，尤其是关于其他元数据片的元数据，这里，元数据包含了实际数据片的位置信息。根数据片和其他元数据片构成了一个元数据表，它们之间唯一的区别是根数据片中的项包含了关于元数据片的元数据，而元数据片包含了实际数据片的元数据。采用这种机制，树的深度不超过 3 层。元数据表中的项把数据片分区映射到位置信息上，包括这个数据片的存储表示信息（包括 SSTable 集合和相关的日志）。

总的体系结构见图 21-16。为了简化三层结构，客户在访问该数据结构时，缓存了位置信息，并且也预取了和其他表相关的元数据。

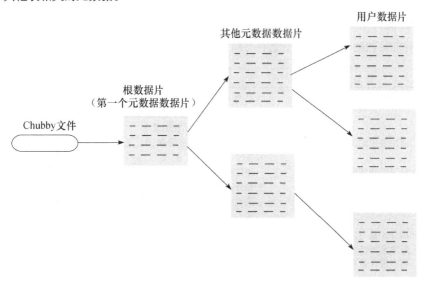

图 21-16　Bigtable 采用的层次化索引机制

监控：Bigtable 以一种很有趣的方式使用 Chubby 来监控数据片服务器。Bigtable 在 Chubby 中维护了一个目录，该目录包含了每一个代表可用数据片服务器的文件。当有一个新的数据片服务器到来时，系统在该目录中创建一个新的文件，更重要的是，得到该文件的一个互斥锁。这个文件的存在标志着数据片服务器完全可用，并准备好由主服务器分配数据片，该互斥锁提供了两方通信的一种途径：

- 从数据片服务器端：每个数据片服务器监控其互斥锁，如果互斥锁失效，它就停止其数据片服务。这很有可能是由于网络分区破坏了 Chubby 会话。如果该文件仍存在（见下文），数据片服务器会试图重新获取互斥锁；如果该文件已消失，那么服务器终止自身。如果一个服务器由于其他原因而终止，例如，因为它收到将它的机器用于其他目的的通知，那么数据片服务器会放弃其互斥锁，进而触发重新分配。
- 从主服务器端：主服务器周期性地查询互斥锁的状态。如果锁失效，或数据片服务器不响应，

图中标注：用户数据片　其他元数据数据片　根数据片（第一个元数据数据片）　Chubby文件

那么数据片服务器或 Chubby 一定出现了问题。主服务器试图获取该锁，如果获取成功，那么它能推断出 Chubby 还在活动，问题存在于数据片服务器中。接着，主服务器会从目录中删除文件，这将导致数据片服务器终止自身（如果该数据片服务器还没有失效）。然后，主服务器必须将那个服务器上所有的数据片重新分配到其他的数据片服务器上。

这一设计的根本原因是重用已被测试过的、可靠的服务 Chubby，来实现额外层面的监控，而不是专门为了监控的目的而提供特定的监控服务。

负载均衡：为了分配数据片，主服务器必须将集群中的可用数据片映射到适当的数据片服务器上。从上面的算法可以看出，主服务器拥有一个精确的数据片服务器列表和一个与该集群相关的所有的数据片的列表，其中，服务器列表中的数据片服务器已准备好并愿意存储数据片。主服务器还维护当前映射信息，以及一个未分配的数据片列表（例如，当一个数据片服务器从系统中被移除时，需要修改上述信息）。通过拥有系统的全局视图，主服务器根据负载请求的响应，确保将未分配的数据片分配到适当的数据片服务器上，并随之更新相应的映射信息。

注意，主服务器自身也有一个互斥锁（即主锁），如果由于 Chubby 会话断开导致主锁失效，那么主服务器将终止自身（同样重用了 Chubby 来实现附加的功能）。这并不会停止对数据的访问，但是会使控制操作无法进行，因此 Bigtable 在这一阶段仍然可用。当主服务器重启时，它需要重新获取当前状态。主服务器首先创建一个新的文件并获取互斥锁以确保其为集群中的唯一主服务器，然后遍历目录以找到数据片服务器，向数据片服务器请求关于数据片分配的信息，并建立它负责的所有数据片的一个列表，进而推断出未分配的数据片。最后，主服务器继续进行它的常规操作。

953 ~ 954

21.5.4 关键设计选择总结

与数据存储和协调服务相关的设计选择总结，如图 21-17 所示。

成 分	设 计 选 择	理 由	权 衡
GFS	使用较大的块大小（64MB）	适合 GFS 中的文件大小；对大数据量的顺序读和追加写是高效的；最小化元数据量	随机访问一小部分文件的效率不高
	使用集中式的主服务器	主服务器维护全局视图，通知管理决策；易于实现	单点失效（通过维护操作日志副本来减轻此问题）
	分离控制流和数据流	高性能的文件访问，最小化主服务器的参与	必须处理主服务器和块服务器，使得客户库复杂化
	松弛一致性模型	高性能，拓展 GFS 操作的语义	数据可能不一致，尤其是重复数据
Chubby	结合了锁与文件抽象	多目标，例如，支持选举	需要理解和辨别不同的方面
	整个文件的读和写	对小文件非常高效	不适合大文件
	客户缓存具有严格一致性	确定性的语义	维护严格一致性的开销
Bigtable	使用表抽象	高效支持结构化数据	比关系型数据库的开销小
	使用集中化的主服务器	同上，主服务器拥有全局视图；易于实现	单点失效；可能是瓶颈
	分离控制流和数据流	高性能的数据访问 最小化主服务器的参与	
	强调监控和负载均衡	支持海量并行客户的能力	与维护全局状态相关的开销

图 21-17 与数据存储和协调相关的设计选择总汇

955

这项分析显示的最大的特点是，设计选择提供了三个单独的、各自相对简单的、面向特定使用风格的服务，但它们合起来却能很好地覆盖 Google 应用和服务的需求。从 GFS 和 Chubby 提供的互补的工作方式，以及 Bigtable 在 GFS 和 Chubby 提供的底层服务的基础上提供结构化数据，我们可以很明显感受到这一点。这一设计选择也重复了通信范型所采用的方法（参见 21.4.3 节），据此设计选择，多项技术被提出，其中的每一项都针对 Google 应用的工作方式进行了优化。

21.6　分布式计算服务

为了补充存储和协调服务，支持存储在 GFS 和 Bigtable 中的大数据集上的高性能分布式计算是非常重要的。Google 基础设施借助 MapReduce 服务和高级 Sawzall 语言来支持分布式计算。下面我们将详细地介绍 MapReduce，然后简要地研究一下 Sawzall 语言的主要特点。

21.6.1　MapReduce

考虑到 Google 使用的大数据集，分布式计算需要通过将数据分成小的分片（fragment），并对这些分片并行地分析来完成，这样可以充分利用 21.3.1 节中描述的物理体系结构所提供的计算资源。这样的分析包括一些普通的任务，如排序、搜索和构建倒排索引（索引包括一个从词到其在不同文件中的位置的映射，它是实现搜索功能的关键）。MapReduce[Dean and Ghemawat 2008] 是一个简单的编程模型，用于支持这样的应用程序开发，它向程序员隐藏了底层细节，包括在底层物理基础设施上进行的与并行计算、故障监控与恢复、数据管理以及负载平衡相关的细节。

在研究系统是如何实现的之前，我们先看一看 MapReduce 提供的编程模型的细节。

MapReduce 接口　隐含在 MapReduce 背后的根本原则是基于对计算的一种认识，即许多并行计算共享同一模式：

- 将输入数据分成若干块（chunk）；
- 对这些数据块进行初步的处理来产生中间结果；
- 综合这些中间结果来产生最终的输出。

相关算法的规约可以用两个函数表述，一个是执行初步的处理，另一个是从中间值生成最终结果。因而可能通过这两个函数的不同实现来支持多种风格的计算。重要的是，通过提取出这两个函数，其他的功能就可以在不同的计算间共享，这样就大大降低了构建这些应用的复杂性。

更特别的是，MapReduce 用两个函数 map 和 reduce 来指定一种分布式计算。（虽然函数式编程语言的目的不是为了进行并行计算，但是 MapReduce 方法受到了函数式编程语言如 Lisp 的设计思想的部分影响，它提供了具有相同名字的函数。）

- map 将一个键 – 值对集合作为输入，产生一个中间的键 – 值对集合作为输出。
- 将中间的键 – 值对结果按主键的值进行排序，这样所有的中间结果就按照中间主键进行了排序。该结果被分成几组，传递给 reduce 实例，由它对这些键 – 值对进行处理，并为每个组产生一个值的列表（对于某些计算，这可能是一个单一的值）。

为了说明 MapReduce 的操作，让我们考虑一个简单的例子。在 21.2 节中，我们说明了 Web 搜索 "distributed systems book" 涉及的各个方面。我们将通过搜索整个字符串来简化这一过程，即在海量内容中（如在 Web 抓取到的网页中）搜索 "distributed systems book" 这个短语。在这个例子中，map 和 reduce 函数将完成下面的任务：

- 假定提供一个网页名和其内容作为 map 函数的输入，那么 map 函数将对内容进行线性搜索，每次它找到按 "distributed"、"systems"、"book" 顺序出现的字符串时，就产生一个由这个短语和包含该短语的 Web 文件的名字组成的键 – 值对。（可以扩展这个例子，从而生成以该文件中的位置信息为值的键 – 值对。）
- 在这个例子中 reduce 函数的作用不大，只是报告中间结果已准备好被整合到一个完整的索引中。

MapReduce 的实现负责将数据分成若干块，创建多个 map 和 reduce 函数的实例，在物理基础设施中的可用机器上分配这些实例并激活它们，监控计算过程中的故障情况，实现恰当的恢复策略，分发中间结果，并确保整个系统的性能最优。

利用这种方法，可以通过重用底层 MapReduce 框架来大量降低代码量。例如，2003 年 Google 重新实现了其主要的索引生产系统，将 MapReduce 中的 C++ 代码量由 3800 行降低到 700 行——虽然是包括在一个比较小的系统中，但代码量仍有很大程度的降低。这种方法也带来了其他重要的益处，由于应用逻辑与相关的分布式计算的管理之间有了一个清晰的界限（这是和 8.4 节所叙述的基于容器的系

956

统内在的关注点分离相类似的原则），更新算法变得更加容易。此外，对底层 MapReduce 实现的改进立即对所有的 MapReduce 应用产生了积极的影响。这样做的缺点是，虽然可以通过指定 map、reduce 以及其他的函数来定制一些功能，但是这是一个规范性更强的框架，这一点在下面可以很清楚地看到。

为了进一步说明 MapReduce 的应用，我们在图 21-18 中给出了一些常用例子，以及它们是如何通过使用 map 和 reduce 函数来实现的。出于完整性考虑，图中还给出了由 MapReduce 框架执行的计算中的共用步骤。这些例子的进一步细节可以在 Dean 和 Ghemawat[2004] 中找到。

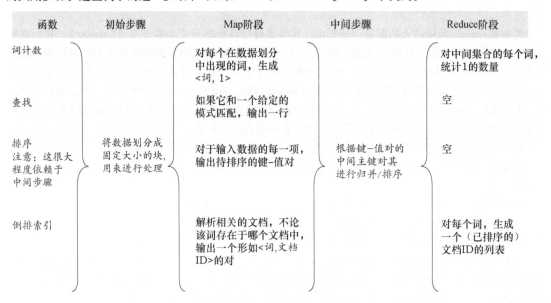

函数	初始步骤	Map阶段	中间步骤	Reduce阶段
词计数		对每个在数据划分中出现的词，生成 <词, 1>		对中间集合的每个词，统计1的数量
查找		如果它和一个给定的模式匹配，输出一行		空
排序 注意：这很大程度依赖于中间步骤	将数据划分成固定大小的块，用来进行处理	对于输入数据的每一项，输出待排序的键-值对	根据键-值对的中间主键对其进行归并/排序	空
倒排索引		解析相关的文档，不论该词存在于哪个文档中，输出一个形如<词,文档ID>的对		对每个词，生成一个（已排序的）文档ID的列表

图 21-18 使用 MapReduce 的例子

MapReduce 体系结构 如上所述，MapReduce 由一个库实现，它隐藏了与并行和分布相关的细节，允许程序员把重点放在指定 map 和 reduce 函数上。这个库是基于 Google 基础设施的其他方面而建立的，尤其是，它使用 RPC 进行通信，并使用 GFS 对中间值进行存储。MapReduce 还经常从 Bigtable 中获取输入数据并生成一个表作为结果，正如上文提到的 Google Analytics 例子那样（参见 21.5.3 节）。

MapReduce 程序的整体执行过程如图 21-19 所示，其中展示了执行过程中的主要阶段：

- 第一阶段是把输入文件分成 M 份，每一份的大小一般是 16~64MB（没有 GFS 的一块大）。其实际大小可以由程序员调整，因此程序员可以为了执行后续特定的并行处理对其进行优化。利用一个（可编程的）划分函数可以将与中间结果相关的主键空间分成 R 份。因此整个计算过程包括 M 次 map 函数的运行和 R 次 reduce 函数的运行。

- MapReduce 库从集群中的可用的机器池中启动一些工作机（worker），其中一台为主工作机，其他用来运行 map 或 reduce 函数的相关步骤。通常工作机的数量远少于 $M + R$。例如，在 Dean 和 Ghemawat[2008] 的报告中显示，在 $M = 200\,000$、$R = 5000$ 的典型环境下，分配了 2000 台工作机去完成任务。主工作机的任务是监控其他工作机的状态，并为空闲的工作机分配运行 map 或 reduce 函数的任务。更准确来说，主工作机跟踪 map 和 reduce 任务的状态：空闲（idle）、处理中（in process）或已完成（completed），主工作机还维护中间结果的位置信息，以便将中间结果传递给用来完成 reduce 任务的工作机。

- 一个被分配完成 map 任务的工作机首先将分派到 map 任务的输入文件的内容读取进来，抽取键-值对，并把它们作为 map 函数的输入数据。map 函数的输出数据是经过处理的键-值对集，存放在中间缓冲区中。由于输入数据存储在 GFS 中，输入文件要被复制在三台机器上。主工作机尝试在这三台机器中的一台上部署一个工作机以确保地域性，并使网络带宽使用最小化。如果这无法实现，就选择靠近数据的另外一台机器。

- 中间缓冲区中的数据会被定期地写入文件，该文件与 map 计算同处于一台机器上。在这一阶段，数据根据划分函数被分成 R 个区域。这一划分函数，对 MapReduce 的操作至关重要，其可以由程序员来确定，而默认的是执行主键上的散列函数，然后对散列后的值进行模 R 运算以生成 R 个划分，从而将中间结果根据散列值分类得到最终结果。Dean 和 Ghemawat［2004］提供了一个可供参考的例子，其中主键为 URL，程序员想通过相关的主机对中间结果分组：hash（Hostname（key））mod R。当划分完成后，主工作机会收到通知，然后会请求执行相应的 reduce 函数。

958
~
959

- 当工作机被分配去执行 reduce 函数时，它利用 RPC 从 map 工作机的本地磁盘读取相应的划分。由 MapReduce 库对这些数据进行排序，以备 reduce 函数进行处理。一旦排序完成，reduce 工作机遍历该划分中的键 - 值对，应用 reduce 函数产生一个累积结果集，然后该结果集会被写入到一个输出文件中。这一过程持续进行，直至该划分中的所有主键都被处理完成。

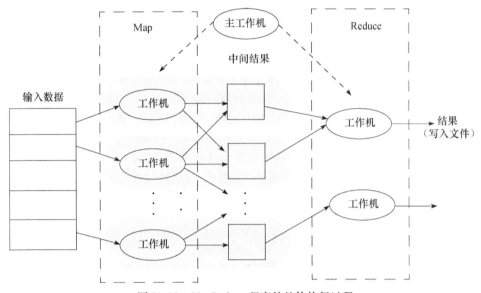

图 21-19　MapReduce 程序的整体执行过程

容错的实现：MapReduce 的实现提供了一个高层次的容错能力，尤其是确保了如果 map 和 reduce 的操作对于其输入是确定性的（即对于一个给定的输入集合，总能产生相同的输出结果），那么即使遇到故障情况，整个 MapReduce 的任务也会产生与程序的顺序执行相同的输出结果。

为了处理故障，主工作机定期地发送 ping 消息来检查工作机是否正常运行，并执行它应该完成的操作。如果没有收到响应，主工作机即认为该工作机已出故障，主工作机会记录下来。接下来的行动依执行的是 map 还是 reduce 任务而定：

- 如果该工作机在执行一个 map 任务，那么不管相关的任务是在处理中还是已完成，这个任务都被标记为空闲，表明它将被重新分配。请注意，map 任务的结果是被存储在本地磁盘上的，因此如果该工作机出故障，那么结果将无法访问。
- 如果工作机在执行一个 reduce 任务，只有这个任务仍在处理中，才被标记为空闲；如果该任务已完成，那么结果是可访问的，因为结果已经被写入到全局（和复制）的文件系统中。

请注意，为了实现所需的语义，将从 map 和 reduce 任务中得到的输出自动记录（写）下来是非常重要的，这一性质是由 MapReduce 库和底层文件系统共同保证的。其具体的实现细节可以在 Dean 和 Ghemawat［2008］中找到。

MapReduce 还实现了一个策略用于解决工作机花很长时间去完成任务的问题（这样的工作机被称为落后的工作机（straggler））。据 Google 调查表明，一些工作机运行缓慢的现象相当普遍，例如，可能由于在数据传输中的大量出错校正步骤导致磁盘性能很差。为了解决这一问题，当程序运行即将结束时，主工作机启动备份工作机来完成所有仍在处理中的任务。无论是原工作机还是新工作机完成了相关的任务，该任务都会被标记为已完成。这样做对完成时间有很大的影响，又巧妙地规避了商用机可能会失效的问题。

如上所述，MapReduce 被设计用于和 Bigtable 一起合作处理大量的结构化数据。实际上，在 Google
中，很多应用都混合使用了多种基础设施成分。在下面的方框中，我们描述了 MapReduce、Bigtable 和
GFS 为 Google Maps 和 Google Earth 应用提供的支持。

对 Google Maps 和 Google Earth 的支持

Google Maps[maps. google. com] 和 Google Earth[earth. google. com] 的客户程序依赖于客户从
Google 服务器上下载下来的大量图片（image tile）的可用性。图片是以像素值为元素的二维数组
（方阵列），包含了地理特征的渲染图像，图片被组织成多层来保存不同类型的地理特征。对一个
展示街道地图的图片，它的基层是从最新的地理数据库构建得来的，另一层是根据可缩放的卫星和
航空图像构建的，展示了地球表面的物理特征。其他的部分透明的层用来展示公共运输网络和其他
基础设施的特征、等高线甚至实时的交通流量。每层的图片集覆盖了整个地球的陆地表面，而且可
复制多份以展示不同缩放程度的细节，最多可缩放 20 倍。

大部分的基础地理数据改变比较缓慢，但是为了表示新建或改建的道路以及其他物理基础设施
的数据一直是可用的，图片集的重建需要一个运行在 Google 服务器上的高性能的分布式应用程序，
将地理向量、点和未经处理的图像数据转换成图片。这一任务的实现需要使用 Bigtable 来存储底层
数据。基础地理数据是以 XML 格式存储的，称为 KML(Keyhole Markup Language，Keyhole 是第一个
开发此类软件的公司的名称，2004 年被 Google 收购)。未经处理的向量和图像数据是从多种渠道获
取到的（包括卫星和航空图像），具有多种格式和分辨率，它们和 KML 元数据一起被存储在一个
单独的表中。在该表中，行代表特定的地理位置，列代表不同的地理特征和未经处理的图像（以
列族的形式组织）。行的命名结构保证了相近的物理特征被存储在相邻的行中，这样用于生成每个
图片的数据会存储在一个或几个数据片中。这张表大小约为 70TB，有 90 亿个单元。由于每个地理
位置上的特征或图像通常并不是很多，这张表是相对稀疏的。

由于可用的地理数据和图像越来越多，数据被不断地加入到表中。在一些选定的时间点上，暂
停对数据的添加，并开始更新图片。一些并发的 Map 进程（如在 MapReduce 相关内容中介绍的）
处理原始数据，为这些数据的平面展示进行数据转换、修正空间坐标，并将平面展示与图像合并起
来。这一 Map 阶段生成一个表结构，该表结构中包含了本地已排序的地理数据，这些数据会被传
递给一些并发的Reduce进程，而 Reduce 进程会将图片表示为光栅图像。整个 MapReduce 任务每秒
钟大约处理 1MB 的原始数据，需要约 8 个小时来生成完整的图片集 [Chang et al. 2008]。

结果图片集被存储在 GFS 中，与其相关的索引存储在 Bigtable 的另一张表中。这张表会在几个
数据中心集群中的上百台数据片服务器上被复制，这样使其为大量并发访问 Google Maps 和 Google
Earth 的用户提供服务。该索引的大小约为 500GB，重要的部分会存储在主存中，这样可以降低读
操作带来的延迟。

21.6.2 Sawzall

Sawzall[Pike et al. 2005] 是一种解释型编程语言，可以在高分布式环境下（如 Google 的物理基础
设施提供的），对大规模数据集进行并行的数据分析。虽然 MapReduce 支持高度并行分布式程序的构
建，但是 Sawzall 的目标在于简化这些程序的构建过程。这一语言是在实践中产生的，Sawzall 程序通常
比同类 MapReduce 程序小 10 ~ 20 倍 [Pike et al. 2005]。Sawzall 语言的实现大多建立在已存在的 Google
基础设施之上，其利用 MapReduce 来创建和管理底层的并行运行，利用 GFS 来存储与计算相关的数
据，并利用协议缓冲区为存储记录提供一个通用的数据格式。

像 MapReduce 一样，Sawzall 假定并行计算需要遵循一个固定的模式，我们在图 21-20 对此进行了
总结。Sawzall 还假定一项计算的输入由原始数据组成，而原始数据包括一些待处理的记录。通过运行
过滤器（filter）来进行计算，这些过滤器并行地处理记录，生成要发送的结果。聚合器（aggregator）
使用这些发送来的数据来生成总的计算结果。

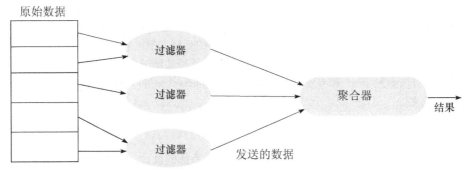

图 21-20   一个 Sawzall 程序的总体执行

Sawzall 还对过滤器和聚合器的运行做出了两点假设：

- 过滤器和聚合器的运行在所有的记录之间应为可交换的，即无论过滤器以何种顺序运行，运行结果都是相同的。
- 聚合器的操作应为可结合的，即在运行过程中，（隐含的）括号不是问题，其允许运行过程中具有更大的自由度。

正如从查看 MapReduce 所期望的，完成过滤操作与数据发送的 Sawzall 程序在 MapReduce 的 map 阶段运行，而聚合器在相应的 reduce 阶段运行。Sawzall 语言提供了一些预先设定好的聚合器，包括执行所有发送值求和运算（sum）和创建所有发送值集合（collection）的聚合器。其他聚合器与统计更为相关，例如，构建累计概率分布（quantile），或者预测最常见的值（top）。程序员还可以开发新的聚合器，虽然这种情况非常少见。 962

我们用 Pike 等［2005］中的一个简单的例子来说明 Sawzall 的使用以及上述特征：

```
count: table sum of int;
total: table sum of float;
x: float = input;
emit count <- 1;
emit total <- x;
```

这个程序将 float 型的简单记录作为输入（通过局部变量 x 来访问这些值）。程序还通过引入关键词 table 来定义两个聚合器，并用关键词 sum 来说明它们是求和聚合器。（这个关键词也可以是 collection、quantile 或 top 中的一个。）emit 的调用产生了一系列值，这些值经聚合器处理生成期望的结果（在这个例子中，是输入流中所有值的计数以及这些值的求和）。

Sawzall 语言的完整描述以及更多的例子详见 Pike 等。

21.6.3   关键设计选择总结

图 21-21 中总结了 MapReduce 和 Sawzall 的总体设计选择。

成 分	设 计 选 择	理 由	权 衡
MapReduce	使用通用框架	向程序员隐藏并行和分布细节；改进了所有 MapReduce 应用所采用的基础设施	在该框架内的设计决策可能不适用于所有分布式计算的工作方式
	通过 map 和 reduce 两种操作进行系统编程	非常简单的编程模型使得可以对复杂的分布式计算进行快速开发	同样，不适用于所有的问题领域
	支持容错型分布式计算	程序员无需担心对错误的处理（对运行在一个易出错的物理基础设施上的长期任务来说尤为重要）	和错误恢复策略相关的开销
Sawzall	为分布式计算提供一种特定的编程语言	同样，通过向程序员隐藏复杂性（甚至比 MapReduce 做得更多）来支持复杂分布式计算的快速开发	假定程序可以以其支持的方式（用过滤器和聚合器）编写

图 21-21   与分布式计算相关的设计选择汇总

以上两种方法带来的好处来自鼓励分布式计算的一种特定风格，并提供了通用的基础设施，以支持采用这种风格开发的系统的有效实现。这种方法被证明在 Google 应用和服务中非常有效，包括对核心搜索功能的支持，以及对如 Google Earth 等云应用之类的高要求领域的支持。

这项工作引发了数据管理界有趣的争论，如这种抽象是否适用于各类应用程序。要更深入地了解这方面的探讨，可以参见 Dean 和 Ghemawat［2010］和 Stonebraker 等［2010］在 *Communications of the ACM* 上发表的论文。

21.7 小结

这一章通过讨论一个大型互联网企业如何实现分布式系统的设计，以支持一系列现实世界中的高要求应用这一关键问题来结束本书。这是一个充满挑战性的课题，它需要对分布式系统开发各个层面上的、系统开发人员可用的技术选择有一个全面的理解，包括通信范型、可用服务与相关的分布式算法。与设计选择相关的不可避免的权衡需要系统开发者对应用领域有一个全面的了解。

这一章中采用的方法是通过一个实际的实例研究，即通过介绍 Google 基础设施的底层设计，和 Google 用以支持其搜索引擎、一系列应用及服务的平台和中间件，来突出分布式系统设计的艺术。这是一个引人注目的实例研究，它展示了现已构建的最复杂的大规模分布式系统，而且该分布式系统很好地满足了其设计需求。

这个实例研究探究了系统的总的体系结构，并深入研究了它的关键的底层服务，尤其是协议缓冲区、发布－订阅服务、GFS、Chubby、Bigtable、MapReduce 和 Sawzall，这些服务协同工作以支持复杂的分布式应用和服务，包括核心搜索引擎和 Google Earth 等。从这一实例研究中，我们可以看出真正理解应用领域的重要性，从中得到了一系列核心的底层设计原则并保证它们在应用中的一致性。在 Google 的实例中，它表明了对简洁性、低开销的方法的强烈主张，并强调测试、日志和追踪。最终结果是得到了一个体系结构，该体系结构在支持新的应用和服务方面具有高可伸缩性、高可靠性、高性能以及开放性。

Google 基础设施是近些年出现的云计算领域的中间件方案之一（虽然只在 Google 内部可用）。其他的方案包括亚马逊 Web 服务（Amazon Web Services, AWS）［aws. amazon. com］，微软 Azure［www. microsoft. com Ⅳ］和开源的解决方案如 Hadoop（其中包括了 MapReduce 的一种实现）［hadoop. apache. org］、Eucalyptus［open. eucalyptus. com］、Google App Engine（在 Google 外部可用，提供了使用 Google 基础设施部分功能的一个窗口）［code. google. com Ⅳ］以及 Sector/Sphere［sector. sourceforge. net］。OpenStreetMap［www. openstreetmap. org］已开发完成，它是类似于 Google Maps 的一个开放方案，它和 Google Maps 的运作机制类似，使用的是自愿开发的软件和非商业化的服务器。关于这些实现的详细信息大都可以查到，读者可以选取其中一些进行研究，将其设计决策和上面实例研究中所提到的方面进行比较分析。

除了上文提到的 Google 实例，关于分布式系统设计方面已出版的实例研究很少，考虑到分布式系统的整体体系结构及相关设计原则具有潜在的教学价值，这确实是一大憾事。因此，这一章的主要贡献在于首次提供了一个深入的分布式系统实例研究，并说明了设计和实现一个完整的分布式系统解决方案的复杂性。

练习

21.1 Google 现在是一个何种程度的云服务供应商？参考第 1 章的定义或 21.2 节中的重述。

（第 1 章，第 921 页）

21.2 Google 基础设施的核心需求是可伸缩性、可靠性、性能和开放性。请给出这些需求可能存在冲突的三个例子，并讨论 Google 是怎样解决这些潜在的冲突的。　　　　（第 924 页）

21.3 第 4 章给出了一个用 XML 表示的 Person 结构的规约（见图 4-12），用协议缓冲区重写该规约。

（第 4 章，第 929 页）

21.4 讨论由协议缓冲区支持的 RPC 工作方式增强的可扩展性的程度（尤其是一个参数和一个返回结果的

设计决策）。 （第 931 页）

21. 5 请解释 Google 基础设施支持三种独立的数据存储设施的原因。为什么 Google 不采用一种商用的分布式数据库，而是采用三种独立的服务？ （第 935 页）

21. 6 GFS 和 Bigtable 做出了相同的核心设计决策——单主服务器。在这两种情况下，单主服务器故障分别会有什么影响？ （第 937 ~ 938 页，第 950 ~ 952 页）

21. 7 在 21. 5. 2 节中，我们比较了 Chubby 和 NFS 中的缓存一致性方法，并得出结论：在不同结点上查看不同版本的文件方面，NFS 提供的语义较弱。请对 Chubby 和 AFS 采用的缓存一致性方法进行类似的比较。 （12. 1. 3 节，第 943 ~ 944 页）

21. 8 如 21. 5. 2 节中描述的，Paxos 的实现依赖于不断增长的、全局唯一的序列号的生成。这一节还介绍了一种可能的实现。给出实现这类序列号的另一种方法。 （第 945 ~ 946 页）

21. 9 图 21-18 列出了 MapReduce 的一些可能的应用。介绍另一种可能的应用，并概述其将如何在 MapReduce 中实现，特别是要给出其中 map 和 reduce 函数的实现概要。 （第 958 页）

21. 10 给出一个很难在 MapReduce 中实现的分布式计算的例子，并给出充分的理由加以说明。 966
（第 958 页）

参 考 文 献

联机参考文献

    该参考文献清单可从www.cdk5.net/refs上获得。它提供了只在Web上存在的文档的链接。在这个打印版的清单中，用一个下划线标记的条目（例如www.omg.org）指向到达该文档的索引页；在联机参考文献列表中可以找到直接的链接。

    关于RFC的参考文献指的是被称为"征求意见稿"的一系列互联网标准和规约，我们可以从互联网工程任务组通过www.ietf.org/rfc/和其他一些知名的站点找到相关的资料。

    联机参考文献列表也可用作帮助查找其他文档的Web副本，例如通过利用Google或者Citeseer（citeseer.ist.psu.edu）查找作者或题目。

    作者编写或编辑的一些联机资料可作为本书的补充，在书中用www.cdk5.net标记，这些资料未包含在本书的参考文献列表中。例如，www.cdk5.net/ipc指向我们的Web站点上关于进程间通信的一些额外资料。

Abadi and Gordon 1999	Abadi, M. and Gordon, A.D. (1999). A calculus for cryptographic protocols: The spi calculus. *Information and Computation*, Vol. 148, No. 1, pp. 1–70.
Abadi *et al.* 1998	Abadi, M., Birrell, A.D., Stata, R. and Wobber, E.P. (1998). Secure Wweb tunneling. In *Proceedings of the 7th International World Wide Web Conference*, pp. 531–9. Elsevier, in *Computer Networks and ISDN Systems*, Volume 30, Nos 1–7.
Abrossimov *et al.* 1989	Abrossimov, V., Rozier, M. and Shapiro, M. (1989). Generic virtual memory management for operating system kernels. *Proceedings of 12th ACM Symposium on Operating System Principles*, December, pp. 123–36.
Accetta *et al.* 1986	Accetta, M., Baron, R., Golub, D., Rashid, R., Tevanian, A. and Young, M. (1986). Mach: A new kernel foundation for UNIX development. In *Proceedings of the Summer 1986 USENIX Conference*, pp. 93–112.
Adjie-Winoto *et al.* 1999	Adjie-Winoto, W., Schwartz, E., Balakrishnan, H. and Lilley, J. (1999). The design and implementation of an intentional naming system. In *Proceedings of the 17th ACM Symposium on Operating System Principles*, published as *Operating Systems Review*, Vol. 34, No. 5, pp. 186–201.
Agrawal *et al.* 1987	Agrawal, D., Bernstein, A., Gupta, P. and Sengupta, S. (1987). Distributed optimistic concurrency control with reduced rollback. *Distributed Computing*, Vol. 2, No 1, pp. 45–59.
Ahamad *et al.* 1992	Ahamad, M., Bazzi, R., John, R., Kohli, P. and Neiger, G. (1992). *The Power of Processor Consistency*. Technical report GIT-CC-92/34, Georgia Institute of Technology, Atlanta, GA.
Al-Muhtadi *et al.* 2002	Al-Muhtadi, J., Campbell, R., Kapadia, A., Mickunas, D. and Yi, S. (2002). Routing through the mist: Privacy preserving communication in ubiquitous computing environments. In *Proceedings of the 22nd International Conference on Distributed Computing Systems (ICDCS'02)*, Vienna, Austria, July, pp. 74–83.
Albanna *et al.* 2001	Albanna, Z., Almeroth, K., Meyer, D. and Schipper, M. (2001). *IANA Guidelines for IPv4 Multicast Address Assignments*. Internet RFC 3171.
Alonso *et al.* 2004	Alonso, G., Casata, C., Kuno, H. and Machiraju, V. (2004). *Web Services, Concepts, Architectures and Applications*. Berlin, Heidelberg: Springer-Verlag.
Anderson 1993	Anderson, D.P. (1993). Metascheduling for continuous media. *ACM Transactions on Computer Systems*, Vol. 11, No. 3, pp. 226–52.
Anderson 1996	Anderson, R. J. (1996). The Eternity Service. In *Proceedings of Pragocrypt '96*, pp. 242–52.
Anderson 2008	Anderson, R.J. (2008). *Security Engineering*, 2nd edn. John Wiley & Sons.

Anderson *et al.* 1990	Anderson, D.P., Herrtwich, R.G. and Schaefer, C. (1990). *SRP – A Resource Reservation Protocol for Guaranteed-Performance Communication in the Internet*. Technical report 90-006, International Computer Science Institute, Berkeley, CA.
Anderson *et al.* 1991	Anderson, T., Bershad, B., Lazowska, E. and Levy, H. (1991). Scheduler activations: Efficient kernel support for the user-level management of parallelism. In *Proceedings of the 13th ACM Symposium on Operating System Principles*, pp. 95–109.
Anderson *et al.* 1995	Anderson, T., Culler, D., Patterson, D. and the NOW team. (1995). A case for NOW (Networks Of Workstations). *IEEE Micro*, Vol. 15, No. 1, pp. 54–64.
Anderson *et al.* 1996	Anderson, T.E., Dahlin, M.D., Neefe, J.M., Patterson, D.A., Roselli, D.S. and Wang, R.Y. (1996). Serverless Network File Systems. *ACM Trans. on Computer Systems*, Vol. 14, No. 1, pp. 41–79.
Anderson *et al.* 2002	Anderson, D.P., Cobb, J., Korpela, E., Lebofsky, M. and Werthimer, D. (2002). SETI@home: An experiment in public-resource computing. *Communications of the ACM*, Vol. 45, No. 11, pp. 56–61.
Anderson *et al.* 2004	Anderson, R., Chan, H. and Perrig, A. (2004). Key infection: Smart trust for smart dust. In *Proceedings of the IEEE 12th International Conference on Network Protocols* (ICNP 2004), Berlin, Germany, October, pp. 206–215.
ANSA 1989	ANSA (1989). *The Advanced Network Systems Architecture (ANSA) Reference Manual*. Castle Hill, Cambridge, England: Architecture Project Management.
ANSI 1985	American National Standards Institute (1985). *American National Standard for Financial Institution Key Management*. Standard X9.17 (revised).
Armand *et al.* 1989	Armand, F., Gien, M., Herrman, F. and Rozier, M. (1989). Distributing UNIX brings it back to its original virtues. In *Proc. Workshop on Experiences with Building Distributed and Multiprocessor Systems*, October, pp. 153–174.
Arnold *et al.* 1999	Arnold, K., O'Sullivan, B., Scheifler, R.W., Waldo, J. and Wollrath, A. (1999). *The Jini Specification*. Reading, MA: Addison-Wesley.
associates.amazon.com	Amazon Web Service FAQs.
Attiya and Welch 1998	Attiya, H. and Welch, J. (1998). *Distributed Computing – Fundamentals, Simulations and Advanced Topics*. Maidenhead, England: McGraw-Hill.
aws.amazon.com	Amazon Web Services. *Home page*.
Babaoglu *et al.* 1998	Babaoglu, O., Davoli, R., Montresor, A. and Segala, R. (1998). System support for partition-aware network applications. In *Proceedings of the 18th International Conference on Distributed Computing Systems* (ICDCS '98), pp. 184–191.
Bacon 2002	Bacon, J. (2002). *Concurrent Systems*, 3rd edn. Harlow, England: Addison-Wesley.
Baker 1997	Baker, S. (1997). *CORBA Distributed Objects Using Orbix*. Harlow, England: Addison-Wesley.
Bakken and Schlichting 1995	Bakken, D.E. and Schlichting, R.D. (1995). Supporting fault-tolerant parallel programming in Linda. *IEEE Transactions Parallel and Distributed Systems*, Vol. 6, No. 3, pp. 287–302.
Balakrishnan *et al.* 1995	Balakrishnan, H., Seshan, S. and Katz, R.H. (1995). Improving reliable transport and hand-off performance in cellular wireless networks. In *Proceedings of the ACM Mobile Computing and Networking Conference*, pp. 2–11.
Balakrishnan *et al.* 1996	Balakrishnan, H., Padmanabhan, V., Seshan, S. and Katz, R. (1996). A comparison of mechanisms for improving TCP performance over wireless links. In *Proceedings of the ACM SIGCOMM '96 Conference*, pp. 256–69.
Balan *et al.* 2003	Balan, R.K., Satyanarayanan, M., Park, S., Okoshi, T. (2003). Tactics-based remote execution for mobile computing. In *Proceedings of the First USENIX International Conference on Mobile Systems, Applications, and Services (MobiSys 2003)*, San Francisco, CA, May, pp. 273–286.

968

969

Balazinska *et al.* 2002	Balazinska, M., Balakrishnan, H. and Karger, D. (2002). INS/Twine: A scalable peer-to-peer architecture for intentional resource discovery. In *Proceedings of the International Conference on Pervasive Computing*, Zurich, Switzerland, August, pp. 195–210.
Baldoni *et al.* 2005	Baldoni, R. Beraldi, R., Cugola, G., Migliavacca, M. and Querzoni, L. (2005). Structure-less content-based routing in mobile ad hoc networks. In *Proceedings of the International Conference on Pervasive Services*, pp. 37–46.
Baldoni and Virgillito 2005	Baldoni, R. and Virgillito, A. (2005). *Distributed event routing in publish/subscribe communication systems: A survey*. Technical Report 15-05, Dipartimento di Informatica e Sistemistica, Universita di Roma "La Sapienza".
Baldoni *et al.* 2007	Baldoni, R., Beraldi, R., Quema, V., Querzoni, L. and Tucci-Piergiovanni, S. (2007). TERA: Topic-based event routing for peer-to-peer architectures. In *Proceedings of the 2007 Inaugural International Conference on Distributed Event-Based Systems*. Toronto, Ontario, Canada, June, pp. 2–13.
Balfanz *et al.* 2002	Balfanz, D., Smetters, D.K., Stewart, P. and Wong, H.C. (2002). Talking to strangers: Authentication in ad-hoc wireless networks. In *Proceedings of the Network and Distributed System Security Symposium*, San Diego, CA, February.
Banerjea and Mah 1991	Banerjea, A. and Mah, B.A. (1991). The real-time channel administration protocol. *Second International Workshop on Network and Operating System Support for Digital Audio and Video*, Heidelberg, Germany.
Baran 1964	Baran, P. (1964). *On Distributed Communications*. Research Memorandum RM-3420-PR, Rand Corporation.
Barborak *et al.* 1993	Barborak, M., Malek, M. and Dahbura, A. (1993). The consensus problem in fault-tolerant computing. *ACM Computing Surveys*, Vol. 25, No. 2, pp. 171–220.
Barghouti and Kaiser 1991	Barghouti, N.S. and Kaiser, G.E. (1991). Concurrency control in advanced database applications. *ACM Computing Surveys*, Vol. 23, No. 3, pp. 269–318.
Barham *et al.* 2003a	Barham, P., Dragovic, B., Fraser, K., Hand, S., Harris, T., Ho, A., Neugebauer, R., Pratt, I. and Warfield, A. (2003). Xen and the art of virtualization. In *Proceedings of the 19th ACM Symposium on Operating Systems Principles*, Bolton Landing, NY, October, pp. 164–177.
Barham *et al.* 2003b	Barham, P., Dragovic, B., Fraser, K., Hand, S., Harris, T., Ho, A.,Kotsovinos, E., Madhavapeddy, A.V.S., Neugebauer, R., Pratt, I. and Warfield, A. (2003). *Xen 2002*. Technical Report UCAM-CL-TR-553, Computing Laboratory, University of Cambridge.
Barr and Asanovic 2003	Barr, K. and Asanovic, K. (2003). Energy aware lossless data compression. *Proceedings of the First USENIX International Conference on Mobile Systems, Applications, and Services (MobiSys 2003)*, San Francisco, CA, May, pp. 231–244.
Barton *et al.* 2002	Barton, J., Kindberg, T. and Sadalgi, S. (2002). Physical registration: Configuring electronic directories using handheld devices. *IEEE Wireless Communications*, Vol. 9, No. 1, pp. 30–38.
Baset and Schulzrinne 2006	Baset, S.A. and Schulzrinne, H.G. (2006). An analysis of the Skype peer-to-peer Internet telephony protocol. In *Proceedings of the 25th IEEE International Conference on Computer Communications (INFOCOM'06)*, pp. 1–11.
Bates *et al.* 1996	Bates, J., Bacon, J., Moody, K. and Spiteri, M. (1996). Using events for the scalable federation of heterogeneous components. *European SIGOPS Workshop*.
Baude *et al.* 2009	Baude, F., Caromel, D., Dalmasso, C., Danelutto, M., Getov, V., Henrio, L. and Pérez, C. (2009). GCM: A grid extension for Fractal autonomous distributed components. *Annals of Telecommunications*, Springer, Vol. 64, No. 1, pp. 5–24.
Bell and LaPadula 1975	Bell, D.E. and LaPadula, L.J. (1975). *Computer Security Model: Unified Exposition and Multics Interpretation*. Mitre Corporation.

Bellman 1957	Bellman, R.E. (1957). *Dynamic Programming*. Princeton, NJ: Princeton University Press.
Bellovin and Merritt 1990	Bellovin, S.M. and Merritt, M. (1990). Limitations of the Kerberos authentication system. *ACM Computer Communications Review*, Vol. 20, No. 5, pp. 119–32.
Bellwood *et al.* 2003	Bellwood, T., Clément, L. and von Riegen, C. (eds.) (2003). *UDDI Version 3.0.1*. Oasis Corporation.
Beresford and Stajano 2003	Beresford, A. and Stajano, F. (2003). Location privacy in pervasive computing. *IEEE Pervasive Computing*, Vol. 2, No. 1, pp. 46–55.
Berners-Lee 1991	Berners-Lee, T. (1991). World Wide Web Seminar.
Berners-Lee 1999	Berners-Lee, T. (1999). *Weaving the Web*. New York: HarperCollins.
Berners-Lee *et al.* 2005	Berners Lee, T., Fielding, R. and Masinter, L. (2005). Uniform Resource Identifiers (URI): Generic syntax. Internet RFC 3986.
Bernstein *et al.* 1980	Bernstein, P.A., Shipman, D.W. and Rothnie, J.B. (1980). Concurrency control in a system for distributed databases (SDD-1). *ACM Transactions on Database Systems*, Vol. 5, No. 1, pp. 18–51.
Bernstein *et al.* 1987	Bernstein, P., Hadzilacos, V. and Goodman, N. (1987). *Concurrency Control and Recovery in Database Systems*. Reading, MA: Addison-Wesley. Text available online.
Bershad *et al.* 1990	Bershad, B., Anderson, T., Lazowska, E. and Levy, H. (1990). Lightweight remote procedure call. *ACM Transactions on Computer Systems*, Vol. 8, No. 1, pp. 37–55.
Bershad *et al.* 1991	Bershad, B., Anderson, T., Lazowska, E. and Levy, H. (1991). User-level interprocess communication for shared memory multiprocessors. *ACM Transactions on Computer Systems*, Vol. 9, No. 2, pp. 175–198.
Bershad *et al.* 1995	Bershad, B., Savage, S., Pardyak, P., Sirer, E., Fiuczynski, M., Becker, D., Chambers, C. and Eggers, S. (1995). Safety and performance in the SPIN operating system. In *Proceedings of the 15th ACM Symposium on Operating Systems Principles*, pp. 267–84.
Bessani *et al.* 2008	Bessani, A. N., Alchieri, E. P., Correia, M. and Fraga, J. S. (2008). DepSpace: A Byzantine fault-tolerant coordination service. In *Proceedings of the 3rd ACM Sigops/Eurosys European Conference on Computer Systems*. Glasgow, Scotland, April, pp.163-176.
Bhagwan *et al.* 2003	Bhagwan, R., Savage, S. and Voelker, G. (2003). Understanding availability. In *Proc. 2nd International Workshop on Peer-to-Peer Systems (IPTPS '03)*, Berkeley, CA, February.
Bhatti and Friedrich 1999	Bhatti, N. and Friedrich, R. (1999). *Web Server Support for Tiered Services*. Hewlett-Packard Corporation Technical Report HPL-1999-160.
Birman 1993	Birman, K.P. (1993). The process group approach to reliable distributed computing. *Comms. ACM*, Vol. 36, No. 12, pp. 36–53.
Birman 2004	Birman, K.P. (2004). Like it or not, web services are distributed Objects! *Comms. ACM*. Vol. 47, No. 12, pp. 60–62.
Birman 2005	Birman, K.P. (2005). *Reliable Distributed Systems: Technologies, Web Services and Applications*. Springer-Verlag.
Birman and Joseph 1987a	Birman, K.P. and Joseph, T.A. (1987). Reliable communication in the presence of failures. *ACM Transactions on Computer Systems*, Vol. 5, No. 1, pp. 47–76.
Birman and Joseph 1987b	Birman, K. and Joseph, T. (1987). Exploiting virtual synchrony in distributed systems. In *Proceedings of the 11th ACM Symposium on Operating Systems Principles*, pp. 123–38.
Birman *et al.* 1991	Birman, K.P., Schiper, A. and Stephenson, P. (1991). Lightweight causal and atomic group multicast. *ACM Transactions on Computer Systems*, Vol. 9, No. 3, pp. 272–314.
Birrell and Needham 1980	Birrell, A.D. and Needham, R.M. (1980). A universal file server. *IEEE Transactions Software Engineering*, Vol. SE-6, No. 5, pp. 450–3.
Birrell and Nelson 1984	Birrell, A.D. and Nelson, B.J. (1984). Implementing remote procedure calls. *ACM Transactions on Computer Systems*, Vol. 2, No. 1, pp. 39–59.

971

972

Birrell *et al.* 1982	Birrell, A.D., Levin, R., Needham, R.M. and Schroeder, M.D. (1982). Grapevine:An exercise in distributed computing. *Comms. ACM*, Vol. 25, No. 4, pp. 260–73.
Birrell *et al.* 1995	Birrell, A., Nelson, G. and Owicki, S. (1993). Network objects. In *Proceedings of the 14th ACM Symposium on Operating Systems Principles*, pp. 217–30.
Bisiani and Forin 1988	Bisiani, R. and Forin, A. (1988). Multilanguage parallel programming of heterogeneous machines. *IEEE Transactions Computers*, Vol. 37, No. 8, pp. 930–45.
Black 1990	Black, D. (1990). Scheduling support for concurrency and parallelism in the Mach operating system. *IEEE Computer*, Vol. 23, No. 5, pp. 35–43.
Blakley 1999	Blakley, R. (1999). *CORBA Security – An Introduction to Safe Computing with Objects*. Reading, MA: Addison-Wesley.
Bloch 2006	Bloch, J. (2006). How to design a good API and why it matters. In *Companion to the 21st ACM SIGPLAN Symposium on Object-Oriented Programming Systems, Languages, and Applications*. (OOPSLA'06), Portland, Oregon, pp. 506–507.
Bolosky *et al.* 1996	Bolosky, W., Barrera, J., Draves, R., Fitzgerald, R., Gibson, G., Jones, M., Levi, S., Myhrvold, N. and Rashid, R. (1996). The Tiger video fileserver. *6th NOSSDAV Conference*, Zushi, Japan, April.
Bolosky *et al.* 1997	Bolosky, W., Fitzgerald, R. and Douceur, J. (1997). Distributed schedule management in the Tiger video fileserver. In *Proc. of the 16th ACM Symposium on Operating System Principles*, St Malo, France, October, pp. 212–23.
Bolosky *et al.* 2000	Bolosky, W.J., Douceur, J.R., Ely, D. and Theimer, M. (2000). Feasibility of a serverless distributed file system deployed on an existing set of desktop PCs. In *Proceedings of the International Conference on Measurement and Modeling of Computer Systems*, pp. 34–43.
Bonnaire *et al.* 1995	Bonnaire, X., Baggio, A. and Prun, D. (1995). Intrusion free monitoring: An observation engine for message server based applications. In *Proceedings of the 10th International Symposium on Computer and Information Sciences* (ISCIS X), pp. 541–48.
Booch *et al.* 2005	Booch, G., Rumbaugh, J. and Jacobson, I. (2005). *The Unified Modeling Language User Guide*, 2nd edn. Reading MA: Addison-Wesley.
Borisov *et al.* 2001	Borisov, N., Goldberg, I. and Wagner, D. (2001). Intercepting mobile communications: The insecurity of 802.11. In *Proceedings of MOBICOM 2001, pp. 180–9.*
Bowman *et al.* 1990	Bowman, M., Peterson, L. and Yeatts, A. (1990). Univers: An attribute-based name server. *Software–Practice and Experience*, Vol. 20, No. 4, pp. 403–24.
Box 1998	Box, D. (1998). *Essential COM*. Reading, MA: Addison-Wesley.
Box and Curbera 2004	Box, D. and Curbera, F. (2004). *Web Services Addressing (WS-Addressing)*. BEA Systems, IBM and Microsoft, August.
boxee.tv	Boxee. *Home page.*
Boykin *et al.* 1993	Boykin, J., Kirschen, D., Langerman, A. and LoVerso, S. (1993). *Programming under Mach*. Reading, MA: Addison-Wesley.
Bray and Sturman 2002	Bray, J. and Sturman. C.F. (2002). *Bluetooth: Connect Without Cables*, 2nd edn. Upper Saddle River, NJ: Prentice-Hall.
Brin and Page 1998	Brin, S. and Page, L. (1998). The anatomy of a large-scale hypertextual Web search engine. *Computer Networks and ISDN Systems*, Vol. 30, Issue 1-7, pp. 107-117.
Bruneton *et al.* 2006	Bruneton, E., Coupaye, T., LeClercq, M., Quema, V. and Stefani, J.B. (2006). The Fractal component model and its support in Java. *Software – Practice and Experience*, Vol. 36, Nos.11–21, pp. 1257–1284.
Buford 1994	Buford, J.K. (1994). *Multimedia Systems*. Addison-Wesley.
Burns and Wellings 1998	Burns, A. and Wellings, A. (1998). *Concurrency in Ada*. England: Cambridge University Press.
Burrows *et al.* 1989	Burrows, M., Abadi, M. and Needham, R. (1989). *A logic of authentication*. Technical Report 39. Palo Alto, CA: Digital Equipment

973

Corporation Systems Research Center.

Burrows *et al.* 1990   Burrows, M., Abadi, M. and Needham, R. (1990). A logic of authentication. *ACM Transactions on Computer Systems*, Vol. 8, No. 1, pp. 18–36.

Burrows 2006   Burrows, M. (2006). The Chubby lock service for loosely-coupled distributed systems. In *Proc. of the 7th Symposium on Operating Systems Design and Implementation*, Seattle, WA, pp. 335–350.

Bush 1945   Bush, V. (1945). As we may think. *The Atlantic Monthly*, July.

Bushmann *et al.* 2007   Bushmann, F., Henney, K. and Schmidt, D.C. (2007). *Pattern-Oriented Software Architecture: A Pattern for Distributed Computing*, New York: John Wiley & Sons.

Busi *et al.* 2003   Busi, N., Manfredini, C., Montresor, A. and Zavattaro, G. (2003). PeerSpaces: Data-driven coordination in peer-to-peer networks. In *Proceedings of the 2003 ACM Symposium on Applied Computing*, Melbourne, Florida, March, pp. 380–386.

Callaghan 1996a   Callaghan, B. (1996). *WebNFS Client Specification.* Internet RFC 2054.

Callaghan 1996b   Callaghan, B. (1996). *WebNFS Server Specification.* Internet RFC 2055.

Callaghan 1999   Callaghan, B. (1999). *NFS Illustrated.* Reading, MA: Addison-Wesley.

Callaghan *et al.* 1995   Callaghan, B., Pawlowski, B. and Staubach, P. (1995). *NFS Version 3 Protocol Specification.* Internet RFC 1813, Sun Microsystems.

Campbell 1997   Campbell, R. (1997). *Managing AFS: The Andrew File System.* Upper Saddle River, NJ: Prentice-Hall.

Campbell *et al.* 1993   Campbell, R., Islam, N., Raila, D. and Madany, P. (1993). Designing and implementing Choices: An object-oriented system in C++. *Comms. ACM*, Vol. 36, No. 9, pp. 117–26.

Canetti and Rabin 1993   Canetti, R. and Rabin, T. (1993). Fast asynchronous Byzantine agreement with optimal resilience. In *Proceedings of the 25th ACM Symposium on Theory of Computing*, pp. 42–51.

Cao and Singh 2005   Cao, F. and Singh, J. P. (2005). MEDYM: match-early with dynamic multicast for content-based publish-subscribe networks. In *Proceedings of the ACM/IFIP/USENIX 2005 International Conference on Middleware*, Grenoble, France, November, pp. 292–313.

Carriero *et al.* 1995   Carriero, N., Gelernter, D. and Zuck, L. (1995). Bauhaus Linda. In *LNCS 924: Object-based models and languages for concurrent systems.* Berlin, Heidelberg: Springer-Verlag. pp. 66–76.

Carter *et al.* 1991   Carter, J.B., Bennett, J.K. and Zwaenepoel, W. (1991). Implementation and performance of Munin. *In Proceedings of the 13th ACM Symposium on Operating System Principles*, pp. 152–64.

Carter *et al.* 1998   Carter, J., Ranganathan, A. and Susarla, S. (1998). Khazana, an infrastructure for building distributed services. In *Proceedings of ICDCS '98.* Amsterdam, The Netherland, pp. 562–71.

Carzaniga *et al.* 2001   Carzaniga, A., Rosenblum, D. S. and Wolf, A. L. (2001). Design and evaluation of a wide-area event notification service. *ACM Trans. on Compuer Systems*, Vol. 19, No. 3, pp. 332–383.

Castro and Liskov 2000   Castro, M. and Liskov, B. (2000). Proactive recovery in a Byzantine-fault-tolerant system. *Proceedings of the Fourth Symposium on Operating Systems Design and Implementation (OSDI '00)*, San Diego, CA, October, p. 19.

Castro *et al.* 2002a   Castro, M., Druschel, P., Hu, Y.C. and Rowstron, A. (2002). Topology-aware routing in structured peer-to-peer overlay networks. *Technical Report MSR-TR-2002-82*, Microsoft Research, 2002.

Castro *et al.* 2002b   Castro, M., Druschel, P., Kermarrec, and Rowstron, A. (2002). SCRIBE: A large-scale and decentralised application-level multicast infrastructure. *IEEE Journal on Selected Areas in Communication (JSAC)*, Vol. 20, No, 8, pp. 1489–99.

Castro *et al.* 2003   Castro, M., Costa, M. and Rowstron, A. (2003). *Performance and dependability of structured peer-to-peer overlays*. Technical Report MSR-TR-2003-94, Microsoft Research, 2003.

CCITT 1988a   CCITT (1988). *Recommendation X.500*: The Directory – Overview of

974

975

	Concepts, Models and Service. International Telecommunications Union, Place des Nations, 1211 Geneva, Switzerland.
CCITT 1988b	CCITT (1988). *Recommendation X.509: The Directory – Authentication Framework*. International Telecommunications Union, Place des Nations, 1211 Geneva, Switzerland.
CCITT 1990	CCITT (1990). *Recommendation I.150: B-ISDN ATM Functional Characteristics*. International Telecommunications Union, Place des Nations, 1211 Geneva, Switzerland.
Ceri and Owicki 1982	Ceri, S. and Owicki, S. (1982). On the use of optimistic methods for concurrency control in distributed databases. In *Proceedings of the 6th Berkeley Workshop on Distributed Data Management and Computer Networks*, Berkeley, CA, pp. 117–30.
Ceri and Pelagatti 1985	Ceri, S. and Pelagatti, G. (1985). *Distributed Databases – Principles and Systems*. Maidenhead, England: McGraw-Hill.
Chalmers *et al.* 2004	Chalmers, D., Dulay, N. and Sloman, M. (2004). Meta data to support context aware mobile applications. In *Proceedings of the IEEE Intl. Conference on Mobile Data Management (MDM 2004)*, Berkeley, CA, January, pp. 199–210.
Chandra and Toueg 1996	Chandra, T. and Toueg, S. (1996). Unreliable failure detectors for reliable distributed systems. *Journal of the ACM*. Vol. 43, No. 2, pp. 225–67.
Chandra *et al.* 2007	Chandra, T. D., Griesemer, R. and Redstone, J. (2007). Paxos made live: An engineering perspective. In *Proc. of the Twenty-Sixth Annual ACM Symposium on Principles of Distributed Computing, (*PODC'07), Portland, Oregon, pp. 398–407.
Chandy and Lamport 1985	Chandy, K. and Lamport, L. (1985). Distributed snapshots: Determining global states of distributed systems. *ACM Transactions on Computer Systems*, Vol. 3, No. 1, pp. 63–75.
Chang and Maxemchuk 1984	Chang, J. and Maxemchuk, N. (1984). Reliable broadcast protocols. *ACM Transactions on Computer Systems*, Vol. 2, No. 3, pp. 251–75.
Chang and Roberts 1979	Chang, E.G. and Roberts, R. (1979). An improved algorithm for decentralized extrema-finding in circular configurations of processors. *Comms. ACM*, Vol. 22, No. 5, pp. 281–3.
Chang *et al.* 2008	Chang, F., Dean, J., Ghemawat, S., Hsieh, W., Wallach, D., Burrows, M., Chandra, T., Fikes, A. and Gruber, R. (2008). Bigtable: A distributed storage system for structured data. *ACM Trans. on Computer Systems* Vol. 26, No. 2, pp. 1–26.
Charron-Bost 1991	Charron-Bost, B. (1991). Concerning the size of logical clocks in distributed systems. *Information Processing Letter*s, Vol. 39, No.1, pp. 11–16.
Chaum 1981	Chaum, D. (1981). Untraceable electronic mail, return addresses and digital pseudonyms. *Comms. ACM*, Vol. 24, No. 2, pp. 84–88.
Chen *et al.* 1994	Chen, P., Lee, E., Gibson, G., Katz, R. and Patterson, D. (1994). RAID: High-performance, reliable secondary storage. *ACM Computing Surveys,* Vol. 26, No. 2, pp. 145–188.
Cheng 1998	Cheng, C.K. (1998). *A survey of media servers*. Hong Kong University CSIS, November.
Cheng *et al.* 2005	Cheng, Y-C., Chawathe, Y., LaMarca, A. and Krumm J. (2005) Accuracy characterization for metropolitan-scale Wi-Fi localization, *Third International Conference on Mobile Systems, Applications, and Services (MobiSys 2005)*, June.
Cheriton 1984	Cheriton, D.R. (1984). The V kernel: A software base for distributed systems. *IEEE Software*, Vol. 1, No. 2, pp. 19–42.
Cheriton 1986	Cheriton, D.R. (1986). VMTP: A protocol for the next generation of communication systems. In *Proceedings of the SIGCOMM '86 Symposium on Communication Architectures and Protocols*, pp. 406–15.
Cheriton and Mann 1989	Cheriton, D. and Mann, T. (1989). Decentralizing a global naming service for improved performance and fault tolerance. *ACM Transactions on Computer Systems*, Vol. 7, No. 2, pp. 147–83.
Cheriton and Skeen 1993	Cheriton, D. and Skeen, D. (1993). Understanding the limitations of

976

causally and totally ordered communication. In *Proceedings of the 14th ACM Symposium on Operating System Principles*, Dec., pp. 44–57.

Cheriton and Zwaenepoel 1985   Cheriton, D.R. and Zwaenepoel, W. (1985). Distributed process groups in the V kernel. *ACM Transactions on Computer Systems*, Vol. 3, No. 2, pp. 77–107.

Cheswick and Bellovin 1994   Cheswick, E.R. and Bellovin, S.M. (1994). *Firewalls and Internet Security*. Reading, MA: Addison-Wesley.

Chien 2004   Chien, A. (2004). Massively distributed computing: Virtual screening on a desktop Grid. In Foster, I. and Kesselman, C. (eds.), *The Grid 2*. San Francisco, CA: Morgan Kauffman.

Chisnall 2007   Chisnall, D. (2007). *The Definitive Guide to the Xen Hypervisor*. Upper Saddle River, NJ: Prentice-Hall.

Choudhary *et al.* 1989   Choudhary, A., Kohler, W., Stankovic, J. and Towsley, D. (1989). A modified priority based probe algorithm for distributed deadlock detection and resolution. *IEEE Transactions Software Engineering*, Vol. 15, No. 1, pp. 10–17.

Chu *et al.* 2000   Chu, Y.-H., Rao, S.G. and Zhang, H. (2000). A case for end system multicast. In *Proc. of ACM Sigmetrics*, June, pp. 1–12.

Cilia *et al.* 2004   Cilia, M., Antollini, M., Bornhövd, C. and Buchmann, A. (2004). Dealing with heterogeneous data in pub/sub systems: The concept-based approach. In *Proceedings of the International Workshop on Distributed Event-Based Systems*, Edinburgh, Scotland, May, pp. 26–31.

Clark 1982   Clark, D.D. (1982). *Window and Acknowledgement Strategy in TCP*. Internet RFC 813.

Clark 1988   Clark, D.D. (1988). The design philosophy of the DARPA Internet protocols. *ACM SIGCOMM Computer Communication Review*, Vol. 18, No. 4, pp. 106–114.

Clarke *et al.* 2000   Clarke, I., Sandberg, O., Wiley, B. and Hong, T. (2000). Freenet: A distributed anonymous information storage and retrieval system. In *Proc. of the ICSI Workshop on Design Issues in Anonymity and Unobservability*, Berkeley, CA, pp. 46–66.

code.google.com I   Protocol buffers. *Home page*.

code.google.com II   Protocol buffers. *Developer guide: techniques*.

code.google.com III   Protocol buffers. *Third-party add-ons (RPC implementations)*.

code.google.com IV   Google App Engine. *Home page*.

Cohen 2003   Cohen, B. (2003). Incentives build robustness in BitTorrent. May 2003, Internet publication.

Comer 2006   Comer, D.E. (2006). *Internetworking with TCP/IP, Volume 1: Principles, Protocols and Architecture*, 5th edn. Upper Saddle River, NJ: Prentice-Hall.

Comer 2007   Comer, D.E. (2007). *The Internet Book*, 4th edn. Upper Saddle River, NJ: Prentice-Hall.

Condict *et al.* 1994   Condict, M., Bolinger, D., McManus, E., Mitchell, D. and Lewontin, S. (1994). *Microkernel modularity with integrated kernel performance*. Technical report, OSF Research Institute, Cambridge, MA, April.

Coulouris *et al.* 1998   Coulouris, G.F., Dollimore, J. and Roberts, M. (1998). Role and task-based access control in the PerDiS groupware platform. *Third ACM Workshop on Role-Based Access Control*, George Mason University, Washington, DC, October 22–23.

Coulson *et al.* 2008   Coulson, G., Blair, G., Grace, P., Taiani, F., Joolia, A., Lee, K., Ueyama, J. and Sivaharan, T. (2008). A generic component model for building systems software. *ACM Trans. on Computer Systems*, Vol. 26, No. 1, pp. 1–42.

Cristian 1989   Cristian, F. (1989). Probabilistic clock synchronization. *Distributed Computing*, Vol. 3, pp. 146–58.

Cristian 1991   Cristian, F. (1991). Reaching agreement on processor group membership in synchronous distributed systems. *Distributed Computing*, Vol. 4, pp. 175–87.

Cristian and Fetzer 1994   Cristian, F. and Fetzer, C. (1994). Probabilistic internal clock synchronization. In *Proceedings of the 13th Symposium on Reliable*

977

978

Distributed Systems, October, pp. 22–31.

Crow *et al.* 1997   Crow, B., Widjaja, I., Kim, J. and Sakai, P. (1997). IEEE 802.11 wireless local area networks. *IEEE Communications Magazine*, Vol. 35, No. 9, pp. 116–26.

cryptography.org   *North American Cryptography Archives.*

Culler *et al.* 2001   Culler, D.E., Hill, J., Buonadonna, P., Szewczyk, R. and Woo, A. (2001). A network-centric approach to embedded software for tiny devices. *Proceedings of the First International Workshop on Embedded Software*, Tahoe City, CA, October, pp. 114–130.

Culler *et al.* 2004   Culler, D., Estrin, D. and Srivastava, M. (2004). Overview of sensor networks. *IEEE Computer*, Vol. 37, No. 8, pp. 41–49.

Curtin and Dolske 1998   Kurtin, M. and Dolski, J. (1998). A brute force search of DES Keyspace. *login: – the Newsletter of the USENIX Association*, May.

Custer 1998   Custer, H. (1998). *Inside Windows NT*, 2nd edn.. Redmond, WA: Microsoft Press.

Czerwinski *et al.* 1999   Czerwinski, S., Zhao, B., Hodes, T., Joseph, A. and Katz, R. (1999). An architecture for a secure discovery service. In *Proceedings of the Fifth Annual International Conference on Mobile Computing and Networks*. Seattle, WA, pp.24–53.

Dabek *et al.* 2001   Dabek, F., Kaashoek, M.F., Karger, D., Morris, R. and Stoica, I. (2001). Wide-area cooperative storage with CFS. In *Proc. of the ACM Symposium on Operating System Principles*, October, pp. 202–15.

Dabek *et al.* 2003   Dabek, F., Zhao, B., Druschel, P., Kubiatowicz, J. and Stoica, I.(2003). Ion Stoica, Towards a common API for structured peer-to-peer overlays. In *Proceedings of the 2nd International Workshop on Peer-to-Peer Systems (IPTPS '03)*, Berkeley, CA, February, pp. 33–44.

Daemen and Rijmen 2000   Daemen, J. and Rijmen, V. (2000). The block cipher Rijndael. Quisquater, J.-J. and Schneier, B.(eds.). Smart Card Research and Applications, LNCS 1820. Springer-Verlag, pp. 288–296.

Daemen and Rijmen 2002   Daemen, J. and Rijmen, V. (2002). *The Design of Rijndael: AES – The Advanced Encryption Standard*, New York: Springer-Verlag.

Dasgupta *et al.* 1991   Dasgupta, P., LeBlanc Jr., R.J., Ahamad, M. and Ramachandran, U. (1991). The Clouds distributed operating system. *IEEE Computer*, Vol. 24, No. 11, pp. 34–44.

Davidson 1984   Davidson, S.B. (1984). Optimism and consistency in partitioned database systems. *ACM Transactions on Database Systems*, Vol. 9, No. 3, pp. 456–81.

Davidson *et al.* 1985   Davidson, S.B., Garcia-Molina, H. and Skeen, D. (1985). Consistency in partitioned networks. *Computing Surveys*, Vol. 17, No. 3, pp. 341–70.

Davies *et al.* 1998   Davies, N., Friday, A., Wade, S. and Blair, G. (1998). L^2imbo: a distributed systems platform for mobile computing. *Mobile Networks and Applications*, Vol. 3, No. 2, pp. 143–156.

de Ipiña *et al.* 2002   de Ipiña, D.L., Mendonça, P. and Hopper, A. (2002). TRIP: A low-cost vision-based location system for ubiquitous computing. *Personal and Ubiquitous Computing*, Vol. 6, No. 3, pp. 206–219.

Dean 2006   Dean, J. (2006) Experiences with MapReduce, an abstraction for large-scale computation. In *Proc. of the 15th International Conference on Parallel Architectures and Compilation Techniques*, (PACT'06), Seattle, WA, p. 1.

Dean and Ghemawat 2004   Dean, J. and Ghemawat, S. (2004). MapReduce: simplified data processing on large clusters. In *Proc. of Operating System Design and Implementation*, (OSDI'04), San Francisco, CA, pp. 137–150.

Dean and Ghemawat 2008   Dean, J. and Ghemawat, S. (2008). MapReduce: Simplified data processing on large clusters. *Comms. ACM*, Vol. 51, No. 1, pp. 107–113.

Dean and Ghemawat 2010   Dean, J. and Ghemawat, S. (2010). MapReduce: a flexible data processing tool. *Comms. ACM*, Vol. 53, No. 1, pp. 72–77.

Debaty and Caswell 2001   Debaty, P. and Caswell, D. (2001). Uniform web presence architecture for people, places, and things. *IEEE Personal Communications*, Vol. 8, No. 4, pp. 6–11.

DEC 1990   Digital Equipment Corporation (1990). *In Memoriam: J. C. R. Licklider 1915–1990*. Technical Report 61, DEC Systems Research Center.

979

980

DeCandia *et al.* 2007   DeCandia, G., Hastorun, D., Jampani, M., Kakulapati, G., Lakshman, A., Pilchin, A., Sivasubramanian, S., Vosshall, P. and Vogels, W. (2007). Dynamo: Amazon's highly available key-value store. *SIGOPS Oper. Syst. Rev.* Vol. 41, No. 6, pp. 205–220.

Delgrossi *et al.* 1993   Delgrossi, L., Halstrick, C., Hehmann, D., Herrtwich, R.G., Krone, O., Sandvoss, J. and Vogt, C. (1993). Media scaling for audiovisual communication with the Heidelberg transport system. *ACM Multimedia '93*, Anaheim, CA.

Demers *et al.* 1989   Demers, A., Keshav, S. and Shenker, S. (1989). Analysis and simulation of a fair queueing algorithm. *ACM SIGCOMM '89*.

Denning and Denning 1977   Denning, D. and Denning, P. (1977). Certification of programs for secure information flow. *Comms. ACM*, Vol. 20, No. 7, pp. 504–13.

Dertouzos 1974   Dertouzos, M.L. (1974). Control robotics – the procedural control of physical processes. *IFIP Congress*.

Dierks and Allen 1999   Dierks, T. and Allen, C. (1999). *The TLS Protocol Version 1.0*. Internet RFC 2246.

Diffie 1988   Diffie, W. (1988). The first ten years of public-key cryptography. *Proceedings of the IEEE*, Vol. 76, No. 5, pp. 560–77.

Diffie and Hellman 1976   Diffie, W. and Hellman, M.E. (1976). New directions in cryptography. *IEEE Transactions Information Theory*, Vol. IT-22, pp. 644–54.

Diffie and Landau 1998   Diffie, W. and Landau, S. (1998). *Privacy on the Line*. Cambridge, MA: MIT Press.

Dijkstra 1959   Dijkstra, E.W. (1959). A note on two problems in connection with graphs. *Numerische Mathematic*, Vol. 1, pp. 269–71.

Dilley *et al.* 2002   Dilley, J., Maggs, B., Parikh, J., Prokop, H., Sitaraman, R. and Weihl, B. (2002). Globally distributed content delivery. *IEEE Internet Computing*, pp. 50–58.

Dingledine *et al.* 2000   Dingledine, R., Freedman, M.J. and Molnar, D. (2000). The Free Haven project: Distributed anonymous storage service. In *Proc. Workshop on Design Issues in Anonymity and Unobservability*, Berkeley, CA, July, pp. 67–95.

Dolev and Malki 1996   Dolev, D. and Malki, D. (1996). The Transis approach to high availability cluster communication. *Comms. ACM*, Vol. 39, No. 4, pp. 64–70.

Dolev and Strong 1983   Dolev, D. and Strong, H. (1983). Authenticated algorithms for Byzantine agreement. *SIAM Journal of Computing*, Vol. 12, No. 4, pp. 656–66.

Dolev *et al.* 1986   Dolev, D., Halpern, J., and Strong, H. (1986). On the possibility and impossibility of achieving clock synchronization. *Journal of Computing Systems Science*, Vol. 32, No. 2 , pp. 230–50.

Dorcey 1995   Dorcey, T. (1995). CU-SeeMe desktop video conferencing software. *Connexions*, Vol. 9, No. 3, pp. 42–45.

Douceur and Bolosky 1999   Douceur, J.R. and Bolosky, W. (1999). Improving responsiveness of a stripe-scheduled media server. In Proc. IS &T/SPIE Conf. on *Multimedia Computing and Networking*, pp. 192–203.

Douglis and Ousterhout 1991   Douglis, F. and Ousterhout, J. (1991). Transparent process migration: Design alternatives and the Sprite implementation, *Software – Practice and Experience*, Vol. 21, No. 8, pp. 757–89.

Draves 1990   Draves, R. (1990). A revised IPC interface. In *Proceedings of the USENIX Mach Workshop*, pp. 101–21, October.

Draves *et al.* 1989   Draves, R.P., Jones, M.B. and Thompson, M.R. (1989). *MIG - the Mach Interface Generator*. Technical Report, Dept. of Computer Science, Carnegie-Mellon University.

Druschel and Peterson 1993   Druschel, P. and Peterson, L. (1993). Fbufs: a high-bandwidth cross-domain transfer facility. In *Proceedings of the 14th ACM Symposium on Operating System Principles*, pp. 189–202.

Druschel and Rowstron 2001   Druschel, P. and Rowstron, A. (2001). PAST: A large-scale, persistent peeer-to-peer storage utility. In *Proceedings of the Eighth Workshop on Hot Topics in Operating Systems (HotOS-VIII)*, Schloss Elmau, Germany, May, pp. 75–80.

Dubois *et al.* 1988   Dubois, M., Scheurich, C. and Briggs, F.A. (1988). Synchronization,

981

coherence and event ordering in multiprocessors. *IEEE Computer*, Vol. 21, No. 2, pp. 9–21.

Dwork *et al.* 1988	Dwork, C., Lynch, N. and Stockmeyer, L. (1988). Consensus in the presence of partial synchrony. *Journal of the ACM*, Vol. 35, No. 2, pp. 288–323.
Eager *et al.* 1986	Eager, D., Lazowska, E. and Zahorjan, J. (1986). Adaptive load sharing in homogeneous distributed systems. *IEEE Transactions on Software Engineering*, Vol. SE-12, No. 5, pp. 662–675.
earth.google.com	Google Earth. *Home page.*
Edney and Arbaugh 2003	Edney, J. and Arbaugh, W. (2003). *Real 802.11 Security: Wi-Fi Protected.* Boston MA: Pearson Education.
Edwards and Grinter 2001	Edwards, W.K. and Grinter, R. (2001). At home with ubiquitous computing: Seven challenges. In *Proceedings of the Third International Conference on Ubiquitous Computing (Ubicomp 2001)*, Atlanta, GA, Sep.–Oct., pp. 256–272.
Edwards *et al.* 2002	Edwards, W.K., Newman, M.W., Sedivy, J.Z., Smith, T.F. and Izadi, S. (2002). Challenge: Recombinant computing and the speakeasy approach. In *Proceedings of the Eighth ACM International Conference on Mobile Computing and Networking (MobiCom 2002)*, Atlanta, GA, September, pp. 279–286.
EFF 1998	Electronic Frontier Foundation (1998). *Cracking DES, Secrets of Encryption Research, Wiretap Politics & Chip Design.* Sebastapol, CA: O'Reilly & Associates.
Egevang and Francis 1994	Egevang, K. and Francis, P. (1994). *The IP Network Address Translator (NAT).* Internet RFC 1631.
Eisler *et al.* 1997	Eisler, M., Chiu, A. and Ling, L. (1997). *RPCSEC_GSS Protocol Specification.* Sun Microsystems, Internet RFC 2203.
El Abbadi *et al.* 1985	El Abbadi, A., Skeen, D. and Cristian, C. (1985). An efficient fault-tolerant protocol for replicated data management. In *Proc. of the 4th Annual ACM SIGACT/SIGMOD Symposium on Principles of Data Base Systems*, Portland, OR, pp. 215–29.
Ellis *et al.* 1991	Ellis, C., Gibbs, S. and Rein, G. (1991). Groupware – some issues and experiences. *Comms. ACM*, Vol. 34, No. 1, pp. 38–58.
Ellison 1996	Ellison, C. (1996). Establishing identity without certification authorities. In *Proc. of the 6th USENIX Security Symposium*, San Jose, CA, July, p.7.
Ellison *et al.* 1999	Ellison, C., Frantz, B., Lampson, B., Rivest, R., Thomas, B. and Ylonen, T. (1999). *SPKI Certificate Theory.* Internet RFC 2693, September.
Elrad *et al.* 2001	Elrad, T., Filman, R. and Bader A. (eds.) (2001). Theme section on aspect-oriented programming, *Comms. ACM*, Vol. 44, No. 10, pp. 29–32.
Emmerich 2000	Emmerich, W. (2000). *Engineering Distributed Objects.* New York: John Wiley & Sons.
esm.cs.cmu.edu	ESM project at CMU. *Home page.*
Eugster *et al.* 2003	Eugster, P.T., Felber, P.A., Guerraoui, R. and Kermarrec A-M. (2003). The many faces of publish-subscribe, *ACM Computing Surveys*, Vol. 35, No. 2, pp. 114–131.
Evans *et al.* 2003	Evans, C. and 15 other authors (2003). *Web Services Reliability (WS-Reliability)*, Fujitsu, Hitachi, NEC, Oracle Corporation, Sonic Software, and Sun Microsystems.
Fall 2003	Fall, K. (2003). A delay-tolerant network architecture for challenged internets. In *Proceedings of the ACM 2003 Conference on Applications, Technologies, Architectures and Protocols for Computer Communications (SIGCOMM 2003)*, Karlsruhe, Germany, August, pp. 27–34.
Farley 1998	Farley, J. (1998). *Java Distributed Computing.* Cambridge, MA: O'Reilly.
Farrow 2000	Farrow, R. (2000). Distributed denial of service attacks – how Amazon, Yahoo, eBay and others were brought down. *Network Magazine*, March.

982

983

Ferguson and Schneier 2003	Ferguson, N. and Schneier, B. (2003). *Practical Cryptography*. New York: John Wiley & Sons.
Ferrari and Verma 1990	Ferrari, D. and Verma, D. (1990). A scheme for real-time channel establishment in wide-area networks. *IEEE Journal on Selected Areas in Communications*, Vol. 8, No. 4, pp. 368–79.
Ferreira *et al.* 2000	Ferreira, P., Shapiro, M., Blondel, X., Fambon, O., Garcia, J., Kloostermann, S., Richer, N., Roberts, M., Sandakly, F., Coulouris, G., Dollimore, J., Guedes, P., Hagimont, D. and Krakowiak, S. (2000). PerDiS: Design, implementation, and use of a PERsistent DIstributed Store. In *LNCS 1752: Advances in Distributed Systems*. Berlin, Heidelberg, New York: Springer-Verlag. pp. 427–53.
Ferris and Langworthy 2004	Ferris, C. and Langworthy, D. (eds.), Bilorusets, R. and 22 other authors (2004). *Web Services Reliable Messaging Protocol (WS-Reliable Messaging)*. BEA, IBM, Microsoft and TibCo.
Fidge 1991	Fidge, C. (1991). Logical time in distributed computing systems. *IEEE Computer*, Vol. 24, No. 8, pp. 28–33.
Fielding 2000	Fielding, R. (2000). *Architectural Styles and the Design of Network-based Software Architecture*s. Doctoral dissertation, University of California, Irvine.
Fielding *et al.* 1999	Fielding, R., Gettys, J., Mogul, J.C., Frystyk, H., Masinter, L., Leach, P. and Berners-Lee, T. (1999). *Hypertext Transfer Protocol – HTTP/1.1*. Internet RFC 2616.
Filman *et al.* 2004	Filman, R., Elrad, T., Clarke, S. and Aksit, M. (2004) *Aspect-Oriented Software Development*. Addison-Wesley.
Fischer 1983	Fischer, M. (1983). The consensus problem in unreliable distributed systems (a brief survey). In Karpinsky, M. (ed.), *Foundations of Computation Theory*, Vol. 158 of *Lecture Notes in Computer Science*, Springer-Verlag, pp. 127–140. Yale University Technical Report YALEU/DCS/TR-273.
Fischer and Lynch 1982	Fischer, M. and Lynch, N. (1982). A lower bound for the time to assure interactive consistency. *Inf. Process. Letters*, Vol. 14, No. 4, pp. 183–6.
Fischer and Michael 1982	Fischer, M.J. and Michael, A. (1982). Sacrificing serializability to attain high availability of data in an unreliable network. In *Proceedings of the Symposium on Principles of Database Systems*, pp. 70–5.
Fischer *et al.* 1985	Fischer, M., Lynch, N. and Paterson, M. (1985). Impossibility of distributed consensus with one faulty process. *Journal of the ACM*, Vol. 32, No. 2, pp. 374–82.
Fitzgerald and Rashid 1986	Fitzgerald, R. and Rashid, R.F. (1986). The integration of virtual memory management and interprocess communication in Accent. *ACM Transactions on Computer Systems*, Vol. 4, No. 2, pp. 147–77.
Flanagan 2002	Flanagan, D. (2002). *Java in a Nutshell*, 4th edn. Cambridge, MA: O'Reilly.
Floyd 1986	Floyd, R. (1986). *Short term file reference patterns in a UNIX environment*. Technical Rep. TR 177, Rochester, NY: Dept of Computer Science, University of Rochester.
Floyd and Jacobson 1993	Floyd, S. and Jacobson, V. (1993). The synchronization of periodic routing messages. *ACM Sigcomm '93 Symposium*.
Floyd *et al.* 1997	Floyd, S., Jacobson, V., Liu, C., McCanne, S. and Zhang, L. (1997). A reliable multicast framework for lightweight sessions and application level framing. *IEEE/ACM Transactions on Networking*, Vol. 5, No. 6, pp. 784–803.
Fluhrer *et al.* 2001	Fluhrer, S., Mantin, I. and Shamir, A. (2001). Weaknesses in the key scheduling algorithm of RC4. In *Proceedings of the 8th annual workshop on Selected Areas of Cryptography (SAC)*, Toronto, Canada, pp. 1–24.
Ford and Fulkerson 1962	Ford, L.R. and Fulkerson, D.R. (1962). *Flows in Networks*. Princeton, NJ: Princeton University Press.
Foster and Kesselman 2004	Foster, I. and Kesselman, C. (eds.) (2004). *The Grid 2*. San Francisco, CA: Morgan Kauffman.
Foster *et al.* 2001	Foster, I., Kesselman, C. and Tuecke, S. (2001). The anatomy of the Grid: Enabling scalable virtual organisations. *Intl. J. Supercomputer Applications*, Vol. 15, No. 3, pp. 200–222.

984

Foster *et al.* 2002	Foster, I., Kesselman, C., Nick, J. and Tuecke, S. (2002). Grid services for distributed systems integration. *IEEE Computer*, Vol. 35, No. 6, pp. 37–46.
Foster *et al.* 2004	Foster, I., Kesselman, C. and Tuecke, S. (2004). T*he Open Grid Services Architecture.* In Foster, I. and Kesselman, C. (eds.), *The Grid 2*. San Francisco, CA: Morgan Kauffman.
Fox *et al.* 1997	Fox, A., Gribble, S., Chawathe, Y., Brewer, E. and Gauthier, P. (1997). Cluster-based scalable network services. *Proceedings of the 16th ACM Symposium on Operating Systems Principles*, pp. 78–91.
Fox *et al.* 1998	Fox, A., Gribble, S.D., Chawathe, Y. and Brewer, E.A. (1998). Adapting to network and client variation using active proxies: Lessons and perspectives. *IEEE Personal Communications*, Vol. 5, No. 4, pp. 10–19.
Fox *et al.* 2003	Fox, D., Hightower, J., Liao, L., Schulz, D. and Borriello, G. (2003). Bayesian filtering for location estimation. *IEEE Pervasive Computing*, Vol. 2, No. 3, pp. 24–33.
fractal.ow2.org I	Fractal Project. *Home page.*
fractal.ow2.org II	Fractal Project. *Tutorial.*
France and Rumpe 2007	France, R. and Rumpe, B. (2007). Model-driven development of complex software: A research roadmap. *International Conference on Software Engineering (Future of Software Engineering session)*. IEEE Computer Society, Washington, DC, pp. 37–54.
Fraser *et al.* 2003	Fraser, K.A., Hand, S.M., Harris, T.L., Leslie, I.M. and Pratt, I.A. (2003). *The Xenoserver computing infrastructure.* Technical Report UCAM-CL-TR-552, Computer Laboratory, University of Cambridge.
Freed and Borenstein 1996	Freed, N. and Borenstein, N. (1996). *MIME (Multipurpose Internet Mail Extensions) Part One: Mechanisms for Specifying and Describing the Format of Internet Message Bodies. September.* Internet RFC 1521.
freenet.project.org	The Free Network Project.
freepastry.org	The FreePastry project.
Frey and Roman 2007	Frey, D. and G-C Roman, G-C. (2007). Context-aware publish subscribe in mobile ad hoc networks. In *Proceedings of the 9th International Conference on Coordination Models and Languages*, pp. 37–55.
Ganesh *et al.* 2003	Ganesh, A. J., Kermarrec, A. and Massoulié, L. (2003). Peer-to-peer membership management for gossip-based protocols. *IEEE Transactions on Computers*, Vol. 52, No. 2, pp. 139–149.
Garay and Moses 1993	Garay, J. and Moses, Y. (1993). Fully polynomial Byzantine agreement in *t*+1 rounds. In *Proceedings of the 25th ACM symposium on theory of computing*, pp. 31–41.
Garcia-Molina 1982	Garcia-Molina, H. (1982). Elections in distributed computer systems. *IEEE Transactions on Computers*, Vol. C-31, No. 1, pp. 48–59.
Garcia-Molina and Spauster 1991	Garcia-Molina, H. and Spauster, A. (1991). Ordered and reliable multicast communication. *ACM Transactions on Computer Systems*, Vol. 9, No. 3, pp. 242–71.
Garfinkel 1994	Garfinkel, S. (1994). *PGP: Pretty Good Privacy.* Cambridge, MA: O'Reilly.
Gehrke and Madden 2004	Gehrke, J. and Madden, S. (2004). Query processing in sensor networks. *IEEE Pervasive Computing*, Vol. 3, No. 1, pp. 46–55.
Gelernter 1985	Gelernter, D. (1985). Generative communication in Linda. *ACM Transactions on Programming Languages and Systems*, Vol. 7, No. 1, pp. 80–112.
Ghemawat *et al.* 2003	Ghemawat, S., Gobioff, H. and Leung, S. (2003). The Google file system. *SIGOPS Oper. Syst. Rev.*, Vol. 37, No. 5, pp. 29–43.
Gibbs and Tsichritzis 1994	Gibbs, S.J. and Tsichritzis, D.C. (1994). *Multimedia Programming.* Addison-Wesley.
Gibson *et al.* 2004	Gibson, G., Courtial, J., Padgett, M.J., Vasnetsov, M., Pas'ko, V., Barnett, S.M. and Franke-Arnold, S. (2004). Free-space information transfer using light beams carrying orbital angular momentum. *Optics Express*, Vol. 12, No. 22, pp. 5448–5456.

985

986

Gifford 1979	Gifford, D.K. (1979). Weighted voting for replicated data. In *Proceedings of the 7th Symposium on Operating Systems Principles*, pp. 150–62.
glassfish.dev.java.net	GlassFish Application Server. *Home page.*
Gokhale and Schmidt 1996	Gokhale, A. and Schmidt, D. (1996). Measuring the performance of communication middleware on high-speed networks. In *Proceedings of SIGCOMM '96*, pp. 306–17.
Golding and Long 1993	Golding, R. and Long, D. (1993). *Modeling replica divergence in a weak-consistency protocol for global-scale distributed databases.* Technical report UCSC-CRL-93-09, Computer and Information Sciences Board, University of California, Santa Cruz.
Goldschlag *et al.* 1999	Goldschlag, D., Reed, M. and Syverson, P. (1999). Onion routing for anonymous and private Internet connections. *Communications of the ACM*, Vol. 42, No. 2, pp. 39–41.
Golub *et al.* 1990	Golub, D., Dean, R., Forin, A. and Rashid, R. (1990). *UNIX as an application program.* In *Proc. USENIX Summer Conference*, pp. 87–96.
Gong 1989	Gong, L. (1989). A secure identity-based capability system. In *Proceedings of the IEEE Symposium on Security and Privacy*, Oakland, CA, May, pp. 56–63.
googleblog.blogspot.com I	The Official Google Blog. *Powering a Google search.*
googleblog.blogspot.com II	The Official Google Blog. *New Search Engine: Caffeine.*
googletesting.blogspot.com	The Google Testing Blog. *Home page.*
Gordon 1984	Gordon, J. (1984). *The Story of Alice and Bob.* After dinner speech, see also: en.wikipedia.org/wiki/Alice_and_Bob .
Govindan and Anderson 1991	Govindan, R. and Anderson, D.P. (1991). Scheduling and IPC mechanisms for continuous media. *ACM Operating Systems Review,* Vol. 25, No. 5, pp. 68–80.
Goyal and Carter 2004	Goyal, S. and Carter, J. (2004). A lightweight secure cyber foraging infrastructure for resource-constrained devices. In *Proceedings of the Sixth IEEE Workshop on Mobile Computing Systems and Applications (WMCSA 2004)*, December, pp. 186–195.
Graumann *et al.* 2003	Graumann, D., Lara, W., Hightower, J. and Borriello, G. (2003). Real-world implementation of the Location Stack: The Universal Location Framework. In *Proceedings of the 5th IEEE Workshop on Mobile Computing Systems & Applications (WMCSA 2003)*, Monterey, CA, October, pp. 122–128.
Grace *et al.* 2003	Grace, P., Blair, G.S. and Samuel, S. (2003). ReMMoC: A reflective middleware to support mobile client interoperability. In *Proceedings of the International Symposium on Distributed Objects and Applications (DOA'03)*, Catania, Sicily, November, pp. 1170–1187.
Grace *et al.* 2008	Grace, P., Hughes, D., Porter, B., Blair, G.S., Coulson, G. and Taiani, F. (2008). Experiences with open overlays: A middleware approach to network heterogeneity. In *Proceedings of the 3rd ACM Sigops/Eurosys European Conference on Computer Systems (Eurosys'08)*, Glasgow, Scotland, pp. 123–136.
Gray 1978	Gray, J. (1978). Notes on database operating systems. In *Operating Systems: an Advanced Course. Lecture Notes in Computer Science*, Vol. 60, Springer-Verlag, pp. 394–481.
Gray and Szalay 2002	Gray, J. and Szalay, A. (2002). *The World-Wide Telescope, an Archetype for Online Science.* Technical Report. MSR-TR-2002-75. Microsoft Research.
Greenfield and Dornan 2004	Greenfield, D. and Dornan, A. (2004). Amazon: Web site to web services, *Network Magazine,* October.
Grimm 2004	Grimm, R. (2004). One.world: Experiences with a pervasive computing architecture. *IEEE Pervasive Computing*, Vol. 3, No. 3, pp. 22–30.
Gruteser and Grunwald 2003	Gruteser, M. and Grunwald, D. (2003). Enhancing location privacy in wireless LAN through disposable interface identifiers: a quantitative analysis. In *Proceedings of the 1st ACM international workshop on Wireless mobile applications and services on WLAN hotspots (WMASH '03)*, San Diego, CA, September, pp. 46–55.

987

Guerraoui *et al.* 1998	Guerraoui, R., Felber, P., Garbinato, B. and Mazouni, K. (1998). System support for object groups. In *Proceedings of the ACM Conference on Object Oriented Programming Systems, Languages and Applications* (OOPSLA'98).
Gummadi *et al.* 2003	Gummadi, K.P., Gummadi, R., Gribble, S.D., Ratnasamy, S., Shenker, S. and Stoica, I. (2003). The impact of DHT routing geometry on resilience and proximity. In Proc. *ACM SIGCOMM 2003*, pp. 381–94.
Gupta *et al.* 2004	Gupta, A., Sahin, O. D., Agrawal, D. and Abbadi, A. E. (2004). Meghdoot: Content-based publish/subscribe over P2P networks. In *Proceedings of the 5th ACM/IFIP/USENIX International Conference on Middleware,* Toronto, Canada, October, pp. 254–273.
Gusella and Zatti 1989	Gusella, R. and Zatti, S. (1989). The accuracy of clock synchronization achieved by TEMPO in Berkeley UNIX 4.3BSD. *IEEE Transactions on Software Engineering*, Vol. 15, No. 7, pp. 847–53.
Guttman 1999	Guttman, E. (1999). Service location protocol: Automatic discovery of IP network services. *IEEE Internet Computing*, Vol. 3, No. 4, pp. 71–80.
Haartsen *et al.* 1998	Haartsen, J., Naghshineh, M., Inouye, J., Joeressen, O.J. and Allen, W. (1998). Bluetooth: Vision, goals and architecture. *ACM Mobile Computing and Communications Review*, Vol. 2, No. 4, pp. 38–45.
hadoop.apache.org	Hadoop. *Home page.*
Hadzilacos and Toueg 1994	Hadzilacos, V. and Toueg, S. (1994). *A Modular Approach to Fault-tolerant Broadcasts and Related Problems.* Technical report, Dept of Computer Science, University of Toronto.
Hand *et al.* 2003	Hand, S., Harris, T., Kotsovinos, E. and Pratt, I. (2003). Controlling the XenoServer open platform. In *Proceedings of the 6th IEEE Conference on Open Architectures and Network Programming (OPEN ARCH 2003)*, pp. 3–11.
Handley *et al.* 1999	Handley, M., Schulzrinne, H., Schooler, E. and Rosenberg, J. (1999). *SIP: Session Initiation Protocol.* Internet RFC 2543.
Harbison 1992	Harbison, S. P. (1992). *Modula-3.* Englewood Cliffs, NJ: Prentice-Hall.
Härder 1984	Härder, T. (1984). Observations on optimistic concurrency control schemes. *Information Systems*, Vol. 9, No. 2, pp. 111–20.
Härder and Reuter 1983	Härder, T. and Reuter, A. (1983). Principles of transaction-oriented database recovery. *ACM Computing Surveys*, Vol. 15, No. 4, pp. 287–317.
Harrenstien et al. 1985	Harrenstien, K., Stahl, M. and Feinler, E. (1985). *DOD Internet Host Table Specification.* Internet RFC 952.
Harter and Hopper 1994	Harter, A. and Hopper, A. (1994). A distributed location system for the active office. *IEEE Network*, Vol. 8, No. 1, pp. 62–70.
Harter *et al.* 2002	Harter, A., Hopper, A., Steggles, P., Ward, A. and Webster, P. (2002). The anatomy of a context-aware application. *Wireless Networks*, Vol. 8, No. 2–3, pp. 187–197.
Härtig *et al.* 1997	Härtig, H., Hohmuth, M., Liedtke, J., Schönberg, S. and Wolter, J. (1997). The performance of kernel-based systems. In *Proceedings of the 16th ACM Symposium on Operating System Principles*, pp. 66–77.
Hartman and Ousterhout 1995	Hartman, J. and Ousterhout, J. (1995). The Zebra striped network file system. *ACM Trans. on Computer Systems*, Vol. 13 , No. 3, pp. 274–310.
Hauch and Reiser 2000	Hauch, R. and Reiser, H. (2000). Monitoring quality of service across organisational boundaries. In *Trends in Distributed Systems: Towards a Universal Service Market*, Proc. Third Intl. IFIP/HGI Working conference, USM, September.
Hayton *et al.* 1998	Hayton, R., Bacon, J. and Moody, K. (1998). OASIS: Access control in an open, distributed environment. In *Proceedings of the IEEE Symposium on Security and Privacy*, May, Oakland, CA, pp. 3–14.
Hedrick 1988	Hedrick, R. (1988). *Routing Information Protocol.* Internet RFC 1058.
Heidemann *et al.* 2001	Heidemann, J., Silva, F., Intanagonwiwat, C., Govindan, R., Estrin, D. and Ganesan, D. (2001). Building efficient wireless sensor networks with low-level naming. In *Proceedings of the 18th ACM Symposium on Operating Systems Principles*, Banff, Alberta, Canada, October, pp. 146–159.

988

989

Heineman and Councill 2001	Heineman, G.T. and Councill, W.T. (2001). *Component-Based Software Engineering: Putting the Pieces Together*. Reading, MA: Addison-Wesley.
Hennessy and Patterson 2006	Hennessy, J.L. and Patterson, D.A. (2006). *Computer Architecture: A Quantitative Approach*, 4th edn. San Francisco:CA: Morgan Kaufmann.
Henning 1998	Henning, M. (1998). Binding, migration and scalability in CORBA. *Comms. ACM*, Vol. 41, No. 10, pp. 62–71.
Henning and Vinoski 1999	Henning, M. and Vinoski, S. (1999). *Advanced CORBA Programming with C++*. Reading, MA: Addison-Wesley.
Herlihy 1986	Herlihy, M. (1986). A quorum-consensus replication method for abstract data yypes. *ACM Transactions on Computer Systems*, Vol. 4, No. 1, pp. 32–53.
Herlihy and Wing 1990	Herlihy, M. and Wing, J. (1990). On linearizability: a correctness condition for concurrent objects. *ACM Transactions on Programming Languages and Systems*, Vol. 12, No. 3, pp. 463–92.
Herrtwich 1995	Herrtwich, R.G. (1995). Achieving quality of service for multimedia applications. *ERSADS '95, European Research Seminar on Advanced Distributed Systems*, l'Alpe d'Huez, France, April.
Hightower and Borriello 2001	Hightower, J. and Borriello, G. (2001). Location systems for ubiquitous computing. *IEEE Computer*, Vol. 34, No. 8, pp. 57–66.
Hightower *et al.* 2002	Hightower, J., Brumitt, B. and Borriello, G. (2002). The Location Stack: A layered model for location in ubiquitous computing. In *Proceedings of the 4th IEEE Workshop on Mobile Computing Systems & Applications (WMCSA 2002)*, Callicoon, NY, June, pp. 22–28.
Hill *et al.* 2000	Hill, J., Szewczyk, R., Woo, A., Hollar, S., Culler, D. and Pister, K. (2000). System architecture directions for networked sensors. In *Proceedings of the Ninth ACM International Conference on Architectural Support for Programming Languages and Operating Systems (ASPLOS-IX)*, Cambridge, MA, November, pp. 93–104.
Hirsch 1997	Hirsch, F.J. (1997). Introducing SSL and Certificates using SSLeay. *World Wide Web Journal*, Vol. 2, No. 3, pp. 141–173.
Holmquist *et al.* 2001	Holmquist, L.E., Mattern, F., Schiele, B., Alahuhta, P., Beigl, M. and Gellersen, H.-W. (2001). Smart-Its Friends: A technique for users to easily establish connections between smart artefacts. In *Proceedings of the Third International Conference on Ubiquitous Computing (Ubicomp 2001)*, Atlanta, GA, September –October, pp. 116–122.
Housley 2002	Housley, R. (2002). *Cryptographic Message Syntax (CMS) Algorithms*. Internet RFC 3370.
Howard *et al.* 1988	Howard, J.H., Kazar, M.L., Menees, S.G, Nichols, D.A., Satyanarayanan, M., Sidebotham, R.N. and West, M.J. (1988). Scale and performance in a distributed file system. *ACM Transactions on Computer Systems*, Vol. 6, No. 1, pp. 51–81.
Huang *et al.* 2000	Huang, A., Ling, B., Barton, J. and Fox, A. (2000). Running the Web backwards: Appliance data services. In *Proceedings of the 9th international World Wide Web Conference,* pp.619–31.
Huitema 1998	Huitema, C. (1998). *IPv6 – the New Internet Protocol*. Upper Saddle River, NJ: Prentice-Hall.
Huitema 2000	Huitema, C. (2000). *Routing in the Internet*, 2nd edn. Englewood Cliffs, NJ: Prentice-Hall.
Hull *et al.* 2004	Hull, R., Clayton, B. and Melamad, T. (2004). Rapid authoring of mediascapes. In *Proceedings of the Sixth International Conference on Ubiquitous Computing (Ubicomp 2004)*, Nottingham, England, September, pp. 125–142.
hulu.com	Hulu. *Home page.*
Hunt *et al.* 2007	Hunt, G.C. and Larus, J. R., Singularity: Rethinking the Software Stack, In *ACM SIGOPS Operating Systems Review*, Vol. 41, No. 2, pp. 37–49.
Hunter and Crawford 1998	Hunter, J. and Crawford, W. (1998). *Java Servlet Programming*. Sebastopol, CA: O'Reilly.
Hutchinson and Peterson 1991	Hutchinson, N. and Peterson, L. (1991). The x-kernel: An architecture for implementing network protocols. *IEEE Transactions on Software Engineering*, Vol. 17, No. 1, pp. 64–76.

990

Hutchinson *et al.* 1989	Hutchinson, N.C., Peterson, L.L., Abbott, M.B. and O'Malley, S.W. (1989). RPC in the x-Kernel: Evaluating new design techniques. In *Proc. of the 12th ACM Symposium on Operating System Principles*, pp. 91–101.
Hyman *et al.* 1991	Hyman, J., Lazar, A.A. and Pacifici, G. (1991). MARS – The MAGNET-II Real-Time Scheduling Algorithm. *ACM SIGCOM '91*, Zurich.
IEEE 1985a	Institute of Electrical and Electronic Engineers (1985). *Local Area Network – CSMA/CD Access Method and Physical Layer Specifications*. American National Standard ANSI/IEEE 802.3, IEEE Computer Society.
IEEE 1985b	Institute of Electrical and Electronic Engineers (1985). *Local Area Network – Token Bus Access Method and Physical Layer Specifications*. American National Standard ANSI/IEEE 802.4, IEEE Computer Society.
IEEE 1985c	Institute of Electrical and Electronic Engineers (1985). *Local Area Network – Token Ring Access Method and Physical Layer Specifications*. American National Standard ANSI/IEEE 802.5, IEEE Computer Society.
IEEE 1990	Institute of Electrical and Electronic Engineers (1990). *IEEE Standard 802: Overview and Architecture*. American National Standard ANSI/IEEE 802, IEEE Computer Society.
IEEE 1994	Institute of Electrical and Electronic Engineers (1994). *Local and Metropolitan Area Networks – Part 6: Distributed Queue Dual Bus (DQDB) Access Method and Physical Layer Specifications*. American National Standard ANSI/IEEE 802.6, IEEE Computer Society.
IEEE 1999	Institute of Electrical and Electronic Engineers (1999). *Local and Metropolitan Area Networks – Part 11: Wireless LAN Medium Access Control (MAC) and Physical Layer (PHY) Specifications*. American National Standard ANSI/IEEE 802.11, IEEE Computer Society.
IEEE 2002	Institute of Electrical and Electronic Engineers (2002). *Wireless Medium Access Control (MAC) and Physical Layer (PHY) Specifications for Wireless Personal Area Networks (WPANs)*. American National Standard ANSI/IEEE 802.15.1, IEEE Computer Society.
IEEE 2003	Institute of Electrical and Electronic Engineers (2003). *Part 15.4: Wireless Medium Access Control (MAC) and Physical Layer (PHY) Specifications for Low-Rate Wireless Personal Area Networks (LR-WPANs)*. American National Standard ANSI/IEEE 802.15.4, IEEE Computer Society.
IEEE 2004a	Institute of Electrical and Electronic Engineers (2004). *IEEE Standard for Local and Metropolitan Area Networks – Part 16: Air Interface for Fixed Broadband Wireless Access Systems*. American National Standard ANSI/IEEE 802.16, IEEE Computer Society.
IEEE 2004b	Institute of Electrical and Electronic Engineers (2004). *Wireless LAN Medium Access Control (MAC) and Physical Layer (PHY) Specifications: Medium Access Control (MAC) Security Enhancement,*. American National Standard ANSI/IEEE 802.11i, IEEE Computer Society.
Imielinski and Navas 1999	Imielinski, T. and Navas, J.C. (1999). GPS-based geographic addressing, routing, and resource discovery. *Comms. ACM*, Vol. 42, No. 4, pp. 86–92.
<u>International PGP</u>	*The International PGP Home Page.*
<u>Internet World Stats</u> 2004	Internet World Stats. <u>www.internetworldstats.com</u>.
Ishii and Ullmer 1997	Ishii, H. and Ullmer, B.,(1997). Tangible bits: Towards seamless interfaces between people, bits and atoms. In *Proceedings of the ACM Conference on Human Factors in Computing Systems (CHI '97)*, Atlanta, GA, March, pp. 234–241.
ISO 1992	International Organization for Standardization (1992). *Basic Reference Model of Open Distributed Processing, Part 1: Overview and Guide to Use*. ISO/IEC JTC1/SC212/WG7 CD 10746-1, International Organization for Standardization.

991

992

ISO 8879	International Organization for Standardization (1986). *Information Processing – Text and Office Systems – Standard Generalized Markup Language (SGML)*.
ITU/ISO 1997	International Telecommunication Union / International Organization for Standardization (1997). Recommendation X.500 (08/97): *Open Systems Interconnection – The Directory: Overview of Concepts, Models and Services.*
Iyer *et al.* 2002	Iyer, S., Rowstron, A. and Druschel, P. (2002). Squirrel: A decentralized peer-to-peer web cache. In *Proceedings of the 12th ACM Symposium on Principles of Distributed Computing (PODC 2002)*, pp. 213–22.
jakarta.apache.org	The Apache foundation. *Apache Tomcat*.
java.sun.com I	Sun Microsystems. *Java Remote Method Invocation*.
java.sun.com II	Sun Microsystems. *Java Object Serialization Specification*.
java.sun.com III	Sun Microsystems. *Servlet Tutorial*.
java.sun.com IV	Jordan, M. and Atkinson, M. (1999). *Orthogonal Persistence for the Java Platform - Draft Specification*. Sun Microsystems Laboratories, Palo Alto, CA.
java.sun.com V	Sun Microsystems, *Java Security API*.
java.sun.com VI	Sun Microsystems (1999). *JavaSpaces technology*.
java.sun.com VII	Sun Microsystems. *The Java Web Services Tutorial*.
java.sun.com VIII	Sun Microsystems (2003). *Java Data Objects (JDO)*.
java.sun.com IX	Sun Microsystems. *Java Remote Object Activation Tutorial*.
java.sun.com X	Sun Microsystems. *JavaSpaces Service Specification*.
java.sun.com XI	Sun Microsystems. *Java Messaging Service (JMS) home page*.
java.sun.com XII	Sun Microsystems. *Enterprise JavaBeans Specification*.
java.sun.com XIII	Sun Microsystems. *Java Persistence API Specification*.
Johanson and Fox 2004	Johanson, B. and Fox, A. (2004). Extending tuplespaces for coordination in interactive workspaces. *Journal of Systems and Software*, Vol. 69, No. 3, pp. 243–266.
Johnson and Zwaenepoel 1993	Johnson, D. and Zwaenepoel, W. (1993). The peregrine high-performance RPC system. S*oftware–Practice and Experience*, Vol. 23, No. 2, pp. 201–21.
jonas.ow2.org	OW2 Consortium. *JOnAS Application Server*.
Jordan 1996	Jordan, M. (1996). Early experiences with persistent Java. In *Proceedings of the First International Workshop on Persistence and Java*. Glasgow, Scotland, September, pp. 1–9.
Joseph *et al.* 1997	Joseph, A., Tauber, J. and Kaashoek, M. (1997). Mobile Computing with the Rover Toolkit. *IEEE Transactions on Computers: Special Issue on Mobile Computing*, Vol. 46, No. 3, pp. 337–52.
Jul *et al.* 1988	Jul, E., Levy, H., Hutchinson, N. and Black, A. (1988). Fine-grained mobility in the Emerald system. *ACM Transactions on Computer Systems*, Vol. 6, No. 1, pp. 109–33.
jxta.dev.java.net	Jxta Community. *Home page*.
Kaashoek and Tanenbaum 1991	Kaashoek, F. and Tanenbaum, A. (1991). Group communication in the Amoeba distributed operating system. In Proceedings of the 11th International Conference on Distributed Computer Systems, pp. 222–30.
Kaashoek *et al.* 1989	Kaashoek, F., Tanenbaum, A., Flynn Hummel, S. and Bal, H. (1989). An efficient reliable broadcast protocol. *Operating Systems Review*, Vol. 23, No. 4, pp. 5–20.
Kaashoek *et al.* 1997	Kaashoek, M., Engler, D., Ganzer, G., Briceño, H., Hunt, R., Mazières, D., Pinckney, T., Grimm, R., Jannotti, J. and Mackenzie, K. (1997). Application performance and flexibility on exokernel systems. In *Proceedings of the 16th ACM Symposium on Operating Systems Principles*, pp. 52–65.
Kahn 1967	Kahn, D. (1967). *The Codebreakers: The Story of Secret Writing*. New York: Macmillan.
Kahn 1983	Kahn, D. (1983). *Kahn on Codes*. New York: Macmillan.
Kahn 1991	Kahn, D. (1991). *Seizing the Enigma*. Boston: Houghton Mifflin.

993

994

Kaler 2002	Kaler, C. (ed.) (2002). *Specification: Web Services Security (WS-Security)*.
Kaliski and Staddon 1998	Kaliski, B. and Staddon, J. (1998). *RSA Cryptography Specifications*, Version 2.0. Internet RFC 2437.
Kantor and Lapsley 1986	Kantor, B. and Lapsley, P. (1986). *Network News Transfer Protocol: A Proposed Standard for the Stream-Based Transmission of News.* Internet RFC 977.
Kehne *et al.* 1992	Kehne, A., Schonwalder, J. and Langendorfer, H. (1992). A nonce-based protocol for multiple authentications. *ACM Operating Systems Review*, Vol. 26, No. 4, pp. 84–9.
Keith and Wittle 1993	Keith, B.E. and Wittle, M. (1993). LADDIS: The next generation in NFS file server benchmarking, *USENIX Association Conference Proceedings*, Berkeley, CA, June, pp. 261–78.
Kiciman and Fox 2000	Kiciman, E. and Fox, A. (2000). Using dynamic mediation to integrate COTS entities in a ubiquitous computing environment. In *Proceedings of the Second International Symposium on Handheld and Ubiquitous Computing (HUC2K)*, Bristol, England, September, pp. 211–226.
Kille 1992	Kille, S. (1992). *Implementing X.400 and X.500: The PP and QUIPU Systems*. Boston, MA: Artech House.
Kindberg 1995	Kindberg, T. (1995). A sequencing service for group communication (abstract). In *Proceedings of the 14th Annual ACM Symposium on Principles of Distributed Computing*, p. 260. Technical Report No. 698, Queen Mary and Westfield College Dept. of CS, 1995.
Kindberg 2002	Kindberg, T. (2002). Implementing physical hyperlinks using ubiquitous identifier resolution. In *Proceedings of the Eleventh International World Wide Web Conference (WWW2002)*, Honolulu, HI, May pp. 191–199.
Kindberg and Barton 2001	Kindberg, T. and Barton, J. (2001). A web-based nomadic computing system. *Computer Networks*, Vol. 35, No. 4, pp. 443–456.
Kindberg and Fox 2001	Kindberg, T. and Fox, A. (2001). System software for ubiquitous computing. *IEEE Pervasive Computing*, Vol. 1, No. 1, pp. 70–81.
Kindberg and Zhang 2003a	Kindberg, T. and Zhang, K. (2003). Secure spontaneous device association. In *Proceedings of the Fifth International Conference on Ubiquitous Computing (Ubicomp 2003)*, Seattle, WA, October, pp. 124–131.
Kindberg and Zhang 2003b	Kindberg, T. and Zhang, K. (2003). Validating and securing spontaneous associations between wireless devices. In *Proceedings of the 6th Information Security Conference (ISC'03)*, Bristol, England, October, pp. 44–53.
Kindberg *et al.* 1996	Kindberg, T., Coulouris, G., Dollimore, J. and Heikkinen, J. (1996). Sharing objects over the Internet: The Mushroom approach. In *Proceedings of the IEEE Global Internet 1996*, London, England, Nov., pp. 67–71.
Kindberg *et al.* 2002a	Kindberg, T., Barton, J., Morgan, J., Becker, G., Bedner, I., Caswell, D., Debaty, P., Gopal, G., Frid, M., Krishnan, V., Morris, H., Pering, C., Schettino, J. and Serra, B. (2002). People, places, things: Web presence for the real world. *Mobile Networks and Applications (MONET)*, Vol. 7, No. 5, pp. 365–376.
Kindberg *et al.* 2002b	Kindberg, T., Zhang, K. and Shanka, N. (2002). Context authentication using constrained channels. In *Proceedings of the 4th IEEE Workshop on Mobile Computing Systems & Applications (WMCSA 2002)*, Callicoon, NY, June, pp. 14–21.
Kirsch and Amir 2008	Kirsch, J. and Amir, Y. (2008). Paxos for system builders: An overview. In *Proceedings of the 2nd Workshop on Large-Scale Distributed Systems and Middleware (LADIS '08)*, Vol. 341, Yorktown Heights, NY, pp. 1–6.
Kistler and Satyanarayanan 1992	Kistler, J.J. and Satyanarayanan, M. (1992). Disconnected operation in the Coda file system. *ACM Transactions on Computer Systems*, Vol. 10, No. 1, pp. 3–25.
Kleinrock 1961	Kleinrock, L. (1961). *Information Flow in Large Communication Networks*. MIT, RLE Quarterly Progress Report, July.

995

Kleinrock 1997	Kleinrock, L. (1997). Nomadicity: Anytime, anywhere in a disconnected world. *Mobile Networks and Applications*, Vol. 1, No. 4, pp. 351–7.
Kohl and Neuman 1993	Kohl, J. and Neuman, C. (1993). *The Kerberos Network Authentication Service (V5)*. Internet RFC 1510.
Kon *et al.* 2002	Kon, F., Costa, F., Blair, G. and Campbell, R. (2002). The case for reflective middleware. *Comms. ACM*, Vol. 45, No. 6, pp. 33–38.
Konstantas *et al.* 1997	Konstantas, D., Orlarey, Y., Gibbs, S. and Carbonel, O. (1997). Distributed music rehearsal. In *Proceedings of the International Computer Music Conferen*ce 97, pp 54–64.
Kopetz and Verissimo 1993	Kopetz, H. and Verissimo, P. (1993). Real time and dependability concepts. In Mullender, (eds.), *Distributed Systems*, 2nd edn. Reading, MA: Addison-Wesley.
Kopetz *et al.* 1989	Kopetz, H., Damm, A., Koza, C., Mulazzani, M., Schwabl, W. ,Senft, C. and Zainlinger, R. (1989). Distributed fault-tolerant real-time systems – The MARS Approach. *IEEE Micro*, Vol. 9, No. 1, pp. 112–26.
Krawczyk *et al.* 1997	Krawczyk, H., Bellare, M. and Canetti, R. (1997). *HMAC: Keyed-Hashing for Message Authentication*. Internet RFC 2104.
Krumm *et al.* 2000	Krumm, J., Harris, S., Meyers, B., Brumitt, B., Hale, M. and Shafer, S. (2000). Multi-camera multi-person tracking for EasyLiving. In *Proceedings of the Third IEEE International Workshop on Visual Surveillance (VS'2000)*, Dublin, Ireland, July, pp. 3–10.
Kshemkalyani and Singhal 1991	Kshemkalyani, A. and Singhal, M. (1991). Invariant-based verification of a distributed deadlock detection algorithm. *IEEE Transactions on Software Engineering*, Vol. 17, No. 8, pp. 789–99.
Kshemkalyani and Singhal 1994	Kshemkalyani, A. and Singhal, M. (1994). On characterisation and correctness of distributed deadlock detection. *Journal of Parallel and Distributed Computing*, Vol. 22, No. 1, pp. 44–59.
Kubiatowicz 2003	Kubiatowicz, J. (2003). Extracting guarantees from chaos, *Communications of the ACM*, vol. 46, No. 2, pp. 33–38.
Kubiatowicz *et al.* 2000	Kubiatowicz, J., Bindel, D., Chen, Y., Czerwinski, S., Eaton, P., Geels, D., Gummadi, R., Rhea, S., Weatherspoon, H., Weimer, W., Wells, C. and Zhao, B. (2000). OceanStore: an architecture for global-scale persistent storage. In *Proc. ASPLOS 2000*, November, pp. 190–201.
Kung and Robinson 1981	Kung, H.T. and Robinson, J.T. (1981). Optimistic methods for concurrency control. *ACM Transactions on Database Systems*, Vol. 6, No. 2, pp. 213–26.
Kurose and Ross 2007	Kurose, J.F. and Ross, K.W. (2007). *Computer Networking: A Top-Down Approach Featuring the Internet*. Boston, MA: Addison-Wesley Longman.
Ladin *et al.* 1992	Ladin, R., Liskov, B., Shrira, L. and Ghemawat, S. (1992). Providing availability using lazy replication. *ACM Transactions on Computer Systems*, Vol. 10, No. 4, pp. 360–91.
Lai 1992	Lai, X. (1992). On the design and security of block ciphers. *ETH Series in Information Processing*, Vol. 1. Konstanz, Geemany: Hartung-Gorre Verlag.
Lai and Massey 1990	Lai, X. and Massey, J. (1990). A proposal for a new block encryption standard. In *Proceedings Advances in Cryptology–Eurocrypt '90*, pp. 389–404.
Lamport 1978	Lamport, L. (1978). Time, clocks and the ordering of events in a distributed system. *Comms. ACM*, Vol. 21, No. 7, pp. 558–65.
Lamport 1979	Lamport, L. (1979). How to make a multiprocessor computer that correctly executes multiprocess programs. *IEEE Transactions on Computers*, Vol. C-28, No. 9, pp. 690–1.
Lamport 1986	Lamport, L. (1986). On interprocess communication, parts I and II. *Distributed Computing*, Vol. 1, No. 2, pp. 77–101.
Lamport 1989	Lamport, L. (1989). *The Part-Time Parliament*. Technical Report 49, DEC SRC, Palo Alto, CA.
Lamport 1998	Lamport, L. (1998). The part-time parliament. *ACM Transactions on Computer Systems (TOCS)*, Vol. 16, No. 2, pp. 133–69.

996

997

Lamport *et al.* 1982	Lamport, L., Shostak, R. and Pease, M. (1982). Byzantine generals problem. *ACM Transactions on Programming Languages and Systems*, Vol. 4, No. 3, pp. 382–401.
Lampson 1971	Lampson, B. (1971). Protection. In *Proceedings of the 5th Princeton Conference on Information Sciences and Systems*, p. 437. Reprinted in *ACM Operating Systems Review*. Vol. 8, No. 1, p. 18.
Lampson 1981	Lampson, B.W. (1981). Atomic transactions. In *Distributed systems: Architecture and Implementation. Vol. 105 of Lecture Notes in Computer Science,* Springer-Verlag, pp. 254–9.
Lampson 1986	Lampson, B.W. (1986). Designing a global name service. In *Proceedings of the 5th ACM Symposium on Principles of Distributed Computing*, pp. 1–10.
Lampson *et al.* 1992	Lampson, B.W., Abadi, M., Burrows, M. and Wobber, E. (1992). Authentication in distributed systems: Theory and practice. *ACM Transactions on Computer Systems*, Vol. 10, No. 4, pp. 265–310.
Langheinrich 2001	Langheinrich, M. (2001). Privacy by design – principles of privacy-aware ubiquitous systems. In *Proceedings of the Third International Conference on Ubiquitous Computing (Ubicomp 2001)*, Atlanta, GA, Sep.–Oct., pp. 273–291.
Langville and Meyer 2006	Lanville, A.M. and Meyer, C.D. (2006). *Pagerank and Beyond: The Science of Search Engine Rankings*. Princeton, NJ: Princeton University Press.
Langworthy 2004	Langworthy, D. (ed.) (2004) *Web Services Coordination. (WS-Coordination)*, IBM, Microsoft, BEA.
Leach *et al.* 1983	Leach, P.J., Levine, P.H., Douros, B.P., Hamilton, J.A., Nelson, D.L. and Stumpf, B.L. (1983). The architecture of an integrated local network. *IEEE J. Selected Areas in Communications*, Vol. SAC-1, No. 5, pp. 842–56.
Lee and Thekkath 1996	Lee, E.K. and Thekkath, C.A. (1996). Petal: Distributed virtual disks, In *Proc. of the 7th Intl. Conf. on Architectural Support for Prog. Langs. and Operating Systems*, October, pp. 84–96.
Lee *et al.* 1996	Lee, C., Rajkumar, R. and Mercer, C. (1996). Experiences with Processor Reservation and Dynamic QOS in Real-Time Mach. In *Proceedings Multimedia Japan '96*.
Leffler *et al.* 1989	Leffler, S., McKusick, M., Karels, M. and Quartermain, J. (1989). *The Design and Implementation of the 4.3 BSD UNIX Operating System.* Reading, MA: Addison-Wesley.
Leibowitz *et al.* 2003	Leibowitz, N., Ripeanu, M. and Wierzbicki, A. (2003). Deconstructing the Kazaa network. In *Proc. of the 3rd IEEE Workshop on Internet Applications (WIAPP'03)*, Santa Clara, CA, p.112.
Leiner *et al.* 1997	Leiner, B.M., Cerf, V.G., Clark, D.D., Kahn, R.E., Kleinrock, L., Lynch, D.C., Postel, J., Roberts, L.G. and Wolff, S. (1997). A brief history of the Internet. *Comms. ACM*, Vol. 40, No. 1, pp. 102–108.
Leland *et al.* 1993	Leland, W.E., Taqqu, M.S., Willinger, W. and Wilson, D.V. (1993). On the self-similar nature of Ethernet traffic. *ACM SIGCOMM '93*, San Francisco.
Leslie *et al.* 1996	Leslie, I., McAuley, D., Black, R., Roscoe, T., Barham, P., Evers, D., Fairbairns, R. and Hyden, E. (1996). The design and implementation of an operating system to support distributed multimedia applications. *ACM Journal of Selected Areas in Communication*, Vol. 14, No. 7, pp. 1280–97.
Liedtke 1996	Liedtke, J. (1996). Towards real microkernels. *Comms. ACM*, Vol. 39, No. 9, pp. 70–7.
Linux AFS	*The Linux AFS FAQ.*
Liskov 1988	Liskov, B. (1988). Distributed programming in Argus. *Comms. ACM,* Vol. 31, No. 3, pp. 300–12.
Liskov 1993	Liskov, B. (1993). Practical uses of synchronized clocks in distributed systems. *Distributed Computing*, Vol. 6, No. 4, pp. 211–19.
Liskov and Scheifler 1982	Liskov, B. and Scheifler, R.W. (1982). Guardians and actions: Linguistic support for robust, distributed programs. *ACM Transactions on Programming Languages and Systems*, Vol. 5, No. 3, pp. 381–404.

998

Liskov and Shrira 1988	Liskov, B. and Shrira, L. (1988). Promises: Linguistic support for efficient asynchronous procedure calls in distributed systems. In *Proceedings of the SIGPLAN '88 Conference Programming Language Design and Implementation*. Atlanta, GA, pp. 260–7.
Liskov *et al.* 1991	Liskov, B., Ghemawat, S., Gruber, R., Johnson, P., Shrira, L. and Williams, M. (1991). Replication in the Harp file system. In *Proceedings of the 13th ACM Symposium on Operating System Principles*, pp. 226–38.
Liu and Albitz 1998	Liu, C. and Albitz, P. (1998). *DNS and BIND*, third edition. O'Reilly.
Liu and Layland 1973	Liu, C.L. and Layland, J.W. (1973). Scheduling algorithms for multiprogramming in a hard real-time environment. *Journal of the ACM*, Vol. 20, No. 1, pp. 46–61.
Liu *et al.* 2005	Liu, J., Sacchetti, D., Sailhan, F. and Issarny, V. (2005). Group management for mobile ad hoc networks: Design, implementation and experiment. In *Proceedings of the 6th international Conference on Mobile Data Management*, New York, pp. 192–199.
Liu *et al.* 2008	Liu, J., Rao, S.G., Li, B. and Zhang, H. (2008). Opportunities and challenges of peer-to-peer Internet video broadcast. In *Proceedings of the IEEE, Special Issue on Recent Advances in Distributed Multimedia Communications*, Vol. 96, No. 1, pp. 11–24.
Loepere 1991	Loepere, K. (1991). *Mach 3 Kernel Principles*. Open Software Foundation and Carnegie-Mellon University.
Lundelius and Lynch 1984	Lundelius, J. and Lynch, N. (1984). An upper and lower bound for clock synchronization. *Information and Control*, Vol. 62, No. 2/3, pp. 190–204.
Lv *et al.* 2002	Lv, Q., Cao, P., Cohen, E., Li, K.,and Shenker, S. (2002). Search and replication in unstructured peer-to-peer networks. In *Proceedings of the 2002 ACM SIGMETRICS International Conference on Measurement and Modeling of Computer Systems*, Marina Del Rey, CA, pp. 258–259.
Lynch 1996	Lynch, N. (1996). *Distributed Algorithms*. San Francisco, CA: Morgan Kaufmann.
Ma 1992	Ma, C. (1992). *Designing a Universal Name Service*. Technical Report 270, University of Cambridge.
Macklem 1994	Macklem, R. (1994). Not quite NFS: Soft cache consistency for NFS. In *Proceedings of the Winter '94 USENIX Conference*, San Francisco, CA, January, pp. 261–278.
Madhavapeddy *et al.* 2003	Madhavapeddy, A., Scott, D. and Sharp, R. (2003). Context-aware computing with sound. In *Proceedings of the Fifth International Conference on Ubiquitous Computing (Ubicomp 2003)*, Seattle, WA, October, pp. 315–332.
Maekawa 1985	Maekawa, M. (1985). A $\sqrt{N}$ algorithm for mutual exclusion in decentralized systems. *ACM Transactions on Computer Systems*, Vol. 3, No. 2, pp. 145–159.
Maffeis 1995	Maffeis, S. (1995). Adding group communication and fault tolerance to CORBA. In *Proceedings of the 1995 USENIX Conference on Object-Oriented Technologies*. Monterey, CA. pp. 135–146.
Magee and Sloman 1989	Magee, J. and Sloman, M. (1989). Constructing distributed systems in Conic. *IEEE Trans. Software Engineering* Vol. 15, No. 6, pp. 663–675.
Malkin 1993	Malkin, G. (1993). *RIP Version 2 – Carrying Additional Information*, Internet RFC 1388.
Mamei and Zambonelli 2009	Mamei, M. and Zambonelli, F. (2009). Programming pervasive and mobile computing applications: The TOTA approach. *ACM Transactions on Software Engineering and Methodology*, Vol. 19, No. 4, p. 263.
maps.google.com	Google Maps. *Home page.*
Marsh *et al.* 1991	Marsh, B., Scott, M., LeBlanc, T. and Markatos, E. (1991). First-class user-level threads. In *Proceedings of the 13th ACM Symposium on Operating System Principles*, pp. 110–21.
Martin *et al.* 2004	Martin, T., Hsiao, M., Ha, D. and Krishnaswami, J. (2004). Denial-of-service attacks on battery-powered mobile computers. In *Proceedings of the 2nd IEEE Pervasive Computing Conference*,

999

1000

Orlando, FL, March, pp. 309–318.

Marzullo and Neiger 1991   Marzullo, K. and Neiger, G. (1991). Detection of global state predicates. In *Proceedings of the 5th International Workshop on Distributed Algorithms*, pp. 254–72.

Mattern 1989   Mattern, F. (1989). Virtual time and global states in distributed systems. In *Proceedings of the Workshop on Parallel and Distributed Algorithms*, Amsterdam, North-Holland, pp. 215–26.

Maymounkov and Mazieres 2002   Maymounkov, P. and Mazieres, D. (2002). Kademlia: A peer-to-peer information system based on the XOR metric. In *Proceedings of IPTPS02*, Cambridge, MA, pp. 53–65.

mbone   *BIBs: Introduction to the Multicast Backbone.*

McGraw and Felden 1999   McGraw, G. and Felden, E. (1999). *Securing Java*. New York: John Wiley & Sons.

McKusick and Quinlan 2010   McKusick, K. and Quinlan, S. (2010). GFS: Evolution or Fast-Forward. *Comms. ACM*, Vol. 53, No. 3, pp. 42–49.

Meier and Cahill 2010   Meier, R. and Cahill, V. (2010). On event-based middleware for location-aware mobile applications. *IEEE Transactions on Software Engineering*, Vol. 36, No. 3, pp.09–430.

Melliar-Smith *et al.* 1990   Melliar-Smith, P., Moser, L. and Agrawala, V. (1990). Broadcast protocols for distributed systems. *IEEE Transactions on Parallel and Distributed Systems*, Vol. 1, No. 1, pp. 17–25.

Menezes 1993   Menezes, A. (1993). *Elliptic Curve Public Key Cryptosystems*. Dordrecht, The Netherlands: Kluwer Academic Publishers.

Menezes *et al.* 1997   Menezes, A., van Oorschot, O. and Vanstone, S. (1997). *Handbook of Applied Cryptography*. Boca Raton, FL: CRC Press.

Metcalfe and Boggs 1976   Metcalfe, R.M. and Boggs, D.R. (1976). Ethernet: distributed packet switching for local computer networks. *Comms. ACM*, Vol. 19, No. , pp. 395–403.

Milanovic *et al.* 2004   Milanovic, N., Malek, M., Davidson, A. and Milutinovic, V. (2004). Routing and cecurity in mobile ad hoc networks. *IEEE Computer*, Vol. 37, No. 2, pp. 69–73.

Mills 1995   Mills, D. (1995). Improved algorithms for synchronizing computer network clocks. *IEEE Transactions Networks*, Vol. 3, No. 3, pp. 245–54.

Milojicic *et al.* 1999   Milojicic, J., Douglis, F. and Wheeler, R. (1999). *Mobility, Processes, Computers and Agents*. Reading, MA: Addison-Wesley.

Mitchell and Dion 1982   Mitchell, J.G. and Dion, J. (1982). A comparison of two network-based file servers. *Comms. ACM*, Vol. 25, No. 4, pp. 233–45.

Mitchell *et al.* 1992   Mitchell, C.J., Piper, F. and Wild, P. (1992). Digital signatures. In Simmons, G.J. (ed.), *Contemporary Cryptology*. New York: IEEE Press.

Mockapetris 1987   Mockapetris, P. (1987). *Domain names – concepts and facilities*. Internet RFC 1034.

Mogul 1994   Mogul, J.D. (1994). Recovery in Spritely NFS. *Computing Systems*, Vol. 7, No. 2, pp. 201–62.

Mok 1985   Mok, A.K. (1985). SARTOR – A design environment for real-time systems. In *Proc. Ninth IEEE COMP-SAC*, Chicago, IL, Octobep, pp. 174–81.

Morin 1997   Morin, R. (ed.) (1997). *MkLinux: Microkernel Linux for the Power Macintosh*. Prime Time Freeware.

Morris *et al.* 1986   Morris, J., Satyanarayanan, M., Conner, M.H., Howard, J.H., Rosenthal, D.S. and Smith, F.D. (1986). Andrew: A distributed personal computing environment. *Comms. ACM*, Vol. 29, No. 3, pp. 184–201.

Moser *et al.* 1994   Moser, L., Amir, Y., Melliar-Smith, P. and Agarwal, D. (1994). Extended virtual synchrony. In *Proceedings of the 14th International Conference on Distributed Computing Systems*, pp. 56–65.

Moser *et al.* 1996   Moser, L., Melliar-Smith, P., Agarwal, D., Budhia, R. and Lingley-Papadopoulos, C. (1996). Totem: A fault-tolerant multicast group communication system. *Comms. ACM*, Vol. 39, No. 4, pp. 54–63.

Moser *et al.* 1998   Moser, L., Melliar-Smith, P. and Narasimhan, P. (1998). Consistent

	object replication in the Eternal system. *Theory and Practice of Object Systems*, Vol. 4, No. 2, pp. 81–92.
Moss 1985	Moss, E. (1985). *Nested Transactions, An Approach to Reliable Distributed Computing.* Cambridge, MA: MIT Press.
<u>Multimedia Directory</u>	Multimedia Directory (2005). Scala Inc.
Murphy *et al.* 2001	Murphy, A.L., Picco, G.P. and Roman, G.-C. (2001). Lime: A middleware for physical and logical mobility. In *Proceedings of the 21st International Conference on Distributed Computing Systems (ICDCS-21)*, Phoenix, AZ, April, pp. 524–233.
Muthitacharoen *et al.* 2002	Muthitacharoen, A., Morris, R., Gil, T.M. and Chen, B. (2002). Ivy: A read/write peer-to-peer file system. In *Proc. Fifth Symposium on Operating Systems Design and Implementation (OSDI)*, Boston, MA, December, pp. 31–44.
Muhl *et al.* 2006	Muhl, G., Fiege, L. and Pietzuch, P.R. (2006). *Distributed Event-based Systems*. Berlin, Heidelberg: Springer-Verlag.
Myers and Liskov 1997	Myers, A.C. and Liskov, B. (1997). A decentralized model for information flow control, *ACM Operating Systems Review*, Vol. 31, No. 5, pp. 129–42.
Nagle 1984	Nagle, J. (1984). Congestion control in TCP/IP internetworks, *Computer Communications Review*, Vol. 14, No. 4, pp. 11–17.
Nagle 1987	Nagle, J. (1987). On packet switches with infinite storage. *IEEE Transactions on Communications*, Vol. 35, No. 4, pp. 435–8.
National Bureau of Standards 1977	National Bureau of Standards (1977). *Data Encryption Standard (DES)*. Federal Information Processing Standards No. 46, Washington, DC: US National Bureau of Standards.
<u>nbcr.sdsc.edu</u>	National Biomedical Computation Resource, University of California, San Diego.
Needham 1993	Needham, R. (1993). Names. In Mullender, S. (ed.), *Distributed Systems, an Advanced Course*, 2nd edn. Wokingham, England: ACM Press/Addison-Wesley. pp. 315–26.
Needham and Schroeder 1978	Needham, R.M. and Schroeder, M.D. (1978). Using encryption for authentication in large networks of computers. *Comms. ACM*, Vol. 21, No. 12, pp. 993–9.
Nelson *et al.* 1988	Nelson, M.N., Welch, B.B. and Ousterhout, J.K. (1988). Caching in the Sprite network file system. *ACM Transactions on Computer Systems*, Vol. 6, No. 1, pp. 134–154.
Neuman *et al.* 1999	Neuman, B.C., Tung, B. and Wray, J. (1999). *Public Key Cryptography for Initial Authentication in Kerberos*. Internet Draft ietf-cat-kerberos-pk-init-09.
Neumann and Ts'o 1994	Neuman, B.C. and Ts'o, T. (1994). Kerberos: An authentication service for computer networks. *IEEE Communications*, Vol. 32, No. 9, pp. 33–38.
Newcomer 2002	Newcomer, E. (2002). *Understanding Web Services XML, WSDL, SOAP and UDDI*. Boston, MA: Pearson.
Nielsen and Thatte 2001	Nielsen, H.F. and Thatte, S. (2001). *Web Services Routing Protocol (WS-Routing)*. Microsoft Corporation.
Nielsen *et al.* 1997	Nielsen, H., Gettys, J., Baird-Smith, A., Prud'hommeaux, E., Lie, H. and Lilley, C. (1997). Network performance effects of HTTP/1.1, CSS1, and PNG. In *Proceedings of the SIGCOMM '97*, pp. 155–66.
NIST 1994	National Institute for Standards and Technology (1994). *Digital Signature Standard*, NIST FIPS 186. US Department of Commerce.
NIST 2002	National Institute for Standards and Technology (2002). *Secure Hash Standard*. NIST FIPS 180-2 + Change Notice to include SHA-224. US Department of Commerce.
NIST 2004	National Institute for Standards and Technology (2004). *NIST Brief Comments on Recent Cryptanalytic Attacks on Secure Hashing Functions and the Continued Security Provided by SHA-1*. US Department of Commerce.
<u>nms.csail.mit.edu</u>	The Berkeley RON project. *Home page*.
Noble and Satyanarayanan 1999	Noble, B. and Satyanarayanan, M. (1999). Experience with adaptive mobile applications in Odyssey. *Mobile Networks and Applications*,

1002

1003

	Vol. 4 , No. 4, pp. 245–254.
now.cs.berkeley.edu	The Berkeley NOW project. *Home page.*
Oaks and Wong 1999	Oaks, S. and Wong, H. (1999). *Java Threads*, 2nd edn. Sebastoplo, CA: O'Reilly.
Ohkubo *et al.* 2003	Ohkubo, M., Suzuki, K. and Kinoshita, S. (2003). Cryptographic approach to 'privacy-friendly' tags. In *Proceedings of the RFID Privacy Workshop*, MIT.
Oki *et al.* 1993	Oki, B., Pfluegl, M., Siegel, A., and Skeen, D. (1993). The Information Bus: an architecture for extensible distributed systems. In *Proceedings of the Fourteenth ACM Symposium on Operating Systems Principles*, Asheville, NC, December, NY. pp. 58–68.
Olson and Ogbuji 2002	Olson, M. and Ogbuji, U. (2002). *The Python Web services developer: Messaging technologies compared – Choose the best tool for the task at hand.* IBM DeveloperWorks.
OMG 2000a	Object Management Group (2000). *Trading Object Service Specification*, Vn. 1.0. Needham, MA: OMG.
OMG 2000b	Object Management Group (2000). *Concurrency Control Service Specification.* Needham, MA: OMG.
OMG 2002a	Object Management Group (2002). *The CORBA IDL Specification.* Needham, MA: OMG.
OMG 2002b	Object Management Group (2002). *CORBA Security Service Specification* Vn. 1.8. Needham, MA: OMG.
OMG 2002c	Object Management Group (2002). *Value Type Semantics.* Needham, MA: OMG.
OMG 2002d	Object Management Group (2002). *Life Cycle Service*, Vn. 1.2. Needham, MA: OMG.
OMG 2002e	Object Management Group (2002). *Persistent State Service*, Vn. 2.0. Needham, MA: OMG.
OMG 2003	Object Management Group, (2003). *Object Transaction Service Specification*, Vn. 1.4. Needham, MA: OMG.
OMG 2004a	Object Management Group (2004). *CORBA/IIOP 3.0.3 Specification.* Needham, MA: OMG.
OMG 2004b	Object Management Group (2004). *Naming Service Specification.* Needham, MA: OMG.
OMG 2004c	Object Management Group (2004). *Event Service Specification*, Vn. 1.2. Needham, MA: OMG.
OMG 2004d	Object Management Group (2004). *Notification Service Specification*, Vn. 1.1. Needham, MA: OMG. Technical report telecom/98-06-15.
OMG 2004e	Object Management Group (2004). *CORBA Messaging.* Needham, MA: OMG.
Omidyar and Aldridge 1993	Omidyar, C.G. and Aldridge, A. (1993). Introduction to SDH/SONET. *IEEE Communications Magazine*, Vol. 31, pp. 30–3.
open.eucalyptus.com	Eucalyptus. *Home page.*
OpenNap 2001	OpenNap: Open Source Napster Server, Beta release 0.44, September 2001.
Oppen and Dalal 1983	Oppen, D.C. and Dalal Y.K. (1983). The Clearinghouse: a decentralized agent for locating named objects in a distributed environment. *ACM Trans. on Office Systems*, Vol. 1, No. 3, pp. 230–53.
Oram 2001	Oram, A. (2001). *Peer-to-Peer: Harnessing the Benefits of Disruptive Technologies*, O'Reilly, Sebastapol, CA.
Orfali *et al.* 1996	Orfali, R., Harkey, D. and Edwards, J. (1996). *The Essential Distributed Objects Survival Guide.* New York: Wiley.
Orfali *et al.* 1997	Orfali, R., Harkey, D., and Edwards, J. (1997) *Instant CORBA.* New York: John Wiley & Sons.
Organick 1972	Organick, E.I. (1972). *The MULTICS System: An Examination of its Structure.* Cambridge, MA: MIT Press.
Orman *et al.* 1993	Orman, H., Menze, E., O'Malley, S. and Peterson, L. (1993). A fast and general implementation of Mach IPC in a Network. In *Proceedings of the Third USENIX Mach Conference*, April.

1004

OSF	*Introduction to OSF DCE*. The Open Group.
Ousterhout *et al.* 1985	Ousterhout, J., Da Costa, H., Harrison, D., Kunze, J., Kupfer, M. and Thompson, J. (1985). A Trace-driven analysis of the UNIX 4.2 BSD file system. In *Proc. of the 10th ACM Symposium Operating System Principles, p. 15–24*.
Ousterhout *et al.* 1988	Ousterhout, J., Cherenson, A., Douglis, F., Nelson, M. and Welch, B. (1988). The Sprite network operating system. *IEEE Computer,* Vol. 21, No. 2, pp. 23–36.
Parker 1992	Parker, B. (1992). *The PPP AppleTalk Control Protocol (ATCP)*. Internet RFC 1378.
Parrington *et al.* 1995	Parrington, G.D., Shrivastava, S.K., Wheater, S.M. and Little, M.C. (1995). The design and implementation of Arjuna. *USENIX Computing Systems Journal*, Vol. 8, No. 3, pp. 255–308.
Partridge 1992	Partridge, C. (1992). *A Proposed Flow Specification*. Internet RFC 1363.
Patel and Abowd 2003	Patel, S.N. and Abowd, G.D. (2003). A 2-way laser-assisted selection scheme for handhelds in a physical environment. In *Proceedings of the Fifth International Conference on Ubiquitous Computing (Ubicomp 2003)*, Seattle, WA, October, pp. 200–207.
Patterson *et al.* 1988	Patterson, D., Gibson, G. and Katz, R. (1988). A case for redundant arrays of interactive disks. ACM *International Conf. on Management of Data (SIGMOD)*, pp. 109–116.
Pease *et al.* 1980	Pease, M., Shostak, R. and Lamport, L. (1980). Reaching agreement in the presence of faults. *Journal of the ACM*, Vol. 27, No. 2, pp. 228–34.
Pedone and Schiper 1999	Pedone, F. and Schiper, A. (1999). Generic broadcast. In *Proceedings of the 13th International Symposium on Distributed Computing* (DISC '99), September, pp. 94–108.
Peng and Dabek 2010	Peng, D. and Dabex, F. (2010). Large-scale incremental processing using distributed transactions and notifications. In *Proceedings of the Ninth Symposium on Operating Systems Design and Implementation (OSDI '10)*, Vancouver, Canada, October, pp. 1–15.
Perrig *et al.* 2002	Perrig, A., Szewczyk, R., Wen, V., Culler, D. and Tygar, D. (2002). SPINS: Security protocols for sensor networks. *Wireless Networks*, Vol. 8, No. 5, pp. 521–534.
Peterson 1988	Peterson, L. (1988). The Profile Naming Service. *ACM Transactions on Computer Systems*, Vol. 6, No. 4, pp. 341–64.
Peterson *et al.* 1989	Peterson, L.L., Buchholz, N.C. and Schlichting, R.D. (1989). Preserving and using context information in interprocess communication. *ACM Transactions on Computer Systems*, Vol. 7, No. 3, pp. 217–46.
Petersen *et al.* 1997	Petersen, K., Spreitzer, M., Terry, D., Theimer, M. and Demers, A. (1997). Flexible update propagation for weakly consistent replication. In *Proceedings of the 16th ACM Symposium on Operating Systems Principles*, pp. 288–301.
Peterson *et al.* 2005	Peterson, L.L., Shenker, S. and Turner, J. (2005). Overcoming the Internet impasse through virtualization. *Computer*, Vol. 38, No. 4, pp. 34–41.
Pietzuch and Bacon 2002	Pietzuch, P. R. and Bacon, J. (2002). Hermes: A distributed event-based middleware architecture. In *Proceedings of the First International Workshop on Distributed Event-Based Systems*, Vienna, Austria, pp.611–618.
Pike *et al.* 1993	Pike, R., Presotto, D., Thompson, K., Trickey, H. and Winterbottom, P. (1993). The use of name spaces in Plan 9. *Operating Systems Review*, Vol. 27, No. 2, pp. 72–76.
Pike *et al.* 2005	Pike, R., Dorward, S., Griesemer, R. and Quinlan, S. (2005). Interpreting the data: Parallel analysis with Sawzall. *Scientific Programming*, Vol. 13, No. 4, pp. 277–298.
Pinheiro *et al.* 2007	Pinheiro, E., Weber, W.D. and Barroso, L.A. (2007). Failure trends in a large disk drive population. In *Proceedings of the 5th USENIX Conference on File and Storage Technologies*, pp. 17–28.
Plaxton *et al.* 1997	Plaxton, C.G., Rajaraman, R. and Richa, A.W. (1997). Accessing nearby copies of replicated objects in a distributed environment. In

1005

1006

	Proc. of the ACM Symposium on Parallel Algorithms and Architectures, pp. 311–320.
Ponnekanti and Fox 2004	Ponnekanti, S. and Fox, A. (2004). Interoperability among independently evolving web services. In *Proceedings of the ACM/Usenix/IFIP 5th International Middleware Conference*, Toronto, Canada, pp. 331–57.
Ponnekanti *et al.* 2001	Ponnekanti, S.R., Lee, B., Fox, A., Hanrahan, P. and Winograd, T. (2001). ICrafter: A service framework for ubiquitous computing environments. In *Proceedings of the Third International Conference on Ubiquitous Computing (Ubicomp 2001)*, Atlanta, GA, Sep.–Oct., pp. 56–75.
Popek and Goldberg 1974	Popek, G.J. and Goldberg, R.P. (1974). Formal requirements for virtualizable third generation architectures. Comms. ACM, Vol. 17, No. 7, pp. 412–421.
Popek and Walker 1985	Popek, G. and Walker, B. (eds.) (1985). *The LOCUS Distributed System Architecture*. Cambridge, MA: MIT Press.
Postel 1981a	Postel, J. (1981). *Internet Protocol*. Internet RFC 791.
Postel 1981b	Postel, J. (1981). *Transmission Control Protocol*. Internet RFC 793.
Pottie and Kaiser 2000	Pottie, G.J. and Kaiser, W.J. (2000). Embedding the Internet: Wireless integrated network sensors. *Comms. ACM*, Vol. 43, No. 5, pp. 51–58.
Powell 1991	Powell, D. (ed.) (1991). *Delta-4: A Generic Architecture for Dependable Distributed Computing*. Berlin and New York: Springer-Verlag.
Pradhan and Chiueh 1998	Pradhan, P. and Chiueh, T. (1998). Real-time performance guarantees over wired and wireless LANS. In *IEEE Conference on Real-Time Applications and Systems*, RTAS'98, June, p. 29.
Prakash and Baldoni 1998	Prakash, R. and Baldoni, R. (1998). Architecture for group communication in mobile systems. In *Proceedings of the the 17th IEEE Symposium on Reliable Distributed Systems*, Washington, DC, pp. 235–242.
Preneel *et al.* 1998	Preneel, B., Rijmen, V. and Bosselaers, A. (1998). Recent developments in the design of conventional cryptographic algorithms. In *Computer Security and Industrial Cryptography, State of the Art and Evolution*. Vol. 1528 of Lecture Notes in Computer Science, Springer-Verlag, pp. 106–131.
privacy.nb.ca	*International Cryptography Freedom*.
Radia *et al.* 1993	Radia, S., Nelson, M. and Powell, M. (1993). *The Spring Naming Service*. Technical Report 93–16, Sun Microsystems Laboratories, Inc.
Raman and McCanne 1999	Raman, S. and McCanne, S. (1999). A model, analysis, and protocol framework for soft state-based communication. In *Proceedings of the ACM SIGCOMM*, 1999, Cambridge, MA, pp. 15–25.
Randall and Szydlo 2004	Randall, J. and Szydlo, M. (2004). Collisions for SHA0, MD5, HAVAL, MD4, and RIPEMD, but SHA1 still secure. *RSA Laboratories Technical Note*, August 31.
Rashid 1985	Rashid, R.F. (1985). Network operating systems. In *Local Area Networks: An Advanced Course, Lecture Notes in Computer Science*, 184, Springer-Verlag, pp. 314–40.
Rashid 1986	Rashid, R.F. (1986). From RIG to Accent to Mach: the evolution of a network operating system. In *Proceedings of the ACM/IEEE Computer Society Fall Joint Conference*, ACM, November.
Rashid and Robertson 1981	Rashid, R. and Robertson, G. (1981). Accent: a communications oriented network operating system kernel. *ACM Operating Systems Review*, Vol. 15, No. 5, pp. 64–75.
Rashid *et al.* 1988	Rashid, R., Tevanian Jr, A., Young, M., Golub, D., Baron, R., Black, D., Bolosky, W.J. and Chew, J. (1988). Machine-Independent Virtual Memory Management for Paged Uniprocessor and Multiprocessor Architectures. *IEEE Transactions on Computers*, Vol. 37, No. 8, pp. 896–907.
Ratnasamy *et al.* 2001	Ratnasamy, S., Francis, P., Handley, M., Karp, R. and Shenker, S. (2001). A scalable content-addressable network. In *Proc. ACM SIGCOMM 2001*, August, pp. 161–72.

Raynal 1988	Raynal, M. (1988). *Distributed Algorithms and Protocols*. New York: John Wiley & Sons.
Raynal 1992	Raynal, M. (1992). About logical clocks for distributed systems. *ACM Operating Systems Review*, Vol. 26, No. 1, pp. 41–8.
Raynal and Singhal 1996	Raynal, M. and Singhal, M. (1996). Logical time: Capturing causality in distributed systems. *IEEE Computer*, Vol. 29, No. 2, pp. 49–56.
Redmond 1997	Redmond, F.E. (1997). *DCOM: Microsoft Distributed Component Model*. IDG Books Worldwide.
Reed 1983	Reed, D.P. (1983). Implementing atomic actions on decentralized data. *ACM Transactions on Computer Systems*, Vol. 1, No. 1, pp. 3–23.
Rellermeyer *et al.* 2007	Rellermeyer, J. S., Alonso, G., and Roscoe, T. (2007). R-OSGi: Distributed applications through software modularization. In *Proceedings of the ACM/IFIP/USENIX 2007 international Conference on Middleware*, Newport Beach, CA, November, pp. 1–20.
Rescorla 1999	Rescorla, E. (1999). *Diffie-Hellman Key Agreement Method*. Internet RFC 2631.
research.microsoft.com	Microsoft Research. *Writings of Leslie Lamport*.
Rether	Rether: A Real-Time Ethernet Protocol.
Rhea *et al.* 2001	Rhea, S., Wells, C., Eaton, P., Geels, D., Zhao, B., Weatherspoon, H. and Kubiatowicz, J. (2001). Maintenance-free global data storage. *IEEE Internet Computing*, Vol. 5, No. 5, pp. 40–49.
Rhea *et al.* 2003	Rhea, S., Eaton, P., Geels, D., Weatherspoon, H., Zhao, B. and Kubiatowicz, J. (2003). Pond: The OceanStore prototype, In *Proceedings of the 2nd USENIX Conference on File and Storage Technologies (FAST '03)*, pp. 1–14.
Ricart and Agrawala 1981	Ricart, G. and Agrawala, A.K. (1981). An optimal algorithm for mutual exclusion in computer networks. *Comms. ACM*, Vol. 24, No. 1, pp. 9–17.
Richardson *et al.* 1998	Richardson, T., Stafford-Fraser, Q., Wood, K.R. and Hopper, A. (1998). Virtual network computing, *IEEE Internet Computing*, Vol. 2, No. 1, pp. 33–8.
Ritchie 1984	Ritchie, D. (1984). A Stream Input Output System. *AT&T Bell Laboratories Technical Journal*, Vol. 63, No. 8, pt 2, pp. 1897–910.
Rivest 1992a	Rivest, R. (1992). *The MD5 Message-Digest Algorithm*. Internet RFC 1321.
Rivest 1992b	Rivest, R. (1992). *The RC4 Encryption Algorithm*. RSA Data Security Inc.
Rivest *et al.* 1978	Rivest, R.L., Shamir, A. and Adelman, L. (1978). A method of obtaining digital signatures and public key cryptosystems. *Comms. ACM*, Vol. 21, No. 2, pp. 120–6.
Rodrigues *et al.* 1998	Rodrigues, L., Guerraoui, R. and Schiper, A. (1998). Scalable atomic multicast. In *Proceedings IEEE IC3N '98*. Technical Report 98/257. École polytechnique fédérale de Lausanne.
Roman *et al.* 2001	Roman, G., Huang, Q. and Hazemi, A. (2001). Consistent group membership in ad hoc networks. In *Proceedings of the 23rd International Conference on Software Engineering*, Washington, DC, pp. 381–388.
Rose 1992	Rose, M.T. (1992). *The Little Black Book: Mail Bonding with OSI Directory Services*. Englewood Cliffs, NJ: Prentice-Hall.
Rosenblum and Ousterhout 1992	Rosenblum, M. and Ousterhout, J. (1992). The design and implementation of a log-structured file system. *ACM Transactions on Computer Systems*, Vol. 10, No. 1, pp. 26–52.
Rosenblum and Wolf 1997	Rosenblum, D.S. and Wolf, A.L. (1997). A design framework for Internet-scale event observation and notification. In *Proceedings of the sixth European Software Engineering Conference/ACM SIGSOFT Fifth Symposium on the Foundations of Software Engineering*, Zurich, Switzerland, pp. 344–60.
Rowley 1998	Rowley, A. (1998). *A Security Architecture for Groupware*. Doctoral Thesis, Queen Mary and Westfield College, University of London.
Rowstron and Druschel 2001	Rowstron, A. and Druschel, P. (2001). Pastry: Scalable, distributed object location and routing for large-scale peer-to-peer systems. In *Proc.*

1008

1009

	IFIP/ACM Middleware 2001, Heidelberg, Germany, Nov., pp. 329–50.
Rowstron and Wood 1996	Rowstron, A. and Wood, A. (1996). An efficient distributed tuple space implementation for networks of workstations. In *Proceedings of the Second International Euro-Par Conference*, Lyon, France, pp. 510–513.
royal.pingdom.com	Royal Pingdom. *Map of all Google data centre locations as of 2008.*
Rozier *et al.* 1988	Rozier, M., Abrossimov, V., Armand, F., Boule, I., Gien, M., Guillemont, M., H6rrman, F., Kaiser, C., Langlois, S., Leonard, P. and Neuhauser, W. (1988). Chorus distributed operating systems. *Computing Systems Journal*, Vol. 1, No. 4, pp. 305–70.
Rozier *et al.* 1990	Rozier, M., Abrossimov, V., Armand, F., Boule, I., Gien, M., Guillemont, M., Herrman, F., Kaiser, C., Langlois, S., Leonard, P. and Neuhauser, W. (1990). *Overview of the Chorus Distributed Operating System*. Technical Report CS/TR-90-25.1, Chorus Systèmes, France.
RTnet	RTnet: Hard Real-Time Networking for Linux/RTAI.
Salber *et al.* 1999	Salber, D., Dey, A.K. and Abowd, G.D. (1999). The Context Toolkit: Aiding the development of context-enabled applications. In *Proceedings of the 1999 Conference on Human Factors in Computing Systems (CHI '99)*, Pittsburgh, PA, May, pp. 434–441.
Saltzer *et al.* 1984	Saltzer, J.H., Reed, D.P. and Clarke, D. (1984). End-to-end arguments in system design. *ACM Transactions on Computer Systems*, Vol. 2, No. 4, pp. 277–88.
Sandberg 1987	Sandberg, R. (1987). *The Sun Network File System: Design, Implementation and Experience*. Technical Report. Mountain View, CA: Sun Microsystems.
Sandberg *et al.* 1985	Sandberg, R., Goldberg, D., Kleiman, S., Walsh, D. and Lyon, B. (1985). The design and implementation of the Sun Network File System. In *Proceedings of the Usenix Conference*, Portland, OR, p. 119.
Sanders 1987	Sanders, B. (1987). The information structure of distributed mutual exclusion algorithms. *ACM Transactions on Computer Systems*, Vol. 5, No. 3, pp. 284–99.
Sandholm and Gawor 2003	Sandholm, T. and Gawor, J. (2003). *Globus Toolkit 3 Core – A Grid Service Container Framework*. July.
Sandhu *et al.* 1996	Sandhu, R., Coyne, E., Felstein, H. and Youman, C. (1996). Role-based access control models. *IEEE Computer*, Vol. 29, No. 2, pp. 38–47.
Sansom *et al.* 1986	Sansom, R.D., Julin, D.P. and Rashid, R.F. (1986). *Extending a capability based system into a network environment*. Technical Report CMU-CS-86-116, Carnegie-Mellon University.
Santifaller 1991	Santifaller, M. (1991). *TCP/IP and NFS, Internetworking in a UNIX Environment*. Reading, MA: Addison-Wesley.
Saroiu *et al.* 2002	Saroiu, S., Gummadi, P. and Gribble, S. (2002). A measurement study of peer-to-peer file sharing systems. In *Proc. Multimedia Computing and Networking (MMCN)*, pp. 156–70.
Sastry *et al.* 2003	Sastry, N., Shankar, U. and Wagner, D. (2003). Secure verification of location claims. In *Proceedings of the ACM Workshop on Wireless Security (WiSe 2003)*, September, pp. 1–11.
Satyanarayanan 1981	Satyanarayanan, M. (1981). A study of file sizes and functional lifetimes. In *Proceedings of the 8th ACM Symposium on Operating System Principles*, Asilomar, CA, pp. 96–108.
Satyanarayanan 1989a	Satyanarayanan, M. (1989). Distributed File Systems. In Mullender, S. (ed.), *Distributed Systems, an Advanced Course*, 2nd edn. Wokingham, England: ACM Press/Addison-Wesley. pp. 353–83.
Satyanarayanan 1989b	Satyanarayanan, M. (1989). Integrating security in a large distributed system. *ACM Transactions on Computer Systems*, Vol. 7, No. 3, pp. 247–80.
Satyanarayanan 2001	Satyanarayanan, M. (2001). Pervasive computing: Vision and challenges. *IEEE Personal Communications*, Vol. 8, No. 4, pp. 10–17.
Satyanarayanan *et al.* 1990	Satyanarayanan, M., Kistler, J.J., Kumar, P., Okasaki, M.E., Siegel, E.H. and Steere, D.C. (1990). Coda: A highly available file system for a distributed workstation environment. *IEEE Transactions on Computers*, Vol. 39, No. 4, pp. 447–59.
Schilit *et al.* 1994	Schilit, B.N., Adams, N.I. and Want, R. (1994). Context-aware

computing applications. In *Proceedings of the IEEE Workshop on Mobile Computing Systems and Applications*, Santa Cruz, CA, December, pp. 85–90.

Schiper and Raynal 1996   Schiper, A. and Raynal, M. (1996). From group communication to transactions in distributed systems. *Comms. ACM*, Vol. 39, No. 4, pp. 84–7.

Schiper and Sandoz 1993   Schiper, A. and Sandoz, A. (1993). Uniform reliable multicast in a virtually synchronous environment. In *Proceedings of the 13th International Conference on Distributed Computing Systems*, pp. 561–8.

Schlageter 1982   Schlageter, G. (1982). Problems of optimistic concurrency control in distributed database systems. *SigMOD Record,* Vol. 13, No. 3, pp. 62–6.

Schmidt 1998   Schmidt, D. (1998). Evaluating architectures for multithreaded object request brokers. *Comms. ACM*, Vol. 44, No. 10, pp. 54–60.

Schneider 1990   Schneider, F.B. (1990). Implementing fault-tolerant services using the state machine approach: A tutorial. *ACM Computing Surveys*, Vol. 22, No. 4, pp. 300–19.

Schneider 1996   Schneider, S. (1996). Security properties and CSP. In *IEEE Symposium, on Security and Privacy*, pp. 174–187.

Schneier 1996   Schneier, B. (1996). *Applied Cryptography*, 2nd edn. New York: John Wiley & Sons.

Schroeder and Burrows 1990   Schroeder, M. and Burrows, M. (1990). The performance of Firefly RPC. *ACM Transactions on Computer Systems*, Vol. 8, No. ,. pp. 1–17.

Schroeder *et al.* 1984   Schroeder, M.D., Birrell, A.D. and Needham, R.M. (1984). Experience with Grapevine: The growth of a distributed system, *ACM Transactions on Computer Systems*, Vol. 2, No. 1, pp. 3–23.

Schulzrinne *et al.* 1996   Schulzrinne, H., Casner, S., Frederick, D. and Jacobson, V. (1996). *RTP: A Transport Protocol for Real-Time Applications*. Internet RFC 1889.

sector.sourceforge.net   Sector/Sphere. *Home page.*

Seetharamanan 1998   Seetharamanan, K. (ed.) (1998). Special Issue: The CORBA Connection. *Comms. ACM*, Vol. 41, No. 10.

session directory   *User Guide to sd (Session Directory).*

Shannon 1949   Shannon, C.E. (1949). Communication theory of secrecy systems. *Bell System Technical Journal*, Vol. 28, No. 4, pp. 656–715.

Shepler 1999   Shepler, S. (1999). *NFS Version 4 Design Considerations*. Internet RFC 2624, Sun Microsystems.

Shih *et al.* 2002   Shih, E., Bahl, P. and Sinclair, M. (2002). Wake on Wireless: An event driven energy saving strategy for battery operated devices. In *Proceedings of the Eighth Annual ACM Conference on Mobile Computing and Networking*, Altanta, GA, September, pp. 160–171.

Shirky 2000   Shirky, C. (2000). What's P2P and what's not, 11/24/2000. Internet publication.

Shoch and Hupp 1980   Shoch, J.F. and Hupp, J.A. (1980). Measured performance of an Ethernet local network. *Comms. ACM*, Vol. 23, No. 12, pp. 711–21.

Shoch and Hupp 1982   Shoch, J.F. and Hupp, J.A. (1982). The 'Worm' programs – early experience with a distributed computation. *Comms. ACM*, Vol. 25, No. 3, pp. 172–80.

Shoch *et al.* 1982   Shoch, J.F., Dalal, Y.K. and Redell, D.D. (1982). The evolution of the Ethernet local area network. *IEEE Computer*, Vol. 15, No. 8, pp. 10–28.

Shoch *et al.* 1985   Shoch, J.F., Dalal, Y.K., Redell, D.D. and Crane, R.C. (1985). The Ethernet. In *Local Area Networks: An Advanced Course. Vol 184 of Lecture Notes in Computer Science.* Springer-Verlag, pp. 1–33.

Shrivastava *et al.* 1991   Shrivastava, S., Dixon, G.N. and Parrington, G.D. (1991). An overview of the Arjuna distributed programming system. *IEEE Software*, pp. 66–73.

Singh 1999   Singh, S. (1999). *The Code Book*. London: Fourth Estate.

Sinha and Natarajan 1985   Sinha, M. and Natarajan, N. (1985). A priority based distributed deadlock detection algorithm. *IEEE Transactions on Software Engineering.* Vol. 11, No. 1, pp. 67–80.

1011

1012

Sirivianos *et al.* 2007	Sirivianos, M., Park, J.H., Chen R. and Yang, X. (2007). Free-riding in BitTorrent networks with the large view exploit. In *Proceedings of the 6th International Workshop on Peer-to-Peer Systems (IPTPS '07)*, Bellevue, WA.
Spafford 1989	Spafford, E.H. (1989). The Internet worm: Crisis and aftermath. *Comms. ACM*, Vol. 32, No. 6, pp. 678–87.
Spasojevic and Satyanarayanan 1996	Spasojevic, M. and Satyanarayanan, M. (1996). An empirical study of a wide-area distributed file system. *ACM Transactions on Computer Systems*, Vol. 14, No. 2, pp. 200–222.
Spector 1982	Spector, A.Z. (1982). Performing remote operations efficiently on a local computer network. *Comms. ACM*, Vol. 25, No. 4, pp. 246–60.
Spurgeon 2000	Spurgeon, C.E. (2000). *Ethernet: The Definitive Guide*. Sebastopol, CA: O'Reilly.
Srikanth and Toueg 1987	Srikanth, T. and Toueg, S. (1987). Optimal clock synchronization. *Journal ACM*. Vol. 34, No. 3, pp. 626–45.
Srinivasan 1995a	Srinivasan, R. (1995). RPC: *Remote Procedure Call Protocol Specification Version 2*. Sun Microsystems. Internet RFC 1831. August.
Srinivasan 1995b	Srinivasan, R. (1995). *XDR: External Data Representation Standard*. Sun Microsystems. Internet RFC 1832. Network Working Group.
Srinivasan and Mogul 1989	Srinivasan, R. and Mogul, J.D. (1989). Spritely NFS: Experiments with cache-consistency protocols. *In Proc. of the 12th ACM Symposium on Operating System Principles*, Litchfield Park, AZ, December, pp. 45–57.
Srisuresh and Holdrege 1999	Srisuresh, P. and Holdrege, M. (1999). *IP Network Address Translator (NAT) Terminology and Considerations*. Internet RFC 2663.
Stajano 2002	Stajano, F. (2002). *Security for Ubiquitous Computing*. New York: John Wiley & Sons.
Stajano and Anderson 1999	Stajano, F. and Anderson, R. (1999). The resurrecting duckling: Security issues for adhoc wireless networks. In *Proceedings of the 7th International Workshop on Security Protocols*, pp. 172–194.
Stallings 2002	Stallings, W. (2002). *High Speed Networks – TCP/IP and ATM Design Principles*. 2nd edn.Upper Saddle River, NJ: Prentice-Hall.
Stallings 2005	Stallings, W. (2005). *Cryptography and Network Security – Principles and Practice*, 4th edn. Upper Saddle River, NJ: Prentice-Hall.
Stallings 2008	Stallings, W. (2008). *Operating Systems*, 6th edn. Upper Saddle River, NJ: Prentice-Hall International.
Steiner *et al.* 1988	Steiner, J., Neuman, C. and Schiller, J. (1988). Kerberos: An authentication service for open network systems. In *Proceedings of the Usenix Winter Conference*, Berkeley, CA.
Stelling *et al.* 1998	Stelling, P., Foster, I., Kesselman, C., Lee, C. and von Laszewski, G. (1998). A fault detection service for wide area distributed computations. In *Proceedings of the 7th IEEE Symposium on High Performance Distributed Computing*, pp. 268–78.
Stoica *et al.* 2001	Stoica, I., Morris, R., Karger, D., Kaashoek, F. and Balakrishnan, H. (2001). Chord: A scalable peer-to-peer lookup service for internet applications. In *Proc. ACM SIGCOMM, '01*, August, pp. 149–60.
Stojmenovic 2002	Stojmenovic, I. (ed.) (2002). *Handbook of Wireless Networks and Mobile Computing*. New York: John Wiley & Sons.
Stoll 1989	Stoll, C. (1989). *The Cuckoo's Egg: Tracking a Spy Through a Maze of Computer Espionage*. New York: Doubleday.
Stone 1993	Stone, H. (1993). *High-performance Computer Architecture*, 3rd edn. Reading, MA: Addison-Wesley.
Stonebraker *et al.* 2010	Stonebraker, M., Abadi, D., DeWitt, D. J., Madden, S., Paulson, E., Pavlo, A. and Rasin, A. (2010). MapReduce and parallel DBMSs: Friends or foes? *Comms. ACM*, Vol. 53, No. 1, pp. 64–71.
Sun 1989	Sun Microsystems Inc. (1989). *NFS: Network File System Protocol Specification*. Internet RFC 1094.
Sun and Ellis 1998	Sun, C. and Ellis, C. (1998). Operational transformation in real-time group editors: Issues, algorithms, and achievements. In *Proceedings of the Conference on Computer Supported Cooperative Work Systems*, pp. 59–68.

1013

1014

SWAP-CA 2002	Shared Wireless Access Protocol (Cordless Access) Specification (SWAP-CA), Revision 2.0,1. The HomeRF Technical Committee, July 2002.
Szalay and Gray 2001	Szalay, A. and Gray, J. (2001) The World-Wide Telescope. *Science*, Vol. 293, No. 5537, pp. 2037–2040.
Szalay and Gray 2004	Szalay, A. and Gray, J. (2004). *Scientific Data Federation: The World-Wide Telescope*. In Foster, I. and Kesselman, C. (eds.), *The Grid 2*. San Francisco, CA: Morgan Kauffman.
Szyperski 2002	Szyperski, C. (2002). *Component Software: Beyond Object-Oriented Programming*, 2nd edn. Reading, MA: Addison-Wesley.
Tanenbaum 2003	Tanenbaum, A.S. (2003). *Computer Networks*, 4th edn. Upper Saddle Rivee, NJ: Prentice-Hall International.
Tanenbaum 2007	Tanenbaum, A.S. (2007). *Modern Operating Systems*, 3rd edn. Englewood Cliffs, NJ: Prentice-Hall.
Tanenbaum and van Renesse 1985	Tanenbaum, A. and van Renesse, R. (1985). Distributed operating systems. *Computing Surveys*, *ACM*, Vol. 17, No. 4, pp. 419–70.
Tanenbaum *et al*. 1990	Tanenbaum, A.S., van Renesse, R., van Staveren, H., Sharp, G., Mullender, S., Jansen, J. and van Rossum, G. (1990). Experiences with the Amoeba distributed operating system. *Comms. ACM*, Vol. 33, No. 12, pp. 46–63.
Taufer *et al*. 2003	Taufer, M., Crowley, M., Karanicolas, J., Cicotti, P., Chien, A. and Brooks, L. (2003). *Moving Towards Desktop Grid Solutions for Large Scale Modelling in Computational Chemistry*. University of California, San Diego.
Terry *et al*. 1995	Terry, D., Theimer, M., Petersen, K., Demers, A., Spreitzer, M. and Hauser, C. (1995). Managing update conflicts in Bayou, a weakly connected replicated storage system. In *Proceedings of the 15th ACM Symposium on Operating Systems Principles* pp. 172–183.
TFCC	*IEEE Task Force on Cluster Computing*.
Thaler *et al*. 2000	Thaler, D., Handley, M. and Estrin, D. (2000). *The Internet Multicast Address Allocation Architecture*. Internet RFC 2908.
Thekkath *et al*. 1997	Thekkath, C.A., Mann, T. and Lee, E.K. (1997). Frangipani: A scalable distributed file system, in *Proc. of the 16th ACM Symposium on Operating System Principles*, St. Malo, France, October, pp. 224–237.
Tokuda *et al*. 1990	Tokuda, H., Nakajima, T. and Rao, P. (1990). Real-time Mach: Towards a predictable real-time system. In *Proceedings of the USENIX Mach Workshop*, pp. 73–82.
Topolcic 1990	Topolcic, C. (ed.) (1990). *Experimental Internet Stream Protocol, Version 2*. Internet RFC 1190.
Tsoumakos and Roussopoulos 2006	Tsoumakos, D. and Roussopoulos, N. (2006). Analysis and comparison of P2P search methods. In *Proceedings of the 1st international Conference on Scalable information Systems (InfoScale '06)*, Hong Kong, p.25.
Tzou and Anderson 1991	Tzou, S.-Y. and Anderson, D. (1991). The performance of message-passing using restricted virtual memory remapping. *Software–Practice and Experience*, Vol. 21, pp. 251–67.
van Renesse *et al*. 1989	van Renesse, R., van Staveran, H. and Tanenbaum, A. (1989). The performance of the Amoeba distributed operating system. *Software – Practice and Experience*, Vol. 19, No. 3, pp. 223–34.
van Renesse *et al*. 1995	van Renesse, R., Birman, K., Friedman, R., Hayden, M. and Karr, D. (1995). A framework for protocol composition in Horus. In *Proceedings of the PODC 1995*, pp. 80–9.
van Renesse *et al*. 1996	van Renesse, R., Birman, K. and Maffeis, S. (1996). Horus: A flexible group communication system. *Comms. ACM*, Vol. 39, No. 4, pp. 54–63.
van Renesse *et al*. 1998	van Renesse, R., Birman, K., Hayden, M., Vaysburd, A. and Karr, D. (1998). Building adaptive systems using Ensemble. *Software–Practice and Experience*, Vol. 28, No. 9, pp. 963–979.
van Steen *et al*. 1998	van Steen, M., Hauck, F., Homburg, P. and Tanenbaum, A. (1998). Locating objects in wide-area systems. *IEEE Communication*, Vol. 36, No. 1, pp. 104–109.
Vinoski 1998	Vinoski, S. (1998). New features for CORBA 3.0. *Comms. ACM*, Vol.

1015

41, No. 10, pp. 44–52.

Vinoski 2002 — Vinoski, S. (2002). Putting the 'Web' into Web Services. *IEEE Internet Computing*. Vol. 6, No. 4, pp. 90–92.

Vogels 2003 — Vogels, W. (2003). Web Services are not Distributed objects. *IEEE Internet Computing*, Vol. 7, No, 6, pp. 59–66.

Vogt *et al.* 1993 — Vogt, C., Herrtwich, R.G. and Nagarajan, R. (1993). HeiRAT – The Heidelberg Resource Administration Technique: Design Philosophy and Goals. *Kommunikation in verteilten Systemen*, Munich, Informatik aktuell, Springer.

Volpano and Smith 1999 — Volpano, D. and Smith, G. (1999). Language issues in mobile program security. In *Mobile Agents and Security*. Vol. 1419 in *Lecture Notes in Computer Science*, Springer-Verlag, pp. 25–43.

von Eicken *et al.* 1995 — von Eicken, T., Basu, A., Buch, V. and Vogels, V. (1995). U-Net: A user-level network interface for parallel and distributed programming. In *Proceedings of the 15th ACM Symposium on Operating Systems Principles*, pp. 40–53.

Wahl *et al.* 1997 — Wahl, M., Howes, T. and Kille, S. (1997). *The Lightweight Directory Access Protocol (v3)*. Internet RFC 2251.

Waldo 1999 — Waldo, J. (1999). The Jini architecture for network-centric computing. *Comms. ACM*, Vol. 42, No. 7, pp. 76–82.

Waldo *et al.* 1994 — Waldo, J., Wyant, G., Wollrath, A. and Kendall, S. (1994). A note on distributed computing. In Arnold *et al.* 1999, pp. 307–26.

Waldspurger *et al.* 1992 — Waldspurger, C., Hogg, T., Huberman, B., Kephart, J. and Stornetta, W. (1992). Spawn: A distributed computational economy. *IEEE Transactions on Software Engineering*, Vol. 18, No. 2, pp. 103–17.

Wang *et al.* 2001 — Wang, N., Schmidt, D. C. and O'Ryan, C. (2001). Overview of the CORBA component model. In Heineman, G. T. and Councill, W.T. (eds), *Component-Based Software Engineering: Putting the Pieces Together*, Addison-Wesley Longman Publishing Co., Boston, MA: Addison-Wesley, pp. 557–571.

Want 2004 — Want, R. (2004). Enabling ubiquitous sensing with RFID. *IEEE Computer*, Vol. 37, No. 4, pp. 84–86.

Want and Pering 2003 — Want, R. and Pering, T. (2003). New horizons for mobile computing. In *Proceedings of the First IEEE International Conference on Pervasive Computing and Communication (PerCom '03)*, Dallas-Fort Worth, TX, March, pp. 3–8.

Want *et al.* 1992 — Want, R., Hopper, A., Falcao, V. and Gibbons, V. (1992). The Active Badge location system. *ACM Transactions on Information Systems*, Vol. 10, No.1, pp. 91–102.

Want *et al.* 2002 — Want, R., Pering, T., Danneels, G., Kumar, M., Sundar, M. and Light, J. (2002). The personal server: Changing the way we think about ubiquitous computing. In *Proceedings of the Fourth International Conference on Ubiquitous Computing (Ubicomp 2002)*, Goteborg, Sweden, Sep.–Oct., pp.194–209.

Weatherspoon and Kubiatowicz 2002 — Weatherspoon, H. and Kubiatowicz, J.D. (2002). Erasure coding vs. replication: A quantitative comparison. *1st International Workshop on Peer-to-Peer Systems (IPTPS '02)*, Cambridge, MA, March, pp. 328–38.

web.mit.edu I — *Kerberos: The Network Authentication Protocol*.

web.mit.edu II — *The Three Myths of Firewalls*.

Wegner 1987 — Wegner, P. (1987). Dimensions of object-based language design. *SIGPLAN Notices*, Vol. 22, No. 12, pp. 168–182.

Weikum 1991 — Weikum, G. (1991). Principles and realization strategies of multilevel transaction management. *ACM Transactions on Database Systems*, Vol. 16, No. 1, pp. 132–40.

Weiser 1991 — Weiser, M. (1991). The computer for the 21st Century. *Scientific American*, Vol. 265, No. 3, pp. 94–104.

Weiser 1993 — Weiser, M. (1993). Some computer science issues in ubiquitous computing. *Comms. ACM*, Vol. 36, No. 7, pp. 74–84.

Wellner 1991 — Wellner, P.D. (1991). The DigitalDesk calculator – tangible manipulation on a desk-top display. In *Proceedings of the 4th Annual*

1016

1017

	ACM Symposium on User Interface Software and Technology, Hilton Head, SC, November, pp. 27–33.
Wheeler and Needham 1994	Wheeler, D.J. and Needham, R.M. (1994). TEA, a Tiny Encryption Algorithm. Technical Report 355, *Two Cryptographic Notes*, Computer Laboratory, University of Cambridge, December, pp. 1–3.
Wheeler and Needham 1997	Wheeler, D.J. and Needham, R.M. (1997). *Tea Extensions*. October 1994, pp. 1–3.
Whitaker *et al.* 2002	Whitaker, A., Shaw, M. and Gribble, D.G. (2002). Denali: Lightweight virtual machines for distributed and networked applications. *Technical Report 02-02-01*, University of Washington.
Wiesmann *et al.* 2000	Wiesmann, M., Pedone, F., Schiper, A., Kemme, B. and Alonso, G. (2000). Understanding replication in databases and distributed systems. In *Proceedings of the 20th International Conference on Distributed Computing Systems (ICDCS '2000)*, Taipei, Republic of China, p. 464.
Williams 1998	Williams, P. (1998). JetSend: An appliance communication protocol. In *Proceedings of the IEEE International Workshop on Networked Appliances, (IEEE IWNA '98)*, Kyoto, Japan, November, pp. 51–53.
Winer 1999	Winer, D. (1999). *The XML-RPC specification.*
Wobber *et al.* 1994	Wobber, E., Abadi, M., Burrows, M. and Lampson, B. (1994). Authentication in the Taos operating system. *ACM Transactions on Computer Systems.* Vol. 12, No. 1, pp. 3–32.
Wright *et al.* 2002	Wright, M., Adler, M., Levine, B.N. and Shields, C. (2002). An analysis of the degradation of anonymous protocols. In *Proceedings of the Network and Distributed Security Symposium (NDSS '02)*, February.
wsdl4j.sourceforge.org	*The Web Services Description Language for Java Toolkit (WSDL4J).*
Wulf *et al.* 1974	Wulf, W., Cohen, E., Corwin, W., Jones, A., Levin, R., Pierson, C. and Pollack, F. (1974). HYDRA: The kernel of a multiprocessor operating system. *Comms. ACM*, Vol. 17, No. 6, pp. 337–345.
Wuu and Bernstein 1984	Wuu, G.T. and Bernstein, A.J. (1984). Efficient solutions to the replicated log and dictionary problems. In *Proceedings of the Third Annual Symposium on Principles of Distributed Computing*, pp. 233–42.
www.accessgrid.org	*The Access Grid Project.*
www.adventiq.com	Adventiq Ltd. *Home page* featuring their KVM-over-IP technology.
www.akamai.com	Akamai. *Home page.*
www.apple.com I	Apple Computer. *Bonjour Protocol Specifications.*
www.apple.com II	Apple Computer. iChat *video conferencing for the rest of us.*
www.beowulf.org	The Beowulf Project. *Resource centre.*
www.bittorrent.com	The Official BitTorrent Website.
www.bluetooth.com	The Official Bluetooth SIG Website.
www.butterfly.net	*The scalable, reliable and high-performance online game platform, GoGrid.*
www.bxa.doc.gov	Bureau of Export Administration, US Department of Commerce. *Commercial Encryption Export Controls.*
www.cdk5.net	Coulouris, G., Dollimore, J. and Kindberg, T. (eds.). *Distributed Systems, Concepts and Design: Supporting material.*
www.citrix.com	Citrix Corporation. *Citrix XenApp.*
www.conviva.org	Conviva. *Home page.*
www.coralcdn.org	Coral Content Distribution Network. *Home page.*
www.cren.net	Corporation for Research and Educational Networking. *CREN Certificate Authority.*
www.cryptopp.com	Crypto++® Library 5.2.1.
www.cs.cornell.edu	The 3rd ACM SIGOPS International Workshop on Large Scale Distributed Sytems and Middlewqare (LADIS'09). *Keynote by Jeff Dean on Large-Scale Distributed Systems at Google: Current Systems and Future Directions.*
www.cs.york.ac.uk/dame	*Distributed Aircraft Maintenance Environment (DAME).*
www.cuseeme.com	CU-SeeMe Networks Inc. *Home page.*

1018

www.dancres.org	Blitz open source project. *Home page.*
www.doi.org	International DOI Foundation. *Pages on digital object identifiers.*
www.dropbox.com	Dropbox file hosting service. *Home page.*
www.dtnrg.org	Delay Tolerant Networking Research Group. *Home page.*
www.gigaspaces.com	GigaSpaces. *Home page.*
www.globalcrossing.net	Global Crossing. *IP Network Performance – monthly history.*
www.globexplorer.com	*Globexplorer, the world's largest online library of aerial and satellite imagery.*
www.globus.org	The Globus Project. *Latest stable version of the Globus Toolkit.*
www.google.com I	Google. *Google Apps.*
www.google.com II	Google. *Google Maps.*
www.google.com III	Google. *Google Corporate Information.*
www.google.com IV	Google. *Google Corporate Information. Design Principles.*
www.gridmpi.org	The GridMPI Project. *Home page.*
www.handle.net	Handle system. *Home page.*
www.iana.org I	Internet Assigned Numbers Authority. *Home page.*
www.iana.org II	Internet Assigned Numbers Authority. *IPv4 Multicast Address Space Registry.*
www.ibm.com	IBM. *WebSphere Application Server home page.*
www.ietf.org	Internet Engineering Task Force. *Internet RFC Index page.*
www.iona.com	Iona Technologies. *Orbix.*
www.ipnsig.org	InterPlaNetary Internet Project. *Home page.*
www.ipoque.com	Ipoque GmbH. *Internet Study 2008/2009.*
www.isoc.org	Robert Hobbes Zakon. *Hobbe's Internet Timeline.*
www.jbidwatcher.com	JBidwatcher Project. *Home page.*
www.jboss.org	JBoss Open Source Community. *Home page.*
www.jgroups.org	JGroups Project. *Home page.*
www.json.org	JSON external data representation. *Home page.*
www.kontiki.com	Kontiki Delivery Management System. *Home page.*
www.microsoft.com I	Microsoft Corporation. *Active Directory Services.*
www.microsoft.com II	Microsoft Corporation. *Windows 2000 Kerberos Authentication*, White Paper.
www.microsoft.com III	Microsoft Corporation. *NetMeeting home page.*
www.microsoft.com IV	Microsoft Corporation. *Azure home page.*
www.mozilla.org	Netscape Corporation. *SSL 3.0 Specification.*
www.mpi-forum.org	Message Passing Interface (MPI) Forum. *Home page.*
www.neesgrid.org	*NEES Grid, Building the National Virtual Collaboratory for Earthquake Engineering.*
www.netscape.com	*Netscape.* Home page.
www.nfc-forum.org	Near Field Communication (NFC). *Forum home page.*
www.oasis.org	Web Services reliable messaging. *WS-Reliablemessaging. Vn 1.1. Oasis standard.*
www.omg.org	Object Management Group. *Index to CORBA services.*
www.opengroup.org	Open Group. *Portal to the World of DCE.*
www.openmobilealliance.org	Open Mobile Alliance. *Home page.*
www.openssl.org	OpenSSL Project. *OpenSSL: The Open Source toolkit for SSL/TLS.*
www.openstreetmap.org	OpenStreetMap. *Home page.*
www.osgi.org	The OSGi Alliance. *Home page.*
www.ow2.org	The OW2 Consortium. *Home page.*
www.parc.com	PARC Forum. *Presentation to Marissa Mayer, VP Google.*
www.pgp.com	PGP. *Home page.*
www.progress.com	Apama from Progress Software. *Home page.*
www.prototypejs.org	Prototype JavaScript Framework. *Home page.*

www.realvnc.com	RealVNC Ltd. *Home page.*
www.redbooks.ibm.com	IBM Redbooks. *WebSphere MQ V6 Fundamentals.*
www.reed.com	Read, D.P. (2000). *The End of the End-to-End Argument.*
www.research.ibm.com	Gryphon Project. *Home page.*
www.rsasecurity.com I	RSA Security Inc. *Home page.*
www.rsasecurity.com II	RSA Corporation (1997). *DES Challenge.*
www.rsasecurity.com III	RSA Corporation (2004). *RSA Factoring Challenge.*
www.rtj.org	*Real-Time for Java TM Experts Group.*
www.secinf.net	Network Security Library.
www.sei.cmu.edu	Software Engineering Instute, Carnegie Mellon. *Home page of the Ultra Large Systems (ULS) Initiative.*
www.smart-its.org	The Smart-Its Project. *Home page.*
www.spec.org	*SPEC SFS97 Benchmark.*
www.springsource.org	SpringSource Community. *Spring Framework.*
www.upnp.org	Universal Plug and Play. *Home page.*
www.us.cdnetworks.com	CDNetworks Inc. *Home page.*
www.uscms.org	USCMS, *The Compact Muon Solenoid.*
www.verisign.com	Verisign Inc. *Home page.*
www.w3.org I	World Wide Web Consortium. *Home page.*
www.w3.org II	World Wide Web Consortium. *Pages on the HyperText Markup Language.*
www.w3.org III	World Wide Web Consortium. *Pages on Naming and Addressing.*
www.w3.org IV	World Wide Web Consortium. *Pages on the HyperText Transfer Protocol.*
www.w3.org V	World Wide Web Consortium. *Pages on the Resource Description Framework and other metadata schemes.*
www.w3.org VI	World Wide Web Consortium. *Pages on the Extensible Markup Language.*
www.w3.org VII	World Wide Web Consortium. *Pages on the Extensible Stylesheet Language.*
www.w3.org VIII	*XML Schemas.* W3C Recommendation (2001).
www.w3.org IX	World Wide Web Consortium. *Pages on SOAP.*
www.w3.org X	World Wide Web Consortium. *Pages on Canonical XML, Version 1.0.* W3C Recommendation.
www.w3.org XI	World Wide Web Consortium. *Pages on Web Services Description Language (WSDL).*
www.w3.org XII	World Wide Web Consortium. *Pages on XML Signature Syntax and Processing.*
www.w3.org XIII	World Wide Web Consortium. *Pages on XML key management specification (XKMS).*
www.w3.org XIV	World Wide Web Consortium. *Pages on XML Encryption Syntax and Processing.*
www.w3.org XV	World Wide Web Consortium. *Pages on Web Services Choreography Requirements.* W3C Working Draft.
www.w3.org XVI	Burdett, D. and Kavantsas, N. *WS Choreography Model Overview.* W3C Working Draft.
www.w3.org XVII	World Wide Web Consortium. *Pages on Web Services Choreography Description Language Version 1.0.*
www.w3.org XVIII	World Wide Web Consortium. *Pages on Web Services Choreography Interface (WSCI).*
www.w3.org XIX	World Wide Web Consortium. *Pages on Device Independence.*
www.w3.org XX	World Wide Web Consortium. *Pages on the Semantic Web.*
www.w3.org XXI	World Wide Web Consortium. *Pages on the XML Binary Charaterization Working Group.*
www.w3.org XXII	World Wide Web Consortium. *Pages on the SOAP Message Transmission Optimization Protocol recommendations.*
www.w3.org XXIII	World Wide Web Consortium. *Pages on the WS-Addressing Working*

1021

Group.

www.w3.org XXIV	World Wide Web Consortium. *Pages on the Geolocation API Specification.*
www.wapforum.org	WAP Forum. *White Papers and Specifications.*
www.wlana.com	*The IEEE 802.11 Wireless LAN Standard.*
www.xbow.com	Crossbow Technology Inc. *Pages on wireless sensor networks.*
www.xen.org	Xen open source community. *Home page.*
www.zeroconf.org	IETF Zeroconf Working Group. *Home page.*
Wyckoff *et al.* 1998	Wyckoff, P., McLaughry, S., Lehman, T. and Ford, D. (1998). T Spaces. *IBM Systems Journal*, Vol. 37, No. 3.
Xu and Liskov 1989	Xu, A. and Liskov, B. (1989). The design for a fault-tolerant, distributed implementation of Linda. In *Proceedings of the 19th International Symposium on Fault-Tolerant Computing*, Chicago, IL, June, pp. 199–206.
zakon.org	Zakon, R.H. Hobbes' Internet Timeline v7.0.
Zhang and Kindberg 2002	Zhang, K. and Kindberg, T. (2002). An authorization infrastructure for nomadic computing. In *Proceedings of the Seventh ACM Symposium on Access Control Models and Technologies*, Monterey, CA, June, pp. 107–113.
Zhang *et al.* 1993	Zhang, L., Deering, S.E., Estrin, D., Shenker, S. and Zappala, D. (1993). RSVP – A new resource reservation protocol. *IEEE Network Magazine*, Vol. 9, No. 5, pp. 8–18.
Zhang *et al.* 2005a	Zhang, H., Goel, A., and Govindan, R. (2005). Improving lookup latency in distributed hash table systems using random sampling. *IEEE/ACM Trans. Netw.* 13, 5 (Oct. 2005), 1121–1134.
Zhang *et al.* 2005b	Zhang, X., Liu, J., Li, B. and Yum, T.-S. (2005). CoolStreaming/DONet: A data-driven overlay network for live media streaming. In *Proceedings of IEEE INFOCOM'05*, Miami, FL, USA, March, pp. 2102–2011.
Zhao *et al.* 2004	Zhao, B.Y., Huang, L., Stribling, J., Rhea, S.C., Joseph, A.D. and Kubiatowicz, J.D. (2004). Tapestry: A resilient global-scale overlay for service deployment, *IEEE Journal on Selected Areas in Communications*, Vol. 22, No. 1, pp. 41–53.
Zimmermann 1995	Zimmermann, P.R. (1995). *The Official PGP User's Guide*. MIT Press.

1022

1023

索　引

索引中的页码为英文原书页码，与书中页边标注的页码一致。

A

abort（放弃），682

access control（访问控制），479~481

access control list（访问控制列表），480，528

access rights（访问权限），72

access transparency（访问透明性），23，527，546

ACID properties（ACID 特性），681，720

ack-implosion（确认爆炸），647

activation（激活），213

　　distributed object（分布式对象），339

activator（激活器），213

active badge（活动徽章），820，844，846，855

　　events（事件）838

active bat（活动蝙蝠），854

active object（主动对象），213

active replication（主动复制），780~782

actuator（制动器），823

ad hoc network（自组织网络），135，848

　　mobile（移动），849

ad hoc routing（自组织路由），824

adaptation（自适应），25

　　energy-aware（能量敏感），870

　　of content（内容），866~869

　　to resource variations（资源变化），869~870

address resolution protocol（ARP，地址解析协议），112

address space（地址空间），285，287~288

　　aliasing（别名），296

　　inheritance（继承），290

　　region（区域），287

　　shared region（共享区域），288，308

admission control（许可控制），890，896~897

advertisement（广告）

　　in content-based routing（基于内容的路由中的），252

　　in publish-subscribe（发布-订阅中的），245

AES（Advance Encryption Standard，高级加密标准），490，501

agreement（协定）

　　in consensus and related problems（在共识和相关问题中），660~662

　　of multicast delivery（关于组播传递的），648

　　problems of（……的问题），659

　　uniform（一致的），650

agreement, of multicast delivery（组播传递协定），236

AJAX，53~56

alias（别名），571

Amazon Elastic Compute Cloud（EC2），418

Amazon Elastic MapReduce，419

Amazon Flexible Payments Service（FPS），419

Amazon Simple DB，419

Amazon Simple Queue Service（SQS），419

Amazon Simple Storage Service（S3），419

Amazon Web Services（AWS），418，965

　　Amazon Elastic Compute Cloud（EC2），418

　　Amazon Elastic MapReduce，419

　　Amazon Flexible Payments Service（FPS），419

　　Amazon Simple DB，419

　　Amazon Simple Queue Service（SQS），419

　　Amazon Simple Storage Service（S3），419

　　Dynamo，720，801

　　REST in（其中的 REST 方法），418

Amoeba

　　multicast protocol（组播协议），654

　　run server（运行服务器），289

Andrew File System（AFS，Andrew 文件系统），530，548~557

　　for Linux（Linux 上的），530

　　in DCE/DFS（DCE/DFS 上的），559

　　performance（性能），556

　　wide-area support（广域支持），556

anti-entropy protocol（反熵协议），791，792

Apollo Domain（Apollo 域），263

applet（小程序），31，50

　　threads within（内部线程），298

application layer（应用层），93，95

application level multicast（应用层组播），908

application server（应用服务器），60，360，363

architectural models（体系结构模型），38，40~58

architectural patterns（体系结构模式），51~58

　　brokerage（业务代理），57

　　layering（分层），51

　　proxy（代理），57

　　relection（反射），58

　　tiering（层次化），52

ARP，参见 address resolution protocol

association（关联），821，825，827~835

direct（直接），834

indirect（间接），842

physical（物理），834

problem（问题），827

secure spontaneous（安全自发），860～863

spontaneous（自发），826

associative（关联的），262

asymmetric cryptography（非对称密码学），484，491～493

asynchronous communication（异步通信），148，232

in publish-subscribe（发布－订阅中的），244

asynchronous distributed system（异步分布式系统），65，235，601，659，668，944

asynchronous invocation（异步调用），313

in CORBA（CORBA 中的），347

persistent（持久的），313

asynchronous operation（异步操作），311～314

at-least-once invocation semantics（至少一次调用语义），199

ATM（Asynchronous Transfer Mode，异步传输模式），88，90，92，95，102，130

at-most-once invocation semantics（至多一次调用语义），199

atomic commit protocol（原子提交协议），728～740

failure model（故障模型），732

two-phase commit protocol（两阶段提交协议），732

atomic operation（原子操作），514

atomic transaction（原子事务），参见 transaction

authentication（认证），74，474～476

location-based（基于位置的），863

authentication server（认证服务器），504

authentication service（认证服务），506

automatic identification（自动标识），855

availability（可用性），22，766，782～801

B

backbone（主干网），113

bandwidth（带宽），63

base station，wireless（基站，无线），135，819

Bayou，425，792～794

dependency check（依赖检查），793

merge procedure（合并过程），793

beacon（信标），874

infrared（红外线），834

radio（无线电），853

bean

Enterprise JavaBeans（EJB，企业 JavaBeans），366

Bellman-Ford routing protocols（Bellman-Ford 路由协议），99

best-efforts resource scheduling（尽力而为的资源调度），888

big-endian order（大序法排序），158

Bigtable，927，948～954

architecture（体系结构），950～954

interface（接口），948～950

load balancing（负载平衡），954

separation of control and data（控制和数据分离），951

tablets（数据片），950

binder（绑定器），213

portmapper（端口映射器），203

rmiregistry，220

birthday attack（生日攻击），498

BitTorrent，425，435，447，906～908

chunk（块），906

leecher（吸血方），907

optimistic unchoking（乐观不阻塞），908

seeder（种子方），906

torrent（激流），907

tracker（跟踪器），906

unchoking（不阻塞），907

blade server（刀片服务器），14

block cipher（块密码），485～486

blocking operations（阻塞操作），148

Bluetooth network（蓝牙网络），129，138～141

boundary principle（边界原理），828

bridge（网桥），104

broadcast（广播），233

broker overlay（代理覆盖网），933

brokerage（业务代理），57

brute-force attack（强行攻击），286

Business to Business（B2B，业务到业务），414

integration（集成），414

byzantine failure（拜占庭故障），68

byzantine generals（拜占庭将军问题），662，665～668

C

cache（高速缓冲存储器，简称缓存），49，766

coherence of cached files（缓存文件的一致性），799

caching（高速缓冲存储）

file，write-through（文件，写透），542

files at client（客户端文件），542

files at server（服务器端文件），541

Google File System（GFS，Google 文件系统），938

of whole files（所有文件的），548

validation procedure（验证程序），543，552

callback（回调）

in CORBA remote method invocation（在 CORBA 远程方法调用中），357

in Java remote method invocation（在 Java 远程方法调用中），223

callback promise（回调承诺），552

camera phone（照相手机），834，861，874

CAN routing overlay（CAN 路由覆盖），425，435

capability（权能），480

cascading abort（连锁放弃），689

case studies（实例研究）

Andrew File System（AFS，Andrew 文件系统），548～557

Bayou，792～794

BitTorrent，906～908

Coda file system（Coda 文件系统），795～801

Cooltown，871～878

CORBA，340～358

Domain Name System（DNS，域名系统），576～583

End System Multicast（ESM，端系统组播），908～912

Enterprise JavaBeans（EJB，企业 JavaBeans），364～372

Ethernet network（以太网），130

Fractal，372～378

Global Name Service（全局名字服务），585～588

Gnutella，447～448

Google infrastructure（Google 基础设施），917～965

Gossip architecture（闲聊体系结构），783～792

IEEE 802.11 wireless LAN（WiFi，IEEE 802.11 无线局域网），135

IEEE 802.15.1 Bluetooth wireless PAN（IEEE 802.15.1 蓝牙无线 PAN），138

Internet protocols（互联网协议），106

IP routing（IP 路由），113

Ivy file system（Ivy 文件系统），455～458

Java Messaging Service（JMS，Java 消息服务），258～262

Java remote method invocation（Java 远程方法调用），217～225

JavaSpaces，271～274

JGroups，238～242

Kerberos（Kerberos 认证），505～510

Message Passing Interface（MPI，消息传递接口），178～180

Needham-Schroeder protocol（Needham-Schroeder 协议），504～505

Network File System（NFS，网络文件系统），536～547

Network Time Protocol（网络时间协议），603～606

OceanStore，451～455

Pastry routing overlay（Pastry 路由覆盖），436～444

Squirrel Web cache（Squirrel Web 缓存），449～451

Sun RPC，201～204

Tapestry routing overlay（Tapestry 路由覆盖），444～445

Tiger video file server（Tiger 视频文件服务器），901～906

Transport Layer Security（TLS，传输层安全），511～515

Websphere MQ，256～258

WiFi security（WiFi 安全），515～517

World Wide Web（万维网），26～33

X.500 directory service（X.500 目录服务），588～592

Xen，320～331

catch exception（捕获异常），206

causal ordering（因果排序），236，607

　of multicast delivery（组播传递的），651

　of request handling（请求处理的），770

CDR，参见 CORBA

　Common Data Representation（公共数据表示）

Cell phone（蜂窝电话），参见 mobile phone

certificate（证书），477～479

　X.509 standard format（X.509 标准格式），499

certificate authority（证书权威机构），500

certificate chain（证书链），478，500

CGI，参见 common gateway interface

challenge，for authentication（质询，用于认证），475

channel-based publish-subscribe（基于渠道的发布-订阅），246

checkpointing（检查点），755

Chord routing overlay（Chord 路由覆盖），425

Chorus（Chorus 系统），317

chosen plaintext attack（明文选择攻击），492

Chubby，927，940～947

　architecture（体系结构），943～944

　cache consistency（缓存一致性），943

　interface（接口），941～943

　locks（锁），940

　Paxos（Paxos 算法），943，944～946

Chunk，in BitTorrent（块，BitTorrent 中的），906

cipher block chaining（CBC，密码块链接），485

cipher suite（密码组），512

ciphertext（密文），484

circuit switching network（电路交换网络），参见 network，circuit switching

classless interdomain routing（CIDR，无类别域间路由），115，425

clients（客户），15

client-server（客户-服务器），5

client-server model（客户-服务器模型），46

clock（时钟）

　accuracy（精确），599

　agreement（协定），599

　computer（计算机），64，597

　correctness（正确性），600

　drift（漂移），64，598

　faulty（故障的），600

　global（全局的），2

　logical（逻辑的），608

　matrix（矩阵），610

　monotonicity（单调性），600

　resolution（分辨率），598

　skew（偏移），598

　synchronization（同步），参见 synchronization of clocks

　vector（向量），609

cloud computing（云计算），13～14，319，320，417～419，921～922，964

　Amazon Web Services（AWS，Amazon Web 服务），418，965

　Dynamo，720，801

　Eucalyptus，965

　Google App Engine，922，965

Hadoop，965

Microsoft's Azure，965

OpenStreetMaps，965

Sector/Sphere 965

cluster, of computers（计算机集群），13，49，923

Coda file system（Coda 文件系统），458，795 ~ 801

available volume storage group（AVSG，可用的卷存储组），796

Coda version vector（CVV，Coda 版本向量），796

volume storage group（VSG，卷存储组），796

codec（多媒体数字信号编/解码器），887

collision detection（冲突检测），133

commit（提交），682

common gateway interface（公共网关接口），31

communicating entities（通信实体），42 ~ 43

component（组件），42

node（结点），42

object（对象），42

process（进程），42

Web services（Web 服务），43

communication（通信）

asynchronous（异步），134

communicating entities（通信实体），42 ~ 43

communication paradigms（通信范型），43 ~ 45

group（组），169 ~ 174

operating system support for（操作系统支持），303 ~ 311

producer-consumer（生产者-消费者），146

reliable（可靠的），71，148

roles（角色），45 ~ 48

synchronous（同步），134

communication channels（通信通道）

performance（性能），63

threats to（威胁），74

communication paradigms（通信范型），43 ~ 45

indirect communication（间接通信），44

interprocess communication（进程间通信），43

remote invocation（远程调用），43

commuting operations（可交换操作），782

complex event processing（复杂事件处理），7

in publish-subscribe（在发布 – 订阅中的），248

component（组件），42，60，336，358 ~ 364

application server（应用服务器），363

component-based software engineering（CBSE，基于组件的软件工程），916

composition（组合），361

container（容器），362 ~ 363

contract（契约），360

definition（定义），360

deployment（部署），364

heavyweight approach（重量级方法），365

lightweight approach（轻量级方法），364

limitations of objects（对象的限制），336，358 ~ 360

middleware（中间件），336，358 ~ 364

OpenCOM，374

OSGi，374

Provided interface（提供的接口），360

Required interface（所需的接口），360

server-side approach（服务器端的方法），365

software architecture（软件体系结构），360

component-based software engineering（CBSE，基于组件的软件工程），916

Composite Capabilities/ Preferences profile（CC/PP，复合能力/偏好文件）868

concept-based publish-subscribe（基于概念的发布 – 订阅），248

concurrency（并发），2，22，23

of file updates（文件更新的），527

concurrency control（并发控制），683 ~ 726

comparison of methods（方法的比较），718

conflicting operations（冲突的操作），686

Dynamo，720

Google Apps，719

in CORBA concurrency control service（在 CORBA 并发控制服务中），696

in distributed transaction（在分布式事务中），740 ~ 743

in Dropbox（Dropbox 中的），719

in Dynamo（Dynamo 中的），720

in Wikipedia（Wikipedia 中的），719

inconsistent retrieval（不一致检索），684

with locks（用锁），参见 locks

lost update（更新丢失），683

operation conflict rules（操作冲突规则），686，694

optimistic（乐观），参见 optimistic concurrency control

by timestamp ordering（时间戳排序），参见 timestamp ordering

concurrency transparency（并发透明性），23

conflicting operations（冲突操作），686

confusion（in cryptography）（含混（在密码学中）），487

congestion control（拥塞控制），参见 network congestion control

connection（连接）

persistent（持久），309

consensus（共识），659 ~ 670，940，944

impossibility result for an asynchronous system（异步系统的不可能性结论），668

in a synchronous system（在同步系统中），663

Paxos，944

related to other problems（与其他问题的关系），662

consistency（一致性）

Google File System（GFS，Google 文件系统），939 ~ 940

of replicated data（复制数据的），605

consistency models（一致性模型），262

container（容器），362 ~ 363

content distribution network（内容分发网络），176，909

content-based publish-subscribe（基于内容的发布 – 订阅）247

content-based routing（基于内容的路由），250

　　advertisement（广告），252

　　filtering（过滤），251

　　flooding（泛洪），250

　　rendezvous（汇聚），252

context（上下文），844

context switch（上下文转换），296

Context Toolkit，847

context-aware computing（上下文敏感计算），10，820

context-awareness（上下文敏感），844 ~ 857

　　in publish-subscribe（发布 – 订阅中的），248

continuous media（连续媒体），12，886

contract，in components（契约，组件中的），360

cookie（Web 服务器发给 Web 浏览器的一小段信息），538

CoolStreaming，910

Cooltown，871 ~ 878

　　beacon（信标），874

Coordinated Universal Time（UTC，通用协调时间），598

copy-on-write（写时复制），290

CORBA（公共对象请求代理体系结构）

　　architecture（体系结构），348 ~ 351

　　　　object adapter（对象适配器），348

　　　　object request broker（ORB，对象请求代理），348

　　　　proxy（代理），350

　　　　skeleton（骨架），350

　　asynchronous RMI（异步 RMI），347

　　case study（实例研究），340 ~ 358

　　client and server example（客户和服务器实例），353 ~ 358

　　Common Data Representation（公共数据表示），160 ~ 161

　　compared with Web services（与 Web 服务比较），398

　　dynamic invocation interface（动态调用接口），351

　　dynamic skeleton interface（动态骨架接口），351

　　efficiency compared with Web services（与 Web 服务比较的效率），399

　　implementation repository（实现仓库），350

　　interface definition language（接口定义语言），197，341 ~ 344

　　　　attribute（属性），345

　　　　inheritance（继承），346

　　　　interface（接口），342

　　　　method（方法），342

　　　　module（模块），342

　　　　pseudo object（伪对象），351

　　　　type（类型），344

　　interface repository（接口仓库），350

　　Internet Inter-ORB protocol（IIOP，互联网 ORB 间互操作协议），352

　　interoperable object reference（IOR，互操作对象引用），351

　　　　compared with URL（与 URL 比较），398

　　　　persistent（持久的），352

　　　　transient（暂态的），352

　　language mapping（语言映射），346

　　marshalling（编码），161

　　object（对象），341

　　object model（对象模型），341

　　object request broker（ORB，对象请求代理），340，348

　　remote method invocation（远程方法调用），341 ~ 358

　　　　callback（回调），357

　　remote object reference（远程对象引用），352，参见 CORBA interoperable object reference services

　　　　concurrency control service（并发控制服务），696

　　　　Event Service（事件服务），253

　　　　persistent state service（持久状态服务），523

crash failure（崩溃故障），68，632

credentials（证书），482 ~ 483

critical section（临界区），633

cryptography（密码学），74，473 ~ 477，484 ~ 493

　　and politics（和政治学），502

　　performance of algorithms（算法的性能），501

CSMA/CA（具有避免冲突的载波侦听多路访问），137

CSMA/CD（具有检测冲突的载波侦听多路访问），131

cut（割集），613

　　consistent（一致的），613

　　frontier（边界），613

Cyber Foraging，869

D

data centre（数据中心）13，923

data compression（数据压缩），887

data link layer（数据链路层），95

data streaming（数据流），参见 network，data streaming

datagram（数据报），97，111

data-oriented programming（面向数据编程），386，837 ~ 844

deactivation（去活）

　　distributed object（分布式对象），339

deadlock（死锁），700 ~ 704

　　definition（定义），700

　　detection（检测），611，702

　　distributed（分布式的），参见 distributed deadlock

　　prevention（预防），701，703

　　timeouts（超时），703

　　wait-for graph（等待图），700

　　with read-write locks（读-写锁），700

debugging distributed programs（调试分布式程序），612，619 ~ 625

delay-tolerant networking（容延网），850，参见 disruption-tolerant networking

delegation（of rights）（权限的委托），482

delivery failures（发送故障），189

Denali，320

denial of service（拒绝服务）

  sleep deprivation torture attack（睡眠剥夺折磨攻击），858

denial of service attack（拒绝服务攻击），19，75

deployment, of components（部署，组件的），364

DES（Data Encryption Standard）（数据加密标准），489，501

detecting failure（检测故障），21

device discovery（设备发现），828

device management（设备管理）

  in Xen（Xen 中的），327～329

DHCP（Dynamic Host Configuration Protocol（动态主机配置协议），117，121，827

Diffie-Hellman protocol（Diffie-Hellman 协议），862

diffusion（in cryptography）（扩散（在密码学中）），487

digest function（摘要函数），495

digital signature（数字签名），476～477，493～500

  in XML（在 XML 中），409

directed diffusion（定向扩散），850

directory service（目录服务），533～535，584

  attribute（属性），584

  discovery service as（作为发现服务），828

  UDDI，404～406

dirty read（读取脏数据），688

disconnected operation（断链操作），767，792，800～801，828

discovery service（发现服务），584，828～833

  Jini（Sun 的一种分布式技术），832～833

  serverless（无服务器），831

dispatcher（分发器），211

  generic in Java RMI（Java RMI 中的通用分发器），224

  in CORBA（CORBA 中的），349

  in Web services（Web 服务中的），398

disruption tolerant network（容中断网络），176

disruption-tolerant networking（容中断网络），850

distance vector routing algorithm（距离向量路由算法），99

distributed deadlock（分布式死锁），743～751

  edge chasing（边追逐），746～751

    transaction priorities（事务优先级），749

  phantom deadlock（假死锁），745

distributed event-based system（分布式基于事件的系统），6，45，242

  complex event processing（复杂事件处理），7

  event（事件），6

distributed garbage collection（分布式无用单元收集），209，215～216

  in Java（在 Java 中），209

distributed hash table（分布式散列表），176

  in content-based routing（在基于内容的路由中），252

distributed multimedia system（分布式多媒体系统），12

distributed object（分布式对象），42，60，206，336，337

  activation（激活），339

  deactivation（去活），339

  interface inheritance（接口继承），339

inter-object communication（对象间通信），339

lifecycle management（生命周期管理），339

middleware（中间件），336，337～340

persistence（持久性），339

role of class（类的角色），338

distributed object model（分布式对象模型），207

  compared with Web services（与 Web 服务比较），393

distributed operating system（分布式操作系统），281

distributed shared memory（分布式共享内存），45，262～265，523

  Apollo Domain（Apollo 域），263

  Comparison with message passing（与消息传递的比较），264

distributed transaction（分布式事务）

  atomic commit protocol（原子提交协议），728～740

  concurrency control（并发控制），740～743

    locking（加锁），740

    optimistic（乐观的），742

    timestamp ordering（时间戳排序），741

  coordinator（协调者），730～731

  flat（平面），728

  nested（嵌套），728

  one-phase commit protocol（单阶段提交协议），731

  two-phase commit protocol（两阶段提交协议），732

DNS，参见 Domain Name System

Domain Name System（DNS，域名系统），124，576～583

  BSD implementation（BSD 实现），582

  domain name（域名），577

  name server（名字服务器），578～583

  navigation（导航），580

  query（查询），577

  resource record（资源记录），581

  zone（区域），578

domain transition（域转换），296

domain, in Xen（域，在 Xen 中的），322

  domain0，322

  domainU，322

downloading of code（下载的代码），31

  in Java remote method invocation（在 Java 远程方法调用中），219

Dropbox

  concurrency control（并发控制），719

DSL（digital subscriber line）（数字用户线），88，103

dynamic invocation（动态调用），212

  in CORBA（在 CORBA 中），351

  in Web services（在 Web 服务中），387

dynamic invocation interface（动态调用接口），212，351，397

dynamic skeleton（动态骨架），212，351

  in CORBA（在 CORBA 中），351

dynamic Web pages（动态 Web 页面），30～31

Dynamo

concurrency control（并发控制），720
　　quorum consensus（法定数共识），801，
　　replication（复制），801

E

eager update propagation（及时更新传播），804
eavesdropping attack（窃听攻击），467
eCommerce（电子商务），4
election（选举），641~646
　　bully algorithm（霸道算法），644
　　for processes in a ring（对环中进程的），642
electronic commerce（电子商务）
　　security needs（安全性需要），469
elliptic curve encryption（椭圆曲线加密），493
emulation（模拟）
　　of operating system（操作系统的），316
encapsulation（封装），93，107
　　encryption（加密），74，473~477
　　in XML security（在 XML 安全中），410
End System Multicast（ESM，端系统多播），908~912
　　performance-aware adaptation（性能敏感的自适应），910，912
　　self-organization（自组织），910
　　tree construction（树构造），910~912
　　　　dealing with nodes leaving（处理结点离开），912
　　　　joining a tree（加入树），911
　　　　membership management（成员管理），911
　　　　parent selection（父选择），911
end-to-end argument（端到端争论），60，174
end-to-end principle（端到端原理），908
enemy（敌方），73
enemy, security threats from an（来自敌方的安全威胁），75
energy consumption（能量消耗），823，825
　　and adaptation（和适应性），870
　　and denial of service（和拒绝服务），858
　　of communication（通信的），849
　　of compression（压缩的），869
　　of discovery protocols（发现协议的），831
energy-aware adaptation（能量敏感的自适应），870
Ensemble，238
Enterprise Application Integration（EAI，企业应用集成），254
Enterprise JavaBeans（EJB，企业 JavaBeans）
　　bean，366
　　bean-managed（bean 管理的），365
　　business interface（业务接口），366
　　case study（实例研究），364~372
　　configuration by exception（例外配置），367
　　container-managed（容器管理的），365
　　lifecycle management（生命周期管理），367
　　message-driven bean（消息驱动 bean），366
　　roles（角色），365

　　session bean（会话 bean），366
epidemic protocol（传染病协议），447
eScience，4
esquirt，875~877
Ethernet for real-time applications（用于实时应用的以太网），135
Ethernet hub（以太网网络集线器），103，105
Ethernet network（以太网网络），104，129，130~135
Ethernet switch（以太网交换机），103，135
Eucalyptus，965
event（事件），6
　　active badge（活动徽章），838
　　composite（复合的），838
　　concurrency（并发），608
　　heap（堆），839
　　in volatile system（在易变系统中），837~838
　　in Xen（在 Xen 中的），323
　　notification（通知），243
　　ordering（排序），66
　　system, compared to tuple space（系统，与元组空间比较），840
exactly once（恰好一次），198
exception（异常），205
　　catch（捕获），206
　　in CORBA remote invocation（在 CORBA 远程调用中），200
　　throw（抛出），206
execution environment（执行环境），286
Exokernel（Exokernel 内核设计），318
external data representation（外部数据表示），158~163

F

factory method（工厂方法），213，355
factory object（工厂对象），213
fail-stop（故障-停止），68
failure（故障）
　　arbitrary（随机的），68
　　byzantine（拜占庭），68
　　masking（屏蔽），70
　　timing（时序），70
failure atomicity（故障原子性），680，751
failure detector（故障检测器），632~633
　　to solve consensus（为了解决共识），669
failure handling（故障处理），21，22
failure model（故障模型），67~71
　　atomic commit protocol（原子提交协议），732
　　IP multicast（IP 组播），171
　　request-reply protocol（请求-应答协议），189
　　TCP，155
　　transaction（事务的），679
　　UDP，151
failure models（故障模型），38
failure transparency（故障透明性），25

fairness（公平性），634

familiar stranger（熟悉的陌生人），854

fault-tolerant average（容错平均值），603

fault-tolerant service（容错服务），767，775～782

fidelity（保真度），869

FIFO ordering（FIFO 排序），236

  of multicast delivery（组播传递的），651

  of request handling（请求处理的），770

file（文件）

  mapped（映射的），288

  replicated（复制的），795

file group identifier（文件组标识符），535

file operations（文件操作）

  in directory service model（在目录服务模型中的），534

  in flat file service model（在平面文件服务模型中的），532

  in NFS server（在 NFS 服务器中的），4，538

  in UNIX（在 UNIX 中的），526

file-sharing application（文件共享应用），425

filter, in publish-subscribe（过滤，发布 – 订阅中的），245

filtering, in content-based routing（过滤，在基于内容的路由中），251

financial trading（金融交易），6～8

Firefly RPC（Firefly 远程过程调用），308

firewall（防火墙），8，125～128，392，483

flat file service（平面文件服务），530～533

flooding, in content-based routing（泛洪，在基于内容的路由中），250

flow control（流控制），123

flow specification（流规约），894

Fractal

  Architecture Description Language（ADL，体系结构描述语言），375

  binding（绑定），373

  case study（实例研究），372～378

  client interface（客户接口），373

  composite binding（组合绑定），373

  controller（控制器），375

  hierarchical composition（层次组合），375

  interception（拦截），377

  lifecycle management（生命周期管理），376

  membrane（滤膜），375

  primitive binding（原子绑定），373

  programming with interfaces（用接口编程），372

  reflection（反射），376

  server interface（服务器接口），373

frame relay（帧中继，参见 network, frame relay

Frangipani distributed file system（Frangipani 分布式文件系统），562

Freenet，425，429

front end（前端），770

FTP（文件传输协议），95，96，106，127

full virtualization（完全虚拟化），319

fundamental models（基础模型），38，61～76

G

Galileo, satellite navigation system（伽利略，卫星导航系统），852

garbage collection（无用单元收集），611

  in distributed object system（在分布式对象系统中的），209

  local（局部的），206

gateway（网关），89

generative communication, in tuple spaces（生成通信，在元组空间中），45，265

geographical information system（地理信息系统），855

global clock（全局时钟），2

Global Name Service（全局名字服务），585～588

  directory identifier（目录标识符），585

  working root（工作根），585

Global Positioning System（GPS，全球定位系统），599，852

global state（全局状态），610～625

  consistent（一致的），614

  predicate（谓词），614

  snapshot（快照），615～619

  stable（稳定的），614

Globus toolkit（Globus 工具包），417

GLONASS，852

glyph（图像文字），834

GNS，585，参见 Global Name Service

Gnutella，425，447～448

Google，5

  applications（应用），921

  Caffeine，918

  cloud computing（云计算），921～922

  crawling（抓取），918

  data centre（数据中心），923

  deep searching（深度搜索），918

  Google App Engine，921

  Google Apps，921

  inverted index（倒排索引），918

  PageRank（Page Rank 算法），919

  physical model（物理模型），922～924

  platform as a service（平台即服务），922

  search engine（搜索引擎），918～921

  software as a service（软件即服务），921

Google App Engine，921，922，965

Google Apps，921

  concurrency control（并发控制），719

Google Earth，4，948，950，961

Google File System（GFS，Google 文件系统），927，935～940

  architecture（体系结构），937～939

caching（缓存），938

chunks（块），937

consistency（一致性），939～940

interface（接口），936～937

replication（复制），937

requirement（需求），935～936

separation of control and data（数据和控制分离），938

Google infrastructure（Google 基础设施），927

architecture（体系结构），924～928

Bigtable，927，948～954

Google File System（GFS，Google 文件系统），927，935～940

MapReduce，927，956～960

openness（开放性），926

performance（性能），926，928

protocol buffers（协议缓冲区），927，929～932

publish-subscribe（发布－订阅），927，932～933

reliability（可靠性），925

Sawzall，928，962～963

scalability（可伸缩性），924

Google Maps，4，948，961

gossip（闲聊）447

in End System Multicast（ESM，在端系统多播中的），911

in publish-subscribe（在发布－订阅中的），253

informed gossip（知情闲聊），253

gossip architecture（闲聊体系结构），783～792

gossip message（闲聊消息），785

processing（处理），789～791

propagating（传播），791～792

query processing（查询处理），788

update processing（更新处理），788～789

GPS，参见 Global Positioning System

grant table, in Xen（授权表，Xen 中的），328

Grid（网格），414～417

computationally-intensive applications（计算密集型应用），417

data-intensive application（数据密集型应用），416

eScience，4

Globus toolkit（Globus 工具包），417

middleware，417

open grid services architecture（OGSA，开放的网格服务体系结构），417

requirements for（需求），416

World-Wide Telescope，415

Grid computing（网格计算），14

Grid middleware（网格中间件），417

group（组），233

closed（封闭的），235

membership（成员），233

membership management（成员管理），237，771

non-overlapping group（非重组），235

object group（对象组），234

open（开放的），235

overlapping（重叠的），658

overlapping group（重叠组），235

process group（进程组），234

view（视图），237，771，772～775

group communication（组通信），44，169～174，232～238，646～659，771～775

for a fault tolerance（容错的），233

for collaborative applications（用于协作应用的），233

for managing replicated data（用于管理复制数据的），771

for reliable dissemination of information（用于可靠信息分发的），233

for system monitoring and management（用于系统监控和管理的），233

implementation（实现），236～238

JGroups，238～242

ordering（排序），646

programming model（编程模型），233～235

reliability（可靠性），646

view-synchronous（视图同步的），612～614

Gryphon，253

GSM mobile phone network（GSM 蜂窝式移动电话网），88

H

Hadoop，965

handheld computing（手持计算），818

handle system（处理系统），570

handshake protocol, in TSL（握手协议，在 TSL 中），512

happened-before（发生在先），236，607

heartbeat message（心跳消息），442

Hermes，253

heterogeneity（异构性），16，17，41，528，530

in publish-subscribe（发布－订阅中的），244

name service（名字服务），573

historical notes（历史记录）

distributed file systems（分布式文件系统），522

emergence of modern cryptography（现代密码学的出现），465

history（历史），597

global（全局的），613

of server operations in request-reply（请求-应答中服务器操作的），190

hold-back queue（保留队列），649

Horus，238

hostname（主机名），568

HTML（超文本标记语言），27

HTTP（超文本传输协议），30，95，96，106，107，125，192～195

in SOAP（在 SOAP 中），390

over persistent connection（基于持久连接的），313

performance of（性能的），309

hub（网络集线器），105

hybrid cryptographic protocol（混合密码协议），476，493

hypercall（超级调用），323

hyperlink（超链接），26

  physical（物理的），871，873~875

hypervisor（超级管理程序），319，321

I

I/O rings, in Xen（I/O 环，在 Xen 中），328

IANA（Internet Assigned Numbers Authority，互联网编号管理局），96，577

IDEA（International Data Encryption Algorithm，国际数据加密算法），490，501

idempotent operation（幂等操作），190，199，532

identifier（标识符），566，568

IEEE 802 standards（IEEE 802 标准），128

IEEE 802.11（WiFi）network（IEEE 802.11（WiFi）网络），129，135~138

  security（安全），515~517

IEEE 802.15.1（Bluetooth）network（IEEE 802.15.1（蓝牙）网络），129，138~141

IEEE 802.15.4（ZigBee）network（IEEE 802.14（Zig Bee）网络），130

IEEE 802.16（WiMAX）network（IEEE 802.16（WiMAX）网络），130

IEEE 802.3（Ethernet）network（IEEE 802.3（以太网）网络），104，129，130~135

IEEE 802.4（Token Bus）network（IEEE 802.4（令牌总线）网络），129

IEEE 802.5（Token Ring）network（IEEE 802.5（令牌环）网络），129

implementation repository, in CORBA（实现仓库，在 CORBA 中），350

inconsistent retrieval（不一致检索），684，695

independent failure（独立故障），2

indirect communication（间接通信），44，230

  a comparison of approaches（方法比较），275~276

  distributed shared memory（分布式共享内存），45，262~265

  group communication（组通信），44，232~238

  message queues（消息队列），45，254~258

  publish-subscribe（发布-订阅），45，242~253

  tuple space（元组空间），45，265~271

indirection（间接），230

information leakage as a security threat（信息泄漏作为一个安全威胁），468

infrastructure as a service（基础设施即服务），319

initialization vector（for a cipher）（初始化向量（用于密码）），486

i-node number（i 结点号），537

input parameters（输入参数），196

integrity（完整性）

in consensus and related problems（在共识和相关问题中），660~662

  of message queues（消息队列的），255

  of multicast delivery（组播传递的），236，647

  of reliable communication（可靠通信的），71

intentions list（意图列表），751，757

interaction model（交互模型），38，62~67

interactive consistency（交互一致性），662

interception（拦截）

  Fractal，377

interface（接口），195~198，204，205

  interface definition language（接口定义语言），197

  service interface（服务接口），196

interface definition language（接口定义语言），208

  CORBA，341~344

  CORBA IDL example（CORBA IDL 例子），197

  in Web services（在 Web 服务中），400~404

  Sun RPC example（Sun RPC 例子），201

interface definition language（接口定义语言），197

interface repository, in CORBA（接口仓库，在 CORBA 中），350

International Atomic Time（国际原子时间），599

Internet（互联网），8，96，106~128

  routing protocols（路由协议），113~116

Internet address（互联网地址），参见 IP adress

Internet protocol（互联网协议），参见 IP

Internet telephony（互联网电话），885

internetwork（互联网络），88，94，103~105

interoperable Inter-ORB protocol（IIOP，ORB 间互操作协议），352

interoperation（互操作）

  spontaneous（自发的），825~826

interprocess communication（进程间通信），42，43

  characteristics（特征），147

intranet（企业内部网），8，14

invocation mechanism（调用机制），282

  asynchronous（异步），313

  latency（延迟），306

  operating system support for（操作系统支持），303~311

  performance of（性能），305~311

  scheduling and communication as part of（其中的调度和通信），282

  throughput（吞吐量），307

  within a computer（在一个计算机内），309~311

invocation semantics（调用语义）

  at-least-once（至少一次），199

  at-most-once（至多一次），199

  maybe（或许），199

invokes an operation（调用一个操作），15

IOR，参见 CORBA

  interoperable object reference（互操作对象引用）

IP，95，111~122

API（应用程序接口），147~158
IP address, Java API（IP 地址，Java API），149
IP addressing（IP 寻址），108~111
IP multicast（IP 组播），106，170~173，236，649
　　address allocation（地址分配），171
　　failure model（故障模型），171
　　Java API（Java API），172
　　router（路由器），170
IP spoofing（IP 伪冒），112
IPC，参见 interprocess communication
IPv4（第 4 版互联网协议），108
IPv6（第 6 版互联网协议），90，105，118~120
ISDN（综合业务数字网），95
ISIS（智能系统和信息服务），775
isochronous data streams（等时数据流），886
isolation（隔离）
　　in Xen（在 Xen 中的），321
Ivy file system（Ivy 文件系统），455~458

J

Java
　　object serialization（对象序列化），162~164
　　reflection（反射），163
　　thread（线程），参见 thread, Java
Java API
　　DatagramPacket（DatagramPacket 类），151
　　DatagramSocket（DatagramSocket 类），152
　　InetAddress（InetAddress 类），149
　　MulticastSocket（MulticastSocket 类），172
　　ServerSocket（ServerSocket 类），155
　　Socket（Socket 类），156
Java Messaging Service（JMS, Java 消息服务）
　　connection（连接），259
　　connection factory（连接工厂），259
　　JMS client（JMS 客户），258
　　JMS destination（JMS 目的地），259
　　JMS message（JMS 消息），258
　　JMS provider（JMS 提供者），258
　　message consumer（消息消费者），260
　　message producer（消息生产者），260
　　transaction（事务），259
Java remote method invocation（Java 远程方法调用），217~225
　　callback（回调），223
　　client program（客户程序），222
　　design and implementation（设计和实现），224~225
　　downloading of classes（类下载），219
　　parameter and result passing（参数和结果传递），218
　　remote interface（远程接口），217
　　RMIregistry，220
　　servant（伺服器），221
　　servant classes（伺服器类），221
　　server program（服务器程序），221
　　use of reflection（反射的使用），224
Java security（Java 安全性），468
JavaSpaces，271~274
　　leases（租约），272
　　objects in（其中的对象），272
　　programming model（编程模型），272
　　transaction（事务），272
JetSend，841
JGroups，238~242
　　building block（构建块），238，241
　　channel（渠道），238，239~240
　　process group（进程组），238
　　protocol stack（协议栈），239，241~242
Jini
　　discovery service（发现服务），832~833
　　distributed event specification（分布式事件规约），247
　　leases（租约），216
　　jitter（抖动），63

K

Kademlia routing overlay（Kademlia 路由覆盖），425，435
Kazaa，425
Kerberos，505~510
Kerberos authentication（Kerberos 认证）
　　for NFS（NFS 的），544
kernel（内核），285
　　monolithic（整体的），315
keystream generator（密钥流产生器），486

L

L^2imbo，840
L4 microkernel（L4 微内核），318
Lamport timestamp（Lamport 时间戳），608
LAN，参见 network, local area
latency（延迟，等待时间），63
Layering（分层的），51
layers（层），175
layers in protocols（协议中的层），93
lazy update propagation（惰性更新传播），803
LDAP，参见 lightweight directory access protocol
leaky bucket algorithm（漏桶算法），893
leases（租约），223
　　for callbacks（用于回调），223
　　in discovery services（在发现服务中），831
　　in JavaSpaces（在 JavaSpaces 中），272
　　in Jini（在 Jini 中），216
leecher, in BitTorrent（吸血方，BitTorrent 中的），907
lifecycle（生命周期），371
lifecycle management（生命周期管理），339

Enterprise JavaBeans（EJB）（企业 JavaBeans），367

Fractal，376

lightweight directory access protocol（轻量级目录访问协议），592

lightweight RPC（轻量级 RPC），309～311

Linda（Linda 系统），265

Bauhaus Linda，267

multiple tuple spaces（多元组空间），267

linear-bounded arrival processes（LBAP，线性限制的到达处理），892

linearizability（线性化能力），776

linearization（线性化），614

links（链接），26

link-state routing algorithms（链接状态路由算法），101

little-endian order（小序法排序），158

liveness property（活性），615

load balancing（负载平衡）

Bigtable，954

load sharing（负载共享），289～290

local area network（局域网），参见 network，local area

location（位置）

absolute（绝对），854

authentication based upon（基于位置的认证），863

physical（物理），855

relative（相对），854

semantic（语义），855

sensing（传感），852～857

stack（栈），856

location service（定位服务），215

location transparency（位置透明性），23，527，546

location-aware computing（位置敏感的计算），10

location-aware system（位置敏感系统），参见 location，sensing

lock manager（锁管理器），697

locking（加锁）

in distributed transaction（在分布式事务中），740

locks（锁），692～706

causing deadlock（引起死锁），参见 deadlock

Chubby，940

exclusive（排他），692

granularity（粒度），693

hierarchic（层次），705，706

implementation（实现），696

in nested transaction（在嵌套事务中），699

increasing concurrency（增加的并发度），704

lock manager（锁管理器），696

operation conflict rules（操作冲突规则），694

promotion（提升），695

read-write（读-写），694，695

read-write-commit（读-写-提交），704

shared（共享的），694

strict two-phase（严格两阶段），693

timeouts（超时），703

two-phase locking（两阶段加锁），693

two-version（两版本），704

logging（日志），753～755

logical clock（逻辑时钟），608

logical time（逻辑时间），67，607～610

log-structured file storage（LFS，日志结构的文件存储），560

loose coupling（松耦合），385

lost reply message（丢失应答消息），190

lost update（更新丢失），683，695

M

Mach（Mach 系统），317

MAN，参见 network，metropolitan area

man-in-the-middle attack（中间人攻击），467

MapReduce，927，956～960

architecture（体系结构），958～960

interface（接口），956～958

marshalling（编码），158

mashup（in service-oriented architecture）（在面向服务的体系结构中），414

masking failure（屏蔽故障），21，70

masquerading attack（伪装攻击），467

massively multiplayer online games（大型多人在线游戏），5～6

maximum transfer unit（MTU）（最大传输单元），95，111，131

maybe invocation semantics（或许调用语义），199

MD5 message digest algorithm（MD5 消息摘要算法），499，501

media synchronization（媒体同步），885

medium access control protocol（MAC，介质访问控制协议），95，131，134，136

MEDYM，253

Meghdoot，253

message（消息）

destination（目的地），148

reply（应答），188

request（请求），188

message authentication code（MAC，消息认证码），496

message broker，in message queues（消息代理，在消息队列中的），256

message digest（消息摘要），476

message passing（消息传递），146，178

Message Passing Interface（MPI，消息传递接口），178～180

Message queues（消息队列），45，60，254～258

implementation（实现），256～258

integrity（完整性），255

message broker（消息代理），256

message transformation（消息转换），255

programming model（编程模型），254～256

reliable delivery（可靠传递），255

security（安全性），256

transaction（事务），255

validity（有效性），255

message tampering attack（消息篡改攻击），467

message-driven bean（消息驱动 bean）

Enterprise JavaBeans（EJB，企业 JavaBeans）366

Message-Oriented Middleware（MOM，面向消息的中间件），254

metadata（元数据），526

metropolitan area network（城域网），参见 network，metro-politan area

microkernel（微内核），315~318

comparison with monolithic kernel（与整体内核比较），316

Microsoft Virtual Server（微软虚拟服务器），320

Microsoft's Azure（微软 Azure），965

middleware（中间件），17，52，58~61

application server（应用服务器），60，363

categories（种类），59

component（组件），60，336，358~364

distributed object（分布式对象），60，336，337~340

limitations（限制），60

message queues（消息队列），60

operating system support for（操作系统支持），281

peer-to-peer（对等），60

publish-subscribe（发布-订阅），60

Web services（Web 服务），60

MIME type（多用途互联网邮件扩展类型）

use in HTTP（在 HTTP 中使用），867

mix zone（混合区域），865

mixing（混合），865

mobile agent（移动代理），50

mobile code（移动代码），17，19，50，75

security threats（安全威胁），467

mobile computing（移动计算），10~11，818~879

origin of（起源），818

mobile phone（移动电话），818，820，821，823

and proximity（和接近度），854

and secure association（和安全关联），859

user agent profile（用户代理偏好），868

with camera（和照相机），参见 camera phone

mobileIP（移动 IP），120~122

mobility（移动性）

physical versus logical（物理和逻辑），822

transparency（透明性），24，527

model（模型）

architectural（体系结构的），38，40~58

failure（故障），67~71

fundamental（基础），38，61~76

interaction（交互），62~67

physical（物理的），38，39~40

security（安全性），71~76

mote（微尘），824

MPEG video compression（MPEG 视频压缩），886，887，892

MTU，参见 maximum transfer unit

multicast（组播），233，646~659

atomic（原子），651

basic（基本的），647

causal ordering（因果排序），236

causally ordered delivery（因果排序的传递），651，657

FIFO ordering（FIFO 排序），236

FIFO-ordered delivery（FIFO 排序的传递），651，653

for event notifications（事件通知的），170

for fault tolerance（容错的），169，779，780

for highly available data（高可用数据的），170

for replicated data（复制数据的），174

operation（操作），169

ordered（排序的），173~174，236，651~659

reliable（可靠的），173~174，236，647~651

to overlapping groups（给重叠组的），658

totally ordering（全排序），236

totally ordered delivery（全排序的传递），651，654

multicast group（组播组），170

multilateration（多时段定位法），853

multimedia（多媒体），882~913

admission control（许可控制），896~897

continuous media（连续媒体），12，886

data compression（数据压缩），887

end system approach（端系统方法），909

play time（播放时间），90

resource bandwidth（资源带宽），883

stream（流），882~885，886

stream adaptation（流自适应），899

stream burstiness（流猝发），892

typical bandwidths（典型带宽），886

Web-based（基于 Web 的），884

multiprocessor（多处理器）

distributed memory（分布式内存），264

shared memory（共享内存），283

Non-Uniform Memory Access（NUMA，非一致内存访问），263

mutual exclusion（互斥），633~641

between processes in a ring（环中进程之间的），636

by central server（基于中央服务器的），635

Maekawa's algorithm（Maekawa 算法），639

token（令牌），636

using multicast（使用组播），637~639

N

Nagle's algorithm（Nagle 算法），124

name（名字），566，568

component（成分），571

prefix（前缀），571

pure（纯的），566

unbound（未被绑定），570

name resolution（名字解析），566，569，573～574，874

name service（名字服务），566～593

  caching（高速缓冲存储），576，579

  heterogeneity（异构性），573

  navigation（导航），574～575

  replication（复制），579

  use of Chubby（使用 Chubby），944

name space（命名空间），570

naming context（命名上下文），573

naming domain（命名域），572

Napster，425，428～430，435

NAT，参见 Network Addres Translation

navigation（导航）

  multicast（组播），575

  server-controlled（服务器控制的），575

Near Field Communication（NFC，近距离通信），834，855

Needham-Schroeder protocol（Needham-Schroeder 协议），504～505

negative acknowledgement（否定确认），649

Nemesis，317

nested transaction（嵌套事务），690～692，759

  locking（加锁），699

  provisional commit（临时提交），736

  recovery（恢复），759～761

  two-phase commit protocol（两阶段提交协议），736～740

  timeout actions（超时动作），740

network（网络）

  ad hoc（自组织），135，848

  ATM（Asynchronous Transfer Mode，异步传输模式），88，90，92，95，102，130

  bridge（网桥），104

  circuit switching（电路交换），91

  congestion control（拥塞控制），102

  CSMA/CA（具有冲突避免的载波侦听多路访问），137

  CSMA/CD（具有冲突检测的载波侦听多路访问），131

  data streaming（数据流），90

  data transfer rate（数据传输率），83

  delay-tolerant（容延迟），850

  disruption-tolerant（容中断），850

  frame relay（帧中继），91

  gateway（网关），89

  IEEE 802 standards（IEEE 802 标准），128

  IEEE 802.11（WiFi），129，135～138，515～517

  IEEE 802.15.1（Bluetooth），129，138～141

  IEEE 802.15.4（ZigBee），130

  IEEE 802.16（WiMAX），130

  IEEE 802.3（Ethernet），104，129，130～135

  IEEE 802.4（Token Bus），129

  IEEE 802.5（Token Ring），129

Internet（互联网），96，106～128

  interplanetary（星球间），850

  IP multicast（IP 组播），106

  IP routing（IP 路由），113

  latency（延迟，等待时间），83

  layer（层），95

  local area（局域），86

  metropolitan area（城域），87

  packet assembly（包装配），95

  packet switching（包交换），91

  packets（数据包），89

  performance parameters（性能参数），83

  port（端口），96

  reliability requirements（可靠性需求），84

  requirements（需求），83～85

  router（路由器），104

  routing（路由），87，98～102，113～116

  scalability requirements（伸缩性需求），84

  security requirements（安全性需求），85

  TCP/IP，106

  total system bandwidth（系统总带宽），83

  traffic analysis（流量分析），865

  transport address（传输地址），96

  tunnelling（隧道法），105

  Ultra Wide Band（超宽带），855

  wide area（广域），87

Network Address Translation（NAT，网络地址转换），116

network computer（网络计算机），57

network discovery service（网络发现服务），830

Network File System（NFS，网络文件系统），430，454，455，529，536～547

  Automounter（自动装载器），541

  benchmarks（基准程序），545

  enhancements（增强），557

  hard and soft mounting（硬安装和软安装），540

  Kerberos authentication（Kerberos 认证），544

  mount service（安装服务），539

  performance（性能），545

  Spritely NFS，557

  virtual file system（VFS，虚拟文件系统），536

  v-node（v 结点），537

  WebNFS，558

Network Information Service（NIS，网络信息服务），780

network of brokers（代理网络），249

network operating system（网络操作系统），280

network partition（网络分区），631，807～808

  primary（主的），772

  virtual（虚拟的），811～814

Network Time Protocol（网络时间协议），603～606

network transparency（网络透明性），24

NFS，参见 Network File System

NIS，参见 Network Information Service

NNTP（网络新闻传输协议），106

node（结点），42

nomadic computing（游牧计算），871

non-blocking send（非阻塞发送），148

nonce（当前时间），504

non-preemptive scheduling（非抢占性调度），300

non-repudiation（不可抵赖），470，494

NQNFS（Not Quite NFS），558

n-tiered architecture（n 层体系结构），53

NTP，参见 Network Time Protocol

O

object（对象），42

  activation（激活），213

  active（主动），213

  distributed（分布式的），206

    model（模型），207

  exception（例外），205

  factory（工厂），213

  instantiation（实例化），205

  interface（接口），205

  location（位置），215

  model（模型），205

    CORBA，341

  no instantiation in Web services（在 Web 服务中没有实例化），393

  passive（被动的），213

  persistent（持久的），214

  protection（保护），72

  reference（引用），204，205

  remote（远程），207

  remote reference（远程引用），207

  signature of method（方法的基调），205

object adapter（对象适配器），348

object group（对象组），234

object request broker（ORB，对象请求代理），340

object serialization, in Java（对象序列化，在 Java 中），162~164

OceanStore，451~455

OMG（Object Management Group，对象管理工作组），340

omission failure（遗漏故障），67

  communication（通信），68

  process（进程），68

one-copy serializability（单拷贝串行化），802

one-way function（单向函数），484

one-way hash function（单向散列函数），498

open distributed systems（开放的分布式系统），18

open grid services architecture（OGSA，开放网格服务体系结构），417

Open Mobile Alliance（OMA，开放移动联盟），868

open shortest path first（OSPF，开放最短路径优先算法），113

open system（开放系统），314

open systems interconnection（开放系统互连），参见 OSI Reference Model

openness（开放性），17~18，41，528，926

OpenStreetMap，965

operating system（操作系统），279~332

  architecture（体系结构），314~318

  communication and invocation support（通信和调用支持），303~314

  policy and mechanism（策略和机制），314

  processes and threads support（进程和线程支持），286~303

operational transformation（操作变换），793

optimistic concurrency control（乐观并发控制），707~711

  backward validation（后向有效性），709

  comparison of forward and backward validation（前向有效性与后向有效性的比较），711

  examples（例子），719

  forward validation（前向有效性），710

  in distributed transaction（在分布式事务中），742

  starvation（饥饿），711

  update phase（更新阶段），708

  validation（有效性），708

  working phase（工作阶段），707

optimistic unchocking, in BitTorrent（乐观不阻塞，BitTorrent 中的），908

ordered multicast（有序组播），236

OSGi，374

OSI Reference Model（OSI 参考模型），94

output parameters（输出参数），180

  for multimedia（用于多媒体的），908

P

packet assembly（包装配），95

packet switching network（包交换网络），参见 network, packet switching

packets（包），参见 network, packets

page fault（页失配），291

PageRank，919

Parallels，320

Paravirtualization（半虚拟化），320，323

passive object（被动对象），213

passive replication（被动复制），参见 primary-backup replication

Pastry routing overlay（Pastry 路由覆盖），425，435，436~444

patterns（模式），51~58，916

Paxos，843，943，944~946

  Multi-Paxos，946

peer-to-peer（对等），47~48，60，424~459

  and copyright ownership（版权拥有者），429

  BitTorrent，906

CoolStreaming, 910

　middleware（中间件），425，430～433

　publish-subscribe（发布－订阅），249

　routing overlay（路由覆盖），433～436

　structured peer-to-peer（结构化对等），445

　tuple space（元组空间），271

　ultrapeers（超级结点），447

　unstructured peer-to-peer（非结构化对等），445～447

performance transparency（性能透明性），24，527

persistence（持久性）

　distributed object（分布式对象），339

persistent connection（持久连接），192，309

persistent object（持久对象），214

persistent object store（持久对象存储）

　comparison with file service（与文件服务比较），523

　persistent Java（持久 Java），214，524

personal digital assistant（PDA，个人数字助理），818

personal server（个人服务器），825

Petal distributed virtual disk system（Petal 分布式虚拟磁盘系统），562

PGP，参见 Pretty Good privacy

phantom deadlock（假死锁），745

physical hyperlink（物理超链接），871，873～875

physical layer（物理层），93，95

physically constrained channel（物理受限通道），834，861～863

placement（放置），48～51

plaintext（明文），484

Plan（计划，规划），9，573

platform（平台），52，281

platform as a service（平台即服务），319，922

play time, for multimedia data elements（娱乐时间，适于多媒体数据元素），90

POP（从邮件服务器获得邮件的协议），106

port（端口），96

port mapper（端口映射器），203

POTS（plain old telephone system，老式电话系统），91

PPP（点对点协议），95，106，108

precedence graph（优先级图），808

preemptive scheduling（抢占性调度），299

premature write（过早写入），689

presentation layer（表示层），95

Pretty Good Privacy（PGP，良好隐私（一种加密电子邮件的方案）），502

primary copy（主副本），547

primary-backup replication（主备份复制），778～780

principal（主体），72

privacy（私密性），826，856，857，864～866

　proxy（代理），865

process（进程），42，286～303

　correct（正确的），632

creation（生成），289～291

creation cost（创建开销），295

multi-threaded（多线程的），286，287

threats to（威胁），73

user-level（用户级），285

process group（进程组），234，238

producer-consumer communication（生产者-消费者通信），146

promise（承诺），313

protection（保护），284～285

　and type-safe language（类型安全的语言），285

　by kernel（内核的），285

protection domain（保护域），479

protocol（协议），92～98

　application layer（应用层），93，95

　ARP（地址解析协议），112

　data link layer（数据链路层），95

　dynamic composition（动态合成），304

　FTP（文件传输协议），95，96，106，127

　HTTP（超文本传输协议），95，96，106，107，125

　internetwork layer（互联网络层），94

　IP（互联网协议），95，111～122

　IPv4（第4版互联网协议），108

　IPv6（第6版互联网协议），90，105，118～120

　layers（层），93

　mobileIP，120～122

　network layer（网络层），95

　NNTP（网络新闻传输协议），106

　operating system support for（操作系统支持），304

　physical layer（物理层），93，95

　POP（从邮件服务器获得邮件的协议），106

　PPP（点对点协议），95，106，108

　presentation layer（表示层），95

　session layer（会话层），95

　SMTP（简单邮件传输协议），95，106

　stack（栈），94，304

　suite（组），94

　TCP（传输控制协议），95，122～124

　TCP/IP，106

　transport（传输），92

　transport layer（传输层），95

　UDP（用户数据报协议），95，107，122

protocol buffer（协议缓冲区），927，929～932

　serialization（序列化），929

provided interface（提供的接口）

　component（组件），360

provisional commit（临时提交），736

proxy（代理），57，211

　dynamic（动态），397

　in CORBA（在 CORBA 中），350

　in Web services（在 Web 服务中），387，396，397

pseudonym（假名），865

pseudo-physical memory, in Xen（伪物理内存，Xen 中的），325

public key（公钥），473

pubic-key infrastructure（公钥基础设施），499

public-key certificate（公钥证书），476，478

public-key cryptography（公钥密码学），491～493

publisher, in publish-subscribe（发布者，发布–订阅中的），243

publish-subscribe（发布–订阅），45，60，242～253

　advertisement（广告），245

　applications（应用），243

　centralized implementation（集中式实现），248

　channel-based（基于渠道的），246

　characteristics（特征），244

　complex event processing（复杂事件处理），248

　concept-based（基于概念的），248

　content-based（基于内容的），247

　content-based routing（基于内容的路由），250

　decentralized implementation（分布式实现），248

　delivery guarantees（传递保证），245

　example systems（系统实例），253

　filter（过滤器），245

　Google infrastructure（Google 基础设施），927，932～933

　implementation（实现），248～253

　objects of interest（感兴趣的对象），247

　peer-to-peer implementation（对等实现），249

　programming model（编程模型），245～248

　publisher（发布者），243

　role of gossip（闲聊的作用），253

　subject-based（基于主题的），246

　subscription（订阅），243

　topic-based（基于主题的），246，933

　type-based（基于类型的），247

Q

QoS，参见 quality of service

quality of service（服务质量），25，41

　admission control（许可控制），890

　management（管理），882，887～897

　negotiation（协商），889，890～896

　parameters（参数），890

query（查询）

　distributed processing（分布式处理），850

　spatio-temporal（时空），867

quorum consensus（法定数共识），803，809～811

R

Radio Frequency IDentification（无线射频识别），参见 RFID

random walk（随机漫步），447

randomization（随机化），670

RC4 stream cipher algorithm（RC4 流密码算法），490

reachability（可达性），614

Real Time Transport Protocol（RTP，实时传输协议），90

real-time network（实时网络），135

real-time scheduling（实时调度），898

receive omission failures（接收遗漏故障），68

recovery（恢复），688～690，751～761

　cascading abort（连锁放弃），689

　dirty read（脏数据读取），688

　from abort（从放弃中），688

　intentions list（意图列表），751，757

　logging（日志），753～755

　nested transactions（嵌套事务），759～761

　of two-phase commit protocol（两阶段提交协议的），758～761

　premature write（过早写入），689

　shadow versions（影子版本），756～757

　strict executions（严格执行），690

　transaction status（事务状态），755，757

recovery file（恢复文件），751～761

　reorganization（重组织），755，759

recovery from failure（故障恢复），22

recovery manager（恢复管理器），751

redundancy（冗余），22

redundant arrays of inexpensive disks（RAID，廉价磁盘冗余阵列），560

reflection（反射），58

　Fractal，376

　in Java（在 Java 中），163

　in Java remote method invocation（在 Java 远程方法调用中），224

　OpenCOM，374

region（区域），参见 address space

reliable channel（可靠的通道），631

reliable communication（可靠的通信），71

　in SOAP（在 SOAP 中），392

　integrity（完整性），71

　validity（有效性），71

reliable multicast（可靠的组播），174，236，647～651

remote interface（远程接口），207，208

　in Java remote method invocation（在 Java 远程方法调用中），217

remote invocation（远程调用），15，43

　Google infrastructure（Google 基础设施），929

　remote method invocation（远程方法调用），44，186，204～216

　remote procedure call（远程过程调用），44，186，195～204

　request-reply protocol（请求-应答协议），43，186，187～195

remote method invocation（远程方法调用），44，186

　binder（绑定程序），213

　communication module（通信模块），209

　CORBA，341～358

　dispatcher（调度程序），211

distributed garbage collection（分布式无用单元收集），215~216

downloading of classes（类的下载），212

dynamic invocation（动态调用），212

dynamic invocation interface（动态调用接口），212

factory method（工厂方法），213

factory object（工厂对象），213

implementation（实现），209~215

Java case study（Java 实例研究），217~225

null（空），305

parameter and result passing in Java（在 Java 中的参数和结果传递），218

performance of（性能），参见 invocation mechanism, performance of

proxy（代理），211

remote reference module（远程引用模块），210

    servant（伺服器），211

skeleton（骨架），211

remote object（远程对象），207

    activator（激活器），213

    instantiation（实例化），208

remote object reference（远程对象引用），168，207

    compared with URI（与 URI 比较），393

    in CORBA（在 CORBA 中），351

remote object table（远程对象表），210

remote procedure call（远程过程调用），44，186，195~204

    duplicate filtering（重复过滤），198

    implementation（实现），200~201

    input parameters（输入参数），196

    lightweight（轻量级），309~311

    null（空），305

    output parameters（输出参数），196

    performance of（性能），参见 invocation mechanism, performance of

    protocol buffers（协议缓冲区），931

    queued（排队的），313

    retransmission of replies（应答重传），198

    retry request message（重发请求消息），198

    semantics（语义），198

    server stub procedure（服务器存根过程），200

    stub procedure（存根过程），200

    transparency（透明度），199

remote reference module（远程引用模块），210

rendezvous, in content-based routing（汇聚，在基于内容的路由中），252

replaying attack（重发攻击），467

replica manager（副本管理器），769

replication（复制），49，447，765~814

    active（主动的），780~782

    available copies（可用的拷贝），803，805~807

        with validation（带验证的），888

Chubby，943

Google File System（GFS，Google 文件系统），937

in tuple spaces（在元组空间中），268~270

of files（文件的），528

primary-backup（主备份），778~780

quorum consensus（法定数共识），803，809~811

transactional（事务性的），802~814

transparency（透明性），24，767

virtual partition（虚拟分区），803，811~814

reply message（应答消息），188

request message（请求消息），188

request-reply protocol（请求-应答协议），43，186，187~195

    doOperation，187，189

    exchange protocols（交换协议），190

    failure model（故障模型），189

    getRequest，187

    history of server operations（服务器操作的历史），190

    lost reply messages（丢失应答消息），190

    sendReply，187

    timeout（超时），189

    use of TCP（TCP 的使用），191

required interface（所需的接口）

    component（组件），360

resolver（解析器），874

resource（资源），2

    invocation upon（调用），282

    sharing（共享），14~16，424

resource management（for multimedia）（资源管理（多媒体）），897~899

Resource Reservation Protocol（RSVP，资源保留协议），90，896

REST（representational state transfer），384，386，418

resurrecting duckling protocol（复活鸭协议），701

RFC（请求注释），18

RFID（无线射频识别），845，855，864，874

RIP-1（路由信息协议 1），101，113

RIP-2（路由信息协议 2），113

RMI，参见 remote method invocation

RMIRegistry，220

roles（角色），45~48

router（路由器），103，104

router information protocol（RIP，路由信息协议），100

routing（路由），参见 network, routing

RPC（RPC），参见 remote procedure call

RR（请求-应答协议），190

RRA（请求-应答-确认协议），190

RSA public key encryption algorithm（RSA 公钥加密算法），485，491~493

RSVP，参见 Resource Reservation Protocol

run（运行），614

S

safety property（安全性），615

sandbox model of protection（保护的沙盒模型），468

satellite navigation（卫星导航），852，参见 Global Positioning System（GPS）

Sawzall，928，962～963

scalability（可伸缩性），19～21，527，924

scaling transparency（伸缩透明性），24，527

scheduler activation（调度器激活），302

scheduling（调度）

  in Xen（在 Xen 中），323～325

Scribe，253

secret key（密钥），473

Sector/Sphere，965

secure channel（安全通道），74

secure digest function（安全摘要函数），476

secure hash function（安全散列函数），426，495

Secure Sockets Layer（安全套接字层），参见 Transport Layer Security

secure spontaneous device association（安全自发设备关联），860～863

security（安全性），18，19

  "Alice and Bob" names for protagonists（角色名字，如 "Alice 和 Bob"），466

  denial of service attack（拒绝服务攻击），471

  design guidelines（设计原则），471

  eavesdropping attack（窃听攻击），467

  in Java（在 Java 中），468

  in message queues（消息队列），256

  information leakage models（信息泄露模型），468

  man-in-the-middle attack（中间人攻击），467

  masquerading attack（伪装攻击），467

  message tampering attack（消息篡改攻击），467

  replaying attack（重发攻击），467

  threats from mobile code（对移动代码的威胁），467

  threats：leakage，tampering，vandalism（威胁：泄露、篡改、恶意破坏），466

  Transport Layer Security（TLS）（传输层安全），511～515，参见 Secure Sockets Layer

  trusted computing base（可信赖计算基），472

  XML security（XML 安全），406～410

security mechanism（安全机制），464

security model（安全模型），38，71～76

security policy（安全策略），464

seeder，in BitTorrent（种子方，在 BitTorrent 中），906

Semantic Web（语义 Web），844

send omission failures（发送遗漏故障），68，148

sender order（发送方顺序），148

sensitive instruction（敏感指令）

  behaviour sensitive（行为敏感），322

  control sensitive（控制敏感），322

  privileged（特权的），322

  virtualization（虚拟化），322

sensor（传感器），823，844～857

  error mode（错误模式），845

  fusion（融合），846

  location（位置），852-857

  network，wireless（网络，无线），848～852

sequencer（顺序者），654

sequential consistency（顺序一致性），777

serial equivalence（串行等价），681，685

serialization（序列化），162

  protocol buffers（协议缓冲区），929

servant（伺服器），211，212，221，349，354，394

servant classes（伺服器类），211，349，354

server（服务器），15

  multi-threaded（多线程的），292

  multi-threading architecture（多线程体系结构），293

  personal（个人的），825

  throughput（吞吐量），292

server port（服务器端口），150

server stub procedure（服务器存根过程），200

serverless file system（xFS，无服务器文件系统），561

service（服务），15

  fault-tolerant（容错），767，775～782

  highly available（高可用的），782～801

service discovery 11（服务发现），参见 discovery service

service interface（服务接口），196，395

service-oriented architecture（SOA，面向服务的体系结构），413～414

  mashup，414

servlet（servlet 程序），298

servlet container（servlet 容器），396

session bean（会话 bean）

  Enterprise JavaBeans（EJB，企业 JavaBeans）366

Session Initiation Protocol（会话初始化协议），885

session key（会话密钥），475

session layer（会话层），95

SETI @ home project（SETI @ home 项目），427

SHA secure hash algorithm（SHA 安全散列算法），499，501

SHA-1 secure hash algorithm（SHA-1 安全散列算法），434，436，450，457

shadow versions（影子版本），756～757

shared whiteboard（共享的白板）

  CORBA IDL interface（CORBA IDL 接口），343

  dynamic invocation（动态调用），212

  implementation in CORBA（CORBA 中的实现），363

  implemented in Java RMI（Java RMI 中的实现），217～224

  implemented in Web services（Web 服务中的实现），394

Siena，253

signature of method（方法基调），205

Simple Public-key Infrastructure（SPKI，简单公钥基础设施），500

SIP，参见 Session Initiation Protocol

skeleton（骨架），211

　　dynamic（动态），212

　　dynamic in CORBA（CORBA 中的动态），351

　　in CORBA（CORBA 中的），350

　　in Web services（在 Web 服务中），398

　　not needed with generic dispatcher（不需要通用调度器），224

Skype，177

smart dust，参见 mote

smart phones（智能电话），818，824

smart space（智能空间），822

SMTP（简单邮件传输协议），95，106

SOAP（SOAP 协议），384，387～393

　　addressing and routing（寻址和路由），391

　　and firewalls（和防火墙），392

　　envelope（信封），389

　　header（头部），390

　　Java implementation（Java 实现），397

　　message transport（消息传输），390

　　message（消息），388

　　reliable communication（可靠通信），392

　　specification（规约），388

　　use of HTTP（HTTP 的使用），390

　　with Java（用 Java 的），394～398

socket（套接字），149

　　connect（连接），156

soft state（软状态），843

software architecture（软件体系结构），360

software as a service（软件作为服务），319，414，921

software interrupt（软中断），295

Solaris（Solaris 系统）

　　lightweight process（轻量级进程），301

space uncoupling（空间解耦合），44，230

　　in tuple spaces（在元组空间中的），267

spatio-temporal query（时空查询），857

Speakeasy，842

speaks for relation (in security)（关系证明（在安全性中）），482

SPIN，317

SPKI，参见 Simple Public-key Infrastructure

split device driver, in Xen（分离的设备驱动器，在 Xen 中），327

spontaneous association（自发关联），826

spontaneous interoperation（自发互操作），11，825～826

spontaneous networking（自发网络），821

　　discovery service（发现服务），584

Spring naming service（Spring 名字服务），573

Spritely NFS，557

Squirrel Web cache（Squirrel Web 缓存），449～451

SSL，参见 Transport Layer Security

starvation（饥饿），634，711

state machine（状态机），268，769

state transfer（状态转换），774

stateless server（无状态服务器），533

stream cipher（流密码），486～487

strict executions（严格执行），690

structured peer-to-peer（结构化对等），445

structrue-less CBR（无结构 CBR），253

stub procedure（存根过程），200

　　in CORBA（在 CORBA 中），350

subject-basd publish-subscribe（基于主题的发布－订阅），246

subscriber, in publish-subscribe（订阅者，发布－订阅中的），243

subscription, in publish-subscribe（订阅，发布－订阅中的），243

subsystem（子系统），316

Sun Network File System（NFS，Sun 网络文件系统），参见 Network File System

Sun RPC（Sun 远程过程调用），201～204，536

　　external data representation（外部数据表示），203

　　interface definition language（接口定义语言），201

　　portmapper（端口映射器），203

　　rpcgen，201

supervisor（管理器），284

supervisor mode（管理模式），285

Switched Ethernet（交换式以太网），135

symmetric cryptography（对称密码学），484

symmetric processing architecture（对称处理体系结构），283

synchronization of clocks（时钟同步），599～606

　　Berkeley algorithm（Berkeley 算法），603

　　Cristian's algorithm（Cristian 算法），601～603

　　external（外部的），599

　　in a synchronous system（在同步系统中），601

　　internal（内部的），599

　　Network Time Protocol（网络时间协议），603～606

synchronization, of server operations（同步，服务器操作的），678

synchronous communication（同步通信），148

synchronous distributed system（同步分布式系统），64，235，601，625，630，633，659，663

system call trap（系统调用陷阱），285

system virtualization（系统虚拟化），318～320

system of systems（系统的系统），40

T

tag（标签），参见 automatic identification

Tapestry routing overlay（Tapestry 路由覆盖），425，435，444～445

TCP（传输控制协议），95，122～124，153～158

　　and request-reply protocols（和请求-应答协议），191，308

　　API，154

　　failure model（故障模型），155

　　Java API，155～158

TCP/IP，参见 protocol，TCP/IP

TEA（Tiny Encryption Algorithm，微加密算法），488～

489，501

TERA，253

termination（终止性）

of consensus and related problems（在共识和相关问题中），660~662

termination detection（终止检测），611

thin client（瘦客户），56

thread（线程），42，148，286，292~303

  blocking receive（阻塞型接收），148

  C，297

  in client（在客户端的），294

  comparison with process（与进程的比较），294

  creation cost（创建花费），295

  implementation（实现），300~303

  in server（在服务器端的），292

  Java，297~300

  kernel-level（内核级），300

  on multiprocessor（多处理器上的），294

  multi-threading architecture（多线程体系结构），293

  POSIX，297

  programming（编程），297~300

  scheduling（调度），299

  switching（切换），296

  synchronization（同步），298

  worker（工作线程），293

three-tiered architecture（三层体系结构），53，362

throw exception（抛出异常），206

TIB Rendezvouz，253

Ticket Granting Service（TGS，票证授予服务），506

ticket，of authentication（票证，认证的），474

tiering（层次化），52

  n-tiered architecture（n 层体系结构），53

  three-tiered architecture（三层体系结构），53，362

  two-tiered architecture（两层体系结构），53

Tiger video file server（Tiger 视频文件服务器），901~906

time（时间），595~610

  logical（逻辑的），607~610

time uncoupling（时间解耦），44，230

  in tuple spaces（元组空间中的），267

time-based data streams（基于时间的数据流），886

time-critical data（实时数据），25

timeouts（超时），68

timestamp（时间戳）

  Lamport，608

  vector（向量），609

timestamp ordering（时间戳排序），711~718

  in distributed transaction（在分布式事务中），741

  multiversion（多版本），715~718

  operation conflicts（操作冲突），712

  read rule（读规则），714

  write rule（写规则），713

timing failure（时序故障），70

tit-for-tat in BitTorrent，BitTorrent（BitTorrent 中的一报还一报）tit-for-tat（一报还一报），907

Token Bus network（令牌总线网），129

Token Ring network（令牌环网），129

tolerating failure（容错），22

topic-based publish-subscribe（基于主题的发布-订阅），246

torrent，in BitTorrent（激流，在 BitTorrent 中），907

TOTA（Tuples On the Air），840

total ordering（全排序），236，597，609

  of multicast delivery（组播传递的），651

  of request handling（请求处理的），770

totally ordered multicast（全排序组播），174

tracker，in BitTorrent（跟踪器，在 BitTorrent 中），906

tracking（跟踪），852

  and privacy（和私密性），856，864

traffic analysis（流量分析），865

traffic shaping（for multimedia data）（流量调整（对多媒体数据）），893

transaction（事务），679~692

  abort（放弃），682

  ACID properties（ACID 属性），681，720

  closeTransaction（closeTransaction 类），682

  failure model（故障模型），679

  in JavaSpaces（JavaSpaces 中的），272

  in message queues（消息队列中的），255

  in the Java Messaging Service（JMS，在 Java 消息服务中的），259

  in Web services（在 Web 服务中），411

  openTransaction（openTransaction 类），682

  recovery（恢复），参见 recovery

  serial equivalence（串行等价），685

  with replicated data（复制数据的），802~814

transaction status（事务状态），752，757

transcoding（转码），867

transparency（透明性），23~25，204

  access（访问），23，527，546

  concurrency（并发），23

  failure（故障），24

  in remote method invocation（在远程方法调用中），199

  location（位置），23，527，546

  mobility（移动性），24，527

  network（网络），24

  performance（性能），24，527

  replication（复制），24，767

  scaling（伸缩），24，527

transport address（传输地址），96

transport layer（传输层），95

Transport Layer Security（TLS，传输层安全），107，511~515

transport protocol（传输协议），92

trap-door function（陷门函数），484

triple-DES encryption algorithm（三重 DES 加密算法），501

trust（信任），826，857，863

trusted computing base（可信赖计算基），472，826

trusted third party（可信任第三方），857，859，860

tunnelling（隧道法），105

tuple space（元组空间），45，265～271

　　compared to event system（与事件系统比较），679

　　distributed sharing（分布式共享），267

　　free naming（自由命名），267

　　generative communication（生成通信），45，265

　　implementation（实现），268，268～271

　　in volatile system（在易变系统中），838～840

　　L^2imbo，840

　　Linda，265

　　Peer-to-peer implementation（对等实现），271

　　programming model（编程模型），265～267

　　replication（复制），268～270

　　space uncoupling（空间解耦），267

　　time uncoupling（时间解耦），267

　　TOTA，840

two-phase commit protocol（两阶段提交协议），732～735

　　nested transaction（嵌套事务），736～740

　　　　flat commit（平面提交），739

　　　　hierarchic commit（层次提交），738

　　performance（性能），735

　　recovery（恢复），758～761

　　timeout actions（超时动作），734

two-tiered architecture（两层体系结构），53

type-based publish-subscribe（基于类型的发布-订阅），247

U

ubiquitous computing（无处不在计算），10～11，818～879

　　origin of（起源），819

UDDI，参见 universal directory and discovery service

UDP（用户数据报协议），95，107，122，150～153

　　failure model（故障模型），151

　　for request-reply communication（请求-应答通信），308

　　Java API，151～153

　　use of（使用），151

UFID，参见 unique file identifier

Ultra Large Scale distributed systems（ULS，超大型分布式系统），40

Ultra Wide Band（UWB，超宽带），855

Ultra-Large Scale distributed systems（ULS，超大型分布式系统），924

ultrapeer, in peer-to-peer computing（超级结点，在对等计算中的），447

UMTS，88

unchoking, in BitTorrent（不阻塞，在 BitTorrent 中的），907

unicast（单播），233

uniform property（统一的性质），650

Uniform Resource Identifier（统一资源标识符），568

　　compared with remote object reference（与远程对象引用比较），393

　　in Web services（在 Web 服务中），382

Uniform Resource Locator（统一资源定位器），28～30，568

Uniform Resource Name（统一资源名称），569

unique file identifier（UFID，文件唯一标识符），530，551

universal directory and discovery service（UDDI，统一目录和发现服务），404～406

Universal Plug and Play（UPnP，通用即插即用），829

Universal Transfer Format（通用传输格式），163

UNIX

　　i-node（i-结点），537

　　signal（信号），295

　　system call（系统调用）

　　　　exec，289

　　　　fork，290，289

unmarshalling（解码），158

unreliable multicast（不可靠组播），171

unstructured peer-to-peer（无结构化的对等），445～447

　　epidemic protocol（传染病协议），447

　　expanded ring search（扩展环搜索），447

　　Gnutella，447～448

　　gossip（闲聊），447

　　random walk（随机漫步），447

upcall（上调），302

update semantics（更新语义），528，554

URI，参见 Uniform Resource Indentifer

URL，参见 Uniform Resource Locator

URN，参见 Uniform Resource Name

user mode（用户模式），285

UTC，参见 Coordinated Universal Time

UTF，参见 Universal Transfer Format

utility computing（效用计算），13～14

V

V system（V 系统）

　　remote execution（远程执行），289

　　support for groups（对组的支持），775

validity（有效性）

　　of message queues（消息队列的），255

　　of multicast delivery（组播传递的），236，648

　　of reliable communication（可靠通信的），71

vector clock（向量时钟），609

vector timestamp（向量时间戳），609

　　comparison（比较），610

　　merging operation（合并操作），609

Verisign Corporation（Verisign 公司），500

videoconferencing（视频会议），884，887
　　CU-SeeMe application（CU-SeeMe 应用），884
　　iChat AV application（iChat AV 应用），884
　　NetMeeting application（网络会议应用），884
video-on-demand service（视频点播服务），884
view synchronous group communication（视图同步组通信），238
view, of group（视图，组的），参见 group，view
view- synchronous group communication（视图同步的组通信），773～775
virtual circuit（虚电路），97
virtual file system（VFS，虚拟文件系统），参见 Network File System（NFS）
virtual machine（虚拟机），17
virtual machine monitor（虚拟机监控器），319
virtual memory management（虚拟内存管理）
　　in Xen（Xen 中的），325～326
virtual partition（虚拟分区），811～814
virtual private network（VPN，虚拟私网），85，128
virtual processor（虚拟处理器），301
virtualization（虚拟化）
　　condition for virtualization（Popek and Goldberg）（虚拟化的条件），322
　　Denali，320
　　full virtualization（完全虚拟化），319
　　Hypervisor（超级管理程序），319
　　Microsoft Virtual Server（微软虚拟服务器），320
　　Parallels，320
　　Paravirtualization（半虚拟化）320，323
　　sensitive instruction（敏感指令），322
　　system level（系统层），318～320
　　virtual machine monitor（虚拟机监控器），319
　　VMWare，320
　　Xen，320～331
virtually synchronous group communication（虚拟同步组通信），775
VMWare，320
Voice over IP（IP 语音电话），177，885
　　Skype application（Skype 应用），885
　　Vonage application（Vonage 应用），885
VOIP，参见 Voice over IP
volatile system（易变系统），821～826
voting（投票），639
VPN，参见 virtual private network

W

WAN，参见 network，wide area
wearable computing（可穿戴计算），820
Web，26～33
　　caching（高速缓存），449～451
　　semantic（语义的），844

Web presence（Web 存在），872
Web search（Web 搜索），3，3～5
Web services（Web 服务），32，43，60，384～399
　　choreography（编排），412
　　communication patterns（通信模式），384
　　compared with CORBA（与 CORBA 比较），398，399
　　compared with distributed object model（与分布式对象模型比较），393
　　coordination（协调），411～413
　　directory service（目录服务），404～406
　　dispatcher（分发器），398
　　dynamic invocation（动态调用），387
　　dynamic invocation interface（动态调用接口），397
　　dynamic proxy（动态代理），397
　　infrastructure（基础设施），383
　　Java client program（Java 客户程序），396
　　Java server program（Java 服务器程序），395
　　loose coupling（松耦合），385
　　model（模型），393
　　no servants（没有伺服器），394
　　proxy（代理），387，396
　　REST（representational state transfer），384，386
　　service description（服务描述），400～404
　　sevice interface in Java（Java 中的服务接口），395
　　servlet container（servlet 容器），396
　　skeleton（骨架），398
　　SOAP，384，387～393
　　SOAP with Java（带 Java 的 SOAP），394～398
　　Uniform Resource Identifier（统一资源标识符），382
Web services description language（WSDL，Web 服务描述语言），400～404
　　binding（绑定），403
　　concrete part（具体部分），403
　　interface（接口），402
　　main elements（主要元素），400
　　operations or messages（操作或消息），401
　　service（服务），404
Web-based multimedia（基于 Web 的多媒体），884
Webcasting（网络播放），12
WebNFS，558
Websphere MQ，256
　　hub-and-spoke topology（集线器和辐条拓扑），258
　　message channel（消息渠道），257
　　message channel agent（消息渠道代理），257
　　Message Queue Interface（消息队列接口），256
　　queue manager（队列管理器），256
WEP WiFi security（WEP WiFi 安全），515～517
wide area network（广域网），参见 network，wide area
WiFi network（WiFi 网络），129，135～138，515～517
Wikipedia（维基百科）
　　concurrency control（并发控制），719

WiMAX network（WiMAX 网络），130

WLAN（wireless local area network，无线局域网），88

WMAN（wireless metropolitan area network，无线城域网），88

World Wide Web（万维网），参见 Web

WSDL，参见 Web services description language

WWAN（wireless wide area network，无线广域网），88

X

X. 500 directory service（X. 500 目录服务），588 ~ 592

   directory information tree（目录信息树），589

   LDAP，592

X. 509 certificate（X. 509 证书），499

XDR，参见 Sun RPC

   external data representation（外部数据表示）

Xen，320 ~ 331，419

   device management（设备管理），327 ~ 329

   domain（域），322

   grant table（授权表），328

   hypercall（超级调用），323

   hypervisor（超级管理程序），321

   I/O rings（I/O 环），328

   isolation（隔离），321

   pseudo-physical memory（伪物理内存），325

   scheduling（调度），322 ~ 325

   split device driver（分离的设备驱动器），327

   virtual machine monitor（虚拟机监控器），320 ~ 326

   virtual memory management（虚拟内存管理），325 ~ 326

XenoServer Open Platform（XenoServer 开放平台），330 ~ 331

xFS serverless file system（xFS 无服务器文件系统），561

XML（Extensible Markup Language，可扩展标记语言），32，164 ~ 168

   canonical XML（规范的 XML），409

   elements and attributes（元素和属性），165

   for interoperation（用于互操作），844

   namespaces（名字空间），166

   parsing（解析），166

   schemas（模式），167

   security（安全），406 ~ 410

     digital signature（数字签名），409

     encryption（加密），410

     requirements（需求），407

XSLT（eXtensible Style Language Transformations，可扩展样式语言转换），867

Z

zero configuration networking（零配置联网），827

zigBee network（zigBee 网络），130